Das

Buch der Erfindungen, Gewerbe

und

Industrien.

IV.

Achte neugestaltete Auflage.

Pracht-Ausgabe.

Das

Buch der Erfindungen, Gewerbe

und

Industrien.

Rundschau auf allen Gebieten der gewerblichen Arbeit.

In Verbindung mit

Pr.=Doz. Dr. G. Baumert, Professor Dr. C. Birnbaum, Ingenieur Sz. Flemming, Professor G. Gayer, Dr. Fr. Heincke, Dr. G. Heppe, Professor Dr. A. Kirchhoff, Oberlehrer E. Krause, Carl Lorck, Fr. Luckenbacher, Baurath Dr. O. Mothes, Professor Dr. H. Nitsche, Dr. K. Persecke, Emil Schallopp, Hermann Schnauß, Ingenieur Th. Schwartze, Redakteur Dr. Franz Stolze, A. Werner, Ulr. Wilcke, Professor Dr. Moritz Willkomm, Jul. Zöllner u. a.

herausgegeben von

Professor F. Reuleaux.

Vierter Band.

Die chemische Behandlung der Rohstoffe.

Eine chemische Technologie.

Achte umgearbeitete und stark vermehrte Auflage.

Mit vielen Ton- und Titelbildern, nebst mehreren Tausend Text-Illustrationen.

Nach Originalzeichnungen
von L. Burger, O. Mothes, G. Rehlender, Albert Richter u. a.

Springer-Verlag Berlin Heidelberg GmbH

1886.

Das Buch der Erfindungen. 8. Aufl. IV. Bd. Leipzig: Verlag von Otto Spamer.

Die

chemische Behandlung der Rohstoffe.

Eine chemische Technologie.

Inhalt:

Einleitung. Geschichte der Chemie. Chemische Grundbegriffe.
Der Hüttenarbeiter. Das Eisen und die Eisenindustrie. Zink, Kobalt, Wismut und Genossen.
Das Kupfer, Blei, Zinn und Quecksilber.
Die Edelmetalle. Das Silber, Gold, Platin und seine Genossen.
Aluminium und Magnesium. Die Edelsteinlieferanten.
Töpferwaren und Porzellan. Kalk, Zement und Gips. Alaun, Soda und Salpeter.
Das Glas und seine Verarbeitung. Die Industrien des Schwefels.
Das Schießpulver. Feuerzeuge und Phosphor. Daguerreotypie und Photographie.
Farben und Farbenbereitung.

Achte umgearbeitete und bedeutend erweiterte Auflage.

Unter Mitwirkung von Dr. G. Baumert, Dr. G. Heppe, Hermann Schnauß, F. Böllner
herausgegeben von
Professor F. Reuleaux.

Mit fünf Bunt- und Tonbildern, 454 in den Text gedruckten Illustrationen sowie einem Titelbilde.

Anfangs- und Abteilungsbilder gezeichnet von Ludwig Burger.

Springer-Verlag Berlin Heidelberg GmbH

1886.

ISBN 978-3-662-33689-2 ISBN 978-3-662-34087-5 (eBook)
DOI 10.1007/978-3-662-34087-5
Softcover reprint of the hardcover 8th edition 1886

Inhaltsverzeichnis

zu dem

Buch der Erfindungen, Gewerbe und Industrien.

Achte Auflage.

Vierter Band.

Seite

Das Kupfer.

Blei, Zinn und Quecksilber.

Das Silber.

Gold, Platin und seine Genossen.

Aluminium und Magnesium. Die Edelsteinlieferanten.

Töpferwaren und Porzellan.

Kalk, Zement und Gips.

Alaun, Soda und Salpeter.

Das Glas und seine Verarbeitung.

Die Industrien des Schwefels.

Die Erfindung des Schießpulvers.

Die Erfindung der Feuerzeuge und der Phosphor.

Die Erfindung der Daguerreotypie und Photographie.

Die Farben und ihre Bereitung.

Tonbilder,

welche an den nachstehend bezeichneten Stellen in den Text einzuheften sind.

Die chemische Behandlung der Rohstoffe.

Wer sie nicht kännte, die Elemente,
Ihre Kraft und Eigenschaft,
Wäre kein Meister über die Geister.

Goethe.

EINLEITUNG.

Gibt es eine Farbe, welche häßlich wäre? Nein. An und für sich ist jede schön, und nur der unpassende Gebrauch, den die Menschen davon machen, verursacht häßliche Wirkungen. Dasselbe Grau, dasselbe Rot, welches jetzt unser Auge verletzt, wird uns entzücken, wenn es neben eine andre passende Farbe gesetzt wird. Und so ist es nicht nur mit Farben und Tönen; alles in der Natur ist an sich gut und vermag einem vernünftigen Zwecke zu dienen.

„Es gibt keinen Schmutz. Schmutz ist nur ein Gegenstand am unrechten Platze", hat Palmerston gesagt, und er hat recht damit. Wenn es sich um die Zurückweisung des Guano aus der feinen Gesellschaft handelt, brauchen wir nicht erst auf seine Entstehung zurückzugehen, um überführende Gründe dafür zu suchen, aber wir lassen uns doch entzücken durch die wunderbare Farbenskala, vom zartesten Pfirsichrot bis zur Glut des verglimmenden Abendsonnenstrahls, welche der Chemiker aus den Exkrementen der Seevögel hervorzuzaubern vermag. Und diese Farben, schön, aber vergänglich, haben schon längst andern weichen müssen, welche die rastlos schaffende Thätigkeit der neueren Chemie aus dem unscheinbaren und übelriechenden Steinkohlenteer hervorzubringen gelehrt hat. Denn sie kommen an Glanz und Schönheit nicht nur jenen gleich, sondern überbieten darin noch letztere namentlich auch in der Haltbarkeit. Der schwarze Teer spielt demnach in der Toilette der Frauen, ohne daß es viele derselben ahnen mögen, eine große Rolle. Alle jene prächtigen Farben, in ihren zahlreichen Nüancen von Rot, Blau, Grün, Violett und Gelb, dem Teer entstammend, werden zum Färben und Bedrucken von seidenen, wollenen und baumwollenen Garnen und Geweben benutzt. Dabei sind es nur einige wenige Bestandteile des Teers, durch deren geeignete Umwandlung Farben wie Fuchsin, Dahlia, Eosin, Phloxin, Malachitgrün, Benzylblau, Tropäolin u. s. w. in solcher Mannigfaltigkeit sich erzeugen lassen. Aber auch Farben, von der zarten Pflanzenzelle in ihrem Innern gebildet, wie Alizarin und Indigo, vermag jetzt die Chemie künstlich aus dem Teer herzustellen. Von dem Alizarin werden jetzt schon solche Mengen erzeugt, daß z. B. der gesamte, ehemals so blühende Krappbau auf den Aussterbeetat gesetzt ist.

Indessen nicht nur Farben, auch für Wohlgerüche sorgt der Kohlenteer. Man zieht aus ihm das Toluol, aus welchem sich wieder das feine Parfüm der Mandelseife, das künstliche Bittermandelöl (Benzaldehyd), gewinnen läßt. Denken wir ferner an die Karbolsäure und Salicylsäure, mit ihrer segenbringenden Wirksamkeit in der Heilkunde, so haben wir in der Verarbeitung des Kohlenteers ein schönes Beispiel für die erstaunliche Mannigfaltigkeit jener Stoffwandlung, wie sie uns das neuere Schaffen der chemischen Wissenschaft gelehrt hat.

Diese inneren Beziehungen der Stoffe erkannt und sie so erforscht zu haben, daß wir mit ihrer Hilfe nicht nur das Wertvolle leicht aus minder Wertvollem scheiden, sondern auch das noch zu Nützlichem verarbeiten können, was vordem als Abfall weggeworfen wurde, ist die Frucht der Chemie. Welche Dienste diese Wissenschaft bereits der Welt geleistet hat, das wird am augenscheinlichsten, wenn wir auch nur mit einem oberflächlichen Blicke den Reichtum an Schätzen streifen, die wir jetzt der Natur zur Befriedigung der tausend großen und kleinen Bedürfnisse des Lebens abgewinnen, und hierbei einen Vergleich anstellen mit der Mittellosigkeit früherer Zeiten.

Die alten Völker konnten fast nur solche Stoffe zu ihrem Nutzen und Behagen verwenden, welche die Natur fertig an die Oberfläche legt, da sie auf künstlichem Wege nur sehr wenige andre zu ihren Zwecken beliebig herzustellen vermochten. Wir dagegen befinden uns in der Lage, den Stoff in einer unendlichen Reihe verschiedener Qualitäten herstellen und je nach diesen seinen verschiedenen Eigenschaften entsprechend benutzen zu können. Wir lassen ihn einen Kreislauf unausgesetzter Veränderungen durchlaufen, bald mit andern sich verbindend, bald sich ganz oder zum Teil wieder von ihnen trennend, und wir rufen nach Belieben dieser Umwandlung ein Halt zu, sobald sie in ein nutzbares Stadium getreten ist. Während daher früher die Bearbeitung des Stoffes zum größten Teil eine bloß formgebende, mechanische war, ist sie durch die Chemie vorwiegend eine die inneren Eigenschaften verändernde geworden.

Nun sind zwar die chemischen Kräfte der Stoffe miteinander in Wechselwirkung gesetzt worden, seit die Menschen überhaupt irgend welche Thätigkeit begonnen haben, ziemlich früh treffen wir schon in der Entwickelung des Völkerlebens auf Bearbeitungen, denen sogar verwickelte chemische Vorgänge zu Grunde liegen. So sind z. B. die Menschen zeitig darauf gekommen, Bronze aus Kupfer- und Zinkerzen darzustellen und sich Waffen und Schmuckgeräte daraus zu fertigen. Die Erfindung glasähnlicher Massen ist eine sehr alte, und selbst die am wenigsten entwickelten Naturvölker verstehen fast alle, die Tierhäute zu ihrer Bekleidung zu gerben und durch mancherlei Färbung zu schmücken. Allein es ist ein Unterschied zwischen der Anwendung zufällig gemachter Beobachtungen und der logischen Schlußfolgerung aus klar erkannten Gesetzen.

Wie jemand deswegen noch kein Physiker ist, weil er mit einem Glasprisma in der Sonne spielen und den weißen Strahl in seine buntfarbigen Lichtbestandteile zerlegen kann, so berechtigt die zufällige Entdeckung, daß Pottasche und Sand sich zu einer durchsichtigen Masse miteinander zusammenschmelzen lassen, auch noch nicht zu der Annahme eines wissenschaftlichen chemischen Standpunktes. Es ist aber nur die Wissenschaft, nur die Kenntnis des inneren gesetzmäßigen Zusammenhangs der Erscheinungen, welche fördernd wirkt, Neues aus sich selbst gebärend, und diese hat auf dem Gebiete, das uns jetzt zur Betrachtung vorliegt, ein verhältnismäßig noch junges Alter. Um die Grundlagen der heutigen Chemie aufzudecken, genügt es, etwa 200 Jahre zurückzugehen; für die Entwickelungsgeschichte der Menschheit überhaupt ist es aber interessant, auch die der Zeit nach viel weiter zurückliegenden Keime einer Wissenschaft aufzusuchen, die für das materielle Wohlbefinden der Völker so Ersprießliches geleistet hat, denn sie lehrte uns nicht nur, die Schätze der Natur zweckmäßig zu nützen, sondern sie mehrte auch den Reichtum unsres Wissens und unsrer Erkenntnis, indem sie uns den Einblick in das innere Wesen der Dinge erweiterte und im Verein mit der Physik uns befähigte, die Natur in ihren Gesetzen zu verstehen.

Die **Geschichte der Chemie** läßt sich hiernach in zwei Hauptabschnitten behandeln. Der eine beschäftigt sich mit der ältesten Zeit, in der zwar vereinzelt chemische Beobachtungen gemacht und zu einzelnen Zwecken ausgebeutet wurden, ein eigner, alle umfassender Rahmen um dieselben aber nicht gelegt und das Vereinzelte noch nicht zu einem Ganzen verbunden werden konnte. Der zweite Abschnitt dagegen behandelt diejenige Zeit, in welcher die zu großer Reichhaltigkeit angewachsene Summe der Beobachtungen Ordnung und Zusammenhang erhielt, das Wesentliche, Gemeinsame herausgezogen und als Gesetz hingestellt wurde. Die einzelne Erscheinung erhält hier vorzüglich insoweit Wert, als sie sich auf das Ganze bezieht; ihre Bedeutung wird aber eine um so gewichtigere, als auch das scheinbar Unbedeutende und Geringe große Regeln erkennen läßt und bestärkt.

Die Wissenschaft, d. h. die Gesamtheit der Beobachtungen und die aus der messenden und vergleichenden Zusammenstellung derselben sich ergebenden Schlußfolgerungen, verfolgt bestimmte allgemeine Zwecke, welche in jener ersten Zeit begreiflicherweise noch nicht auftreten können. Und wenn das wahrscheinlich aus dem Ägyptischen stammende Wort „Chemie“ auch bereits vor mehr als 1400 Jahren gebraucht wurde, so ist der ihm zu

Grunde liegende Begriff erst in verhältnismäßig sehr junger Zeit mit seinen Konsequenzen klar bestimmt und abgegrenzt worden.

Jenen zwischen den ältesten Spuren chemischer Beobachtungen und dem Beginne der neueren Chemie (Mitte des 17. Jahrhunderts) liegenden Zeitraum charakterisieren vornehmlich zwei Richtungen, nach denen hin die chemischen Bestrebungen erfolgten. Zuerst war es das Bestreben der Metallverwandlung und besonders die Darstellung des Goldes aus minder edlen Metallen, welches vom 4. bis zum Anfang des 16. Jahrhunderts allen chemischen Unternehmungen zum Ausgang diente, das Zeitalter der Alchimie; nach diesem aber, bis in die Mitte des 17. Jahrhunderts, war das Ziel der Chemie die Erklärung und Heilung der Krankheiten, und wir können diese Periode das Zeitalter der medizinischen Chemie nennen.

Vor zwei Jahrhunderten endlich führten die zahlreich gemachten Erfahrungen zu dem Bestreben, die Gesetzmäßigkeit der Verbindungen festzustellen, welche die verschiedenen Körper miteinander eingehen und die man in immer größerer Menge zu beobachten Gelegenheit fand, sowie Methoden zu ermitteln, jene Verbindungen zu zerlegen und neue zusammenzusetzen. Die Lösung dieser Aufgabe, nämlich die Veränderungen der Stoffe unter verschiedenartigen Kräfteeinwirkungen kennen zu lernen und damit das innere Wesen der körperlichen Dinge zu erschließen, charakterisiert die neuere Chemie, welche allerdings in ihrem Fortschreiten auch nicht immer einer einmal eingeschlagenen Richtung treu geblieben ist, noch treu bleiben konnte. Namentlich ist durch das Auftreten Lavoisiers jener bedeutungsvolle Abschnitt bezeichnet, durch welchen die phlogistische Theorie Stahls vom Throne gestoßen und mit der Anwendung von Wage und Gewicht ein absolutes Kriterium „Maß und Zahl“ in der Welt der chemischen Beobachtungen eingeführt wurde. Mit der dadurch eingeleiteten Periode der quantitativen Untersuchungen erschloß sich der reichblühende und früchtereiche Garten, an dessen Segen nun unser Geschlecht sich erfreut.

Die chemischen Kenntnisse der Alten. Es dürfte unmöglich sein, bei dem Mangel direkter Überlieferungen und bei der Unsicherheit, welche jeder Vergleichung der jetzt noch im Urzustande lebenden Völker mit den ältesten Vorfahren der großen Kulturvölker anhaften muß, eine genaue Vorstellung von allen denjenigen Verfahrungsarten zu gewinnen, die von frühster Zeit an absichtlich zur Umwandlung mancher natürlich vorkommenden Materialien in Gebrauchsgegenstände angewandt worden sind. Nur ein Zweig von allen ist besonders wichtig, die Gewinnung und Benutzung der Metalle, weil dieser die Kenntnis der unorganischen Körper wesentlich und um so mehr erweitern mußte, auf je mehr Metalle sich diese Uranfänge der Hüttenkunde allmählich erstreckten.

Wie in der Einleitung zum ersten Bande dieses Werkes bemerkt worden ist, finden wir mehrere Metalle schon sehr frühzeitig in Gebrauch, so früh, daß historische Zahlenangaben dafür unmöglich sind. Bestimmte Nachweisungen über Darstellung chemischer Verbindungen haben und suchen wir zunächst auch nur bei den alten Ägyptern, Phönikern, den Israeliten, den Griechen und endlich den Römern, weil in der Kultur dieser Nationen bereits die Wurzeln der heutigen Bildung liegen. Chinesen, Mexikaner und Peruaner sind jedenfalls in ähnlicher Weise im Besitz mancher vorgeschrittenen Erfahrung gewesen. Dieselben haben aber keinen so dauernden Einfluß geübt und sind deswegen — wenn uns auch der Einblick in die Kulturgeschichte dieser Nationen möglich wäre — für die Geschichte der Chemie von nur geringem Interesse.

Die Bekanntschaft mit den Gewinnungsweisen verschiedener Metalle versteht sich von selbst bei einem Volke, welches so großartige Werke der Baukunst zu errichten im stande war, wie die Ägypter. Dieselben kannten auch das Glas und hatten große Fertigkeit im Färben. Ihre Geschichte nennt uns noch den König, welcher zuerst die blaue Farbe künstlich zu erzeugen versuchte; die grüne Farbe verwendeten sie, um den kostbaren Smaragd nachzuahmen. Auch mit verschiedenen Gebieten der Keramik waren sie vertraut, denn sie fertigten Backsteine aus Nilschlamm und stellten kunstvolle Becher aus feinglasiertem Thon her. Geradezu Meister aber waren die Ägypter in der Anwendung desinfizierender oder antiseptischer Mittel (Salpeter und dergleichen in Verbindung mit Harzen, Spezereien und ähnlichen Stoffen) zur Einbalsamierung ihrer Todten. Schon zu Homers Zeiten wußte man, daß die ägyptischen Ärzte über einen reichen Arzneischatz verfügten, aber der neuesten Zeit blieb es vorbehalten, durch die Entzifferung des Papyrus Ebers, dessen Inhalt sich im wesentlichen auf Arzneimittel bezieht, einen überraschenden Einblick in die alte ägyptische Heilkunde zu gewinnen. Man findet aber in dieser Handschrift nicht nur Anweisungen für eigentliche Arzneien in unserm Sinne, sondern auch Vorschriften für Räuchermittel und Schönheitsmittel, z. B. für das Färben der Augen, Wangen, Lippen, Finger- und Zehennägel, zum Salben der Haut und des Haares, ja sogar Vorschriften zur Vertilgung von Mäusen, Schlangen und andern lästigen oder gefährlichen Thieren. Bei der Bereitung von Salben und Pflastern scheinen Bleiweiß, Grünspan und Spießglanz eine Rolle gespielt zu haben; aus den Ausschwitzungen von Nadelhölzern (Zedern) gewann man eine Art Terpentin und durch Destillation von Pech und Teer eine kreosothaltige Flüssigkeit, mit welcher man Hautkrankheiten und Zahnweh bekämpfte. Dieses alles zusammengenommen mit noch andern Überlieferungen, denen zufolge schon die alten Ägypter Papier fabriziert, prächtige Teppiche gefertigt, ihre Tempel und Wohnräume mit Öllampen erhellt und sich an selbstbereitetem Wein und Bier erfreut haben, beweist zur Genüge, daß von diesem Volke eine gewisse Summe naturwissenschaftlicher Erfahrungen gewonnen worden, die zum Teil auf Vorgängen beruhen, welche wir heute in das Gebiet der Chemie stellen. Daß davon wenig bekannt wurde, hat seinen Grund einfach darin, daß die Priesterkaste ihre gesammelten Kenntnisse mit ängstlicher Geheimhaltung bewahrte; denn abgesehen von dem Kastengeiste überhaupt, verurteilten die priesterlichen Richter jeden Verräter an den Mysterien (der Geheimlehre) zum Tode durch das Gift, welches aus den Kernen des Pfirsichbaumes gewonnen wurde (Blausäure).

Von den Phönikern wissen wir, daß bei ihnen gleichfalls die Kunst des Färbens und der Glasmacherei blühte und daß sie mit der Bearbeitung des Zinns und demnach jedenfalls auch mit seiner Gewinnung vertraut waren. Sie sowohl wie die Ägypter waren die Lehrmeister der Israeliten, welche in ihren Kenntnissen sich aber nicht auf eine wesentlich höhere Stufe erhoben. Im großen ganzen konnte jedoch der Umfang naturwissenschaftlicher Erkenntnis auch bei den Ägyptern und Phönikern nur ein sehr beschränkter sein. Wenn insbesondere den ersteren zuweilen ein tiefgehender Einblick in Physik und Chemie zugeschrieben wird, so geschieht dies ohne jeden bestimmten Anhalt und wohl hauptsächlich deswegen, weil man in den Mysterien und in der ganzen Götterlehre durchaus den für Laien unverständlichen Ausdruck erkannter Naturgesetze erblicken will. Mag sein, daß manche naturwissenschaftliche Erfahrung sich in geheimnisvollem Gewande verhüllte; daß aber darin nicht eine so ausgebildete Naturerkenntnis verborgen gewesen, wie man häufig annimmt, beweist am besten der damalige Zustand des materiellen Lebens, für welches jedenfalls eine so fruchtbare Wissenschaft ausgebeutet worden wäre.

Auch bei den Griechen erfuhr die Naturwissenschaft infolge ihrer ganzen Geistesrichtung nur geringe Beachtung. Aus Homers Zeiten (etwa 700 v. Chr.) finden wir nur solche Thatsachen erwähnt, die auch schon den Ägyptern und Phönikern bekannt waren. Das Eisen war damals noch ein seltenes Metall, auch scheint die Verarbeitung der Erze weiter zurück gewesen zu sein als bei jenen Völkern und den von ihnen lernenden Israeliten. Sogar die Bereitung der Arzneistoffe, welche doch durch Hippokrates (im 5. Jahrh. v. Chr.) eine so ausgezeichnete Bereicherung erfuhr, geschah ohne alle Heranziehung chemischer Methoden, und Männer wie der gleichzeitig lebende Demokrit von Abdera, welche aus Versuchen und direkten Beobachtungen Belehrung und Aufklärung suchten, gehören zu den Ausnahmen. Aristoteles erwähnt zwar, daß Meerwasser, wenn man es durch Thon filtriere, seinen Geschmack verliere und trinkbar werde, und Platon ergeht sich in dem Versuche, die Bildung des Eisenrostes zu erklären. Einen wirklichen Fortschritt der chemischen Kenntnisse konnten indes solche vereinzelte Beobachtungen ebensowenig bewirken, als es die Aristotelische Lehre von den vier Elementen oder vielmehr Elementareigenschaften (Feuer: trocken und heiß; Luft: heiß und feucht; Wasser: feucht und kalt; Erde: kalt und trocken) vermochte; ja diese Lehre, späterhin falsch verstanden, ist der Ausbildung unsrer Wissenschaft geradezu hinderlich geworden. Theophrastos (geb. 371 v. Chr., gest. 286 zu Athen), ein Schüler des Platon und Aristoteles, erwähnt in seinem Werke über die Mineralien zuerst die Steinkohlen, den Zinnober, das Schwefelarsenik und gibt einige Nachrichten über die Darstellung des Bleiweißes und der Mennige. Im ganzen, sehen wir, ist die positive Wissenschaft der alten Griechen, mit Ausnahme der geometrischen Disziplinen, eine ziemlich karge, und die Römer erhielten in chemisch-technologischer Beziehung von ihnen nur ein sehr unvollkommenes Material.

In der Blütezeit des römischen Reichs aber gab die durch die großartigen Heereszüge der Römer bewirkte Bekanntschaft mit andern Nationen Veranlassung zu bedeutender Erweiterung hierher gehöriger Kenntnisse. Namentlich sind die Werke des Dioskorides, eines Griechen, aus Kleinasien gebürtig, der in der Mitte des ersten Jahrhunderts mehrere römische Feldzüge in Asien mitmachte, sowie die des Cajus Plinius des Älteren Beweise bedeutsamer Bereicherungen. Dioskorides beschreibt eine Art Destillation, das Rösten des rohen Spießglanzes; er kennt außerdem das Kalkwasser, Zinkoxyd, Kupfervitriol, und seine Beschreibung der Darstellung einzelner Präparate läßt auf eine Bekanntschaft mit mancherlei Apparaten schließen.

Vollständiger, wenn auch ebenfalls noch völlig kritiklos, finden wir bei Plinius chemische Thatsachen und Verfahren gesammelt. Nach ihm war den Römern damals außer den schon früher erwähnten Metallen auch das Quecksilber bekannt, sowie die Fähigkeit desselben, Gold aufzulösen. Das Goldamalgam gebrauchten sie zur Vergoldung. Man kannte die verschiedene Schmelzbarkeit der Metalle und verstand das Löten und Verzinnen. Eisen wußte man in Stahl umzuwandeln, und die Oxyde von Kupfer und Blei (Bleiglätte und Mennige), die man durch Erhitzen an der Luft herstellte, sowie Zinkoxyd und Eisenrost, wandte man in der Arzneikunde an. Salpeter und Alaun, deren Namen wir zwar der lateinischen Sprache entnommen haben, scheinen ihnen unbekannt gewesen zu sein. Dagegen bedienten sie sich der schwefligen Säure, die beim Verbrennen des Schwefels sich bildet, zur Reinigung der Wolle und als desinfizierendes Mittel. Letztere Anwendung finden wir schon bei Homer an der Stelle erwähnt, in welcher er schildert, wie Odysseus nach Tödtung der Freier die Reinigung der Gemächer angeordnet habe.

„Alte, bringe mir Feuer und fluchabwendenden Schwefel,
Daß ich den Saal durchräuch're!“

läßt ihn Homer zur Pflegerin Eurykleia sagen. Seife bekamen die Römer von den Germanen; geistige Getränke stellten sie durch Gärung her, den Alkohol aber im reineren Zustande hatten sie noch nicht abgeschieden; ebenso war die Essigsäure nur in verdünnter Form bei ihnen in Gebrauch (Essig). Von Farbstoffen standen in höchstem Ansehen der Saft der Purpurschnecke und der Indigo, und die Beobachtung, daß Soda und gefaulter Urin manche Farben verschiedentlich zu nüancieren vermögen, fand in der Färberei, bei welcher übrigens von Beizmitteln noch nicht die Rede gewesen zu sein scheint, Anwendung.

Geben wir der Annahme Raum, daß die ägyptischen Priester mancherlei naturwissenschaftliche Kenntnisse noch besessen, so dürften wir darin eine Brücke finden, die uns auf den regen Sinn für Chemie überleitet, der sich nach Verfall des römischen Reichs und seit dem 4. Jahrhundert n. Chr. unter den Byzantinern bemerklich machte. Die eifersüchtige Isolierung der Priester und die furchtsame Scheu des Volkes mußte mit der immer mehr um sich greifenden Ausbreitung des Christentums verschwinden. Die erworbenen Kenntnisse wurden durch den Übertritt Eingeweihter bekannt, wenigstens trennte sich ihr Besitz von der Hierarchie, und wenn er auch noch vor allgemeiner Mitteilung gehütet wurde, so waren es doch nicht mehr religiöse Geheimnisse, sondern wissenschaftliche, und diesen mußte eine systematische Weiterentwickelung von nun an bevorstehen. Die Wiege der neuen Wissenschaften wurde Alexandrien, welches bisher noch der Hauptsitz der alten ägyptischen Mysterien gewesen war.

Das Zeitalter der Alchimie. Von Alexandrien aus, welches sie sich unterwarfen, und von den andern Völkern, mit denen sie auf ihren Eroberungszügen in Berührung kamen, erhielten denn auch erst die Araber jene Anregung zu wissenschaftlichen Beschäftigungen, welche sie in so hervorragender Weise hegten und zu weiterer Ausbildung brachten, nachdem sie sich in den eroberten Ländern festgesetzt hatten. Es ist eine falsche Meinung, wenn man glaubt, jene abenteuerliche Nation, die während fast eines halben Jahrtausends Poesie und gelehrte Bildung zum Pfande hatte, habe die reiche Saat aus eignem Keime großgezogen. Wir finden keine Spur von einer so friedlichen Richtung vor dem 8. Jahrhundert bei den Arabern; ja der Koran mit seinem fatalistischen Charakter verbietet geradezu alles Forschen und Grübeln, und in der ersten Zeit seiner Auslegung mußte daher jede geistige Thätigkeit seiner fanatischen Anhänger eine sehr gehemmte bleiben.

Im 4. Jahrhundert scheint die Idee der Metallverwandlung, der beliebigen Erzeugung des einen Metalls aus dem andern, zuerst Platz gegriffen zu haben, nicht früher, denn es ist als sicher anzunehmen, daß dieselbe ohne weiteres zu Versuchen geführt hätte, welche dem glücklichen Finder unermeßliche Reichtümer versprachen. Solcher Unternehmungen geschieht aber erst seit diesem Jahrhundert gelegentliche Erwähnung. Sie gründeten sich auf die herrschend gewordene Ansicht von der Natur der Metalle, nach welcher dieselben in verschiedenen Mengenverhältnissen aus zwei Stoffen (die man als Schwefel und Quecksilber bezeichnete) zusammengesetzt sein sollten. Als die Metallverwandlung bewirkend dachte man sich eine Substanz, den Stein der Weisen, auch das große Elixir, das große Magisterium (Meisterstück) oder die rote Tinktur genannt. Es sind Bezeichnungen, welche zu verschiedenen Zeiten und von verschiedenen Adepten dem rätselhaften Stoffe beigelegt wurden, dessen Darstellung aufzufinden später eine Zeitlang alleiniger Zweck der Bestrebungen wurde, welche man unter dem Namen Alchimie begriff.

Es ist nicht mit Bestimmtheit zu sagen, von wem und wann jene Ansicht über die Konstitution der Metalle ausgegangen ist. Wahrscheinlich gründete sie sich auf verschiedene falsch verstandene Beobachtungen, die der empirischen Naturforschung damals schon bekannt waren. Man kannte z. B. die Thatsache, daß Eisen, welches in eine Lösung von blauem Vitriol gelegt wird, nach einiger Zeit verschwindet, dafür aber ein gleichgestaltetes Stück Kupfer sich vorfindet und, da man nicht wußte, daß in der vorher blauen Flüssigkeit Kupfer enthalten ist, welches sich an Stelle des Eisens ausscheidet, so glaubte man, das eine Metall habe sich in das andre geradezu verwandelt. So irrig die Vorstellung von der Natur der Metalle sein mochte, so war sie doch insofern von großem praktischen Nutzen, als durch die Annahme schwefliger Bestandteile in den Metallen das Feuer, die Hitze, zu einem mächtigen chemischen Hilfsmittel wurde, dessen beabsichtigte Einwirkung auf die verschiedenen Körper eine große Reihe neuer Thatsachen beobachten lassen mußte.

Fig. 8. Der Alchimist Geber. Nach Jean de Vries.

Von Ägypten kam die Alchimie nach Griechenland und Spanien, und im letztgenannten Lande finden wir im 8. Jahrhundert die Araber eifrig mit ihrer Kultur beschäftigt. Wir haben aus der Zahl der Chemiker von dieser Zeit an ganz besonders den bedeutendsten und frühsten hervorzuheben, Geber, dessen Leistungen die seiner Nachfolger Rhazes, Avicenna, Avenzoar, Albukases u. s. w. bei weitem übersteigen. Von dem 12. Jahrhundert an werden die Araber jedoch überflügelt durch die Bestrebungen des westlichen Europas, welches sowohl mittelbar über Spanien, Italien (medizinische Schule zu Salerno) und Griechenland, als durch die Kreuzzüge in unmittelbare Berührung mit dem Osten getreten war.

Hier beginnt denn nun, namentlich mit dem 13. Jahrhundert, die eigentliche Blüte der Goldmacherkunst, und die Höfe der immer geldbedürftigen Fürsten wurden zu Sammelpunkten betrogener und betrügerischer Adepten. Denn wenn auch Geister wie Albertus Magnus, Roger Baco, Arnoldus Villanovus, Raymundus Lullus u. a. mit hohem wissenschaftlichen Ernste sich ihren Ideen hingaben, so wußten doch sehr bald andre, weniger Ernsthafte die Sache bestechend genug zu finden, um mit ihrer Hilfe einen wahren und für sie sehr ergiebigen Feldzug gegen die Leichtgläubigkeit der Menge zu führen. Ja, wir können oft kaum zu behaupten wagen, daß einer oder der andre, der uns mit wissenschaftlicher Bildung und voller Überzeugung von der Erreichbarkeit des Zieles seinen Weg zu gehen scheint, nicht das Vergebliche seiner Manipulationen geahnt und nur mit Überlegung sich eines so wirksamen Hilfsmittel über die gläubigen Gemüter nicht gern habe begeben wollen. Neben solchen, wie Isaak und Johann Hollandus, Bernhard von Trevigo, Georg Ripley, Thomas Norton, Basilius Valentinus, finden wir eine große Anzahl ganz notorischer Betrüger, deren Urahn der berühmte Nikolaus Flamel zu sein scheint, welcher mit seinen Transmutationen so viel Reichtümer erworben haben wollte, daß er damit allein 14 Hospitäler und 7 Kirchen stiften und reich dotieren konnte. Noch bessere Erfolge muß Hieronymus Crinot gehabt haben, der an 1300 Kirchen mit Hilfe der durch den Stein der Weisen erlangten Reichtümer erbaut zu haben vorgab. Fürsten und Höfe nahmen derartige viel versprechende Abenteurer mit offenen Armen auf und begünstigten sie auf jede Weise, denn unter den Mächtigen der Erde gab es bald eine große Zahl sehr eifriger, selbst laborierender Alchimisten, die natürlich alle gern baldmöglichst in Besitz des kostbaren Geheimnisses zu kommen wünschten. Gelang ihnen dies trotz ihrer Gunst nicht, so versuchten sie es schließlich mit Strenge, natürlich ebenso vergeblich. Kaiser Rudolf ließ den Engländer Kelley, als derselbe ihn nicht in seine vorgegebene Wissenschaft einweihen wollte, noch auch Gold in der wünschenswerten Menge darzustellen vermochte, einkerkern, nachdem er anfänglich den Adepten in den böhmischen Freiherrnstand erhoben und mit Beweisen seiner Gnade überschüttet hatte.

Fig. 4. Im Laboratorium eines Alchimisten. Nach Holbein.

Setonius, Schwerzer, David Beuther, der von der Leipziger Juristenfakultät zur Staupe verurteilt wurde, weil er das ihm bekannte Geheimnis der Transmutation nicht zum Vorteil seines Kurfürsten ausgeführt habe, und zu ewiger Gefangenschaft außerdem noch, damit seine Wissenschaft nicht etwa andern Potentaten verraten würde, und andern erging es späterhin nicht besser; das Schicksal des bekannten Böttger, der wie aus reiner Angst geschwind noch die Bereitung des Porzellans erfand, ist bekannt genug.

Man glaubte allgemein an die Möglichkeit, unedle Metalle in Gold und Silber verwandeln zu können, und dieser Glaube gab den chemischen Beschäftigungen einen bestimmten Zweck, auf den hin sie unablässig und mit großem Aufwand betrieben wurden. Der erträumte reiche Ertrag konnte allein auch nur Arbeiten und Versuche unternehmen lassen, die auszuführen bei der herrschenden Zeitrichtung sonst nur wenige Neigung gefunden haben würden. Waren nun auch die Früchte nicht die erwarteten, so konnten doch nebenher mancherlei Erfahrungen gesammelt werden, die zu neuen richtigeren Ansichten und zu vielerlei nützlichen Anwendungen führten.

Bei Geber (oder, wie sein vollständiger Name heißt, Abu-Mussa-Dschafar-al-Sofi) und wahrscheinlich fast allein durch ihn finden wir im 8. Jahrhundert bereits gegen die

Kenntnisse zu Plinius' und Dioskorides' Zeiten einen ungemeinen Fortschritt. Der geniale Araber bestimmte nicht nur die Eigenschaften der bekannten Körper viel genauer, als je vor ihm geschehen war, er entdeckte auch eine große Anzahl neuer Stoffe und lehrte sie nach eigentümlichen Methoden herstellen. Durch Erhitzen der verschiedenen Metalle erzeugte er deren Oxyde, er kannte gelbes und rotes Bleioxyd, das rote Quecksilberoxyd, das weiße Arsenik und seine Fähigkeit, das Kupfer weiß zu färben. Er wußte Schwefel und Metalle miteinander zu verbinden und bemerkte, daß durch diesen Prozeß sich aus dem Quecksilber ein schöner roter Körper (Zinnober) erzeugen lasse. Pottasche und Soda bereitete er nicht nur, sondern wußte auch, daß sie durch gebrannten Kalk ätzend werden. Geber ist es, der die Destillation zuerst anwandte und auf diese Weise Schwefelsäure aus Alaun, Salpetersäure aus einem Gemisch von Salpeter und Vitriol, und aus Essig die Essigsäure in reinerem, konzentriertem Zustande abschied. Königswasser (Salpetersäure und Salzsäure) benutzte er zur Auflösung des Goldes, und mit diesen neu entdeckten Reagenzien stellte er eine große Anzahl vorher unbekannter Verbindungen und Salze dar, wie salpetersaures Silber, Quecksilbersublimat u. s. w., zu deren Reinigung er das Filtrieren und Umkristallisieren in Anwendung brachte.

Je zahlreicher die von ihm gemachten Entdeckungen und Erfindungen sind, um so mehr muß es uns wundern, daß Gebers Nachfolger den überlieferten Schatz nicht besser genützt haben. Wenigstens kann keiner auch nur entfernt den Ruhm gleicher Bereicherungen in Anspruch nehmen. Zum Teil liegt dies wohl mit in dem Umstande, daß es namentlich Ärzte waren, welche die Pflege der Chemie übernahmen und sie neben den Zwecken der Goldmacherei besonders in Absicht auf ihre Kunst dienstbar machten. Die Medizin war neben Mathematik und Astronomie der hauptsächlichste Lehrgegenstand auf den berühmten arabischen Hochschulen, nach deren Muster zuerst die medizinische Schule zu Montpellier (1150) und in rascher Folge die Universitäten zu Paris (1215), Salamanca (1222), Neapel (1224), Padua (1227), Toulouse (1228) u. s. w. errichtet wurden.

Wenn es auch möglich wäre, so würde es uns hier doch viel zu weit führen, wollten wir alle die einzelnen Förderungen, welche die chemischen Wissenschaften bis hin zum 13. Jahrhundert noch erfuhren, namhaft machen. Es wird sprechender sein, bei dem hervorragendsten Forscher aus dieser Zeit wieder anzuhalten und die Summe der Kenntnisse zu prüfen, die wir bei ihm vereinigt finden. Kein andrer aber bietet in dieser Beziehung auch nur annähernd gleichen Anhalt als Albert von Bollstädt, seiner großen Überlegenheit wegen Albertus Magnus genannt, welcher im 13. Jahrhundert (1193 bis 1280) lebte. Die Kenntnis mannigfacher chemisch praktischer Methoden ist bei ihm eine wesentlich vervollkommnete. Durch Einwirkung von Hitze (Oxydation) trennte er edle Metalle von unedlen (Gold von Blei); mittels Scheidewasser sonderte er Gold von Silber; das metallische Arsenik kannte er und lehrte Erze von ihrem Schwefel- und Arsenikgehalt durch Sublimation befreien. Unter der großen Zahl wichtiger neuer Stoffe, die er entdeckte, wird auch das Schießpulver genannt; ob er aber mit Recht als der Erfinder desselben gelten darf, wollen wir dahingestellt sein lassen. Als eine bedeutsame Thatsache jedoch ist zu beachten, daß er durch sein Ansehen allein es vermochte, sich und seine Wissenschaften von dem damals leicht und gefährlich erregbaren Verdachte der Zauberei frei zu halten, und daß er dadurch jedenfalls den exakten Wissenschaften einen nicht minder großen Vorschub gab, als durch die von ihm ausgehenden positiven Erfolge.

Nach ihm verweilt unser Blick auf einer Persönlichkeit, deren scharfe Begrenzung nicht leicht fällt, Basilius Valentinus. Aber trotz der Unsicherheit, welche über seine Person, die wahre Zeit seines Forschens, seine eigentlichen Ansichten u. s. w. noch herrscht, können wir doch die Werke, welche unter seinem Namen auf uns gekommen sind, als einen Beleg für den Gesamtzustand der chemischen Erfahrungen in der zweiten Hälfte des 15. Jahrhunderts gelten lassen. Wir begegnen darin sehr ausführlichen Kenntnissen über die Metalle; über Antimon, Wismut und Zink treffen wir die ersten Erwähnungen. Die Gewinnung des Quecksilbers aus Sublimat, des Knallgoldes, Bleizuckers, Eisenvitriols (aus Eisen und Schwefelsäure), der verschiedenen Spießglanzpräparate und die besonders wichtige Darstellung der Salzsäure aus Kochsalz und Schwefelsäure u. s. w. sind ihm bekannt. Von besonderer Bedeutung aber wird der Name Valentinus für uns, weil wir in seinen Schriften die ersten Spuren einer chemischen Analyse finden, die er namentlich zur Erkenntnis der verschiedenen Metallegierungen verwertet, und wodurch er nicht nur viele Irrtümer der Alchimisten faktisch nachzuweisen vermochte, sondern auch eine völlig neue und im höchsten Grade bedeutungsvolle Richtung der Chemie überhaupt einschlug. Im organischen Entwickelungsgange wurde die Analyse der unfehlbarste Prüfstein der chemischen Theorien, und es ist nicht zweifelhaft, daß die heutige Wissenschaft einzig und allein sich herausbilden konnte durch eine genaue Erkenntnis der Zusammensetzung chemischer Verbindungen.

Das Zeitalter der medizinischen Chemie. Mit Basilius Valentinus schließen zwar durchaus nicht die alchimistischen Bestrebungen ab (dieselben haben bis in das vorige Jahrhundert gedauert, ja es gibt für sie in der großen Menge Ununterrichteter wohl heute noch Begünstiger), noch auch findet erst jetzt die Anwendung chemischer Erfahrungen zum erstenmal statt zur Erklärung gewisser Vorgänge im menschlichen Körper und der Gebrauch chemischer Präparate als Heilmittel, es ist vielmehr nur der in den Vordergrund sich stellende Zweck, welcher die nun folgende Periode vor der vorhergegangenen charakterisiert und ihr den an die Spitze gestellten Namen eingetragen hat.

Fig. 5. Denkmal des Albertus Magnus zu Laningen an der Donau.

Mit dem 16. Jahrhundert verlor die Alchimie die ausschließliche Beachtung der Chemiker, und es verschaffte sich, in sprechendster Weise durch Paracelsus, eine gemeinsame Auffassung der Chemie und Medizin Geltung, und zwar so ausschließlich, daß die letztere nur als ein Teil der angewandten Chemie betrachtet wurde. Eingeleitet wurde dies einmal durch zahlreiche wichtige Erfahrungen, welche man in der Zeit vorher über die medizinische Wirksamkeit vieler chemischer Präparate gemacht hatte (man hielt ja früher schon immer dafür, daß der Stein der Weisen ebenso gut, wie er unedle Metalle in edle verwandeln könne, so auch alle Krankheiten des menschlichen Körpers zu beseitigen und denselben mit ewiger Jugendfrische zu begaben vermöge), sodann auch durch die große Bewegung der Geister überhaupt, die im 15. und 16. Jahrhundert durch die Welt ging und als sichtbarste Folge die Reformation in der Kirche hervorrief. Namentlich traten drei Männer in den Vordergrund, außer dem schon genannten Paracelsus noch van Helmont und de le Boë Sylvius. Sie gingen von dem Gedanken aus, daß alle Verrichtungen des menschlichen Körpers durch gewisse chemische Vorgänge bedingt, daß der menschliche Organismus lediglich das Produkt chemischer Elemente und der ganze Lebensprozeß nichts weiter als ein chemischer Prozeß sei. Letzterer würde aber durch das vorwiegende oder verringerte Auftreten eines seiner Elementarbestandteile mannigfach beeinflußt oder zu Krankheitserscheinungen veranlaßt, und es müßte daher auf sicherem Wege durch Entziehung oder Zuführung der fraglichen Stoffe dem Lebensprozeß und somit dem ganzen Organismus selbst der normale Verlauf, die Gesundheit, wiedergegeben werden können. Allerdings glaubten jene Männer sowie ihre weniger bedeutenden Zeitgenossen mehr oder minder auch noch an die Veredelung der Metalle, sie machten dieselbe aber nicht mehr zur Hauptaufgabe bei ihren chemischen Arbeiten.

Für diese Jatrochemiker, wie sie genannt worden sind, trat das Forschen nach den Elementen, das bei den Alchimisten die Hauptrolle spielte, in den Hintergrund, dafür aber entstand die Frage nach den wesentlichen Bestandteilen des Körpers, die den Gesundheitszustand der einzelnen Organe bedingen und auf diese einwirken. Hatte man zu Anfang dafür die drei altgewohnten Elemente — Salz, Schwefel und Quecksilber — angesehen, so stellte sich sehr bald durch vermehrte Beobachtungen das Falsche dieser Ansicht heraus, und es kommen dafür Säuren und Laugensalze zu vorwiegender Berücksichtigung und Anwendung. Bei ihrer Darstellung mußten sich viele neue chemische Beobachtungen ergeben, und wir finden schon bei Paracelsus trotz der Verworrenheit und der Unklarheit seiner Ausdrücke doch vielfache Hinweise darauf, daß ihm eine große Zahl Verbindungen, von denen seine Vorgänger nichts oder nur Mangelhaftes wußten, sehr genau in ihren Eigenschaften bekannt waren, und daß er zu ihrer Darstellung neue und wichtige Methoden anzuwenden wußte.

Fig. 6. Theophrastus Paracelsus.

Theophrastus Paracelsus Bombastus von Hohenheim war 1493 zu Einsiedeln in der Schweiz geboren. Sein Vater, ein Arzt, unterrichtete ihn zeitig in den alten Sprachen, in der Heilkunde, Astrologie und Alchimie. Seine weitere Ausbildung scheint Paracelsus an vielen Orten gesucht zu haben, denn während eines höchst abenteuerlichen Jugendlebens durchzog er nach seiner Angabe als fahrender Scholast fast ganz Europa und die Morgenländer. Sammelte er auf diese Weise auch eine damals besonders reiche praktische Erfahrung, so verschaffte sie ihm doch nicht eine streng wissenschaftliche Bildung. Ja, er rühmte sich geradezu, daß er in zehn Jahren seiner Reisen kein Buch angesehen, und er schritt häufig, aus Lust am Kampfe mit den Gelehrten, zu Behauptungen, die mit früher von ihm Gesagtem im schreienden Widerspruche standen. Dennoch erlangte Paracelsus durch das Sichere seines Auftretens, durch das rücksichtslose Verdammen alles dessen, was nicht von ihm kam, durch das Kecke, Neue und Ursprüngliche seiner Sprech- und Schreibweise sowohl bei den jüngeren Ärzten als im großen Publikum jenen Erfolg, welchen sich der lebhafte, phantasiereiche Streiter gegen den trägen Konservativen immer bei dem Volke erkämpfen wird. Vielerlei Kenntnisse und geniale Befähigung standen ihm außerdem unleugbar zur Seite, während vieles, woran die gelehrten Gegner hingen, als entschieden Verrottetes sich aufdecken ließ. Die Wissenschaft wolle er so einfach machen, sagte Paracelsus, daß sie der Geringste verstehen könne, und in der That zogen seine Vorträge, die er als Professor der Naturgeschichte und Medizin an der Hochschule zu Basel in deutscher Sprache hielt, nicht weniger durch ihre Originalität an, als durch ihre scheinbare Popularität, die freilich häufig in Trivialität überging. Trotz des großen Einflusses aber, den er sich in allen Schichten des Volkes, außer bei denen älterer Gelehrten, errungen hatte, konnte er doch nicht verhindern, daß er infolge seines rücksichtslosen Auftretens seines Amtes entsetzt wurde.

Er begann aufs neue ein umherschweifendes Leben und starb infolge des Sturzes von einem Felsen im Jahre 1541 zu Salzburg, wohin ihn der dortige Erzbischof Ernst kurz vorher als seinen Leibarzt berufen hatte.

Gleichzeitig mit Paracelsus, aber in allem das Gegenbild, lebte in Sachsen ein Forscher, der, wenn auch Arzt wie sein Zeitgenosse, doch den heftigen Bewegungen, die dieser unter Medizinern und Chemikern hervorrief und die erst nach dem Tode ihres Urhebers zur bedeutungsvollen Wirkung kamen, gänzlich fern blieb. Nichtsdestoweniger hat dieser Mann, Georg Agricola, die Chemie, wenn auch nach einer ganz andern Richtung hin, auf das wesentlichste gefördert und die mit ihr nahe verwandten Wissenschaften der Mineralogie und Hüttenkunde derart in ihrem Zwecke bestimmt und in ihrem Material bereichert, daß wir ihn fast als den eigentlichen Begründer derselben ansehen können. Im Jahre 1494 zu Glaucha bei Meißen geboren, genoß Agricola auf der Universität zu Leipzig sowie auf verschiedenen italienischen Hochschulen seine Ausbildung. Nachdem er mehrere Jahre zu Joachimsthal im Erzgebirge gelebt und hier die hüttenmännischen Prozesse studiert hatte, begab er sich nach Chemnitz, wo er mehr litterarische Hilfsmittel für sein Lieblingsfach, die Naturwissenschaft, zu finden hoffte. Dort starb er im Jahre 1556.

Fig. 7. Georg Agricola.

Die Fortschritte, welche ihm die Chemie verdankt, betreffen, wie schon erwähnt, besonders die metallurgischen Prozesse, für welche er ganz neue rationelle Methoden zu Grunde legt. Er lehrte das Rösten der Erze so betreiben, daß der dabei entweichende Schwefel gewonnen werden konnte; gab Anweisung zur Reindarstellung des Kupfers; das Silber seigerte er aus Eisen und Kupfer durch Blei und zeigt die Gewinnung des Quecksilbers, Spießglanzes und des Wismuts. Um Kochsalz, Salpeter, grünen Vitriol und Alaun im großen darzustellen, gab er zweckmäßige Verfahren an, und über die Untersuchung der Erze auf ihren Metallgehalt verdankt die Hüttenkunde ihm ebenfalls höchst wertvolle Vorschriften, die sich nicht nur über die dabei zu befolgenden Prinzipien verbreiten, sondern auch zweckmäßige Geräte, Öfenkonstruktionen u. s. w. berühren und die bis zum Anfang des 18. Jahrhunderts maßgebend geblieben sind. Die Mineralogie endlich verehrt ihn als den Schöpfer des ersten Systems, nach welchem eine Klassifikation versucht werden konnte, mit der dann ein genaueres Bestimmen und Kennenlernen der Mineralkörper notwendig sich verbinden mußte.

Alle diese chemischen Arbeiten gehen zwar eigentlich ihre ganz selbständige Richtung und haben mit den Zielen der andern durchaus nichts gemein — sie fanden deswegen auch bei Lebzeiten Agricolas nicht jene Berücksichtigung, die sie ihrer inneren Bedeutung wegen verdienten. Allein gerade deswegen muß die Geschichte der Wissenschaft das Wirken dieses Mannes hervorheben, seinen Zeitgenossen und Nachfolgern gegenüber, unter denen kein einziger war, welcher einen ähnlichen ruhigen Blick, eine ähnliche Strenge, Treue und Begeisterung für das Rechte und Wahre besessen hätte. Am allerwenigsten Paracelsus, gegen dessen Ansichten und Lehren der Streit nach seinem Tode heftiger als zuvor entbrannte. War aber auch wirklich sehr viel Unklares und Falsches in dem Angefochtenen, so können uns doch die Gegner kein großes Interesse abgewinnen, einmal, weil das von ihnen Verteidigte mindestens ebenso unklar und unrichtig war, sodann aber, weil sie mit ihrem wurmstichigen Autoritätsglauben der Chemie nicht das Geringste wirklich genützt haben.

Unter den Anhängern des Paracelsus hingegen finden wir, wenn auch manchen Marktschreier und Taschenspieler, wie den bekannten Leonhard Thurneißer (geb. 1530 zu Basel, gest. 1596 zu Köln), so doch viel Strebsamkeit und Intelligenz. Turquet de Mayerne (geb. 1573 zu Genf, gest. 1655 in Chelsea bei London) und, am Ende des 16. Jahrhunderts, Oswald Croll, sowie Adrian von Mynsicht hielten durch ihr Ansehen die guten Keime lebenskräftig, und ganz besonders trug Andreas Libavius (ein geborener Hallenser, ursprünglich Arzt, gestorben als Gymnasialdirektor in Koburg 1616) zur Beseitigung der Irrtümer bei, welche dem medizinisch-chemischen System von seinem Urheber mit angehängt worden waren. Durch ein ausgezeichnetes Beobachtungstalent unterstützt, erfand Libavius zahlreiche neue Methoden, die ihm zur Prüfung der damals angewandten Heilmittel sowie zur Darstellung neuer Verbindungen wesentlich nützte. Die Methode, durch Verbrennen von Schwefel mit einem Zusatz von Salpeter Schwefelsäure herzustellen, welche der jetzigen Schwefelsäurefabrikation im Prinzip noch zu Grunde liegt, hat in ihm ihren Urheber. Der Ausdruck Spiritus fumans Libavii ist ein noch gebräuchlicher Name für Vierfachchlorzinn, welches er durch Destillation von Quecksilbersublimat mit Zinn erhielt. Den Gasen schenkte er bereits Aufmerksamkeit, und seine analytischen Vorschriften, die sich vorzüglich auf das Probieren der Erze beziehen, muß er selbst mit großer Genauigkeit befolgt haben, denn er vermochte damit in allen käuflichen Bleisorten einen Gehalt an Silber nachzuweisen. Wie objektiv und unbefangen seine Art zu schließen war, beweist am besten der Umstand, daß er den Gehalt der Mineralwässer an festen Stoffen lediglich von den aufgelösten Bestandteilen des Bodens, welche das Wasser durchsickerte, ableitete.

Neben Libavius, dem Verfasser des ersten und auf lange Zeit besten chemischen Lehrbuches, ist aus dem ersten Viertel des 17. Jahrhunderts noch der durch seine chemischen Kenntnisse ausgezeichnete Leibarzt des Herzogs von Mecklenburg, Angelus Sala, zu nennen. Hervorragender aber als beide wird Johann Baptist van Helmont (geb. 1577 zu Brüssel, gest. 1644 auf seinem bei dieser Stadt gelegenen Gute Vilvorde), dessen bedeutender Geist wohl auch von den Irrtümern der damaligen Zeit nicht frei bleiben konnte und ebensowohl der mystischen Theologie zeitweilig anhing, als von den Versuchen der Alchimisten zur Nachahmung veranlaßt wurde, der aber befähigt war, die Summe der damaligen Kenntnisse fast auf allen Gebieten zusammenzufassen und durch Vergleichung, Sichtung und Sonderung wesentlich zu nützen. Zwar verleitete ihn seine große Produktivität und seine hervorragende Stellung unter den gelehrten Zeitgenossen zu einem festen Glauben an seine eignen Ideen, denen er häufig ohne exakte Bewahrheitung die Zügel schießen ließ. Allein mit einem so begeisterten Streben, mit einer so unausgesetzten Arbeitsthätigkeit, wie sie van Helmont charakterisieren, werden solche Schwächen häufig verbunden sein; sie mußten es in der damaligen Zeit noch mehr sein, wo jeder die Wege nur im großen ganzen angedeutet, nirgends aber eine zuverläßliche Hinterlassenschaft fand, die ihm von vornherein zu Grundlage und Maßstab hätte dienen können. Bei van Helmont, welcher im gewissen Sinne einen ähnlichen Charakter wie Paracelsus hatte, tritt die zu Verirrungen geneigte Seite viel gemilderter hervor durch einen bewußten Ernst, durch wirklich tiefe Gelehrsamkeit und gute Lebensart. Was seine theoretischen Ansichten anbelangt, so verwarf Helmont die altgewohnten aristotelischen vier Elemente ganz und gar; dem Wasser räumte er als Hauptbestandteil aller Dinge eine große Bedeutung ein. Daß er aber über die elementare Zusammensetzung der Körper noch sehr irrige Meinungen verfolgte, bestätigt uns u. a. sein Glaube an die Metallverwandlung, welchem er sein ganzes Leben hindurch anhing. Indessen ließ er keineswegs seine Arbeiten dadurch in ihrer Richtung irgendwie bestimmen. Er stellte zuerst eine Unterscheidung der Gasarten und Dämpfe auf, die sich jahrhundertelang in Ansehen erhalten hat. Er bemerkte, daß die Luft an Volumen abnimmt, wenn ein Körper darin verbrennt; Kieselerde verschmolz er mit einem Alkali zu einem zerfließlichen Glase (Kieselfeuchtigkeit), und noch zahlreiche andre Beobachtungen beweisen sein klares Auge und seine ausgezeichnete Methodik. Über Metallverbindungen sind insbesondere seine Erfahrungen außerordentlich reich und scharf bestimmt; manche daraus von ihm abgeleitete Feststellungen mußten für die Fortbildung der Chemie höchst einflußreich werden. Dahin gehören z. B. Sätze wie: es kann kein Stoff aus einer Flüssigkeit abgeschieden werden, der nicht vorher schon darin war (Kupfer aus der Lösung des blauen Vitriols); ferner: ein Stoff kann zahlreiche Verbindungen eingehen und aus einer in die andre geführt werden, ohne daß er dadurch an seiner Eigentümlichkeit einbüßt und bei seinem endlichen Ausscheiden ein anders gearteter geworden wäre, als er vorher war. Es erscheint uns fast unerklärlich, daß derselbe Mann, der solche klar erkannte Gesetze zuerst aussprach, doch den gerade entgegenlaufenden Ideen der Transmutation anhängen konnte.

Helmonts chemische Ansichten vom organischen Leben hingegen und die daraus abgeleiteten medizinischen Theorien sind für die Entwickelung der Chemie von keinem andern Wert, als daß sie dieselbe für die Mediziner zu einem Fundamentalstudium machten und ihr auf diese Weise zahlreiche Pfleger und Förderer indirekt erwarben

Indessen fingen auch schon einzelne an, bei ihren chemischen Studien den medizinischen Zweck als Nebensache zu betrachten und sich mehr mit der Eigentümlichkeit der zu beobachtenden Stoffveränderungen zu beschäftigen, die Chemie also um ihrer selbst willen zu treiben. Unter diesen muß namentlich Johann Rudolf Glauber, 1604 zu Karlsstadt in Franken geboren, hervorgehoben werden. Über sein Leben ist nicht viel mehr bekannt, als das Wechselnde seines Aufenthaltsortes, den er bald in Salzburg, bald in Kitzingen in Bayern, bald in Köln oder sonstwo nahm; er starb 1668 zu Amsterdam.

Glauber hielt sich zwar durchaus nicht frei von den Vorurteilen seiner Zeit, ließ sich aber dadurch glücklicherweise bei seinen zahlreichen Entdeckungen nicht beirren, welche uns sein fruchtbares Beobachtungstalent, das ihn vor allen andern auszeichnet, erkennen lassen. In der Erklärung vieler rein chemischer Vorgänge war er sehr glücklich, und die Schlüsse, die er daraus zu ziehen vermochte, hatten nicht selten hohen praktischen Wert, da sie über die innere Zusammensetzung der Salze, über chemische Verwandtschaft u. s. w. Aufklärung gaben. Durch gegenseitige Einwirkung verschiedener Stoffe aufeinander stellte Glauber eine große Anzahl neuer Verbindungen oder bekannte Körper wenigstens auf neue und bequemere Weise dar. Eine derselben, die ihrer medizinischen Wirksamkeit wegen rasch großen Ruf erhielt, hat den Namen ihres Darstellers sehr populär gemacht: das schwefelsaure Natron, jetzt auch Natriumsulfat genannt, heißt noch jetzt im gewöhnlichen Leben Glaubersalz.

Die chemische Technologie hat daher auch aus den Glauberschen Vorschriften sehr bemerkbaren Nutzen gezogen. Für die Fabrikation des Salpeters, die Darstellung verschiedener gefärbter Glasflüsse, für die Färberei und die Verhüttung der Erze sind dieselben in gleich ausgezeichneter Weise fruchtbar gewesen. Die Ausnutzung der natürlich vorkommenden Schätze suchte Glauber auf die vorteilhafteste Höhe zu bringen, und sein sechs Bände starkes Werk „Teutschlands Wohlfahrt“ hat lediglich den Zweck, auf die günstigen Verhältnisse dieses Landes hinzuweisen, durch deren zweckmäßige Benutzung sich die Bewohner nicht nur ihre Bedürfnisse selbst befriedigen, sondern auch das Ausland noch mit versorgen könnten.

Wenn auch Glauber nicht direkt den Anschauungen der Jatrochemiker gemäß die Chemie behandelte, so hat er doch mittelbar durch die Darstellung zahlreicher neuer Verbindungen, deren medizinische Wirkung sich oft als eine sehr kräftige erwies, auf die Heilkunde einen namhaften Einfluß ausgeübt, da hierdurch die Anwendung chemischer Präparate in der Arzneimittellehre eine immer ausgedehntere wurde.

Die damalige medizinische Chemie als solche, welche den menschlichen Organismus lediglich als ein Produkt von Säure und Laugensalz, und alle Krankheiten als durch Veränderung der chemischen (sauren und alkalischen) Eigenschaften der Säfte hervorgegangen betrachtete, diese Richtung und damit das ganze Zeitalter, welches wir jetzt betrachten, findet den entschiedensten Ausdruck in Franz de le Boë Sylvius. Im Jahre 1614 zu Hanau aus einer edlen holländischen Familie geboren, widmete er sich zu Leiden und Basel der Heilkunde, welche er zuerst in Hanau, sodann in Amsterdam ausübte, bis er 1654 als Professor der Medizin nach Leiden berufen wurde, wo er 1672 starb. Seine große Befähigung, hohe Bildung und das Liebenswürdige seines Auftretens, welches er wenigstens im Anfange seiner Thätigkeit besaß, verschafften seinen Ansichten große Geltung. Auch ging er weiter als sein großer Vorgänger van Helmont, der eine gewisse spiritualistische Kraft, den rätselhaften Archeus, als Veranlasser und Unterhalter mancher physiologischen Funktionen, besonders der Verdauung, angenommen hatte; er verwarf jede Mitwirkung von Geistern, die ja in der Lehre des Paracelsus eine so wichtige Rolle gespielt hatten, und sah in der chemischen Natur des Speichels, des Saftes der Pankreasdrüse und der Galle sowie in dem Verhältnis ihrer Mischungen und Veränderungen die einzigen Ursachen derjenigen Vorgänge, welche wir bei jenem Prozeß beobachten können. In ähnlicher Weise betrachtet er alle Veränderungen im menschlichen Körper, und die ganze Heilwissenschaft ist bei ihm nichts weiter als ein Teil der angewandten Chemie.

Mit Sylvius schließt diese Periode ab. Seine Anhänger hielten zwar das Gebäude noch eine Zeitlang aufrecht, es war aber mehr nur die Medizin, welche noch chemische Begriffe verwertete. Die Chemie fing an, sich selbständig zu machen und — wie schon bei Glauber — teils der Technik sich zuzuwenden, teils aber eine mehr innere Ausbildung als eigentümliche Wissenschaft zu erlangen. Die Erforschung der gesamten Natur wurde zu ihrem Hauptzweck, und mit der Abstreifung ihrer äußeren Abhängigkeit schwang sie sich der würdigeren Stufe zu, die sie bald bei uns eingenommen hat. In der Analyse sehen wir schon bei Tachenius, einem der bedeutendsten Nachfolger des Sylvius, daß derselbe wertvolle Erfahrungen gemacht, sowohl was die Erkennung gewisser Stoffe in ihren Verbindungen durch Reagenzien anbelangt, als auch was sich auf das gegenseitige Gewichtsverhältnis der einzelnen Bestandteile bezieht.

Die neuere Chemie, wie wir diejenige wissenschaftliche Erforschung der Natur bezeichnen können, welche sich mit der Untersuchung der materiellen Beschaffenheit der Stoffe nach ihrem qualitativen und quantitativen Charakter sowie mit dem Nachweis der elementaren Bestandteile in Verbindungen beschäftigt, und zwar nicht nur mit der Zersetzung und Veränderung derselben durch Herantreten äußerer Einflüsse (z. B. der physikalischen Kräfte, Wärme, Licht, Elektrizität 2c. oder der chemischen Verwandtschaften andrer Stoffe), sondern auch mit der Darstellung solcher zusammengesetzter Verbindungen aus ihren einfachen Bestandteilen, diese heutige Wissenschaft der Chemie ist nun zwar nicht mit einem Male aus den vorher betrachteten Zuständen der naturwissenschaftlichen Disziplinen hervorgegangen; wir finden vielmehr schon in früheren Zeiten Bestrebungen, welche einen derartigen Charakter an sich tragen, sie traten aber vereinzelt auf und konnten deswegen einen allgemeinen Einfluß auf die Gesamtrichtung der chemischen Studien nicht erlangen. Im Verhältnis waren die positiven Ergebnisse daher auch nur sehr spärlich. Von der Mitte des 17. Jahrhunderts an aber häuften sich in überraschender Weise die Erfolge durch die Erkenntnis der philosophischen Bedeutung der Chemie. Auf andern naturwissenschaftlichen Gebieten (Astronomie und Physik) waren in dieser Zeit (Anfang des 17. Jahrhunderts) Männer wie Keppler (1571—1630), Galilei (1564—1642), Toricelli (gestorben 1647) u. a. aufgetreten; ihr rein wissenschaftlicher Geist durchdrang auch die Chemie, die ihrer selbständigen Stellung den andern Zweigen der Naturwissenschaft gegenüber bewußt zu werden begann. Gewisse natürliche Vorgänge werden als chemische Prozesse von großer Allgemeinheit erkannt, und ihre Erforschung tritt in den Vordergrund. Der auffallendste Vorgang dieser Art in der äußeren Natur, die Verbrennung, zog die Aufmerksamkeit zuerst auf sich, und seine Erklärung war die erste epochemachende That; sie wird uns daher bei unsrer Betrachtung auch zuerst ausführlicher beschäftigen.

Die Phlogistiker. Wir können die neuere Geschichte der Chemie in zwei Abschnitte teilen. In der ersten Periode sind es nur die qualitativen Erscheinungen (die Art der Stoffe und ihrer Verbindungen), welche zu erklären und in Zusammenhang zu bringen unternommen wird; in der zweiten dagegen tritt die Erforschung der quantitativen Verhältnisse (der Mengenverhältnisse, unter denen bestimmte Stoffe zu bestimmten Verbindungen zusammentreten oder aus denselben ausscheiden) in den Vordergrund. Daß damit jene ältere Richtung eines wesentlichen Hilfsmittels, um der Wahrheit auf die Spur zu kommen, noch entbehrt, liegt auf der Hand. Wir werden uns daher auch gar nicht verwundern dürfen, wenn wir der willkürlichen Annahme von eingebildeten Stoffen begegnen, welche durch ihr Hinzutreten oder Entweichen chemische Prozesse bewirken sollten, die man auf andre, strengere Weise noch nicht erklären konnte. Da das Gewicht der Verbindungen vor und nach ihrer chemischen Veränderung noch in keiner Weise berücksichtigt wurde, und da man sich außerdem nichts daran gelegen sein ließ, jene hypothetischen Körper für sich darstellen zu wollen und somit jede Kontrolle über deren wirkliches Vorhandensein fehlte, so hatte ihre Verarbeitung zu verschiedenen Theorien vollkommen freies Spiel. Ein solcher nur in der Einbildung vorhandener chemisch thätiger Körper war nun das sogenannte Phlogiston, von dessen wirklicher Existenz dennoch die Chemiker anderthalb Jahrhunderte lang überzeugt waren, mit dessen besonderen Eigenschaften sich aber bekannt zu machen keinem von ihnen in den Sinn kam. Das Phlogiston war erfunden worden, um die Verbrennung erklären zu können, und der Kreis seiner Wirksamkeit wurde bestimmt, wie es die mit ihm zusammenhängenden chemischen Prozesse verlangten.

Mag nun aber die auf dasselbe gegründete phlogistische Theorie auch noch so falsch sein, so hat sie doch für die Chemie den großen Nutzen gehabt, daß man eine ansehnliche Reihe von Erscheinungen zusammenfaßte und unter einen einzigen Gesichtspunkt brachte, der die Übersicht, Vergleichung und Prüfung wesentlich erleichterte. Die Ansicht, daß aus jedem verbrennenden Körper sich ein Etwas ausscheide, was uns als Flamme sichtbar wird, und daß die bei der Verbrennung zurückbleibenden Stoffe Bestandteile des verbrannten Körpers gewesen seien, ist übrigens eine sehr alte; sie wird auch von Boyle, Kunkel und Becher, den ersten bedeutenden Chemikern, mit denen die neuere Chemie beginnt, teils verteidigt, teils wenigstens stillschweigend angenommen. Es kam darauf an, jenes entweichende Etwas begrifflich genauer zu fixieren und die Art und Weise seiner Verbindungen auseinander zu legen. Dies that Stahl mit der Annahme des Phlogistons auf eine so geistreiche und erschöpfende Weise, daß sich seine Theorie den damals bekannten chemischen Erscheinungen vollkommen bequem einfügte, da nach derselben alle auf Verbrennung beruhenden Vorgänge qualitativ sich recht gut erklären ließen.

„Alle verbrennlichen, sowohl organischen als unorganischen Körper", lehrte Stahl, „enthalten einen gemeinschaftlichen Bestandteil, das Phlogiston; beim Verbrennen entweicht dasselbe, und je nachdem es in größerer oder geringerer Menge vorhanden war und mit größerer oder geringerer Heftigkeit fortgeht, sehen wir eine Flamme oder nur allmähliche Veränderungen, wie beim Oxydieren, Rosten und Verkalken der Metalle. Kohle, Schwefel, Phosphor und ähnliche Körper enthalten sehr viel Phlogiston. Aus der Verbrennung von Schwefel und Phosphor entstehen gewisse Säuren, diese müssen also in jenen Körpern mit Phlogiston verbunden enthalten gewesen sein u. s. w."

Man hatte schon erkannt, daß das Oxydieren oder, wie es damals hieß, das Verkalken der Metalle nichts weiter sei als eine sehr langsame Verbrennung. Daher mußte ebenso, wie der gewöhnliche Schwefel als eine Verbindung von Schwefelsäure und Phlogiston galt, das Eisen eine Verbindung von Phlogiston mit Eisenrost sein. In entsprechender Weise wurde nun die Theorie des Phlogistons auf alle Körper angewandt. Wollte man Eisen aus Eisenrost herstellen, so mußte man demselben Phlogiston zuführen; dies gelang durch Erhitzen mit einem phlogistonreichen Körper, z. B. mit Kohle, welche dabei natürlich verbrannte. Man sieht, daß sich mit der Praxis solche Erklärungen sehr gut vereinigen ließen. Wie das Prinzip der Verbrennung geeigenschaftet sei, darüber machte man sich im Anfange keine großen Bedenken, und wenn ja eine Thatsache darauf hinzuweisen schien, daß, weil z. B. der Eisenrost in Summa ein größeres Gewicht habe als das Eisen, woraus er entstanden, von dem Entweichen eines Stoffes wohl nicht die Rede sein könne, so wurde dieselbe als unwesentlich vernachlässigt. Kurzum, die phlogistische Theorie war ein Mittelpunkt, um den sich die bei weitem größte Zahl wichtiger chemischer Erscheinungen übersichtlich und verständlich gruppieren ließ, und deshalb wurde sie zu einem Gesetz, welches durch die um die Mitte des 17. Jahrhunderts zahlreich entstehenden gelehrten Gesellschaften Anerkennung und Verbreitung gewann.

Es ziemt aber, diejenigen namhaft zu machen, welche aus edlem, ernstem Streben nach Erforschung der Natur der Dinge die neue Richtung der exakten Wissenschaften eigentlich begründeten, jene Wissenschaften, durch welche die Kulturarbeit des Menschen so bedeutsame Förderung erfahren sollte. Unter ihnen ragt an geistiger Kraft Robert Boyle hervor, bei welchem zugleich die reine Begeisterung für die Wahrheit in erhebender Weise zu Tage tritt. Boyle wurde geboren 1627 zu Youghall in der irischen Grafschaft Munster. Durch eine ausgezeichnete Erziehung vorbereitet, bereiste er noch sehr jung Frankreich und die Schweiz und hielt sich besonders in Genf längere Zeit auf. Unruhen in seinem Vaterlande aber, die ihn mit dem gänzlichen Verluste seines Vermögens bedrohten, riefen ihn zurück; er wandte sich zuerst nach Oxford, später nach London, wo er namentlich der kurz vorher gestifteten Royal Society seine Kräfte widmete. Hier starb er auch 1691 als Präsident jener Gesellschaft, von dem Ruhme begleitet, in großherziger Weise sein Leben den edelsten Zwecken geopfert zu haben. Sehr bedeutend wurde Boyle für die Späteren dadurch, daß er, wie es schon Bacon vorher als Richtschnur aufgestellt hatte, das Experiment als Ausgangspunkt aller exakten Forschung betrachtete. Vorsichtig hielt er sich davon fern, neue Hypothesen aufzustellen, wo ihm schon die Unzulänglichkeit der bisherigen auffiel. Eine genaue Bestimmung der Thatsachen war ihm die einzige Grundlage, auf der sich später die notwendigen Schlußfolgerungen von selbst aufbauen mußten, und in der That haben die faktischen Bereicherungen des physikalischen und chemischen Wissens, die von ihm ausgingen, auch die fruchtbarste Anwendung späterhin ergeben. Boyle war es, der zuerst auf das gewöhnlich unter dem Namen des Mariotteschen Gesetzes angeführte Verhalten der Gasarten aufmerksam machte. Er hatte ferner ganz richtig bemerkt, daß sowohl beim Atmen als bei der Verbrennung aus der Luft etwas verzehrt wird, und daß bei der Oxydation der Metalle der gebildete Rost mehr wiegt als das Metall vorher. Er kam der richtigen Erklärung dieses wichtigen chemischen Vorganges sehr nahe, allein die letzten Schlüsse aus seinen Beobachtungen zu ziehen wagte seine vorsichtige, skeptische Natur nicht. Boyle war sich über die Irrtümer seiner Zeit klar, aber in wunderbarer Entsagung begnügte er sich mit den angestellten Beobachtungen, anstatt Systeme und Hypothesen daraus abzuleiten, die möglicherweise bei dem damaligen Stande der Erfahrungen doch der Wahrheit nicht näher gekommen wären als die Anschauungen, welche er als falsch verwerfen mußte. Wenn wir bei einem so gewissenhaften Forscher gleichwohl der Ausbildung einer **Theorie der chemischen Verwandtschaft** begegnen, so werden wir schon daraus schließen können, daß er nur durch ein reiches Material sorgfältig geprüfter Beobachtungen über chemische Verbindungen sich dazu bewogen finden konnte. Jene Theorie, auf welche an dieser Stelle nicht näher eingegangen werden kann, ist auf ein so richtiges Verständnis der Erscheinungen basiert, daß sie im wesentlichen noch unsern heutigen Ansichten über jenen Gegenstand zu Grunde liegt.

Dieser erste wirklich bedeutende chemische Gesichtspunkt war für die Abgrenzung und Charakterisierung der chemischen Gruppen: Alkalien, Säuren, Salze, sowie für die Erkennung ihrer Bestandteile (Analyse) von dem fruchtbarsten Einfluß, und wir verdanken infolge davon Boyle die ersten Grundlagen der analytischen Chemie auf nassem Wege, denn er war es, der darauf hinwies, daß sich aus den bei der gegenseitigen Einwirkung von Lösungen entstehenden Farbenveränderungen, Niederschlägen u. s. w. mit Sicherheit auf die Natur der darin enthaltenen Bestandteile schließen lasse. Wie sich uns in allem Boyle aber als ein klarer, besonnener, scharfblickender Forscher zeigt, so wußte er auch dem Leben zu nützen. Viele Methoden der technologischen Chemie verbesserte er, andre hat er erfunden, und es scheint, als habe vor seinem Geiste sich alles nur in seiner wahren Gestalt gezeigt und ihm stets die zweckmäßigste Anwendung vor Augen gelegt.

Wichtig für die Verbreitung chemischer Kenntnisse, für die ein so bedeutender Mann das allgemeinste Interesse erregen mußte, wurden die um die Mitte des 17. Jahrhunderts entstehenden **gelehrten Gesellschaften**, von denen einige sehr bald in regelmäßig erscheinenden Schriften ihre Erfahrungen publizierten. Unter ihnen ist die noch jetzt bestehende Academia-Caesarea-Leopoldina die älteste, sie entstand aus einer 1651 von einigen Ärzten in Schweinfurt gegründeten Vereinigung. Seit 1670 gab sie alljährliche Miszellaneen heraus und erhielt zwei Jahre darauf von Kaiser Leopold I. ihre Bestätigung.

Nach Boyle sind zunächst zu erwähnen: **Kunkel** (geb. 1630 zu Rendsburg, gest. 1702 zu Stockholm), der, obgleich noch mit alchimistischen Arbeiten, wenn auch nur für andre, sich abgebend, doch einige sehr förderliche Beobachtungen gemacht und unter anderm die Bereitung des Phosphors gelehrt hat; **Becher** (geb. 1635 zu Speier, gest. 1682 in England), der vorzüglich durch seine von Stahl späterhin ausgebildete Theorie der Verbrennung für das ganze Zeitalter einflußreich wurde, sowie in Frankreich **Homberg** und **Lemery**, Mitglieder der Académie des sciences zu Paris, von denen der erstere zahlreiche neue Beobachtungen für Theorie und Praxis nutzbar zu verwerten wußte, der letztere aber besonders durch seine Anregung für die Ausbreitung der Chemie sorgte.

Wichtiger aber als alle diese wurde nun Georg Ernst Stahl, welcher, 1660 zu Ansbach geboren, 22 Jahre hindurch in Halle lehrte und als königlicher Leibarzt 1734 in Berlin starb, sowohl durch seine Kenntnisse, die ihn zu dem bedeutendsten Gelehrten seiner Zeit stempeln, als auch durch die Lauterkeit und Gewissenhaftigkeit seines Strebens, die seinen Ansichten einen mächtigen Einfluß verschafften. Seine einzelnen chemischen Beobachtungen, so anerkennenswert sie auch immerhin waren, sind indes für die Geschichte von geringerer Bedeutung als die Theorie von der Verbrennung, die wir schon unter dem Namen der phlogistischen Theorie charakterisiert haben. Sie wurde für die chemische Auffassung des nächsten Jahrhunderts bestimmend, und wenn auch einige streng experimentierende Chemiker, namentlich Friedrich Hoffmann (1693 Professor der Medizin zu Halle, später Leibarzt des Königs Friedrich Wilhelm in Berlin und 1742 gestorben), darauf hinwiesen, daß bei der Verkalkung vom Entweichen eines Stoffes wohl nicht gut die Rede sein könne, weil die gebildeten Oxyde mehr wögen als das Metall vorher, so konnten dergleichen Einwürfe doch nicht zur Geltung kommen. Denn man scheute es, hierdurch das kaum errichtete Lehrgebäude, in welchem die massenhaft sich mehrenden Beobachtungen wohl oder übel sich wenigstens unterbringen ließen, wieder zu zerstören. Die phlogistische Theorie gab den chemischen Begriffen einen Grundgedanken zum Kern; wenn auch falsch, so genügte sie den damaligen Erfahrungen, denn sie widersprach ihnen außer in dem angeführten Punkte durchaus nicht. Da obenein mit ihrer Hilfe es allein und zuerst möglich war, das reiche angesammelte Material chemischer Kenntnisse zu einem wissenschaftlichen Körper zusammen zu ordnen, so war die Anerkennung, welche sie erfuhr, auch ganz erklärlich.

Fig. 8. Robert Boyle.

Viel lauter als seine Zeitgenossen, z. B. Boerhave, sprechen sich die Nachfolger Stahls aus, insbesondere Kaspar Neumann, Eller, Johann Heinrich Pott und der bedeutende Sigismund Marggraf, 1709 zu Berlin geboren und 1782 gestorben, dessen Name sich durch Entdeckung des Zuckers in den Runkelrüben und seiner Darstellung daraus auf ruhmreiche Weise mit einem der wichtigsten Zweige der neueren chemischen Technologie verbindet. Im Auslande gewannen für die Stahlsche Richtung neben dem schon erwähnten Homberg und Lemery einen besondern Einfluß Stephan Franz Geoffroy und sein Bruder Claude Joseph Geoffroy, Johann Hellot, Ludwig Duhamel und Joseph Macquer (geb. 1718, gest. 1784).

Die Geschichte der phlogistischen Theorie fällt für dieses Zeitalter ganz mit der Geschichte der Chemie überhaupt zusammen, denn sie bezog sich nicht nur auf den wichtigsten der bekannten chemischen Vorgänge, sondern das Phlogiston spielte auch in allen sonstigen Verbindungen die Hauptrolle; mit der Menge seines Vorhandenseins, nach dem Grade seines Austausches, wurden die verschiedenen Eigenschaften der chemischen Substanzen und die Art ihres gegenseitigen Aufeinanderwirkens in Zusammenhang gebracht und erklärt. Im Berliner Blau sollte z. B., weil die blaue Farbe durch Erhitzen zerstört wird, auch Phlogiston das färbende Prinzip sein. Aber nach und nach wurden doch immer zahlreichere Beobachtungen gemacht, für welche das Phlogiston nicht mehr zur Erklärung ausreichen wollte. Aus dem roten Quecksilberoxyd konnte man metallisches Quecksilber herstellen, ohne daß damit ein Phlogiston abgebender Körper in Berührung gebracht wurde; dies und ähnliche Thatsachen und ihre Erklärer erschütterten das Vertrauen auf die herrschende Ansicht. Ganz besonders sind in dieser Hinsicht, als eine neue Epoche vorbereitend, die drei englischen Chemiker **Black**, **Cavendish** und **Priestley** namhaft zu machen. Durch Newton war die Naturforschung in England vorzugsweise den mathematischen und physikalischen Disziplinen zugelenkt worden, und es ist daraus die nützliche Unbefangenheit zu erklären, welche die Naturforscher den vorwiegend spekulativen Richtungen der fremdländischen Chemiker entgegenbrachten; selbst wo sie sich zu deren Ansichten bekannten, geschah dies mehr der Form als werkthätiger Unterstützung willen.

Wenn **Black**, geb. 1728 zu Bordeaux, gest. 1799 zu Edinburg, im Grunde auch anfänglich der Stahlschen Lehre anhing, so wurde er doch dadurch, daß er die Berücksichtigung der quantitativen Verhältnisse bei chemischen Arbeiten in den Vordergrund zu stellen lehrte, einer der Haupturheber, welche den Sturz herbeiführten. Viele Ergebnisse seiner eignen Untersuchungen ließen sich nach den gewohnten Anschauungen in keiner Weise erklären; namentlich war die Entdeckung, daß sich mit den kaustischen Alkalien ein Gas, die Kohlensäure, vereinigen könne, welches die ätzende Eigenschaft jener aufhebe, und daß diese Verbindung ein größeres Gewicht habe, als das kaustische Alkali vorher, eine in verschiedener Hinsicht bedeutsame Errungenschaft. Einmal schaffte sie der Überzeugung Raum, daß ein schwerer Körper nicht ein Bestandteil eines leichteren sein könne, wie die Phlogistiker durchweg gelten ließen; sodann aber lenkte sie die Aufmerksamkeit der Forscher auf ein bisher noch gar nicht oder höchst mangelhaft bebautes Gebiet, auf die Untersuchung der gasförmigen Körper, deren vielfach verschiedene Naturen man kennen lernte, als man sie mit der fixen Luft, der Kohlensäure, verglich.

In der Untersuchung derselben zeichnete sich **Cavendish**, geb. 1731 zu London, gest. ebenda 1810, aus, welcher hierin während der Jahre 1766—85 eine Reihe ganz bewundernswürdiger Entdeckungen machte. Er entdeckte das Wasserstoffgas und hielt es, weil es bei der Oxydation gewisser Metalle in Gegenwart schwacher Säuren entweicht, mit dem Phlogiston identisch; die kohlensauren Salze untersuchte er, in der Luft erkannte er einen ständigen Gehalt von Sauerstoff, welch letztere Gasart Priestley kurz vorher entdeckt hatte. Besonders wichtig aber waren die Fundamentalerfahrungen, daß sich Wasser aus Wasserstoff und Sauerstoff zusammensetzt, und zwar, daß aus der Verbrennung des Wasserstoffs in Sauerstoff genau soviel Wasser dem Gewicht nach entsteht, als die beiden Gasarten zusammen vorher gewogen, und daß die Kohlensäure bei Verbrennung organischer Körper entsteht. Diesen reihen sich zahlreiche andre, nicht minder wertvolle Entdeckungen an, allein so sprechend sie auch für eine Umgestaltung der chemischen Theorie waren, Cavendish ließ sich durch dieselben nicht bestimmen, von dem Stahlschen System abzugehen, und dadurch verringerte er sich selbst das Verdienst seiner Arbeiten.

Die Untersuchung der Gasarten wurde seit **Cavendish**, der freilich selbst nur eine geringe Zahl derselben bearbeitet hatte, der Ausgangspunkt der neuen Epoche, und **Priestley** legte durch die Menge der neuen Beobachtungen, die er auf dem noch ziemlich unbebauten Gebiete machte, eine breite und feste Grundlage. **Joseph Priestley**, 1733 zu Fieldhead in Yorkshire geboren und anfänglich für den Kaufmannsstand bestimmt, widmete sich später sprachlichen und theologischen Studien; er war auch in der That die größte Zeit seines vielbewegten Lebens hindurch als Pfarrer und Lehrer thätig. Den Naturwissenschaften wandte er sich erst später zu, und es ist diesem Umstande, der ihn eine ausschließliche Richtung nicht mehr einschlagen ließ, zuzuschreiben, daß er die Tragweite seiner Entdeckungen oft selbst nicht übersah und daher die leicht daraus abzuleitenden Erfolge oft mit andern teilen mußte. Er hat die größte Anzahl der wichtigeren Gasarten zuerst dargestellt und als isolierte Körper erkannt, und die Methoden ihrer Untersuchung, wo nicht neu erfunden, so doch sehr zweckmäßig verbessert. Außer dem Sauerstoff entdeckte er das Stickstoffoxydul, das Kohlenoxydgas; er stellte die schweflige Säure, die gasförmige Salzsäure, das Ammoniak- und das Fluorkieselgas dar; noch eine Menge andrer Stoffe und Erscheinungen ließen sich namhaft machen, die Priestley zuerst beobachtet und oft in sehr genauer Weise untersucht hat. Doch blieb er, wie Cavendish, bis zuletzt ein Anhänger Stahls. Er starb 1804 in Northumberland, wohin er 1795 hatte auswandern müssen.

In der zweiten Hälfte des vorigen Jahrhunderts treffen wir, durch Linné angeregt, auch in Schweden eine sehr rege Teilnahme an den naturwissenschaftlichen Forschungen. In Upsala lehrte Torbern Bergmann (geb. 1735 zu Katharinaberg in Westgotland, gest. 1784 in den Bädern zu Medewi am Wettersee) die Chemie und erwarb sich durch seine ausgezeichneten Arbeiten, namentlich durch die Vervollkommnung der Analyse, großen Ruhm. Waren auch die Resultate, welche er erhielt, oft noch, weil nach verhältnismäßig mangelhafter Methode erlangt, der Verbesserung sehr bedürftig, so gestattete ihre Reichhaltigkeit doch eine höchst fruchtbare Anwendung, welche der geniale Forscher besonders in geologischer und mineralogischer Hinsicht zur Klassifizierung dieser Teile der Naturwissenschaften in ausgedehntem Maße machte. In naher Beziehung zu Bergmann stehend sehen wir Scheele, der, ein unbemittelter Apotheker, während eines verhältnismäßig kurzen Lebens (1742 zu Stralsund geboren und 1786 zu Köping gestorben) in der Chemie eine Menge neuer, höchst bedeutender Entdeckungen machte, wie kaum ein andrer je vor ihm. Die Wissenschaft verdankt ihm die erste genauere Erforschung der organischen Säuren, welche zum großen Teile vor ihm noch gar nicht bekannt waren. Auf unorganischem Gebiete fand er die Molybdän- und die Wolframsäure, das Mangan, das Chlor, den Baryt und die Flußsäure; unabhängig von Priestley entdeckte er auch das Sauerstoffgas, welches er aus Braunstein, Salpeter, Quecksilberoxyd und verschiedenen andern Stoffen darzustellen lehrte. Daß er, wenn auch in eigentümlicher Weise, weil er das Chlor als das Phlogiston ansah, den Irrtümern einer mehr und mehr sinkenden Lehre noch zugethan war, ist kaum geeignet, den Wert der großen thatsächlichen Bereicherungen, welche die Chemie durch ihn erfuhr, zu verkleinern. Seine allgemeinen Anschauungen erlangten auch keinen großen Einfluß mehr, dagegen blieben seine nur zum kleinen Teil eben angeführten Entdeckungen ein herrlicher, unverlierbarer Schatz. Scheele ist der letzte der bedeutenderen Phlogistiker; die Methoden der Untersuchung aber und ihre Ergebnisse, die er, Priestley, Cavendish und Black gewannen, waren schon lauter Minen, welche den weit anerkannten Bau in Trümmer legen sollten, damit aus seinen Steinen ein neues Gebäude entstehe, an dessen Errichtung man in England und Frankreich schon seit ungefähr 1770 thätig war, während in Deutschland sich die phlogistische Theorie noch bis in die neunziger Jahre in, wenigstens teilweiser, Geltung erhielt.

Die neuere quantitative Chemie. Die Thatsache, daß bei der Verbrennung notwendig ein Stoff sich mit dem verbrennenden Körper verbinden müsse, weil das Gesamtgewicht der Verbrennungsprodukte größer ist als das des verbrannten Körpers, war der Angelpunkt, um den sich die neue Auffassung der chemischen Dinge drehte, und die Wage hat mit ihrer Zunge, seit die Welt steht, nie einen bedeutungsvolleren Ausschlag gegeben, als in dem Augenblicke, wo sie dies verriet. Der Sauerstoff war entdeckt, er war aus verschiedenen Metalloxyden dargestellt worden, unter gleichzeitiger Gewinnung reinen Metalls. Man wußte auch, daß durch die Flamme eine Verminderung des Volumens der Luftmenge, in welcher die Flamme brennt, hervorgebracht wird. Von diesen Erscheinungen ging Lavoisier aus, und sie zusammenfassend und die Lücken geistreich ergänzend kam er zu dem Schluß, der das Phlogistonphantom für immer aus den Lehren der Chemie vertrieb: Verbrennung und Verkalkungen sind Verbindungen mit Sauerstoff, und die Gewichtszunahme der verbrennenden oder verkalkenden Körper entspricht genau dem Gewichte derjenigen Menge Sauerstoff, welche in diese Verbindung eingegangen ist.

Über das Verdienst Lavoisiers ist viel, aber immer nur in einem Sinne, in dem unbedingten Zugestehens, gesprochen und geschrieben worden. Lavoisier hat für den Begründer der neueren Chemie gegolten; von Frankreich ist sogar das Diktum ausgegangen, daß das, was vor Lavoisier an chemischen Kenntnissen vorhanden war, nicht den Namen einer Wissenschaft beanspruchen könne. Da nun dieser Ausspruch mit jener Sicherheit, welche jedes französische Urteil sich beilegt, wenn es zu gunsten des eignen Ruhmes lautet, erhoben und wiederholt worden ist, hat sich die andre Welt größtenteils gewöhnt, unbedenklich daran zu glauben; der minder zahlreiche Teil der wissenschaftlichen Welt aber, der die Lavoisierschen Ansprüche auf das richtige Maß zurückzuführen vermochte, hat sich mit seinem besseren Wissen begnügt und sich damit beruhigt, jene Erhebungen zu belächeln. Es ist das aber nicht mehr in der Ordnung zu einer Zeit, wo jeder einzelne Umstand Wichtigkeit erhält, der einen Schluß auf den Gesamtcharakter einer ganzen Nation zu machen erlaubt. Niemand wird die Genialität Lavoisiers bezweifeln, seinen Einfluß verkennen wollen; aber ebensowenig dürfen wir uns verschweigen, was andre zu den Erfolgen, die man gewohnt ist ihm zuzuschreiben, beigetragen haben.

Priestley hatte schon 1772 gesagt: „Ich habe mir immer gedacht, daß das, was man Verzehrung der Luft durch die Flamme nennt, und Respiration von gleicher Natur seien"; er hatte auch nachgewiesen, daß die Luft durch daß Atmen der Tiere in ganz derselben Weise verdorben wird wie durch brennende Kerzen oder Kohlen; ja er hat es ebenfalls gezeigt, daß die so verdorbene Luft durch die Lebensthätigkeit der Pflanzen wieder in atembaren Zustand versetzt wird. Im Jahre 1774 hatte Priestley das Sauerstoffgas entdeckt; sieben Jahre später fand Cavendish, daß das Verbrennungsprodukt des Wasserstoffgases nichts andres als Wasser sei, und Bergmann hatte lange schon ausgesprochen, daß die Metalle nicht anders als in verkalktem Zustande von den Säuren aufgenommen würden. Diesen Erfahrungen, welche direkt auf die Schlußfolgerungen hinweisen, aus denen Lavoisier sein neues System entwickelte, könnte man noch zahlreiche andre beifügen, wenn es darauf ankäme, den Charakter des großen Genies anzuzweifeln und nicht vielmehr darauf, nur die Stellung zu bezeichnen, die sein Name in der Geschichte der Wissenschaft einzunehmen berechtigt ist. Lavoisier kannte jene Erfahrungen, trotzdem verstand er ihren chemischen Sinn nicht sofort. Seine eignen Arbeiten, die er über die Zusammensetzung des Wassers anstellte, und die Ansichten, die er über die Respiration aussprach, bestätigen dies. Und wenn wir außerdem noch finden, daß er in seinen Schriften eine Reihe von Arbeiten andrer sogar sich angeeignet hat, so werden wir den Ruhm, den ihm seine Landsleute als dem „Begründer der Chemie" so gern zueignen möchten, auf ein bescheideneres Maß zurückführen müssen.

Fig. 9. Antoine Laurent Lavoisier.

Die Redewendung, mit welcher auch wieder Adolf Wurtz seine Geschichte der chemischen Wissenschaften einleitet und welche verdeutscht lautet: „Die Chemie ist eine französische Wissenschaft; sie wurde von Lavoisier unsterblichen Angedenkens begründet", ist eben nur eine Phrase. Aber wenn auch die Wissenschaft der Chemie ihren Ausgang nicht erst von Lavoisier genommen hat, wir vielmehr seinen Vorgängern immer werden den Ruhm lassen müssen, daß sie die Aufgabe der chemischen Forschung bereits ganz bestimmt erkannt hatten und diese auch durch Lavoisier keine andre wurde, so haben wir doch zu bemerken, daß die Methoden zur Lösung dieser Aufgaben durch ihn andre wurden und daß er eine neue und richtigere Deutung der beobachteten Thatsachen an die Stelle unzulänglicher Hypothesen setzte. Lavoisier war ein glänzender Geist, er hatte die Arbeiten andrer scharfsinnig erörtert und die Schlußfolgerungen, welche die Entdecker selbst aus den einzelnen Resultaten nicht immer zu ziehen vermochten, aus der zusammengefaßten Menge gezogen und mit großer Lebendigkeit ihre Bedeutung in das richtige Licht zu stellen verstanden. Mit einer großen, wie von andrer Seite bemerkt worden ist, gewissermaßen dilettantischen Unbefangenheit, ohne vorgefaßte Meinung für eine oder die andre Ansicht, wie sie der Forscher aus seinen ihm teuer gewordenen Arbeiten und Gedanken immer zu ziehen geneigt ist, fühlte er sich im stande, zu denken und auszusprechen, woran die andern noch tausend „Wenn" und „Aber" vermuteten. Er hatte den Mut des Genies, und das große, offene

Gefühl für das natürlich Richtige. Auch war er in den physikalischen und mathematischen Zweigen der Naturwissenschaft gebildeter als viele seiner Fachgenossen, und das gab ihm einen weiteren Blick, der ihn davor bewahrte, sich in den Einzelheiten zu verlieren und scharfsinnigen Schlußfolgerungen zum Gefallen die Prüfung der Voraussetzungen zu unterlassen. Nicht minder ist seine glänzende Begabung anzuerkennen, mit der er fremde, namentlich Priestleys Entdeckungen verwertete, und in den Augen der Verständigen strahlt der Name Lavoisier immer noch hell genug, wenn wir auch auf seine Person allein nicht mehr das übertragen, was die Wissenschaft den Anstrengungen einer ganzen Zahl von Zeitgenossen verdankt.

Den früheren Ansichten gemäß hatte man die Gewichtsverhältnisse nur mangelhaft berücksichtigen dürfen, weil sie die Wärme bei der Verbrennung als etwas Wägbares annehmen mußten, um ihre Theorie zu halten. Sobald entschieden war, daß die Wärme unwägbar sei, mußten alle Gewichtsveränderungen auf dem Austausch materieller Stoffe beruhen, und von diesem Grundgedanken aus mußte die Chemie sofort die Gestalt annehmen, die sie zu Ende des vorigen Jahrhunderts erhielt.

Fig. 10. Claude Louis Berthollet.

Von welchem Einfluß eine solche bewiesene Grundwahrheit ist, läßt sich auf den ersten Blick nicht übersehen. Aber auch dem Laien wird es klar werden, wenn er die große Klasse von Körpern betrachtet, welche direkt von derselben betroffen werden, und wenn er sich des engen Zusammenhanges, der verwandtschaftlichen Beziehungen, die zwischen allen chemischen Bedingungen bestehen, sowie der Austauschungen und Ersetzungen einzelner ihrer Bestandteile erinnert, welche bei chemischen Prozessen immer vor sich gehen.

Die **Wage** wurde zur Richterin, deren Entscheidungen für die Zusammensetzung aller chemischen Körper maßgebende Kraft erhielten. Es leuchtet von selbst ein, daß mit diesem Prüfstein die analytischen Methoden zu einer Schärfe und Genauigkeit sich steigern mußten, welche den früheren rein qualitativen Untersuchungen in keiner Weise zukommen konnten.

Indem man die Mengen der einzelnen Bestandteile, welche zu chemischen Verbindungen zusammentreten, miteinander verglich, fand man, daß dieselben stets in festen Verhältnissen zu einander stehen, daß z. B. eine gewisse Menge Eisen immer dieselbe Menge Sauerstoff an sich zieht, um Eisenoxyd zu bilden, und daß diese Menge Sauerstoff stets wieder einer sich immer gleich bleibenden Quantität Blei bedarf, um mit derselben zu Bleioxyd zusammenzutreten.

Das Zahlenverhältnis dieser Eisen- und Bleimengen erwies sich nun als feststehend für alle ihre sonstigen Verbindungen; beispielsweise verbindet sich eine gegebene Menge Chlor dann mit Eisen oder Blei in genau denselben Maßen, wie sie die Sauerstoffverbindungen zeigen, und die dahin gerichtete Untersuchung der elementaren Körper, welche jetzt erst, wie die Metalle, in ihrer Einfachheit erkannt worden waren, führte zur Aufstellung jener wichtigen Verhältniszahlen, der **Verbindungsgewichte**, die zum mathematischen Fundament der ganzen Chemie wurden. Sie rief hervor und begründete zunächst eine ganz neue **Lehre von den Elementen**; die Atomtheorie fand wieder Eingang in die

Naturforschung. Bald entdeckte man auch, daß alle Stoffe nach jenen Zahlen sich zwar in verschiedener Weise, aber immer nur in ganz einfachen Proportionen (1 : 2, 2 : 3, 1 : 3 ꝛc.) miteinander verbinden, und hierdurch wurde jene Theorie zur schärfsten Kontrolle für alle quantitativen Bestimmungen.

Die Beziehung der Chemie auf die Atome der Körper brachte diese Wissenschaft wieder in engere Beziehungen mit der Physik, und die Erfahrungen der einen fingen an, bestimmend auf die Untersuchungen der andern einzuwirken. Nicht geringere Vorteile erwuchsen den Wissenszweigen der Mineralogie, Botanik, Physiologie und Medizin. Erstere Wissenschaft fand in der Betrachtung der Mineralien als chemische Verbindungen von unveränderlicher, gesetzlicher Konstitution erst den festen Halt, um den sich ihre Erfahrungen systematisch gruppieren konnten; die letzteren Wissenszweige aber wurden dadurch zu richtigeren Ansichten von der Aufnahme der Stoffe in den Organismus und hiermit zur Erkenntnis der organischen Funktionen gebracht, welche Erkenntnis sie selbst zu einem zusammenhängenden Ganzen vereinigte. Kurz, die gesamte Naturlehre erhielt einen neuen zusammenfassenden Charakter, welcher schließlich, trotz der ungemeinen Vermehrung der Kenntnisse, zu einer immer einfacheren Naturauffassung im großen ganzen führen mußte.

Fig. 11. Humphry Davy.

Es konnte nicht ausbleiben, daß solche Erfolge auch auf die allgemeinen Kulturverhältnisse einen namhaften Einfluß erlangten. War schon seit der letzten Hälfte des vorigen Jahrhunderts die Naturwissenschaft als Bildungsmittel des menschlichen Geistes in lebhaften Kampf mit der rein formellen Richtung einer früheren Zeit getreten, die nur im Studium der alten Sprachen die geistige Ausbildung für möglich hielt, so entschied sich jetzt der Sieg zu gunsten der exakten Wissenschaften, und eine besondere Sanktion erhielt dieser Umschwung durch die französische Revolution, welche das Unterrichtswesen in Hände wie die eines **Monge**, **Berthollet**, **Fourcroy** u. s. w. legte. Freilich bleibt es eine traurige Erinnerung, daß dieselbe Revolution auch denjenigen zu ihrem Opfer forderte, welcher das Wesentlichste für die neue wissenschaftliche Ära gethan hatte: Lavoisier verfiel dem fürchterlichen Schicksal, das unter vielen Schuldigen auch viele Edle mit dahinraffte.

Antoine Laurent Lavoisier, 1743 zu Paris in glücklichen Verhältnissen geboren, beschäftigte sich von Jugend auf mit Naturwissenschaft und wurde schon 1768 von der Akademie zum Mitgliede ernannt. Rasch erstieg er die Staffeln des Ruhms, und die Stelle eines Generalpächters, welche er erhielt, gestattete ihm alle Mittel zur Ausführung seiner Untersuchungen. Durch die Resultate derselben, die er auch im höchsten Grade fördernd für Industrie und Gewerbe zu machen wußte, erhielt sein Urteil maßgebende Bedeutung für alle einschlagenden Unternehmungen der Regierung. Die Regulierung des Maß- und Gewichtssystems, welche 1790 vorgenommen wurde, geschah unter seiner direkten Beihilfe, und es ist kein bloß zufälliges Zusammentreffen, daß er, der mit der Wage in der Hand eine alte, irrige Naturanschauung zu stürzen und eine neue, auf einfach mathematische Grundlage sich stützende an ihre Stelle zu setzen kam, die Waffen für seine Siege sich selbst mit schmiedete. Er begann seine reformatorischen Arbeiten im Jahre 1772; die beiden

Abhandlungen „Über die Verbrennung“ (1778) und „Über das Phlogiston“ (1783) grenzen sie ab, nachdem eine große Anzahl von Untersuchungen über die Verbindung verschiedener Körper (namentlich Schwefel, Phosphor, Kohlenstoff und Stickstoff) mit dem Sauerstoff die Beweise für seine neue Lehre geliefert hatten.

Daß ein so hervorragender Geist wie Lavoisier auch nach andern Richtungen sich ausgezeichnet hat, ist leicht begreiflich. Seine bewundernswürdigste Leistung bleibt aber immerhin das, was er für die Chemie gethan hat. Und wenn wir auch die Chemie nicht als eine durch ihn geschaffene Wissenschaft ansehen können, so bleibt doch gültig, was Kopp in seiner „Geschichte der Chemie“ sagt: „Kein Chemiker hat die Wissenschaft, wie sie ihm seine Vorgänger vorgearbeitet hatten, mit einer so veredelten und ausgedehnten Richtung an seine Nachfolger überliefert als Lavoisier; und die Ansichten keines Chemikers der neueren Zeit haben so lange unbestritten in der Wissenschaft geherrscht und sind größtenteils noch angenommen, wie die Lavoisiers.“ — Allein alles dies war ihm, wie gesagt, kein Schutz gegen die Verfolgungen des Schreckengerichts — er starb 1794 unter der Guillotine. „Wir bedürfen keiner Gelehrten mehr“, erwiderte der Vorsitzende seiner Henker einem verteidigenden Freunde, der auf Lavoisiers wissenschaftliche Leistungen hingewiesen hatte. Das waren damals seine Richter.

Fig. 12. Louis Joseph Gay-Lussac.

Fast gleichzeitig mit Lavoisier trat in Dijon ein Chemiker auf, der zwar anfänglich sich nur nebenbei mit der Naturwissenschaft befaßte, aber doch sehr bald, dank seiner lebendigen Darstellung, dank der praktischen Nutzbarkeit, die er aus seinen Arbeiten für das allgemeine Wohl zu ziehen wußte, unter den Gelehrten sehr bald zu großem Einfluß gelangte. Es war der geniale Bernard Guyton de Morveau, geboren 1737 zu Dijon und bereits 1760 als Generaladvokat und Schriftsteller daselbst in Ansehen. Durch einen Zufall den chemischen Studien zugeführt, ergriff er diese mit großer Lebendigkeit und bereicherte die Wissenschaft durch viele nützliche Erfahrungen. Er schuf auch eine rationelle chemische Nomenklatur, an der zwar Lavoisier, Berthollet und Fourcroy bedeutenden Anteil haben, deren höchst zweckmäßiges Grundprinzip aber offenbar von ihm zunächst herrührt.

Die beiden eben mit ihm genannten Chemiker Fourcroy (geb. 1755 in Paris, gest. 1809) und Berthollet (geb. 1748 zu Talloire in Savoyen, gest. 1822 in Arcueil bei Paris) sind unter den gleichzeitigen Forschern für die Ausbreitung der Chemie überhaupt und der Lavoisierschen Theorie insbesondere von ganz wesentlichem Einfluß geworden, jener als Generaldirektor des öffentlichen Unterrichts, dieser dagegen hauptsächlich durch seine ausgezeichneten Experimentaluntersuchungen. Die Lehre von der chemischen Verwandtschaft gewann vorzüglich durch Berthollet an Bestimmtheit; was andre Forscher nach einzelnen Richtungen hin durch die Untersuchung der quantitativen Zusammensetzung chemischer Verbindungen erobert hatten, das versuchte der dem Kaiser Napoleon I. nahe stehende Gelehrte in ein allgemeines Theorem zusammenzufassen.

Es waren von Lavoisier selbst schon quantitative Analysen ausgeführt worden, deren Genauigkeit uns in Betracht der ihm zu Gebote stehenden Hilfsmittel in hohes Erstaunen versetzen muß; aber durch die analytischen Arbeiten eines Klaproth (geboren 1743 zu

Wernigerode am Harz, gest. 1817 in Berlin) und eines **Vauquelin** (geb. 1763 zu Hebertot in der Normandie, gest. daselbst 1829), zweier Analytiker ersten Ranges, wurde die Kenntnis der Zusammensetzung, namentlich der Mineralien, in einer Art vervollständigt, wie sie für die rasche Entwickelung der theoretischen Ansichten kaum zu hoffen gewesen war.

Wenn bei einem Gelehrten außer der genialen Begabung und dem großen Besitz erworbener Kenntnisse, neben ernstem Fleiß und unermüdlicher Begeisterung für seine Wissenschaft auch die Liebenswürdigkeit seiner Person von besonderem Einfluß auf die mit ihm Strebenden sein muß, so haben wir gerade an Klaproth die Vereinigung aller dieser so segensreich wirkenden Eigenschaften zu einer harmonischen, in edler Humanität entfalteten Gesamtbildung zu bewundern. Er war es auch, der zu jener Zeit, als in Deutschland noch die Fahne der Phlogistiker hoch getragen wurde, frei von jedem Vorurteil an die Lavoisiersche Verbrennungstheorie herantrat und (1792) die Berliner Akademie veranlaßte, das Wesen der Verbrennung und Verkalkung genauer zu erforschen und die einschlagenden Versuche einer gründlichen Revision zu unterwerfen. Sein Ansehen führte der neuen Lehre alle naturwissenschaftlichen Mitglieder der Akademie zu; mit diesem Beispiel aber war ein Fortschritt gethan, dessen Bedeutung kaum hoch genug geschätzt werden kann. Wir können die einzelnen Arbeiten Klaproths und Vauquelins hier nicht namhaft machen, ein Blick in die mineralogischen Handbücher zeigt jedem das großartige Material, welches beide zur Ausbildung der chemischen Mineralogie herbeigeschafft haben. Selbstverständlich sind durch diese Mineralanalysen, zu denen Vauquelin von dem damaligen großen Mineralogen Hauy angeregt wurde, die analytischen Methoden wesentlich vervollkommnet worden. Klaproth entdeckte 1789 das Uran und die Zirkonerde, 1795 das Titan, 1803 das Cer ꝛc.; Vauquelin 1798 das Chrom, die Beryllerde.

Fig. 13. Thénard.

Diese Leistungen, zu denen noch die Forschungsergebnisse **Prousts** (1755—1826) hinzukommen, befähigten nun zwei deutsche Gelehrte, **Karl Friedrich Wenzel** (geb. 1740 zu Dresden, gest. 1793 als Direktor der Freiberger Bergwerke) und **Jeremias Benjamin Richter** (Bergfaktor und Bergsekretär zu Breslau, gest. 1807 als Chemiker an der Porzellanfabrik zu Berlin), einen Zweig der Chemie auszubilden, zu welchem zwar einzelne unvollkommene Ideen schon von früheren gegeben waren, ohne daß jedoch seine eigentliche Tragweite von den Chemikern jener Zeit recht erkannt zu sein scheint. Es ist die **Stöchiometrie**, die Lehre von den Gewichtsmengen, in welchen die Bestandteile sich zu chemischen Verbindungen miteinander vereinigen. Aus den Schlußfolgerungen, welche durch die von Richter mit unsäglicher Mühe bestimmten stöchiometrischen Tabellen angeregt wurden, entsprangen wichtige Gesichtspunkte für die Bestimmung der Elemente, die Gruppierung der zusammengesetzten Stoffe und die Art ihrer Konstitution; insbesondere aber führten sie zur Entwickelung der neueren atomistischen Theorie, deren eigentliche Ausbildung dem englischen Forscher **Dalton** (geb. 1766 zu Eaglesfield in Cumberland, gest. 1844 zu Manchester) zu unvergänglichem Ruhme gereicht.

Mit diesen vorgezeichneten Hauptrichtungen, welche anfingen, sich aus der modernen Chemie herauszuarbeiten, waren nun für die nächste Zeit so großartige Arbeitsgebiete eröffnet, daß es uns nicht wunder nehmen darf, wenn wir neue Entdeckungen, in üppiger

Weise fast einander drängend, gleichsam über Nacht aus dem Boden hervorschießen sehen. Und viele davon sind so weitleuchtend und bedeutungsvoll, daß sie den rückwärts schauenden Blick fast ausschließlich auf sich haften machen. Gay-Lussac (geb. 1778 zu Saint Leonard im Departement der Obervienne, gest. 1850 in Paris) und Humphry Davy (geb. 1778 zu Penzance in Cornwall, gest. 1829 zu Genf) begannen in den letzten Jahren des scheidenden Säkulums ihre Forschungen; sie traten über in das neue Jahrhundert, jeder in seiner Hand ein Geschenk der Götter: der erstere, als Physiker und Chemiker gleich ausgezeichnet, mit seinen Entdeckungen über die Natur der Gase, der andre, die Erscheinungen nicht minder allgemein erfassend, mit der Zerlegung chemischer Verbindungen durch den galvanischen Strom. Die Theorie der elektrochemischen Verwandtschaft, obwohl schon früher angedeutet, erhielt dadurch überzeugende Beweise, und der Davysche Satz, daß chemische Verwandtschaft oder Affinität und elektrische Erscheinungen auf gleicher Grundursache beruhen, erhob sich zu einem allgemein angenommenen Gesetz. Mit Hilfe der galvanischen Säule gelang es Davy 1807, aus Pottasche ein Metall, das Kalium, und ebenso aus Soda, das Natrium, darzustellen und damit die Oxydnatur der Alkalien nachzuweisen. Dasselbe Hilfsmittel hat späterhin auch die Erden in ihre Bestandteile zu zerlegen gestattet und der Lehre von den Elementen hierdurch eine bestimmte Umgrenzung gegeben. Ganz besonders wichtig für die chemischen Anschauungen wurden noch Davys Untersuchungen über das Chlor und seine richtige Erklärung der Salzsäure als einer Verbindung jenes Elementes mit Wasserstoff. Widersprach auch diese Darlegung den gewohnten Lehren, so war die Davysche Beweisführung doch so klar und überzeugend, daß bald alle Chemiker, zuerst 1812 Gay-Lussac und Thénard (geboren 1777 zu Nogent sur Seine, gestorben 1857 zu Paris), ihr beitraten. Überhaupt hatte auf die gemeinschaftlichen Arbeiten dieser beiden französischen Forscher die von Davy angegebene Richtung einen sehr bestimmenden Einfluß, wie ihrerseits wieder ihre Methoden zu den sichersten Prüfsteinen der neuen Ansichten wurden. Ganz besonders ist hervorzuheben, wie die Analyse organischer Verbindungen durch Gay-Lussac und Thénard eine neue Gestalt erhielt, als diese lehrten, unverdampfbare organische Körper mit Sauerstoff abgebenden Stoffen gemengt zu verbrennen und aus den erhaltenen Verbrennungsprodukten sowie aus der bekannten Menge des verbrauchten Sauerstoffs auf die gesuchten Bestandteile und auf ihre Mengenverhältnisse sichere Schlüsse zu machen. Die organische Chemie fing jetzt schon an, sich ihrer älteren Schwester, der anorganischen Chemie, ebenbürtig zu zeigen, wenn sie auch erst später durch Liebig so erweitert wurde, daß sie dem Auge des Forschers eine unendliche Fülle neuer Erscheinungen eröffnete.

Fig. 14. Jakob Berzelius.

Ein Name aber vor allen strahlt aus dieser Zeit größter Entdeckungen, welche die Geschichte der Chemie überhaupt aufzuweisen hat, mit unvergänglichem Glanze: Berzelius.

Zu Wafnersunda in Ostgotland am 29. August 1779 geboren, ging Jakob Berzelius im Jahre 1796 an die Universität Upsala, um die Heilwissenschaft zu studieren; er beschäftigte sich indessen vorzugsweise mit der Chemie und erlangte durch seine Arbeiten, von denen die erste eine Analyse der Mineralwässer von Medevi war (1800), einen ausgezeichneten Ruf. Infolgedessen ward er 1802 zum adjungierenden Professor der Chemie und Pharmazie an der Medizinischen Schule zu Stockholm ernannt. Im Jahre 1807 wurde er wirklicher Professor und im folgenden Jahre Mitglied der Stockholmer Akademie, welche ihm 1810 eine jährliche Summe zur Unterstützung seiner wissenschaftlichen Arbeiten aussetzte und ihn zu ihrem Präsidenten wählte. Von dieser Zeit an verbreitete sich sein Ruhm auch im Auslande, dessen Gelehrten er durch öftere Reisen persönlich nahe trat. Akademien und gelehrte Gesellschaften ernannten ihn zu ihrem Ehrenmitglied, und zahlreiche Schüler strömten ihm zu, um in seinem Laboratorium ihre chemische Ausbildung zu vollenden. Der König von Schweden erhob Berzelius 1818 in den Adelsstand und ernannte ihn 1835 zum Freiherrn. Hochbetagt starb, an Erfolgen und Anerkennung gesegnet wie wenige, der große Forscher den 7. August 1848.

Die Untersuchungen des Berzelius zeichnen sich durch ihre vorsichtige Gewissenhaftigkeit aus. Abhold jeder frühzeitigen Hypothesenmacherei, suchte Berzelius immer zuerst die positiven Thatsachen in ihrem vollen Umfange zu erforschen, ehe er sich zu theoretischen Spekulationen verleiten ließ. Daher kommt es auch, daß er in seinen früheren Ansichten einen konservativen Hang zu älteren Theorien (z. B. über die chemische Natur der Salzsäure als einer Sauerstoffsäure) erkennen läßt; indessen hielt er an diesem immer nur so lange fest, als ihm das positive Material noch nicht hinlänglich zusammengebracht schien, um zu gunsten einer neuen Theorie eine frühere aufzugeben. Den Thatsachen allein erkannte er beweisende Kraft zu und diese Vorsicht sowie seine Autorität haben die Chemie in einer Zeit, in welcher rasche und überraschende Entdeckungen mehr als je die Theoriemacherei herausforderten, vor dem Eindringen leichtsinniger Meinungen bewahrt.

In der analytischen Chemie war Berzelius der Erfinder vieler und sehr wichtiger Methoden, die zum Teil heute noch an Genauigkeit ihrer Resultate unübertroffen dastehen. Er hat unter anderm auch das Lötrohr erst in allgemeinen Gebrauch gebracht und damit der chemischen Untersuchung in der Mineralogie ganz entschiedenen Eingang verschafft. Durch seine sorgfältigen Analysen hat er eine große Zahl neuer Verbindungen und bisher unbekannter Elemente teils entdeckt, teils zuerst dargestellt; so fand er 1803 das Cerium, 1818 das Selen, 1828 die Thorerde; das Silicium stellte er 1823, das Zirkonium und das Tantal 1824 zuerst dar.

Epochemachend wurden des Berzelius Arbeiten für die Bestätigung der atomistischen Theorie Daltons und für die von Wenzel und Richter zuerst ausführlicher begründete Lehre von den bestimmten Proportionen und die Bestimmung der Atomgewichte. Durch die Anwendung dieses mathematischen Teils der Chemie, namentlich auf die Mineralogie und die anorganische Chemie, gab Berzelius diesen Wissenschaften selbst die förderlichsten Anregungen. Er zuerst ordnete die Mineralien vom rein chemischen Standpunkte aus in Klassen und Familien, und wenn sein System auch später mancherlei Änderungen erfahren hat, die er zum Teil selbst vorschlug, so ist doch seine Auffassung im großen ganzen bis jetzt in Geltung geblieben. Was aber den besten Beweis für die Genauigkeit seiner Methoden und die Sorgfalt bei seinen Untersuchungen liefert, ist der Umstand, daß die von ihm aus seinen Analysen berechneten Atomgewichtszahlen im Laufe der Zeit und trotz wiederholter schärfster Prüfung nur sehr geringe Berichtigungen erfahren haben.

Des Berzelius Schaffen kann in gewissem Sinne als der Schlußstein des Gebäudes unsrer heutigen Chemie angesehen werden. Seit ihm hat sich der Gesamtcharakter dieser Wissenschaft in nichts Wesentlichem mehr geändert. Die Hauptrichtungen liegen scharf bezeichnet vor, und die auftauchenden neuen Gesetze, so bedeutend sie auch sein mögen, ordnen sich in einfacher Weise dem Gegebenen ein. Selbst die organische Chemie, welche in den letzten Jahrzehnten durch die Feststellung einer kaum noch übersehbaren Menge neuer Thatsachen bereichert worden ist, gruppiert dieselben nach ganz analogen Gesichtspunkten, und der Unterschied von organischer und anorganischer Chemie beginnt sich mehr und mehr zu verwischen.

Im Hinblick auf die Ausbildung einzelner Zweige hat sich in England Faraday (geb. 1791 zu London, gest. 1867 zu Hamptoncourt) besonders um die Elektrochemie große Verdienste erworben. Dieser Forscher entdeckte auch das verschiedene physikalische

Verhalten, welches Körper von gleicher chemischer Zusammensetzung zeigen können, und diese Entdeckung, zusammen mit dem von **Mitscherlich** (geb. 1794 zu Neuende bei Jever, gest. 1863 zu Berlin) gewonnenen Ergebnis, daß Körper von ungleicher, aber analoger chemischer Zusammensetzung in bezug auf ihren physikalischen Charakter (Kristallform ꝛc.) eine große Übereinstimmung erkennen lassen, gab einen neuen Gesichtspunkt für die Betrachtung der Lehre von den Proportionen und für die Bestimmung der Atomgewichte.

Der genannten Mitscherlichschen Entdeckung des **Isomorphismus** (Gleichgestaltung) folgte von demselben Forscher rasch die des **Dimorphismus**, darin bestehend, daß eine und dieselbe Verbindung in Formen auftreten kann, die zwei verschiedenen Kristallsystemen angehören; desgleichen mehrere andre wichtige Beobachtungen, durch welche Mitscherlich die **physikalisch-chemische Richtung** einleitete, die seither immer entschiedener auf eine gemeinsame Behandlung der Physik und Chemie hingearbeitet und hierdurch das Gesamtgebäude der Naturwissenschaft überhaupt weiter ausgebaut hat.

Fig. 15. Justus von Liebig.

Eine Anwendung der großen Grundgesetze konnte, wie natürlich in der ersten Zeit, vorwiegend nur auf die allgemeiner erforschten und bekannt gewordenen Erscheinungen der **Mineralchemie** stattfinden. Dieser Zweig der Chemie erhielt eine Ausbildung, welche zwar in der letzten Zeit vielfach verfeinert worden ist (so durch die analytischen Methoden und Untersuchungen eines **Rose**, **Wöhler**, **Fresenius** u. s. w.), die aber doch in ihren Hauptzügen keine wesentliche Umgestaltung zu erfahren hatte. Anders stellte es sich mit den Ergebnissen der **organisch-chemischen Forschungen**. Früher fast ganz isoliert behandelt, hatte dieses Feld zwar vereinzelte schöne Blüten getrieben, allein sie standen ohne Zusammenhang, und es fehlte noch der leitende Grundgedanke, der die verschiedenartigen Erscheinungen in ihrer Zusammengehörigkeit verstehen lehrt. Die Lehre von den Verbindungen, Säuren, Basen, Salzen, aus der anorganischen Chemie herübergenommen, gab die ersten Anhalte, um die durch die organische, sogenannte Elementaranalyse gewonnenen Thatsachen zu gruppieren. Bei der hierdurch unendlich mannigfaltiger auftretenden Verbindungsweise der Elemente miteinander, bei den allmählichen Übergängen, welche fast unerschöpfliche Reihen verschiedener chemischer Körper erzeugen, genügte eine so oberflächliche Charakterisierung bald nicht mehr.

Durch die Pflege, welche namentlich **Liebig** und **Wöhler** in Deutschland, **Dumas**, **Chevreul**, **Laurent** und **Gerhardt** in Frankreich und **Williamson** der Untersuchung organischer Verbindungen angedeihen ließen, wurden jene Reihen von Körpern, die auseinander durch allmähliche Zuführung oder Entziehung einzelner Bestandteile entstehen, zuerst in genügender Vollständigkeit bekannt, um aus ihnen allgemeine Gesichtspunkte ableiten zu können. Und wenn sich das Genie Dumas' namentlich in der Zusammenfassung vereinzelter Thatsachen und in der Ableitung allgemeiner Theorien fruchtbar zeigte, so sind die genannten deutschen Forscher nicht minder durch ihre geistreichen Methoden und durch ihre systematischen, ausdauernden Untersuchungen, als auch durch die endlichen Schlußfolgerungen, mit denen sie über große Gebiete Licht zu verbreiten wußten, zu den größten

Beförderern der chemischen Wissenschaften geworden. Die Radikaltheorie, das Fundament der organischen Chemie, ist von Liebig und Wöhler durch ihre Arbeit über die Benzoesäure begründet worden. Es erscheint wie ein Unrecht gegen die deutsche Wissenschaft, wenn man den Ruhm dieser Leistung, besonders auf die schwungvolle Empfehlung Dumas' hin, an Lavoisier austeilt, denn man hatte vor dem Bekanntwerden der Arbeit jener beiden Forscher für die Radikaltheorie wohl den Namen, ohne daß jedoch demselben irgend welche Vorstellungen entsprechen.

Liebig oder Wöhler — welcher von beiden der bedeutendere sei, ist schwer zu entscheiden, um so schwieriger, als sie ihre epochemachendsten Arbeiten fast immer in Gemeinschaft miteinander ausgeführt haben. Besticht an Liebig die geniale, weitgreifende Auffassung, die blendende Darstellung, so zwingt Wöhler durch seine catonische Strenge, durch die mathematische Methodik, welche den Glauben an Unfehlbarkeit hervorzurufen im stande ist.

Friedrich Wöhler ist am 31. Juli 1800 in Eschersheim bei Frankfurt a. M. geboren; frühzeitig von der Liebe zu der Naturwissenschaft erfaßt, beschäftigte er sich vorzugsweise mit derselben, als er seit 1814 das Frankfurter Gymnasium besuchte. Im Jahre 1820 ging er nach Marburg, um Medizin zu studieren, im folgenden Jahre nach Heidelberg, wo ihn Gmelin ausschließlich für die Chemie gewann. Im Herbst 1823 bis Sommer 1824 arbeitete er bei Berzelius und erlangte nach seiner Zurückkunft eine Anstellung als Lehrer der Chemie an der Gewerbeschule zu Berlin. Im Jahre 1832 zog er nach Kassel, wo er bald an der neu errichteten höheren Gewerbeschule angestellt wurde und blieb, bis er 1836 die Professur der Chemie in Göttingen erhielt. Dort ist der große Gelehrte bis an das Ende seines Lebens geblieben. Durch eine 46jährige, mit den größten Erfolgen gekrönte Forscher- und Lehrthätigkeit hat er der kleinen hannöverschen, nachmals preußischen Universität einen Weltruf verschafft; denn wie nach Gießen zu Liebig, kamen Hunderte von Schülern aus allen Ländern der Erde nach Göttingen und gingen wieder als Träger und Lehrer deutscher Wissenschaft.

Wöhlers körperliche Konstitution war keineswegs kräftig, besaß jedoch eine zähe Widerstandsfähigkeit und eine unverwüstliche Arbeitskraft. So ward ihm das beneidenswerte Los zu teil, die wachsende Last der Jahre niemals drückend zu empfinden und sich bis in sein höchstes Alter eine vollkommene Geistesfrische zu bewahren. Am 19. September 1882 warf ihn ein plötzlicher Fieberfrost auf das Krankenbett, von dem er sich nicht mehr erheben sollte. Am 23. desselben Monats schied der große Gelehrte, bei voller Klarheit des Geistes, aus seinem arbeitsreichen Leben.

Die gewaltige und überaus ersprießliche Lebensarbeit Wöhlers hat nicht allein auf dem an sich schon weiten Gebiete der chemischen Forschung hervorragenden Einfluß erlangt, sondern auch auf die verschiedenen andern Zweige der beschreibenden Naturwissenschaft nutzbringend zurückgewirkt. Schon frühzeitig (1820) trat Wöhler mit einer Arbeit über den Selengehalt des Graslitzer Eisenkieses in die Reihe der naturwissenschaftlichen Autoren ein. Bald nach seiner Rückkehr aus Schweden (1824) begann er dann seine denkwürdigen Untersuchungen über die Cyansäure und deren Verbindungen. Kurz vorher hatte Liebig seine im Gay-Lussacschen Laboratorium zu Paris ausgeführte Arbeit über die Knallsäure und Fulminursäure veröffentlicht. Befremdlicherweise stimmten Liebigs Fulminate (knallsaure Salze) mit Wöhlers Cyanaten (cyansauren Salzen) in der prozentischen Zusammensetzung vollkommen überein, und doch waren es ganz verschiedenartige Körper. Wie sehr mußte diese Thatsache zu einer Zeit überraschen, wo man allgemein annahm, daß gleiche prozentische Zusammensetzung notwendig auf gleiche Eigenschaften hinweise, während umgekehrt verschiedenartige Eigenschaften nur durch Abweichungen in der Zusammensetzung der betreffenden Stoffe erklärt wurden!

Liebig und Wöhler, seither für sich ihre eignen Wege gehend, begegneten sich wissenschaftlich also zum erstenmal bei einer Beobachtung, welche in den Rahmen der theoretischen Anschauungen nicht mehr hineinpaßte, sondern schon außerhalb desselben lag. Und wie sie gemeinsam die theoretisch hochwichtige Frage stellten: weshalb qualitativ und quantitativ absolut gleich zusammengesetzte Körper bisweilen ganz verschiedenartige Eigenschaften zeigen, so haben sie dieselbe auch gemeinsam beantwortet durch die Entdeckung der Isomerie, nach welcher gewisse organische Verbindungen infolge verschiedener Gruppierung ihrer an Zahl und Art gleichen Atome, verschiedenartige physikalische und chemische Merkmale zeigen. Von dieser Zeit der ersten großen und gemeinsamen Entdeckung stammt jenes enge Arbeits- und Freundschaftsbündnis zwischen Liebig und Wöhler, welches nicht allein für die beiden Forscher persönlich, sondern auch für ihre Wissenschaft selbst überaus segensreich geworden ist. Als eine der wertvollsten Früchte, welche dieser Bund gezeitigt hat, sind noch die epochemachenden Untersuchungen (1832) über das Bittermandelöl, über die Benzoesäure und die Benzoylverbindungen hervorzuheben. Hat doch diese Arbeit für den Ausbau der theoretischen Anschauungen auf dem Gebiete der organischen Chemie eine große Bedeutung erlangt, da sie die ersten Bausteine zur Lehre von den organischen Radikalen lieferte.

Nur ungern verzichten wir darauf, den Leser mit den weiteren hervorragenden Arbeiten, die Wöhler teils mit Liebig, teils allein ausgeführt hat, bekannt zu machen. Indessen einer wissenschaftlichen That müssen wir hier noch gedenken, welche allein genügt, dem Namen Friedrich Wöhler ein unsterbliches Andenken zu sichern.

Im Anfange dieses Jahrhunderts glaubte man allgemein, daß zwischen unorganischen und organischen Körpern eine Kluft liege, die zu überbrücken dem Chemiker unmöglich sei, sofern die organischen Substanzen, damals ausschließlich als Produkte des Tier- und Pflanzenkörpers bekannt, nur durch eine dem lebenden Organismus innewohnende geheimnisvolle „Lebenskraft“ erzeugt werden könnten. So erklärte z. B. Berzelius noch im Jahre 1827 die organische Chemie als „die Chemie der Pflanzen- und Tiersubstanzen, oder derjenigen Körper, welche unter dem Einflusse der Lebenskraft gebildet werden.“ Wöhler war es nun, welcher im Jahre 1828 durch die künstliche Darstellung (chemische Synthese) des Harnstoffs aus unorganischem Material zuerst den organischen Substanzen ihren Nimbus der Unantastbarkeit genommen und sie den gleichen Gesetzen unterstellt hat, welche die unorganischen Stoffe beherrschen.

Sein nur wenige Jahre jüngerer Arbeitsgenosse Justus Liebig war am 13. Mai 1803 in Darmstadt geboren. Diesen führte eine gewisse Vorliebe für physikalische und chemische Beschäftigungen schon frühzeitig zu dem Entschlusse, Apotheker zu werden. Er trat im Jahre 1818 bei einem Apotheker in Heppenheim bei Darmstadt in die Lehre, hielt indessen, da seine wissenschaftlichen Neigungen dort durchaus keine Unterstützung fanden, nicht länger als zehn Monate aus und bezog, nachdem er sich in Darmstadt vorbereitet hatte, die Universität Bonn, später Erlangen. Hier machte er sich durch mehrere wissenschaftliche Arbeiten bekannt, was ihm eine Unterstützung von seiten des Großherzogs eintrug. So konnte er seine Studien in Paris fortsetzen, wo er zu Runge, Mitscherlich und Rose in freundschaftliche Beziehungen trat und, durch Humboldt empfohlen, an Gay-Lussacs Arbeiten einige Zeit teilnahm. Nach seiner Zurückkunft 1824 wurde er außerordentlicher Professor an der Universität Gießen; zwei Jahre darauf erhielt er die ordentliche Professur. Eine weitere Auszeichnung während der Gießener Periode war Liebigs Erhebung in den Freiherrnstand. Im Jahre 1859 folgte er einer Berufung des Königs von Bayern an die Universität München, wo sich ihm ein größerer Wirkungskreis eröffnete. Es waren ihm an diesem neuen Platze seiner Thätigkeit noch 21 Jahre reich an Arbeit, Erfolgen und äußeren Ehren beschieden. Neben seinem Lehramte an der Universität führte dort Liebig jahrelang den Vorsitz an der königlichen Akademie der Wissenschaften; auch verwaltete er das Amt des Generalkonservators der wissenschaftlichen Sammlungen des Staates bis zu seinem am 28. April 1873 erfolgten Ableben.

Das erfolgreiche Zusammenwirken dieses großen Meisters der chemischen Wissenschaften mit dem nicht minder scharfsinnigen Forscher Wöhler ist bereits oben rühmlich hervorgehoben worden. Durch ihre gemeinschaftlichen Arbeiten, insbesondere durch ihre Untersuchungen über das Bittermandelöl und dessen Zersetzungsprodukte wurde überzeugend dargethan, daß in den organischen, vorwiegend aus den vier Elementen Sauerstoff, Wasserstoff, Stickstoff und Kohlenstoff zusammengesetzten Verbindungen ein Teil jener elementaren Bestandteile unter sich durch eine stärkere Verwandtschaft zusammenhänge als mit den übrigen, und daß dieser bestimmte Komplex in gewissem Verhalten vollständige Ähnlichkeit mit einem einfachen anorganischen Körper hat. Alle organischen Verbindungen, in denen eine solche fest bestimmte Gruppe enthalten ist, zeigen eine Übereinstimmung, welche sie als Glieder einer Sippe charakterisiert, von der jener Komplex gewissermaßen die Grundlage — daher

Radikal genannt — darstellt, und an die sich die andern Elemente nur wechselnd anlehnen. Das Radikal des Bittermandelöls — Benzoyl — welches Liebig und Wöhler 1832 entdeckten, war durch den Aufschluß, den man durch seine Kenntnis über ganze Klassen organischer Verbindungen und Zersetzungen erhielt, so epochemachend, daß Berzelius aussprach, es verdiene passend Proïn — πρωί, zu Anfang des Tages — oder Orthrin — von ὄρθρος, die Morgendämmerung — genannt zu werden.

So wurde Liebig, in Gemeinschaft mit seinem Freunde Wöhler, zum Schöpfer der ersten Theorie auf dem noch wenig bebauten Felde der organischen Chemie. Noch mehr aber als seine wissenschaftlichen Großthaten haben den Namen dieses Mannes bei den Gebildeten fast aller Nationen die praktischen Resultate seiner Forschungen verbreitet, da es ihm stets Bedürfnis war, das in der Wissenschaft Erkannte sogleich in den Dienst des täglichen Lebens zu stellen. Eine beträchtliche Reihe chemischer Industriezweige, wie z. B. die Technik der Explosivstoffe, die Industrien der Fettkörper und Cyanverbindungen (Blutlaugensalz, Cyankalium), die Fabrikation von Essig u. a. m., hat durch Liebig ganz wesentliche Förderungen erfahren. Und noch weit größer und bekannter geworden sind seine Verdienste auf dem Gebiete der physiologischen Chemie um die Erforschung der Lebensprozesse des pflanzlichen und tierischen Organismus. Die hier von Liebig eröffneten neuen Gesichtspunkte haben für die Ernährung des Tier- und Pflanzenleibes und somit für die Landwirtschaft geradezu eine neue Ära heraufgeführt, deren Segnungen allerdings zuerst in England, wo man die Liebigsche Lehre mit großer Begeisterung aufnahm, sich an dem blühenden Zustand der Agrikultur dieses Landes zeigten. Dann aber sind die physiologisch-chemischen Arbeiten Liebigs auch über das weite Feld der Bodenwirtschaft hinaus, schließlich dem ganzen Menschengeschlechte zu gute gekommen, man denke nur an das Fleischextrakt Liebigs, an seine Kindernährmittel u. dergl. mehr.

Gleichzeitig mit Wöhler und Liebig wirkte in Frankreich ein Forscher, dem die Geschichte der Chemie stets einen hervorragenden Platz einräumen wird: Jean Baptiste André Dumas, geboren am 14. Juli 1800 zu Alais im Departement du Gard. Nach kurzer Lehrzeit in einer Apotheke seiner Vaterstadt ging er nach Genf, wo er Chemie, Botanik und Physik studierte und mehrere einflußreiche Bekanntschaften machte. Eine Begegnung, welche ihm mit Alexander von Humboldt zu teil wurde, erweckte in ihm den Plan, nach Paris zu übersiedeln. Hier erlangte er die Stellung eines Répétiteur de Chimie für Thénards Vorlesungen an der polytechnischen Hochschule und bald darauf auch eine Professur am „Athenäum". Er suchte jedoch nach einem größeren Wirkungskreise und gründete im Jahre 1829 die Ecole centrale des arts et des manufactures, welche der französischen Industrie wichtige Dienste geleistet hat. Drei Jahre darauf wurde Dumas der Nachfolger Gay-Lussacs an der Sorbonne, und mit dieser Stellung vereinigte er seit 1835 die Professur Thénards an der polytechnischen Hochschule. Überhaupt hat Dumas fast an allen größeren Lehranstalten von Paris längere Zeit gewirkt. Aber der politische Umsturz des Jahres 1848 lenkte ihn von seiner wissenschaftlichen Thätigkeit ab; er wurde Mitglied der gesetzgebenden Nationalversammlung, dann Minister für Ackerbau und Handel, Senator, Präsident des Munizipalrates und Münzmeister von Frankreich. Mit dem Sturze des zweiten Kaiserreichs 1870 fand die politisch administrative Periode in Dumas' Leben ein jähes Ende. Er wandte sich nun — 70 Jahre alt — wieder der Wissenschaft zu, welcher er das lebhafteste Interesse bis zu seinem am 11. April 1884 zu Cannes erfolgten Tode bewahrte. In verschiedener wissenschaftlicher Richtung thätig, hat Dumas auf dem Gebiete der Chemie mit seiner Ätherin-, Substitutions- und Typentheorie eine tiefgreifende Umwälzung namentlich der bis dahin gültigen Anschauungen der organischen Chemie hervorgerufen.

Zu gleicher Zeit wie Dumas war Laurent mit der Ausbildung der Substitutionstheorie (1835) beschäftigt. Aus seinen Beobachtungen, denen zufolge der Wasserstoff in gewissen organischen Verbindungen leicht durch Chlor ersetzt (substituiert) werden kann, ohne daß sich der allgemeine Charakter der Muttersubstanz dadurch wesentlich ändert, schloß Laurent, daß beim Ersatze des Wasserstoffs durch Chlor letzteres genau den vorher vom Wasserstoff innegehabten Platz einnehme und gewissermaßen dessen Rolle weiterspiele. Diese Anschauungen führten Dumas zu seiner (älteren) Typentheorie, Laurent zu seiner Kerntheorie (1836); letztere nimmt an, daß die organischen Verbindungen aus zwei Teilen bestehen: einem Kerne aus einigen fest miteinander verbundenen Bestandteilen, an welchen sich bei Bildung neuer Verbindungen andre Elemente und Atomgruppen anlagern, ohne daß der Kern dabei selbst eine Veränderung erleidet.

Obwohl weder die Dumassche Typentheorie, noch die Laurentsche Kerntheorie eine allgemeinere Anwendung gefunden haben, sind sie doch von wesentlichem Einfluß auf die weitere Entwickelung der organischen Chemie geworden, indem sie den Übergang zu den modernen Anschauungen vermittelten.

Nur erwähnen wollen wir weiterhin die Unitar- oder Unitätstheorie, welche von dem genialen Gerhardt herrührt, der auch in Gemeinschaft mit Williamson, durch Verschmelzung der neueren Radikaltheorie mit der Substitutionstheorie, die neuere Typentheorie begründete; dieselbe erfuhr durch die von August Wilhelm Hofmann (gegenwärtig Professor in Berlin) und von dem kürzlich verstorbenen Adolf Würtz gemachte wichtige Entdeckung (1849 und 1850) der sogenannten Ammoniakbasen eine wesentliche Erweiterung und führte zu der gegenwärtig herrschenden Theorie der Atomverkettung oder der chemischen Struktur. Eine ganze Reihe von Namen, wie die eines Baeyer, Berthollet, Bunsen, Erlenmeyer, Fittig, Frankland, Fresenius, Hofmann, Kékulé, Kolbe, Kopp, Liebermann, Lothar und Viktor Meyer, Rammelsberg, Rose, Wislicenus u. a. m., haben in der chemischen Wissenschaft den besten Klang, denn es knüpfen sich an diese Namen große Errungenschaften, zum Teil so groß, daß ihr Glanz in der Geschichte unsrer Wissenschaft nie erlöschen wird. Wir erinnern nur an Bunsens und Kirchhoffs Spektralanalyse, die uns einen Einblick in die substantielle Beschaffenheit andrer Weltkörper gestattet, an A. W. Hofmanns Entdeckung der Anilinfarben, an Liebermanns Alizarindarstellung, an Adolf von Baeyers künstliche Erzeugung des Indigos und andre wissenschaftliche Großthaten. Den hervorragenden Verdiensten solcher Männer an dieser Stelle gerecht zu werden, müssen wir uns natürlich versagen; sie stehen größtenteils noch mitten im Leben und ihre Thätigkeit ist noch nicht als abgeschlossen anzusehen.

Das verflossene Jahr, reich an herben Verlusten für die Chemie, hat auch einen der Vertreter dieser Wissenschaft an der Universität Leipzig abberufen. Am 25. November 1884 starb unerwartet der Geheime Hofrat Professor Dr. Hermann Kolbe (geb. 1818 zu Elliehausen bei Göttingen), der sich namentlich auf theoretisch-chemischem Gebiete große Verdienste erworben und unter anderm durch eine fabrikmäßige Herstellungsmethode der Salicylsäure weiteren Kreisen bekannt geworden ist.

Durch alle diese Männer ist die Chemie ihrem heutigen Zustande zugeführt worden. Namentlich hat die organische Chemie sich nun auch endgültig in den engeren Rahmen der chemischen Wissenschaft eingefügt. Durch die Entdeckung des Gesetzes von der Wertigkeit der Elemente ist jene ausgebildet worden zu einer Chemie, deren einzelne Glieder sämtlich sich durch Substitution gleichwertiger Atome oder Atomgruppen aus einfachen Verbindungen des Kohlenstoffs mit Wasserstoff ableiten.

Daß aber die Chemie, trotz ihrer Riesenfortschritte in den letzten Dezennien, noch lange nicht am Ziele angekommen ist, wird derjenige am ehesten begreifen, der mit einigermaßen offenem Auge die Leistungen auch nur eines Jahres an sich vorüberziehen lassen will. Welches Gebiet des praktischen Lebens wir auch immer betreten, auf jedem werden wir Gelegenheit haben, die Unerschöpflichkeit der Gaben zu bewundern, welche die verhältnismäßig so junge Wissenschaft uns bietet. Sie waffnet uns mit tausend neuen Werkzeugen, die starre Hand der Natur zu öffnen und diejenigen ihrer Schätze bloßzulegen, welche uns Nutzen verschaffen; nichts kann sich ihr entziehen, für sie gibt es keine Vorspiegelung und keine Maske. Auf dem Wege des Verfalls, im letzten Augenblicke vor dem Zerfallen, hält sie die Stoffe noch auf und läßt sie uns noch eine Reihe wertvoller Dienste verrichten, ehe sie wieder in den natürlichen Kreislauf zurückkehren dürfen. Ja, sie hat der Natur selbst Gelegenheit geboten, ihre unbegrenzte Schöpferkraft zu üben. — Zahlreiche Verbindungen von merkwürdigen Eigenschaften sind durch die Chemie geradezu erst geschaffen worden, denn sie hat zuerst die Bedingungen erfüllt, unter denen die Entstehung jener möglich war. Nicht genug, daß sie heranziehen lehrt, was die Natur hervorbrachte, erweitert sie dieser das Gebiet. Sie ist, wie kaum eine andre Richtung menschlicher Anstrengung, im Verein mit der Physik, mit der sie so verschwistert ist, die Wohlthäterin der Menschheit geworden.

Denn wie sie das materielle Wohlbefinden befördert, hat sie Geist und Gemüt frei gemacht von den beengenden Fesseln der Furcht und des Aberglaubens; sie führt den Blick in die erhabenen Weiten und in großer, freier Anschauung der Natur weckt sie die Idee des Guten und Schönen, des Gerechten und Billigen, das nur in Übereinstimmung mit der Natur besteht. — Wir aber schließen diesen kurzen Überblick mit dem erhebenden Bewußtsein, daß deutscher Geist und deutsche Forschung das Wesentlichste beigetragen haben zur Ausbildung einer Wissenschaft, die dem ganzen Leben große, veränderte Richtungen gegeben hat und uns noch fortwährend mit neuen segenbringenden Entdeckungen beschenkt.

Chemische Grundbegriffe.

Die Erscheinungen, welche zu untersuchen sich die Physik zur Aufgabe macht, sind von irdischen Begrenzungen ganz unabhängig, und es dürfen die Gesetze, welche die Wissenschaft aus ihnen ableitet, wohl eine universelle Bedeutung beanspruchen. Denn die anziehenden Kräfte der Schwere, das Beharrungsvermögen, die Wirkungen der Zentrifugalkraft u. s. w. zeigen sich uns ebenso gut außerhalb unsres Planeten, ja selbst außerhalb unsres Sonnensystems in ganz gleicher Weise auftretend, wie bei den Versuchen, die wir im engen Laboratorium anstellen; Licht- und Wärmestrahlen kommen uns von den fernsten Gestirnen zu und erweisen sich ganz identisch mit denjenigen belebenden Strahlungen, die von unserm Sonnenkörper ausgehen, und wir können bei dem erwiesenen Zusammenhange der Naturkräfte untereinander annehmen, daß elektrische und magnetische Erscheinungen die in den fernsten Räumen des Alls kreisenden Welten in ganz entsprechender Weise durchzucken, wie es um uns herum der Fall ist.

Es liegt die Frage nahe: sind auch die chemischen Vorgänge von einer gleichen Allgemeinheit? Und fast scheint es, als müßten wir diese Frage mit Ja beantworten, wenn wir wieder die Wechselwirkung der Kräfte dabei im Auge haben, und als eine nicht unwesentliche Bestätigung würden die Ergebnisse der Spektralanalyse betrachtet werden können, nach denen mit großer Wahrscheinlichkeit auf die stoffliche Zusammensetzung lichtstrahlender Gestirne geschlossen werden kann.

Wie die Sachen aber zur Zeit noch liegen, so hat die Chemie doch ein wesentlich beschränkteres Gebiet für ihre Untersuchungen, und dasselbe umfaßt (wenn wir davon absehen, daß in den Meteorsteinen sich uns bisweilen kleine, von der Anziehung der Erde aus ihrer Bahn herbeigeführte Weltkörperchen zufällig der Untersuchung darbieten) keinen größeren Raum als die Oberfläche unsres Planeten, eine Schale, deren Dicke durch die beiden Punkte bestimmt wird, bis zu denen wir uns einerseits nach obenhin in die Lüfte zu erheben, anderseits hinab in die feste Erdrinde, selbst unter der Tiefe des Meeres, uns einzugraben im stande sind. Aber wenn es schon einige Wahrscheinlichkeit für sich hat, daß der Stoff im ganzen Weltall derselbe ist, wie der, welcher unsre Erde zusammensetzt, so hat die Annahme viel mehr Gründe noch für sich, daß es keine wesentlich verschiedenen Arten des Stoffes in und über der Erde mehr gibt, die uns nicht auch innerhalb jener engen Zone begegnen. Die ungemeine Beweglichkeit des Luftmeeres bringt uns von selbst mit allen seinen Schichten nach und nach in Berührung und die aus der Tiefe hervorquellenden, noch feurigflüssigen Massen des Erdinnern enthalten auch nur ganz dieselben Stoffe, welche die seit Millionen Jahren schon erstarrte felsige Kruste bilden. Weiterhin besteht eine sehr gleichmäßige Vermengung, so gleichmäßig, daß uns die Entdeckung Amerikas, dieser ungeheuren Kontinentalmasse, mit der Kenntnis keines einzigen chemischen elementaren Stoffes bereichert hat, der sich in der Alten Welt nicht auch schon fände. Sind auch gewisse solcher Stoffe an ein bestimmtes Vorkommen gebunden, so sind dieselben fast unwesentlich für den großen Haushalt, außerdem aber mögen sie an andern Orten, ihres spärlichen Auftretens wegen, vielleicht nur übersehen werden.

Betrachten wir ein Stück Granit, so finden wir auf den ersten Anblick, daß dasselbe nicht aus einer durchweg gleichmäßig zusammengesetzten Masse besteht. Wir unterscheiden einzelne dunkle, glänzende Flimmerchen darin, und in der helleren Hauptsubstanz sehen wir auch zweierlei Mineralien, die in Farbe, Glanz, Härte, Kristallisation voneinander Abweichungen zeigen. Der Granit ist ein deutlich erkennbares Gemenge von drei verschiedenen Mineralien, Glimmer, Feldspat und Quarz. Wir können dieselben durch mechanische Scheidung voneinander sondern, und wie den Granit, so können wir eine große Zahl andrer Körper durch bloße Sichtung, Schlämmen oder dergleichen in ihre einfacheren Bestandteile zerlegen. Aber diese mechanische Scheidung hat ihre Grenzen, so daß wir, wenn wir selbst das Mikroskop und die feinsten Trennungsapparate zu Rate ziehen, schließlich doch zu einem Punkte gelangen, wo unsre Mittel zu weiterer Zerlegung nicht mehr ausreichen.

Wenn es aber gar zur Aufgabe gemacht wird, einen Körper, der durchweg eine gleichmäßige Zusammensetzung zeigt, wie etwa ein Stück weißen Marmors, in seine einzelnen Bestandteile zu zerlegen, so können wir derselben auf mechanischem Wege unmöglich gerecht werden, denn die Masse des Marmors erscheint bis in die kleinsten Teilchen als eine völlig gleichartige. Und doch finden wir, wenn wir den Marmor in einem Kalkofen brennen, daß derselbe dabei an Gewicht verliert: einer seiner Bestandteile, die Kohlensäure, ist durch die Hitze ausgetrieben worden. Eine solche Scheidung kann aber nicht mehr eine mechanische genannt werden, sie ist vielmehr eine chemische, sofern wir unter chemischer Teilung eines Körpers seine Zerlegung in solche Teilprodukte verstehen, welche substantiell von dem geteilten Ganzen, meist auch unter sich verschieden sind.

Das Bestreben, die einfachen Grundbestandteile der körperlichen Dinge und die Art ihrer Verbindung kennen zu lernen, ist ein sehr altes und spricht sich schon in der Annahme der alten Philosophen von den vier Elementen (Feuer, Wasser, Luft und Erde) aus; es wiederholt sich in den Theorien der Alchimisten und Jatrochemiker, immer aber gründet es sich bei allen diesen auf gewisse, nur durch äußerliche Analogien hervorgerufene Spekulationen. Erst die neuere Chemie hat die Abscheidung und erschöpfende Eigenschaftsbestimmung der Elemente als erste Bedingung hingestellt für das Unternehmen, das Wesen der zusammengesetzten Körper zu begreifen. Ein Element ist daher in ihrem Sinne derjenige materielle Körper, der sich durch keinerlei mechanische, physikalische oder chemische Kräfteeinwirkung als aus zwei oder mehreren verschiedenartigen Stoffen zusammengesetzt zeigt, und der in seinem Verhalten zu andern auf ihn chemisch einwirkenden Körpern sich analog solchen Körpern verhält, deren elementare Natur ebenfalls festgestellt ist. Der letztere Punkt ist insofern von Wichtigkeit, als er in einer eigentümlichen Verbindung ein neues Element mit Sicherheit vermuten lassen kann, selbst wenn noch keine Methode erfunden ist, dasselbe in isoliertem Zustande darzustellen. Würde in einem Mineral eine neue Substanz entdeckt, die sich mit Kieselsäure zu eigentümlich gearteten Verbindungen zusammensetzt, und die, für sich darstellbar, in allen hauptsächlichen Eigenschaften sich als zu der Familie der Erden gehörig erweist, so würde man ein Recht haben, sie dieser Familie einzuordnen, auch wenn sie sich mit keiner der bekannten Erden identifizieren läßt, sie würde eben als eine neu entdeckte Erde zu gelten haben. Da man die Erden aber als Verbindungen besonderer Metalle mit Sauerstoff kennt, so würde man ebenfalls in jenem neuen Körper den Sauerstoffgehalt als konstatiert ansehen dürfen und somit folgerichtig, auch ohne daß bis dahin die Reindarstellung gelungen wäre, zur Entdeckung eines neuen Elements, eines sogenannten Erdmetalls, wie Beryllium, Aluminium u. s. w., gelangen.

Die Elemente oder chemischen Grundstoffe. Wir kennen bis jetzt etwa 66 einfache, nicht weiter zerlegbare Körper, sogenannte Elemente, aus denen sich Substanzen von andrer stofflicher Beschaffenheit nicht mehr abscheiden lassen. Genau läßt sich die Zahl nicht angeben, da mehrere neue, durch die Spektralanalyse aufgefundene Stoffe wegen der geringen Menge, in welcher sie angetroffen werden, noch nicht genauer untersucht werden konnten, z. B. das Holmium, Decipium, Thulinum, Idunium. Man stellt die Elemente nach gemeinsamen physikalischen und chemischen Eigenschaften in gewisse Gruppen und gibt jedem Elemente ein besonderes Zeichen, gewöhnlich nach den Anfangsbuchstaben seines lateinischen, beziehentlich griechischen Namens. Unter den nichtmetallischen Elementen, sogenannten Metalloiden, teils gasigen, teils festen Körpern, welche nur schlechte Leiter der Wärme und Elektrizität sind, mögen in erster Linie genannt sein der Wasserstoff (Hydrogenium), welcher als leichtestes Element für die Bestimmung des Atomgewichts der übrigen Elemente als Einheit angenommen wird, ferner der Sauerstoff (Oxygenium), der Stickstoff (Nitrogenium) und der Kohlenstoff (Carbonium). Außerdem gehören zu dieser Gruppe noch das Chlor, Fluor, Brom, Schwefel, Selen, Tellur, Phosphor, Arsen, Antimon, Kohlenstoff, Bor, Silicium.

Die metallischen Elemente sind in gewöhnlicher Temperatur (mit Ausnahme des Quecksilbers) fest und zeichnen sich außer durch die bekannten metallischen Eigenschaften des Glanzes u. s. w. durch ein in der Regel bedeutendes Leitungsvermögen für Wärme und Elektrizität aus. Wir teilen sie in leichte und schwere Metalle; die ersteren haben ein spezifisches Gewicht unter 5 und umfassen die metallischen Elemente der Alkalien und Erden, kommen in der Natur nicht gediegen vor und haben zu Sauerstoff eine ungemeine Verwandtschaft, welche ihre Reindarstellung auch sehr erschwert. Die letzteren sind leichter reduzierbar und sind infolgedessen und weil ihre Beständigkeit mancherlei Verwendung gestattet, bekannter. — In der nachfolgenden Übersicht finden sich sämtliche Elemente nach der alphabetischen Reihenfolge ihrer Namen zusammengestellt; zugleich mit ihren chemischen Zeichen und Atomgewichten:

Übersicht der chemischen Grundstoffe.

Name	Zeichen	Atomgewicht	Name	Zeichen	Atomgewicht	Name	Zeichen	Atomgewicht
Aluminium	Al	27,4	Kadmium	Cd	112	Scandium	Sc	44,03
Antimon	Sb	122	Kalium	K	39,1	Schwefel	S	32
Arsen	As	75	Kobalt	Co	59	Selen	Se	79
Barium	Ba	137	Kohlenstoff	C	12	Silber	Ag	108
Beryllium	Be	9,1	Kupfer	Cu	63,5	Silicium	Si	28
Blei	Pb	207	Lanthan	La	139	Stickstoff	N	14
Bor	B	11	Lithium	Li	7	Strontium	Sr	87,3
Brom	Br	80	Magnesium	Mg	24	Tantal	Ta	182
Calcium	Ca	40	Mangan	Mn	55	Tellur	Te	127
Cäsium	Cs	133	Molybdän	Mo	96	Thallium	Tl	204
Cerium	Ce	140	Natrium	Na	23	Thorium	Th	231,5
Chlor	Cl	35,5	Nickel	Ni	59	Titan	Ti	48
Chrom	Cr	52	Niobium	Nb	94	Uran	U	120
Didym	Di	147	Osmium	Os	199,2	Vanadin	V	51,3
Eisen	Fe	56	Palladium	Pd	106	Wasserstoff	H	1
Erbium	E	169	Phosphor	P	31	Wismut	Bi	210
Fluor	F	19	Platin	Pt	194,5	Wolfram	W	184
Gallium	Ga	68	Quecksilber	Hg	200	Ytterbium	Yt	173,01
Gold	Au	196	Rhodium	Rh	104	Yttrium	Y	93
Indium	In	113,5	Rubidium	Rb	85,4	Zink	Zn	65
Iridium	Ir	193	Ruthenium	Ru	104,4	Zinn	Sn	118
Jod	I	127	Sauerstoff	O	16	Zirkonium	Zr	90

Ob nun alle diese Stoffe wirklich einfache Elemente sind oder nicht, diese Frage ist mit unbedingter Sicherheit noch nicht zu entscheiden; man nimmt es an, solange die Wissenschaft noch kein Mittel bietet, das Gegenteil zu beweisen. Mitunter kommt freilich der Fall vor, daß ein solches Element sich doch als ein zusammengesetzter Körper verrät, und mancherlei derartige Erfahrungen lassen die Aussicht auf die Möglichkeit zu, daß die Zahl der chemischen Grundbestandteile noch Einschränkungen erfahren könnte. So sollte z. B. das Jargonium ein neues Element sein, welches Sorby entdeckt und in gewissen Zirkonen (Edelsteinen) nachgewiesen haben wollte. Es unterschied sich von dem Zirkonium durch ein scharf gezeichnetes Spektrum von 14 schwarzen Linien. Bald aber machte der Entdecker seinen Irrtum bekannt, ein kombiniertes Spektrum der Uran- und Zirkonlinien für ein einheitliches elementares Spektrum gehalten zu haben, und das vermeintliche neue Metall wurde wieder aus der Reihe der Elemente gestrichen. Wie dem Jargonium, so ist es schon einer großen Zahl angeblicher Elemente ergangen, die früher oder später nach ihrer vermeintlichen Entdeckung vom Schauplatze wieder abtreten mußten. Zu den zur Zeit zweifelhaften Elementen gehören außer den schon oben genannten Stoffen Decipium, Holmium u. s. w. auch Mosandrium, Norwegium, Philippium, Terbium u. a. mehr. Was man früher für Titan hielt, war, wie Wöhler nachwies, kein Element, sondern eine Stickstoffverbindung unsres jetzigen Elements Titan. Wir werden also die Zahl der chemischen Elemente, wie schon bemerkt worden, nicht als eine feste ansehen dürfen, sie ändert sich vielmehr mit dem Stande unsrer Wissenschaft.

Das Buch der Erfindungen. 8. Aufl. IV. Bd. Leipzig: Verlag von Otto Spamer.

Hervorragende Chemiker der Neuzeit.

Über die Natur der Materie. Die Erfahrungen, welche darüber vorliegen, wie die einfachen Grundstoffe miteinander mehr oder minder zusammengesetzte chemische Verbindungen eingehen, haben uns zu einer bestimmten Vorstellung über die Natur oder — wie man wohl auch sagt — Struktur der Materie gelangen lassen. Bisher ist freilich diese schon seit alter Zeit von Philosophen wie von Naturforschern eifrig erörterte Frage noch nicht über den Bereich einer Hypothese hinausgekommen, welche jedoch vorläufig ausreicht, um die zur Zeit bekannten physikalischen und chemischen Veränderungen eines Naturkörpers zu erklären.

Man nimmt nämlich an, daß jeder Naturkörper schließlich ein Konglomerat kleinster, physikalisch nicht mehr teilbarer Massenteilchen ist, die man gewöhnlich Molekeln oder Moleküle nennt, abgeleitet von molecula, dem Diminutivum von moles = Masse. Die Teilbarkeit der Materie ist also nicht unbegrenzt zu denken, sondern sie führt bis zu kleinsten Grenzteilchen, die wir soeben als Moleküle bezeichneten. Zur Erklärung einer Reihe physikalischer Erscheinungen, besonders der verschiedenen Aggregatzustände (fest — flüssig — luftförmig) und deren Überführung ineinander durch steigende oder sinkende Temperatur (Schmelzen — Verdampfen — Kondensation von Gasen — Erstarren oder Gefrieren) macht man die weitere Annahme, daß die Moleküle nicht unmittelbar aneinander hängen, sondern kleine Zwischenräume zwischen sich lassen. Man sagt, die Materie sei porös. Erwärmung vergrößert die Zwischenräume zwischen den Molekülen, Abkühlung verkleinert sie.

Denken wir uns, wir besäßen ein Mikroskop, welches die Struktur der Materie erkennen ließe, und betrachteten damit ein Stäubchen Eis, so würden wir etwa das in Fig. 16 angedeutete Bild vor uns haben, nämlich ein Konglomerat von Eismolekülen, welche räumlich voneinander getrennt sind. Führen wir nun Wärme zu, so schmilzt das Eisstäubchen zu einem Wassertröpfchen, an dessen mikroskopischem Bilde (s. Fig. 17) wir bemerken, daß die Wassermoleküle sich weiter voneinander getrennt haben. Erwärmen wir das Wassertröpfchen weiter, so verwandelt es sich in Wasserdampf, wobei die Zwischenräume zwischen den einzelnen Wassermolekülen sich wieder bedeutend vergrößern (s. Fig. 18). Bei der Abkühlung nähern sich die Moleküle wieder; der Wasserdampf verdichtet sich zu einem Wassertröpfchen, welches endlich zu einem Eisstäubchen erstarrt. Könnten wir diesen Vorgang mikroskopisch verfolgen, so würden wir nacheinander drei verschiedene Bilder (Fig. 18 bis 16) gewinnen, welche in außerordentlicher mikroskopischer Vergrößerung etwa folgendes Aussehen bieten.

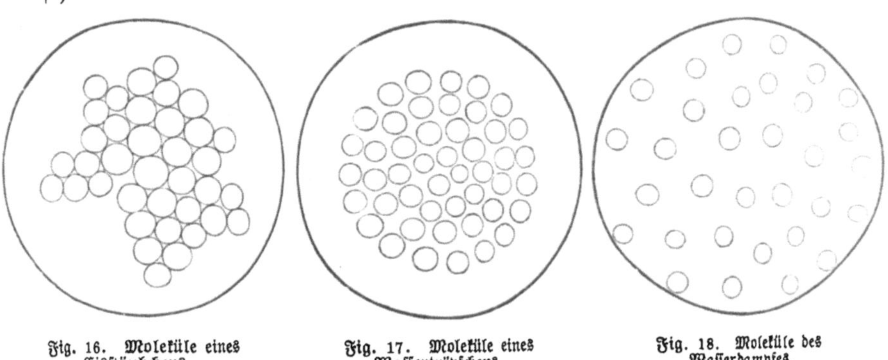

Fig. 16. Moleküle eines Eisstäubchens.

Fig. 17. Moleküle eines Wassertröpfchens.

Fig. 18. Moleküle des Wasserdampfes.

Nun ist aber bekanntlich das Wasser, eines der alten Aristotelischen Elemente, vom chemischen Standpunkte aus längst kein Element mehr, sondern als eine Verbindung von Wasserstoff und Sauerstoff erkannt. Diese beiden chemischen Bestandteile müssen mithin auch schon in jedem einzelnen Wassermolekül enthalten sein; mit andern Worten: die nach unsern obigen Darlegungen physikalisch nicht mehr teilbaren Moleküle sind chemisch noch weiter zerlegbar, und diese nur durch chemische Zerlegung sich ergebenden Bestandteile der Moleküle nennt man Atome. Unter solchem Gesichtspunkte unterscheiden sich Elemente und chemische Verbindungen derart voneinander, daß erstere aus Molekülen mit gleichartigen Atomen, letztere aus Molekülen mit ungleichartigen Atomen bestehen.

Nachstehende kleine Skizzen sollen diese Verhältnisse weiter veranschaulichen: a stellt ein Molekül Schwefeleisen, eine chemische Verbindung von Schwefel und Eisen, vor; b und c sollen je ein Molekül der Elemente Schwefel und Eisen bedeuten; in jedem dieser Moleküle sieht man die betreffenden Atome.

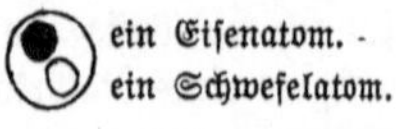

a. Ein Molekül Schwefeleisen.

ein Schwefelatom.
ein Schwefelatom.

b. Ein Molekül Schwefel.

ein Eisenatom.
ein Eisenatom.

c. Ein Eisenmolekül.

Wollen wir die modernen Begriffe „Atom" und „Molekül" wissenschaftlich bestimmen, so sagen wir: *Atome* sind die kleinsten, weder physikalisch noch chemisch weiter teilbaren Mengen der einfachen Stoffe, welche in einem Molekül enthalten sind, beziehentlich in ein solches eintreten können. Unter einem *Molekül* dagegen verstehen wir das kleinste physikalisch nicht mehr, eventuell aber chemisch noch weiter teilbare Massenteilchen, welches — im Gegensatz zu den Atomen — im freien Zustande existieren kann.

Während sich alle physikalischen Vorgänge nur an den Molekülen der Naturkörper vollziehen, sind bei chemischen Erscheinungen die Atome beteiligt. Vereinigen sich z. B. Eisen und Schwefel chemisch miteinander, so heißt das nichts andres als: die Eisenmoleküle (c) und die Schwefelmoleküle (b) hören als solche auf zu existieren und ihre Atome vereinigen sich miteinander zu neuen Molekülen (a) des Schwefeleisens. Zerfällt dagegen eine chemische Verbindung in ihre Elemente, so ist das gleichbedeutend mit der Umwandlung der Moleküle (a) mit ungleichartigen Atomen in solche mit gleichartigen Atomen (b und c). Die Ursache, weshalb sich zwei oder mehrere Elemente miteinander chemisch verbinden, nennt man chemische Verwandtschaft oder Affinität; dieselbe vereint also die Atome verschiedener Elemente zu Molekülen, die ihrerseits wieder durch eine andre, eine physikalische Kraft, die Kohäsion, zusammengehalten werden und in ihrer Gesamtheit einen Körper darstellen.

Zur Veranschaulichung möge ein Beispiel dienen, für welches wir das Schießpulver wählen. Nach den über die chemischen Verbindungen gegebenen Andeutungen könnte man leicht vermuten, daß jenes Pulver ebenfalls eine chemische Verbindung sei, weil man in seiner schwarzen Masse deren ursprüngliche Bestandteile, den gelben Schwefel und den weißen Salpeter, nicht mehr zu erkennen vermag. Es genügt aber ein Körnchen, welches auf die Zunge gebracht wird, um den salzigen Geschmack des Salpeters zu empfinden; auch kann man durch Aufweichen des Pulvers im Wasser sofort den Salpeter lösen und die andern beiden Gemengteile wieder durch Schlämmen voneinander trennen. Das Schießpulver ist also keine chemische Verbindung, weil seine Gemengteile nicht durch die Affinitätskraft, sondern nur auf mechanischem Wege durch die Adhäsionskraft locker zusammengehalten werden. Erst wenn das Schießpulver entzündet wird, entstehen zahlreiche gasförmige Verbindungen chemischer Art. Auch wird dann die bereits fertig darin enthaltene chemische Verbindung, der Salpeter, zersetzt und ihre Elemente gehen neue Verbindungen ein.

Ein sehr charakteristisches Merkmal für den Vorgang einer chemischen Verbindung ist die *Wärmeentwickelung*, so daß man sagen kann, es werde überall, wo zwei Körper zusammenkommen und wo sich Wärme entwickelt (frei wird), auch eine chemische Verbindung gebildet. Jedermann weiß, daß beim Aufgießen von Wasser auf gebrannten Kalk sich die Mischung außerordentlich erwärmt; wir können hieraus den Schluß ziehen, daß Kalk und Wasser sich chemisch verbunden haben. In der That ist hierdurch Kalkhydrat, neuerdings Calciumhydroxyd genannt, entstanden. Wird dagegen Thon, sei es natürlicher, sei es gebrannter, mit Wasser übergossen, so tritt keine Erwärmung ein; es liegt also in diesem Falle nur eine mechanische Mengung, nicht aber eine chemische Verbindung vor. Die Wärme aber, welche bei der chemischen Vereinigung der Körper frei wird, die *Verbindungswärme*, ist für jeden Stoff eine ganz bestimmte, sich unter allen Umständen gleichbleibende. Sie läßt sich auf experimentellem Wege ausmitteln und durch sogenannte *Kalorien* ausdrücken, und dies gilt nicht nur für die Vereinigung von Elementen, sondern auch für die Fälle, daß bereits fertige chemische Verbindungen von neuem sich mit andern Verbindungen vereinigen. In betreff einer sehr großen Anzahl von Verbindungen sowie hinsichtlich der meisten Elemente ist nun die Zahlengröße für die Verbindungswärme bereits ermittelt worden, insbesondere hat sich in den letzten Jahren Berthollet große Verdienste um den Ausbau dieses Teiles der chemischen Wissenschaft erworben.

Bei der oben besprochenen chemischen Verwandtschaft, nach deren Gesetzen sich die Körper miteinander vereinigen, darf man indessen nicht glauben, daß gerade diejenigen Elemente, welche sich hinsichtlich ihres chemischen Charakters und durch ihre sonstigen Eigenschaften nahe stehen, die größte Anziehungskraft zu einander zeigen. Im Gegenteil haben vielmehr solche Elemente, welche die größten Gegensätze hinsichtlich ihres chemischen Verhaltens zeigen, gewöhnlich die stärkste Neigung, sich miteinander zu verbinden. Berücksichtigt man dieses Verhalten, so ist eigentlich der Name Verwandtschaft nicht gut gewählt.

Ebenso, wie man annimmt, daß weder die Moleküle noch die Atome in einem Körper sich gegenseitig berühren, ist man auch genötigt, anzunehmen, daß beim Zusammentreten zweier Elemente zu einer chemischen Verbindung kein Zusammenfließen oder keine gegenseitige Durchdringung stattfindet, sondern nur eine derartige Nebeneinandergruppierung der Atome, daß noch Zwischenräume vorhanden sind. Nur auf diese Weise lassen sich die vielseitigen physikalischen und chemischen Vorgänge ungezwungen erklären.

In der auf Seite 36 gegebenen Aufzählung der Elemente sind die Atomgewichte mit angeführt, auf deren Bedeutung wir jetzt näher eingehen wollen. Es kommt nämlich neben den schon besprochenen Merkmalen für den Vorgang und die Bildung einer chemischen Verbindung als durchaus wesentlich auch das Mengenverhältnis, in welchem die Elemente sich miteinander vereinigen, in Betracht. Will man z. B. eine Verbindung aus zwei Elementen herstellen, so ist es keineswegs gleichgültig, wieviel man hierzu von jedem Elemente verwendet; es bestehen vielmehr hierfür bestimmte Gesetze, nach welchen die Mengenverhältnisse, in denen die Elemente sich vereinigen, ewig gleichbleibende sind. Dasselbe gilt für diejenigen zusammengesetzteren chemischen Verbindungen, welche durch Vereinigung der einfacheren gebildet werden.

Die Frage aber, wieviel man von zwei oder mehreren Stoffen zu nehmen habe, um eine chemische Verbindung derselben zu erhalten, läßt sich in doppelter Weise stellen, nämlich einmal: wieviel dem Raume nach (Volumenverhältnis), sodann: wieviel dem Gewichte nach (Gewichtsverhältnis). Während sich nun das Gewichtsverhältnis bei allen Körpern sicher feststellen läßt, ist dies in Rücksicht des Raumverhältnisses durch den direkten Versuch nicht bei allen Körpern möglich. Es lassen sich nämlich nicht ungleiche Aggregatzustände der Elemente miteinander vergleichen. So darf man beispielsweise nicht feststellen, wie das Verbindungsverhältnis zwischen festem Schwefel und gasförmigem Sauerstoff dem Raume nach ist, sondern nur, wie sich dasselbe zwischen dampfförmigem Schwefel und gasförmigem Sauerstoff bei gleicher Temperatur und gleichem Druck gestaltet. Es geht hieraus hervor, daß bei Ermittelung des Volumenverhältnisses nur der gasförmige Zustand der Körper in Betracht kommen kann, da nur dieser eine genaue Messung des Volumens unter gleicher Temperatur und bei gleichen Druckverhältnissen gestattet. Hiernach kann die direkte Bestimmung des Volumenverhältnisses nur bei solchen Körpern stattfinden, die sich in Gase umwandeln lassen. Doch ist es bei einigen auch möglich, auf indirektem Wege zum Ziele zu gelangen, nämlich bei solchen festen Elementen, welche mit gasförmigen flüchtige Verbindungen eingehen können, deren Volumen sich also messen und deren spezifisches Gewicht sich bestimmen läßt. Als Beispiel diene der Kohlenstoff, den man noch nicht in gasförmigem Zustande herstellen konnte, während dies bei seinen Verbindungen mit Sauerstoff, bei der Kohlensäure und dem Kohlenoxydgas möglich ist. Da nun die spezifischen Gewichte dieser letzteren Verbindungen sowie das des Sauerstoffs bekannt sind, so läßt sich auch hieraus berechnen, wieviel Raumteile Kohlenstoffdampf in einem gewissen Volumen gasförmiger Kohlensäure enthalten sind.

Bei Ermittelung der Volumenverhältnisse hat sich eine auffallende Einfachheit der Zahlenwerte herausgestellt, und zwar in einer Weise, wie sie bei den Gewichtsverhältnissen, die viel größere Mannigfaltigkeit zeigen, nicht vorkommt.

Außer dem Volumen- und Gewichtsverhältnis kommt noch das Atomverhältnis oder die Atomzahl in Betracht, welches ergibt, wieviel Atome der Elemente bei ihrer Vereinigung in gegenseitige Wechselwirkung treten. Das Gleiche gilt hinsichtlich der Moleküle. Es läßt sich dieses Verhältnis nur auf Grund einer Hypothese ermitteln, an deren Richtigkeit aber kaum noch zu zweifeln ist. Nach einem von **Avogadro** aufgestellten Gesetz sollen nämlich **gleiche Raumteile gasförmiger Körper bei gleichem Druck und gleicher Temperatur eine gleiche Anzahl von Molekülen enthalten.** Das offenbar gleiche Verhalten der verschiedensten Gase gegen Druck und ihre gleiche Ausdehnbarkeit durch die Wärme, sowie ihre gleiche Wärmekapazität für gleiche Raumteile sind Thatsachen, welche für die Richtigkeit jenes Gesetzes sprechen. Es geht aus demselben zugleich hervor, daß nicht nur die Moleküle zusammengesetzter Körper, sondern auch die Moleküle der einfachen Elemente aus mehreren, mindestens aus zwei Atomen bestehen, und daß ferner Atome im freien Zustande nur in dem Augenblick existieren, in welchem sie in gegenseitige Wechselwirkung treten, also im sogenannten „status nascens" oder „in statu nascendi". Sonst befinden sich unverbundene Elemente nur im molekularen Zustande, d. h. ihre gleichartigen Atome haben sich bereits zu einer engeren Gruppe vereinigt und so ihre Affinitäten (Verwandtschaften) schon teilweise gesättigt. Auf die ungezwungenste Weise wird durch diese Annahme erklärt, wie die Wirkung der Elemente in dem Augenblicke ihrer Ausscheidung aus einer Verbindung eine viel energischere ist als im freien Zustande. Freier Wasserstoff wirkt z. B. nur sehr träge auf die meisten Verbindungen ein und Metalloxyde werden durch ihn nur in der Glühhitze reduziert. Im status nascens dagegen, z. B. in dem Augenblicke, wo er aus einer verdünnten Säure mittels eines Metalls in Freiheit gesetzt wird, ist er ein sehr energisches Reduktionsmittel; er zersetzt dann die mannigfaltigsten Verbindungen schon bei gewöhnlicher Temperatur. Die Atome haben also in dem Augenblicke, in welchem sie in Freiheit gesetzt werden, ihre ganze ungeschwächte Affinität und können sich daher leicht mit andern Atomen zu Molekülen vereinigen. Sollen aber die Atomgruppen eines freien Elements ihre Thätigkeit entwickeln, so muß erst die Kraft überwunden werden, durch welche das einzelne Atom mit den übrigen Atomen im Molekül des Elements zusammengehalten wird.

Manche Elemente können ferner in zwei oder mehreren verschiedenen Zustandsformen (**allotropischen Modifikationen**) erscheinen, in welchen sie bei sonst ganz gleicher materieller Beschaffenheit doch ganz verschiedene Eigenschaften besitzen. Beispiele sind der Sauerstoff als Ozon, die Kohle als Graphit und Diamant, der amorphe und gewöhnliche Phosphor u. s. w. Durch die Annahme einer verschiedenen Anzahl von Atomen im Molekül dieser Elemente läßt sich diese auffallende Eigentümlichkeit ebenfalls sehr leicht erklären. Auch ist der Beweis, daß diese Annahme richtig sei, schon in mehreren Fällen geliefert, z. B. für die beiden allotropischen Modifikationen des Sauerstoffs, wonach gewöhnlicher Sauerstoff aus zwei, Ozon dagegen aus drei Atomen besteht.

An einem Beispiel mag nun erläutert werden, wie man unter Zugrundelegung des Gesetzes von Avogadro durch einfache Schlußziehung darauf kommen muß, daß die Moleküle der Elemente Wasserstoff und Chlor aus je zwei Atomen bestehen müssen. Durch genaue Versuche ist nachgewiesen worden, daß sich Wasserstoff und Chlor zu genau gleichen Raumteilen miteinander vereinigen und daß hierbei keine Verdichtung beider Gase stattfindet, sondern daß der entstandene Chlorwasserstoff zwei Raumteile einnimmt, natürlich gleichen Druck und gleiche Temperatur vorausgesetzt. Hiernach verbinden sich 1 l Wasserstoffgas und 1 l Chlorgas zu 2 l Chlorwasserstoffgas. Nimmt man nun kurz gesagt an, daß 1000 Moleküle (in Wirklichkeit sind es natürlich erstaunlich viel mehr) in diesem 1 l Wasserstoff vorhanden seien, so müßten nach obigem Gesetze in dem 1 l Chlorgas ebenfalls 1000 Moleküle Chlor sich befinden. Bei der Vereinigung entstehen also 2 l Chlorwasserstoffgas, in welchen die 1000 Moleküle Wasserstoff und die 1000 Moleküle Chlor ebenfalls enthalten sein müssen, demnach zusammen 2000 Moleküle in 2 l. Es müssen daher in 1 l Chlorwasserstoff 1000 Moleküle sein, und da jedes Molekül dieses Gases aus Wasserstoff und Chlor besteht, so müssen in einem solchen Molekül wenigstens 1 Atom Wasserstoff und 1 Atom Chlor vorhanden sein, also in 1000 Molekülen 2000 Atome. Nach Avogadros Gesetz sind nun in gleichen Raumteilen, also auch in je 1 l, eine gleiche Anzahl Moleküle; wenn also in 1 l Chlorwasserstoff 1000 Moleküle des letzteren wären, die je aus 2 Atomen bestehen, so müssen in 1 l Wasserstoff ebenfalls 1000 Moleküle oder 2000 Atome vorhanden sein; dasselbe gilt natürlich auch vom Chlor. Die Moleküle dieser Elemente bestehen also aus je 2 Atomen.

Durch genaue Versuche hat man nun gefunden, daß 1 l Chlorgas bei gleicher Temperatur und gleichem Drucke $35{,}_5$mal mehr wiegt als 1 l Wasserstoff; die Zahl $35{,}_5$ drückt demnach das Gewichtsverhältnis aus, in welchem sich Chlor mit Wasserstoff verbindet. Mit andern Worten: wenn eine bestimmte Anzahl von Wasserstoffatomen = 1 wiegt, so wiegt die gleiche Anzahl von Chloratomen $35{,}_5$. Jedes Chloratom ist demnach $35{,}_5$mal schwerer als ein Wasserstoffatom. Hiernach drückt die Zahl $35{,}_5$ nicht nur das Verbindungsgewicht (Äquivalent) des Chlors, sondern auch sein Atomgewicht aus.

Durch diese Betrachtung sind wir nunmehr zur Feststellung des Begriffs der Atomgewichte gelangt, welche für die einzelnen Elemente durch sehr genaue Untersuchungen der Gewichts- und Raumverhältnisse, in denen sie sich vereinigen, ausgemittelt wurden und in der Tabelle auf Seite 36 mit angeführt sind.

Da die Moleküle aus Atomen bestehen, so hat man unter dem Ausdruck Molekulargewicht die Summe der Gewichte zu verstehen, welche auf die einzelnen in der Verbindung enthaltenen Atome entfallen. Dividiert man das Molekulargewicht durch das spezifische Gewicht, so erhält man das Molekularvolumen; dasselbe beträgt bei allen gasförmigen Körpern = $28{,}_9$, wenn man die Luft als Einheit für die spezifischen Gewichte nimmt, dagegen = 2, sobald man den Wasserstoff als Einheit setzt.

Der besseren Übersicht wegen sollen nun die ermittelten Verhältnisse bei obigem Beispiel, dem Chlorwasserstoff, nebeneinander gestellt werden:

	Wasserstoff (H) : Chlor (Cl).
Raumverhältnis . .	1 Volumen H : 1 Volumen Cl geben 2 Volumen HCl.
oder:	2 " " : 2 " " " 4 " "
Gewichtsverhältnis .	1 Gewichtsteil H : $35{,}_5$ Gewichtsteile Cl geben $36{,}_5$ Gewichtsteile HCl.
Atomverhältnis . .	1 Atom H + 1 Atom Cl geben 1 Molekül HCl.

Aber nicht alle gasförmigen Elemente verbinden sich mit Wasserstoff in dem Raumverhältnis von 1 : 1, wie es beim Chlor, Brom, Jod und Fluor der Fall ist. Sauerstoff, Schwefeldampf, Selendampf verbinden sich vielmehr mit Wasserstoff in dem Raumverhältnis von 1:2, so daß auf 2 Raumteile Wasserstoff 1 Raumteil Sauerstoff kommt. Stickstoff verbindet sich mit Wasserstoff in dem Raumverhältnis von 1 : 3. Die gasförmigen Produkte dieser Vereinigungen nehmen aber nur 2 Raumteile ein, so daß z. B. bei der Vereinigung von 2 Volumen Wasserstoff mit 1 Volumen Sauerstoff zu Wasserdampf eine Verdichtung von 3 Volumen auf 2 Volumen, bei der Vereinigung von 3 Volumen Stickstoff mit 1 Volumen Wasserstoff zu Ammoniak eine Verdichtung von 4 Volumen auf 2 Volumen stattfindet.

Beim Wasser gestalten sich die Verbindungsverhältnisse folgendermaßen:

	Wasserstoff (H) : Sauerstoff (O).
Raumverhältnis . .	2 Volumen H : 1 Volumen O geben 2 Volumen Wasserdampf.
Gewichtsverhältnis .	2 Gewichtsteile H : 16 Gewichtsteile O geben 18 Teile Wasser.
Atomverhältnis . .	2 Atome H : 1 Atom O geben ein Molekül Wasser.

Das Gewichtsverhältnis, in welchem Wasserstoff und Sauerstoff im Wasser enthalten sind, ist also 2 : 16, oder in kleineren Zahlen 1 : 8. Während 18 das Molekulargewicht des Wassers und 16 das Atomgewicht des Sauerstoffs ist, drückt die Zahl 8 das einfachste Verhältnis aus, in welchem O sich mit H zu Wasser verbindet. Man nennt die Zahl 8 für Sauerstoff auch Mischungsgewicht oder Äquivalentengewicht, es ist also halb so groß als das Atomgewicht. Bei einer großen Zahl von Elementen findet dasselbe statt: ihr Äquivalentengewicht (der kleinste Zahlenwert, in welchem sie sich mit andern Elementen verbinden), den Wasserstoff = 1 gesetzt, ist halb so groß als das Atomgewicht, während bei den übrigen Elementen das Äquivalentengewicht und Atomgewicht gleichgroß sind.

Auf ein vermutbares Gesetz in der Größe der Atomgewichte bei den einzelnen Elementen hat neuerdings Mendelejeff hingewiesen und danach die Elemente systematisch geordnet. Es ist ihm sogar gelungen, hieraus die Existenz neuer noch nicht bekannter Elemente, mit mehr oder weniger Glück, voraus zu bestimmen, deren eines, von ihm Ekaaluminium benannt, in der That mit dem bald darauf entdeckten Gallium so ziemlich übereinstimmt.

Die in der Tabelle auf Seite 36 angeführten Buchstabensymbole zur Bezeichnung der Elemente erfüllen zugleich noch einen andern Zweck, denn der Buchstabe bedeutet auch die Gewichtsmenge, nach welcher sich sein Element verbindet, und zwar das Atomgewicht. Cl bedeutet also nicht bloß Chlor, sondern auch $35{,}_5$; O nicht bloß Sauerstoff, sondern auch 16.

Zur Bezeichnung einer chemischen Verbindung werden die Buchstaben der Elemente, aus denen sie besteht, einfach nebeneinander geschrieben und die Zahl der Atome oder richtiger das Atomverhältnis durch kleine Zahlen angezeigt, z. B. Wasser = H_2O, Kohlensäure = CO_2, Ammoniak = H_3N. Da das Atomgewicht des Kohlenstoffs = 12 und das des Sauerstoffs = 16 ist, so sagt uns die Formel CO_2, daß in 44 Gewichtsteilen Kohlensäure 12 Gewichtsteile Kohle und (2 mal 16 =) 32 Gewichtsteile Sauerstoff enthalten sind; ebenso in 17 Teilen Ammoniak (H_3N) 3 Teile Wasserstoff und 14 Teile Stickstoff. Die meisten Elemente lassen sich in verschiedenen Verhältnissen miteinander verbinden; die Zahlen, welche diese Verhältnisse angeben, sind aber stets Mehrheiten der einfachen Atomgewichte.

Die chemischen Verbindungen, welche durch Vereinigung zweier oder mehrerer Elemente entstehen, sind nur in wenigen Fällen nicht weiter vereinigungsfähig; die weitaus größte Zahl derselben gestattet neue und oft sehr zusammengesetzte Verbindungen. Und hierbei tritt wieder der Fall ein, daß diejenigen chemischen Verbindungen, welche die größten Verschiedenheiten ihrer physikalischen und chemischen Eigenschaften zeigen, sich mit einer weit größeren Energie als gleichartige Körper anziehen und vereinigen. Dieser eigentümliche Gegensatz in dem Verhalten der chemischen Verbindungen wird mit basisch und sauer bezeichnet, und es lassen sich hiernach die Verbindungen in zwei große Hauptgruppen, Basen und Säuren, trennen, denen sich noch eine dritte Gruppe, die der indifferenten Körper, anreiht.

Es ist nicht gut möglich, eine genaue Begriffserklärung der Worte Basis und Säure aufzustellen; man kann nur sagen, daß es Körper sind, welche bei ihrem Zusammentreffen Verbindungen geben, in denen die ursprünglichen Gegensätze ganz oder zum Teil aufgehoben sind, je nach den Mengen, die in die Verbindung eingetreten sind.

Die hierbei neu entstehenden Verbindungen werden Salze genannt, und je nachdem in ihnen die Basis oder die Säure vorwaltet, pflegt man basische und saure Salze zu unterscheiden; diejenigen aber, in denen Basis und Säure sich gegenseitig vollständig gesättigt haben, werden als Neutralsalze bezeichnet.

Ein für alle Basen einerseits und für alle Säuren anderseits gültiges Erkennungszeichen außer ihrer Verbindungsfähigkeit zu Salzen gibt es nicht. Nur diejenigen Säuren, welche im Wasser löslich sind, besitzen einen sauren Geschmack, ebenso die in Wasser löslichen Basen einen laugenartigen. Ferner verändern die in Wasser löslichen Säuren viele Farbstoffe, die darin unlöslichen selbstverständlich nicht. So wird z. B. der an und für sich violette und durch Basen blau gefärbte Lackmusfarbstoff durch lösliche Säuren rot, der durch lösliche Basen braunrot gefärbte Curcumafarbstoff durch Säuren gelb gefärbt. Durch Sättigen der Säuren mit Basen wird die Neutralfarbe wieder hergestellt, durch einen Überschuß der Base, wenn diese löslich ist, die für die Basen charakteristische Farbe hervorgebracht. Korallin wird durch Basen rot, durch Säuren gelb. Phenolphtaleïn (grau) wird durch Basen violettrot, durch Säuren entfärbt; Methylorange wird durch Alkalien gelb, durch Säuren braunrot.

Diese Farbenveränderungen sind für die chemische Praxis von großer Wichtigkeit, da sie uns ein Mittel an die Hand geben, um zu erkennen, ob beim Zusammenbringen von Basen und Säuren die gewünschte Sättigung oder Neutralisation eingetreten ist. Hierbei darf allerdings nicht verschwiegen werden, daß z. B. das Rotwerden des Lackmus durch lösliche Säuren nicht eine ausschließliche Eigenschaft der letzteren ist; denn es färben manche neutrale Metallsalze (z. B. Eisenvitriol), ja sogar Doppelsalze, wie Alaun, das blaue Lackmus ebenfalls rot.

Die Fähigkeit, Basen zu bilden, zeigen in besonderem Grade die sogenannten Metalle dem Sauerstoff gegenüber, während die nichtmetallischen Elemente vorzugsweise Säuren bilden; doch können auch viele Metalle bei der Vereinigung mit größeren Mengen Sauerstoff, als zur Bildung der Basen notwendig ist, Säuren bilden, so z. B. Mangansäure (MnO_3), Übermangansäure (Mn_2O_7), Chromsäure (CrO_3), Wolframsäure (WO_3) u. s. w.

Sowohl die Säuren als auch die Basen sind hinsichtlich ihrer Verbindungsfähigkeit nicht von gleicher Stärke. Man unterscheidet daher starke und schwache Basen und Säuren. Zu den stärksten Basen gehören: Kali oder Kaliumoxyd (K_2O), Natron oder Natriumoxyd

(Na_2O), Kalk oder Calciumoxyd (CaO), Baryt oder Bariumoxyd (BaO), Bleioxyd (PbO) u. s. w. zu den stärksten Säuren: Schwefelsäure (SO_3), Salpetersäure (N_2O_5), Phosphorsäure (P_2O_5), Kieselsäure (SiO_2), letztere jedoch nur in der Hitze.

Hinsichtlich der Konstitution der Salze war man früher ganz allgemein der Ansicht, daß Basis und Säure, wenn sie zu einem Salze zusammentreten, in diesem letzteren noch als solche vorhanden sind, daß also jedes Salz gewissermaßen aus zwei Teilen, der Basis und Säure, besteht, welche Ansicht man die dualistische Theorie nennt. Jetzt ist indessen die sogenannte Unitartheorie Mode geworden, nach welcher Basen und Säuren in den Salzen nicht mehr als solche vorhanden gedacht werden. Demnach schreibt man auch die Formeln der Salze nicht mehr so wie früher. Es war z. B. die ältere dualistische Formel des kohlensauren Kalks: CaO, CO_2 (Base und Säure wurden durch ein Komma getrennt), die neuere Schreibweise ist $CaCO_3$; ja man nennt diesen Körper, um nicht an die dualistische Theorie zu erinnern, jetzt nicht mehr kohlensauren Kalk, sondern kohlensaures Calcium, welcher sehr unpassend gewählten Bezeichnungsweise immer noch der Ausdruck Calciumkarbonat vorzuziehen wäre. — Was hier von diesen Kalksalzen gesagt ist, gilt auch von allen übrigen Salzen.

Nach der neueren Auffassung vom Wesen der Säuren geht man von dem Typus des Wassers, H_2O oder $H - O - H$, aus; man denkt sich die Säuren gewissermaßen als Wasser, dessen Wasserstoff zur Hälfte durch ein sauerstoffhaltiges Radikal, öfters auch durch ein Element ersetzt ist. Die Säuren, wenn sie in Aktion treten, enthalten also die Elemente des Wassers und werden daher auch Säurenhydrate genannt, während die wasserfreien Säuren mit dem Namen Säurenanhydride belegt werden. Das Schwefelsäureanhydrid hat die Formel SO_3, das Schwefelsäurehydrat (früher SO_3, H_2O geschrieben) hat jetzt die Formel H_2SO_4.

Ebenso wie bei den Säuren kennt man auch bei den Sauerstoffbasen Verbindungen derselben mit Wasser; sie wurden früher Oxydhydrate genannt, z. B. Natriumoxydhydrat. Jetzt belegt man sie mit dem Namen Hydroxyde, also beispielsweise Natriumhydroxyd.

Nach dieser modernen Anschauungsweise kann man nun die Salze betrachten entweder als Ableitungsprodukte der basischen Hydroxyde, entstanden durch Ersetzung ihres Wasserstoffs durch Säureradikale, oder als Ableitungsprodukte der Säuren, in welchen der Wasserstoff ganz oder teilweise durch Metalle ersetzt ist.

In ihrer äußeren Erscheinung sind die Salze sehr verschieden. Es gibt weiße oder farblose, gelbe, rote, blaue und grüne. Charakteristisch ist für die meisten Salze ihr Vermögen, zu kristallisieren, und zwar in der Regel in ganz bestimmten, für jedes Salz eigentümlichen Formen. Soweit die Salze löslich sind, zeigen sie auch einen besonderen, von dem der Säuren und Basen verschiedenen Geschmack. Ferner können sehr viele Salze sich mit Wasser zu ganz bestimmten kristallinischen Verbindungen vereinigen, in denen man die Gegenwart so großer Mengen von Wasser gar nicht ahnt.

Salze, die zwei verschiedene metallische Elemente enthalten, werden Doppelsalze genannt; eines der bekanntesten ist der Alaun, nach älterer Anschauungsweise bestehend aus einer Verbindung von schwefelsaurem Kali und schwefelsaurer Thonerde mit Wasser, nach neuerer ist Wasserstoff in der Schwefelsäure durch Kalium und Aluminium ersetzt. Besonders zahlreich kommen solche zusammengesetzte Verbindungen fertig gebildet als Mineralien in der Natur vor, Braunspat, Leucit, Granat u. s. w. Man bezeichnet sie, indem man die Zeichen der sie zusammensetzenden Salze durch ein + verbindet und das Ganze in eine Klammer einschließt, oder dadurch, daß man die Bestandteile einfach nebeneinander schreibt; z. B. Alaun durch $[K^2SO^4 + Al^2(SO^4)^3] + 24\,H^2O$ oder $K^2SO^4.\ Al^2(SO^4)^3 + 24\,H^2O$. Die Chiffer $24\,H^2O$ bedeutet, daß der Alaun im kristallisierten Zustande 24 Moleküle sogenannten Kristallwassers enthält.

In diesen Doppelsalzen haben wir Gelegenheit, ein höchst interessantes Verhalten mancher Elemente und ihrer Verbindungen zu beobachten. Wählen wir beispielsweise den Alaun, den wir auf direktem Wege darstellen können, indem wir in entsprechenden Mengenverhältnissen schwefelsaures Kali und schwefelsaure Thonerde, zusammen in Wasser aufgelöst, miteinander vermischen. Beim Verdunsten scheiden sich dann aus der gemeinschaftlichen Lösung schöne oktaedrische Kristalle ab, die von den Kristallen des schwefelsauren Kali sowohl als von denen der schwefelsauren Thonerde ganz verschieden sind; sie besitzen auch einen eigentümlichen Geschmack und geben sich schon hierdurch, abgesehen von ihren sonstigen Eigenschaften, als einen besonderen, chemisch selbständigen Körper, den wir eben Alaun nennen, zu erkennen. Nehmen wir nun ein andermal auf die angenommene Menge schwefelsaures Kali nicht das volle Quantum schwefelsaure Thonerde, setzen aber dafür schwefelsaures Eisenoxyd mit zur Lösung, so geht dieses ohne Widerstreben in die Verbindung, die wir Alaun genannt haben, mit ein; wir erhalten Kristalle von derselben Form, nur daß dieselben nicht weiß, sondern vielmehr, je nach der Menge des an Stelle der Thonerde gesetzten Eisensalzes, mehr oder weniger grün gefärbt erscheinen. Ja, wir können die Thonerde ganz weglassen und sie lediglich durch Eisenoxyd vertreten lassen, die Kristallform des sich bildenden Eisenalauns bleibt ungeändert. Und so vermögen wir auch einen Alaun herzustellen, der aus schwefelsaurem Kali und schwefelsaurem Chromoxyd besteht und in ganz übereinstimmender Weise mit jenen andern kristallisiert. Thonerde, Eisenoxyd und Chromoxyd können sich also in chemischen Verbindungen gegenseitig ersetzen, ohne daß die durch die allgemeine chemische Formel ausgedrückte Konstitution geändert würde. Auch die physikalischen Eigenschaften solcher Verbindungen bleiben in Übereinstimmung, wie viele Mineralien beweisen, deren Physiognomie bei sehr beträchtlich verschiedener qualitativer Zusammensetzung dennoch dieselbe bleibt. In den Granaten z. B. kommen die obengenannten mineralischen Basen, Thonerde, Eisenoxyd (mit Kieselsäure verbunden), in zu einander sehr wechselnden Mengenverhältnissen vor, und es gibt sogar eine Varietät (Uwarowit), welche fast gar keine Thonerde oder Eisenoxyd enthält, sondern in welcher dieser Platz durch Chromoxyd ausgefüllt worden ist. Eine bezeichnende Eigenschaft derartiger, einander vertretender Stoffe ist das Vermögen, in gleichen Kristallformen zu kristallisieren und sich gemeinschaftlich an der Bildung dieser Formen in unbestimmten Verhältnissen zu beteiligen. Man nennt dieses Vermögen Isomorphismus (d. i. Gleichgestaltung). Die regulären Oktaeder des Alauns werden durchaus nicht alteriert, ob die schwefelsaure Thonerde darin durch 1, 2, 5, 7 oder mehr Prozente schwefelsaures Eisenoxyd vertreten ist. Eine andre Reihe von isomorphen Basen sehen wir in Kalkerde, Talkerde, Eisenoxydul, Manganoxydul und Zinkoxyd, während die Schwefelsäure, Chromsäure, Selensäure und Mangansäure einerseits, die Phosphorsäure und die Arsensäure anderseits Gruppen von isomorphen Säuren darstellen.

Für die Beurteilung der chemischen Natur zahlreicher Verbindungen ist dies Gesetz von der höchsten Wichtigkeit, denn da die isomorphen Körper sehr zahlreich sind und fest bestimmte Gruppen untereinander bilden, so läßt sich in sehr vielen Fällen erst durch diese Zusammenfassung die chemische Natur oft sehr kompliziert zusammengesetzter Körper, namentlich der Mineralien, in einfachen, übersichtlichen Formeln ausdrücken.

Nächst dem Sauerstoff besitzen das Vermögen, Basen und Säuren und demnach auch Salze zu bilden, in hervorragendem Maße noch einige andre Grundstoffe, insbesondere der Schwefel und die ihm nahe stehenden Elemente Selen und Tellur. Man nennt die hieraus entstehenden Salze, im Gegensatze zu den Sauerstoffsalzen (Oxysalzen) Sulfosalze, Selensalze und Tellursalze. Auch Chlor, Brom, Jod und Fluor bilden mit den metallischen Grundstoffen gewisse Verbindungen, die den Salzen in vielfacher Beziehung ähnlich sind und Halogensalze genannt werden.

Eine noch größere Mannigfaltigkeit der Verbindungen als in der anorganischen Chemie treffen wir im Gebiete der organischen Chemie an. Letztere beschäftigt sich in der Hauptsache mit denjenigen chemischen Verbindungen, welche durch die Lebensthätigkeit in dem pflanzlichen und tierischen Organismus erzeugt werden. Trotz der geringen Zahl von Grundstoffen, aus denen die Lebewesen bestehen — Kohle, Wasserstoff, Sauerstoff, Stickstoff und zuweilen auch Schwefel — können sich diese Elemente doch in so verschiedenartigen Verhältnissen vereinigen, daß Tausende neuer Verbindungen entstehen. Denn nicht nur die von den Pflanzen und Tieren unmittelbar erzeugten chemischen Verbindungen gehören in das Gebiet der organischen Chemie, sondern auch die noch viel größere Anzahl der Zersetzungsprodukte jener Verbindungen; dazu kommen noch ihre Vereinigungen mit andern Elementen der verschiedensten Art. Ist es doch sogar gelungen, viele zu den organischen Verbindungen gehörigen Stoffe künstlich herzustellen, aus anorganischen Elementen gewissermaßen stufenweise aufzubauen, und zwar einen aus dem andern, ohne daß die Lebensthätigkeit des

Organismus irgendwie in Mitleidenschaft zu ziehen nötig war. Wir erinnern nur an das künstliche Alizarin, den künstlichen Indigo, den Harnstoff u. s. w. Wenn auch nicht für die Praxis wichtig, so doch theoretisch höchst interessant ist es, daß sich das Benzol, die Grundlage der sogenannten aromatischen Verbindungen, aus Acetylen durch Vereinigung dreier Moleküle derselben bilden läßt; da man ferner im stande ist, Acetylen direkt aus Kohle und Wasserstoff zu erzeugen, daß sich der größte Teil der aromatischen Verbindungen aus den Elementen aufbauen läßt.

Apparate und Methoden. Was nun die verschiedenen Methoden der chemischen Praxis anlangt, welche angewendet werden, entweder um die Zusammensetzung eines vorliegenden Körpers, seine einzelnen Bestandteile und ihre Mengenverhältnisse kennen zu lernen, oder um zusammengesetztere Verbindungen aus einfacheren, einfachere aus zusammengesetzteren darzustellen, so sind dieselben so verschiedenartiger Natur und richten sich in jedem einzelnen Falle so nach den tausenderlei begleitenden Umständen, daß es fast unmöglich ist, sie im allgemeinen zu schildern.

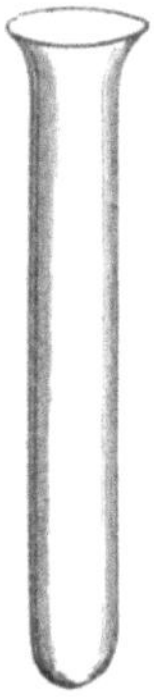

Ein Begriff ist es zunächst, der — von der theoretischen Chemie bei der Betrachtung ihrer Stoffe selbstverständlich vorausgesetzt — die praktischen Arbeiten bestimmend leitet: chemisch rein! Dieser Zauberspruch ist das erste Gebot im Katechismus des Chemikers, welcher jeden Körper nur im Zustande absoluter Reinheit betrachten und die Reindarstellung seiner Produkte daher nimmer außer Augen lassen darf; daß er deswegen bei seinen Arbeiten stets sich der größten Subtilität und Sauberkeit zu befleißigen hat, um nicht unvorsichtigerweise fremde Stoffe in seine Präparate zu bringen, versteht sich von selbst. Seine Gefäße und Apparate werden aus Materialien hergestellt, die den angreifenden Chemikalien möglichst vollständig widerstehen müssen.

Fig. 19. Probiergläschen.

Die wissenschaftliche Chemie und die mancherlei Zweige der Industrie und Technik haben sich gegenseitig unterstützt. Dieselbe Förderung, welche die Naturforschung dem großen praktischen Leben brachte, hat sich rückwirkend wieder segensreich für die stillen Forschungen des Gelehrten erwiesen. Kaum würde die Chemie ihre heutige Stufe der Ausbildung erlangt haben, wenn die früher von ihr gemachten Erfahrungen nicht der Glasmacherei, der Porzellanfabrikation, der Metallurgie so nützliche Gesichtspunkte eröffnet hätten. Glas, Porzellan und Platin sind die wichtigsten Hilfsmittel für den Chemiker, denn aus ihnen bestehen fast ausschließlich die Gefäße, in welchen die chemischen Umwandlungen vorgenommen werden; Kork und Kautschuk aber sind die unentbehrlichen Helfershelfer, welche die einzelnen Bestandteile der Apparate miteinander verbinden und durch ihre Fähigkeit, einen dichten Verschluß zu bewerkstelligen, ganz unschätzbare Dienste leisten. Die Durchsichtigkeit des Glases macht diesen Körper vorzüglich geeignet für solche Gefäße, welche dazu dienen, um eintretende Veränderungen der darin enthaltenen Substanzen zu beobachten. Aus Glas werden die namentlich für den analysierenden Chemiker unentbehrlichen kleinen Probiercylinder (Reagiergläschen) hergestellt, in denen die Einwirkung chemischer Reagenzien auf die zu untersuchenden Stoffe im kleinen sichtbar gemacht wird. Sie sind zwar nichts weiter als dünnwandige Glascylinder von 10—15 cm Höhe und $1^1/_2$—2 cm Durchmesser, aber man darf den Wert dieser unscheinbaren Hilfsmittel nicht unterschätzen. Könnte der Chemiker seine Versuche, die er jetzt alle zuerst in kleinen, unscheinbaren Probiergläschen ausführt, z. B. nur in undurchsichtigen Porzellan- oder Metallgefäßen vornehmen, so würden ihm tausenderlei Veränderungen und Erscheinungen verborgen bleiben, auf die hin er seine Schlüsse fast mit unfehlbarer Sicherheit machen kann. Die Durchsichtigkeit des Glases verbirgt keine, auch nicht die geringste Veränderung, welche überhaupt mit dem Auge wahrgenommen werden kann. In zweiter Reihe ist für die Bedürfnisse des Chemikers die leichte Gestaltbarkeit des Glases von großer Bedeutung, denn sie erlaubt die Herstellung von Apparaten in jeder wünschenswerten Form, wie sie den Umständen nur immer entsprechen mag. Neben Röhren, Kolben, Schalen, Retorten, Trichtern, Bechergläsern, die

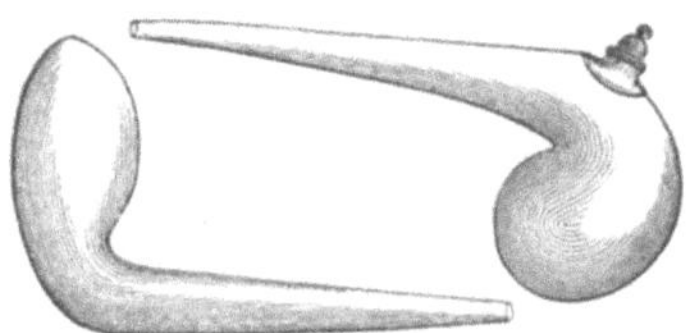
Fig. 20. Retorten.

alle aus Glas hergestellt werden, erblicken wir in den Laboratorien zahlreiche, auf das mannigfaltigste und komplizierteste zu speziellen Zwecken erdachte Apparate, welche der Glasbläser wie spielend aus einigen Stücken starker Glasröhren zu blasen und zu formen versteht.

Und wozu sich das Glas bei seiner leichten Zerbrechlichkeit oder wegen der geringeren Widerstandsfähigkeit höheren Hitzegraden gegenüber weniger eignet, da tritt das Porzellan ein, aus welchem vorzüglich Schmelztiegel, Abdampfschalen, Häfen, Trichter u. s. w. hergestellt werden. Das Platin aber, leider für ausgedehntere praktische Verwendung noch zu teuer im Preise, ist ein unentbehrliches Mittel für Drähte, Bleche, Schalen, Tiegel, die bei Schmelzungen und Lötrohrversuchen, wo es auf absolute Unangreifbarkeit ankommt, in Gebrauch kommen. Ein nur halbwegs vollständiger chemischer Apparat besteht daher aus einer großen Anzahl von einzelnen Geräten, deren Aufzählung wir hier, wo wir ihren speziellen Gebrauch nebenhergehend nicht mit erläutern können, auch nicht versuchen wollen.

Fig. 21. Ein Arbeitstisch im chemischen Laboratorium der Universität Leipzig.

Die verschiedenen Gefäße und Apparate sind in ihrer Mannigfaltigkeit kaum zu schildern; für jeden besonderen Zweck macht sich der Chemiker seine besonderen Formen und Zusammenstellungen, und er mußte deswegen früher, wo dergleichen Dinge noch nicht im Handel auftraten, die Kunst des Glasblasens, des Lötens und dergleichen praktisch ausüben, um das erforderliche Handwerkszeug sich zu schaffen.

Die Wage steht unter den Apparaten obenan, und je empfindlicher ihre Zunge ist — um so höher wird sie geschätzt. Die Luftpumpe dient, um luftverdünnte Räume zu erzeugen, in welchen Flüssigkeiten bei niedrigen Temperaturen verdampfen können. Mit Aräometern untersucht man die spezifischen Gewichte, mit Thermometern die Temperaturen, Lupen und Mikroskope dienen zu äußerlicher Beobachtung, Goniometer zur Messung der Winkel an den Kristallen, Barometer zur Korrektur der Gasanalysen nach dem jeweiligen Luftdruck. Denn der Chemiker hat bei der Untersuchung seiner Stoffe alle Merkmale in Betracht zu ziehen, und oft kommt es auf die feinsten Unterscheidungen an, um zwei Körper als ganz verschiedene festzustellen.

Die lichtbrechenden Eigenschaften der durchsichtigen Substanzen, flüssiger wie fester, sind für ihre Beurteilung oft ausschlaggebend, und deswegen werden die physikalischen Methoden, welche zu ihrer Bestimmung dienen, sehr häufig in dem chemischen Laboratorium mit in die Untersuchung gezogen. Polarisationsapparate in mannigfacher Einrichtung und Spektralapparate lassen die Gegenwart mancher Stoffe sofort erkennen; andre wieder werden auf ihr elektrisches oder ihr magnetisches Verhalten zu prüfen sein, und daher sind auch derartige Apparate erforderlich. Wir haben früher schon im II. Bande dieses Werkes oft Gelegenheit gehabt, bei Betrachtung der physikalischen Methoden auf deren Bedeutung für die chemischen Wissenschaften hinzuweisen; augenscheinlicher würde dies ein Gang durch ein vollständig ausgerüstetes chemisches Laboratorium zeigen. Man sieht nichts mehr von den ausgestopften Krokodilen, die von den Decken herabhängen, den ängstlich gebogenen phantastisch verkrüppelten Glasgefäßen, den Gerippen und in Spiritus aufbewahrten Mißgeburten,

Fig. 22. Das chemische Laboratorium der Universität Leipzig.

mit denen die Phantasie der alten Adepten sich zu umgeben liebte und die wir auf den Gemälden niederländischer Meister abgebildet finden. Dagegen erblicken wir die saubersten Gefäße — anstatt in eine Höhle treten wir in helle Räume; reine Luft, elegante spiegelnde Apparate umgeben uns; vielfach dieselben, die wir in den Händen der Physiker sehen, denn die Fragen, welche hier zur Beantwortung gestellt werden, sind eng verbunden mit den Fragen der Physik, ja sogar nach demselben Ziele hinstrebend, und dieselben Hilfsmittel dienen deswegen häufig zu ihrer Erforschung.

Mit dem Fortschreiten der Wissenschaft sind die Anforderungen, welche an die Einrichtung und Ausstattung der Laboratorien gemacht werden, immer größere geworden, und wenn vor kaum dreißig Jahren noch die Chemiker an unsern Universitäten oft in entlegenen Winkeln ihre Arbeitsstätten aufthun mußten, werden ihnen jetzt bereitwillig wahre Paläste errichtet und mit kostbaren Einrichtungen versehen, da man einsehen gelernt hat, welchen enormen Einfluß die Pflege der Chemie auf das materielle Wohlbefinden des Volkes hat. Entgegen der früheren Mißachtung der Naturwissenschaft ist in der Neuzeit ein förmlicher

Wettstreit entbrannt, um die Laboratorien immer vollkommener und zweckentsprechender auszustatten. Wasser und Gas sind überall hingeführt, um einesteils die Reinigung der Gefäße möglichst rasch und bequem ausführen zu können, anderenteils den vollkommensten Beleuchtungs- und Heizstoff jederzeit zur Hand zu haben. Sogar die Dampfkraft wird jetzt in den größeren Laboratorien herangezogen, welche vielfach über Dynamomaschinen verfügen, um jederzeit einen starken elektrischen Strom zur Ausführung der mannigfaltigsten Zersetzungen, sowie auch Dampf für Destillationen bei der Hand zu haben. Nicht bloß zum Erwärmen, Glühen, Kochen, Verdampfen bedient man sich jetzt des Gases, man führt selbst die meisten Schmelzungen mit Hilfe der Gasflamme aus, der man durch geeignete Beimengung von atmosphärischer Luft zum Leuchtgase, bevor dasselbe in den Brenner strömt, eine gewaltige Hitzkraft mitteilen kann.

Fig. 23. Das ehemalige Laboratorium Liebigs in Gießen.

Für weitergehende Schmelzungen sind besondere Öfenanlagen, für Abdampfungen, Operationen, bei denen Gasentwickelungen stattfinden u. s. w., abgeschlossene Räume eingerichtet und hohe Essen bewirken durch ihren lebhaften Zug eine rasche Entfernung unangenehm oder schädlich wirkender Gasprodukte. Zu jedem Arbeitsplatze gehört ein gewisses Inventarium der gebräuchlichsten Apparate und Substanzen, welche letztere in dichtschließenden Glasflaschen aufbewahrt werden.

Unsre Abbildung Fig. 21 zeigt uns einen der Arbeitstische, mit denen das an der Universität Leipzig von dem verstorbenen Professor Kolbe eingerichtete Laboratorium ausgestattet ist. An jedem solchen Tische sind zwei Arbeitsplätze. In Fig. 22 haben wir die äußere Ansicht dieses großartigen Instituts vor uns, in welches außer dem Laboratorium natürlicherweise auch alle dem chemischen Unterricht zugehörigen Branchen aufgenommen sind. Das große Auditorium ist für 180 Zuhörer eingerichtet, daneben gibt es noch ein kleineres; die Sammlungen von Präparaten, Vorräten, Instrumenten u. s. w. haben eigne Räume ebenso wie die Bibliothek; besondere Lokalitäten sind auch für spezielle Arbeiten, Spektralanalyse, Elementaranalyse, gerichtlich chemische Untersuchungen, eingerichtet; kurz, bei dem jetzigen Stande der chemischen Wissenschaft gibt es keine Arbeit, keine Untersuchung, zu deren Ausführung hier nicht die Mittel in der vollkommensten Art geboten wären. Ein nicht minder großartiges Laboratorium hat das 1875 eingeweihte Gebäude der polytechnischen Hochschule zu Dresden sowie die höhere Gewerbeschule zu Chemnitz; ja fast an allen Hochschulen sind der chemischen Wissenschaft Paläste errichtet, ein Beweis, welche Bedeutung man dieser Wissenschaft beimißt. Läßt sich mit diesen Prachtbauten nun auch nicht dasjenige Laboratorium vergleichen, welches von Justus Liebig zu Gießen errichtet wurde, so werden wir dennoch seiner bescheideneren Einrichtung eine um so größere Pietät bewahren müssen, als es damit gewissermaßen die Mutteranstalt aller jener geworden ist, und als aus den Hallen des Gebäudes, von dem wir in Fig. 23 eine Ansicht geben, die Förderer der Chemie wie Apostel sich in alle Welt verbreitet haben.

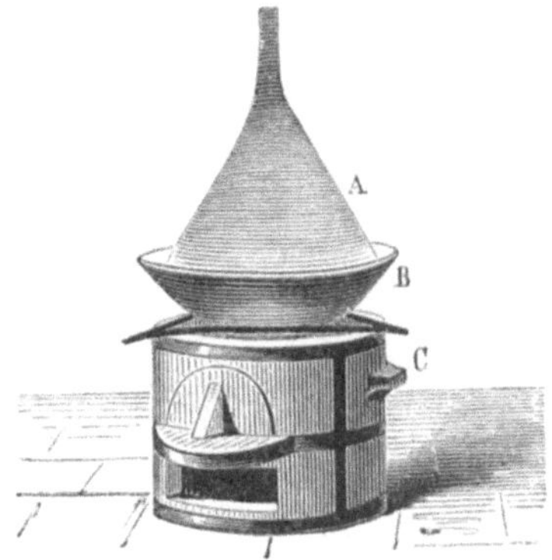

Fig. 24. Sublimieren.

Die Methoden, deren man sich in der Chemie teils zur Herstellung neuer Verbindungen, zur Umwandlung gegebener in andre, teils zur Zerlegung und zur Abscheidung der Bestandteile bedient, sind nicht minder mannigfaltig, und alle Erfahrungen, welche Physik und Chemie gesammelt haben, werden in zweckentsprechender Weise augenblicklich zu Schlüsseln, um das noch Verborgene zu öffnen. Es ist natürlich, daß, da der chemische Prozeß selbst nichts andres ist als ein Addieren oder Subtrahieren von Stoffteilchen mit den ihnen eigentümlichen Kräften, infolgedessen ja auch sehr gewöhnlich physikalische Kräfteäußerungen, Licht-, Wärme-, Elektrizitätserscheinungen begleitend mit auftreten, daß das direkte Einwirken dieser Kräfte von außen umgekehrt auch von wesentlichem Einfluß auf die Herstellung chemischer Verbindungen sein muß. Und wie wir in der Geschichte der Chemie schon gesehen und bereits im II. Bande bei den galvanischen Strömen erwähnt haben, daß man mit Hilfe der Elektrizität das Wasser in seine Bestandteile zerlegt und aus den Alkalien und Erden die metallischen Elemente zuerst gesondert dargestellt hat, so werden wir auch schließen können, daß die übrigen physikalischen Kräfte nicht minder beachtenswerte Wirkungen auszuüben im stande sein müssen. Namentlich ist die Wärme in dieser Beziehung von großer Bedeutung. Dadurch schon, daß sie den Aggregatzustand der Körper zu verändern vermag, wird sie zu einem der bedeutungsvollsten Scheidemittel. Mit ihrer Hilfe können wir schmelzbare Körper von unschmelzbaren trennen; solche, die sich bei höherer Hitze in Dampf verwandeln lassen, von solchen, welche ihren Aggregatzustand behalten, auf einfache Weise durch Sublimieren oder Destillieren scheiden. Und diese beiden einfachsten Methoden sind denn auch in der allerausgedehntesten Anwendung.

Fig. 25. Destillieren.

Das Sublimieren bezweckt die Verflüchtigung starrer Körper und die nachherige Wiedergewinnung derselben aus den kondensierten Dämpfen. Wenn man pulverisiertes Benzoeharz langsam in einer Porzellanschale erhitzt, so entwickeln sich aus demselben Dämpfe, die sich beim Abkühlen zu weißen Nebeln verdichten. Diese Dämpfe sind ein eigentümlicher Stoff, Benzoesäure, welche im Benzoeharz enthalten, aber, weil sie flüchtig ist, sich in der Hitze von ihm trennt. Fängt man die Dämpfe unter einem Trichter von Glas oder Pappe auf (s. Fig. 24), durch dessen niedrigere Temperatur sie eine Abkühlung erleiden, so setzen sie sich an den Innenwänden desselben in schönen Kristallen ab. Auf ähnliche Weise kann man feste Jodkristalle durch Erhitzen in einer Retorte in einen schön violetten Dampf verwandeln, der sich an den kälteren Teilen wieder zu glänzenden Kristallen verdichtet u. dgl. Das **Destillieren** beabsichtigt sowohl die Trennung verdampfbarer Flüssigkeiten von konstanten, als auch die Scheidung solcher voneinander, die bei verschiedenen Temperaturgraden, ohne sich zu zersetzen, Dampfform annehmen. Man kann deswegen z. B. nicht bloß ätherische und fette Öle durch Destillation voneinander trennen; auch aus einem Gemisch verschiedener Flüssigkeiten von ungleicher Flüchtigkeit und ungleichem Siedepunkte lassen sich, indem man die Erwärmung ganz allmählich steigert und bei gewissen Graden gleichmäßig erhält, durch diese sogenannte **fraktionierte** Destillation die einzelnen Gemengteile voneinander sondern; denn der Siedepunkt steigt erst wieder, nachdem die niedriger destillierenden Gemengteile überdestilliert sind. Die Rektifizierung des Petroleums erfolgt auf solche Art. Der einfachste Destillationsapparat besteht aus einer Retorte C (s. Fig. 25), in welche das zu destillierende Gemisch gegeben wird. Der Hals der Retorte führt die Dämpfe in einen Kolben G (die Vorlage); hier erleiden sie, entweder schon durch die äußere Luft oder durch Anwendung von Kühlwasser DE eine Abkühlung, infolge deren sie sich wieder zur Flüssigkeit verdichten. Je kühler die Vorlage gehalten wird, um so vollständiger geschieht diese Verdichtung, und ein sehr zweckmäßiger, von Liebig angegebener Kühlapparat erreicht seinen Zweck auf die durch die Zeichnung (s. Fig. 26) angegebene Weise. Die Dämpfe gehen hier, ehe sie in die Vorlage G gelangen, durch ein ziemlich langes Rohr, welches von einem weiteren, mit dem Kühlwasser angefüllten Rohre DE umgeben ist. Dieses Abkühlungsrohr empfängt in einem ununterbrochenen Strahle aus einem darüber stehenden Gefäß F kaltes Wasser, und zwar tritt dasselbe an dem tiefgelegenen Ende ein, während aus dem höchstgelegenen ein Ausflußrohr a das warm gewordene Wasser abführt. Auf diese Weise bleibt die Abkühlung immer konstant, denn wie das Wasser sich erwärmt, steigt es infolge des Leichterwerdens in der geneigten Röhre empor und an seine Stelle tritt von untenher kühleres. In der Praxis sind die Destillations- und Kühlvorrichtungen noch mannigfach kompliziert, und wir werden besonders bei der Branntweinbrennerei Gelegenheit haben, mehrere derselben einer eingehenderen Betrachtung zu unterwerfen. Die Hitze erzeugt sich der Chemiker durch Verbrennung. In Öfen, die für seine besonderen Zwecke eingerichtet sind, zersetzt, schmilzt, verdampft er mit Holzkohlenfeuer oder neuerdings mit Gas; für niedrige Temperaturen genügte früher die Spiritusflamme, welche man jetzt nur noch selten anwendet.

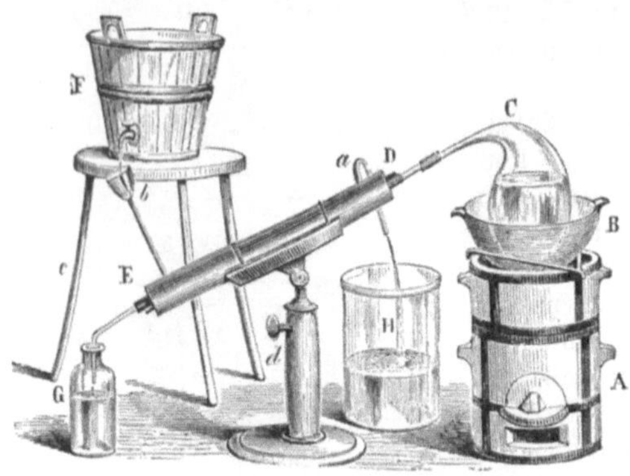

Fig. 26. Destillierapparat.

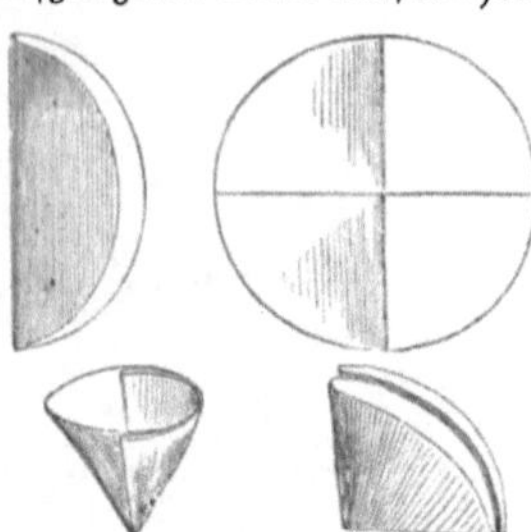
Fig. 27. Anfertigung der Filter.

Um nun durch gegenseitige chemische Einwirkung seine Zwecke zu erreichen, hat der Chemiker sein Hauptaugenmerk darauf zu richten, die verschiedenen Stoffe miteinander in möglichst vollständige Berührung zu bringen. Feste Körper unter sich bieten einander zu wenig Berührungspunkte; wo es irgend thunlich ist, wird deshalb immer der flüssige Zustand herbeizuführen gesucht, und es bildet daher die **Auflösung** den Anfang der chemischen Operationen, wenn es sich um die chemische Veränderung eines festen Körpers handelt. Die Auflösung kann in glühend schmelzenden Körpern erfolgen oder auch, wie es häufiger der Fall ist, in Flüssigkeiten. Solche sind vor allen Dingen das **Wasser** und der **Alkohol**, auch Äther (Schwefeläther), Benzol, Schwefelkohlenstoff u. s. w.; sie sind, weil sie sich bei den chemischen Prozessen in der Regel neutral verhalten, ein ausgezeichnetes Mittel, um eine Sonderung der löslichen Bestandteile von den unlöslichen zu bewirken. Neben ihnen treten dann die Säuren, namentlich Salzsäure, Salpetersäure, Königswasser, Schwefelsäure, Flußsäure, ferner Kali- und Natronlauge als kräftige Lösungsmittel auf. Erstere und zuweilen auch letztere aber bewirken schon eine chemische Umwandlung der in ihnen sich lösenden Stoffe, indem sie ganz oder zum Teil mit in die Verbindung eingehen und Salze bilden.

Durch **Filtrieren** lassen sich die gelösten von den ungelöst gebliebenen Gemengteilen leicht trennen; daher ist die wiederholte Auflösung in Wasser oder Alkohol ein häufig angewendetes Reinigungsmittel für lösliche Körper, z. B. Salze, die sich aus dem Auflösungsmittel beim Verdunsten desselben oder in niederer Temperatur, bei welcher dasselbe nicht mehr soviel davon aufzunehmen vermag, wieder ausscheiden. Als Filtriermittel eignen sich alle porösen Körper, welche auf die durchgehenden Flüssigkeiten keine chemische Einwirkung ausüben; am bequemsten für die meisten Zwecke, bei denen nicht zu große Massen in Anwendung kommen, erweist sich Fließpapier, welches in der bekannten und durch die Figuren 27—29 veranschaulichten Weise zu einem trichterförmigen Sack zusammengebrochen wird, den man, um ihm mehr Halt zu geben, in einen Glas- oder Porzellantrichter steckt. Bricht man das Filter in Falten, so vergrößert man dadurch die freie Oberfläche, und das Durchsickern der Flüssigkeit erfolgt bei weitem rascher. Das Filtrieren nun, oder vielmehr die Lösung der verschiedenen chemischen Verbindungen, ist das bei weitem wichtigste mechanische Hilfsmittel, dessen sich der Chemiker bei seinen Operationen bedient. In den seltensten Fällen ist es nämlich nur möglich, wie etwa bei der Zersetzung des Wassers durch den galvanischen Strom, die einzelnen Bestandteile ohne weiteres gesondert und für sich zu erhalten, oder umgekehrt durch das Zusammenbringen elementarer Stoffe direkt die Verbindung derselben zu bewirken. So vereinigen sich z. B. Schwefel und Eisen, Chlorgas und Wasserstoffgas von selbst und ohne andern Anstoß von außen, als ihn etwa Wärme und Licht zu geben vermögen. Fast immer müssen Umwege eingeschlagen werden, um einen gewissen Zweck zu erreichen. Allgemein bekannt ist die Schilderung, wie Faust seinen Vater, den dunklen Ehrenmann,

Fig. 28. Anfertigung des Faltenfilters.

Fig. 29. Faltenfilter.

Der in Gesellschaft von Adepten
Sich in die schwarze Küche schloß
Und nach unendlichen Rezepten
Das Widrige zusammengoß,

mit seinen alchimistischen Bestrebungen ironisiert. Ebenso scheint es, äußerlich genommen, als ob die dort geschilderten Methoden:

Da wird ein roter Leu, ein kühner Freier,
Im lauen Bad der Lilie vermählt,
Und beide dann im off'nen Flammenfeuer
Aus einem Brautgemach ins andere gequält,

auch auf die heutigen chemischen Operationen manche Anwendung finden könnten. Aber auch nur äußerlich genommen, denn die neuere Chemie verwendet ihre Mittel nicht ohne klare Kenntnis von deren Wirkung und weiß den Erfolg derselben gewöhnlich im voraus zu bestimmen.

Das bewegende Prinzip, welches alle chemischen Veränderungen bewirkt, ist dasjenige, das wir kurzweg **chemische Verwandtschaft** der Stoffe nennen. Diese gegenseitige Anziehung hört damit, daß ein Körper mit einem andern sich vereinigt, nicht auf. Die einzelnen Bestandteile sind durch ihre Verbindung nur der Einwirkung chemisch schwächer wirkender Anziehungen entrückt, stärkeren Angriffen unterliegt aber der geschlossene Bund und er zerfällt, indem die einzelnen Glieder der intensiver auftretenden Neigung folgen. In der Soda ist das Natron mit Kohlensäure verbunden, die Verwandtschaft zwischen beiden ist aber von nur geringer Kraft und die schwache Kohlensäure räumt ihren Platz an der Seite des Natron augenblicklich jeder stärkeren Säure, die sich in die Verbindung eindrängen will. Gewöhnlicher Essig schon bewirkt in Sodalösung ein Aufbrausen, es entweicht die Kohlensäure als Gas, indem sich in der Lösung essigsaures Natron bildet. Die Salpetersäure vermag wieder die Essigsäure auszutreiben, und wenn wir salpetersaures Natron mit Schwefelsäure erhitzen, so tritt die Basis mit der letztgenannten Säure zu schwefelsaurem Natron zusammen, während die Salpetersäure entweicht.

Gilt es nun als Regel, daß eine stärkere Basis oder Säure eine schwächere aus ihren Verbindungen austreibt, so erleidet dies auch Ausnahmen. Es kann eine starke Säure oder Basis von einer viel schwächeren ausgetrieben werden, wenn dadurch eine neue

Verbindung von größerer Beständigkeit physikalischen Einflüssen gegenüber entsteht, namentlich wenn sich ein Niederschlag, eine in dem betreffenden Lösungsmittel unlösliche Verbindung bilden oder die stärkere Basis oder Säure als flüchtiges Gas entweichen kann.

Die Wechselwirkung zusammengesetzter Verbindungen aufeinander unterliegt denselben Gesetzen. Ihre unendlich verschiedenen Ergebnisse lassen sich daher von vornherein bestimmen, was für die technische Chemie von der größten Wichtigkeit ist. Eine Lösung von salpetersaurem Kalk, mit kohlensaurem Kali zusammengebracht, tauscht ihre Bestandteile ohne Rest und Überschuß so aus, daß sich kohlensaurer Kalk als unlöslicher Niederschlag ausscheidet und salpetersaures Kali in Lösung bleibt. Die Erzeugung und Abscheidung solcher Niederschläge, durch Form und Farbe und noch andre Merkmale sich charakterisierend, spielt im Gebiete der analytischen Chemie eine Hauptrolle.

Reaktionen und Reagenzien. Wenn ein Körper seine chemische Zusammensetzung ändert, so treten dabei mancherlei Erscheinungen auf. Gasartige Bestandteile können entweichen, in der Auflösung können unlösliche Verbindungen entstehen, welche die vorher klare Flüssigkeit trüben und sich aus derselben als ein Niederschlag absetzen, oder es kann sich auch die neu entstehende Verbindung von der früheren durch andre Farbe unterscheiden. Solche Erscheinungen, wenn sie nur durch die Einwirkung zweier Körper aufeinander hervorgerufen werden und durch besonders charakteristische Eigentümlichkeiten auffallend hervortreten, werden, wo sie eintreten, immer die gleichzeitige Gegenwart der betreffenden zwei aufeinander wirkenden Stoffe anzeigen. Vermutet man den einen in einer Verbindung, so wird man seine Gegenwart oder Abwesenheit erkennen können, wenn man den andern zusetzt. Tritt die bekannte Veränderung ein, so ist er vorhanden; bleibt sie aus, so findet sich jener Körper in der fraglichen Verbindung nicht vor. Wenn man z. B. zu der Lösung eines Eisenoxydsalzes (Eisenchlorid oder schwefelsaurem Eisenoxyd) einige Tropfen einer Auflösung des bekannten gelben Blutlaugensalzes gießt, so wird man augenblicklich einen blauen Niederschlag sich bilden sehen, der aus einer ganz bestimmten Verbindung (dem sogenannten Berliner Blau) besteht. Er entsteht stets, aber auch nur, wenn Eisenoxydlösung mit gelbem Blutlaugensalz zusammengebracht wird. Eisenoxydulsalze (z. B. der bekannte grüne Vitriol) geben, mit rotem Blutlaugensalz versetzt, einen dem Berliner Blau äußerlich ähnlichen, seiner Zusammensetzung nach aber von ihm verschiedenen blauen Niederschlag (Turnbullsches Blau). Daraus kann man nun mit Recht folgern, daß in einer Flüssigkeit, welche beim Zutröpfeln von gelbem oder rotem Blutlaugensalz eine entsprechende blaue Färbung zeigt, Eisen enthalten sein muß, und umgekehrt, daß eine Lösung gelbes oder rotes Blutlaugensalz enthält, wenn sich durch Zusatz von Eisenoxyd- oder Eisenoxydulsalzlösungen jene blauen Niederschläge in ihr bilden.

Dergleichen charakteristische Erscheinungen nennt der Chemiker Reaktionen (gegenseitige Einwirkungen) und die sie bewirkenden Stoffe Reagenzien. Eisenvitriol ist also ein Reagens auf rotes Blutlaugensalz, dieses umgekehrt ein Reagens auf Eisen. Solcher Reaktionen und Reagenzien gibt es sehr zahlreiche. Es versteht sich, daß die Anwendung der letzteren immer in chemisch reinem Zustande erfolgen muß. Das Entstehen von unlöslichen oder schwer löslichen Verbindungen, Niederschlägen, erfährt insofern die ausgedehnteste Berücksichtigung, als es zugleich das Mittel in die Hand gibt, die erkannten Stoffe abscheiden und sie sowohl als die noch in der Lösung befindlichen für sich weiter untersuchen zu können.

Gewisse Reagenzien zeigen sofort ganze Gruppen von Stoffen an; mit ihrer Hilfe kann man dieselben von andern trennen; wie ja z. B. Wasser und Alkohol lösliche von unlöslichen Stoffen abscheiden ließen. Andre wieder treten nur einzelnen ganz bestimmten Körpern gegenüber in Kraft und lassen dann diese mit Sicherheit erkennen.

Die hauptsächlichsten Reagenzien, die sich in jedem chemischen Apparat vorfinden müssen, sind etwa die folgenden: destilliertes Wasser, Alkohol, Chloroform, Benzol und Äther als indifferente Lösungsmittel; ferner Salzsäure, Salpetersäure, Königswasser, Essigsäure, Salmiaklösung; Reagenspapier, d. i. Fließpapier mit Pflanzenfarbstoffen gefärbt, hauptsächlich blaues und rotes Lackmuspapier, auch gelbes oder Curcumapapier und die übrigen schon früher erwähnten Farbstoffe. Weitere Reagenzien sind: die Schwefelsäure, sie bildet Niederschläge mit Baryt, Strontian, Blei; der Schwefelwasserstoff, entweder als Gas oder in Wasser gelöst, schlägt aus sauren

Lösungen Blei, Kupfer, Zinn, Antimon, Arsen, Kadmium, Silber, Wismut als Schwefelverbindungen (Schwefelmetalle) nieder (von diesen sind einige, wie das Schwefelkadmium, Schwefelarsenik u. s. w., so charakteristisch gefärbt, daß der Schwefelwasserstoff für dieselben auch als ausgezeichnetes spezielles Erkennungsmittel dient); Schwefelammonium (Schwefelwasserstoffammoniak) fällt diejenigen Metalle als Schwefelverbindungen, denen der Schwefelwasserstoff nichts anhaben konnte, also Eisen, Kobalt, Nickel, Mangan, Zink 2c., außerdem löst es von den durch Schwefelwasserstoff niedergeschlagenen Schwefelmetallen einige, wie das Schwefelarsen, Schwefelzinn, Schwefelantimon, Schwefelgold und Schwefelplatin wieder auf und ist somit in doppelter Weise wertvoll; Schwefelkalium, dieselben Niederschläge wie das vorige bewirkend; Ätzkali schlägt die meisten in Wasser unlöslichen Metalloxyde und Erden nieder; im Überschuß angewandt, löst es einige davon, wie die Thonerde, das Zinkoxyd, Chromoxyd, Bleioxyd, wieder auf und wird daher angewandt, wo es sich darum handelt, diese von den andern, wie Eisenoxyd u. s. w., zu trennen; Kaliumkarbonat fällt alle Basen, mit Ausnahme der Alkalien; Ammoniak dient zur Fällung der Metalloxyde, von denen es einige, Kupfer, Silber, Kadmium u. s. w., im Überschuß wieder auflösen und von den andern trennen kann; Chlorbarium dient zur Entdeckung der Schwefelsäure, mit welcher es einen unlöslichen weißen Niederschlag gibt; ebenso wirken Barytumnitrat und Chlorcalciumlösung; Silbernitrat dient zur Erkennung des Chlors und der Salzsäure, mit denen es einen weißen, in Ammoniak löslichen Niederschlag von Chlorsilber gibt, ferner auch zum Nachweise von Brom, Jod und Cyan. Eisenchlorid dient zur Erkennung der Blausäure und ist außerdem nebst dem Chlorcalcium für die Erkennung organischer Säuren (besonders Essigsäure und Oxalsäure) von Wichtigkeit.

Fernere Reagenzien, durch welche einzelne Körper auf charakterische Weise nachgewiesen werden, ebenfalls in wässerigen Lösungen verstanden, sind: Phosphorsaures Natron, als Reagens auf Bittererde (Magnesia); antimonsaures Kali, als Reagens auf Natron; chromsaures Kali, zur Prüfung auf Blei, mit welchem es einen schön gelb gefärbten Niederschlag gibt; Cyankalium, sehr wichtig wegen seiner Fähigkeit, die Metalle als Cyanverbindungen zu fällen und einzelne im Überschuß wieder aufzulösen, besonders aber zur Trennung des Nickels vom Kobalt sowie des Kupfers vom Kadmium benutzt; gelbes und rotes Blutlaugensalz, deren Wirkung schon oben erörtert ist; Kieselfluorwasserstoffsäure, zur Trennung der Basen in solche, welche darin löslich, und in solche, welche darin unlöslich sind, z. B. zur Trennung des Baryts vom Strontium angewandt; Oxalsäure, zum Nachweis und der Abscheidung des Kalkes, ebenso das oxalsaure Ammoniak. Weinsteinsäure ist ein Reagens auf Kali; Ätzbaryt liefert den Nachweis von Kohlensäure, mit der es einen weißen Niederschlag bildet; Zinnchlorür gibt mit Gold einen charakteristischen roten Niederschlag, umgekehrt ist Goldchlorid ein Reagens auf Zinn; Platinchlorid weist Chlorkalium und Chlorammonium nach; Zink in metallischer Form scheidet Silber, Kupfer, Blei und andre Metalle aus ihren Lösungen in regulinischem Zustande aus und wird zur Entwickelung von Wasserstoff verwendet. Eisen wird in derselben Weise zum Nachweis von Kupfer und Kupfer zur Erkennung von Quecksilber angewandt. Nächst diesen dienen noch zu verschiedenen speziellen Zwecken im Gange der chemischen Analyse: essigsaures Kali, Ätzkalk, schwefelsaurer Kalk, Chlormagnesium, Eisenvitriol, Bleioxyd, Kupfersulfat, Chlorwasser, salpetersaures Quecksilberoxydul, Indigolösung, Jodkalium, molybdänsaures Ammoniak, Uranacetat, neutrales und basisches Bleiacetat, Bleihyperoxyd, unterschwefligsaures Natron und sehr viele andre.

Neben den genannten Reagenzien sind eine Anzahl andrer noch in Gebrauch, die sich auf trockene Untersuchungsmethoden mittels des Lötrohrs u. s. w. beziehen, so namentlich Borax, Soda, Phosphorsalz, Zinn und Flußspat. Selbstverständlich kann jeder chemische Körper, der bei seiner Einwirkung auf einen andern eine entschiedene merkbare Veränderung hervorbringt, als ein Reagens angesehen werden; es ist somit für die unendlich mannigfachen Fälle der Praxis auch die Zahl derselben durch die oben angeführten Beispiele lange nicht erschöpft. Die Anwendung erfolgt in strenger Planmäßigkeit, und in der Entwickelung seiner Dispositionen zeigt sich das Genie des Chemikers. Wir können ein Gesamtbild davon, wie die unzähligen chemischen Produkte untersucht werden, nicht entwerfen; es würde dies bei der Verschiedenheit der Wege, welche zu gleichen Zielen führen können und die je nach den eintretenden Umständen fortwährend Abänderungen erfahren, geradezu unmöglich sein. Dagegen erscheint es angezeigt, dem Leser eine ungefähre Vorstellung von dem Verfahren zu schaffen, durch welches die chemische Natur eines Körpers ermittelt werden, beziehentlich gefunden werden kann, was ein ungekannter Körper ist. Als Beispiel hierzu möge das Bittersalz oder Magnesiumsulfat dienen.

Analyse. Es handelt sich um die Aufgabe, einen gegebenen Körper auf die Frage, ob er wirklich Bittersalz sei, zu untersuchen. Man erhitzt einen kleinen Teil der weißen Kristalle in einem Probiergläschen erst schwach, dann stärker, bis keine Veränderung mehr eintritt. Hierbei entweichen Dämpfe, welche sich an dem oberen Ende der Röhre zu Tröpfchen verdichten; dieselben sind Wasser. Man prüft nun mit blauem Lackmuspapier, ob sich eine Säure gleichzeitig mit verflüchtigt hat, was hier nicht der Fall sein wird. Die durchsichtigen Kristalle des Bittersalzes haben sich in eine weiße Masse verwandelt, die in Wasser wieder klar löslich ist. Jetzt löst man einen Teil der Kristalle in Wasser, prüft mit Lackmus, und da die Lösung neutral ist, so säuert man mit einigen Tropfen Salzsäure an. Wenn hierdurch kein Niederschlag entsteht, so ist die Abwesenheit von Silber bewiesen, ebenso von Quecksilberoxydul, das man übrigens schon beim Erhitzen gefunden haben würde. Nunmehr fügt man Schwefelwasserstoff hinzu. Es entsteht keine Veränderung; demnach sind Arsen, Antimon, Zinn, Platin, Quecksilber, Blei, Kupfer, Kadmium und Wismut nicht vorhanden. Man neutralisiert jetzt mit Ammoniak und fügt Schwefelammonium zu, auch hierdurch entsteht kein Niederschlag, wodurch die Abwesenheit von Zink, Eisen, Kobalt, Nickel, Mangan, Uran, Chrom und Aluminium bewiesen ist. Zu einem andern Teil der Lösung fügt man dann Salmiak und kohlensaures Ammoniak; das Nichteintreten eines Niederschlags beweist die Abwesenheit von Kalk, Baryt und Strontian. Nun fügt man noch phosphorsaures Natron hinzu; hierdurch wird ein starker weißer Niederschlag gebildet, der die Gegenwart der Magnesia anzeigt. Einen andern Teil der ursprünglichen Lösung prüft man nun noch, ob auch die übrigen für die Magnesia bekannten Reaktionen stimmen. Dann wird ein Teil der ursprünglichen Lösung mit Silberlösung versetzt, es entsteht kein Niederschlag, was die Abwesenheit von Chlor, Brom u. s. w. anzeigt, ferner ein andrer Teil mit Chlorbarium; es bildet sich ein starker weißer Niederschlag, der in Salpetersäure unlöslich ist, derselbe zeigt Schwefelsäure an. Der untersuchte Körper war also wirklich Bittersalz, d. h. wasserhaltige schwefelsaure Magnesia oder sogenanntes Magnesiumsulfat.

Dieser Gang der Untersuchung ist aber nur dann so einfach, wenn eben nur eine Base und eine Säure vorhanden sind. Bei Gegenwart vieler verschiedener wird derselbe viel verwickelter, da dann immer ein Stoff nach dem andern abgetrennt werden muß, um einen neuen nachzuweisen; so namentlich bei Mineralien, Erzen u. dergl., in welchen man die verschiedenartigsten Elemente vermuten kann. In einem solchen Falle verfährt man nun folgendermaßen:

Um die fragliche Substanz aufzulösen, pulverisiert man sie, wenn sich dies nötig macht, auf das feinste in einem Mörser von Achat oder hartem Stahl, bei welchen Stoffen man sicher ist, daß sie nicht durch abgeriebene Partikelchen die Masse verunreinigen. Dann zieht man das Pulver zuerst mit Wasser aus. Löst es sich hierin vollständig, so ist die Anzahl der aufzufindenden Stoffe schon sehr beschränkt. Löst es sich aber nicht oder nur zum Teil, so muß man zu stärkeren Aufschließungsmitteln greifen. Man wendet dann der Reihe nach Salzsäure, Salpetersäure und Königswasser an. Wenn auch diese, wie es bei kieselhaltigen Mineralien häufig vorkommt, ein vollständiges Auflösen nicht bewirken, so schmilzt man die unlösliche Masse mit kohlensaurem Kali-Natron, beziehentlich mit Kaliumbisulfat oder mit Salpeter; oder aber man behandelt sie mit Flußsäure, die sich aus pulverisiertem Flußspat durch Schwefelsäure entwickeln läßt und behandelt sie nach dem Erkalten mit Wasser, unter Umständen auch mit Zusatz von Säuren. Selbstverständlich wird man diejenigen Stoffe, die man als Lösungsmittel mit in die Masse hineinbringt, zuletzt nicht als vorher in dem Körper enthalten gewesen betrachten dürfen und, wenn man sie darin vermutet, eine Prüfung daraufhin mit einer besonderen Portion vorzunehmen haben.

Genug, wir haben auf die eine oder andre Methode den vorher festen Körper in Lösung erhalten. Ganz unlöslich könnten in der That nur sehr wenige Substanzen, wie etwa Kohlenstoff, bleiben, die sich aber leicht abfiltrieren und erkennen lassen. In die wässerige Lösung, welche man, wenn zu viel freie Säure in ihr enthalten sein sollte, zuerst mit vielem Wasser zu verdünnen hat, wird nun Schwefelwasserstoffgas bis zur Sättigung geleitet. Dadurch fallen die bereits genannten Metalle Blei, Silber, Wismut, Kupfer, Kadmium, Quecksilber, Gold, Arsen, Antimon, Zinn und Platin als Schwefelverbindungen nieder. Man wird zwar in einzelnen Fällen, wo Salzsäure zur Lösung angewandt wurde, nicht alle derselben zu vermuten haben, denn einzelne, wie Silber, Blei u. s. w., lösen sich darin nicht auf, da ihre Chlorverbindungen in Salzsäure unlöslich sind; ebenso löst sich das Zinn nicht in Salpetersäure auf; sie lassen sich also schon von vornherein durch Abfiltrieren trennen und leicht bestimmen. Wenn aber ein solches vorheriges Ausscheiden nicht vorausgesetzt werden kann, weil vielleicht keine der fraglichen Säuren in Anwendung gekommen ist, so muß man in dem durch Schwefelwasserstoffgas verursachten Niederschlage auch die genannten Metalle vermuten. Die abfiltrierte Lösung wird aber frei davon geworden sein. Aus ihr fällt man durch Zusetzen von Schwefelammonium den Rest der etwa noch vorhandenen Metalle (bestehend aus den Schwefelverbindungen von Eisen, Kobalt, Nickel, Zink, Mangan) sowie die Hydrate des Chromoxyds und der Thonerde, jetzt Hydroxyde genannt, filtriert wieder ab und setzt der durchgelaufenen klaren Flüssigkeit, nachdem sie von Schwefelwasserstoff und Schwefelammonium in geeigneter Weise befreit worden, Salmiak und kohlensaures Ammoniak zu. Durch diese beiden Reagenzien wird eine Fällung aller alkalischen Erden bewirkt, wenn solche in der Lösung vorhanden waren; ein entstehender Niederschlag kann also enthalten: Kalkerde, Baryt, Strontian.

Nun kann von Basen in der Flüssigkeit (außer dem Ammoniak, welches durch die Reagenzien hineingebracht worden ist) nur noch Magnesia, ferner Kali, Natron und Lithion enthalten sein. Einzelne Elemente, wie Beryllerde, Ceroxyd, Uran u. dergl., haben wir, weil sie nur sehr selten vorkommen, vor der Hand nicht berücksichtigt; man thut dies in der Praxis auch nur, wenn man einen bestimmten Grund hat, ihre Gegenwart annehmen zu müssen. Die Magnesia aber weist man, wie schon im vorigen Beispiel angedeutet wurde, dadurch nach, daß einem Teile der nun zum viertenmal filtrierten Flüssigkeit phosphorsaures Natron zugesetzt wird. Die Alkalien, unter denen namentlich Kali und Natron von Bedeutung sind, weil außer ihnen sehr selten ein andres in größerer Menge auftritt, erkennt man ziemlich leicht. Ob überhaupt in der schließlich vorhandenen Flüssigkeit ein fester Stoff noch in Lösung sich befindet, das zeigt sich, wenn ein Tropfen davon auf einem erhitzten Platinbleche verdunstet und der etwaige Rückstand geglüht wird; ein dann, nach Verflüchtigung der Ammoniaksalze, noch bleibender weißer Rückstand beantwortet die Frage mit Ja. Ist bloß einer der beiden vermuteten Körper noch vorhanden, so gibt die Lötrohrflamme schon genügende Auskunft darüber, denn sie wird durch die geringste Menge Kali violett, durch Natron aber gelb gefärbt. Wenn aber beide gleichzeitig auftreten, so ist Platinchlorid ein Reagens auf Kali, mit dem dasselbe einen gelben Niederschlag gibt, antimonsaures Kali aber ein Nachweis für Natron, denn das durch ein Zusammentreten beider sich bildende antimonsaure Natron ist unlöslich und scheidet sich als ein weißer Niederschlag aus; oder endlich man betrachtet die obige Flammenreaktion durch ein blaues Glas. Dasselbe hält das gelbe Natronlicht zurück und zeigt uns nun eine rote Kaliflamme.

Durch die nacheinander vorgenommenen Ausfällungen haben wir zwar schließlich den Gehalt der Lösung an Basen erschöpft und dieselben in Gruppen getrennt, es ist uns aber eben deswegen — mit Ausnahme vielleicht der Magnesia, des Kali und Natron — noch keiner der Bestandteile für sich bekannt geworden. Wir müssen daher die einzelnen Niederschläge einer weiteren gesonderten Behandlung unterwerfen. Dazu ist vor allen Dingen wieder eine vollständige Reinigung derselben von den anhängenden Lösungs- und Fällungsmitteln notwendig, welche nur durch ein längeres Auswaschen auf dem Filter erreicht wird.

Der zuerst unter Anwendung von Schwefelwasserstoff erhaltene Niederschlag wird, wenn er eine ganz reine charakteristische Farbe hat, schon einen Schluß auf bestimmte Metalle zulassen, welche die Gegenwart andrer ausschließen. Ist die unlösliche Schwefelverbindung rein gelb, so kann sie aus Schwefelarsenik, Zinnsulfid oder aus Kadmiumsulfid bestehen. Eine orange Färbung würde auf Antimon hindeuten, mit dem aber die vorgenannten Metalle zugleich vorhanden sein können. Wenn der Niederschlag indessen dunkel, braun, schwarz oder schmutzig gefärbt ist, so können alle möglichen Metalle, die überhaupt eine Fällung durch

Schwefelwasserstoff erleiden, darin enthalten sein. In diesem Falle behandelt man den Niederschlag mit Schwefelammonium, in welchem Reagens sich die Schwefelverbindungen von Arsenik, Antimon, Zinn, Gold und Platin lösen, und trennt so die ebengenannten Metalle von den in Schwefelammonium unlöslichen: Kadmium, Kupfer, Blei, Wismut, Quecksilber und Silber. Die letzteren behandelt man mit Salpetersäure; ungelöst bleibt das Schwefelquecksilber; durch Zusatz von viel Wasser scheidet sich Wismut als weißes basisches Nitrat aus, durch Zusatz von Salzsäure zu der vom Schwefelquecksilber abfiltrierten Flüssigkeit kann man das Quecksilberoxydul, Blei und Silber als Chlormetalle ausscheiden, von denen das Chlorsilber in Ammoniak löslich ist, das Chlorblei nicht. Für Kadmium, Kupfer, Wismut gibt es weiterhin entsprechende Scheidungsmethoden und ebenso für die im Schwefelammonium aufgelösten Metalle. Der zweite, durch Zusatz von Schwefelammonium aus der ursprünglichen Lösung ausgefällte Niederschlag, ebenso wie die durch kohlensaures Ammoniak ausgeschiedenen Erden, werden jede für sich in entsprechend ähnlicher Art wieder gelöst und durch geeignete Scheidungsmittel in immer kleinere, schärfer charakterisierte Sippen gesondert, bis so nach und nach endlich die einzelnen Elementarbestandteile sich trennen lassen. Es würde uns zu weit führen, die einzelnen Reaktionen hier zusammenzustellen, und wir begnügen uns mit diesen Bemerkungen. Dabei versteht sich von selbst, daß die Bestimmung der Säuren, welche in dem zu untersuchenden Körper mit den Basen, deren Auffindung wir vor der Hand allein berücksichtigt haben, verbunden gewesen sind, einen nicht minder systematischen Weg einschlägt; ebensowohl aber auch, daß diese Methoden je nach Umständen mannigfache Umänderungen erfahren, zu denen das Auftreten gewisser Bestandteile, die Einwirkung der angewandten Reagenzien ꝛc. den Anlaß bieten.

Die quantitative Analyse ist diejenige Zerlegung und Untersuchung der Körper, welche nicht auf Erkennung der zusammensetzenden Bestandteile ihrer Art nach ausgeht, wie letzteres die qualitative Analyse thut, sondern auch ihre besondere Aufgabe darin sieht, die Gewichtsverhältnisse zu bestimmen, unter denen die verschiedenen Stoffe miteinander verbunden gewesen sind. Es werden hier zwar im großen ganzen dieselben Methoden der Trennung befolgt; in der Regel aber komplizieren sich diese sehr wesentlich dadurch, daß es auf vollständige Trennung der Substanzen voneinander ankommt und daß deswegen immer die ganze der Untersuchung unterworfene Menge des Körpers eine gleichmäßige Behandlung erfahren muß. Da hierdurch die Einzelprüfungen mit kleinen Portionen der Lösung gänzlich wegfallen müssen, so hat der quantitativen Analyse womöglich immer eine qualitative Untersuchung vorauszugehen, nach deren Ergebnissen sich der am vorteilhaftesten einzuschlagende Weg auffinden läßt.

Der Hauptsache nach bezieht sich das Gesagte fast ausschließlich auf die Analyse anorganischer Körper. Bei der Untersuchung organischer Substanzen läßt sich ein streng gegliederter Gang der Untersuchung, wie wir ihn in der anorganischen Analyse kennen gelernt haben, nicht durchführen. Bei der Erkennung und Bestimmung dieser organischen Verbindungen kann man nur selten auf charakteristische Reaktionen rechnen, vielmehr ist man auf die Ermittelung der Sättigungsfähigkeit, der Schmelz- und Siedepunkte, der Dampfdichte und auf die Elementaranalyse angewiesen. Diese eigentliche sogenannte organische Analyse beschäftigt sich ausschließlich mit der Aufgabe, den prozentischen Gehalt organischer Körper an allen oder einzelnen der vier Grundelemente aufzufinden; sie hat deswegen den Namen Elementaranalyse erhalten. In der Hauptsache beruht sie darauf, daß die zu untersuchende Substanz mit einem anorganischen Körper, der leicht Sauerstoff abgibt, innig gemengt und so lange erhitzt wird, bis sie in dem entwickelten Sauerstoff vollständig verbrannt ist. Als Verbrennungsprodukte können nur entstehen: Wasserdampf (aus dem Wasserstoff und Sauerstoff), Kohlensäure (aus dem Kohlenstoff und Sauerstoff); den Stickstoff bestimmt man in einer andern Probe gesondert als Stickstoffgas oder als Ammoniakgas, und die Differenz, welche sich ergibt, wenn man das Gewicht der drei bekannten Elemente, Kohlenstoff, Wasserstoff und Stickstoff, von dem Gesamtgewicht des untersuchten Körpers abzieht, gibt die Menge des darin enthalten gewesenen Sauerstoffs an.

Mit diesen kurzen Andeutungen müssen wir unsre einleitenden Betrachtungen schließen, weitere Ausführung der einzelnen Punkte denjenigen Gelegenheiten vorbehaltend, welche uns die Betrachtung der allmählichen Umwandlung der natürlichen Rohstoffe durch chemische Prozesse noch wiederholt in den Weg führen wird.

Bringst du die Natur heran,
Daß sie jeder nützen kann,
Falsches hast du nicht ersonnen,
Hast der Menschen Gunst gewonnen.

Goethe.

Der Hüttenarbeiter.

Bedeutung der Metalle. Die Erze und ihre Aufbereitung. Die Scheidebank. Pochwerke. Trocken- und Naßpochwerke. Siebsetzen. Schlämmen. Der Stoßherd. Waschen der Erze. Rösten an der Luft und in Öfen. Zugutemachen. Der trockene Prozeß. Schmelzarbeit. Schmelzen mit Kohle. Schlacke und Zuschlag. Sublimation und Destillation. Der nasse Prozeß.

Die Güter, welche der Bergmann in seinem mühevollen und gefährlichen Berufe aus den Tiefen der Erde zu Tage fördert, sind in den allerwenigsten Fällen für einen unmittelbaren Gebrauch geeignet; sie sind gewissermaßen erst der Rohstoff eines Rohstoffs, dem in der Regel nur durch umständliche Behandlungsweisen und mit den eingreifendsten Mitteln der wertvolle Bestandteil entrissen werden kann. Das kräftigste Mittel aber und sozusagen der Hauptschlüssel zu dem gediegenen Metallkönig, der sich oft in die unscheinbare Hülle eines simplen grauen, roten oder schwarzen Minerals kleidet oder sonst eine nur vom Kenner zu durchschauende Larve vornimmt, ist und war zu allen Zeiten das Feuer; nur in neuester Zeit scheint diesem in einigen Gebieten der Metallgewinnung der elektrische Strom den Rang streitig machen zu wollen. Durch Feuer schieden gleich uns die ältesten uns bekannten Kulturvölker, die in Ägypten, Klein- und Großasien saßen, die gebräuchlichsten Metalle aus ihren Erzen und trieben so ohne theoretisches Bewußtsein einen wichtigen Zweig der technischen Chemie. Denn nicht nur das gediegen sich darbietende Gold und das leicht zu gewinnende Silber kannte man im hohen Altertum, sondern man verarbeitete ebensowohl Kupfer, Zinn, Blei und nicht minder, wenn auch wahrscheinlich erst, nachdem man schon Kupfer und Zinn sowie einige der edlen Metalle bereits gewinnen gelernt hatte, das wertvollste aller Metalle, das Eisen, dessen Darstellung größere Schwierigkeiten darbot.

Und wie schon in längst vergessenen, kaum noch in Mythe und Sage anklingenden Zeiten des Menschen Geist und Kraft sich der Gewinnung und Nutzbarmachung der Metalle zuwandte, so blieb auch durch alle späteren Jahrtausende dieser hochwichtige Gegenstand einer derjenigen, welche zu immer größerer Vervollkommnung anreizen, weil jede Erleichterung der Aufgaben, die er bietet, einen dauernden Gewinn für das Gesamtwohl der Menschheit einschließt. Es ist durchaus nicht nötig, erst auszuführen, welche Wichtigkeit die Metalle für die Entfaltung des Kulturlebens hatten und haben, und wie sich dasselbe hätte gestalten müssen unter Entbehrung jener. In den Metallen fand der Mensch das edelste Material zur Bethätigung seines Kunsttriebes, in den Bergwerken mit ihren eigentümlichen Erfordernissen eine Hauptanregung seiner mechanischen und andern Talente. Künstliche Maschinen, großartige Wasserräder, Pumpwerke, Gebläse und andre Kunstgezeuge entsprangen großenteils aus berg- und hüttenmännischen Bedürfnissen. Und steht die Wiege der Dampfmaschine, der Eisenbahn nicht ebenfalls dicht am Schachte des Bergmannes? Die Verarbeitung der Erze zu Metallen, die notwendige Beobachtung der dabei auftretenden Zersetzungen und Verbindungen mußte zum Nachdenken über die Verschiedenheit der stofflichen Eigenschaften führen, wobei die wohl unterscheidbare Eigentümlichkeit der Metalle ein sicheres Mittel der Prüfung abgab. Vor allem aber ließ der erweiterte Gebrauch des Feuers, mit dessen Hilfe ja allein noch die rohe Metalltechnik geübt werden konnte, neue Erfahrungen bezüglich der Wirkung dieses kräftigen Agens auf allerhand Körper machen. Scheidung und Verbindung der Stoffe zeigte sich in engstem Zusammenhange mit den Wärmeerscheinungen. Damit war aber die neue Wissenschaft der Chemie angebahnt, und selbst in dem wundervollen Ausbau, den dieselbe bis heute erlangt hat, ist dieser Zusammenhang noch zu erkennen, denn der unterste Pfeiler des chemischen Lehrgebäudes stützt sich geschichtlich und wesentlich auf die richtige Erkenntnis von der Oxydation der Metalle.

Durch den rastlosen Fortschrittsdrang, der die moderne Menschheit beseelt, befindet sich auch die Ausbeutung und Ausnutzung des Mineralreichs in unsern Tagen auf einer vor uns nicht gekannten Stufe der Entwickelung. Zu der altüberkommenen Erbschaft früherer Jahrhunderte fügten sich neue Erfindungen von hochwichtiger Bedeutung. Wir vermögen die metallischen Bestandteile jetzt aus ihren verborgensten Verstecken hervorzuholen und Metallmengen zu produzieren, welche die Erzeugung früherer Zeiten um Tausendfaches übertreffen. Die Rolle, welche die Metalle infolgedessen als Material für Darstellung der mannigfachsten Dinge spielen, ist immer bedeutungsvoller geworden. Welch eine Reihe von der unscheinbaren Stecknadel bis zur Riesendampfmaschine, von der kleinen Letter, die einen Punkt im Buche druckt, bis zu den kolossalsten Gebilden des Metallgusses. In Tausenden von Maschinen sehen wir das todte Metall wie mit Leben begabt, während anderseits auch das dienstbereiteste aller Metalle es nicht verschmäht, sich an Stelle von Holz und Stein als Baumaterial oder zur Herstellung von Schienenwegen benutzen zu lassen.

Und neben der Verwendung der Metalle in gediegenem Zustande geht auch die der chemischen Metallpräparate, der mancherlei Oxyde, Säuren, Salze und andrer Verbindungen einher, die zahlreichen Zweigen menschlicher Thätigkeit notwendig sind und in ihrer Herstellung sowohl als in ihrem Gebrauch mannigfache Kräfte in Bewegung setzen. Die Metallausbringung und dem entsprechend auch der Verbrauch der Metalle ist bis in die Neuzeit in der rapidesten Progression fortgeschritten, wie uns bereits im III. Bande dieses Werkes gezeigt worden ist.

Das Feld, auf welches wir uns zunächst begeben, ist trotz der Errungenschaften alter und neuer Zeit, um bergmännisch zu reden, noch keineswegs abgebaut, das beweisen die steten erfreulichen Fortschritte in den verschiedenen Richtungen des großen Reviers. Die Auffindung bisher unbekannter Erzlagerstätten sowie die Ausbeutung solcher, die bei den roheren Methoden der früheren Zeit nicht ausgenutzt werden konnten, neue und verbesserte Verfahren und Mittel der Ausbringung und Verarbeitung, der Reinigung und Veredelung, die Entdeckung neuer Verwendungsarten, wodurch die fabrikmäßige Darstellung gewisser Metalle, wie z. B. Aluminium oder das Magnesium, erst möglich gemacht wird, die großartigen Fortschritte im Maschinenwesen, die Universalität des Verkehrs, welche alle Mittel auf jeden Punkt der Erde zu konzentrieren erlaubt und Unternehmungen durch freiwillige Beteiligung ins Werk treten läßt, die selbst von großen Reichen nicht ausgeführt werden, dies alles sind Erscheinungen, die noch lange nicht an der Grenze des Möglichen stehen. Noch aber bleibt der Zukunft manches Rätsel zu lösen, andre Aufgaben treten immer wieder hervor; wir gewinnen bei weitem noch nicht alles, was wir mit den aufgewendeten Kräften und Materialien gewinnen müßten, und der überall herrschenden Vergeudung wird die Wissenschaft noch manche Einschränkung diktieren.

Folgen wir nun unserm nächsten Gegenstande, den Erzen, so verweist uns der Bergmann, der dieselben aus den Eingeweiden der Gebirge hervorholt und dessen Arbeiten und Verfahren wir im III. Bande dieses Werkes kennen gelernt haben, an den Hüttenmann, dem er zur Weiterverarbeitung die „Schätze des Erdinnern" übergibt und in dessen Arbeitsstätten die Kette jener merkwürdigen Umwandlungen beginnt, welche die Metalle in unzählig verschiedenen Formen ihren Lauf über die Erde machen lassen.

Die Aufgabe des Hüttenmannes, die Ausscheidung der Metalle aus den von dem Bergmann zu Tage geförderten Erzen mittels der metallurgischen oder Hüttenprozesse beruht durchgehends auf chemischen Prinzipien. Indessen sind nur in selteneren Fällen und dann auch immer nur stellenweise die Erze so rein, daß man sogleich an die Abscheidung der Metalle aus ihnen gehen könnte; meist muß zunächst eine mechanische Behandlung eintreten zur möglichsten Entfernung des anhängenden tauben Gesteins (Gangart)

Fig. 31. Die Scheidebank.

Diese mechanische Vorarbeit heißt die Aufbereitung und ist entweder bloße Handarbeit (trockene Aufbereitung), oder es schließt sich daran nach Umständen die Anwendung mechanischer Hilfsmittel unter Beihilfe des Wassers (nasse Aufbereitung), um das zu vollenden, was durch jene allein nicht erreicht werden konnte. Diese, der Bergmannsarbeit nicht mehr zuzuzählende mechanische Arbeit ist also der vorbereitende Teil des eigentlichen, auf chemischer Grundlage beruhenden Hüttenprozesses und soll demnach zuerst betrachtet werden.

Aufbereitung der Erze. Die schon in oder vor der Grube aus dem Groben vorgenommene Sortierung der geförderten Erze nach ihrem Gehalte wird von den Hüttenarbeitern unter fleißiger Handhabung des zerkleinernden Hammers oder Fäustels weiter fortgesetzt. Am willkommensten, aber nicht immer vorhanden, ist die Sorte Nr. 1, die Stuferze, welche so rein sind, daß sie ohne weiteres dem Schmelzofen übergeben werden können und nur etwa noch einer Zerkleinerung unterliegen, um für die Schmelzarbeit die passende Größe zu haben. Die zweite Sorte, Mittelerze oder Scheidegänge genannt, ist so beschaffen, daß sie zwar ein Durcheinander bilden von Erz und taubem Gestein, jedoch so, daß beide nicht innig gemengt sind, sondern daß die verschiedenwertigen Partien eines Stückes durch den Hammer getrennt und die Erzteile für sich erhalten werden können. Die Entfernung des tauben Gesteins durch Auslesen und nötigenfalls Ausschlagen ist selbst bei den Eisenerzen erforderlich, mit denen sonst die wenigsten Umstände gemacht werden und bei denen namentlich eine eigentliche nasse Aufbereitung niemals Platz greift. Diese eben erwähnte trockene oder Handscheidung ist gewöhnlich die Arbeit von Burschen (Scheidejungen), alten Arbeitern und Frauen, welche auf der Scheidebank (s. Fig. 31) unter Aufsicht eines Steigers, mit Schutzbrillen gegen umherfliegende scharfe Gesteinsplitter bewaffnet, die Scheidegänge auf den Scheidetafeln auf harter Unterlage mit Hämmern zerschlagen und die Stückchen nach ihrem Gehalte in verschiedene Körbe sortieren, worauf jene je nach ihrem Gehalt entweder in die Erzkammern geschafft, oder für die nasse Aufbereitung zurückgelegt, oder als wertlos auf die Abgangshaufen (Halden) gestürzt werden.

Wie man überall bestrebt ist, die Handarbeit durch Maschinen zu ersetzen, so suchte man auch für das Ausschlagen der Gänge durch die Hand geeignete Maschinen einzuführen, die in kürzerer Zeit größere Mengen von Gesteinsmaterial in kleinere Stücke zu verwandeln im stande waren. Eine derartige Maschine, die sich nicht nur bei dem Erzaufbereitungsprozeß, sondern auch in andern technischen Branchen rasch Eingang verschafft hat, ist der Steinbrecher (auch Knackwerk oder Backenquetsche genannt) von Ely Whitney Blake. Seine Einrichtung ist folgende: In einem massiven gußeisernen, kastenartigen Rahmen a (s. Fig. 32) befinden sich zwei starke gerippte Backen, von denen die eine b fest mit der Vorderwand verbunden, die andre c aber um die starke Achse d drehbar ist. Beide bilden einen nach untenhin sich verengenden Rechen, in welchen das zu verarbeitende Material eingeworfen und durch die raschen und kurzen Schwingungen der beweglichen Backen c zerdrückt und so weit zerkleinert wird, daß es durch die untere engere, innerhalb gewisser Grenzen verstellbare Öffnung herausfallen kann. Die schwingende Bewegung erhält die Backe c durch die an der Umtriebswelle e hängende Zugstange f, welche mit ihr durch eine exzentrische Scheibe verbunden ist und bei ihrer Rotation in auf- und niedergehende Bewegung versetzt wird. Diese Scheibe ist unten durch die Zwischenplatte g einerseits mit dem an der Rückseite des Rahmens befestigten Stellapparate h, anderseits mit der beweglichen Backe c, auf welche die Bewegung übertragen wird, verbunden.

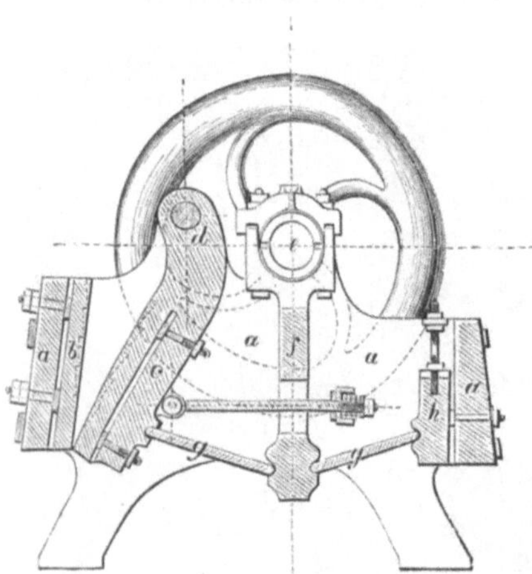
Fig. 32. Der Steinbrecher.

In den größten Dimensionen ausgeführt sind diese Maschinen bei der Kupfergewinnung am Lake superior im Betrieb; hier werden Felsstücke bis zu einem Gewichte von 500 kg durch dieselben zertrümmert und in Körnchen von 64, ja sogar 40 mm Durchmesser verwandelt.

Um besser beurteilen zu können, was man nach der Zerkleinerung durch den Hammer oder die Maschine vor sich hat, ist es zunächst notwendig, die anhängenden erdigen und thonigen Bestandteile zu entfernen; dies geschieht durch die Wäsche. Diese bezweckt entweder bloß die Entfernung anhängenden Schmutzes, oder auch bei Erzen, die, wie Eisenstein, Galmei u. s. w., in thonige Stoffe eingebettet liegen, die Fortschwemmung dieser; bisweilen aber auch verbindet sich damit zugleich eine Sortierung der Teile ihrer Größe nach. Häufig benutzt man dazu, z. B. bei den Bleierzen in Oberschlesien, trommelartige Siebe, die sich in einem Wasserbehälter drehen. Die Siebcylinder sind doppelt; der innere, der die Erze aufnimmt, hat grobe, der äußere feine Löcher. Man gewinnt somit zwei Größen gewaschenes Erz und den mit dem Wasser abfließenden Schlamm, den man in Sümpfen sich absetzen läßt. Gewöhnlicher sind die flachen, gitter- oder rostförmigen Siebe (Rätter). Sie stehen in der Regel mehrfach übereinander, haben eine geneigte Lage und werden durch einen Mechanismus in rüttelnder Bewegung erhalten, während die Erze zugleich mit einem Strom Wasser dem oberen gröbsten Sieb zugeführt werden. Was hier nicht durchgeht, gleitet auf der schiefen Fläche herab und wird in einem besonderen Behälter aufgefangen; dasselbe wiederholt sich auf einem zweiten Siebe u. s. w., bis endlich das Feinste zum Absetzen in den Sumpf gelangt. In andern Fällen stehen eine Anzahl Siebe treppenförmig übereinander, das feinste zu unterst, jedes mit einem Auffangebehälter unter sich; auch hat man zuweilen sämtliche Siebflächen in einer schiefen Ebene nebeneinander liegen und erlangt dabei dieselben Resultate wie mit der Treppenwäsche, nur in umgekehrter Ordnung; denn hier müssen die engsten Siebe zu Häupten der schiefen Ebene liegen, wo unter Zufluß eines Wasserstrahls die zu waschenden Massen aufgeworfen werden. Übrigens werden diese Apparate je nach Bedürfnis eingerichtet und den Verhältnissen angepaßt, und es mögen deswegen Waschapparate wie die Fallwäsche, Reibgitterwäsche, Kippwäsche, das Sprudelwaschwerk u. a. nur dem Namen nach erwähnt werden, da ihre nähere Beschreibung selbst für den Fachmann hier nur ein geringes Interesse bieten würde.

Fig. 33. Das Trockenpochwerk nach Heuchlers Atlas „Die Bergknappen".

Die großen Fortschritte der Neuzeit in der Herstellung praktischer mechanischer Vorrichtungen sind auch auf diesem Gebiete verwertet worden, doch kann hier auf Einzelheiten nicht eingegangen werden, nur einige der vielen in neuerer Zeit empfohlenen Maschinen können Berücksichtigung bei der Besprechung hierüber finden.

Der gewöhnliche Gegenstand der Wäsche ist vor allen Dingen das Grubenklein, das klare Gemisch von Erzen, Gängen und Schmutz. Nachdem die Wäsche es gesäubert und in mehrere Sorten klassifiziert hat, werden die größten Sorten ausgesucht (ausgeklaubt ist der Kunstausdruck) und in gutes Erz und taubes Gestein geschieden; die nur kleinere Teilchen von Erz enthaltenden Stücke der Gangart fallen weiteren Prozeduren, wie dem Siebsetzen, der Rest dem Pochwerk und Stoßherd anheim. Die umfänglichsten Waschungen, und meistens nur diese Vorbereitung allein, erfahren die thonigen Eisensteine. Man bearbeitet und wendet da die Erze entweder in Gräben oder auf geneigten Holzböden (Bühnen) unter Zuleitung von fließendem Wasser. In andern Fällen verbindet man mit dieser Wäsche auch noch ein Verwitterungsverfahren, indem man die Erze, in Haufen geschichtet, mehrere Jahre lang dem Wetter und Regen preisgibt (abliegen läßt). Durch die hierbei stattfindende Verwitterung bezweckt man eine Lockerung und Trennung der Erzpartien von der zwischenliegenden Gangart, um diese dann leichter entfernen zu können. Luft und Feuchtigkeit bewirken bei dem Abliegen Oxydationen, namentlich werden die etwa vorhandenen Schwefelkiese zu Eisenvitriol oxydiert, welcher dann vom Regenwasser fortgeführt wird. Vorgänge dieser Art gehören aber schon dem chemischen Gebiete an, und wir übergehen sie einstweilen hier, um zunächst noch uns die rein mechanischen Zubereitungen der Erze anzusehen. Da die Erze im Schmelzofen chemischen Einwirkungen ausgesetzt werden sollen, so müssen sie in eine Form gebracht werden, in welcher sie eine möglichst innige Vermischung mit denjenigen Körpern gestatten, durch deren Hilfe die Zersetzung stattfinden soll; sie müssen also zerkleinert und in manchen Fällen sogar bis zu mehlartiger Feinheit gebracht werden. Dies geschieht durch verschiedenartige Maschinen, von denen die ältesten, schon zu Anfang des 16. Jahrhunderts beim Hüttenbetrieb eingeführten Pochwerke, welche einer Öl- oder Walkmühle ähnlich, meist durch ein Wasserrad getrieben werden (s. Fig. 33), mit einigen Verbesserungen auch heute noch in manchen Gegenden im Betrieb sind. Eine mit Hebedaumen besetzte Welle hebt die etwa zentnerschweren, mit Eisen beschuhten Stampfen und läßt sie auf eiserne Platten, welche den Boden eines Troges bilden, der die Erze enthält, niederfallen. Durch Sieben oder mittels Durchwerfens wird das gewonnene Pochmehl von den noch groben Teilen abgesondert, letztere aufs neue bearbeitet und schließlich alles zur Hütte geschafft. Dies sind die Trockenpochwerke, so genannt zum Unterschiede von den nassen Pochwerken, die zur Aufbereitung armer Erze dienen. In den Fällen nämlich, in welchen die Erzteilchen mit der Gangart inniger gemischt, oft nur punktweise eingesprengt sind, wird die Handscheidung unthunlich, und es tritt an ihre Stelle die nasse oder künstliche Aufbereitung, welcher auch allenfalls noch das Ausschlageklein, der sandige Abfall von der Scheidebank, anheimfällt.

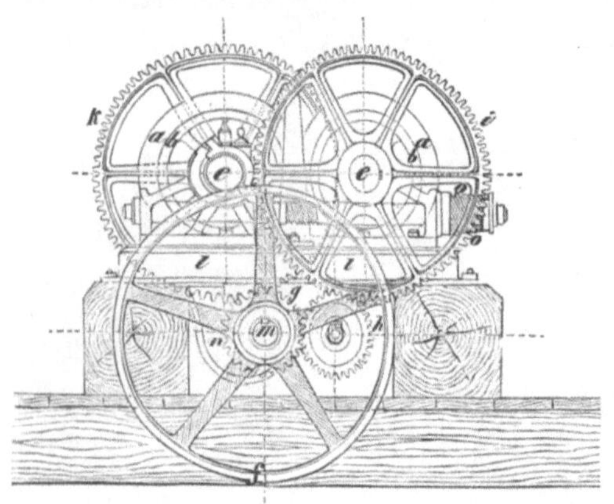

Fig. 34. Kroms Walzwerk.

Bevor wir jedoch zur Beschreibung der nassen Pochwerke übergehen, müssen wir noch der Walzwerke gedenken, deren Arbeit sich in den modernen Aufbereitungsanstalten unmittelbar an diejenige der Steinbrechmaschinen anschließt und die Pochwerke ersetzt. Diese Walzwerke haben den Vorteil, daß sie weniger Mehl liefern als die Pochwerke und die weitergehende Zerkleinerung der von den Steinbrechern kommenden Stückchen bis zur Korngröße von nur einigen Millimetern besorgen. Von den verschiedenen Konstruktionen, die man von dieser Maschine hat, mag nur die des Amerikaners Krom hier beschrieben werden.

Dieses Walzwerk (s. Fig. 34) besteht aus zwei stählernen Walzenringen a, welche mit Hilfe der etwas konisch verlaufenden Ringstücke b befestigt sind und ihre Umdrehung von der Riemenscheibe f erhalten, und zwar durch die Zwischen- und Hauptgetrieberäder g h und i k. Die letzteren, i k, sind an entgegengesetzten Seiten des Rahmens l auf den Walzenachsen e befestigt. Die Achse m der Riemenscheibe f bewegt sich in Lagern n unter den Walzenrahmen hin und trägt zwei Zahnräder, von denen in der Zeichnung nur das vordere g sichtbar ist; das andre, nicht sichtbare, greift in die Zähne des Rades k, während das erste, g, die Drehung durch das gleichgroße Zwischenrad h auf i und somit auf die betreffende Walze l überträgt. Diese liegt in einem seitlich verschiebbaren Lager, das sich gegen die starken Federn o stützt und diese beim Zurückweichen zusammendrückt, falls ein zu harter Gegenstand die Walzen passiert. Für feinere Zerkleinerung, wie sie z. B. für das Amalgamationsverfahren nötig ist, hat man auch verschiedene Arten von Mühlen. Hierbei ist jedoch zu bemerken, daß die Walzwerke jetzt auch sehr häufig als Mühlen bezeichnet werden. Solche in neuerer Zeit bei dem Aufbereitungsverfahren eingeführte Mühlen sind die von Heberle, Neuerburg, Dingey und namentlich die Schranzsche Quetschwalzenmühle, die sich dadurch einen Ruf erworben hat, daß sie bei Setzabhüben von 2—15 mm Korngröße eine vollkommene Trennung der Bleierze von der Zinkblende ermöglicht. Sehr viel Verbreitung hat der Carrsche Desintegrator oder die Schleudermühle gefunden, namentlich da, wo es sich um nicht zu hartes Gestein handelt. Diese Maschine (Fig. 35) besteht aus einer Welle a, welche in Lagern b ruht und durch die Riemenscheiben c bewegt werden kann; über diese Welle ist eine zweite hohle Welle d geschoben, die in e e unterstützt ist und durch die Riemenscheibe f im entgegengesetzten Sinne gedreht wird. Die Welle a trägt an der Scheibe g und dem Ringstücke h zwei Reihen konzentrisch gestellter Stäbe i und k, während an die Welle d die Stabkränze m und l mittels der Scheibe n befestigt sind. Das zu zerkleinernde Erz wird durch den Trichter o aufgegeben und gelangt so in das Innere der durch einen Mantel verschlossenen Mühle und wird hier durch die der Reihe nach in entgegengesetzter Richtung rotierenden Stabkränze zertrümmert.

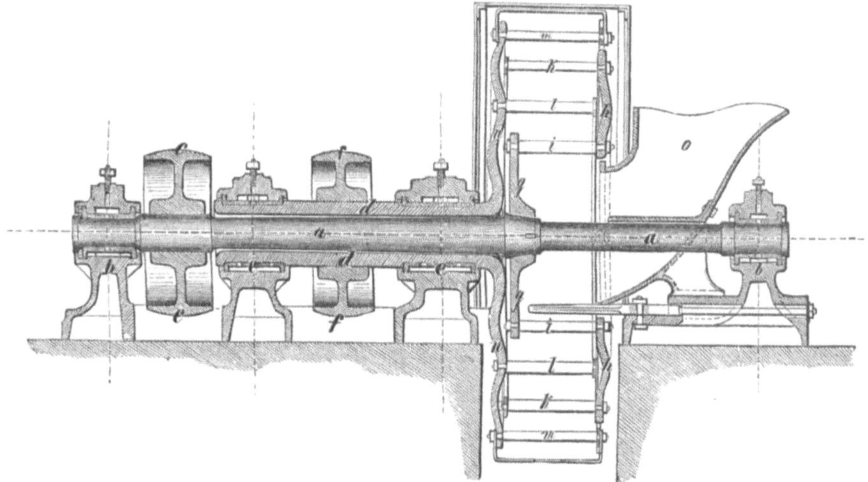

Fig. 35. Carrs Desintegrator.

Für die nasse Aufbereitung hat man zwei Methoden, welche gesondert, zuweilen aber auch miteinander verbunden zur Anwendung kommen. Beide beruhen auf dem Grundsatze des Schlämmens, also auf dem Umstande, daß spezifisch schwerere Körper in einer Flüssigkeit rascher untersinken als leichtere oder, was auf dasselbe hinauskommt, daß leichtere Teilchen von fließendem Wasser weiter fortgespült werden als schwerere. Hierbei wird freilich vorausgesetzt, daß die schwereren Teilchen auch die metallhaltigen seien, was in den gewöhnlichen Fällen, in welchen das taube Gestein kalkartiger, kieseliger u. s. w. Natur ist, auch zutrifft, aber doch nicht ausnahmslos ist, denn es könnte z. B. die Gangart aus Schwerspat bestehen, und dann würde diese Art der Aufbereitung einen sehr geringen Erfolg haben, denn das spezifische Gewicht des Schwerspats übertrifft dasjenige verschiedener Erze.

Die beiden Methoden der nassen Aufbereitung sind nun das Siebsetzen und die Behandlung auf dem Naßpochwerke. Die erstere ist neueren Ursprungs und von größerer Wirksamkeit, hat jedoch auch ihre Nachteile. Sie findet ihre Anwendung bei weniger armen, nicht zu innig mit der Gangart gemischten Erzen. Es handelt sich nicht dabei um eine Zermalmung bis zu mehliger Beschaffenheit, sondern nur um eine gewisse Zerkleinerung oder Körnung, bei welcher eine möglichst gleiche Größe der Teilchen angestrebt wird. Die Erze werden zu diesem Zwecke am besten zwischen eisernen Walzwerken, wie beschrieben, zerdrückt, sodann durch Siebe von bestimmter Maschenweite sortiert, und so werden mehrere Sorten gewonnen, von denen man die gröberen gewöhnlich durch Wiederholung derselben Operation noch weiter zerkleinert.

Das eigentliche Siebsetzen geschieht dann entweder durch Menschenhände oder in neuerer Zeit auch unter Anwendung von Maschinenhilfe. Das Sieb ist ein faßartiger Cylinder, in welchen Siebboden von verschiedener Maschenweite eingesetzt werden können. Es hängt an einer eisernen Stange, und diese wieder an einem beweglichen, mit Gegengewicht versehenen Balken dergestalt, daß es durch einen Zug in eine untenstehende, mit Wasser gefüllte Kufe eingetaucht werden kann. Man füllt es zur Hälfte mit dem Erzklein, senkt es in das Wasser, treibt es hierauf in kurzen Stößen nieder und wieder aufwärts. Aus dem Aufruhr, den das durchströmende Wasser in dem Inhalte des Siebes bewirkt, hat sich schließlich nach etwa 50 Stößen eine Ordnung derart gestaltet, daß die schwersten und gehaltreichsten Körper (Erzgraupen) zu unterst liegen, obenan das leichtere taube Gestein, das somit leicht beseitigt werden kann; in der Mitte zwischen beiden eine Schicht, die gewöhnlich noch einer weiteren Aufbereitung in den Pochwerken unterliegt. Was durch das erste Setzsieb hindurchfällt, kommt auf ein engeres Sieb, und was diesem entschlüpft, auf ein noch engeres. So gewinnt man durch die Setzarbeit den Hauptteil des schmelzwürdigen Erzes und beseitigt ebenso einen Teil des wertlosen; was noch rückständig ist, bildet mit dem bei der Handscheidung schon beiseite gelegten die Pochgänge. Fig. 36 versinnlicht uns das Handsetzsieb, dessen einfacher Mechanismus sich wohl selbst erklärt. Die sogenannten Setzmaschinen sind entweder Ausbildungen des eben angegebenen Apparates, indem derselbe anstatt mit der Hand durch Pferde-, Wasserkraft oder dergleichen in Bewegung gesetzt wird und infolgedessen eine vergrößerte Ausführung erfährt, in der Art, daß zwei oder mehrere Siebkästen abwechselnd in einen Wasserbehälter gehoben und gesenkt werden u. s. w., oder es sind Kolbendruckwerke. Diese letzteren drücken dann das Wasser mittels eines geschlossenen hohlen Kastens, der an einer auf und ab gehenden Kolbenstange hängt, aus dem einen Teile des Apparates in den andern, der mit jenem verbunden ist, indem eine jedoch nicht bis auf den Boden hinabgehende Scheidewand den größeren Kastenraum oberhalb in zwei Abteilungen teilt, die aber am Boden miteinander in Verbindung stehen. Die eine dieser Abteilungen enthält das festliegende Sieb, aus Metallgeflecht oder Eisenstäben hergestellt, die andre den als Kolben wirkenden Kasten. Durch die Abwärtsbewegung desselben wird das Wasser von unten nach oben in das Sieb getrieben, während es beim Aufgange des Kolbens wieder zurückfließt und die Erze von oben nach unten durchströmt. Die Wirkung ist demnach eine dem Handsetzsieb ganz entsprechende, nur insofern umgekehrte, als bei der Setzmaschine das Wasser und nicht der Siebapparat bewegt wird.

Fig. 36. Das Handsetzsieb.

Der Nachteil dieser Apparate, des Handsetzsiebes sowohl wie der Setzmaschine, besteht aber darin, daß die Arbeit selbst nur eine halbe ist, d. h. es wird Zeit und Kraft immer nur während der einen Hälfte der Bewegung zu dem eigentlichen Arbeitszwecke ausgenutzt. Daher hat man in der letzten Zeit sich viel Mühe gegeben, stetig wirkende Setzapparate herzustellen, von denen die auf dem Prinzipe der Schüttelapparate beruhenden die zweckmäßigsten sein dürften.

Sind nun also auf eine oder die andre Art die reichen Erze von den armen geschieden (oder hat man es überhaupt nur mit armen Erzen zu thun), so müssen die Pochgänge für sich wieder einem ähnlichen Prozeß der Scheidung der Erzteile von den Gesteinsteilchen unterworfen werden. Sie kommen zu diesem Behufe unter das Naßpochwerk, welches sie zu Mehl zerstampft, aus dem sodann das Gute von dem Schlechten gesondert wird.

Da diese Trennung unter Mitwirkung des Wassers durch Schlämmen geschieht, so ist eine zu weit gehende Pulverung zu vermeiden. Die Zerkleinerung darf nicht weiter ausgedehnt werden, als es die Größe der eingesprengten Erzteilchen erheischt. Das übermäßige Zerstampfen (Todtpochen) würde zur Folge haben, daß die zu kleinen Teilchen sich schwer oder teilweise gar nicht aus dem Wasser niederschlagen.

Das Naßpochwerk, welches diese Zerkleinerung besorgt (s. Fig. 37), ist also wieder ein Stampfwerk, das aber unter Mitwirkung des Wassers arbeitet. Während nämlich die Pochgänge von den Stampfen bearbeitet werden, fließt ununterbrochen ein gleichförmiger Wasserstrahl in den Stampfstrog und als trübe Brühe am andern Ende der Sohle wieder heraus. Denn das Wasser nimmt sogleich jene Teilchen mit fort, deren Zerkleinerung weit genug gediehen ist, und führt sie in die Mehlführung, eine Reihenfolge flacher hölzerner Gerinne oder Kanäle, in denen es, seine Geschwindigkeit allmählich verlierend, die aufgenommene Last in einer gewissen Art gesondert wieder fallen läßt.

Fig. 37. Ein Naßpochwerk nach Heuchlers Atlas „Die Bergknappen“.

Die schwersten Teile (das rösche Korn) fallen natürlich zunächst, und zwar zu Häupten der Mehlführung, zu Boden; mit zunehmender Entfernung fällt dann feinerer Bodensatz (zähes Korn), bis endlich in der entferntesten und breitesten Abteilung (Sumpf) bei geringstem Wasserfluß noch die leichtesten Erzteilchen nebst dem feinsten erdigen Schlamme sich absetzen. Für den hüttenmännischen Zweck scheint zwar durch die ganze Arbeit nichts Wesentliches erreicht zu sein, denn es liegen ja durch die ganze Führung hin Erz- und Steinteilchen, Gutes und Schlechtes in Vermischung, wenn auch nach einem gewissen Schwere- und Größenverhältnis geordnet. Dennoch ist man hierdurch dem Ziele halbwegs näher gerückt: es ist die nachfolgende Schlämmarbeit zweckmäßig eingeleitet und deren Erfolg gesichert worden. Dies wird durch folgende Betrachtung klar werden.

Denken wir uns ein metallisches und ein steiniges Körperchen von gleicher Größe in fließendem Wasser schweben, so wird das erste seiner größeren Schwere zufolge zuerst den Grund erreichen, das andre noch etwas weiter geführt werden; ist nun aber der steinige Körper um ein Merkliches größer als der metallische, so bewirkt eben seine größere Masse auch ein beschleunigtes Sinken, und so kann es kommen, daß Masse und Gewicht der beiden theoretisch betrachteten Teilchen sich dergestalt kompensieren, daß beide an einem Punkte zur Ruhe gelangen, gleichfällig sind, wie man sagt. Hiernach ist es erlaubt, anzunehmen, daß durch die ganze Führung hin das Gemisch von steinigen und metallischen Partikeln so beschaffen sein werde, daß die ersteren im allgemeinen die größten sind. Denkt man sich nun ein solches Gemisch auf einer geneigten Fläche liegend und von Wasser überrieselt, so ist einleuchtend, daß die tauben Teile, nicht allein weil sie leichter, sondern auch weil sie größer und also dem Stoße des Wassers mehr ausgesetzt sind, nun auch vorzugsweise in Bewegung kommen und sich somit von ihren metallischen Begleitern effektiv trennen werden. Dieser Zweck des Schlämmens oder Verwaschens, die Konzentrierung des Pochmehles, wird in sogenannten Schlämmgräben und auf Apparaten verfolgt, welche Herde heißen und in zweierlei Arten vorhanden sind, als festliegende und als bewegliche; letztere heißen aus bald zu ersehendem Grunde Stoßherde. Herde sind tafelartige, etwas geneigte Vorrichtungen, über welche das Wasser mit dem feinen erdigen Schlamm (die Trübe) in einem sehr dünnen Strome hinwegfließt.

Der Schlämmgraben ist ein künstliches Gerinne, über welchem auf der einen Seite der Schlammkasten, in den das zu verarbeitende Pochmehl kommt, steht, auf der andern Seite ist er durch ein vertikales Brett mit einer Anzahl senkrecht unter- und gleichweit voneinander befindlichen $2\frac{1}{2}$ cm weiten Löchern geschlossen. Die Länge des Grabens beträgt etwa 3, seine Breite $\frac{2}{3}$ m, auf diese Länge fällt die Sohle gleichmäßig um $7\frac{1}{2}$ cm pro Meter ab, bis kurz vor dem Ende, wo sich das Loch befindet, eine plötzliche Vertiefung von $1\frac{1}{4}$ cm auf 40 cm Länge eintritt.

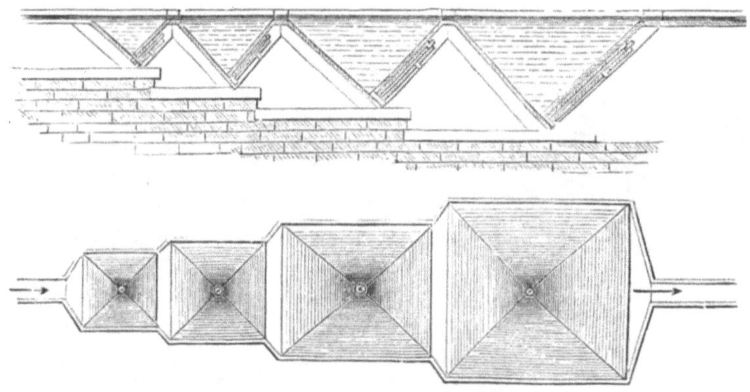

Fig. 38 und 39. Rittingers Spitzkästen. Längsdurchschnitt und Grundriß.

Aus dem Schlämmkasten zieht der Arbeiter mit einem kratzenartigen Instrument, der Kiste, die Schlämmmasse in die Gräben, deren oft mehrere nebeneinander liegen, und indem er das Wasser darüberfließen läßt, streicht er mit der Kiste, die ungefähr die Hälfte des Grabens breit ist, abwechselnd an jedem Seitenbrett mehrmals hinauf. Die Öffnungen an dem vorderen Brette werden geschlossen, sobald der Schlämmvorrat so hoch gestiegen ist, daß er selbst hindurchgehen würde. Man läßt nur das klare Wasser abfließen, wenn der Graben an seinem Fuße etwa 10—12 cm hoch mit Schlämmmasse angefüllt ist. Durch die Bearbeitung hat sich dieselbe nach ihrem spezifischen Gewicht geschichtet und man macht beim Abstechen Abteilungen, die entweder als taub weggelassen oder in derselben Art noch ein oder mehrere Mal, bis sie zur Verhüttung reif genug sind, durchgearbeitet werden. Anstatt in Schlämmgräben bewirkt man die Sonderung des Erzmehles vielfach auch in sogenannten Spitzkästen (s. Fig. 38 und 39), eine Anordnung von vier pyramidalen Kästen, in denen sich nacheinander der Sand und die Schlämme je nach ihrer Feinheit absetzen. Beide Apparate dienen als Vorbereitung für die Herdarbeit.

Den Hauptteil des liegenden Herdes (Pfannenherd) bildet ebenfalls eine aus Holz konstruierte, einige Meter lange, schwach geneigte, an den Seiten, außer der untersten, mit erhöhtem Rande versehene Tafel. Am oberen Ende derselben befindet sich ein Kasten, in welchen beständig Wasser fließt und der zugleich das aus den Mehlführungen gehobene Gut aufnimmt. Ein Schaufelrad, das sich im Kasten bewegt, besorgt die gute Mischung des Inhalts, der nun, der Quantität des Wasserzuflusses entsprechend, beständig überfließt, durch kleine Rinnen geleitet auf der schiefen Ebene sich verbreitet und abwärts begibt. Die Abwartung, die ein solches System erfordert, besteht darin, daß ein Arbeiter, der übrigens für vier Herde ausreicht, darüber wacht, daß das Mehl nicht zu dünn oder zu dick abfließe und alles in gleichmäßiger Verteilung die schiefe Ebene passiere. Zu letzterem Zweck handhabt er ein Brettchen oder einen Besen (daher auch der Name **Kehrherd**). Mit diesem Werkzeuge sorgt er nicht nur für richtige Verteilung, sondern er schiebt auch die Masse wiederholt wieder aufwärts, indem er sie dadurch zugleich aufrührt und zu mehrmaligem Herabgehen nötigt. Übrigens gibt es auch Herde, bei welchen der Stoß des Wassers die ganze Arbeit allein besorgt.

Der auf der geneigten Ebene bleibende Rückstand heißt, nachdem er schmelzwürdig geworden, **Schliech**. Die gehaltreichsten Schlieche sammeln sich natürlich wieder im oberen Teile der geneigten Ebene und werden zur Verhüttung fortgenommen, während das übrige nach Befinden noch mehrmals dem Schlämmprozesse unterworfen wird. Der endlich übrig bleibende wertlose Schlamm wird selbstverständlich dem abfließenden Wasser zum Mitnehmen überlassen, nicht ohne daß er noch manches Gute enthielte, das aber durch die zu feine Zerteilung unerreichbar geworden ist.

Fig. 40. Der Stoßherd.

Die **beweglichen** oder **Stoßherde** (s. Fig. 40) arbeiten in gleichem Sinne wie die eben beschriebenen liegenden, aber sie fördern vermöge ihrer Einrichtung mehr als diese. Das Besondere an ihnen ist, daß die ganze geneigte Fläche, außer Zusammenhang mit dem Verteilungskasten, zwischen vier Ständern an Ketten oder Stangen so aufgehangen ist, daß sie in eine schaukelnde Bewegung im Sinne ihrer Länge gesetzt werden kann. Während nun die flüssige Masse in bekannter Weise über die geneigte Ebene sich verteilt, drückt ein einfacher Mechanismus (Daumenwelle) den beweglichen Herd in gewissen Zwischenräumen, etwa 30mal in der Minute, aus der Lage, die er frei hängend einnimmt, nach der Seite des Abflusses hin und läßt ihn dann wieder frei; der nun von selbst zurückfallende Herd geht gleich einem Pendel über seine tiefste Lage hinweg und prallt demzufolge an einen seinem oberen Ende gegenüber angebrachten massiven Klotz, den Stauchklotz, an. Die Wirkung dieser sich immerfort wiederholenden erschütternden Stöße auf die aufgetragene Masse ist nun begreiflicherweise eine solche, daß dieselbe aufgerührt, hierdurch das Obenaufkommen der leichteren Teile begünstigt und die Trennung auch noch dadurch befördert wird, daß die Masse durch jeden Stoß einen Antrieb oder Schneller nach rückwärts, nach der Höhe zu, erhält, wodurch zugleich in wirksamerer Weise das erreicht wird, was beim liegenden Herd der Kehrbesen oder das Streichbrett bewirkt.

Bei den geschilderten Aufbereitungsarbeiten sind der Neigungsgrad der Herdfläche, die Menge des zuströmenden Wassers, Größe des Korns, Kraft der Stöße am Stoßherd, Länge der Kanäle u. s. w. wohl zu beobachtende Umstände, die immer den Eigenschaften der betreffenden Erze möglichst genau angepaßt werden müssen; außerdem sind die Arbeiten so zu führen, daß auch die dem Schmelzofen zu übergebenden Schlieche den möglichst gleichen Grad des Gehalts und der Zusammensetzung haben, weil nur unter dieser Bedingung das Ausbringen wohl gelingen kann.

Etwas Neues und gleichsam ein Mittelding zwischen den ruhenden und Stoßherden sind rotierende Herde, die sich durch zufriedenstellende Arbeit, fast ohne menschliche Beihilfe, rasch empfohlen haben. Es sind große, aus Holz gebaute, auf einer Welle sitzende, scheibenförmige Cylinder, doch nicht flach, sondern nach der Mitte hin etwas ansteigend, im ganzen also flach konisch; sie werden Trichterherde oder Rundherde genannt. Die Welle, und somit auch der Herd, hat überdies eine seitliche Neigung von etwa 5 Grad. Indem der Herd, der natürlich mit den nötigen Auffangerinnen umgeben ist, sich durch Maschinenkraft fortwährend langsam dreht, fließen ihm von seiner Mitte aus die Pochtrübe und das Läuterwasser zu, verbreiten sich über das Ganze und die Sonderung erfolgt dadurch vollständig, daß an einer Stelle die fertigen Schlieche immerfort abfließen, also der Herd sich beständig selbst reinigt. Man hat es in der Gewalt, durch Verändern der Neigung, der Drehungsgeschwindigkeit u. s. w. diejenigen Bedingungen herzustellen, welche für einen bestimmten Zweck die angemessensten sind.

Wie man aus all diesem sieht, ist aber die nasse Aufbereitung ein Verfahren, das wegen seiner Umständlichkeit, die es zumeist mit sehr geringhaltigen Erzen zu thun hat, nur mäßige und geringe Erfolge geben kann und dessen Kosten einen großen Teil des Ertrags verschlingen müssen. In Freiberg z. B. werden jährlich Hunderttausende von Zentnern armer Erze aufbereitet, die im Zentner nur 17—25 g Silber führen. Welche Massen sind da zu bewältigen und welcher Ballast von Abgängen! Hierzu kommt, wie schon bemerkt, noch der Übelstand, daß die Scheidung niemals vollständig gelingt, ja der Verlust an den in den Abgängen stecken bleibenden Erzteilchen in einzelnen Fällen bis auf 50 Prozent angeschlagen wird. Trotzdem bleibt man bei diesen mangelhaften Einrichtungen noch stehen, da sie wenigstens gestatten, einem nicht unbeträchtlichen Teile der Bevölkerung Arbeit zu gewähren, für welchen ein Ersatz durch einen andern Nahrungszweig sich nicht so leicht finden läßt. Wir haben übrigens hier durchaus nicht die Absicht, alle Einzelheiten in den Anreicherungsverfahren der Erzschlieche durchzugehen, dieselben richten sich auch in den speziellen Fällen viel zu viel nach besonderen Umständen, für Golderze, zumal in Kalifornien, wo die Handarbeit einen ganz andern Preis hat als im sächsischen Erzgebirge, werden teure Zermalmungsmaschinen und kostspielige Verfahren angewandt werden können, die anderswo den ganzen Hütten- und Bergwerksbetrieb unmöglich machen würden. Wir hatten nur bezweckt, einleitungsweise zu den Kapiteln, die sich mit der Gewinnung der einzelnen Metalle beschäftigen, ein flüchtiges Bild zu geben von der mechanischen Bearbeitung, welche im allgemeinen die Erze erfahren, ehe sie im Schmelzofen zur Herausgabe ihres metallischen Kernes gezwungen werden.

Aber diese mechanische Bearbeitung genügt in vielen Fällen noch nicht. Das Erzmehl mag von allen Gesteinspartikelchen noch so gut befreit sein, so können doch darin Bestandteile vorhanden sein, deren Entfernung man wünschen muß, weil dadurch die späteren Prozesse erleichtert, die Qualität der Produkte verbessert, vielleicht auch verwertbare Nebenprodukte erzielt werden können. Da nun, wie wir annehmen, die mechanischen Hilfsmittel erschöpft sind, so bleibt nichts übrig, als auf chemischem Wege den Zusammenhang der Stoffe, die man trennen will, zu lockern. Es muß die chemische Verwandtschaft der Stoffe untereinander zu Hilfe genommen werden, und aus Verbindungen, die für die Weiterverarbeitung nicht günstig sind, müssen die schädlichen Genossen dadurch entfernt werden, daß man sie durch solche ersetzt, mit denen leichter fertig zu werden ist. Man bietet dem metallischen Freunde, den man sich zu gewinnen sucht, eine Gesellschaft dar, die ihm unter obwaltenden Verhältnissen die angenehmere ist, der er also begierig sich anschließt und auf die man selbst genügenden Einfluß hat, um die ganze Genossenschaft nach seinen Zwecken zu lenken. Es ist das große Kunststück der Chemiker, die passendsten Freunde zusammenzuführen, und zwar unter Umständen, welche das gegenseitige Anschließen möglichst erleichtern, dabei aber immer die am leichtest zu führenden Zügel in der Hand zu behalten.

Und um aus den Erzen die Metalle schließlich zu isolieren, sie von Verbindungen los zu machen, an denen sie als nahe Verwandte streng festhalten, wird es mancher künstlichen Einwirkung, manches zeitweiligen Ersatzes, mancher augenblicklichen Beschäftigung, mancher Aufregung, die zu gestatten ist, damit andre Neigungen vergessen werden, auch schließlich manches gewaltsamen Zwangsmittels bedürfen.

Vor allen Dingen ist es notwendig, den einzelnen Bestandteilen in ihrer Masse diejenige Beweglichkeit zu geben, welche ein freiwilliges Ausscheiden und freiwillige Verbindung ermöglicht; sie in einen Zustand zu bringen, der den Molekülen bessere Mischung gestattet. Das ist: sie selbst gasförmig oder flüssig zu machen, wenn diejenigen Stoffe, welche mit ihnen in Verbindung oder in gesellschaftlichen Austausch treten sollen, ihnen in solcher Form nicht zugeführt werden können, sie dahin zu führen, daß sie schmelzbar werden.

Ein kräftiger Agitator in allen chemischen Verhältnissen ist der Sauerstoff der atmosphärischen Luft; seine Mitwirkung wird in einer großen Zahl von Fällen benutzt; unterstützt wird seine Thätigkeit durch die teils mechanische, teils chemische Wirksamkeit des Wassers und der Kohlensäure. Wo seine Macht nicht ausreicht, können Ätzmittel und Säuren angewandt werden, um die Lösbarkeit in Wasser herbeizuführen, oder mit Hilfe des Feuers werden Schmelzungen eingeleitet. In der freien Luft läßt man daher die Erze verwittern, d. h. einzelne ihrer Bestandteile sich mit Sauerstoff verbinden, wodurch sie aus dem ursprünglichsten Zusammenhange heraustreten und diesen lockern.

Brennen und Rösten. Ähnliche Wirkungen, wie die durch das Abwittern in langer Zeit erhaltenen, erreicht man rascher durch Erhitzung der Erze, durch das Brennen, welches schon dadurch wirksam wird, daß hierbei manche Bestandteile verflüchtigt und der Zerfall der Verbindung auf doppelte Weise herbeigeführt wird, indem das Entweichen der gasförmigen Stoffe aus dem Innern auch mechanisch auf den gewünschten Effekt hinarbeitet. Die Erhitzung erfolgt entweder ohne Luftzutritt in Retorten oder andern geeigneten Gefäßen und heißt dann Brennen oder Kalcinieren, oder sie besteht in einem Durchglühen bei Zutritt der Luft (Rösten). Das Brennen stellt sich oft ganz in Parallele mit dem Kalkbrennen; wie der feste Kalkstein dadurch mürbe und leicht gebrannt wird, daß ihm die Hitze seinen Wasser- und Kohlensäuregehalt zu allen Poren hinaustreibt, so sollen auch gewisse Erze, wie Eisenstein, Galmei, Kupferschiefer u. s. w., von Wasser, Kohlensäure, erdharzigen Stoffen u. s. w. befreit und dadurch mürber werden, während man in andern Fällen die auflockernde Wirkung von der ausdehnenden Kraft der Wärme allein erwartet.

Die Wirkungen des Röstens sind mannigfaltiger. Indem man hierbei die Stoffe so weit ins Glühen versetzt, daß noch keine Schmelzung stattfindet, wohl aber die chemischen Thätigkeiten der Luft und der Hitze freies Spiel gewinnen, bezweckt man meistens eine Verflüchtigung einzelner Bestandteile durch Oxydation, namentlich wenn Schwefel-, Arsenik- oder Antimonverbindungen vorliegen. So beginnt die Zugutemachung der Schwefelblei-, Schwefelzink- und Schwefelkupfererze mit der Röstung, um den Schwefel zu verjagen, der durch Verbrennung, d. h. durch Aufnahme von Sauerstoff, in Form schwefliger Säure, wenigstens zum großen Teil, entweicht. Beim Schwefelquecksilber (Zinnober) gelingt die Vertreibung des Schwefels durch Verbrennung vollständig und kann unter gleichzeitiger Reduktion sofort das reine Metall in flüchtigen Dämpfen gewonnen werden, die man durch Abkühlung zu flüssigem Metall verdichtet, während man bei den übrigen Metallen durch Rösten zunächst nur die Oxyde derselben erhält, die dann durch ein besonders unternommenes Schmelzen mit Kohle erst in gediegenes Metall verwandelt werden müssen. Beim Zinnerz endlich geht unter Umständen, wenn es mit Schwefel- oder Arsenikkiesen verunreinigt ist, eine Röstung der Wäsche voraus, welche bezweckt, die Schwefelmetalle in leichte, lockere Oxyde zu verwandeln, in welcher Form sie dann leichter durch die Wäsche zu entfernen sind.

Das Rösten selbst geschieht nach verschiedenen Methoden. Die ältere, in manchen Gegenden noch angewendete kommt ziemlich überein mit der Holzverkohlung in Meilern. Man schüttet auf einem offenen Platze oder in einer Grube auf einer Schicht Brennholz die Erze in kegelförmigen Haufen oder „Stadeln“ auf, indem man zugleich durch die Mitte des Haufens mittels Scheiten einen Schlot anlegt. Hier hinein schüttet man glühende Kohlen. Wenn die Erze Schwefel enthalten, so geraten sie bald selbst mit in Brand, und der Haufen kann mit einem geringen Holzaufwand gar gemacht werden.

Mitunter trifft man auch — namentlich bei der Kupfergewinnung — Anstalten, um einen Teil des beim Rösten sonst nutzlos verbrennenden Schwefels zu gute zu machen. Man umhüllt den Rösthaufen mit einer dünnen Lage von Erde, Sand oder anderm Klein und verringert dadurch den Zutritt der Luft ins Innere so weit, daß ein Teil des Schwefels nur verflüchtigt, nicht zu schwefliger Säure verbrannt wird. An schalen- oder plattenförmigen Körpern, welche man um die Mündung des Schlotes anbringt, setzt sich dann der Schwefel in fester Form an. In Schweden erhält man größere Schwefelausbeute dadurch, daß man den Erzhaufen an einer abhängigen Stelle in gestreckter Form ansteigend formiert und vom oberen Ende aus einen kurzen Kanal von Ziegeln nach einer verdeckten Grube oder einer Hütte führt, worin der Schwefel sich niederschlagen kann, nachdem der Haufen gehörig mit Erde bedeckt und am unteren Ende angezündet wurde.

Dem Rösten in Haufen zunächst steht die Methode, bei der man die Erze abwechselnd mit Holz zwischen niedrigem Gemäuer aufschichtet und ausbrennt; bei den Arbeiten im neueren Stil kommen aber Öfen verschiedener Konstruktion in Anwendung, wie wir sie bei andern Gelegenheiten noch kennen lernen werden; man unterscheidet sie im allgemeinen als Schacht- und Flammenöfen. Den Begriff der ersteren in ihrer einfachsten Form gibt jeder Kalkofen. Ein solcher gestattet in seiner gewöhnlichen Konstruktion nur einen unterbrochenen Betrieb, d. h. man füllt ihn, um ihn nach erfolgtem Brande wieder zu entleeren. Bringt man aber die Feuerungen am Fuße des Ofens seitwärts, außerhalb des Füllraums an und leitet die Hitze durch Kanäle in diesen, so kann man immer neuen Rohstoff von oben nachfüllen und fertig Gebranntes unten herausziehen; man hat dann einen Ofen mit kontinuierlichem Betriebe. Die Öfenkonstruktion hat in den letzten Jahren enorme Fortschritte gemacht, da fast alle Arbeitsbranchen auf die rationelle Ausnutzung der immer teurer werdenden Brennmaterialen angewiesen sind und bei einer großen Anzahl derselben die Vervollkommnung der Heizapparate auch auf die Verbesserung ihrer Produkte einen wesentlichen Einfluß ausübt; wir nennen nur die Glasfabrikation, die Thonwarenindustrien, die Herstellung von Schmiedeeisen und Stahl u. s. w. u. s. w. — An diesen Fortschritten partizipieren aber auch, oder können partizipieren, alle andern Industriezweige, bei denen Feuerungsanlagen in Frage kommen; so hat man zuerst für die Bäckerei einen sogenannten rotierenden Ofen gebaut, dessen Prinzip in einer Drehscheibe beruht, welche sich in einem bis auf zwei entgegengesetzt gelegene Öffnungen allseitig geschlossenen Ofenraume bewegt; die eine dieser Öffnungen dient zur Feuerung, die andre zur Besetzung resp. Entleerung des Ofens mit dem darin gar zu machenden Materiale, welches auf die Drehscheibe aufgegeben wird. Da diese nun schrittweise immer in derselben Richtung gedreht wird, so leuchtet ein, daß das eingegebene Material succesive alle Grade zunehmender Erwärmung durchmachen muß, bis es nach einer Drehung der Scheibe um einen Halbkreis in das Maximum der Hitze über der Heizstelle gelangt, um dann wieder ebenso allmählich abgekühlt zu werden, ehe es nach einer weiteren Drehung um 180 Grad an die Entleerungspforte kommt. Von diesem rotierenden Backofen ging das vernünftige Prinzip auf die Ziegelbrennöfen über, warum soll es nicht auch für die Hüttenwerke zweckmäßige Anwendung gestatten, wenn man hier nicht die trommelartigen Rotationsöfen, wie wir später einen solchen bei dem Puddelprozeß kennen lernen werden, vorziehen will? Zur Zeit allerdings sind die Schachtöfen und die Flammenöfen die Beherrscher des Terrains. Bei dem Brennen im Schachtofen ist man auf den natürlichen Luftzug beschränkt, wie er sich den Umständen nach im Innern gestaltet. Nur bei wirklichen Schmelzprozessen bedient man sich der Hilfe von Gebläsen. Die Flammenöfen dagegen gestatten eine Regulierung und hohe Steigerung des Zuges und man kann Flamme und Luft mit großer Wirksamkeit auf die Arbeitsmassen dirigieren; sie unterscheiden sich von den Schachtöfen mit besonderer seitlicher Feuerung dadurch, daß die zu erhitzende Masse sich auf einer mehr oder weniger horizontalen oder vertieften Unterlage, dem Herde, befindet, welcher mit einem Gewölbe überspannt ist.

Wenn es sich darum handelt, durch die Hitze verflüchtigte oder durch den Luftzug fortgerissene staubförmige Substanzen wieder aufzufangen, schließt sich an den Ofen noch ein Sammelraum, die Kondensations- oder Gestübbekammer, durch welche die Feuerluft ihren Weg nehmen muß, bevor sie in den Schornstein gelangt. Dies ist zumal nötig, wenn die Erze Arsenik enthalten, das sich in Form von arseniger Säure (Giftmehl) in diesem Kondensator niederschlägt. Auch andre nutzbare Dinge können nach Umständen durch denselben noch gesammelt werden; so hält man beim Rösten von Zinnstein geringe Spuren als Staub entwichenen Zinnoxydes durch solche Gestübbekammer noch zurück.

In allen rationell eingerichteten Hüttenwerken wird jetzt die beim Rösten schwefelhaltiger Erze (Kiese, Glanze, Blenden) sehr reichlich auftretende schweflige Säure auf Schwefelsäure verarbeitet, während bei den älteren Einrichtungen des Röstprozesses jährlich Hunderttausende von Zentnern Schwefel in Form jenes Gases in die Luft gejagt wurden zur großen Belästigung der Umgebung der Hütten. Durch diese Fabrikation von Schwefelsäure in Verbindung mit dem Hüttenprozeß wird demnach ein doppelter Vorteil erzielt, nämlich die Beseitigung der den Umwohnenden und der Pflanzenwelt schädlichen und lästigen Dämpfe von schwefliger Säure und anderenteils eine erhebliche Einnahmequelle, durch welche die Produktionskosten der Metalle verringert werden.

Das **Zugutemachen**, das Ausbringen des Metallgehalts der Erze ist der nächste Prozeß, der auf die Vorbereitung der letzteren folgt. In den meisten Fällen geschieht dies durch Schmelzen im Feuer; doch gibt es auch für bestimmte Fälle (bei Silber, Platin &c.) nasse Wege, und überhaupt sind die Methoden und Manipulationen, je nach der Natur und Beschaffenheit des Rohstoffs, so mannigfaltig, daß wir uns hier auf einige allgemeine Andeutungen zu beschränken haben werden, das Besondere aber besser auf die Betrachtung der einzelnen Metalle verschieben.

Die Schmelzarbeit gestaltet sich am einfachsten, wenn das Metall bereits in gediegener Form in den Erzen steckt; es ist dann nur eine Flüssigmachung (Aussaigern) desselben durch Hitze erforderlich, um es zum Verlassen seiner Gangart zu nötigen. Dieser Fall kommt indes selten und eigentlich nur beim Wismut vor.

In vielen Fällen enthalten die Erze das Metall als Oxyd, in andern zwar ist die Oxydform erst die Folge des Röstens, meist aber ist es diese Form, welche in dem Ofen dem Schmelzprozeß unterworfen wird. Im Oxyd ist, wie wir wissen, das Metall verbunden mit Sauerstoff, zu dessen Verjagung schon zu Zeiten, wo man von den stattfindenden Vorgängen nicht die entfernteste Ahnung haben konnte, die Erze mit Kohle zusammengeschmolzen wurden. In dem Schmelzofen wird die Verwandtschaft zwischen Kohlenstoff und Sauerstoff überwiegend, beide verbinden sich zu gasförmigen Produkten: Kohlenoxydgas und Kohlensäure, das Metall aber wird frei. Dieser Reduktionsprozeß ist besonders interessant für die Darstellung des Eisens aus seinen Erzen, nur daß in diesem Falle kein ganz reines Metall, sondern nur eine Verbindung von solchem mit Kohlenstoff (Roh- oder Gußeisen) erhalten wird. Vollzieht sich der Schmelzprozeß mit Kohle an solchen Erzen, die vorher zur Entfernung von Schwefel geröstet worden waren, so erfolgt, da hierdurch der Schwefel nie vollständig vertrieben werden kann, ein zweifaches Resultat: neben dem gediegenen Metall gewinnt man nämlich eine gewisse Menge geschmolzenes Schwefelmetall, ein Produkt, das im Hüttenwesen Stein genannt wird und welches sich gerade so wie das Roherz verhält und deshalb mit solchem von neuem dem Rösten unterworfen wird.

Durch die Aufbereitung ist das Erz in eine Form gebracht worden, in welcher es den chemischen Einwirkungen im Schmelzofen zwar leichter zugänglich ist, allein so weit ist die Bearbeitung doch nicht gedrungen, daß man es von jetzt ab bloß mit Erzbestandteilen von einer bestimmten chemischen Zusammensetzung zu thun hätte. Im Gegenteil, da eine ziemliche Quantität vom Muttergestein, welches das Erz eingebettet enthielt, den Zerkleinerungsprozessen mit unterworfen werden mußte, so werden von diesem sich noch zahlreiche Teilchen mit in dem Erzmehle befinden, und dieses letztere selbst pflegt in der Regel ein Gemenge verschiedener metallischer Verbindungen vorzustellen. Da nun außerdem der Umstand in Betracht zu ziehen ist, daß die ausgeschmolzenen Metalltröpfchen vor dem Verbrennen oder dem Wiederoxydieren in dem heißen Schmelzofen geschützt werden müssen, dieses aber nur dadurch geschehen kann, daß man die Bildung einer flüssigen Schlacke veranlaßt, welche jene einzelnen metallischen Kügelchen, sowie sie aus dem Erze sich reduzieren, aufnehmen und vor dem Zutritt der heißen Gebläseluft bewahren soll, so hat der Hüttenmann sein

Augenmerk in doppelter Weise auf die Zusammensetzung der Schmelzmassen zu richten. Einmal nämlich muß er nach der chemischen Beschaffenheit seines Erzmehles diejenigen Reduktionsmittel wählen, mit deren Hilfe die Metallausscheidung am leichtesten bewirkt werden kann, dann aber muß er unter Berücksichtigung der aus den Erzen nebenbei entfallenden Schmelzprodukte die Entstehung einer geeigneten Schlacke veranlassen und also solche Substanzen dem zu verschmelzenden Gemenge zusetzen, welche mit den schon darin enthaltenen Stoffen gerade die gewünschten Verbindungen ergeben.

Je nach der Natur der Erze werden sich also diese Zusätze ändern, ein Umstand, der eine unausgesetzte Aufmerksamkeit erfordert. Mitunter finden sich die Vorbedingungen für eine gute Schlacke schon durch die Ganggesteine erfüllt, und es ist dann nur darauf zu achten, daß das Verhältnis von Erzteilen zu den Schlackenteilen innerhalb gewisser Grenzen sich bewegt. Mitunter auch stehen dem Hüttenmanne verschiedenartige Erze zur Verfügung, durch deren geeignete Vermischung er, ohne zu fremden Zusätzen greifen zu müssen, eine zweckmäßige Komposition der Schmelzmasse erreichen kann. Dieses Zusammenmischen verschiedener Erzsorten behufs der Erzielung eines gleichartigen Schmelzproduktes heißt gattieren, mischen oder möllern. Man gattiert auch ärmere Erze mit reicheren, denn es ist nicht unwesentlich, daß die Verschmelzung es womöglich immer mit einem Erzgemisch von gleichbleibendem Gehalt zu thun hat. Reicht aber das Gattieren nicht aus, oder gibt es dazu überhaupt keine Gelegenheit, dann muß zu fremden Zusätzen gegriffen werden, die je nach der Art ihrer Wirkung entweder „Zuschläge“ oder „Flüsse“ genannt werden. Aus dieser Bezeichnung schon geht hervor, daß die letzteren vorzugsweise auf die Schlackenbildung sich beziehen werden, und daraus können wir schließen, daß man unter Zuschlägen diejenigen Beimengungen versteht, welche hauptsächlich die Ausscheidung des Metalls in gediegener Form bewirken. Ihnen liegt die chemische Hauptarbeit ob, den Flüssen dagegen ist aufgegeben, für eine gehörige Bedeckung zu sorgen, unter der sich das flüssig gewordene Metall als die schwerste Masse ungehindert in der Tiefe sammeln kann, ohne daß es hier sowohl als bei dem tropfenweisen Herabrinnen den Wirkungen der heißen Gebläseluft direkt ausgesetzt ist. Durch diese würde das Metall wieder in den Oxydzustand übergehen, in welchem es nur zu geneigt sein würde, sich in der Schlacke aufzulösen, wodurch es für die Ausbeute so gut wie verloren wäre. Weiterhin folgt aber auch, daß die Schlacke nicht zu leichtflüssig sein darf, da sie sonst selbst möglicherweise entschlüpfen könnte, bevor sie ihre Funktionen beim Zusammenfließen des geschmolzenen Metalls erfüllt hat. Anderseits müssen jedoch auch zu zähflüssige Schlacken vermieden werden, da denselben wieder andre Übelstände anhaften; namentlich trennen sie sich zu schwer von den Metallkörnern und behalten deren zu viele in sich zurück, welche für die Ausbeute dadurch verloren gehen. Die Flüsse sind auch Zuschläge, aber solche, welche die Schlacke nur dünnflüssiger zu machen haben; sie werden, wie gesagt, unter Umständen ganz wegbleiben können, wenn durch die Bestandteile des Ganggesteins oder durch die andern Zuschläge die Schlacke schon die erforderliche Beschaffenheit erhält.

Als Zuschläge kommen zur Verwendung Kohle, gebrannter Kalk, Kochsalz (Röstzuschläge), ferner Mineralien für die Bildung des Schlackenkörpers (Schmelzzuschläge), wie Quarz und kieselsäurereiche Gesteine, z. B. Feldspat, Hornblende, Chlorit, Grünstein &c., besonders auch Schlacken, Kalkstein, Gips, Schwerspat, Thonschiefer, Lehm u. s. w. Für besondere Fälle, wie bei der Verhüttung von Zinnobererz und Bleiglanz, gibt man metallisches Eisen, bei der Silbergewinnung Zink, und unter andern Umständen zahlreiche andre Körper, welche durch ihre chemische Eigentümlichkeit den gewünschten Prozeß bewirken helfen. Das natürliche Vorkommen, der erleichterte Bezug geben für die Wahl des einen oder des andern dieser mineralischen Beistände oft den Ausschlag. Als Flußmittel im engeren Sinne dienen Borax, Flußspat, leichtfließende Schlacken, Pottasche, Salpeter u. s. w. Die richtige Zusammensetzung der Schmelzmasse, das Beschicken, wie es der Hüttenmann nennt, ist also eine Hauptsache.

Die Schmelzarbeit selbst leidet keine Unterbrechung; die Arbeitszeit ist deshalb in gewisse Abschnitte geteilt, welche in der Regel zwölf Stunden dauern, sogenannte Schichten, und mit denen das Arbeitspersonal wechselt.

Neben dem Schmelzprozeß, der den Kern der hüttenmännischen Arbeiten bildet, sind aber für die Verarbeitung gewisser Erze oder für die Zugutemachung von Abfällen besondere Verfahren noch in Anwendung. Überhaupt läßt sich das große Gebiet der Metallurgie durchaus nicht in ein feststehendes Schema bringen; jeder besondere Fall verlangt seine eigentümliche Behandlung, die sich erst ergibt als das Resultat der sorgfältigsten Vorprüfungen und der genauesten Vergleichungen nicht nur aller in Betracht kommenden Materialienpreise und Arbeitslöhne, sondern auch der Preise, welche für die verkäuflichen Produkte erlangt werden können. Da es sich in der Regel hierbei um ganz enorme Ziffern handelt, so kann ein Pfennig, an der richtigen Stelle erspart, für die Rentabilität des Ganzen den Ausschlag geben; beispielsweise sind die großartigen Mansfelder Kupferwerke in die Lage, sehr bedeutende Ausbeuten verteilen zu können, namentlich erst durch ein Verfahren gelangt, welches eine sehr vollständige Gewinnung des Silbers gestattet, obgleich sich dieses Metall in dem Kupferschiefer selbst in kaum als eben nachweisbaren Spuren vorfindet. Die übrigen Prozesse, welche neben der Schmelzarbeit hergehen, unterscheiden sich in der technischen Ausdrucksweise als trockene und als nasse.

Der trockene Prozeß, die Anwendung von Hitze bei der Zugutemachung der Erze, findet außer in der Schmelzarbeit auch noch Anwendung bei der Sublimation und Destillation, welche beide Verfahren nicht wesentlich voneinander verschieden sind und darauf hinausgehen, ein durch erhöhte Temperatur in dampfförmigen Zustand überführbares Metall oder eine solche Metallverbindung von den in ihren Erzen enthaltenen Nebenbestandteilen zu trennen. Die Zahl derjenigen Stoffe, welche ihrer Natur nach dieses Verfahren zulassen, ist eine sehr beschränkte: Quecksilber, Zink, Kadmium und Arsenik und von ihren Verbindungen arsenige Säure, Schwefelarsenik und Zinnober. Sind dieselben in den Erzen schon in dem chemischen Zustande enthalten, in welchem sie gewonnen werden sollen, so werden sie, nachdem sie gehörig zerkleinert worden sind, in einem geeigneten Ofen bei Abschluß der atmosphärischen Luft erhitzt bis zu dem Grade, bei welchem sie sich verflüchtigen, und die Dämpfe in kältere Räume geleitet, in denen sie sich verdichten — einfache Sublimation (oder Destillation, wenn das Produkt schon in den Erzen fertig enthalten ist). Ist dagegen eine chemische Zersetzung einzuleiten, zu welchem Zwecke den Erzen entsprechende Zusätze gegeben werden, so kann der Prozeß oft einen ziemlich verwickelten chemischen Vorgang darstellen. Im Verlauf der hüttenmännischen Arbeiten kommt der Destillations- und Sublimationsprozeß auch vor, wenn es sich darum handelt, flüchtige Bestandteile aus den Erzmassen zu vertreiben, welche man, wie die arsenige Säure, nicht ungestraft in die freie Luft entweichen lassen darf, oder, wie beim Amalgamationsprozeß, bei welchem man das Quecksilber wiedergewinnen will, das man zur Extraktion des Silbers und des Goldes den Erzen zugesetzt hatte.

Der nasse Weg, welchen die chemischen Hüttenprozesse einschlagen, war bisher nur in wenig Fällen ausschließlich zur Anwendung gekommen, etwa bei der Extraktion des Platins oder des Goldes durch Königswasser, oder bei der Behandlung gewisser Kupfererze mit Schwefelsäure, welche man in neuerer Zeit eingeführt hat, um dieselben auf Kupfervitriol zu verarbeiten. In den meisten Fällen war er nur ein Glied in der Kette der Behandlungsweisen, welche die Erze durchlaufen müssen, um ihre wertvollen Bestandteile herzugeben, und es gehen ihm in der Regel Röstungen, Verwitterungen oder sonstige Vorbereitungen voraus; die ihm zufallende Aufgabe ist daher schon mehr eine Aufgabe für die angewandte Chemie als für bloße Hüttenkunde. In Zukunft wird jedoch die Gewinnung von Metallen auf nassem Wege eine bedeutendere Rolle spielen als bisher.

So unterwirft man manche Kupfererze, namentlich Kupferkiese, der Röstung mit Salpeter, fängt die Gase in Bleikammern auf und verdichtet sie zu Schwefelsäure, die man dann zur Extrahierung der gerösteten Erze verwendet. Aus der Kupfervitriollösung aber gewinnt man das Kupfer, indem man Eisenbrocken damit zusammenbringt, welche sich auflösen und dafür das Kupfer metallisch niederschlagen, das nur im Flammofen raffiniert zu werden braucht (Zementkupfer). — Aus Chromeisenstein gewinnt man doppeltchromsaures Kali durch Rösten mit Salpeter und Auflösung; Säuren benutzt man zur Trennung des Silbers vom Golde sowie zur Extraktion der Platinerze (Königswasser), und die

Silbergewinnung nach dem Augustinschen und dem Ziervogelschen Prozeß, bei welchem die gerösteten Erze mit Kochsalzlösung behandelt werden, um das Silber in Chlorsilber zu verwandeln, welches dann leicht weiter zu verarbeiten ist als das Schwefelsilber, muß mit manchen andern Verfahrungsarten auch hierher gerechnet werden.

Man hat auch den elektrischen Strom in Mitwirkung gezogen, um mit seiner Hilfe Silber und Kupfer abzuscheiden, indessen sind dies alles Verfahren von so besonderem Charakter, daß wir uns ihre Betrachtung sowie die der Apparate u. s. w. für die einzelnen Fälle aufheben, in denen sie zur Anwendung kommen.

Die Erzeugnisse der Hüttenarbeit sind sehr mannigfaltig; waren es früher fast ausschließlich die gediegenen Massen eines einzigen oder weniger Metalle, die man als verwertbare Produkte erhielt, so hat sich in der Neuzeit das Verhältnis gar sehr geändert, seitdem in den Nebenprodukten Einnahmequellen sich erschlossen haben, die durch die Massenhaftigkeit, mit der jene ins Spiel treten, oft die Bedeutung des Hauptmetalls in den Schatten stellen. Dadurch sind auch viele Hüttenwerke im eigentlichen Sinne des Wortes zu chemischen Fabriken geworden und der Hüttenchemiker zu einer ausschlaggebenden Persönlichkeit, so daß das Zünglein seiner Wage oft lange vorher die Schwankungen angibt, welche später manche Aktien auf dem Kurszettel der Börse zeigen.

Für unsre Betrachtungen jedoch sind immer die ausgeschmolzenen Metalle, die sogenannten **Edukte**, die Hauptsache; sie sind **fein** — die Edelmetalle — oder **gar**, wie das Kupfer, oder **roh**, wie das Eisen, wenn sie den durchschnittlichen Gehalt zeigen, und jene werden noch **raffiniert**, wenn dieser Grad der Reinheit noch nicht genügt. In zweiter Reihe stehen dann die **Hüttenfabrikate**, wie schon der Name angibt, Produkte, zu deren Gewinnung eigne Prozesse, die von der eigentlichen Metallausbringung unabhängig sind, eingeschlagen werden müssen. Hüttenfabrikate sind z. B. der Stahl, das Hartblei, Caput mortuum, Realgar u. s. w., während **Nebenprodukte** solche oft ebenfalls als Handelsware verwertbare Erzeugnisse genannt werden, die, wie die arsenige Säure, Eisenvitriol u. s. w., sich unbeabsichtigt ergeben, oder die als schädliche Substanzen besonders aufgefangen werden müssen.

In vielen Fällen kann die Hüttenarbeit den eigentlichen Zweck der Metallausbringung nicht in einem Zuge erreichen, sie muß im ersten Stadium sich mit einem Produkte begnügen, welches, wie der Kupferstein oder die Kobaltspeise, weiterhin erst wieder auf seinen eigentlichen Kern verschmolzen werden kann; dann werden auch bei andern Prozessen mitunter Verbindungen gewonnen, z. B. Bleiglätte oder metallische Legierungen, silberhaltiges Blei, goldhaltiges Silber, die noch eine weitere Verarbeitung nötig machen; solche Produkte heißen **Zwischenprodukte**. **Abfälle** endlich sind die Körper, auf deren Erzeugung zum Zweck einer Verwertung es eigentlich gar nicht abgesehen ist, wie die Schlacken. Die Bezeichnung Abfall für diese Stoffe hat aber schon ihre Bedeutung verloren, denn man hat bereits gelernt, und lernt es täglich besser, selbst demjenigen eine nützliche Form zu geben, was man früher als wertlos auf die Halden verstürzte. Bekannt ist es, daß man im vorigen Jahrhundert die nickelhaltigen Ausscheidungen auf den Blaufarbenwerken als Abfälle wegwarf, und daß man späterhin, als die Neusilbertechnik erfunden war, die alten Schuttmassen als kostbare Erze wieder in den Ofen wandern ließ. So sind jetzt selbst die Schlacken zu Ehren gekommen, mit denen man vor kurzem wenig mehr anzufangen wußte, als daß man sie etwa zum Wegebessern aufschüttete. Nicht nur, daß man manche von ihnen ihrer glasartigen Natur wegen als Zuschläge wieder benutzt, gießt man auch die Hochofenschlacken zu Ziegeln, die ein vortreffliches Baumaterial geben; auch Pflastersteine, die man aus Schlacken gießt, haben sich bis jetzt gut bewährt. Dagegen hat man mit der sogenannten Schlackenwolle als Umhüllungsmaterial für Dampfrohrleitungen weniger gute Erfahrungen gemacht, da sich herausgestellt hat, daß das Metall infolge des Schwefelgehalts der Schlacken in feuchten Räumen stark angegriffen wird. Diese Schlackenwolle wird dadurch gewonnen, daß man der noch flüssigen Schlackenmasse beim Ausfließen einen kräftigen Dampfstrahl entgegenbläst, die Schlacke verwandelt sich hierdurch in lauter feine, der Baumwolle ähnliche Fäden. Für manche andre Zwecke ist jedoch diese Schlackenwolle ganz brauchbar. Die bei der Entphosphorung des Eisens abfallenden Schlacken werden jetzt zur Gewinnung von Erdphosphaten für die Zwecke der Landwirtschaft benutzt.

Wert der Metalle. In Folgendem werden wir nun die Naturgeschichte der einzelnen Metalle etwas spezieller ins Auge fassen und die durch die beschriebenen Aufbereitungsmethoden vom tauben Gestein möglichst befreiten Erzteilchen je nach ihrer Natur in den Hochofen oder in die Zinkhütte oder wo sie sonst der Hüttenchemiker hin verweist, begleiten. Diese allgemeinere Betrachtung wollen wir aber mit einer vergleichenden Zusammenstellung der Metallpreise schließen, welche gegenwärtig für die Gewichtsmenge eines Kilo gelten. Es entspricht also ein Kilo (Anfang 1885):

Roheisen	0,052	Mark.
Stahl	0,14	"
Blei	0,25	"
Zink	0,31	"
Antimon	0,90	"
Kupfer	1,24	"
Zinn	1,70	"
Quecksilber	3,80	"
Nickel	6,89	"
Kadmium	8,9	"
Wismut	18,0	"
Natrium	19	"
Aluminium	80	"
Magnesium	80	"
Silber	149	"
Platin	950	"
Iridium	2000	"
Gold	2799,9	"

Diese Zahlen beziehen sich aber nur auf die unverarbeiteten Metalle; in welchem Grade sich jedoch der Wert durch die Verarbeitung vermehren kann, dafür liefert das Eisen ein sehr geeignetes Beispiel. Während Roheisen pro 50 kg etwa 3 Mark Wert hat, kostet es als Gußware 9 Mark, als Stabeisen 9,90 Mark, als Blech 11,10 Mark, als Draht 12 Mark, als Gußstahl 27 Mark, in Form von Messerklingen 1500—2000 Mark und als feinste Uhr-Spiralfedern eine halbe Million Mark.

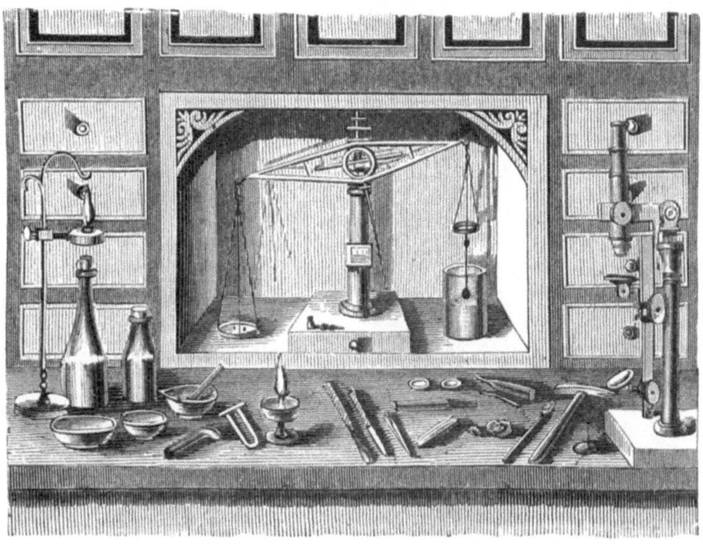

Fig. 42. Dampfhammer.

Hochofen und Bessemerstahlbereitung.

Des Wassers und des Feuers Kraft
Verbindet sieht man hier;
Das Mühlrad, von der Flut gerafft,
Umwälzt sich für und für;
Die Werke klappern Nacht und Tag,
Im Takte schlägt der Hämmer Schlag,
Und bildsam von den mächt'gen Streichen
Muß selbst das Eisen sich erweichen.

Schiller.

Das Eisen und die Eisenindustrie.

Das Eisen in der Entwickelung der Völker. In Afrika und bei uns. Seine chemische Natur, Eisen- und Kohlenstoff. Darstellung des Eisens. Einteilung der Eisensorten. Die hauptsächlichsten Erze. Ihre Aufbereitung und ihre Verschmelzung im Hochofen. Das Roheisen. Das Schmiedeeisen. Frischen und Puddeln. Quetschwerke. Dampfhämmer. Walzwerke. Ziehbänke. Gebläse und Feuerung. Der Stahl. Bedeutung des Kohlenstoffgehalts. Darstellungsweise aus den verschiedenen Stahlsorten. Puddel-, Zement-, Achatius-, Bessemerstahl, Thomasstahl. Der Gußstahl. Wootz. Krupp und seine Erzeugnisse. Der Eisenguß. Formen, nasse und trockene. Schalenguß. Kunstguß. Verzinnen, Verzinken und Emaillieren. Der Stand der heutigen Eisenindustrie.

Nicht unpassend und fast prophetisch teilten die alten Astrologen, welche einst jeden der ihnen bekannten sechs Planeten die Firma eines Metalls beilegten, unsrer Erde das Eisen zu: denn das Eisen liefert zum Bau der Erde einen gar großen Anteil; es ist auf derselben in ungeheuren Massen vorhanden und, wenn auch nicht für den Bergmann immer gewinnbar, thatsächlich überall gegenwärtig in Gesteinen, Erden, Sand und Schlamm, in Sümpfen und Gewässern. In der Chemie der Pflanze spielt das Metall eine werkthätige Rolle und in unsern Adern kreist es als unentbehrlicher Blutbestandteil. Und ebenso unentbehrlich ist das Eisen für uns geworden als äußeres Existenzmittel, als Unterhalter und Mehrer unsres industriellen Lebens, als Werkzeug zur Förderung von Zivilisation und Wohlfahrt. Würde uns plötzlich alles Eisen entrückt, so wäre das ein Weltunglück, das gar nicht auszudenken wäre. Dennoch aber haben sowohl in unsern wie in vielen andern Ländern einst Völkerschaften, freilich arme Halbwilde, gelebt, die weder Eisen noch ein andres Metall kannten und sich ihre Geräte: Äxte, Messer, Lanzenspitzen, aus Steinen, ihre Nadeln aus Knochen u. s. w. herstellen mußten. Später traten an die Stelle der Steingeräte solche von Kupfer und Bronze, und das war schon ein ungeheurer Fortschritt; der größte aber wurde gemacht, als man das Eisen gewinnen und verarbeiten lernte. Wann und wo diese wichtige Entdeckung gemacht wurde, darüber gibt es keine Kunde; wohl aber wissen wir, daß in den ersten Zeiten unsrer Geschichtskenntnis, selbst noch in den Tagen des Homer, das Eisen ein seltener und in hohem Werte stehender Gegenstand war. Für die Helden des alten Griechenlands hatte ein Stück Eisen, das uns kaum ein paar Pfennige wert sein würde, einen solchen Reiz, daß es als ein willkommener Siegespreis bei ihren Kampfspielen galt. Ein Schmied in seiner Arbeit mochte den Menschen des hohen Altertums so gewaltig imponieren, daß man aus den Eisenarbeitern sogar mythologische Personen machte; denn sehr wahrscheinlich waren die Urbilder der Cyklopen, der rußigen Gesellen Vulkans mit dem großen Rundauge auf der Stirn, nichts weiter als simple Schmiede, nach andern Bergleute mit der Leuchte auf der Kappe.

In den späteren griechischen Zeiten war die Völkerschaft der Chalyber, die am Schwarzen Meere ihren Wohnsitz hatte, berühmt durch das von ihr gelieferte vorzüglich harte Eisen (Stahl), welches aus dem Eisensand ihrer Flüsse gewonnen worden sein soll. Andre Stahl liefernde Chalyber saßen in Spanien an einem Flusse, der ebenfalls Chalybs hieß und eine besondere eisenhärtende Kraft besitzen sollte. Chalybs oder chalybisches Erz wurde hiernach der Gattungsname für gehärtetes Eisen überhaupt. Außer dem pontischen und spanischen Eisen war damals schon der indische Stahl sowie das Eisen von der Insel Elba geschätzt und das steirische stand bereits lange vor Christi Geburt in hohem Rufe. Daß die alten deutschen und nordischen Völker schon sehr frühzeitig und unabhängig von Griechen und Römern Eisen gewannen und bearbeiteten, ist mehr als wahrscheinlich; es deuten darauf schon die alten Heldengedichte und Sagen, in denen wunderbare Schwerter und Waffen und kunstgeübte Waffenschmiede eine bedeutende Rolle spielen. Aber auch aus uralten Halden von Eisenschlacken, die sich in manchen Wäldern des westlichen Deutschlands finden, wie z. B. im Kreise Wetzlar und an sechzig andern einzelnen Orten, darf man schließen, daß eine unmittelbare Darstellung von Schmiedeeisen aus Eisenerzen bereits in vorgeschichtlicher Zeit in Deutschland stattgefunden hat. Vom Harze liegen Dokumente vor, nach welchen die Eisengewinnung dem Silberbergbau lange vorausgegangen ist; dort wurde Eisen in Stolberg im 6. Jahrhundert schon bereitet. Überhaupt mag es vorzugsweise der Krieger gewesen sein, der die Tugenden des Eisens zuerst erkannte und würdigte, während die simple Haus- und Landwirtschaft des Altertums desselben viel eher entraten konnte. Gebraucht doch noch heute der ukrainische Bauer selbstgezimmerte Wagen, an denen auch nicht der kleinste eiserne Nagel zu finden ist. In der Sprache unsrer Altvordern gab es für Degen und gediegen nur ein Wort, gidîgan; daß Schwert also hieß vorzugsweise das Gediegene, rein und lauter Metallische, und da gediegen im Grunde nichts andres besagt als gediehen, so schildert uns das eine Wort zugleich die Genugthuung ob des gelungenen Werkes und das vorhergegangene mühevolle Bestreben.

Ja, ein hartes und mühsames Werk muß es gewesen sein, das widerspenstige Erz bis zum guten Schwert oder sonst einem schätzbaren Gebrauchsgegenstande zu veredeln; ist doch noch heute, wo allerdings noch das neuzeitige Moment der Massenproduktion hinzutritt, alles, was sich auf Ausbringung und Verarbeitung des Eisens bezieht, eine mühebeladene, noch immer nicht zum Abschluß gelangte Kunst, trotz der Ausbildung, die sie durch unzählige Versuche und Erfahrungen bis zu unsrer Zeit erlangt hat.

Wollte man bei der gänzlichen Unbekanntschaft mit dem Wie und Wo der ersten Eisenbenutzung von dem Grundsatz ausgehen, daß eine Erfindung da gemacht zu werden pflegt, wo die Verhältnisse dazu am günstigsten, die Schwierigkeiten am kleinsten sind, so könnte man sich versucht fühlen, dieselbe nach Afrika zu versetzen. In diesem schwarzbevölkerten Erdteile, wo die Lebensweise der Menschen durch Jahrhunderte und Jahrtausende sich gleich zu bleiben scheint, ist die Eisenbearbeitung seit undenklichen Zeiten einheimisch; überall gibt es gute Eisenerze und Schmiede, die aus denselben die Gerätschaften des gewöhnlichen Bedarfs herzustellen wissen. Im Sudan, dem Mohrenlande, liegen nach der Erzählung Reisender Kugeln und Nieren guter, sehr leicht zu verschmelzender Eisenerze auf Schritt und Tritt umher. Die dortigen Schmiede bringen mittels eines kleinen Lehmofens mit

Hilfe einiger Kohlen und eines Handblasebalgs das Metall aus und formen es zu Lanzeneisen für Männer oder zu Feldhacken für die Weiber, womit der Bedarf so ziemlich gedeckt sein mag. In den Zwischenzeiten, wo der schwarze Schmied keine Aufträge hat, schmiedet er auch Geld, ohne damit gegen ein Strafgesetz zu verstoßen. Er formt kleine Eisenstückchen derart, daß sie die Gestalt einer Sichel en miniature haben, und diese werden als eine Scheidemünze im Verkehr überall angenommen. Auch in den südlicheren, zum Teil erst neuerdings erschlossenen Teilen Afrikas bis zur Südspitze hin findet sich überall dieselbe ursprüngliche Erzscheide- und Schmiedekunst. Im Eisenerz führenden Berg- und Hügellande arbeiten fleißige Schmiede für den Bedarf ihrer sowohl als fremder eisenloser Gegenden, und der Landhandel, welcher den letzteren die willkommene Ware zuführt, hat nicht auf sich warten lassen.

Fig. 44. Eisenschmelze in Afrika.

Bei den südlichen Stämmen, den Damaras und andern von uns als Hottentotten bezeichneten, dient das Eisen nicht bloß als ein Stoff zur Herstellung von Geräten des notwendigen Bedarfs, sondern auch des Luxus. Ihre Zieraten, besonders in Form von Brustschildern und Halsbehängen, bestehen aus hochpoliertem Eisen, dessen Glanz sie höher schätzen als den des Goldes oder Messings. Somit gibt es auch Menschen, bei denen der geheimnisvolle Reiz, den man dem Golde zuzuschreiben pflegt, nicht verfängt.

Jedes Volk aber, das wir in Eisen arbeiten sehen, hat Anspruch auf eine gewisse kulturhistorische Rangstufe, denn es gehört schon eine bedeutende technische Kunstfertigkeit und Erfahrung dazu, das Metall in gediegener Gestalt aus seinen natürlichen Verbindungen darzustellen, da diese letzteren nur selten eine dazu so geeignete Beschaffenheit besitzen, wie wir sie vorhin an den Eisenerzen Sudans gerühmt haben.

Nirgends auf Erden — wenn wir die rätselhaften, übrigens höchst seltenen Eisenmassen ausnehmen, die, aus der Luft gefallen, hier und da gefunden worden sind und die man unter dem Namen Meteoreisen als Kostbarkeiten in mineralogischen Sammlungen findet — hat die Natur das Eisen in seiner natürlichen Gestalt hingelegt, sondern stets verlarvt sie das Metall als Oxydul, Oxyd, kohlensaures Salz, Schwefelmetall u. s. w. Grund dieser Erscheinung ist die große Verwandtschaft des Eisens zu dem Sauerstoff und dem Schwefel, von denen aber die erstere so überwiegend ist, daß sie selbst den Schwefel aus seiner Verbindung mit dem Eisen vertreiben kann; wir finden ja oxydierte Eisenerze, die unbezweifelt einmal Schwefelkiese waren. Die Verbindung von Eisen und Sauerstoff ist das, was wir im gewöhnlichen Leben Rost nennen; das Rosten ist ein Sinnbild geworden des schleichenden, unabwendbaren Verderbens. Aber daß das Eisen diesem Prozesse so leicht unterliegt, ist von hoher Wichtigkeit für den Kreislauf des Stoffes überhaupt und für das Bestehen der organischen Gebilde im besonderen; denn dadurch erst wird das Metall in den Zustand übergeführt, in welchem es sich nachgehends in den in Luft und Boden vorkommenden natürlichen Säuren aufzulösen vermag. Es ist eben diese Eigenschaft, welche das Wanderleben des Eisens, sein sozusagen allgegenwärtiges Vorkommen ermöglicht und es von seinen ursprünglichen Lagerstätten herausgeführt hat in Lehm und Thon, Sand und Kies, in die Ackererde, aus der es emporsteigt in die Pflanze, und durch diese in den lebendigen Leib des Tieres und des Menschen, nicht um hier müßig zu kreisen, sondern um als Blutbestandteil mitzuwirken an dem Verbrennungsprozeß, dem das Blut in den Adern beständig unterworfen ist und durch welchen die nötige Körperwärme erzeugt wird; der Sauerstoff der eingeatmeten Luft ist es auch hier, der, von den Blutkörperchen getragen, die Oxydation veranlaßt. Und wenn hiernach der blutarme, bleichsüchtige Mensch zur Eisenquelle flüchtet, um sich Gesundheit und neue Lebensfrische zu trinken, so sind es hinwiederum dieselben Eisenquellen, welche das Metall auf dem wohlfeilsten Speditionswege auch in Gegenden schaffen, wo von eigentlichen Eisenerzen keine Spur zu finden ist. Da, wo die Eisen führenden Wässer zu Tage treten und sich an der Oberfläche ihren weiteren Weg suchen, verflüchtigt sich die Kohlensäure, die das Eisen als doppeltkohlensaures Eisenoxydul in Auflösung erhielt; das letztere setzt sich, indem es durch rasche Aufnahme von noch mehr Sauerstoff unter Verlust von Kohlensäure zu Oxyd wird, in schlammförmigen oder auch porösen Massen ab und erhärtet endlich zu einem Erz, Raseneisen (Sumpf- oder Wiesenerz), das nur gesammelt und verhüttet zu werden braucht. Manche flachländische Gegenden haben gar keine andre einheimische Eisenversorgung; das Material ihrer Äxte und Pflüge ist ihnen buchstäblich aus der Erde zugequollen und das Sumpferz dasjenige Eisen, welches die Natur nicht nur wachsen ließ, sondern auch fortgehend noch wachsen läßt.

Der Charakter des Gewaltigen, Cyklopischen, unter welchem die Arbeit der Eisengewinnung heute sich uns darstellt und dessen Vorstellung schon die Worte Hochofen, Eisenhammer in uns erwecken, hat sich erst in neueren Zeiten damit verbunden. Jahrtausende hindurch blieb auch dieser technische Zweig ein Kleingewerbe, in Form und Umfang wohl nicht viel anders als dasselbe noch heute in Afrika ausgeübt wird. In Deutschland hatte man noch im 16. Jahrhundert zum Ausbringen nur kleine Herde oder niedrige Öfen von etwa 2 m Höhe, in denen man bei einem bedeutenden Metallabgange aus leichtflüssigen Erzen im gelungenen Falle eine Art Stabeisen, oft aber eine spröde Masse gewann, die erst noch einmal im Ofen behandelt werden mußte, um zu Weicheisen zu werden. Übrigens waren lange Zeit die Deutschen in der Kunst der Eisengewinnung die Lehrer ihrer Nachbarvölker und, je nach der Natur der zu Gebote stehenden Rohstoffe, bildeten sich in verschiedenen Gegenden verschiedene Methoden aus. Der Bau der Öfen, dieser für den Erfolg so wichtigen Gegenstände, erhöhte sich allmählich auf 3—4 m (Wolfsöfen), dann auf 5—7 m, womit man zur Konstruktion der Gebläseöfen gelangte, in welchen man, bei kontinuierlichem Betriebe, durch die erreichbar höhere Temperatur aus leichtflüssigen Erzen nicht mehr teigige stahlartige Eisenmassen für den Hammer, sondern tropfbar flüssiges Roheisen erhielt, das von Zeit zu Zeit aus dem Sammelbecken des Ofens abgelassen wurde. Öfen solcher Art sind für leicht schmelzbare Erze noch jetzt vielfach in Anwendung; aber das Bestreben, auch strengflüssigere Erze zu bewältigen, führte bei der Notwendigkeit, die Hitze zu steigern, zu noch weiterer Erhöhung der Öfen, so daß sie endlich zu den jetzt vorzugsweise gebräuchlichen Hochöfen heranwuchsen, deren Höhe bis zu 20 m steigen kann.

Die Gewinnung dünnflüssigen Eisens war eine der folgenreichsten Entdeckungen. Bis zur Einführung des Hochofenprozesses (allem Vermuten nach zu Anfang des 16. Jahrhunderts) konnte kein Schmied der ganzen Welt das Eisen in diesem Zustande gesehen haben, denn was in den kleinen vorzeitlichen Öfen gewonnen wurde, war, wie wir weiterhin sehen werden, gar nicht der Schmelzung fähig. Die vom Hochofen gelieferte flüssige Masse kann aber sofort, wie sie ist, durch Gießen in Formen zur Erzeugung einer Menge nützlicher Gebrauchsstücke dienen; doch war anfänglich diese Benutzungsweise mehr Nebensache und gewann erst allmählich mit der Entwickelung des Maschinenwesens die großartigen Dimensionen, die sie in unsern Tagen hat. Vordem hatte das aus dem Hochofen erflossene Eisen hauptsächlich als Roheisen Wichtigkeit, weil es das Ausgangsprodukt zur Gewinnung des hämmerbaren Eisens war, und es bildeten sich bei dieser Umwandlung die verschiedenen Methoden des Frischens aus, welche in neueren Zeiten, soweit der Gebrauch von Steinkohlen als Brennstoff Platz gegriffen hat, also fast allgemein, durch das sogenannte Puddeln beseitigt worden sind.

Fig. 45. Hochofenanlage zu Königshütte.

In früherer Zeit wurden die Eisenhütten lediglich mit Holzkohlen betrieben; die Anwendung der Steinkohlen geht von den Engländern aus und bildet durch die hiermit erlangte Möglichkeit des Großbetriebes einen eminenten technischen Fortschritt, in bezug auf die Güte des Produktes jedoch ist das Ausschmelzen mit Steinkohlen ein Rückschritt, so daß man das mit Holzkohlen erblasene Eisen, trotz der größeren Kosten, jetzt immer noch darstellt, da es zu gewissen Zwecken nicht entbehrt werden kann; ja man würde gern noch mehr davon produzieren, wenn nicht die fortschreitende Lichtung der Wälder eine immer engere Beschränkung geböte. Am leichtesten hat noch Schweden die Lieferung von Holzkohleneisen und nimmt deswegen sowohl wie durch seine guten Erze in bezug auf die Güte seines Metalls unter den Eisen erzeugenden Ländern einen hochwichtigen Rang ein. Der Ruf der englischen Stahlindustrie namentlich beruht zum großen Teil auf dem schwedischen Eisen. Dagegen haben sich in bezug auf Massenproduktion und vielseitige Anwendung des Metalls die Engländer den ersten Platz errungen. Erst seit Ende des vorigen Jahrhunderts, mit der Einführung des Dampfgebläses, erhob sich dort die Eisenindustrie, um in der Folge wahre Riesenfortschritte zu machen. Die englischen Eisengruben wurden zu wahren Goldgruben dadurch, daß die gütige Natur die Mittel der Verwertung in unmittelbare Nähe gelagert hatte. Denn die schönsten Eisenerze sind ein todter Schatz, wenn nicht ein ausreichendes und wohlfeiles Brennmaterial zur Hand ist. In England liegen aber Steinkohlen und Erze in nächster Nachbarschaft, oft so, daß beides aus einer und derselben Grube gefördert wird. In den deutschen Eisendistrikten des Niederrheins und Westfalens bestehen ähnliche günstige Bedingungen, und dort steht denn auch die Eisenindustrie auf einem Standpunkte der Entwickelung, der die Vergleichung mit England nicht zu scheuen braucht. Die deutsche Eisenindustrie hat sogar die englische in vielen Stücken eingeholt, in einzelnen, besonders in der Gußstahlerzeugung, entschieden überflügelt, und haben die deutschen Eisenwerke in der Regel auch nicht den städteähnlichen Umfang englischer Anlagen dieser Art, so gibt es doch einzelne, wie Krupp in Essen, die Laurahüttenwerke, die Königshütte in Schlesien (s. Fig. 45), Marienhütte in Sachsen u. s. w., welche auch in der Massenproduktion mit englischen in die Schranken treten können. Aus der Massenerzeugung aber besonders erklären sich die Fortschritte in der Verwendung des Metalls, zu denen die Engländer das Beispiel gegeben haben. Die Millionen Zentner geringen, spottwohlfeilen Eisens, welche die Hüttenwerke dort jahraus jahrein produzieren, suchten Verwendung, und so begann die Konkurrenz des Eisens gegen Holz und Stein, erwuchsen die eisernen Brücken, Speicher, Wohnhäuser, Kirchen, Glaspaläste, Treppen, Straßenpflaster, Gewölbe und andre oft citierte Herrlichkeiten. Die Geschichte der Eisenbahnen verzeichnet in ihrem ersten Kapitel, daß in der Periode einer schlechten Eisenkonjunktur ein schottischer Grubenbesitzer die mangelhaft gewordenen Holzgleise seiner Pferdebahnen durch nebeneinander gelegte Eisenplatten ersetzte, weil er dafür zur Zeit keine bessere Verwendung hatte. Die Vorteile erwiesen sich jedoch bald so bedeutend, daß ohne Rücksicht auf den Preis des Materials fortan Eisenbahnen als selbstverständlich weitergebaut wurden. Sie verschlangen enorme Mengen von dem neuen Baumaterial, dessen Verwendung sich in der Folge immer mehr verallgemeinerte. Der Umstand, daß England eigentlich gar kein inländisches Bauholz besitzt, begünstigte natürlich dessen Substituierung durch Eisen bedeutend. Auch bei uns werden die Baustämme alljährlich dünner und teurer, und das Eisen tritt allmählich an ihre Stelle; schon jetzt finden eine Menge ausrangierter Eisenbahnschienen ihren Ruheplatz dergestalt, daß sie bei Neubauten die Stelle der hölzernen Tragbalken vertreten.

Die in ungeheurem Maße vermehrte Produktion des Eisens beschränkt sich aber heute nicht mehr auf England, sondern ist, dank den riesigen Fortschritten der Technik, unter denen das Eisenbahnwesen allein schon hingereicht hätte, die frühere Eisenproduktion wenigstens zu verdoppeln, eine allgemeine geworden. In der Verwohlfeilerung ist im Laufe der Zeit das Unglaublichste, nicht nur in der Operation des Ausbringens, sondern namentlich auch in der so wichtigen Rubrik Brennstoff geleistet worden. Von dem Gebrauche der Holzkohlen und Koks ging man nach und nach über zu unverkohltem Holz, rohen Steinkohlen, selbst zu Braunkohlen und Torf. Weitere Kostenverminderung erwuchs aus der Benutzung heißer Gebläseluft und besonders der aus den Hochöfen abziehenden Hitze zum Behuf des Röstens und Frischens und zur Kesselheizung. Durch Anwendung höherer Öfen wurde neben wesentlicher Ersparnis an Brennmaterial ein größeres Ausbringen erzielt. Den jüngsten Fortschritt bildet die Anwendung der weiterhin näher zu besprechenden Gasfeuerung, welche die Anwendung auch des schlechtesten Brennmaterials noch zulässig macht.

Eisen und Kohlenstoff. Aber bevor wir weitergehen, wird es nötig sein, unsern eigentlichen Stoff näher ins Auge zu fassen und die Frage voranzustellen: „Was verstehen wir eigentlich unter Eisen?“ Es hat nämlich mit diesem Metall eine ganz eigentümliche Bewandtnis; während wir beim Kupfer, Zink, Silber u. s. w. Wert darauf zu legen haben, dasselbe in möglichstem Grade rein, von fremden Stoffen frei, zu erhalten, gibt es in der ganzen Technik gar kein reines Eisen. Unsre Ausbringungsprozesse liefern solches nicht, und wenn sie es thäten, würden wir es nicht brauchen können. Selbst zu dem schlechtesten Messer würde das ganz reine Metall viel zu weich sein. Es muß erst ein andrer Stoff hinzutreten, um dem Eisen seinen Wert, seine Härte zu verleihen, und das ist der Kohlenstoff. Der Kohlenstoff steht zum Eisen in einer verwandtschaftlichen Beziehung, wie zu keinem andern Metall. Auf trockenem, heißem Wege dringt er in den Metallkörper ein und verändert die Natur desselben je nach seiner Menge in verschiedener auffallender Weise. Jahrtausende gewann man brauchbares Eisen und wandte die richtigen Mittel dazu an, ohne über das Wie und Warum die leiseste Ahnung zu haben. Denn welche andre Theorie hätte sich ein alter Schmied oder Hüttenmann machen können als etwa die, das Feuer treibt das Eisen aus? Da kam die neuere Chemie, die mit der Entdeckung des Sauerstoffs anhob, und lehrte, daß die Metallerze Oxyde, Verbindungen des Sauerstoffs mit Metall seien, daß in der Gluthitze Kohle und Sauerstoff zu Kohlensäure zusammentreten und als solche, das Metall im gediegenen Zustande zurücklassend, entweichen. Das genügte für alle übrigen Metalle, bei dem Eisen stellten sich aber noch andre Verhältnisse heraus, und es mußten namentlich erst noch seine speziellen Beziehungen zum Kohlenstoff entdeckt werden, ehe man sich ein richtiges Bild von den bei der Eisenbereitung stattfindenden Vorgängen machen konnte. Es ist in der That ein wahres Glück, daß man von alters her, um eine tüchtige Hitze zu erzeugen, kein andres Mittel gekannt hat als Holz und Kohlen. Indem man nämlich von Haus aus die Kohle als bloße Hitzequelle betrachtete, hatte man doch in ihr zugleich den Stoff gewählt, der unbekannterweise noch einen zweiten und dritten Dienst that, ohne welchen es mit der Darstellung eines brauchbaren Eisens sehr mißlich ausgesehen haben würde. Denn dadurch, daß der Eisenschmelzer seine Erze mit Kohle glühte, erhielt er, ohne es beabsichtigt zu haben, ein Kohleneisen, das mehr oder weniger dem Stabeisen oder dem Stahl ähnlich und zum Schmieden tauglich war. Er gewann dasselbe als einen Sumpf oder weichen Klumpen, da sich Eisen in diesem Zustande nicht schmelzen läßt. Als man späterhin in höheren Öfen mit größerer Hitze arbeiten lernte, erhielt man, weil dadurch die Anziehung zwischen Eisen und Kohlenstoff gesteigert wird, ein Eisen mit noch höherem Kohlegehalt und wieder mit andern Eigenschaften, das dünnflüssige Gußeisen, das jedenfalls bei seinem ersten Auftreten eine unwillkommene Erscheinung war, da es sich dem Schmieden widersetzt und unter dem Hammer in Stücke zerspringt. Aber man verzagte nicht und griff wieder zu dem Zwangsmittel Feuer, und dadurch und durch fortgesetztes Hämmern bearbeitete man die widerspenstige Masse, bis sie zahm und zäh zum brauchbaren Schmiedeeisen wurde. Man trieb damit aber, ohne es zu wissen, den Anteil Kohlenstoff wieder aus, den das Gußeisen mehr hat als das Schmiedeeisen.

Sonach hat man es, wenn von Eisen im technischen Sinne die Rede ist, niemals mit dem reinen Element, sondern stets mit einem Kohleneisen von mehr oder weniger Kohlegehalt zu thun. Die höchste Kohlungsstufe macht das Metall in der Hitze leichtflüssig, grob kristallinisch, spröde, kurz zu Gußeisen; den geringsten Kohlegehalt hat das Schmiedeeisen; zwischen beiden inne steht der Stahl, eine Mittelstufe, die sowohl durch Herabsetzung der ersten als Erhöhung der zweiten erreicht werden kann, d. h. indem man entweder dem Gußeisen Kohlenstoff entzieht oder dem Schmiedeeisen solchen zusetzt, wie das weiterhin eingehender zu besprechen sein wird. Die richtige Erkenntnis und Unterscheidung der Natur des Stabeisens, Stahles und Roheisens verdankt man hauptsächlich den Untersuchungen des berühmten Metallurgen Karsten. Eine den neueren großartigen Fortschritten der Eisenindustrie mehr entsprechende Einteilung der Eisensorten, die allgemein Annahme gefunden hat, ist folgende:

Einteilung der verschiedenen Sorten des Eisens.

I. Schmiedbar und schwer schmelzbar.

Schmiedbares Eisen.

Nicht härtbar Schmiedeeisen.		Härtbar Stahl.	
In flüssigem Zustande erhalten (gewonnen) Flußeisen.	In nichtflüssigem Zustande erhalten Schweißeisen.	In flüssigem Zustande erhalten Flußstahl.	In nichtflüssigem Zustande erhalten Schweißstahl.

II. Leicht schmelzbar und nicht schmiedbar.

Roheisen.

Mit kristallinischem Kohlenstoff (Graphit), nicht chemisch gebunden Graues Roheisen.	Mit amorphem Kohlenstoff, chemisch gebunden Weißes Roheisen.

Hiernach sind jetzt zu begreifen:

1) Unter **Flußeisen**: Bessemereisen, Flammofenflußeisen (Martineisen), Perroteisen, Thomasroheisen u. s. w.

2) Unter **Flußstahl**: Bessemerstahl, Flammofenstahl (Siemens-Martinstahl), Kohlenstahl u. s. w. und der in umgeschmolzenem Zustande Gußstahl genannte Tiegelstahl.

3) Unter **Schweißeisen**: Puddeleisen, Herdfrischeisen, Renneisen, Feinkorneisen, sowie jedes durch Schweißen mit Eisenpaketen erhaltene Produkt.

4) Unter **Schweißstahl**: Puddelstahl, Herdfrischstahl, Zementstahl, Rennstahl und der durch Schweißarbeit verfeinerte Gärbstahl.

Ähnlich wie mit der Kohle verbindet sich das Eisen auch noch mit andern Stoffen: Schwefel, Arsenik, Phosphor, Silicium, ebenso mit Metallen: Mangan, Wolfram, Chrom, Silber u. s. w. Diese Verbindungen zeichnen sich durch charakteristische Eigenschaften aus, die zum Teil das Eisen für seine technischen Verwendungen brauchbarer machen, zum Teil aber auch, wie die aus der Verwendung mit Schwefel und Phosphor hervorgehenden, ihm schädlich sind. Schwefel, Arsenik und Phosphor machen das Metall kurz, brüchig und spröde. Da nun in den Erzen sowohl wie in begleitenden Mineralien sehr häufig die Vorbedingungen für die Einführung nachteiliger Elemente gegeben sind, so ist natürlich eine sorgfältige Berücksichtigung dieser Umstände für die Güte des erblasenen Metalls von großer Bedeutung. Das Arsen, das übrigens selten ganz in den Erzen fehlt, ist noch am wenigsten gefährlich. Der Phosphor bildet als Phosphorsäure besonders die Mitgabe der Rasenerze; diese ergeben infolgedessen ein Eisen von großer Leichtflüssigkeit, welches daher auch meist zu Gußzwecken verarbeitet wird; das daraus bereitete Schmiedeeisen leidet aber wegen seines Phosphorgehaltes an der sogenannten Kaltbrüchigkeit. Auf die seltneren Metalle, Chrom, Wolfram u. s. w., wird man weniger acht haben, am allerwenigsten wird man sie absichtlich der Hochofenbeschickung mit beigeben, um die Güte des Roheisens zu erhöhen; sie kommen höchstens bei der Bereitung besonders feiner Stahlsorten in Betracht; dagegen ist das häufig in Gesellschaft der Eisenerze vorkommende Mangan für den Hochofenbetrieb von Wichtigkeit, als es einesteils die Bildung einer leichtflüssigen Schlacke begünstigt und dadurch die Entstehung des weißen Roheisens in niedriger Temperatur unterstützt, andernteils in dieses selbst mit eingeht und es für die Aufnahme einer größeren Kohlenmenge geeignet macht, was vorzüglich für die Stahlerzeugung wertvoll ist. Es wird daher in vielen Fällen Mangan entweder in Form von Erzen oder, wo solche nicht zu haben sind, in Form von Legierungen (Ferromangan) der Beschickung absichtlich beigegeben.

Eisenerze. Aus dem bisher Gesagten geht schon hervor, daß bei weitem nicht alle Existenzformen des in der Natur so viel verbreiteten Eisens sich zu einer vorteilhaften Ausbringung des Metalls eignen. Selbst unter den eigentlichen Erzen kommen diejenigen, die aus einer direkten Verbindung von Schwefel und Eisen bestehen, die sogenannten **Kiese**, für die Eisengewinnung nicht in Betracht, da die Produktion daraus zwar möglich, aber umständlich und kostspielig sein, außerdem aber auch kein gutes Metall daraus hervorgehen würde. Der Schwefel ist ein zu verderblicher Geselle für den Charakter des Eisens. Hat man doch noch genug zu kämpfen selbst mit derjenigen Partie dieses zudringlichen Gastes, die nicht durch die Erze, sondern durch das Brennmaterial (Steinkohle) und durch Zuschläge (schwefelsaure Erden) in den Schmelzbetrieb gelangt. Die Schwefelkiese finden daher anderweit ihre gelegentliche Verwendung; man gewinnt aus ihnen gediegenen Schwefel oder brennt einen Teil ihres Schwefelgehalts aus und benutzt die entstehende schweflige Säure auf Schwefelsäure, während man den Rückstand, der immer noch einfach Schwefeleisen ist, an der Luft zu Eisenvitriol (schwefelsaurem Eisenoxydul) verwittern läßt. Oder man läßt die Kiese gleich an der Luft verwittern und gewinnt nur den Eisenvitriol, auch wie bei Bodenmais im Bayrischen Walde das sich ausscheidende Eisenoxydhydrat, das als rote Farbe und Poliermittel in den Handel gebracht wird.

Als eigentliche brauchbare **Eisenerze** dienen nur die verschiedenen Sauerstoffverbindungen (Oxydationsstufen) des Metalls und das kohlensaure Eisenoxydul. Es sind nach bergmännischer Unterscheidung folgende: **Magneteisenstein**, eine Mittelstufe zwischen Oxyd und Oxydul (Oxydoxydul oder neuerdings Ferroferrioxyd genannt), das eisenreichste Mineral, in reinem Zustande 72 Prozent Metall von vorzüglichster Beschaffenheit liefernd. Sehr häufig aber ist dies Erz mit Schwefelkiesen u. s. w. so versetzt, daß es gar nicht zu brauchen ist. Je nach seiner verschiedenen Dichtigkeit und den begleitenden Gangarten gehört es bald zu den schwer=, bald zu den leichtflüssigen Erzen; im Gemenge mit Kalkspat oder Hornblende z. B. gestaltet sich die Schmelzung und Schlackenbildung so günstig, daß es ohne alle Zuschläge zu Gute gemacht werden kann. Auf dem Magneteisenstein beruht hauptsächlich die vorzügliche Eisenproduktion Schwedens und Norwegens, ebenso auch die russische. — In der Natur verbreiteter und deswegen auch für die Eisenproduktion am allgemeinsten angewandt ist das eigentliche Eisenoxyd oder Ferrioxyd (69 Prozent Metall enthaltend), das je nach seiner Form bald als Eisenglanz, bald als Roteisenstein, oder im Gemenge mit Thon als roter Thoneisenstein vorkommt; die besten dieser Erze haben einen Metallgehalt bis zu 65 Prozent. Auf Roteisenstein baut man in Deutschland vielfältig, so namentlich am Harz, in Sachsen, Nassau ꝛc. Die dichten, faserigen Varietäten sind auch als Blutstein oder Glaskopf bekannt. Die Insel Elba beherbergt eins der bedeutendsten Eisenglanzlager, welches aber bei einem Bedarf von 50—60000 Tonnen Roheisen jährlich nach neueren Untersuchungen in schon 70 Jahren abgebaut sein dürfte. — Als Hydrat, d. h. in chemischer Verbindung mit Wasser, auch Ferrihydrat oder Ferrihydroxyd genannt, mit dem Gehalt von 50—60 Prozent Metall, erscheint das Eisenoxyd in Form von Brauneisenstein oder je nach den fremden Beimengungen als Gelb=, Schwarzeisenstein, gelber oder brauner Thoneisenstein, Braunerz u. s. w. Diese Formen sind meist Verwitterungsprodukte und stark verunreinigt. Zu den thonigen Brauneisensteinen gehört auch das Bohnerz, so genannt, weil es in rundlichen Körnern von Erbsen= bis Bohnengröße vorkommt. Es findet sich im Württembergischen, in Baden, den Alpenländern, einigen Departements von Frankreich u. s. w. zuweilen in mächtigen Lagern und ist für die Schweiz das einzige bauwürdige Erz. Ferrihydroxyd oder Eisenoxydhydrat neuester und noch fortgehender Bildung ist auch das schon erwähnte Sumpf= oder Rasenerz, und Eisenwerke, die solches konsumieren, pflegen sich schon von weitem auszuzeichnen durch die blaue Farbe ihrer Schlackenberge, herrührend von phosphorsaurem Eisenoxydoxydul. Eines der nicht unwichtigsten Eisenerze bildet endlich das kohlensaure Eisenoxydul, Ferrokarbonat, wenngleich sein Eisengehalt nur etwa 45 Prozent beträgt. Es tritt auf als Spateisenstein (Eisenspat) oder in kugeligen und nierenförmigen Gestalten als Sphärosiderit. Beide kommen in Deutschland an verschiedenen Fundorten vor und werden gern benutzt; für England ist sogar der thonige Sphärosiderit, der zum Teil noch einen bedeutenden Kohlenstoffgehalt besitzt (Blackband), beinahe der einzige Eisenlieferant, denn er ist es eben, welcher sich vorzugsweise in Gesellschaft der Steinkohlen findet, so daß trotz des schwankenden und stets geringen Eisengehalts dieses Minerals doch dessen vorteilhafte Zugutemachung thunlich wird, zumal auch die Zusammensetzung desselben eine solche ist, die das Ausbringen nicht erschwert. — Eisensilikate (Kieseleisensteine), welche chemische Verbindungen der Kieselsäure mit Eisenoxyden darstellen und somit dieselbe Natur besitzen, wie die beim Eisenfrischen fallenden Schlacken, sind zwar in der Natur sehr häufig, aber an und für sich zur Eisengewinnung nicht vorteilhaft verwendbar, da sie nur mit bedeutendem Aufwande von Brennstoff und Kalkzuschlag sich verschmelzen lassen. Man benutzt sie daher meistens nur als Zuschlag zu andern Erzen in solcher Quantität, daß sie nicht störend wirken. Die Kieselsäure, Quarz oder Kiesel, macht immer die Erze strengflüssig, auch wenn sie nicht mit dem Eisenoxyde chemisch verbunden, sondern nur mechanisch als Ganggestein beigemengt ist. Solche Erze müssen mit Thon und Kalk beschickt werden, mit denen sich die Kieselsäure in der Schmelzhitze verbindet. Am günstigsten sind die Fälle, in welchen der vorhandene Kiesel schon von Natur mit dergleichen Basen mehr oder weniger gesättigt ist, und möglicherweise die Eisensteine ohne alle Zuschläge mit gehöriger Schlackenbildung verschmelzen oder nur geringe korrigierende Zusätze bedürfen.

Übrigens erfolgt bei Kieselerzen zugleich mit der Eisenproduktion immer auch eine geringe Reduktion von Kieselsäure zu Silicium, welches zu den Elementen gehört, die wie der Kohlenstoff Verwandtschaft zu dem Eisen haben. Etwas Silicium ist daher fast mit jedem Roheisen verbunden, und so schädlich auch ein zu großer Gehalt davon ist, so schreibt man einer geringen Beigabe, wie sie sich bisweilen im Stahl, und gerade in den härtesten Sorten doch findet, einen vorteilhaften Einfluß auf den Härtegrad zu.

Die Aufbereitung der Eisenerze ist, wie schon erwähnt, immer sehr einfach, da kostspielige Operationen bei diesem Metall sich nicht bezahlt machen würden. Über die

Arbeiten der Handscheidung und des Waschens ist bereits das Nötige gesagt worden, sowie über das Rösten; dasselbe ist bei den Eisenerzen aus verschiedenen Gründen nötig; so zur Austreibung von Wasser und Kohlensäure, durch deren Verflüchtigung im Ofen die Temperatur herabgedrückt werden würde, ferner um Eisenoxydulerze in leichter reduzierbares und weniger leicht verschlackbares Eisenoxyd überzuführen, sowie auch zur wenigstens teilweisen Entfernung von Schwefel und Arsen.

Vor der Verschmelzung werden die Erze dem Gattieren unterworfen, d. h. man vermischt zur möglichst vollständigen Ausscheidung des Metalls ärmere und reichere Erze, so daß ein Durchschnittsgehalt hergestellt wird, wie ihn die Erfahrung als den geeignetsten für das Ausbringen ergeben hat. Dieser Durchschnittsgehalt der ganzen Beschickung, d. h. der Eisenerze und der schlackenbildenden Substanzen (Zuschlag) an metallischem Eisen beläuft sich auf 30—40 Prozent und darf 50 Prozent in keinem Falle übersteigen. Durch chemisch kalkulierte Zuschläge sucht man dann die Bedingungen der vorteilhaftesten Schlackenbildung herzustellen. Regel ist, der Beschickung eine solche Zusammensetzung zu geben, daß die Schlacke eine etwas höhere Schmelzhitze braucht als das Metall, also die Reduktion des Eisens und die Aufnahme des Kohlenstoffs immer einen Schritt früher erfolgt als die Bildung der Schlacken, da letztere sonst einen bedeutenden Teil des Metalls als Oxydul in sich aufnehmen würden.

Fig. 46. Hochofen im Vertikaldurchschnitt.

Zum Verschmelzen dient bei uns, wo es sich um die Erzeugung enormer Massen handelt und wo das Roheisen zur Zeit noch das Material für die Schmiedeeisen- und Stahlbereitung ist, hauptsächlich der Hochofen, eine ältere Form (Blau- oder Blasofen) nur noch da, wo Eisen mittels Holzkohlen erblasen wird. Der wesentlichste Unterschied zwischen beiden Systemen besteht darin, daß der erstere eine offene Brust, der andre eine geschlossene hat, d. h. beim Hochofen ist der zu unterst befindliche Sammelort, der Herd, durch eine Öffnung zugänglich, und es schlägt ein Teil der Flamme daraus, während bei jenem diese Öffnung fehlt und der Herd nur ein Zapfloch hat, das von Zeit zu Zeit zum Behuf des Ablassens geöffnet wird. Hieraus ergibt sich, daß der Blauofen, da er sich selbst reinigen muß, nur mit dünnflüssigen Schlacken arbeiten kann, wogegen beim Hochofen ein Abräumen des Herdes, das Abziehen zäher Schlacken, oft nötig ist, zu welchem Zwecke er eben die offene Brust hat.

Der Hochofen. Die Einrichtung des Hochofens zeigt uns nun das Durchschnittsbild (s. Fig. 46). Der Haupthohlraum GV heißt der Kernschacht, der obere Teil desselben bis zu der Stelle, wo er am weitesten ist, der Schacht, diese weiteste Stelle heißt der Kohlensack; der sich wieder trichterförmig verengende untere Teil die Rast, weil der niedergehende Inhalt des Ofens auf ihm eine Stütze findet; die größte Verengerung unterhalb der Rast (O) das Gestell, der unterste Raum H Eisenkasten oder Herd, der nach links nach A zu vortretende Teil desselben der Vorherd. Den aus feuerfesten Ziegeln gebauten Kernschacht umschließt der aus gewöhnlichem Mauerwerk errichtete Rauhschacht; zwischen beiden befindet sich ein mit Asche oder andern schlechten Wärmeleitern locker ausgefüllter Raum, der zugleich der Ausdehnung des Kernschachtes beim Erhitzen den genügenden Spielraum gestattet. Die obere Mündung G des Schachtes, wo die Ofengase herausschlagen und die Kohlen, Erze und Zuschläge eingestürzt werden, heißt die Gicht. Wo nicht der Hochofen in einen Erdabhang eingebaut ist, der eine Auffahrt gewährt, steht neben ihm ein Gebäude, in welchem ein Aufzug für die Beschickung angebracht ist, die dann auf einer Brücke dem Ofen zugeführt wird. Zuerst muß der Ofen gehörig ausgetrocknet und durch Kohlenfeuer angewärmt werden, dann erst gibt man abwechselnd Zuschlag, Eisenerz und Brennmaterial zu, und so geht es kontinuierlich fort in dem Maße, wie die Füllung durch den Gang des Schmelzprozesses zusammensinkt. In der Abbildung, welche uns den Durchschnitt des Hochofens zeigt, erkennen wir die wechselnden Schichten von Erz und Zuschlägen einerseits und von Kohle anderseits an der verschiedenen Schraffierung. T sind die Düsen der Gebläse. In der Mitte des Schachtes etwa werden die niedergehenden Schichten schon glühend (die Temperatur steigt hier auf 600—900° C.), und in dem weitesten Teile V langen die Erze durch das in großer Menge sich entwickelnde Kohlenoxydgas und entstandene Cyankaliumdämpfe schon reduziert an als staubförmige, aber zusammenhängende Eisenteilchen (Eisenschwamm), welche weiterhin nur noch von der Schlacke umhüllt und geschmolzen werden, indem sie Kohlenstoff aufnehmen. Die Temperatur, bei der dies stattfindet, beträgt 1500—1700° C.; an der Stelle wo die Gebläse münden, steigt sie jedoch auf ca. 2000°. Wie schon gesagt, erfolgt die Reduktion der Erze durch des Kohlenoxydgas, welches sich entwickelt, indem die im Gebläsefeuer gebildete Kohlensäure durch glühende Kohlenschichten hindurchgeht, innerhalb deren sie die Hälfte ihres Sauerstoffgehalts abgibt, zu Kohlenoxydgas wird und dadurch noch einmal soviel Kohlenstoff auch wieder in diese niedrigere Sauerstoffverbindung der Kohle überführt, welche in der Hitze eine sehr kräftige reduzierende Wirkung ausübt. Aber nicht bloß das Kohlenoxydgas, sondern auch aus Kohle und Stickstoff entstandene Cyanmetallverbindungen beteiligen sich an der Reduktionsarbeit des Eisens und der dieses begleitenden Stoffe Silicium, Mangan, Aluminium u. s. w. In dem Gestell O aber herrscht die größte Hitze, denn hier strömt durch zwei oder drei Öffnungen der schon vorher erhitzte Gebläsewind ein; in dem unteren Raume sondern sich das flüssige Eisen und die auf demselben schwimmenden geschmolzenen Schlacken, welche durch den Vorherd C ablaufen, während das Eisen selbst durch einen Schlitz (Stichloch) neben dem Wallstein A, der gewöhnlich mit Lehm und Koks geschlossen ist, abgelassen wird, um entweder gleich zu

Fig. 47. Beschicken mit Erz und Kohle.

Gebrauchsstücken ausgegossen zu werden (Hochofenguß) oder in länglichen Formen oder Rinnen zu erkalten und die sogenannten Gänze oder Flossen zu bilden, die sowohl zu Gußwaren umgeschmolzen als auch in Stabeisen verwandelt werden. Bei einem recht garen Gange leuchtet das Stichloch so hell, daß man anfangs nichts im Gestelle unterscheiden kann, und funkensprühend ergießt sich die Masse gleich Lava in die Formen oder in die offenen Kanäle von Sand. Der Abstich gewährt einen überraschenden Anblick. Manchmal tritt die Eisenmasse so zähflüssig aus dem Ofen, daß sie nicht in Formen geleitet werden kann, sondern unmittelbar vor dem Stichloch unförmliche, kuchenartige Scheiben bildet (Schlackeneisen), dann aber wieder kann das verschmolzene Eisen so dünnflüssig sein, daß es mit großer Beweglichkeit hervorquillt. Bemerkt sei noch, daß bei jedem Abstich das Gebläse außer Thätigkeit gesetzt werden muß.

Der Hochofen und namentlich das Gestell muß von sehr feuerfestem Material aufgebaut sein. Die der Gichtflamme entweichende Wärme benutzt man, um die Gebläseluft zu erhitzen, wodurch die Temperatur im unteren Teile, wo die Luft in den Ofen eingepreßt wird, wesentlich erhöht wird. Es werden zu diesem Zweck die Gichtgase an der Gicht abgefangen, wozu man verschiedene Einrichtungen hat, und durch Röhren weitergeleitet (vergl. S. 103), oder es führt das Röhrensystem, durch das die Luft nach dem Gebläse geleitet wird, in der Nähe der Gichtflamme vorbei. Die Anwendung von heißer Luft hat überall eine bedeutende Ersparnis an Brennmaterial und eine größere Produktionsfähigkeit des Ofens bewirkt; manches Werk verwendet daher Dampfmaschinen von 100 und mehr Pferdestärken bloß für die gewöhnlich doppelt wirkenden Cylindergebläse. Ein neues Gebläsesystem beruht auf dem Gesetze, daß mehrere Luftströme, welche in einem Punkte zusammenstoßen, eine größere Wirkung äußern, als dieselbe Luftmasse in einem Strom. Man richtet daher die Ausgänge der einzelnen Luftkanäle gegeneinander, so daß die Ströme ihre Stoßkräfte gegenseitig förmlich vernichten.

Der Vorteil dieser Einrichtung der Hochöfen besteht darin, daß diese selbst ununterbrochen im Gange bleiben können, bis eine größere Reparatur oder schlechter Geschäftsgang das Ausblasen notwendig macht. Die Zeit unausgesetzten Betriebes nennt man eine Campagne oder Hüttenreise. Wie lange sie dauern kann, hängt sehr von dem Material, der Bauart und andern Umständen ab. Manche Öfen halten zwei bis drei, andre acht bis neun Jahre; man hat selbst Beispiele von fünfzehn- bis zwanzigjähriger Dauer. Beim Verschmelzen leichtflüssiger Erze mit Holzkohlen leiden die Öfen natürlich am wenigsten und halten am längsten aus. Höchst verschieden ist auch die Lieferungsmenge der Hochöfen, sie wechselt von 170—2400 Zentner per Woche. Bei zufällig eintretendem Mangel an Schmelzmaterial braucht man den feiernden Ofen nicht auszublasen, sondern man dämpft ihn nur, d. h. verschließt ihn überall dicht und erhält ihn so wochen- und monatelang warm. Zu erwähnen ist noch, daß die aus der Gicht entweichenden Gase ziemlich bedeutende Mengen Ammoniak enthalten, die man neuerdings angefangen hat zu gewinnen. Die zehn nebeneinander liegenden Hochöfen neuester Konstruktion (Fig. 48) sind auf dem Barrow im Furneßwerk (Grafschaft Cumberland) in Betrieb. Sie sind im stande, täglich 14000 Ztr. Roheisen zu erblasen. Die Schmelzmaterialien werden auf schiefen Ebenen mit Dampfmaschinen bis zur Gicht der Öfen, die durch eine Gichtbrücke verbunden sind, aufgezogen. Eine nebenher laufende Eisenbahn komplettiert das Material und nimmt das erblasene Eisen auf.

Roheisen heißt nun das metallische Produkt, welches im Hochofen aus den Eisenerzen gewonnen wird. Auf die Qualität desselben haben nicht nur die Beschaffenheit der Erze, der Zuschläge und des Brennstoffs sowie der Gehalt desselben an Kohlenstoff, Silicium, Schwefel, Phosphor, Mangan u. s. w., sondern auch die dabei angewandten Hitzegrade, somit auch die Größe des Ofens, die Anwendung erhitzter oder kalter Gebläseluft und selbst noch die raschere oder langsamere Abkühlung des Metalls nach dem Ausgusse Einfluß. Es lassen sich daher eine nicht geringe Anzahl Roheisensorten unterscheiden, die vermöge ihrer Eigenschaften bald zu dieser, bald zu jener Verwendung mehr oder weniger geeignet erscheinen. Man kann aber alle unter zwei Hauptrubriken bringen: weißes und graues Roheisen, deren beliebige Erzeugung man in der Hand hat, da die hierzu nötigen Bedingungen im allgemeinen bekannt sind. Das weiße Gußeisen, Weißeisen, zeichnet sich durch seine große Härte aus, ist fast silberweiß, auf dem Bruche feinkörnig, ist spröde, schmilzt leichter als das graue Gußeisen, bleibt aber immer zähflüssiger und eignet sich deshalb weniger zu kleinen Gußartikeln, wogegen es zur Stahlfabrikation bessere Verwendung findet. Eine besondere Sorte von Weißeisen, das Spiegeleisen, zeigt auf dem Bruche ein kristallinisches Gefüge, das oft blätterige Absonderungsflächen hat (daher Spiegeleisen); es ist glänzender und härter als das gewöhnliche Weißeisen, so daß es selbst mit Stahlinstrumenten nicht bearbeitet werden kann; der Schmelzpunkt ist ebenfalls höher, doch ist es geschmolzen dünnflüssiger als gewöhnliches Weißeisen. Der Gehalt des Roheisens an Kohlenstoff ist verschieden, er wechselt von $3,_5$—6 Prozent. Bei dem grauen Gußeisen ist er zwar auch nicht größer, im Gegenteil, dasselbe hat einen Kohlegehalt, der nur bis etwa $4,_8$ Prozent steigt; allein während bei dem weißen Eisen alle Kohle bis auf höchstens 1 Prozent, das mechanisch beigemengt ist, chemisch mit dem Eisen verbunden ist, stellt sich bei dem grauen Eisen das Verhältnis anders. Von seinem Kohlegehalt sind mitunter bis zu $3,_{75}$ Prozent nur mechanisch als feine Graphitblättchen beigemengt, daher die dunklere Farbe. Das Spiegeleisen, die an gebundenem Kohlenstoff reichste Sorte, ist zugleich auch die an Mangan reichste. Graues Eisen und weißes Eisen lassen sich nach Belieben ineinander überführen; wird graues geschmolzenes Eisen, welches den graphitartigen Kohlenstoff aufgelöst enthält, rasch abgekühlt, so erhält man Weißeisen, weil der gelöste Kohlenstoff zur kristallinischen Abscheidung nicht genügend Zeit findet; läßt man anderenteils bei starker Hitze geschmolzenes Weißeisen langsam abkühlen, so erhält man graues Gußeisen.

Fig. 48. Hochöfen neuester Konstruktion.

Durch diesen Umstand hat man also einigermaßen die Umwandlung der einen Sorte in die andre in der Hand, und die Praxis macht bei dem sogenannten Schalenguß oder Hartguß Gebrauch davon, indem sie durch eine oberflächliche schnelle Abkühlung der Gußstücke äußerlich bei demselben die Bildung einer dünnen Schicht weißen, harten Weißeisens herbeiführt, während im übrigen die Masse graues Eisen ist. Im Hochofen selbst entsteht unter gewöhnlichen Verhältnissen bei voller Hitze immer graues, dünnflüssiges Roheisen.

Durch abwechselndes Aufgeben schwächerer und stärkerer Schichten der Beschickung, namentlich der Erze, läßt sich eine Mischung beider Sorten erzeugen, Eisen, in welchem graue und weiße Partien durcheinander gemengt liegen und welches deshalb halbiertes Roheisen oder Forelleneisen heißt.

Schmiedeeisen. Auf die zahlreichen Unterarten des Roheisens, welche innerhalb der beiden Hauptgruppen noch unterschieden werden, auf die Bedingungen ihrer Entstehung und die Rolle, welche die fremden Elemente, Mangan, Silicium, Schwefel u. s. w., dabei spielen, können wir nicht eingehen, da wir durch derartige subtile Einzelheiten uns den Überblick nicht erschweren wollen.

Wir wenden uns daher zu den andern beiden Hauptarten des Eisens, die neben dem Gußeisen sich durch charakteristische chemische und physikalische Eigenschaften auszeichnen und wegen derselben besondere Verwendung in der Praxis finden. Diese andern beiden Eisensorten sind das Schmiedeeisen oder Stabeisen und der Stahl. Sie sind beide durch einen geringeren Kohlenstoffgehalt von dem Gußeisen chemisch unterschieden und werden aus dem letzteren dargestellt, indem man diesem einen Teil seines Kohlegehalts entzieht. Zu diesem Zwecke hat die Eisenhüttentechnik verschiedene Verfahren erfunden, von denen wir die wichtigsten im Verlaufe des Folgenden kennen lernen werden.

Damit nun also das leicht schmelzbare, aber spröde, unter dem Hammer zerfallende Roheisen in geschmeidiges, schmiedbares Eisen verwandelt werde, erhält es bei der Methode des Frischens oder Puddelns eine weitere Behandlung im Feuer; dabei ist aber ein andrer Gehilfe unsichtbar mit am Werke thätig und ebenso notwendig zum Gelingen wie das feurige Element, das ist die Luft. Indem nämlich das Roheisen unter Zutritt der Luft wieder geschmolzen wird, verbrennt durch den Sauerstoff derselben ein Anteil des Kohlenstoffs im Eisen zu Kohlensäure, außerdem aber auch ein Anteil des Eisens selbst zu Eisenoxyduloxyd. Während jene als Gas entweicht, wirkt das Eisenoxyduloxyd auf das noch unveränderte Eisen weiter und entzieht ihm durch Sauerstoffabgabe noch mehr Kohlenstoff, bis endlich durch diese zweifache Wirkung der Kohlegehalt so gesunken ist, daß die Eisenmasse bei derselben Hitze anfängt dickflüssig, schließlich teigig zu werden und diejenigen Eigenschaften anzunehmen, welche wir von dem Schmiedeeisen verlangen. Bei diesem Vorgange spielt die durch Verbrennen des Siliciums und Mangans entstehende Schlacke, die zunächst sauer ist (Rohschlacke), im weiteren Verlaufe aber basisch wird (Garschlacke), eine wichtige Rolle; zugleich geht der noch graphitartige Kohlenstoff in chemisch gebundenen über. Die mit dem geringer werdenden Gehalte an Kohlenstoff auch geringer werdende Schmelzbarkeit gibt einen Maßstab für die Beurteilung des Fortschreitens des Entkohlungsprozesses.

Fig. 49. Der Frischherd.

Die ältere Methode der Entkohlung, das Frischen, erfolgt im Frischfeuer auf dem Frischherd, der in Fig. 49 dargestellt ist. Er bildet eine Art niedrigen Ofens aus Eisenplatten, welcher mit Holzkohlen gefüllt und durch ein Gebläse mit kalter Luft angefacht wird. Man legt etwa 100—150 kg Roheisen auf einmal auf die Kohlenfüllung, dasselbe schmilzt ein und geht auf den Boden des Feuers, wo es sich bald in einen teigigen Klumpen verwandelt. Dieser, Luppe genannt, wird mit Brechstangen zerteilt, gewendet und fleißig dem vollen Windstrome ausgesetzt, um die Einwirkung des Sauerstoffs zu begünstigen. Ist die Eisenmasse nach Verlauf von 2—3 Stunden gar, dann wird sie aus dem Herde genommen, unter schwerem Hammer zu einem platten Kuchen ausgeschmiedet, wobei die anhängende Garschlacke abgepreßt wird, und mittels des Meißels in 3—4 Stücke zerhauen. Diese Luppenstücke werden im Feuer während des Schmelzens einer frischen Roheisenmasse an der Herdseite wieder angewärmt, dann entweder einzeln unter sogenannten Schwanzhämmern zu Stäben oder zu Kloben ausgeschmiedet, die wieder glühend gemacht und mit Walzen zu Handelswaren ausgereckt werden.

Das Frischen bezweckt aber nicht bloß die Entkohlung, sondern auch die Reinigung des Eisens von einem großen Teile seiner fremden Beimengungen, teils auf chemischem, teils auf dem mechanischen Wege des Ausquetschens. Um diese Reinigung zu befördern, bedient man sich daher beim Frischen und auch beim Puddeln verschiedener Zuschläge, je nach der Beschaffenheit des Rohstoffs Kalk oder Braunstein mit Thon, zur Bekämpfung des Schwefels, Kochsalz, Schlacken u. s. w. Die Arbeiten ändern sich ferner ab, je nachdem graues oder weißes Roheisen verarbeitet wird. Es gestalten sich somit die Frischungsarbeiten oft viel komplizierter, als unsre kurze Darstellung sie schildern kann, und man kennt eine ganze Reihe mehr oder weniger abweichender Frischmethoden. Bei manchen Sorten von Roheisen genügt nämlich ein einmaliges Niederschmelzen (Schwalarbeit), während bei andern ein zweimaliges (Wallonenschmiede) oder ein dreimaliges (deutsche Frische) sich nötig macht, um ein gutes Schmiedeeisen zu erhalten. Nur bei ganz vorzüglichem Rohmaterial kommt man mit einmaligem Niederschmelzen zum Ziele; meist erhält man das Eisen zuerst nur halbgar und einer wiederholten Durcharbeitung bedürftig. Immer aber setzt es hierbei noch viele Schlacken ab, die sich teils auf dem Herde freiwillig absondern, teils bei dem nachfolgenden Hämmern und Walzen der glühenden Massen gewaltsam herausgequetscht werden.

Die neuere Art, rohes Eisen in feines oder Stabeisen zu verwandeln, bildet gewöhnlich einen Prozeß von größerem Maßstabe und geschieht in Puddelöfen, wovon Fig. 50 uns einen Durchschnitt zeigt. Der Hauptunterschied dieses Prozesses in Vergleich mit dem vorher betrachteten Frischen mit Holzkohlen liegt darin, daß viel größere Massen auf einmal verarbeitet werden können und daß man als Brennmaterial Steinkohlen benutzen kann, weil die Kohlen nicht wie beim Herdfrischen direkt mit dem Eisen in Berührung kommen, sondern getrennt gehalten werden und nur durch ihre Flamme wirken. Daher haben wir im Bilde links unter A den Rost für die Kohlen, von wo aus die Flammen über die Feuerbrücke b hinweg nach dem Herde B schlagen, wo das Eisen liegt. Auf den Rost werden durch das Schürloch a flammende Steinkohlen geworfen, die durch die unten einströmende Luft, welche durch den Zug der überaus hohen Esse C angezogen wird, in starke Glut kommen und auf dem Herde B sehr starke Hitze entwickeln. Dieser Herd liegt zur Schonung vor der Einwirkung der zu hohen Temperatur voll Schweißofenschlacken, die durch die Ofenhitze auf ihrer Unterlage, einer Gußeisenplatte, bald in eine teigige Masse verwandelt werden, scheinbar kochen und ein Bett bilden, auf welches mittels der Öffnung d 150—300 kg Roheisen mit verschlackend wirkenden Zusätzen gesetzt werden. Dasselbe gerät ziemlich schnell in Fluß und wird nun mit Rührkrücken und Brechstangen, die durch die Öffnung e oder durch eine noch kleinere in der verschlossenen Thür d in den Ofen geführt werden, durchgearbeitet, gehoben und gewendet (gepuddelt), so daß durch den Sauerstoff der einströmenden Luft Silicium und Mangan verbrennen, sowie ein Teil des Eisens in Eisenoxyduloxyd verwandelt wird, welches in der Schlacke fein verteilt ist und seinen Sauerstoff wieder an den Kohlenstoff abgibt. Das hierdurch entstehende Kohlenoxydgas bewirkt Aufschäumen und verbrennt in Form kleiner blauer Flämmchen zu Kohlensäure. Das spröde Roheisen wird also hierbei entkohlt, und zwar durch den Sauerstoff der Luft, aber indirekt; es bleibt geschmeidiges Eisen zurück. Aus dem Eisenbrei auf dem Herde werden fünf bis sieben Luppen geformt,

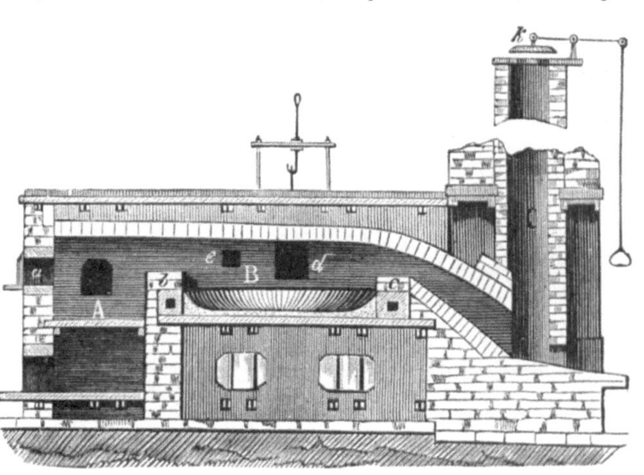

Fig. 50. Der Puddelofen.

zusammengeschweißt, herausgenommen, unter einem Hammer gezängt, d. h. in prismatische Form gebracht und sogleich zu Stäben ausgewalzt. Gewöhnlich sind diese Rohschienen noch zu sehr von Schlacken verunreinigt, als daß sie gleich brauchbares Schmiedeeisen abgeben könnten. Sie werden daher mittels einer Schere in Stücke von 1 m Länge zerschnitten, übereinander gelegt, in einen Schweißofen gebracht, der in der Regel mit dem Puddelofen zusammengekoppelt und ziemlich von gleicher Einrichtung ist, dort schweißwarm, d. h. hellglühend gemacht und hierauf erst durch ein Walzwerk in verschiedene Stäbe, Eisenbahnschienen, Blech u. s. w. ausgereckt. Um den Puddelherd möglichst kühl zu halten, strömt durch Röhren bei b und c kalte Luft und Wasser, und zur Regulierung des Zuges dient die Klappe k auf der oberen Essenöffnung, die von unten mehr oder weniger geöffnet werden kann. Ein Puddelofen kann mit den nötigen Raffinierfeuern und Schweißöfen wöchentlich etwa 12000—16000 kg Schmiedeeisen liefern, und fünf solcher sind nötig, um das Erzeugnis eines Hochofens zu bestreiten. Die Produktion eines Frischherdes dagegen beträgt wöchentlich nur ca. 3500 kg Schmiedeeisen mit einem Holzkohlenverbrauch von 150 kg pro 100 kg fertiges Schmiedeeisen. In neuerer Zeit werden die Puddelöfen häufig mit Generatorgasen geheizt, deren Flamme über den Herd geleitet wird.

Das Puddeln ist eine sehr schwere und rein mechanische Arbeit, die durch Maschinenkraft zu ersetzen man schon lange bestrebt gewesen ist. Allein die daraufhin gerichteten Versuche hatten immer nur mangelhaften Erfolg. Die sogenannten **mechanischen Puddler** konnten nicht so recht das Arbeitsgebiet an sich ziehen. Da wechselte man das Prinzip, man sah davon ab, die Masse von obenher umzurühren, indem man ihre Unterlage beweglich machte; ähnlich wie in einer Trommel durch das Drehen derselben die darin enthaltenen Kaffeebohnen oder Lottonummern gemischt werden, sollte auch das geschmolzene Eisen auf einem rotierenden Herde behandelt werden, wobei man die Entkohlung des Eisens aber nicht durch atmosphärische Luft, sondern durch Zuführung sauerstoffreicher Eisenerze im Auge hatte.

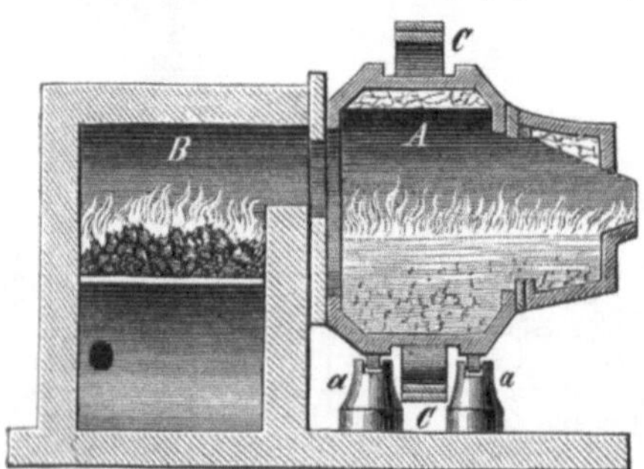

Fig. 51. Rotierender Puddelofen von Danks.

Darauf gründet sich schon der **Ellershausensche Prozeß**, bei welchem an der Abstichöffnung des Hochofens dem ausfließenden Roheisen gepulverte Erze beigemengt werden, wodurch zwar nicht das Puddeln ganz und gar umgangen, aber doch wenigstens abgekürzt werden soll. Durchgreifender aber ist das neue Prinzip in dem **rotierenden Puddelofen von Danks** zur Ausführung gebracht worden, und die guten Erfolge, welche die Praxis bereits damit erreicht hat, machen es uns zur Pflicht, etwas näher uns damit zu beschäftigen, zu welchem Behufe wir uns auf die in Fig. 51 gegebene Durchschnittszeichnung beziehen.

Die beiden Hauptteile des Puddelofens, die Feuerungsstätte A und der Schmelzherd B, kehren in derselben wieder, aber während sie in Fig. 50 ein festgemauertes Ganzes bilden, sind sie bei dem Danksschen Ofen in der Art getrennt, daß der eine Teil mit der Feuerbrücke abschließt, der andre Teil, der Schmelzherd, sich hier nur dicht anschließt, im übrigen aber eine ganz besondere Einrichtung besitzt. Dieser Teil des Apparates hat nun die Form einer Trommel, welche auf vier kleinen starken Rollen a a ruht, von denen in unsrer Abbildung nur zwei angegeben sind. An seinem Mantel ist ein Zahnrad C angebracht, mit dessen Hilfe die Drehung auf den Rollen bewirkt wird. Bei dieser Drehung bleibt die nach dem Feuerraum A führende Öffnung immer in derselben Lage, so daß die Feuerluft ungehindert über die in B befindliche Schmelzmasse hinwegstreichen kann. Auf der entgegengesetzten Seite ist eine zweite Öffnung, welche zum Beschicken, überhaupt als Arbeitsthür dient; die Feuergase ziehen in eine seitwärts gelegene Esse, die auf unsrer Zeichnung nicht angegeben ist. Die Trommel ist aus zwei starken gußeisernen Halbtrommeln zusammengesetzt und inwendig mit einem feuerfesten Gemisch von Bauxit und Eisenerz ausgekleidet. Dieses Futter, welches zunächst nur dazu da ist, um die Einwirkung der Feuerluft auf den eisernen

Mantel abzuhalten, enthält nun noch einen zweiten Überzug von Eisenerz, welches man darin schmilzt und durch Drehen des Herdes möglichst gleichmäßig auf der Wandung verteilt und erstarren läßt. Dieses zweite Futter hat die Aufgabe, durch Sauerstoffabgabe den Kohlegehalt des Roheisens zu oxydieren. Wenn nämlich das letztere in der Trommel geschmolzen ist, wird dieselbe in langsame Umdrehungen (1—2 Drehungen pro Minute) versetzt und ein feiner Wasserstrahl auf die Ofenwand geleitet, hierdurch ein Abspringen der Erz- und Schlackendecke bewirkt, deren einzelne Stücke sich in der Schmelzmasse auflösen. Der Sauerstoff aus den Eisenerzen verbindet sich mit dem Kohlenstoff des Roheisens und entweicht als Kohlenoxydgas, das über der Schmelzmasse mit blauer Flamme verbrennt; die Eisenmasse selbst wird immer zähflüssiger, bis ihre Umwandlung in Schmiedeeisen endlich vollständig erfolgt ist, was nach wenigen Minuten der Fall zu sein pflegt. Ist dieser chemische Teil des Prozesses beendet, so wird die Schlacke entfernt und Hitze und Umdrehungsgeschwindigkeit gesteigert, um das Eisen durch Hin- und Herwerfen zu ballen und zur Luppe zu formen, welche dann herausgezogen und dem Quetsch- oder Walzwerke überliefert wird. Das Gewicht der Luppe ist um 10—15 Prozent größer als dasjenige des Roheisens war, womit der Apparat beschickt wurde, weil aus dem Eisenerz eine nicht unbeträchtliche Quantität Eisen auf diese Weise mit erschmolzen worden ist, das gleichzeitig seine Umwandlung in Schmiedeeisen erfuhr. Bei einem einmaligen Prozeß werden um 350 kg Roheisen in Bearbeitung genommen.

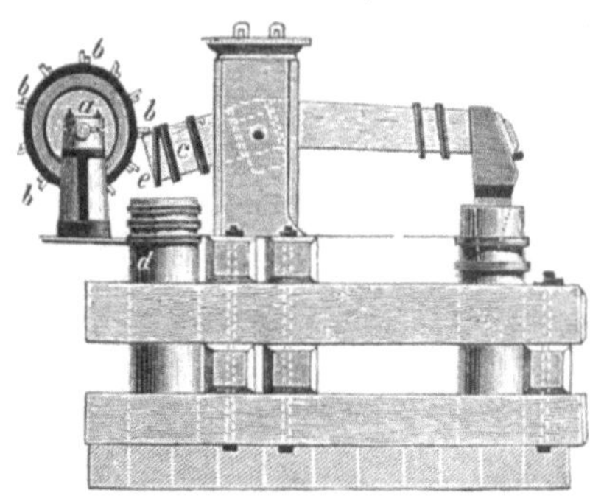

Fig. 52. Schwanzhammer.
a Die Welle. b Der Daumen. c Der kleine Arm des Hammers. d Der Prellklotz zum Aufhalten dieses Armes beim Niederdrücken durch den Schwanzring e.

Zur Bearbeitung der von dem Frischherde oder aus dem Puddelofen kommenden glühenden Luppen bediente man sich seit langer Zeit schwerer, von Wasserrädern getriebener Maschinenhämmer, welche durch ihre imponierende Thätigkeit den Eisenwerken den selbst in romantische Tinten getauchten Namen „Eisenhammer" eintrugen. Sie sind entweder Schwanz- oder Stirnhämmer; der ganze Unterschied aber besteht nur darin, daß bei den ersteren (s. Fig. 52) die Daumen der Wasserwelle am Hinterteile des Hammers niederdrückend, bei den andern (s. Fig. 53) an dessen Kopfe hebend wirken. In beiden Fällen erfolgt der Schlag nur durch die eigne Fallkraft des von der Welle ausgelassenen, 2500—5000 kg schweren Hammers.

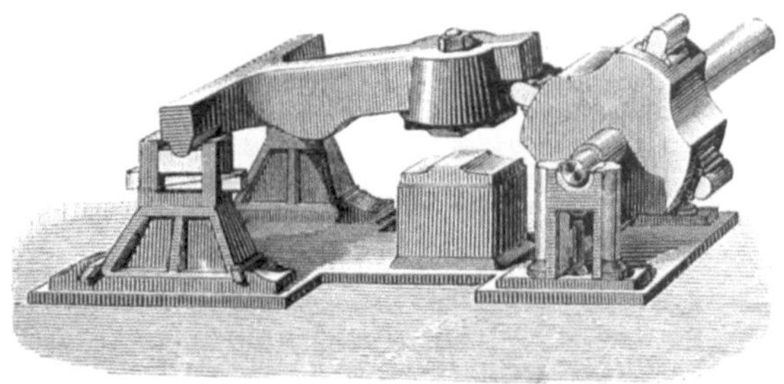

Fig. 53. Stirnhammer.

Neuerdings nun haben sich zu diesen alten frommen Schmiedegesellen auch jüngere, kräftiger und rascher wirkende Kollegen gefunden: das Quetschwerk, die Luppenmühle und der Dampfhammer. Der erste Apparat ist, wie Fig. 54 zeigt, ein Ding von großer Einfachheit und könnte in der Seitenansicht für ein Scherenwerk gehalten werden. Geschnitten wird indes nicht; der wiegenartig geformte doppelarmige Hebel hat vielmehr an der Unterseite seines rechten Armes eine breite Fläche, und der unmittelbar darunter befindliche Teil bildet eine festliegende, solide Amboßplatte. Der linke Arm hängt mit der Maschinenwelle durch eine Kurbel zusammen, die ihn auf und nieder zieht, woraus die entsprechende Bewegung auch des freien Endes folgt, welches gleichsam den beweglichen Oberkörper eines kauenden Riesenmaules vorstellt. Hier werden die weichen Eisenluppen in glühendem Zustande eingeschoben und nach Bedürfnis gewendet und gerückt. Je weiter nach hinten, desto mehr drückende Gewalt erleidet natürlich die Masse; ihr Schlackeninhalt wird ausgepreßt, wie das Wasser aus einem Schwamm, und quillt zu beiden Seiten hervor.

Durch die Quetschmaschine wird ein Stück Eisen in viermal kürzerer Zeit als durch den Hammer vollendet, d. h. für die Streckwalzen reif gemacht.

Ebenso wie das Quetschwerk arbeitet die anders gestaltete **Luppenmühle**. In einem starken Gestell dreht sich eine im Durchmesser eine Mannslänge haltende, etwa $^3/_4$ m breite Eisenwalze, auf ihrer Oberfläche mit längslaufenden kantigen Rippen versehen. Unter ihr im Gestelle festliegend befindet sich eine Ummantelung, welche muldenförmig die untere Hälfte der Walze umschließt und mit gleichen, der Walze zugekehrten scharfen Rippen versehen ist. Der Abstand zwischen beiden Körpern bildet den Raum, in welchem die Luppen durch den Umschwung der Walze und die Wirkung der beiden Kantenflächen ihre Bearbeitung erhalten. Hierzu kommt aber noch, daß die Walze in der Mulde exzentrisch, d. h. etwas mehr gegen den einen Muldenrand hin, liegt. Der Zwischenraum ist deshalb an der einen Seite weiter und verjüngt sich nach der andern Seite hin mehr und mehr. An der weiteren Seite (f in Fig. 55) werden die Luppen eingesteckt, an der engeren g sofort wieder ausgeworfen, denn die Walze macht in der Minute 25 Umgänge, und nach dieser Einrichtung läßt sich denken, daß die Eisenmasse auf dieser kurzen Durchreise ganz energisch gewalkt, gezängt und verbreitert werden muß.

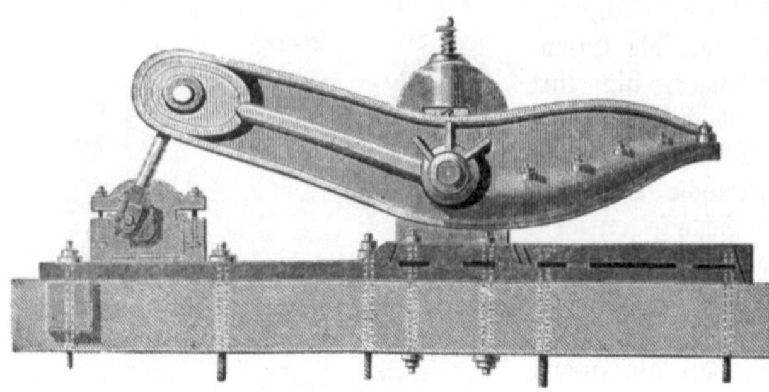

Fig. 54. Das Quetschwerk.

Fig. 55. Die Luppenmühle.

Der **Dampfhammer** endlich, ein unentbehrlicher Gehilfe beim Verarbeiten großer Eisen- und Stahlmassen, leistet auch schon bei dem Ausschmieden der Luppen vortreffliche Dienste. Er besitzt neben andern vorteilhaften Eigenschaften das Gute, daß seine Schläge senkrecht fallen, während die gewöhnlichen Hämmer ein Stück eines Kreisbogens beschreiben, und daß man jedem einzelnen Schlage den nach den Umständen gerade erforderlichen Stärkegrad, von der vollen Sturzhöhe bis herab zu Null, wo der Hammer im Fallen gänzlich aufgehalten wird, erteilen kann.

Der Dampfhammer bildet sonach die gesteigerte Analogie des Menschenarmes, und die richtige Handhabung eines kleinen Hebels ist hinreichend, um ihn arbeiten zu lassen. Man hat den Dampfhammer kleiner, mit leichterem Hammerblock und um so rascherem Arbeitsgange, und größer, mit einem Hammerblock bis zu Hunderten von Zentnern und mehr.

Fig. 56. Walzwerke der Burbacher Hütte bei Saarbrücken.

Das Prinzip desselben ist einfach und auch ohne Eingehen auf das kleinere Beiwerk, welches zur Dirigierung des Dampfes dient, in der Abbildung (s. Fig. 42) verständlich. Das Oberstück der Maschine ist ein gewöhnlicher Dampfcylinder mit Kolben; die Kolbenstange geht dampfdicht durch den unteren Cylinderboden, und an ihr hängt der in einer Führung gleitende Hammerblock, eine Gußeisenmasse mit stählerner Beschuhung. Unter ihm steht der Amboß. Läßt man nun Dampf in den Cylinder unterhalb des Kolbens treten, so hebt sich dieser und der Hammer bis zu dem Augenblicke, wo man den Dampfzufluß unterbricht. Offnet man jetzt gleichzeitig dem Dampfe den vollen Austritt aus dem Cylinder, so stürzt der Block mit seiner ganzen Fallkraft herab. Öffnet man den Ausströmungskanal nur teilweise, so fällt der Hammer mit verminderter Geschwindigkeit, und durch gänzliches Schließen kann man ihn in jedem Momente des Falls gänzlich aufhalten. Man hat die Direktion so in der Gewalt, daß man mit einem 2500 kg schweren Hammer auf dem Amboß liegende Nüsse aufknacken kann, ohne die Kerne zu beschädigen. Dieses gefügige Instrument ist der Dampfhammer natürlich nur so lange, als es von Menschenhand gespielt wird, d. h. solange ein verständiger Arbeiter die Dampfsteuerung mit der Hand besorgt. Überläßt man es, wie eine andre Dampfmaschine, der Selbststeuerung, so kann es auch nur Maschinenmäßiges leisten: es thut dann lauter Schläge von gleicher Hubhöhe und von gleicher Kraft.

Das durch Puddeln erzeugte Stabeisen ist selten so rein und geschmeidig, wie das durch Frischen gewonnene; vielmehr liefert dieser letztere Prozeß im allgemeinen ein reineres, dichteres, zäheres und härteres, also besseres Eisen als der Puddlingsprozeß, weil dort von Haus aus das reinere Holzkohleneisen verarbeitet wird und dann auch die Holzkohlen durchaus frei von schädlichen Beimengungen sind. Auch dadurch wird ein reineres Eisen erzielt, daß man beim Herdfrischen gemeinhin Hämmer anstatt der Walzen anwendet. Nichtsdestoweniger hat aber auch der Puddlingsprozeß seine Vorteile: die Arbeit ist einfacher, billiger und doch so durchgreifend, daß aus dem unreinsten Roheisen ein besseres Schmiedeeisen noch hervorgeht, als dies beim Herdfrischen möglich wäre. Unser Bild (Fig. 56) zeigt das Burbacher Hüttenwerk bei Saarbrücken. Aus den Hochöfen des großartigen Eisenwerks, welches die Erze aus eignen Gruben bezieht, gelangt das Roheisen in ein riesiges Puddelwerk, wo es in Schmiedeeisen verwandelt wird. Das zu Hoch-, Schiffs- und Eisenbahnbauten bestimmte sogenannte Façoneisen wird, nachdem es ausgewalzt, von den Dampfscheren geschnitten und darauf in verschiedene Pakete gebunden ist, in besonderen Öfen nochmals zur Schweißhitze gebracht und dort ausgewalzt. Der Transport der Halb- und Fertigarbeiten wird von sechs kleinen Lokomotiven innerhalb des Hüttenbezirks besorgt. Außerhalb desselben ermöglicht eine normalspurige Bahn, auf welcher zwei der Hütte gehörige Lokomotiven thätig sind, die Beförderung der Produkte (s. auch S. 132).

Direkte Stabeisenerzeugung aus den Erzen. Der Umweg, den die moderne Schmiedeeisen- und Stahlerzeugung einschlägt, indem sie nicht, wie die Indier, direkt die Eisenerze für ihre Zwecke verarbeitet, sondern sich erst ein Zwischenprodukt, das Roheisen, herstellen muß, hat von Zeit zu Zeit immer wieder einmal den Gedanken erweckt, ob er nicht am Ende doch wohl zu vermeiden sei, und ob es nicht möglich sei, jene wichtigen Eisensorten direkt mit Umgehung des Hochofens aus ihren Erzen darzustellen. An Versuchen dazu hat es selbstverständlich nicht gefehlt. Man brachte es auch dahin, durch innige Mischung von Erz und Kohle bei geringer Hitze die Bildung eines Eisenschwamms einzuleiten, der später in einem besonderen Ofen geschmolzen und von den anhaftenden Schlacken getrennt werden mußte; der Umstand war jedoch dabei immer hinderlich, daß die Verfahren, welche man vorschlug, für die Massenerzeugung zu kompliziert waren. Endlich ist aber in neuester Zeit der bekannte Industrielle Siemens, ein genialer Erfinder, nach vielfachen Anstrengungen auf einem ganz andern Wege zu Erfolgen gelangt, welche für die Zukunft der Eisenindustrie epochemachend werden können.

Die Siemenssche Erfindung datiert schon aus dem Jahre 1868 und hat mehrere Stadien durchlaufen. Zuerst war dieselbe darauf gerichtet, die Verunreinigungen des Roheisens und dessen übermäßigen Kohlegehalt dadurch zu oxydieren, daß man dem schmelzenden Roheisen sauerstoffreiche Eisenerze zusetzte, welche durch die Sauerstoffabgabe selbst zu Eisen reduziert wurden. Indessen zerfraß die eisenoxydulreiche Schlacke, die sich dabei bildete, alle Ofenwände in kurzer Zeit, und Siemens änderte das Verfahren dahin ab, daß in einem sogenannten Kaskadenofen auf einer höher und der Gaseinströmung näher gelegenen Ofensohle zuerst Erze und Flußmittel eingeschmolzen wurden, worauf diese flüssige Schmelzmasse abwechselnd in zwei tiefer gelegene Ofenabteilungen abgelassen, hier mit Kohlen und Erzklein durchkrückt wurde, wodurch nicht nur die Reduktion der Erze zu Roheisen bewirkt, sondern auch der Puddelprozeß durch die Einwirkung der später zugerührten Eisenerze umgangen werden sollte. Endlich aber hat der Erfinder zu dem rotierenden Ofen, dem Rotator, gegriffen. Ein solcher Ofen, wie wir ihn ähnlich schon kennen gelernt haben, wird, nachdem er durch Generatorfeuerung zu Weißglühhitze gebracht worden ist, mit Eisenoxyderzen und den nötigen Flußmitteln beschickt und in langsame Rotation versetzt. Wenn das Ganze in Fluß gekommen ist, wird die entsprechende Menge Kohle in nußgroßen Stücken beigegeben, zugleich aber eine etwas raschere Drehung eingeleitet, um eine innigere Vermischung der Erze mit der Kohle zu bewirken. Die Reduktion erfolgt sehr rasch, wie man an der Entwickelung des mit blauer Flamme verbrennenden Kohlenoxydgases bemerken kann. Ist diese Einwirkung beendet, so wird die Schlacke abgelassen und der Ofen schneller rotieren gelassen, um die Luppenbildung zu befördern.

Zur Zeit freilich ist man auf diese Weise noch nicht dahin gelangt, in einem Zuge ein gleichgutes Stabeisen zu erzeugen, wie man es aus dem Roheisen durch das Puddeln erhält, allein für die Stahlbereitung liefert das Verfahren ein sehr brauchbares Material, das man zu diesem Behufe nur in einem Bade von geschmolzenem Roheisen aufzulösen braucht (Siemens-Martin-Prozeß). Es kann aber auch nicht außer acht gelassen werden, daß die Zeit, seit der man sich diesen Versuchen hingegeben hat, eine verhältnismäßig noch sehr kurze ist und daß die jetzigen Verhältnisse der Eisenindustrie nicht sehr zu kostspieligen Experimenten verlockend sind. Es darf hier nicht unerwähnt gelassen werden, daß große Mengen von Schmiedeeisen durch den weiterhin zu besprechenden Bessemerprozeß in flüssigem Zustande erhalten werden, welches Eisen dann auf dem Bruche stahlartig erscheint.

Die weitere Behandlung des durch den Puddlingsprozeß erhaltenen rohen Schmiedeeisens zur Gewinnung eines gleichmäßigeren und reineren Produkts heißt das Raffinieren. Es geschieht durch wiederholtes Glühen und Strecken der Eisenstücke mittels Hämmern oder Walzen, Zerschneiden, Übereinanderlegen, Schweißen und Wiederauswalzen. Durch diese Behandlung wird dem Metall eine Beschaffenheit aufgezwungen, die es von Natur nicht besitzt. Seine Kristallisation wird zerstört, es wird zähe und biegsam; der Bruch bildet keine ebenen Bruchflächen, vielmehr ist er hakig, faserig. Die eigentliche Struktur des Eisens aber ist die kristallinische; diese faserige Textur ist eben nur ein künstliches Produkt der Bearbeitung, und es ist dem Techniker wohlbekannt, daß selbst das zäheste Schmiedeeisen durch bloße Erschütterung mit der Zeit seine kristallinische Textur wieder anzunehmen vermag und so brüchig wird wie Gußeisen. Deshalb läßt man Eisenbahnachsen nur eine gewisse Zeit gehen und rangiert sie dann aus, wenn sie auch äußerlich noch so wohlerhalten aussehen.

In notdürftiger Weise kann man übrigens, mit Umgehung aller Frischarbeit, durch einen bloßen Glühprozeß unter Luftzutritt oder in einer Umhüllung Sauerstoff abgebender Mittel, wie Eisenoxyd u. dergl., das Gußeisen in weiches Eisen verwandeln. In der Praxis benutzt man dies, indem man allerhand kleine Gebrauchsstücke aus Gußeisen herstellt und dieselben dann dergestalt ausglüht, daß ohne Eintritt von Schmelzung ein Teil des Kohlenstoffs verbrennt und ein weiches Eisen entsteht, das allerdings mit den sonstigen Unreinheiten des Roheisens beladen bleibt und daher keinen Anspruch darauf machen kann, für gutes Eisen zu gelten. Aber die so erzeugten Gegenstände sind sehr wohlfeil und können für gewisse Zwecke genügen. Es ist dieses das Produkt, welches mit dem Namen schmiedbares Gußeisen bezeichnet zu werden pflegt.

Die Form des in die Hände der Techniker übergehenden Eisens ist in der Regel die von Stäben, und es dienen zu dieser Formgebung Walzwerke, wie das in Fig. 57 abgebildete, welches für Quadrateisen und Flacheisen eingerichtet ist. Je nach der Form dieser Einschnitte, d. h. der Öffnung, welche ein Einschnitt der Oberwalze und ein solcher der Unterwalze zusammen bilden, erhält man Quadrateisen oder Vierkanteisen, Stangen von gleichseitig viereckigem Querschnitt, Flacheisen mit langviereckigem, Rundeisen mit kreisrundem Querschnitt. Während die letztere Form, mehr und mehr verkleinert gedacht, in die Sorte des dicken Drahtes übergeht, verdünnt sich die Stabeisenform ihrerseits durch fortgesetzte Verflachung zu Bandeisen. Geringere Sorten Flach- und Bandeisen, bei denen es auf akkurate Form nicht ankommt, werden übrigens mit weniger Umständen zwischen glatten Walzen zu Tafeln ausgereckt, und diese dann auf Schneidwerken, Walzen mit schneidigen Scheiben, zugleich in mehrere Längsstreifen zerspalten. Was bei diesen Walzarbeiten nicht auf einmal zu erzielen ist, erreicht man nach und nach, indem man die durchgegangenen Körper durch verschiedene Walzlöcher schickt, welche der Form nach gleich, in der Größe aber abnehmend gestaltet sind. Sie erleiden daher immer eine bedeutende Streckung und infolge des Drucks Verdichtung.

Die Eisenwerke bieten den Gewerken noch weitere Bequemlichkeiten dadurch, daß sie ihren Stäben auch andre Durchschnittsformen geben, z. B. oval, fünf-, sechskantig u. s. w. Die Bestimmung solcher Stäbe ist dann meistens die, daß sie mittels Durchschnitt zu Platten ausgestückelt werden, die nun bereits mehr oder weniger fertige Artikel, z. B. Material für Schraubenmuttern, bilden. In solcher Gestalt heißt das Metall dann Modell- oder Façoneisen, und es können hierzu auch die dünnen quadratischen Stäbchen mit in gewissen Abständen eingekniffenen Stellen gerechnet werden, welche die Nagelschmiede weiter verarbeiten (Zain- oder Nageleisen). Alles Façoneisen wird stets nur durch Walzen hergestellt. Die steigende Verwendung des Eisens zu Schiffen und andern Bauten, wie Brücken, Schuppen und Hallen, zu Balkenlagen u. s. w. hat auf mehrere Formen dieses Walzeisens geführt, welche man unter dem Namen Winkeleisen zusammenfaßt und bei welchen Materialersparnis und Leichtigkeit sich mit Festigkeit vorteilhaft verbinden. So hat man Winkeleisen im engeren Sinne (L), T-Eisen (T), Doppel-T-Eisen (I), Kreuzeisen (+) u. s. w. Die weitaus bedeutendste Aufgabe aber ist den Walzwerken in der Herstellung der Eisenbahnschienen gestellt.

Fig. 57. Walzwerk.

Das Auswalzen des Eisens auf Streckwerken gewährt gleicherweise, und in noch höherem Grade als der Abstich des Hochofens und das Gießen mächtiger Gußstücke, ein anziehendes, fesselndes Schauspiel. Unter der gewaltigen Druckkraft der Walzen dehnt und streckt sich der im Augenblick noch formlose, weißglühende, grimmig Funken speiende Klumpen mit wachsgleicher Gefügigkeit länger und länger; immer biegsamer wird die Masse, so daß man an die Eisennatur desselben kaum noch glauben möchte. Sind die verlangten Dimensionen des Stabes oder der Schiene erreicht, so schleppt man das Eisen noch glühend nach einer aus einer Erdgrube ein Stück hervorragenden, sich mit ungeheurer Vehemenz drehenden Kreissäge (s. Fig. 59), um die verlorenen Enden abzunehmen und das Ganze in Stücke von gewünschter Länge zu zerlegen. In wenigen Sekunden hat die Säge einen solchen Durchschnitt vollendet, und jeder Schnitt ist begleitet von einem prachtvollen Feuerwerk sprühender, in allen Farben leuchtender, den ganzen Arbeitsraum bis zur Decke erfüllender Funken.

Zu den Erzeugnissen der Eisenwerke gehören endlich noch die rohen Bleche (Schwarzblech) und der Draht, soweit sich derselbe zwischen eisernen Walzenpaaren erzeugen läßt (Walzdraht). Beide Produkte dienen dann zum unmittelbaren Verbrauch oder gehen zur weiteren Verfeinerung in andre Hände über (Weißblech, gezogener Draht). Die Bleche werden bereitet, indem man möglichst weiches und dehnbares Eisen zu flachen Stäben auswalzt, diese in Stücken zerhaut oder durch eine Maschinenschere zerschneiden läßt (sie heißen Stürze, daher der professionelle Name Sturzblech für Schwarzblech) und solche dann zu Blech ausreckt. Es geschah dies früher durch Hämmern, jetzt allgemein und vorteilhafter durch Walzen, wobei nicht nur eine größere Gleichförmigkeit des Fabrikats, sondern auch eine bedeutendere Leistungsfähigkeit in kürzerer Zeit erzielt wird. Selbstverständlich dienen hierzu ganz glatte Walzenpaare, welche ebenso wie alle andern aus sehr hart gegossenem Eisen bestehen. Die Bleche passieren bis zu ihrer Vollendung die Walzen mehrmals, indem sie zwischendurch wiederholt geglüht werden, um sie weich und geschmeidig zu erhalten.

Fig. 58. Die Walzwerke auf einem Eisenhüttenwerke.

Die letzten Walzen (Schlichtwalzen) dienen zur Ausgleichung; es werden gleich eine Anzahl Bleche zusammen durchgeschickt, diese vor dem wiederholten Durchgange in andre Lagen zu einander gebracht und durch Klopfen mit einem hölzernen Hammer von Oxyd befreit. Die fertig gewalzten Bleche werden noch einmal in großen Paketen erhitzt, heiß mit einer starken Presse zusammengepreßt und mittels Maschinenscheren beschnitten.

Die Arbeit des Blechwalzens geschieht zwischen sehr harten, ebenen und glatten Walzenpaaren, die mit ihren starken Zapfen in gußeisernen, mit Messing gefütterten Lagern laufen. Die untere Walze bleibt immer auf ihrem Platze liegen, die obere kann mittels Stellschrauben gehoben und gesenkt werden, denn bei jedem neuen Durchgange der Blechtafeln muß, um ihre Stärke zu vermindern, die obere Walze der unteren mehr genähert werden. Die Herstellung von Stahlblech stimmt in der Fabrikation wesentlich mit dem hier beschriebenen Verfahren überein, und in eben derselben Weise werden Kupfer, Messing, Argentan, Bronze, Zinn, Blei, Zink, Silber, Gold und Platin zu Blech ausgewalzt. Eine Menge Schwarzblech findet als solches seine Verwendung; andres zieht ein zinnernes Kleid an und avanciert dadurch zu Weißblech, dem wir bei Besprechung des Verzinnens begegnen werden, oder es wird vernickelt.

Fig. 59. Abgleichung der Eisenbahnschienen.

Zur Erzeugung der Drähte dienen — wie gesagt — verschiedene zusammenwirkende Walzenpaare, welche das Eisen nacheinander passieren muß, um, an dem einen Ende in Form eines glühenden Knüppels eingesteckt, in überraschend kurzer Zeit am andern sich als Draht herauszuspinnen. Die Walzenpaare stehen entweder in einzelner fortlaufender Reihe, oder es liegen ihrer zwei bis drei übereinander, wodurch die Reihe sich abkürzt. Die immer kleiner werdenden Löcher, vielleicht 12—20, durch welche das Eisen gezwängt wird, bilden sich natürlich dadurch, daß je zwei vertiefte Rillen der Walzenpaare übereinander liegen. Übrigens sind diese Löcher nicht durchweg rund, sondern im ersten Drittel des Ganges vielleicht oval, dann quadratisch und erst gegen das Ende der Passage kreisrund. Hierdurch erhält das Metall eine Art Knetung von den Seiten her, und da gleichzeitig an zwei, drei oder mehr Punkten der Passage eine Streckung erfolgt, weil das folgende Paar mit einer etwas größeren Geschwindigkeit geht als das vorhergehende, so ist es begreiflich, daß das so angestrengte Eisen glühend bleibt und sich noch heiß auf den zuletzt stehenden Haspel aufwindet. Die hier sich bildenden Drahtringe werden alsbald in blecherne Kästen eingeschlossen und in einem Kühlraume langsam, damit sie weich bleiben, abgekühlt, dann beizt man sie mit sehr verdünnter Schwefelsäure, um den Glühspan zu entfernen, spült die Säure mit Wasser ab und trocknet die Drähte. Die Abbildung Fig. 61 stellt einen Arbeitssaal von Funke, Borbet & Co. in Langendreer dar, in welchem Walzdraht aus Eisen hergestellt wird. An den langen Tafeln in der Mitte wird der Draht gesäuert, vorn getrocknet und gebunden und dann auf den Schienen in kleinen Fahrzeugen transportiert.

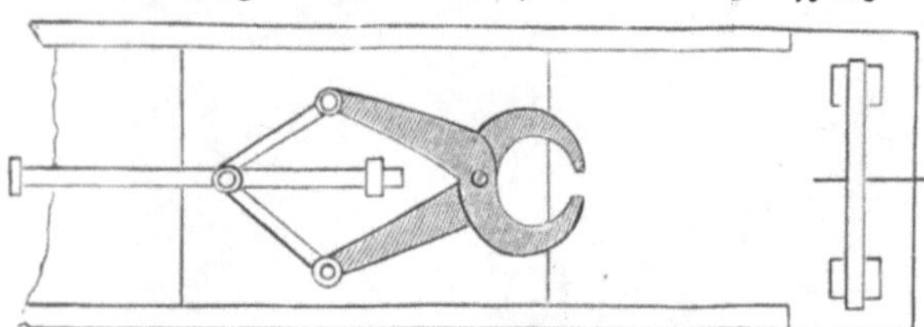

Fig. 60. Stoßzange.

Statt des hier beschriebenen Walzens der Drähte in den gröberen Nummern hatte man früher den Stoßzug, einen einfachen, von Wasser getriebenen Mechanismus, im wesentlichen bestehend aus einer hin und her gehenden großen Zange (s. Fig. 60), welche den durch ein Ziehloch gesteckten Eisenstab bei jedem Rückgange packte und ein Stück weiter hindurchzog. Sie dürfte nur noch auf kleinen, alten Drahtmühlen anzutreffen sein, da sie sich in der Geschwindigkeit gegen die Schnellwalzwerke wie der Kärrner zum Dampfwagen verhält.

Fig. 61. Arbeitssaal der Drahtzieherei von Funke, Borbet & Co. in Langendreer.

Überdies hinterläßt jeder ihrer Bisse eine Marke im Eisen, und deshalb ist auch der solchergestalt fabrizierte Draht weniger beliebt als der durch Walzen hergestellte.

Die weitere Verdünnung der Drähte geschieht stets auf Ziehbänken mit Hilfe des Zieheisens, einer Platte sehr harten Stahls, in welcher die stufenweise an Weite abnehmenden Ziehlöcher ausgearbeitet sind. Sie erweitern sich nach der Seite hin, wo der Draht eintritt, etwas trichterförmig und sind für feinere Zwecke, z. B. für Stahldraht zu musikalischen oder mathematischen Instrumenten, mit irgend welchem harten Edelstein ausgefüttert. Neben der Ziehbank befindet sich ein Haspel, auf welchen der auszuziehende Draht aufgewunden ist; nachdem dessen Ende durch Hämmern verdünnt, durch das gewählte Ziehloch geschoben und an der jenseit des Zieheisens stehenden Trommel (Scheibe) befestigt worden, wird letztere durch Maschinenkraft in Umtrieb gesetzt. Es befinden sich gewöhnlich eine größere Anzahl solcher Scheiben nebeneinander, von welchen die eine immer den Draht von der andern abnimmt, nachdem er wieder ein Ziehloch passiert hat, und ebensoviel als Trommeln thätig sind, stehen zwischen ihnen auch Zieheisen. Der Haspel dreht sich nur durch das Abziehen mit. Er kommt bei noch ziemlich dicken Drähten auch in Wegfall, indem man den Draht unmittelbar vorlegt und mit der Hand nachhilft. Die aufnehmende Trommel ist nach oben etwas verjüngt, um die Drahtrollen bequemer abnehmen zu können. Je dünner man den Draht haben will, um so mehr Löcher in abnehmender Größe muß er passieren. Durch das öftere Ausziehen wird er aber spröde und muß zwischendurch geglüht werden, was unter Luftabschluß in besonderen Öfen geschieht. Nach dem Glühen muß ihm dann erst wieder der Glühspan mittels Abscheuerns oder Abbeizens benommen werden. Dünner Eisen- oder Stahldraht kann 35—40mal durch die Ziehlöcher gegangen und dazwischen 4—5mal geglüht worden sein.

Alteisen. Für die Erzeugnisse der Eisenwerke gibt es außer den Eisenerzen noch eine nicht zu verachtende Eisenquelle, die sogar oberflächlicher liegt als selbst das Rasenerz, deren Einfluß durchaus nicht zu unterschätzen ist, wenn auch auf den ersten Blick ihre Wichtigkeit nicht so evident in die Augen zu springen scheint, und die wir am geeignetsten an dieser Stelle betrachten, das ist das Alteisen. Obwohl dasselbe in beschränktem Maße immer gesammelt wurde (der „Schüsseln für Alteisen" gebende bescheidene Schubkärrner ist ja jedem Dorfkinde eine bekannte Erscheinung), so fällt doch heutzutage der Stoff in viel größeren Massen ab als sonst und ist eine ansehnliche Handelsware geworden. Welchen Abgang hat nicht allein eine Eisenbahn alljährlich, sowohl an Schienen als an dem übrigen Gerät! Deshalb können selbst in erzarmen Gegenden Eisenwerke bestehen, lediglich durch Verarbeitung alten Materials. Die ganze Thätigkeit ist dann vom Hochofenbetriebe unabhängig, und ein Werk, das sich vorzüglich auf Bahnschienen verlegt, bedarf nur mäßigen Zuschusses an Rohstoff, wenn es seine Schienen im abgenutzten Zustande immer wieder zurücknimmt.

Bei Zugutemachung alter Eisensachen werden die kleineren Stücke mittels Draht in Bündel gebunden (paketiert), die größeren zerschroten, und erleiden dann dieselbe Behandlung wie das Luppeneisen: man erweicht sie im Glühofen, schweißt sie unter Hämmern aus oder schickt sie durch Walzen, bis eine homogene Masse entstanden ist. Das Wort Paketieren wird überhaupt gebraucht, um das Zusammenschweißen übereinander gelegter Stücke in glühendem Zustande zu bezeichnen. Bei Anfertigung von Bahnschienen gehört dazu selbst ein gewisser Grad von Geschick und Sorgfalt, indem es sich hier (bei dem besseren deutschen Eisen allerdings weniger als in England) speziell darum handelt, Platten besseren und härteren Eisens obenauf und nach außen, geringeres Material dagegen ins Innere des Schienenkörpers zu bringen.

Verweilen wir noch etwas bei den neueren wichtigen Verbesserungen im Fache des Eisenhüttenwesens, die sich nicht bloß auf den Hochofenbetrieb, sondern in vielen Fällen zugleich auch auf den Puddelprozeß beziehen. Die Anwendung der heißen Gebläseluft steht jetzt bei den allermeisten Werken in Anwendung und wird selbst beim Puddelprozeß nicht selten zu Hilfe genommen. Allgemeine Regeln für den passendsten Hitzegrad gibt es nicht, derselbe muß sich nach der Beschaffenheit der Materialien richten; im Durchschnitt wird er von 200 bis zu 400° C. bei bedeutender Pressung getrieben, doch kommen wohl auch viel höhere Temperaturen in Anwendung, wenigstens spricht man von Generatorapparaten, mit denen sich die Gebläseluft bis auf 700° erhitzen lassen soll. Das Heißblasen hat in gewissen Fällen selbst auf die Güte des **Produktes** einen vorteilhaften Einfluß gezeigt, während im allgemeinen nicht in Abrede zu stellen ist, daß das heiß erblasene Eisen infolge des raschen Ausschmelzens unreiner ist als kalt geblasenes. Der Hauptvorteil liegt aber in einer Ersparung von Brennmaterial, in der Erleichterung des ganzen Schmelzprozesses und endlich in einer namhaft höheren Ausbeute an Eisen. Vermöge der erlangten höheren Hitzegrade geht der Betrieb rascher, zugleich regelmäßiger von statten, und man kann die Menge der Zuschläge gegen sonst vermindern. Durch das Heißblasen ist namentlich in England die Benutzung roher Steinkohle in ausgedehntester Weise in Anwendung gekommen; freilich eignet sich nicht jede Kohle, namentlich keine fette, backende dazu. Häufig genug aber wird auch bei Koks heiß geblasen, wobei jedoch die Hitze leicht zu stark werden und das Eisen an Güte sehr verlieren kann. Das mit roher Steinkohle erblasene Eisen ist in der Regel von viel geringerer Qualität als das Kokseisen, es bildet die ordinärste und wohlfeilste Sorte.

Die Erhitzung der Gebläseluft geschieht entweder in einem Vorfeuer, das mehrere Röhren umspielt, durch welche die Luft vor ihrem Eintritt in den Ofen streichen muß, oder man läßt solche Röhren durch die aus dem Hochofen entweichenden Gase beheizen, die sonst in der Gichtflamme nutzlos verbrennen würden. Man fängt die Gase an der Mündung des Ofens ab, noch ehe sie sich entzünden, und leitet sie seitwärts in einen geschlossenen Raum unter die Gebläseröhren, wo sie in Vermischung mit Luft verbrennen. In noch andrer Weise zieht man die brennbaren Gase aus dem Oberraum des Hochofens selbst herab und bringt sie in direkte Mischung mit dem Gebläsewind. Die Art, wie dann der oberste Teil des Hochofens gebaut ist, ist aus den Abbildungen Fig. 62 und 63 zu ersehen. Entweder es führen Luftwege OO in einen ringsum laufenden Kanal CC, aus welchem die Ofengase mittels eines saugenden Ventilators herausgezogen und durch das Rohr T zur Feuerstelle geleitet werden, oder die obere Öffnung ist bei OO (s. Fig. 63) einfach durch ein Sturzblech C verschlossen, welches die Gase zwingt, durch T zu entweichen.

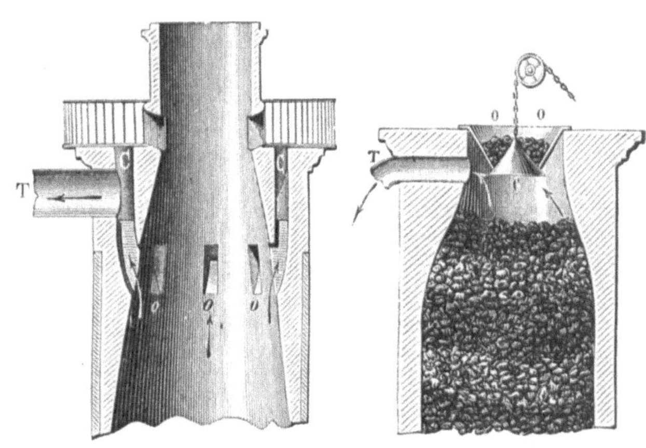

Fig. 62 und 63. Ableiten der Gichtgase beim Hochofen.

Die aus dem Hochofen entweichenden Gase lassen aber ihre Hitze auch noch anderweit verwenden. Zwar hat man davon wieder abstehen müssen, auch die Puddelarbeiten dabei zu betreiben, denn obwohl man mit ihnen die Temperatur selbst bis zur Weißglut steigern kann, so stören doch die beiden Betriebe des Hoch- und Puddelofens einander, die Gase bringen schädlichen Staub mit u. s. w.; dagegen verwendet man sie mit außerordentlichem Vorteil zum Heizen von Dampfkesseln, Rösten der Erze, Heizen von Zementstahlöfen, selbst zum Kalk- und Ziegelbrennen.

Anlangend das Brennmaterial, so dienen für den Hochofen, bei welchem immer Erze und Brennstoffe zugleich in abwechselnden Schichten eingegeben werden, fast ausschließlich Holzkohlen, Koks, Steinkohlen oder allenfalls Holz, das aber erst zerkleinert und gedörrt werden muß. Andre Stoffe, wie Torf, Braunkohlen, bei denen die vorherige Dörrung gar nicht zu umgehen ist, gestatten keine sichere Anwendung und sind schon wegen ihres meist großen Aschengehalts mißlich. Dagegen sind zur Beheizung der Puddel- und Schweißöfen dergleichen geringere Brennstoffe anwendbar, zumal nach Einführung der sogenannten Gasfeuerung, welche selbst die Benutzung des geringsten Materials und allerhand kleinen Abfalls gestattet. Diese interessante Heizmethode, vor etwa 30 Jahren in Deutschland entstanden, ist nicht allein für die Metallurgie, sondern für die ganze Technik von so wichtigem Belange, daß wir sie unter die bedeutsamsten technischen Fortschritte zu zählen haben. Wir werden bei der Glasfabrikation Gelegenheit haben, uns die Anlage einer derartigen Feuerung anzusehen, begnügen uns daher an dieser Stelle mit einer allgemeinen Darlegung der Prinzipien.

Die Idee der Gasfeuerung fand ihren Ursprung gerade in den kurz vorher im Schwunge gewesenen, aber ohne den gewünschten Erfolg gebliebenen Bestrebungen, die Hochofengase auf die Puddel- und Schweißöfen anzuwenden; sie besteht darin, daß man sich ähnliche Gase und von besserer Beschaffenheit, als sie der Hochofen gibt, in dem Maße, wie sie gebraucht werden, absichtlich bereitet und somit über alle früheren Störungen und Unsicherheiten mit einem Male hinwegkommt. Nachdem dieser Gedanke von vielen Seiten mit Eifer ergriffen worden und die Versuche ganz unerwartet günstig ausfielen, gewann die Gasfeuerung eine sehr rasche Verbreitung und wird ohne Zweifel in Zukunft noch viel allgemeiner werden.

Das Hauptstück zur Gasfeuerung ist der Generator, ein schlichter, schachtförmiger Ofen, der dicht neben dem Arbeitsofen angelegt wird und bei Flammöfen die Stelle einnimmt, wo sonst das gewöhnliche Rostfeuer seinen Platz hat. In diesen Ofen werden die gehörig zerkleinerten und trockenen Brennstoffe von oben eingefüllt; da aber aus der Füllöffnung keine Gase entweichen dürfen, so ist dieselbe mit irgend einer Vorrichtung versehen, welche einen Wechselverschluß gestattet, so also, daß das Material erst in den Generator niedersinkt, nachdem eine Öffnung zu oberst geschlossen und eine andre unterhalb aufgemacht worden. Das Material füllt den Generator stets bis zu einer bestimmten, ziemlich beträchtlichen Höhe, und dies ist für den Prozeß wesentlich. Zu unterst in demselben befindet sich ein Feuerloch, gewöhnlich auch ein kleines Gebläse, das besonders bei Brennstoff von sehr kleinem Korn nötig wird. Hier wird helles Feuer unterhalten, dasselbe verbreitet sich aber nicht weit nach oben, vielmehr ziehen nur die hier erzeugten glühenden Gase aufwärts und erhitzen die Füllung so weit, daß brennbare Gase — Kohlenwasserstoffgas — aus ihr entweichen, während gleichzeitig die im Unterfeuer erzeugte Kohlensäure bei ihrem Durchgange durch die glühende Beschickung sich durch Aufnahme von Kohlenstoff in Kohlenoxydgas, also einen ebenfalls brennbaren Stoff, zurückverwandelt. Das Erzeugnis des Generators ist also ein Gemenge meist brennbarer Gase, das entweder oben durch einen kurzen Kanal seitwärts ab und direkt in den Feuerraum geleitet wird oder auch erst eine Gestübbekammer passiert, um mit fortgerissenen Staub und Asche fallen zu lassen. Jedenfalls vor ihrem Eintritt in den Ofen erhalten aber die Gase durch eine Anzahl Düsen eine Zumischung von Luft, die entweder kalt eingeblasen oder meistens erst vorgehitzt wird, indem das Luftrohr in mehreren Windungen in den Schornstein des Ofens gelegt ist. Auf der Stelle, wo die Luft eintritt, erfolgt die Entflammung der Gase, und es fahren gleichsam so viel großartige Lötrohrflammen, als Düsen vorhanden sind, in den Arbeitsraum. Zuweilen steigert sich freilich die Entflammung bis zu Explosionen, wie das von solchen Gemischen, die immer eine Art Knallgas vorstellen, nicht anders zu erwarten ist. Diese Zufälle werden aber unschädlich gemacht durch eine Anzahl nach auswärts schlagender Klappen, welche in den Wandungen des Mischungs- und Entzündungsraumes angebracht sind.

Es lassen sich bei der Gasfeuerung sogar schwefelhaltige Brennstoffe ohne Schaden in den Betrieb bringen, denn die Schwefeldämpfe verbrennen in der Gasflamme sicher zu schwefliger Säure, die auf das Metall gar keinen schädlichen Einfluß mehr ausübt.

Der Stahl. Die ganze heutige Eisenindustrie nimmt der Hauptsache nach immer noch ihren Ausgang von dem Roheisen des Hochofens; von diesem leitet sich, wie wir sahen, das Schmiedeeisen ab, und der Stahl kann sowohl aus dem einen als aus dem andern erzeugt werden. Wie schon eingangs erwähnt, mußte die alte Ausbringungsmethode in kleinen Öfen immer ein mehr oder weniger stahlartiges Eisen ergeben; bei reinen Erzen, viel Aufwand an Kohlen, Zeit, Opfern und an Abfall, läßt sich selbst ein guter, wenn auch nicht sehr harter Stahl auf diesem direkten Wege erzeugen. Heutzutage ist diese ganze alte Kleinindustrie, die sich zu der gegenwärtigen etwa verhält wie die Hausweberei zum Maschinenwebstuhl, im Untergehen begriffen und fristet sich nur in Ländern, wo der moderne

Betrieb seinen Fuß noch nicht hingesetzt hat. Während aber unsre unter Leitung der Naturwissenschaft groß gewordene Technik mit Stahl und Eisen ganz anders, selbstbewußter und großartiger manipulieren gelernt hat als frühere Zeiten, scheint doch die Theorie gerade des Stahls von ihrem Abschlusse noch ziemlich entfernt zu sein, denn noch ist es nicht völlig gelungen, die vielerlei darauf bezüglichen praktischen Erfahrungen unter feste Gesichtspunkte zu bringen. Zwar haben wir noch nicht Ursache, den Glauben an die Rolle des Kohlenstoffs im Eisen aufzugeben, aber wir wissen doch auch, daß verschiedene andre Elemente, in kleinsten Mengen dem Eisen einverleibt, demselben gleichfalls Härte und stahlartige Eigenschaften zu geben vermögen. Der Grundstoff des Kiesels, das Silicium z. B., ein dem Kohlenstoff ähnlicher Körper, bildet neben Kohlenstoff in geringer Menge einen Bestandteil der meisten Stahlsorten, und man weiß, daß derselbe zur Härte des Stahls mit beiträgt, wie ja selbst von einem „Siliciumstahl" die Rede gewesen ist. Ganz ähnlich verhält es sich mit dem Mangan, wovon der Stahl selbst größere Mengen verträgt, welches, ohne dem Produkte durch seine Gegenwart zu schaden, selbst als ein Reinigungsmittel, welches andre schädliche Stoffe, wie Schwefel und Phosphor, zurückdrängt, betrachtet werden kann. Manganhaltige Eisenerze werden daher auch mit Vorliebe zur Stahlbereitung benutzt und haben den Ehrennamen Stahlerze erhalten. Hiernach deuten sich denn auch die Benennungen Silber-, Nickel-, Titan-, Chrom-, Wolframstahl u. s. w. von selbst; sie besagen, daß dem Stahl eine kleine Menge des betreffenden Metalls behufs der Verbesserung seiner Qualität absichtlich zugesetzt ist; oder sie besagen auch das nicht, sondern sind eine bloße Etikette, wie dies namentlich mit dem Silberstahl und einem sogenannten Aluminiumstahl vorgekommen, in welchen niemand Aluminium und Silber hat entdecken können. Mit mehreren dieser zusammengesetzten Stahlarten ist man über das Stadium der Versuche nicht hinausgekommen, einige jedoch haben sich in der Industrie eingebürgert; so soll z. B. die Mississippibrücke bei St. Louis aus Chromstahl erbaut sein. Ebenso wird Wolframstahl seiner großen Härte wegen zu verschiedenen Zwecken verwendet; er war zwar eine Zeitlang in Mißkredit gekommen, aber wohl nur deswegen, weil man gewöhnlichen Stahl anstatt Wolframstahl verkaufte. Die Anwendung des Wolframs datiert seit etwa 1856 und ist dem Bergwerksbesitzer Jakob in Wien zu verdanken. In den Zinngruben Altenberg und Zinnwald findet sich das Wolframerz, ein bis dahin nutzloses Mineral, im wesentlichen aus wolframsaurem Eisenoxydul nebst ebensolchem Manganoxydul bestehend. Nachdem man durch Rösten beigemengten Schwefel und Arsen ausgetrieben, zieht man mit Salzsäure das Eisen und Mangan aus und behält Wolframsäure als ein gelbes Pulver. Man reduziert dasselbe durch Glühen mit Kohle und erhält so das Wolframmetall, das wegen seiner Strengflüssigkeit stets nur als eine poröse, schwammige Masse erhalten wird. Auf Jakobs Veranlassung wurde dasselbe zu Legierungen mit Stahl versucht. Ein Zusatz von 5 Prozent Wolfram erhöht die Härte und Festigkeit des Stahls über die des besten englischen Gußstahls. Dieses neue Produkt machte eine Zeitlang viel von sich reden und wurde sehr zu schneidenden Werkzeugen empfohlen, die viel auszuhalten haben. Ein Nachteil des Wolframstahls ist jedoch seine schwierige Verarbeitbarkeit. Außerdem wurde das Wolframmetall als ein Zusatz zu Gußeisen empfohlen, das dadurch eine ganz besondere Härte erlangen soll. Wolframmetall von 80—90 Prozent reinem Wolframgehalt bildet einen Handelsartikel. Mehr Bedeutung hat der Manganstahl und das Ferromangan erlangt. Ferromangan ist ein sehr manganreiches Roheisen, von bis zu 70 Prozent Mangangehalt und circa 6 Prozent Kohle, es wird in großer Menge zum Bessemern als Ersatz für Spiegeleisen verwendet und für diesen Zweck absichtlich durch Zusatz von Manganerzen beim Hochofenprozeß dargestellt. Hierbei muß man einen sehr basischen, kalkreichen Zuschlag geben, um zu verhüten, daß ein großer Teil des Mangans an der Schlackenbildung sich beteilige, denn das Manganoxydulsilikat läßt sich durch Kohle nicht mehr reduzieren. Durch Zusatz dieses Ferromangans zu gewöhnlichem Stahl erhält man den sehr harten Manganstahl.

Ob der im Stahl in kleinen Mengen enthaltene Stickstoff einen wesentlichen Einfluß auf seine Beschaffenheit hat, ist noch nicht entschieden, fast scheint es so, da gewisse, seit langer Zeit empirisch angewandte Mittel zur Einsatzverstählung, wie Hornspäne, Knochenmehl, Blutlaugensalz u. dergl., eine so vorzügliche Wirkung thun; es sind eben stickstoffhaltige Körper. Doch es fehlt eben noch an einer Verknüpfung aller hier berührten

Thatsachen und wir haben bis jetzt als Maß zur Beurteilung der Stahlartigkeit immer noch den Kohlenstoff festzuhalten.

Der Stahl, als ein Mittelding zwischen Stab- und Roheisen, das mit dem ersten die Schweißbarkeit teilt, besitzt auch einen mittleren, wiewohl beträchtlich schwankenden Kohlegehalt. Überhaupt scheint bei den Verbindungen zwischen Kohlenstoff und Eisen das Gesetz der festen Proportionen, das Gerippe der ganzen Chemie, gar nicht einzuschlagen. Man kann dem weichsten Eisen, das nur noch Spuren von Kohle enthält, allmählich immer mehr Kohlenstoff zuführen; es wird vielleicht bei $^1/_2$ Prozent stahlartig, aber immer noch weich sein; sobald das entsprechend behandelte Metall mit dem Stein Funken gibt (und eine andre Probe dürfte es kaum geben), nennt es der Techniker Stahl. Durch fortgesetzte Zuführung von Kohlenstoff wird endlich das frühere weiche Metall zum leibhaftigen Gußeisen. Ein Kohlegehalt von $1^1/_2$ Prozent gilt bei reinem Material für diejenige Stufe, auf welcher der Stahl nach dem Ablöschen eine große Härte und zugleich die größte Festigkeit (das Gegenteil von Sprödigkeit) hat. Weiter hinaus kann die Härte noch steigen, aber auch die Sprödigkeit steigt, so daß schon mit 2 Prozent alle Schweißbarkeit verloren und die Grenze von Stahl und Roheisen erreicht ist.

Die volle Brauchbarkeit des Stahls, seine Unersetzlichkeit als Stoff für schneidende Werkzeuge beruht aber auf der merkwürdigen, nur vom Roheisen einigermaßen geteilten Eigenschaft, sich, ohne seine Stahlnatur zu verlieren, beliebig in einen Zustand großer Weichheit und außerordentlicher Härte durch bloße Temperaturveränderungen versetzen zu lassen. Wie bekannt, wird der Stahl durch bloßes Erhitzen und langsames Auskühlen so weich, daß er sich wie das weichste Eisen behandeln und bearbeiten läßt, während er anderseits wieder durch Glühendmachen und rasches Abkühlen (Eintauchen in kaltes Wasser u. dgl.) einen Härtegrad erlangt, der sich bis zur Glashärte steigern läßt, d. h. Glas und Quarz ritzt und der besten Feile spottet. Anderseits läßt sich der glasharte Stahl durch gelindes Erhitzen (An- oder Ablassen) wieder von seiner Sprödigkeit befreien und auf jeden andern Grad der Härte zurückführen: in dem Grade, in welchem die Sprödigkeit abnimmt, wächst die Elastizität. Stark erhitzter, aber noch nicht glühender Stahl dagegen erhärtet durch Eintauchen in kaltes Wasser nicht, sondern wird sogar auffallend weicher. Alle diese Erfahrungen benutzt der Techniker zu seinen Zwecken, und es beruhen darauf eine Menge zum Teil eigentümlicher Härtekünste, so z. B. das Härten in geschmolzenem Blei oder Zinn, das Engländer längere Zeit hindurch als ein viel beneidetes Geheimnis hüteten. Ohne auf diese speziell eingehen zu können, sei nur erwähnt, daß der Techniker bei den Härtearbeiten einen guten Anhalt hat an den wechselnden Farben (Anlauffarben), welche blanke Eisen- und Stahlkörper in verschiedenen Temperaturen annehmen und die sich von untenauf in folgender Reihe darstellen: Blaßgelb, Strohgelb, Braun, fleckig Purpurn, gleichförmig Purpurn, Hellblau, Dunkelblau, Schwarzblau; bei noch höherer Steigerung der Hitze wird dieselbe Farbenreihe noch einmal durchlaufen, nur in weniger deutlichen Nüancen. Für Gegenstände, die sehr hart bleiben sollen, z. B. Rasiermesser, chirurgische Instrumente, muß die Anlauffarbe gelb sein (220—230° C.), für Scheren und Meißel braun (254°), für Tischmesser purpurfarbig (265°), für feine Sägen, Säbelklingen, Sensen violett (288°), für Uhrfedern, die den höchsten Grad der Elastizität beanspruchen, dunkelblau (316° C.).

Aus allem bisher Gesagten erhellt schon zur Genüge, daß es sich bei unsrer heutigen Art der Stahlerzeugung stets entweder um eine Entziehung oder um eine Zuführung von Kohlenstoff handeln muß. Die erstere Maßregel bezieht sich auf das Roheisen und ergibt den Rohstahl, Schmelz- oder Puddelstahl; die zweite, am Schmiedeeisen ausgeübt, liefert den Kohlungsstahl, Brenn- oder Zementstahl. Ein drittes Verfahren hält zwischen beiden die Mitte: das Zusammenschmelzen von Roh- oder Schmiedeeisen (Mischstahl). Hier wird sowohl genommen als gegeben, indem beide Eisensorten sich in eine gegebene Menge Kohlenstoff pro rata zu teilen haben. Die alte Stahlerzeugung war so sehr ein Werk des Zufalls, daß man das Produkt immer erst darauf untersuchen mußte, ob es sich besser zu Schmiedeeisen oder zu Stahl eigne; heutzutage hat es der Hüttenarbeiter schon bequemer, wenn er nämlich vom Roheisen ausgeht, an dessen hohem Kohlenstoffgehalt er immer einen festen Stützpunkt hat, obgleich die verschiedenen Qualitäten des Roheisens in der Bearbeitung auch berücksichtigt sein wollen.

Frischstahl. Die Umwandlung des Roheisens in Stahl durch Frischen geschieht auf verschiedene Art; entweder nach dem ältesten, der Stabeisenbereitung entsprechenden Verfahren, dem Herdfrischen, oder durch Puddeln und endlich durch das Bessemerverfahren. Die Anwendbarmachung der Puddelarbeit auf Stahl wollte anfangs gar nicht glücken, doch das Bestreben, die teuren Holzkohlen entbehrlich zu machen, spornte zu immer neuen Versuchen an, die erst zu einem Resultate führten, als man bei höchster Temperatur arbeitete; im übrigen ist die Arbeit dem Eisenpuddeln ganz ähnlich. Eine Hauptschwierigkeit war überwunden, nachdem man sich entschlossen hatte, die Steinkohlen durch einen besonderen Reinigungsprozeß von ihrem Schwefelgehalt zu befreien. Das schon lange übliche Verkoken treibt den Schwefel nicht vollständig genug aus. Man griff daher zu der bei den Erzen gewöhnlichen nassen Aufbereitung der Kohlen, indem man sie zerkleinert und einer Wäsche unterwirft, analog der früher besprochenen Setzarbeit, und erreicht damit größtenteils die Trennung der Kohle von den schwefelhaltigen und andern Mineralien. Der Schwefel durchzieht nämlich nicht die ganze Masse der Kohlen, sondern ist, in Verbindung mit Eisen als Schwefelkies, in Nieren und Körnern darin verteilt; da diese beträchtlich schwerer als die Kohle selbst sind, so hat der Scheidungsprozeß den gewünschten Erfolg. Die starke Zerkleinerung der Kohlen hat nichts auf sich, da dieselben im Feuer doch wieder zusammenbacken.

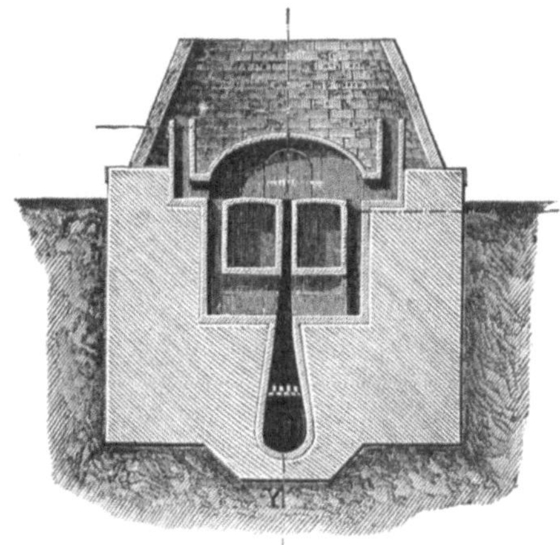

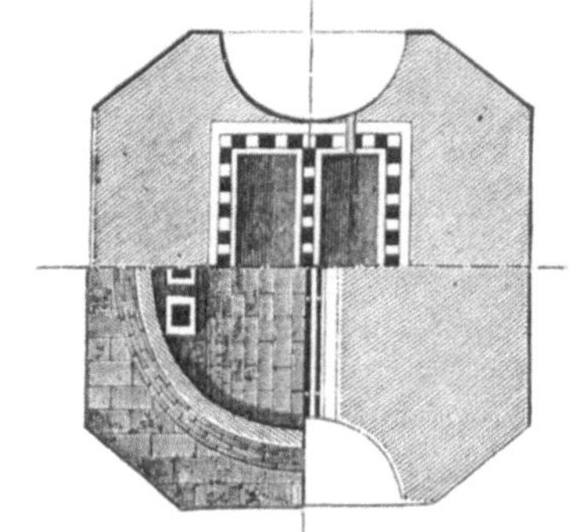

Fig. 64 und 65.
Zementationsofen im Durchschnitt und von oben gesehen.

Die Frischarbeit selbst anlangend, so ähnelt sie dem Eisenfrischen so sehr, daß der Nichtkenner den Unterschied kaum wahrnehmen möchte, nur ist der Herd kleiner. Die Rücksichten, die bei der Stahlbereitung gelten, sind hauptsächlich, daß die Bearbeitung im allgemeinen bei geringerer Hitze und bei mäßigem Gebläse geschieht, daß die niedergeschmolzene Masse unter einer Schlackendecke geschützt und nur vorsichtig mehr unter als vor Wind gebracht wird. Zu einer Zeit wird daher vielleicht der Stahlfrischer sein Windloch fast ganz schließen, während es der Eisenfrischer erst recht weit öffnen würde, und der ganze Stahlfrischprozeß darf im allgemeinen nur kürzere Zeit dauern, weil eben weniger Kohlenstoff verbrannt werden soll. Hieraus ergibt sich übrigens, daß auch das Stabeisen auf seinem Entstehungsgange aus dem Roheisen in einem gewissen Momente Stahl gewesen sein muß. In manchen Anstalten schmilzt man in die Frischmasse altes Schmiedeeisen ein, wodurch der Stahl eher gar wird.

Die beginnende Gare oder Reife des Stahls zeigt sich durch das Erscheinen geschmolzener Stahlkügelchen auf der Masse. Das fertige Produkt ist dann Rohstahl; es wird wie das Stabeisen aufgebrochen, zerschroten und in Stangen ausgeschmiedet, die man noch heiß in kaltes Wasser wirft und dadurch härtet. Durch Schläge oder Herabwerfen der Stangen oder auch schon der Metallkuchen von einer gewissen Höhe zerspringen sie, es trennen sich dabei die verschieden gearteten Partien, welche immer darin vorhanden sind, und dieser Selbstsortierung folgend, bringt man die im Ansehen der Bruchflächen gleichartigen Stücke zusammen und verbindet sie durch Schweißen und Aushämmern oder Walzen zu einem möglichst gleichförmigen Ganzen. So erhält man den Gärbstahl, der sich infolge des beim Gärben unvermeidlichen Kohlenstoffverlustes wieder mehr dem Stabeisen nähert, also weicher ist und bei zu langer Bearbeitung ganz zu Stabeisen werden würde.

Zementstahl oder **Kohlungsstahl.** Anders gestaltet sich die Überführung des Stabeisens in Stahl; sie beruht auf dem Erfahrungssatze, daß Eisen in glühendem Zustande, mit kohlenstoffhaltigen Substanzen in Berührung gebracht, Kohle aufnimmt und sich von außen nach innen fortschreitend in Stahl verwandelt. Es ist diese Erfahrung vielleicht nicht viel jünger als der Gebrauch des Eisens selbst; jedenfalls aber wurde sie lange Zeit nur benutzt, um Werkzeugen und andern kleinen Gegenständen eine oberflächliche Härtung zu erteilen, bis sie sich auf die vollständige Verwandlung des Schmiedeeisens selbst erstreckte, was aber auch schon lange her ist, denn man kann ein paar Jahrhunderte zurückgehen und doch die Zementstahlerzeugung schon auf der Stufe der Ausbildung finden, die sie heute einnimmt.

Die Umwandlung der zur Stählung bestimmten Eisenstäbe geschieht einfach durch mehrtägiges Glühen in geschlossenen Kästen in einer Umhüllung von Zementierpulver, in welchem eine stickstoffhaltige Kohle die Hauptsache ist. Am besten wirkt eine kalireiche Laubholzkohle; solche von Birken-, Buchen- oder anderm Hartholz erhält den Vorzug. Die Wirkung wird noch verstärkt durch Zumischung von stickstoffreichen Substanzen, namentlich tierischen Stoffen (verkohltes Leder, Knochen, Horn), von Glanzruß und Holzasche, letztere angeblich wegen ihres Kaligehalts. Andre hin und wieder genannte Zusätze, wie Kochsalz, Borax, Alaun u. s. w., scheinen als entbehrlich mehr oder weniger außer Gebrauch gekommen zu sein. In England soll man nur unvermischte Holzkohle benutzen. Die Thatsache aber, daß der Zusatz von Tierkohle und Holzasche sich als entschieden vorteilhaft bewährt, sowie die anderweite Beobachtung, daß drei- bis viermal gebrauchtes Zementierpulver seine Wirkung verloren hat, leiten zu der Vermutung, daß der inzwischen verloren gegangene Stickstoff nebst dem Kalium zwischen Eisen und Kohle eine Art Zwischenträgerrolle gespielt haben möchte. Wahrscheinlich entsteht hierbei Cyankalium, dessen Dämpfe Kohlenstoff an die Oberfläche des Eisens abgeben, die dabei entstehende poröse Kruste durchdringen und so mit immer neuen Teilen von Eisen in Berührung kommen.

Zum Zementieren hat man gewölbte Flammöfen, in deren Innern zwei oder mehr aus feuerfesten Steinplatten aufgebaute, 3—4 m lange Kästen auf steinernen Unterlagen stehen, damit die Flammen auch unterhalb einwirken können. Auf eine unterste festgedrückte Schicht Zementierpulver folgt ein Satz Eisenstangen, auf diese wieder eine 1—2 cm dicke Lage Pulver, dann wieder Eisen und so fort, bis der Kasten gefüllt ist. Die letzte Lage von Zementierpulver bedeckt man mit unschmelzbarem, angefeuchtetem Sande.

Ist der Ofen gefüllt, so wird das zum Beschicken und Ausräumen nötige Eingangsloch vermauert, die Feuerung beginnt und wird allmählich gesteigert, so daß in etwa 24 Stunden die Zementationshitze (Weißglühhitze) erreicht ist. Als Brennmaterial dienen Holz, Steinkohlen, Gasfeuerung oder auch Hochofengase. Die Dauer eines Brandes hängt von der Beschaffenheit des Eisens, der Stärke der Stäbe, dem Brennmaterial und der Größe des Ofens ab. In kleineren Öfen kann ein Brand schon in vier Tagen beendigt sein, während in größeren 10—12 Tage erforderlich sind. Um das Fortschreiten der Stahlbildung verfolgen zu können, setzt man Probestangen in die Kästen ein, welche durch besonders vorgerichtete Öffnungen herausgezogen werden können. Man zerbricht sie, um aus der Bruchfläche auf den Stand der Sache zu schließen. Dabei sieht man, wie die Stahlbildung von außen nach innen sich vollzieht, während der innere bläuliche Eisenkern durch immer enger werdende Grenzen sich markiert. Ist derselbe endlich verschwunden, so stellt man das Feuer ab, überläßt den Ofen noch mehrere Tage der Abkühlung und räumt ihn dann; 3—400 Zentner ist das Gewicht einer gewöhnlichen Beschickung. War das Eisen rein, völlig ausgefrischt und von Glühspan frei, so kann man sich durch Nachwiegen überzeugen, daß dasselbe, indem es sich in Stahl verwandelte, etwas zu sich genommen hat; die Gewichtsvermehrung beträgt gewöhnlich $^3/_4$ Prozent, bei weniger reinem Eisen können sich Abgang und Zunahme wenigstens balancieren, so daß das Gewicht nach wie vor dasselbe bleibt.

Das Eisen erlitt während des Stählungsprozesses keine Schmelzung, doch aber eine Erweichung; das zeigen sowohl die Eindrücke des Kohlenpulvers als auch die Blasen oder Bläschen, womit die Stäbe über und über bedeckt sind und die dem so erzeugten Material auch den Namen Blasenstahl verschafft haben. Man erklärt diese Erscheinung aus eingeschlossenen Partikelchen von Schlacke oder Hammerschlag, welche, als sauerstoffhaltig, Veranlassung gaben, daß sich Kohlenstoff und Sauerstoff zu Kohlenoxydgas verbanden, dessen Entweichen die zähe Stahlmasse nicht vollständig gestattete. Man hat übrigens auch Zementstahl, welcher die beschriebene Behandlung in zwei oder mehreren Abschnitten erfahren hat, so daß derselbe dem Ofen unfertig entnommen, ausgeschmiedet und aufs neue eingesetzt wurde.

Bemerkenswert ist, daß das glühende Eisen nicht nur aus umgebenden festen Stoffen, sondern auch aus kohlehaltigen Gasen den Kohlenstoff zur Stahlbildung zu entnehmen vermag. Durch Experimente ist festgestellt und in England angeblich schon in praktischen Gebrauch gekommen, daß Schmiedeeisen, in geschlossenen Behältern im Glühen erhalten, bei einer allmählichen Durchleitung von Leuchtgas sich im Laufe mehrerer Tage in Stahl verwandelt. Auch ein Zementieren in umgekehrtem Sinne ist denkbar und in England ausgeführt oder doch patentiert worden. Anstatt nämlich Stabeisen auf glühendem Wege zu kohlen, entzieht man Gußeisenstäben durch mehrtägiges Glühen einen Teil ihres Kohlenstoffs, wonach natürlich das Einsatzpulver von andrer Natur sein muß, anstatt Kohle zuzuführen, muß es Sauerstoff abgebend sein. Eisenoxyde (Roteisenstein u. dergl.) sind das hierzu passende Mittel. Dies Verfahren wurde vom Sektionsrath Tunner in Leoben 1855 zuerst ausgeführt und gibt ein wohlfeiles Material (Glühstahl), das sich im rohen Zustande zu gröberen Stahlartikeln, wie Radreifen, Achsen, überhaupt zu solchen Gegenständen, die ungehärtet bleiben, zweckmäßig verwenden läßt. Das aus dem Zementierofen kommende Gut ist ebenfalls ein Rohstahl, eine spröde, großblätterig kristallinische Masse, die ihre Gebrauchsfähigkeit erst durch weitere Bearbeitung erlangt. Man sortiert dieselbe und raffiniert sie durch Schweißen und Strecken zu Gärbstahl oder verwandelt sie noch gewöhnlicher durch Einschmelzen in Gußstahl.

Neben diesen beiden typischen Grundverfahren haben sich nun im Laufe der Zeit eine Anzahl sehr interessanter Stahlbereitungsprozesse entwickelt, die, dem Charakter der Großindustrie entsprechend, zumeist derjenigen Methode sich anschließen, welche auf der Umwandlung des massenhaft erzeugbaren Roheisens beruht. Unter ihnen sind die Verfahren von Bessemer einerseits und Uchatius, Martin und Thomas anderseits die hervorragendsten.

Bessemerstahl. Wenn man bedenkt, daß Roh- und Puddelstahl dadurch erhalten werden, daß man das flüssige oder halbflüssige Roheisen einem Strome von Luft aussetzt, der einen Teil des Kohlenstoffs verbrennt, so erscheint es als ein naheliegender Fortschritt, durch flüssiges Roheisen Luft direkt hindurchzutreiben, wodurch sich die Berührungspunkte zwischen beiden Stoffen sehr bedeutend vervielfältigen müssen und also auch eine wesentliche Abkürzung des Prozesses zu erwarten sein müßte. Dennoch aber erschien, als der Engländer Bessemer 1854 zur Verwirklichung dieser Idee sein erstes Patent nahm, das Unternehmen gar vielen als lächerlich. Es hat sich jedoch zu einer großartigen Bedeutung entwickelt, nachdem freilich zuvor ungemeine Schwierigkeiten überwunden werden mußten, so daß Bessemer erst 1862 wirkliche Proben seines Verfahrens vorlegen konnte, die nicht einmal sogleich gerechte Würdigung fanden, ja denen man sogar den Charakter des Stahls absprach. Indes ist die Probezeit gleichfalls vorübergegangen, und gegenwärtig steht das Verfahren in allen Ländern der Eisenindustrie in voller Ausübung. In Deutschland finden sich die Fabriken besonders häufig in dem rheinisch-westfälischen Eisendistrikt.

Bessemer suchte anfänglich in einem Zuge das flüssige Roheisen in Stahl zu verwandeln; es ist dies aber schwierig, da der Moment nicht leicht zu treffen ist, wo man mit der Verbrennung aufzuhören hat, um gerade noch so viel Kohlenstoff darin zu lassen, als zum Stahl gehört. Dies sogenannte schwedische Verfahren ist daher jetzt größtenteils aufgegeben; man verbrennt nunmehr den Kohlenstoff des Roheisens völlig und setzt nachher von feinem geschmolzenen Roheisen (Spiegeleisen), dessen Kohlenstoffgehalt bekannt ist, so viel zu, daß dadurch die ganze Masse zu Stahl wird (englisches Verfahren). Ebenso gebraucht man statt der zuerst für das Bessemern angewandten Schachtöfen, in denen die Entkohlung vorgenommen wurde, jetzt allgemein sogenannte Birnen oder Konverter, große gußeiserne, retortenartige Hohlgefäße, deren Inneres mit feuerfestem Thon ausgekleidet ist und die drehbar in zwei Zapfen hängen. Der Boden der Birne ist hohl oder doppelt, in den Zwischenraum wird die Gebläseluft gepreßt; nach innen führen Luftwege in

Form von etwa 1 cm haltenden Löchern. In Fig. 66 ist ein Stück der Wandung dieses Apparats im Durchschnitt gezeichnet: a b und durch die punktierte Linie die Größe des Innenraumes angedeutet; x x sind die Luftkanäle, die aus dem Bodenraume B in die Retorte führen; die Gebläseluft selbst findet ihren Weg in die Büchse B durch das Rohr C, welches bei X in den hohlen Ring D einmündet, der seinerseits mit dem vom Gebläse herführenden Rohre F in offener Verbindung steht. Um den Zapfen Z dreht sich das Ganze. Der Gang des Prozesses ist dann folgender: das Roheisen wird in einem besonderen Ofen geschmolzen, aus dem es in den Birnapparat in flüssigem Zustande eingebracht wird. Der Birne gibt man zu diesem Behuf eine geneigte Lage und füllt sie nur so weit mit Roheisen an, daß die kleinen Einblaselöcher im Boden noch frei bleiben. Nunmehr setzt man das Gebläse in Wirksamkeit und bringt die Birne sogleich in die aufrechte Stellung zurück. Der Winddruck hält sich nun selbst die Kanäle frei; die Luft durchdringt das überstehende Eisen, Silicium, Mangan und Kohlenstoff verbrennen auf das lebhafteste und unter dem hierdurch entstehenden hohen Hitzegrade wird das Eisen noch dünnflüssiger, die Masse gerät unter Mitwirkung des treibenden Windes in lebhafte Wallungen und eine breite Feuergarbe nebst Funkenregen bricht oben aus der Birne hervor. Das Feuerwerk zeigt in verschiedenen Momenten verschiedene Farbeneffekte, und hiernach läßt sich beurteilen, ob der Prozeß beendet, der Kohlenstoff völlig verbrannt ist. In dem spektralanalytischen Apparate hat man ein ausgezeichnetes Mittel in der Hand, da es den Moment der Beendigung augenblicklich durch die Veränderung des Flammenspektrums zu erkennen gibt. Es dauert das ganze Abbrennen etwa 20—25 Minuten bei einer Beschickung von 100—200 Zentnern Roheisen. In der ersten Periode, der Fein- oder Verschlackungsperiode, welche nur 5—6 Minuten dauert, werden Mangan, Silicium und ein Teil des Eisens unter Bildung einer Silikatschlacke oxydiert, wobei die Temperatur auf circa 2900° steigt; zugleich wird das Eisen gefeint, indem der graphitische Kohlenstoff sich in dem geschmolzenen Eisen auflöst und chemisch gebunden wird. In der zweiten, der Kochperiode, von 6—8 Minuten Dauer, wird der Kohlenstoff durch das entstandene Eisenoxyduloxyd verbrannt und es entweichen blaue Kohlenoxydgasflammen. In der dritten Periode, der Frischperiode, verbrennt der Rest des Kohlenstoffs nebst etwas Eisen. Ist die Sache so weit, so wird die Birne gekippt, das Spiegeleisen in richtigem Verhältnis (5—10 Prozent) einfließen gelassen, die Birne wieder aufgerichtet und noch etwas weniges der Vermischung halber geblasen. Die Masse wird nun ausgegossen, erkalten gelassen, und der Stahl ist zur weiteren Verwendung fertig.

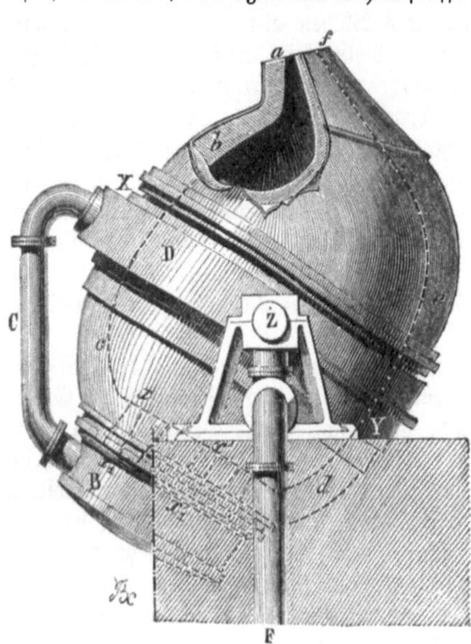

Fig. 66. Birnapparat zur Bessemerstahlbereitung.

Zur Bewegung der riesigen Massen und Vorrichtungen, die bei diesem Prozesse zu handhaben sind, der Birnen und der glühendflüssigen Stahl- und Eisenmassen, sind selbstredend starke Elementarkräfte erforderlich; Menschenarme allein thun's nicht. Meistens arbeitet man mit zwei Birnen, die sich gegenüberstehen, so daß sie nach der Mitte entleert werden können, und hydraulische Vorrichtungen, Wasserdruck u. s. w., sind angewandt, um diese mächtigen Massen spielend zu bewegen. Das Drehen der Birnen, das Heben und Entgegenbringen des Gießkessels, das Bewegen dieses letzteren über die Form, über welche er sich entleeren soll, alles dies geschieht durch mechanische Mittel mit wunderbarer Leichtigkeit und Präzision. Von den Arbeitern hat jeder einen Hebel in Händen; auf Kommando des Meisters werden die Hebel hantiert, die Massen setzen sich in Bewegung und folgen genau dem Befehl und Willen des Menschen.

Fig. 67. Bessemerstahlbereitung mittels des Birnenapparates.

Die **Verwendung** des Bessemerstahls erfolgt nach zwei verschiedenen Seiten hin; ein Teil wird direkt durch Walzen, Schmieden, Schweißen u. s. w. in Gebrauchsgegenstände verwandelt, ein andrer wandert in den Schmelztiegel und gibt Gußstahlwaren. Die ganze Stahlerzeugung hat durch den Bessemerprozeß eine andre Gestalt gewonnen, sie ist zur Massenproduktion geworden, und die jetzt bestehende ungemeine Wohlfeilheit des Stahls macht ihn zu einer Menge von Dingen verwendbar, welche früher fast ausschließlich aus Gußeisen dargestellt werden mußten; umgekehrt aber sind seine Eigenschaften trefflich genug, um auch die teure Bronze in gewissem Grade zu ersetzen.

Man kann die Jahresproduktion von Bessemerstahl bereits auf 5800000 Tonnen (zu 1000 kg) annehmen; die Gesamtzahl der Konverter beläuft sich auf 360. Hiervon kommen auf Deutschland 1300000 Tonnen, auf England 1461000 und auf die Vereinigten Staaten 1500000 Tonnen, der Rest verteilt sich auf Frankreich, Belgien, Österreich, Rußland und Schweden; man kann daraus einen Schluß ziehen, wie einträglich diese Erfindung für ihren Urheber gewesen sein muß, da an derselben bis 1870 von jedem Zentner eine Patenttaxe von 1 Mark entrichtet werden mußte. In der Güte des Stahls steht England zurück, weil sein Roheisen nicht das beste ist und der Stahl in der Qualität doch immer dem Eisen entsprechend ausfällt. Schweden und Österreich sind für die Stahlindustrie schon bedeutend hoch gegangen. Man liefert dort ganz stählerne Bahnschienen so wohlfeil, daß alle Konkurrenz ausgeschlossen ist; auch ganze Lokomotiven aus Stahl sind bereits in ziemlicher Anzahl gebaut. Die gewalzten **Stahlbleche** bilden eigentlich ein ganz neues Material, das die Eigenschaften des Kupfers und Messings bei viel größerer Wohlfeilheit besitzt. Es läßt sich in kaltem Zustande biegen, stanzen, auf der Drehbank drücken &c., dient mit großem Vorteil zu Kochgeschirren, Schalen, Lampenteilen u. dergl. und wird wahrscheinlich auch als Dampfkesselblech noch eine wichtige Rolle spielen. Der Bessemerstahl dürfte überhaupt alle früheren Stahlbereitungsmethoden bedeutend beschränken und ihnen nur für ganz spezielle Zwecke eine Bedeutung lassen.

An einem Übelstand litt aber bis vor kurzem noch das Bessemerverfahren, nämlich dem, daß der Phosphor aus dem Roheisen nicht zu entfernen war, daß daher möglichst phosphorfreies Roheisen verwendet werden mußte. Den Engländern **Thomas** und Gilchrist ist es nun vor einigen Jahren gelungen, auch stark phosphorhaltiges Roheisen im Konverter zu phosphorfreien Stahl und ebensolches Schmiedeeisen zu verarbeiten. Das Wesen dieser bedeutungsvollen Erfindung besteht darin, daß man, um die durch Verbrennen des Siliciums entstehende Kieselsäure in eine basische Schlacke überzuführen, große Mengen basischer Zuschläge und eine basische Ausfütterung der Konverter anwendet, überdies auch die Blasezeit bis zu 30 Minuten verlängert. Als basisches Futter verwendet man Ziegel von magnesiahaltigem Kalkstein, als Zuschlag gebrannten Kalk. Diese starken Basen binden die Phosphorsäure, die durch Verbrennen des Phosphors entsteht, und verhüten durch ihren Überschuß die Bildung saurer Silikate, welche letzteren die Phosphorsäure leicht wieder frei machen würden, so daß der durch Kohle reduzierte Phosphor dem Eisen wieder zugeführt werden könnte. Durch diese, 15—20 Prozent Phosphorsäure enthaltenden basischen Schlacken wird der Landwirtschaft ein neuer wertvoller Düngerstoff zugeführt.

Uchatiusstahl. Die Idee, Roheisen mit Eisenoxyden bei entsprechender Hitze zu verschmelzen und dadurch Stahl zu erzeugen, ist eine alte, die schon 1722 in einer Schrift von Reaumur ausgesprochen ist. Der Gang der Sache muß hierbei so sein, daß der Sauerstoff der Oxyde einen Teil des Kohlenstoffs im Roheisen verbrennt und verflüchtigt, also das Roheisen einmal auf diesem Wege an Kohlenstoff ärmer wird, und sodann dadurch, daß das reduzierte reine Eisen sich mit dem überflüssig noch darin enthaltenen verbindet. Es fand indes dieses Prinzip zur Stahlerzeugung keine oder nur die schon erwähnte beschränktere Anwendung, daß man bereits fertig gegossene kleine Eisensachen mit Eisenoxyden glühte (adoucierte) und so nachträglich in eine Art Stahl verwandelte. Neuerdings hat jedoch ein österreichischer Artillerieoffizier **Uchatius** das Prinzip neu erfaßt und auf eine Art der Stahlbereitung angewandt, die bei ihrem Auftreten viel von sich reden machte. Uchatius war der erste, welcher entdeckte, daß die Kleinheit der zur Stahlbereitung verwendeten Roheisenstücke von entschiedenem Einflusse auf die Qualität des erzeugten Stahls sei. Sein Prozeß beginnt daher mit der Granulierung (Körnung) des Roheisens, das in Graphitiegeln geschmolzen und hernach durch Aufgießen auf bewegtes Wasser granuliert wird. Je kleiner diese Körner sind, um so besser fällt der Stahl aus. Dieses Granuliereisen wird dann mit einem Gemenge von Spateisenstein und etwas Braunstein und, wenn weicher Stahl erzeugt werden soll, unter Beigabe von Stabeisen niedergeschmolzen.

Es bleibt in dem Tiegel ein gleichförmiger, zäher und elastischer Stahl zurück, der in geeignete Formen ausgegossen und darauf ausgeschmiedet wird, große Härte erlangt und sich zur Herstellung von Stampfern und Hämmern eignet. Die Ausbeute ist aus oben angegebener Ursache höher als die verwendete Roheisenmenge. Es fällt sonach bei dieser Methode, zu der sich übrigens nur weißes Holzkohleneisen gut eignen soll, die Rohstahl- und Gußstahlgewinnung in einen Prozeß zusammen, was ihrer Wohlfeilheit nur förderlich sein könnte, wenn nicht anderseits der Umstand entgegenstände, daß viel Brennmaterial aufgeht und die Tiegel viel kosten, weil es schwer hält, Tiegel zu schaffen, welche den verschlackenden Einwirkungen des Eisen- und Manganoxyduls gehörig widerstehen.

Man hat daher in England die Umwandlung nicht in Tiegeln, sondern im Flammofen vorzunehmen versucht, und das hat zu dem Martinschen Verfahren geführt, welches in neuester Zeit sehr viel von sich reden macht. Der Martinstahl ist ein sogenannter Flußstahl, als welcher er seiner Erzeugung nach in der Mitte zwischen dem Frischstahle und dem Zementstahle steht, indem sowohl kohlenstoffarmes Stabeisen als auch kohlenstoffreiches Roheisen sich an seiner Herstellung beteiligen. Das Roheisen wird auf der Sohle eines Flammofens mit einer dünnflüssigen Schlacke eingeschmolzen und in das Bad so lange Spateisenstein eingetragen, bis das Ganze die zähe Beschaffenheit des Schmiedeeisens angenommen hat, dann wird zu der Masse eine entsprechende Menge Roheisen gesetzt und hierdurch der Kohlenstoffgehalt auf die Stufe des Stahls gebracht. Auch bei diesem Verfahren hat man, wie beim Bessemerprozeß, in neuester Zeit Verbesserungen eingeführt, durch welche die Entphosphorung des Eisens mittels basischen Ofenfutters bewirkt wird. Übrigens hat Siemens sein bereits erwähntes Verfahren der Schmiedeeisenerzeugung direkt aus den Erzen auch auf die Stahlgewinnung angewandt, doch muß über die Erfolge erst die Zeit ihr Urteil sprechen.

Der Gußstahl. Somit wären wir bei dem Schoßkinde unsrer heutigen Technik angekommen, das aber in der That auch die ihm gewidmete Pflege durch solide Tugenden reichlich vergilt. Das Kind hat übrigens seinen hundertsten Geburtstag schon einige Zeit hinter sich; es ist aber jüngst auf deutschem Boden in ein neues Wachstum getreten. Der erste und bedeutendste Pflegevater hier war und ist Krupp in Essen. Durch ein neues Verfahren gewann er über den ungefügen Stoff eine Gewalt, die ihn erst dem Begriffe eines gießbaren Stahls näher brachte und es zugleich ermöglichte, denselben auf Stücke von verhältnismäßig großen Dimensionen anzuwenden, so daß seitdem die Unterscheidung von Massen- oder Maschinengußstahl gegenüber dem alten Werkzeuggußstahl Platz gegriffen hat. Der Name Gußstahl besagt nämlich nicht, daß die aus ihm hergestellten Messer und sonstigen Geräte wirklich gegossen seien; wer auf einem Barbiermesser u. dergl. das Wort Gußstahl — cast steel — entzifferte und daraufhin glaubte, er besitze eine gegossene Klinge, hat sich geirrt, ein Irrtum, der seine Nahrung zum Teil in dem Vorhandensein jener schon erwähnten, wirklich in Eisen gegossenen und dann adoucierten Gebrauchsartikel, wie schlechte Scheren und Messer u. dergl., gefunden haben mag. Der Stahl hat nichts von der Dünnflüssigkeit und Formfähigkeit des Gußeisens. Er wurde deshalb auch stets nur in Zaine von blasiger Struktur ausgegossen und dann weiter verschmiedet. Erst Krupp und seine Nachfolger (namentlich Meyer in Bochum in Anwendung auf Glockenguß) verstanden es, den Stahl in großen Massen so auszugießen, daß eine im Innern blasenfreie, gleichmäßige Masse erhalten wird.

Die Erfahrung lehrt und es ist beim Überdenken der Sache auch kaum anders zu erwarten, daß sowohl der gefrischte als der Zementstahl in ihrer Masse der Gleichartigkeit ermangeln, daß sie stets an verschiedenen Stellen in Textur und Härte verschieden sind. Der geübteste Arbeiter kann durch noch so sorgfältiges Sortieren und Gärben keine vollständige, sondern nur eine ungefähre Gleichartigkeit herstellen. Dieser dem Gärbstahl anhängende Übelstand ist ein lästiger, denn wenn es schon dem Laien verdrießlich ist, wenn ein gewöhnliches Gebrauchsmesser harte und weiche Stellen in der Schneide hat, wie erst dem Techniker, der ein mühsames Arbeitsstück, die Radwelle zu einer feinen Maschine, das Hemmungsrad einer Cylinderuhr u. s. w., fast vollendet hat und nun sehen muß, daß sich dasselbe nach dem Härten infolge der Ungleichartigkeit der Masse krumm gezogen, geworfen hat, worauf in der Regel das Wegwerfen folgen muß, oder wenn ein Stück, das eine hohe Politur erhalten soll, dieselbe nicht allerorts gleichmäßig annimmt.

Diese ernsten Unzuträglichkeiten brachten den englischen Uhrmacher Huntsman auf den Gedanken, eine Umschmelzung des Stahls zu versuchen, wahrscheinlich ausgehend von der Idee, daß die flüssige, ungleichartige Masse durch Zusammenrühren eine mittlere Gleichförmigkeit annehmen müsse. Nach Überwindung mannigfacher Hindernisse fielen die Versuche so gut aus, daß Huntsman im Jahre 1740 bei Sheffield eine Gußstahlfabrik anlegte, die noch gegenwärtig besteht und den Namen Huntsmanstahl in Umlauf gebracht hat. Ein zweites sich aufthuendes Etablissement lieferte den Marshalstahl.

Die ersten Gußstahlfabrikanten hatten lange Zeit und bis ins laufende Jahrhundert sowohl mit Fabrikations- als äußeren Schwierigkeiten zu kämpfen; nach der einen Seite war es besonders die Forderung, die notwendige sehr hohe Schmelzhitze zu erreichen, nach der andern das Vorurteil der Konsumenten gegen das Produkt, bis sich allmählich herausstellte, daß dasselbe gleichförmiger und besser sei als der aus Deutschland bezogene Gärbstahl. Von da an hatten Steiermark und Kärnten, sonst die monopolisierten Stahllieferanten, eine mächtig emporwachsende Konkurrenz sich gegenüber. Denn der Gußstahl, wiewohl auch seine Beschaffenheit von sorgfältiger Auswahl des Rohmaterials abhängt, ist vermöge seiner Gleichförmigkeit weit zuverlässiger zu bearbeiten, nimmt jeden beliebigen Grad von Härte an, demzufolge bürgerte er sich so ein, daß jetzt zu feineren Stahlarbeiten und allen Werkzeugen, die große Härte und Festigkeit haben sollen, nur dieser Stahl verwendet wird.

Die Bereitung des Gußstahls besteht in den meisten Fällen in einem Umschmelzen des schon fertigen Rohstahls, wozu sowohl Schmelz- als Zementstahl verwendbar ist. Dieser letztere, aus dem besten schwedischen und russischen Eisen bereitet, dient zur Erzeugung des vorzüglichsten Instrumentengußstahls, der in England in bedeutendem Umfange hergestellt wird, während Puddelstahl besonders in Westfalen (Krupp, Meyer) verarbeitet wird, soweit ihn nicht der Bessemerstahl schon verdrängt hat; das Produkt ist Massen- oder Maschinengußstahl zur Erzeugung viele Zentner schwerer Stücke (Geschütze, Glocken, Maschinenteile, Walzen, Achsen, Radreifen u. s. w.), von denen man besonders eine große Dichtigkeit und Zähigkeit verlangt.

Zur Erzeugung des Gußstahls in den gewöhnlichen Dimensionen (Instrumentengußstahl) nimmt man den in dünne Stäbe ausgereckten und gehärteten Rohstahl, zerschlägt ihn in kürzere Stücke und setzt dieselben in etwa 40 cm hohe urnenförmige Tiegel ein, die nicht mehr als 12—15 kg fassen. Die Tiegel werden mit gutschließenden Deckeln versehen, da die Abhaltung von Luft und Feuergasen von der Schmelzmasse eine selbstverständliche Hauptbedingung ist, weil unter deren Einfluß der Stahl sich gar bald verändern und verbrennen würde. Die Tiegel sind ein wichtiger Gegenstand, müssen aus den besten feuerfesten Thon- und Chamottemassen hergestellt sein und überdauern in der Regel nicht drei Schmelzungen, ohne defekt zu werden. Der Schmelzofen selbst wird schon nach drei- oder viertägigem Betriebe reparaturbedürftig, so stark muß die Weißglühhitze gesteigert werden, zu deren Erzeugung gewöhnlich Koks dienen. Die kleinsten Öfen fassen nur zwei Tiegel; man hat aber auch größere, wie in Fig. 68 deren einer abgebildet ist, welcher zehn Tiegel hält. Ist nach drei- bis vierstündiger Einwirkung der Hitze der Stahl niedergeschmolzen, so kommt noch viel darauf an, daß derselbe in richtiger Temperatur, nicht zu heiß, nicht zu kalt, auch nicht zu rasch oder zu langsam, ausgegossen werde. Es dienen hierzu zweiteilige gußeiserne Formen verschiedener Größe, je nachdem sie eine oder mehrere Tiegelfüllungen aufnehmen sollen. Das Gußstück bildet eine Barre oder eckige Stange, die an und für sich keiner technischen Anwendung fähig ist. Denn abgesehen davon, daß der geschmolzene Stahl keine Form scharf ausfüllt, also von einem Vergießen gleich dem Gußeisen bei ihm keine Rede ist, zeigt er auf der Bruchfläche eine körnige, rauhe, unebene Beschaffenheit, eine Menge kleiner, blasenförmiger Löcher und inmitten meist eine größere, mit spitzen Kristallen ausgekleidete Höhlung. Das flüssige Metall muß daher erst in Erziehung genommen, d. h.

durch Plätten, Schmieden, Walzen u. s. w. raffiniert werden. Beim Ausschmieden, das stets in einer Hitze zu geschehen hat, muß eine rasche, umsichtige, mehr subtile als gewaltsame Behandlung stattfinden und Weißglühhitze vermieden werden. Bessere Sorten verarbeitet man stets unter dem Hammer, während man bei geringeren, nach vorausgegangenem Dichtschmieden, auch die Walzwerke zu Hilfe nimmt. Ob der Gußstahl schweißbar sein wird oder nicht, hängt von dem Kohlenstoffgehalt ab; je höher dieser steigt, um so mehr geht die Schweißbarkeit verloren.

Über die kleinen Dimensionen, in welchen die Erzeugung des Gußstahls nach vorbeschriebener Weise sich halten muß, kann man auf zweierlei Weise hinauskommen. Man kann erstlich addieren, eine größere Summe aus mehreren kleinen bilden, indem man in einem vergrößerten Ofen eine Anzahl Tiegel zugleich verschmilzt und den Inhalt derselben vor dem Ausgießen in einem großen, vorher glühend gemachten Gefäße unter Umrühren vereinigt. So wird auch noch bei Krupp verfahren, und bei kolossalen Gußstücken sind Hunderte von Arbeitern beschäftigt, in militärischer Ordnung und im Laufschritt die Schmelztiegel, jeder von zwei Mann an einer Stange getragen, herbeizuschleppen und in das Sammelgefäß auszuschütten. Bei der andern Methode umgeht man die Tiegel ganz und schmilzt größere Stahlmassen direkt in dazu eingerichteten Flammöfen. Da man aber hierbei das Metall vor nachteiligen Veränderungen nicht durch einen Deckel schützen kann, so muß man für einen anderweiten Schutz, nämlich für eine Bedeckung durch eine feuerflüssige Masse sorgen, welche auf dem Metalltümpel schwimmt. Früher wurde die Art dieses Flusses von den englischen Stahlschmelzern geheim gehalten, bis man einsehen lernte, daß sich gewöhnliche Glasmasse, mit einem Boraxzusatz leichtflüssiger gemacht, hierzu am besten eignen müsse, da diese ganz die selbstverständliche Bedingung erfüllt, sich indifferent zu erhalten, d. h. der Metallmasse weder etwas abzutreten noch zu entziehen.

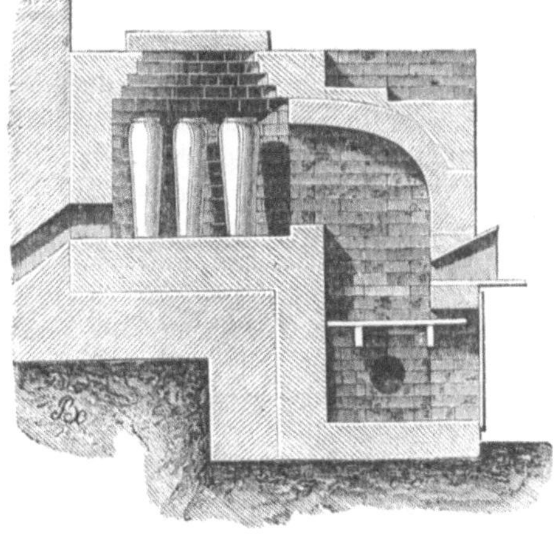

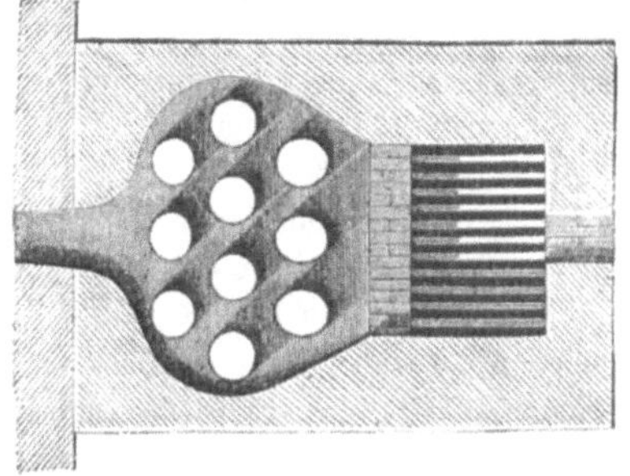

Fig. 68 und 69. Tiegelofen für Gußstahlbereitung im Grundriß und Durchschnitt.

Soweit war man also mit dem Gußstahl schon lange gekommen, als plötzlich vor ungefähr 34 Jahren Krupp in Essen mit seinem neuen Fortschritt auftrat, der alle Fachleute der Welt in Staunen setzte. Ihm war es gelungen, den Gußstahl in Stücken von nie geahnter Größe und untadelhaft gleichförmiger Beschaffenheit herzustellen, und zwar nicht nur durch bloßes Zusammengießen, sondern auch — und darin besteht das Wesentliche der Kruppschen Technik — durch eine ganz energische Bearbeitung der Gußstücke mittels Dampfhämmer in heißem Zustande. Durch die Anwendung von Riesendampfhämmern in Dimensionen, wie sie vordem nicht annähernd gedacht worden waren, gewann Krupp die Möglichkeit, größere und immer größere Gußmassen, die herzustellen auch vor ihm ausführbar gewesen wäre, nun auch in eine gleichmäßige innere Beschaffenheit zu versetzen, die sie erst verwendbar machte, und dadurch das wertvolle Material in vielen Fällen mit großem Vorteil da anzuwenden, wo man bisher mit Guß- und Schmiedeeisen auskommen oder die teure Bronze benutzen mußte. Die ganze Technik, der Maschinenbauer, der Baumeister, der Artillerist vorzüglich mußten das höchste Interesse haben, ein so vorzügliches Material wie den Gußstahl in ihr Bereich ziehen zu können, und so haben wir denn jetzt in Deutschland eine Anzahl Fabriken, die sich durch ihre Leistungen vorteilhaft auszeichnen; immer aber ist noch das Kohlenbecken an der Ruhr der Hauptsitz der Gußstahlerzeugung und Krupp der Matador aller Fabrikanten, sowohl was die Ausdehnung des Geschäfts als die innere Güte seiner Produkte betrifft.

Das Kruppsche Etablissement zu Essen steht an Großartigkeit und mehr noch durch zweckmäßige und sinnreiche Einrichtung einzig in der Welt da. Früherhin hatte hier niemand Zutritt, und selbst die Abteilungsvorsteher kannten jeder nur seinen Wirkungskreis. Neuerdings sind von der Regel Ausnahmen gemacht und Besucher angenommen worden; es kann auch wirklich nicht die Befürchtung auftauchen, daß Leute, wie der Schah von Persien, sich die Geheimnisse absehen und daraufhin Konkurrenzetablissements errichten würden. Aber auch eine ganz flüchtige Wanderung durch die enormen Anlagen ist eine volle Tagereise; es hat Souveräne gegeben, die nicht so viel Kartoffelfeld in ihrem Reiche hatten, als diese Werkstätten der höchsten Intelligenz Raum einnehmen. Wir geben in Fig. 70 eine Ansicht des Kruppschen Etablissements, ohne jedoch auf Beschreibung desselben im einzelnen eingehen zu können, es sollen nur einige Angaben hier folgen, die uns einen Begriff von dem großartigen Umfang dieses Etablissements verschaffen.

Die nachfolgenden Angaben entnehmen wir einem Berichte der Firma vom Herbst 1884. Während im Jahre 1860 noch die Zahl der im Kruppschen Etablissement beschäftigten Arbeiter 1760 betrug und dieselbe 1870 auf 7084 gestiegen war, beträgt dieselbe jetzt ungefähr 20000 Arbeiter, die daselbst ihr Brot verdienen. Die Zahl der Familienmitglieder der im Etablissement überhaupt beschäftigten Menschen beträgt jetzt 45776, so daß also im ganzen 65381 Personen im Etablissement ihren Unterhalt finden. Von dieser Anzahl leben 19000 Menschen in Arbeiterhäusern, die der Kruppschen Firma gehören. Dieselbe besitzt in Essen 439 Dampfkessel, 450 Dampfmaschinen von 2—1000 Pferdestärken, zusammen 185000 Pferdestärken; ferner sind in dem Etablissement 11 Hochöfen im Betrieb sowie 1542 andre Öfen verschiedener Art, 82 Dampfhämmer von 1—50 Tonnen Gewicht und 21 Walzmühlen. Die Firma besitzt außerdem noch 4 Hochöfen in Duisburg, Neuwied und Sayn, sowie 547 Eisenbergwerke in Deutschland und mehrere im nördlichen Spanien. Im Jahre 1881 wurden in Essen 260 Millionen kg Stahl und Schmiedeeisen produziert. Der Verbrauch an Kohlen beträgt täglich 3100 Tonnen und der von Eisenerz für die Hochöfen 1500 Tonnen täglich.

Daß in einem solchen Etablissement neben den genannten Großkräften auch eine Unzahl von kleineren Maschinen zur Weiterbearbeitung: Arbeitsmaschinen, Drehbänke, Schleif-, Hobel-, Fräs-, Bohrmaschinen u. s. w., in Thätigkeit sind, ist selbstverständlich. Viele von ihnen haben für die eigentümlichen Zwecke besonders erfunden werden müssen.

In der Artillerie brachte das Auftreten Krupps bekanntlich eine totale Umwälzung zuwege. Die Unverwüstlichkeit des Gußstahls für Geschützrohre stellt denselben hoch über jedes andre Material. Ein Rohr aus der so kostspieligen Bronze hält kaum mehr als 800 Schüsse aus; eine 12pfündige Granatkanone aus Gußstahl zeigte sich nach 3000 Schüssen noch völlig frei von jeder Abnutzung. Diese ungeheuren Vorzüge waren schon vor länger als 30 Jahren durch vielfache Versuche in Hannover, Braunschweig und Bayern erwiesen und anerkannt; aber dabei blieb es, bis Louis Napoleon in Italien die Kruppschen gezogenen Kanonen spielen ließ und der ganze Ernst dieses Spieles der Welt vor Augen lag. Die Stahlkanone wurde nun plötzlich ein gesuchter Artikel und Krupp der Lieferant von Mordwerkzeugen par excellence. Die Kanonen werden übrigens wie die bronzenen aus dem Vollen gearbeitet und dann gebohrt; in Preußen besorgt man diese Bohrung selbst. Im deutsch-französischen Kriege haben die schwarzen Stahlkanonen große Arbeit geleistet und auch ihre schwache Seite offenbart: sie sind nämlich doch dem Springen unterworfen und die Bruchstücke richten weit umherfliegend Unheil an; man hat daher oft wieder die Bronzegeschütze belobt, welche nur aufreißen, ohne Schaden zu stiften. Zudem behalten letztere einen Metallwert, der Stahl dagegen nicht. Auch Panzerplatten für Panzerschiffe werden aus Gußstahl gefertigt.

Als Krupp 1851 auf der Londoner Industrieausstellung mit seinen Geschützrohren, mit Stahlblöcken bis zu 45 Zentnern u. s. w. erschien, war er der einzige, welcher damals eine im Gußstahlfache erteilte Auszeichnung empfing. Als er im Jahre 1862 wieder erschien, hatte er seine Leistungen gegen früher auf das Zehnfache gesteigert.

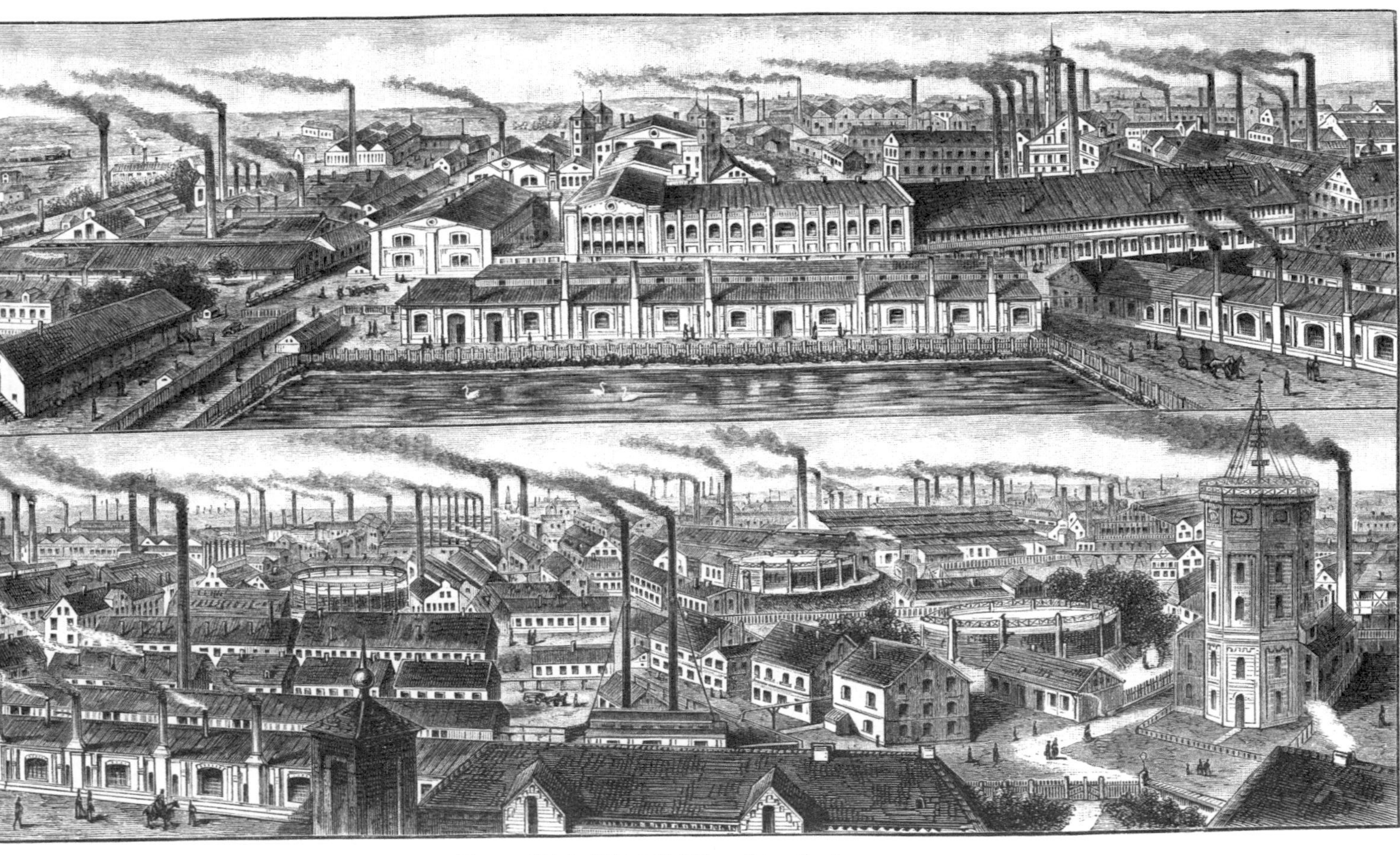

Fig. 70. Totalansicht des Etablissements von Krupp.

Nachthun konnte man es ihm weder in England noch anderswo; Deutschland stand und steht auch bis jetzt noch in diesem Fache einzig da.

Auf der Londoner Ausstellung von 1862 befand sich von Krupp (s. Fig. 71) ein massiver gußstählerner Cylinderblock von 20000 kg Schwere, 3 m hoch und 110 cm im Durchmesser, in dem Zustande, wie er aus dem Guß hervorgegangen war, ohne ausgeschmiedet oder mit Werkzeugen bearbeitet worden zu sein. Derselbe ward in kaltem Zustande, nachdem er etwas angesägt worden, unter dem Dampfhammer mit Schlägen von 1000zentneriger Wucht, davon er über 100 aushielt, so lange bearbeitet, bis er mitten durchgebrochen war. Durch die Bruchflächen sollte vor Augen gelegt werden, wie die Fabrik ihren Stoff so vollkommen beherrscht, daß bereits der Rohguß rein, dicht und blasenfrei ist, das nachfolgende Schmieden also nicht die Verdichtung von Blasen und Poren zum Zweck hat. Ein ähnlicher vierkantiger Block von 4000 kg Schwere, in der einen Hälfte roh gelassen, in der andern ausgeschmiedet, war der ganzen Länge nach durchbrochen worden.

Hierdurch wurde also nicht allein die gute Struktur des Rohgusses, sondern auch die Veränderung und Verbesserung desselben durch die Schmiedearbeit illustriert. Auch sah man verschiedene imposante Barren und Platten, welche starken Verbiegungen ausgesetzt worden waren, um die bedeutende Zähigkeit des Materials ins Licht zu stellen.

Die Fabrikation der in Deutschland und England patentierten Eisenbahnräder ohne Schweißung war durch alle Stufen hindurch mit Proben belegt. Die Kruppschen Räder liefen damals schon nicht nur auf europäischen, sondern auch auf amerikanischen und ostindischen Bahnen, und seine Achsen sind unübertroffen in Dauerhaftigkeit und Sicherheit. Schon seit Jahren hat die Kruppsche Fabrik eine Entschädigung von 45000 Mark ausgesetzt, wenn ihre Achsen in den ersten zehn Jahren der Verwendung brechen. In London sah man schlichte Stahlachsen für Eisenbahnwagen, dann solche mit stählernen Scheibenrädern, Kurbelachsen für Lokomotiven wie für Seeschiffe, letztere durch ein Exemplar von 15000 kg Schwere vertreten; ferner andre wuchtvolle Stücke, wie Schiffsanker, Schraubenspindeln für mächtige Pressen u. s. w., endlich auch die berühmten Kanonen in einem Sortiment bis zum Hundertpfünder hinauf.

Aber Krupp, von keinem erreicht, übertraf sich selbst, denn auf der Pariser Ausstellung von 1867 trat er mit einem Gußstahlblock von 40000 kg Gewicht auf. Diesem Erzeugnis der Gußstahltechnik entsprachen die neben ihm ausgestellten, von welchen die große Kanone, deren Besprechung wir uns für später aufsparen, ein Gußstahlstück von 50000 kg Schwere, die ganze Welt von sich reden machte. In Wien endlich zeigte er 1873 einen Gußblock von 262500 kg und unter den Geschützen eine Stahlkanone von 36600 kg Gewicht. Den Beweis, daß es keine Dimension gibt, bis zu der er die Größe seiner Gußstücke nicht zu steigern vermöchte, hat Krupp damit hinlänglich geliefert.

Außer der Kruppschen Fabrik zeichnet sich auch die von Meyer in Bochum durch ungewöhnliche Leistungen aus. Dieselbe hat sich neben der Herstellung von Achsen und Rädern für Eisenbahnen und vorzüglichen Stahlblechen besonders auf den Guß von Glocken verlegt und macht durch ihr Erzeugnis die teuren Glocken aus Bronze vollständig und mit großem Vorteil entbehrlich, denn sie berechnet das Kilogramm ihres Gusses nur mit $1^1/_2$ Mark, bei Glocken über 350 kg nur mit $1^1/_5$ Mark. Die Güte der Glocken, ihre Haltbarkeit, ihr reiner, kräftiger, weittragender Ton haben bereits weitgehende Anerkennung gefunden. Auf der Pariser Ausstellung von 1855 befanden sich zum erstenmal drei solcher Glocken. Da die Techniker die Sache für Schwindel, die Masse für Gußeisen erklärten, so blieb nichts übrig, als eine derselben zu opfern. Man überließ den Gegnern die Auswahl unter den dreien, schlug die bezeichnete in Stücke und ließ diese wiederholt ausschmieden und härten, wodurch denn allerdings ihre Stahlnatur zur Genüge erwiesen wurde.

Indischer Stahl. Während im Abendlande der Gußstahl erst neu erfunden werden mußte, kennt und übt man die Sache in Ostindien, wie es scheint, seit undenklichen Zeiten, freilich in sehr kleinen Dimensionen. Der indische Stahl, schon lange unter dem Namen Wootz oder Bombaystahl berühmt, liefert besonders zu den ausgezeichneten indischen und persischen Säbelklingen das Material und übertrifft durch seine Härte, die selbst beim Anlassen wenig verliert und die Verarbeitung der Masse sehr schwierig macht, den gewöhnlichen Gußstahl bei weitem. Man sucht ihn besonders für seine schneidende Werkzeuge. Übrigens soll echter Wootz sehr selten und meist durch einen Stahl vertreten sein, der von Engländern in Ostindien aus dem dortigen guten Magneteisenerz mittels Holzkohlen erzeugt wird.

Die Methode des Indiers zur Gewinnung von Eisen und Stahl, von Reisenden mehrmals ausführlich beschrieben, erhebt sich, wie schon gelegentlich erwähnt, kaum über die der Schwarzen. In einem kleinen, aus Lehm und getrocknetem Kuhdünger erbauten Schachtofen schichtet man sandförmigen Magneteisenstein mit Holzkohlen, trockenem Kuhdünger und zerkleinertem Holz und facht das Feuer mit einem doppelten Blasebalg aus Ziegenfellen an, bis nach mehreren Stunden der Ofen in voller Glut ist. Nun setzt man das Blasen unter wiederholtem Nachgeben von Erz und Brennstoff noch acht Stunden lang fort, läßt dann erkalten und gewinnt eine Luppe gutes Schmiedeeisen von etwa 20 kg. Um daraus Stahl zu machen, zerschrotet man es in kleine Stücke und legt dieselben zusammen mit abgewogener Menge Kohle und grünen Blättern von bestimmten Hölzern und Gewächsen in kleine Thontiegel ein, deren jeder etwa $^1/_2$ bis 1 kg Eisen faßt. Die mit eingestampftem Thon geschlossenen und getrockneten Tiegel werden sodann in einen kleinen Gebläseofen dergestalt eingebaut, daß sie ein Gewölbe über dem Feuer bilden, welches nun $2^1/_2$ Stunden lang in größter Hitze erhalten wird. Nach dem Erkalten entnimmt man jedem Tiegel einen kleinen geflossenen Stahlklumpen. Diese Produkte, weil ganz unhämmerbar, müssen erst in einem Gebläseofen wieder anhaltend geglüht werden, worauf man sie unter Handhämmern ausschmiedet. Die Erzeugung

Fig. 71. Gußstahlerzeugnisse von Krupp auf der Londoner allgemeinen Industrieausstellung 1862.

des echten Wootzstahles ist auf wenige Bezirke von Missore und auf Salem in Madras beschränkt, und soll derselbe aus chromhaltigen Eisenerzen erzeugt werden.

Ein andres Produkt alter Industrie sind die dem Namen nach jedem bekannten persischen oder Damaszenerklingen, die als wahre Wunder von Biegsamkeit, Zähigkeit und Festigkeit gelten und mit denen man, ohne daß sie leiden, eiserne Nägel zu durchhauen im stande ist. Eine besondere Art Stahl hat man in denselben nicht gefunden, vielmehr eine Vereinigung verschiedener Stahlsorten oder Stahl- und Eisenteile, die in Blechform vielfach übereinander gelegt, vielfach umgeschweißt, dabei schraubenförmig gedreht u. s. w. scheinen. Durch Ätzen mit Säuren ist dann das innere Gefüge, der Verlauf der einzelnen Fasern, sichtbar gemacht und tritt in Form von helleren und dunkleren, schön verschlungenen Adern und Linien (Damast oder Damaszierung) hervor, wie wir es an den Rohren der besseren Jagdgewehre bemerken können, die auf ähnliche Weise hergestellt werden.

Hier hätten wir also ein Beispiel dafür, wie alte und fremdländische Industrien, auf bloße Empirie und lange Erfahrung gestützt, es sogar unsrer heutigen Technik zuvorgethan. Wir müssen aber dabei bedenken, daß unsre Zeit andre, fabrikmäßige Gesichtspunkte hat, daß sie weniger darauf ausgeht, mit großem Arbeitsaufwand einzelne Meisterstücke zu schaffen, sondern zunächst möglichst viel und dieses allerdings auch möglichst gut liefern will.

Eisenguß. Schon in den ältesten Zeiten verstand man sich ganz vorzüglich auf den Metallguß, aber das Gußmaterial war hauptsächlich die Bronze; Gußeisen war gänzlich unbekannt und mußte es bleiben, bis die Erzschmelzkunst sich zum Gebrauch des Hochofens, und zwar eines mächtigen, intensiv wirkenden Hochofens emporgearbeitet hatte, denn selbst das bei schwächeren Hitzegraden erblasene weiße Roheisen bildet, wie schon gesagt, noch kein geeignetes Gußmaterial, es ist zu dickflüssig; nur das bei höherer Hitze erflossene graue und höchstens halbiertes Roheisen kann für den Guß in Betracht kommen. Indem man im Verlauf der Zeit die Eisenschmelzöfen immer mehr erhöhte und erweiterte, die Gebläse verstärkte, hatte man anfänglich kein andres Ziel vor Augen, als das der höheren Ausbeute, und somit erscheint es immerhin als ein Werk des Zufalls oder doch als eine ungesuchte Zugabe, daß uns im Roheisen ein Gußmaterial erwuchs, dessen Anwendung und Bedeutung sich ohne Unterlaß steigert, dessen Verkörperung uns in tausendfachen Formen, vom kolossalsten Bau- und Maschinenstück bis zum zierlichsten Gebilde des Luxus, entgegentritt.

Beim Metallguß überhaupt kommen selbstverständlich als die zwei Hauptsachen in Betracht die Gußmasse und die Formen. Was die letzteren anbetrifft, so hat das von ihnen zu Sagende meistens eine allgemeinere Bedeutung, denn es ist leicht begreiflich, daß man in eine zum Eisenguß hergerichtete Form in vielen Fällen auch andre Metalle wird gießen können. Die Metalle selbst dagegen verlangen, je nach ihrer besonderen Natur, schon mehr verschiedene Rücksichten und Behandlungsweisen.

Am wenigsten kostspielig gestaltet sich natürlich der Guß, wenn derselbe gleich vom Hochofen weg, in der ersten Schmelzung, vorgenommen wird. Die Masse behält dabei zwar alle ihre natürlichen Verunreinigungen, doch gibt es eine Menge Fälle, in denen dies weniger auf sich hat. In den meisten andern Fällen wird jedoch das Roheisen zum Guß in kleineren Öfen (Kupolöfen) wieder eingeschmolzen. Das Roheisen verträgt je nach seiner Qualität eine gewisse Anzahl Umschmelzungen, und seine Festigkeit steigert sich dabei noch, bis eine Grenze erreicht ist, von wo ab sie bei weiterem Verschmelzen sehr rasch abnimmt.

Die natürlichen Verunreinigungen des Roheisens kommen auch beim Gießen in Betracht. Schwefelreiches Eisen wird nicht gut dünnflüssig und erstarrt ungleich; indes schadet eine geringere Portion Schwefel nicht besonders, so daß eine Masse, die wegen ihres Schwefelgehalts ein schlechtes Stabeisen geben würde, häufig noch zum Gusse tauglich ist. Der Phosphor modifiziert ebenfalls das Gußeisen wesentlich, doch in einer Weise, die für manche Zwecke gern gesehen ist. Er macht das Metall sehr dünnflüssig, langsam erstarrend, erteilt ihm ein dichtes, feines Korn und die Neigung, weiß zu werden. Zum Guß ist daher solches Eisen ganz passend und wird häufig dazu verwendet, namentlich das stets phosphorhaltige Erzeugnis des Raseneisenerzes. Doch fehlt ihm bei aller Härte die Zähigkeit, es taugt nur zu feinen Gußwaren und zu Stücken, die keine mechanische Anstrengung und keine Stöße auszuhalten haben. Bei einem höheren Gehalt als etwa $^1/_2$ Prozent Phosphor wird es zu brüchig. Das hochgekohlte graue Roheisen, welches beim Erstarren viele

Graphitschuppen ausstößt und dadurch rauhe Oberflächen erhält, taugt nicht, wo es sich um scharfe Abformung handelt, dagegen ist es zu dem später zu erwähnenden Hart- oder Schalengusse, bei welchem die Außenseiten rasch erkalten und die Beschaffenheit des harten, weißen Roheisens annehmen, ganz an seinem Platze.

Der Eisenguß mit Umschmelzung, also der nicht direkt vom Hochofen weg erfolgende, geschieht entweder aus Tiegeln, aus Flammöfen oder aus den schon erwähnten Kupolöfen. Beim Tiegelguß setzt man das in kleinere Thon- oder Graphittiegel eingesetzte Roheisen (gewöhnlich nur 3—4 kg) der Hitze eines Zugofens oder kleinen Gebläseschachtofens aus; das Metall verändert sich dadurch wenig, da es nicht mit der Feuerung in direkte Berührung kommt, aber die Kostspieligkeit der Tiegel und der nötige hohe Aufwand von Brennstoff machen das sonst bequeme Verfahren teuer, daher es ausschließlich für gewisse kleine Industrien, hauptsächlich zur Erzeugung von Bijouterie- und Kunstsachen dient, bei denen auf die Formgebung so viel geschlagen werden kann, daß der Wert des Materials dagegen nicht in Betracht kommt; denn man gießt Sachen von solcher Feinheit und Leichtigkeit, daß bis gegen 20000 einzelne Stücke auf das Kilogramm gehen und sich der Wert des Rohstoffs um das Vieltausendfache steigert.

Fig. 72. Teller aus der gräflich Stolbergschen Eisenhütte.

Das Gießen aus Kupolöfen ist der Betrieb derjenigen Anstalten, welche sich mit dem Guß von Maschinenstücken, Geräten, Gefäßen u. s. w. befassen. Man verarbeitet hierbei neben den aus dem Handel bezogenen Roheisenbarren viel altes Gußeisen, Bohr- und Drehspäne, gattiert verschiedene Eisensorten und setzt auch Schmiedeeisenabfälle zu. Die Kupolöfen sind Schachtöfen von sehr verschiedener innerer Gestaltung, mit senkrechten, konischen, bauchigen u. s. w. Wandungen. Je nach dem Brennmaterial (man wendet nur Holzkohlen und gute Koks an) unterscheidet man höhere (3—5 m) mit geringerer Weite für Kohlenbetrieb, niedrige (1—3 m) und weitere für Koksbetrieb. Der Ofen ist oben offen, von feuerfesten Steinen erbaut oder einer dergleichen Thon- und Sandmasse aufgestampft und stets mit einem eisernen Mantel umgeben. Der Kupolofen hat eine geschlossene Brust; sonst ähnelt sein Betrieb im kleinen dem des Hochofens, denn es wird derselbe mit abwechselnden Schichten von Eisen und Brennstoff beschickt und die Schmelzung durch Gebläse gefördert.

Heiße Gebläseluft thut auch hier sehr gute Dienste. Aus der Asche des Brennmaterials, fremden Stoffen des Eisens und dem Kiesel, den die Ofenwände dazu liefern, entstehen denn auch bei dieser Schmelzung einige Prozente schlackiger Abfall; indes so bedeutend wie im Hochofen sind die Umwandlungen nicht, schon weil das Schmelzen hier zu schnell geht. Das Eisen verändert seine chemische Beschaffenheit nicht bedeutend, doch pflegt es feinkörniger und dichter zu fallen als vom Hochofen. Die Kupolöfen arbeiten in der Regel nicht wie der Hochofen unausgesetzt, sondern man läßt sie die Nacht über unbenutzt.

Größere Eisenmassen, von 2500—5000 kg auf einmal, bewältigt man in Flammöfen, die wegen des nötigen starken Zuges bedeutend hohe Schornsteine, aber keine Gebläse haben. Das (unverkohlte) Brennmaterial brennt hier, wie uns bekannt, abgesondert, und nur die Flammen streichen über die zu schmelzende Masse. Diese liegt auf geneigter Fläche, und das Flüssige sammelt sich an der tiefsten Stelle, wo das Abstichloch ist.

Fig. 73. Guß von 100pfündigen Langgeschossen im Arsenal von Woolwich.

Bei diesen Öfen wirkt die Luft einigermaßen mit und verändert das Metall durch Verbrennen von Kohlenstoff. Es kommt also besonders darauf an, daß das Niederschmelzen rasch (in $3^1/_2$—4 Stunden) geschehe, da eine zu weit getriebene Entkohlung die Gießbarkeit beeinträchtigen würde. Durch eine teilweise Entkohlung gewinnt das Eisen aber an Weichheit und zugleich an Festigkeit — Tugenden, die dem Kupolofenguß abgehen. Man bedient sich demnach des Gusses aus Flammöfen, bei denen auch die Gasfeuerung anwendbar und in Gebrauch ist, einerseits zu großartigen Gußstücken überhaupt und dann zu solchen Gegenständen, von denen nicht allein Festigkeit, sondern auch eine gewisse Zähigkeit, ein Widerstand gegen Bruch verlangt wird.

Die Übertragung der geschmolzenen Masse aus dem Ofen in die Formen ist natürlich je nach der Größe der zu behandelnden Massen mehr oder weniger umständlich. Zuweilen läßt man das Eisen gleich vom Stichloche des Ofens weg durch eine mit Formsand ausgeschlagene Rinne in die Form laufen; meistens überträgt man es mittels Gießkellen von Gußeisen oder starkem Blech, die mit Lehm überstrichen sind. Eine solche, an einem 1—$1^1/_2$ m langen Stiele von einem Manne zu tragende Kelle faßt bis 25 kg Eisen.

Zu größeren Massen hat man Gießpfannen aus genietetem Kesselblech, welche 1 bis 200 kg fassen und von mehreren Personen auf einer Trage transportiert werden.

Fig. 74. Gießhalle der Grusonschen Eisengießerei in Buckau bei Magdeburg.

Noch größere Pfannen mit 40, 60, 100 Zentnern bewältigt man mittels eines Krans, der sie hebt und fortführt. Zu den allergrößten Stücken von mehreren hundert Zentnern Schwere sammelt man selbst mehrere solcher Kranfüllungen erst in einem großen dickblechernen, mit Lehm ausgestrichenen und in einem Trockenofen stark erhitzten Kasten, der auf einem eisernen Wagen stehend an die Gußstelle gefahren wird, wo man durch Aufziehen eines Schiebers das Metall auslaufen läßt. Stets muß man, wie beim Metallguß überhaupt, die ganze zu einem Stücke benötigte Metallmasse so zur Hand haben, daß sie in einem Flusse die Form füllen kann; ein absatzweises Gießen wäre ganz unstatthaft, denn das Gußstück würde kein innerlich vollkommen zusammenhängendes Ganzes bilden.

Unser Bild (Fig. 74) zeigt uns die Gießhalle der Grusonschen Eisengießerei in Buckau, bekannt durch die Anfertigung von Hartgußgeschossen für verschiedene Großmächte, wie Preußen, Frankreich, Rußland ꝛc. Es ist der Augenblick dargestellt, in dem sich die feurige Masse aus dem Stichloch des Ofens hochauf dichte Funken sprühend über die Rinne in die kolossalen Gußpfannen und von da in das große Gerinne ergießt.

Fig. 75. Herstellung der Kastenform für größere Gegenstände.

Formen. Die gute Beschaffenheit und richtige Behandlung der Formen ist natürlich bei der Gießerei eine Hauptsache. Ihre Herstellung bildet ein besonderes Geschäft und gestaltet sich je nach den verschiedenen Zwecken sehr mannigfaltig. Die Anfertigung der dazu nötigen Modelle, soweit sie von Holz sind, besorgt der Modelltischler. Die Formmasse, in welche die Modelle eingeformt werden, ist in der Hauptsache gut gereinigter und gesiebter Sand von einer gewissen Beschaffenheit, öfter mit Kokspulver und andern Zuthaten gemischt. Man unterscheidet nassen Sand (auch grüner Sand oder schlechthin Sand genannt) und Trockensand (Masse, fetter Sand). Der erste ist ohne fremde Beimischung und kann eben deshalb eine ihm gegebene Form nur so lange bewahren als er feucht ist; der andre besitzt von Natur oder durch Zumischung mehr thonige Teile und hält die Formeindrücke auch nach dem Austrocknen fest. Während also die Einformung in beiderlei Massen sich gleich gestaltet, erhalten die aus fettem Sand vor dem Einguß eine scharfe Austrocknung. Der Trockensandguß ist der gebräuchlichste für die Eisengießerei, und der Trockenraum für die Formen befindet sich über der Gichtöffnung des Schmelzofens. Auf die Beschaffenheit des Formsandes kommt sehr viel an, da hiervon das Gelingen des Gusses wesentlich abhängt; ein guter Formsand soll feinkörnig sein, die feinen Körnchen müssen nicht rund, sondern mehr eckig oder splitterig sein; im angefeuchteten Zustande muß der Sand eine gewisse Plastizität besitzen, darf aber nicht zu viel thonige Teile enthalten, damit er beim Formen nicht schmiert, d. h. er gibt in jenem Falle beim Ausheben der Modelle keine sauberen Flächen; endlich muß der Formsand frei sein von kohlensaurem Kalk, kohlensaurer Magnesia und Gips.

Je nach der Gestalt der Gußstücke unterscheidet man offenen Guß (Herdguß) und Kastenguß, der bei kleineren Dimensionen Flaschenguß heißt. Herdguß kann nur stattfinden, wenn die Stücke bloß eine Rechtseite haben, wie Ofen- und Inschriftplatten und sonstige einfache und geringe Gegenstände. Er erfolgt in feuchtem Sande auf dem Fußboden des Gießhauses, der hier unter dem Worte Herd zu verstehen ist. Das Modell wird in eine Sandschicht eingedrückt und so lange mit Sand umstampft, bis derselbe gleiche Höhe mit dem Modell hat, dann letzteres sorgfältig ausgehoben und das Metall in die Vertiefung gegossen. Handelt es sich um eine Grab- oder andre Schriftplatte, so setzt man auf ein gewöhnlich schon vorrätiges leeres Modell aus einem vom Schriftgießer oder Holzschneider gelieferten Schriftenvorrate die verlangten Zeilen und kittet die einzelnen Buchstaben an ihre Stelle fest.

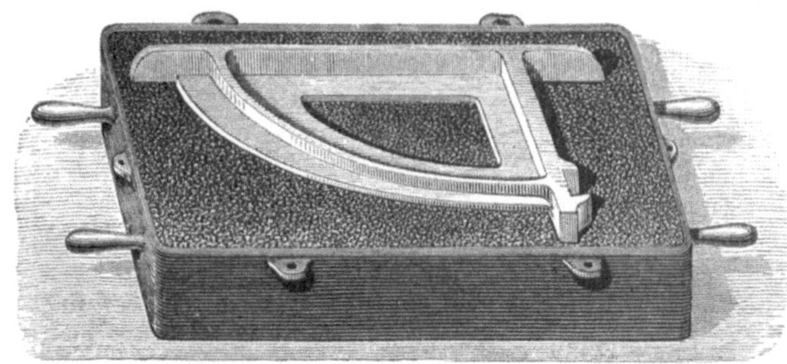

Fig. 76. Untere Hälfte des Kastens mit dem Modell.

In allen den Fällen, in welchen dieser einseitige Guß nicht anwendbar ist, muß in einer Flasche gegossen werden, d. h. in einem eisernen Kasten, der aus zwei, oft auch aus mehreren übereinander liegenden Rahmen besteht. Der unterste Teil dieser Kasten hat bei größeren Dimensionen oft ein netzartiges Gerippe von Gußeisenplatten (s. Fig. 75), um dem Sande, der dazwischen eingestampft wird, mehr Halt zu geben; darauf wird dann die eine Hälfte des Modells, das seiner Dicke nach in zwei Teile geschnitten ist, eingeformt, indem man das halbe Modell auf ein Formbrett mit der Formfläche nach oben legt, den Kasten übersetzt und dann mit Formsand feststampft und umkehrt. Dann paßt man die zweite Hälfte auf das Modell, setzt den zweiten Rahmen über den ersten und siebt eine Schicht Kohlenstaub auf. Nun siebt man zuerst Formsand auf das Modell, bringt nach und nach mehr auf und stampft ihn fest, bis auch der zweite Rahmen der Flasche gefüllt ist. Dann hebt man das Oberstück ab, während der Kohlenstaub verhindert hat, daß sich beide Hälften verbinden, nimmt das Modell aus der Form und bringt den Einguß an; man macht zugleich hier und da einige Verbindungen, wenn das Modell z. B. ein durchbrochenes Ornament ist, damit das Metall schnell überallhin gelangen kann; auch ein paar Kanäle, die an das Ende der Form führen (Luftpfeifen), werden angebracht, durch welche die eingeschlossene Luft entweichen kann. Endlich schließt man die Form und gießt sie mit der Kelle voll. Die Abbildungen Fig. 76 und 77 zeigen die Form eines Trägers für Transmissionen auf die Weise, wie sie beim Kastenguß hergestellt wird.

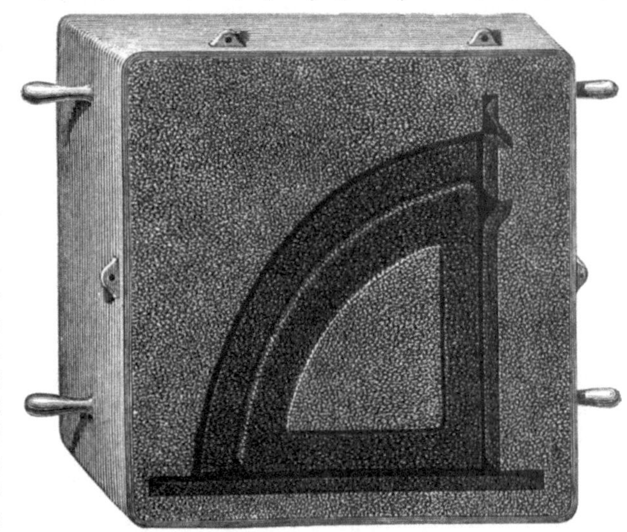

Fig. 77. Obere Hälfte des Kastens nach der Abformung.

Diese Art zu formen findet aber nur dann statt, wenn das Modell so beschaffen ist, daß es keine Unterschneidung hat, also bequem wieder aus dem Sand genommen werden kann. Wenn dies aber nicht der Fall ist, so muß man Keilformen anwenden, und dies erfordert oft große Überlegung von seiten des Formers. Es wird daher zuerst so viel von dem Gegenstande in der Flasche abgeformt, als sich ausheben läßt, und dann erst zu Keilformen geschritten. Gesetzt, es sei ein Arm mit einer halbgeschlossenen Hand zu formen, so wird, wenn er zur Seite liegt, die Hälfte des Armes mit der äußeren Handfläche, da sich diese aushebt, liegend eingeformt. Darauf bildet man, zuvor Kohlenstaub aufpulvernd, zwischen dem Daumen und der Hand einen Keil von Formsand, den man festballt und der sich für sich allein ausheben läßt; dann pulvert man wieder und bildet so nach und nach in der hohlen Hand Keil an Keil, so viel nötig sind, so daß jeder allein ausgehoben werden kann. Kohlenpulver sondert alle Keile voneinander. Sind nun Keile genug gemacht, so daß sich der übrige bloßliegende Teil aus der Form lösen würde, so pulvert man wieder und formt nun den Oberkasten ein. Hebt man diesen ab, so bleibt das Modell mit den Keilen im Unterkasten, worauf man nach und nach die einzelnen Keile vom Modell abhebt, in den Oberkasten an ihren Ort stellt und mit Draht an der Hinterseite befestigt. Stehen sie alle richtig, so hebt man das Modell aus dem Unterkasten, stellt diesen auf den Oberkasten und bildet nun den Einguß und die Luftpfeifen, worauf die Form gußfertig ist. Auf dem Abgusse bilden sich nun überall, wo zwei Keile aneinander stoßen, kleine rippenförmige Vorsprünge, die sogenannten Gußnähte. Diese werden, wenn die Arbeit ausgeputzt (ziseliert) wird, mit Meißel und Feile fortgenommen.

Zum Gießen hohler Stücke, wie Hohlkugeln, Röhren, Mörser, gebraucht man einen sogenannten Kern, der in die Gußform gestellt resp. eingehängt wird und die Stelle des späteren Hohlraums einnimmt. Er besteht in der Hauptsache aus Lehm, öfter des besseren Zusammenhangs wegen mit Kuhhaaren gemischt und nach Umständen mit einem inneren Gerippe von Eisenstäbchen u. s. w. versehen. Der Lehm muß in einzelnen Schichten, die man erst wieder trocknen läßt, aufgetragen werden, erhält durch Pressen in Formen oder auf der Drehlade seine endgültigen Umrisse und wird schließlich gebrannt. Bei größeren Sachen, besonders bei Röhren, macht man die Kerne auch hohl Bei dem eigentlichen Lehmguß besteht die ganze Form aus diesem Material, und man wendet diese Gußart namentlich da an, wo es sich um so große Stücke handelt, daß das Formen in Kästen unthunlich wird; im Wesen kommt der Lehmguß mit dem später zu beschreibenden Glockenguß überein.

Die **Modelle** zum Guß sind entweder aus Holz oder, wenn sie zu häufigem Gebrauch dienen sollen, aus Messing, Zink, Zinn, Blei oder Gußeisen. Manche Kunstsachen werden in Wachs modelliert, darüber die Thonformen angelegt und das Wachs ausgeschmolzen. Kopien schon vorhandener Stücke erzeugt man, indem man ihnen eine Hohlform in Gips entnimmt, in diese das Wachs gießt u. s. w. Das Einformen in die sandig-erdige Masse hat bei jedem einzelnen Gußstück von neuem zu geschehen, da die Form nur den einzigen Guß aushält. Formen, in die sich immerfort ohne weitere Zurichtung gießen ließe, dürften nur von Metall sein. In solchen aber erfährt der Guß die schon erwähnte besondere Veränderung; er wird oberflächlich und selbst bis auf eine ansehnliche Tiefe hinein außerordentlich hart. Es ist dies eine Folge der raschen Abkühlung der Gußmasse durch die Form; das Metall „schreckt ab“; der Grund dieses Vorgangs liegt darin, daß der in dem geschmolzenen Eisen gelöste Kohlenstoff keine Zeit findet, sich kristallinisch als Graphit auszuscheiden, sondern chemisch gebunden als Kohleeisen verbleibt; ein solches Gußstück besteht daher im Innern noch aus grauem weicheren Roheisen, außen aber aus hartem Weißeisen. Der Guß in gußeisernen Formen heißt deshalb auch **Schalen-** oder **Hartguß**. Man benutzt ihn vorzüglich für Hartwalzen zur Blechfabrikation und zu Eisenbahnrädern, in England neuerdings zu den mehrhundertpfündigen Geschossen für Riesenkanonen, die man vorher aus Stahl machte, der aber durch den Hartguß völlig ersetzt wird. Häufiger wünscht man für diese Zwecke Härte nur an bestimmten Stellen des Gußstücks; um dies zu erreichen, verbindet man dann Massen- und Schalenguß miteinander, d. h. man setzt an die betreffende Stelle der Gießform statt der Sandmasse Eisen. Dies findet z. B. statt beim Gießen von Ambossen und Pochstempelschuhen, bei Rädern für Eisenbahnwagen, wo man den Umfang des Modells durch einen eisernen Ring bildet u. s. w. Man wendet zu den Schalen auch

Kupfer an, das eine noch raschere Ableitung der Hitze bewirkt und daher noch härtere Güsse gibt; doch ist der Hartguß im allgemeinen nicht mehr von der Wichtigkeit wie früher, seitdem der Bessemerstahl in Gebrauch gekommen ist.

Für größere Stücke, die nicht durch Herdguß erzeugt werden, hat man in der Nähe des Gießofens die ausgemauerte **Gießgrube**. Dort stellt oder lehnt man die Formen ein und umdämmt sie häufig noch mit Sand, so daß nur die Eingüsse und Windpfeifen sichtbar bleiben. Vor die letzteren hält man beim Gießen brennendes Stroh, damit die brennbaren Gase, die sich aus den Kohlen- und etwa noch vorhandenen Wasserteilchen der Form erzeugen können, unschädlich verzehrt werden. Das Eingießen geschieht entweder von oben oder auch dergestalt, daß man das Eisen mittels eines Kanals an der tiefsten Stelle in die Form treten und es in derselben aufsteigen läßt.

Fig. 78. Röhrengießerei der Friedrich Wilhelmshütte zu Müllheim a. d. Ruhr.

Bei Herstellung der so vielgestaltigen Gußformen gibt es eine große Menge von Methoden und Kunstgriffen, über die hinweggehend wir nur ein paar Beispiele herausgreifen wollen. Für lange Stücke von gleichbleibendem Durchschnitt, wie z. B. gerippte Balken, auch Röhren, genügt ein kurzes Modellstück, welches in dem Maße weiter gerückt wird, wie das Einstampfen der Formmasse fortschreitet. Eine Gießerei in Deutschland, die sich vornehmlich mit der Anfertigung von Röhren beschäftigt, ist die Friedrich Wilhelmshütte zu Mühlheim a. d. Ruhr (s. Fig. 78). Man formt auch große Zahnräder oft nicht nach einem vollständig ausgearbeiteten Modell, sondern bildet erst die Form für das glatte Rad und modelliert dann die Verzahnung nach einem Stück mit nur wenigen Zähnen, oder nach einem einzelnen Zahn, oder man wendet gewisse Teil- und Einschneidemaschinen an, in welchem Falle dann jedes Zahnmodell entbehrlich wird. **Schrauben** lassen sich in der gewöhnlichen Art in einem zweiteiligen Kasten gar nicht einformen, denn das Gewinde würde beim Ausheben des Modells den Sand mitnehmen. Ist die Schraube groß, z. B. für eine Presse, so umstampft man das Modell im Kasten mit der Formmasse bis unter den

Kopf, formt diesen erst besonders ab und schraubt dann das Modell aus der Masse wie aus einer Mutter heraus. Sehr kleine, einfache Gußstücke werden stets in großer Anzahl auf einmal gegossen. So z. B. gießt man flache Stücke, die scheinbar eine Art durchbrochene Verzierung vorstellen, bei welcher sich von einer Mittelleiste aus Leistchen und wieder Leistchen rechtwinkelig voneinander abzweigen, alle zu beiden Seiten mit zugespitzten Körperchen wie ein Kamm oder gefiedertes Blättchen besetzt. Diese einzelnen Blättchen sind das, was man beabsichtigt; wenn man sie einzeln abbricht, so stellen sie Schuhzwecken dar, deren Erzeugung auf diese Weise sehr billig wird.

In neuerer Zeit wird das Eisen immer mehr als Material zu künstlerischen Gießprodukten herangezogen und der Kunsteisenguß wird nicht weniger gepflegt als der Bronze- und Zinkguß. Während Berlin uns schon seit geraumer Zeit durch eigentümliche, zierliche Bijouterie- und Nippsachen den Beweis liefert, welcher zarten Ausformung das flüssige Eisen fähig ist, liefern jetzt verschiedene Gießereien in Deutschland, Frankreich und England interessante und schöne Kunstgüsse in größeren Formaten: als Statuetten, Säulen, Kandelaber, Prachtöfen, Kaminmäntel, Tische und andre Möbelstücke, Altargeräte, Ornamente verschiedener Art u. s. w. In Deutschland und vielleicht in der ganzen Welt ist das vorzüglichste derartige Kunstinstitut die gräflich Stolbergsche Eisenhütte zu Ilsenburg am Harz. Ihre Produkte, welche, wie Fig. 72 (S. 121) beweist, die feinsten Darstellungen der plastischen Künste, getriebene und ziselierte Arbeiten der Gold- und Silberschmiede, reproduzieren, zeigen eine unübertreffliche Schönheit und Zartheit des Gusses, meist ohne alle Nacharbeit.

Verzinnen, Verzinken, Vernickeln, Emaillieren u. s. w. des Eisens. Die Liebe zwischen Eisen und Sauerstoff gereicht uns zum großen Leide, denn sie erzeugt den Rost, zu dessen Bekämpfung wir kaum Waffen genug haben. Stahl und Gußeisen unterliegen dem Rosten noch leichter als das geschmiedete Metall. Für unsre stählernen, besonders schneidenden Instrumente besitzt man kaum ein andres zuverlässiges Abhaltungsmittel als möglichste Trockenhaltung. Für die übrigen Gebrauchsgegenstände sucht man häufig Schutz in allerlei mehr oder minder wirksamen Anstrichen. Unter allen Überzügen, besonders für große Gußstücke, zeigt sich am dauerhaftesten der Steinkohlenteer, heiß auf das heiße Eisen getragen, oder besser dieses in jenen eine Zeitlang eingelegt. Bei Topfwaren und dergleichen kleineren Sachen brennt man den aus Teer, Leinöl und dergl. zusammengesetzten Firnis in einem Ofen ein. In einzelnen Fällen, wie beim Bräunen der Gewehrläufe, bekämpft man das Übel durch sich selbst, indem man auf der Metallfläche eine dünne künstliche Schicht Oxyds erzeugt, welche weiteren Angriffen des Sauerstoffs den Zugang versperrt. In andern Fällen belegt man das Eisen in gleicher Absicht mit einer dünnen Schicht eines andern Metalls, und die älteste hierher gehörige Maßregel bildet das Verzinnen, hauptsächlich benutzt zur Erzeugung des wichtigen Artikels Weißblech.

Um Weißblech zu erzeugen, werden die vorerst nach dem Walzen durch Glühen im geschlossenen Raume weich gemachten Eisenbleche durch Eintauchen in verdünnte Schwefelsäure oder auch in gesäuerten Roggenschrot oder Holzessig von Schmutz und Glühspan befreit und durch starkes Scheuern mit Sand und Wasser wird eine reine graue, nicht glänzende Oberfläche erzeugt. Die gescheuerten Bleche bleiben bis zum Augenblick der Verzinnung in reinem Wasser aufbewahrt. Zum Verzinnen dient eine Reihe viereckiger Pfannen, jede mit ihrer besonderen Feuerung versehen. Die erste Pfanne enthält geschmolzenen Talg; hier werden die Bleche eingestellt, bis alle Feuchtigkeit verdampft ist, die Bleche die richtige Temperatur angenommen haben und mit einer gleichmäßigen Fettschicht bedeckt sind. Hierauf kommen sie sogleich in die zweite Pfanne, welche flüssiges Zinn enthält, das zur Abhaltung der Lufteinwirkung mit einer Schicht geschmolzenen Talges bedeckt ist. Dieses Bad heißt das Einbrennen. Die Tafeln bleiben darin etwa eine Stunde lang und überziehen sich mit einer Schicht, welche eine Legierung von Zinn und Eisen ist. Das Zinn des ersten Bades nimmt von den Tafeln ebenfalls Eisen auf. Aus dieser Pfanne gelangen die Bleche sofort in die zweite zum Abbrennen. Sie enthält das reinste Zinn, und in diesem löst sich zum Teil die erste Schicht wieder auf; es setzt sich dafür reineres Zinn an und der Überzug wird gleichmäßiger. Da hiernach auch das Abbrennbad bald eisenhaltig wird, so muß dasselbe zu gehöriger Zeit durch frisches Zinn beschickt werden, während das unrein gewordene in die Einbrennpfanne gegeben wird. Haben die Tafeln im Abbrennbad einige Zeit verweilt, so nimmt sie der Arbeiter einzeln heraus, legt sie auf eine Tafel, wischt mit einem Bündel Hanf das überflüssige Zinn ab und taucht sie noch einmal auf einen Moment in eine kleinere Abteilung derselben Pfanne, die reines Zinn enthält, um durch eine sich anhängende Zinnschicht die Wischspuren auszugleichen. Hierauf kommen die Tafeln unverweilt in eine heiß gehaltene Pfanne mit Talg; in ihr läuft das noch überflüssige, mit dem Eisen nicht fest verbundene Zinn von den stehenden Tafeln ab, und es ist hier große Aufmerksamkeit auf den Temperaturgrad und die Dauer des Aufenthalts nötig, da sonst leicht zu viel Zinn wieder abgeschmolzen wird. Das Fett, welches durch den ganzen Prozeß die Tafeln begleitet und zunächst den Zweck hat, Eisen und Zinn vor Oxydation zu schützen, erfüllt in diesem und dem noch folgenden Kessel, der in geringerer Wärme erhalten wird, außerdem auch eine andre Vermittlerrolle: es erhält beide Metalle auf einer gleichen Temperatur und verhütet die frühere Erkaltung des Zinns vor dem Eisen, deren Folge ein rissiger Überzug sein würde. Nachdem die Bleche in dem zuletzt erwähnten Talgbade genug verkühlt, erübrigt nur noch, sie von dem kleinen Zinnwulste zu befreien, der sich an die zu unterst gestandene Kante derselben angehängt hat. Man taucht sie deshalb in eine ganz flache Schicht schmelzenden Zinns, in welcher der Tropfrand sich erweicht und abschmilzt, worauf dann durch einen Schlag auf den oberen Rand die weiche Masse von der Tafel abgeschleudert wird. Nachdem sodann die Bleche durch Reiben mit Kleie und Kreide entfettet und mit Lappen nachgeputzt worden, sind sie fertig. In neuester Zeit wird das verzinnte Eisenblech durch verzinntes Stahlblech immer mehr verdrängt.

In einzelnen Fällen werden Gebrauchsgegenstände erst fertig geschmiedet und dann verzinnt, wie dies namentlich mit den gewöhnlichen Blechlöffeln geschieht. Das Verzinnen von gußeisernen Gefäßen im Innern ist durch das jetzt gebräuchliche Emaillieren ziemlich beseitigt. Eine nasse Verzinnung (Weißsieden) bezieht sich in der Regel nur auf kleine Messing- und Bronzeartikel. Das Zinn schützt das Eisen vor dem Verrosten nur so lange, als es dasselbe vollständig deckt; hat die Feuchtigkeit aber erst einen kleinen Zugang zu letzterem gefunden, so geht das Rosten um so rascher von statten, weil in einer Kette von Zinn, Eisen und Wasser, wie sie sich hier bildet, das Eisen das elektropositive Metall ist und also mit Macht den Sauerstoff anzieht.

Hiernach lag der Gedanke nahe, das Eisen zu verzinken, da Zink sich gegen alle andern Metalle positiv verhält und diese also durch Berührung mit ihm geschützt werden, während es selbst oxydiert wird. Das verzinkte Eisen nannte man aus dieser Rücksicht galvanisiertes, nicht als ob der Überzug ein galvanischer Niederschlag wäre, sondern weil es gleichsam unter den Schutz galvanischer Ströme gestellt sein sollte. Die Erfahrung lehrt jedoch, daß der Zinküberzug auch nur dann schützt, wenn er eine gut zusammenhängende Decke bildet, und daß an unganzen Stellen das Eisen ebenfalls rostet. So gut wie die Verzinnung schützt aber die Verzinkung jedenfalls auch, dabei ist das Zink noch härter und auch wohlfeiler. Man verzinkt denn auch in ziemlicher Ausdehnung Telegraphendrähte, Seildraht, Schrauben und Nägel, Steinklammern, Bleche, Kanonenkugeln u. s. w., und das Verfahren dabei ist in den Hauptzügen das folgende.

Nachdem die eisernen Gegenstände durch Beizen, Scheuern u. s. w. eine reine Oberfläche erhalten haben, gibt man ihnen erst eine leichte nasse Verzinkung, die für die nachfolgende Operation von Wichtigkeit ist. Man versetzt Zinkchlorid (salzsaure Zinklösung) mit einem kleinen Anteil Salmiak und legt in dieses Bad die Eisensachen etwa $1\frac{1}{2}$—2 Minuten lang ein. Es beginnt ein Austausch der Metalle, indem Eisen gelöst wird und Zink sich an dessen Stelle ablagert. Das solchergestalt mit einem feinen Zinküberzuge versehene Eisen wird aus dem Bade genommen, auf einer erhitzten Platte vollkommen getrocknet und noch heiß mit Zangen in geschmolzenes Zink eingelegt. Nach kurzer Zeit, wenn die Eisenstücke die Temperatur des umgebenden Zinks angenommen haben, hebt man sie heraus und klopft sie, damit das überflüssige Zink abfällt. Hiermit ist das „Galvanisieren“ beendet. — In ähnlicher Weise läßt sich das Eisen durch Eintauchen auch überkupfern, ein Verfahren, das, wie auch das dem Verzinken analoge Verbleien, noch wenig geübt zu werden scheint und besonders zum Überkleiden der zum Schiffsbau gebrauchten riesigen Nägel dienen soll. — Eine außerordentliche Verbreitung hat in den letzten Jahren das Vernickeln von Eisen und Stahl erlangt. Das Nickel hat den Vorzug, daß es einen harten, an der Luft unverändert bleibenden Überzug bildet, der durch Politur einen hohen Glanz annimmt. Vernickelt werden namentlich kleinere Maschinenteile, Werkzeuge, chirurgische Instrumente, Blech, Schlüssel, Schloßgriffe und Thürklinken, Sporen, Ketten u. s. w. und geschieht dies stets auf nassem Wege, indem man die zu vernickelnden Gegenstände in ein Nickelammoniumsulfat enthaltendes Bad hängt und einen elektrischen Strom durchleitet, entweder von einer Bunsenschen Batterie oder, wie in den neueren größeren Vernickelungsanstalten, mittels Dynamomaschinen. Hauptsache ist, daß die zu vernickelnden Gegenstände erst von etwa vorhandenen Unreinigkeiten, fettigen Teilen u. s. w. gereinigt werden, daß ferner die Anoden aus chemisch reinem, ganz kupferfreiem Nickel gefertigt sind, daß das Nickeldoppelsalz chemisch rein ist und das Bad durch eine sehr geringe Menge Zitronensäure ganz schwach angesäuert wird.

Endlich schützt man das Eisen auch durch einen Überzug von Email, was bekanntlich bei gußeisernen Kochgeschirren (auch geschmiedete emaillierte sind neuerdings zu haben) der Fall ist. Eiserne Kochgeschirre sind ohne irgend welchen Überzug nicht wohl zu brauchen, da sie den Speisen einen üblen Geschmack und eine schwärzliche Färbung erteilen. Man verzinnte daher anfänglich blecherne Gefäße und lernte neuerlich auch gußeiserne verzinnen; aber das Zinn hält sich nur so weit, als die Flüssigkeit das Gefäß bedeckt; das Überstehende schmilzt am Feuer ab und versetzt natürlich die Speisen mit Zinngraupen. Deswegen griff man zum Emaillieren. Bei der sehr ungleichen Ausdehnung aber, die Metall und Email in der Hitze erleiden, war auch diese Aufgabe eine schwierige; der Überzug bröckelte ab. Mit der Zeit ist man jedoch durch viele Versuche dahin gelangt, daß wenigstens einzelne Fabriken wegen ihrer gut haltbaren Emaillierung Ruf haben. Für die Zusammensetzung der Glasur gibt es eine Menge Rezepte; im allgemeinen verfährt man so, daß zu unterst eine wohlfeilere Mischung aufgetragen und auf diese eine feinere und mehr glasartige aufgesetzt wird. Zur Grundmasse dienen Quarzmehl, Borax, Thon, Feldspat, Gips, Kalk u. dgl., durch unvollkommenes Schmelzen im Feuer (Fritten) vereinigt oder auch nur naß zusammengemahlen, geschlämmt und als ein dünner Brei auf die Innenfläche der Gefäße aufgetragen. Zur Deckmasse, der eigentlichen Glasur, dienen zum Teil, mit Ausnahme des Thons, dieselben Stoffe, mit mehr Flußmittel und mit Zusatz von Zinkoxyd, öfter auch weißem Glase. Diese Mischungen werden stets gefrittet, fein gepulvert und auf den noch nassen ersten Grund unmittelbar aufgestäubt, worauf dann das Trocknen und Einbrennen der Glasur in der Hitze eines Muffelofens folgt.

Nachdem wir somit die gebräuchlichsten Schutzmittel gegen Rostschaden kurz besprochen, verlangt es gewissermaßen die Gerechtigkeit, auch noch zu sagen, daß der Rost keineswegs in allen Fällen der verhaßte Unheilstifter ist, wie allerdings in den meisten. Es gibt Fälle in der Technik, wo man ihn braucht und in welchen er wichtige Dienste leistet. Dies gilt namentlich bei Herstellung der mächtigen Gasbehälter, wie sie unsre Gasbeleuchtungsanstalten brauchen, und den Infanteriegewehrläufen des M. 71 der deutschen Armee. Sie werden mit einem künstlichen Rost überzogen, der den Zweck hat, den gußstählernen Lauf zu schützen und es zu verhindern, daß das Auge des Schützen durch die widerspiegelnden Sonnenstrahlen geblendet wird. Auch bei den eisernen Schiffen ist der Rost von Wichtigkeit. Die angestrengteste mechanische Arbeit kann nicht erzielen, was der Rost in leichtester Weise besorgt. Man befeuchtet die Verbindungsstellen, und der entstehende Rost dichtet sie tadellos und so innig, daß eiserne Schiffe selbst auf den weitesten Reisen kein Wasser einlassen. Auf ähnliche Weise dichtet man die Fugen von Dampfkesseln, Röhrenleitungen u. dergl., oder kittet Eisenklammern in Stein, mittels eines Breies aus Eisenfeile und Wasser; versetzt mit etwas Salmiak und Schwefel, oder auch ohne den letzteren, und erzielt so eine steinharte Kittung, denn die Eisenteilchen vereinigen sich durch das Rosten zu einer kompakten Masse miteinander, die einen größeren Raum als vorher das Metall einzunehmen strebt und auf diese Weise die ihr angewiesenen Räume förmlich auswächst.

Im Vorstehenden haben wir über die Gewinnung und erste Bearbeitung des Eisens in seinen drei verschiedenen Modifikationen, soweit dies bei einem so vielseitigen Gegenstande auf engem Raume möglich, das Hauptsächlichste gebracht und werden wir später bei Betrachtung verschiedener einzelner Industriezweige die Gestaltung dieses universellen Stoffes noch weiter verfolgen können; immerhin bleibt noch ein weitgedehntes Feld für allgemeinere Betrachtungen übrig, auf dem wir wenigstens einige Blumen pflücken wollen, ohne uns beim Allbekannten und Alltäglichen lange aufzuhalten. Und selbst das Alltägliche wechselt die Physiognomie nach Umständen ganz bedeutend; ja manches, was dem einen alltäglich ist, bekommt ein andrer nie mit Augen zu sehen. Zwar durchschneiden jetzt Eisenbahnen in allen Richtungen die Länder, und die Lokomotive zeugt in Stadt und Dorf mit lauter Stimme von der Bedeutung des Eisens; aber andre Eindrücke erhält man doch in der Handels- und Meßstadt, wo die eisernen Kunst- und Kurzwaren und Geräte in erstaunlichen Mengen sich darlegen; andre in der Hafenstadt, wo eiserne Schiffe kommen und gehen, die Roheisenbarren als Gegenstand eines wichtigen Welthandelszweiges ein- oder ausgeladen werden; andre in den Gegenden, wo die Hochöfen glühen und flammen; wieder andre in den Heimstätten der Fabrikation, wo das Metall sich zu den Millionen Gebrauchsartikeln des täglichen Lebens oder zu kunstreichen, oft gewaltigen Maschinen gestaltet, oder wo diese Maschinen selbst im Dienste des Menschen ihr Tagewerk vollbringen, wo sie für ihn spinnen und weben, drucken, hobeln, sägen, schneiden, pressen, nähen und was die kaum aufzuzählenden Berufsarbeiten der Maschinen sonst noch sind. Es ist Thatsache, daß die Eisenproduktion in allen eisenerzeugenden Ländern in fortwährendem Steigen begriffen ist und natürlich auch der Verbrauch gleichen Schritt haltend sich erhöht; ohne letzteres müßte das Metall viel wohlfeiler werden, was mit Ausnahme einzelner Schwankungen, wie sie die letzten Jahre allerdings in erstaunlicher Weise gezeigt haben, nicht der Fall ist.

Die Gesamtroheisenerzeugung auf der Erde, welche sich 1875 auf ungefähr 315 Millionen Zollzentner bezifferte, beträgt jetzt $20,_3$ Millionen Tonnen (406 Millionen Zollzentner). Die Roheisenproduktion der Hauptländer beträgt jetzt:

Großbritannien	8600000	Tonnen
Vereinigte Staaten	4696000	„
Deutschland	3420000	„
Frankreich	2033000	„
Belgien	717000	„
Österreich-Ungarn	573000	„
Schweden	435000	„

Während das gesamte deutsche Erzeugnis im Jahre 1875 nur wenig mehr als den sechsten Teil dessen betrug, was England produzierte, das seit mehr als einem Jahrhundert durch Energie und Unternehmungsgeist, unter Benutzung der ihm zu Gebote stehenden natürlichen Vorteile, sich zum Vorort der ganzen Welt gemacht hat für alles, was mit der Produktion und Verarbeitung des Eisens zusammenhängt, hat sich dies Verhältnis in dem letzten Jahrzehnt auf ganz rapide Weise immer mehr zu gunsten unsres Vaterlandes geändert. Beispielsweise ist die Einfuhr des englischen Eisenbahnmaterials nach Deutschland von 52660 Tonnen im Jahre 1870 bis auf nur 305 Tonnen im Jahre 1881 gesunken, eine Thatsache, welche die Befreiung vom englischen Einflusse sowie den Aufschwung der deutschen Industrie deutlich beweist und uns mit gerechtem Stolz erfüllen muß.

Außer dem Kruppschen Etablissement, dessen Schwerpunkt in der Stahlerzeugung und Verarbeitung liegt, haben wir in Deutschland noch eine große Zahl andrer Hüttenwerke, deren Leistungen ganz erstaunliche Ziffern ergeben. Die wichtigsten Bezirke, und zwar sowohl für die Produktion von Roheisen wie für die Herstellung von Eisen- und Stahlwaren aller Art, sind: 1. Westfalen und der Niederrhein, ein großer Distrikt, der sich von Hannover aus bis Aachen erstreckt, nach Süden durch die groß entwickelte Kleineisenindustrie an die Eisenindustrie des Siegener Landes, von Nassau und Hessen sich anschließt. 2. Oberschlesien. 3. Der Saarbezirk. Kleinere Bezirke jedoch mit sehr ansehnlicher Produktion finden sich außerdem im Harz, in der Provinz Hannover, in Bayern, Sachsen und Württemberg. Im niederrheinisch-westfälischen Distrikt stehen die Werke von Hörde, die Steinhäuser

Hütte zu Witten, die Gute-Hoffnungshütte bei Sterkrade, die Phönixhütten zu Laar bei Ruhrort, die Westfälische Union in Hamm, die Georg-Marienhütte bei Osnabrück, die Hüttenwerke der Aktiengesellschaft Union bei Dortmund. Letztere z. B. beschäftigt 7000 Arbeiter und produziert 95 000 Tonnen Eisensteine, 120 000 Tonnen Roheisen, 74 000 Tonnen Handelseisen, Profileisen, Bleche, Drähte, Grubenschienen u. s. w. In Oberschlesien arbeiten die Eisenhüttenwerke Laura und Königshütte mit 13 Hochöfen, in denen sie 125 000 Tonnen Roheisen erzeugen, welche in 5000 Tonnen Gußware und 100 000 Tonnen verschiedener Produkte der Walzwerke und Räderfabrik umgewandelt werden. Sie beschäftigen zur Zeit 9000 Arbeiter. Die Borsigwerke bei Biskupitz in Oberschlesien beschäftigen zur Zeit 5500 Arbeiter. Im Saarbezirk sind es namentlich die Krämerschen Werke bei St. Ingbert, Adolf Krämer zu Quint bei Trier, Gebrüder Stumm zu Neunkirchen, und die schon erwähnten Burbacher Werke. Letztere beschäftigen 2000 Arbeiter und produzieren 75 000 Tonnen ($1^1/_2$ Millionen Zentner) an fertigen Fabrikaten. Im Betrieb sind 4 Hochöfen, 85 Puddel- und Schweißöfen, 12 Walzenstraßen für Fertig- und Halbfabrikate u. a. mehr, wozu 125 Dampfkessel mit 7884 Pferdestärken nötig sind. In Elsaß-Lothringen finden wir sonst noch große Eisenwerke in Ars-sur-Moselle bei Metz und in Niederbronn. Unter den französischen Eisenwerken steht Creusot obenan. Es produziert täglich etwa 550 000 kg Façoneisen. Die beiden Puddelwerke haben jedes nicht weniger als 50 Puddelöfen, 45 Frischöfen und 9 Dampfhämmer, von denen der schwerste 2000 Zentner wiegt. Creusot beschäftigt gegen 15 000 Menschen.

Die Steigerung, welche die Eisenproduktion in Großbritannien und Irland seit 1740 erfahren hat, beweisen am besten die folgenden Zahlen:

1740	produzierten	Großbritannien	und	Irland	17 628	Tonnen	Roheisen
1788	„	„	„	„	69 000	„	„
1796	„	„	„	„	127 700	„	„
1806	„	„	„	„	262 300	„	„
1826	„	„	„	„	590 300	„	„
1835	„	„	„	„	1 005 000	„	„
1840	„	„	„	„	1 418 750	„	„
1845	„	„	„	„	1 536 750	„	„
1855	„	„	„	„	3 268 050	„	„
1865	„	„	„	„	4 896 550	„	„
1868	„	„	„	„	5 049 900	„	„
1873	„	„	„	„	6 512 500	„	„
1874	„	„	„	„	7 118 500	„	„
1882	„	„	„	„	8 620 000	„	„

In den Vereinigten Staaten von Amerika haben sich die Produktionsziffern von 1810 bis 1875 von 600 000 bis auf 80 000 000 Zollzentner emporgeschwungen, danach also die Roheisenerzeugung sich im Laufe von 65 Jahren verhundertunddreißigfachte. Indes erwehrt sich Deutschland, die alte Heimat der Eisenindustrie, mit immer steigendem Erfolg der englischen Suprematie und Konkurrenz; ein Artikel nach dem andern, der früher nur englisch sein durfte, verschwindet vor einheimischen Erzeugnissen. In manchen Fächern schlägt die deutsche Fabrikation die Engländer nicht nur auf heimischem Boden, sondern selbst auf auswärtigen Märkten der Alten und Neuen Welt. Aachener und Iserlohner Nähnadeln sind genau so gut wie englische und werden auf dem Weltmarkte ebenso gern genommen. Die deutschen Schneidwaren brechen sich gleichfalls im Auslande immer mehr Bahn. Stahlsaiten für Klavierinstrumente, der Artikel, für welchen alle Welt den Engländern so lange tributpflichtig war, finden ihren Weg nach Deutschland nicht mehr; sie sind durch österreichische und preußische Fabrikate vollständig entbehrlich gemacht. Das deutsche Eisenbahnwesen hat sich bekanntlich schon länger von England völlig emanzipiert. Die Zeit, in welcher Deutschland seine Lokomotiven und Schienen von England kaufte, ist längst vorüber; die Schienen erzeugen wir selbst besser und dauerhafter aus Eisen und Stahl, und die großartigen Maschinenfabriken zu Berlin, Chemnitz, Wien, München, Augsburg, Eßlingen und andern Orten versorgen nicht nur die deutschen Eisenbahnen, sondern senden ihre Lokomotiven auch nach der Schweiz, Frankreich, Rußland, ja nach Indien u. s. w.

Fig. 79. Große Halle des Walzwerkes zu Creusot.

Auf sämtlichen deutschen und österreichischen Eisenbahnen waren nach offiziellen Erhebungen zu Ende des Jahres 1861 im Gange 4051 Lokomotiven; im Jahre 1882 allein in Deutschland 10849. In ganz Europa waren in diesem Jahre nicht weniger als 52000 Lokomotiven im Dienst.

Im Eisen liegt eine ungeheure, scheinbar ganz unerschöpfliche Konkurrenzkraft; verdrängte es gleich bei seinem Bekanntwerden in dem Kulturleben der Völker die steinernen, kupfernen und bronzenen Werkzeuge, so schlug es in unsern Tagen die Bronze noch einmal auf ihrem scheinbar unbestreitbaren Gebiete, auf dem des Geschütz- und Glockengusses. Die Verdrängung des Holzes durch das Eisen geht von langer Hand her, schreitet aber fortwährend rascher vorwärts. Niemand, der eine Reihe von Jahren zurückdenken kann, ist der allmähliche Wechsel entgangen, der an die Stelle einer Menge hölzerner Haus- und Feldgeräte weit zweckmäßigere eiserne setzte. Welch einen Fortschritt involviert nicht allein der moderne eiserne Pflug, dieses so wirksame und kraftsparende Gerät, im Vergleich mit seinen älteren Kollegen, und welche zweckmäßigen neuen Ackergeräte stehen außerdem heute dem Landwirt zu Gebote, an welche früher, wo noch das Holz den Hauptstoff bildete, gar nicht gedacht werden konnte. Einen andern Dienst von steigender Wichtigkeit leistet das Eisen in Form von Röhren, einen Dienst, der nur noch zum allerkleinsten Teile vom Holze notdürftig übernommen werden könnte. Wer in einer großen, mit öffentlicher Gasbeleuchtung und Wasserleitung versehenen Stadt herumwandelt, kann sich gar keine Vorstellung davon machen, welche Massen von Eisen in Form von Röhren — und welche Kolosse von Röhren zum Teil! — unter seinen Füßen liegen; man muß sie eben anfahren und an ihren Ort legen gesehen haben, wo sie im Verborgenen auf lange Jahre hinaus für Wohlsein und Behaglichkeit von Hunderttausenden wirken. In seiner Anwendung als Baumaterial ersetzt das Eisen nicht nur das Holz, sondern hauptsächlich auch den Stein, und übertrifft beide sowohl hinsichtlich der Dauer und Festigkeit, als besonders auch durch seine Anwendung zu Konstruktionen, die in jenen Materialen gar nicht möglich sind, so daß sich bereits eine besondere Eisenkonstruktion entwickelt hat, wovon die Industrie-Glaspaläste, großartige Gewächshäuser, noch mehr aber die eisernen Brücken Beispiele geben, und bezüglich deren wir auf den I. Band dieses Werkes verweisen.

Als Material für den Kunst- und Ornamentenguß hat das Eisen in unsrer Zeit ebenfalls eine wichtige Rolle überkommen, wenn es auch einen Teil derselben jetzt wieder an das Zink abtreten muß. Auf jeder Industrieausstellung findet man Gelegenheit zu der Bemerkung, wie die Eigenschaften, die man von einem vollkommenen Gußmaterial verlangt, von dem Eisen in immer vorzüglicherer Weise erreicht werden; infolgedessen findet es jetzt auch zu Kunstgegenständen, zu denen früher nur Messing oder Bronze dienen konnte, eine ungemein ausgedehnte Verwendung. Die vorzüglichen Leistungen mancher Eisengießereien, wie der gräflich Stolbergschen, haben wir schon erwähnt, ihr Gebiet erstreckt sich von den kleinsten Gegenständen (Hemdenknöpfe sogar werden aus Eisen gegossen) und von den feinsten bis zu den größten monumentalen Bildwerken. Auf einer der Weltausstellungen war ein Fächer aus Gußeisen zu sehen, der, wenn er auch nicht die Leichtigkeit der Straußenfedern hatte, doch von einer solchen Feinheit und Zartheit der Ausführung war, daß kein Beschauer, ohne darum zu wissen, ein außergewöhnliches Material darunter vermutet haben würde.

Wenig in die Augen des großen Publikums fallend, doch höchst wichtig für die Technik sind die Dienste, welche der Eisendraht in Form von Drahtseilen leistet. Hier tritt das Eisen teilweise sogar in Konkurrenz mit dem Hanf, denn hanfene Seile und Ketten waren früher das Einzige, was man kannte, bis in den zwanziger Jahren unsres Jahrhunderts für bergmännische Zwecke auf dem Harze Drahtseile mit so gutem Erfolge versucht wurden, daß sie seitdem immer mehr in Aufnahme kommen. Bei dem Verarbeiten des Drahtes zu Seilen sind andre Rücksichten zu nehmen als bei der gewöhnlichen Seilfabrikation. Die Drähte würden an Haltbarkeit verlieren, wenn sie in sich selbst stark gedreht würden. Daher läßt man sie nur ganz gestreckte Windungen machen und bildet den Strang oder die Litze von gewöhnlich 6—10 Drähten dergestalt, daß sie um ein geteertes Hanfseil (Seele) herumlaufen. Der Draht selbst wird gewöhnlich verzinkt. Dreht man 6—8 solcher Litzen wieder um eine Hanfseele zusammen, so erhält man ein tüchtiges Rundseil. Oftmals vereinigt man mittels Nieten von geglühtem Draht 6—8 solche Rundseile seitlich zu einem Flach- oder Bandseil, das nun ungeheurer Anstrengung fähig ist, um so mehr, wenn statt des Eisens Stahldraht genommen wird. Die Tragfähigkeit solcher Seile von gewöhnlichem Kaliber geht bis zu 100 Zentnern, und dabei besitzen sie eine solche Dauerhaftigkeit, daß sie viele Jahre dienen können. Auch über ihren ursprünglichen Wirkungskreis in den Bergwerken hinaus leisten diese Seile sehr schätzbare Dienste. Denn wie sie dort als Förderungsmittel aus großen Tiefen unersetzlich sind, eignen sie sich auch zu Kraftleistungen auf große Entfernungen am vorzüglichsten, weil sie die wenigste mechanische Kraft selbst verzehren. So haben sich die Seile zum Eisenbahnbetriebe auf schiefen Ebenen als vollkommen sicher bewährt; auf der Durham-Sunderlandbahn in England treibt eine Dampfmaschine ein aus drei Stücken zusammengesetztes endloses Drahtseil von angeblich 15000 m Länge. Für Fabriken, welche mit Wasserkräften arbeiten, liegt schon ein bedeutender Vorteil, ein großer Freiheitsgewinn in Anlage und Nachbau von Betriebsgebäuden darin, daß diese Fortleitung mit geringem Kraftverlust auf 300, 600—1200 m möglich und sicher ist, daß man solchergestalt 20, 40, 100 Pferdestärken und mehr nach Örtlichkeiten versenden kann, die, mit einziger Ausnahme des elektrischen Stromes, durch keine andre Art von Transmission erreichbar sind. Für eine derartige Transmission, die er „teledynamisches Kabel“ nannte, erhielt der Elsässer Hirn auf der letzten Pariser Weltausstellung die Goldene Medaille.

Der großartigste und folgenreichste Sieg, den das Eisen in unsrer Zeit errungen, ist gewiß sein Seesieg über das Holz. Schon lange war wohl das Metall in Form von Ankern, Ketten u. s. w. mit in See gegangen, aber ein eiserner Schiffskörper, ein schwimmendes Gebäude aus einem Material, das selbst nicht schwimmen kann, war in früheren Zeiten etwas Unerhörtes. Nachdem jedoch die Einführung der Dampfmaschine als Bewegungsmittel in dem Schiffsbau schon die bedeutendsten Umwandlungen bewirkt hatte, mußte man notgedrungen immer mehr und mehr Rippen, Platten und Verschalungen aus Eisen den immer größer werdenden Schiffen beigeben, und endlich schlug der Gedanke durch, den ganzen Schiffskörper aus Metall, aus Eisen, herzustellen. Immer größere und größere Schiffe wurden von Eisen gebaut — die Kraft zu ihrer Bewegung ließ sich ja beliebig verstärken; allein der „Great Eastern“ zeigt uns wohl das Grenzgebilde, bis zu welchem unter bestehenden Verhältnissen die Vergrößerung der Dimensionen sich steigern darf. Geraume Zeit später, nachdem die Handelsmarine sich schon in den vollen Besitz des Eisens gesetzt hatte, und ernstlich erst seit dem letzten Kriege gegen Rußland, entschlossen sich die Seemächte zum Bau eiserner Kriegsschiffe, und zu den mit Eisen armierten schwimmenden Batterien und Kanonenbooten gesellten sich nun Fregatten und, im Wettstreit mit den sich mächtiger entwickelnden Seegeschützen, Panzerschiffe und Monitors, bei denen, wie bei den alten Rittern, die Schwäche wohl bald mit der Stärke des Harnisches wachsen wird.

In den drei Modifikationen des Eisens als Gußeisen, Stabeisen und Stahl besitzen wir eigentlich drei in ihren Eigenschaften weit verschiedene Metalle. Das Gußeisen besitzt eine bedeutende Festigkeit sowohl gegen Druck als gegen Zerreißung; ein Stab von 1 qcm Querschnitt trägt, ohne zu reißen, bis zu 5000 kg; aber es ist spröde, die Biegsamkeit und Zähigkeit geht ihm ab, welche das Stabeisen auszeichnet und dessen Widerstand gegen Zerreißung das Dreifache des Gußeisens beträgt. Der Stahl überbietet wieder das Stabeisen bedeutend, indem seine Widerstandskraft die des Stabeisens zwei- bis dreimal, also die des Gußeisens um das Sechs- bis Neunfache übertrifft. Bei der großen Konkurrenzkraft, die wir dem Eisen zuschreiben, ist es daher kein Wunder, daß es schließlich in seinen drei Modifikationen auch mit sich selbst konkurriert. In der That sind die Fälle nicht selten, in denen eine edlere Eisensorte mit der Zeit eine geringere im Dienst ablöst. Gegossene Eisenbahnschienen gab es nur in der Kindheit der Eisenbahnen, solange dieselben lediglich in den Kohlenbergwerken als Transportmittel mit Pferdebetrieb dienten; sogleich mit dem Eintritt der Eisenbahn in den großen Verkehr wurden geschmiedete Schienen angewendet, denn unter dem schweren Fuß der Lokomotive zersprang das Gußeisen wie Glas. Seitdem weicht nun allmählich wieder das Stabeisen dem Stahl als Schienenmaterial. Längere Zeit schon hat man verstählte Schienen, bei denen nur der Kopf, der obere zumeist leidende Teil, aus einer aufgeschweißten Stahlplatte besteht, während neuerdings auch die ganz stählernen Schienen sich mehren, und wenn diese auch noch nicht ganze Länderstrecken durchziehen, so finden sie doch Verwendung auf solchen kürzeren Touren, die einer außergewöhnlich starken Abnutzung ausgesetzt sind. Der Vorteil bei solchem Wechsel liegt auf der Hand, wenn man sich vergegenwärtigt, daß die Haltbarkeit, der Widerstand gegen Druck, sich bei den drei Materialen wie 1 zu 2 zu 6 verhält, Gußstahl also gewissen Angriffen gegenüber dreimal so lange als Schmiedeeisen und sechsmal so lange als Gußeisen benutzbar ist.

Bei den Brücken- und andern Hochbauten kam ebenfalls zuerst Gußeisen, als Vertreter für Stein, zur Anwendung. Aber es ist in seiner Massenhaftigkeit ein zu schweres Material, hat zu viel an sich selbst zu tragen und erreicht in seiner Sprödigkeit die Bruchgrenze so bald, daß man ihm wenigstens keine sehr weiten Bogenspannungen zumuten kann. Es folgte daher das Schmiedeeisen, die Ketten- und Drahtbrücken, die blechernen Röhrenbrücken. Schon aber ist die Zeit gekommen, wo der Gußstahl in die Rolle eines noch besseren Brückenmaterials eintritt, denn es kann, wenn es sich um eine Konstruktion von einem bestimmten Widerstandsmaß handelt, dieselbe nach dem vorhin Gesagten aus Stahl zwei- bis dreimal leichter als aus Schmiedeeisen und sechsmal leichter als aus Gußeisen genommen werden. Bei den holländischen Staatseisenbahnbauten benötigte man flacher Brückenbogen bis zu 150 m lichter Weite, und da war es zuerst, wo man den Gußstahl als das am besten sich empfehlende Material wählte. Und so wie hier läßt sich in allen Fällen die Masse des Stahls um so viel verringern, als seine Güte gegen andres Material höher steht. Dampfkessel z. B. aus Gußstahlplatten bewähren sich ausgezeichnet und brauchen zwei Drittel so stark im Blech zu sein, als wenn sie von Eisen wären. Als die Franzosen die ersten Gußstahlkanonen über die Alpen führten, hatte man zunächst die überraschende Niedlichkeit an ihnen zu bewundern, bis sie Gelegenheit bekamen, auch ihre übrigen Vorzüge geltend zu machen.

So sehen wir denn, wie in vieltausendfältiger Beziehung das Eisen in das Thun und Streben der Menschheit eingreift, wie ein treuer Freund helfend und fördernd, zu neuen Fortschritten und Ideen anregend. Und gleichwohl bietet sich kaum eine andre Gabe der Natur so wenig freiwillig dar wie das Eisen: unscheinbar und dem schärfsten Auge seine wahre Natur verhüllend, liegt es als Erz zu unsern Füßen; doch der Geist des Menschen erkannte oder ahnte doch seinen Wert; er befreite es aus seinen Banden, pflegte und erzog es zu seinem treuesten und nützlichsten Diener.

— Und was nicht war, nun will es werden,
Zu reinen Sonnen, farb'gen Erden,
In keinem Falle darf es ruh'n.
Es soll sich regen, schaffend handeln,
Erst sich gestalten, dann verwandeln;
Nur scheinbar steht's Momente still.

Goethe.

Zink, Kobalt, Nickel, Wismut und Genossen.

Geschichtliches. Heutige Bedeutung des Zinks. Gewinnung des Zinks aus seinen Erzen. Zinkerze. Galmei und Blende. Destillation des Zinks. Zugutemachen der Blende. Verunreinigung des Zinks. Zinkblech. Zinkguß. Zinkweiß. — Das Kadmium. Darstellung und Verwendung. Leichtflüssige Legierungen. — Kobalt und Nickel. Geschichtliches über diese Metalle. Kobalterze und ihre Verarbeitung zu Kobaltoxyd. Zaffer und Schmalte. Verwendung derselben. Das Nickel und seine Gewinnung aus den hauptsächlichsten Nickelerzen. Verschmelzen zu Speise und Stein und weitere Verarbeitung derselben. Das Neusilber, Weißkupfer, Argentan, Packfong und ähnliche Legierungen. Herstellung und Benutzung. — Antimon. Vorkommen und Erze. Spießglanz. Darstellung des Antimonmetalls. Antimonpräparate und Legierungen. Deren Verwendung. — Wismut, sein Vorkommen. Gewinnung und Verwendung.

Nur wenige Jahrhunderte ist es her, daß die Welt Wissenschaft bekam von einem neuen Metall, dem Zink. Bis dahin hatte die deutsche Bergmannsbenennung Zink, unter welcher jetzt das Metall in aller Welt verstanden wird, einem gewissen Erze, dem kristallinischen Galmei, gegolten, welche Bezeichnung sogar bis in das 18. Jahrhundert beibehalten wurde. Und doch hatte dasselbe Metall unerkannterweise schon seit uralten Zeiten der Menschheit ganz wichtige Dienste geleistet, so daß seine Geschichte somit eigentümlicherweise in eine alte, geheime, und in eine neue, öffentliche, zerfällt. Wie bei Besprechung des Kupfers näher zu entwickeln sein wird, bildete nämlich das Zink schon in sehr frühen Zeiten einen Bestandteil solcher Kupferlegierungen, die wir jetzt unter den Namen Bronze und Messing kennen, die man mit Hilfe des Galmeis herzustellen verstand. Es fehlt nicht an messingenen Altertümern, namentlich unter den römischen Münzen. Aber die Metallarbeiter begnügten sich durch viele Jahrhunderte mit dem Erfahrungssatze, daß eine gewisse Erd- oder Steinart, mit Kupfer verschmolzen, dasselbe gelb und gießbar mache; das Wie und Warum kümmerte sie wahrscheinlich wenig oder sie machten sich darüber irgend welche Theorien; kurz, das reine Zink blieb im Altertume unentdeckt, und der Umstand, daß bei ihm Reduktion und Verdampfung in eins zusammenfallen, genügt auch, dies erklärlich zu machen. Nur als zufälliges, jedoch nicht verwertbares Nebenprodukt mag es damals vereinzelt erhalten worden sein, denn das Pseudargyros des Strabo ist unzweifelhaft Tropfzink gewesen. Im Jahre 1420 bezeichnete Basilius Valentinus den Ofenbruch (ein zinkhaltiges Abfallprodukt) seiner Form wegen als „Zinken", und 100 Jahre später gebrauchte Paracelsus zuerst für ein aus Kärnten gekommenes Metall den Namen Zink, fügt aber bei, daß es keine „Malleabilität" besitze, auch sonst von andern Metallen verschieden sei, daher nur als Bastard der Metalle betrachtet werden könne. Agricola erkannte um 1550 in dem Zinkstuhle der Schmelzöfen zu Goslar wohl ein Metall, welches er Zink oder „Conterfey" nannte; doch wußte er nicht, daß es aus dem Galmei stammte. Da man in jener Zeit die Verwendbarkeit dieses Metalls noch nicht kannte, so legte man ihm auch keinen Wert bei, verwechselte es auch wohl mitunter (Löhneiß noch 1617) mit Wismut. Mehr Aufmerksamkeit mochte das leichte Zinkoxyd erregt haben, das bei der Behandlung von zinkhaltigen Stoffen mit Feuer als weißer Rauch emporstieg; dafür spricht die besondere Bezeichnung desselben als philosophische Wolle und weißes Nichts (lana philosophica, nihilum album). Der berühmte Chemiker Stahl gab zuerst (1718) die Theorie der Messingbereitung, indem er aussprach, daß sich dabei aus dem Galmei erst Zink metallisch reduziere und dann mit dem Kupfer in Verbindung trete. Nunmehr verlegten sich die Chemiker auf diese Zinkreduktion an und für sich, die unter der Bedingung, daß sie in geschlossenen Gefäßen vorgenommen wurde, weil an der Luft das Zink gleich wieder zu Oxyd verbrennt, nicht schwer war. Man lernte das Zink beliebig darstellen. — Früher schon kam Zinkmetall von China über Ostindien in den europäischen Handel, der Vertrieb kann sich aber, da die Nachfrage fehlte, kaum weit erstreckt haben. Dieses aus Indien angebrachte Zink wurde Spiauter genannt, ein Name, der in der ersten Hälfte unsres Jahrhunderts in Deutschland noch vielfach gehört wurde, in der Form Spialter noch heute bei Aachen und Stolberg gebraucht wird und sich in England für das Rohzink (Spelter) erhalten hat, während die Bezeichnung „Zinc" dort nur für das Walzzink gebraucht wird.

Man kannte das Zink in der ersten Zeit nur als ein ungeschmeidiges, keiner Dehnung fähiges Metall, das sich nicht walzen und hämmern, nicht einmal mit Sicherheit biegen und mit Feilen schlecht bearbeiten ließ. Für sein gewerbliches Fortkommen hatte ein solches Metall wenig Aussichten, und doch gestalteten sich seit Anfang unsres Jahrhunderts seine Angelegenheiten so günstig, daß es jetzt zu den wichtigsten Metallen gerechnet werden muß. Zuvörderst kam ihm die Entdeckung des Galvanismus zu Hilfe, welche das Zink in die Reihe der Elektrizitätserreger zu oberst stellte und ihm infolgedessen eine sehr ausgedehnte Verwendung für solche physikalische und technische Apparate anbahnte, die sich auf die Benutzung des Galvanismus gründeten. Von diesem Platze kann es nicht verdrängt werden, und seine hier erlangte Wichtigkeit würde allein hinreichen, dem Metall die Unentbehrlichkeit zu sichern, wenn es auch sonst zu nichts zu brauchen wäre. Ein sehr bedeutender Teil der gesamten Zinkproduktion konsumiert sich in unsern Tagen in den galvanischen Batterien der Telegraphenstationen, Werkstätten und Laboratorien verschiedener Art und opfert hier seine metallische Existenz zur Erzeugung galvanischer Ströme auf. Eine chemische Rolle spielt es im Hüttenwesen bei der Entsilberung des Werkbleis, zur Bereitung von Zinkvitriol, Zinkchlorid, Wasserstoffgas u. s. w.

Abgesehen von dieser an andrer Stelle verhandelten Mission des Zinks datiert seine höhere technische Geltung erst seit dem Jahre 1805, zu welcher Zeit die Engländer Hobson und Sylvester die besondere Eigenschaft desselben entdeckten, unter gewissen Temperaturgraden eine ihm früher gar nicht zugetraute Geschmeidigkeit zu besitzen. Vom Siedepunkte des Wassers aufwärts, von 100—150° C., am vollständigsten bei 120° C., verliert das Zink sein kristallinisch blätteriges Gefüge und erhält soviel Geschmeidigkeit, daß es sich hämmern, walzen und zu Draht ziehen läßt. Ist es solchergestalt gestreckt worden, so bleibt es auch nach dem Erkalten zähe und biegsam. In höherer Hitze gehen diese Eigenschaften wieder verloren, das Metall wird dann wieder so spröde, daß es unter dem Hammer in Stücke springt, ja sogar sich pulvern läßt.

Mit der nun erlangten Möglichkeit, das Zink in Platten auszuwalzen, fand die Verwendung des Metalls einen größeren Spielraum, wie anderseits in noch höherem Maße dadurch, daß man die alte Fabrikationsweise des Messings verließ und das Kupfer direkt mit dem Zinkmetall verschmolz. Bis vor etwa 30 Jahren blieb es in der Hauptsache bei diesen beiden Arten der Verwendung, und selbst da noch hatte das Zinkblech um seine Existenz zu kämpfen. Es war noch nicht von der Beschaffenheit wie heute, brach meistens schon nach dem ersten Hin- und Herbiegen durch, und in dem Zinklande Schlesien selbst ging man nur zaghaft an seine Benutzung als Dachmaterial. Als erste und ziemlich häufige Benutzung des Metalls zu Bauzwecken sah man dort mit Blech beschlagene äußere Fensterstöcke. Die Zinkhütten hatten eben noch zu lernen, aber sie lernten auch und lieferten ihre Ware allmählich schöner und geschmeidiger. Das Zink zeigt, als Dachblech und sonst dem Wetter ausgesetzt, eine ungemeine Dauer; zwar bedeckt es sich bald mit einer festsitzenden grauen Oxydschicht, aber diese dient gleich einem Firnis zum Schutz, und die weitere Zerstörung durch Oxydation und Fortführung des Oxyds durch das Wasser geht dann ungemein langsam von statten. Eine Oxydschicht, die nur den zehntausendsten Teil eines Millimeters dick ist, braucht nach Pettenkofers Versuchen nicht weniger als 27 Jahre, bis sie gänzlich vom Regen fortgeführt ist. Demnach müßte das Blech eines Daches, wenn auch nur $^1/_2$ mm dick, doch die Dauer von Hunderten von Jahren besitzen. In England, Frankreich und Belgien sind Zinkdächer häufig und haben sich bei heftigen Stürmen als sehr vorteilhaft bewährt. In Deutschland waren sie teils durch unrichtige Eindeckung, teils durch schlechte Arbeit anfangs etwas in Mißkredit gekommen und sind noch jetzt nicht häufig. Um Zink mit Vorteil zur Dachdeckung zu benutzen, müssen die Bleche dergestalt auf der Fläche befestigt werden, daß sie sich bei Temperaturwechsel frei ausdehnen und zusammenziehen können. Es darf keines derselben direkt aufgenagelt oder aufgelötet sein, vielmehr müssen sie mittels Haften niedergehalten werden, so daß die Bleche nach jeder Richtung hin Spielraum zum Ausdehnen finden, was durch das französische Leistensystem erreicht wird.

Man suchte aber nach weiteren Verwertungen des Zinks; die Spekulation bemächtigte sich des Gegenstandes, und je nachdem sich ein neuer Absatzweg ins Ausland oder eine neue Benutzungsweise zu zeigen schien, gingen die Preise manchmal hoch hinauf, um vielleicht rasch wieder zu sinken, wenn die Erwartungen sich nicht verwirklichten. Der Zentnerpreis des Zinks schwankte zwischen 10 und 40 Mark, ja, er ging sogar bis 80 Mark hinauf. Die heutigen Preisschwankungen bewegen sich meist zwischen 18 — 20 Mark für Walzzink pro 50 kg.

Die Benutzungsarten des Zinks, die sich nach und nach hinzugefunden haben, sind jetzt ziemlich zahlreich geworden. Außer seiner Verwendung in galvanischen Batterien und zu einzelnen chemischen Präparaten ist es besonders als Zusatz zu andern Metallen in Gebrauch, und es setzt neben Messing und Bronze auch verschiedene neue Legierungen mit zusammen, unter denen das Argentan die technisch wichtigste ist. In Plattenform braucht man es zum Zinkdruck, und viele Seeschiffe werden statt des Kupfers mit Zink beschlagen. Neuerdings stellt man auch viele zu großen Schiffen gehörige Boote ganz aus Zinkblech her. Zinkdraht, den man in allen Durchmessern herzustellen versteht, empfiehlt sich durch Wohlfeilheit, Rostfreiheit, leichte Lötbarkeit u. s. w. Ins häusliche Leben findet das Zink in Blechen durch den Klempner immer mehr Eingang als Material zu Dachrinnen und Fallrohren, als Beschlag von Fensterstöcken, zu Badewannen, Waschbecken u. dergl.; nur zur Aufbewahrung nasser Stoffe, die zu Speise und Trank dienen sollen, selbst zu Wassergefäßen taugt es wegen seiner leichten Löslichkeit nicht. Mit allen Säuren fast geht das Zink sehr leicht Verbindungen ein, die in Wasser löslich sind, und da sich in den Flüssigkeiten der Nahrungsmittel häufig Säuren finden oder bei Gegenwart eines Stoffes, wie das Zink ist, leicht bilden, so ist es natürlich für Küchenzwecke nur in beschränktem Maße geeignet. Mit Zinklösung verunreinigte Substanzen schmecken widerlich und erregen Ekel und Erbrechen.

Plattenzink dient ferner zu Firmen, Thürschildern und Pflanzensignaturen. Bei letzteren sind die Inschriften mit einer chemischen kupferhaltigen Tinte aufgetragen, bei ersteren vertieft eingearbeitet und mit einer schwarzen Masse ausgefüllt. Fast allgemein in Anwendung sind Zinkbleche als Zwischenlagen beim Satinieren von Papier u. dergl. mittels Walzwerken. Eisenblech und Eisendraht werden nicht selten verzinkt, um sie gegen Rost zu schützen.

Die jüngste und noch in zunehmender Ausdehnung begriffene Anwendung des Zinks ist die zu gegossenen Kunst- und Gebrauchsgegenständen, und endlich wird ein beträchtlicher und steigender Anteil des Metalls gleich nach seiner Ausbringung wieder in Oxyd verwandelt und als Zinkweiß in den Handel gebracht. Auf beide spezielle Fälle kommen wir später zurück und betrachten zunächst Vorkommen und Verhüttung der Zinkerze.

Diese verschiedenen Verwendungsarten haben die Zinkgewinnung wesentlich gefördert, so daß die Produktion seit den letzten 20 Jahren eine beträchtliche Steigerung erfahren hat, wie aus folgenden Zahlen hervorgeht.

Die Gesamtproduktion Europas an Rohzink betrug in Tonnen zu 1000 kg:

	1860:	1870:	1882:
Schlesien	40354	36518	69846
Rheinprovinz und Westfalen	8592	18006	35546
Belgien, Vieille montagne	28925	48112	48861
Belgien, andre Hütten	9144	14476	35625
Spanien, Asturias Compagnie	1777	3048	5047
Frankreich " "	—	—	11423
Andre französische Hütten	—	500	—
England	6104	16000	25581
Polen	1500	3625	4544
Österreich	1500	1000	3199
Zusammen:	97896	141285	239672

Im Jahre 1883 belief sich die deutsche Zinkproduktion auf 116853 Tonnen im Werte von 33730000 Mark, diejenige der Vereinigten Staaten auf 33765 Tonnen.

Das reine Zink hat die bekannte, etwas ins Gräuliche oder Bläuliche spielende Farbe, auf frischen Flächen einen lebhaften Metallglanz und ein etwas kristallinisches blätteriges Gefüge. Sein spezifisches Gewicht beträgt $7{,}_{15}$—$7{,}_{3}$, je nachdem es bloß gegossen oder auch noch gewalzt und gehämmert worden ist. Härter als Silber ist es, aber weniger hart als Kupfer; mit der Feile läßt es sich nicht gut bearbeiten, da es sich in den Riefen derselben festsetzt; es ist spröde, schmilzt bei 412°, an der Luft entzündet es sich bei 500° und verbrennt mit heller grünlicher Flamme, bei 1040°, nach neuester Bestimmung von Violle bei 930° C., siedet es und verflüchtigt sich; es läßt sich demnach unter Abschluß der atmosphärischen Luft destillieren. Im käuflichen Zustande ist es gewöhnlich mit etwas Eisen und Blei verunreinigt.

Gewinnung des Zinks aus seinen Erzen. Das wichtigste Zinkerz ist der Galmei (Zinkspat, edler Galmei), der schon im Altertume bekannt war und Kadmia genannt wurde. Er ist natürliches kohlensaures Zinkoxyd (Zinkkarbonat). Die bedeutendsten Lagerstätten von Galmei befinden sich einerseits in der Gegend von Aachen an der belgischen Grenze, anderseits in Oberschlesien und den angrenzenden polnischen Gegenden. In England wurde Zink zuerst in der Mitte des vorigen Jahrhunderts im großen dargestellt und ein Harzer, Johann Ruberg, brachte das Geheimnis der Zinkdestillation von dort mit herüber; er richtete 1798 zu Wesollo in Oberschlesien die erste Zinkhütte ein. Die Ausbeutung der Zinkerze in den vorgenannten Gegenden ist eine sehr alte, und das große Bergwerk am Altenberge (Vieille montagne) bei Aachen ist wahrscheinlich schon zu den Römerzeiten betrieben worden. Die Société anonyme des mines et fonderies de Zinc de la Vieille montagne hat den Altenberg 1837 von den Erben des Herrn Moselmann übernommen, sie produziert jährlich nahe an 40000 Tonnen teils auf belgischem, teils auf deutschem Gebiete, wo sie die Gruben von Bensberg, Ückerrath und Mayen besitzt. Die Zinkproduktion beschäftigt hier gegen 6000 Arbeiter. Andre, minder ansehnliche Lagerstätten finden sich bei Wiesloch in Baden, Stolberg bei Aachen, Brilon und Iserlohn in Westfalen, Raibl und Bleiberg in Kärnten u. s. w. Die Wieslocher Gruben sind alte Baue, aus denen man im 11. Jahrhundert den Bleiglanz brach, der zwischen dem Galmei eingeschichtet war, den letzteren aber unbeachtet ließ. England hat keinen Galmei, Frankreich wenig, dagegen Spanien sehr viel.

Fig. 82. Zinkgrube bei Scharlei.

Letzteres Land führt wegen Mangels an Brennstoff sogar Galmei in Menge aus, der auf englischen, belgischen und preußischen Hütten, selbst auf der Vieille montagne, zu Gute gemacht wird, welche Gesellschaft auch die schwedische Zinkausbeute von Ammelberge bei Askersund, die im Jahre 1866 an 12000 Tonnen Erze betrug, verwertet. Die natürlichen Vorräte von Zinkerzen in Spanien sollen ganz enorm sein, und es kann dies Land für den Zinkbau um so wichtiger werden, je mehr die andern Gruben sich erschöpfen, wenn nur die politischen Verhältnisse in diesem Lande sich noch mehr befestigen. Im Jahre 1866 waren aus spanischen Gruben gegen 35000 Tonnen Zinkerze gefördert worden. In Oberschlesien z. B. soll der Rückgang der Produktion schon jetzt beginnen, weil die Erze bester Qualität seltener werden. Fig. 82 zeigt eine oberschlesische Zinkhütte bei Scharlei. Alle von langer Zeit her betriebene Galmeigruben lieferten ihr Gut direkt in die meist nahebei entstandenen Messinghütten, um dort ohne weiteres mit Kupfer verschmolzen zu werden. In neueren Zeiten, wo nur das metallische Zink, das leicht verführbar ist, zur Messingbereitung dient, binden sich die Messinghütten nicht mehr an die Nähe der Galmeigruben.

Der Name Galmei begreift noch eine andre Erzart, das Kieselzinkerz, die wegen ihrer schönen Kristallisation auch Zinkglas heißt; dieselbe kommt zuweilen selbständig, sonst aber fast überall als Begleiter des eigentlichen Galmeis vor und führt bei den Hüttenleuten den Namen gewöhnlicher Galmei, während das kohlensaure Zinkoxyd als edler Galmei unterschieden wird. Das Kieselzinkerz besteht aus kieselsaurem Zinkoxyd (Zinksilikat) mit Wasser und enthält gegen 53 Prozent Zink.

Von allgemeinerem Vorkommen als die Sauerstoffverbindungen des Zinks ist dessen Verbindung mit Schwefel, das Zinksulfid oder die Zinkblende. Als Rohstoff für die Zinkgewinnung hat sie zwar nicht die Geltung wie der Galmei, wird aber doch verwendet, und zwar in neuerer Zeit in größerem Maße als früher. Zinkblende findet sich in großen Mengen in England; die starke Zinkproduktion Englands rührt aber dennoch nicht aus diesem einheimischen Rohstoff her, sondern größtenteils aus Zufuhren fremden Galmeis von Spanien und andern Ländern. Ihrer Konstitution nach erscheint die Blende zur Verhüttung sehr einladend, da sie aus 2 Teilen gediegenen Zinks und 1 Teil Schwefel besteht und auch sehr rein vorkommt; aber die Schwierigkeit, beide Elemente zu trennen, und die dazu nötigen Röstprozesse stehen dem wieder erschwerend und verteuernd gegenüber und die Verhüttung von Schwefelzink galt deswegen lange nur als ein nebensächliches und gedrücktes Geschäft. Indes hat man in neuerer Zeit Röstöfen erfunden, in welchen die Blende vollständig entschwefelt werden kann, wobei die entstehende schweflige Säure auf Schwefelsäure verarbeitet wird (wo letzteres noch nicht geschieht, werden die sauren Gase durch Kalkmilch aufgefangen), und hiermit hat sich denn auch die Verhüttung derselben verallgemeinert, und man stürzt jetzt sogar alte Halden um und sucht die früher beim Bau auf andre Erze weggeworfene Blende wieder heraus. In manchen Zinkblenden findet man zwei eigentümliche Metalle, die wegen ihrer äußerst geringen Menge, in der sie vorkommen, früher übersehen worden waren; erst durch die Spektralanalyse wurde man darauf aufmerksam gemacht. Es sind dies das von Reich und Richter in Freiberg 1863 entdeckte Indium und das Gallium, welches Lecoq de Boisbaudran 1875 in der Zinkblende von Pierrefitte fand; letzteres Metall kommt auch in der schwarzen Blende von Bensberg und der gelben asturischen Blende vor. Beide Metalle haben bis jetzt nur ein rein theoretisches Interesse. Das Indium ist silberweißglänzend, sehr weich, schmilzt bei 176° C. und verbrennt, an der Luft erhitzt, mit violettem Lichte und bräunlichem Rauche zu Indiumoxyd; eine helle indigoblaue Linie im Spektrum war die Veranlassung zur Entdeckung und zur Benennung dieses Metalls mit dem Namen Indium. Während das Indium seinen Metallglanz selbst an feuchter Luft ziemlich lange behält, verliert das Gallium denselben infolge oberflächlicher Oxydation sehr bald. Gallium schmilzt schon bei Handwärme (bei 30°); kleine Mengen des geschmolzenen Metalls bleiben oft wochenlang flüssig wie Quecksilber. Im Spektrum zeigt das Gallium zwei violette Linien.

An die Zinkerze schließt sich als Rohmaterial für die Zinkgewinnung ein Abfallprodukt an, der Ofenbruch, Gichtschwamm, jene Massen, welche beim Verhütten von Kupfer-, Blei-, Eisenerzen u. s. w. sich in den oberen Teilen des Ofens ansetzen und zeitweise ausgebrochen werden. Sie stammen von den Zinkerzen, die unter die des Kupfers u. s. w. von Natur eingemengt waren. In der Ofenhitze wird das Metall flüchtig; die Dämpfe (Ofenkadmium) oxydieren und schlagen sich an kalten Stellen in fester Form nieder.

Die Zinkerze werden meistens durch Bohren und Schießen, mürbere Sorten des Galmeis durch Hauarbeit aus ihren Lagerstätten gelöst. Sie finden sich in den jüngeren Gebirgsschichten, vornehmlich in der Devonformation und im Kalk und Dolomit der unteren Etage der Steinkohlenformation auf Gängen, Lagern, Stöcken und in einzelnen Nestern. Die eine große Grube am Altenberge bei Aachen ist sogar ein Tagbau; sie ist aber im Laufe von fünf Jahrhunderten fast ganz geleert, nachdem sie ein Quantum von vielleicht mehr als 20 Millionen Zentner Galmei geliefert hat.

Die Zubereitung der Zinkerze für den Ofenprozeß beginnt, was den Galmei und das fast immer damit vermengte Kieselzinkerz anlangt, meistens mit einem Ablagern an der Luft, damit Erz und Gangart durch Auswittern trennbarer werden. Die besten Stücke werden durch einfache Handscheidung abgesondert, das Erzklein, das ein geringeres Material ist, gewöhnlich in Trommeln gewaschen, durch Setzarbeit separiert und die kleinsten Teile geschlämmt.

Fig. 83. Rösten der Zinkerze im Flammofen.

Der gewöhnlichste Begleiter des Galmeis ist Eisen, manchmal in solcher Menge, daß das Zinkerz, statt weiß, grau oder rot erscheint. Je größer der Eisengehalt, um so schwieriger ist die Verhüttung des Erzes, da das Eisenoxyd die thönernen Destillationsgefäße angreift und mit deren Masse leicht schmelzbare Schlacken bildet. Der aufbereitete Galmei unterliegt also zunächst einem Brennen nach Art des Kalkbrennens, um ihm das Wasser und die Kohlensäure zu benehmen, wogegen die Zinkblende eine wirkliche und zwar langwierige Röstarbeit erfordert, damit der Schwefel entfernt und die Masse in Oxyd verwandelt werde, weil nur in dem Maße, als dies erreicht ist, dieselbe auf metallisches Zink benutzt werden kann. In beiden Fällen besteht also die Absicht, aus den Erzen zunächst Zinkoxyd darzustellen. Die nachfolgende Reduktion könnte, was den Galmei betrifft, zwar auch ohne diese Vorbereitung stattfinden, aber sie wird durch das vorgängige Verjagen der Kohlensäure und des Wassers bequemer und an Metall ausgiebiger, denn wenn Kohlensäure und Wasser im Erze verblieben, würden diese bei der Reduktion unnötig Wärme entführen, und zugleich könnte ein Teil des erst reduzierten Metalls durch die Kohlensäure wieder oxydiert werden. Auch wird der Kieselgalmei durch das Rösten aufgelockert, der aber trotzdem viel widerspenstiger gegen die Reduktion ist als der eigentliche Galmei. Das Rösten der Blende geschieht auf dem Herde eines Flammofens, da nur wenige Zinkblenden die Eigenschaft haben, in Haufen selbst fortzubrennen, nachdem sie einmal entzündet worden. Die Blende muß zu diesem Zwecke vorher grob gepulvert, in Schliech verwandelt werden. Sie geht dann durch die oxydierende Wirkung der Luft unter häufigem Umrühren langsam in ein Gemenge von Zinkoxyd und schwefelsaurem Zinkoxyd über, aus dem nun unter Steigerung der Temperatur bis zur starken Glühhitze die Schwefelsäure so vollständig wie möglich verjagt werden muß (s. Fig. 83). Das Rösten der Zinkblende geschieht neuerdings meistens in dem Rutschofen von Hasenclever und Helbig, wobei die schweflige Säure, wie schon erwähnt, durch Einleiten in Bleikammern in Schwefelsäure übergeführt wird.

Fig. 84. Vorderansicht eines belgischen Zinkofens.

Das somit gewonnene Zinkoxyd, gleichviel ob aus Galmei oder Blende, erfährt nun behufs der Zugutemachung in beiden Fällen dieselbe Behandlung im Destillierofen. Der in Stücken gebrannte Galmei muß nur noch vorher zerkleinert werden, nachdem die jetzt an ihrer Farbe erkennbaren eisenschüssigen Erzstücke und andres Ungehörige durch Auslesen entfernt worden ist.

Zum Ausbringen des Zinks aus seinem Oxyd benutzt man, wie bei den übrigen Metallen, die reduzierende Wirkung der Kohle; der Gang der Arbeit ist aber hier insofern ein andrer, als das reduzierte Metall nicht direkt niederschmilzt, sondern in Dampfform abgetrieben (destilliert) wird und sich erst in einiger Entfernung zu tropfbarem Metall verdichtet. Der Grund hierfür liegt in dem Umstande, daß der Hitzegrad, bei welchem das Zink aus dem Oxyd reduziert wird, weit höher liegt als der Schmelzpunkt des Metalls; es findet also gleich beim Freiwerden eine solche Hitze vor, daß es in Dampf verwandelt wird. Das Zink gerät bei einer Temperatur von etwa 400° C., also bei noch nicht voller Glühhitze, in Fluß. Bei angehender Weißglühhitze kommt der Fluß ins Sieden, das Metall geht in Dämpfen fort, die in einem Kanal fortgeleitet werden können, das heißt, wenn keine atmosphärische Luft mit den Zinkdämpfen in Berührung kommt; hat aber die Luft

Zutritt, so verbrennen die Dämpfe mit blendend weißer Flamme zu Zinkoxyd, das in zarten, schneeweißen Flocken umherfliegt. Dieses ist das bereits oben erwähnte, sogenannte weiße Nichts oder die philosophische Wolle. Aus solchem Verhalten des Metalls gegen den Sauerstoff ergibt sich natürlich die Hauptregel, daß bei dem Ofenprozeß sowohl der Luftzutritt abgehalten als alle Zuschläge vermieden werden müssen, welche Sauerstoff abgeben können, weil hierdurch die Reduktion vereitelt und das reduzierte Metall immer wieder oxydiert werden würde.

Die Destillation des Zinks geschieht nach der schlesischen Methode in folgender Weise: Der gebrannte Galmei wird, mit dem gleichen Volumen Koksklein vermengt, in feuerfeste thönerne Muffeln gebracht, von denen eine in Fig. 87 abgebildet ist. Eine solche, circa 2 m lange Muffel hat zwei Öffnungen; durch die mit einer Platte verschlossene

Fig. 85. Schlesischer Zinkofen älterer Konstruktion.

untere werden die Rückstände herausgenommen, durch die obere wird das Gemenge mittels Schaufeln eingetragen und dann die knieförmige Vorlage eingekittet. Die Öfen nahmen früher gewöhnlich nur zwei Reihen von 5—6 Muffeln auf, wie man bei bb (s. Fig. 86) sehen kann; in der Neuzeit erhielten sie aber 30, ja selbst bis 72 Muffeln und sind dann im stande bis zu 3500 kg Erze täglich zu verarbeiten. Mitten über dem Raum B, der durch den ganzen Ofen sich erstreckt, ist ein Rost, der mit Steinkohlen gefeuert wird, während der Rauch durch die Öffnungen oo entweicht. Die knieförmige Röhre verbindet die obere Öffnung der Muffeln mit den Tiegeln zz. Sind sämtliche Muffeln gefüllt, so wird der Ofen (BC) gefeuert; jene kommen in Glut, dabei verflüchtigt sich das Zink, verdichtet sich in den Vorlagen und tröpfelt in die Gefäße bei z. Im Anfange der Reduktion sind die Kondensationsräume noch so kühl, daß sich die Zinkdämpfe nicht verflüssigen, sondern zu staubförmigem Zink (Zinkstaub) verdichten; erst später ist das überdestillierte Zink flüssig. Ist nach 24 Stunden die Destillation beendet, so trägt man sogleich eine zweite Füllung durch die am Kopfe der Vorlage befindliche, sonst mit einer Thonscheibe geschlossene Öffnung, ebenso eine dritte; erst nach drei Destillationen wird die untere Platte der Muffel geöffnet und die Rückstände werden herausgeschafft. Diese bestehen aus Kieselsäure, aus dem Kieselgalmei zur Hälfte und mehr, aus Thonerde, Eisen- und Manganoxydul, einigen Prozenten Zinkoxyd, zuweilen etwas Bleioxyd und Kohle. Springt während des Betriebs eine Muffel, so zeigt sie dies durch herausschlagende Flammen an, indem Zinkdämpfe herausdringen und sich an der Luft entzünden. Auch ohnedies fehlt es nicht an Oxydbildung; Oxyd und staubförmiges Metall setzt sich an der Mündung der Vorlage an, verstopft dieselbe zuweilen ganz und mischt sich auch dem abtropfenden Rohzink bei. Das Oxyd wird gesammelt und immer wieder mit verarbeitet, ausgenommen die ersten braungelb gefärbten Portionen, welche Kadmiumoxyd enthalten und auf dessen Gewinnung besonders verarbeitet werden. Wir kommen auf diesen interessanten Begleiter des Zinks später noch besonders zu sprechen.

Bei der belgischen Methode der Zinkgewinnung geschieht die Reduktion nicht in Muffeln, sondern in cylindrischen, an dem hinteren Ende geschlossenen Thonröhren von etwa 18 cm Durchmesser im Lichten und 1—1½ m Länge, welche vorn mit einer zweiteiligen, konisch zulaufenden Ansatzröhre versehen sind, in der sich das herausdestillierte Zink ansammelt. Die Destillationsröhren liegen, 75—150 an der Zahl, reihenweise übereinander gebaut und etwas nach vorn geneigt in dem Ofen, wo sie von der Feuerluft umspült werden. In England reduziert man in Tiegeln, die im Boden eine Öffnung haben, welche bei der Füllung mit einem Kork oder Holzpfropfen verschlossen wird; bei der Erhitzung verkohlt derselbe aber bald und gestattet den Zinkdämpfen den Ausgang in die angeschobenen Verdichtungsröhren, welche mit Wasser gekühlt werden, während der Deckel des Tiegels durch eine feuerfeste Thonplatte luftdicht geschlossen wird. Die Heizung erfolgt bei den verschiedenen Methoden mittels Kohle, doch hat man in neuester Zeit auch angefangen, mittels Generatorgase zu heizen, wodurch eine um ungefähr 2 Prozent höhere Ausbeute an Zink erzielt wird. Die Verbrennungsluft wird hierbei entweder nach dem Siemensschen Regenerativverfahren vorgewärmt oder dadurch, daß man sie die heißen Ofenwandungen durchstreichen läßt. Die beschriebenen Ofenanlagen sind in den letzten Jahren vielfach verbessert und verändert worden und ist man namentlich bemüht gewesen, Brennmaterial hierdurch zu sparen und die Ausbeute an Zink zu vermehren.

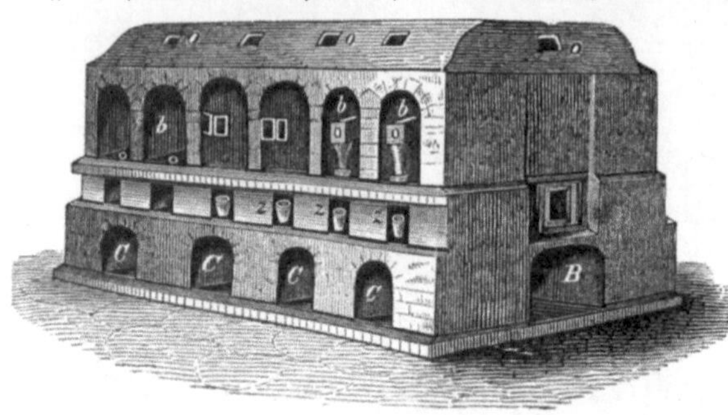

Fig. 86. Zinkofen.

Fig. 87. Muffel zur Destillation des Zinks.

Das in vorbeschriebener Weise gewonnene Tropf- oder Rohzink wird nun in eisernen Tiegeln wieder eingeschmolzen, von Oxyd gereinigt und teils in Blöcken für Zwecke der Gießerei oder zur Messing- oder Zinkweißbereitung, teils in Form von Blechen in den Handel gebracht. 100 Zentner gerösteter Galmei geben etwa 48 Zentner Rohzink und diese wieder 41 Zentner reines Metall, dazu 4 Zentner aus den zu Gute gemachten Abgängen beim Umschmelzen, im ganzen etwa 45 per 100. In 150 Zentnern rohem Galmei, welche 100 Zentnern gebranntem entsprechen, stecken aber 68 Zentner Zink, daher sich ein Verlust von gegen 15 Prozent ergibt, der teils schon beim Brennen, teils beim Destillieren entsteht und entweder verflüchtigt und verstäubt oder in den Rückständen verblieben ist. Durch keine Methode der Zinkgewinnung läßt sich ein derartiger Verlust ganz verhüten.

Die Zugutemachung der Blende gehört erst der neueren Zeit an, in der man nach und nach durch Verbesserung der Ofenanlagen in den Stand gesetzt wurde, die Entschwefelung zu einer ziemlich vollständigen zu machen; man betreibt sie in England, Belgien und Deutschland, hier namentlich zu Stolberg bei Aachen, Linz am Rhein, Freiberg in Sachsen, Mülheim an der Ruhr, Achenrain in Tirol, Davos in Graubünden und neuerdings noch an manchen andern Örtlichkeiten; denn da, wie gesagt, die Schwierigkeiten der Ausbringung überwunden sind und Blendelager in viel größerer Verbreitung vorkommen als Galmeilager, so können sich jetzt Zinkhütten auch da etablieren, wo es früher nicht thunlich schien. Während man früher das schon erwähnte Röstverfahren der Blende dem eigentlichen Ausbringen stets vorangehen lassen mußte, hat man jetzt gelernt, die Zinkblende auch direkt zu Gute zu machen, indem man zur Entschwefelung eine entsprechende Menge Eisenerz oder auch Roheisen der Beschickung, welche außerdem mit Kalk geschieht, zusetzt.

Das käufliche Zink hat stets noch Beimengungen bei sich, selbst die geschmeidigen Bleche, wie sie die Klempner verarbeiten. Am unschädlichsten erscheint Kadmium, das vormals besonders im schlesischen Zink bis zu 6 Prozent enthalten sein mochte, ohne daß dessen Dehnbarkeit merklich dadurch gelitten hätte. Jetzt, wo man den Stoff größtenteils besonders abscheidet und verwertet, wird sich nur wenig und jedenfalls stets unter 1 Prozent darin auffinden lassen. Zu Zinkweiß bestimmtes Zink muß ganz frei davon sein, da das braune Kadmiumoxyd die rein weiße Farbe beeinträchtigen würde. Das kaum jemals fehlende Blei, in Staubform mit übergeführt, macht das Zink weicher, aber gleichzeitig mürber, weniger zäh; bei mehr als $^1/_2$ Prozent Blei wird das Metall zu mürbe und unter den Walzen rissig. Für Messing ist schon $^1/_4$ Prozent Blei im Zink nachteilig. Eisen kommt gewöhnlich durch das Umschmelzen des Zinks in eisernen Kesseln und durch Ausgießen in dergleichen Blechformen mit ins Spiel. Die in manchen Zinksorten vorkommenden Metalle Indium und Gallium üben ihrer geringen Menge wegen auf die Beschaffenheit des Metalls keinen Einfluß aus; so enthält z. B. das Freiberger Zink in 10000 kg nur 3—5 kg Indium. — Vor kurzem hat man auch im oberschlesischen Zink kleine Mengen Silber gefunden, und zwar von $0{,}0006$ Prozent bis zu $0{,}002$ Prozent, dagegen konnte in dem Zink der Vieille montagne und im amerikanischen kein Silber gefunden werden. Kohlenstoff hat eine besondere Anhänglichkeit für das Zink, verändert aber seine physikalischen Eigenschaften anscheinend gar nicht. Störend wird er, wenn das Zink zu Erzeugung reinen Wasserstoffgases gebraucht werden soll, da er zum Teil vom Wasserstoff gelöst wird und so das Gas unrein und übelriechend macht. Dasselbe gilt von Arsen und Antimon, wovon kleine Mengen mit in das Metall kommen können, welche der Verflüchtigung beim Rösten der Blende entgangen sind. Das Zink kann auch verunreinigt werden durch sein eignes Oxyd, wenn das Umschmelzen bei zu hoher Hitze erfolgt ist. Solches Metall im Gemenge mit Oxyd heißt verbranntes Zink; es taugt weder zu Gußwaren, da es sich nicht rein gießt, noch zu sonst einer Bearbeitung, nicht einmal gut zum Wiedereinschmelzen mit frischem Metall. Reiner von fremden Bestandteilen erhält man das Zink schon, wenn man das Anfangs- und Endergebnis einer Destillation wegläßt und nur die mittlere Portion nimmt; sonst muß man das Metall behufs besonderer technischer oder chemischer Zwecke raffinieren. Dieses Raffinieren des Zinks besteht in der Hauptsache darin, daß man das geschmolzene Metall zuerst durch Ausgießen in kaltes Wasser granuliert, d. h. in Körner verwandelt, die man dann mit etwa $^1/_4$ ihres Gewichts Salpeter mischt und in einem geschlossenen Tiegel schmilzt, oder auch das Metall daraus destillieren läßt. Der Kohlegehalt verbrennt hierbei, während Arsenik und andre fremde Metalle oxydieren und in der Schlacke bleiben.

Die Verarbeitung des Zinks zu Blech auf den Hütten geschieht in gewöhnlichen Walzwerken, nachdem das Metall vorher zu dünnen Platten von etwa 35 cm Länge und 22 cm Breite ausgegossen worden. Die besondere Rücksicht beim Zink ist, wie schon gesagt, die Beobachtung und Erhaltung der richtigen Walztemperatur, die zwischen 100 und 150° liegt. Man hat deshalb einen Anwärmofen zur Hand, in welchen die Arbeitsstücke immer wieder gebracht und so weit, aber nicht weiter erhitzt werden, bis ein darauf gebrachter Wassertropfen zischt und siedet. Auch die Preßwalzen werden für die ganze Arbeitsdauer in einer Temperatur von 100° erhalten, am einfachsten durch innere Dampfheizung. Für das Warmhalten der Bleche benutzt man statt des Ofens oder neben demselben auch eine siedend erhaltene Kochsalzlösung, in welche die Bleche eingelegt werden. Haben letztere eine gewisse Dünne erreicht, so geschieht das weitere Auswalzen paketweise.

Zinkguß. In neuerer Zeit hat das Zink eine erhöhte Bedeutung erlangt durch seine Verwendung als Gußmaterial. Das Zink gießt sich bei einer Temperatur, die nicht einmal die volle Glühhitze erreicht, ausgezeichnet; es gibt die Formen der Modelle unmittelbar in größter Schärfe und Feinheit wieder, so daß dieselben außer an den Lötfugen fast gar keiner Überarbeitung bedürfen. Aber das gegossene Zink zeigt die ganze dem Metall eigentümliche Sprödigkeit, daher es zu Gegenständen, die Stöße und andre Anstrengung aushalten sollen, nicht gebraucht werden kann, und seine Anwendung sich auf Werke der Kunstbildnerei, Statuen, Gruppen u. s. w., ferner auf architektonische Verzierungen und kleine Gebrauchsgegenstände, wie Leuchter u. dergl., beschränkt. In den großen Industrieausstellungen der letzten zwanzig Jahre zeigte sich der Kunstguß in Zink bereits auf einer bedeutenden Stufe der Ausbildung. In Deutschland findet derselbe seine hauptsächlichste Pflege in Berlin und Wien, und die Wohlfeilheit der Herstellung von Zinkgüssen im Vergleich zur Bronze und selbst zum Eisen ist ein Moment, das denselben zur Verbreitung dient.

Der Zinkguß geschieht in Sandformen und unterscheidet sich in der Hauptsache nicht viel vom Eisenguß, ist aber viel leichter ausführbar, erstlich durch den niedrigen Schmelzpunkt des Metalls und dann durch dessen Lötbarkeit, welche gestattet, einzelne Teile für sich zu gießen und sie später zusammenzulöten, was beim Eisenguß unthunlich ist. Während z. B. Figuren, Feuer- und Schreibzeuge, Leuchter und andre hohle Gegenstände von Eisen auf einmal mit dem Kerne gegossen werden müssen, kann man sie beim Zinkguß teilen, und so z. B. ein Säulenkapitäl aus vier gleichen Teilen zusammenlöten, wodurch viel an Arbeit und Modell erspart wird. Flache Gegenstände, wie Thürfüllungen, Tisch- und Grabplatten, Geländer u. s. w., werden ganz wie beim Eisenguß hergestellt.

Ein Unterschied vom Eisenguß findet beim Zinkguß insofern statt, als bei letzterem fast niemals über Kern gegossen wird. Die starke Zusammenziehung des Metalls beim Erkalten verträgt den Kern nicht, der Guß würde über demselben zerreißen. Höchstens benutzt man einen Kern aus Sand, in dessen Mitte ein rundes Stück Holz u. s. w. mit eingeformt ist, das man gleich nach erfolgtem Gusse herauszieht. Der Kern bekommt dadurch eine Höhlung und kann vermöge dieser und der Natur des Sandes nun eher der Zusammenziehung des Metalls nachgeben. Öfter dagegen wendet man bei Hohlgüssen, soweit sie nicht aus Teilen zusammengesetzt sind, das beim Zinngießer und Gipsformer übliche Stürz- oder Dekantier- (Abschütte-) Verfahren an. Man füllt die Form völlig mit der Gußmasse und stürzt sie gleich darauf um; das noch Flüssige läuft aus, das an den Formwänden bereits Erstarrte gibt das hohle Gußstück. Je rascher das Dekantieren erfolgt, desto dünner wird die Gußwand, die man solchergestalt bis auf die Stärke einer Linie beschränken kann. Beim Gießen müssen die Formen heiß gemacht werden, damit die Erstarrung nicht allzurasch erfolge. Das Schmelzen des Zinks geschieht in Graphittiegeln, die Öfen gleichen denen der Gelbgießer, das Löten erfolgt wie bei den Flaschnern mit Zinn und Blei.

Durch Zinkguß werden vielerlei Bauornamente, oft ganze Gesimse hergestellt; so ist z. B. das Hauptgesims der Berliner Universität, welches 1 m Ausladung hat, aus Zinkguß. Fast sämtliche Fontänenaufsätze in den Gärten zu Potsdam bestehen aus demselben Material, unter anderm ist die Froschgruppe von Kahle meisterhaft und in großen Dimensionen ausgeführt, und der Adler auf dem Berliner Schlosse mit 9 m Flügelspannung ist ebenfalls aus Zinkguß hergestellt und kostet nur 3000 Mark. Auch zu militärischen Zwecken hat das Zink neuerdings Verwendung gefunden, so zum Guß von Kartätschenkugeln, als Mantel von Granaten u. s. w.

Statuen, Monumente u. s. w. aus Zinkguß werden häufig der Haltbarkeit wegen mit einem Bronzeüberzug versehen. Sie konservieren sich zwar auch von selbst sehr gut, indem sie sich mit einer Oxydschicht überziehen, welche dem auflösenden Einfluß der Atmosphärilien ein schützendes Halt gebietet, allein die graue Farbe derselben ist so wenig gefällig, daß man gern eine andre Oberfläche vorzieht. Man überzieht Zinkgegenstände auch mit Öl- oder Firnisfarben, statuarische Werke häufig mit Weiß, um ihnen Marmorähnlichkeit zu geben. Im allgemeinen passen aber solche Anstriche schlecht hierher, denn so fest dieselben auf Eisen haften, so unvollkommen auf Zink; es scheint eine chemische Wirkung zwischen Öl und Metall stattzufinden, in deren Folge der Anstrich gewöhnlich tausendfache Sprünge bekommt und abblättert. Man sucht sich dagegen durch vorheriges Präparieren des Metalls mit Säuren u. s. w. oder durch einen schwachen galvanischen Überzug zu helfen. Künstler sehen aber keinerlei Anstrich gern, da er die feinen Umrißlinien beeinträchtigt. Könnte man durch irgend ein chemisches Mittel das Metall selbst dazu disponieren, daß es sich oberflächlich in eine Schicht des weißen, echten Oxyds verwandelte, so wäre — vorausgesetzt, daß die Lötfugen dieselbe Farbe annähmen und daß die erzeugte Schicht sich dauernd und dicht erhielte — etwas sehr Angenehmes erreicht. Darauf zielte auch eine der Preisaufgaben des Berliner Vereins zur Beförderung des Gewerbfleißes für das Jahr 1862 ab, die aber ihrer Lösung noch immer entgegen sieht. Die schon erwähnten bronzierten Gußwaren, zum Unterschied von echter Bronze Zinkbronze genannt, haben namentlich in Paris einen hohen Grad der Vollendung erhalten und glänzen in den Läden, vom Nichtkenner unerkannt, neben der echten Bronze, welche freilich für das feiner empfindende Auge den Vorzug der vornehmen Farbe voraus hat und ihres kostbareren Wesens wegen in bezug auf Bearbeitung einer höheren Rücksichtnahme sich erfreut. Aber für viele Geräte des täglichen Lebens, die ihres massenhaften Verbrauches wegen sonst aus viel unvollkommneren Materialien hergestellt werden würden, ist das Zink ein ausgezeichneter Stoff, der selbst höheren Ansprüchen genügen kann. Als Surrogat für die echte Bronze wird das Zink namentlich für Pendulen, Armleuchter, Nippes, Statuetten u. s. w. verwendet, und wir bilden in Fig. 88 einen von den Tausenden von geschmackvollen Gegenständen ab, welche auf der Pariser Weltausstellung von 1867 dem Zinkguß viele Liebhaber zuführten; die Wiener Ausstellung von 1873 zeigte jedoch, daß auch in Deutschland seine Pflege eine sehr erfolgreiche geworden war.

Fig. 88. Pendule aus Zinkbronze aus der Ausstellung von 1867.

Zinkweiß. Ein großer Teil des gewonnenen Zinks wird gegenwärtig wieder verbrannt, um es im Zustande des Oxyds, als Zinkweiß, zu benutzen, und da dieses ebenfalls ein Hüttenprodukt ist, so mag dasselbe gleich hier mit abgehandelt werden.

Das Zinkoxyd diente als „weißes Nichts" lange nur zu medizinischen Zwecken; obwohl schon im vorigen Jahrhundert französische und deutsche technische Chemiker vorschlugen, dasselbe als Vertreter des so schädlichen Bleiweißes zu benutzen, so kam es doch vor der Hand nicht dazu, hauptsächlich wohl, weil der Stoff noch zu teuer war. Erst dem Maler Leclaire in Paris, der durch die vielen Erkrankungen in den Bleiweißfabriken bewogen wurde, sich mit dem Gegenstande ernstlich zu beschäftigen, gelang es, dem Zinkweiß Geltung zu verschaffen und dasselbe in Menge so wohlfeil herzustellen, daß es mit Erfolg dem Bleiweiß Konkurrenz machen konnte. Die Gesellschaft der Vieille montagne griff die Sache bald in großartigem Maßstabe an, gründete große Fabriken in Belgien, Frankreich und Deutschland und trug viel zur Verbesserung der Darstellung des Stoffes und seiner ausgedehnteren Verwendung bei. Infolgedessen stieg denn auch die Fabrikation bald ins Ungeheure, so daß sich jetzt die rheinische, belgische und schlesische Produktion nach Hunderttausenden von Zentnern berechnet. Man sollte nun glauben, das Bleiweiß sei hiermit gänzlich aus dem Felde geschlagen, allein trotz alledem haben weder die Fabrikation noch auch der Verbrauch des Bleiweißes auch nur im geringsten abgenommen.

Die Darstellung des Zinkweißes kann entweder nur auf trockenem Wege erfolgen, durch Verbrennen der metallischen Zinkdämpfe zu Zinkoxyd, oder auf nassem Wege, wobei das Produkt zuletzt allerdings auch geglüht werden muß. Die Darstellung auf nassem Wege ist noch wenig gebräuchlich, empfiehlt sich aber in allen den Fällen, in welchen nicht weiter verwertbare Laugen von Chlorzink oder Zinksulfat zur Verfügung stehen. Von den verschiedenen für diesen Zweck empfohlenen Methoden ist die der Vieille montagne jedenfalls die zweckmäßigste; hiernach läßt man die Zinklösung in einen Überschuß von Ammoniakflüssigkeit fließen, so daß das zuerst entstehende Zinkhydroxyd wieder aufgelöst wird; Verunreinigungen von Eisen- und Manganoxyd bleiben hierbei ungelöst und werden durch Absetzenlassen oder Filtration getrennt. Das überschüssige Ammoniak wird dann mittels Wasserdampf ausgetrieben und kann so von neuem verwendet werden, während das sich hierbei abscheidende Zinkhydroxyd (Zinkoxydhydrat) abfiltriert, getrocknet und geglüht wird, um das chemisch gebundene Wasser zu entfernen.

Die Darstellung auf trockenem Wege ist weit einfacher und beruht auf dem Verbrennen der Zinkdämpfe bei Zutritt der Luft zu Zinkoxyd, wie schon oben erwähnt wurde, nur daß hier das Experiment nicht an freier Luft, sondern in einem geschlossenen Raume vorgenommen wird, in welchen die dazu nötige Luft eingeführt wird.

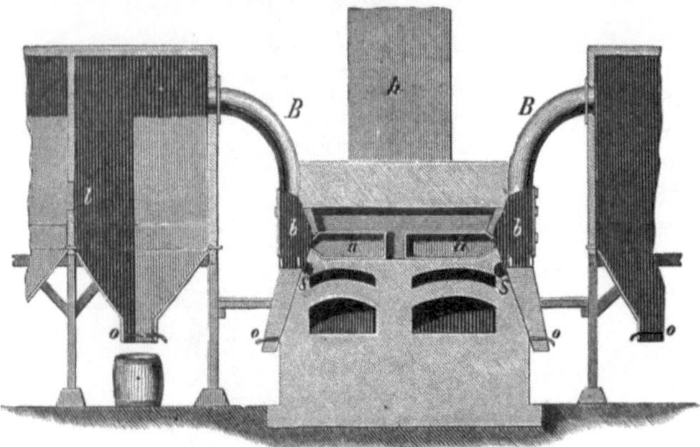

Fig. 89. Zinkweißofen, Durchschnitt.

In Fig. 89 ist die Durchschnitts- und in Fig. 90 die äußere Ansicht eines hierzu dienlichen, auf acht Retorten eingerichteten Ofens abgebildet. Wir haben hier in der Mitte zwischen zwei Reihen Auffangekammern einen Ofen, in welchem zwei Reihen thönerne Retorten zu je vier mit den Mündungen nach auswärts liegen (a a der ersten Abbildung). Vor jeder Mündung befindet sich ein Vorraum mit einer Thür, welche nur für den Moment geöffnet wird, wenn frisches Zink in die Retorte zu schieben ist. Aus diesem Raume geht ein weites Rohr (B) nach oben, welches das Verbrennungsprodukt, die Zinkblumen, in die erste Kondensationskammer führt. Eine ähnliche rohrartige Verlängerung führt abwärts und schließt mit einem Schieber; sie dient zum Auffangen derjenigen Teilchen, welche nicht dem Zuge nach oben folgen, sondern herabfallen. In dem Raume vor der Retortenmündung hat die Verbrennung zu erfolgen. Die hierzu nötige Luft gelangt durch Kanäle dahin, die so gelegt sind, daß das Feuer sie mit heizt, also die Luft mit einem gewissen Hitzegrade in den Brennraum gelangt. Eine Eintrittsöffnung für diese Luft befindet sich unmittelbar unter jeder der Retortenmündungen.

Denken wir uns nun den Ofen bereits angefeuert, die Retorten glühend, so ist die Führung der Arbeit eine sehr einfache; man schiebt in jede Retorte eine oder zwei Tafeln oder einen Block Zink und wiederholt dies so oft als nötig. Das Metall kommt in den Retorten bald zum Schmelzen und Sieden, die Dämpfe dringen aus der Mündung, finden hier heiße Luft und verbrennen demzufolge zu Oxyd. Vermöge des durch das ganze System herrschenden Zuges gelangen die flockigen Massen in die erste Kondensationskammer, welche der Hitze halber von Eisen ist; die folgenden sind von Holz oder von grobem Gewebe, das über Rahmen gespannt ist. In der ersten Kammer setzen sich die schwersten Teile ab, an den Wänden sowohl als auf dem trichterförmigen Boden. Durch die anhaftenden Unreinigkeiten des Zinks sieht dieses erste Produkt mehr grau als weiß aus und wird entweder als billigere Ware verkauft oder nachträglich noch gereinigt. Was in der ersten Kammer nicht hängen bleibt, geht durch ein Loch in der Scheidewand in die nächstfolgende, und in derselben Weise weiter bis in die letzte, so daß in jeder folgenden sich feinere Ware absetzt. Alle Kammern sind so eingerichtet, daß sie von unten entleert werden können. Von den letzteren Kammern aus gehen, wie Fig. 90 ersehen läßt, Luftkanäle GG, deren obere Einmündung mit einem Gazesieb versehen ist, nach abwärts und nehmen dann die Richtung in den Schornstein. Dieser wirkt durch seinen Zug ansaugend auf die Kanäle und durch diese auf die Kammern u. s. w. Im Schornstein liegt die Triebkraft der Zirkulation, nur muß er dazu hoch genug sein; wo dies nicht der Fall ist, muß eine besondere Vorrichtung, ein Ventilator u. dergl., die Dinge in gehörigem Atem erhalten.

Die Ausbeute aus den Kammern, die an sich verschiedene Sorten darstellt, wird meistens noch geschlämmt, wodurch noch mehr Sorten gewonnen werden, auch, wenn nötig, mit chemischen Waschungen noch geschönt. Teilchen von Blei und Kadmium — Metalle, die das Zink in der Regel begleiten — machen nämlich die Ware gelblich, was durch Waschung mit schwacher Essig- oder Schwefelsäure oder mit einem kohlensauren Salz sich beseitigen läßt. Hiernach erscheint auch das Zinkweiß im Handel nicht in Form der lockeren, sogenannten Zinkblumen, sondern als mürbes Pulver, das beim Liegen ohne Luftabschluß selbst hart und grieslich werden kann, vielleicht infolge der Kohlensäure, welche das Pulver reichlich aus der Luft anzieht.

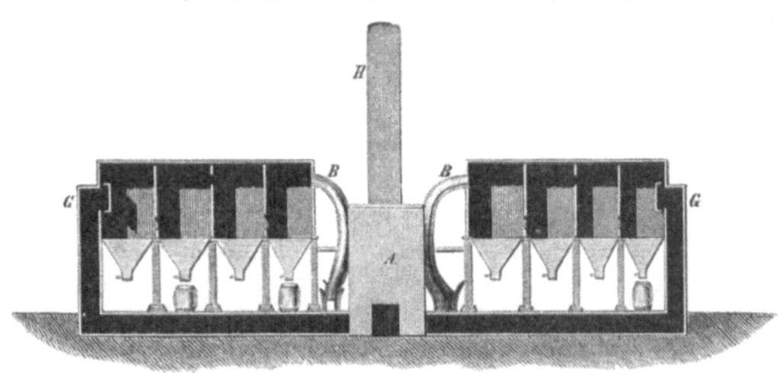

Fig. 90. Zinkweißofen, äußere Ansicht.

Was nun den Wert des Zinkweißes als Ersatzmittel für Bleiweiß anlangt, so hat die Erfahrung hierüber Folgendes festgestellt.

Obschon das Zinkweiß auch zu den Giften gehört, so ist es doch nicht so gefährlich wie das Bleiweiß; vor diesem besitzt es den großen Vorzug, daß es durch Schwefelwasserstoff nicht im geringsten geschwärzt wird, während Bleiweißanstriche, wenn sie von Kloakengasen u. dergl., selbst in sehr geringer Menge, getroffen werden, eine bräunliche bis graue Farbe annehmen; ferner kommt auch seine Anwendung nicht teurer als die von Bleiweiß, sondern eher wohlfeiler zu stehen. Allerdings kommt es an Deckkraft dem letzteren Farbstoff nicht gleich, und man braucht fünf Anstriche, um dasselbe zu erreichen, was drei Anstriche mit Bleiweiß bewirken; aber wegen seiner größeren Leichtigkeit reicht man schließlich doch weiter damit als mit jenem, da 1 kg Zinkweiß dieselbe Fläche deckt wie $1^1/_4$ kg Bleiweiß, und zur Ausgleichung für die vermehrte Streicharbeit erspart man das so lästige Reiben. Die Zinkanstriche werden sehr hart, lassen eine schöne Politur zu und sind daher besonders für Lackarbeiten dem Bleiweiß unbedingt vorzuziehen. Von den bei der Zinkdestillation entstehenden Abfällen bildet der Zinkstaub seit einigen Jahren einen Handelsartikel; derselbe besteht aus metallischem Zink in feinster Verteilung gemengt mit etwas Zinkoxyd und entsteht zu Anfang der Destillation, wenn die Vorlagen noch nicht genügend angewärmt sind. In dieser Form ist die Begier des Metalls nach Sauerstoff so verstärkt, daß der Staub als eines der stärksten Reduktionsmittel wirkt und in diesem Sinne zu chemischen und technischen Zwecken, z. B. zur Indigküpe, sowie besonders auch bei der Herstellung der Teerfarben und in chemischen Laboratorien Verwendung findet.

Von den zahlreichen Verwendungsarten, die das Zink sonst noch findet, als Zinkvitriol, als Chlorzink, als Hauptbestandteil vieler Metalllegierungen, wie des Messings, des Neusilbers u. s. w., sehen wir an dieser Stelle ab, wir werden an andern Orten Gelegenheit finden, auf dieselben zurückzukommen.

Kadmium.

Unter den fremden Bestandteilen der Zinkerze und des Zinks hatten wir das Kadmium mit aufzuführen. Es ist gewissermaßen der Bruder des Zinks und begleitet dieses sowohl im Galmei als in der Blende. Am reichsten daran ist der schlesische Galmei; er enthält davon bis über 5 Prozent; an andern Fundorten beträgt der Gehalt zwei, ein Prozent und weniger. Deshalb verlohnt sich auch nur in jener Gegend die Zugutemachung und bringt den dortigen Zinkhütten einen Nebengewinn, der zwar bei dem Preise von 11 Mark pro Kilogramm immer noch hoch erscheint; in anbetracht der Umständlichkeit des Verfahrens jedoch in Wirklichkeit nicht hoch ist, weshalb auch manche Hütten vorziehen, den Zinkstaub zu verkaufen, als ihn auf Kadmium zu verarbeiten.

Das Kadmium wurde im Jahre 1818 fast gleichzeitig von Stromeyer in Hannover und Hermann in Schönebeck entdeckt und als ein besonderes Metall erkannt. Hinsichtlich seiner Eigenschaften steht es zwischen Zinn und Zink; es ist härter als diese beiden Metalle und läßt sich kaum noch schneiden; dagegen ist es sehr dehnbar und hämmerbar. Man erhält es im Handel gewöhnlich in runden Stangen von 19 cm Länge und 1 cm Durchmesser, die sich nur mit großer Kraftanstrengung biegen lassen, während Stangen von Zinn von gleicher Dicke sich sehr leicht biegen lassen und solche von Zink sofort brechen, wenn man sie zu biegen versucht. Das Kadmium besitzt einen starken, weißen Metallglanz, der sich an trockener Luft sehr lange hält, an feuchter wird das Metall nach und nach bleigrau und glanzlos.

Die Gewinnung des Metalls geschieht in den Zinkhütten gewöhnlich auf dem Wege der Destillation, die Abscheidung auf nassem Wege erscheint umständlicher. Die trockene Gewinnung wird möglich durch den Umstand, daß das Metall schon bei einer Temperatur, bei welcher das Zink eben schmilzt, aber noch nicht dampfförmig wird, sich in Form braungelber Dämpfe verflüchtigt. Diese bilden also das Anfangsprodukt jeder Zinkdestillation, wenn sich überhaupt Kadmium in dem zu destillierenden Gemenge befindet; sie schlagen sich in Vermischung mit Zinkoxyd und Zinkstaub in der Vorlage als eine pulverige Masse nieder, die gesammelt und in Vermischung mit Kohle aus kleinen eisernen Retorten bei gelinder Hitze, um die Zinkteile hintanzuhalten, abdestilliert wird, wobei das Metall sich in blechernen Vorlagen tropfbar sammelt und erstarrt. Zur Entfernung des noch beigemengten Zinks muß das Metall wiederholten Destillationen unterworfen werden, vollständig zinkfrei erhält man es jedoch nur durch die Darstellung auf nassem Wege.

Auf nassem Wege gewinnt man das Metall, wenn man jenes Destillat oder auch rohen Galmei in einer Säure löst und durch die noch saure Lösung Schwefelwasserstoff leitet. Hierbei wird kein Schwefelzink, sondern nur gelbes Schwefelkadmium gefällt, und eben dieser Niederschlag war es, der den Entdeckern die Existenz des neuen Metalls verriet. Der gelbe Stoff wird für sich abgeschieden, sodann wieder mit starker Salzsäure zersetzt; man erhält eine Lösung von Chlorkadmium, aus welcher das Metall durch ein kohlensaures Alkali in Form von kohlensaurem Kadmiumoxyd gefällt wird. Letzteres, getrocknet und geglüht, gibt, indem die Kohlensäure entweicht, reines Oxyd, das schließlich in oben bezeichneter Weise in Vermischung mit Kohle der Destillation unterworfen wird. Die Gesamtproduktion an Kadmium in Deutschland beträgt pro Jahr nicht viel über höchstens 60 Zentner.

Die Hauptverwendung findet dieses Metall nicht als solches, sondern in seinen Verbindungen mit Schwefel, Brom und Jod. Das Schwefelkadmium bildet eine ausgezeichnet schöne und haltbare gelbe Farbe, die bei den Ölmalern als Brillantgelb (jaune brillant) sehr beliebt ist; man befestigt es auch auf Seide und benutzt es, um Toiletteseifen einen schönen gelben Ton zu geben — sogenannte Honigseifen. Das Pulver wird dabei mit Öl angerieben und einfach in die warme Seifenmasse eingerührt. Für die Bereitung des Schwefelkadmiums als Malerfarbe muß man sich an das reine Metall halten, das man in einer Säure auflöst und durch Schwefelwasserstoff ausfällt. Alle andern Beimengungen verringern die Schönheit der Farbe; denn die meisten der Schwefelmetalle, welche durch Schwefelwasserstoff niedergeschlagen werden, haben intensiv schwarze oder braune Färbung und machen selbst in geringen Spuren ihre Gegenwart schon unangenehm dadurch bemerklich. Jod- und Bromkadmium sind bei den Photographen vor andern Jod- und Bromverbindungen bevorzugt wegen ihrer Beständigkeit, ihrer leichten Löslichkeit in Alkohol und Äther und weil sie dem Kollodium keine Färbung erteilen. Das schwefelsaure Kadmium oder Kadmiumsulfat, ein weißes kristallinisches Salz, wird jetzt nur noch selten medizinisch (als Augenheilmittel) verwendet.

Mit gewissen Metallen, namentlich mit Gold, Kupfer, Platin, liefert das Kadmium, obwohl selbst sehr weich und dehnbar, nur harte und sehr spröde Legierungen, dehn- und hämmerbare dagegen mit Blei, Zinn und Silber. Eine besondere Eigenschaft aber besteht darin, daß es als Bestandteil sogenannter leichtflüssiger Legierungen denselben einen solchen Grad leichter Schmelzbarkeit erteilt, wie er mit Wismut, auf welches sich die bisher benutzten derartigen Kompositionen allein gründeten, nicht zu erreichen ist. So kann man z. B. durch Zusammenschmelzen von Wismut, Blei und Zinn in passenden Verhältnissen Legierungen erhalten, die bis zu $91{,}_7{}^0$ herab schmelzen; durch Anwendung von Kadmium jedoch läßt sich der Schmelzpunkt bis auf circa 60^0 C. herabbringen. Eine Legierung von 8 Teilen Blei, 15 Teilen Wismut, 4 Teilen Zinn und 3 Teilen Kadmium schmilzt z. B. schon bei 60^0 C. und bildet nach dem Erkalten immer noch ein festes, biegsames, schmied- und feilbares Metall. Es ist diese leichte Schmelzbarkeit eine Erscheinung, die bei Legierungen häufiger auftritt, aber noch keine genügende Erklärung hat finden können. Daß manchen Technikern, wie Galvanoplastikern, Zahnärzten, Graveuren u. s. w., eine solche das Siegellack in der Schmelzbarkeit noch übertreffende Metallmasse höchst erwünscht sein muß, unterliegt keinem Zweifel.

Kobalt, Nickel und die Neusilbertechnik.

Zwei nahe Verwandte und durch Gleichheit der Neigungen eng verbundene Freunde sind Kobalt und Nickel. Beide hatten, was sich auch in ihren Namen ausspricht, das Schicksal, erst lange verkannt zu werden; schließlich sind sie aber doch noch zu Geltung und Ansehen gelangt und haben sogar glänzende Karrieren in der Welt gemacht. Ihre Berufsarten jedoch hatten sich ihrer inneren Begabung gemäß anfangs verschieden gestaltet; das eine wirkte mit Verleugnung seiner Metalleigenschaft bloß im Gebiete der Farbenchemie und hat nur erst in neuester Zeit angefangen, sich auf dem Gebiete der Metallurgie bemerkbar zu machen, während das andre, das Nickel, von Anfang an auf diesem Gebiet eine wichtige und unbestrittene Stellung eingenommen hatte und jetzt sogar bis zum Münzmetall sich aufzuschwingen im stande war, nachdem es vorher in einer viel verwandten Legierung, dem Neusilber, sehr wertvolle Eigenschaften gezeigt hatte. Bemerkenswert ist das fast durchgängig gesellige Vorkommen von Kobalt und Nickel und ihr häufiges Gebundensein an Arsenik oder Schwefel; selbst wenn sie von diesen und andern Begleitern durch Feuer und chemische Mittel getrennt sind, halten die beiden noch so fest zusammen, daß sie nicht ohne Schwierigkeit getrennt werden können. In den Nickelerzen befindet sich mehr oder weniger Kobalt und umgekehrt, in manchen von beiden ziemlich gleichviel, weshalb auch die hüttenmännische Behandlung beider in der Hauptsache die nämliche ist. In den deutschen Namen Kobalt und Nickel, die in den Sprachen aller Industrievölker Aufnahme gefunden, haben wir unbezweifelt ein paar übellaunige Bergmannsbezeichnungen zu erkennen. Der Kobold war der neckende Berggeist, und nach ihm nannten die Bergleute auch alle Erze, die kein Metall hergaben und nach Arsenik und Schwefel rochen. Der Nickel ist noch heute bekannt als Bezeichnung beim Erhitzen einer widerwärtigen Persönlichkeit voller Mucken. Jetzt freilich haben beide Namen alles Anrüchige verloren, und ihre Träger sind geschätzt und gesucht.

Das Kobalt kam früher zu Ansehen als sein mißliebiger Bruder, wenn auch, wie gesagt, nicht als Metall, das noch unentdeckt blieb, sondern infolge der Eigenschaft seines Oxydes, Glasflüssen eine schöne blaue Farbe zu erteilen, was noch heute seine Hauptfunktion ist, entweder zur eigentlichen Glasfärbung oder zur Erzeugung blauer Glasuren und Einbrennfarben, die ebenfalls zu den Glasflüssen gehören. Brogniart hat in schönen dunkelblauen Gläsern altägyptischen Ursprungs Kobaltoxyd als färbenden Bestandteil nachgewiesen, und in Pompeji sind sowohl zahlreiche Bruchstücke als auch ganz erhaltene Gefäße ausgegraben, welche die charakteristische Kobaltfärbung zeigen. Man hat also jedenfalls die Kobalterze schon damals zu unterscheiden und für gewisse technische Zwecke zu verwenden gewußt, und einmal erkannt, mußte eine so effektvolle Farbekraft sich auch in unausgesetzter Benutzung erhalten.

Wir sehen in der That sowohl in den byzantinischen Emails als in den Töpferwaren der Araber und Perser, deren Ursprung weit in die ersten Jahrhunderte unsrer Zeitrechnung zurückgeht, das Kobalt als blaufärbenden Stoff in ausgedehnter Anwendung, und ebenso sind die ältesten chinesischen Porzellane damit dekoriert, so daß man also nicht von einer ersten Entdeckung dieses Farbemittels im 16. Jahrhundert reden darf, wie dies bisweilen geschieht.

Um 1550 nämlich soll durch Zufall von einem erzgebirgischen Glasmacher Christoph Schürer, indem er von den dort herumliegenden Kobalterzen etwas in einen Hafen schmelzenden Glases warf, um zu sehen, was daraus werden würde, das Kobaltblau erfunden worden sein. Es ist vielmehr diese Erzählung, wenn sie überhaupt wahr ist, bloß auf die aus dem blauen Glase dargestellte Farbe zu beziehen, welche damals wohl zuerst in dieser Gestalt erzeugt worden sein mag. Schürer soll das Geheimnis seiner Entdeckung an die Engländer verkauft haben, welche nun Blaufarbenwerke anlegten und die Erze dazu aus Sachsen kommen ließen. Bald darauf entstanden auch in Böhmen solche Anstalten; aber englische wie böhmische gingen ein, als Kurfürst Johann Georg I. die Ausfuhr der Kobalterze aus Sachsen verbot und selbst Blaufarbenwerke, welche jetzt noch bei Schneeberg bestehen, anlegte. Von Sachsen kam nun lange Zeit hindurch alles Kobaltblau, und die Darstellungsweise wurde hier als Fabrikgeheimnis streng gehütet. Die Holländer beteiligten sich an dem Geschäft insoweit, daß sie sächsisches Blau bezogen, noch weiter verfeinerten und unter besonderem Namen wieder vertrieben. Erst im Jahre 1733 wurde die Hauptgrundlage der Kobalterze von dem schwedischen Chemiker Brandt als ein besonderes Metall erkannt und damit die Wissenschaft um eine Thatsache bereichert, aus welcher jedoch die Technik erst jetzt anfängt, Nutzen zu ziehen, nachdem es 1879 Fleitmann gelungen ist, dem Kobaltmetall seine Brüchigkeit zu benehmen; es geschieht dies durch Zusatz von $^1/_{10}$ % Magnesiummetall zur Kobaltschmelze. Das so gewonnene Metall ist in der Hitze sehr dehnbar und schmiedbar und läßt sich in Platten gegossen in der Hitze zu dünnem Blech auswalzen. In der Kälte besitzt das so erhaltene Kobalt nur sehr geringe Dehnbarkeit, aber große Härte. Das Kobaltmetall besitzt einen starken Glanz und eine fast silberweiße Farbe, läßt sich gut polieren und ist an der Luft unveränderlich. In der Weißglühhitze lassen sich Stahl und Eisen mit Kobaltblech zusammenschweißen und solches auf beiden Seiten plattiertes Eisen läßt sich zu den dünnsten Blechen auswalzen ohne Aufhebung des Zusammenhangs. Kobaltmetall wird vom Blaufarbenwerk Pfannenstiel bei Aue in Sachsen und von der Iserlohner Hütte in den Handel gebracht.

Kobalterze und ihre Verarbeitung. Die hauptsächlichsten Kobalterze sind: Arsenkobalt (Speiskobalt), die in seinem Namen angegebenen Bestandteile enthaltend, worunter das Kobalt zum Teil durch Nickel und Eisen vertreten ist. Dies wichtigste Kobalterz Sachsens kommt hauptsächlich bei Schneeberg und Annaberg mit Silber-, Wismut- und Kupfererzen vor; ferner bei Joachimsthal in Böhmen, Saalfeld in Thüringen, Riechelsdorf in Hessen, im Nassauischen, in Steiermark, Spanien, England, Nordamerika; Glanzkobalt (Verbindung von Arsen- und Schwefelkobalt), gegen 35 Prozent Kobalt enthaltend, findet sich hauptsächlich in Schweden (Tunaberg), Norwegen, auch in Cornwall; schwarzer Erdkobalt, in der Hauptsache ein Gemenge von Mangan- und Kobaltoxyd mit einigen dreißig Prozent Kobalt; ferner als Zersetzungsprodukt von Arsenikkobalt: Kobaltblüte, ein arseniksaures Kobaltoxyd. Von diesen Erzen sind Glanzkobalt und Speiskobalt die häufigsten und am meisten zur Verarbeitung kommenden. Auch manche Braunsteinsorten enthalten kleine Mengen von Kobalt und Nickel.

Die erste Behandlung der Erze, nachdem sie durch Aussuchen, Pochen, Schlämmen rc. möglichst von taubem Gestein und andern Erzen getrennt sind, was aber nicht in vollständiger Weise thunlich ist, bildet stets ein umsichtiger Röstprozeß, denn es muß vor allen Dingen das Arsenik, beim Glanzkobalt Arsenik und Schwefel, ausgetrieben werden. Beide entweichen in Form saurer Dämpfe; der Arsendampf (arsenige Säure) wird in besondere Kammern (Gifttürme) geleitet, um sich da in Form eines weißen Staubes (das bekannte, höchst gefährliche Giftmehl) abzusetzen. Gifthütten nennt daher das Volk mit Recht alle Arsenikerze verarbeitenden Werke. Das massenhaft abfallende Arsenikmehl wird übrigens zum größeren Teile immer wieder gebraucht als Zusatz bei Beschickung der Schmalteglashütten und dient hier, wie wir nachher sehen werden, als ein notwendiges Reinigungs- und Trennungsmittel.

Das durch Rösten erhaltene Produkt würde, wenn es reine Kobalterze gäbe, der blaufärbende Stoff, das Kobaltoxyd, in reinster Beschaffenheit sein und derselbe würde ohne weiteres zur Bereitung eines vorzüglichen blauen Glases dienen können. Wie aber die Natur die Erze von sehr verschiedenem Gehalt und stets sehr gemischt liefert, so ist auch das Röstprodukt ein Gemisch von Oxyden und Salzen und enthält neben dem Kobaltoxyd oder Oxydul nach Umständen Nickel, Kupfer, Eisen, Wismut, teils oxydiert, teils als schwefel- und arsensaure Salze, nebst unzersetzten Arsen- und Schwefelmetallen. Daß man mit dieser unreinen Masse dennoch gute, reinfertige Schmalte erzeugen kann, ist durch die bald zu erklärende Wirkung des Arseniks und des Schwefels ermöglicht. Man sorgt demnach auch dafür, daß beide aus der Röstmasse nicht völlig entfernt werden und setzt der Sicherheit wegen der nachherigen Schmelzmasse wieder Arsenik zu. Es darf demnach das Rösten nicht zu lange fortgesetzt werden, damit nicht auch das Nickel sich oxydiere. Würde die Röstung zu weit getrieben, was der Hüttenmann todtrösten nennt, so bekäme man alle in der Mischung vorhandenen fremden Metalle ebenfalls in Form von Oxyden, die, einem Glasflusse zugesetzt, die reine blaue Farbe, welche das Kobaltoxyd für sich hervorbringt, jedes in seiner Art, benachteiligen würden. Am unliebsamsten wirkt hierbei das in andrer Hinsicht so wertvolle Nickel, welches das Blau in ein ungefälliges Violett zu verwandeln strebt; am wenigsten schädlich ist das Eisen, das man demnach bei den geringeren Blaufarbensorten nicht so sehr fürchtet.

Die Blaufarbenwerke liefern dreierlei Fabrikate: Oxyd, Zaffer und Schmalte. Die gerösteten Kobalterze bilden nach vorstehend Gesagtem bereits das unreine Kobaltoxyd; um es in reinem Zustande zu erhalten, müßte man die Masse in Säuren lösen und die einzelnen Bestandteile durch chemische Mittel, wie sie unten beim Nickel näher angedeutet sind, trennen und reinigen. Dies geschieht auf den sächsischen Blaufarbenwerken nicht, oder nur für ganz besondere Zwecke, im allgemeinen benutzt man zur Darstellung des Kobaltoxydes die bei der Blaufarbenbereitung abfallende Nickelspeise, welche immer noch einen Gehalt an Kobalt besitzt, der bei der Weiterverarbeitung der Speise auf Nickel in Form von Oxyd gewonnen wird. Dieses Oxyd, ein unscheinbares braunschwarzes Pulver, ist nun die eigentliche Farbequelle in ihrer Reinheit; es ist der unersetzliche Blaustoff für Porzellan-, Glas- und Emailmaler u. s. w. und geht gewöhnlich erst durch die Hände der Laboranten, welche jenen Künstlern ihre sämtlichen Farbensortimente, mit Fluß versetzt und in den verschiedensten Schattierungen, liefern. Ist doch jeder Töpfer und selbst der Erzeuger geringen Steinguts, der blau bedruckten Teller und Tassen u. s. w., lediglich auf Kobaltblau angewiesen. Für solche niedere Zwecke dient freilich gleich das oben erwähnte Röstprodukt, welches mit allen darin steckenden Unreinheiten in verschiedenen Graden mit Quarzmehl vermischt wird, um dann nach Zusatz von Pottasche gleich einen schmelzfähigen Blaufluß zu bilden. In dieser Vorbereitung heißt die Masse, die je nach ihrem Quarzgehalt ein helles oder dunkleres Blau gibt, Zaffer oder Safflor.

Das Hauptfabrikat bildet die Schmalte in ihren verschiedenen Feinheitsgraden, Sorten und Nummern. Die Prozedur ihrer Bereitung ist in der Hauptsache eine Glasmacherarbeit, und die Schmalte ist ein gepulvertes, durch Kobaltoxyd blau gefärbtes Glas. Wie bei diesem, so geschieht die Bereitung in einem gewölbten, mit mehreren Glashäfen besetzten und mit Arbeitsöffnungen versehenen Ofen. Die Beschickung der Häfen besteht aus einem Gemenge der gerösteten Erze mit Quarz, Pottasche und Arsenikmehl, alles fein gepulvert und innig vermischt. Soda kann hier die Pottasche nicht ersetzen, da sie eine unreine Farbe liefern würde. Bei der Zusammensetzung der Mischung ist natürlich das Kobalt der Erze maßgebend, und die Anteile der übrigen Stoffe haben sich hiernach zu richten. Ein jeder Hafen faßt etwa drei Zentner Beschickung; zum Flüssigmachen und Läutern des Flusses sind etwa acht Stunden nötig. Anfangs wird die Schmelze umgerührt, später nicht mehr, damit der Glasfluß sich reinigen, die sogenannte Speise zu Boden sinken und etwa entstehende Glasgalle sich an der Oberfläche sammeln kann.

Die chemischen Vorgänge bei dem Schmelzprozesse sind nnn folgende: Pottasche oder vielmehr das Kali der Pottasche, indem die Kohlensäure fortgeht, bildet mit dem Quarz im feurigen Flusse Glas; das gegenwärtige Kobalt geht als Oxydul sehr bereitwillig in die Verbindung ein und färbt sie blau, indem sich ein Kalium (Kobaltoxydulsilikat) bildet;

andre Metalle, zunächst Eisen, würden denselben Verbindungsweg einschlagen, wenn nicht Arsenik und unter Umständen Schwefel eine Art Sicherheitspolizei bildeten. Arsenik oxydiert erstlich vorhandenes Eisenoxydul zu Oxyd, was der Glasmasse ziemlich unschädlich ist; Arsenik nimmt ferner das Nickel in Beschlag, verbindet sich mit ihm und hindert es, sich dem Glasfluß einzuverleiben; demselben Zuge näherer Verwandtschaft folgend, hängt sich der Schwefel dem gewöhnlich vorhandenen Kupfer an. Es entstehen somit verschiedene Arsenikverbindungen, welche sich vermöge ihrer Schwere am Boden der Glashäfen ansammeln und hier durch ein Loch, das für gewöhnlich mit einem Thonpfropfen geschlossen ist, abgelassen werden. Diese rötlichweiß, metallisch aussehende, körnigspröde Masse heißt nun die Nickelspeise, denn sie enthält den Nickelgehalt der verarbeiteten Erze, und nach Umständen einen sehr reichen, bis 50 Prozent und darüber betragend. Neben Arsenik und Schwefel findet sich in der Speise Kupfer und Eisen und etwas Kobalt. Ein etwa vorhandener Gehalt an Wismut steckt ebenfalls in der Masse gediegen. Der Kobaltgehalt wird nachträglich bei der nassen chemischen Behandlung der Rückstände noch eingeholt; man ließ ihn absichtlich in die Speise kommen, weil, wenn die Glasschmelze so weit getrieben würde, daß aller Kobaltgehalt absorbiert wäre, dann auch Nickel u. s. w. mit eingehen und die Farbe verderben würde. Früher wurde die Speise als nutzlos auf die Halden gestürzt, ist aber dort längst sorgfältig aufgenommen worden und bildet jetzt den Hauptrohstoff für die Nickelgewinnung.

Hat sich der schöne, dunkelblaue Glasfluß im Hafen geläutert, so ist die Hauptsache gethan, und die folgende Behandlung der Masse besteht nur noch im Zerkleinern und sortierenden Schlämmen. Man schöpft die Masse mit Kellen aus den Häfen, gießt sie in kaltes Wasser aus und besorgt sogleich einen neuen Einsatz. Durch das kalte Wasser schreckt die Glasmasse ab und wird zerbrechlicher. Man zerkleinert sie durch Pochen oder Zerquetschen zwischen Walzen und dann weiter unter Beigebung von Wasser durch Zermahlen zwischen granitnen Mühlsteinen. Den erhaltenen feinen Schlamm sortiert man durch Zusammenmischen mit vielem Wasser, aus welchem sich zuerst das Gröbste, Streublau, dann in einem zweiten Faß, in welches die Trübe sogleich weitergeschafft wird, die eigentliche Farbe, Kouleur, absetzt; ein dritter Niederschlag im nächsten Faß gibt eine hellere Farbe, den Eschel, und dann gelangt die Flüssigkeit, wie alle andern, welche bei nachmaligem Auswaschen der Sorten abfallen, in ein großes Reservoir, wo sich die letzten trübenden Teile sehr langsam absetzen. Sie bilden den Sumpfeschel, der entweder als geringstes und hellstes Blau verkauft oder wieder mit zum Glassatz geschlagen wird. Streublau verkauft sich zum Teil als blauer Streusand, zum größten Teil gelangt es wieder auf die Mühle zu weiterer Zerkleinerung.

Die Erscheinung, daß das Kobaltblau, obwohl aus einem gepulverten Glasfluß bestehend, sich doch nicht scharf, sondern mild und mehlartig anfühlt, erklärt sich daraus, daß von den glasbildenden Stoffen Kiesel und Kali das letztere in größerem Anteile darin vorhanden ist, als zu hartem Glase gehören würde; der an sich farblose Träger des Blaus bildet daher ein sogenanntes Wasserglas, welches nur wenig, von dem Thon der Glashäfen herrührende Thonerde enthält und den Glasteilchen gleichsam eine Schlichte erteilt. Hierdurch erklärt sich auch die Erscheinung, daß die Schmalte durch bloße Behandlung mit Wasser in ihrer Farbennüance noch etwas geändert wird.

Die Schmalte hat außer ihrem reinen schönen Blau auch den Vorzug einer Dauerhaftigkeit, wie sie sonst wenig Farben besitzen, denn nur die wenigen chemischen Mittel, welche Glas angreifen, zerstören auch die Schmalte. Sie dient deshalb vorzüglich zu Fresko- und Zimmermalerei, zu Anstrichen für dem Wetter ausgesetzte Gegenstände, z. B. Firmenschilder, und verbindet sich ihrer verwandten Natur halber sehr gut mit Wasserglas. Als Einbrennfarbe kann sie, wie sich denken läßt, ebenfalls gebraucht werden, doch hält man sich hierbei für feinere Arbeiten lieber an das reine Oxyd, welches als schwarzes Pulver in den Handel kommt (die blaue Farbe erscheint erst beim Einbrennen); für gröbere, wie Töpferglasuren u. s. w., an den Zaffer. Außerdem dient das Kobaltblau zum Bläuen von Papier und Wäsche, beim Zurichten von Batist, feinem Nähgarn u. s. w. Das jetzt so massenhaft fabrizierte künstliche Ultramarin, das so schön und wohlfeil ist, hat die Anwendung des Kobaltblaus in manchen Zweigen sehr beschränkt; wo es indes auf Widerstand gegen Licht, Wärme, Feuchtigkeit und allerlei Dünste ankommt, hält jenes mit dem Kobaltblau keinen

Vergleich aus. Das Kobaltblau hat nur den Übelstand, daß es bei Abendbeleuchtung nicht mehr rein blau, sondern graublau aussieht. In den Papierfabriken hat sich das Ultramarin festgesetzt, weil es sich gleichmäßiger in der Papiermasse verteilen soll als die Schmalte; im Bereich des häuslichen Verbrauchs scheint sich Altes und Neues in die Arbeit geteilt zu haben.

Noch vor dem Auftreten des Ultramarins erhob sich für die sächsischen Blaufarbenwerke eine schwere Konkurrenz durch die in Schweden und Norwegen eröffneten Gruben; die dortigen Werke haben aber die Produkte der sächsischen an Schönheit nicht erreichen können, sie sind eingegangen und ihre Erzgruben werden für die sächsischen Blaufarbenwerke ausgebeutet. Kleinere Anstalten dieser Art gibt es noch zu Joachimsthal und Altsattel in Böhmen, in Rheinland, Westfalen, wo Siegensche Erze verarbeitet werden, und zu Schwarzenfels in Hessen. Auch England fabriziert in neuerer Zeit Kobaltpräparate aus Erzen, die von alten Halden in Chili als Schiffsballast nach Europa kommen.

Das Kobalt, das bei aller Konkurrenz doch wenigstens das Bereich der blauen Schmelzfarben wohl immer unbestritten behaupten wird, beschränkt sein Farbevermögen nicht auf Blau, sondern weist in verschiedenen chemischen Präparaten eine ganze Farbenskala auf, von Blau, Rot, Violett, Grün und Gelb. Hierauf gründen sich andre, zum Teil alte, zum Teil ganz neue farbentechnische Benutzungsweisen, die noch kurz erwähnt werden mögen. Kobaltultramarin (Thenards Blau), ein altes, noch in Sachsen fabriziertes Präparat, eine schöne blaue Malerfarbe bildend, besteht aus Kobaltoxydul an Thonerde gebunden, hergestellt durch Tränkung von Thon mit der Lösung eines Kobaltsalzes, Trocknen und scharfes Glühen der Masse, schöner aber durch Versetzen einer Kobaltsalzlösung mit einer solchen von Alaun, Fällen mit Soda und Glühen des ausgewaschenen und getrockneten Niederschlags. Da man gefunden hat, daß die Gegenwart von Phosphorsäure die Vereinigung des Kobaltoxyduls mit der Thonerde des Alauns zu Kobaltaluminat begünstigt und die Schönheit der Farbe erhöht, so stellt man diese auch so dar, daß man gallertartiges Thonerdehydrat mit feuchtem phosphorsauren Kobaltoxydul mischt, trocknet und glüht. Zum Druck von Banknoten, Staatspapieren u. s. w. ist diese Farbe sehr geeignet, da solcher Druck nicht photographisch reproduziert werden kann. Sie war früher wichtig als Stellvertreterin des natürlichen, aus dem Lasurstein gewonnenen und sehr teuren Ultramarins. Phosphorsaures Kobaltoxydul für sich bildet ein rotviolettes Präparat, das sich durch Erhitzen vielfach nüancieren läßt. Eine andre, als Aquarell- und Ölmalereifarbe sehr geschätzte neue Kobaltverbindung besteht im wesentlichen aus zinnsaurem Kobaltoxydul (Kobaltstannat) und wird unter den Namen Cöruleum, Cöruleïn, Cölin, Bleu céleste in den Handel gebracht; es ist die einzige bei Lampenlicht nicht violett oder grau erscheinende Kobaltfarbe. — Rinnmanns Grün (Zinkgrün, Kobaltgrün, Sächsisch Grün) ist eine schöne und sehr beständige, als Anstrichfarbe für Holz, Metall und Papier geeignete, dem Kobaltultramarin entsprechende Kobaltverbindung, welche an Stelle der Thonerde Zinkoxyd enthält; man gewinnt sie durch Vermischen einer Zinkvitriollösung mit einer Kobaltsalzlösung und Fällen der Mischung mit Soda, Waschen und Glühen des Niederschlags. Endlich hat man auch ein Kobaltgelb, aus salpetrigsaurem Kobaltoxydkali bestehend; es wird technisch durch Einleiten von Dämpfen der Untersalpetersäure in eine mit Kalilauge versetzte Lösung von salpetersaurem Kobaltoxydul dargestellt. Man benutzt es in der Aquarell- und Ölmalerei als gelbe Farbe, aber auch in der Glas- und Porzellanmalerei als blaue Farbe, die hierbei in der Glühhitze daraus entsteht, wenn es sich darum handelt, ganz reine blaue Nüancen zu erhalten.

Die königlich sächsischen Blaufarbenwerke führen ein sehr reichhaltiges Warensortiment: 3 Sorten Zaffer à Zentner 150, 129 und 90 Mark; 24 Eschel zum Bläuen von Papier, Weißzeug, Stärke, 174—24 Mark; 13 Kouleur als feuerbeständige Schmelzfarben zu selben Preisen; 7 Ultramarin zu Öl- und Wasserfarben, zu Buntdruck und für künstliche Blumen, 66—10 Mark das Kilo; 9 Sorten Kobaltoxyde für Porzellan und Steingut, 36—9 Mark das Kilo; 2 Blausand; ferner phosphorsaures und arsensaures Kobaltoxyd und Cölin (Cöruleïn) und 35 Sorten Kobaltgrün.

Die genannten Werke produzieren jetzt jährlich zwischen 6000 und 7000 Zentner Farbwaren im Werte von 750—780000 Mark. Es werden sowohl sächsische als aus fremden Ländern, namentlich aus Schweden, bezogene Erze verarbeitet.

Das Nickel. Im Nickel haben wir eines der in der Geschichte der Technik nicht seltenen Beispiele, daß ein als unbrauchbar und darum wertlos geachteter Stoff, durch die fortschreitende Wissenschaft besser erforscht, plötzlich einen Gebrauchswert und zuweilen selbst eine hohe Bedeutung erlangt. Die wegwerfende bergmännische Bezeichnung Nickel galt, wie schon erwähnt, früher einem Erze, das dem Anschein nach ein reines Kupfererz sein mußte und doch trotz aller Bemühungen kein Kupfer hergab, vielmehr die Verhüttung der Kupfererze, unter die es sich mischte, nur erschwerte. Dies ist der heute noch aus alter Gewohnheit so genannte Kupfernickel, der aber eben kein Kupfer, sondern das jetzt so wohl gewürdigte Nickelmetall, gebunden an Arsenik, enthält. Sein wissenschaftlicher Name ist daher Arseniknickel oder auch Rotnickelkies. Als Nebenbestandteile kann er Blei, Kupfer, Eisen, Wismut u. s. w. führen. Kobalt enthält er fast beständig, und zwar als Vertreter des Nickels, dessen Gehalt dann um soviel weniger beträgt. Das Arseniknickel mit etwa 44 Prozent Nickelgehalt bildet das häufigste Vorkommnis und ist daher das hauptsächlichste Nickelerz; ein andres, arsenreicheres Nickelarsen ist der Weißnickelkies oder Chloanthit; in geringeren Mengen, zum Teil in Gesellschaft von jenen, finden sich Nickelglanz, Nickelkies oder Haarkies (Verbindung von Schwefelnickel und Arseniknickel) mit 64 Prozent Nickel, und Nickelspießglanzerz (Verbindung von Schwefelnickel und Antimonnickel), das in reinster Form nur 26 Prozent Nickel enthält. Durch Zersetzung dieser Erze, durch die Einwirkung von Luft und Wasser, entsteht Nickelocker oder Nickelblüte (arseniksaures Nickeloxyd), meist nur als hellgrüner Überzug oder Anflug auf den Erzen, daher technisch unwichtig, jedoch als Erkennungszeichen der Erze von Wert. Für die französische Nickelproduktion sind die in Neukaledonien in großer Menge aufgefundenen, leicht zu verarbeitenden Nickelerze von großer Bedeutung; es sind dies der Garnierit, ein wasserhaltiges, kieselsaures Nickeloxydul oder Nickelhydrosilikat, und der Pimelit mit denselben Bestandteilen, nur außerdem noch Magnesia enthaltend. Revanskit vom Ural ist wasserfreies Nickelsilikat. Die Nickelerze finden sich aber in der Regel nicht in so reiner Absonderung, um durch einen einfachen Prozeß verhüttet zu werden, sondern kommen meist vor im Gemenge mit andern arsenik- und schwefelhaltigen Erzen, in denen dann das Nickel und das mit ihm auftretende Kobalt oft nur einen sehr kleinen Bestandteil und gewisse andre Metalle die Hauptsache bilden, so daß letztere als Nebenprodukte gewonnen werden. Ja, es sind sogar diese Nebenprodukte und nicht die reinen Erze in vielen Gegenden die Hauptquelle der Nickelproduktion. Das hauptsächlichste derselben bildet die Kobaltspeise, die auf Blaufarbenwerken bei der Schmaltebereitung abfällt. Sie besteht im wesentlichen aus Arseniknickel, in welchem ein Teil des Nickels durch Kobalt vertreten ist. Ähnliche Speisen, mit starkem Gehalt an Schwefelblei, fallen bei der Verhüttung mancher Bleierze ab, und auch aus Kupferschlacken und Kupferstein wird hier und da ein kleiner Nickelgehalt ausgezogen, da dessen hoher Preis manche Mühe recht gut lohnt. In England werden die aus dem Braunstein stammenden Manganrückstände (von der Bereitung des Chlorgases in den Chlorkalkfabriken) auf Nickel und Kobalt verarbeitet und gewinnt man aus der Tonne (1000 kg) ca. $2,_5$ kg Nickel und 5 kg Kobalt. Kleine Nickelerträge fallen ferner aus dem Mansfelder Kupferschiefer und den Bleierzen vom Rammelsberg im Harz ab.

An der Produktion von Nickel beteiligen sich in Deutschland hauptsächlich, außer den schon erwähnten Blaufarbenwerken des Erzgebirges, Dillenburg, Riechelsdorf, Bieber und Iserlohn und in geringer Menge die Hütten bei Freiberg. Das Deutsche Reich produzierte 1882 an Nickel $121,_{25}$ Tonnen (à 1000 kg) im Werte von 764230 Mark. Die Erzeugung von Nickel aus neukaledonischen Erzen beträgt ca. 500 Tonnen. Nordamerika beteiligt sich an der gesamten Nickelproduktion der Erde, die zu ca. 1000 Tonnen angegeben wird, mit $^1/_4$—$^1/_3$ und gewinnt das Metall aus seinen pennsylvanischen Erzen. Italien, namentlich aber Spanien sollen reich an Nickelerzen sein, beschränken sich aber nur auf den Verkauf ihrer Erze an Frankreich, Belgien u. s. w. Österreich lieferte 1882 nur 15 Tonnen Nickel- und Kobalterze; dagegen produziert Rußland (bei Revda) seit einigen Jahren nicht unbedeutend Nickel.

Bevor man den Wert der Nickelerze kannte, hatten sich im Erzgebirge Massen von Arsennickel im Laufe der Zeit so angesammelt, daß zu Anfang dieses Jahrhunderts um die dortigen Schmelzhütten große Halden dieses verachteten Stoffes vorgestürzt lagen, welche ganz plötzlich Wert und Geltung bekamen. Das meiste ging anfangs, bis man es selbst brauchen lernte, nach England, wo sich in Birmingham zeitig die neue Industrie des Neusilbers einheimisch gemacht hatte. Jetzt sind die alten Halden längst aufgearbeitet, und da die sächsischen Gruben an Nickelerzen auch nicht mehr so ergiebig sind, wird neben dem inländischen viel ausländisches Erz verarbeitet.

Das metallische Nickel wurde erst 1751 von Cronstedt als besonderes Element entdeckt; Bergmann lehrte es bald darauf aus dem Kupfernickel rein darstellen, aber erst die neuere Zeit erhob es zu dem Range eines gesuchten Artikels, anfänglich nur zur Neusilberbereitung, neuerdings jedoch auch wegen seiner Verwendung als Münzmetall und zum Vernickeln von Kupfer, Eisen und Zink. Reduziert man Nickeloxyd bei starker Weißglühhitze mit Kohle, so erhält man einen Metallkönig, der nur noch mit etwas Kohlenstoff verbunden ist. In diesem Zustande ist es weißgrau, von Aussehen dem Platin ähnlich; in völliger Reinheit ist es fast silberweiß. Es hat etwa die Härte des Eisens, läßt sich im chemisch reinen Zustande kalt und glühend in Platten strecken und zu Draht ziehen und nimmt dann eine sehnige Struktur an. Poliert zeigt es einen schönen luftbeständigen Glanz. Seiner Strengflüssigkeit nach ist es nur mit dem Schmiedeeisen zu vergleichen; im großen dargestellte Gußstücke sind jedoch brüchig und nicht dehnbar. Wie beim Kobalt, so läßt sich auch beim Nickel dieser Übelstand durch Zusatz von $^1/_8$ Prozent Magnesium zu dem geschmolzenen Metall beseitigen; ist das Nickel etwas zinkhaltig, so soll schon $^1/_{20}$ Prozent Magnesium genügen, um ein Metall von außerordentlicher Dehnbarkeit zu erhalten. Ebenso soll das Nickel durch Zusatz sehr kleiner Menge von Mangan oder Phosphor schmiedbar werden; die Wirkung aller dieser Mittel scheint darauf zu beruhen, daß dieselben einem Rückhalt von Nickeloxydul den Sauerstoff entziehen. Eine andre Analogie mit dem Eisen besitzt es in der Eigenschaft, vom Magnet angezogen und dann selbst anziehend zu werden. Es erscheint überhaupt als ein Freund und Begleiter des Eisens, sowohl in Erzen als besonders auch in vielen Meteorsteinen, in denen sich gediegenes Nickel zuweilen ganz rein, meistens aber mit mehr oder weniger gediegenem Eisen legiert findet.

Das Nickel aus seinen Vererzungen in den metallischen Zustand oder auch nur in eine technisch verwendbare Form zu versetzen, erfordert viele und umständliche Arbeiten, so daß das Metall auch dann immer noch ein teures bleiben wird, selbst wenn neu erschlossene Lagerstätten die Erze in größerer Menge liefern würden.

Die **Verarbeitung der Nickelerze**, insoweit sie das Nickel an Arsen oder Schwefel gebunden enthalten, liegt nur in ihrem ersten und rohesten Teile in den Händen des eigentlichen Hüttenmannes, dessen Hauptwerkzeug das Feuer ist; ihm ist es zunächst aber nicht um die Darstellung des Metalls selbst, sondern vielmehr um Gewinnung einer möglichst nickelreichen Speise oder eines sogenannten Steines zu thun. Dann kommt in der Regel die nasse Chemie, welche die Speise je nach ihrer Beschaffenheit auch verschieden behandelt, um Nickel, Kobalt, Arsenik u. s. w. zu trennen und die in Oxydform gewonnenen Metalle nach Bedarf wieder in den regulinischen Zustand überzuführen. Hier sind vielerlei Methoden denkbar und in Anwendung, nicht selten als Fabrikgeheimnis ängstlich gehütet, daher sich hierüber nur das Hauptsächlichste anführen läßt.

Wie die aller übrigen arsen- und schwefelhaltigen Erze besteht die Behandlung solcher Nickelerze in gründlichem, mitunter mehrmaligem Rösten und Niederschmelzen unter angemessenen Zuschlägen von Quarz, Lehm, Kalkspat u. s. w., um erst Rohstein und nach weiterer Röstarbeit sogenannten Konzentrationsstein zu gewinnen. Das Eisen geht beim Schmelzen in die Schlacke, zu deren Bildung eben die Zuschläge beigegeben werden. Es ist jedoch nicht immer möglich, dieses Metall auf solche Weise vollständig zu beseitigen, und muß man einen Rest davon, der sich auch in den Konzentrations- oder Raffinationsstein gern noch einschleicht, auf andre Weise entfernen. Das Arsenik wird durch das Rösten verjagt und in Form arseniger Säure (Giftmehl) in Kondensationskammern aufgefangen. Dem eigentlichen Rösten in Schachtöfen geht zuweilen ein vorläufiges Abrösten in Haufen oder Stadeln voraus; in den Schachtöfen wird das Erz dann einer stärkeren Röstung, durch welche Schwefel und Arsen zum größeren Teil entfernt werden, und schließlich dem sogenannten reduzierend solvierenden Schmelzprozeß unterworfen, d. h. einer Schmelzung mit Zusatz eines Reduktionsmittels (Kohle) und kieselsäurereichen, schlackenbildenden Zuschlägen. Durch die Kohle wird vorhandenes, im Röstprozeß entstandenes Eisenoxyd wieder zu Eisenoxydul reduziert und dadurch geeignet gemacht, leicht in die Schlacken überzugehen, während Nickel, Kobalt und andre noch etwa vorhandene Metalle vermöge ihrer größeren Verwandtschaft zu Schwefel und Arsen sich mit dem noch vorhandenen Teil derselben vereinigen und verbunden mit dem, wie schon oben bemerkt, noch vorhandenen Rest von Eisen (als Sulfid oder Arsenid) eine von der Schlacke scharf getrennte Schmelze bilden. Dieses Schmelzprodukt von halbmetallischem Aussehen wird, wenn es aus den Arsenverbindungen des Nickels, Kobalts und Eisens besteht, Speise genannt; wenn es dagegen die Schwefelverbindungen der genannten Metalle enthält, führt es den Namen Stein.

Unter Speise versteht man sonach ein Hüttenprodukt, in welchem eins oder mehrere Metalle hauptsächlich an Arsenik gebunden sind. Denkt man sich an Stelle des Arseniks Schwefel, so heißt das Produkt Stein. Unter Umständen liefert ein und derselbe Schmelzprozeß beides. Eine vollständige Entfernung des Schwefels und Arsens beim Rösten darf deshalb nicht stattfinden, weil sonst dasjenige Nickel oder Kobalt, welches nicht mehr genügend Schwefel und Arsen vorfände, mit dem Eisen verschlackt würde. Speise, Stein oder reiche Nickelerze, wo solche zu haben sind (Kupfernickel), bilden nun das Ausgangsmaterial, wenn es sich darum handelt, das Nickel auf nassem Wege in seiner metallischen Gestalt herzustellen. Die Massen werden zunächst fein gepulvert und unter Zusatz von Kohle einer eindringlichen und andauernden Röstung (zwölf Stunden) im Flammofen unterworfen. Der Zweck ist, den Schwefel und das Arsen zu verjagen und alle vorhandenen Metalle in den oxydierten Zustand überzuführen; doch gelingt das so vollständig nicht, wie man wünscht, da namentlich ein Anteil Arsen in Verbindung mit Nickel zurückbleibt. Das Röstgut wird dann, wenn es von Natur kein Silber enthält, oder dieses nicht schon vorher, wie bei der sächsischen Kobaltspeise, ausgezogen worden, in Salzsäure gelöst, und aus der Lösung werden die verschiedenen Metalle durch geeignete Reagenzien ausgeschieden. Waren die Erze wismuthaltig, so hat zunächst eine reichliche Verdünnung der Lösung mit Wasser stattzufinden, wobei sich dieses Metall als unlösliches basisches Chlorwismut (Wismutweiß) ausscheidet. Die klar abgezogene Lösung wird mit etwas Chlorkalk versetzt, um das vorhandene Eisen in Oxyd und die arsenige Säure in Arsensäure zu verwandeln. Durch Zusatz von Kalkmilch werden dann beide Stoffe als arsensaures Eisenoxyd gefällt. War der Eisengehalt nicht hinreichend zur Bindung alles Arseniks, so muß derselbe vorher durch Zusatz von Eisenchlorid ergänzt werden. Mehr Kalk, als zum Fällen des Arseniks und Eisens gerade erforderlich, darf nicht angewandt werden, da sonst alsbald Kupfer und Nickel in den Niederschlag folgen würden. Das Kupfer wird vielmehr für sich durch Einleitung von Schwefelwasserstoffgas (statt dessen auch durch Schwefelbarium oder Schwefelcalcium) in Form von Schwefelkupfer ausgefällt, so daß die abfiltrierte Flüssigkeit nun nichts weiter als Nickel und Kobalt enthält. Durch Kochen derselben mit Chlorkalk und verdünnter Schwefelsäure wird letzteres Metall in Superoxyd verwandelt, das sich niederschlägt und das Nickel allein in Lösung läßt. Durch Kalkmilch fällt man nun auch dieses in Form von wasserhaltigem Oxydul, das, gewaschen, getrocknet und in Mischung von Kohlenpulver stark geglüht, das Nickelmetall als eine poröse Masse zurückläßt.

In Joachimsthal, wo der Hauptgehalt der reichen Erze Silber mit mehreren Prozenten Kobalt und Nickel ist, löst man dieselben nach der Röstung in verdünnter Schwefelsäure und vollendet die Lösung mit Salpetersäure. Die gewonnene Lauge versetzt man mit Kochsalzlösung, welche den ganzen Silbergehalt als Chlorsilber niederschlägt, und verfährt mit dem Reste zur Reinigung und Trennung von Kobalt und Nickel ähnlich wie oben gesagt. Man kann aber den Stein oder die Speise auch auf trockenem Wege weiter verarbeiten und wird zu diesem Zwecke eine Schmelzung im Flammofen mit Quarzsand, Kohle und Schwerspat vorgenommen, wobei zunächst nur das Eisen als Bariumeisensilikat verschlackt und zugleich auch etwa vorhandenes Arsenkupfer als Kupfersulfid abgeschieden wird. Die Trennung des Nickels vom Kobalt wird dann durch Schmelzen mit reinem Quarzsand bewirkt, wobei letzteres Metall verschlackt wird. Zur vollständigen Entfernung des Schwefels und Arsens aus den von Eisen und Kobalt befreiten Steinen oder Speisen werden dieselben todtgeröstet, mit Soda und Salpeter geschmolzen; dann werden die entstandenen Sulfate und Arsenate durch Auslaugen entfernt. Das zurückbleibende Nickeloxydul wird schließlich zu Metall reduziert.

Ein von Wöhler angegebenes Verfahren, das den großen Vorteil einer gründlicheren Entfernung des Arseniks gewährt, gründet sich, statt auf Oxydierung, auf die Schwefelung der Metalle. Geröstete Speise oder Kupfernickel wird mit ihrem dreifachen Gewicht Schwefel und ebensoviel Pottasche in gelinder Glühhitze in Tiegeln zusammengeschmolzen und dadurch werden alle Stoffe mit Schwefel gesättigt. Das Schwefelkalium (Schwefelleber) ist in Wasser löslich und das Schwefelarsenik ist es durch eine chemische Verbindung mit der Schwefelleber ebenfalls geworden. War also die Schmelzarbeit richtig geleitet, so wird man durch einfaches Auslaugen der erkalteten Schmelzmasse mit Wasser den ganzen Arsenikgehalt los und behält in Form schwärzlicher, metallisch glänzender Kristallnadeln Schwefelnickel, Schwefelkobalt und Schwefeleisen. Durch eine Mischung von Schwefel- und Salpetersäure lassen sich diese Schwefelmetalle auflösen und durch die angegebenen und andre chemische Mittel aus der Lösung fällen und trennen. Die Verarbeitung der aus Nickeloxydulsilikat bestehenden neukaledonischen Erze ist viel einfacher und wird auf verschiedene Weise ausgeführt; meist geht eine Behandlung auf nassem Wege mit Salzsäure voraus, und schließlich wird das als Oxydul oder oxalsaures Salz gefällte Metall in der Hitze mit Kalk und Kohle reduziert. Neuerdings stellt man jedoch auch in Frankreich große Mengen von Nickel dadurch her, daß man den Garnierit wie Eisenerz reduziert und dann das erhaltene Rohnickel wie Rohkupfer raffiniert. — Es wird indes das Gesagte hinreichen, um auf diesem chemischen Gebiete einige orientierende Gesichtspunkte zu gewinnen. Die Scheidekunst hat viele Behelfe, und es mögen sich viele der angeführten Methoden zum Teil anders gestalten; ja, es wird vielleicht kaum in zwei Anstalten völlig nach einem und demselben Rezept gearbeitet; denn einesteils ist die Natur der Erze, welche zur Verarbeitung gelangen, andernteils ist das verkäufliche Produkt, auf welches hingearbeitet wird, den lokalen Umständen angemessen, verschieden und danach richtet sich selbstverständlich das Verfahren.

Das Nickelmetall kommt gegenwärtig hauptsächlich als Würfelnickel, d. h. in kleine Würfel geformt, in den Handel, doch hat man es auch granuliert und in Form von Barren und als Nickelschwamm, der durch Glühen von oxalsaurem Nickel und Pressen des feinen Metallpulvers erhalten wird. Behufs Darstellung von Würfelnickel wird das auf chemischem Wege gefällte, gewaschene und feingepulverte Oxyd mit etwas Mehlteig zusammengeknetet, die Masse ausgerollt und in Würfel geschnitten. Diese Stückchen setzt man nach völliger Austrocknung mit Kohlenpulver im Schmelztiegel ein und reduziert das Metall bei starker Weißglühhitze. Es bleiben kleine Würfel zusammengesinterten Metalls zurück, die in einer Drehtonne mit Wasser von den Rauhigkeiten befreit und etwas poliert werden. Das Metall hat in dieser Form nicht seine reine weiße Naturfarbe, sondern sieht bräunlichgelb oder gelblichgrau aus. Es enthält mehr oder weniger Kobalt, das dem Zwecke der Neusilberdarstellung nicht schadet, dann kleine Mengen von Kohle, Eisen, Schwefel, Arsenik und etwas reichlicher Kieselsäure. Beim Auflösen eines Nickelwürfels in Salpetersäure erscheinen die Unreinheiten als nicht unbedeutender Bodensatz. Es ist demnach diese Ware immer noch ein unreines Produkt und überdies je nach den verschiedenen Bezugsquellen von sehr abweichender Zusammensetzung, was ebenso von dem käuflichen zusammengepreßten Nickelschwamm gilt, welcher durch Glühen von oxalsaurem Nickelsalz als metallischer Rückstand erhalten wird. Man kann es daher direkt zur Neusilberbereitung noch nicht oder vielleicht nur zu den geringen Sorten benutzen. Die Neusilberfabriken müssen das käufliche Nickel noch einer läuternden Schmelzung unterwerfen. Dies ist bei der großen Strengflüssigkeit des Metalls eine schwierige und langwierige Arbeit, wozu ein sehr feuerfester Flammofen gehört. Nach vielstündigem Feuern erweicht sich endlich die auf der geneigten Sohle des Ofens liegende Masse, und das reine Metall sammelt sich träge tropfend im Auffangetiegel zu einem schönen reinen Metallkönig an. Es kommt jedoch jetzt auch Würfelnickel in den Handel, welches 94—99 Prozent Nickel enthält.

Das Nickelmetall an sich hat in neuerer Zeit Gönner gefunden, die seine Verwendungen zu vervielfältigen streben und, wie es scheint, mit Glück. Namentlich hat sich eine Fabrik Montefiore, Levi & Comp. bei Lüttich große Mühe um die Ausbreitung der Nickeltechnik gegeben, nicht minder auch Fleitmann & Witte in Iserlohn. Seine Benutzung zu Scheidemünzen datiert schon etwas länger zurück, hat aber in der Neuzeit durch den Vorgang des Deutschen Reichs einen großen Aufschwung genommen, welcher die Nachfolge andrer Staaten wohl herbeiführen dürfte. Ferner hat die Verwendung des Metalls zu Kunstarbeiten Aussicht auf Erfolg. Die Gegenstände haben einen Farbenton ähnlich dem beliebten oxydierten Silber und werden nicht schwarz. Jetzt hat man auch angefangen, allerlei Gegenstände von reinem massiven Nickel herzustellen, so z. B. Messer, Säbelscheiden, Magnetnadeln, Schnallen, Brillengestelle, Schmelztiegel für chemische Laboratorien. Schon länger fertigt man aus gegossenem Nickel Platten, welche als Anoden beim galvanischen Vernickelungsprozeß dienen. Man hat gelernt, aus der Lösung von schwefelsaurem Nickelsalz das Metall durch den galvanischen Strom niederzuschlagen, und braucht dies nicht allein zum Vernickeln von Holzschnitten, metallenen Druckplatten und überhaupt in der Galvanoplastik zur Erzeugung silberähnlicher Niederschläge, sondern selbst zur Darstellung abnehmbarer Bleche zu weiterer Verarbeitung. Eine große Rolle spielen jetzt die nickelplattierten Eisenbleche und die daraus hergestellten Waren; Bleche von Eisen oder Stahl werden entweder bloß einseitig oder beiderseitig mit dicken Nickelblechen zusammengeschweißt und dann glühend ausgewalzt, selbst bis zu den dünnsten Blechen. Die zusammengeschweißten Metalle können teils kalt, teils warm der verschiedenartigsten Bearbeitung unterworfen werden, ohne daß eine Trennung dieser Metalle erfolgt.

Die Gesamtproduktion von Nickel wird zu reichlich 1000 Tonnen (zu 1000 kg) jährlich angegeben, wovon $^1/_4$—$^1/_3$ auf die Vereinigten Staaten kommt; Deutschland produziert circa 122000 kg, Österreich 6000 kg.

Der Preis des Nickelmetalls war früher, wo dasselbe fast nur zu Luxusgegenständen Verwendung fand, ein sehr schwankender, je nach der Beliebtheit, deren sich zeitweilig die Neusilberwaren erfreuten; durch die Verallgemeinerung der Technik sind diese Verhältnisse etwas nivelliert worden, doch finden immerhin noch ziemliche Schwankungen statt. So stieg, als das Deutsche Reich sein jetziges Münzsystem beschlossen hatte, der Preis per Kilogramm von 12 Mark auf mehr als 30 Mark. Für die Jahre 1874—79 war das Verbrauchsquantum der deutschen Reichsregierung zu 15000 Zentner angegeben; indessen ist ein solcher Bedarf nur ein einmaliger, da späterhin der entstehende Abgang ein verhältnismäßig geringer sein muß,

Die Nickelmünzen, welche nur als Scheidemünzen eingeführt sind und außer Nickel noch Kupfer zu Dreivierteilen enthalten, empfehlen sich vor den Münzen aus reinem Kupfer durch einen größeren Widerstand gegen das Abnutzen, außerdem aber auch durch den höheren materiellen Wert, der ihnen innewohnt und welcher erlaubt, sie kleiner und handlicher zu gestalten als die Kupfer- oder Bronzemünzen. Merkwürdigerweise hat man in einer Münze mit baktrischem Gepräge, welche danach unter Euthydemos geschlagen worden sein mußte, fast genau dieselbe Metalllegierung gefunden, welche unsre jetzigen deutschen Nickelmünzen zeigen. Wenn dem keine Fälschung zu Grunde liegt, so hätte man also schon vor 2000 Jahren Nickelmünzen gehabt; die Sache ist aber jedenfalls sehr vorsichtig aufzunehmen, und solange nicht andre Belege zur Stelle geschafft worden sind, darf, wenn auch nicht an dem Nickelcharakter der Münze, aber wenigstens an ihrem echten Ursprunge gezweifelt werden. Der erste Staat, welcher das Nickel als Münzmetall einführte, war die Schweiz (1850); ihr folgten 1856 die Vereinigten Staaten von Amerika, 1860 Belgien, 1872 Brasilien und 1873 das Deutsche Reich. Nicht überall ist die Legierung dieselbe; die Schweizermünzen enthielten bisher in den 20-, 10- und 5-Centimesstücken je 15, 10 und 5 Prozent Silber und durchgängig 10 Prozent Nickel, im übrigen Kupfer und Zink, jetzt werden die 20-Rappenstücke aus dem nach Fleitmanns Verfahren dargestellten chemisch reinen Nickel geprägt; diese Münzen zeichnen sich, abgesehen von dem vollendeten netten Gepräge, durch ihren haltbaren, schönen Metallglanz vor den kupferhaltigen aus. Die andern Staaten sehen von einem Silberzusatz ganz ab. Die amerikanischen Münzen hielten erst das Verhältnis von Nickel zu Kupfer wie 12 : 88, wandten sich aber später dem von Belgien angenommenen 25 : 75 zu, welches auch die deutschen und brasilianischen Nickelmünzen zeigen.

Das Metall besitzt ferner in seinen Salzen und andern chemischen Präparaten einen ebenso reichen Farbenfond wie sein Gefährte, das Kobalt; sie zeigen nach Umständen sehr schöne Nüancen von Grün, Blau oder auch von Gelb; Chlornickel bildet, bei starker Hitze sublimiert, goldglänzende Schüppchen. Von einer farbentechnischen Benutzung des Nickels ist indes zur Zeit noch nichts bekannt, was wohl daher kommt, daß alle seine Effekte durch andre Stoffe schöner und billiger zu erreichen sind. Dagegen werden jetzt sehr bedeutende Mengen von Nickelsalzen für die Zwecke der galvanischen Vernickelung in den Handel gebracht, so namentlich Chlornickelsalmiak und schwefelsaures Nickeloxydulammoniak, auch Nickelammonsulfat genannt.

Das Neusilber. Gold und Silber sind schon für das Auge zu angenehme Gegenstände, als daß man nicht hätte bestrebt sein sollen, wenigstens scheinbar etwas dem Ähnliches künstlich herzustellen. Die Erzeugung gold- und silberähnlicher Legierungen hat daher den Erfindungsgeist und die Bemühungen der Techniker oft und in ausgedehntem Maße in Anspruch genommen. Was die Nachahmung des Silbers betrifft, so konnte man von zwei Metallen ausgehen. Das feine Zinn kommt an sich schon in Farbe und Glanz dem Silber nahe, aber es ist viel zu weich; die Bemühungen gingen daher einerseits dahin, durch Legierung mit andern Metallen das Zinn zu härten, und damit gelangte man in England zu den unter dem Namen „Britanniametall“ bekannten Metallgemischen. Anderseits hielt man sich an das Kupfer. Wie dasselbe durch Zusammenschmelzen mit Zink eine gelbe Legierung gibt, so verliert es seine Naturfarbe völlig durch Verbindung mit Arsenik und wird weiß. Diese schlimme Verbindung war früherhin unter dem Namen „Weißkupfer“ in ziemlich starkem Verbrauch zu Knöpfen, Gürtlerwaren und selbst Tischgeräten, bis man sich von der Schädlichkeit des Stoffes überzeugte, der, in Säuren sehr leicht löslich, fortwährend die Gefahr von Arsenikvergiftungen nahe legte. Dieser Übelstand und das Auftreten des Neusilbers haben denn auch das Weißkupfer gänzlich beseitigt.

In dem Nickel hatte sich ein andres und unschädliches Mittel gefunden, das Kupfer weiß zu färben, und wenn wir die Dinge in ihrem Zusammenhange betrachten, so werden wir zu dem Ergebnis kommen müssen, daß in Anwendung dieses Kunstgriffs die Chinesen unsre Lehrmeister oder doch Vorgänger gewesen sind. Das in China längst gebräuchliche und seit etwa einem Jahrhundert in Europa bekannte Weißmetall (Pakfong) besteht, wie Engström schon 1776 durch Analyse fand, aus den drei Metallen des Neusilbers: Kupfer, Nickel und Zink. Zu einer nützlichen Anwendung dieser Kenntnis kam es jedoch vor der Hand noch nicht. Erst später brachten Suhler Gewehrfabrikanten eine ähnliche Legierung in Gebrauch, indem sie daraus Gewehrgarnituren und Sporen fertigten. Diese Legierung bestand nach Keferstein aus

Kupfer	40,4
Nickel	31,6
Zink	25,4
Zinn	2,6
	100

Den Anstoß zur Entstehung der gegenwärtigen umfassenderen Neusilberindustrie gab der Verein zur Beförderung des Gewerbfleißes in Preußen, indem er eine Preisaufgabe für die Erfindung einer Legierung stellte, welche im Aussehen dem 12lötigen Silber gleichkäme, sich zur fabrikmäßigen vielseitigen Verarbeitung eigne und ohne Gefahr für die Gesundheit zu Speise- und Küchengerät dienen könne. Infolge der hierdurch angeregten Versuche errichteten 1824 Gebrüder Henniger in Berlin eine Fabrik für Weißkupfer- oder Neusilberwaren, während gleichzeitig Geitner in Schneeberg dieselbe Legierung darstellte und unter dem Namen Argentan in den Handel brachte. In Sachsen gilt daher Geitner als Erfinder des Argentans. Den Dank, eine neue interessante Industrie daselbst eingeführt und damit ein früher wertloses Produkt des sächsischen Bergbaues in Geltung gebracht zu haben, verdient er jedenfalls, und das Schneeberger Neusilber gilt noch heute als das beste.

Die somit in Deutschland zuerst aufgekommene Legierung fand bald auch in Frankreich und England Eingang und wurde namentlich in letzterem rasch ein Gegenstand rührigen Fabrikbetriebes. In Frankreich wurde der Name Neusilber nicht gestattet und man nannte dort das Metall maillechort. In England heißt es insgemein deutsches Silber (german silver, auch in Frankreich argent allemand), dann Pakfong. Besondere Sorten sind in England Elektron und Tutenay; das letztere bezeichnet eine Legierung, wie sie in ganz derselben Zusammensetzung auch bei den Chinesen viel gebraucht werden soll. Sie unterscheidet sich durch einen höheren Anteil Zink und ist dadurch leicht schmelzbar und gut geeignet zu Gußwaren, weniger zu sonstiger Verarbeitung, für welche sie zu hart und wenig fügsam ist. Auch sonst haben mehrfach Fabrikanten ihrem Metall neue klangvolle Namen beigelegt. So nennen jetzt, um Älteres nicht zu erwähnen, die Wiener eine schön silberähnliche Sorte Neusilber Alpacca, und von andrer Seite offeriert man Lunaid, was wenigstens einen Sinn hat, denn luna (Mond) hieß bei den Alchimisten auch das ihm gewidmete Silber; Lunaid ist also „silberähnlich“ und entspricht in sprachlicher Hinsicht völlig

21*

dem „Argentan“. Alfenid ist eine ältere französische Benennung guten Neusilbers, die sich forterhalten hat. Dieses und die ganz ähnliche Alpacca kommen öfters versilbert vor. Unter China- und Perusilber versteht man aus Neusilber gefertigte und galvanisch gut versilberte Geräte, etwa 2 Prozent des Gewichts an Silber haltend. Sie gleichen demnach den echt silbernen bei viel größerer Wohlfeilheit und haben vor den silberplattierten kupfernen den Vorzug, daß, wenn auch mit der Zeit der Silberüberzug hier und da sich abnutzt, doch nicht die unangenehme Kupferfarbe zum Vorschein kommt. Das neuerdings von England aus in den Handel gebrachte Arguzoid ist ebenfalls nur eine Art Neusilber, das noch etwas Blei und Zinn enthält.

Der Begriff Neusilber ist eigentlich ein ziemlich elastischer, insofern die Verhältnisse der drei Bestandteile in nicht allzu engen Grenzen schwanken können. Thatsächlich ist das Nickel das weißmachende Prinzip und das Neusilber mit dem höchsten Nickelgehalt ist stets das beste. Das gleich anfangs hinzugenommene Zink sollte jedenfalls nur die Schmelzung und Verarbeitungsfähigkeit der Legierung ermöglichen und den Preis erniedrigen helfen. Aber da man bemerkte, daß etwas mehr Zink das Aussehen nicht sonderlich beeinträchtigte, so legte man von dem wohlfeilen Metall mehr zu oder brach an dem teuren ab, womit dann schließlich freilich immer nur ein gelbgraues, unscheinbares Produkt herauskam. Im allgemeinen wird der Zinksatz so hoch genommen, daß das Gemisch bei Weglassung des Nickels Messing geben würde; man kann sich also die Vorstellung von Neusilber dadurch vereinfachen, daß man sich denkt, es sei ein durch Nickel weiß gemachtes Messing. In Berlin sollen drei Sorten Neusilber nach folgenden Verhältnissen dargestellt werden:

	Kupfer	Nickel	Zink
Beste Sorte . . .	52	22	26
Mittel	59	11	30
Ordinär	63	6	31

Wiener Neusilber soll aus 3 Teilen Kupfer, 1 Teil Nickel und 1 Teil Zink bestehen, und dasselbe Verhältnis herrscht bei solchem Metall, das zum Auswalzen in Bleche und zum Drahtziehen bestimmt ist. Als die reichste Legierung von sehr schönem Aussehen, die aber wegen der Schwerflüssigkeit schon schwierig herzustellen und zu verarbeiten ist, wird bezeichnet:

	Kupfer	Nickel	Zink
Chinesisches Pakfong a. . . .	45,7	33,3	21
Chinesisches Pakfong b. . . .	43,4	16,6	40
Dergl. bessere Qualität	40,4	31,6	25,4 und 2,6 Eisen.

Im chinesischen Pakfong sollen sich fast immer 2—3 Prozent Eisen finden, das demnach als absichtlich zugesetzt erscheint. Es erhöht die Weiße, den Glanz und die Politurfähigkeit, bewirkt aber auch Härte und Sprödigkeit, daher die europäischen Fabrikanten in der Regel darauf sehen, möglichst eisenfreie Zuthaten zu erhalten. Doch macht man zuweilen wohl auch einen Zusatz von 2—3 Prozent Eisen oder Stahl, wenn es mehr auf schöne Farbe als auf Gefügigkeit abgesehen ist. Von etwas Arsenikgehalt war das frühere Neusilber nicht freizusprechen; es schadet, wenn auch bei der geringen Menge nicht der Gesundheit, desto mehr aber gleich dem Eisen der Geschmeidigkeit. Bei den jetzigen besseren Bereitungsweisen des Nickels bildet der Arsenikgehalt höchstens ein verschwindendes Minimum.

Gutes Neusilber kommt in der That dem 12lötigen Silber (von $^{750}/_{1000}$) im Aussehen nahe und läßt sich auch im Strich auf dem Probierstein kaum von demselben unterscheiden. Beim Aufbringen von Scheidewasser findet sich indes der Unterschied: der Neusilberstrich verschwindet rascher als der von Silber und gibt bei Zusatz von Kochsalzlösung keine weiße Trübung, wie dieses. Ein noch schöneres und völlig dem Silber ähnliches Produkt wird erhalten, wenn dem Neusilber wirkliches Silber, etwa $^1/_3$ und mehr, zugesetzt wird; es sind aber dergleichen Legierungen, wie es scheint, nicht in Gebrauch. Das Neusilber wird von sauren Flüssigkeiten weit weniger als Kupfer oder Messing angegriffen und kann daher ohne Gefahr mit Genußmitteln in Berührung gebracht werden.

Die besseren Sorten Neusilber sind hinsichtlich ihrer Dehnbarkeit und sonstigen Eigenschaften dem Messing ähnlich und lassen sich fast ebenso leicht wie dieses strecken, in Blech und Draht verwandeln u. s. w. Eine Eigentümlichkeit, die ursprünglich im Kupfer liegt und für die Bearbeitung desselben wie aller Kupferlegierungen von großer Wichtigkeit ist,

ist auch dem Neusilber geblieben: es wird, wenn es in der Bearbeitung hart geworden, durch Anwärmen und Ablöschen in kaltem Wasser wieder weich und geschmeidig, eine Prozedur, die sich beliebig oft wiederholen läßt.

Die Bereitung des Neusilbers durch Zusammenschmelzen der Bestandteile besorgen die dasselbe zu Gebrauchsartikeln weiter verarbeitenden größeren Fabriken, die ihren Sitz namentlich in Berlin und Wien haben, selbst; für die Kleingewerbe sorgen Anstalten wie die Schneeberger, die nur Bleche und Drähte resp. dünne Stäbe in den Handel bringen. Das Nickelmetall, sofern es nicht als Würfelnickel in Anwendung kommt, wird in kleine, haselnußgroße Brocken zerstoßen, ebenso Kupfer und Zink zerkleinert und das Gemisch in den Schmelzhafen eingesetzt — doch so, daß zu unterst und oberst etwas unvermischtes Kupfer zu liegen kommt — mit einer Schicht Kohlenpulver bedeckt und bei starkem Flammenfeuer eingeschmolzen. Zur leichteren Verbindung der verschiedenen Metalle bereitet man auch wohl zunächst aus einem Teile des Kupfers und Zinks ein Messing, schmilzt das übrige für sich und setzt nach und nach das zerkleinerte Nickel zu. Da der Fluß mit einem eisernen Stabe fleißig zusammengerührt werden muß, so entsteht immer einiger Zinkverlust durch Abbrand, welcher durch einen überschüssigen Zusatz dieses Metalls (3—4 Prozent) auszugleichen ist. Ist die Masse für den Guß bestimmt, so pflegt man ihr bis zu 3 Prozent Blei einzuverleiben. Das für die übrigen Zwecke bestimmte Metall wird meistens in Bleche von verschiedener Stärke oder in dicke, runde oder viereckige Drähte zum Gebrauch für Sporer u. s. w. ausgewalzt, oder endlich wie Messing zu dünneren Drähten auf der Ziehbank gezogen. Die Verarbeitung des Neusilbers, sei es durch Walzen, Hämmern u. s. w., ist unter allen Umständen eine kalte; ein schmiedbares Metall ist es eben nicht. Ist der Fluß im Schmelzhafen zur Reife gediehen, so gießt man die Masse zwischen Tafeln von Gußeisen zu Platten von 20—30 cm Länge, $12\frac{1}{2}$—$22\frac{1}{2}$ cm Breite und 8—12 mm Dicke aus, die dann durch kaltes Hämmern oder Walzen nach Bedarf verdünnt werden. Diese mechanische Behandlung muß aber anfangs sehr behutsam geschehen; nach jedem Überhämmern oder Durchgange durch die Walzen wird das Metall bis zur angehenden Glut erhitzt, darf aber nicht eher wieder in Bearbeitung genommen werden, bis es vollständig erkaltet ist, entweder durch Eintauchen in kaltes Wasser, oder auch durch Abkühlung an der Luft. Ist das einigermaßen kristallinische Gefüge des ausgegossenen Metalls durch die Bearbeitung erst zerstört, so kann man ihm schon mehr zumuten, und es läßt sich dann fast ebenso gut wie Messing verarbeiten. Man hat daher auch Argentanblech von derselben Dünne wie das aus Tombak gewalzte Rauschgold, und es dient als Rauschsilber zu gleichen Zwecken wie jenes. Das von A. v. Schrötter erfundene Manganneusilber ist ein Neusilber, in welchem das Nickel durch Manganmetall ersetzt ist; eine von Hannover aus in den Handel gekommene Probe dieser Legierung enthält: $72{,}_{25}$ Kupfer, $16{,}_{57}$ Mangan, $8{,}_{57}$ Zink und $2{,}_{43}$ Eisen. Die Legierung besitzt eine gelbliche Farbe, läßt sich gut walzen und nimmt eine schöne Versilberung an.

Bei der fabrikmäßigen Verarbeitung des Argentans zu den verschiedenen Gebrauchsartikeln kommen alle modernen technischen Vorteile in Anwendung. Die Durchschnitt- oder Ausschlagmaschine dient gleichsam als Zuschneider für eine Menge Sachen. Sie stößt aus den Platten oder Blechen allerhand Formen aus, deren Bestimmung zuweilen schwer zu erkennen ist. Ein ausgestoßener Löffelzuschnitt z. B. hat mit einem Löffel kaum eine entfernte Ähnlichkeit: es ist ein kurzes, plumpes Ding; ist es aber durch ein paar Stahlwalzen gegangen, in welche die verlangte Form beiderseits eingraviert ist, so hat es sich zum eleganten Löffel gestreckt und geformt, an dem weder etwas fehlt, noch zu viel ist. Andre Zuschnitte zu hohlen Gegenständen oder Reliefs kommen in die Prägwerke, wo die einzelnen Stücke in stählerne Hohlformen gepreßt und dann durch Löten miteinander vereinigt werden. Die dünnsten Blechsachen werden auf Drehbänken mittels Drückstählen über Formen gezogen (Drückarbeit), eine Methode, die bei allen in Blech arbeitenden Industriezweigen eine immer größere Ausdehnung gewinnt und mit großem Vorteil die Bearbeitung mit Hammer und Punzen vertritt. Solide Teile endlich, wie Füße, Schafte u. dergl., werden gegossen, und so kann ein kompliziertes Stück in seinen verschiedenen Teilen alle Darstellungsmethoden erfahren haben, bis es schließlich durch Löten zu einem wohlgefälligen Ganzen vereint wird.

Antimon und Wismut.

Antimon (verderbt aus dem arabischen al-ithmidun). Bescheiden bis zur Selbstverleugnung, für sich allein in der technischen Welt keine Rolle spielend, in völliger Reinheit selten hergestellt und doch in vielfacher Beziehung nützlich, reiht sich das Antimon seinen übrigen metallischen Kollegen an. Gediegen, mit sehr wenig Silber und Eisen gemengt, findet sich das Metall nur in vereinzelten Fällen. Dagegen ist sein Vorkommen in Verbindung mit andern Metallen und Schwefel ein sehr mannigfaltiges; in vielen Blei-, Kupfer-, Nickel- und Silbererzen bildet es einen Bestandteil; Antimonblende oder Rotspießglanzerz, Antimonsilberblende, Antimonnickel, Nickelantimonkies, dunkles Rotgüldigerz, Fahlerz, Kupferantimonglanz u. s. w. sind solche Erze. Das bergmännisch wichtigste Antimonerz ist jedoch der Antimonglanz oder Grauspießglanzerz, ein dreifaches Schwefelantimon. Das Antimon gehört somit zu den schwefelfreundlichen Metallen. Aus Zersetzungen und Umwandlungen des Antimonglanzes entstanden kommen vor: Antimonblüte (natürliches Antimonoxyd, Weißspießglanzerz), Senarmontit und Antimonocker. Ferner gibt es — nur bei Stolberg am Harz — Zinckenit, aus Antimon, Blei und Schwefel bestehend, sowie Bournonit, mit denselben Bestandteilen nebst Kupfer, im Erzgebirge und auf dem Harz.

Die Antimonerze finden sich hauptsächlich auf Gängen und Lagern im Granit, Thonschiefer und Gneis, häufig in Begleitung von Kupfer-, Silber-, Blei- und andern Erzen. In den meisten Fällen ist daher das Antimon ein ungern gesehener Begleiter andrer Metalle, der das Ausbringen dieser erschwert. Nur wo die Antimonerze die einzige oder doch hauptsächlichste Ausfüllung der Gänge bilden, besteht ein eigentlicher Antimonbergbau. Solche abbauwürdige Antimonglanzlager finden sich in vielen Gegenden, so bei Arnsberg in Westfalen, in Baden, am Harz, bei Schleiz im Fürstentum Reuß, in Oberungarn, Böhmen, in Frankreich, Kanada, Japan, Sibirien, Australien und auf Borneo. Vor kurzem hat man auch bei Roßwein in Sachsen einen Antimongang entdeckt. Seit einiger Zeit ist der in Algier in großer Menge vorkommende Senarmontit, eine tesseral kristallisierende Abart des Weißspießglanzerzes, die Hauptquelle für Frankreich und England geworden; doch führt letzteres auch noch von Borneo Spießglanz ein. Die für unsern deutschen Markt maßgebenden Werke liegen in Ungarn.

Das Schwefelantimon (Spießglanz oder Spießglas) bricht entweder in derben, in verfilzten oder blätterigen Massen, oder, wo es ungestört kristallisieren konnte, als Bündel aneinander liegender prismatischer Nadeln von bläulichgrauer Farbe und starkem Metallglanz. Die Bekanntschaft mit diesem auffälligen Naturprodukt und sein Gebrauch scheint bis ins hohe Altertum zurückzugehen. Wie noch heute, so schwärzten sich die Frauen der Morgenländer damit oder mit einem Präparat daraus die Augenbrauen und malten sie größer, eine Sitte, auf die schon im Alten Testament bei Ezechiel hingewiesen wird. Bei den Griechen hieß daher dieser Stoff der „augenerweiternde"; die Römer nannten es stibium, und Plinius erwähnt es schon als Arzneimittel.

Die Erkennung des Antimonmetalls als eines eigentümlichen Körpers scheint in das 15. Jahrhundert zu fallen; früher hielt man es für eine Art Blei oder verwechselte es mit Wismut, und die Alchimisten des Mittelalters machten sich mit Spießglanz und Antimon viel zu schaffen. Namentlich hat sich der als Chemiker seiner Zeit nicht unberühmte französische Klostergeistliche Basilius Valentinus (1460) mit den Arzneiwirkungen des Antimons viel beschäftigt. Da ihm bei seinen Versuchen, sagt man, verschiedene Mönche starben, so habe der Stoff den französischen Namen antimoine, latinisiert antimonium (Mittel gegen Mönche) erhalten. Nach andern Indizien ist jedoch der letztere Name viel älter; wenigstens wird er schon in der lateinischen Übersetzung des arabischen Schriftstellers Geber gebraucht.

Das metallische Antimon hat in seinem Verhalten manches, was die Aufmerksamkeit und die Hoffnungen der Goldmacher erregen konnte. Schmilzt man, was oft als Spielerei ausgeführt wird, auf Holzkohle vor dem Lötrohr etwas Metall und läßt es auf eine horizontale Fläche fallen, so zerstreut es sich in eine Menge umherfahrender Kügelchen, deren jedes, weil sich das geschmolzene Metall rasch oxydiert, eine weiße Spur wie einen Kreidestrich hinterläßt. In Ruhe gelassen, bedeckt sich die geschmolzene Perle mit einer Vegetation feiner, aus Antimonoxyd bestehender Kristallnadeln. Für uns besagen diese Erscheinungen weiter nichts, als daß das Metall, nachdem es von seinem liebsten Gefährten, dem Schwefel, getrennt ist, ebenso begierig ist, sich mit Sauerstoff zu verbinden; den Alchimisten schien es natürlich eine für ihre Zwecke bedeutungsvolle Transmutation. Das langdauernde Leuchten des erkaltenden Metallflusses und die schöne, sternförmige Kristallisation, die sich auf der Oberfläche des im Tiegel unter einer Bedeckung erkalteten Metalls bildet, sahen ebenfalls wie vielversprechende Anzeichen aus. Noch anziehender mußte das Verhalten des Antimons zum Golde erscheinen. Man darf nur ein Stückchen dieses dehnbarsten aller Metalle den Dämpfen von Antimon aussetzen, so verbinden sich beide Metalle, und das Gold wird sofort spröde und brüchig. Hierdurch schien eine gewisse noble Natur des Antimonmetalls angedeutet, und man benannte es daher mit dem Namen regulus, kleiner König. Später wurde unter „Regulus" jeder erschmolzene Metallkern verstanden, und heute noch führt im Handel das metallische Antimon kurzweg diesen Namen als Abkürzung für Regulus Antimonii.

Die Leichtflüssigkeit des Schwefelantimons gestattet, daß man diesen Rohstoff für die Darstellung des regulinischen Metalls aus seinen Beimengungen direkt ausschmilzt, nachdem er vorher durch Handscheidung aus dem Gröbsten von dem begleitenden Quarz, Schwerspat, Kalkstein u. s. w. befreit worden ist. Nach der alten Weise geschieht dies Ausseigern in Töpfen, die zu zwei und zwei ineinander gestellt sind. In dem Boden des oberen, der das Erz aufnimmt, befinden sich einige Löcher, in dem unteren sammelt sich das durchtröpfelnde Schwefelantimon, nachdem die Töpfe reihenweise zwischen zwei Mauern gestellt, die Zwischenräume mit Brennstoff ausgefüllt und der Brand in Gang gesetzt ist. Oder man stellt auch die das Erz enthaltenden Tiegel auf die Herdsohle eines Flammofens; die zur Aufnahme des geschmolzenen Schwefelantimons bestimmten, außerhalb des Ofens stehenden Tiegel sind dann mit den ersteren durch Thonröhren verbunden. Aus ökonomischen Rücksichten wendet man in Frankreich Seigeröfen an, die den weiter unten bei der Wismutgewinnung dargestellten ähnlich sind. Geneigte gußeiserne Röhren, die mit feuerfestem Thon ausgekleidet sind, weil das Schwefelantimon das Eisen angreift, werden in mehrwöchentlich fortdauerndem Betriebe aller drei Stunden mit einer Ladung von 100—150 kg Erz beschickt und das ausschmelzende Schwefelantimon fängt man in Tiegeln auf. Am schnellsten und massenhaftesten, jedoch mit dem meisten Verlust, läßt sich die Seigerarbeit auf der geneigten Fläche eines Flammofens bewirken. Man kann dieses Ausschmelzen, bei welchem stets Verlust an zurückbleibendem und verflüchtigtem Antimon stattfindet, durch zweckmäßige nasse Aufbereitung mittels Setzarbeit und Pochwerken auch ganz umgehen.

Das so erhaltene, von der Gangart befreite und geschmolzene Schwefelantimon wird Antimonium crudum genannt. Ein Teil davon wandert in die Apotheke, wo es gestoßen als Zusatz zu Viehpulver sowie auch zur Darstellung verschiedener pharmazeutischer Präparate Verwendung findet. Ein andrer Teil wird von gewissen chemischen Fabriken zu Brechweinstein fabriziert, der in großen Mengen jetzt in der Zeugdruckerei (s. d.) gebraucht wird, und ein dritter Teil wird auf metallisches Antimon verarbeitet.

Das einfachste Verfahren zur Gewinnung des reinen metallischen Antimons, die sogenannte Niederschlagarbeit, besteht in der Verschmelzung des Schwefelmetalls in der Rotglühhitze mit Schmiedeeisen (Eisenabfälle oder auch Hammerschlag). Die nahe Verwandtschaft zwischen diesem und dem Schwefel hat zur Folge, daß sich Schwefeleisen bildet und das Antimon frei wird. Man gibt jedoch gewöhnlich noch einen Zuschlag von kohlensaurem oder schwefelsaurem Natron hinzu, damit sich Natriumeisensulfid bildet, wodurch beim Erkalten eine leichtere Trennung des metallischen Antimons erfolgt, als vom Eisensulfid allein. Das so verschmolzene Metall enthält aber stets Eisen und erfordert, um dasselbe zu oxydieren und abzuscheiden, ein nochmaliges Umschmelzen unter Zusatz von Salpeter.

Eine andre Gewinnungsmethode, die Röstarbeit, weicht von der eben beschriebenen Reduktionsarbeit gänzlich ab und gelangt in zwei Schritten, Rösten und Reduzieren, zum gediegenen Metall. Bei einem vorsichtigen Röstbetriebe verflüchtigt sich der Schwefel des Spießglanzes, indem er sich in schweflige Säure verwandelt; an seine Stelle bei dem Antimon tritt aber sofort der Sauerstoff der Luft, und das gelblichweiße Röstprodukt (Spießglanzasche) bildet nun ein unreines Oxyd oder richtiger ein Salz, antimonsaures Antimonoxyd, denn das Metall gehört zu den säurebildenden, d. h. sein Oxyd erhält durch Aufnahme von noch mehr Sauerstoff die Natur einer Säure, was bei unsrer Röstarbeit wenigstens teilweise geschieht. Das nachfolgende Reduzieren der Spießglanzasche besteht nun wie immer in der Beseitigung des Sauerstoffs, wozu ein Glühen mit bloßer Kohle hinreichen würde. Da aber das Röstgut immer noch unzersetztes Schwefelantimon enthält, überdies eine Schlackendecke geschaffen werden muß, um das Oxyd an der Verflüchtigung zu hindern, so vermischt man die Kohle mit einem Alkali, z. B. Soda, oder wendet zur Reduktion rohen Weinstein an, der Kohle und Kali schon zu seinen Bestandteilen zählt. Die Reduktion geschieht in Tiegeln bei starker Rotglühhitze, die Kohle entzieht dem Antimon den Sauerstoff und bildet Kohlenoxydgas, der Regulus sammelt sich am Boden, und man läßt ihn, ohne auszugießen, unter der Schlackendecke langsam erkalten, damit er die sternige kristallinische Oberfläche annehme, die man im Handel besonders gern sieht, obwohl sie eigentlich nichts über die Qualität besagt und eisenhaltiges Antimon die Kristallisation sogar schöner zeigt als reineres. Die Darstellung des Antimons aus den natürlichen Antimonoxyden, dem Senarmontit und Valentinit, ist selbstverständlich viel einfacher als die aus Antimonglanz und beschränkt sich auf einen Reduktionsprozeß durch Glühen mit Kohle.

Um das Metall von den begleitenden Unreinigkeiten, Eisen, Arsenik, Kupfer, Blei u. s. w., zu reinigen, schmilzt man es zwei- bis dreimal unter Zuschlag von Stoffen um, welche die Unreinigkeiten aufnehmen und in die Schlacke überführen sollen. Gewöhnlich dienen hierzu Salpeter, Soda, Schwefelantimon und Schwefeleisen u. s. w.

Das **Antimon** ist ein zinnweißes, stark glänzendes Metall von sehr deutlichem blätterigen Kristallgefüge, $6{,}_{715}$ spezifischem Gewicht, und so spröde, daß es sich leicht zu Pulver stoßen läßt. Als selbständiges metallisches Material in der Technik zu dienen, ist es sonach ungeeignet; sein Nutzen liegt vielmehr besonders in der Fähigkeit, andre Metalle, mit denen es legiert wird, zu härten. An der Luft behält es bei gewöhnlicher Temperatur seinen Glanz, geschmolzen aber zieht es Sauerstoff aus derselben an und verflüchtigt sich in weißen, aus Antimonoxyd bestehenden Dämpfen. In der Weißglühhitze unter Ausschluß der Luft läßt es sich ganz wie Zink destillieren. Heiße Salzsäure löst das Metall unter Wasserstoffentwickelung und Bildung von Dreifach-Chlorantimon (Antimonbutter), ein bekanntes Beizmittel; Salpetersäure löst das Metall nicht, sondern verwandelt es nur in ein weißes Pulver, das je nach der Stärke der Säure aus Oxyd oder Antimonsäure oder aus beiden besteht. Königswasser (Salpetersalzsäure) löst das Antimon sehr leicht unter Bildung eines Gemisches von Dreifach- und Fünffach-Chlorantimon. In der Glasfärberei und Schmelzmalerei dient das Antimonoxyd zur Erzeugung gelber Farben.

Der natürliche Spießglanz hat verschiedene technische Verwendungen. Er dient z. B. in der Feuerwerkerei und besonders in Vermischung mit chlorsaurem Kali zu Sätzen, die sich durch Schlag oder Reibung entzünden und explodieren, demnach bei Herstellung von Reibzündhölzchen und Zündhütchen. Für Fälle, in denen das natürliche Produkt nicht rein genug erscheint, erzeugt man sich die Masse auch auf künstlichem Wege durch Zusammenschmelzen von 5 Teilen Antimonmetall und 2 Teilen Schwefel; beide Stoffe vereinigen sich unmittelbar unter schwachem Erglühen. Zur Herstellung pharmazeutischer Präparate muß das Antimon von seinem sehr giftigen Begleiter, dem Arsen, vollständig befreit werden. Fein zerteiltes Antimonmetall, wie es durch Fällung aus seinen Lösungen mittels Zink erhalten wird, dient unter dem Namen **Eisenschwarz** zum Anstrich von Gipsfiguren, Eisengegenständen u. s. w.

Die nahe Beziehung zwischen Antimon und Schwefel tritt auch bei nassen chemischen Operationen zu Tage. Kommen irgend welche Antimonlösungen (Antimonchlorid, Brechweinstein oder dergleichen) mit schwefelhaltigen Lösungen (Schwefelleber, unterschwefligsauren Salzen, Schwefelwasserstoff u. s. w.) zusammen, so entsteht jederzeit ein Niederschlag von Schwefelantimon. Eigentümlich aber zeigen diese Niederschläge eine Orange- oder Zinnoberfarbe, während die natürliche Verbindung immer ein schwärzlich metallisches Äußere hat. Man verwendet demnach das Antimon zur Herstellung von **Antimonzinnober**, der namentlich als Ölfarbe dem gewöhnlichen Zinnober Konkurrenz zu machen geeignet ist. Wir werden im Kapitel von den Mineralfarben hierauf zurückkommen.

Dem Antimon begegnen wir bei vielen harten Legierungen, die namentlich als Lagermetalle und zu Metallspiegeln dienen; das weiche Zinn z. B. erstarkt durch Antimonzusatz so weit, daß es als **Britanniametall** sich dem Silber einen Schritt näher stellen kann, und auch das Blei gibt in Verbindung mit Antimon seine weiche Natur gänzlich auf und wird eine harte, starre, freilich auch spröde Masse. Eine halb und halb natürliche Legierung des Bleies mit Antimon wird schon auf Blei- und Silberhütten als Nebenprodukt erhalten und Hartblei genannt. Es geht, je nachdem es mehr antimon- oder arsenikhaltig ist, als direkt verwendbarer Stoff entweder nach den Schrift- oder Schrotgießereien. Die ausgedehnteste, dauerndste und wichtigste Verwendung findet das Antimon aber in Verbindung mit Blei zu Letternmetall (s. Bd. I, S. 510), und somit haben also nicht nur vielerlei Techniker, sondern namentlich auch alle, die da Bücher schreiben, setzen, drucken und lesen — und deren sind ja sehr viele — Ursache, dem Antimon einen freundlichen Blick zuzuwenden.

Wismut. Ein im Aussehen dem Antimon ziemlich ähnliches Metall, doch von viel selteneren Vorkommen und im Kaufwerte dieses um das 10—20fache überflügelnd, ist das Wismut. Im Altertum nicht bekannt oder nicht unterschieden, findet sich dasselbe zuerst 1520 bei Agricola als besonderes Metall erwähnt, wurde aber erst 1739 von Pott näher untersucht. Was aber die wahrscheinlich bergmännische, ursprünglich Wismat, Bisemut u. s. w. lautende Benennung eigentlich besagen soll, ist noch dunkel.

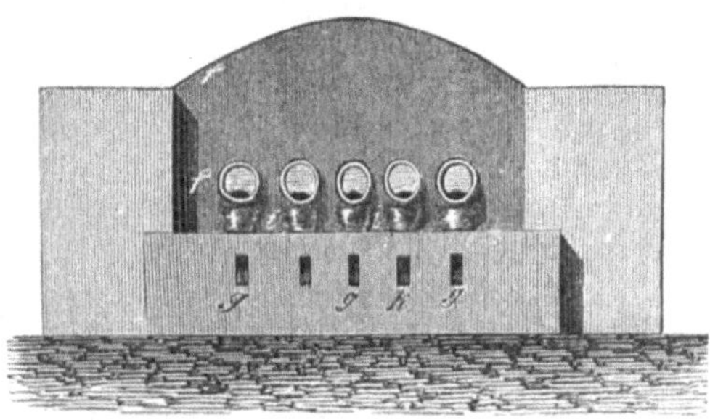

Fig. 91. Wismut-Seigerofen. Vorderansicht.

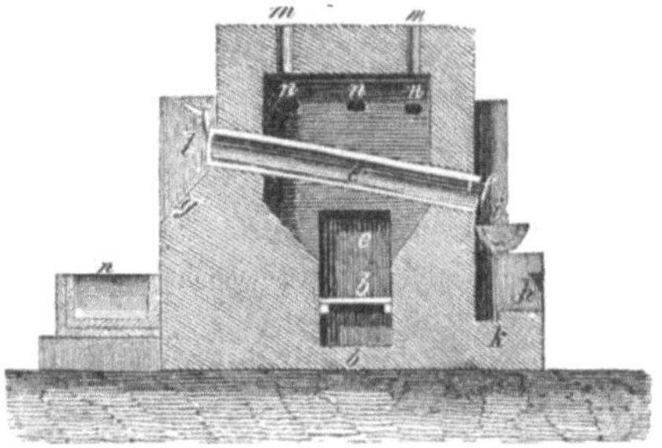

Fig. 92. Wismut-Seigerofen. Durchschnitt.

Das Wismut gehört zu den wenigen Metallen, welche die Natur hauptsächlich in gediegenem Zustande gibt. Die Gewinnung ist daher eine leichte, indem sie in einem bloßen Ausschmelzen aus den begleitenden Erzen und Gesteinen besteht, was bei der Leichtflüssigkeit des Metalls sehr rasch von statten geht; die Reinigung von kleinen Mengen fremder Metalle, die sich im Rohwismut stets finden, aber eine umständliche. Zum Gebrauch für technische Zwecke sind diese Beimengungen nicht störend, zur Bereitung medizinischer Präparate jedoch muß das Wismut frei von Blei, Kupfer, Arsen und Tellur sein. Ein eigentlicher Wismutbergbau besteht in Europa nirgends, denn dieses Metall tritt nicht gesondert auf, sondern ist ein Begleiter der Kobalt- und Silbererze u. s. w. und bildet bei Verhüttung dieser einen Abfall, der nach dem heutigen Stande der Dinge einen sehr annehmbaren Nebengewinn abwirft. Außer in gediegenem Zustande kommt das Metall, wiewohl seltener, als Oxyd (Wismutocker) und in Verbindung mit Schwefel (Wismutglanz), zu Schneeberg und Bräunsdorf bei Freiberg auch als kieselsaures Wismutoxyd (Wismutblende) vor. In Verbindung mit Tellur und Schwefel findet es sich ferner als Tellurwismut oder Tetradymit. In den früheren Zeiten des sächsischen Blaufarbenbetriebes beachtete man das dabei auftretende Wismut kaum. Es floß beim Rösten der Kobalterze gleich in der ersten Hitze aus und fiel durch den Rost ins Aschenloch. Man nannte es demzufolge Aschblei. Später betrieb man die Sache ökonomischer und seigerte vorher den Wismutgehalt in besonderen Öfen mit schräg liegenden gußeisernen Röhren aus, wie die Abbildungen Fig. 91 und 92 darstellen. Die Röhren werden in dunkler Rotglut erhalten und haben vorn am tiefen Ende einen Verschluß von Thonplatten mit Aussparung einer kleinen Öffnung, durch welche das Wismut in vorgesetzte eiserne Schalen tropft. Was beim Ausseigern in den Erzen zurückbleibt, geht beim nachfolgenden Blauschmelzen in die Nickelspeise über. Bei diesem Verfahren bleibt aber eine große Menge Wismut in der Gangart zurück; man verfährt daher jetzt so, daß man das Erz, nach vorheriger Röstung, mit Kohle Eisen und Zuschlägen in den zur Schmaltebereitung dienenden Gefäßen schmilzt. Das geschmolzene Wismut sammelt sich unter der Kobaltspeise an, die weit früher erstarrt als das leicht schmelzbare Metall. Auch bei der nassen Scheidung von Kobalt, Nickel u. s. w. gewinnt man noch einen Rest Wismut durch Ausfällen mit Wasser. Das Wismut hat die

Eigenschaft, daß seine Lösungen in Säuren keine Verdünnung mit Wasser vertragen, sondern dabei in ein unlösliches, basisches Salz, d. h. Oxyd mit wenig Säure, und in ein saures, das aufgelöst bleibt, zerfallen. Mit vielem Wasser kann man daher fast den ganzen Metallgehalt als weißes Pulver ausfällen, das sich durch Kohle und Pottasche auf Metall reduzieren läßt. Bei der Verarbeitung wismuthaltiger Silbererze geht das Wismut in das Blicksilber und zieht sich beim Feinbrennen des letzteren in den Mergel des Treibherdes. Aus diesem Herdmaterial, der sogenannten Testasche, gewinnt man das Metall auf nassem Wege.

In dieser verschiedenen Weise gewann man auf den Werken des sächsischen Erzgebirges jährlich etwa 300 Zentner Wismut, die einzige verfügbare Menge, seitdem England nichts mehr produzierte. Sie hätte auch zu den geringen technischen Verwendungen wohl ausgereicht, aber das Metall erlangte eine früher nicht gekannte medizinische Wichtigkeit, und infolge der steigenden Nachfrage stieg der Pfundpreis, sonst $1^1/_2$ Mark, fort und fort bis zu 18, 21 Mark und selbst noch höher. In den letzten Jahren hat aber die Sache eine abermalige Wendung genommen durch das Auffinden ergiebiger Erzlagerstätten in Peru sowohl als in Australien. Das erstere Land liefert ein Mineral mit 94 Prozent Wismut, der Rest ist Kupfer und Antimon; das australische Erz besteht nur aus Wismut und Kupfer. Von beiden Ländern kommen jetzt reichliche Zufuhren solcher Erze, die überdies arsenikfrei, häufig aber etwas tellurhaltig sind, nach den sächsischen Hüttenwerken, und es sind demzufolge die Metallpreise bereits mehrmals herabgesetzt worden. Jetzt beläuft sich die sächsische Wismutproduktion auf circa 55000 kg jährlich. Österreich produzierte 1882 nur 433 kg.

Eine weitere Reinigung des Rohwismuts besteht darin, daß man es unter Zusatz von etwas Salpeter umschmilzt; durch diesen werden die fremden beigemengten Metalle, indem sie Sauerstoff aufnehmen, oxydiert und sondern sich so von der Metallmasse beim Erkalten ab. Will man jedoch das Wismut ganz rein haben, wie z. B. für den Gebrauch in Apotheken, so muß es in Salpetersäure gelöst und in neutrales salpetersaures Wismutoxyd (Wismutnitrat) verwandelt werden. Dieses weiße kristallinische Salz hat man, um die ihm hartnäckig anhängenden Spuren von Tellur zu entfernen, die aus den südamerikanischen Erzen stammen, mehrere Male umzukristallisieren. Erst dann wird durch Zusatz von viel Wasser basisches salpetersaures Wismut (Wismutsubnitrat, früher Magisterium Bismuti genannt) als weißes Pulver gefällt; hieraus läßt sich dann das Metall durch Reduktion mit Kohle vollkommen rein gewinnen. Meist geschieht dies jedoch nicht, da eben jenes basische Wismutnitrat der Hauptartikel ist, von dem z. B. Frankreich allein für seine Armee jährlich mehr als 1000 kg bezieht, während bei uns dieses Arzneimittel nicht mehr so stark verwendet wird. Außerdem dient das basische Wismutnitrat auch als weiße Schminke sowie als ein gutes Flußmittel für Porzellan-, Glas- und Emaillemalerei. Ferner wird es zur Herstellung von Lüster (bunt schillernder Überzug) auf Porzellan und feiner optischer Gläser von bedeutendem Lichtbrechungsvermögen verwendet. — Als Schminkmittel wird unter dem Namen Spanischweiß auch das basische Chlorwismut verkauft.

Die Ähnlichkeit des Metalls mit dem Antimon erstreckt sich auf die leichte Schmelzbarkeit, das ausgezeichnete kristallinisch-blätterige Gefüge und die Sprödigkeit, so daß es ebenfalls leicht zu Pulver gestoßen werden kann. In seinem Prachtgewande sieht man es, wenn man es schmilzt, die geschmolzene Masse oberflächlich erkalten läßt, ein Loch in die Kruste stößt und das noch Flüssige ausgießt. Die Innenwände sind dann mit schönen Kristallisationen besetzt, welche beim völligen Erkalten an der Luft mit bunten Farben anlaufen.

Bei der Verwendung des Wismutmetalls zu Legierungen (mit Zinn und Blei) kommt lediglich die Leichtflüssigkeit derselben in Betracht. Aus Zinn und Blei z. B. setzen Zinngießer, Orgelbauer, Glaser u. s. w. ihr Schnelllot zusammen; haben sie es aber mit sehr bleihaltigem, also leichtflüssigem Zinn zu thun, so müssen sie auch ein um so leichtflüssigeres Lot haben und fügen dann zu der Zinnbleilegierung noch Wismut. Auch die Schriftgießer verwenden etwas Wismut zur Erleichterung des Gusses, aber nicht zum Vorteil der Ware, denn dies Metall macht alle Legierungen spröde und leicht zerbrechlich. Man benutzt leichtflüssige Wismutlegierungen auch zum Abklatschen von Holzschnitten. In einigen Ländern ist es gesetzlich, daß an Dampfkesseln an einer gewissen Stelle eine leichtflüssige Wismutlegierung in die Wandung eingesetzt wird. Steigt die Temperatur des Kessels höher als zulässig, so schmilzt das Stück aus und der Dampf erhält einen Weg zu einer Alarmpfeife.

Das Buch der Erfindungen. 8. Aufl. IV. Bd. Leipzig: Verlag von Otto Spamer.

Angewandte Ornamente in Bronze 2c. von Architekt G. Rehlender in Berlin.

Nun zerbrecht mir das Gebäude,
Seine Absicht hat's erfüllt,
Daß sich Herz und Auge weide
An dem wohlgelung'nen Bild.
Schwingt den Hammer, schwingt,
Bis der Mantel springt!
Wenn die Glock' soll auferstehen,
Muß die Form in Stücke gehen.

Schiller.

Das Kupfer.

Geschichtliches. Vorkommen. Gediegenes Kupfer. Kupfererze. Ihre Verhüttung. Mansfelder Hüttenprozeß. Zementation. Kupferblech und Kupferdraht. Legierungen. Bronze und Messing. Glockenguß. Geschützguß. Statuenguß.

In der technischen Rangordnung, welche den Metallen ihren Platz nach dem Belange ihrer praktischen Verwendbarkeit anweist, kommt das Kupfer unstreitig gleich nach dem Eisen, ja es übertrifft dieses in Hinsicht der Vielseitigkeit der Verwendung, hauptsächlich durch seine Brauchbarkeit zu einer beträchtlichen Anzahl höchst nützlicher Legierungen. Ihrem eigentümlichen Naturell nach, in ihren Eigenschaften, Tugenden und Untugenden gehen dagegen beide Metalle weit auseinander.

Mit dem Kupfer war die Natur lange nicht so freigebig wie mit dem Eisen, denn obwohl dasselbe in keinem Erdteile und Lande gänzlich fehlt, so bleibt es doch immer ein seltener Artikel und ist nur um das Fünf- bis Sechsfache des Preises vom besten Eisen zu kaufen. Indes ist doch die Produktion im ganzen so reichlich, daß die Preise stetig herabgehen, namentlich infolge der großen Erzbezüge aus fremden Ländern. Während die Zentnerpreise noch 1859 nach Qualität auf 115—100 Mark standen, stehen sie jetzt auf 90—75 Mark.

Allen Anzeichen zufolge ist das Kupfer viel früher in den Dienst des Menschen getreten als das Eisen (vergl. darüber die Einleitung zum I. Bande dieses Werkes). Der

Umstand, daß sich das erstere zuweilen schon gediegen in der Natur vorfindet, sowie seine leichte Bearbeitbarkeit durch bloßes Hämmern, machen dies leicht erklärlich.

Die jüngsten Beispiele, wie noch Völker sich mit Kupfer statt des Eisens beholfen haben, lieferten die alten Mexikaner, Peruaner, überhaupt die Amerikaner vor Entdeckung dieses Weltteils durch die Europäer. Doch finden sich auch in Europa und Asien in Grabhügeln, Altarplätzen und sonst Proben von kupfernen Äxten, Hämmern, Meißeln, Pfriemen, Zieraten, Lanzen- und Pfeilspitzen, Helmen und Schwertern ohne Spuren von Eisen, vielleicht die Reliquien von wenig gebildeten, nomadischen, nördlichen und nordöstlichen Völkern, die sich an das zunächst Erreichbare halten mußten (in Sibirien findet sich schönes gediegenes Kupfer), während man an den Sitzen alter Bildung, in Ägypten, Griechenland u. s. w., schon längst neben dem Kupfer auch Eisen und Stahl besitzen konnte. Weit häufiger jedoch bestehen die in der Erde gefundenen Zeugen der Vorzeit, statt aus reinem Kupfer, aus Legierungen desselben (Bronze) entweder mit Zinn oder Zink oder mit beiden zugleich. Die Kunst, das Kupfer durch solche Zusätze zu verbessern, zu härten und gießbar zu machen, muß also nach solchen handgreiflichen Belegen eine uralte sein. Wenn man alle Andeutungen, welche in der Bibel und in andern alten Schriftwerken in bezug auf Bronze gegeben sind, vergleicht, so findet sich nicht, daß zwischen ihr und reinem Kupfer ein wesentlicher Unterschied gemacht wird. Hiernach aber wird die alte Geschichte des Kupfers besonders unklar. Das „Erz“ der Bibel sowohl wie das aes der Römer und das chalkos der Griechen kann ebenso gut Kupfer wie Bronze oder Messing bedeuten. Die Griechen unterscheiden selbst einen weißen, schwarzen und roten Chalkos, und später fand sich noch ein Goldkupfer (aurichalcum) hinzu. Unter diesen Sorten befand sich also jedenfalls auch das Messing, denn die Verschmelzung des Kupfers mit Zinkoxyd (Galmei) geht weit ins Altertum zurück. Während aber die Griechen ihre Benennung von der Stadt Chalkis auf Euböa ableiteten, das vielleicht ein vorzüglicher Fabrikationsort war, knüpften die Römer an eine andre Örtlichkeit an, denn das lateinische cuprum soll aus aes cypricum entstanden sein, also cyprisches Metall bedeuten, weil sich nach Plinius auf der Insel Cypern das Kupfer in großen Mengen gefunden habe. Aus cuprum leiteten die abendländischen Völker ihre Benennungen ab (Kupfer, copper, cuivre), und so haben wir die den gewöhnlichen Annahmen von dem folgeweisen Auftreten der Metalle direkt zuwiderlaufende Erscheinung, daß das Eisen bei den germanischen Völkern eine ursprachliche Benennung hat, das Kupfer dagegen durch ein Fremdwort bezeichnet werden mußte.

Vorkommen. Gediegen findet sich das Kupfer nicht selten auf Gängen und Klüften mit Kupfererzen oder in Begleitung andrer Metalle; es tritt in Kristallform, häufiger in Platten und Blechen, drahtförmig, ästig oder moosförmig u. s. w. auf. In vielen solchen Fällen ist es jedoch in so großer Zerteilung eingesprengt, daß ein lohnender Abbau nicht möglich ist. Massenhafte Funde des gediegenen Metalls werden nur an ein paar Örtlichkeiten, am Ural und in Nordamerika, gemacht. In letzterer Gegend findet man es stückweise als Geschiebe auf der Oberfläche zerstreut und am Oberen See in den Vereinigten Staaten hat man dergleichen Klumpen von den riesigsten Dimensionen aufgefunden; in den Zeitungen wurde eines solchen von 3200 kg sowie zwei andrer von 1250 und 975 kg Gewicht erwähnt. Natürlich müssen solche obenauf liegende Proben Zeugnis geben von unterirdischen Schätzen, und so haben sich auch dort am Oberen See Kupfergruben aufgethan, die schon jetzt von großer Bedeutung sind und es noch mehr werden dürften. Das riesigste Kupferstück, in Gestalt einer circa 1 m dicken, 19 m langen und $9^1/_2$ m breiten Platte, wurde 1869 in einer Tiefe von 160 m unter der Oberfläche entdeckt. Man berechnete sich den Ertrag hieraus auf eine halbe Million Dollar. Aus Südamerika kommt Kupfersand (Kupfer-Barilla) in großen Quantitäten nach Europa, der zum reichlichen Teile, zu 40—60 Prozent, aus gediegenen Kupferkörnern besteht, die mit 20—40 Prozent Quarz gemengt sind und in England verschmolzen wird. In Sibirien, in ein paar benachbarten Distrikten des Kirgisenlandes, sind erst vor einigen Jahren neue Lager gediegenen Kupfers von fabelhaftem Reichtum entdeckt worden. Man fand 8 m unter der Oberfläche das reine Metall in großen Stücken, und in noch größerer Tiefe Klumpen im Gewicht bis zu 500 Pud oder etwa 10000 kg, wenn nicht die weite Entfernung etwas zur Vergrößerung beigetragen hat, denn die Geschichte spielt noch ziemlich 500 Meilen hinter Nishnij-Nowgorod.

Das natürliche gediegene Kupfer erscheint äußerlich häufig braun oder grün angelaufen, gewöhnlich mit einer mehr oder weniger dicken Oxydkruste überkleidet, verhält sich aber sonst wie das erschmolzene und ist sogleich zur Verarbeitung tauglich. Man betrachtet dasselbe als jüngeres Erzeugnis, durch chemische oder metallelektrische Einflüsse erst aus Kupfererzen reduziert. Verbreiteter als das gediegene Kupfer sind die Verbindungen desselben mit Sauerstoff oder Schwefel, die unter dem Namen Kupfererze zusammengefaßt werden. Hinsichtlich der allgemeinen Verbreitung steht sogar das Kupfer dem Eisen wenig nach, denn es findet sich, wie dieses, im Meerwasser und in der Ackererde, natürlich nur spurenweise in ganz minimalen Mengen, ferner in vielen Mineralwässern, in mehreren Pflanzen, in höheren und niederen Tieren, namentlich in den Mollusken, und selbst im menschlichen Körper hat man es nachweisen können.

Die Kupfererze lassen sich nach Obigem in zwei natürliche Gruppen bringen: in Sauerstoffverbindungen und Schwefelverbindungen. Die wichtigsten in technischer Hinsicht sind folgende: Rotkupfererz. Besteht aus Kupferoxydul (Cuprooxyd) und kommt teils sehr schön in Oktaedern kristallisiert, teils derb vor. In seinen reinsten, jedoch seltenen Varietäten enthält es gegen 89 Prozent reines Kupfer. Unter den neuerlich entdeckten vortrefflichen Erzen Australiens macht das Rotkupfererz einen beträchtlichen Anteil aus. Malachit und Kupferlasur sind Verbindungen von Kupferoxyd mit Kohlensäure und Wasser. Der erstere, von schön grüner Farbe, findet sich in dichten, großen Massen vorzüglich schön in Sibirien. Bekanntlich dient der Malachit in seinen besten Stücken zu allerlei Kunst- und Schmuckwaren, und nur das hierzu Wertlose kommt der Kupfergewinnung zu gute. Ähnlich ist es mit der schmalteblauen Kupferlasur, deren reinste Stücke als Lapislazuli oder Lasurstein zu verschiedenen Schmuckgegenständen verarbeitet werden und früher auch zur Bereitung einer Malerfarbe benutzt wurden. Sowohl wegen des Kupfergehalts, des leichten Ausbringens und der Güte des daraus gewonnenen Metalls sind die vorgenannten sehr geschätzte Kupfererze. Zu diesen sauerstoffhaltigen Kupfererzen gesellt sich noch eins, welches außerdem noch Chlor enthält; es ist dies der Atakamit aus Chile und Südaustralien. Nach Lage der Dinge ist man bei der Kupfergewinnung aber allermeist auf geschwefelte Kupfererze angewiesen. Solche sind: Kupferglanz oder das Halbschwefelkupfer, in ganz reinem Zustande aus ziemlich 80 Prozent Kupfer und dem Rest Schwefel bestehend, meist noch durch etwas Schwefeleisengehalt verunreinigt, auch zuweilen Schwefelsilber enthaltend. Buntkupfererz (Bornit), eine Verbindung von Schwefelkupfer und Schwefeleisen, kommt in England (namentlich in Cornwall), Schweden und Deutschland (Freiberg) gewöhnlich in Begleitung andrer Kupfererze vor und enthält 56 Prozent Kupfer. Kupferkies, ebenfalls Schwefelkupfer und Schwefeleisen, nur in andern Verhältnissen, mit 35 Prozent Kupfer, messing- oder goldgelb, auch bunt, ist das am häufigsten auftretende und zu Gute gemachte Erz, häufig mit andern Mineralien gemengt, zuweilen auch etwas Gold oder Silber führend, die größten Massen im Rammelsberge auf dem Harz, zu Röraas in Norwegen, Falun in Schweden; besonders schön kristallisiert findet es sich bei Freiberg und Klausthal, in Cornwall u. s. w. Fahlerze und Güldigerze heißen verschiedene Verbindungen, in denen zum Schwefelkupfer und Schwefeleisen noch Schwefelantimon oder Schwefelarsenik tritt und worin das Eisen oft durch Zink, das Kupfer teilweise durch Silber ersetzt ist. Man unterscheidet hiernach Grau-, Weiß- und Schwarzgüldigerz, Kupferfahlerz u. s. w. Das Silber kann im Schwarz- und Weißgüldigerz von 5 bis über 30 Prozent steigen. Kupferschiefer endlich bildet ebenfalls, namentlich im Mansfeldischen, einen Gegenstand des Bergbaues, ist aber kein besonderes Erz, sondern ein kalkig-thoniger, an der Luft zerfallender, meist von bituminösen (erdharzigen) Stoffen geschwärzter Schiefer, in welchem verschiedene metallische Substanzen, namentlich Kupferglanz und Kupferkies, Buntkupfererz, gediegenes Kupfer, Silber, Kobalterze, Zinkblende u. s. w., so fein eingesprengt sind, daß man sie nicht wahrnehmen kann. Der Mansfelder Bergbau hat sich vermöge zweckmäßiger und wirtschaftlicher Einrichtungen viele Jahrhunderte erhalten, in den letzten Jahrzehnten sogar zu ganz enormer Ausbeute (circa 3000000 kg jährlich) erhoben, obgleich der Kupfergehalt des Schiefers nur 1—3 Prozent beträgt und gar nicht lohnen würde, ohne die dabei abfallende kleine Silberausbeute. Jetzt werden sogar noch Schiefer mit nur $^1/_2$ Prozent Kupfer zu Gute gemacht. Die Erstreckung dieses höchstens 50 cm mächtigen Schieferflözes im

Mansfeldischen berechnet sich nach Quadratmeilen. Ein andres Kupferschiefergebirge umgürtet als ein schmaler Wall den nordwestlichen Teil des Thüringer Waldrückens und erstreckt sich westlich bis Riechelsdorf in Hessen. Es ist seit Jahrhunderten Gegenstand des Baues auf Kupfer, Silber, Kobalt und Wismut. Als Rohstoffe für die Kupfergewinnung sind noch zu erwähnen: gewisse Hüttenprodukte, wie Kupferstein von der Bleigewinnung, und namentlich Schwefelkiesabbrände.

Verhüttung der Erze. Die Kupferhüttenprozesse richten sich nach der Beschaffenheit der Erze und sind demnach sehr verschieden. Außer den trockenen Prozessen des Röstens und des Reduzierens mit Kohle, welche bei fast allen Metallen sich wiederholen, greifen hier noch verschiedene nasse Verfahren Platz, welche sich auf die Eigenschaft des Kupfers stützen, durch Eisen sich in metallischer Form aus seinen Lösungen niederschlagen zu lassen und auch die möglichst vollkommene Abscheidung von Silber bezwecken. Die trockenen Prozesse unterscheiden sich in der Hauptsache, je nachdem sie es bloß mit oxydierten oder mit geschwefelten Erzen zu thun haben. Am verwickeltsten gestalten sie sich bei den geschwefelten Erzen, welche außer Kupfer noch vielerlei andre Metalle, und namentlich Blei enthalten, und bei den Fahlerzen, welche auch noch auf Silber verarbeitet werden. Dagegen ist die Behandlung oxydierter Erze, also von Rotkupfererz, Malachit und Kupferlasur, sehr einfach. Dieselben werden schwach geröstet, dann unter Zuschlag von kupferreicher Schlacke, Kalkstein und Kohlen in einem Schachtofen, sogenannten Krummofen, niedergeschmolzen, wobei die Reduktion zu Metall direkt durch die Kohle erfolgt, welche dem Erz den Sauerstoff entzieht. Das hierbei fallende sogenannte Schwarzkupfer wird mit der Schlacke in den Vortiegel abgestochen, in die Form von dünnen Scheiben (Rosetten) gebracht, indem man die Schlacke mit Wasser ablöscht, abzieht und die darunter erstarrte Kruste von Kupfer abnimmt. Das Aufspritzen von Wasser und Wegnehmen der hierdurch entstehenden Scheiben wiederholt sich, bis der Tiegel leer ist.

Aus den geschwefelten Erzen sucht man zunächst durch schwaches Rösten die fremden Elemente (mit Ausschluß von Silber und Gold) möglichst zu entfernen, ohne das Schwefelkupfer zu zersetzen; erst dann wird das so erhaltene reinere Schwefelkupfer durch stärkeres Rösten (Todtrösten) in den Oxydzustand übergeführt und mit Kohle reduziert (Röstreduktion), oder es wird nur halbtodt geröstet und dann der Röstreaktion unterworfen, wobei der noch vorhandene Schwefel, indem er den Sauerstoff des Kupferoxyds aufnimmt und sich in schweflige Säure verwandelt, die Reduktion zu Metall übernimmt. Bei geeigneten Verbindungen oder Gemengen von Schwefelkupfer und Schwefeleisen findet zuweilen eine besondere anreichernde Röstmethode, das Kernrösten, Anwendung. Man setzt die Massen in faustgroßen Stücken einer steigenden Hitze aus und es tritt hierbei eine Umsetzung der Bestandteile in der Weise ein, daß die Stücke im Innern einen dichten Kern erhalten, der fast das ganze Kupfer enthält, umgeben von einer äußeren porösen Rinde von Eisenoxyd mit wenig Kupfergehalt, die sich auf mechanischem Wege leicht absondern läßt.

Bei dem alten Mansfelder Kupferhüttenprozeß kommen die kompliziertesten Verhältnisse vor. Man brennt erst den dortigen Kupferschiefer in hohen, mit Reisholz geschichteten Haufen, wobei man die schwer brennbaren Stücke mit bitumenreicheren zu mengen bemüht ist. Ein solcher Haufen brennt je nach der Witterung 12, 14—16 Wochen. Die Schiefer werden dadurch leichter und hellfarbiger; die bituminösen Teile sind zerstört, ein Teil des Schwefels abgetrieben, die metallischen Bestandteile zum Teil oxydiert. Der gebrannte Schiefer wird nun in Schachtöfen mittels Holzkohlen oder Koks niedergeschmolzen, wobei eine solche Gattierung der kalk-, thon- und eisenreichen Stücke angestrebt wird, daß die Bildung einer guten Schlacke erfolgt. Als Zuschlag dienen Flußspat und Schlacken von der Rohkupferschmelze. Aus einer Beschickung von 48 Zentnern, die eine 15stündige Behandlung erfordert, ergeben sich neben einer Unmasse Schlacken 4—5 Zentner Kupferstein (Rohstein), der durchschnittlich 32 Prozent Kupfer und $0,_{085}$, also wenig über $^1/_{12}$ Prozent, Silber enthält. Der übrige Gehalt besteht aus Schwefel, Eisen, Zink nebst geringer Menge von Arsenikkobalt und Arsenikenickel. Der Kupferstein wird nun zuerst in Flammöfen geröstet, wodurch man den sogenannten Spurstein oder Konzentrationsstein, mit einem Gehalt von 50 Prozent Kupfer, erhält; dieser unterliegt dann weiteren Röstungen für sich und wird dabei nach jedem Feuer mit Wasser ausgezogen. Bei den Röstprozessen tritt Sauerstoff sowohl an den Schwefel als an das Kupfer und es bilden sich so die Bestandteile des sogenannten Kupfervitriols, Schwefelsäure und Kupferoxyd; ein Teil des letzteren löst sich in der Schwefelsäure auf, die Vitriollösungen dampft man ein und läßt sie kristallisieren. Nach dem letzten Rösten hat man ein Produkt, das dem Rotkupfererz ähnlich ist und so wie dieses verhüttet wird. Ist der Silbergehalt des dabei erhaltenen Schwarzkupfers bedeutend genug, um die Kosten des Abscheidens zu tragen (es gehört dazu wenigstens 1/4 Prozent), so unterwirft man es dem später zu beschreibenden Seigerprozeß. Bei dem geringen Silbergehalt jedoch, den die Mansfelder Kupferschiefer haben, hat man daselbst in der Neuzeit den Seigerprozeß aufgegeben und sich der nassen Extraktion des Silbers zugewandt. Nach dem Augustinschen Verfahren erfolgt dieselbe, indem man den zu Mehl zerkleinerten Kupferstein wiederholt röstet, und zwar zuerst für sich, wodurch die Sulfate zum größten Teil in Oxyde übergehen, und sodann mit Kochsalz. Dadurch wird alles vorhandene Silber in Chlorsilber übergeführt, welches durch eine heiße konzentrierte Kochsalzlösung, von welcher die übrigen metallischen Bestandteile nicht aufgenommen werden, vollständig aufgelöst wird. Aus dieser Lösung aber ist das Silber durch metallisches Kupfer sehr leicht abzuscheiden und braucht dann nur noch zusammengeschmolzen zu werden. Das Ziervogelsche Verfahren, welches aus dem Augustinschen sich entwickelt und dieses auch da, wo keine antimon- oder arsenhaltigen Erze vorliegen, meist verdrängt hat, umgeht das Rösten mit Kochsalz, indem aus dem gerösteten Kupferstein das Silbersulfat direkt mit heißem Wasser ausgezogen und aus dieser etwas kupferhaltigen Silberlösung das edlere Metall mittels metallischen Kupfers ausgefällt wird. Den so entsilberten Kupferstein verschmilzt man in Mansfeld mit Koks. Der Anwendung der nassen Extraktion ist vorzugsweise das Aufblühen der Mansfelder Werke in den letzten Jahrzehnten zuzuschreiben, weil der über die Kosten hinausgehende Ertrag, den die dortige Verhüttung gewährt, fast nur in dem Plus von Silber besteht, welches den an sich schon armen Erzen entnommen werden kann.

Fig. 94. Seigerherd

Der schon erwähnte Seigerprozeß, der jetzt nur noch auf reichere Mittel angewendet wird, hat es nicht mehr mit einem Zwischenprodukte der Verhüttung, wie der Kupferstein ist, zu thun, sondern mit dem Schwarzkupfer. Man schmilzt dasselbe zu diesem Behufe, nachdem es in Stücke zerschlagen ist, in einem niedrigen Bleischachtofen mit Werkblei oder andern bleihaltigen Zuschlägen nieder, wobei man eine Legierung von 1 Teil Kupfer mit 4 Teilen Blei zu erhalten sucht. Diese sticht man ab, gießt sie in eiserne Formen zu runden Scheiben (Frischstücke), setzt sie dann in der Weise auf, wie auf dem in Fig. 94 abgebildeten Seigerherd angedeutet, umgibt die Scheiben mit Kohlen und schmilzt (seigert) bei allmählich gesteigerter Temperatur das Blei ab, welches das im Schwarzkupfer enthaltene Silber mit sich führt; es fließt durch die Seigergasse nach dem Vortiegel t ab. Ist das Blei nach einer Seigerung schon silberhaltig genug, so gibt man es auf den Treibherd; im andern Falle verwendet man es zur Entsilberung einer weiteren Partie von Schwarzkupfer. Die auf dem Seigerherd zurückgebliebenen Frischstücke (Kienstöcke) röstet man in einem eigentümlichen Darrofen bei hoher Temperatur, wodurch eine sehr kupferreiche Glätte, der Darrost, abfließt und ein noch bleihaltiges Schwarzkupfer zurückbleibt, welches man auf dem Kupfergarherd vollends zu Gute macht. Wurden die Operationen der Kupfergewinnung in Schachtöfen vorgenommen, so nennt man dies den deutschen, fanden sie in Flammöfen statt, den englischen Betrieb, benutzte man beide Methoden nebeneinander, so spricht man von gemischtem Betrieb. Der große Reichtum Großbritanniens an Steinkohlen, dem für Flammofenbetrieb geeignetsten Brennstoff, führte zuerst auf die Idee, anstatt des Zugutemachens der Kupfererze in Schachtöfen die Verwendung von

Flammöfen einzuführen. Die Schachtöfen werden in neuester Zeit viel höher gebaut als früher, nämlich bis zu 5 und 6 m hoch.

Die Ausbringung des Kupfers ist, wie schon aus dem Gesagten erhellt, um so mühsamer und kostspieliger, je mehr die Erze mit andern Stoffen gemengt sind. Unter diesen fremden Begleitern macht aber das Eisen die große und rühmliche Ausnahme, daß es nicht schädlich, sondern im Gegenteil für den ganzen Kupferschmelzprozeß höchst nützlich und notwendig ist, so daß man in Fällen, in denen es nicht bereits als Schwefeleisen im Erze vorhanden ist, dasselbe dagegen kieselige Bestandteile enthält, sogar Eisen zusetzt, um der Kieselsäure für die Schlackenbildung eine metallische Basis zu bieten. Ohne Zuschlag von Eisen oder Kalk würde man hier wenig Kupfer erschmelzen, denn dasselbe würde, sobald es zu Oxydul geworden, in die Schlacke eingehen, was jetzt an seiner Stelle das Eisenoxydul und der Kalk thun. Die Rolle des Eisens bei der Kupfergewinnung ist also im allgemeinen eine beschützende; es opfert sich förmlich zur Erhaltung des Kupfers auf.

Die fremden Bestandteile des Schwarzkupfers, des ersten Produkts bei der Kupfergewinnung, sind je nach der Gewinnungsart verschieden; das durch den deutschen Betrieb erhaltene Rohkupfer enthält außer Kohle neben 70—95 Prozent Kupfer hauptsächlich Schwefel, Eisen, Blei, Antimon, Arsen, Wismut, Zink und Nickel, ist aber frei von Kupferoxydul. Dagegen ist das im englischen Betrieb gewonnene Rohkupfer frei von Kohle und beinahe frei von fremden Metallen, enthält aber Kupferoxydul; hiernach ist auch die Raffination beider Arten von Rohkupfer verschieden. Das nach deutschem Betriebe gewonnene Schwarzkupfer unterliegt nunmehr (silberhaltiges nach vorhergegangenem Seigerprozeß) dem Garmachen, d. h. es wird auf einem Garherd (s. Fig. 95) oder in einem kleinen Flammofen unter Belegung mit Holzkohlen niedergeschmolzen. Die Garherde sind den Eisenfrischfeuern sehr ähnlich, nur ist die Herdgrube o hier rund und aus schwerem Gestübbe geformt. Da die oben genannten Metalle sich leichter mit dem Sauerstoff verbinden (oxydieren) als das Kupfer, so ist die Möglichkeit gegeben, letzteres durch Oxydation von ihnen zu befreien, und dies ist eben der Zweck des Garmachens. Durch Blasebälge wird der Oberfläche der schmelzenden Masse fortwährend Luft und damit neuer Sauerstoff zugeführt, um die Oxydation zu unterhalten. Die Verunreinigungen gehen nun teils als Dämpfe (Antimon, Arsen) durch den oberhalb angebrachten Mantel fort, teils bilden sie Schlacken, die rechts über die geneigte Fläche abfließen. Den Fortschritt der Gare erkennt man, indem man ab und zu eine Eisenstange in die flüssige Masse taucht, schnell wieder herauszieht, im Wasser ablöscht und die dem Eisen anhangende Kupferschicht prüft. Ist die Gare vollendet, so stellt man das Gebläse ab, reinigt die Oberfläche des geschmolzenen Metalls von Kohlen und Schlacken und reißt Scheiben (Rosetten), d. h. man zieht die obere erkaltete und bis auf eine gewisse Tiefe erstarrte Kruste ab, bis der größte Teil des Kupfers in solche verwandelt ist. Die ersten Rosetten sind die feinsten.

Fig. 95. Garofen zu Kupfer.

Das Rosettenkupfer bildet aber immer noch kein völlig brauchbares Material zur Verarbeitung, es fehlt ihm die Hämmerarbeit, weil durch die vorhergegangene Operation des Garmachens ein kleiner Teil des Metalls sich in Kupferoxydul verwandelt hat, welches durch ein erneutes Umschmelzen der Rosetten mit Kohle erst reduziert, in Metall verwandelt werden muß; diese Arbeit heißt das Hammergarmachen, das oft auch erst auf den Kupferhämmern vorgenommen wird. Schon ein Gehalt von nur 1,1 Prozent von diesem Kupferoxydul macht nämlich das Kupfer so wenig dehnbar, daß es sich bei gewöhnlicher Temperatur nicht mehr bearbeiten läßt, ohne Kantenrisse zu bekommen. Bei einem Gehalt von $1^1/_2$ Prozent Kupferoxydul wird die Verminderung der Festigkeit auch schon in der

Hitze bemerkbar und das Kupfer wird kalt- und rotbrüchig; man nennt diesen Zustand auch übergar. Das Hammergarmachen erfolgt gleichfalls auf den Garherden durch Schmelzen unter Zusatz von Holzkohlen und bei schwachem Gebläse. Die hierbei fortwährend mit der Eisenstange herausgezogenen Proben prüft man dergestalt, daß man sie erst heiß auf ihre Hämmerbarkeit versucht, dann sie in Wasser abkühlt und auch kalt hämmert. Sobald sie beide Proben bestehen, ist die Gare eingetreten und das Kupfer wird mit Kellen in eiserne, mit Lehm überzogene Formen geschöpft, wobei man, um das schädliche Spratzen zu vermeiden, gern eine nicht zu hohe Temperatur wählt, außerdem auch durch Umrühren mit Holzstangen die Masse gleichmäßig macht. Die durch das Gießen in die Formen erhaltenen Blöcke heißen Hartstücke und gelangen zur weiteren Bearbeitung unter Walzen oder Hämmer.

Das nach der englischen Methode erzeugte Rohkupfer braucht natürlich nur vom Kupferoxydul befreit, also hammergar gemacht zu werden. Mit sehr gutem Erfolg hat man in neuester Zeit angefangen, die Reduktion des Kupferoxyduls im übergaren Kupfer durch Zusatz von etwas Phosphorkupfer zu bewirken, welches man in das geschmolzene Metall einträgt. Der Phosphor oxydiert sich hierbei auf Kosten des im Oxydul enthaltenen Sauerstoffs zu Phosphorsäure, welche mit einem andern noch nicht zersetzten Teil des Kupferoxyduls sich verbindet und so als Schlacke abgeschieden wird.

Die Anwendung von Gasfeuerung zum Schmelzen von Kupfer wird jetzt immer mehr gebräuchlich; auf den Mansfelder Werken ist diese Feuerungsart schon seit 1867 eingeführt.

Die schon seit einer Reihe von Jahren angestellten Versuche, den aus schwefelhaltigen Kupfererzen erblasenen Kupferstein gleich dem Roheisen in der Bessemerbirne mit Luft zu behandeln, scheinen endlich mit Erfolg gekrönt zu sein, da schon an einigen Orten, wo die Kohlen teurer sind, auf diese Weise gearbeitet wird. Bei gleichen Brennstoffpreisen sollen die Kosten beim Bessemern des Kupfers nur $^1/_3$ derjenigen betragen, welche die alten Arbeitsmethoden verursachen.

Haben wir nunmehr die trockenen Methoden der Kupfergewinnung betrachtet, so bleibt noch die beim Kupfer vorzugsweise thunliche nasse Gewinnung — teils mit, teils ohne Beihilfe des Feuers — um so mehr zu erwähnen, da dieselbe in jüngster Zeit in verschiedenartiger Gestalt in die Praxis eingeführt worden ist. Handelt es sich bei solchen Prozessen auch nicht immer um die Gewinnung metallischen Kupfers, sondern bleibt man mitunter beim Kupfervitriol stehen, so ist daran zu erinnern, daß dieses allen unsern Lesern bekannte prachtvolle blaue Salz nach der heutigen Lage der Dinge in vielen Fällen auch nur als Durchgangsstufe zu metallischem Kupfer zu betrachten ist, indem der jetzt so massenhafte Verbrauch seinen hauptsächlichen Grund in der Galvanoplastik findet.

Eine von alters her betriebene, mehr beiläufige nasse Kupfergewinnungsmethode bildet die sogenannte Zementation. Die Grubenwässer der Kupfergruben enthalten durch Verwitterung von Kupferkiesen immer mehr oder weniger Kupfervitriol, bilden also stark verdünnte Kupfersalzlösungen. Legt man daher Eisenstücke hinein, so überziehen sie sich allmählich mit Kupfer, bis endlich das ganze Eisen verschwunden und dessen Stelle von Kupfer eingenommen worden ist. Wo es sich der Mühe lohnt, nimmt man die Grubenwässer förmlich in Behandlung, läutert sie und läßt den Niederschlag in großen Kästen vor sich gehen. So gewinnt man zu Neusohl und Schmölnitz in Ungarn jährlich mehrere tausend Zentner Kupfer dadurch, daß man Wasser in alte Grubenbaue leitet, alte verwitterte Schlackenhalden auslaugt und aus den Lösungen das Kupfer durch Eisen niederschlägt. Ähnlich verfährt man zu Falun in Schweden, auf der englischen Insel Anglesea und anderwärts. Die ursprüngliche Kupfervitriollösung verwandelt sich durch den Zementationsprozeß in eine solche von Eisenvitriol, den man durch Eindunsten und Kristallisierenlassen auch noch zu Gute machen kann. Auf diese Weise gewonnenes Kupfer heiß Zementkupfer.

Zu Stadtberge in Westfalen ist eine Extraktionsmethode von Kupfererz mittels Säure im Gange. Ein Schiefer, der etwa 10 Prozent kohlensaures Kupferoxyd in mulmiger Form, zum Teil auch in Form von Malachit und Lasur enthält, wird in gemauerten Behältern aufgeschichtet, die eigentlich kleine Schwefelsäurekammern vorstellen, denn es werden in einem benachbarten Brennofen durch Röstung von Schwefelkiesen und Zinkblende unter Zusatz von etwas Salpeter schweflige Säure und Stickoxyd gebildet und diese Gase nebst

Wasserdämpfen in die Erzkammer geleitet. Hier entsteht denn auch Schwefelsäure, welche sich sogleich mit Kupferoxyd sättigt und als Kupfervitriollösung durch den rostförmigen Boden der Kammer abfließt. Mit drei solchen Vorrichtungen, die dort im Gange sind und deren jede 1200 Zentner faßt, werden die reicheren Erze in acht Wochen, die ärmeren schon in vier Wochen erschöpft. Die erhaltene Vitriollösung gibt, nachdem sie auf ein spezifisches Gewicht von $1{,}_{25}$ konzentriert worden, durch hineingeworfene Eisenabfälle Zementkupfer und als Nebenprodukt Eisenvitriol, der besonders zu Gute gemacht wird und bei einer Menge von jährlich 5400 Zentnern größtenteils die Kosten deckt. Das gewaschene und von Eisenstückchen abgesiebte Kupfer wird in Flammöfen verschmolzen.

Andre Methoden gründen sich auf Anwendung der Salzsäure. Zu Braubach im Nassauischen z. B. wird der durch mehrfaches Umschmelzen angereicherte, etwas silber- und goldhaltige Kupferstein in feines Pulver verwandelt, das erst noch kalciniert und dann mit verdünnter Salzsäure unter stetem Rühren zusammengebracht wird. Die klar abgezogene, das Kupfer enthaltende Flüssigkeit wird mit Dampf zum Sieden erhitzt und mit Kalkmilch gemischt. Das hierdurch ausgefällte grüne Kupferhydroxyd (Kupferoxydhydrat) wird durch Pressen entwässert, getrocknet und zu Metall reduziert. — Solche Maßnahmen, bei welchen es sich um das Ausziehen des Kupfers mittels einer Säure handelt, sind übrigens nur ausführbar, wenn die betreffenden Erze frei von kohlensauren Verbindungen des Kalks, der Magnesia und des Eisens sind. Diese lösen sich sonst vor dem Kupfer und binden so viel Säure, daß schon ein Gehalt von wenigen Prozenten die Rechnung zu schanden macht. In neuester Zeit wird auch schon der durch eine Dynamomaschine erzeugte elektrische Strom zur Ausfällung von Kupfer aus seinen Lösungen benutzt, so z. B. in Ocker am Harz.

Es gibt übrigens noch zahlreiche Methoden, um die geringen Kupfergehalte mancher Erze zu gewinnen, und jede von ihnen, weil sie sich stets nach der Natur der mit in Wechselwirkung tretenden nebensächlichen Stoffe zu richten hat, ist von den andern verschieden. Es kann aber hier nicht der Ort sein, auf diese Einzelheiten einzugehen; es mag uns genügen, Hauptzüge zu einem übersichtlichen Gesamtbilde zusammengestellt zu haben.

Die Kupferproduktion der Erde ist, gegen die Eisenproduktion gehalten, freilich eine sich in viel niedrigeren Ziffern bewegende. Trotzdem aber fällt ihr Ertrag wirtschaftlich ganz eminent ins Gewicht durch die Arbeit, welche von dem teureren Metalle in verhältnismäßig viel ausgedehnterer Weise bei der Herstellung der tausendfach verschiedenen Gegenstände in Anspruch genommen wird, welche die edelsten Werke der Kunst ebensowohl als die feinsten Apparate der Wissenschaft und der Mechanik umfassen.

Man veranschlagt gegenwärtig die Kupfererzeugung der Erde auf ein Gesamtquantum von 100000 Tonnen zu 1000 kg, sicher aber zu gering. Davon entfällt auf Europa mehr als die Hälfte; Großbritannien, welches von dieser Produktion früher den Löwenanteil für sich in Anspruch nahm und 1876 noch 25000 Tonnen aus heimischen und fremden Erzen erzeugte, ist nach und nach zurückgegangen und lieferte 1881 nur noch 8615 Tonnen; dagegen ist die Einfuhr von Kupfer daselbst von 13000 auf 45000 Tonnen gestiegen. Die Kupferausbeute in Deutschland belief sich 1882 auf 16285 und 1883 auf 17931 Tonnen, letztere im Werte von 24377000 Mark. Die österreichische Produktion ist unbedeutend und bezifferte sich für 1882 nur auf 482 Tonnen. Sonst sind für die Kupfererzeugung noch von Belang: Schweden und Norwegen mit 1600, Frankreich mit 5000, Spanien mit 5200 und Rußland mit 2500 Tonnen. Von außereuropäischen Ländern ist Chile mit 47000 Tonnen in erster Reihe stehend, Nordamerika folgt mit 34000 Tonnen; Cuba, Bolivia und Peru liefern auch ansehnliche Mengen. Das kupferreiche Asien läßt sich nicht taxieren, jedenfalls aber überschreitet es die Ziffer, welche ihm nach der oben gegebenen Gesamtziffer bleiben würde. Die australischen und ein guter Teil der amerikanischen, auch viel norwegische Erze werden zur Bearbeitung nach England versendet, das übrigens auch noch Frankreich, Spanien und Portugal, Italien, Cuba, Vereinigte Staaten, Südamerika (stark namentlich Chile), das Kapland, also fast die halbe Welt in Anspruch nimmt. Ein unsern Handel zur Zeit noch wenig berührendes Produktionsland mit einer Fülle des schönsten Kupfers ist Japan; sein weites Absatzgebiet bildet ganz Ostasien. Eine beträchtliche Kupferproduktion hat auch Armenien, deren Ausfuhrhafen Trapezunt am Schwarzen Meere ist. Trotz der schlechten türkischen Wirtschaft sollen jährlich 6500 Tonnen ausgeführt werden.

Das reine Kupfer zeichnet sich vor allen andern Metallen durch seine angenehme rote Farbe aus; es besitzt einen starken Glanz und nimmt eine sehr schöne Politur an; seine Beständigkeit ist groß genug, um für viele Zwecke in unvermischter Gestalt Verwendung finden zu können. Es ist ziemlich hart, dennoch aber sehr dehnbar und geschmeidig, so daß man es zu den feinsten Drähten ausziehen und in sehr dünne Bleche auswalzen kann. Sein spezifisches Gewicht ist nahezu 9; sein Schmelzpunkt, der etwas höher als der des Silbers und etwas niedriger als der des Goldes ist, liegt ungefähr bei 1300°. Geschmolzen zeigt es eine eigentümliche meergrüne Farbe und beim Wiederfestwerden die mit dem Namen des „Spratzens" bezeichnete Eigentümlichkeit, welche in dem plötzlichen Entweichen kleiner Blasen eingeschluckten Gases besteht und das Auffliegen zahlreicher kleiner Kupferkügelchen zur Folge hat, eine Erscheinung, die man deswegen auch „Kupferregen" nennt. Bei großer Hitze und in sauerstoffreicher Luft verbrennt das Kupfer mit grüner Farbe der Flamme; bei gelinder Erwärmung, namentlich in feuchter Atmosphäre, überlaufen blanke Kupferflächen anfänglich mit schönen Regenbogenfarben, bis sich eine mattrote Oberfläche von Kupferoxydul bildet; bei weiterem Erhitzen an der Luft sondert sich eine braunschwarze, aus einem Gemenge von Kupferoxydul und Kupferoxyd bestehende Rinde, Kupferhammerschlag genannt, ab. An trockener Luft behält das Kupfer seinen Glanz unverändert, an feuchter bedeckt es sich jedoch nach und nach mit einer grünen Schicht von basisch kohlensaurem Kupferoxyd (basischem Kupferkarbonat), die mit dem Namen Grünspan belegt wird, aber nicht mit dem Grünspan des Handels zu verwechseln ist.

Seine Verwendung in reiner Form sowohl als in Verbindung mit andern Körpern ist sehr bedeutend. Das meiste Metall der Kupferwerke erhält, soweit es nicht als Rosettenkupfer zum Wiedereinschmelzen als Hauptbestandteil für die viel verwendeten Legierungen, Bronze, Messing, Neusilber u. s. w., bestimmt ist, die Form von Blech oder Platten, in welcher Form es zur Weiterverarbeitung in allerhand Gefäße, Röhren, Kessel, Beschläge, Münzen u. s. w. dient. Das Ausschlagen zu Blech geschah früher auf Hammerwerken, Kupferhammer genannt, jetzt hat man dazu Walzwerke, wie die sind, welchen wir schon beim Eisen begegneten; nur ungewöhnlich große Kessel und dergleichen werden gleich unter einem Maschinenhammer ausgetrieben. Liegt der Garofen dem Walzwerk nahe genug, so werden die aus dem garen Kupfer gegossenen Barren sogleich in noch glühendem Zustande durch die Walzen gelassen, im andern Falle aber erst wieder in einem Herdfeuer zum Rotglühen gebracht. Dieses Glühendmachen wiederholt sich vor jedem neuen Durchlassen durch die Walzen, bis die Barre sich in eine Platte von etwa 4—5 m Länge und etwa 2 m Breite verwandelt hat. Ist diese Plattenform erreicht, so können die Bleche auch durch kaltes Walzen weiter verdünnt werden und eine Erhitzung ist nur zwischendurch nötig, wenn das Metall unter den Walzen zu hart geworden. Man taucht dann die Bleche heiß in kaltes Wasser, und dadurch wird das Metall nicht wie der Stahl gehärtet, sondern es hat im Gegenteil seine Weichheit wieder erlangt. Das Weichwerden durch plötzliches Abkühlen ist eine sehr charakteristische Eigenschaft des Kupfers. Durch die mehrfache Erhitzung und Verkühlung überziehen sich die Platten aber mit einer Oxydschicht, welche durch Beizen und Scheuern entfernt werden muß, wobei man als Lösungsmittel Ammoniak, nach hergebrachter Weise in der Form von gefaultem Urin, anwendet. Schließlich erhalten die Platten zwischen Schlichtwalzen noch eine gewisse Glätte, worauf sie zu den im Verkauf gangbaren Größen zerschnitten werden. Eine eigentümliche Erscheinung, die bisher noch nie beobachtet wurde, zeigte sich vor kurzem an einem aus Coloradoerzen erzeugten Raffinadkupfer; dasselbe war zwar kalt zähe und hämmerbar, wurde aber, glühend unter die Walzen gebracht, schon bei $0{,}_{03}$ m Dicke rissig und zerfiel bei $0{,}_{008}$ m Dicke in Stücke. Die Ursache dieses Verhaltens war ein geringer Gehalt ($0{,}_{083}$ Prozent) Tellur, ein sehr seltenes, dem Selen und Schwefel nahestehendes Element.

Das Walzwerk liefert auch Kupfer in Form von Stäben und dicken Drähten, um namentlich zum Behuf des Drahtziehens, zu Nägeln und andern kleinen Gebrauchsgegenständen zu dienen. Für das Drahtziehen bildet das Kupfer vermöge seiner großen Dehnbarkeit ein sehr geeignetes Material; ein Stab von etwa 30 cm Länge und $2^1/_2$ cm Stärke läßt sich in einen Draht verwandeln, der mehr als eine Meile lang und dünner als ein Menschenhaar ist. In so feiner Verdünnung dient das Kupfer namentlich zu sogenannter

Leonischer Ware, d. h. Tressenarbeit, zu welchem Zwecke es vergoldet oder versilbert wird. Die Belegung mit dem edlen Metall geschieht schon an der zum Draht bestimmten Kupferstange und das Gold und Silber muß daher die ganze Operation des Drahtziehens mit durchmachen. Als telegraphische Leitung läuft der Kupferdraht über alle zivilisierten Länder der Erde und selbst unter Meeren hindurch, während nicht minder bedeutende Längen dünnerer Drähte zu den Apparaten auf den Telegraphenstationen, ferner zu Rotations- und Induktionsmaschinen, kurz überall da verbraucht werden, wo es sich um Benutzung des Elektromagnetismus handelt, zu welchem Zwecke das Kupfer viel besser geeignet ist als das Eisen, weil ersteres die Elektrizität viel besser leitet als letzteres. Für die gewöhnlichen Erdleitungen hat das Kupfer aber dem billigeren Eisen weichen müssen.

Das Kupfer besitzt wie kein andres Metall die Eigenschaft, sich durch kaltes Hämmern in beliebige Formen treiben zu lassen, ohne zu reißen oder zu springen. Hierauf gründet sich namentlich das Geschäft des Kupferschmieds. Die Kessel und andre Hohlwaren werden von ihm aus flachem Blech ausgehämmert, und für die Zwecke der Zuckerfabriken, Brauereien u. s. w. werden Kessel, Destillierblasen, Vakuumpfannen u. s. w. jetzt bis zu ganz enormen Dimensionen hergestellt. Wo die Treibkunst nicht anwendbar ist oder nicht hinreicht, tritt dann das Zusammennieten einzelner Stücke ein. Die Bildsamkeit des Kupfers ist oft durch das Kunststück dargethan worden, daß man aus Kupfermünzen, bis herab zum Pfennig, Theekesselchen und andre dergleichen Miniaturgerätschaften getrieben hat, und zwar so, daß am Boden derselben ein Teil der Prägung geschont worden war und als Ursprungszeugnis dienen konnte. Aber auch zu wirklichen Kunstgebilden, z. B. zu Statuen, ist das Treiben in Kupfer öfter benutzt worden, und mehrere Hauptstädte, wie Berlin, Wien u. s. w., haben schöne Proben davon aufzuweisen.

In andrer Weise dient das Kupfer seit langer Zeit der Kunst im Fache des Kupfer- und Landkartenstichs, und nicht minder spielt es im Seedienst eine wichtige Rolle, indem es erstlich an Stelle des so leicht veränderlichen Eisens zu allerhand großen Nägeln und Bolzen beim Schiffsbau, und dann in Plattenform hauptsächlich zum Beschlagen der hölzernen Schiffe dient. Der Kupferbeschlag soll vornehmlich die bohrenden Seetiere von der Beschädigung des Holzes und die Schaltiere vom Festsetzen an den Schiffskörper abhalten, weil durch diese blinden Passagiere die Beweglichkeit des Schiffes im Wasser ganz beträchtlich vermindert werden kann. Hier wirkt das Kupfer hauptsächlich durch die giftigen Eigenschaften seiner Lösungen; es muß sich also in seinem Dienste aufopfern; infolgedessen hält denn auch eine Schiffsverkupferung, bis sie abgenommen werden muß, nicht viel länger als etwa sechs Jahre und ist dann so dünn geworden wie ein Mohnblatt. Eine ähnliche, aber mehr auf seine Dauerhaftigkeit sich gründende Rolle als Bedeckungsmaterial spielt das Kupfer in der Baukunst als Überzug für Bedachungen, obwohl es der Neuzeit für diese Zwecke bereits etwas zu kostspielig geworden zu sein scheint, da man an seiner Stelle vielmehr jetzt das Zink verwendet. Wer sich aber des angenehmen Effekts erinnert, den alte Kupferdächer, wie z. B. das Japanische Palais in Dresden eins trägt, mit ihrer durch das Alter hervorgerufenen grünen Färbung hervorbringen, der wird bedauern, daß für solche Verwendungen von dem schönen Materiale nicht genug zur Verfügung steht. Die russischen Kuppelbauten, die sehr häufig noch dazu vergoldet sind, haben in diesem Falle immer ein kupfernes Dach. Eine sehr wichtige Verwendungsweise des Kupfers ist die zur Herstellung von Klischees, worüber schon im Kapitel über die Galvanoplastik berichtet worden ist.

In Form von Münzen endlich geht uns das Kupfer ja täglich durch die Hände, sowohl offen als Kupfermünze, als versteckt in den Nickel-, Silber- und Goldmünzen, die ohne Ausnahme, wie auch alle zu Gefäßen, Geräten und Schmuck verarbeiteten Edelmetalle, einen Zusatz von Kupfer haben, weil sie sonst für den Gebrauch zu weich sein würden.

Als Material für den Metallguß eignet sich das Kupfer an sich, nach dem schon beim Hüttenprozeß Gesagten, schlecht oder eigentlich gar nicht, wird auch in der Praxis dazu wohl niemals benutzt, höchstens zu ganz großen Schiffsnägeln. Die Eigenschaft der Gießbarkeit erhält es vielmehr erst durch Verbindung mit andern Metallen, und somit kommen wir in das ausgedehnte Gebiet der

Legierungen des Kupfers. So vielfach und wichtig die Anwendung des unvermischten Kupfers ist, so ist doch seine Benutzung in legiertem Zustande noch bei weitem ausgedehnter. Es tritt hierbei eine zweite vorzügliche Eigenschaft dieses Metalls ans Licht; denn so wie wir beim reinen Metall seine vorzügliche Dehnbarkeit hervorzuheben hatten, so hier die Gefügigkeit, womit es sich in die Verschmelzung mit andern Metallen schickt. Wahrscheinlich ist es sogar geeignet, mit allen metallischen Elementen Legierungen einzugehen. Die gebräuchlichsten und daher am besten studierten Legierungen des Kupfers sind die mit Zinn, Zink, Nickel, Blei und den edlen Metallen. Hierzu ist als wertvollste Bereicherung in jüngster Zeit noch die Legierung mit Aluminium (Aluminiumbronze) getreten, welche bei Besprechung dieses letzteren Metalls mit betrachtet werden soll.

Durch das Legieren im allgemeinen haben wir das Mittel in der Hand, aus den gebräuchlichen 10—12 Metallen eine lange Reihe neuer Verbindungen herzustellen, mit neuen Eigenschaften begabt, die sich öfters aus den Eigenschaften der Einzelbestandteile gar nicht würden vorhersagen lassen. Da man nicht bloß zwei, sondern auch drei und vier Metalle in höchst verschiedenen Verhältnissen legieren kann, so würde die Zahl der wenigstens theoretisch möglichen Legierungen geradezu in die Tausende gehen. Vom Kupfer als Grundlage ausgehend, führt die technische Litteratur allein wenigstens 70 brauchbare Legierungen dieses Metalls mit Zinn, Zink, Gold, Silber, Blei, Antimon, Nickel, Wismut, Eisen u. s. w. auf. Von alters her bekannt und die Basis wichtiger Industriezweige bildend sind aber die beiden Gruppen, in denen einerseits das Zinn, anderseits das Zink dem Kupfer vermählt und deren allgemeine Bezeichnung durch die Benennungen Bronze und Messing gegeben ist. Streng geschieden sind die beiden Legierungen insofern nicht, als auch bei gewissen Bronzen das Zink eine Rolle spielt und ihnen dadurch eine Mittelstellung anweist.

Durch das Zusammenschmelzen des Kupfers mit Zinn entsteht eine Bronze, welche härter als das Kupfer, klingender, sehr politurfähig und hauptsächlich im Schmelzen von dünnerem Fluß, also geeignet ist, die Gußformen voll und scharf auszufüllen. Da diese Masse überdies beim Erkalten nicht wie das Kupfer selbst blasig wird, so bildet sie ein ausgezeichnetes Material für die Metallgießerei, wogegen anderseits die ursprüngliche Zähigkeit des Kupfers um so mehr verloren gegangen ist, je höher der Anteil des Zinns genommen wurde. Bei 1 Teil Zinn auf 2 Teile Kupfer, oder noch bestimmter 35 Teilen Zinn auf 65 Teile Kupfer ist die Legierung am sprödesten, von Farbe weiß oder hell stahlgrau und kaum noch durch die Feile angreifbar; mit abnehmendem Zinngehalt tritt eine weichere Konsistenz und die bekannte rötlichbraune Farbe immer mehr hervor. Sinkt der Zinngehalt unter 18 Prozent, so läßt sich die Masse in der Rotglut zwischen Walzen noch gut strecken, aber nicht kalt hämmern, was selbst bei 5 und weniger Prozent Zinn nicht so gut angeht wie bei unvermischtem Kupfer. Anderseits sind, wie natürlich, Legierungen von mehr Zinn als Kupfer um so weicher, je mehr das erste Metall vorherrscht.

Wird der Mischung aus Kupfer und Zinn noch Zink zugesetzt, so erhält man eine Masse, welche hinsichtlich ihrer Eigenschaft zwischen der Kupferzinnbronze und dem nur aus Kupfer und Zink bestehenden Messing steht. Der Zinkzusatz bringt in die Farbe der Mischung das Gelb, und wenn der Zinngehalt im Verhältnis zum Zink klein ist, so kann sogar ein schöneres und höheres Gelb erzielt werden, als dem gewöhnlichen Messing eigen ist, ein Umstand, den man sich zu nutze macht, wenn es sich um den Guß von Sachen handelt, die nachher vergoldet oder goldfarbig gefirnist werden sollen.

Bronze. Die Beschaffenheit der Bronzen des Altertums ist durch chemische Untersuchung noch vorhandener Münzen, Waffen und Geräte mehrfach geprüft worden. Man fand immer in der Hauptsache Kupfer und Zinn oder Kupfer und Zink, daneben häufig und gerade in den ältesten Stücken auch Blei in so starker Vertretung, daß ein absichtlicher Zusatz unverkennbar ist, z. B. bei altrömischen Münzen fast bis zu $1/4$ der ganzen Masse. Bei den Münzen mag sich der Zusatz aus ökonomischen Rücksichten erklären; auch das chinesische Kupfergeld scheint, nach einigen Proben zu urteilen, immer ziemlich stark mit Blei versetzt zu sein. Andre Bestandteile der alten Bronzen, wie Eisen, Kobalt, Nickel, zuweilen selbst ein wenig Silber, sind stets an Menge so geringfügig befunden worden, daß sie für unabsichtliche Beimischungen, veranlaßt durch die Unreinheit der Hauptmetalle, angesehen werden müssen. Dagegen gab es im Altertum auch eine berühmte und von den Römern zu Luxusarbeiten sehr geschätzte Legierung, das sogenannte korinthische Erz, welche angeblich aus Kupfer und Silber bestand.

Die **Bronze** hat, abgesehen von ihrer wirklichen Nützlichkeit, im Laufe der Zeiten mehrfache günstige Chancen für sich gehabt. In der Blütezeit Griechenlands herrschte die Vorliebe für bronzene Statuen in hohem Grade, so daß selbst ungeheure Kolosse dieser Gattung hergestellt wurden. Der römische Konsul Mutian soll zu Athen 3000 bronzene Statuen und ebensoviel zu Rhodus und Delphi gefunden haben. Im Mittelalter herrschte eine andre, der Bronze günstige Geschmacksrichtung, die Vorliebe für viele und möglichst große Kirchenglocken, bis eine neuere Zeit in derselben das Hauptmaterial fand für Kanonen und andre Zerstörungsmaschinen. Während sie aber dieses letztere Gebiet wieder an den Stahl größtenteils hat abtreten müssen, hat sich anderseits die Lust am Denkmalsetzen wieder sehr gehoben, und außerdem sichert ihr die heutige Industrie in Anwendung auf allerlei Kurz- und Kunstwaren eine immerhin beträchtliche Verwendung. Im allgemeinen unterscheidet man Glockenmetall (**Glockenspeise**), **Geschützmetall** und **Statuenbronze** als drei Sorten, für deren Zusammensetzung man jedoch keine feststehende Norm hat; vielmehr schwankt das Verhältnis zwischen Kupfer und Zinn innerhalb gewisser Grenzen, je nach dem besonderen Zwecke, dem die Bronze dienen soll. Durch Zusatz kleiner Mengen von Zink und von Blei zu diesen Bronzen können die Eigenschaften derselben noch weiter vielfach verändert werden. Im Nachstehenden soll die Zusammensetzung einiger der wichtigeren Kompositionen dieser Art aus der großen Anzahl der bekannten übersichtlich zusammengestellt werden.

a. Kupfer und Zinn.

	Kupfer	Zinn
Glockenmetall	80	20
„ für Uhrglocken	100	33
Kanonenmetall	100	10—11
Medaillenbronze	92	8
Lagermetall für Lokomotivachsen	86	14

b. Kupfer, Zinn, Zink.

	Kupfer	Zinn	Zink
Mannheimer Gold	91	15	9
	80	18	2
Metall zu Lagern, Radbüchsen, Pumpen u. s. w.	82	16	2
	88	10	2
Statuenbronze, rotgelbe Grenze	84,42	4,30	11,28
„ hochgelbe „	65,95	2,49	31,58
Scheidemünzen in Deutschland, Frankreich, Schweden und in der Schweiz	95	4	1
„ „ Dänemark	90	5	5

c. Kupfer, Zinn, Zink und Blei.

	Kupfer	Zinn	Zink	Blei
Statuenbronze	78,5	2,9	17,2	1,4
Thomsons Glockenmetall	80,0	10,1	5,6	4,3
Metalle zu Achsenlagern u. s. w.	79	8	5	8
	38	15	1,5	0,5

Es läßt sich denken, daß so verschiedene Zusammensetzungen auch verschieden geeigenschaftete Produkte geben müssen, die sich bald für diesen, bald für jenen Zweck besser eignen werden. In Rücksicht darauf, daß die Masse nicht bloß vergossen, sondern auch überarbeitet, durch Hämmern, Feilen, Abdrehen u. s. w. behandelt werden soll, muß man von ihr auch eine gewisse Weichheit und Geschmeidigkeit verlangen, welche manche dieser Legierungen nicht besitzen. Mischungen, die etwa 85 Prozent Kupfer und den Rest in Zinn oder bis zu 8 Teilen des ersteren und 1 Teil des letzteren enthalten, sind schon von Natur etwas weich und geschmeidig. Man kann diese Eigenschaft erhöhen und selbst anders beschaffene Legierungen weich machen, indem man dieselben stark erhitzt und dann plötzlich abkühlt. Die Bronze erleidet hierdurch eine Erweichung wie das Kupfer und wird unter dem Hammer, der Prägepresse und mit Schneideinstrumenten bearbeitbar, ein Umstand, der für die Anwendbarkeit dieses Stoffes von wesentlichem Belang ist, um so mehr, da sich der ursprüngliche Härtegrad durch einfaches Erhitzen und langsames Erkaltenlassen leicht wieder herstellen läßt.

Eine ganz eigentümliche Rolle scheint der Phosphor den Kupferlegierungen gegenüber zu spielen; während schon ein sehr geringer Phosphorgehalt im Eisen diesem Metalle sehr unliebsame Eigenschaften erteilt, wie bei Besprechung des Eisens erörtert wurde, so daß man eifrig bestrebt ist, den Phosphorgehalt aus dem Eisen zu entfernen, bewirkt im Gegenteil ein absichtlicher Zusatz von etwas Phosphor zum Kupfer oder zur Bronze eine ganz auffallende Verbesserung der Eigenschaften dieser Metalle. Denn nicht allein die Härte, Festigkeit, Elastizität und Geschmeidigkeit werden durch einen solchen Phosphorzusatz wesentlich erhöht, sondern auch die Widerstandsfähigkeit gegen äußere, namentlich oxydierende Einflüsse, nicht minder die Dünnflüssigkeit im geschmolzenen Zustande; die Farbe ähnelt derjenigen des stark mit Kupfer legierten Goldes. Diese von Künzel entdeckte Phosphorbronze hat daher auch in neuester Zeit eine weitgehende Anwendung gefunden, was um so erklärlicher ist, als durch Abänderung des Mischungsverhältnisses man im stande ist, einzelne jener Eigenschaften ganz besonders zu steigern, so daß diese Bronze für die verschiedensten Zwecke verwendbar wird. Schon $0{,}_5$—$0{,}_{75}$ Prozent Phosphor reichen hin, um einer Legierung von 90 Prozent Kupfer und 9 Prozent Zinn einen warmen, goldroten Ton zu geben und die Gußmasse so dünnflüssig zu machen, daß die feinsten Formteile davon ausgefüllt werden; diese Mischung ist wegen ihrer Härte und Elastizität als Kunstbronze, Glockengut, Zapfenlagermetall u. s. w. sehr geeignet; namentlich hat man die Phosphorbronze als Geschützmetall sehr empfohlen, ein Feld, auf dem allerdings sehr große Mengen konsumiert werden würden, wenn der Gußstahl bewogen werden könnte, seine Herrschaft auf diesem Felde wieder abzugeben.

Die Behandlung der gewöhnlichen Bronze beim Schmelzen und beim Gießen, namentlich größerer Stücke, bietet dagegen gewisse Schwierigkeiten, die aus der ungleichen Natur der verschiedenen Metalle entspringen. Die Zusammensetzung der Masse ändert sich durch die ungleiche Einwirkung des Sauerstoffs auf die verschiedenen Bestandteile während der ganzen Dauer der Schmelzung. Man wird also schon beim Einschmelzen, wenn eine bestimmte Proportion der Bestandteile verlangt wird, dem unvermeidlichen Verluste durch Oxydation Rechnung tragen müssen.

Ferner ist es zweckmäßig, das Zusatzmetall nicht einfach auf das im Tiegel schmelzende Kupfer aufzuwerfen, sondern es sogleich unter die Oberfläche zu treiben, womöglich auch die leicht oxydierbaren Metalle in bereits legiertem Zustande zuzusetzen. In der Lütticher Stückgießerei z. B. trägt man zu 100 Teilen schmelzenden Kupfers vorerst nur 8 Teile Zinn ein und vollendet dann den Fluß durch Zusetzen einer schon vorrätig gehaltenen Legierung aus 2 Teilen Kupfer und 1 Teil Zinn.

Auch die verschiedene Schwere der Bestandteile macht sich bei schmelzenden Metallgemischen geltend. Beim ruhigen Stehen und langsamen Erkalten eines solchen kann das erhaltene Gußstück bei der Untersuchung ein ganzes Sortiment von Bronzen aufweisen, zu unterst die kupfer-, zu oberst die zinnreichsten, auch nach außenhin sind die Gußstücke oft anders zusammengesetzt als im Kern. Dazu scheint auch in den Metallen ein Bestreben zu walten, sich in bestimmten festen Verhältnissen besonders gern zu legieren, wodurch weitere Gruppierungen angeregt werden. Allen diesen Separationsgelüsten muß durch tüchtiges Verrühren der Masse unmittelbar vor dem Laufenlassen gesteuert werden; sind aber die Gußstücke groß und war noch dazu die Gußmasse heißer als gerade nötig, so daß die Abkühlung sich verzögert, so beginnt die Sonderung in den Gußformen von neuem, und es fallen leicht Stücke von ungleicher Beschaffenheit der Masse. Der Zielpunkt und die Kunst des Gießers besteht demnach darin, die Masse genau bei einem solchen Temperaturgrade laufen zu lassen, bei welchem sie zwar noch die Formen gut ausfüllen kann, dann aber auch schnell erstarrt.

Zum Schmelzen der Bronze im großen wendet man Flammöfen an, die in einem großen Raume, dem Gießhause, erbaut werden, der zugleich als Form- und Gießraum dient; kleinere Gegenstände gießt man aus Tiegeln. Man feuert entweder Holz- oder Steinkohlen, welche eine rasche, starke Hitze geben. Durch die kunstgewerbliche Bewegung der Gegenwart und die emporblühende Kunstindustrie hat auch die Bronze eine erhöhte Bedeutung erhalten. Wie im Altertum verwendet man sie auch heute wieder zur Fabrikation von Kunst- und Gebrauchsgegenständen. Frankreich zeigte sich auf der Weltausstellung im Jahre 1878 als das einzige Land einer hoch entwickelten Bronzewarenindustrie, seit dieser Zeit darf man lediglich nur in Deutschland erfreulicherweise von einem Aufschwung dieser Industrie sprechen. Unter den Bronzewarenfabriken in Deutschland gilt als sehr bedeutend die von Paul Stotz & Comp. in Stuttgart. Die Fig. 96 zeigt uns aus dieser Fabrik hervorgegangene Luxuswaren. Während sich die Nachfrage nach Bronzewaren in Deutschland selbst nur langsam steigert, hat sich die Industrie bereits ein nicht unbedeutendes Exportgebiet erobert.

Glockenguß. Indem wir nun den Bronzeguß in seinen verschiedenen Branchen etwas näher betrachten wollen, läßt sich sogleich bemerken, daß der Glocken- und Kanonenguß hinsichtlich der Masse, die sie verarbeiten, einander sehr nahe stehen. Beide, und zwar der Stückguß ganz konsequent, halten sich nur an Gemische von Kupfer und Zinn; jeder andre Zusatz würde nach Ansicht der Sachverständigen den Widerstand schwächen, den die Geschützrohre sowohl der mechanischen Anstrengung als den chemischen Einflüssen der Pulververbrennung leisten müssen. Nur der Phosphor scheint merkwürdigerweise auch in dieser Beziehung eine Ausnahme zu machen.

Den Glockenguß anlangend, so soll alten Chroniken und der noch lebendigen Sage zufolge in früheren Zeiten auch Silber, soviel ein frommes Publikum davon als Opfergabe herbeibringen wollte, hinzugekommen sein. Wenn man nun auch anzunehmen geneigt sein könnte, daß ein Silberzusatz auf den Ton einer Glocke einen vorteilhaften Einfluß haben werde, so hat sich doch, sonderbar genug, noch in keiner alten Glocke Silber nachweisen lassen, und man kommt so auf die Vermutung, es könnte durch die Gießer ein zunftmäßiger Hokuspokus geübt worden sein und das Loch zum Einwerfen der Silbersachen gar nicht zu der Schmelzmasse geführt haben. Ja, es scheint sogar erwiesen, daß Silber in einer Glocke dem Tone nicht nur nicht förderlich, sondern im Gegenteil geradezu nachteilig ist. Um nämlich die Sache auf praktischem Wege aufzuklären, goß man in England aus einer bestimmten Legierung vier Versuchsglocken dergestalt, daß die Masse der ersten blieb, wie sie war, und die übrigen in steigender Menge einen Silberzusatz erhielten. Der Erfolg war: die silberfreie Glocke klang weitaus am besten, die übrigen in dem Maße schlechter, als sie mit dem teuren Metall versetzt waren, das man sonach anderweit viel besser anwenden kann.

Das Glockenmetall, auch Glockenspeise genannt, bildet ein Kompositum von durchschnittlich 78 Teilen Kupfer und 22 Teilen Zinn. Das gelblichgraue Metall hat einen dichten, feinkörnigen Bruch, schmilzt leicht und wird sehr dünnflüssig, daher die Zieraten und Inschriften der Glocken auch immer scharf und rein im Guß kommen. Vermöge seiner Härte und Sprödigkeit ist es sehr klangreich, mit dem Kupfer teilt es aber die Eigenschaft, daß Härte und Sprödigkeit nur vorhanden sind, wenn der Guß, wie bei Herstellung der Glocken, langsam abgekühlt ist; beim raschen Abkühlen wird es weich und hämmerbar. Es ist daher möglich, aus ganz ähnlich zusammengesetzten Legierungen durch Schmieden dünnwandige Lärmbecken, wie die chinesischen Gongs oder Tamtams, zu verfertigen, während gewöhnlicher Glockenguß so spröde ist, daß eine Nachbearbeitung der Glocke auf der Drehbank, um etwa ihren Ton etwas zu ändern, sich nicht thunlich zeigt. Die Glocke muß also den Ton, den sie erhalten soll, schon aus dem Gusse mitbringen. Die Tonstufe und der gute Klang hängen sowohl von der Masse des Metalls als von deren Verteilung, also von der Form und den Dimensionen, dem Umfang, der Höhe, Wandstärke, wie auch von dem Grade der Elastizität des Metalls ab; die Regeln hierfür sind den Erfahrungen einer sehr langen Praxis entnommen, und es darf ohne Nachteil nur unbedeutend davon abgewichen werden. Die Glocke besitzt ihre größte Wandstärke am Schlagringe, d. h. an dem Umkreise, gegen welchen der Klöppel schlägt. Die größte Weite ist gewöhnlich das 15fache, die Höhe das 12fache von der Dicke am Schlagringe. Die Schwere des Klöppels beträgt etwa den 40. Teil von dem Gewicht der Glocke.

Während man kleine Glocken für Häuser, Bahnhöfe u. s. w. in Sandmodellen, wie andre Gelbgießerarbeiten, fertigt, gießt man Turmglocken in Lehmformen wegen der größeren Festigkeit des Materials, gegenüber selbst fettem Sande, und geht dabei folgendermaßen zu Werke. Der magere, aber nicht sandige Formlehm wird mit Pferdemist, Flachsscheben oder Kälberhaaren gemengt. Die Form wird vor dem Gießofen in der Dammgrube aufgeführt.

Fig. 96. Bronzewaren aus der Kunstgewerblichen Werkstätte von Paul Stotz in Stuttgart.

Die Grube ist etwas tiefer als die Glocke hoch werden soll, weil erstlich das einfließende Metall etwas Fall haben und dann auf dem Boden der Grube ein Fundament von Steinen für die Form gelegt werden muß. Die Mündung der Glocke ist beim Formen und Gießen nach unten gekehrt. Zuerst schlägt der Former einen hölzernen Pfahl in der Mitte der Grube ein, legt ein ringförmiges gemauertes Fundament um denselben und mauert auf diesem den Kern aus Ziegelsteinen hohl auf. Der Kern hat ungefähr die Form und Größe, daß er den Innenraum der verlangten Glocke ziemlich ausfüllt. Durch Auftragen mehrerer Schichten feinen Lehms auf den Steinkern wird der Körper noch aufgehöht und ihm dann mittels einer sogenannten Lehre oder Schablone die richtige Form erteilt. Die Lehre ist ein Stück Brett, dessen eine Seite nach dem inneren Profile der Glocke ausgeschnitten und scharfkantig gemacht worden ist. Sie ist an einer im Zentrum über dem Pfahle angebrachten eisernen Spindel befestigt, und indem sie um den abzugleichenden Kern herumgeführt wird, nimmt sie von der weichen Hülle desselben so viel weg, daß eben die gewünschte innere Form der Glocke gebildet wird.

Der so weit fertige Kern wird geäschert, d. h. mit in Wasser oder Bier angerührter Asche bestrichen, damit der nunmehr folgende Formteil (die Dicke) nicht an dem Kerne hängen bleibe. Jetzt bringt man in den Hohlraum des Kernes Feuer, trocknet ihn damit völlig aus und beginnt nun mit dem Auftragen einer neuen Lehmschicht, welche man schließlich durch eine zweite Lehre rundet und in die verlangte Gestalt bringt. Da diese Lehre nach dem äußeren Profil der Glocke geschnitten ist, so ist einleuchtend, daß diese Schicht, die eben die Dicke oder das Hemd heißt, das ganze Ebenbild der Glocke, mit Ausnahme der Henkel, darstellen muß. Auf dieses eigentliche Modell setzt man denn auch alles, was über die allgemeine Oberfläche der Glocke hinausragt, also Inschriften, Wappen, Reifen und sonstige Verzierungen. Diese Gegenstände sind in Formwachs bossiert und werden an gehöriger Stelle mittels Terpentin angeklebt, nachdem schon vorher die ganze Außenseite des Modells, zur Verhütung des Zusammenbackens mit dem dritten und letzten Formteil, mit einer Mischung von Wachs und Talg überstrichen worden. Dieser Teil, der Mantel, entsteht wieder durch Auftragen mehrerer Lehmschichten auf das Modell, die erstere aus der feinsten Masse mittels des Pinsels, die folgenden weniger umständlich. Auch auf die äußere Oberfläche des Mantels wendet man keine besondere Sorgfalt, da auf sie nichts ankommt. Der Mantel wird hierauf durch gelinde Heizung des Kerns ebenfalls getrocknet, wobei zugleich die wächsernen Verzierungen ausschmelzen und gleichgestaltete Höhlungen auf der Innenfläche des Mantels zurücklassen, die beim Gusse vom Metall mit ausgefüllt werden. So ist denn endlich ein Mauer- und Klebwerk entstanden, das äußerlich nur die rohe Form der Glocke zeigt und aus drei Schichten, Kern, Dicke und Mantel besteht. Der letztere erhält eine Stärke von 10—15 cm. Jetzt wird noch der Kreuzhenkel (die Krone) der Glocke als besonderes Modellstück gefertigt und dem Mantel aufgepaßt.

Die Krone hat an verschiedenen Stellen Windpfeifen, d. h. Öffnungen zum Austritt der Luft. Durch umgelegte eiserne Reifen und Bänder gibt man dem aus Mantel und Krone bestehenden Modellstück die nötige Verstärkung, damit es bei der nachfolgenden Prozedur seinen festen Zusammenhalt bewahre. Nachdem nämlich auch der Mantel durch Feuer vollständig getrocknet worden und dabei Wachs und Talg aus dem Innern der Form ausgeschmolzen sind, windet man mittels eines Kranes das Mantelstück aus der Grube empor, so daß es frei in der Luft schwebt. Die mittlere Schicht, welche dem Metall Platz machen soll, wird nun stückweise vom Kerne abgebrochen, die Gußflächen des Kerns und Mantels genau untersucht und alles Schadhafte nachgebessert. Nachdem endlich auch die Höhlung des Kerns mit Erde ausgefüllt worden, läßt man das schwebende Mantelstück wieder nieder und sorgt, daß es genau seine vorige Stelle wieder einnehme. Die Fuge zwischen dem unteren Mantelrand und der Steinsohle wird mit Lehm verstrichen, die Dammgrube bis oben mit Erde gefüllt und diese fest zusammengestampft. Der Einguß befindet sich am obersten Teile des Mantels.

So steht denn die aus Lehm gebrannte Form, „festgemauert in der Erden", bereit, den feurigen Guß in ihr Inneres aufzunehmen, mit dessen Herrichtung man am Gießofen bereits in voller Arbeit sein wird, denn es gehört eine Zeit von 4—6 Stunden dazu, um das Metall in vollen Fluß und in gießfertigen Zustand zu bringen. Man schmilzt erst alles Kupfer nieder, setzt dann $^2/_3$ des benötigten Zinns zu und fügt, nachdem diese Legierung gut im Flusse und die Oxyde (das Gekrätz) von der Oberfläche abgeräumt sind, das übrige Zinn bei. Ist der Moment des Gusses gekommen, so wird der Zapfen am Abstichloch, der das Metall im Ofen zurückhält, mit einer Eisenstange weggestoßen, und jetzt läßt sich bei der Sache weiter nichts mehr thun, als zuzusehen, wie der feurige Fluß durch das Gerinne strömt und im Einguß des Modells verschwindet, und auf das Blasen der Windpfeifen zu hören, ob sie eine stete und ruhige Füllung der Form anzeigen. Nach vollendetem Gusse läßt man das Ganze einen bis zwei Tage erkalten, räumt dann die Gießgrube, zerschlägt den Mantel, hebt die Glocke mittels des Kranes aus, sägt die Gießzapfen und Angüsse ab, entfernt die Unebenheiten und gibt der Glocke durch Schleifen mit Sandstein und dergl. ein schmuckes Aussehen. Auf unserm Bilde (s. Fig. 97) links sieht man das Innere einer Glocke dergestalt mit einer Maschine bearbeiten.

Fig. 97. Eine Glockengießerwerkstatt.

Beim Glockenguß verfällt etwa $^1/_{10}$ des Metalls der Verschlackung, und um diesen Betrag muß die Masse größer als das Gewicht der Glocke genommen werden. Erhält eine Glocke beim Gießen oder später einen Sprung, so hilft man ihr gründlich nur durch Umgießen; ein notdürftiges Hilfsmittel gewährt für nicht zu tief greifende Wunden das Aussägen: man bohrt zu Ende des Sprunges ein Loch durch die Glockenwand und führt zwei den Sprung einschließende Schnitte, die in dem Loche zusammentreffen, und schneidet somit zwei Abfallstreifen heraus. Hierdurch ist die hauptsächlich tonverderbende Berührung der Sprungflächen aufgehoben, und die Glocke bekommt wieder einen Klang, der freilich nicht die Schönheit und Fülle des ursprünglichen haben wird. Den Ton einer Glocke prüft man am besten durch eine Stimmgabel, welche man anschlägt und sogleich an die Glocke ansetzt. Haben beide genau denselben Ton, so klingt die Glocke mit, bei der geringsten Abweichung aber bleibt sie stumm.

Als Erfinder des Glockengusses gilt Paulinus, Bischof zu Nola in Kampanien, der ums Jahr 400 lebte. Es ist aber nur erwiesen, daß in Nola, in dessen Nähe sich ein vorzügliches Kupfererz fand, in alten Zeiten die Glockengießerei in bedeutender Blüte stand und ein starker Handel mit Glocken getrieben wurde. Zuerst schafften sich einzelne Klöster Glocken an und läuteten nun zu Gebet und Gottesdienst, während man früher geblasen hatte. Der Gebrauch ging dann allmählich auch auf andre Kirchen über. In Deutschland finden sich Glocken im 11. Jahrhundert, und seit dem 14. blühten die berühmten Glockengießerfamilien zu Nürnberg und Augsburg.

Der Geschmack für kolossale Glocken ist verschwunden, ebenso wie der Geschmack an der Spielerei der Glockenspiele. Die Kaiserglocke, welche in einem Gewicht von 25000 kg für den Kölner Dom gegossen worden ist, übertrifft bei weitem alle in der letzten Zeit gegossenen Glocken an Größe. Dem erhabensten Bauwerk deutscher Architektur gewidmet und aus Metall von französischen Kanonen gegossen, welche in dem glorreichen Kriege 1870 erbeutet worden waren, hat diese Glocke für jeden Deutschen den Wert eines Reichskleinodes, dessen merkwürdige Geschichte von dem ersten verunglückten Gusse bis zu der nach langen vergeblichen Versuchen endlich glücklich erreichten Tonsprache das Interesse daran noch erhöht. Am stärksten scheint das Wohlgefallen an Glocken in Rußland zu sein; Moskau soll deren bis zum Brande im Jahre 1812 nicht weniger als 1706 besessen haben. Die eigentliche große Moskauer Glocke, schon 1737 zerbrochen, wog angeblich 193000 kg; die 1812 herabgestürzte und gebrochene Glocke des Kreml 63000 kg; in Nowgorod befindet sich eine von 31000 kg, in Wien eine 1711 gegossene von 17700 kg; die größte der Liebfrauenkirche zu Paris ist 16000 kg schwer, die große „Susanne" zu Erfurt 13750 kg. Die größte aller Glocken soll jedoch diejenige im Tempel der Fokosi zu Miako in Japan sein mit einem kaum glaublichen Gewicht von 1000000 kg (20000 Zentnern); im Turme neben dem Kloster Choschanen in Peking hängt ferner eine Glocke von 43800 kg.

Eine vielbesprochene Neuigkeit waren einmal Stahlstabgeläute, die sich erstlich durch große Wohlfeilheit und außerdem durch ihre Leichtigkeit zu empfehlen suchten. Diese Institute haben gar keine äußere Ähnlichkeit mit Glocken; es sind in einen Winkel gebogene stählerne Schienen ∧, die an der Spitze befestigt sind und deren frei abstehende Schenkel mit Hämmern angeschlagen werden. Wer sie gehört, wird wissen, daß sie zwar nicht gerade wie Glocken klingen, aber sie klingen doch und sind für kleine Ortschaften jedenfalls ausreichend.

In jüngster Zeit hat sich denn aber wie in das Geschützwesen so auch in die wirkliche Glockengießerei der Gußstahl eingedrängt und der Bronze Konkurrenz gemacht. Die in Bochum gegossenen Stahlglocken scheinen sich Bahn zu brechen; ihr Ton ist gut und sie sind viel wohlfeiler als bronzene. Freilich ist zu erwägen, daß das Springen einer solchen nur neue Umgießkosten verursacht, während eine verunglückte Stahlglocke nur einen geringen Materialwert noch hat.

Geschützguß. Die ältesten Geschütze wurden gleichsam zusammengeböttchert, d. h. man setzte Eisenstäbe wie Faßdauben zu einer Röhre zusammen und trieb über das Ganze eiserne Reifen. Selbst von ledernen Kanonen ging die Rede, was vielleicht so zu verstehen ist, daß man solche aus Stücken bestehende Rohre durch Überlegen von Leder gasdichter zu machen suchte. Später lernte man das Gestäbe zusammenschweißen, aber da die Ansprüche an die Geschütze sich mehr und mehr steigerten, und besonders als man statt der früheren Steinkugeln eiserne einführte, mußte sich die Mangelhaftigkeit der weichen Stabeisenrohre immer deutlicher herausstellen, und man ging daher schon frühzeitig zum Geschützguß über. Wann und wo man zuerst Geschütze goß, ist unermittelt. Die ersten deutschen Bronzegeschütze, von welchen Nachricht vorhanden ist, wurden 1372 von Aarau in Augsburg gegossen. Im 17. Jahrhundert goß man Eisenrohre aus dem Hochofen über den Kern, also gleich hohl; um die Mitte des 18. wurde zuerst, wie jetzt allgemein, in Eisen wie in Bronze aus dem Vollen gegossen und die Hohlung später ausgebohrt.

Mit der Zusammensetzung der Bronze nahm man es in früheren Zeiten aus Mangel an Kenntnis nicht sehr genau. Seit der Mitte des vorigen Jahrhunderts fing man an, für größere Reinheit des Geschützmetalls zu sorgen und ließ namentlich auch das Zink weg, in Frankreich infolge einer allgemeinen Regierungsanordnung. Indes hat ein kleiner Gehalt an Zink, bis 3 Prozent, auch seine Verteidiger gefunden, und man hat nachweisen wollen, daß er in dieser Menge der Haltbarkeit nicht schade, wohl aber das Metall dünnflüssiger und dadurch gußfähiger mache. Die dänische Artillerie soll ihrer Bronze auch noch jetzt Messing zufügen. In neuerer Zeit betrachtet man eine Legierung von 9 Teilen Kupfer und 1 Teil Zinn als die eigentliche Geschützbronze, obwohl sich die Masse nicht für alle Kaliber gleichbleibt und namentlich für die kleineren Rohre der Anteil des Kupfers gegen das Zinn noch etwas erhöht wird.

Von nicht geringem Einfluß auf die Güte des Gusses wie auf die Beschaffenheit des Materials sind übrigens die Veränderungen, welchen die Masse nach dem Ausgießen unterliegt, bevor sie erstarrt. Sowohl eine zu rasche als eine zu langsame Abkühlung bringt Nachteile, und man ist nicht einmal einig darüber, welches die kleineren sind. Es scheinen sich in der Masse gern zwei Legierungen zu bilden, eine sehr harte und spröde, weiße, aus 23 Teilen Zinn und 77 Teilen Kupfer bestehend, und eine schwerer schmelzbare, rötlichgelbe. Die erstere ist schwerer und sinkt bei ruhigem Stehen nach der Tiefe, oder sondert sich in derselben in Körnern ab, zuweilen von Bohnengröße. Man nennt sie Zinnflecke, weil man die Masse anfänglich für reines Zinn ansah. Durch starkes Umrühren der geschmolzenen Masse unmittelbar vor dem Ausguß suchen die Gießer beide Legierungen möglichst zu einer homogenen Masse zusammenzumischen.

Fig. 98. Bronzevase von Barbedienne in Paris. Ausstellung 1867.

Da man, wie gesagt, alle Geschützrohre voll gießt und sie erst durch Ausbohren in Rohre umwandelt, so bedarf man nur einer Hohlform, welche über ein Modellstück gebildet ist, das äußerlich die Gestalt einer Kanone hat. Es gibt zwei Gußmethoden, die ältere in Lehm, und die neuere, viel rascher fördernde, in Massesand mit Anwendung gußeiserner Formkästen, welche jetzt die erstere großenteils verdrängt hat. Der wesentliche Unterschied zwischen beiden besteht darin, daß man dort ein Modell aus Lehm bildet, das bei jedem Gusse verloren geht, während man hier über ein metallenes formt, das immer wieder gebraucht werden kann. Das Einformen in Lehm geschieht im wesentlichen ganz wie beim Glockenguß. Der Modellkörper wird über eine viereckige eiserne Spindel durch Auftragen von Lehmschichten und schließlich durch Aufsetzen der Inschrift und Verzierungen aus Wachs hergestellt. Über denselben wird wie beim Glockenguß die Hohlform hergestellt und mittels dieser der Guß bewirkt. Das dickere Ende der Kanone ist bei der aufrechten Stellung, welche die Form zum Gusse haben muß, unten. Das Gußstück zeigt aber nicht bloß die Gestalt des Rohrs, sondern hat an jedem Ende noch einen Ansatz. Das viereckige am Hinterende heißt der Stollen; er dient zur Befestigung des Rohrs auf der Bohr- und Drehbank und wird nach geleistetem Dienst abgeschnitten.

Am Vorderende sitzt eine cylindrische Verlängerung von 45 cm Länge oder mehr, der verlorene Kopf, der noch vor dem Ausbohren abgeschnitten werden muß. Derselbe wird deswegen mit angegossen, damit er durch seine Schwere, die 800, 1000 und mehr Kilogramm beträgt, die Masse des eigentlichen Rohrs dichter und gleichmäßiger macht.

Rascher zum Ziele führt der Massen- oder Kastenguß. Das Geschützmodell samt Gießkopf ist hier in Metall, meistens Bronze, dünnwandig gegossen und besteht aus mehreren Stücken, welche ganz, wie schon beim Eisenguß beschrieben, in entsprechend geformten eisernen, zweiteiligen Kästen mit dem Formsand umstampft werden. Nach Vollendung der Form nimmt man die Kästen auseinander und die Modelle heraus, bessert schadhafte Stellen nach, schlichtet die ganze Innenseite mit einem Gemisch von Milch und Graphit, trocknet die Form und schließt sie wieder. Die Formen kommen stehend, das Vorderende zu oberst, in die Gießgrube, werden hier mit Erde umstampft und sind so zum Empfang des Eingusses fertig.

Das Bohren der Höhlung in die Kanonen- und Haubitzrohre geschieht mittels besonderer Bohrmaschinen, die entweder horizontal oder senkrecht wirken. Erstere sind zugleich mit Vorrichtungen zum Abdrehen der äußeren Oberfläche der Röhre und zum Abschneiden der Stollen und verlorenen Köpfe versehen. Bei ihnen dreht sich das Rohr gegen den festliegenden Bohrer, bei senkrechten dagegen dreht sich der Bohrer, welchem das Rohr aufwärts steigend zugeführt wird. Mörser werden wie Glocken über einen Kern gegossen, daher nicht ausgebohrt, sondern nur nachgedreht.

Bei den meisten Bronzegeschützen geht das Zündloch nicht durch die Masse des Rohrs, sondern durch ein rundes, zapfenartiges Einsetzstück von reinem Kupfer, welches an betreffender Stelle vermöge eines sehr guten Schraubengewindes eingesetzt ist. Das Kupfer widersteht besser als die Bronze dem Ausbrennen und der dadurch verursachten Erweiterung des Zündlochs. Wurde das Geschütz vernagelt, d. h. durch Eintreiben einer scharfkantigen Stahlspitze in das Zündloch unbrauchbar gemacht, so geschieht die Wiederherstellung am schnellsten durch Herausnahme des Einsatzes und Einschrauben eines Ersatzstücks.

Der **Statuenguß**, auch Kunst- und Erzguß genannt, arbeitet nach Modellen, die von Künstlerhand ausgeführt sind. Dem Gießer fällt die Aufgabe zu, das Original in allen seinen Teilen so genau und vollständig als möglich wiederzugeben und die geschickte Lösung dieser Aufgabe, die Überwindung der dabei auftretenden Schwierigkeiten ist nichts Kleines; es kann daher auch ein Gießer in seinem Fache ein berühmter Mann sein. In früheren Zeiten waren Gießer und Bildner gewöhnlich in einer Person vereinigt. Die Kunstgießerei in Erz stand schon im griechischen Altertum auf einer hohen Stufe der Ausbildung, entfaltete sich namentlich in der spätgriechischen und römischen Zeit in großartiger Weise. Manche Stadt besaß Bronzen zu Tausenden; Riesenwerke wurden geschaffen, wie z. B. der Koloß zu Rhodus, zu dessen Herstellung Chares zwölf Jahre Arbeit und 300 Talente brauchte. Eine 20 m hohe Jupiterstatue stand in Tarent, eine Nerostatue von 30 m Höhe wurde zu Plinius' Zeit errichtet. Im Mittelalter lebte diese Kunst zuerst wieder in Italien auf, und wundervolle Werke sind aus dem 13. und den späteren Jahrhunderten von dieser Kunst uns erhalten, in welcher Benvenuto Cellini als einer der letzten großen Meister glänzte; auch deutsche Meister erstanden, wir erinnern nur an den Nürnberger Peter Vischer, den Schöpfer des berühmten Sebaldusgrabes mit gegen hundert Figuren, und die neue Zeit hat dem Bronzeguß für monumentale Zwecke eine ganz besondere Aufmerksamkeit wieder geschenkt, wie das Reiterstandbild Friedrichs des Großen in Berlin, das Lutherdenkmal in Worms und namentlich das Denkmal auf dem Niederwald am Rhein zeigen.

Das Ideal des Kunstgusses wäre, ein jedes Bildwerk aus einem einzigen Stück zu gießen. Häufig jedoch erscheint dies unthunlich wegen der Kompliziertheit des Werkes oder zu gewagt wegen seiner Größe, und man muß sich entschließen, einzelne Teile abgesondert herzustellen und sie dann durch Zusammenfügen zu einem Ganzen zu vereinigen. Jedenfalls sucht man aber die Anstückelung so einzurichten, daß die Fugen in Partien verlegt werden, wo sie am wenigsten ins Auge fallen. In einzelnen Fällen hat man jedoch auch gewagt, ganz kolossale Bildwerke in einem Stück zu gießen; man gibt dabei der Form statt der aufrechten eine horizontale Lage. Ein gelungenes Beispiel hiervon gibt die Statue von Robert Peel in London.

Standbilder bedürfen für ihre ruhige Existenz kein besonderes festes, gegen Anstrengung und Stöße abgehärtetes Material; dagegen hat man mehr auf einen schönen Farbenton, auf die Fähigkeit, sich nach dem Guß für die Ziselierungsarbeiten nicht spröde zu zeigen, mit der Zeit oder auf künstlichem Wege eine schöne Patina anzunehmen, sowie auch darauf zu sehen, daß die Legierung leichtflüssig ist und die Formen gut ausfüllt.

Fig. 99. Blumenvase von vergoldeter Bronze von Hollenbach in Wien.

Legierungen von Kupfer mit Zinn und Zink zugleich entsprechen diesen Anforderungen am besten. In den bewährtesten Mischungen beträgt der Zinkgehalt zwischen 4 und 10, der Zinngehalt zwischen 2 und 6 Prozent, auch wird in vielen Fällen ein geringer Bleizusatz gegeben, welcher auf die dunklere Färbung der Bronze von Einfluß ist.

Was die Formen zu dieser Art des Kunstgusses anbelangt, so sind die Methoden zur Herstellung derselben verschieden. Kleine Statuetten wurden in der alten Zeit in einem Stück massiv gegossen, größere bestanden aus mehreren Stücken und wurden mittels Nieten verbunden. Große Bildwerke, die als Monumente aufgestellt werden sollen, gießt man stets hohl, teils um ihr Gewicht zu vermindern, teils um an Metall zu sparen; daher ist ein Kern notwendig, welcher schon die Figur in allen ihren Teilen, aber nur in roher Ausführung und etwas kleiner darstellt, als das Bild werden soll, gewöhnlich aus einer Masse von Gips, Ziegelmehl und zähem Thon. Verlangt das Bild einen Kern, der sich allein nicht tragen würde, so unterstützt man ihn durch ein Gerippe von eisernen Stäben und Reifen. Gewisse Stäbe dieses Gerippes dienen zugleich zur künftigen Befestigung des Standbildes in seinem Postament, andre zur Absteifung zwischen dem Kern und dem nachher aufgebrachten Mantel. Ist die Kernfigur vollendet, so wird sie mit Feuer getrocknet und dann mit einer Wachsschicht von höchstens $2\frac{1}{2}$ cm Dicke in ihrer ganzen Oberfläche belegt und überzogen. In dieser Gestalt unterliegt nun die Figur der weiteren Ausarbeitung durch den modellierenden Künstler; er hat alle Einzelheiten mit möglichster Genauigkeit auszuführen, und von seinem Geschick und Genie hängt der Grad der Vollkommenheit des künftigen Kunstwerks ab. Sobald diese Kunstarbeit gethan ist, fertigt man in ähnlicher Weise, wie bei den schon früher besprochenen Güssen, die äußere Umhüllung, den Mantel. Begreiflich muß dieses Geschäft in seinem ersten Stadium mit größter Subtilität ausgeführt werden. Man braucht dazu ein Material, das alle Feinheiten des Modells aufzunehmen und festzuhalten vermag, ohne durch das Trocknen zu schwinden und dadurch etwa die modellierten Züge karikiert wiederzugeben. Das gewöhnliche Material besteht aus Thon und gestoßenen Schmelztiegeln. Man trocknet, pulvert und siebt die Masse höchst fein und rührt sie mit Wasser zu einem rahmartigen Brei an. Sorgfältig pinselt man nun erst eine Lage wie einen Anstrich auf die Form, läßt nach jedesmaligem Trockenwerden deren mehrere folgen, bis eine Dicke erreicht ist, welche gestattet, zu größerer Lehmmasse überzugehen. Wenn endlich die erforderliche Dicke erreicht ist, welche natürlich mit der Größe des Gußwerks zunehmen muß, so armiert man den Mantel mit eisernen Stäben und Bändern und setzt dann das Modell der Hitze aus, welche das Wachs ausschmilzt und den Thon trocknet. Durch die Entfernung des Wachses entsteht der Hohlraum, welcher das Gußmetall aufzunehmen hat. Der Kern schwebt nunmehr frei in der Form, bis auf einige Eisenstangen, welche von ihm in den Mantel übergehen. Das Nachgeben eines einzigen solchen Ankers könnte Veranlassung geben, daß der Kern eine Wendung macht und entweder die Form beschädigt oder sonst zu einem Fehlgusse Anlaß gibt, der wenigstens das Nachgießen und Ansetzen einzelner Teile des Bildes notwendig machen würde. Die beschriebene Methode heißt die „der verlorenen Form“.

Fig. 100. Verschiedene Modellformen.
Links unten positives, rechts verankertes Modell; Mitte: ein Formkasten; im Hintergrunde Rumpf der Statue Friedrich Wilhelms IV. für Köln.

Statt dieser Methode, welche das Unbequeme hat, daß der Künstler gewissermaßen im Finstern tappt, indem er niemals einen Einblick in das Innere der Form gewinnen kann, wendet man jetzt häufiger ein abgeändertes Verfahren an, das gerade den umgekehrten Weg geht. Von dem Originalmodell, welches der Künstler über ein Eisengerippe aus Formgips in ganzer Größe ausgeführt und künstlerisch vollendet hat, nimmt man einen dicken, schalenförmigen Abguß von Gips in so viel Stücken, als die Umrisse des Bildes erfordern. Nachdem man dieselben probeweise zu einem Ganzen zusammengestellt, nimmt man in Tafeln von gleicher Dicke ausgewalztes und in Streifen geschnittenes Modellwachs und belegt damit die Innenseite aller Abgußstücke in solcher Stärke, als die Wandungen des metallenen Gusses haben sollen. Mit geeigneten Werkzeugen wird das Wachs in alle Vertiefungen des Modells gehörig eingedrückt. Die mit Wachs gefütterten Formenteile sollen nun in ein Ganzes vereint auf den Kern gebracht werden, dessen Bildung also hier erst in zweiter Stelle stattfindet. In der Gießgrube hat man einstweilen das Gerippe dieses Kerns aus eisernen Stäben zusammengesetzt; dasselbe einschließend baut man nun die Formstücke auf, natürlich von unten anfangend, und gießt die Höhlung, sowie die Arbeit fortschreitet, mit einem Brei aus Gips, Sand und Ziegelmehl aus, welcher bald erhärtet, alle Zwischenräume zwischen den Eisenstücken und dem Wachsmodell ausfüllt und die Hauptmasse des Kerns bildet. Jetzt kann man die äußere Gipsform behutsam abnehmen und hat nun ebenfalls ein Wachsbild, wie wir es vorhin anscheinend auf eine viel weniger umständliche Weise entstehen sahen. Dennoch ist dieses neuere Verfahren das leichtere, geht rasch von statten und gewährt den Vorteil, daß das ursprüngliche künstlerische Modell nicht verloren geht, sondern zu weiteren Abgüssen verfügbar bleibt. Zur endgültigen Form für den feurigen Guß würde der Gips aber nicht taugen; an seine Stelle tritt daher nun feuerfeste Formmasse, aus welcher ganz in der Weise, wie bei der vorhin beschriebenen Methode, die Gußform mit Mantel und Hohlraum hergestellt wird. Selbstverständlich ist durch Kanäle stets dafür gesorgt, daß das Wachs unbehindert ausfließen kann. Von Wachs waren auch die Modelle für den Einguß und die Windpfeifen, aus denen die durch das einströmende Metall verdrängte Luft entweichen kann; sie wurden vor Anlage des Mantels dem Wachsbild angesetzt. — Zur Veranschaulichung des bisher Gesagten möge das beigegebene Innenbild einer Gußform dienen (s. Fig. 101). Der Gegenstand ist ein Pferd in natürlicher Größe, also ein Stück, das in einem Guſſe gegeben werden kann. Wir erblicken da im Innern ein merkwürdiges System von Linien, das fast das Aussehen eines anatomischen Bildes zeigt, und wir können auch in der That darin etwas Ähnliches wie Knochen, Arterien und Venen unterscheiden. Die Knochen sind von Eisen, im Bilde am schwächsten angedeutet und mit a bezeichnet. Einzelne Barren gehen freilich, dem Vergleiche spottend, aus dem Tiere hinaus, durch den Mantel hindurch, in das umgebende Stampf- und Mauerwerk und in den Grund der Gießgrube, um dem Ganzen Halt zu geben. Die im Bilde dunkel gehaltenen Kanäle b können die Arterien vorstellen; in ihnen rinnt das flüssige Metall hinab und verbreitet sich nach allen Teilen der Form, während in entgegengesetzter Richtung durch die Luftwege c die Luft davongeht. Das Metall fließt

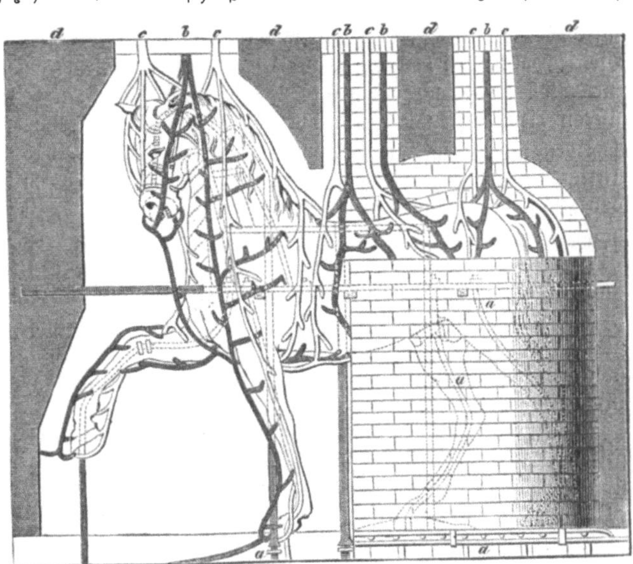

Fig. 101. Gußform einer Pferdestatue.

sonach in immer dünneren Verzweigungen, während umgekehrt die Luft aus solchen nach den Hauptkanälen gedrängt wird. Die Anlage beider Kanalsysteme muß so berechnet sein, daß diese beiderseitigen Strömungen ungehindert vor sich gehen können und nicht etwa irgendwo eine Portion Luft eingesperrt bleibt, denn dies würde im glücklichsten Falle Gußblasen geben, während bei größeren Quantitäten, da die Luft in der Glühhitze sich bedeutend ausdehnen würde, wohl gar eine Sprengung der Form stattfinden könnte. Die Form soll sich von unten aufsteigend mit dem flüssigen Metall füllen, daher führen die Hauptkanäle sogleich nach der Tiefe, die Abzweigungen aber sind nach oben gekrümmt, damit sie auch dann noch fortfließen, wenn das allgemeine Niveau der Gußmasse bereits ihre Mündungen überstiegen hat. Dagegen treten die Luftkanäle außer Wirksamkeit in dem Maße, wie sie sich von untenauf mit Metall anfüllen. Ist schließlich die Füllung beendet und die Eingüsse b nehmen nichts mehr auf, so gibt es in der ganzen Form und ihren Aufsätzen keinen Hohlraum mehr. Dieses komplizierte Geäder nun, das eigentlich in natura noch vielfacher und nur der Deutlichkeit wegen in der Zeichnung einfacher gehalten ist, empfängt, wie gesagt, seine Anlage ebenfalls in Formwachs, und zwar nachdem das Wachsmodell seine vollständige Ausarbeitung, den letzten Strich des modellierenden Künstlers, bereits erhalten hat. Die Former bilden dann mit aus Wachs gerollten dickeren und dünneren Stöcken, Stäben und Stäbchen das ganze System, legen es an die Oberfläche des Bildes kunstgerecht an und führen die Hauptkanäle über die Form empor, um die Eingüsse für das Metall und die Auswege für die Luft zu gewinnen. Über das Ganze, das Bild samt diesen Anlagen und Aufsätzen, wird erst der Gußmantel geformt. Je nachdem die einzelnen Teile mehr oder weniger der Wirkung des Gewichtsdrucks ausgesetzt sind, ist nun die Dicke der Wachsschicht, nach welcher sich die Dicke der späteren Bronze richtet, verschieden.

Wo die Größe oder die Kompliziertheit des Gußwerks das stückweise Gießen nötig macht, muß natürlich jedes einzelne Stück mit seinem Kern besonders versehen werden. Beim Guß der Bavaria war auch der Kern aus Formsand zusammengesetzt, indem man die betreffenden Teile in den vom Modell genommenen Hohlformen in Formsand ausdrückte und diese Kernstücke durch Abnehmen an der Bildfläche um die veranlagte Metallstärke abminderte.

Gießen. Dieser letzte Akt gestaltet sich der Natur der Sache nach bei allen Großgüssen, sie mögen eine Bildsäule, Glocke, Relief oder ein Geschützrohr betreffen, ziemlich gleich. Die Form ist in der Gießgrube festgestampft, das Metall im Ofen ist durch sorgfältig beobachtetes Schmelzen klar und dünnflüssig geworden. Unmittelbar vor dem Moment des Gusses wird es noch einmal aufs vollkommenste gerührt und gemengt, dann erst durch die Öffnung des Stichlochs im Ofen laufen gelassen. Die braunglühende Masse fließt durch den geneigten offenen Kanal und sammelt sich oberhalb der Form in einem trichterförmigen Bassin, in welches die Eingüsse münden. Letztere sind noch durch Pfropfen geschlossen; sobald genug Metall in dem Bassin angekommen ist, werden jene zurückgezogen, und die Masse rinnt mit voller Gewalt und großer Geschwindigkeit in die Tiefe hinab. Ein stetes Dröhnen oder Beben wird aus der Grube hörbar — stürmisches Gepolter ist ein schlimmes Zeichen — die Luftpfeifen entwickeln dicken, gelben Qualm; nach wenigen Minuten ist die ganze für das Werk berechnete Menge des Metalls eingeströmt, und es soll noch so viel übrig bleiben, daß auch die Eingüsse sich füllen; ist daher der Fluß ruhig verlaufen und das Metall steht gleichmäßig in allen Eingüssen, so ist auf einen gelungenen Guß zu rechnen; das Ausbleiben dieses Zeichens würde entweder einen Rechnungsfehler in bezug auf die Metallmenge beweisen oder anzeigen, daß die Form Schaden genommen und das Metall einen unbeabsichtigten Ausweg gefunden habe. Fig. 102 führt uns in die Gladenbecksche Gießerei in Berlin und zeigt uns den Augenblick, den der Dichter mit den Worten schildert:

„Wohl, nun kann der Guß beginnen,
Stoßt den Zapfen aus,
Gott bewahr' das Haus!"

Es handelt sich hier um den Guß einer Reiterstatue. In der Grube vor dem Schmelzofen (s. Fig. 102) ist die Form mit dem Kern aufgestellt und so weit mit Erde bedeckt, daß nur die Röhren (Pfeifen) auf dem Bilde sichtbar und die für den Einfluß des Metalls bestimmten

Öffnungen in dem Bassin frei bleiben, welche von den Arbeitern noch durch die eisernen Zapfen (Birnen) verschlossen gehalten werden. Meister Gladenbeck hat soeben den Ausfluß des strömenden Metalls bewirkt, und jetzt schießt's mit feuerbraunen Wogen in das Bassin, jedoch noch nicht in die Form. Erst auf das Kommandowort werden die Birnen aus den Einschlußöffnungen gezogen und der Strom stürzt nach unten.

Wird's auch schön zu Tage kommen,
Daß es Fleiß und Kunst vergilt?

Fig. 102. Ein Guß in der Gladenbeckschen Erzgießerei in Berlin.

Sind doch in diesem Moment 8000 kg Metall in die Erde aufgenommen. Nach mehreren Tagen ist der Guß in der Grube erkaltet, dieselbe kann aufgegraben, das äußere Modell abgebrochen und das Gußstück aus der Grube gehoben werden.

Die Zapfen, welche durch das Stehenbleiben des Flusses in den Eingüssen und Luftpfeifen entstanden, werden nun abgesägt, ebenso wird vom Kern und der Eisenrüstung das Überflüssige entfernt. Die aus der Figur heraussstehenden Eisenstangen werden bis unter die Oberfläche des Bildes weggenommen, die Vertiefungen mit Bronzemetall ausgeschlagen. Ist so das Bild aus dem Groben von überstehenden Metallteilen und von anhängendem Formsand befreit, so erfolgt die letzte Arbeit, das Ziselieren, durch die Künstlerhand, welches ihm die eigentliche Vollendung gibt. Mit Meißel, Feile und Schaber verleiht der Ziseleur, je nach seinem Kunstgefühl, wie der Bildhauer in Marmor, seinem Bilde Glätte, Weichheit und Rundung der Formen, Leben und Ausdruck.

In Deutschland geben eine nicht geringe Anzahl künstlerisch und technisch gelungener Kunstwerke, denen sich immer noch neue anschließen, ein schönes Zeugnis von der Vorzüglichkeit seiner Modelleure, Ziseleure und Gießer. Als gelungener Kolossalguß ist die Bavaria in München zu nennen, und wir wollen bei diesem so interessanten wie imposanten Kunstwerk etwas länger verweilen. Fig. 103 zeigt das Gießhaus, im Vordergrunde den Kopf der Bavaria mit seinen edlen Zügen, der zugleich eine Vorstellung von der Großartigkeit des Ganzen gibt, wenn man bedenkt, daß in seinem Innern sechs Personen Raum haben. Auf unserm Bilde wird der Guß eben von dem noch daran haftenden Formsande gereinigt und die Blätter werden von den Angüssen und Luftpfeifen befreit. Im Hintergrunde wird der fertig gegossene Arm aus der Dammgrube gehoben, nachdem man unten bereits die Form zerschlagen hatte. Außerdem erblicken wir noch verschiedene Formen, Büsten, auch ein vollendetes Monument.

Fig. 103. Inneres des Münchener Gießhauses (Modellsaal).

Die vollendete Statue der Bavaria hat mit dem 10 m hohen Postament eine Höhe von 32 m, und das dazu verwendete Erz (1560 Zentner) ist aus eroberten norwegischen und türkischen Kanonen gewonnen; unten ist die Metallstärke durchschnittlich $1^3/_4$ cm, oben $1^1/_4$ cm, und das Erzbild hat, ohne Piedestal, 233000 Gulden gekostet. Durch eine Thür an der Rückseite des Piedestals gelangt man auf einer steinernen Treppe von 66 Stufen in die Figur, die etwa bis zur Höhe der Waden ausgemauert ist. Von da ist der innere Raum frei (er erinnert an ein Bergwerk), aus welchem Nebengänge in den Löwen hineinführen. Eine Treppe von Gußeisen führt durch den Hals in den Kopf empor; sie hat 58 Stufen. Im Kopfe sind zwei Sofas wie in einem Zimmerchen, worin mehrere Personen (6—8) zugleich Platz finden; die Nase bildet einen ganz bequemen Sitz für sich.

Der berühmte Bildhauer Schwanthaler wurde mit dem Entwurfe und der Anfertigung des Modells beauftragt. Stiglmayer, unter dessen verständiger Leitung die Erzgießerei die bedeutendsten Fortschritte gemacht hatte, sollte den Guß ausführen, starb aber während der Arbeit, und erst sein Neffe, Ferdinand Miller, hatte die Genugthuung, diesen Koloß auszuführen. — Schwanthaler verließ die anfänglich gefaßte Idee einer

Statue nach griechischen Vorbildern und wandte sich zu dem Bilde einer deutschen Heldenjungfrau mit Schwert und Kranz, begleitet vom bayrischen Wappenlöwen. Ein kleines, nur 27 1/2 cm hohes Statuettchen war das erste Vorbild zu dem großartigen Koloß, welcher die Bewunderung der Beschauer erregt. Nach diesem wurde das erste Modell in einer Höhe von 6 m ausgeführt, dann das wirkliche danach übertragen und in Gips modelliert.

Hierzu ward zuerst ein 40 m hoher Turm von Holz als Modellhaus erbaut, mit Gängen und Galerien in verschiedener Höhe, mit Aufzügen, Steigwerken und Fahrstühlen versehen, um in jedem Augenblicke schnell an jeden bestimmten Ort gelangen zu können. Ein 3 m hoher Ziegelbau diente der Gestalt zum Postamente; viele Zentner Eisenwerk, Bänder und Anker lagen bereit, um die innere Verbindung des Modells zu bewirken. Hunderte von Fässern mit Gips waren aufgeschichtet, um daraus die erforderliche Masse zu bilden.

Fig. 104. Das Lutherdenkmal zu Worms.

Ungeheure Planen und Laken hingen, zum Studium des Faltenwurfs, von dem oberen Gebälke herab, und vier Jahre nur durch die Wintermonate unterbrochener Arbeit gehörten dazu, das kolossale Modell, von der Sohle bis zum Scheitel 18 m hoch, das den Arm mit dem Kranze noch 3 m hoch über das Haupt erhebt, bis zum Kern- und Modellguß der einzelnen Stücke der Bavaria und des Löwen zu vollenden. Zuerst wurde der untere Teil bis zum Gürtel auf dem Unterbau modelliert und dann das früher besonders geformte Bruststück mit dem Kopfe und den Armen aufgesetzt, hierauf aber das Ganze nochmals überarbeitet. Dies geschah im Herbste 1842, und Schwanthaler leitete diese Arbeit selbst.

Nachdem das Modell vollständig überarbeitet war, wurde es von oben herab wieder abgebrochen oder vielmehr zerschnitten, so daß es in zwölf Teile zerfiel. Die beiden Arme mit Schwert und Kranz wurden zuerst gegossen, und die Riesenhaftigkeit dieser einzelnen Gußteile läßt die Schwierigkeit der Einformung und des Gusses ahnen, welcher die Errichtung eines Ofens verlangte, in dem 25000 kg Metall zugleich geschmolzen werden konnten.

Einige Werke der neueren Erzgießerei stehen nicht minder durch künstlerische Vollendung als auch durch das Großartige der bewältigten Massen in erster Linie. Wir dürfen nur an das Schiller-Goethe-Standbild in Weimar, an das Lutherdenkmal in Worms (s. Fig. 104) und an das Niederwalddenkmal, die „Statue der Germania", erinnern, Werke, welche der deutschen Kunst einen würdigen Platz neben der antiken Erzbildnerei sichern.

Der Grundstein zu dem letzten Denkmal wurde am 16. September 1877 gelegt, am 28. September 1883 wurde es enthüllt. Sechs Jahre hat also die Vollendung gedauert und 1200000 Mark Kosten erfordert. Der Schöpfer desselben ist der Professor Schilling in Dresden. Aus Rebengrün und Tannenwald ragt die Germania hervor, zu ihren Füßen aber rauscht der deutsche Strom. Sie ist zu diesem Standpunkt ein ebenbürtiges, wahrhaft geniales Kunstwerk: „den Gefallenen zum Gedächtnis, den Lebenden zur Anerkennung, den kommenden Geschlechtern zur Nacheiferung."

Der Luft und Witterung ausgesetzt, nehmen Bronzestatuen im Laufe der Jahre den bekannten grünen Überzug an, der nicht nur seines Aussehens halber als „edler Rost" oder als Patina geschätzt wird, sondern auch, indem er das weitere Eindringen der chemischen Einwirkung von Luft und Feuchtigkeit verhindert, zur Konservierung der Bilder wesentlich beiträgt. Ursache dieser Erscheinung ist die Oxydation des Kupfers, die bekanntlich auch an alten Kupferdächern durch schöne grüne Farbe sich bemerklich macht. Der Überzug besteht aus basisch kohlensaurem Kupferoxyd von der Zusammensetzung des Malachits. Was die Natur auf diese Weise in vielen Jahren bewerkstelligt, sucht man rascher auf künstlich chemischem Wege zu erreichen, um neuen Werken das schöne Aussehen von alten zu geben, indessen sind alle Verfahren unzulänglich, da keines einen Rost von so vornehmem Aussehen, solcher Feinheit, Dichte und Dauerhaftigkeit hervorzubringen vermag, wie ihn die echte Patina darstellt. In großen Städten, mit ihren schwefligen Ausdünstungen aus Kloaken, Gasleitungen, dem Rauch von Stein- und Braunkohlen, erleidet die Bronze statt einer Oxydierung eine Schwefelung; es entsteht ein Überzug von schwarzem Schwefelkupfer. Das abschreckendste Beispiel gibt London, wo alle Bronzestatuen sich förmlich in Mohren verwandelt haben.

Ebenso wie manche Kupferlegierungen sich durch sehr große Härte auszeichnen und infolgedessen zur Herstellung von mancherlei Maschinenteilen eignen (Phosphorbronze), gibt es wieder andre (mit 8—10 Prozent Zinngehalt), die durch Erhitzen und rasches Abkühlen einen Grad von Weichheit erhalten, der sie zum Prägen geeignet macht. Man fertigt daraus in manchen Ländern Bronzescheidemünzen, wobei nicht sowohl Ersparungszwecke maßgebend sind, als vielmehr der Wunsch, den Münzen größere Dauer zu geben als das weiche Kupfer hat. Es bleibt aber die Prägung der Bronze im Vergleich zu dem feinen weichen Kupfer eine schwierige Arbeit, die man bei der Medaillenprägung zuweilen dadurch umgangen hat, daß man die Medaillen wirklich aus weichem Kupfer prägte und nachträglich oberflächlich bronzierte.

Beim Kupfer erhält man einen solchen Überzug sehr schön rotbraun in folgender Weise: man setzt die Münzen in Eisenoxyd (Eisenrot, caput mortuum) oder überzieht dieselben mit diesem Pulver, nachdem man es zu Brei angemacht, und trocknet dann die Stücke. In diesem Zustande setzt man sie in Rotglut, wobei das Eisenoxyd einen Teil Sauerstoff abgibt, der an das Kupfer tritt; mithin ist es eine Verwandlung in Oxydul, welche beim Kupfer Platz greift und dasselbe als Bronze erscheinen läßt.

Während bei uns gegenwärtig die Verarbeitung von Kupferlegierungen sich an verhältnismäßig wenig festgehaltene Rezepte bindet, ist in andern Ländern, und namentlich in Japan, diese Kunst in viel mehr erweiterter Ausübung. Man weiß die verschiedenartigsten Farbenwirkungen durch geeignete Mischung der Metallmassen hervorzubringen und diese verschiedenfarbigen Legierungen zu künstlerischen Effekten zu verwerten. Selbst Gold setzt man bis 10 Prozent zu, und Legierungen von Silber und Kupfer findet man, in denen die beiden Metalle fast zu gleichen Teilen vertreten sind. Besonders ausgezeichnet sind die zu gewöhnlicheren Zwecken angewendeten Bronzen durch einen oft recht beträchtlichen Bleigehalt, der bis zu 12 und mehr Prozent steigt. Ihm verdanken die daraus dargestellten Gegenstände eine besonders schöne schwärzliche Patina. Goldhaltige Bronzen werden durch

Sieden in einer kupfervitriol-, alaun- und grünspanhaltigen Lösung behandelt, welche von der Oberfläche das Kupfer auflöst und eine leichte Goldschicht hervorruft, die eine schöne bläuliche Färbung bewirkt u. s. w., kurz, es läßt sich von den Japanesen auch in diesem Zweige der Metalltechnik noch viel lernen.

Fig. 105. Das Nationaldenkmal auf dem Niederwald.

Wir übergehen die zahlreichen Rezepte, durch welche mittels Eintauchens und namentlich durch Sieden in gewissen metallsalz- und säurehaltigen Flüssigkeiten Kupfer und Messing ebenfalls bronziert und Bronze selbst in ihrem Farbetone erhöht werden kann, und bemerken nur, daß man es in vielen Fällen durch nachträgliches sorgsames Erhitzen in der Gewalt hat, die erhaltenen Bronzetöne noch zu verändern, namentlich dunkler zu machen. Auf der letzten Wiener Ausstellung waren von Pariser Fabrikanten sehr schöne schwarze Bronzen ausgestellt, die durch ihre feine Färbung viele Liebhaber fanden. Anderseits sind in den letzten Jahren wieder gewisse goldgelbe Legierungen (cuivre poli) in die Mode gekommen, wie sie im 17. und 18. Jahrhundert namentlich zu Leuchtern und Dekorationsgegenständen verarbeitet wurden. Aus solchen werden namentlich in Wien reizende Luxusartikel hergestellt, deren Ausführung und Ausstattung die Bronze schon in Konkurrenz mit den Edelmetallen treten läßt, da Vergoldung und Versilberung sowohl als auch die sorgfältigste Ziselierung und die Verzierung mit Edelsteinen, Emails, Mosaiken u. s. w. auf dieselben angewendet wird. Wir gaben einige Abbildungen von derartigen kunstgewerblichen Erzeugnissen, in deren Hervorbringung Wien, dank des Einflusses, welchen das Österreichische Museum gewonnen hat, selbst Paris überflügelt. Berlin und Iserlohn erzeugen neben teureren Gegenständen auch viel billige Ware, doch ist es nicht zu verkennen, daß die deutsche Bronzewarenindustrie in den letzten Jahren einen ganz bedeutenden Aufschwung genommen hat. Die Aluminiumbronze wird ihrer schönen Farbe, messinggelb, wegen zu solchen Artikeln vielfach angewendet, häufiger aber werden messing- oder tombakähnliche Metallmischungen verarbeitet, deren Oberfläche bei feineren Gegenständen echt vergoldet, sonst nur mit Goldfirnis überzogen wird.

Messing. Diesen Namen führt eine Legierung von Kupfer und Zink. Betrachten wir das Wort Messing hinsichtlich seiner sprachlichen Herkunft, so finden wir, daß die Forschung damit nicht viel anzufangen gewußt hat. Nach Aristoteles hießen die Leute am Schwarzen Meere, welche die Vergilbung des Kupfers durch Verschmelzen mit einer gewissen Erde zuerst betrieben haben sollen, die Messinöken oder Mössinözier, ihr Produkt also mössinözisches Erz. Wäre diese Benennung nachweislich im Altertum allgemein üblich gewesen und ließe sie sich von Griechen auf Römer und spätere Völker verfolgen, so würden wir hierin den Ursprung unsres Wortes finden; es findet sich aber keine Spur hiervon. Nur die Deutschen haben dies Wort, und die Polen und andre slawische Völker, denen die Deutschen in technischen Dingen Lehrer waren, haben dasselbe nach ihrer Zunge eingerichtet. Es mag also wohl soviel heißen sollen wie „Mischung". Messing = myssing ist in der That nach den Autoritäten = „gemischtes Metall". Heißt ja auch jetzt noch im Mecklenburgischen das durch Fritz Reuter selbst in die Litteratur eingeführte komische Gemisch von Plattdeutsch und Hochdeutsch, das die Halbgebildeten reden, um ganzgebildet zu erscheinen, „Messingsch". Die Volkssage, daß die Nürnberger das Messing erfunden, kann ihren Grund nur darin haben, daß in jener gewerbfleißigen Stadt im Mittelalter das Messing so massenhaft verarbeitet wurde, wie vielleicht an keinem andern Orte der Welt. Der Name Mossin oder Messing tauchte überhaupt im 15. Jahrhundert zuerst in Deutschland auf. Die Alchimisten des Mittelalters kannten die wahre Natur des Messings noch nicht, sondern glaubten gleich den Alten, daß das Kupfer durch das Galmei einfach nur gefärbt werde.

Die Legierungen des Kupfers mit Zink haben in der Technik eine viel mannigfaltigere Verwendbarkeit als die entsprechenden mit Zinn; ihre Farbenschattierungen können von der Weiße des Zinks bis zum tiefen Goldgelb variieren. Die Zusammensetzung der schlechthin unter dem Namen Messing begriffenen Legierungen ist so schwankend, daß sich kaum eine Formel dafür feststellen läßt. Nicht zwei Messingwerke stimmen in dem Gehalt ihrer Masse überein; man hat den Kupfergehalt von 50 bis über 80 Prozent gefunden.

Das Messing hat im allgemeinen mit dem Kupfer die Eigenschaft, im kalten Zustande in hohem Grade dehn- und hämmerbar zu sein; es läßt sich mit Leichtigkeit strecken, zum dünnsten Blech walzen, zum feinsten Draht ausziehen und durch Treiben in jede beliebige Form bringen. Da diese Eigenschaft vom Kupfer herstammt, so ist es natürlich, daß dieselbe mit der Höhe des Kupfergehalts zunimmt. Anderseits hat der Zinkzusatz dem Kupfer Eigenschaften erteilt, welche der Legierung wertvolle Vorzüge vor dem reinen Metall verleihen. Das Messing ist härter, der Abnutzung und atmosphärischen Einflüssen weniger unterworfen als jenes, besitzt eine angenehmere Farbe und große Politurfähigkeit. Als Gußmaterial betrachtet, besitzt das Messing einen niedrigeren Schmelzpunkt als das Kupfer, ist in geschmolzenem Zustande weit dünnflüssiger und füllt die Form gut aus, ohne wie jenes blasig zu werden. Zu dem allen tritt noch die weit größere Wohlfeilheit des Messings im Vergleich zum Kupfer, und wir haben hier den seltenen Fall, daß ein Stoff durch Zusatz eines andern, wohlfeileren, nicht nur verwohlfeilert, sondern auch in seinen Eigenschaften wesentlich verbessert wird.

Hiernach ist es natürlich, daß das Messing in so ausgedehnter Anwendung steht, sowohl zu kleineren Gußstücken als zu andern Verarbeitungen, daß wir demselben im Haus- und täglichen Leben, in Anwendung auf kleine Maschinen, Apparate, Gerätschaften u. s. w. immer und immer wieder begegnen. Nur in der Küche zu eigentlichem Koch- und Speisegeschirr taugt das Messing ebensowenig wie das Kupfer; es ist noch leichter löslich in Säuren als dieses, und seine Auflösung enthält statt eines Giftes deren zwei.

Das gewöhnliche Messing, so duktil es in der Kälte sein kann, ist in glühendem Zustande brüchig und geht unter dem Hammer in Stücke. Ein schmiedbares Messing war in den Augen der Werkleute lange ein Unding, doch hat sich schließlich ein solches noch gefunden. Legierungen von 60 Teilen Kupfer und 40 Teilen Zink bis 70 : 30 sind in glühendem Zustande unter Hämmern und Walzen streckbar.

Fig. 106. Uhr aus vergoldetem Messing im Stile Louis' XIV. von Susse Frères in Paris. Wiener Ausstellung 1873.

Für gewöhnlich enthält das Messing noch eine bald mehr, bald minder große Zahl verunreinigender Metallbeimischungen, aus der unvollkommenen Reinheit der zur Bereitung verwendeten Metalle oder Erze herrührend, die indes, wenn sie gewisse Grenzen nicht überschreiten, keinen sehr nachteiligen Einfluß ausüben. Blei oder Zinn können sogar erwünscht sein, und man setzt sie in manchen Fällen, wo sie fehlen, zu. Blei (etwa zwei Prozent) gibt dem Messing mehr Weiche und Dehnbarkeit, und das Messing für Graveure wird mit etwas Zinn versetzt, weil es dann scharf vor dem Stichel losgeht und der Span sich williger hebt und aufwindet. Einen nützlichen Gehalt an Eisen zeigt das seit einigen Jahren aufgekommene Eich- oder Sterrometall, das als eine Legierung von $60,_2$ Kupfer, $38,_2$ Zink und $1,_6$ Eisen befunden wurde. Es gleicht an Farbe dem gelben Messing, hat auf dem Bruch ein Korn wie gehärteter Stahl, ist in der Hitze schmiedbar und von einer größeren Widerstandsfähigkeit als Eisen, so daß es in kleinen Mechanismen und andern Anwendungen den Stahl zu ersetzen geeignet scheint. In Österreich ist es als Kanonenmetall verwendet worden; in unsern städtischen Wasserleitungen ist es als Material für die Ventilspindeln als fest und rostfrei sehr beliebt.

Ist das Kupfer in den Legierungen in größerem Anteile als $2^1/_2$ Teile zu 1 Teil Zink vorhanden (es können z. B. 5—10 Teile Kupfer auf 1 Teil Zink kommen), so gehören sie in die Klasse des Rotgusses (Rotmessing, Tombak, nach dem indischen Worte tamba, tambaka = Kupfer). Diese kupferreichen Legierungen werden mit zunehmendem Kupfergehalt tiefer an Farbe, feiner im Korn, weicher und dehnbarer. Das rote Messing findet gleich dem gelben zu den verschiedensten Zwecken Verwendung, sowohl in gegossenen Artikeln als zu Kurzwaren. Der tiefere Farbenton macht die kupferreichen Legierungen besonders geeignet für Artikel, die vergoldet werden; sie dienen daher in großer Ausdehnung zu Bijouterien, Knöpfen u. dgl.

Handelt es sich um bloßen Zierat oder um Gegenstände, bei denen der äußere Schein die Hauptsache ist, so wird man diesen kultivieren, also auf die Erhöhung des Farbentons hinarbeiten, und die zum Teil schon wieder vergessenen Namen Similor, Pinschbeck, Prinzmetall u. s. w. geben Zeugnis von den Bemühungen, dem Golde Rivalen zu geben oder doch ein „armer Leute Gold“ herzustellen. Seit einigen Jahren ist wieder ein künstliches Gold, das Talmigold, aufgetaucht, das besonders zu Uhrketten verarbeitet im Handel erscheint. In der That hat es eine schöne goldgelbe Farbe und hält dauerhaften Glanz. Man fand es bestehend aus Kupfer 86,4, Zink 12,2, Zinn 1,1, Eisen 0,3, das letztere wahrscheinlich nicht absichtlich beigesetzt.

Die Legierungsgrenzen, innerhalb welcher schöne goldgelbe Produkte erhalten werden, liegen überhaupt ungefähr von 80 Kupfer, 20 Zink, bis 88 Kupfer, 12 Zink. Setzt man solchen Legierungen ein wenig Blei zu, so bewirkt dies nach dem Polieren einen gewissen Reflex, welcher ihnen Ähnlichkeit mit dem grünen Golde gibt. Unbezweifelte Goldmacher in den Augen ihres speziellen Publikums sind die Nürnberger und Fürther, wenn sie aus einer Mischung von 11 Teilen Kupfer und 2 Teilen Zink, also einer Sorte Tombak, das Schaum- und Klebegold schlagen für die Äpfel und Nüsse des Christbaums, oder gelbes Messing zu dem beliebten Knittergold dünn auswalzen.

Wie schon beim Zink bemerkt, verstand man sich schon lange auf die Erzeugung von Messing, bevor man wußte, daß ein besonderes Metall existiere, welches zu dem Kupfer tretend dessen Farbe und Eigenschaften beeinflusse.

Die alte Methode, bei welcher das Zugutemachen des Zinks und seine Verschmelzung mit Kupfer in eine Operation zusammenfällt, war Jahrtausende hindurch die allein bestehende. Ganz beseitigt ist übrigens das alte Verfahren noch heute nicht, sondern es kommt hier und da noch in Anwendung, da es in der That durchaus nicht unvorteilhaft ist. Zur Bereitung des Messings nach dieser Art dienen Windöfen, wie Fig. 107 einen darstellt. Sie fassen gleichzeitig 7—8 Tiegel aus feuerfestem Thon, die auf einem Rost stehen und mit glühenden Steinkohlen umgeben sind. B sind die Thüren, C die Aschenlöcher, A die Deckel der Kaminröhre, welche durch in den Kanälen befestigte Säulen unterstützt sind. In einem besonderen hölzernen Kasten wird das Gemenge von 27 kg Kupfer, 41 kg Galmei und 1/3 des Volumens beider an Kohlenstaub zur Füllung von sieben thönernen Tiegeln zum Schmelzen geknetet. Das Kupfer kommt in kleinen Stücken in den Tiegel. Zu diesem Zwecke wird also vorher das Garkupfer gebrochen und granuliert, d. h. geschmolzen in kaltes Wasser gegossen und nachher erst mit der Zinkbeschickung zusammen in den Tiegeln eingeschmolzen. Früher mußte man den Schmelzprozeß zweimal durchführen, da man mit dem Galmei dem Kupfer nur 20—27 Prozent Zink auf einmal einverleiben kann. Der erste Ausguß hieß Arcot (Roh- oder Stückmessing); er wurde wieder zerschlagen oder in dünne Platten gegossen und mit neuem Zuschlag eingeschmolzen. Jetzt setzt man das fehlende Zink in metallischer Form zu und erspart das doppelte Schmelzen. Ebenso verfährt man mit dem Ofenbruch, der für sich, ohne Zusatz von Zinkmetall, kein Messing gibt. Aus den Tiegeln nun, welche die Kupfer-, Zink- und Kohlenmischung enthalten und die einer sich nach und nach steigernden Hitze ausgesetzt werden, entsteigen nach 6—7stündigem Feuern, wobei schließlich fast Weißglühhitze gegeben wird, der Masse Zinkdämpfe. Das Zink hat also seine Reduktion aus dem Erz begonnen. Man mäßigt nun das Feuer, um erstlich nicht zu viel Zink zu verjagen und dann auch das Kupfer nicht zu rasch in Fluß zu bringen; es soll vielmehr nur tröpfelnd in der Beschickung niedergehen und so den Zinkdämpfen die größte Oberfläche darbieten. Nach abermals 6—7 Stunden hört die Entwickelung der Zinkdämpfe auf, ein Zeichen, daß die Vereinigung vollendet ist. Man hebt die Tiegel mit Zangen aus dem Ofen und entleert sie in einen vorher glühend gemachten größeren Tiegel, der vor dem Ofen in einer Grube steht, rührt die Masse gut durcheinander, reinigt sie oberflächlich und gießt das Metall aus. Der Plattenguß in eisernen Formen gelingt nicht gut, daher man Granittafeln anwendet, deren zwei eine Gußform bilden. Auseinander gehalten werden sie durch an den Rändern zwischengelegte vierkantige Eisenstäbe, welche die Dicke der Messingplatte bestimmen. Die Steinplatten erhalten auf der Gußseite einen Überzug von Lehm, der mit Kohlenfeuer angetrocknet ist und etwa 20 Güsse aushält, und auf den Lehm einen dünnen Überzug von Kuhkot, welcher aber nach jedem Gusse erneuert werden muß. Man rechnet, daß drei Gewichtsteile Steinkohle nötig sind, um in dieser Weise einen Teil Messing zu gewinnen. Die Schmelzung in Flammöfen ist ebenfalls versucht worden, der Verlust durch Abbrand ist aber sehr bedeutend.

Die direkte Darstellung des Messings aus seinen beiden Bestandteilen, wie sie jetzt vorzugsweise üblich ist, erfordert eine fast nur halb so lange Schmelzzeit; man kann größere Mengen auf einmal bearbeiten, und der Verlust durch Verflüchtigung von Zink ist geringer. Auch hat man es hierbei besser in der Gewalt, Legierungen von einem vorher bestimmten Verhältnis herzustellen. Das Zusammenschmelzen beider Metalle kann indessen nicht so geschehen, daß zuerst das Kupfer geschmolzen und das Zink sodann hineingerührt würde; dies würde keine gut gereinigte Masse geben, und die plötzlich entstehenden Zinkdämpfe müßten fast unvermeidliche Explosionen verursachen. Man legt vielmehr das Zink in kleinen Brocken zu unterst in den Tiegel, obenauf das ebenfalls zerkleinerte Kupfer, und bedeckt das Ganze mit einer dicken Schicht Kohlenstaub. Die Vereinigung erfolgt auf diese Weise ganz allmählich. Ist der Satz in Fluß, so erfolgt der Ausguß, wie schon gesagt, in schweren Tafeln, und zwar erhält man Messing oder Tombak, je nachdem das Verhältnis von Kupfer und Zink auf das eine oder andre eingerichtet war. Die Behandlung beider für die fernere Verarbeitung ist ganz dieselbe. Die Tafeln werden meistens mit Kreissägen der Länge nach zerteilt und die Stücke sodann weiter ausgereckt, früher unter Hämmern, jetzt meistens auf Walzwerken. Diese Streckarbeit geschieht stets auf kaltem Wege, da die gewöhnlichen Messing- und Tombaksorten in glühendem Zustande nicht geschmeidig sind. Nach jedem Durchgange aber, oder beim Dünnerwerden nach zwei oder drei Durchgängen durch die Walzen, müssen die Tafeln ausgeglüht werden, um ihnen die Walzhärte zu benehmen.

Fig. 107. Ofen einer Messingschmelzhütte.

Da die Walzen sehr rasch arbeiten, darf auch das Ausglühen und Wiedererkalten der oft sehr langen Platten keinen Aufenthalt verursachen. Man hat daher einen geschlossenen Ofen oder Flammherd mit zwei gegenüberstehenden eisernen Aufzugthüren, durch welche eine Eisenbahn geführt ist. Zwei eiserne Karren werden abwechselnd, so daß immer einer im Ofen steht, be- und entladen, indem man zwischen die aufeinander gelegten Platten Bohrspäne u. dergl. bringt, damit die Hitze durch dieselben zirkulieren kann. Werden die Bleche dünner, so walzt man vier, sechs und mehr miteinander. Viele Blechgattungen werden solcherart auf den Walzwerken ganz fertig gemacht, andre, sehr dünne und breite, werden bloß in die Länge gestreckt und unter Schnellhämmern, die 400 Schläge in der Minute machen, fertig geschlagen. Nach beendigtem Walzen werden die durch Oxydation geschwärzten Tafeln rein gebeizt und mittels eines Messers zur Erzeugung des Glanzes geschabt. Die starken Tafeln erhalten diese Bearbeitung auf einer Hobelmaschine.

Zum Behuf des Drahtziehens schneidet man Blech von passender Stärke zu Stäbchen, die dann durch den Drahtzug weiter ausgereckt werden; sonst geht das meiste Messing in Form von Tafeln und Blechen in den Konsum, seltener als **Stückmessing**, welches nach dem Schmelzen lediglich in Gestübbe ausgegossen und noch heiß in Stücke geschlagen wurde. Die dicksten und breitesten Tafeln dienen zu größeren Arbeiten, wie zu Pumpenstiefeln, Spritzrohren ꝛc.; zerstückelt dienen sie den Graveuren zur Herstellung starker Prägeplatten.

Etwas schwächeres Tafelmessing gebrauchen Gürtler, Wagenarbeiter und dergleichen. Zu den dünneren Blechformen gehören Uhrmachermessing, federhart gewalzt, Trommelmessing, Rollmessing (in Rollen aufgewickelt); façonniertes Messing kommt vor als Uhrmachertrieb, Nägelmessing u. s. w. Eine besondere und jetzt sehr beliebte Art Messing ist das Cuivre poli. Die daraus verfertigten Gegenstände sind namentlich Beleuchtungsgegenstände, Schreibzeuge, Uhren, Dekorationsstücke für Speisezimmer, zahlreiche feinere Gerätschaften u. s. w. Schon im Mittelalter kannte man das Cuivre poli. Der Stoff ist eine Legierung von Kupfer und Zink, daher nichts andres als Messing und sollte, wie auch stellenweise geschieht, Glanzmessing genannt werden. Früher polierte man dasselbe (daher der Name), jetzt schleift man es, da es so einen gleichmäßigeren Glanz als das polierte annimmt.

Messingguß. Nächst dem Eisen ist Messing dasjenige Material, welches am häufigsten zur Herstellung von Gußwaren dient. Das Gießen in Messing und die Herstellung der zugehörigen Formen ist Sache der Gelbgießerei; die Tombak verarbeitende Rotgießerei unterscheidet sich sonst von jener in nichts Wesentlichem. Der Gürtler gießt ebenfalls neben Bronzesachen viele seiner Produkte in Messing.

Zum Schmelzen dienen Graphittiegel, welche bei Koksfeuerung sechs bis acht, bei Holzkohlen gegen zwölf Schmelzungen aushalten. Ein Tiegel enthält gewöhnlich 15 bis 26 kg Messing. Zu den Formen benutzt man thonhaltigen Sand, der in zu magerem Zustande durch Beimengung von Kleister, Dextrin oder Sirup bündiger gemacht wird, während man zu fetten durch Mischung mit Kohlenstaub verbessert. Die Modelle werden entweder von Holz angefertigt und zum Schutz gegen die Feuchtigkeit mit einem Lack überzogen, oder für Fälle, wo sie immer wieder gebraucht werden sollen, aus Zinn oder Messing. Das Einformen und Gießen geschieht in Kästen oder Flaschen, wie bei der Eisengießerei. Das Messing erfährt beim Erkalten des Gusses eine kräftige Zusammenziehung, weshalb erstens die Modelle etwas größer gemacht werden müssen, als die Güsse werden sollen, und zweitens die Notwendigkeit sich ergibt, diese sofort nach dem Erstarren durch Entfernung der Formen bloßzulegen, damit sie sich frei zusammenziehen können. In der Form liegend würde die Formmasse sie daran hindern, und der Guß würde daher in vielen Fällen zerreißen. Der Gießer muß auf diesen Umstand Rücksicht nehmen. Er kann z. B. nicht ohne weiteres eine messingene Schraubenmutter um eine eiserne Schraube gießen; das Messing würde, weil es früher erkaltet und sich zusammenzieht als der Eisenkern, entweder reißen oder nach dem Erkalten so fest an der Schraube sitzen, daß diese sich nicht losdrehen ließe. Wird aber die Schraube vorher mit einem dünnen Lehmbrei bestrichen, so daß sie nach dem Trocknen einen ganz dünnen Überzug von Lehm hat, so kann nunmehr das Messing umgegossen werden. Der Lehm läßt sich mit Wasser fortspülen und die Schraube ist drehbar. Eigentlicher Lehmguß kommt beim Messing nur in einzelnen Fällen vor, wie z. B. bei der Herstellung von Feuerspritzenstiefeln und Walzen für den Zeugdruck.

Fig. 108.
Glocke aus der Glockengießerei von Joh. Hermann in Memmingen.

Immer wechselnd, fest sich haltend,
Nah und fern, und fern und nah,
So gestaltend, umgestaltend —
Zum Erstaunen bin ich da.

Goethe.

Blei, Zinn und Quecksilber.

Blei. Geschichtliches. Erze. Gewinnung des Bleies aus denselben. Der Sumpfofen. Raffinieren des Bleies auf dem Treibherde. Der Silberblick. Glätte. Pattinsonieren. Entsilbern des Bleies durch Zink. Frischen der Glätte. Technische Verwendungen desselben zu Schrot, Kugeln, Platten, Röhren, Draht. Giftige Eigenschaften. — Das Zinn. Geschichte. Vorkommen in England und im Erzgebirge. Ostindisches Zinn. Gewinnung des Zinnsteins auf Seifen und durch Bergbau. Aufbereitung und Verschmelzung. Reinigung des Zinns. Technische Verwendung. Verzinnen. Weißsieden. Zinnguß. Legierungen und Zinnpräparate. — Das Quecksilber. Was man früher davon hielt. Seine Eigenschaften. Festes Quecksilber. Schädlichkeit der Quecksilberdämpfe. Vorkommen und Gewinnung. Quecksilberwerke von Almaden, Rheinbayern, Idria, Kalifornien. Zinnober. Verhüttung desselben. Reinigung des metallischen Quecksilbers. Verwendungsarten. Amalgame und sonstige Verbindungen.

Blei ist aller Wahrscheinlichkeit nach eines der am längsten bekannten Metalle; es ist von ihm die Rede in den ältesten Überlieferungen, in der Bibel (Moses und Hiob) unter dem Namen Badil, und im Homer, wo es molybdos heißt. Das auffallende und vielversprechende Ansehen der Bleierze und die Leichtigkeit, mit welcher sie das reine Metall hergeben, machen das frühe Bekanntwerden erklärlich. Aus den Römerzeiten haben wir von Plinius bestimmte Nachrichten über den Gebrauch des Bleies; man verwendete es zum Belegen der Schiffsböden und zu Wasserleitungsröhren, die man nach Plinius' Angabe mit einer Legierung von 2 Teilen Blei und 1 Teil Zinn lötete, und von welchen noch jetzt Überbleibsel vorhanden sind. Es waren das die kleinen Verteilungsröhren des Wassers, die es aus den gemauerten Kanälen in die Häuser führten. Auch die Anwendung des Bleioxyds, der Bleiglätte, zu Töpferglasuren soll im Altertum schon gebräuchlich gewesen sein, und daß man dasselbe auch zu Glasflüssen verwendete, ist durch Untersuchung alter Gläser gefunden worden.

Als Bezugsquelle des Bleies mochte den alten Mittelmeervölkern das so sehr bleireiche Spanien dienen, wo schon, lange bevor die Römer das Land in Besitz nahmen, Bleibergwerke in Betrieb waren. Die Alchimisten belegten das Metall mit dem Namen Saturn.

Das Blei ist in vielerlei Beziehung ein unedles Metall: es besitzt weder Klang noch Elastizität verliert seinen Metallglanz, den es auf frischen Schnittflächen zeigt, sehr bald an der Luft und wird mattgrau; selbst von reinem Wasser wird es bei Gegenwart von Luft angegriffen und allmählich in weißes Bleihydroxyd (Bleioxydhydrat) verwandelt; seine Lösungen und alle seine Präparate sind Gifte; dennoch besitzt es physikalische und chemische Eigenschaften, die ihm eine häufige und mannigfache Verwendung sichern. Seine Haupteigenschaft ist seine Weichheit und seine Biegsamkeit, die auch durch die Bearbeitung nicht wesentlich beeinflußt wird, dagegen besitzt es nur sehr geringe Festigkeit, denn ein 2 mm dicker Bleidraht reißt schon bei 9 kg Belastung. Es hat ein sehr hohes spezifisches Gewicht, $11{,}_{37}$, und da es sehr leichtflüssig ist, so dient es vielfach zum Ausgießen hohler Gegenstände, die dadurch ein größeres Gewicht erlangen sollen. Es schmilzt schon bei 332° und verdampft bei Weißglühhitze; erstarrt zeigt es in der Regel keine ausgeprägte Kristallisation, indessen vermag es bei gewissen Hüttenprozessen, z. B. dem Pattinsonieren (S. 211), in Kristallformen aufzutreten, welche dem Tesseralsystem angehören (Würfel, Dodekaeder, Oktaeder).

Auch in Hinsicht seines Vorkommens ist das Blei ein ziemlich gemeiner Stoff, der massenhaft, wenn auch geographisch ungleich verteilt, auftritt. In Europa sind besonders die westlichen und zum Teil die südlichen Gegenden reich an Blei, während der Norden und Osten davon sehr wenig besitzen. Am reichlichsten bedacht in fast allen seinen Provinzen ist Spanien, das nur industriöser sein müßte, um den ganzen Bleimarkt zu beherrschen; seine gegenwärtige Lieferung wird auf 120000 Tonnen zu 1000 kg jährlich angegeben. England, welches in seinen die Kohlenformation begleitenden Kalkbergen, besonders in Northumberland, Durham, Cumberland und Wales, einen großen Bleireichtum besitzt, liefert ungefähr 60000 Tonnen. Frankreich hat wenig Blei, seine Produktion beläuft sich auf ungefähr 15000 Tonnen; dagegen produzierte Preußen allein im Jahre 1882: 86626 Tonnen, das Königreich Sachsen 5064 Tonnen Blei, im ganzen Deutschen Reiche betrug die Produktion 1882: 95590, 1883 nur 90732 Tonnen Blei. Österreich lieferte 1882: 8012 Tonnen Blei. Von den übrigen Staaten treten nur noch Italien hervor mit 10000 und Belgien mit 8000 Tonnen, während Schweden und Rußland sich mit weit geringeren Ziffern abfinden. Die deutschen Bleierzfundorte sind besonders der Harz (Goslarer Blei), das Erzgebirge (Freiberger Hütten), Oberschlesien mit der großartigen Staatsanstalt Friedrichshütte zu Tarnowitz, das rheinisch-westfälische Schiefergebirge, der Schwarzwald; in Österreich sind es die Kärntner Alpen und namentlich die Gegend um Bleiberg in Illyrien. Bleierze liegen, wo sie vorkommen, meist so massenhaft, daß die Metallausbringung viel größer sein könnte, wenn der Markt im stande wäre, zu entsprechenden Preisen mehr davon aufzunehmen. Wie die Bleipreise aber stehen (29—30 Mark pro 100 kg für Walzblei), sind Bleilager, die nicht wenigstens ein Minimum Silber enthalten, unter Umständen gar nicht bauwürdig. Am wenigsten kann dies Metall weite Landverfrachtung ertragen. Ungarn könnte Unmassen von Blei liefern, wenn es Abnehmer dafür hätte. Nordamerika hat im Innern Bleierze in Menge, aber es bezieht doch, wenigstens für den Bedarf seiner Oststaaten, jährlich noch ziemliche Quantitäten aus England und Deutschland.

Das Blei kommt nur äußerst selten und in geringer Menge gediegen in der Natur vor; obwohl es den Einwirkungen der atmosphärischen Luft schlecht widersteht, hat es an manchen Orten doch seinen regulinischen Zustand sich zu bewahren gewußt, allein die Mengen, in denen es solcherart auftritt, sind so gering, daß sich ein wirtschaftliches Interesse nicht daran knüpfen kann. Für die technische Verwertung haben nur die Bleierze Interesse, und unter ihnen ist der Bleiglanz (Schwefelblei oder Galenit) das hauptsächlichste Material für die Bleigewinnung. Er kann unter den vielartigsten Verhältnissen, auf Gängen und Lagern, in älteren und neueren Gebirgsarten auftreten; besonders gern jedoch hält er sich an das Kalkgebirge oder er erscheint wenigstens häufig in Begleitung von Kalk. Da das Blei bei Weißglühhitze Dampfgestalt annimmt, so kann man sich den Bleiglanz als kristallisierten Niederschlag von Schwefel- und Bleidämpfen vorstellen. Ja, in Bleihütten entstehen diese Bildungen oft von neuem, indem sich aus den Ofendämpfen in Spalten des Ofengemäuers die zierlichsten Bleiglanzkristalle ansetzen. Der meiste Bleiglanz ist jedoch unzweifelhaft auf nassem Wege unter Mitwirkung des Wassers entstanden. Der natürlich vorkommende Bleiglanz ist ein sehr schönes, hartes Erz von dunkelblaugrauer Farbe und lebhaftem Metallglanz; er kristallisiert in deutlich ausgeprägten Würfeln oder in den zwischen dem Würfel und dem Oktaeder liegenden Übergangsformen des tesseralen Systems; immer ist er durch sein ausgezeichnetes Spaltungsvermögen charakterisiert, das ihn stets wieder zu würfelförmigen, ganz regelmäßig geformten Stücken zerspringen läßt, wenn ein größeres Stück in kleinere zerschlagen wird. In der Regel ist auch der Bleiglanz silberhaltig, aber in sehr geringem Grade, und gerade die silberärmsten Proben zeigen die schönsten und größten Kristallflächen. Der Bleiglanz läßt sich zuweilen in großen, soliden Blöcken ausbrechen; so hob man z. B. vor einigen Jahren in einer Grube bei Aachen ein Stück von 864 kg Gewicht und in einer polnischen Klosterkirche findet sich sogar eine aus diesem Material gehauene Heiligenstatue. Der Luft ausgesetzt verliert jedoch das Erz mit der Zeit äußerlich seinen Glanz, wird trübe und unscheinbar.

Den Bleiglanz an sich benutzt man gepulvert zu Streusand, zur Töpferglasur (Glasurerz, franz. alquifoux) sowie zum Ausputz kleiner bergmännischer Industrieerzeugnisse, bei weitem am meisten aber wird er verhüttet. Er enthält etwa 86 Prozent metallisches Blei; von fremden Metallen, die natürlich ebenfalls als Schwefelverbindungen auftreten, finden sich meistens einige Prozent Zink (Zinkblende), dann Silber, Kupfer, Arsen, Antimon u. s. w. Der sehr häufig vorhandene Silbergehalt gewährt natürlich das größte Interesse, und trotz seiner Geringfügigkeit bildet daher der Bleiglanz zuweilen ein wichtiges Material zur Silbergewinnung. Ein Gehalt von einem Prozent Silber ist schon ein bedeutender und nur als Ausnahme vorkommender; meistens enthält ein Zentner Bleiglanz nur 50—60 g Silber, aber auch diese Wenigkeit wird zu Gute gemacht, und ihr zuliebe heißt manche Grube dann immer noch eine Silbergrube.

Neben dem Bleiglanz und oft aus ihm durch Verwitterung entstanden findet sich bisweilen kohlensaures Bleioxyd (Bleikarbonat, Weißbleierz) in solcher Menge vor, daß es verhüttet werden kann; man hat es teils kristallinisch, teils derb, körnig und dicht, zuweilen auch erdig (Bleierde). Ein sehr mächtiges und ausgedehntes Lager solchen Weißbleierzes wurde vor einigen Jahren in Colorado entdeckt; das Erz erscheint dort in Form eines weißen, stark silberhaltigen Sandes.

Interessant, aber ohne Bedeutung für die Bleihütten sind nachfolgende Bleierze: Grünbleierz oder Pyromorphit (Bleiphosphat), Rotbleierz (Bleichromat), Gelbbleierz (Bleimolybdänat) und Bleivitriol (Bleisulfat). Auch im Boulangerit, Bournonit, Nadelerz und einigen andern Mineralien bildet das Blei einen Bestandteil.

Die Gewinnung des Bleies aus seiner Vererzung gestaltet sich am einfachsten bei dem Weißbleierz, das indessen nur in selteneren Fällen (in der Eifel, in Colorado) für die Verhüttung reichlich genug vorhanden ist. Mit Koksklein vermischt und im Flammofen unter einer Schlackendecke erhitzt, reduziert sich das Erz leicht und läßt seinen Metallgehalt ausfließen. In allen andern Fällen hat man es mit Schwefelverbindungen zu thun. Aber auch die Verarbeitung reinen Bleiglanzes bietet keine Schwierigkeiten, nur durch die Mitanwesenheit andrer Metalle wird der Prozeß mitunter sehr kompliziert, und die Methoden zur Gewinnung erleiden hiernach mancherlei Abwandlungen, lassen sich jedoch auf zwei Hauptklassen, Röstarbeit und Niederschlagarbeit, zurückführen.

Die Aufbereitung und der Zerkleinerungsgrad des Bleierzes richten sich nach der Beschaffenheit und Reinheit desselben, sowie nach dem nachher einzuschlagenden Verfahren des Ausbringens. Durch Handscheidung werden die reinen Erzstufen abgesondert und von der Gangart durch Hämmer möglichst befreit; die unreinen werden gepocht und durch Siebsetzen und Schlämmen gereinigt und konzentriert. Die Zerkleinerung der reinen Erze fällt weg, wenn der Schwefel durch Niederschlagarbeit vom Blei getrennt werden soll.

Diese Niederschlagarbeit beruht darauf, daß beim Zusammenschmelzen von Schwefelblei mit metallischem Eisen der Schwefel wegen seiner größeren Verwandtschaft zu letzterem sich vom Blei trennt und an das Eisen tritt, so daß Schwefeleisen und metallisches Blei entstehen, welche im geschmolzenen Zustande sich nicht miteinander mischen. Das flüssige Schwefeleisen nimmt zugleich den Rest des noch unzersetzten Bleiglanzes sowie andre verunreinigende Sulfide auf; dieses Gemenge heißt **Bleistein**. Zum Schmelzen dient ein Schachtofen mit Gebläse, der wegen seines sehr vertieften Herdes auch **Sumpfofen** genannt wird. Hier werden die Bleierze in Vermischung mit bleihaltigen Abfällen von früheren Schmelzungen, Eisenfrischschlacken und gekörntem Roheisen bei lebhaftem Koksfeuer niedergeschmolzen. Der Schacht des Ofens ist 6—7 m hoch, höchstens 1 m weit, zuweilen oben rund, meist viereckig. Die Esse liegt seitlich von dem Schachte, weil die entweichenden Gase erst ihren Weg durch sogenannte Gestübbekammern nehmen müssen, in denen sich die durch die Gebläseluft mit fortgerissenen Erzteilchen niedersetzen. Am unteren Teile, in der Sohle des Schachtes, liegt der Tiegel, Herd oder Sumpf, welcher zum Teil noch aus der Brust des Ofens hervorragt. Hier sammeln sich alle Schmelzprodukte; die Schlacken fließen auf einer geneigten Trift ab, während man durch eine Stichöffnung die Metalle in einen besonderen tiefer liegenden Stichtiegel absticht, wo sich das Blei von dem Bleistein sondert; letzterer wird in Scheiben abgehoben und weiter durch einen Röstreduktionsprozeß zu Gute gemacht oder von neuem bei der Niederschlagarbeit verwendet. In dieser gewöhnlich sehr reichlichen Steinbildung liegt eine Schattenseite dieses Verfahrens. Einesteils verbindet sich nämlich das entstandene Schwefeleisen mit noch nicht zersetztem Schwefelblei zu einem Doppelsulfid, woran eine weitere Reduktion scheitert. Anderntteils ist der Bleistein, welcher also stets Schwefelblei enthält, ohne Metallverluste und großen Materialaufwand nicht zu verhütten.

In dem Stichtiegel findet sich zu unterst das metallische Blei (**Werkblei**), welches den größten Anteil des Silbers und etwas von den übrigen Metallen enthält; über dem Blei lagert der Bleistein von bläulichgrauer Farbe und erdigem Aussehen. Enthielten die verschmolzenen Bleierze Arsenmetalle in größerer Menge, so ist dem Bleistein **Bleispeise** beigemengt, die gewöhnlich aus Verbindungen des Arsens mit Eisen, Nickel und Kobalt besteht, außerdem aber zuweilen noch Verbindungen mit einem Teil der Schwefelmetalle eingegangen ist.

Das zuerst ablaufende geschmolzene Blei heißt **Jungfernblei**; es ist reiner als das nachfolgende. Bei dem bald zu beschreibenden Flammofenbetriebe, bei welchem die Schmelze nicht so dünnflüssig gemacht, sondern mehr breiartig gelassen wird, bleiben diese fremden Stoffe, während das Blei aus ihnen ausseigert, auf dem Herde des Ofens liegen.

Nächstdem hat man auch eine sogenannte **ordinäre Bleiarbeit**, welche bei armen, mit andern Schwefelmetallen stark verunreinigten Erzen Anwendung findet und ein unreineres Blei gibt. Man vertreibt dabei den Schwefel durch Rösten der Erze in freien Haufen und unterwirft dann das Röstgut einer desoxydierenden Schmelzung mit Kohle. Diese, ein sehr ungleichmäßiges Röstgut gebende Methode wird wohl kaum noch angewendet, sie ist vielmehr durch ein kontinuierliches Rösten in **Fortschaufelungsöfen** mit langen Herdsohlen ersetzt worden.

In mehrfacher Hinsicht vorteilhaft ist die Bearbeitung der Bleierze in **Flammöfen**, die **Röstarbeit** oder **Röstreduktionsarbeit**. Sie geht rascher von statten, bedarf keiner Gebläse, gestattet rohe Brennmaterialien, verlangt keinen Eisenaufwand u. s. w. Im Flammofen also unterliegt zunächst der auf die Sohle geschichtete Bleiglanz der oxydierenden Einwirkung einer lebhaft ziehenden Flamme. Analog dem, was wir von früher aus der Verhüttung geschwefelter Metalle wissen, werden wir annehmen können, daß das Blei im oxydierten Zustande zurückbleibt und durch Zusammenschmelzen mit Kohle reduziert wird. Im allgemeinen ist dies auch richtig, doch mit einiger Einschränkung; denn der Ofen gibt schon lange flüssiges, gediegenes Blei aus, bevor eine Einwirkung von Kohle stattgefunden hat. Es wird dies durch das Auftreten gewisser Zwischenprodukte im Ofen, Bleioxyd (Bleiglätte), schwefelsaures Bleioxyd, Halbschwefelblei u. s. w., bewirkt, welche in der Hitze eine derartige Umsetzung ihrer Bestandteile eingehen, daß ein Teil des Bleies dadurch schon frei wird und in metallischer Form ausfließt.

Während man nämlich in der ersten Röstperiode die volle oxydierende Flamme unter fleißigem Umkrücken auf die Röstmasse wirken läßt, erreicht man einen Punkt, wo noch vorhandener unzersetzter Bleiglanz und schwefelsaures Bleioxyd sich nach chemischen Äquivalenten etwa die Wage halten. Von diesem Moment an beschränkt man den Zug im Ofen auf ein Minimum und verstärkt die Hitze. Es beginnt nun unter den verschiedenen Produkten eine chemische Aktion, bestehend aus Abgabe und Aneignung von Sauerstoff, in deren Folge entstandenes Bleioxyd und Bleiglanz einerseits und schwefelsaures Bleioxyd und Bleiglanz (und ebenso dasselbe Salz und Halbschwefelblei) anderseits sich so umsetzen, daß schweflige Säure entsteht, welche entweicht, und metallisches Blei, welches in den Vortiegel abfließt. Die gasförmige schweflige Säure, früher in die Luft entweichend, wird jetzt in Bleikammern geleitet und zu Schwefelsäure verarbeitet. Etwa in der dritten Stunde der Bleiarbeit beginnt der rotglühende Ofen Blei auszugeben, am häufigsten beim Umrühren der Erzmasse. Hört endlich dieser Bleifluß auf, so nimmt man die reduzierende Wirkung der Kohle zu Hilfe, da jetzt nur noch vorhandenes Bleioxyd zu reduzieren ist. Man zieht demnach die Masse auf den hintersten Teil des Herdes, bedeckt sie mit den vom Feuerungsraum genommenen glühenden Kohlen und macht ein neues starkes Feuer an. Nach einiger Zeit rührt man die Masse um, und es fließt aufs neue Blei aus. Das Bedecken mit frischen Kohlen und das Rühren wird so lange wiederholt, bis kein Metall mehr fließen will.

Fig. 110. Bleiöfen.

Auch der jetzt bleibende schlackige Rückstand enthält noch eine ziemliche Quantität Blei und dient deshalb entweder als Zuschlag bei neuen Schmelzungen oder wird für sich auf dem Pochwerke in Schlieche verwandelt und im Flammofen mit Kohle reduziert, wobei ein unreineres Blei gewonnen wird.

Fast in jedem Lande sind übrigens die Einrichtungen und Manipulationen bei der Bleiverhüttung etwas verschieden; die vorstehende Beschreibung bezieht sich zunächst auf den Kärntner Schmelzprozeß, welcher am direktesten metallisches Blei gibt und bei möglichst niedriger Temperatur ausgeführt wird, um einem Verlust von Blei und Silber durch Verflüchtigung vorzubeugen. Die englische oder schottische Methode erzeugt mehr Halbschwefelblei, aus welchem beim Erkalten metallisches Blei aussaigert; sie verläuft schneller und bei höherer Temperatur unter Ersparnis von Arbeitskraft und Brennstoff. Die französische arbeitet bloß auf Bleioxyd, das einer Reduktion durch Kohle bedarf. In einzelnen Fällen, namentlich wo man stark mit fremden Metallen verunreinigte Erze verarbeitet, bewirkt man die nach Beendigung des Röstens noch nötige weitere Trennung statt durch Kohle durch Einwerfen von Eisen, also durch eine Methode, welche Röst- und Niederschlagsarbeit miteinander verbindet.

Das auf die eine oder die andre Weise erschmolzene Blei ist nun entweder verkäufliche Ware (**Kaufblei**), wie gewöhnlich das zuerst ausfließende **Jungfernblei**, oder aber es ist wegen der darin vorhandenen fremden Metalle zu direkter Verwendung noch nicht geeignet und unterliegt dann noch einer weiteren Behandlung, die, besonders wenn unter den abzuscheidenden Metallen sich Silber befindet, bedeutungsvoll wird. Je mehr fremde Stoffe vorhanden sind, um so mehr Umstände macht ihre Abscheidung, weil sie sich nie auf einmal fassen, sondern nur schrittweise austreiben lassen. Ist der Silbergehalt irgend lohnend, so scheidet man zunächst diesen ab und beseitigt damit schon einen Teil der übrigen Stoffe; entsilbertes oder kein Silber führendes Blei wird erforderlichen Falls für sich besonders **raffiniert**.

Fig. 111. Der Treibherd.

Die Abscheidung des Silbers aus dem Blei, welches in diesem Falle **Werkblei** heißt, wird durch zwei verschiedene Mittel bewirkt, die **Treibarbeit** und das erst seit etwa 40 Jahren aufgekommene **Pattinsonieren**. Die erste Methode beruht auf der größeren Oxydationsfähigkeit des Bleies gegenüber dem Silber in hoher Temperatur und geschieht unter Einwirkung eines lebhaften Gebläses in einer Art Flammofen von runder Gestalt, dem **Treibherde**, von dem uns Fig. 111 eine Totalansicht und Fig. 112 eine Durchschnittszeichnung gibt. Auf diesem Treibherde werden auf einer Unterlage von Holzasche und Kalkmergel, die silberhaltigen Bleinäpfe, Bleibrote, geschmolzen, während aus den Düsen des Gebläses ein starker erhitzter Luftstrom darauf geleitet wird. Der Treibherd ist mit einer gewölbten, inwendig mit feuerfestem Thon ausgeschlagenen Haube bedeckt, die mittels eines Krans aufgehoben werden kann.

Es ist eine bekannte Erscheinung, daß sich auf geschmolzenem und der Luft ausgesetztem Blei sofort eine graue oder rötliche aschenähnliche Haut bildet (Bleiasche). Dieselbe ist schon ein Oxydationsprodukt, aber ein nur wenig sauerstoffhaltiges (Suboxyd), mit metallischen Bleiteilchen gemischt. Auf der Sohle des Treibherdes dagegen, wo unter der Heizflamme das Blei sehr bald in Fluß kommt, verwandelt der Luftstrom dasselbe in wirkliches rotes Bleioxyd (**Glätte**), die bei ihrer leichten Schmelzbarkeit alsbald flüssig wird, den Bleifluß bedeckt und durch eine Rinne, die **Glättgasse**, vom Treibherd fortfließt. Zunächst bilden sich auch hier auf der Bleioberfläche schwärzliche oder braune Krusten, schaumige und schlackige

Massen (Abzug, Abstrich), welche neben etwas Blei und Glätte aus allerlei Unreinigkeiten bestehen und namentlich einen guten Teil der in dem Werkblei steckenden fremden Metalle in Oxydform enthalten. Diese Abstriche müssen so lange immer wieder abgekrückt werden, wie sie neu entstehen. Sie verändern sich im Laufe der Arbeit in Aussehen und Gehalt; es kommt z. B. eine Periode, wo der Abstrich besonders reich an Antimon ist; dieser wird für sich gethan und auf Hartblei verarbeitet; dann kommt silberhaltige schwarze Glätte, die natürlich noch weniger weggeworfen wird. Das Silber ist also für den oxydierenden Einfluß des Gebläses auch nicht völlig unangreiflich, aber das meiste erhält sich doch am Grunde des Treibherdes. Stößt endlich die Masse auf dem Treibherde Schaum und Asche nicht weiter aus, so hat man den reinen roten Fluß der eigentlichen Glätte.

Nunmehr beginnt das letzte Treiben. Man verstärkt das Gebläse, öffnet die Glättgasse und die Glätte fließt aus dem Ofen. Die Glättgasse ist eine in der Lehmwand des Ofens geschnittene Rinne, die allmählich tiefer gemacht wird. Alles noch vorhandene Blei wird so nach und nach in Glätte verwandelt, die der Luftstrom beständig der Glättgasse zutreibt. Wird endlich der letzte Rest Blei oxydiert, so bildet die Glätte nur noch eine dünne, in bunten Farben spielende Haut; diese zerreißt schließlich und die Oberfläche des geschmolzenen Silbers kommt plötzlich zum Vorschein, dies ist der beliebte Silberblick. Die Treibarbeit ist damit beendet, das Silber wird durch Besprengen mit Wasser gekühlt und aus dem Ofen herausgenommen; die Sohlenfütterung des Ofens, die sich voll Glätte gesogen und in welche auch das Silber verschiedene Wurzeln getrieben und Körner gesetzt hat, wird nun ausgebrochen und bei andern Bleischmelzarbeiten als Zuschlag benutzt. Die ausgeflossene Glätte erkaltet in Kästen oder sammelt sich in Klumpen (Batzen) an, welche von Zeit zu Zeit weggebracht werden. Je nach der Farbe, welche die kristallinisch erstarrte Glätte zeigt, unterscheidet man Goldglätte (rotgelb) und Silberglätte (hellgelb), erstere ist gangbare Handelsware, während letztere als Frischglätte wieder zu Blei reduziert wird. Dieser Unterschied in der Farbe liegt nicht etwa in einer verschiedenen Zusammensetzung, denn beide bestehen aus Bleioxyd, sondern wird vielmehr bedingt durch die Art der Abkühlung; bei langsamer Abkühlung entsteht stets rote, bei schneller gelbe Glätte.

Fig. 112. Der Treibherd (Durchschnitt).

Die Treibarbeit ist nur dann lohnend, wenn der Silbergehalt im Werkblei nicht unter $0{,}_{12}$ Prozent beträgt. Bei geringerem Silbergehalte wird erst eine Anreicherung des Silbers durch das Pattinsonieren oder durch das leichter zu leitende Zinkentsilberungsverfahren vorgenommen. Das Pattinsonieren kann zwar die Treibarbeit nicht vollständig ersetzen, kürzt sie aber bedeutend ab und empfiehlt sich auch sonst als sehr vorteilhaft. Es beruht auf der Beobachtung des Engländers Pattinson, daß in einer silberhaltigen Bleimasse, wenn solche im geschmolzenen Zustande unter beständigem Umrühren langsam abgekühlt wird, bei einer gewissen Temperatur, nahe dem Schmelzpunkte des Bleies, Kristalle entstehen und untersinken, welche fast aus reinem Blei bestehen, während das Silber in dem noch flüssigen Blei zurückbleibt. Um eine möglichst langsame Abkühlung zu erreichen, arbeitet man mit großen Quantitäten und schmilzt demnach ca. 19 Tonnen Blei auf einmal in gußeisernen Kesseln ein, nimmt dann das Feuer weg, verschließt alle Ofenöffnungen, so daß eine mäßige, die Masse eben flüssig erhaltende Temperatur längere Zeit konstant bleibt, und rührt den Fluß mit eisernen Stangen gut um. Die entstehenden Bleikristalle werden mit durchlöcherten Schippen ausgeschöpft und in einem andern Kessel wieder eingeschmolzen, wie ebenfalls die länger flüssig bleibende Masse in einer Reihe von Kesseln wiederholt derselben Manipulation unterworfen wird. Hieraus entstehen die sehr annehmbaren Vorteile, daß man erstlich eine Partie sehr reines Blei vorweg nimmt, das sogleich als raffiniertes oder doppelt raffiniertes verkäuflich ist, und daß zweitens eben dadurch die Bleimasse, in welcher der Silbergehalt steckt, mehr und mehr vermindert, diese also silberreicher wird. Das so erhaltene Reichblei, mit einem Silbergehalte von meistens $1,_5$—2 Prozent, unterliegt schließlich dem Prozeß des Abtreibens, der aber nun, da nicht so große Massen zu bewältigen sind, weit weniger Zeit und Kosten in Anspruch nimmt.

Das andre Anreicherungsverfahren mittels Zink gründet sich auf die große Verwandtschaft des Zinks zum Silber, welche noch die des Bleies übertrifft, sowie auf dem Umstande, daß Zink und Blei keine Legierung bilden, im geschmolzenen Zustande schwimmt nämlich ersteres auf letzterem wie Öl auf Wasser. Gießt man also in einen silberhaltigen Bleifluß geschmolzenes Zink — nach Maßgabe des vorhandenen Silbers 1—5 Prozent — rührt die Mischung durch und läßt sie dann in Ruhe, so steigt das Zink empor und nimmt den Silbergehalt bis auf ein Minimum mit sich. Das silberhaltige Zink wird, nachdem es zur Scheibe erstarrt ist, vom Blei abgehoben und der Destillation unterworfen, wobei das Silber zurückbleibt, das Zink sich verflüchtigt. Neuerdings verfährt man jedoch so, daß man in das wieder geschmolzene silberhaltige Zink überhitzten Wasserdampf einleitet, wodurch unter Freiwerden von Wasserstoffgas das Zink oxydiert wird, während das Silber seinen metallischen Zustand bewahrt. Dieses Verfahren kann das Abtreiben ersetzen, da z. B. einem $1,_4$ Prozent enthaltenden Werkblei beim Zusammenschmelzen mit $1,_5$ Prozent Zink alles Silber bis auf $0,_{0002}$ Prozent entzogen werden kann.

Die Zurückverwandlung der beim Abtreiben gewonnenen Glätte, soweit sie nicht in den Handel kommt, in metallisches Blei, das Frischen, ist eine einfache Arbeit und geschieht, wie sich leicht denken läßt, durch Verschmelzen dieses Bleioxydes mit Kohle in kleinen Schacht- oder Flammöfen. Alles erfrischte oder sonst gewonnene Blei, sofern es noch zu unrein für Kaufblei ist, wird raffiniert. Durch gelindes Schmelzen in einem Läuterofen schon kann ein reineres Blei erhalten werden, denn die fremden Stoffe bleiben als schwerer flüssig zurück. Weiterhin rührt man dann das geschmolzene Blei mit frischen Holzstangen um (das Polen), wodurch ein Aufschäumen entsteht, das die durch Oxydation gesonderten Unreinigkeiten, Antimon und Kupfer (Bleidreck genannt), in die Höhe bringt. Natürlich muß man zu rechter Zeit aufzuhören verstehen, denn selbst das reinste Blei würde sich sonst schließlich bis auf den letzten Rest in Asche verwandeln.

Das Blei kommt in viereckigen Blöcken oder muldenförmigen Güssen in den Handel und zeigt bezüglich seiner Reinheit große Verschiedenheiten. Selbst eine und dieselbe Hütte liefert oft Bleie von verschiedener Reinheit. Als die reinste Sorte gilt das Villacher Blei. Wo das Pattinsonieren geübt wird, kann übrigens jede Hütte ihren bezüglichen Anteil reinen Bleies liefern. Probierblei, das etwa dreimal soviel kostet als das Werkblei, ist ganz reines, völlig silberfreies Metall, wie es in Münzstätten und Probierämtern zur Silberprobe gebraucht wird.

Die technische Verwendung des Bleies ist eine vielfache und zum Teil allbekannte. Es teilt dieses Metall mit dem Eisen das Privilegium, dem Herrn der Schöpfung als hauptsächlichstes Zerstörungsmittel gegen seinesgleichen und seine niederen Mitgeschöpfe zu dienen. Und merkwürdig genug erwartet er von demselben Stoff, der ihm Wunden schlug, auch deren Heilung, indem er ihn in Essig aufgelöst als Bleiwasser auflegt. Die bedeutende Schwere des Bleies, die es nebst seiner Geschmeidigkeit zu Geschossen tauglich macht, eignet es ebenso gut zu Gewichten (Bleilot), Schwungkugeln und für viele Fälle, in denen gewissen leichten Dingen mehr Standfestigkeit gegeben werden soll.

In Form von Platten, Blechen und Blättern von allen Dimensionen leistet das Blei die mannigfachsten Dienste, z. B. Bleiblech, weil es in Rollen in den Handel kommt, auch Rollblei genannt, zum Dachdecken, dünner gewalzt zum Belegen feuchter Wände, gezogen zu Fensterblei, in größter Verdünnung als Bleifolie, die dann häufig noch mit

Zinn plattiert wird; das Ausrollen des Bleies zu dickeren oder schwächeren Platten und zur dünnsten Folie geschieht zwischen Metallwalzen ohne alle Schwierigkeit. Hauptsächliche und zum Teil unersetzliche Dienste leistet ferner das Metall für Fälle, in denen seine Widerstandsfähigkeit gegen gewisse starke Säuren (Schwefelsäure, Flußsäure) in Anspruch genommen wird, in den größten Dimensionen in Form von Schwefelsäurekammern, dann zu Abdampfpfannen für Schwefelsäure, Alaun und Vitriol, zu Entwickelungs- und Aufbewahrungsgefäßen für Flußsäure u. s. w.

Aus dicken gewalzten Platten fertigt man große Bleigefäße, Kästen u. s. w., indem man diese durch Löten des Bleies mit sich selbst vereinigt, nach neuerem Verfahren am besten bei der Hitze einer Flamme von Wasserstoffgas, das man mittels eines langen Kautschukschlauchs aus dem Entwickelungsgefäß ableitet und so, an dem metallenen Endrohr des Schlauchs entzündet, bequem benutzen kann, um die Fugen der Bleigefäße so fest zu verschmelzen, als sei alles aus einem Stück gegossen.

Gußwaren aus Blei gibt es wegen der geringen Widerstandskraft des Metalls nicht viele; außer Spielsachen und andern kleineren Dingen bilden Kugeln und Schrot die häufigsten Gußgegenstände. Im Schrot haben wir das interessante Beispiel eines Metallgusses ohne Anwendung einer Form; die allgemeine Anziehung der Körper, die den Bau der Welt zusammenhält, gibt auch dem Schrotkorn seine runde Gestalt. Das Schrotmaterial ist Hartblei (antimonhaltiges Blei) oder gewöhnliches Blei mit einem Zusatz von 1—3 Tausendsteln metallischem Arsenik. Wenn das Blei in gußeisernen Kesseln geschmolzen, dann mit Holzkohlenpulver bedeckt und bis zum Rotglühen erhitzt ist, rührt man mit einem Eisendrahtkörbchen jene Arsenikmenge zu. Die Metallmasse wird dann auf ein kegelförmiges Sieb von Eisenblech gefüllt, welches auf einem Gestelle ruht, unten weite Löcher hat und mit Bleiasche ausgekleidet ist. Durch dieses Sieb rinnt das Blei und fällt von einem Turm wohl 30—50 m tief in ein Wassergefäß, worauf die Bleitropfen an der Luft oder im Ofen getrocknet werden. Das Sortieren geschieht auf geneigten hölzernen Tafeln mit Randleisten; die Schrote rollen darauf aus der Spalte eines Troges, die länglichen laufen seitwärts, die runden geradeaus in untergestellte Siebe durch Löcher von verschiedener Größe; dann werden letztere mit etwas Graphit poliert.

Fig. 113. Bleiwalzwerk.

Eine Verbesserung, welche den unerläßlich scheinenden hohen Fallturm entbehrlich macht, wird von Smith in New York angewandt; er setzt die fallenden Bleitropfen einem sehr schnell aufsteigenden Luftstrome aus. Die Vorrichtung selbst besteht aus einem blechernen Rohre — beispielsweise etwa 15 m hoch und $^2/_3$ m breit — in welches unten seitwärts ein Rohr einmündet, um den Wind eines Gebläses einzuleiten. Oben auf ersterem Rohre befindet sich die Schrotform. Indem hier das heiße Metall innerhalb geringeren Fallraums mit ebensoviel abkühlender Luft in Berührung kommt als bei größerer Fallhöhe in ruhiger Luft, erreicht man seinen Zweck auch ohne Turm und noch dazu bequemer.

Bleiröhren im inneren Durchmesser von 1, 5—8 cm finden ihre häufigste Verwendung zu Gas- und Wasserleitungen im Innern der Gebäude, wozu sie wegen ihrer Biegsamkeit und fast unbeschränkten Länge besonders geeignet sind; ferner zu Leitung verschiedener Flüssigkeiten in Fabriken u. s. w. Die Röhren wurden früher stets auf einer Ziehbank gezogen, wie in Fig. 114 zu sehen, d. h. eine kurze, dicke Bleiröhre wurde verdünnt und verlängert, indem man sie durch abnehmend kleinere Löcher eines Zieheisens passieren ließ. Hierzu gehört ein Dorn, ein runder, glatter Eisenstab, der in der Röhre liegt und ihr Inneres offen und glatt erhält. Früher nahm man den Dorn so lang wie die beabsichtigte Röhre und sah sich dadurch in der Länge beschränkt, weil bei einem einigermaßen langen Rohre der Dorn schwer herauszuziehen ist; sodann lernte man mit einem kurzen Dorn arbeiten, der, von hinten festgehalten, dem Zuge nicht folgte, sondern in der Mitte des Ziehlochs stehen blieb. Neuerdings werden die Röhren größtenteils nicht mehr gezogen, sondern gepreßt, wobei das vorher gegossene kurze Rohrstück, unter Anwendung einer außerordentlich starken mechanischen Kraft, gleich in einem Gange fertig wird und dabei auf das mehr als Hundertfache verlängert werden kann. Das zu streckende Rohrstück kommt in ein starkes, eisernes röhrenförmiges Gehäuse zu liegen und füllt den Hohlraum gerade aus. Vorn hat dasselbe ein kleines rundes Loch, den Preßring; hinten liegt ein Preßkolben, von dessen Zentrum aus ein dünnerer cylindrischer Ansatz so weit nach vorn geht, daß sein vorderes Ende auch bei der hintersten Lage des Kolbens noch vorn inmitten des Preßringes zu sehen ist. Das so entstehende ringförmige Loch ist nun der einzige Ausweg für das Blei, wenn der Kolben durch die Kraft einer mächtigen Schraubenspindel mit Rädervorgelege oder durch eine hydraulische Presse vorgetrieben wird. Es ist also das Prinzip der Spritze, das hier zu Grunde liegt. Die Ähnlichkeit wird noch größer, wenn nicht kalt, sondern warm gepreßt wird. Dann befindet sich das Blei in geschmolzenem Zustande in dem Hohlraum, der das Spritzrohr vorstellt, wird hier durch eine Wärmvorrichtung warm gehalten, jedoch mit der Vorsicht, daß nur erstarrtes Metall austreten kann. Begreiflicherweise ist zum Warmpressen eine viel geringere mechanische Kraft hinreichend.

Fig. 114. Ziehbank für Bleiröhren.

Der Dorn sitzt mitunter bei dieser Manier nicht am Kolben, sondern wird im Preßringe durch einen Quersteg festgehalten, denn wenn derselbe die eintretende Bleimasse auch teilt, so thut sie sich infolge ihrer teigigen Beschaffenheit doch gleich darauf wieder zusammen. In Fig. 115 jedoch ist der Dorn am Kolben P selbst befestigt; das durch umgebendes Feuer flüssig gehaltene Blei befindet sich in dem Stiefel R, welcher durch das Eingußrohr E gefüllt werden kann. Die Dicke der Röhren wird durch die Bohrung der Einsatzplatte F bestimmt.

Die Glätte, innere Dichtigkeit und Porenfreiheit des solchergestalt gepreßten Bleies dient ihm so sehr zur Empfehlung, daß man auch Platten auf diesem Wege herstellt. Man preßt weite Röhren und läßt sie gleich beim Austritt durch mechanische Vorrichtungen aufschneiden und platt legen.

Denkt man sich das Mundloch der Röhrenpresse stark verengt und ohne Dorn, so wird sie gepreßten Draht liefern. In dieser Weise werden wohl die meisten wenigstens dickeren Bleidrähte jetzt hergestellt, dünnere in der alten Art durch Ziehen. Bleidraht, obwohl seine Widerstandskraft gegen Zerreißen gering ist, wird doch verschiedentlich benutzt, so namentlich von Gärtnern als wetterfestes Mittel zum Anbinden von Spalierbäumen, Wein u. dergl.; ferner braucht man ihn an Jacquardstühlen, zur Dichtung an Maschinen, ebenso an Stoßfugen eiserner Röhren u. s. w. So verschwindet viel Blei wieder in die Verborgenheit, wie das ja auch bei Bauten zum Eingießen eiserner Steinklammern geschieht.

Die metallischen Bleiwaren, welche öfter schon auf den Hüttenwerken fabriziert werden, sind Schrote, Rehposten, Kugeln, Röhren, Bleche und Drähte. Die Freiberger Bleiwarenfabrik debitiert 12 Nummern Draht, 30 verschiedene Blechstärken und über 50 Kaliber Röhren, unverzinnt, innerlich oder äußerlich oder beiderseits verzinnt, stärkere bis 18, dünnere bis 30 m lang und durchweg mit der Angabe, wieviel Druck in Atmosphären und in Wassersäulenmetern sie aushalten.

Vom Blei als Bestandteil von **Legierungen** hatten wir schon mehrfach (Buchdruckerei, Bronze, Zinn) Gelegenheit zu reden, daher wir hier darüber hinweggehen können; eine besonders wichtige Rolle spielt es als hauptsächlicher Bestandteil des Schnellotes der Klempner, bei der Herstellung der Orgelpfeifen, die jetzt in der Regel nur einen sehr geringen Zinnzusatz (4 Prozent) erhalten, in Legierungen mit Zinn und Antimon als Zapfenlagermetall u. s. w. Auch den Chemikalien des Bleies begegnen wir noch an verschiedenen andern Stellen dieses Werkes: so der Glätte als Bestandteil gewisser Gläser und der Töpferglasur, dem Superoxyd bei der Fabrikation der Zündhölzchen, endlich dem Bleiweiß, den roten und gelben Oxydationsstufen des Bleies, sowie einigen farbigen Salzen in dem Abschnitt von der Farbenbereitung. Unter den Bleisalzen sind Bleiweiß, chromsaures Bleioxyd (Chromgelb) und Bleizucker Gegenstände des technischen Großbetriebs. Der Bleizucker oder das essigsaure Blei dient nicht nur zur anderweiten Darstellung vieler Präparate, besonders des Chromgelbs, sondern auch für sich in der Medizin und hauptsächlich als Beizmittel in der Färberei und Druckerei.

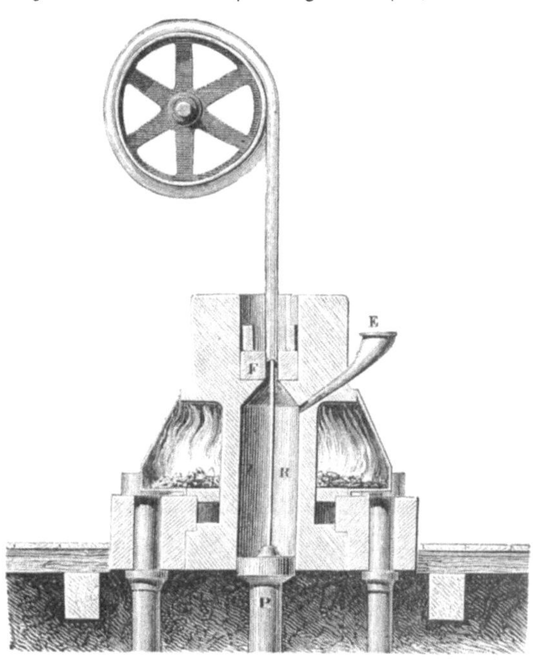

Fig. 115. Pressen der Bleiröhren.

So mancherlei Nutzen uns aber auch das Blei gewährt, so ist es doch eigentlich des Menschen Freund nicht, denn seine Lösungen und auch die als Staub oder in irgend einer Form in den Körper aufgenommenen Präparate äußern giftige Wirkungen, wie wohl bekannt ist, aber nicht immer gehörig gewürdigt wird. Die sich so leicht bildende Oxydhaut des Bleies verbindet sich mit den schwächsten Säuren und löst sich infolgedessen selbst in reinem Wasser, sobald es nur freie Kohlensäure enthält, als doppeltkohlensaures Blei. Deshalb sind auch bleierne Wasserleitungsröhren nur mit großer Vorsicht, unter Berücksichtigung aller Umstände und namentlich der chemischen Beschaffenheit des betreffenden Wassers, anwendbar. Durch neuere Untersuchungen wurde festgestellt, daß Bleiröhren unter allen Umständen bei denjenigen Pumpbrunnen und Wasserleitungen zu verwerfen sind, die nicht ununterbrochen mit Wasser gefüllt sind. Nur wenn letzteres der Fall ist und das Wasser sonst keine solchen Bestandteile enthält, welche auf das Blei lösend wirken, lassen sich Bleiröhren zu Wasserleitungen benutzen; es kommt also auf den möglichsten Abschluß der Luft an. Bei Luftzutritt wird überhaupt jedes Wasser bald bleihaltig.

Um den Ubergang von Blei in das Wasser zu verhüten, hatte man früher die Bleirohre innen verzinnt; es stellte sich jedoch bald heraus, daß dieser Überzug nicht genügend schützte, denn es brauchte derselbe nur an einzelnen Stellen, z. B. an den Biegungen, etwas verletzt zu sein, so wurde das Rohr an diesen Stellen um so stärker angegriffen, als hier durch die Berührung der beiden Metalle durch das Wasser ein galvanischer Strom entstand. Man nahm hierauf seine Zuflucht zu einem Überzug von Schwefelblei, den man durch Einwirkung einer Schwefelnatriumlösung herstellte; es hat sich jedoch herausgestellt, daß dieser Uberzug auch nicht genügend schützt. Zinnrohre mit einem Bleimantel haben sich dagegen gut bewährt, vorausgesetzt, daß die Lötung an den Stellen, wo diese nötig, gut ausgeführt war.

Der Vorsicht halber empfiehlt es sich, das Wasser, welches längere Zeit, z. B. während der Nacht in Bleiröhren gestanden hat, abzulassen, bevor man solches zu Genußzwecken benutzt.

Da das Blei in seinen Verbindungen sehr gefährliche giftige Eigenschaften hat, so muß es mit Sorgfalt überall da vermieden werden, wo es mit auflösenden, namentlich sauren Flüssigkeiten in Berührung kommen und in gelöster Form sich den Speisen beimischen könnte. Das vielfach übliche Spülen der Weinflaschen mit Schrot zum Beispiel ist oft schon Veranlassung zu Erkrankungsfällen geworden, wenn einzelne Schrotkörner in dem Gefäß zurückgeblieben waren, von denen sich späterhin etwas in dem darauf gefüllten Weine aufgelöst hatte. In früheren Zeiten soll man sogar die kaum glaubliche Gewissenlosigkeit gehabt haben, den Wein, um ihn zu versüßen, Bleizucker oder, um zu entsäuren, Bleiglätte zuzusetzen.

Die Auffindung des Bleies, wenn man Verdacht auf dasselbe hat, ist glücklicherweise so leicht, daß sie auch von Laien vorgenommen werden kann. Alle löslichen Bleisalze (unlösliche Präparate, wie Bleiweiß, Mennige, Massicot, können durch Salpetersäure in lösliche verwandelt werden) geben mit Schwefelsäure sowie mit Salzsäure einen weißen, mit Schwefelwasserstoff oder Schwefelleberlösung einen schwarzbraunen bis schwarzen, mit chromsaurem Kali einen gelben Niederschlag (Chromgelb). Auch ungelöste weiße Bleipräparate werden durch die Schwefelprobe sofort geschwärzt.

Das Zinn.

Unter den sechs oder sieben Metallen, welche sich schon von alters her im Dienste des Menschen befinden, mußte das Zinn in den frühsten Zeiten eine ganz besonders wichtige Stelle einnehmen, denn ohne Zinn hätte es ja keine Bronze geben können, die doch einmal — wenn auch unbestimmt, seit wann und wie lange — die Stelle des noch unentdeckten Eisens notdürftig vertreten haben muß. Zinn und Kupfer leisteten hier im Verein, was keinem einzelnen möglich war, und die Erklärung hierfür liegt in dem Umstande, daß das Zinn trotz seiner Weichheit doch in Verbindung mit andern Metallen, ausgenommen das Blei, in der Regel harte Legierungen bildet, eine Eigenschaft, die den Adepten des Mittelalters so außer der Ordnung erschien, daß sie dem Zinn den Titel des „Teufels unter den Metallen" (diabolus metallorum) einbrachte.

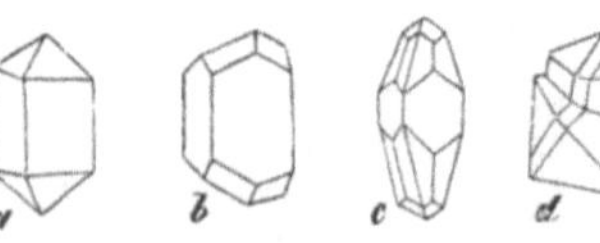

Fig. 116—120. Zinnerzkristalle.

Die Entdeckung des Zinns konnte keine großen Schwierigkeiten haben, denn obschon sich das Metall von Natur nicht in gediegenem Zustande darbot (erst neuerdings soll es in kleinen gediegenen Körnern in sibirischen Waschgoldlagern gefunden worden sein), so mußte sich doch schon dessen Oxyd, der Zinnstein, durch seine bedeutende Schwere und Härte sowie durch seine ausgezeichnete Kristallisation sehr bald als etwas Besonderes zu erkennen geben, und Schmelzversuche mit Kohle genügten dann, um das Metall ans Licht zu bringen. Der Zinnstein ist dasjenige Erz, welches hauptsächlich zur Zinngewinnung verwendet wird; im geringeren Maße dient hierzu der viel seltener vorkommende Zinnkies, eine Verbindung des Zinns mit Schwefel, welcher noch Schwefelkupfer und Schwefeleisen beigesellt sind.

Das **Vorkommen der Zinnerze** ist ein seltenes. Trotzdem war bei den alten Kulturvölkern, die um das östliche Mittelmeer wohnten und auf die wir ja hauptsächlich mit unsrer Kenntnis der Vorzeit angewiesen sind, das Zinn bereits ein bekannter Artikel und, da sich nirgends im Orient Zinnlager finden, zugleich ein wichtiger Gegenstand des auswärtigen Handels. Das Zinn gehörte zu den Haupthandelsartikeln der Phöniker; sie holten es aus dem Lande, das noch heute das europäische Hauptmagazin bildet, aus dem südwestlichen England (Cornwall und Devonshire). Die Eingebornen jenes Zinnlandes selbst, erzählt ein alter Autor, verschifften ihr Zinn in Nachen aus Korbgeflecht, die mit Tierhäuten überzogen waren, über das Meer nach den Küsten des heutigen Spaniens, von wo sie es über Land weiter nach den Handelsplätzen am Mittelmeere brachten. — Bei den Griechen hieß das Zinn kassiteros, und schon Homer erwähnt es unter diesem Namen, der für die Griechen ein Fremdwort ohne Erklärung war, daher nach Herodot sich die Ansicht gebildet hatte, das Volk oder die Inseln, von denen das Zinn herkomme, hießen die Kassiteriden.

Fig. 121. Zinn- und Kupferbergwerk Providence in Cornwall.

Schon bei Aristoteles, der 322 v. Chr. starb, finden sich indes die Zinngruben von Cornubia erwähnt, womit recht wohl das spätere Cornwall gemeint sein kann. Nach dem neuesten Standpunkte der Sprachforschung steht soviel fest, daß kassiteros dem semitischen Sprachstamm entnommen ist. Der Römer Plinius, der übrigens die Kassiteriden für eine Fabel hält, kennt das Zinn unter dem Namen Weißblei (plumbum album oder candidum), unterscheidet es vom eigentlichen Blei (Schwarzblei, pl. nigrum) und beschreibt die Eigenschaften beider. Nach ihm gab es auch an den Westküsten der Pyrenäischen Halbinsel (Lusitanien und Galicien) bedeutende Zinnwäschen; was jetzt noch dort gefunden wird, erscheint ganz unerheblich.

Das Zinn diente im Altertum, außer zur Erzeugung der Bronze, an und für sich auch zu allerlei Gefäßen, ferner zum Verzinnen, namentlich kupferner Gegenstände, durch Eintauchen in geschmolzene Zinnmasse. Man betrieb auch schon frühzeitig das Versetzen des Zinns mit Blei in verschiedenen Verhältnissen, und diese Vermengung oder wohl völlige Verwechselung zweier Stoffe verursacht oft die Unklarheit in alten Erwähnungen und Namen.

Fig. 121. Zinnmine auf Banka.

So scheint das Wort stannum anfänglich eine Legierung bezeichnet zu haben und erst später für das reine Zinn gebraucht worden zu sein. Stannum ist das latinisierte stan, das ist der einheimische Name des Zinns bei den alten Bewohnern von Cornwall, während Zinn, eigentlich tin, wie es die Engländer schreiben, dem Chinesischen entnommen sein soll.

Ein kleiner Teil Englands also besaß seit vorgeschichtlicher Zeit oder mindestens seit 3000 Jahren das besondere Privilegium, die Welt mit Zinn zu versorgen, ohne daß die Vorräte sich erschöpft hätten, denn noch heute produziert jener Landstrich alljährlich gegen 10000 Tonnen zu 1000 kg Zinn, wogegen die übrige Ausbeute Europas als eine Kleinigkeit erscheint. Ein Teil dieses in England gewonnenen Metalls stammt jedoch von Erzen, die aus Peru und Australien zugeführt werden. Die Produktion von Zinn im übrigen Europa beschränkt sich im wesentlichen nur auf das sächsisch-böhmische Erzgebirge, dessen Gruben etwa seit dem 12. und 13. Jahrhundert in Betrieb sind und in den ersten Zeiten, wo der ganze Abbau noch von Tage aus niedergetrieben wurde, zum Teil außerordentlich ergiebig gewesen sein sollen. Die ganze Ausbeute des Erzgebirges beträgt indes gegenwärtig nur gegen 88000 kg auf sächsischer und circa 33000 kg auf böhmischer Seite jährlich. Was sonst noch in Frankreich, Spanien, Portugal gewonnen wird, ist unbedeutend und nur die Nachlese alter Zeiten. Seit einigen Jahren hat man auch zu Pitkäranda in Finnland angefangen, Zinn aus den dortigen Zinnerzen zu produzieren.

Von außereuropäischen Bezugsquellen hat namentlich Ostindien eine große Bedeutung für den heutigen Zinnhandel erlangt. Das südöstliche Asien ist sehr reich an Zinn, sowohl auf dem Festlande Ostindiens, Birma, Siam und der Halbinsel Malakka, wie auch auf den den Holländern gehörenden Inseln Banka und Billiton, welche die erste Sorte geben, und zwar so reichlich, daß die Holländer jetzt jährlich 4400 Tonnen zu 1000 kg von Banka und 3600 Tonnen Zinn von Billiton nach Europa bringen und dadurch die Beherrscher des hiesigen Marktes sind. Das Malakkazinn, auf verschiedenen Küstenpunkten der Halbinsel gewonnen, führen die Engländer unter dem Namen Straits-tin ein; die jährliche Ausbeute beläuft sich auf 4700 Tonnen. Auch China soll sehr reich an Zinn sein, und in der Neuen Welt findet sich dasselbe in Mexiko, Peru und Brasilien, während neuerdings aus Kalifornien das Auffinden höchst reicher Erzlager gemeldet wird. Bis jetzt zeigt sich amerikanisches Zinn nur unbedeutend am europäischen Markte, dagegen liefert seit kurzem Australien einen Beitrag; es kommen aus Viktoria und Neusüdwales Zinnerze nach England.

Fig. 123. Schmelzhütte auf Banka.

Englische Berichte bestätigen den großen Reichtum von Zinnstein, teils auf Gängen, teils als Seifenzinn in Neusüdwales. In Queensland sollen sich Zinnlager (sogenannte Seifen) in 170 Meilen Länge befinden, deren Metallgehalt auf 13 Millionen Pfund Sterling geschätzt wird, und Neusüdwales soll allein 25mal mehr Zinn zu produzieren im stande sein als Cornwall.

Zinnerze und ihre Verarbeitung. Die gewöhnlichste Form, in welcher das Zinn in der Natur vorkommt, ist die eines sehr harten und schweren Minerals, das teils derb, teils in tetragonalen Kristallen vorkommt, wie sie uns Fig. 116—120 in den selteneren einfachen Formen a, b, c und in den gewöhnlicher auftretenden Zwillingsgestalten d und e vorführt. Der sogenannte Zinnstein ist Zinnoxyd oder Zinnsäure, neuerdings Zinndioxyd genannt, und enthält im reinen Zustande $73\frac{1}{2}$ Prozent Metall und $21\frac{1}{2}$ Prozent Sauerstoff. An gewissen Örtlichkeiten sind die ursprünglichen Muttergesteine der Zinnerze durch gewaltige Naturkräfte zertrümmert, pulverisiert, verwaschen und weggeführt worden, und alle Metalle, die den Zinnstein sonst begleiten, spurlos verschwunden; er selbst aber, unangreifbar für Luft, Wasser und Säuren, ist in Schutt und Erdreich eingebettet zurückgeblieben, wie es sonst nur Gold, Platin und Edelsteine thun. Häufig sind die einzelnen Kristalle noch gut erhalten, gewöhnlich aber haben sich ihre scharfen Kanten verloren und sie stellen nun rundliche Körner, sogenannte Zinngraupen vor.

In dieser Art des Vorkommens war das Zinnerz nicht allein am leichtesten zu entdecken, sondern man erhielt auch mit geringer Arbeit sogleich das schönste Metall, denn das Erz hat hier durch Naturwirkungen eine Säuberung oder Aufbereitung erfahren, wie sie auf künstlichem Wege gar nicht oder doch nur mit schweren Kosten beschafft werden könnte. Die Orte, wo derartige Zinnerze gewonnen werden, heißen Seifen, was soviel bedeutet wie Wäschen, denn in der That besteht die ganze Arbeit, um das Erz in schmelzwürdigem Zustande zu gewinnen, nur in einem Verwaschen des aufgegrabenen Erdreichs und Gruses. Dieses Seifen- oder Waschzinn ist bei weitem reiner als das sogenannte Bergzinn, dessen Erz man aus seiner natürlichen Felsenlagerstätte hervorarbeitet. In Cornwall bildet neben der Bergarbeit die Gewinnung von Seifenzinn einen regelmäßigen Betrieb, im Erzgebirge finden sich die Zinngraupen nur selten und im Schuttlande gar nicht, sondern lediglich Zinnerzkristalle in Klüften des Zinngebirges selbst.

In Ostindien beruht die Zinngewinnung ausschließlich auf Wascharbeit in Schuttland, denn zinnhaltige Gebirgsstöcke sind dort gänzlich unbekannt und man würde sie auch nicht bearbeiten. Alles indische Metall ist daher gutes Waschzinn. Man gräbt und wäscht das Erdreich dort entweder ganz oberflächlich oder wenigstens nur bis zu verhältnismäßig geringer Tiefe und hält sich hauptsächlich, wie auch in Peru und Mexiko, an das Anschwemmungsland von Gebirgsflüssen. Fig. 122 gibt uns eine Vorstellung von einer Zinnmine der größten Art (Kolongmine), die auf Banka fast ausschließlich von Chinesen bearbeitet werden. Der primitive Charakter der ganzen Behandlungsweise prägt sich noch entschiedener in der Abbildung von dem Schmelzhause aus, welches Fig. 123 uns vor Augen führt.

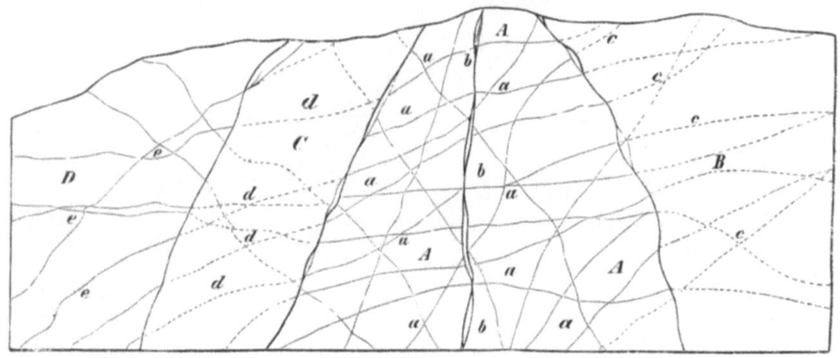

Fig. 124. Durchschnitt des Altenberger Zinnstocks.

Der Zinnstein, gewöhnlich rotbraun bis schwarz und stark glänzend, findet sich in Granit, Porphyr, Gneis, Thonschiefer, Grünstein u. s. w. eingewachsen und durchsetzt in mehr oder weniger starken Gängen das Muttergestein, aus dem er dann auf bergmännische Weise gewonnen wird. Kommt das Erz in kleinen Partikelchen zerstreut im Gestein vor, so heißt dieses in Sachsen Zwitter. Obwohl oft nur $^1/_2$ Prozent und weniger Zinn enthaltend, werden diese Zwitter doch verarbeitet und durch mühsame Poch- und Schlämmarbeit zu Schlieche angereichert, die dann verschmolzen wird.

Wenn die Zinn führenden Felsmassen, wie meistens der Fall, sich zwischen andres unhaltiges Felsgestein eingedrängt oder von ihm mantelartig umgeben finden, so nennt man sie Stockwerke. Als Beispiele für diese Art des Vorkommens können die beiden Durchschnittsansichten zweier sächsischer Zinnlagerstätten dienen. Im Altenberger Zinnstock (s. Fig. 124) durchschwärmen eine Menge Zinnerzgänge a, von einigen Zentimetern bis $^1/_3$ m Mächtigkeit, den Fels in allen Richtungen; die mehr senkrechten größeren Adern b sind unhaltig. Taub werden ferner alle Adern in den Seitenpartien B und C, in denen der Fels, ein im wesentlichen aus grobkörnigem Quarz und Glimmer bestehendes Gestein, Greisen genannt, in Granit und Syenitporphyr übergeht, während sich der Erzgehalt in der Mittelpartie A findet, und dann in D, wo die Masse wieder in Feldsteinporphyr übergeht, noch-einmal auftritt, so daß dieselben, vorher tauben (in Fig. 124 punktierten) Adern sich hier neu und reichlicher wieder füllen.

In dem Zinnwalder Stock (s. Fig. 125) sind die mehr lagerartigen Zinnerzgänge von durchschnittlich 1/3 m Mächtigkeit weit regelmäßiger geordnet. Das Muttergestein ist hier ebenfalls Greisen, die unhaltige Umlagerung B besteht aus Feldsteinporphyr.

Die früher viel verbreitete Ansicht, daß das Zinnerz auf seinen jetzigen Lagerstätten aus von der Tiefe aufsteigenden metallischen Dämpfen sich gebildet habe, hat durch Untersuchungen in neuester Zeit, wenigstens was die Lagerstätten des Erzgebirges anlangt, die gründlichste Widerlegung erfahren. Die Zinnerzgänge sind hier vielmehr durch Auslaugung und Verwitterung des Nebengesteins entstanden, welches in seinem Glimmer einen früher ganz übersehenen Zinngehalt besitzt; so wurden z. B. in dem Glimmer des Granits von Eibenstock, der von Zinnerzgängen durchsetzt wird, $0{,}_{223}$ Prozent Zinnsäure gefunden.

Den Zinnstein gewinnt man aus seiner natürlichen felsigen Lagerstätte entweder durch Sprengen mit Pulver oder man wendet das Feuersetzen an. Die Erze gelangen dann erst zur trockenen, später zur nassen Aufbereitung. In Sachsen brennt man sie zunächst in offenen Haufen, um die darauf folgende Pocharbeit zu erleichtern. Das Pochmehl (rote Schlieche) wird, nachdem es gewaschen worden, einer Röstung in Flammöfen unterworfen, durch welche die fremden Beimengungen teils verflüchtigt, teils in leichtere, also durch Waschen zu entfernende Oxyde verwandelt werden. Der Zinnstein bleibt hierbei ungeschmolzen und unverändert, und auch das ungern gesehene Wolfram wird dadurch nicht beseitigt, nur das Arsenik geht als arsenige Säure fort und wird in Giftkammern aufgefangen. In Cornwall, wo stark kupferhaltige Zinnerze verarbeitet werden, läßt man die geröstete Schlieche einige Zeit an der Luft verwittern, bis das Schwefelkupfer sich zu Kupfervitriol oxydiert hat, den man mit Wasser auszieht.

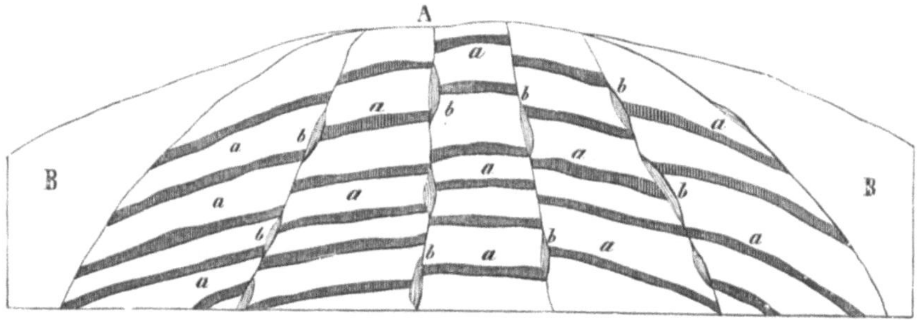

Fig. 125. Durchschnitt des Zinnwalder Zinnstocks.

Das braune, geröstete Erzpulver unterliegt hierauf der zweiten nassen Aufbereitung auf Stoß- und Kehrherden, wobei eine Menge Unreines fortgewaschen wird und die Waschwasser sich von mitgenommenem Eisenoxyd gewöhnlich ganz rot färben. Die solchergestalt konzentrierte Schlieche enthält nun 40—60 Prozent Zinnmetall und gelangt nach dem Trocknen zum Ausschmelzen in den Ofen. In Altenberg hat man die Zubereitung der Schlieche sehr abgekürzt, indem man das Pochmehl mit Säuren (Schwefel- oder Salzsäure) behandelt und dadurch Eisen, Kupfer und Wismut entfernt.

In den sächsischen und böhmischen Hütten dienen zur Zinngewinnung aus Stein gemauerte Gebläseschachtöfen von 3—4 m Höhe mit geschlossener Brust, nur mit einem Abstichloch am vordersten, tiefsten Teile der Sohle. Über der Gicht des Ofens sind Kondensationskammern aufgebaut zum Auffangen der Gestübbe oder des Gestiebes, welches bei diesem Betriebe in Menge fortgeht und als metallhaltig nicht verloren gehen darf.

Das Zinnausschmelzen geschieht kontinuierlich längere oder kürzere Zeit hindurch (gewöhnlich 6—7 Tage), indem beständig Erz, Kohle und Zuschläge oben schichtweise eingetragen und unten als Metall und Schlacken abgezogen werden. Wo man es mit reinem Seifenzinn zu thun hat, ist kein andrer Zusatz nötig als Kohle; das unreine Bergzinn verlangt indes verschlackende Zuschläge zur Bindung der fremden Metalle, Quarz gegen einen Eisengehalt, Kalk gegen Wolfram u. s. w. Zinnschlacken von vorherigen Schmelzungen, Schmelzrückstände und Gestiebe machen ebenfalls und in großer Menge die Reise durch den Ofen wieder mit. Im Schmelzofen fügt sich nun das an sich feuerfeste Zinnoxyd willig der vereinten Wirkung von Feuer und Kohle, und die vielleicht viele Millionen Jahre alte, solide Verbindung von Zinn und Sauerstoff wird durch die Einmischung stärkerer Verwandtschaft gelöst. Das Metall und die flüssigen Schlacken treten, wenn es Zeit ist, das Stichloch zu öffnen, in einen vorliegenden, muldenförmigen Raum, den Vorherd, wo die Schlackendecke zu Platten erstarrt, die abgezogen und in Wasser geworfen werden, um dann zerkleinert der weiteren Ausnutzung zu unterliegen. Die Hitze des Ofens wird so geführt, daß die Stoffe stets in dunkler Rotglut das Stichloch verlassen.

In England geschieht die Reduktion des Bergzinns auf dem Herde eines Flammofens, wo die Schlieche in Vermischung mit Steinkohlenklein und Zuschlägen einer viel stärkeren Schmelzhitze ausgesetzt sind, so daß das Ausbringen zwar rasch und wohlfeil erfolgt, man aber auch ein stark verunreinigtes Metall erhält.

Der ruhig stehende Zinnfluß reinigt sich teilweise dadurch, daß er die fremden, weniger leichtflüssigen Metalle sich zu Boden setzen läßt. So bilden sich schon im Vorherd Härtlinge, Legierungen von Zinn und Eisen, die auch Wolfram, Arsenik u. s. w. aufnehmen. Die oberen Schichten können als ziemlich reines Zinn abgeschöpft werden.

Im allgemeinen jedoch genügt diese Reinigung noch nicht, und man verschreitet, gewöhnlich unmittelbar vom Abstichkessel weg, zu einer weiteren Läuterung, welche das Pauschen heißt. Auf die abschüssige Sohle des Pauschherdes, der unten eine Rinne und einen Sammeltiegel hat, wird eine handhohe Schicht glühender Holzkohlen gebracht und das mit Kellen aus dem Abstichtiegel geschöpfte wieder erstarrte Metall in Blöcken dahin gelegt. Das leichtflüssige Zinn rinnt langsam durch die Kohlen nieder, die schwerer schmelzbaren Metalle bleiben halb erstarrt, mit Zinn vermischt, zwischen denselben hängen. Durch Klopfen mit hölzernen Schlegeln nötigt man sie, noch etwas Zinn fahren zu lassen. Diese Rückstände, welche Dörner heißen, sind in ihrer Beschaffenheit den Härtlingen ähnlich und kommen zur weiteren Ausnutzung zu den Schlacken. Sehr unreines Zinn verlangt ein zwei- oder mehrmaliges Pauschen oder Durchlassen.

Das endlich bis zur Qualität einer Handelsware gediehene Metall wird schließlich mittels Formen oder durch Ausgießen auf eine Metalltafel in die gewöhnlichen Gestalten des Handels — Blöcke, Barren, Kuchen — gebracht und mit dem Qualitätsstempel versehen. Das englische Bergzinn führt, in 2—3 Zentner schwere Blöcke gegossen, den Namen Blockzinn; das viel bessere, auf Seifen gewonnene Metall heißt Körnerzinn und steht in Reinheit und Preis gleich nach dem von Banka und Malakka.

Die Formgebung des Körnerzinns für Handelszwecke ist eine eigentümliche, denn dasselbe wird weder in Formen gegossen, noch gerollt, sondern gebrochen oder eigentlich gesprengt. Bis nahe zum Schmelzen erhitzt, wird das sonst so milde Metall ganz spröde nnd brüchig; man erhitzt demnach die Blöcke, bis die Kanten zu schmelzen anfangen, und wirft sie von einer Höhe herab auf harten Boden oder zerschlägt sie mit Hämmern. Das Metall zerspringt in eine Menge stabförmiger oder cylindrischer Stückchen mit schön glänzenden kristallinischen Flächen, und diese Kristallisation dient eben als Kennzeichen der Reinheit. Die feineren Sorten Zinn findet man im Kleinhandel stets in Form dünner biegsamer Stangen.

Schlacken, Dörner, Härtlinge verursachen noch beträchtliche Arbeit, um den starken Zinngehalt, den sie einschließen, noch möglichst herauszubringen. Völlig gelingt dies niemals, und einige Prozente gehen immer verloren. Die Schlacken kommen zunächst in der Regel sofort wieder in den Ofen, denn sie enthalten neben mechanisch eingeschlossenen Zinnteilchen auch noch Oxyd, das zu reduzieren ist. Nach Umständen schmilzt man sie auch für sich aus oder unterwirft sie, wenn sie ganz besonders reich an Dörnern geworden, dem Prozeß des Pochens und Waschens, wobei öfter noch ein sehr gutes Zinn erhalten wird. Die letzten Überbleibsel nebst Dörnern und Härtlingen, Ofenbruch und Flugstaub, bilden die ärmste und unsauberste Gesellschaft, welcher aber doch noch ein Tribut abgezwungen wird; man verschmilzt sie für sich bei starker Hitze und erhält durch dieses sogenannte Schlackentreiben noch ein sehr unreines Zinn geringster Sorte.

Die **technische Verwendung des Zinns** ist eine vielseitige, wie schon die Erfahrung des täglichen Lebens ergibt. Die hauptsächlichste Benutzung bildet dermalen das Überziehen andrer Metalle mit Zinn, die Verzinnung. Außer der schon besprochenen Darstellung des Weißblechs verzinnt man hauptsächlich Kupfer, Gußeisen und Blei. Der Verwendung verzinnter bleierner Röhren für Wasser und andre Flüssigkeiten ist früher bereits Erwähnung gethan worden. Außer der gewöhnlichen Verzinnung durch Eintauchen in geschmolzenes Zinn hat man auch eine nasse, das sogenannte Weißsieden, die auf kleine Messinggegenstände, wie Stecknadeln, Kettchen, Ringe u. s. w., Anwendung findet. Man siedet die Gegenstände in einem verzinnten Kupferkessel mit feingekörntem Zinn, Weinstein und Wasser, oder bringt sie mit denselben Zuthaten oder auch mit Zinnsalz und heißem Wasser in Tonnen, welche um eine Achse drehbar sind. Das im Messing enthaltene Zink scheidet aus der Lösung metallisches Zinn, welches als eine dünne Schicht das Messing überzieht, die freilich nur wenig Dauer haben kann.

Die Zinngießerarbeit und die Verwendung ihrer Erzeugnisse zu Küchen- und Hausgeräten ist in dem letzten Jahrhundert sehr in den Hintergrund getreten, bedauerlicherweise, müssen wir sagen, denn das Zinn ist ein sehr schönes, edles Metall, das leicht verarbeitbar, wie es ist, und von ziemlichem Werte zur Ausführung besserer Geräte auffordert. Die blank gescheuerten Zinngeschirre, sonst der Stolz der Hausfrau, haben größtenteils dem Porzellan, Glas und anderm Material weichen müssen, sei es aus Rücksichten der Wohlfeilheit oder größeren Bequemlichkeit, sei es, daß der schädliche Bleigehalt, den das gewöhnliche Zinn immer führt, Bedenken erregte. Nicht so leicht zu ersetzen wie im Hauswesen und oft unentbehrlich ist manchen Gewerbszweigen das Zinn als Material für Kessel, Pfannen, Helme der Destillierblasen u. s. w., namentlich in den chemischen Branchen der Färberei, Farbenfabrikation und in ähnlichen Zweigen. Die Rohre der jetzt gebräuchlichen Bierdruckapparate sollen aus reinem, bleifreiem Zinn gefertigt sein. Für die meisten Verwendungen wird jedoch das Zinn mit Blei zusammengeschmolzen. Das mäßigste Verhältnis ist 32 Teile Zinn und 1 Teil Blei (vierstempeliges Zinn), aber die Mischungsverhältnisse gehen herunter bis 2 Teile Zinn und 1 Teil Blei (dreipfündiges Zinn). Über die Einhaltung der verschiedenen Legierungen bestehen gesetzliche Vorschriften; dennoch wurden die Zinnteller ꝛc., wenn sie mitunter zum Umgießen gegeben wurden, grauer und grauer, namentlich als noch das Umgießen von Herumziehern als Gewerbe betrieben wurde. Es ist aber schon ein Prozent Blei hinreichend, um Glanz und Farbe des Zinns zu beeinträchtigen. Mit mehr Blei wird die Mischung immer weicher und mißfarbiger. Man sucht daher auch wohl durch kleine Zusätze von Antimon, Kupfer, Zink und Wismut dem stark bleihaltigen Zinn mehr Härte und Haltbarkeit zu erteilen.

Die gewöhnliche Probe zur ungefähren Beurteilung der Qualität des Zinns besteht im Schmelzen und Ausgießen des Metalls auf eine Fläche. Ist das Metall rein oder nur sehr wenig bleihaltig, so erstarrt es mit weißer, spiegelnder Oberfläche; 1 Teil Blei mit 4 Teilen Zinn verrät sich durch eine dichte Vegetation nadelförmiger Kristalle; 1 Teil Blei und 2 Teile Zinn zeigen große, runde, glänzende Flecke, welche bei gleichen Teilen Zinn und Blei ebenfalls, aber klein und sehr zahlreich erscheinen. Auch andre metallische Unreinheiten des Zinns verraten sich durch ästige und sternige Kristallisation. Reines Zinn läßt beim Biegen ein eigentümliches Knirschen (Zinngeschrei) hören, und kann man diese Thatsachen sehr wohl als ein ungefähres Prüfungsmittel benutzen. Seine Farbe ist ein schönes Silberweiß mit schwach bläulichem Anfluge; es ist sehr weich, nach dem Blei das weichste der häufiger vorkommenden Metalle, sehr dehnbar, so daß es zu ganz dünnen Blättern (Stanniol) durch Walzen oder durch Schlagen ausgereckt werden kann. Das spezifische Gewicht des Zinns ist $7_{,28}$; der Schmelzpunkt liegt bei 228°, bei Weißglühhitze fängt das geschmolzene Metall an zu sieden und sich langsam zu verflüchtigen. Bei Zutritt von sauerstoffhaltiger Luft anhaltend geschmolzen, überzieht sich der erst glänzende Spiegel mit einer grauen Haut, welche aus Zinn und Zinnoxyd besteht, allmählich geht das ganze Zinn in gelblichweißes Zinnoxyd, sogenannte Zinnasche, über.

Der Zinnguß geschieht wohl nur ausnahmsweise gleich dem Messingguß in Sandformen, denn die Güsse bilden meistens Handelsware, werden also in vielfachen Exemplaren erzeugt, und damit ist die Anwendung bleibender Formen geboten. Am besten, aber teuersten sind solche von Messing; außerdem dienen gußeiserne, für flache Gegenstände auch in feinem Sandstein oder Schiefer ausgearbeitete. Gipsformen sind bequem, halten aber wenig Abgüsse aus. Kleine Formen macht man auch aus Zinn oder Blei. Das Anhängen des Zinns in den Formen verhütet man durch Anräuchern, oder man gibt einen Anstrich von Kreide,

Thon, Lehm u. s. w. und läßt ihn trocknen. Man unterscheidet Heiß- und Kaltgießen, d. h. mit stark und mit wenig erhitztem Metall; das erstere bezieht sich auf Formen von Messing und Eisen, das andre auf die weniger haltbaren. Hat man im ersteren Falle das Metall in die erhitzte Form gegeben, so kühlt man dieselbe sofort äußerlich mit nassen Lappen und bewirkt dadurch einen besonderen Grad von Härte und Klang, sowie Schärfe und Reinheit des Gusses. Den Vorteil des Gusses in einzelnen Teilen mit nachherigem Zusammenlöten macht sich der Zinngießer in ausgedehntem Maße zu nutze; er gießt nur die einfachsten Sachen als Ganzes, wodurch er die Herstellung komplizierter Formen umgeht. Die meisten Zinngießerformen sind aus mehreren Teilen zusammengesetzt und wenigstens zweiteilig. Die Formen zu hohlen Gegenständen haben ein Kernstück; bei solchen jedoch, deren Inneres nicht ins Auge fällt und daher keine reine Fläche zu haben braucht, wendet man das schon beim Zinkguß erwähnte Stürzen an.

Die Vollendung der fertigen Gußstücke geschieht, sofern sie rund sind, auf der Drehbank durch Abdrehen und nachheriges Polieren mit Seife und Schmirgel, Achat u. dergl. Nichtrunde Gegenstände erhalten ihre Bearbeitung durch Raspeln, Feilen, Schaben und Glätten mit einem Glättstein.

Das Zinn, welches der Orgelbauer verarbeitet, enthält ebenfalls immer Blei in verschiedenen Verhältnissen. Das gewöhnlichste Verhältnis ist 10 Teile Zinn und 4 Teile Blei. Doch gibt es auch noch viel unedlere Verhältnisse; während früher die Reinheit und Kostbarkeit des Materials als eine Bedingung der Reinheit des Tons angesehen wurde, hat die neuere Zeit auch hierin sich von den ganz gewöhnlichen Rücksichten der Billigkeit immer mehr ins Schlepptau nehmen lassen. Die bleihaltigsten Mischungen schämt sich der Orgelbauer Zinn zu nennen, sie heißen Metall. Zinnfiguren bestehen aus 4 Teilen Zinn und 3 Teilen Blei oder auch aus beiden zu gleichen Teilen. Eigentümlich durch ihr glänzendes Äußere verhält sich eine stark bleihaltige Legierung von 29 Teilen Zinn und 19 Teilen Blei; es ist die Masse, aus welcher der sogenannte Zinnschmuck (Zinnbrillanten) besteht, der auf Theatern und Maskenbällen zu Hause ist. Man taucht brillantenähnlich geschliffene Glasstückchen in das geschmolzene Metall; beim Herausziehen bleibt ein Häutchen hängen, das nach dem Erkalten von selbst abfällt und auf der Hohlseite die Glätte und den Glanz des polierten Glases zeigt. Aus einiger Entfernung gesehen macht die vertiefte Figur den Eindruck eines erhaben geschliffenen, blitzenden Kristalls.

Zähigkeit besitzt das Metall fast gar keine, und von Zinndraht ist daher eigentlich keine Rede. Dagegen ist, wie schon gesagt, die in der Weichheit des Metalls begründete Dehnbarkeit eine bedeutende und gestattet die Verwendung desselben in Form ganz dünner Blätter, die als Zinnfolie, Blattzinn oder Stanniol bekannt sind. Die wichtigste Verwendung des Blattzinns ist die zur Herstellung des Spiegelbelegs, worauf wir später zu sprechen kommen; sonst dient dasselbe vielfach als saubere Hülle für Schokoladen, Parfümerien, als Kapseln zum luftdichten Verschluß von Flaschen 2c. Zur Zinnfolie verwendet man das reinste und deshalb geschmeidigste Zinn, das erst in Form von Stäben ausgegossen und sodann durch Hämmern oder Walzen weiter ausgearbeitet wird. Zur Schlägerei dienen leichte, rasch gehende Schwanzhämmer von circa 35 kg Gewicht mit etwa 300 Schlägen in der Minute. Hammer wie Amboß sind natürlich auf der Schlagbahn gut gestählt und poliert. Die Zinnstäbe gelangen der Reihe nach unter dreierlei Hämmer, Streckhammer, Zainhammer und Platthammer, sie werden anfänglich bloß gestreckt und schließlich erst in die Breite getrieben. Sowie die Zaine einige Dünne erlangt haben, werden ihrer mehrere übereinander gelegt, dann die Verdoppelung beim Ausplatten fortgesetzt, bis endlich 32—192 Blätter aufeinander liegen, die man winkelrecht beschneidet, auseinander nimmt und die fehlerhaften ausschießt. Ein großer Teil der jetzt verkäuflichen Zinnfolie besteht übrigens aus beiderseits mit Zinn plattiertem Blei. Da sich beide Metalle beim Strecken ähnlich verhalten, so erreicht man beim Einlegen einer Bleiplatte zwischen zwei Zinnplatten und Auswalzen zu Stanniol eine Vereinigung der drei Teile zu einem Ganzen.

Legierungen. Begegnet uns das Zinn sonach in den meisten Fällen schon als eine Zusammensetzung mit mehr oder weniger Blei, so wird es durch seine Legierungsfähigkeit auch noch anderweit verwendbar. Hinsichtlich der Bronze, in welcher Kupfer der Hauptstoff, Zinn das Hilfsmittel ist, verweisen wir auf den vom Kupfer handelnden Abschnitt; herrscht in den Kupferlegierungen das Zinn bedeutend vor, so entstehen Mischungen, die sich der Zinnfarbe nähern, übrigens aber beträchtlich härter sind als das reine Zinn. Andre härtende Zusätze geben Zink, Wismut und namentlich Antimon. Mit Anwendung solcher Zusätze in verschiedenen Nüancen lassen sich Kompositionen mit verschiedenen Eigenschaften herstellen, worunter das Britanniametall in Form von Löffeln, Leuchtern, Gefäßen u. s. w. die populärste sein dürfte. Die Darstellung dieser Legierung ging von der Zinngießerei aus, als man sich, wie gesagt, bestrebte, das stark bleihaltige Zinn durch Zusatz von Antimon u. dergl. zu verbessern. Hieraus erwuchs mit der Zeit die Einsicht, daß man unter Weglassung des Bleies auch etwas Besseres wählen könne, und es entstanden verschiedene Zusammensetzungen, unter denen das Britanniametall sich bis jetzt fast allein in Geltung behauptet hat. Zu seinen Vorzügen gehört, daß es sich sehr schön und scharf gießen und ebenso zu Blech auswalzen, zu Draht ziehen, prägen, drücken und auf der Drehbank bearbeiten läßt, endlich auch eine schöne Politur annimmt. Über die Zusammensetzung der Legierung existieren mancherlei Angaben, jedenfalls deshalb, weil die verschiedenen Fabriken, die namentlich in England zu Hause sind und große Massen von Waren, oft galvanisch versilbert, produzieren, selbst nicht nach einerlei Rezept arbeiten. Als einfachstes Verhältnis erscheint die Legierung von 9 Teilen Zinn und 1 Teil Antimon; es scheinen aber häufig kleine Mengen von Zink (1—2 Prozent) und Kupfer absichtlich zugesetzt zu werden. Britanniametall und Neusilber sind also ihrer Bestimmung nach Kollegen; obgleich auf ganz verschiedene Weise entstanden, verfolgen sie denselben Zweck, ein weißes Metall zu bilden, das soviel wie möglich dem Silber ähnlich aussehen soll. Besteht doch das unechte Blattsilber auch aus nichts weiter als aus Zinn, mit etwas Zink versetzt, und das Musiv- oder Muschelsilber aus Zinn, Wismut und Quecksilber. Eine Verbindung des Zinns mit Schwefel aber (Zweifachschwefelzinn), aus goldgelben weichen Schüppchen bestehend, bildet das Gold (Musivgold) im Malkasten der Knaben.

Auch in seinen Salzen und andern Präparaten ist das Zinn von Interesse und technischer Wichtigkeit. Schmilzt man Zinn unter Zutritt der Luft, so überzieht es sich zunächst mit einer grauen Haut, die aus unvollkommenem Oxyd und Metallteilchen besteht (Zinnkrätze); bei fortgesetztem Erhitzen verwandelt sich endlich das Ganze in gelblichweißes Oxyd, in der Technik Zinnasche genannt. Obwohl das Oxyd in dieser Pulverform in nichts an den natürlichen Zinnstein erinnert, so ist es doch nicht allein chemisch derselbe Stoff, sondern besitzt auch in seinen Teilchen die ganz gleiche edelsteinähnliche Härte wie jener und bildet demzufolge das vorzügliche Schmirgel- und Poliermittel auf Stahl, sowie auf Marmor und Granit. Man hat, weil sich die Zinnasche für diesen Zweck nur schwierig durch Schlämmen präparieren läßt, neuerdings ein hübsches Verfahren entdeckt, um dieselbe direkt in vorzüglicher Feinheit zu gewinnen. Es wird eine Lösung von Zinnsalz mit einer solchen von Kleesäure heiß vermischt, der hierbei entstehende weiße Niederschlag von kleesaurem Zinnoxydul gut ausgewaschen, getrocknet und sodann in einer Schale über Kohlen oder Gasflamme unter beständigem Umrühren erhitzt. Die Kleesäure wird hierbei zersetzt und in Gase verwandelt, während das Oxydul zu Oxyd wird und als voluminöses leichtes Pulver von erwünschter Feinheit zurückbleibt. Glasflüssen erteilt eingeschmolzenes Zinnoxyd eine undurchsichtige weiße Farbe und bildet demzufolge seit lange das Hauptmittel zur Herstellung von Email und feinen weißen Glasuren. Verschiedene Zinnsalze endlich sind für die Färberei, Zeugdruckerei und teilweise für die Farbentechnik (zu Lackfarben) von hoher Bedeutung und ausgedehntestem Gebrauch; denn wenngleich das Zinn in sich selbst keinen Farbenfond besitzt, so leistet das Oxyd doch ausgezeichnete Dienste als Beizmittel, d. h. als Träger und Festiger der Farbstoffe. Die hierher gehörigen Präparate sind: das Zinnchlorür, das speziell so genannte Zinnsalz, entstehend durch Auflösen von Zinn in Salzsäure; Zinnchlorid (Zinnbutter), Zinn in Königswasser gelöst; Pinksalz, aus Chlorzinn und Salmiak bestehend; Natriumstannat oder zinnsaures Natron, in welchem das Zinnoxyd seine basische Natur aufgegeben und dem Alkali gegenüber die Stelle einer Säure eingenommen hat.

Das Quecksilber.

Argentum vivum — lebendiges Silber — nannten die alten Römer das merkwürdige Element, zu dessen Besprechung wir nun kommen, und die späteren Völker samt den Deutschen thaten es ihnen nach, denn unser altdeutsches quick oder queck bedeutet eben auch lebendig; es findet sich beispielsweise noch in Quickborn, lebendiger Born.

Die Griechen nannten das Metall Wassersilber (Hydrargyron), und die alten Goldmacher infolge ihrer geträumten Beziehungen zwischen Planeten und Metallen belegten es mit dem Namen des eilfertigen Planeten Merkur.

Bekannt ist das Quecksilber seit sehr langen Zeiten. Die spanischen Zinnobergruben von Almaden waren nach Plinius den Griechen schon 700 Jahre vor Christi Geburt bekannt; auch erfuhr man bald, daß im Zinnober das Quecksilber enthalten sei, und lernte es ausscheiden. Von irgend einem wichtigen Gebrauche des Metalls im Altertum weiß man aber nichts. Die Verwendung des Zinnobers als Malerfarbe war die Hauptsache; dagegen wurde dasselbe in den Augen der Adepten ein höchst wichtiger Stoff, mit dem sie fort und fort experimentierten. Mit Ausnahme Agricolas, der das Quecksilber für ein eignes Metall hielt, betrachteten die andern dasselbe als ein noch unreifes, der Erziehung fähiges Edelmetall, als den flüchtigen Geist aller Metalle, gleichsam als eine Metallseele, die sich austreiben und anderswo wieder inkorporieren ließ. Noch die Gelehrten des 17. und 18. Jahrhunderts waren über die Natur des Quecksilbers im Unklaren und wollten es höchstens für einen metallähnlichen Körper, ein Halbmetall, gelten lassen, bis durch die neue, mit der Entdeckung des Sauerstoffs beginnende Chemie der Stoff nicht allein in die Rechte eines eignen, in die Reihe der Metalle gehörigen Grundstoffs eingesetzt wurde, sondern gerade auch das erste Mittel abgeben sollte, durch welches, indem man auf deutlich in die Augen fallende Weise den Sauerstoff damit verbinden und wieder davon abtrennen konnte, die Existenz dieses wichtigen Gases am augenscheinlichsten darzuthun war.

Das metallische Quecksilber hat einen ganz außerordentlich niedrigen Schmelzpunkt; der Temperaturgrad, bei welchem es sich als fester Körper gleich den übrigen Metallen zeigt, liegt weit unter Null. Das Festwerden des Quecksilbers führte zuerst Braun im Jahre 1769 zu Petersburg mit Hilfe einer künstlichen Kältemischung aus. Im hohen Norden, selbst noch in Schweden, Rußland und Sibirien, gibt die Natur die hierzu nötige Kälte von 39—40° C. nicht selten gratis, und Reisende hatten daher öfter erwünschte Gelegenheit, das Festwerden des Metalls in ihren Thermometern und Barometern eintreten zu sehen. So z. B. benutzten die Offiziere der 1819 unter Parry gegen den Nordpol anstrebenden Expedition die Gelegenheit, um mit großen Massen festgewordenen Quecksilbers Versuche anzustellen. Man fand, daß es in bezug auf Härte, Streck- und Hämmerbarkeit und Klang die Mitte halte zwischen Zinn und Blei; wie diese beiden wird es immer spröder und brüchiger, je näher es dem Punkte des Schmelzens kommt. Ein Stückchen festes Quecksilber, in die Hand genommen, erregt augenblicklich ein Gefühl, als habe man ein glühendes Eisen angefaßt — ein eigentlicher kalter Brand. Die Farbe des Metalls ist die des Zinns, an der Luft erhält es sich ziemlich blank und ist nur in geringem Grade dem Oxydieren ausgesetzt. Sein spezifisches Gewicht ist $13_{,5}$.

Das Quecksilber besitzt weder Geschmack noch Geruch, und soll auch ohne Schaden verschluckt werden können, da es der Körper unverändert wieder abführt. Man hat es deshalb mitunter zur Lösung gefährlicher Darmverschlingungen benutzt. Bei jeder Temperatur — in der Kälte natürlich am wenigsten und beim Sieden in einer Hitze von 360° am meisten — verdampft das Quecksilber unmerklich für Auge und Nase und eher noch durch ein Gefühl im Munde angezeigt. In größerer Menge eingeatmet, sind Quecksilberdämpfe im höchsten Grade giftig, ebenso auch die Oxyde und Salze des Quecksilbers. Die gewöhnliche erste Wirkung ist die Erregung von Speichelfluß; dann leiden die Lungen und der ganze Körper. Ein schreckliches Beispiel solcher Vergiftung ereignete sich in den Quecksilbergruben zu Idria am 11. Mai 1803, wo durch Entzündung schlagender Wetter ein Brand ausgebrochen war. Die ganze 1300 Mann starke Knappschaft wurde von den in großer Menge sich bildenden Metalldämpfen gefährlich ergriffen; 900 Mann wurden von einem beständigen Zittern befallen, das besonders bei Nacht sich einstellte und sie zu aller Arbeit unfähig machte; die übrigen 400 kamen zwar etwas besser davon, blieben aber doch zeitlebens kraftlos und konnten nur halbe Arbeitszeiten halten.

Vorkommen und Gewinnung. Die geographische Verteilung des Metalls ist an sich spärlich; noch seltener sind die Örtlichkeiten, wo seine Gewinnung lohnend betrieben werden kann. Infolge der ungemeinen Teilbarkeit des flüssigen Quecksilbers und seiner leichten Verflüchtigung finden sich Partikelchen davon hier und da im jüngeren Gebirge und im Schuttland eingeschlossen. So z. B. steckt die Gegend von Lissabon auf beiden Seiten des Tajo von den Spitzen der Hügel bis tief unter die Meeresfläche voller Quecksilberkügelchen.

Fig. 126. Quecksilberbergwerk Neualmaden in Kalifornien.

Man kann den Gehalt auf viele Tausende von Zentnern veranschlagen, aber alle Versuche des Ausbringens erwiesen sich als unlohnend. Andre solche hoffnungslose Lagerstätten finden sich in Frankreich, Toscana und vielleicht noch an manchen Orten. In Spanien, in der Provinz Andalusien, liegen in Europa die bedeutendsten Gruben, die von Almaden, welche trotz 2000jähriger Bearbeitung noch kaum über 300 m ausgetieft worden sind. Das Quecksilbererz (Zinnober, Schwefelquecksilber, aus dem das Metall sehr leicht darzustellen ist) liegt hier, eingeschlossen von Thonschiefer, in Gängen von mitunter 20 m Mächtigkeit. Es arbeiten darauf 700 Berg- und 200 Hüttenleute, und das jährliche Erzeugnis beträgt etwa gegen 1,25 Millionen kg. In Rheinbayern gibt es Gruben, die bis ins 17. Jahrhundert reiche Erträge gaben, später fast auf Null sanken, jetzt aber durch besseren Betrieb wieder eine mäßige Ausbeute liefern. Der einzig bedeutende europäische Fundort nächst dem spanischen ist Idria in Krain, 1497 entdeckt und seitdem ausgebeutet, mit einer Produktion von 409 100 kg (1882). Infolge besserer Behandlung ist das hier gewonnene Quecksilber reiner als das spanische. Auf der Wiener Ausstellung von 1873 war ein eiserner Kessel mit 7500 kg Quecksilber aus Idria zu sehen. Ungefähr ein Drittel der Produktion wird gleich an Ort und Stelle zu künstlichem Zinnober verarbeitet. Die Erzeugnisse von Idria nebst kleinen Beiträgen aus Böhmen, Ungarn und Siebenbürgen machen die österreichische Quecksilberproduktion aus (jährlich ca. 428 500 kg). Andre Fundorte von Quecksilber und Quecksilbererzen in Österreich sind Eisenerz in Steiermark, einige

Gegenden Kärntens, Ungarns und Siebenbürgens, und Horozowitz in Böhmen, wo auch Quecksilbergewinnung betrieben wird.

Außereuropäische Quecksilber gewinnende Länder sind Japan, China, Mexiko, Peru (3200 Zentner 1872) und seit 1850 in bedeutendem Maße Kalifornien. Hier wurden unweit San Francisco mächtige Lager von Zinnober entdeckt, sofort in Betrieb gesetzt und Neu-Almaden (s. Fig. 126) getauft. Schon 1855 betrug hier die Ausbeute etwa halb so viel wie die ganze spanische Produktion. Dieser Fund war insofern ein Glück für die ganze Welt, als in neuerer Zeit das Haus Rothschild, als Übernehmer sämtlicher Erträge der spanischen Gruben, die Preise dieses Metalls um mehr als das Doppelte gesteigert hatte; seit jener wohlthätigen Konkurrenz sind sie ungefähr auf das alte Niveau zurückgekehrt. Früher ging ein großer Anteil des spanischen Quecksilbers über Meer nach den Silberbergwerken von Mexiko zum Behuf der Silbergewinnung; seit Eröffnung der Gruben von Neu-Almaden ist aber der Preis des Zentners Quecksilber dort von 130 auf 45 Dollars gesunken. Anlaß, in Kalifornien Zinnoberlager zu vermuten und danach zu suchen, gaben wahrscheinlicherweise die dortigen Eingebornen, welche den Stoff seit langen Zeiten gern zu einer Universalschminke, d. h. zu einem Anstrich über den ganzen Körper, verwenden und in diesem Putze unbewußt als Geschäftsreisende dienten, mit der eignen Haut als Empfehlungskarte.

Über die Quecksilberproduktion Chinas und Japans ist nichts Sicheres bekannt; chinesisches Quecksilber fand sich früher auf dem europäischen Markte eingeschlossen in Röhren aus dicken Bambusstämmen, und man hielt China für sehr reich an diesem Metall, während sich jetzt zeigt, daß es selbst bedeutende Mengen aus Kalifornien bezieht.

Seitdem freilich hat sich durch Kalifornien, welches gegen 60000 Zentner 1875 allein produzierte, das Zweiundeinhalbfache der spanischen Produktion, das Verhältnis zu diesem Lande beträchtlich geändert, denn 1881 belief sich die Produktion von Quecksilber in Kalifornien schon auf 60851 Flaschen zu $34{,}_7$ kg.

Die Goldgewinnung in Kalifornien mittels Amalgamation verzehrt von der dortigen Ausbeute einen sehr beträchtlichen Anteil. Der Rest wird ausgeführt, meist nach China, in zweiter Stelle nach Mexiko. Letzteres Land ermangelt selbst nicht ganz dieses Metalls; es gewinnt auf verschiedenen Gruben jährlich etwa 2500 Zentner, verbraucht aber in seinem Silberbergbau 14000. Das österreichische Produkt gelangt in die Hände eines einzigen Hauses und kommt am norddeutschen Markte gar nicht zum Vorschein. Italien hat am Monte Amiata Quecksilberproduktion, welche von 3500 kg im Jahre 1860 sich auf 129600 kg in 1879 gehoben hat. Alles Quecksilber kommt in verschraubten eisernen Flaschen von ungefähr 35 kg Inhalt in den Handel.

Das Quecksilber ist ein ganz entschieden schwefelliebendes Metall und sein einziges, für die Gewinnung bedeutendes Erz ist der natürliche Zinnober, der in 100 Teilen 86¼ Prozent dieses Metalls (das übrige Schwefel) enthält und sich auf Lagern und Gängen im kristallinischen Schiefer- und Übergangsgebirge vorfindet. Nur in vereinzelten Partien bricht derselbe so rein, daß er seine schöne rote Farbe ungetrübt zeigt und sogleich als Farbmaterial dienen kann (Bergzinnober); der meiste Zinnober des Handels ist ein künstliches, durch Wiederverbindung des metallischen Quecksilbers mit Schwefel erhaltenes Fabrikat. In Idria bricht man viel als Lebererz, das ein unreiner, mit Thon und erdharzigen Stoffen gemengter Zinnober ist. Auf und nahe den Zinnobergängen, auch sonst zwischen den Spalten von Schiefer und in Höhlungen, findet sich ferner — als ob der Schwefel nicht hingereicht hätte — metallisches Quecksilber in größeren und kleineren Kügelchen, zuweilen etwas silberhältig. Diese geben, besonders gesammelt, das Jungfernquecksilber, das aber immer nur einen kleinen Teil des ganzen Ertrags bildet. Im allgemeinen gilt der mit andern Mineralstoffen verunreinigte Zinnober, wenn er die Hälfte seines Gewichts Metall gibt, schon für ein reiches Erz.

Die Verhüttung der quecksilberhaltigen Mineralien besteht in einem einfachen Destillationsprozeß, wobei aber für ein Trennungsmittel der beiden flüchtigen Bestandteile Schwefel und Quecksilber zu sorgen ist, denn Zinnober, in einen kalten Raum überdestilliert, setzt sich wieder als Zinnober ab. Beschickt man dagegen die Retorte mit einem Gemenge von Zinnober und Kalk oder Eisenfeile, so geht nur das Metall in Dampfform fort, während

Kalk oder Eisen den Schwefel binden, so daß im ersten Falle Kalkschwefelleber und schwefelsaurer Kalk, im zweiten Schwefeleisen entsteht. In einer andern und zwar Großbetriebsweise benutzt man als Trennungsmittel den Sauerstoff der Luft, indem man die Erze in einem Schacht- oder Flammofen der unmittelbaren Einwirkung des Feuers aussetzt. Der Schwefel verbrennt hier zu schwefliger Säure, die mit den Quecksilberdämpfen durch ein System von Niederschlagkammern zieht und am letzten Ende entweicht, indes das Metall sich tropfbar niederschlägt.

In Almaden benutzt man einen cylindrischen, oben geschlossenen Schachtofen, der durch ein durchbrochenes Gewölbe in eine obere und untere Hälfte geteilt ist; die untere bildet den Feuerraum. Ohne besondere Vorbereitung wirft man durch ein zu oberst angebrachtes Loch, das nachgehends mit einer Platte verschlossen wird, das Erz zunächst in faustgroßen Stücken, gibt kleineres Erz nach und schließlich den kleinsten Abfall nebst den rußartigen Produkten früherer Destillationen, die mittels Thon zu Ziegeln geformt sind, auch Bruchstücke von alten, mit Quecksilber durchdrungenen sogenannten Aludeln. Dieses letztere, aus dem Arabischen stammende Wort bezeichnet aus Thon gebrannte birn- oder kürbisförmige Flaschen ohne Boden mit einem Hals an jedem Ende, deren man bei jedem Ofen einige Hundert braucht. Indem man einen Hals in den andern steckt und die Fugen verkittet, entstehen geschlossene Kanäle, die einerseits in den oberen Teil des Ofens, anderseits, nachdem sie eine Strecke von mehr als 20 m über eine etwas schräg abfallende Fläche hingelaufen, in eine Kondensationskammer münden. Die Beschickung eines Ofens beträgt gegen 300 Zentner, woraus 25—30 Zentner, ausnahmsweise auch mehr, Quecksilber gewonnen wird. Man feuert mittels Reisig erst mit gelinder, dann stärkerer Hitze, bis in etwa 15 Stunden das Abtreiben beendet ist. Die Quecksilberdämpfe nebst den Verbrennungsprodukten nehmen ihren Weg durch die Reihen der Aludeln, hinterlassen da schon verdichtetes Metall, während das überfließende am Ende der Kanäle in einem Gerinne aufgefangen wird. Was beim Eintritt in die am Ende stehende Kammer noch dampfförmig ist, verdichtet sich in derselben vollends oder entweicht mit den Verbrennungsgasen und der schwefligen Säure aus dem oberhalb angebrachten Schlote. Nach zwei bis drei Tagen, wenn das Ganze erkaltet ist, nimmt man die Aludeln aus, setzt sie wieder zusammen, räumt den Ofen aus und beschickt von neuem. Man erhält auf diese Art das Quecksilber mit Rußteilen verunreinigt. Nach Absonderung derselben füllt man es in Quantitäten von 40 kg in eiserne Flaschen. Dieses Verfahren ist sehr mühsam und ungesund, auch ist die Kondensation der Quecksilberdämpfe keine vollständige.

In Idria hat man die früher ebenfalls gebrauchten Aludeln beseitigt und benutzt, wie Fig. 127 zeigt, nur eine Reihe von Niederschlagkammern. Hier werden bloß die reichen Stufen sofort der Destillation unterworfen, das Grubenklein erst gewaschen, gesetzt und geklaubt. A ist der Schachtofen, den man sich in der Mitte stehend und die Zeichnung ebenso weit nach links wie nach rechts fortgesetzt zu denken hat. Derselbe ist durch drei durchbrochene Gewölbe mm, nn und oo in vier Abteilungen gebracht, deren untere E als Feuerherd dient. Die erste Etage darüber füllt man mit Erzstücken locker aus, bringt obenauf in irdenen Schüsseln den mit Kalk versetzten Zinnoberschlich und die Rückstände früherer Brände, röstet bei gelindem Feuer die ganze Beschickung langsam durch und begünstigt durch Einleitung von Luft in die oberen Räume das Verbrennen des Schwefels, dessen letzte Teile sich bei steigender Temperatur mit dem Kalk verbinden, so daß alles Quecksilber vollständig abdestilliert. Als Dampf entweicht nun dasselbe nach den auf beiden Seiten liegenden Kammern K, 1—6. In 1 verdichtet sich das meiste Quecksilber, weiterhin immer weniger, aber viel saures Wasser. Auf den eisernen Bodenplatten sammelt sich das mehr oder minder unreine Quecksilber und läuft in Rinnen nach einem Kanal außerhalb ab. In neuerer Zeit hat man Flammöfen mit ununterbrochener Destillation eingeführt, sogenannte Hähneröfen, die sich namentlich bei den ärmeren Erzen bewähren und bedeutend an Zeit und Brennstoff sparen; sie sind in Venetien und Kalifornien eingeführt. In der Rheinpfalz geschieht die Zersetzung der Erze mittels Kalk in eisernen Retorten, von denen 30—50 Stück in einem Galeerenofen liegen. Zur Kondensation leitet man hier und da die Quecksilberdämpfe auch in Vorlagen, die man mit kaltem Vorschlagwasser versieht. In andern Gegenden benutzt man auch große, 200—300 kg Erz fassende Retorten, aus denen die Quecksilberdämpfe in mit Wasser teilweise gefüllte Kästen treten. Das Erzklein wird in Flammöfen, sogenannten Albertiöfen, verhüttet, die zur Kondensation des Metalls mit langen, schwach geneigten, mehrfach hin und her gebogenen Eisenrohren in Verbindung stehen, diese werden durch außen auffließendes Wasser gekühlt.

Die gewöhnliche Nachbearbeitung des Quecksilbers, um es zu trocknen und von Unreinheiten zu befreien, besteht im Verreiben mit zerfallenem Kalk und Filtrieren durch Leder, Zwilch oder Filz. Völlig rein ist jedoch hiermit das Quecksilber nicht, sondern enthält stets noch mehr oder weniger fremde Metalle, von denen schon ein geringes Quantum hinreicht, um das Quecksilber an der Luft erblinden zu lassen und ihm eine dickliche Beschaffenheit mitzuteilen. Um eine noch vollständigere Reinigung zu erzielen und das gewöhnlich im Quecksilber aufgelöste Blei, Zinn, Zink, Wismut und Kupfer zu entfernen, kann es zunächst von neuem unter Zuschlag von Zinnober destilliert werden, wobei die fremden Stoffe, vom Zinnober in Schwefelmetalle verwandelt, größtenteils im Rückstande verbleiben. Wismut und Zink jedoch destillieren mit und müssen auf nassem Wege durch Schütteln mit Säuren u. s. w. entfernt werden, was sich auch auf die ganze Reinigung erstrecken kann. Chemisch reines Quecksilber kann übrigens nur erhalten werden durch Destillation von feinem Zinnober mit Eisenfeilspänen.

Fig. 127. Quecksilberkammern zu Idria.

Verwendungsarten. Das Quecksilber nebst seinen Präparaten findet zu technischen, wissenschaftlichen, arzneilichen u. s. w. Zwecken so vielfache und verschiedenartige Verwendung, daß sich gleichsam die Zerfahrenheit dieses Metalls auch auf seinen Gebrauch erstreckt. Wir sind diesem Metall im Laufe unsrer Betrachtungen schon oftmals und namentlich bei der Besprechung physikalischer Apparate begegnet und werden noch oft seine Eigenschaften nützlich angewendet finden, so bei der Spiegelfabrikation in dem Abschnitt vom Glase, bei der Gold- und Silbergewinnung, der Feuervergoldung, der Fabrikation künstlichen Zinnobers in der Farbenbereitung u. s. w. In Kalifornien hat die Goldwäscherei fast ganz aufgehört, da alles goldführende Schwemmland schon durchwaschen ist, zum Teil mehr als einmal. Die jetzige Gewinnung ist reiner Bergbau auf goldhaltigen Quarz, der nach feinster Pulverisierung zugleich mit Quecksilber in die laufende Amalgamiertonne kommt. Hierbei kommt sehr zu statten, daß das Quecksilber viel mehr Gold auszieht, wenn ihm ein wenig Natrium einverleibt worden war.

Es ist nämlich in jüngster Zeit die interessante Eigenheit am Quecksilber entdeckt worden, daß es sich durch ein Minimum von 1 oder 2 Tausendstel Natrium oder auch Kalium in einen Zustand versetzen läßt, in welchem es eine in hohem Grade vermehrte Anziehung, Affinität oder wie man es sonst nennen will, zu allen Metallen zeigt, mit denen es sich überhaupt verbinden kann. Die Bildung erfolgt augenblicklich, auch wenn Unreinheiten der Oberflächen vorhanden sind, die für gewöhnlich die Vereinigung verhindern. Der Unterschied im Verhalten von reinem und mit Natrium versetztem Quecksilber wird recht augenfällig, wenn ein Tropfen von jedem auf ein Stück Blattgold gebracht wird. Der reine Tropfen flacht sich zwar etwas ab, wird aber nicht merklich breiter, wogegen der natriumhaltige sich mit erstaunlicher Schnelligkeit über das Gold verbreitet und in wenigen Sekunden eine Fläche überzieht und weiß färbt, welche viel hundertmal größer ist als die des ursprünglichen Tropfens. Dieselbe gesteigerte Anhänglichkeit, wie gegen fremde Metalle, zeigen die Atome des mit Natrium versetzten Quecksilbers auch unter sich: es hat sein zerfahrendes und zerstäubendes Wesen verloren und läßt sich nunmehr sicherer und ökonomischer handhaben. Eine Erklärung der eigentümlichen Wirkung eines so kleinen Zusatzes hat man bis jetzt nicht gefunden; die patentierten Verkäufer des versetzten Quecksilbers nennen es „magnetisches". Sein Gebrauch in Kalifornien ist allgemein und seine guten Dienste bei der Silbergewinnung sind ebenfalls schon erprobt. Auch bei der früheren kalifornischen Wäscherei bediente man sich des Quecksilbers zum Einfangen der feinsten Goldteilchen, die in den Waschapparaten hängen blieben.

Das Quecksilber leistet seine vielfachen und zum Teil sehr wichtigen Dienste sowohl in gediegener Form als in Verbindung mit andern Metallen, oder in Form irgend eines chemischen Präparates. Als flüssiges schweres Metall dient es vor allen Dingen und fast ausschließlich zur Füllung von Thermometern, für Barometer, Manometer und andre Gas-, Dampf- und Wasserdruckmesser. Dem experimentierenden Chemiker ist das Quecksilber wichtig zum luftdichten Absperren für sogenannte pneumatische Apparate bei Arbeiten mit Gasen. Durch Schütteln mit Wasser, Terpentinöl u. s. w., oder durch Verreiben mit Zucker, Schwefel, Fett (Quecksilbersalbe) läßt sich das Metall so fein zerteilen, daß es sein ganzes metallisches Aussehen einbüßt und als graues Pulver erscheint. Es fließt aber nach Entfernung der Zwischenmittel doch wieder zusammen; nur mit dem Schwefel verbindet es sich bald zu schwarzem Schwefelquecksilber, dem aethiops mineralis der Apotheker.

Die Verbindungen des Quecksilbers mit andern Metallen heißen ausnahmsweise nicht Legierungen, sondern A m a l g a m e. Da ein starres Metall weit unter seinem Schmelzpunkte flüssig wird, wenn es mit einem bereits flüssigen in Berührung kommt, so entstehen die Amalgame auf kaltem Wege durch bloßes Zusammenrühren oder Kneten. Bei den meisten Metallen erfolgt die Verbindung leicht und rasch; bei einzelnen aber, wie Kupfer, Eisen, Nickel, nur auf Umwegen. Alle Amalgame werden in der Hitze zerlegt und das Quecksilber ausgetrieben. Sie sind um so weicher, je mehr Quecksilber sie enthalten. Manche, namentlich die mit Kupfer, Gold u. s. w., werden allmählich sehr hart und dienen vorzüglich als Zahnkitt. Oberflächliche Amalgamationen von Zink-, Kupfer- und Eisenplatten erhält man durch Anreiben des Quecksilbers auf die mit einer sauren Flüssigkeit benetzte Platte.

Die technisch wichtigsten Amalgame sind die mit Zinn zur Spiegelbelegung und die mit Gold und Silber entweder zum Behuf der Vergoldung und Versilberung im Feuer, oder zur Ausscheidung dieser Edelmedalle aus ihren Erzen. In beiden Fällen dient das Quecksilber nur als Vehikel oder als Träger und geht im ersten Falle ganz, im zweiten wenigstens teilweise verloren.

Die chemischen Verbindungen des Quecksilbers sind sehr mannigfaltig; sie schlagen großenteils ins Fach des Apothekers, bei welchem früher die Quecksilberpräparate noch weit zahlreicher als gegenwärtig anzutreffen waren. Einige finden auch technische und anderweite Anwendung. Mit dem Sauerstoff bildet das Metall schon bei anhaltendem Erhitzen an der Luft auf 300° C. eine in zinnoberroten schuppigen Kristallen erscheinende Verbindung, das Q u e c k s i l b e r o x y d, welches jedoch in höherer Temperatur seinen Sauerstoff wieder verliert. Das auf nassem Wege dargestellte Quecksilberoxyd ist ein rötlichgelbes Pulver und führt in der Pharmazie den Namen r o t e s P r ä z i p i t a t. Es gibt basische, neutrale und saure Quecksilbersalze und außerdem noch Doppelsalze. Die Lösung des salpetersauren Quecksilbers bildet das bei der Vergoldung gebrauchte Quickwasser.

Während bei den Apparaten zur Erzeugung galvanischer Elektrizität das Quecksilber in metallischem Zustande schon längst eine wichtige Rolle spielt, ist ihm neuerdings in der

Form eines Salzes eine anderweite Funktion in demselben Fache übertragen worden. Die Zinktafeln der galvanischen Batterien werden bekanntlich oberflächlich amalgamiert, damit die Säure oder andre erregende Flüssigkeiten das Zink nicht zu rasch zerstören und gleichmäßiger angreifen. Für die sogenannten konstanten, d. h. lange fortwirkenden Batterien benutzt man meistens statt verdünnter Säure eine Salzlösung, und es hat sich kein Salz passender dazu erwiesen als das schwefelsaure Quecksilber. Es wirkt als Verwandtes günstig auf die Erhaltung der Amalgamierung und erzeugt schwache, aber viele Monate andauernde Ströme.

Wie mit dem Schwefel verbindet sich das Quecksilber auch leicht in zweierlei Verhältnissen mit Chlor, Jod, Brom. Das Quecksilberjodid hat eine schön scharlachrote Farbe und findet einige Anwendung in der Medizin. Wir kommen später auf diesen Farbstoff noch zu sprechen. Am meisten verbraucht und darum im großen fabriziert werden die beiden Chlorverbindungen, das Chlorür und Chlorid, ersteres bekannt unter dem Apothekernamen Kalomel oder mercurius dulcis, letzteres als das bösartige Ätzsublimat. Beide können auf verschiedenen nassen und trockenen Wegen hergestellt werden. Das Kalomel, wegen seiner geringen Löslichkeit das mildeste Präparat, bildet bekanntlich ein stark gesuchtes Arzneimittel. Das Ätzsublimat dagegen ist ein energisches, fressendes Gift, als Arznei und Ätzmittel daher nur in kleinster Menge und mit größter Vorsicht verwendbar. Bekannt ist seine Anwendung als fäulniswidriges Konservierungsmittel tierischer und pflanzlicher Körper. Als Abhaltungs- und Tödtungsmittel von Insekten sowie als Konservierungsmittel des Holzes hat es sich ganz vorzüglich bewährt. Freilich ist es hierzu, z. B. zur Erhaltung von Eisenbahnschwellen, zu teuer. Außerdem dient es in der Zeugdruckerei, zum Ätzen von Stahl, in der Chemie als chlorabgebender Stoff, sowie als Ausgangsprodukt für viele andre Präparate. Endlich beteiligt sich das Quecksilber noch an der Zusammensetzung des Knallquecksilbers, eines Präparats, das aus einer Mischung von salpetersaurer Quecksilberlösung mit Alkohol beim Erhitzen niederfällt. Es dient als Zündmasse für Zündhütchen u. dergl., da es sehr leicht und unter Feuererscheinung und entsprechender Wärmeentwickelung seine lose verbundenen Bestandteile wieder auseinander fallen läßt und sich in Quecksilberdämpfe, Stickstoff, Kohlensäure und Wasserdampf zersetzt. Eine gelinde Erwärmung, ein Schlag oder Stoß kann schon diese Explosion bewirken. Mit dem Cyan bildet das Quecksilber nur eine Verbindung, das Cyanquecksilber oder Quecksilbercyanid, ein äußerst giftiger Stoff, der auch, selbstverständlich nur in sehr kleinen Mengen, medizinische Anwendung findet. Das Cyanquecksilber entsteht beim Zusammenbringen von gelbem Quecksilberoxyd mit wässeriger Blausäure (Cyanwasserstoff) und erscheint in ziemlich großen, farblosen, in Wasser löslichen Kristallen. Beim Erhitzen zerfallen dieselben in Quecksilber und Cyangas, das also auf diese Weise bequem in reiner Form dargestellt werden kann. Eine andre cyanhaltige Quecksilberverbindung ist das Schwefelcyanquecksilber oder Rhodanquecksilber, ein ebenfalls farbloser und sehr giftiger Stoff, der beim Erhitzen die Eigentümlichkeit zeigt, unter Entwickelung großer Mengen von Gasen zu einem außerordentlich großen Volumen anzuschwellen, wobei die zurückbleibende Masse eine wurmförmige Gestalt annimmt. Man benutzte daher diesen Stoff vor einer Reihe von Jahren zu der unnützen und sogar gefährlichen Spielerei der sogenannten Pharaoschlangen.

Sämtliche Quecksilberverbindungen sind in der Hitze flüchtig und liefern beim Glühen mit trockenem Natriumkarbonat metallisches Quecksilber; der Nachweis des Vorhandenseins einer Quecksilberverbindung ist demnach sehr leicht zu führen; man braucht einen auf Quecksilber zu prüfenden Körper nur in einem Probierröhrchen mit kohlensaurem Natron gemischt zu erhitzen, so setzen sich im oberen Teile des Gläschens kleine Quecksilberkügelchen an.

Die Edelmetalle.

Fürsten prägen so oft auf kaum versilbertes Kupfer
Ihr bedeutendes Bild, lange begnügt sich das Volk.
Schwärmer prägen den Stempel des Geist's auf Lügen
und Unsinn;
Wem der Probierstein fehlt, hält sie für redliches Gold.

Goethe.

Das Silber.

Geschichtliches. Alte Bezugsländer. Vorkommen in der Natur. Gediegenes Silber und Silbererze. Gewinnung des Silbers aus denselben. Amalgamieren. Der Forster-Firminsche Amalgamator. Silberscheidung auf nassem Wege. Eigenschaften und Verbindungen des Silbers. Legierungen. Silberdraht. Versilbern. Platieren. Gold- und Silberschmiede. Das Münzwesen. Geschichtliches. Die Münztechnik. Bullion. Schrot und Korn. Gießen der Baine. Das Ausschlagen der Platten. Justieren. Ränteln. Prägen und Prägmaschinen.

Edelmetalle nannten die Alchimisten das Gold und das Silber, nicht nur, weil dieselben an Farbe und Glanz allen andern voranstehen, sondern besonders auch, weil sie am wenigsten geneigt sind, ihre Individualität, d. h. ihren Metallzustand, sich nehmen zu lassen, sich mit andern Stoffen zu verbinden. Gab es doch für das Gold, den König der Metalle, nur ein einziges Auflösungsmittel, das deshalb auch Königswasser genannt wurde, und das strahlende Metall hatte zum Sinnbilde die Sonne, wie das sanfte, leuchtende Silber den Mond. Wenn man nur die Stärke und Unvergänglichkeit des Glanzes als Merkmale der Edelmetalle hinstellt, so lassen sich auch noch mehrere andre Metalle ihnen zugesellen, wie z. B. Platin und mehrere seiner Begleiter; allein im Handel und Wandel pflegt man nur Gold und Silber als Edelmetalle zu betrachten.

Der dem Gold und Silber von jeher beigelegte hohe Wert, ihr angenehmes Äußere, ihre Beständigkeit, verhältnismäßige Seltenheit u. s. w. hatten zur Folge, daß man sie sehr zeitig als bequemes Tauschmittel benutzte; man wog sich dieselben anfangs zu, wie noch jetzt in Afrika und Kalifornien, machte sich dann die Geschäfte bequemer und formte sie zu Barren oder Platten von bestimmtem Gewicht, dessen Betrag man für alle künftigen Tauschfälle darauf stempelte, und so entstand bei allen Völkern, die es zu einer gewissen Kulturstufe brachten, in ganz natürlichem Verlaufe das Geld, der nervus rerum, die Triebfeder der Dinge und das Strebeziel aller Menschen.

Ganz außerordentlich und teilweise unglaublich waren die Anhäufungen edler Metalle in alten Zeiten, wie uns die Bibel und die Profanschriftsteller erzählen. Abraham schon war ein Mann reich an Vieh, Gold und Silber, aber seine Nachkommen David und Salomo leisteten im Zusammenhäufen edler Metalle wirklich Großartiges; Salomo machte, wie im 1. Buch der Könige erzählt wird, daß in Jerusalem des Silbers soviel war wie der Steine; es wurde für nichts geachtet.

Auf das Vorkommen des Goldes namentlich, dessen glänzende Natur und leichte Bearbeitung sofort auffallen mußte, wird man frühzeitig und an vielen Orten aufmerksam geworden sein. Das älteste wirkliche Bezugsland für Edelmetalle wird man wohl in Indien zu suchen haben. Die alten ägyptischen Könige hielten sich an die Reichtümer ihrer Nachbarländer Nubien und Äthiopien. Die Griechen gewannen im eignen Lande Silber und Gold, auch sehr reiche Quellen kostbarer Metalle bot in alten Zeiten die spanische Halbinsel. Ungeheure Mengen von Silber schleppten Phöniker, Karthager und Römer lange Zeit aus diesem Lande weg. Der Silberreichtum Spaniens mußte Hannibal die Mittel liefern zur Bekämpfung der Römer, und noch jetzt glaubt man die Gruben zu kennen, aus denen er sein Silber bezog (angeblich 300 Pfund täglich), und die Stollen, durch die er Tag und Nacht das Wasser herausschaffen ließ. Aber sie sind ersoffen, wie der Bergmann sagt, und man weiß nicht, ob sie verlassen wurden wegen Mangels an Ausbeute oder wegen Überfluß an Wasser. Die Araber noch sollen viel Silber in Spanien gegraben haben. Die Glanzperiode aber, in welcher nach Diodors Erzählung bei Waldbränden das geschmolzene Silber in Strömen von den Pyrenäen niederfloß, ist längst dahin; außer einigen bescheidenen Silbergruben hält man sich auch hier schon an den Silbergehalt der Bleierze, den man früher nicht achtete oder auch nicht zu gewinnen wußte, und der früher schon erwähnte Pattinsonsche Prozeß hat in Spanien ein günstiges Arbeitsfeld gefunden.

Hauptquellen des Metallreichtums im Mittelalter waren österreichische und ungarische Gruben, von denen die berühmten Werke zu Schemnitz und Kremnitz schon von den Römern betrieben worden sein sollen; sicherer wird der Anfang ihres Betriebs ins 8. Jahrhundert versetzt. Seit dem 10. Jahrhundert etwa — denn Zuverlässiges weiß man nicht — kamen die berühmt gewordenen Silbergruben zu Joachimsthal in Böhmen, die Gruben im Harze und die im sächsischen Erzgebirge von anfangs fabelhaft reichem Ertrage in Betrieb; sie werden mit mäßigem Erfolge noch heute abgebaut, während die lange Zeit berühmten Silberbergwerke Norwegens und Schwedens wie verschollen und zur Zeit wenigstens ganz unerheblich sind. Die deutsche Silberproduktion ist aber trotz des verminderten Ertrags an heimischen Erzen, namentlich in Sachsen, nicht geringer geworden, sondern hat sich vielmehr im Laufe der sechs Jahre von 1876—82 nahezu um die Hälfte erhöht, was darin seinen Grund hat, daß große Mengen ausländischer Erze, besonders in Freiberg, verarbeitet werden. Ein Viertel der ganzen deutschen Silberproduktion soll aus ausländischen Erzen stammen. Vom Jahre 1493—1883 produzierte Deutschland 9120064 kg Silber; im Laufe dieses Jahrhunderts hat sich die deutsche Silberproduktion verzehnfacht. — Freiberg produzierte 1882: 50985 kg Silber, die Mansfelder Gewerkschaft in demselben Jahre 62708 kg. Im allgemeinen sind die Erzeugungskosten des deutschen Silbers nicht viel niedriger als dessen Kaufwert; aber volkswirtschaftliche Rücksichten gebieten doch die Fortführung der Werke und selbst die Aufwendung beträchtlicher Verbesserungskosten.

Über die Gesamtproduktion der Erde an Edelmetallen sind nur annähernde Zahlen aufzustellen, da aus den reichsten Produktionsgebieten Amerikas und den australischen Kolonien nur unsichere Angaben zu Gebote stehen; immerhin ist es von Interesse, die Zahlen, soweit sie zu ermitteln sind, kennen zu lernen. Nach den Erhebungen der offiziellen Statistik darf man die Edelmetallgewinnung der Vereinigten Staaten, d. h. der im Westen liegenden Staaten und Territorien Kalifornien, Nevada, Oregon, Washington, Idaho, Montana, Utah, Arizona, Colorado, Mexiko und Britisch-Kolumbien, welche bei der Gold- und Silberproduktion nur in Betracht kommen, folgendermaßen schätzen (in Tausenden von Dollar, also 40 100 = 40100000 Dollar):

	Gold	Silber	Zusammen
1874	40100	30500	70600
1875	41750	34040	75790
1876	42887	39293	82180
1877	44880	45846	90726
1878	37576	37248	74824
1879	31470	37033	68503
1880	33522	40005	73527

In den sieben Jahren von 1874—80 wurden daher allein von Amerika zusammen für 272185000 Dollar an Gold, 263965000 Dollar an Silber, zusammen also für 536150000 Dollar an Edelmetallen produziert.

Die Produktion an Edelmetallen auf der ganzen Erde belief sich, soweit sie bekannt wurde, im Jahre 1882 auf folgende Werte in Mark:

	Gold	Silber
Deutschland	1049538	32525060
Österreich-Ungarn	4410285	8224540
Italien	3243975	76385
Spanien	—	13004124
Schweden	2790	205275
Norwegen	—	839945
Rußland	120914317	1988780
Türkei	27933	377647
Japan	278660	3848880
Afrika	8373960	—
Bolivia	303849	46200000
Brasilien	3115954	—
Chile	541350	21343337
Kolumbien	16800000	4200000
Vereinigte Staaten	134400000	196560000
Mexiko	3932136	125738752
Englische Besitzungen	4518289	286478
Argentinien	329893	1764945
Venezuela	9553706	—
Australien	121561511	432087
Zusammen	433358146	457616235

Die Spanier fanden in den ersten 50 Jahren nach der Entdeckung Amerikas dort nur Gold oder doch nur wenig Silber; erst nachdem Peru erobert worden, war das reichste Feld gewonnen, auf dem sich nun unzählige Gold- und Silbergruben erschlossen. Keine aber erlangte solche Berühmtheit, wie die reiche Mine von Potosi, welche gegen 1545 unter Umständen entdeckt wurde, wie sie in Bd. III. nach der gangbaren Erzählung wiedergegeben sind. Jedoch die Klumpen und Äste gediegenen Silbers sind in aller Welt immer nur das wenigste, bilden gleichsam nur den Ausputz, und die Hauptmasse einer Silbergrube ist mit Blei, Schwefel und andern Dingen vererzt. Zur Abscheidung des Silbers von diesen gehören zunächst Kenntnisse, woran die Spanier nicht eben schwer zu tragen hatten. Man ließ daher die Indianer gewähren, die rationell genug die reicheren Silbererze mit Bleiglanz und Kohle in thönerne Gefäße schichteten und den Satz im Feuer ausschmolzen. Aber eine vorteilhaftere Gewinnungsmethode that sehr not, und so verfiel man um 1560 auf die Ausziehung des Silbers durch **Quecksilber**, eine Methode, die überall raschen Eingang fand. Von da ab hing der Silberertrag aller mexikanischen und peruanischen Bergwerke wesentlich davon ab, wieviel Quecksilber ihnen zugeführt werden konnte. Schon daß man so frühzeitig nach einem so umständlichen Hilfsmittel griff, muß die Vorstellungen von dem Silberreichtum Amerikas in gewisser Art moderieren. Die spanisch-amerikanische Erfindung der Amalgamation fand mit der Zeit ihren Weg auch nach Europa. In Schemnitz wurden zuerst von 1780 an glückliche Versuche damit gemacht, die bald auch in Freiberg aufgenommen wurden, wo man diese Methode verbesserte und von wo aus sie sich unter dem Namen der europäischen Amalgamation weiter verbreitete. Freiberg und das Mansfeldische waren überhaupt die Lokalitäten, wo das Amalgamationsverfahren auf die höchste Vollkommenheit gebracht wurde, bis schließlich 1845 die mansfeldischen Bergbeamten Augustin und Ziervogel mit zwei neuen Entsilberungsmethoden auf nassem Wege auftraten, die einfacher und weniger kostspielig waren und sowohl die Amalgamation als die Entsilberung durch Blei, wenn nicht verdrängt, doch wesentlich beschränkt haben.

Seit 1809, wo in Amerika die politischen Bewegungen eintraten, welche Spanien den Verlust seiner amerikanischen Besitzungen brachten, damit aber noch nicht aufhörten, kam die Ausbeutung der amerikanischen Silbergruben bedeutend in Abnahme und sie gewann erst in neuerer Zeit durch Einfluß des nordamerikanischen und europäischen Unternehmungsgeistes wieder eine ansehnliche Steigerung. Große, vielversprechende Länder, wie der ganze Norden von Mexiko, harren mit Lagern von Silber, Gold und Quecksilber noch des Bergmanns; auch das Goldland Kalifornien hat ein silbernes Gesicht enthüllt; auf der Ostseite der Schneealpen (Sierra Nevada), die sich durch das Land ziehen und an der Westseite Gold in Menge liefern, hat man reiche Silbererzlager in einer Erstreckung von 100 englischen Meilen Länge entdeckt, die man mit großem Gewinn angefangen hat zu bearbeiten. Nach allem diesen ist mit Sicherheit anzunehmen, daß Amerika auch künftig noch die erste Stufe unter den Silber produzierenden Ländern einnehmen wird.

Das **Vorkommen des Silbers** in der Natur ist ein ziemlich mannigfaltiges. Gediegen findet es sich in schwachen Adern, Ästen, Drähten und Plättchen, selten in größeren Klumpen und Platten. Zuweilen enthält das gediegene Silber einige Prozente Antimon, Kupfer oder Arsenik; im eigentlichen Antimonsilber, dem Haupterz des Harzer Werkes zu Andreasberg, beträgt das Antimon 23 Prozent. Ferner amalgamiert sich das Silber zuweilen mit Quecksilber (Chile, Moschellandsberg in Bayern) oder legiert sich mit Gold zu einer weißgelben Verbindung. In Kalifornien greifen in gewissen Gegenden die Gold- und Silberregion ineinander ein, und es hat sich ein güldiges Silber oder silberhaltiges Gold gebildet, von welchem die Unze mit 9 Dollar bezahlt wird.

Die wichtigsten Silbererze sind: Silberglanz oder Glaserz, aus $86\frac{1}{2}$ Prozent Silber und $13\frac{1}{2}$ Prozent Schwefel bestehend, kommt mehr oder weniger auf fast allen Silbergruben vor, in besonders großen und reinen Stücken namentlich zu Freiberg, Johanngeorgenstadt, Joachimsthal, in Formen wie das gediegene Silber, metallisch glänzend und völlig geschmeidig und biegsam, so daß es sich wie ein gediegenes Metall prägen läßt. Es existieren davon Joachimsthaler und sächsische Schaumünzen, letztere mit dem Brustbilde König Augusts von Polen. Ebenso wichtig, wie der Silberglanz für Sachsen, Böhmen, Ungarn u. s. w., ist das Sprödglaserz oder Schwarzgüldigerz, aus Silber, Antimon und Schwefel bestehend, und das Rotgüldigerz (Silberblende), in seinen beiden Varietäten als dunkles und lichtes, das erstere aus Silber, Antimon und Schwefel, letzteres aus Silber, Arsenik und Schwefel bestehend. Weißgüldigerz (Silberfahlerz) enthält geschwefeltes Silber, Kupfer, Eisen und Zink im Gemisch. Hierzu kommen noch Miargyrit und Polybasit, beide aus Silber, Antimon und Schwefel bestehend, sowie solche geschwefelte Erze, in denen das Kupfer vorherrscht und welche neben andern Metallen (Blei, Antimon, Arsenik) Anteile von Silber enthalten, der silberhaltige Kupfererzglanz mit zuweilen mehr als der Hälfte Silber, und dann vorzüglich die Bleiglanze, welche in der Regel zwar nur sehr wenig Silber führen, diesen ihren geringen Gehalt aber durch die Menge ihres Vorkommens gewissermaßen entschuldigen und einen immerhin bedeutenden Faktor für die europäische Silbergewinnung abgeben. Hornsilber (Chlorsilber) ist für Europa eine Seltenheit, von ansehnlichem Belange jedoch für die Silbergewinnung in Sibirien, Mexiko, Chile und Peru.

Gewinnung des Silbers. Was nun die Extraktion des Silbers aus seinen verschiedenen Erzen anlangt, so gibt es hierfür verschiedene Methoden, die sich im allgemeinen in nasse und trockene unterscheiden lassen. Zu den ersteren gehört die Amalgamation mittels Quecksilbers, die Auflösung und Fällung nach Augustins, Ziervogels u. a. Verfahren. Die trockene Behandlung beruht auf der Gewinnung eines silberhaltigen Bleies und Abscheidung des Silbers aus diesem Werkblei durch Abtreiben, Pattinsonieren oder mittels

Zinks, wie schon beim Blei besprochen wurde. Während es sich nämlich dort darum handelte, den kleinen natürlichen Silbergehalt des Bleiglanzes zu gewinnen, setzt man bei Verarbeitung der eigentlichen Silbererze absichtlich Blei zu, damit dasselbe den Silbergehalt aufnehme und sodann wieder herausgebe. Blei und Quecksilber spielen demnach bei der Silbergewinnung eine und dieselbe Rolle, sie sind Mittel und Werkzeuge zur Abscheidung; nur bedarf das erstere dazu der Hitze, während das andre auf kaltem Wege wirkt.

Die Extraktion mittels Quecksilbers, das Amalgamieren, ist aus chemischen wie aus ökonomischen Gründen nur thunlich bei den eigentlichen Silbererzen, nicht bei den silberhaltigen Erzen andrer Metalle. Die Amalgamation besteht im wesentlichen darin, daß man das aus seinen Erzen in Freiheit gesetzte, fein verteilte Silber von Quecksilber aufnehmen läßt, welches letztere dann durch Destillieren wieder gewonnen wird. Es sind mehrere verschiedene Arten dieses Verfahrens in Anwendung gekommen, von denen jedoch nur die gebräuchlicheren hier besprochen werden sollen. Das älteste Verfahren wird in Amerika und namentlich in Mexiko noch heute, wie es vor 300 Jahren eingeführt wurde, betrieben, nur in etwas vervollkommneterer Weise. Es ist wahrscheinlich für die dortigen Verhältnisse das passendste, denn die Erze sind im allgemeinen nicht reicher als bei uns, das Blei ist teuer und der Brennstoff sehr rar. Nach diesem Verfahren, Haufenamalgamation oder Patioprozeß (von patio, der Hof) genannt, unterliegen die aus der Grube kommenden Erze einer Handscheidung, wobei die reicheren, mehr als 1 Prozent Silber enthaltenden Stücke abgesondert und für den Schmelzprozeß bleiben; der Rest unterliegt der Amalgamation, für welche die Erze zunächst aufs feinste gepulvert werden. Die Zerkleinerung geschah früher auf Trockenpochwerken, neuerdings mittels Steinbrechmaschinen und Naßpochwerken, und wird dann auf Roß- oder vielmehr Maultiermühlen unter Granitsteinen mit Zusatz von ein wenig Wasser zu Ende geführt. Den von den Mühlen erhaltenen Schlamm läßt man an der Sonne einige Konsistenz gewinnen und schafft ihn dann auf den Amalgamationsplatz (patio), einen gepflasterten und ummauerten Hof, setzt die Masse in große Haufen, torta genannt, und vermengt sie durch Umschaufeln und Eintreiben von Maultieren (s. Fig. 129) zunächst mit 2—5 Prozent Seesalz. Nach einigen Tagen fügt man, bei abermaliger gründlicher Durcharbeitung, das Magistral hinzu, eine Masse, die aus gut geröstetem Kupferkies (oder statt dessen Kupfervitriol) und geröstetem Eisenkies (Schwefeleisen) besteht. Es beginnen nun, begünstigt von der Sonnenhitze, in der feuchten Masse gewisse chemische Umsetzungen. Das Silber findet sich nämlich in den Erzen teils in gediegenen Partikelchen, teils als Chlorsilber, teils als Einfach- oder Mehrfach-Schwefelsilber. Der Zweck ist zunächst, möglichst alles Silber in Chlorsilber überzuführen. Dies geschieht durch Wechselwirkung zwischen den Sulfaten des Magistrals und dem Kochsalz, indem Natriumsulfat sowie Kupfer- und Eisenchlorid gebildet werden, welche letztere, bei Gegenwart von überschüssigem Kochsalz, das Schwefelsilber in Chlorsilber verwandeln, während wieder Schwefeleisen und Schwefelkupfer entstehen. Sobald diese Reaktionen in Gang gekommen, wird ein Teil des Quecksilbers zugesetzt und mittels Durcharbeitens innig einverleibt. Das Quecksilber zersetzt nun wieder das Chlorsilber durch Entziehung des Chlors, es entsteht Quecksilberchlorür und metallisches, reines Silber, das sich in metallisch gebliebenem Quecksilber auflöst. Das Umarbeiten der Haufen dauert mehrere Tage lang, dann wird wieder eine

Fig. 129. Amalgamationsplatz zu Salgado in Mexiko.

Beschickung von Quecksilber und gegen den Schluß hin meist noch ein dritter Zusatz gegeben. Die ganze Arbeit währt auf den besten Amalgamierwerken 12—15 Tage im Sommer, 20—25 Tage im Winter. In der ganzen Zeit wird die Amalgamation unterstützt durch fleißiges Umarbeiten, der Fortschritt derselben häufig durch Probieren erprüft, Fehler durch Zusatz von mehr Magistral oder, bei einem Zuviel von diesem, durch Zusatz von Kalk korrigiert. Man verwendet dazu sechs- bis achtmal soviel Quecksilber, als man den Silbergehalt der Erze schätzt, und gewinnt davon etwa drei Viertel zurück. Der Rest geht verloren und wird in Form von Quecksilberchlorür beim nachfolgenden Waschen mit fortgeschwemmt. Um 1 kg Silber zu gewinnen, muß man also ein Opfer bis zu 2 kg Quecksilber bringen. Ist endlich die Amalgamation in der Masse vollständig vor sich gegangen, so stürzt man diese in mit Wasser gefüllte Kufen, wo sie von stehenden, mit Querarmen versehenen Wellen gerührt und gequirlt wird. Die Unreinigkeiten verteilen sich dadurch im Wasser und werden mit diesem abgelassen, während das flüssige Amalgam sich am Boden sammelt.

Fig. 130. Amalgamierapparat.

Letzteres preßt man in Filzsäcken, wobei flüssiges, noch etwas silberhaltiges Quecksilber durchgeht, das man wieder zur Amalgamation verwendet, während das zurückbleibende steifere Amalgam der Destillation unterworfen wird; das Quecksilber verflüchtigt sich hierbei und wird durch Abkühlung wieder verdichtet, das Silber bleibt zurück. Günstigere Resultate erhielt man in Freiberg in Sachsen, so daß am Kilogramm nur 25 g Quecksilber verloren wurden; trotzdem hat man aufgehört, in Freiberg nach diesem sogenannten europäischen oder Freiberger Verfahren zu arbeiten, indem man zu dem Verfahren der Auflösung und Fällung von Augustin übergegangen ist. Nur in Nordamerika werden, wenigstens zuweilen noch, die bei diesem Verfahren gebräuchlichen rotierenden Fässer verwendet.

Auf dem Freiberger Werke Halsbrücke wurden die Erze zunächst mit Kochsalz im Flammofen geröstet, um Chlorsilber zu bilden; das Röstgut wurde gemahlen und dann in rotierende eichene Fässer gebracht, in welchen es mit 30 Prozent Wasser und 10 Prozent Schmiedeeisenstückchen zwei Stunden lang bewegt wurde (s. Fig. 130). Das Eisen zersetzt hierbei das vorhandene Chlorsilber, indem es Chloreisen bildet, und das Silber wird frei. Hierauf brachte man Quecksilber, 30 Prozent des Erzpulvers, in die Fässer und setzte das Drehen noch längere Zeit fort, bis nach 16—20 Stunden die Amalgamation des abgeschiedenen metallischen Silbers vollendet war. Nach Zugabe von Wasser und nach abermaligem Drehen wurde das Amalgam abgelassen und durch Pressen in Zwilchbeuteln von dem überschüssigen Quecksilber befreit.

Dieses Silberamalgam, wie es auch jetzt noch nach dem amerikanischen Verfahren erhalten wird, muß nun der Destillation unterworfen werden; man bringt es auf eiserne Schalen, die in eiserne, röhrenförmige Retorten geschoben werden; das Quecksilber verflüchtigt sich und wird in einem Verdichtungsraum unter Wasser wieder in tropfbar flüssiger Form aufgefangen. Das noch mit geringen Mengen fremder Metalle verunreinigte Silber dagegen bleibt auf den eisernen Schalen oder Tellern zurück und heißt deshalb **Tellersilber**; dasselbe muß ebenso wie das auf andre Weise gewonnene Silber noch weiter gereinigt (**raffiniert**) werden.

Fig. 131. Der Amalgamator von Forster-Firmin.

Ein andres, in Nevada und Colorado gebräuchliches Verfahren ist die **Pfannenamalgamation**; dieselbe geschieht, je nach Art der zu verarbeitenden Erze, durch zwei etwas voneinander abweichende Prozesse, den sogenannten **Washoe-Prozeß** und den **Reese-River-Prozeß**, Namen, die von den betreffenden Distrikten in Nevada abstammen, in welchen jene Verfahrungsarten zuerst angewendet wurden. Durch den Washoe-Prozeß verarbeitet man Erze, welche nach dem Zerkleinern direkt amalgamiert werden können, während die für den Reese-River-Prozeß geeigneten Erze zuvor geröstet werden müssen. Die Amalgamation wird fast ausschließlich in sogenannten Pfannen (Kesseln, feststehenden Fässern) und nur ausnahmsweise in rotierenden Fässern ausgeführt. Diese Pfannen bestehen aus Gußeisen und besitzen einen flachen Boden; sie enthalten eine eiserne Mühle zum Mahlen des von den Steinbrechmaschinen und Pochwerken kommenden, wenn nötig vorher gerösteten Erzkleins. Die Amalgamation geschieht in denselben Pfannen unter Zusatz von Kochsalz, Kupfervitriol und Salpeter; feine Eisenteilchen sollen durch das Pochen und

Mahlen in genügender Menge beigemengt werden, um den Prozeß zu beschleunigen; das Quecksilber wird gleichzeitig zugesetzt. Die Verarbeitung des erhaltenen Amalgams geschieht auf die gewöhnliche Weise.

Die ungeheuren Mengen Silber und Gold führenden Gesteins in diesen Staaten haben neuerdings ein eignes Verfahren der Amalgamation hervorgerufen, welches besonders auf eine sehr rasche Aufarbeitung gerichtet ist, dabei aber auch durch die innige Vermischung, in welche das Quecksilber mit dem Pochmehle gelangt, den Vorteil einer sehr vollständigen Extrahierung bietet. Das Eigenartige dieses Prozesses ist, daß bei demselben das Quecksilber in äußerst fein zerstäubtem Zustande durch Dampf oder komprimierte Luft ganz in der Art wie der Sand in den bekannten Sandblasemaschinen gegen das Erzmehl geschleudert und solcherart mit demselben vermengt wird. Aus der Betrachtung von Fig. 131 wird der ganze Vorgang leicht klar.

Das Erzmehl befindet sich in einem konischen Kübel, aus welchem es durch ein trichterförmiges Zuleitungsgefäß in eine nach dem eigentlichen Amalgamator führende Röhre gelangt. Diese Röhre steht mit ihrem hinteren Ende in Verbindung mit einem Dampfkessel, wollen wir annehmen (es kann auch ein Gebläse sein), aus welchem ein fortwährender Strahl gespannten Dampfes in dieselbe eintritt. Dieser Dampfstrahl erfaßt das Erzmehl und reißt es mit sich fort in ein größeres cylindrisches Gefäß, welches wir in Fig. 131 für sich im Durchschnitt gezeichnet erblicken. Gleichzeitig oder vielmehr noch ehe der Dampf die Erzmasse erreicht, ist er auf einen Zufluß von Quecksilber gestoßen, der aus einem besonderen Behälter (in unsrer Abbildung rechts oben) durch eine dünne Röhre herbeigeleitet wird, hat das Quecksilber in kleinste Partikelchen zerstäubt und bringt dasselbe nun in dieser Form mit dem Erzmehl, das in gleicher Weise zerteilt wird, zusammen. Dadurch wird eine höchst vollkommene Vermengung der Teilchen, die sich miteinander verbinden sollen, eingeleitet. In dem Amalgamator vollzieht sich nun die Verbindung vollends, während die Erzkörnchen und Metalltröpfchen niedersinken und nach ihrer Schwere sich lagern. Aus dem Amalgamator kommt nun der aus Gesteinspulver, Amalgam und Quecksilber bestehende Brei in ein System von Rührbottichen, Settler, in denen er von Dampf durchströmt und dadurch zu einem feinen Schlamm umgewandelt wird, den man im ersten Bottich noch mittels steinerner Walzen durcharbeiten läßt, um die Verquickung möglichst vollständig geschehen zu lassen. Die schweren Metalle setzen sich zu Boden und sammeln sich in dem konischen Unterteile, aus welchem das Amalgam mittels eines Hahns von Zeit zu Zeit abgelassen wird. Aus dem ersten Bottich, in dem der größte Teil der reichen Ausbeute sich absetzt, fließt der milchige Brei in einen zweiten, aus diesem in einen dritten u. s. w., bis endlich alles gediegene Metall daraus abgeschieden ist. Diese letzteren Bottiche haben Rührapparate aus amalgamierten Kupferplatten, welche diejenigen Metallteilchen, die etwa bis jetzt noch der Festhaltung entgangen sein sollten, im letzten Moment noch arretieren. — Die Wirkungsweise dieses von Forster-Firmin erfundenen Amalgamators wird so vorteilhaft geschildert, daß von dem in dem Gestein enthaltenen gediegenen Silber volle 99 Prozent gewonnen werden sollen bei einem Verlust von nur $1/2$ Prozent des aufgewandten Quecksilbers.

Sehr günstige Resultate soll man mit dem neuen Bromamalgamationsprozeß erhalten haben, namentlich wenn das Silber, wie in den Rotgüldigerzen, dem Polybasit ꝛc., mit Schwefel, Antimon und Arsen verbunden ist. Diese Erze werden durch das Brom zersetzt und aus dem Silber entsteht Bromsilber. Das in gewöhnlicher Weise naß gepochte Erz wird in geschlossenen Pfannen mittels Wasserdampf erhitzt und nach dem Zusatze von Brom noch einige Stunden hindurch damit behandelt, worauf dann das Gemisch zur Amalgamation durch den gewöhnlichen Pfannen- oder Faßprozeß geht. Es ergab sich ein Silberausbringen von 82 Prozent, während die gewöhnliche Amalgamation nur 46 Prozent Ausbeute ergab. Am besten soll dieses Verfahren bei denjenigen Erzen anzuwenden sein, welche neben Silber noch Gold enthalten. Trotz des verhältnismäßig billigen Preises des Broms, welches jetzt in Nordamerika in großen Mengen fabriziert wird, dürfte das Verfahren im Hinblick auf die großen Quantitäten von Brom, die hierzu nötig sind, immerhin noch etwas kostspielig werden.

Auf andern chemischen Erfahrungssätzen beruhen die in der neueren Zeit bei der Verhüttung armer Erze zu ganz besonderer Wichtigkeit gelangten nassen Methoden der

Silbergewinnung, von denen hier die Augustinsche und Ziervogelsche kurz beschrieben werden sollen, welche besonders bei der Extraktion silberhaltiger Kupfererze dienen, bei denen früher auch die Amalgamation in Anwendung kam. Des ersteren Methode gründet sich auf die Eigenschaft des Chlorsilbers, sich in heißer Kochsalzlösung aufzulösen. Die Erze sind demnach so zu behandeln, daß sich jene Silberverbindung bildet. Dies geschieht, indem sie, der Hauptsache nach aus Schwefelverbindungen bestehend, in feingepochtem Zustande zuerst für sich und dann nach erfolgter Vermischung mit Kochsalz geröstet werden. Bei der ersten Röstung bilden sich Sulfate (schwefelsaure Metallsalze), und zwar zunächst Eisensulfat, dann Kupfersulfat und zuletzt, bei gesteigerter Temperatur, bei welcher jene beiden Sulfate bereits wieder zersetzt und in Oxyde verwandelt werden, auch Silbersulfat. Durch fortgesetztes Rösten unter nunmehriger Zugabe von Chlornatrium (Kochsalz) wird das Silbersulfat in Silberchlorid übergeführt, und aus dem Natrium des Kochsalzes wird Natriumsulfat.

Fig. 132. Feinbrennen des Silbers.

Um dieses Chlorsilber auszuziehen und für sich zu erhalten, ist später nichts weiter erforderlich als die Behandlung des Röstmehls mit konzentrierter heißer Kochsalzlauge, in welcher das Chlorsilber sich auflöst. Die gewonnene Silberlauge bringt man dann auf Fässer, worin metallisches Kupfer enthalten ist; das Silber wird hier durch das Kupfer gefällt, es setzt sich als Schlamm zu Boden, während die nun kupferhaltige Flüssigkeit auf ähnliche Weise durch Zementation mittels Eisen ausgenutzt wird.

Nach der Ziervogelschen Methode wird das beim Rösten entstandene schwefelsaure Silberoxyd mit heißem Wasser ausgezogen und das darin enthaltene Silber durch metallisches Kupfer niedergeschlagen, wobei man, da aus der Röstmasse auch schwefelsaures Kupfer in Lösung geht, Kupfervitriol als Nebenprodukt erhält. Das Ziervogelsche Verfahren eignet sich nur für Silbererze, die frei von Arsen und Antimon sind, wie z. B. der Mansfelder Kupferstein. Andre Vorschläge betreffen die Anwendung andrer Lösungsmittel statt der Kochsalzlösung, namentlich das in der Photographie allgemein gebrauchte unterschwefligsaure Natron oder Natriumhyposulfid; dasselbe wird namentlich in Nordamerika zur Auslaugung armer mit Kochsalz gerösteter Erze mit Vorteil verwendet. Eine andre Silberscheidung auf nassem Wege ist die sogenannte Schwefelsäurelaugerei; sie wird bei silberhaltigem, todtgeröstetem Kupferstein angewendet, der mit Kammersäure von 50° Bm. eine halbe Stunde lang gekocht wird, wobei das Kupfer als Sulfat in Lösung geht, während in dem hinterbleibenden Schlamme die Hauptmenge des Silbers ist. Dieser Schlamm muß dann der Verbleiung unterworfen werden. Die Kupfersalzlösung wird über Kupferblechschnitzel filtriert, um etwa in Lösung gegangenes Silber niederzuschlagen. Hat man anstatt Kupferstein Schwarzkupfer zu entsilbern, so wird dieses granuliert (gekörnt) und mit heißer verdünnter Schwefelsäure derart behandelt, daß abwechselnd Säure und Luft zu dem Metall treten. Das Kupfer geht in Lösung und wird auch hier als Kupfervitriol gewonnen; der Schlamm wird verbleit.

Die Gewinnung des Silbers durch Schmelzarbeit gestaltet sich nach der Natur der gegebenen Erze sehr verschieden, immer aber benutzt man bei derselben als Extraktionsmittel, gewissermaßen als trockenes Lösungsmittel für das metallische Silber, das geschmolzene Blei, welches mit dem Edelmetalle sich leicht legiert und aus dieser seiner Verbindung verhältnismäßig leicht sich wieder abscheiden läßt.

Silberhaltige Kupfererze werden daher entweder durch die gewöhnliche Kupferhüttenarbeit zuerst auf Schwarzkupfer verarbeitet und aus diesem das Silber durch Seigerung mit Blei geschieden, oder man erhält das silberhaltige Blei durch das Niederschmelzen der Kupfererze mit geröstetem Bleiglanz, oder man verschmilzt die Kupfererze nur auf Rohstein, der das Silber einschließt und sodann durch Verschmelzen mit geröstetem Bleiglanz oder Glätte verbleit wird. Aus der Schmelze erhält man das silberführende Blei durch Seigerung, deren Ausführung wir früher schon besprochen haben. Am kompliziertesten sind die Arbeiten, wenn silberhaltige Kupfer- und Bleierze zusammen vorkommen. Es sind dann wiederholte Schmelzungen nötig, welche indes immer auch die Erzeugung eines silberhaltigen Werkbleies einerseits und silberhaltigen Rohkupfers anderseits zum Zweck haben. Erze, die kein Kupfer enthalten, werden zwar ähnlich behandelt, nur wird der Rohstein als wertloses Produkt nicht weiter in Betracht gezogen. Ganz reine Silbererze, welche kein andres Metall enthalten, kommen in so geringfügigen Mengen vor, daß auf ihre gesonderte Verhüttung nur in den seltensten Fällen Rücksicht zu nehmen sein wird. Das silberhaltige Werkblei, das Endergebnis aller dieser Methoden, unterliegt endlich der Treibarbeit, welche ebenfalls, wie auch das Pattinsonieren, bereits bei Gelegenheit des Bleies ihre Besprechung gefunden hat.

Weder das mit Blei erschmolzene, noch das aus Auflösungen niedergeschmolzene, noch das durch Amalgamation gewonnene Silber ist rein genug, um als Feinsilber gelten zu können; es enthält noch einige Prozent fremder Metalle, deren Wegschaffung die letzte Arbeit, das Feinbrennen, ausmacht. Dieses Feinbrennen besteht aus einem Umschmelzen unter Luftzutritt und ist bei dem durch Treibarbeit gewonnenen Silber, in welchem der noch zu entfernende fremde Stoff eben nur ein Überrest von Blei ist, eigentlich nichts weiter als eine wiederholte Treibarbeit. Es dient hierzu eine Art Mulde oder Schüssel, der sogenannte Test, aus einer absorbierenden Masse (Knochenasche oder ausgelaugte Holzasche, Mergel rc.) durch Einstampfen in eine eiserne Unterlage geformt, die entweder unter einer großen Muffel dem freien Luftzuge, oder vorteilhafter im Flammofen der Wirkung eines Gebläses ausgesetzt wird. Durch die oxydierende Wirkung der Luft verwandelt sich der Bleigehalt des schmelzenden Silbers vollends in flüssige Glätte, die man aber nicht von der Silberfläche ablaufen läßt, da sie sich von selbst in die poröse Masse des Testes einzieht. Enthält das Silber neben Kupfer, Antimon u. s. w. dagegen wenig oder gar kein Blei, so setzt man dem Silberfluß solches absichtlich zu, weil die Oxyde der übrigen Metalle zu ihrer Verschlackung der Bleiglätte bedürfen. So reinigt sich das Silber bis etwa auf $^1/_4$ Prozent, zuweilen auch bis auf $^1/_{10}$ Prozent darin bleibender unedler Metalle und heißt dann Brand- oder Feinsilber. Nur ein etwaiger Goldgehalt, der durch alle Strapazen hindurch fest zum Silber gehalten hat, muß, wenn es der Mühe lohnt, auf anderm Wege herausgezogen werden.

Eigenschaften und Verbindungen des Silbers. So hätten wir denn das schöne weißglänzende Metall in den Zustand seiner Gediegenheit überführen sehen, freilich nur, damit es zum Behuf der Verarbeitung zu Münzen und Geräten bald wieder mit einem unedlen Metall, dem Kupfer, verbunden werde, das seine schöne Farbe allerdings etwas beeinträchtigt. Das reine Silber ist nämlich für die meisten Zwecke zu weich, daher zu sehr der Abnutzung unterworfen. Zwar ist es immer noch härter als Gold, aber doch bedeutend weicher als das Kupfer; man stärkt und härtet es deshalb in verschiedenen Abstufungen, indem man ihm Kupfer zusetzt, und bezeichnete früher den Feingehalt dieser Legierungen durch die Zahl der in der Mark (16 Lot) enthaltenen Lote Silber, so daß z. B. ein Silber, das aus 13 Teilen Silber und 3 Teilen Kupfer besteht, 13lötig hieß. Seit mehreren Jahren hat dafür jedoch die Bezeichnung nach Tausendteilen Platz gegriffen. Zwölflötiges Silber z. B. erhält hiernach die Bezeichnung $0,_{750}$, d. h. in 1000 Teilen enthält es 750 Teile Feinsilber und 250 Teile Kupfer. Das Silber gehört zu den schweren Metallen; sein spezifisches Gewicht bewegt sich in den Grenzen von $10,_{47}$—$10,_{6}$, je nachdem das Metall bloß geschmolzen oder durch Hämmern und Prägen noch dichter gemacht worden ist.

Feines Silber hält sich an der Luft in Farbe und Glanz vollkommen beständig, mit Kupfer versetztes natürlich nur so weit, als es nach Höhe des Kupfergehalts möglich ist. Gerät eine Silbermünze ins Feuer, so wird sie nach und nach ganz schwarz; an dieser Veränderung ist jedoch lediglich das Kupfer schuld, indem sich durch Einwirkung der sauerstoffhaltigen Luft ein Häutchen schwarzen Kupferoxydes bildet. Durch Eintauchen in eine Säure kann dasselbe leicht entfernt werden, und es tritt dann die bloßgelegte Oberfläche reineren Silbers zu Tage. In ähnlicher Weise verschaffen uns Silberarbeiter und Münzwerkstätten wenigstens für einige Zeit den Anblick des feinen Silbers; sie sieden ihre bis zum Polieren fertigen Stücke in verdünnter Schwefelsäure, welche nur das Kupfer auflöst und die Oberfläche in einer sehr dünnen Schicht als Feinsilber zurückläßt (das Weißsieden).

Die schwache Seite des Silbers ist seine Neigung zum Schwefel, die sich schon in seiner häufigen Vererzung ausspricht. In schwefligen Dämpfen färbt sich das Silber gelb, braun u. s. w. infolge einer oberflächlichen Bildung von Schwefelsilber; in schwefligen Lösungen (Schwefellebern) ist die Bildung noch intensiver und dunkelfarbiger. Man benutzt dies mitunter bei Herstellung von Schmucksachen, denen durch Eintauchen in Schwefelleberlösung eine schwärzlichgraue Oberfläche erteilt wird. Man nennt solche Sachen, wiewohl unzutreffend, oxydiertes Silber. Eigentliches oxydiertes Silber oder Silberoxyd läßt sich zwar auch, aber nur auf chemischem Wege, darstellen; man erhält es als graubraunes Pulver durch Niederschlag aus einer salpetersauren Silberlösung mittels Ätzkali. Das schmelzende reine Silber hingegen widersteht der Oxydation im geschmolzenen Zustande, und seine Neigung zum Sauerstoff ist so gering, daß auch das gefällte Oxyd in der Rotglühhitze und selbst schon bei längerer Einwirkung des Sonnenlichts den Sauerstoff fahren läßt und wieder metallisch wird. Dennoch gibt es eine merkwürdige Beziehung zwischen Silber und Sauerstoff. Geschmolzenes Silber nämlich — sein Schmelzpunkt liegt bei 1000° C. — verschluckt eine Menge Sauerstoff, etwa das 22fache seines eignen Volumens, ohne ihn chemisch zu binden, und stößt ihn beim Erstarren mit Heftigkeit wieder von sich. Diese Bildungig, das Spratzen genannt, gewährt bei größeren Massen (20—25 kg etwa) ein eigentümlich interessantes Schauspiel. War eine solche Masse längere Zeit im Fluß und wird dieselbe der Abkühlung überlassen, so fängt die sich an der Oberfläche zuerst bildende feste gewölbte Kruste bald an zu reißen, noch sehr flüssiges Silber dringt heraus und überfließt in dünnen Schichten die Oberfläche. Dies ist jedenfalls einer bloßen Ausdehnung infolge einer innerlichen Kristallisation zuzuschreiben. Bald jedoch beginnt die Gasentbindung: die Decke erhebt sich hier nnd da zu kleinen Hügeln oder Blasen, welche unter Bildung baumförmiger Figuren platzen und Ströme von Sauerstoff herausschießen lassen, während man innerhalb das flüssige Silber in heftiger Wallung sieht und kleine Ströme desselben gleich der Lava aus einem Vulkan herausquellen. Sowie die Kruste dicker wird, steigen die Blasen höher auf, das Gas sprengt sie explosionsartig, und um das Bild von Miniaturvulkanen vollständig zu machen, werden kleine Tropfen flüssigen Silbers weit umher geschleudert. Diese interessante Erscheinung zeigt übrigens nur das Feinsilber; Silber, welches auch nur geringe Mengen Blei, Kupfer und selbst auch Gold enthält, absorbiert keinen Sauerstoff.

Das beste Lösungsmittel des Silbers ist die Salpetersäure; außerdem löst es sich aber auch in heißer konzentrierter Schwefelsäure. Aus den Lösungen fällen Salzsäure, Kochsalz und alle andern Chloride das Metall als Chlorsilber in käseartigen, weißen Flocken. Auf diesem Verhalten beruhen die besten Silberproben. Man löst eine bestimmte Menge unreines Silber in Salpetersäure und probiert, wieviel von einer Kochsalzlösung von genau bestimmter Stärke nötig ist, um alles Silber als Chlorsilber auszufällen. Die salpetersaure Silberlösung gibt eingedunstet das unter dem Namen Höllenstein bekannte, scharf ätzende Salz, das gewöhnlich bei gelinder Hitze geschmolzen und in Stängelchen gegossen ist. Sonst nur als ärztliches Ätzmittel, zum Schwärzen der Haare u. s. w. benutzt, hat dasselbe seit dem Auftreten der Photographie eine viel größere Bedeutung und Anwendung gefunden. Bedenkt man, wie viele der neuen von Höllenstein lebenden Künstler schon bei uns vorhanden sind, daß in England und Frankreich vielleicht noch viel mehr, in Nordamerika über alle Maßen viel photographiert wird, so dürften die Silbermengen, welche beispielsweise Sachsen jährlich erzeugt, zur Deckung des allgemeinen photographischen Bedarfs kaum hinreichen. Allerdings sind dieselben nicht gänzlich verloren, denn aus den Rückständen der photographischen Ateliers werden die edlen Metalle (auch Gold wird ja zu photographischen Zwecken verwendet) mit großer Sorgfalt wieder herausgezogen und aufs neue, gereinigt und in entsprechende Verbindung gebracht, dem Kreislaufe des technischen Lebens übergeben; es geht bloß diejenige Silbermenge für den Verkehr verloren, welche auf den photographischen Bildern bleibt.

Das Silber ist sehr geeignet, sowohl mit dem Gold als mit dem Kupfer Legierungen zu bilden. Diese sind auch, wenn wir von kleinen Ausnahmen absehen, die einzigen technisch gebräuchlichen. In dem gewöhnlichen Arbeitssilber haben wir, wie gesagt, stets eine Legierung mit Kupfer. Durch den Zusatz von Kupfer wird das Silber härter, verliert nur wenig von seiner Geschmeidigkeit und läßt sich immer noch gut hämmern, walzen, zu Draht ziehen 2c.; nur wenn eine besonders große Geschmeidigkeit verlangt wird; wie bei getriebener Arbeit und den feinsten Drähten, muß man feines oder sehr wenig versetztes Silber anwenden. Das legierte Silber ist leichtflüssiger und gießt sich besser und schärfer aus als reines. Das mit Kupfer legierte Silber, an sich schon härter als feines, besitzt die Eigenschaft, durch Hämmern, Walzen u. s. w. an Härte noch bedeutend zuzunehmen; durch Ausglühen läßt sich jedoch die Masse immer wieder erweichen. Um die Legierung von Kupfer und Silber ganz homogen zu machen, setzt man zuweilen eine sehr geringe Quantität Zink zu.

Silberdraht. Was über das Drahtziehen bei früherer Gelegenheit schon gesagt wurde, gilt im allgemeinen auch für die Herstellung des Drahtes aus Edelmetallen, nur daß hier meist hohe Feinheitsgrade hergestellt werden, die ihre schließliche Ausbildung auf kleinen Handleiern erhalten. Feines Silber läßt sich zu den dünnsten Drähten ausspinnen und muß oft an 150 immer enger werdende Ziehlöcher passieren. Dasjenige, was man echten Golddraht zu nennen pflegt, ist fast stets Silberdraht mit einer schwächeren oder stärkeren Vergoldung. Gold für sich wäre nicht haltbar genug, vor allem auch zu teuer. Diesen silbernen Golddraht erzeugt man folgendermaßen. Wenn der zum Drahtziehen bestimmte Silberstab einigemal durch die großen Zieheisen gezogen ist, so wird er mit einer feinen Feile der Länge nach gefeilt, etwas rauh gemacht und dann mit Gold belegt. Das zu diesem Zwecke verwendete sogenannte Fabrikgold ist $^1/_{16}$ mm dick, und die Blätter sind 8—9 cm im Quadrat groß. Man breitet sie auf ein glattes Kupferblech aus und rollt die glühend gemachte Silberstange darüber hin, an welche sich das Gold sogleich fest anhängt. Ist dies geschehen, so umwindet man die Stange mit Leinwand und erhitzt sie fast bis zum Glühen, worauf man sie mit Blutstein poliert und so beide Metalle innig miteinander verbindet. Man kann die Vergoldung nach Befinden mehrfach übereinander legen. Die polierte Stange wird dann mit Wachs bestrichen und der Ziehbank übergeben. Durch die ungeheure Streckung, welche sie hier im Fortgange der Arbeit erleidet, verdünnt sich der Goldüberzug in fabelhaftem Grade, ohne daß er zerreißt und eine Lücke ein Durchblicken des Silbers erkennen läßt.

In gleicher Weise leihen Gold und Silber auch dem Kupfer ein Feierkleid, so daß Draht, der seinem inneren Wesen nach nichts andres ist als Kupfer, in seiner äußeren Erscheinung entweder als Gold- oder als Silberdraht auftritt. Man bezeichnet solchen dann als unechten oder leonischen Draht. Um in leonischen Golddraht verwandelt zu werden, erhalten die Kupferstäbe zunächst oft eine Belegung mit Silber und darauf erst die schwache Goldschicht. So wird das Böse mit Gutem doppelt überwunden, so daß auch bei der Abnutzung die ordinäre Kupferfarbe nicht unmittelbar zum Vorschein kommen kann. Echte wie unechte Gold- und Silberdrähte der feineren Nummern werden öfter noch durch Walzen flach gedrückt (geplättet) und bilden dann den zu Zwecken der Verzierung vielfach gebrauchten Lahn. Öfter wird dem Drahte für die mannigfachen Zwecke seiner Verwendung in der Tressen- und Posamentenfabrikation noch eine besondere verschönernde Zurichtung gegeben, er wird kordiert, d. h. er bekommt auf seiner Oberfläche einen engen Schraubengang eingeschnitten, natürlich sehr leicht und fein, und erhält dadurch ein mattes, gewelltes Ansehen, gleichsam als wäre der feine Gegenstand eine aus noch viel feineren Fäden zusammengedrehte Schnur. Die hierzu nötige Kordiermaschine ist ein kleines, einfaches Gerät, an welchem das Hauptstück, eine in ihrer Achse durchbohrte kleine Stahlspindel, durch ein Tretrad in rascher Umdrehung erhalten wird, während man den durch die Spindel gesteckten Draht gleichmäßig durchzieht. Ein feines Schneideisen am vorderen Ende der Spindel besorgt den Einschnitt.

Versilberung. Die ungemeine Dehnbarkeit der Edelmetalle ist es, welche es ermöglicht, nicht nur andre Metalle, sondern auch die verschiedenartigsten festen Stoffe mit dünnen Lagen jener schönen, kostbaren Elemente zu überziehen und dadurch in allen Fällen den daraus dargestellten Gegenständen ein glänzenderes, vornehmeres Aussehen, in vielen Fällen auch eine größere Beständigkeit zu geben. Man begreift dieses Verfahren allgemein unter dem Namen der Vergoldung oder Versilberung, je nachdem das eine oder das andre der genannten Metalle dazu gebraucht wird. Für die leichteren Stoffe, Stein, Holz, Papier und Leder, dienen Gold und Silber in der Gestalt ganz zarter Plättchen, Häutchen, Blattsilber und Blattgold, deren Herstellung, das Fach der Goldschlägerei, beim Gold zu besprechen sein wird; für die Metalle (Kupfer, Messing, Tombak, Neusilber) werden dauerhaftere Überzüge erzeugt durch Aufschmelzen in der Hitze mit oder ohne Benutzung des Quecksilbers, sowie durch Platieren. Bei diesem letzteren Verfahren, das schon länger als 100 Jahre geübt wird, überzieht man gleich die Kupferbleche, aus denen Gebrauchsgegenstände hergestellt werden sollen, mit einer dünnen Platte reinen Silbers oder, wenn es sich um Vergoldung handelt, entweder gleich oder nach Zwischenschaltung eines Silberbeleges, mit Gold, das in diesem Falle von noch bedeutend geringerer Dicke verwendet wird. In neuerer Zeit findet diese Platierung jedoch mehr auf Neusilber als auf Kupfer ihre Anwendung. Die zu platierenden unedlen Metallstücke werden zuerst ganz rein geschabt, sodann läßt man sie zur Verdichtung einigemal durch ein Walzwerk gehen, schabt sie wieder und bedeckt sie mit einem gleichfalls geschabten, etwa papierstarken Silberblatt. Meistens hat man vorher das Kupfer mit einer Lösung von Höllenstein bestrichen, die durch das Metall zersetzt wird, so daß sich auf dem Kupfer schon ein metallisches Silberhäutchen gebildet hat, welches die Verbindung besser vermittelt. Bei der Goldplatierung dient zu gleichem Zwecke Chlorgoldlösung. Das aufgelegte Silberblatt wird über die Ränder des Kupfers umgebogen, ein ausgeglühter Eisendraht um dieselben herumgelegt und die so verbundenen Platten über Kohlenfeuer einer starken Rotglut ausgesetzt. Hierbei überfährt man das Silber kräftig und anhaltend mit einem eisernen Reiber, um unter Austreibung der Luft eine möglichst innige Berührung zwischen den beiden Metallen herzustellen. Die so vereinigte Platte wird glühend herausgenommen und sogleich mehrmals durch die jedesmal enger gestellten Walzen eines Streckwerks gehen gelassen. So wird durch bloßes festes Aneinanderliegen, ohne Schmelzung oder Lötung, ein solcher Zusammenhalt der beiden Metalle erzeugt, daß sie auch bei dem weiteren Auswalzen auf kaltem Wege sich gleichmäßig miteinander strecken und, einzelne Fehlfälle ausgenommen, kein Auseinanderklaffen erfolgt. Die Silberlage beträgt dem Gewicht nach $^1/_{40}$—$^1/_{10}$ des Ganzen. Auch bei der schwachen Lage von $^1/_{40}$, und wenn das Blech zu der geringen Dicke von $^1/_5$ mm ausgewalzt wird, also die Silberlage nur $^1/_{200}$ mm dick darauf liegt, ist sie immer noch viel stärker als in den meisten andern Fällen der Versilberung.

Man bringt auch eine Platierung auf fertigen Gegenständen von Eisen an, bei denen Dauerhaftigkeit mit Eleganz verbunden sein soll. Solche sind namentlich Teile zu Kutschgeschirren und Reitzeugen, Thürgriffe, Eßbestecke u. s. w. Die eisernen Stücke werden zunächst verzinnt, dann wird papierdünnes Silber zur Umhüllung passend zurecht geschnitten, umgelegt, durch Drücken, Klopfen und Reiben oder auch durch Einstampfen in Hohlformen anschließend gemacht, durch Umwinden mit Draht noch mehr gesichert und endlich das Ganze über Kohlenfeuer erhitzt. Hier schmilzt das Zinn und vereinigt die Platierung mit dem Kern, worauf dann durch Schleifen, durch den Polierstahl, durch Ziselieren u. s. w. die Oberfläche ausgeglichen und geschönt wird.

Für solche Gebrauchsgegenstände aber, welche an verschiedenen Stellen einer ungleichen Abnutzung unterliegen, hat das Verfahren den Übelstand, daß das teure Silber auf die geschützteren Partien ebenso stark aufgetragen wird als auf die mehr in Anspruch genommenen, was eine unnötige Silberausgabe zur Folge hat. Man hat deswegen in der Neuzeit der galvanischen Versilberung vielfach den Vorzug gegeben, weil sie den Vorteil bietet, einmal ganz genau die Quantität des aufzubringenden Silbers vorher festsetzen und dann dieselbe beliebig auf einzelne Stellen der Gegenstände verteilen zu können.

Da wir bereits im II. Bande dieses Werkes den Gegenstand besprochen haben, können wir hier bezüglich der theoretischen Grundbegriffe auf das dort Gesagte verweisen und uns auf einige rein praktische Angaben beschränken.

In eminentem Maße wird diese Technik in den weltberühmten Werkstätten von Christofle & Comp. in Paris und Karlsruhe ausgeführt, und die Messer und Gabeln, Bestecke und andre Geräte, welche jährlich aus diesen Werkstätten hervorgehen, zählen nach Hunderttausenden, so daß im großen Publikum geradezu der Name Christofle jetzt zu einer Bezeichnung für die substantielle Beschaffenheit jener Erzeugnisse geworden ist. „Christofle" bezeichnet eine Metallware, die aus einem festen billigeren Kern besteht, der mit einer mehr oder weniger starken Schicht reinen Silbers auf galvanoplastischem Wege überzogen worden ist. Die bemerkenswerte Industrie galvanisch versilberter Metallgeräte datiert erst seit Anfang der vierziger Jahre und verdankt, nachdem Jacobi, Bunsen, Böttger in Frankfurt u. a. die wissenschaftlichen Vorbedingungen aufgeklärt hatten, ihre praktische Ausbildung dem bekannten Londoner Goldschmied Elkington, dem auch neben de Ruolz in Frankreich 1840 ein Patent verliehen wurde. Christofle, ein junger Mann von 24 Jahren, war zu dieser Zeit bereits Chef eines der größten Bijouteriewarengeschäfte der Welt. Er begriff die Tragweite des galvanischen Verfahrens und kaufte zu hohen Preisen den beiden Patentinhabern ihre Vorrechte ab, was ihm allein Elkington gegenüber eine halbe Million Frank kostete und ihn doch nicht vor langwierigen Prozessen gegen unberechtigte Konkurrenten schützte, die bald erschienen, um an dem Ertrage der rasch aufblühenden Technik teilzunehmen.

Im Jahre 1847 betrug die Umsatzziffer, welche das Haus Christofle & Comp. mit seinen galvanisch veredelten Metallgeräten machte, bereits zwei Millionen Frank, eine Summe, die sich bis 1859 auf sechs Millionen erhob. In diesem Jahre wurde für Deutschland die Filiale in Karlsruhe eröffnet, die in gleicher Weise, wie das Pariser Etablissement, beigetragen hat, den nützlichen, schönen und billigen Erzeugnissen immer allgemeinere Aufnahme zu verschaffen. Gegenwärtig verbraucht diese Firma jährlich 6000 kg Silber zum Versilbern; von 1842—81 sind 169000 kg Silber von ihr verarbeitet worden. Bei einer durchschnittlichen Stärke der Versilberung von 3 g Silber pro Quadratdezimeter Fläche würden jene 169000 kg Silber einer Fläche von 563000 qm oder mehr als 56 ha gleichkommen. Der Gebrauch silberner Eßgeräte hat sich durch Christofle in Bevölkerungsschichten verpflanzt, die vordem nicht daran denken konnten, sich denselben zu gestatten. Und doch ist das Silber nicht bloß vom Gesichtspunkte des Schönen, sondern auch von dem Standpunkte einer rationellen Gesundheitspflege dasjenige Metall, welches für die Herstellung von Tischgeräten die vortrefflichsten Eigenschaften besitzt. Sein edler Charakter bewahrt es vor Rost und hält es in der Berührung mit Speisen rein. Die galvanisch versilberten Gegenstände stehen den massiv silbernen in bezug auf Schönheit durchaus gleich; ihre Oberfläche besteht aus dem reinsten Silber, was bei jenen sogar nicht in dem Maße der Fall ist; in bezug auf Festigkeit haben sie unbestreitbare Vorzüge, denn das Material des inneren Körpers wird nicht von der Weichheit und Biegsamkeit genommen, welche immer dem Silber anhaftet. Der Preis endlich ist geradezu in das Belieben des Käufers gestellt; denn er kann die Stärke der Versilberung selbst vorher bestellen und sicher sein, daß die durch die aufgestempelte Marke angegebene Quantität reinen Silbers auf seinen Geräten auch wirklich vorhanden ist. Alle Versilberung geschieht unter Kontrolle von Wägeapparaten, welche den Prozeß erst in dem Momente beenden, wo die verlangte Silbermenge niedergeschlagen ist. Wir haben schon erwähnt, daß außerdem der Niederschlag auch so geleitet wird, daß sich an den der Abnutzung besonders unterworfenen Stellen eine Schicht von entsprechend größerer Dicke absetzt, während die geschützteren Partien leichter behandelt werden.

Die eigentliche Masse der Christofle-Geräte besteht jetzt fast durchweg aus Neusilber oder dem entsprechend zusammengesetzen Legierungen, welche in ihrer Farbe von dem Silber nicht zu sehr verschieden sind, während in der ersten Zeit auch Kupfer, Messing und dergleichen Kompositionen als Grundlage verarbeitet wurden. In Paris überhaupt werden jährlich 25000 kg Silber, in Europa und Amerika zusammen angeblich 125000 kg Silber zum Versilbern verarbeitet.

Eine dritte Art der Versilberung ist die im Feuer, bei welcher man auf die blankgescheuerte Metallfläche ein Silberamalgam aufreibt und das in demselben enthaltene Quecksilber durch Ausglühen vertreibt. Die zurückbleibende Silberschicht hat sich mit dem Metall fest verbunden und erhält durch Polieren ihren Glanz. Anstatt des fertigen Amalgams bedient man sich auch verschiedenartiger Gemenge, aus denen sich beim Verreiben auf der Metallfläche das Amalgam bildet; natürlich muß entweder fein zerteiltes metallisches Silber oder ein Silbersalz neben einem Quecksilbersalz (gewöhnlich Quecksilbernitrat) darin enthalten sein, die übrigen Bestandteile sind wechselnd Kochsalz und Salmiak, oder auch, wenn statt metallischem Silber Chlorsilber angewendet wird, noch ein Zusatz von Zinkvitriol. Wir werden beim Gold ausführlich die Feuervergoldung zu besprechen Gelegenheit haben, welche eine weit bedeutendere Rolle spielt als die Versilberung, und begnügen uns an dieser Stelle mit dem Hinweis darauf, da in bezug auf die technische Ausführung die Natur des Edelmetalls von keinem wesentlichen Belang ist.

Die Versilberungsmethoden auf kaltem Wege durch Zersetzung einer Silberlösung, welche durch Anreiben ihren Silbergehalt fahren läßt, beruhen auf der bekannten chemischen Wechselwirkung, infolge derer das Kupfer das Silber aus seinen Verbindungen leicht austreibt, und es sind unzählige Vorschriften und Rezepte für dergleichen Verfahren vorhanden. Da auf diese Weise aber eine nur sehr schwache Versilberung erhalten werden kann, so macht man nur zu gewissen Zwecken von diesem billigen Verfahren Anwendung.

Die eigentliche Bearbeitung der Edelmetalle erfolgt in den Werkstätten der Gold- und Silberschmiede. Hier wird das Material zuerst in Graphittiegeln geschmolzen und nach bestimmten Vorschriften das Silber mit Kupfer, das Gold meist mit Silber und Kupfer versetzt. Es werden dann Stäbe oder Platten daraus gegossen, und wenn sie auf den richtigen Gehalt probiert sind, mit dem gültigen Zeichen (Stempel) versehen. Da es sich selten um Gußstücke aus Edelmetallen handelt, so werden die Zaine und Platten größtenteils zu Blech gewalzt oder zu Draht gezogen und aus diesen sodann beliebige Gegenstände hergestellt. Stärkere Sachen, wie Schüsseln, Teller, Löffel, Gabeln, werden aus Zainen oder Platten direkt durch bloßes kaltes Hämmern gearbeitet. Viel häufiger jedoch formt man auch solche Stücke aus gewalztem Blech, denn unsre Zeit will selbst die Luxussachen wohlfeil haben, also müssen sie dünn und leicht sein. Gefäße und überhaupt größere hohle Gegenstände werden hergestellt durch Biegen und Drücken des Blechs, durch Behandlung mit verschiedenen Hämmern (zum Teil aus Holz und Horn), nach der Weise des Klempners. Viele runde Sachen, wie Becher u. dergl., werden auf der Drehbank über Formen gedrückt; andre werden mit Hämmern oder mit Anwendung von Punzen verschiedener Art getrieben, Arbeiten, welche in der ungemeinen Weichheit und Dehnbarkeit des Silbers ihre besondere Berechtigung finden. Der dabei benutzte Amboß besteht aus einer in einem Kranze drehbaren steinernen oder eisernen Kugel, die oberhalb mit einem Kitt aus Pech, Terpentin u. dergl. belegt ist, denn das zu treibende Blech bedarf natürlich einer etwas nachgiebigen Unterlage. Hohlgefäße, auf welche Verzierungen zu treiben sind, pflegt man mit einem geschmolzenen Kitt voll zu gießen. Die Arbeit kann dann selbstverständlich nur von einer Seite her, von außen nach innen, erfolgen. Die Zeichnung wird auf die Außenseite aufgetragen und die ganze Fläche so mit Punzen, Hämmern, Stempeln bearbeitet, daß alles Zwischenliegende hineingetrieben wird und die Verzierungen dadurch reliefartig hervortreten. Die feine Modellierung verlangt natürlich eine sehr geübte Hand und ausgebildet künstlerischen Sinn. Umgekehrt werden aber, und dies in den häufigeren Fällen, die Reliefs von innen oder von unten heraus gearbeitet, wozu ähnliche Werkzeuge dienen, außerdem aber auch eigentümlich geformte kleine Ambosse mit verschiedenartig gerundeter Oberfläche, Spitzen, Dorne u. s. w. verwendet werden, über welche das weiche Silber in die verlangte Form gehämmert wird. Die Kunstgriffe, welche hierbei in Anwendung kommen, sind so subtiler und von der Persönlichkeit des Künstlers so abhängiger Art, daß eine Beschreibung in den Einzelheiten nicht wohl versucht werden kann. Die edle Technik der Treibarbeit ist leider durch das massenhaft und billiger liefernde Stanzen, auch durch die Galvanoplastik sehr verdrängt worden.

Im übrigen hat die Verarbeitung des Silbers nichts Besonderes vor andrer Metallbearbeitung voraus. Dieselben Verfahren des Schmelzens, Gießens, Feilens, Ziselierens werden dort wie hier in Anwendung gebracht, nur daß der höhere Wert des Materials ein sparsameres Inachtnehmen und der vorwiegend auf das Schöne gerichtete Zweck eine sorgfältigere, künstlerisch geleitete Behandlung voraussetzt. Zur Verbindung einzelner Bestandteile zu einem Ganzen dient das Löten, beim Silber mit Silberlot, aus Silber mit mehr oder weniger Kupfer oder Messing bestehend, bei Gold mit Goldlot, aus Gold, Silber und Kupfer. Auf diese mancherlei Verfahrungsarten, welche fast nur die mechanische Bearbeitung der Edelmetalle bezwecken, werden wir im VI. Bande dieses Werkes noch einmal zu sprechen kommen, wo wir der Bijouterie ein besonderes Kapitel widmen.

Das Schleifen und Polieren der Silberwaren erfolgt durch aufeinander folgende Anwendung von Bimsstein, blauem Wasserschleifstein, Kohle und Wasser, worauf bei den mehr kupferhaltigen Legierungen (12lötig und darunter) erst das schon erwähnte Weißsieden folgt. Das hierdurch erzeugte dünne Oberflächenhäutchen von Feinsilber muß aber geschont werden, weshalb keine angreifenden Mittel weiter zulässig sind, sondern die Politur erst mit dem Stahl und zuletzt mit Blutstein zu geben ist; feineres Silber dagegen kann glänzend geschliffen werden und erhält dadurch einen schöneren Reflex als durch den Stahl; es dienen dazu Tripel mit Öl auf Leder, endlich Polierrot mit Branntwein.

Beim Gold- und Silberarbeiter entstehen wie in andern Werkstätten eine Menge kleiner Abschnitzel, Feilspäne u. dergl., welche man hier natürlich nicht wegwirft, sondern nebst allem, was noch Teilchen edler Metalle enthalten könnte, sorgfältig sammelt und wieder zu Gute macht. Dahin gehören der Staub vom Arbeitstisch und Fußboden, der beim Schleifen entstehende Schlamm, Reste von alten Schmelztiegeln, Putzlappen und Polierleder, selbst der Ruß aus Schmelzöfen und Essen. Alle diese Dinge heißen im allgemeinen Gekrätz und werden jetzt meistens in besonderen Gekrätzanstalten eingeschmolzen, die aus der Verarbeitung ein Geschäft machen, oder diese wird von den Werkstätten selbst besorgt. Man glüht zuerst das Gemisch, um die verbrennlichen Teile zu zerstören, trennt dann die erdigen Teile durch Schlämmen ab und gewinnt endlich Gold und Silber durch Amalgamation oder Schmelzen, worauf dann noch die Scheidung beider Metalle, wenn sie im Gekrätz zusammen vorkommen, zu erfolgen hat.

Das Münzwesen. Die Geschichte der Münzen ist eine sehr alte, wenn wir den Begriff des Wortes Münze in seiner erweiterten Bedeutung nehmen, nach welcher er jedes mit einem seinen Wert angebenden Stempelzeichen versehene Metallstück bedeutet, welches allgemein als Verkehrsmittel in Geltung stand. Zwar sind uns keine Exemplare von den Goldstücken erhalten, welche Abimelech an Sarah gab, noch auch von dem Gelde, das Abraham an die Kinder Ephron austeilte, oder von den hundert Ketschitahs, welche die Kinder Hemors von Jakob empfingen, und von denen berichtet wird, daß jedes Stück mit dem Zeichen eines Lammes gestempelt war. Aber wenn wir auch keine andern Belege haben, als diejenigen, welche die schriftliche Überlieferung gibt, so ist diese doch hinlänglich beweiskräftig, wenn es sich darum handelt, das Alter eines Gebrauchs nachzuweisen, der sich naturgemäß entwickeln mußte, sobald der Begriff von Eigentum und Wert in dem Menschen Wurzel gefaßt und die Bildung sich auch nur auf diejenige Stufe der Bedürfnisse erhoben hatte, welche sich mit den von der Natur direkt und überall gebotenen Erzeugnissen allein nicht mehr befriedigen lassen. Tauschen führt zu Geldbedarf.

Im Osten Asiens sollen die Chinesen schon 2000 Jahre v. Chr. Metallmünzen gekannt haben — allein was hätten diese nicht alles schon vor undenklichen Zeiten besessen! Denjenigen Völkern, welche ihre Kulturentwickelung von den Küstenländern des Mittelländischen Meeres herleiten dürfen, haben wohl die Phöniker das Münzen gelehrt.

Die ältesten Münzen, welche sich in dem Pariser Münzkabinett befinden — oder wenigstens vor der heillosen Wirtschaft der Kommune befanden, sind von einzelnen griechischen Staaten geschlagen worden, indessen ist wohl anzunehmen, daß in diesen das gemünzte Geld nicht zuerst erfunden, sondern daß es erst nach Vorgang der in allen Richtungen des Handels und Verkehrs weit vorgeschritteneren Phöniker diesen nachgemacht wurde. Jene ältesten, uns überlieferten und für das Bedürfnis des Handels geschlagenen Münzen stehen in ihrer Ausführung trotz der geringen Hilfsmittel und fast barbarischen Zustände der Prägtechnik auf einer hohen Stufe künstlerischen Wertes. Und es muß uns dies um so mehr auffallen, als später, unter bei weitem günstigeren äußeren Verhältnissen, eine ähnliche Vollkommenheit lange verschwunden war und erst sehr spät wieder erreicht worden ist.

Die einzelnen Staaten, deren es damals — zu Solons Zeiten — in Griechenland sehr viele gab, hatten wappenartige Abzeichen, durch welche sie ihre Münzen unterschieden; so tragen die äginetischen Münzen eine Schildkröte, Rhodus führte eine Rose, Athen einen Ölkrug u. s. w. Diese Wahrzeichen sind der einen Seite der Münze eingeprägt, welche gewöhnlich etwas konkav ausgehöhlt ist. Die andre konvexe Seite trägt in den ersten Zeiten kein Gepräge, sondern nur zufällige Eindrücke, welche von der Beschaffenheit des unteren Teiles des Stempels, einer napfähnlichen Unterlage, herrühren, in welcher die Münzen ihr Gepräge erhielten. Allmählich aber empfand der Künstler, daß sich auch die andre Seite zur Verzierung eigne, und er gravierte in den unteren Teil des Prägestocks ein vertieftes Bild, fast immer die Schutzgöttin der Stadt — Minerva oder Ceres — welches nun auf der Münze erhaben zum Abdruck kam. Dieser Fortschritt und seine allmähliche Ausbildung ist besonders schön bei den alten Syrakuser Münzen zu beobachten. Auf der Vorderseite zeigen dieselben das Attribut der Stadt, ein sehr schön ausgeführtes Viergespann, die Rückseite hat auch bei diesen ältesten Münzen kein Gepräge, nur eine quadratische Erhöhung, wie sie zufällig von der mit geringer Sorgfalt behandelten unteren Prägeplatte hervorgebracht worden ist. Nach einiger Zeit aber erscheint in der Mitte dieser viereckigen Erhöhung ein kleiner, flach gehaltener Kopf von fast ägyptischem Charakter, jedoch in so mangelhafter Ausführung, daß man der Vermutung Raum geben muß, es habe ein ganz andrer und viel weniger geübter Künstler, als der, welcher den Stempel zur Vorderseite geschnitten, vielleicht ein Arbeiter aus eignem Antriebe, sich an einer Gravierung versucht. Noch späterhin jedoch ist auch der bisher vernachlässigten Seite eine größere Sorgfalt zugewendet worden, und es macht sich diese zunächst darin geltend, daß das Bild mehr und mehr Ausdehnung gewann und endlich fast die ganze Rückseite ausfüllte. Auf den vollkommensten Syrakuser Münzen sehen wir denn schließlich beide Seiten mit gleicher Vollendung behandelt; das Viergespann auf der einen ist geblieben, der ursprüngliche und mangelhafte Versuch aber auf der andern hat sich endlich zu dem schönen Kopf der Proserpina veredelt, und es sind genug Exemplare übrig geblieben, um die einzelnen Stadien dieser Vervollkommnung belegen zu können. Die in Rede stehenden Münzen gehören mit zu dem Besten, was die alte Kunst hervorgebracht hat.

Die Stempelschneider von Syrakus sind überhaupt durch ihre Leistungen ganz besonders berühmt geworden, und namentlich sind zwei derselben, Frenetos und Simon, durch ihre in künstlerischer Beziehung hervorragenden Arbeiten bekannt. Es existiert noch eine Münze, zu der sie beide im Wettstreit die Stempel geschnitten haben.

Der Gebrauch, auf den Münzen den Namen oder das Porträt des Oberhauptes des Staates anzubringen, soll aus Asien stammen. Zu Artaxerxes' Zeiten trugen die Münzen das Bild einer knieenden königlichen Figur, welche einen Speer schleudert. Dies erklärt den Ausspruch des Agesilaos, daß er von 30000 Bogenschützen besiegt worden wäre: er meinte damit die 30000 Goldstücke, welche die Perser den verbündeten Griechen bezahlt hatten, um ihn zu verraten. Später kam der Kopf des Königs auf die Münzen, und die Makedonier nannten zuerst den Namen ihres Königs auf den Münzen.

In den letzten Jahren der Regierung Philipps kamen durch die neu entdeckten Gold- und Silberminen ungeheure Massen edler Metalle in den Besitz des Königs, die dieser prägen und mit seinem Namen stempeln ließ. Der Name Philipp, der noch von späteren römischen Schriftstellern einer Goldmünze beigelegt wird, stammt daher, obwohl dieser „Philippdor“ im Laufe der Zeit in seinem Gepräge mannigfache Änderungen erfahren hatte.

Die Römer lernten zu Servius Tullius' Zeiten das Münzen von den Griechen kennen. Die älteste Goldmünze, welche man kennt, stammt aus dem Jahre 206 v. Chr., die älteste Silbermünze aus dem Jahre 269 v. Chr. Außer Silber und Gold münzte man auch Erz, und dies Material hat im Anfange sogar eine sehr hervorragende Rolle gespielt, denn die Römer waren mit ihrer Münzkunst noch sehr weit zurück, als dieselbe in Griechenland bereits die höchste Ausbildung erlangt hatte. Von den rohen Barren und Goldklumpen, deren sie sich zum Ausgleich bedienten, waren sie zuerst dahin gekommen, Metallplatten zu gießen, denen sie die Figur einer Kuh, eines Hahnes, eines Merkurstabes oder dergleichen gaben und welche als Wertzeichen kursierten. Dieselben hatten ein bestimmtes Gewicht von $^1/_2$ kg und infolgedessen für den Verkehr die größten Unbequemlichkeiten; die Münze hieß das aes grave; das runde As kam später in Gebrauch, als man an der Schwerfälligkeit jener Tauschmittel Anstoß genommen hatte, aber erst der lebhaftere Verkehr mit Karthago, Griechenland und Spanien zwang die Römer, von ihren unförmlichen Münzen — nummi aerei oder nummi aenei — abzugehen und, anstatt dieselben zu gießen, sie zu prägen. Daß das Silber als Münzmaterial vor dem Golde in Anwendung war, haben wir schon erwähnt. Es war ebenso bei den Griechen gewesen, welche zuerst reines Silber, dann neben Silber auch Gold prägten und sich im Anfange auch der Ausmünzung sehr reinen Metalls befleißigten. Im Laufe der Zeit verschlechterte sich aber der Gehalt und es sind besonders die Münzen der syrischen Könige durch die geringe Qualität ihrer Masse ausgezeichnet.

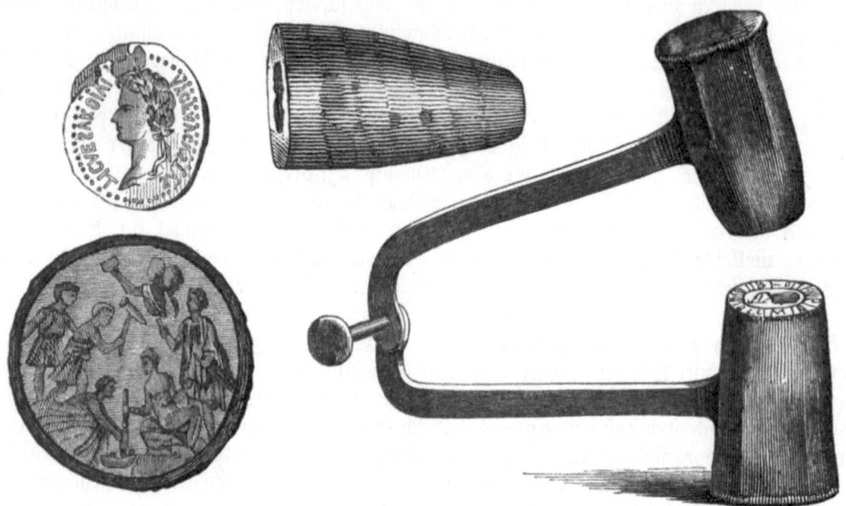

Fig. 133—136. Alter Prägapparat, Prägstempel und Münzen aus Antiochien.

Die römischen Münzen aus der Zeit vor dem Kaiser Severus sind sehr rein und in denen des Kaisers Vespasian sollen die Beimengungen nur 0,1 Prozent betragen. Unter Severus aber schon wurde das Münzmaterial schlechter und unter Claudius Gothicus hatte man bereits das Kunststück ausüben gelernt, Bronzemünzen in einer Silberauflösung weiß zu sieden — nummi tincti; man prägte damals gar kein reines Silber mehr. Diokletian erst schrieb wieder besseren Gehalt vor.

Wie in Griechenland die einzelnen kleinen Staaten, so prägten in Rom die größten Familien eigne Münzen und wahrten sich dies Vorrecht sehr eifersüchtig. Bald ahmten sie dabei griechische Muster nach: so sehen wir namentlich das Viergespann häufig angebracht; bald erfanden sie eigne Zeichen, und besonders sind die Köpfe des Apoll, der Minerva und der Juno oder das Bildnis eines Kaisers häufig wiederkehrende Prägungen. Außerdem aber trugen diese Münzen auch Inschriften, Monogramme, Namen und Wahlspruch desjenigen, der sie schlagen ließ.

Der Form nach waren die alten Münzen oval oder kreisrund und oft von ziemlich beträchtlicher Dicke. Die anfänglich schüsselförmige Gestalt ging beim Fortschritt in der Münztechnik in die scheibenförmige über, und das Gepräge war meistens hervorstehend.

Fälschungen kamen auch schon sehr zeitig vor. Unter Aurelian gab eine solche die Ursache zu einem Aufstande, in welchem gegen 7000 kaiserliche Soldaten getödtet worden sein sollen. Die Schuldigen, welche Münzen von schlechtem Gehalt ausgeprägt hatten, entdeckt worden waren und deswegen verfolgt wurden, hatten den Tumult selbst hervorgerufen, um sich der Strafe zu entziehen.

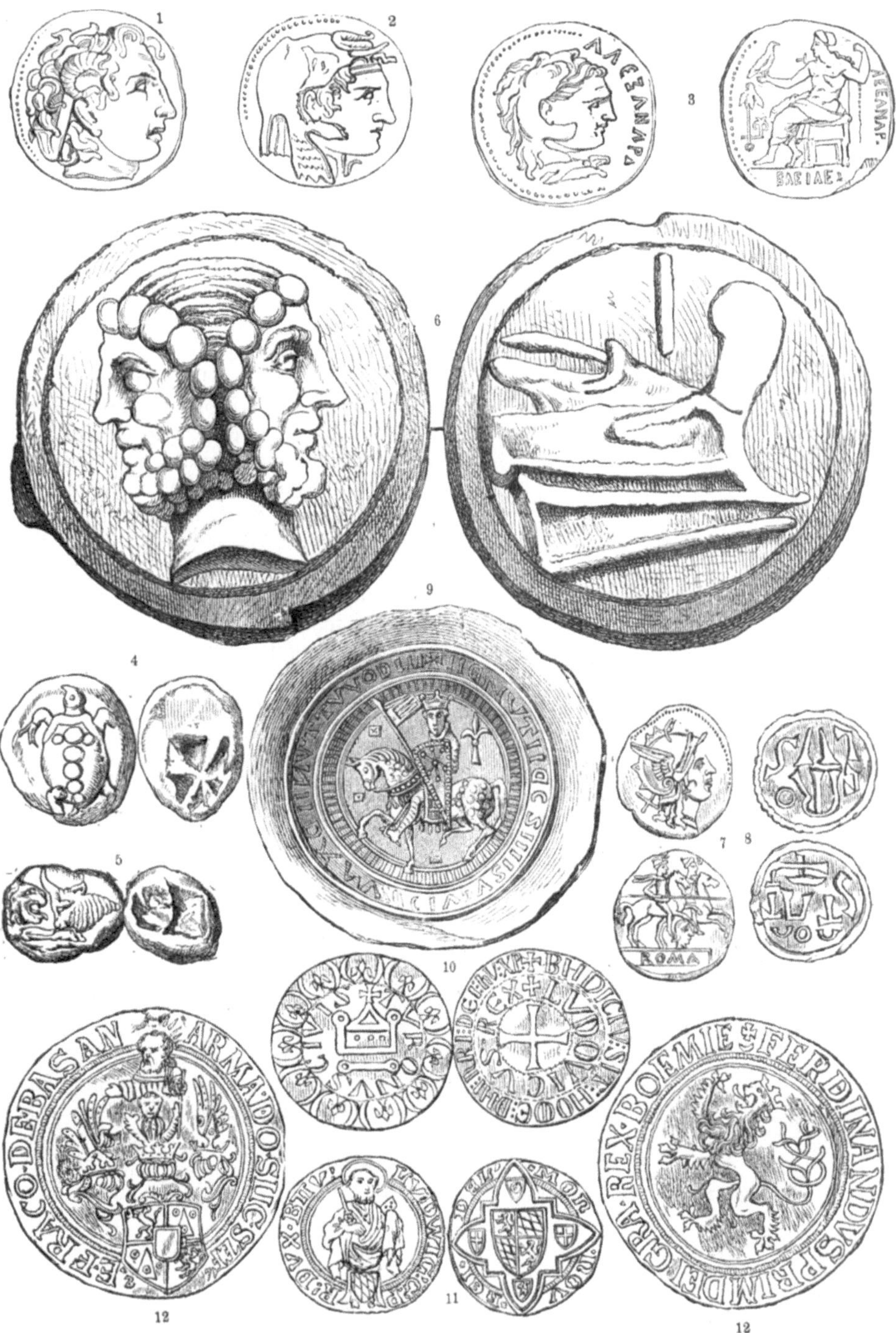

Fig. 137—149. Münzen.

1 Münze mit dem Kopfe Alexanders des Großen, unter Lysimachos von Thrakien geprägt. 2 Alexander als Eroberer Indiens auf einer Münze des Königs Ptolemäos I. 3 Vorder- und Rückseite einer in einer kleinasiatischen Stadt geprägten Münze. 4 Äginetische Silbermünze. 5 Lydische Goldmünze. 6 Römisches As. 7 Römischer Silberdenar aus der Zeit der Republik. 8 Silberdenar aus der Zeit Karls des Großen. 9 Deutscher Silberbrakteat Ende des 12. Jahrhunderts. 10 Französischer Tournosgroschen aus dem 13. Jahrhundert. 11 Pfälzer Goldgulden. 12 Böhmischer Thaler.

Der Handel hatte durch die schlechten Münzen sehr gelitten, und um ihm wieder aufzuhelfen, ließ der Kaiser die Falsifikate einziehen und durch bessere Münzen ersetzen. Tacitus erließ ein Verbot gegen die Ausprägung von Legierungen sowohl von Gold mit Silber als von Kupfer mit Blei. Ein Gesetz gegen das Beschneiden der Münzen wurde vom Kaiser Konstantin am 26. Juli 309 erlassen, der sich überhaupt durch eine umfassende Gesetzgebung um das Münzwesen verdient gemacht hat. Außer in Rom wurde in einer Anzahl bedeutender Städte des abendländischen Kaiserreichs gemünzt. Besondere Beamte, die in den betreffenden Orten ihren Wohnsitz hatten, standen der kaiserlichen Münze vor und hielten Aufsicht über die Befolgung der gesetzlichen Vorschriften. Sie hießen Münzprokuratoren — procuratores monetarum — und ein solcher war auch zu Trier installiert, woselbst sich eine Münzwerkstätte befand. Die Münzstätten sind auf den Prägungen dieser Periode durch die Anfangsbuchstaben der Städtenamen angegeben, und es bedeutet z. B. ALE. Alexandrien; — CAR., KAR. oder KART. Karthago; — LUG. oder LUGD. Lyon; — TR., Trevir. Trier; — ROM., ROMA., URB. ROM. Rom u. s. w. Andre Initialen wieder beziehen sich auf gewisse Serien der Ausmünzung, wie ja jetzt auch bei den Banknoten solche durch Lit. A., Lit. B. u. s. w. bezeichnet werden; kurz die Mannigfaltigkeit der antiken Münzen ist eine sehr große, wie man aus den auf uns gekommenen Belegstücken sehen kann.

Fig. 150. Amerikanisches Silber.

Aber trotz all der guten wirtschaftlichen Eigenschaften, auf welche solche Thatsachen schließen lassen, waren die römischen und auch noch die byzantinischen Münzen in künstlerischer Beziehung sehr mangelhafte Erzeugnisse, und erst die Araber brachten wieder auch wirklich schöne Münzen zustande. Die alten arabischen Münzen tragen in der Regel nur die Wertangabe und den Namen des Herrschers, unter welchem das Stück geschlagen wurde. Für das Abendland schien die Kunst der Stempelschneiderei so gut wie verloren gegangen zu sein; denn selbst ein als Goldschmied sonst berühmter Künstler, der lange Zeit unter König Dagobert und Chlodwig II. dem technischen Teile des Münzwesens mit vorgestanden zu haben scheint, St. Eloi, hat nur unvollkommene Prägungen geliefert. Unter den Karolingern wurde von den Münzfabriken eine Abgabe für das Staatsoberhaupt erhoben, und von Pipin an haben sich die Regenten viel mit der Ausbildung dieses Zweiges der Staatsökonomie beschäftigt. Im Jahre 844 wurde ein ausführliches Gesetz über Wert, Gehalt und Gewicht der Münzen, über deren Verfälschungen u. s. w. erlassen.

Fig. 151. Amerikanisches Silber.

Seit dieser Zeit ungefähr oder wohl nur wenig früher sind deutsche Münzen geschlagen worden, denn wenn vordem in Trier eine Münzstätte thätig war, so kann diese als eine römische hier nicht weiter in Betracht gezogen werden.

Karl der Große führte neue Silbermünzen für die gesamte Karolingische Monarchie ein, Denare, späterhin von den Deutschen Pfennige genannt, vom keltischen „penn“, d. h. der

Kopf, weil die römischen Denare bei den Galliern Kopfstücke hießen, wie noch heute gewisse Silbermünzen in der Eifel. Es waren zweiseitig geprägte Münzen, deren 240 Stück auf ein Pfund fein Silber gingen, und sie führten auf der Vorderseite den Namen des Königs oder Kaisers, meist durch ein Monogramm dargestellt, auf der Rückseite den Namen des Prägeorts und die Abbildung eines kirchenartigen Gebäudes.

Von der Mitte des 12. Jahrhunderts an kamen in Mittel- und Norddeutschland, ferner in Schwaben und Skandinavien die Brakteaten auf, die im Gegensatz zu den zweiseitig geprägten Münzen „hohle Pfennige" genannt wurden. Man hatte auch, da sich die Denare sehr verschlechtert hatten, wieder schwerere Münzen zu schlagen angefangen, die nummi grossi, welche zuerst in der Stadt Tours geprägt wurden und daher grossi Touronenses hießen, was bei den Deutschen sich in „Tournoser Groschen" umwandelte. Von Florenz erhielt eine daselbst 1252 zuerst geprägte Münze der Florenus, Floren den Namen, von einem Hause in Venedig la zecca, worin die Münzstätte sich befand, die Zechine, von der gräflich Schlickschen Münzstätte Joachimsthal im Erzgebirge der frühere Guldengroschen den Namen Joachimsthaler, abgekürzt Thaler.

Wir brechen hier diesen kurzen geschichtlichen Rückblick ab, da es nicht in unsrer Absicht liegen kann, hier weitere Erörterungen anzustellen, die uns von unserm eigentlichen Gegenstande zu weit abführen, und wenden uns der technischen Seite desselben wieder zu, die es mit der Umformung der Edelmetalle in verkehrsgültige Stücke zu thun hat.

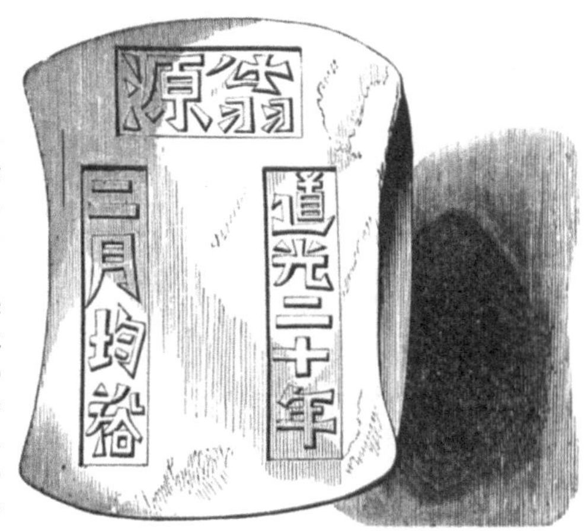

Fig. 152. Chinesisches Silber.

Gold und Silber sind an und für sich schon bares Geld, wenigstens im Welthandel; wenn wir lesen, daß dieses oder jenes Schiff Kontanten mitgebracht habe, so braucht dies nicht gemünztes Edelmetall zu sein, sondern es kann ebenso gut auch rohes in Form von Barren, Staub oder dergleichen gemeint sein. Die edlen Metalle haben sich zu Wertmessern für alle Produkte emporgeschwungen, und das Ausmünzen bildet eben nur eine Bequemlichkeitsmaßregel behufs der besseren Teilbarkeit und zur Ersparung des Wägens und Probierens. Die ungemünzten Metalle heißen Bullion; auch sind fremde Münzen, die man nicht zählt, sondern ebenfalls verwägt, in diesen Begriff mit eingeschlossen. Indem man fremde Münzen, wie das an europäischen Handelsplätzen mit außereuropäischem Gelde zu geschehen pflegt, nur nach Gewicht annimmt, ignoriert man die von den fremden Regierungen darauf gesetzte Prägung und Wertangabe und behandelt den Stoff gleich den ungemünzten Barren. Fremdes Handelssilber erscheint meist in andern als den bei den europäischen Hüttenwerken gebräuchlichen Barren- und Scheibenformen; die Fig. 150, 151 und 152 zeigen, wie südamerikanisches und chinesisches Rohsilber auszusehen pflegt.

Die russische Regierung hat den Versuch gemacht, ein andres Edelmetall, das Platin, als Münzmetall einzuführen, nach kurzer Zeit aber sah sie sich veranlaßt, dies Unternehmen wieder aufzugeben. Einmal ist die Platinproduktion der Erde nicht groß genug, und dann ist es in chemischen Laboratorien und einigen Zweigen der chemischen Technik so unentbehrlich, daß man es dieser wichtigeren Mission nicht entziehen darf. Außerdem aber wurden die im Aussehen etwas unscheinbaren Münzen, die doch einen sehr hohen Wert repräsentierten, im Publikum nur ungern und mit Mißtrauen aufgenommen. Man sieht also, daß zum Gelde auch eine wohlgefällige äußere Erscheinung gehört.

Bekanntlich verwendet man weder zu Gold- noch zu Silbermünzen die reinen Metalle, sondern legiert dieselben der größeren Härte wegen mit mehr oder weniger Kupfer. Bei Scheidemünzen steigt in der Regel der Kupfergehalt, damit sie nicht zu klein ausfallen, bedeutend; so enthielt z. B. die Legierung zu $2\frac{1}{2}$-Silbergroschenstücken auf 2000 Teile nur

375, die zu ganzen und halben Silbergroschen nur 220 Teile Silber. Im Deutschen Reiche werden nach dem Münzgesetz vom 4. Dezember 1871 und 4. Juli 1873 derartige silberarme Legierungen nicht mehr ausgemünzt; alle Silbermünzen sind von derselben Feinheit, die kleinsten Scheidemünzen, 1 und 2 Pfennige, werden aus Kupfer, 5 und 10 Pfennige aus Nickel geschlagen, oder richtiger aus einer Legierung von 75 Prozent Kupfer und 25 Prozent Nickel. Der Feingehalt der Silbermünzen ist $0{,}_{900}$, so daß

1 Fünfmarkstück,	welches	$27{,}_{77}$	g	wiegt,	25	g	reines Silber	enthält;
1 Zweimarkstück,	„	$11{,}_{11}$	„	„	10	„	„ „	„
1 Einmarkstück,	„	$5{,}_{55}$	„	„	5	„	„ „	„
1 Fünfzigpfennigstück,	„	$2{,}_{77}$	„	„	$2{,}_{5}$	„	„ „	„

Es wiegen also 90 Mark in Silber 1 Pfund ($^1/_2$ kg), oder 1 Pfund Feinsilber ist enthalten in 100 Mark Silbermünze, gleichviel welcher Art dieselbe ist, da ebensowohl 20 Fünfmarkstücke, 50 Zweimarkstücke, 100 Markstücke, als auch 200 Fünfzigpfennigstücke oder 500 Zwanzigpfennigstücke 1 Pfund Feinsilber enthalten. Auch der Feingehalt der Goldmünzen Deutschlands ist 900 Tausendteile. Die Münzstätten des Deutschen Reichs werden bezeichnet durch A (Berlin), B (Hannover), C (Frankfurt), D (München), E (Dresden), F (Stuttgart), G (Karlsruhe), H (Darmstadt), J (Hamburg). Das ganze Gewicht einer Münze heißt **Schrot**, das Gewicht des darin enthaltenen Edelmetalls **Korn**, und die gesetzliche Feststellung des Verhältnisses von Schrot und Korn bildet den **Münzfuß**.

Bei den Kurantmünzen ist es Regel, daß der ihnen beigelegte Wert nur nach der Quantität des darin enthaltenen Edelmetalls berechnet ist, der Kupferzusatz also nicht in Anrechnung kommt. Bei den Scheidemünzen ist dies nicht festzuhalten wegen des bedeutend höheren Arbeitsaufwandes, den ihre Herstellung erheischt. Der reelle Wert der Scheidemünze ist daher gewöhnlich etwas geringer als der Nennwert, sie besitzt demnach schon etwas von dem Charakter einer Marke, bei welcher es auf den inneren Wert gar nicht ankommt. Auch der Preis der Kurantmünzen steht natürlich etwas höher als der des ungemünzten Metalls, denn einerseits müssen die Fabrikationskosten in Anschlag gebracht, anderseits soll dadurch auch der Vernichtung durch Einschmelzen vorgebeugt werden. Diese Preiserhöhung heißt der **Schlagschatz**. Vor etwa hundert Jahren betrug derselbe noch bis zu 9 Prozent; seit aber die Münztechnik so bedeutend vervollkommnet ist, wird er immer geringer und beträgt jetzt nur noch 6 Prozent; ja die Engländer und Franzosen schlagen aus dem Metall, das 3091 Frank kostet, nicht mehr als 3100 Frank, wonach also an 3100 Frank nur 9 Frank verdient werden. Bei Scheidemünzen kann der Schlagschatz bis über 70 Prozent betragen.

Fig. 153.
Fallwerk zum Ausschlagen der Platten.

Aufgabe der Münzkunst ist es nun, erstlich Legierungen herzustellen, welche genau das vom Gesetz vorgeschriebene Verhältnis von Edelmetall und Zuschlag darstellen, hieraus Stücke zu formen, welche möglichst genau das gleiche Gewicht und den gleichen inneren Gehalt haben, und endlich diesen Stücken eine Prägung zu geben, welche die Nachahmung durch Fälscher in möglichst hohem Grade erschwert. Bei aller Vervollkommnung der Technik ist es aber doch unvermeidlich, daß die einzelnen Stücke in Schrot und Korn etwas variieren, da namentlich beim Guß der Zaine die Legierung an verschiedenen Stellen sich etwas ungleich gestalten kann. Man hat daher gewisse Fehlergrenzen des Zuviel und Zuwenig festgesetzt, innerhalb welcher ein Geldstück noch umlauffähig bleibt. Dieser erlaubte Fehler heißt das **Remedium** (**Toleranz**, Münznachsicht), das sowohl am Schrot als am Korn, also am Gewicht wie am Feingehalt, stattfinden kann. Früher hatte das Remedium sehr weite Grenzen, und manche absichtliche Verkümmerung konnte sich darunter verstecken; jetzt hat man die erlaubte Fehlergrenze auf wenige Tausendstel beschränkt.

Die Reihe von Operationen, durch welche das Rohmetall in Münzen umgeformt wird, ist folgende: 1) Schmelzung der Legierung; 2) Gießen in Barren; 3) Strecken der Barren zu Blechen; 4) Ausschneiden der Münzplatten aus den Blechen; 5) Justieren der

Platten; 6) Sieden und Beizen derselben; 7) Rändeln und 8) Prägen, beides Letztere häufig zusammenfallend.

Um eine genau bestimmte Legierung herzustellen, muß man natürlich vor allem die Zuthaten zu derselben genau kennen. Diese können für Münzen bestehen aus angekauften Gold- und Silberbarren, aus altem Gerätesilber u. s. w. Überall hat der Münzwardein zunächst den reinen Gold- oder Silbgerehalt auf das genaueste zu ermitteln, um hiernach die Rechnung für die neue Legierung aufstellen zu können. Chemisch reines Gold und Silber gibt es im Handel nicht; im besten Falle sind 2, oft aber bis zu 5 und 8 Tausendstel fremde Metalle, beziehentlich Silber, Blei, Kupfer u. s. w., darin enthalten. Alte Münzen und Geräte bestehen an sich schon aus Legierungen. Bei separater Umprägung ersterer kann ein Silberzusatz erforderlich werden, in den übrigen Fällen ist es Aufgabe, zu ermitteln, wieviel Kupfer zuzusetzen ist, um die verlangte Legierung zu erhalten. Enthält das Silber Gold — und seien dies auch nur 2 Tausendteile — so sucht man dasselbe zu gewinnen, und anstatt das Metall in die Münze zu geben, überläßt man es vorher den Scheideanstalten.

Fig. 154. Alte Rändelmaschine.

Von dieser Goldscheidung, die man oft noch an alten Münzen mit Vorteil ausführt, wird beim Golde weiter die Rede sein. Für Goldmünzen wird die zum Schmelzen bestimmte Mischung genau nach dem Verhältnis von 900 Gold zu 100 hergestellt; bei Berechnung der Silberbeschickung aber wird ein etwas geringerer Feingehalt zu Grunde gelegt, ein Umstand, der durch die beim Beizen der Silberplatten stattfindende Anreicherung des Gehaltes bedingt ist. Die Stärke der Anreicherung ist bei den fünf Sorten der Reichssilbermünzen eine ungleiche, sie steht im umgekehrten Verhältnisse zur Größe der Geldstücke, so daß die Beschickung folgendermaßen berechnet werden muß:

für Fünfmarkstücke,	Zweimarkstücke,	Einmarkstücke,	Fünfzigpfennigstücke,	Zwanzigpfennigstücke,
$899_{,6}$	$899_{,5}$	$899_{,4}$	$899_{,2}$	$898_{,6}$ Tausendteile.

Das Einschmelzen der zu der Legierung erforderlichen Metalle geschieht in Graphittiegeln in Windöfen, die mit Koks oder Holzkohlen geheizt werden, bei großem Betriebe auch in großen gußeisernen, 2—300 kg Silber fassenden Tiegeln. Zum Schmelzen des Goldes dienen kleinere Thontiegel. Man macht erst das Schmelzgefäß glühend, setzt dann die Metallbarren ein und gibt, wie die Schmelzung fortschreitet, andre nach. Zur Abhaltung der Luft bekommt das Metall eine Decke von Kohlenpulver. Ist die Schmelzung erfolgt, so wird die Masse mit eisernen Stäben gut durchgerührt, der Münzwardein nimmt eine Probe, und sobald dieselbe die Richtigkeit der Legierung erweist, schreitet man zum Gießen der Barren oder sogenannten Zaine, was mittels eiserner Schöpflöffel in eiserne Formen geschieht. Scheidemünzmetall gießt man in Sandformen, weil in Eisenformen das Kupfer durch die schnelle Abkühlung zu spröde werden würde.

Die Zaine sind 30—60 cm lang, 4—5 mm dick und fast so breit wie der einfache oder — bei zweireihigem Ausschlagen — doppelte Durchmesser der zu prägenden Münze, da beim Plätten (Auswalzen) die Breite nur wenig zunimmt.

Die gegossenen und erkalteten Zaine werden auf einem besonderen Walzwerke zwischen Stahlwalzen gestreckt. Man hat zweierlei Walzen, die Vorwalzen oder Quälwalzen und die Justierwalzen; auf jenen geschehen die ersten Streckungen der Zaine, auf diesen die dem Schmieden vorhergehenden letzten Streckungen, im ganzen zwischen 20 und 30. Nach je zwei- bis dreimaligem Durchgange durch die Walzen müssen die Zaine wieder in eisernen Muffelröhren ausgeglüht werden, sonst werden sie zu hart und dehnen sich nicht mehr aus. Die nach der nötigen Dicke gewalzten Zaine werden dann in Längen von $1^1/_4$ m geschnitten. Auch gießt man wohl, namentlich in England, breitere Platten, die nach dem Strecken der Länge nach auf einem Kreissägewerke in Streifen geschnitten werden. Zuvor müssen noch die Goldzaine geprüft werden, ob sie nicht zu spröde sind; enthält nämlich das Gold selbst nur sehr kleine Mengen fremder Metalle, so namentlich Antimon, so ist es spröde, daß die Zaine beim Daraufschlagen mit dem Hammer wie Glas zerspringen, wodurch sie selbstverständlich zu weiterer Verarbeitung untauglich werden. Es wird in diesem Falle das Gold wieder geschmolzen und, solange es noch flüssig ist, Kupferchlorid unter Umrühren eingetragen.

Die möglichst genau abgeglichenen und gerichteten Zaine werden in eine neue Maschine gebracht, um daselbst ausgestückelt, d. h. in runde Scheiben oder Platten von der gehörigen Größe verwandelt zu werden. Dies geschieht mittels eines Durchschlags, der entweder aus einem Hebelwerk oder, für größere Münzen, aus einem Fallwerk mit Balancier und Druckschraube besteht. Ein geschickter Arbeiter kann von den kleinen Scheiben zu Scheidemünzen in der Stunde 6—7000 Plättchen ausschlagen. Für gröbere Münzsorten hat man von Maschinenkraft bewegte Durchschnittmaschinen. Die übrig bleibenden durchlochten Bleche nennt man Schroten; sie werden natürlich bei nächster Gelegenheit wieder mit eingeschmolzen. Bei dem Strecken und Schneiden werden von 100 kg Zaine durchschnittlich 67 kg Platten und 33 kg Schroten erhalten. Die durch das wiederholte Ausglühen schwarz gewordenen Platten werden zunächst verlesen, d. h. es werden alle Teilstücke und schadhaften Platten herausgesucht; dann werden sie mit groben Leinen abgerieben, um sie von dem anhängenden Öl zu befreien. Die Arbeit der Ausstückelungsmaschine besteht in jedem Falle in einem kurzen Auf- und Niedergehen eines Schiebers, an dessen unterem Ende ein stählerner Drücker oder Stempel angebracht ist, dessen Durchschnittsfläche so groß ist, wie die Münzstücke werden sollen. Beim Niedergehen tritt derselbe in einen genau passenden Stahlring. Liegt nun zwischen dem Ringe und Stempel eine Platte, so muß der Teil, welcher die Öffnung des Ringes deckt, dem starken Drucke weichen; die Kanten des Ringes und Stempels schneiden ihn ab, wie die zwei Teile einer Schere, und er fällt als Rundplatte unten durch.

Nachdem die ausgeschlagenen Münzplatten vollkommen gereinigt und untersucht worden sind, werden sie justiert, d. h. ihrem Gewichte nach vollständig berichtigt. Denn so große Genauigkeit auch immer beim Walzen der Zaine angewendet worden, so kommen doch stets Abweichungen im Gewicht vor, da selbst scheinbare Kleinigkeiten auf die verschiedene Dicke der Platten Einfluß haben. So fällt die letztere z. B. schon etwas verschieden aus, je nachdem die Walzen langsamer oder schneller sich drehten. Zum Justieren der kleinen Münzen hat man eigne Wagen, sogenannte Justierwagen, mittels derer diese Operation schnell von statten geht, indem größere Mengen auf einmal justiert werden. Nur große Münzen, Fünf- und Zweimarkstücke und Goldmünzen, werden einzeln justiert. Von den zu schweren Stücken werden von denselben Arbeitern, welche das Wägen besorgen, auf einer kleinen Maschine sofort so viel Späne abgehobelt, bis das richtige Gewicht erreicht ist. Würde man diese Vorsichtsmaßregel nicht beobachten, so wäre das Geschäft von Spekulanten, sogenannten Kippern und Wippern, die ehedem ihr Wesen in ausgedehntem Maße trieben, immer noch einträglich genug, um die schwereren Münzstücke zurückzuhalten und einzuschmelzen und nur die zu leichten dem Verkehr zu lassen und so dem Staate einen großen Verlust zu verursachen, wenn derselbe einmal veranlaßt wäre, seine Münzen einzuziehen. Das kleine Kurant wird im ganzen justiert, d. h. es werden so viel Stücke, als eine Mark wiegen sollen, auf die Wage gezählt und zugleich gewogen. Haben diese das richtige Gewicht, so kümmert man sich um die einzelnen Stücke nicht. Zu schwere Stücke werden mit zu leichten gemengt und dann abermals gewogen. Die Fortschritte der Münztechnik erlauben es jetzt, daß auch das gröbere Kurant, die Markstücke und, wenn es nötig wäre, selbst die kleinen Fünfzigpfennigstücke, einzeln justiert werden könnten, indem man eigne Wagetische baut, die 10—20 Justierwagen zugleich tragen, deren beide Schalen, die eine mit dem Passiergewicht, auf der Tafel ruhen. Aus Trichtern fällt auf jede leere Schale eine Münzscheibe, nun heben sich langsam alle Wagen gleichzeitig; die leichten Platten gehen aufwärts, die richtigen liegen in der Mitte und die zu schweren ziehen abwärts. Sind alle Wagen zur Ruhe gekommen, so erfolgt gegen alle gleichzeitig ein scharfer Schlag, und die Münzscheiben fliegen vorwärts, die zu leichten in das zu oberst liegende, die richtigen in das mittlere, die zu schweren in das untere Fach vor jeder Wage. Dann senken sich die Wagen wieder, um neue Platten zu empfangen u. s. w. Über solche Sortierwagen siehe Band II. Die zu leichten Scheiben werden wieder eingeschmolzen, die zu schweren aber in einer besonderen Maschine etwas abgehobelt, dann neu justiert, bis sie richtig geworden sind. Unter den neueren Sortiermaschinen hat die von Seiß in Atzgersdorf bei Wien in vielen Münzstätten Eingang gefunden; ein Arbeiter kann zwei solcher Maschinen bedienen und damit in zehnstündiger Arbeitszeit, ohne Rücksicht auf etwaige Störungen, durchschnittlich 50000 Platten sortieren, während derselbe durch Handarbeit auf der Justierwage nur 9000 Platten in derselben Zeit sortieren kann.

Sobald die Münzplatten vollkommen justiert sind, werden sie fein gesotten. Die Platten erscheinen nämlich durch die verschiedenen Stufen der Bearbeitung, namentlich von dem wiederholten Ausglühen her, zum größten Teile mit einer schwärzlichen Oxydschicht bedeckt, die vor dem Prägen fortgeschafft werden muß, so daß die Kupferplatten hellrot, die Gold- und Silberplatten aber die Farbe des reinsten Goldes oder Silbers zeigen. Sie werden zu diesem Zweck in einem Kessel mit sehr verdünnter Schwefelsäure gesotten. Wie bedeutend diese Wirkung der Schwefelsäure ist, welche das in der Mischung enthaltene Kupfer an der Oberfläche auflöst und nur das edle Metall dort unverändert läßt, erkannte man am besten an der früheren kleinen deutschen Silberscheidemünze, welche neu blendend silberweiß erschien, während nach kurzem Gebrauch die eigentlich rote Farbe der Metallmischung wieder zum Vorschein kam. Goldplatten werden bisweilen noch durch Absieden in einer Auflösung von Salpeter, Kochsalz und Alaun schöner gefärbt. Die durch das Sieden ganz rein, aber nicht glänzend, sondern matt erscheinenden Metallplatten werden einmal justiert, da sie durch das Sieden einen geringen Prozentsatz an Gewicht verlieren, dann in Drehtonnen mit Wasser und Kohlenpulver oder Sägespänen gescheuert und abgetrocknet, und sind so endlich zum Prägen fertig.

Die durch all diese verschiedenen Prozesse vorbereiteten Münzplatten müssen zuerst gerändelt, d. h. mit einer Verzierung auf der flachen Seite des Umfangs versehen werden, welche das Beschneiden verhindern soll. Bei Kupfer- und Scheidemünzen ist der Rand glatt, bei Silber- und Goldmünzen aber besteht die Verzierung aus Kerben, Schuppen, Blättern oder Punkten, bei den größeren aus einer Umschrift, die bisweilen erhaben ist. Zum Rändeln hat man mancherlei Apparate erfunden und Fig. 154 zeigt uns eine Rändelmaschine, wie sie früher, wo man sich auch noch sehr unvollkommener Prägmaschinen bediente (s. Fig. 158), in Gebrauch war. Jetzt dienen dazu bei weitem rationellere Vorrichtungen, die Kräusel- oder Rändelwerke, welche sehr verschieden eingerichtet werden können. Wir geben die Abbildung von zwei verschiedenen Systemen, bemerken aber, daß derselbe Zweck noch durch andre Apparate sich erreichen läßt. Die beiden Rändeleisen E und D in Fig. 155 enthalten jedes die Hälfte von der Randverzierung erhaben auf ihrer gekrümmten Oberfläche. Sie bestehen aus glashartem Stahl und sind, jedes mit zwei Schrauben, nämlich E auf das festliegende Stück AB und D auf das Ende des Hebels PD, der sich um eine Achse dreht, befestigt. Man erteilt dem Stabe P mit der Hand eine hin und her gehende Bewegung. Der Vorgang, der sich vollzieht, während die Münzplatte zwischen den Ränteleisen sich befindet, erklärt sich von selbst. Die Krümmungen beider Ränteleisen sind Kreisbogenstücke, deren Mittelpunkt mit dem Drehpunkte des Hebels zusammenfällt. Die Münzplatte geht nur sehr gedrängt zwischen beide hinein. a ist eine von untenherauf kommende senkrechte Röhre, welche mit Platten angefüllt wird. Den Boden derselben vertritt ein Kolben, der sich bei jedem Gange um eine Plattenstärke erhebt, und damit jedesmal eine neue Platte so weit emporschiebt, daß sie zwischen die Eisen D und E tritt. Der mit dem Hebel PD bewegliche Arm F, der in seine Anfangsstellung zurückgegangen ist, stößt dann diese Platte vor sich her, die von der Nute zwischen den beiden Ränteln aufgenommen und von a nach b vorwärts geführt wird, bis sie, fertig gerändert, bei c ausfällt.

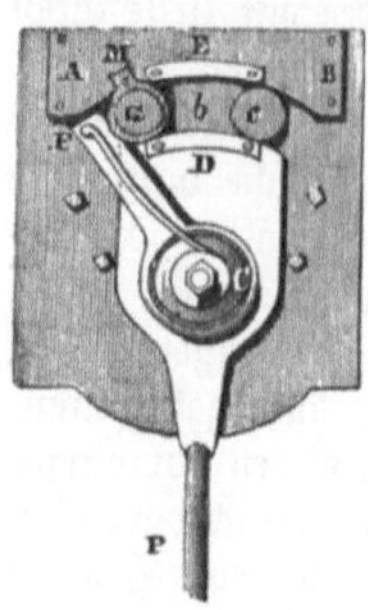
Fig. 155.
Räntelwerk mit bogenförmigen Ränteleisen.

Ein andres Räntelwerk ist das in Fig. 156 abgebildete; a und b sind die beiden Ränteleisen, welche enge Falzen haben, auf deren schmaler Kante das Randmuster eingegraben ist. Das Ränteleisen a wird durch die Zahnstange e mittels des Zahnrades d durch eine Kurbel hin und her bewegt; bei f wird die Platte eingelegt, sofort von dem Ränteleisen ergriffen, gerändert und bei g wieder ausgeworfen. Durch die Stellschrauben ii, welche durch den Steg h gehen, wird das Ränteleisen b gehörig angenähert und festgestellt.

Die jetzt vorwiegend im Gebrauch befindlichen Räntelmaschinen werden mittels Maschinenkraft in Bewegung gesetzt und zeigen auf einem Eisengestelle einen horizontal verschiebbaren Schlitten, der durch eine gekröpfte Kurbel bewegt wird; durch ein kleines Schwungrad wird die Schlittenbewegung möglichst gleichmäßig gemacht. Die Räntelung wird durch zwei Räntelbacken aus Stahl von flachprismatischer Gestalt mit einer Nute an der schmalen Längsseite bewirkt; jede Nute mißt in ihrer Bahnlänge die Hälfte des Umfangs der zu räntelnden Münzsorte. Die eine Räntelbacke wird in den bewegten Schlitten, die andre ihr gegenüber, wie bei der vorher beschriebenen Maschine, befestigt. Die in einem Trichter aufgestapelten Platten gelangen bei der Bewegung des Schlittens zwischen die Räntelbacken, drehen sich bei der Fortbewegung um ihre Achse und empfangen von jenen die Inschrift oder Arabesken in vertiefter Form.

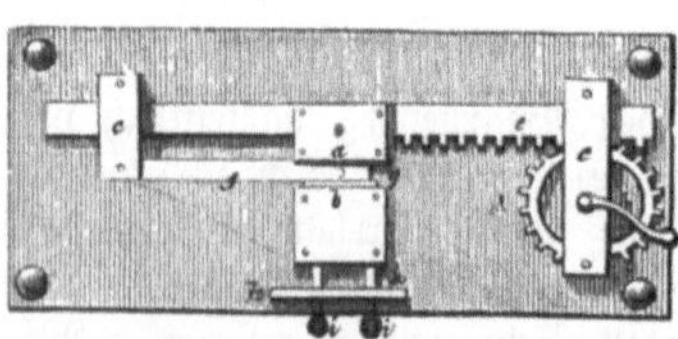
Fig. 156.
Räntelmaschine mit geraden Ränteleisen.

In neuerer Zeit ist noch eine andre Räntelmaschine aus England zu uns gekommen, die zwar nur für die schlichte Räntelung anwendbar ist, aber sich durch bedeutende Leistungsfähigkeit auszeichnet, nämlich etwa 250 Platten in der Minute, welches Resultat sich auf der vorher beschriebenen Schlittenmaschine selbst kaum erreichen läßt, wenn zu beiden Seiten des Schlittens mit je zwei Trichtern, also im ganzen auf vier Stationen, geräntelt wird. Die dem Rande der Geldstücke angepaßte Nute befindet sich bei der englischen Maschine in einer soliden, vertikal drehbaren Stahlscheibe; ihr gegenüber ist eine Räntelbacke mit kreisbogenförmiger Nute befestigt. Neben dem sehr hohen Preis hat die englische Maschine noch den Nachteil, daß nur schlichte Räntelung möglich ist und daß der Rand der Geldstücke mehr oder weniger gewölbt erscheint.

Fig. 157.
Stauchen der Platten.

Damit alle Platten zum Ränteln genau in gleicher Größe hergestellt werden, pflegt man sie vor dem Ränteln zu **stauchen**, wodurch der Rand etwas breiter und vollkommen cylindrisch wird. Fig. 157 zeigt die dazu gehörige Maschine. TT ist ein massives gußeisernes Gestell, in welchem sich um v eine Scheibe w bewegt; zwischen beiden bleibt ein Zwischenraum, der nach der Größe der Münzplatte verschieden und genau so groß im

Durchmesser ist, wie der Prägring des Fallwerks. Die Platten werden oben eingeschlossen, durch die sich drehende Scheibe glatt gepreßt und fallen bei h wieder aus der Maschine. Die erwähnte englische Maschine verrichtet das Stauchen gleich mit.

Das Prägen der Münzen, das Aufdrücken der Vorder- und Rückseite, des Avers und Revers, wird mittels zweier tief gravierter stählerner Stempel verrichtet, welche gehärtet und gelb angelassen sind und zwischen denen eine jede Münzplatte einem augenblicklichen Stoße ausgesetzt wird. Die Maschine, in welcher zu diesem Behufe die Prägstempel angebracht sind, ist ein sogenanntes Fallwerk, d. h. ein Prägwerk, in welchem eine mittels eines Balanciers rasch niedergetriebene Schraube wirkt, wie solches überhaupt in der Metallfabrikation vielfach Anwendung findet. Fig. 159 stellt den Durchschnitt eines solchen Prägwerks dar, welches jedoch in den großen Münzstätten in dieser Form nicht mehr oder nur für besondere Zwecke angewendet wird.

Fig. 158. Altes Prägwerk.

AA ist eine starke, und zwar dreigängige Schraube mit flachen Gängen, die sehr genau geschnitten sind. Es setzen sich nämlich am Fuße statt eines Schraubenganges deren drei an, die sich nebeneinander um die Spindel winden. Dadurch erhält die Schraube eine sehr starke Steigung, so daß die Spindel bei der Umdrehung sich sehr schnell und hoch hebt und ebenso schnell fällt, und zwar mit größerer Gewalt, da bei starker Steigung die Reibung weniger Kraftverlust verursacht. Die drehende Bewegung wird der Spindel durch einen Schwengel oder die „Rute“ mitgeteilt, deren Arme $^2/_3$—1 m lang und an den Enden noch mit schweren Kugeln versehen sind (s. Fig. 158), um den Schwung und Stoß zu verstärken. Dieser Schwengel ist dem sechseckigen Kopf B der Schraube aufgesetzt (s. Fig. 159). Um der Rute die Kreisschwingung zu erteilen, welche den Niedergang der Schraube zur Folge hat, sind mehrere Arbeiter nötig. Durch die Drehung steigt die Schraubenspindel in einer Mutter von Bronze NN, welche fast die ganze Länge der Schraube umfaßt und selbst wieder einen Cylinder bildet, der in dem massiven Körper des aus Gußeisen bestehenden Prägstocks eingeschraubt ist. Bei dem Abwärtsgehen stößt die Spindel sehr heftig auf den stählernen Prägklotz K. Der Widerstand der unteren Teile dient nicht allein dazu, den Stoß zu schwächen, sondern es entsteht durch die Elastizität eine rückwirkende Kraft, welche das Wiederaufsteigen der Schraube begünstigt.

Die Schraubenspindel ist aus Gußeisen, allein ihr Schuh QI besteht aus gehärtetem Stahl und ist unten etwas gewölbt. Nach obenhin hat dieser Schuh einen cylindrischen Ansatz Q, mit dem er auf eine eigentümliche Weise in der Spindel befestigt ist. Schrauben und jede andre Befestigung würden nämlich durch die unzähligen Stöße sich sehr schnell abnutzen; unverwüstlich ist aber folgende Art. Das Loch für den Ansatz wird in der Spindel etwas zu eng gebohrt und die Spindel dann glühend gemacht, wodurch sie sich ausdehnt, das Loch sich also so viel erweitert, daß der Ansatz Q kalt eingeschoben werden kann. Beim Erkalten zieht sich die Spindel wieder zusammen und hält den Ansatz Q außerordentlich fest.

Der Prägklotz K ist ein wenig ausgehöhlt, aber weniger als die Erhabenheit des Schuhes QI beträgt, so daß beide Flächen sich genau genommen nur in einem **Punkte** berühren; der Gebrauch aber vergrößert die Berührungsflächen sehr bald. Die durch die Spindel vermittelte auf und ab steigende Bewegung teilt sich dem Oberstempel G mit; die beiden Grundflächen von G und K sind vollkommen horizontal. Der Unterstempel P liegt darunter und die zu prägende Platte wird in den Zwischenraum geschoben, der sich zwischen beiden befindet und der durch das Steigen der Spindel vergrößert wird. Es geschieht dies entweder mit der Hand oder mittels mechanischer Vorrichtungen, deren Angabe auf der Zeichnung diese selbst undeutlich machen würde. Die stählernen Stempel enthalten das Gepräge, das die Münze zeigen soll, verkehrt und vertieft, und die Ränder liegen genau senkrecht übereinander. Die Stempel müssen sehr hart sein, da sie einen ungeheuren Druck auszuhalten haben. Um sie zu verfertigen, wird für jede Seite eine Matrize mit dem Gepräge erhaben aus weichem Stahl geschnitten und nachher gehärtet; nun setzt man die Matrize in die Prägschraube und legt ein Stück weichen Stahl unter, in welchem dann durch eine mehrmals wiederholte Prägung die erhabene Gravierung der Matrize sich vollkommen genau und scharf vertieft abdrückt und den künftigen Prägstempel bildet, der vor dem Gebrauch natürlich erst mit aller Sorgfalt gehärtet werden muß. Auf solche Weise kann man mittels **einer** Matrize sehr viele einander genau gleichende Prägstempel erzeugen. Man prägt sonach nicht nur das Geld, sondern auch schon die Stempel zu dem Gelde. Der Unterstempel ist unten etwas gewölbt und ruht auf einer ebenfalls gewölbten Unterlage D, so daß er seine Stellung etwas verändern kann, im Falle der Druck nicht überall gleichmäßig, d. h. die Münzplatte nicht durchgängig genau gleich ist. Das Ganze steht fest auf dem Boden RR und dergestalt erhöht, daß der Balancier, wenn mit einem solchen der Druck ausgeübt wird, in der Brusthöhe der Arbeiter liegt.

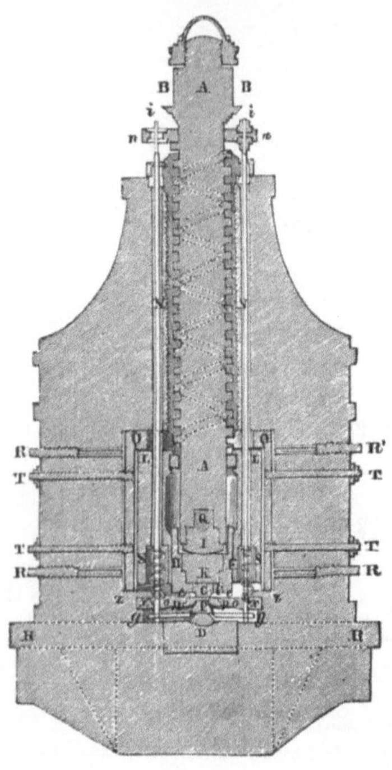

Fig. 159.
Durchschnitt eines Prägwerks, Fallwerk.

Der Raum C zwischen dem Ober- und Unterstempel, in welchem die Münzplatte liegt, ist von einem stählernen Ringe ee umgeben, der genau den Durchmesser der Münzplatte hat und durch vier Federn op auf seinem Platze erhalten wird. Dieser **Prägring** dient dazu, der Münzplatte die kreisrunde Gestalt zu erhalten und alle Münzen gleichgroß zu machen. Vor und bei dem Prägen steht der Rand dieses Ringes um die Dicke der Münzplatte höher als die gravierte Fläche des Unterstempels; wenn aber der Oberstempel nach dem Stoße wieder steigt, so hebt sich entweder der Unterstempel oder der Ring senkt sich, so daß das geprägte Stück aus dem Ringe frei wird und zur Seite geschoben werden kann.

Während dann der Oberstempel wieder zu fallen beginnt, treten alle beweglichen Teile der Maschine in ihre alte Lage zurück, und es kann eine neue Münzplatte in den Ring gelegt werden.

Nicht selten benutzt man den Ring zugleich, um dem Rande der Münzen diejenige Form zu geben, welche ihm sonst durch das Ränteln erteilt werden muß. Die Verzierungen, welche der Rand erhalten soll, sind in diesem Falle auf der Innenseite des Ringes vertieft graviert und drücken sich an der Münze erhaben ab.

Die Schmelze.

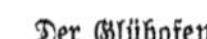

Der Glühofen.

Maschine zum Strecken der Bänder.

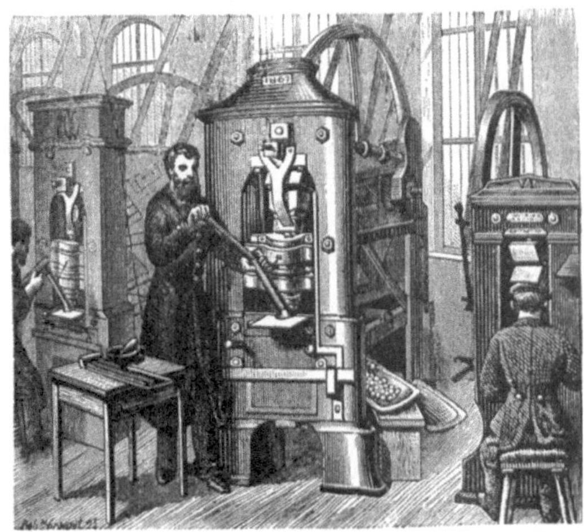

Prägmaschinen.

Fig. 160—163. Aus der königlichen Münze zu Berlin.

Bestände aber hier der Ring wie bei der glattrandigen Prägung aus einem einzigen Stück, so würde er die fertige Münze nicht wieder von selbst auslassen. Man macht ihn daher aus drei Teilen, welche infolge ihrer Federkraft beim Heben des Stempels etwas auseinander klaffen; in dieser Form heißt er ein Springring.

Die unteren Teile KG des Fallwerks, welche den Oberstempel enthalten, sind in eine Büchse HF eingeschlossen, welche mittels der Ansätze LL in dem Falze O sich senkrecht auf und ab bewegen kann. Durch den Stoß der Prägschraube wird diese Büchse mit dem Stempel abwärts getrieben, durch die Spiralfeder SS aber wieder emporgehoben, sobald die Schraube steigt. Die Schraube A nimmt aber beim Steigen den Ring nn mit in die Höhe und dieser die Stäbe ii, welche an ihrem unteren Ende den Ring gg tragen, auf dem der Unterstempel P ruht, der also mit emportreten, sich durch den Prägring drängen und die geprägte Münzplatte aus demselben herausheben muß, da der Ring ee durch die Platte XX in ZZ gehalten wird. Die Schrauben R'R' und TT dienen dazu, die Büchse HF in Stellung und Gang genau zu regulieren.

Wir haben schon erwähnt, daß das Einlegen der Münzplatten in den Prägring bei den älteren Prägmaschinen mit der Hand geschah, daß man aber bei den neueren Prägmaschinen einen mechanischen Zuführer angebracht hat, welcher durch die Prägschraube mit bewegt wird und die Münzplatte unten in den Ring schiebt, die fertige Münze aber in einen nebenstehenden Korb schleudert, so daß der Arbeiter nur die Münzplatten in den Zuführer zu bringen und die fertigen Münzen fortzuschaffen hat.

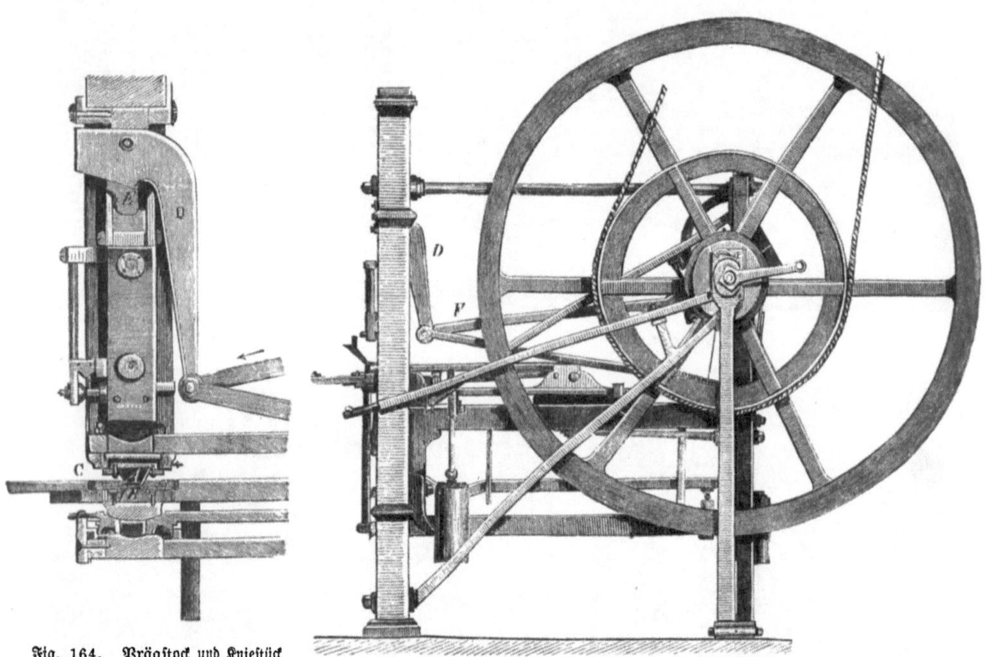

Fig. 164. Prägstock und Kniestück eines Kniehebelprägwerks.

Fig. 165. Das Uhlhornsche Kniehebelprägwerk.

Das Fall- oder Stoßwerk, sonst die einzig gebrauchte Prägmaschine, hat in neuerer Zeit meistens vorteilhafteren Mechanismen weichen müssen. Die alte Maschine war zeitraubend wegen der großen Kreisschwingung, welche dem Balancier gegeben werden mußte; infolge ihrer gewaltsamen Wirkung wurde sie leicht reparaturbedürftig, und ein besonders fühlbarer Mangel war, daß sie mit Menschenkraft betrieben werden mußte und mit keiner Dampfmaschine in Verbindung zu bringen war.

Die neueren Prägmaschinen beruhen auf Anwendung des Kniehebels, und Fig. 164 und 165 versinnlichen den Mechanismus der jetzt in den Münzwerkstätten fast allgemein gebräuchlichen Apparate. Die Wirkungsweise derselben ist ziemlich leicht zu begreifen; A (s. Fig. 164) ist der Oberstempel, B der Unterstempel; zwischen beide legt ein Schieber die zu prägende Münzplatte ein und wirft vorher die fertig geprägte zur Seite, nachdem dieselbe durch Senkung des Ringes C frei geworden ist. Die Stange F (s. Fig. 165) ist exzentrisch mit der Schwungradwelle verbunden und wird dadurch abwechselnd erst vorgeschoben, dann wieder zurückgeschoben. Dabei erteilt sie dem knieförmigen Stück D eine pendelnde Bewegung, welche sich durch das Ansatzstück E (s. Fig. 164) überträgt und dieses beim Vorgange nach unten drückt. Bei der Stellung, welche die Maschine auf der Zeichnung hat, findet gerade Prägung statt; geht dann D wieder rückwärts, so wird auch E in eine schiefe Stellung gebracht, es drückt den Bolzen und den Oberstempel nicht mehr nieder, sondern hebt dieselben, so daß das Unterlegen einer neuen Münzplatte geschehen kann.

Diese Maschinen sind zuerst von Uhlhorn in Grevenbroich (spr. „brooch") bei Aachen verfertigt worden, und alle später gebauten sind Nachbildungen dieser. Außer einer höchst akkuraten und sehr schnellen Arbeitsleistung haben die Uhlhornschen Maschinen auch den Vorteil, daß sie Vorrichtungen besitzen zur Verhütung von Unglücksfällen, die dadurch entstehen könnten, daß der Schieber einmal gar keine Münzplatte unterlegte, oder dieselbe nicht vollständig in den Ring des Unterstempels einführte, oder daß andernfalls ein geprägtes Stück nicht weggeschoben würde und eine neue Platte auf dasselbe zu liegen käme. In solchen Fällen stellt die Maschine von selbst ihre Bewegung augenblicklich ein. Eine andre sinnreiche Einrichtung, die sich an allen Hebelprägpressen findet, besteht darin, daß der Unterstempel in dem Momente, wo die Prägung erfolgt, eine ganz kleine Achsendrehung (höchstens 1 mm am Umkreise großer Münzen) macht, wodurch das scharfe Ausprägen sehr gefördert und mit weit geringerer Kraft erzielt werden kann, indem das Metall durch diese seitliche Bewegung gewissermaßen schraubenartig in die Vertiefungen hineingedreht wird.

Fig. 166. Äußere Ansicht einer Prägmaschine für Rio de Janeiro.

Zur Bedienung bedürfen derartige Maschinen nur einen Mann, der mit zählender Handbewegung die Platten unausgesetzt in richtigem Tempo auf eine schiefe Fläche niederlegt, auf der sie hinabgleiten, um eine nach der andern vom Schieber (Zubringer) in den Prägring geschoben zu werden. Nach erhaltener Prägung befördert die Maschine die Stücke auf einem andern Wege selbst heraus und läßt sie in ein Sammelgefäß fallen. Zu den Vorteilen der Hebelpressen gehört der sehr wesentliche, daß die Prägung bei allen Stücken ganz gleichmäßig erfolgt, was bei den von Menschen getriebenen Spindelpressen so wenig zu erwarten war, als daß ein Mensch mit einem Hammer immerfort ganz gleich kräftige Schläge führen könnte.

Die Kniehebelwerke fördern in gleicher Zeit das Acht- bis Zehnfache dessen, was die alten Spindelpressen liefern konnten. Da mit einem Umgange des Schwungrades sich alle Prozesse abwickeln, welche zur Prägung einer Münzplatte gehören, so hat man durch die Steigerung der Geschwindigkeit es ganz in der Hand, die Anzahl der in das Sammelgefäß fallenden Gold- oder Silberstücke in einer gewissen Zeit, allerdings innerhalb gewisser Grenzen, beliebig zu vermehren; denn die Leistung eines einzigen solchen Kniehebelwerks erstreckt sich bequem auf die Herstellung von 36—40 größere, oder 50—60 mittlere, oder 75 kleinere Münzen in der Minute. Zu erwähnen sind auch noch die von Löwe & Comp. in Berlin angefertigten Prägmaschinen, sowie die in der Pariser Münze gebräuchliche Thonneliersche Maschine.

In Fig. 166 geben wir schließlich noch die Ansicht eines Prägwerks, welches von dem Engländer Hague für die kaiserliche Münze in Rio de Janeiro in Brasilien gebaut worden und dadurch interessant ist, daß bei demselben der Druck der atmosphärischen Luft in sinnreicher Weise zum Prägen benutzt wird. Diese Maschine enthält acht Prägstöcke B B, von denen uns in der Zeichnung fünf zu Gesicht kommen. Dieselben sind von Gußeisen und in den gemauerten Unterbau fest eingefügt.

C C C sind die Schraubenspindeln, welche durch Ketten, die sich um die Köpfe E E schlingen, aufgezogen werden. Die acht Prägstöcke sind um den Umfang eines großen Cylinders angebracht, welcher durch das Spiel einer Dampfmaschine luftleer gemacht wird; mit ihm stehen die horizontalen Cylinder D D, für jeden Prägstock einer, in Verbindung. Diese Cylinder werden, wenn der große Rezipient A entleert wird, gleichfalls entleert, die äußere Luft sucht den Kolben hineinzustoßen, an der Kolbenstange aber hängt die Kette, die durch die rasche Abwickelung auch die Schraubenspindel zu raschem Hinabgehen bringt und, da dies noch durch die Mitwirkung des schwungradähnlichen Kopfes E besondern Nachdruck erhält, dem Prägstempel Kraft genug mitteilt, um die untergelegte Metallplatte zur Münze umzuformen. Ist die Prägung ausgeführt, so wird die Verbindung des Cylinders D mit dem Rezipienten unterbrochen, dafür aber der Raum unter dem Kolben des Prägcylinders mit der atmosphärischen Luft in Kommunikation gesetzt, so daß also das Schwungrad den Kolben mit Leichtigkeit wieder auf seinen äußersten Stand bringen kann. Durch dieselbe Bewegung ist auch die Kette mit dem Prägstempel zurückgegangen und Raum und Zeit für das Unterschieben einer neuen Münzplatte gewonnen worden. Im nächsten Moment wird die äußere Luft wieder abgeschlossen, die Verbindung mit dem luftleeren Rezipienten hergestellt, der Kolben mit Heftigkeit angesaugt und eine neue Prägung ausgeführt. Das durch l und m bezeichnete Hebel- und Räderwerk erlaubt eine gesonderte Ausrückung, so daß ein oder der andre Prägcylinder aus dem allgemeinen Spiele ausgeschaltet werden kann, wenn man entweder nicht mit allen arbeiten will oder vorzunehmender Reparaturen wegen nicht mit allen zugleich arbeiten kann. Die Steuerung der Kolben besorgt die Maschine selbstthätig, und nach dem, was früher schon gesagt worden ist, läßt es sich denken, daß die Leistung dieses achtfachen Prägapparates eine ganz enorme ist — wenn es ihm nicht an dem nötigen Metall fehlt.

Medaillenprägung. Auf dieselbe Art wie die gewöhnlichen Geldmünzen werden auch die Medaillen hergestellt. Da sie nicht bestimmt sind, von Hand zu Hand zu gehen, so unterliegen sie viel weniger der Abnutzung und es kann deswegen das Gepräge im ganzen viel mehr hervortretend, im einzelnen viel subtiler ausgeführt werden. Es zeigen denn auch Medaillen in der Regel ein sehr erhabenes Relief, und dessen Ausprägung ist es allein, was einige Abweichungen von dem bei den Münzen üblichen Prägverfahren bedingt. Es wird nämlich in den meisten Fällen das Relief nicht durch einen einmaligen Stempeldruck hervorgebracht, was eine sehr bedeutende Kraftanstrengung erfordern würde, abgesehen von dem Umstande, daß durch das gewaltsame Hineinpressen der Metallmasse in die Vertiefungen des Stempels derselbe sehr leicht beschädigt werden könnte und namentlich die schärfer hervortretenden Lineamente Gefahr laufen würden, abzubrechen oder sich zu verquetschen. Man prägt vielmehr die Medaille auf mehrere Male, indem man dazwischen das Metallstück immer wieder ausglüht und die etwa bei dem Erwärmen entstandene matte Oberfläche blank beizt. In andern Fällen, wo es sich um die Herstellung ganz besonders erhabener Reliefs handelt, gibt man der Platte von vornherein durch Gießen eine die Erhabenheiten im Rohen schon andeutende Oberfläche, die dann unter dem Prägstempel vollends ausgearbeitet wird, wie denn im 15.—16. Jahrhundert das nachherige Ziselieren für feinere Arbeiten die allgemein übliche Art der Herstellung war.

Das Buch der Erfindungen. 8. Aufl. IV. Bd. Leipzig: Verlag von Otto Spamer.

Auflockerung der Gold führenden Schichten durch Wasser.

Fern von gebildeten Menschen, am Ende der Reiche, wer hilft euch
Schätze finden und sie glücklich zu bringen ans Licht?
Nur Verstand und Redlichkeit helfen; es führen die beiden
Schlüssel zu jeglichem Schatz, welchen die Erde verwahrt.

Goethe.

Gold, Platin und seine Genossen.

Geschichte des Goldes. Vorkommen in der Natur und Gewinnung aus dem Gestein und dem Sande der Flüsse. Alte Goldwäschereien, in Deutschland, am Rheine, im Böhmerwalde u. s. w. Die neuen Goldländer. — Mexiko. Kalifornien. Australien. Ural und Sibirien mit den dort gebräuchlichen Aufbereitungsmethoden. Eigenschaften des Goldes und Verwendung, Legierungen. Goldschlägerei. Farben des Goldes. Das Platin. Vorkommen und Gewinnung. Verarbeitung. Seine Bedeutung für die Naturwissenschaft und die Technik. Iridium. Palladium ꝛc.

Gold, das edelste der Metalle, dessen Symbol die alles wirkende Sonne ist, war allem Anschein nach einer der ältesten Handelsartikel, und vielleicht ist im Altertum Indien noch eher das Bezugsland für dieses Metall gewesen, als das später soviel gesuchte Ophir, aus welchem Salomo die unermeßlichen Reichtümer zuflossen, die der Weise, dem alles eitel war, doch mit viel Behagen um sich anhäufte. Möglicherweise darf man auch alte Sagen von entlegenen Ländern, in denen Goldschätze von Ungeheuern gehütet werden, der Lage nach auf Gegenden nördlich von Indien beziehen, so daß also damals schon die ansehnlichen Fundorte im südöstlichen Rußland zum Teil erkannt und benutzt sein könnten. Das noch heute nicht verarmte Afrika (es soll schon vor der Entdeckung der Goldfelder im Kaplande ungefähr 30000 kg jährlich geliefert haben) war im Altertum nicht minder eine bedeutende Goldquelle. Ja, es gibt überhaupt kaum ein Land, welches nicht zu irgend einer Zeit auf Gold ausgebeutet worden wäre. So lieferte Arabien sehr feines und zu Schmucksachen gesuchtes Gold, in Ägypten gab es Goldwäschen, die Schätze des Krösos sollen aus kleinasiatischen Flüssen gewaschen worden sein; die Griechen gewannen im eignen Lande

Gold, und von der Goldgewinnung auf der silberreichen spanischen Halbinsel unterrichten uns viele alte Urkunden. Die reichste Goldquelle der Römer war wohl Illyrien; dort fanden sie angeblich das Metall massenweise in größter Reinheit durch bloßes Auflesen wie durch Graben. Lange kann indes dies Eldorado nicht vorgehalten haben, denn jenes Volk kühner Eroberer hat sich sehr zeitig schon die viel größere Mühe nicht verdrießen lassen, in den deutschen Alpen goldführende Quarze zu brechen, und noch heute sieht man an vielen Stellen in den Alpen, so z. B. oberhalb Gastein, in bedeutender Höhe solche Römerbaue.

Daß man in früheren Zeiten in Deutschland, wie z. B. auf dem Thüringer Wald, in den schlesischen Gebirgen u. s. w., Gold gewonnen, namentlich aus Bächen gewaschen hat, ist noch jetzt im Volke nicht vergessen. Im 11., 12. und 13. Jahrhundert soll allein Goldberg in Schlesien wöchentlich $37\frac{1}{2}$ kg geliefert haben, also ungefähr doppelt soviel wie jetzt das gesamte Europa. Davon ist indessen nichts weiter geblieben als das Sprichwort, daß die Goldberger Todten in Gold ruhen. Zahlreiche Seifenhügel (ausgewaschener Sand) im Böhmerwalde geben Zeugnis, daß einstmals auch hier die Goldwäscherei schwunghaft betrieben wurde. Heutzutage ist in Europa, von Rußland abgesehen, nur noch Österreich — namentlich durch Siebenbürgen und Ungarn — von einiger Bedeutung für die Goldgewinnung (im Jahre 1882: 1640 kg), während Deutschlands Erträgnis so unbedeutend geworden ist, daß die statistische Aufstellung für die Jahre 1873—80 im Durchschnitt nur zwischen 281 und 480 kg im Werte von 750000—1400000 Mark aufführt, und auch davon wurde beiläufig ein Drittel aus importierten ausländischen Erzen, aus Gekrätzen und bei den Affinierungen gewonnen. Der Hauptsache nach sind dies die kleinen Nebengewinne aus goldhaltigem Silber und andern Erzen. Hierzu mögen noch für mehrere tausend Mark Waschgold aus dem Rheine kommen, dem ehemals sehr berühmten deutschen Goldstrom, der von Straßburg bis Mannheim, am oberen Ende am reichlichsten, das edle Metall in seinem Sande führt.

Aus dem Gesagten schon läßt sich ersehen, daß das Gold an sich gar kein so seltener Stoff ist, als man gewöhnlich anzunehmen pflegt; es ist vielmehr allgemein verbreitet und in diesem Punkte vielleicht nur mit dem Eisen zu vergleichen. Die Orte aber, die eine ausgedehntere Gewinnung gestatten, wie sie in den letzten Jahrzehnten neu entdeckt worden sind und ungeheure Erträge gegeben haben, liegen der Natur der Sache nach meist in weiter Ferne, in Gegenden, wohin die alles für ihren Nutzen ausbeutenden Menschen nur ausnahmsweise bis dahin verkehrten, in Amerika: Mexiko, Brasilien, Peru, Kalifornien, Nevada, Arizona, Montana, Utah, Colorado, Britisch-Kolumbien, Neuschottland; in Australien: Neusüdwales, Queensland, die westlichen und südlichen Territorien, Viktoria, Neuseeland und Tasmanien, in Afrika: Natal und die Transvaalrepublik, liefern die größte Menge des Goldes; Rußland mit dem goldreichen Ural folgt erst in dritter Linie hinter Australien und Ungarn noch später. (Vergl. S. 235.)

Arten des Vorkommens. Die Eigentümlichkeiten, die das Gold in der Art seines Vorkommens zeigt, erklären sich aus seinen physikalischen und chemischen Eigenschaften. Noch edler in seiner Natur als das Silber, hält es sich fast stets gediegen; es ist durch die in der Natur vorkommenden Säuren unangreifbar, macht sich freiwillig weder mit Schwefel noch mit Sauerstoff gemein, nur mit dem dem Schwefel und Selen verwandten Tellur bildet es eine natürliche Verbindung. Der mechanischen Zerteilung unterliegt es infolge seiner Weichheit leicht und in einem hohen Grade. Eigentliche Golderze, d. h. solche, in denen das Metall in Verbindung mit Schwefel, Arsen, Sauerstoff u. dergl. vorkommt, gibt es daher mit einziger Ausnahme des sehr seltenen Tellurgoldes nicht, wenn man nicht die natürlich vorkommenden Legierungen mit Silber u. s. w. dazu rechnen will. Die goldführenden Gesteine enthalten das Gold immer in gediegener Form. So findet es sich in manchen Gebirgs- und Erzarten in so feinen Teilchen eingesprengt, daß es dem bloßen Auge unerkennbar bleibt. Schwefelkiese enthalten häufig etwas Gold und heißen dann Goldkiese; ebenso kommt es im Kupfer- und Arsenikkies, in der Zinkblende, im Grauspießglanzerz ꝛc. vor. In Felsarten, wie Quarz, Gneis, Glimmer- und Talkschiefer, Granit, Trachyt u. s. w., steckt es ebenfalls häufig, und dann entweder ebenso mikroskopisch verlarvt oder als Freigold in Schüppchen, Blättchen, Äderchen und Adern als Ausfüllung von Rissen, Spalten und Klüften. Bei weitem das vorzüglichste Muttergestein des Goldes ist der Quarz; im schönsten weißen Kieselfels ruht das Gold am liebsten und selbst wenn der Zahn der Zeit die feste Lagerstätte zernagt hat, findet sich der edle Gast in dem zurückgebliebenen Sande eingebettet. Auch der alltäglichste Sand kann ein Minimum an Gold enthalten. In Glashütten findet man zuweilen am Boden von Glashäfen, die mehrere Wochen zum Schmelzen gedient haben, einige Körnchen ausgeschmolzenen Goldes. Sind die Goldpartikeln innerhalb des Muttergesteins von größerem Umfange gewesen, so finden sich auch in den diluvialen Sandlagern, welche die Überreste jener Gesteine sind, mehr oder minder große Klumpen. In Petersburg befindet sich ein Kabinettstück von uralischem oder silberischem Golde, in Größe und Form annähernd einem kleineren Mauerziegel gleichend, dessen Hauptflächen von beiden Seiten eine trichterförmige Durchlochung zeigen. In den so entstandenen Vertiefungen finden sich die glänzenden Kristallflächen des ehemaligen Muttergesteins, Quarz, sehr deutlich noch abgeformt, ein Beweis, daß die Kristalldruse in dem Hohlraume bereits gebildet war, als sich das Gold darin ansammelte. Dieses Stück wurde frei im Sande liegend gefunden und war vielleicht der Rest einer viel größeren Platte.

Sonach finden wir das Gold, genau wie das Zinn, unter zweierlei Verhältnissen, auf primärer und sekundärer Lagerstätte, d. h. entweder in ein Muttergestein eingewachsen oder unter den Trümmern desselben im Anschwemmungslande. Durch den andauernden natürlichen Schlämmprozeß mußten von den zerkleinerten Felsstücken die leichteren Teilchen immer mehr abgetrennt, unedle Metalle oxydiert und als Oxyde fortgeschwemmt werden, so daß schließlich nur die schwersten und widerstandsfähigsten Teile vereinigt blieben. Wir treffen demnach häufig, wie im Ural, in Australien und bei uns im Böhmerwalde, die nächsten Zonen an dergleichen Urgebirgen mit goldführendem Sande bedeckt, der außer Körnern von edlem Gestein und Erz, Zinngraupen, Granaten, Saphire, Zirkone, Rubine, Topase u. s. w. enthalten kann, so daß solcher Sand mitunter ein förmliches Mineralienkabinett der kostbarsten Spezies darstellt. Am Ural gesellen sich zu den genannten Mineralien noch im gediegenen Zustande Platin und dessen besonderes Gefolge von Palladium, Iridium, Osmium, Rhodium und Ruthenium. An derartigen Fundorten hat die Natur in ihrer Weise und in angemessenen Zeiträumen eine Aufbereitungsarbeit besorgt, die dem golddurstigen Menschen sehr wohl zu statten kommt und ohne die es um seinen Bedarf an diesem Metall mißlich genug aussehen würde. Denn das Gold aus dem Felsen herauszufördern ist eine schwere und kostspielige Arbeit, welche man nur notgedrungen und in der Regel unter Verzichtleistung auf außerordentliche Gewinne unternimmt, die aber gleichwohl in der Neuzeit auch in dem goldreichen Kalifornien und Australien zum Teil hat ergriffen werden müssen. Der bei weitem größte Teil alles gewonnenen Goldes ist, wie gesagt, **Waschgold**, welches auf ziemlich kunstlose Weise aus goldführendem Sande und Gerölle abgeschieden wird. Die goldführenden Erze werden zwar keineswegs übergangen, vielmehr wird noch sorgfältiger als bei dem Silber die geringste Spur des alles beherrschenden Stoffs verfolgt, aber die Menge, welche auf solche Weise dem allgemeinen Gebrauche gewonnen wird, ist so gering im Verhältnis zu dem, was auf die andre Weise gewonnen wird, daß wir zunächst uns mit denjenigen Vorkommen beschäftigen dürfen, welche wirtschaftlich die bedeutendsten sind, und die außerdem auch ganz einfache Gewinnungsmethoden voraussetzen.

Die Natur also und speziell die Mitwirkung des Wassers hat dem Goldsucher die Arbeit ganz wesentlich erleichtert; trotzdem aber gibt es Anstrengungen und Mühe genug, und den reichen Funden, welche einzelne gemacht haben, stehen Entbehrungen und Enttäuschungen Tausender entgegen, von deren Art und Umfang uns die Schilderungen Bret Hartes überzeugende Bilder geben. In den leichtesten Fällen liegt allerdings der goldführende Sand öde und unfruchtbar noch zu oberst und das Waschen kann unmittelbar von der Oberfläche ausgehen; in andern Fällen ist schon Wald auszuroden und eine Schicht Gewächserde wegzuschaffen. In den Goldparadiesen Kalifornien und Australien muß in der Regel erst in die Tiefe gegraben werden, und namentlich in letzterem Lande hat die Bodenarbeit oft mit den größten Schwierigkeiten zu kämpfen. Aus den gemachten Erfahrungen ergibt sich die Regel, am liebsten die alten Betten vorzeitlicher Flüsse auszubeuten; aber sie liegen meist tief, oft haustief unter der gegenwärtigen Oberfläche. Es ist also wenigstens bei Inangriffnahme einer Gegend ein reines Glücksspiel, wenn man findet, wo man einzuschlagen hat, um auf einen solchen Goldfaden zu kommen. Wer einen Treffer gezogen, stößt, nachdem die oberen armen Lager weggeschafft worden sind, endlich auf eine verhältnismäßig dünne

Schicht von Sand und Grus, in der sich das Gold gesammelt hat; bald ist dieselbe reich, bald lohnt auch hier sich kaum die Mühe; ist sie aber aufgewaschen, dann ist der Goldsucher mit dieser Grube zu Ende. Sind der Gruben mehrere auf einem kleineren Bezirk entstanden, so sucht man aus der Lage der gelungenen die Richtung zu erraten, welche der ehemalige Goldfluß genommen haben könnte; in der Verlängerung nach zwei entgegengesetzten Seiten bekommt nun das Terrain einen mutmaßlichen Wert und hier etablieren sich alsbald neue Gruben, die aber dennoch häufig leer ausgehen, wenn vielleicht der ehemalige Wasserlauf die Kaprice hatte, gerade hier eine Krümmung zu machen. Daß sich die Metallteile in dem Bette der raschesten Strömung schon niedersetzen mußten, ohne sich, wie die leichteren Sandteile, erst weiter verschleppen zu lassen, ist durch die spezifische Schwere des Goldes begründet. Auf solchen alten, aus den Bergen kommenden Rinnsalen, die später durch Bergschutt oder Anschwemmung hoch überstürzt wurden, scheint auch der einst so berühmte Bergbau zu Goldberg am nördlichen Fuße des Riesengebirges beruht zu haben.

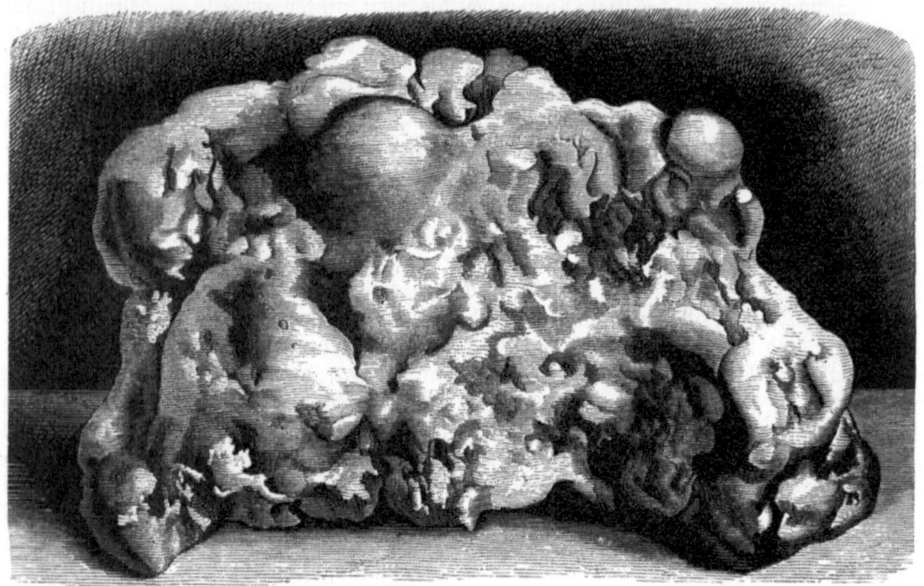

Fig. 168. Goldstück in seiner natürlichen Größe und Form, in Kalifornien gefunden.

Amerika hat schon zweimal, zuerst bei seiner Entdeckung und dann in der Gegenwart, durch seine Goldreichtümer auf den Weltverkehr bedeutenden Einfluß geübt. Aber das von den Spaniern so häufig gesuchte Eldorado, jener See mit goldreichen Ufern, einer goldstrahlenden Stadt und einem mit Gold bedeckten König, ließ sich nicht finden. So reich das zunächst durchsuchte Peru an Silber war, so erwies es sich doch in bezug auf seine Goldproduktion als weit hinter den Erwartungen seiner Eroberer stehend. Nirgends lag das Gold zum Aufraffen, und es wird erzählt, daß ein gequälter Häuptling eine künstliche Mine anlegen, d. h. Gold in eine Felsspalte einstopfen ließ, um sie seinen spanischen Drängern zeigen zu können.

Von den alten Peruanern hat man später vermutet, daß sie ihren Besitz an Gold auf dem Wege des Handels erworben haben könnten, wozu besonders Brasilien die Gelegenheit geboten haben würde; denn Brasilien erwies sich in der Folge als das goldreichste Land des Südens von Amerika. Man kennt dort etwa 40 verschiedene Örtlichkeiten, wo Gold gefunden wird; am häufigsten da, wo auch die Diamanten gewonnen werden, in der Provinz Minas Geraes. Negersklaven aus Afrika mußten hier die aus der Heimat mitgebrachte Fertigkeit des Goldwaschens zu gunsten ihrer weißen Herren ausüben; doch blieb die Ausbeutung wegen Mangel an Arbeitskräften immer hinter dem zurück, was sie hätte sein können, und ist mit der Zeit noch bedeutend gesunken. Sie soll jetzt einen Jahresertrag von etwa 300 kg geben, während sie auch in der besten Zeit 3000—3500 kg nicht überstiegen hat.

Das **Goldwaschen** geschieht in Brasilien derart, daß man zuerst die goldführende Erde in eine Reihe Bassins bringt, welche treppenförmig übereinander liegen. Man leitet dann einen Wasserstrom durch dieses System, welcher im obersten Bassin ein- und im untersten wieder ausfließt. In jedem Bassin steht ein Mann oder mehrere, welche beständig im Sande rühren und dadurch veranlassen, daß die leichteren Teile vom Wasser mit fortgenommen werden. Der Sand, welcher durch diese Operation viel goldreicher geworden ist, wird darauf in einem runden, kegelförmigen, einem chinesischen Hut ähnlichen Troge geschlämmt.

Fig. 169. Goldwäscherei in Brasilien.

Man gibt etwas Goldsand und Wasser hinein und versetzt ihn in eine drehende Bewegung, welche die Goldkörner in die unterste Spitze des Kegels bringt, so daß der größte Teil des Sandes abgenommen werden kann. Läßt sich das Gold in dieser Weise nicht völlig abscheiden, so vermischt man den Rest mit Quecksilber, welches das Gold auflöst, die quarzigen Teile aber und selbst die Platinkörner zurückläßt. Dann folgt das uns bereits bekannte Abtreiben des Quecksilbers in der Hitze. An manchen Orten leitet man auch das Wasser von Gebirgsbächen durch die goldhaltigen Schichten und läßt es, wenn sein Lauf etwas ruhiger geworden, über Ochsenfelle laufen, deren Haarseite nach oben zu in dem Bette des Flusses liegt.

Die goldführenden schweren Niederschläge, welche sich auf diese eher absetzen als der erdige Schlamm, den das Wasser weiter mit fortführt, gewinnt man sodann durch Ausklopfen jener Häute und verarbeitet sie auf geeignete Weise weiter. Indessen ist dies primitive Verfahren immer mehr abgekommen.

Weiter nördlich in Bolivia, Neugranada, Venezuela sind auch seit langer Zeit Goldwäschereien in Betrieb, und vor mehreren Jahren verursachten die Berichte eines neu entdeckten Goldgebietes am Rio Choquecomata in den Nachbarländern bedeutende Aufregung.

Mexiko war von Anfang an als Goldland bekannt; in seinen öden nördlichen Distrikten trieben die berüchtigten Gambusinos (Goldsucher) ihr Wesen. Wegen Wassermangel bestand ihre Arbeit meistens in einem oberflächlichen Spüren nach Goldkörnern (Pepitas). In der nördlichen Hälfte Amerikas entstanden Goldwäschereien in Virginien, Nord- und Südcarolina, Georgia und selbst in Kanada. Aber alles bisher Genannte war gleichsam nur ein Vorspiel zu dem Hauptstück, das sich in unsrer Zeit in Kalifornien eröffnete. Auch von diesem Lande war längst bekannt, daß es an edlen Metallen reich sein müsse.

Fig. 170. Goldgräber, die Gegend untersuchend.

Gegen 300 Jahre sind vergangen, seit Franz Drake seine berühmten Reisen in der Südsee machte, und schon in den betreffenden Berichten heißt es von Kalifornien, man könne keine Handvoll Erde aufheben, ohne Gold- und Silberbestandteile darin zu finden. Noch öfter wurden diese Beobachtungen in der Folge bestätigt, aber niemand dachte an eine Unternehmung in diesem unbekannten, von wilden Indianern bewohnten Lande. Die spezielle Entdeckung datiert von 1847 und knüpft sich bekanntlich an den Schweizer Sutter, der in einem Seitenthale des Sacramentoflusses eine Sägemühle anlegte, an einem Bache, in welchem allerdings buchstäblich jede Handvoll Sand glänzende Goldteilchen sehen ließ. Dies war der Fund, der einen Wendepunkt in der Geschichte des Weltverkehrs bilden sollte. Aus weiteren und immer weiteren Kreisen, aus der Neuen und Alten Welt, strömten nach dem Bekanntwerden desselben die Menschen zu dem heilbringenden Sacramento; rasch wurden neue Goldlager entdeckt, eines reicher als das andre; es fand sich Gold in allen Wasseradern sowie in ausgetrockneten Flußbetten, und man verfolgte es bis an die Abhänge der Hügel, von denen es herabgeschwemmt worden war. Bald folgte der Entdeckung am

Sacramento eine neue im Süden, an der Grenze von Mexiko, wo sich am Flusse San Joaquino, in den Schluchten einer gewaltigen, wilden, vulkanischen Felsennatur, ein Goldfeld von 2800 qkm aufthat. — Erst 1851 entdeckte man, daß auch in höheren Gebirgsgegenden Kaliforniens Gold zu holen sei.

Wir können uns hier nicht über die speziellen Wirkungen des kalifornischen Goldfundes und Goldfiebers, über das fast fabelhaft zu nennende Entstehen einer großen, reichen, im Welthandel bereits überaus wichtigen Stadt im Laufe weniger Jahre u. s. w. verbreiten. Zur Zeit haben sich die hochgehenden Wogen schon wieder sehr beruhigt, aber durch die Goldgewinnung ist der Westen Amerikas in die Reihe der bedeutendsten Verkehrsländer getreten, und einmal erschlossen und durch die großartigsten Eisenbahnen der Welt mit dem Osten verbunden, entstehen dort auch ohne Fortdauer der ersten Bewegungsursache von Tag zu Tag neue Kristallisationspunkte der Arbeit und der Zivilisation.

Fig. 171. Goldwaschen mit Hilfe der Wiege.

Die Umgebungen der Flüsse Sacramento und San Joaquino sind gegenwärtig ziemlich ausgebeutet. Ohne harte Arbeit ist nicht so leicht mehr Gold zu gewinnen und die Zeit, in welcher in wenigen Wochen fabelhafte Reichtümer erbeutet wurden, ist vorüber. Ja man ist den Goldspuren schon bis in die innersten Eingeweide der Felsen nachgegangen, indem man das anstehende Gestein losbricht und aus demselben die edlen Körner zu erlangen sucht. Der Wäscher ist heute sehr vergnügt, wenn er täglich für 2 Dollars Gold gewinnt. Von den Ufern des Sacramento weg haben sich daher die meisten der kleineren Gesellschaften weiter ins Hochgebirge gewendet. Die Ausrüstung dieser Leute ist immer die gleiche mit Flinte, Revolver, Hacke, Schaufel, Küchengeschirr und der unerläßlichen Küpe. Sobald die Goldgräber in der auserwählten Gegend angekommen sind, beginnen sie von der anscheinend günstigen Stelle Besitz zu nehmen, indem sie Stäbe einschlagen und daran eine Anzeige über ihr zeitweiliges Eigentum befestigen. Während die einen noch die Zelte aufschlagen und wohnliche Einrichtungen treffen, schreiten die andern sofort mit ihren Werkzeugen zur Untersuchung des Bodens. Man gräbt ein Loch 3, 4, 6 m tief, macht mittels der Küpe (einer Art blecherner Schüssel) wiederholte Waschproben zur Prüfung des gehobenen Erdreichs, bis entweder die Hoffnung ausgeht und man das Loch verläßt, um an andrer Stelle ein zweites, drittes u. s. w. einzuschlagen, oder bis andernfalls der Boden sich wirklich goldhaltig zeigt und zum Dableiben auffordert.

Unter Mühseligkeiten aller Art, oft bei einer durch nichts gemilderten, wochenlang anhaltenden Sonnenglut, auf die wieder monatelanges kühles Regenwetter, das heißt Regen in Strömen, folgt, häufig bei Mangel an Lebensmitteln und Wasser, ja oft mit verlorener Arbeit, wird jetzt das Auswaschen der Erde fortgesetzt. Man gebraucht hierzu zwei Instrumente, die unter den Namen Wiege und Longtom bekannt sind. Die Wiege, deren man sich auch in andern Teilen Amerikas von jeher zum Goldwaschen zu bedienen pflegte, besteht aus einem mehrere Meter langen Kasten, über dessen gerundeten Boden kleine hölzerne Kloben in der Quere eingenagelt sind. Am oberen Ende befindet sich ein grobes Sieb, am unteren Ende ist die Wiege offen. Das Ganze ruht auf Schaukelbalken.

An einer solchen, immer nahe am Ufer eines Flusses oder Baches aufgestellten Maschine müssen mindestens vier Menschen arbeiten. Während der eine die goldhaltige Erde ausgräbt, trägt ein zweiter dieselbe zur Maschine und wirft sie in das Sieb. Der dritte hält die Wiege durch Schaukeln in anhaltend lebhafter Bewegung und der vierte gießt Wasser über das Sieb (s. Fig. 171). Dadurch bleiben die größeren Steine in demselben zurück, die erdigen Teile dagegen werden weggespült; die härteren sowie der Kies rollen nach und nach am unteren offenen Ende der Maschine heraus; das Gold selbst aber, mit einem schweren, feinen schwarzen Sande vermischt, bleibt hinter den Querhölzern sitzen. Das so gewonnene, noch mit diesem Sande vermischte Gold läßt man dann in Pfannen laufen, in denen es der Sonne ausgesetzt wird, bis es gänzlich trocken ist, worauf der Sand einfach weggeblasen wird und das Gold in glänzenden Körnern zurückbleibt.

Fig. 172. Goldwaschen an der Wasserrinne.

Das Auswaschen mit dem Longtom erfolgt ungefähr auf dieselbe Weise. Dieses Instrument wurde an Ort und Stelle von einem Amerikaner, Namens Tom, erfunden, und da man es gewöhnlich 3—4 m lang macht, so hat man seinem ursprünglichen Namen das Beiwort „Long" (lang) hinzugefügt. Andre einfache Vorrichtungen zur Trennung des Goldes von Sand und Erde tauchten mehrfach auf und fanden ihre Liebhaber; hier erwarb sich ein Schaufelrad oder sonstiges Rührwerk Beifall, dort benutzte man einen starken, heftig auffallenden Wasserstrahl zur Trennung von Gut und Schlecht u. s. w. Immer aber ist viel Wasser von nöten; daher wurde das Goldwaschen in Kalifornien durch Austrocknen der Bäche so sehr erschwert. Um diesem Übelstande abzuhelfen, bildeten sich Gesellschaften, welche die sogenannten Drydiggings in den höheren trockenen Gegenden auch in der dürren Zeit mit Wasser versorgten. Infolgedessen entstanden großartige Wasserbauten; künstliche Seen speisten ein Netz von Kanälen und andre Anlagen führten das Wasser von Flüssen über Berg und Thal der Minenlandschaft zu. Die Gesamtlänge dieser vielfach verzweigten Kanäle betrug 1858 bereits über 9260 km und die Anlagekosten beliefen sich auf 58 Millionen Mark. Einzelne Flüsse, deren Grund goldhaltig erscheint, werden abgedämmt, in ein neugegrabenes Bett geleitet und hierauf die trocken gelegten Gründe weiter bearbeitet.

Gegenwärtig hat sich, wie schon gesagt, die Gestalt der Dinge in Kalifornien großenteils geändert. Das Goldwaschen ist unlohnend geworden und ist bereits gegen die Verarbeitung des festen Gesteins, des goldhaltigen Quarzes, in den Hintergrund getreten, welchen man auf Steinbrechmaschinen zerkleinert, dem Naßpochwerk überliefert und dann mit Quecksilber das Gold entzieht. Was die Natur in langen Zeiträumen dem Menschen vorgearbeitet hatte, haben Millionen gieriger Hände im Laufe weniger Jahre zum besten Teil in Beschlag genommen. Jetzt muß der Mensch das Zerkleinern des Felsens selbst ausführen.

Fig. 173. Goldgewinnung aus Gruben mittels Siebes.

An Stelle der langsamen Thätigkeit der Natur sind Quarzmühlen getreten, welche unaufhörlich das feste Gestein in ein feines Pulver verwandeln. Durch Schlämmen des Pulvers werden die Goldteilchen desselben konzentriert und schließlich das Metall durch Quecksilber ausgezogen. Ohne die Entdeckung der reichen Quecksilberminen am Joaquinoflusse wäre aber auch diese Art der Ausbeutung kaum möglich gewesen. Jene Quecksilberminen sind viel reicher als die europäischen und kamen sehr gelegen zur Gewinnung der Schätze an Gold und Silber, welche gleichzeitig im Osten der kalifornischen Hochgebirge in gänzlich unfruchtbaren, schauerlichen Fels- und Sandwüsten entdeckt worden sind und sogleich viele Tausende von Schatzgräbern aus Kalifornien an sich gezogen haben.

Noch einmal wurde das Volk der Goldgräber in fieberhafte Aufregung gesetzt und Tausende strömten dem höheren Norden der amerikanischen Westküste zu: der „Fraserfluß" war das neue Losungswort. Hier, auf englischem Territorium, in einem nur von Indianern bewohnten Lande, waren neue Goldlager entdeckt worden.

Die Unsicherheit des Fundes aber, die sich bald herausstellte, die großen Beschwerlichkeiten des Terrains, ungemeine Teurung der Lebensmittel, das rauhe Klima, das nur fünf Monate im Jahre zu arbeiten gestattet, verscheuchten die Goldsucher meist wieder. Indes ist wenigstens ein Beweis mehr gegeben, daß das westliche Küstengebirge Nordamerikas auf eine sehr weite Erstreckung hin, freilich meist in schauerlichen Gebirgen und Wüsten, große Metallreichtümer birgt, die noch auf lange Zeit den Unternehmungsgeist wach halten dürften. Der Reichtum an Silber- und Golderzen, sagt Hochstetter, scheint sich über den ganzen westlichen Teil des nordamerikanischen Kontinents in einer Ausdehnung von mehr als 1 Million engl. Quadratmeilen zu erstrecken, über Neumexiko, Arizona, Utah, Nevada, Kalifornien, Oregon, Washington Territory und über Teile von Dacota, Ultrasko und Colorado. Diese ungeheure Region ist durchzogen von Norden nach Süden auf der Pacificseite von der Sierra Nevada und den Cascade-Mountains, sodann von den Blue- und Humboldt-Mountains, auf der Ostseite von der Doppelkette der Rocky-Mountains, mit dem Wasatsch-, dem Wind-River-Gebirge und der Sierra Madre. Das ganze System der fünf Hauptketten ist durch Querketten verbunden und dadurch das Land in eine entsprechende Zahl von Becken geteilt, welche fruchtbares, zur Agrikultur geeignetes Land enthalten, das die dichteste Bevölkerung ernähren könnte. Die Gebirge sind außerordentlich reich an Gold- und Silbererzen und beinahe täglich kommen neue Entdeckungen ans Licht. Die edlen Metalle kommen auf Quarzgängen oder im Schwemmlande vor. Neben dem Reichtum an Gold ist kein Land so reich an Silberminen als Nevada und Neumexiko, und die Entdeckungen in Colorado, dem südwestlichen Teile von Kalifornien und in der von da hinauf bis zum Salmon-River und nördlich von demselben sich erstreckenden Region veranlassen immer neue Minenunternehmungen. Einstweilen ist Wunders genug geschehen in der so raschen Besiedelung Kaliforniens und in dem Aufschießen einer Weltstadt, wie San Francisco, wodurch das nördliche Amerika gleichsam ein zweites, nach Westen gerichtetes Gesicht bekommen hat: San Francisco ist das New York des Westens geworden. Glücklicherweise beruht aber der Flor Kaliforniens nicht mehr auf dem Goldreichtum seines Gebietes, sondern in soliderer Weise auf der ungemeinen Fruchtbarkeit seines Bodens und auf dem vortrefflichen Ausfuhrhafen von San Francisco, der die Pforte geworden ist für einen immer wichtiger werdenden Handel mit den Ländern der Südsee und Ostasiens.

Nicht lange nach dem Auflodern des Goldfiebers in Kalifornien machte dasselbe einen weiten Sprung in den fünften Weltteil, um da einen ganz ähnlichen Verlauf zu nehmen. Schon seit 1844 hatte der englische Geolog Murchison die Aufmerksamkeit auf die östlichen Berge Australiens hingelenkt, wegen ihrer merkwürdigen Ähnlichkeit mit den Goldgebirgen des Ural. Seine Überzeugung, daß sich dort Gold finden müsse, war so fest, daß er den unbeschäftigten Bergleuten von Cornwallis riet, zum Behuf des Goldschürfens nach Neusüdwales auszuwandern. Einzelne Personen hatten auch auf diese Veranlassung hin Gold gesucht und gefunden und selbst australisches Gold nach London gesandt. Andre hatten schon früher darum gewußt, aber das Geheimnis für sich behalten. Da erboten sich zwei, der Regierung für eine Prämie die Gegend anzuzeigen, wo sich das Gold finde. So kam es allmählich an den Tag, daß die Fundorte 320 km westlich von Sydney, im Bathurst- und Wellingtonbezirke, vorhanden waren. Das war im Mai 1851, und das Goldfieber fand in der durch die Nachrichten aus Kalifornien schon stark aufgeregten Bevölkerung eine widerstandslos empfängliche Menge. Alles drängte nach einer Hügelgegend bei Bathurst, dem ersten Fundorte, den man mit dem Namen Ophir beehrte, und jene Symptome, die zu wiederholten Malen das Auftreten des krankhaften Goldrausches in Kalifornien, Brasilien u. s. w. begleitet hatten, zeigten sich mit überraschender Schnelle auch hier. Die Stadt Bathurst selbst war bald wie ausgestorben. Die Matrosen verließen die Schiffe im Hafen von Sydney, die Werkstätten der Handwerker leerten sich, groß und klein, jung und alt wanderte aus, und es bildeten sich in den Küstenorten, besonders Melbourne, ganze Züge von Goldgräbern.

Fig. 174. Hydraulische Gewinnung der goldhaltigen Gerölle in Nordamerika.

Das Gold fand sich bald als Staub vor, bald in kleineren und größeren Klumpen, und die erste Ausbeute war eine sehr bedeutende; bis zum 19. August 1851 wurden bereits 28000 Pfd. Sterl. aus Sydney nach England verschifft; ja, der erste in Australien noch im Quarzfelsen steckend aufgefundene Goldklumpen war zugleich — wenigstens vor der Hand — der größte aller, er wog 53 kg. Die Ophirminen blieben jedoch nicht der Hauptsammelplatz der Goldgräber. Die Ufer und das Bett des Turon, der 68 km nordwestlich von Bathurst in den Macquarie fällt, wurden von nicht minder zahlreichen Glücksjägern eingenommen; im Durchschnitt arbeiteten 30—40000 Menschen hier, wenn auch nicht alle das ganze Jahr hindurch. Der am meisten besuchte Fleck war Fredericks-Vale an der westlichen Seite des Macquarie, wo alles Land Privateigentum und die Bevölkerung eine ziemlich beträchtliche ist. Auch gegen Süden hat man reiche Lager entdeckt, an den Ufern des Abercrombieflusses zwischen Bathurst und Melbourne. Außerdem fanden andre in der Nähe der Seeküste Goldminen, circa 300 km südlich von Sydney an den Ufern des Flusses Murru. Die Port Philippkolonie hat 75 km nordwestlich von Melbourne ebenfalls ihre Goldminen. Kurzum, es überwogten die Tausende von Goldsuchern das Land in immer größerer Ausdehnung, denn es fanden sich Goldspuren von Neusüdwales aus südwestlich über 12 Breitengrade hin bis in die Provinz Viktoria, wo sich ein zweites Zentrum der Goldausbeutung bildete. Das Thal von Ballarat und der Mount Alexander waren hier die Anziehungspunkte und gaben in der ersten Zeit manche kolossale Ausbeute. In Ballarat kommen die meisten Tiefbauten (bis zu 70 m) vor, und auch die ansehnlichsten Goldklumpen wurden hier, in der Tiefe an Größe zunehmend, gefunden. Sie liegen in Thonschiefer und die Art ihres Vorkommens erweckte die absonderlichsten Hypothesen. Das Gold von Ballarat ist das feinste; das australische Metall überhaupt ist feiner als das kalifornische, das einen Iridiumgehalt und dadurch einen grünlichen Schimmer hat. Die Fundstätten von Ballarat waren es auch, welche den ersten australischen Riesenklumpen von 53 kg in die zweite Stelle versetzten. Am 11. Juni 1858 wurde daselbst eine Masse gefunden, welche 2195 Unzen wog und den Feingehalt von $99,_{20}$ ergab. Man taufte den Klumpen Welcome (Willkommen), versteigerte ihn zu Melbourne und löste daraus über 9000 Pfd. Sterl. Im Jahre 1871 am 5. Januar fand man bei (Australisch-) Berlin einen Klumpen Gold, der dem Welcome an Größe nur etwa um $^1/_5$ nachgab, er wog 1621 Unzen und ist als der Precious bekannt. Alle diese renommierten Fundstücke waren auf der Wiener Ausstellung 1873 in vergoldeten Gipsfaksimiles zu sehen.

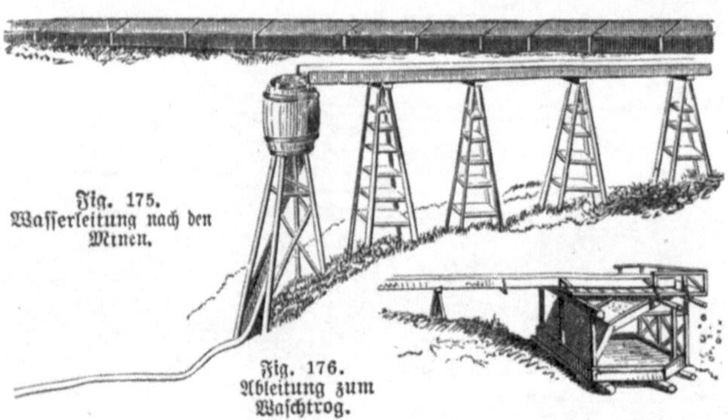

Fig. 175. Wasserleitung nach den Minen.

Fig. 176. Ableitung zum Waschtrog.

Auch in Australien ist der durch die ersten leichten Gewinne erzeugte Taumel mit seinen Extravaganzen aller Art gewichen; die Goldgewinnung geht in einem ruhigeren Geleise und hat sich mit den übrigen Erwerbszweigen besser ins Gleichgewicht gesetzt. Obgleich man den goldhaltigen Boden nach vielen Tausenden englischer Quadratmeilen rechnet und dabei ein paar hundert Meilen noch unzertrümmertes goldführendes Quarzgebirge zur Disposition hat, so daß es der Ausbeutung auf viele Jahrhunderte nicht an Material zu fehlen scheint, so sind doch die Gewinnungsarbeiten schon schwieriger geworden und müssen durch verbesserte Methoden mit Hilfe von Dampfmaschinen, Quarzmühlen u. s. w. betrieben werden. Die Übersicht des Ausbringens in den ersten sieben Jahren von 1851—57 ist merkwürdigerweise fast genau dieselbe, wie die Kaliforniens in der gleichen Zeit; sie läßt das erste Volljahr (1852) als das glänzendste im Ertrag erscheinen, dem kein gleiches wieder gefolgt ist. Es werden angegeben nach Tausendkilogrammgewichten: 20 (1851), 250 (1852), 102 (1853), 85 (1854), 100 (1855), 107 (1856), 90 (1857), zusammen also das hübsche Quantum von 754000 kg. Die Gesamtproduktion Australiens an Gold seit dem 1. Oktober 1851 bis zum 1. Oktober 1861 war auf der Londoner Industrieausstellung 1862 durch einen im Volumen gleichgroßen vergoldeten Obelisken dargestellt, der eine Höhe von 13 m und eine Basis von $8,_5$ qm hatte. Er repräsentierte ein Gewicht von 896947 $^1/_2$ kg, eine Masse von gegen fast 50 cbm und einen Wert von 104649728 Pfd. Sterling; späterhin hat der Ertrag nachgelassen, und von 1876—79 war er, soweit sich eine Schätzung aus der Ausfuhr machen läßt, von 59100 kg bis auf etwa 39000 kg gesunken. Die russische Produktion ergibt einen Jahresdurchschnitt von über 40000 kg, der in den letzten Jahren sich ziemlich gleichmäßig erhalten hat; erreicht dies auch lange nicht die Höhe dessen, was Kalifornien und Australien zusammen liefern, so wird gerade durch ihre Stabilität die russische Produktion zu einem wichtigen wirtschaftlichen Faktor, auf den auch noch gerechnet werden darf, wenn die vorgenannten noch mehr erschöpft sein werden, als dies jetzt schon der Fall ist.

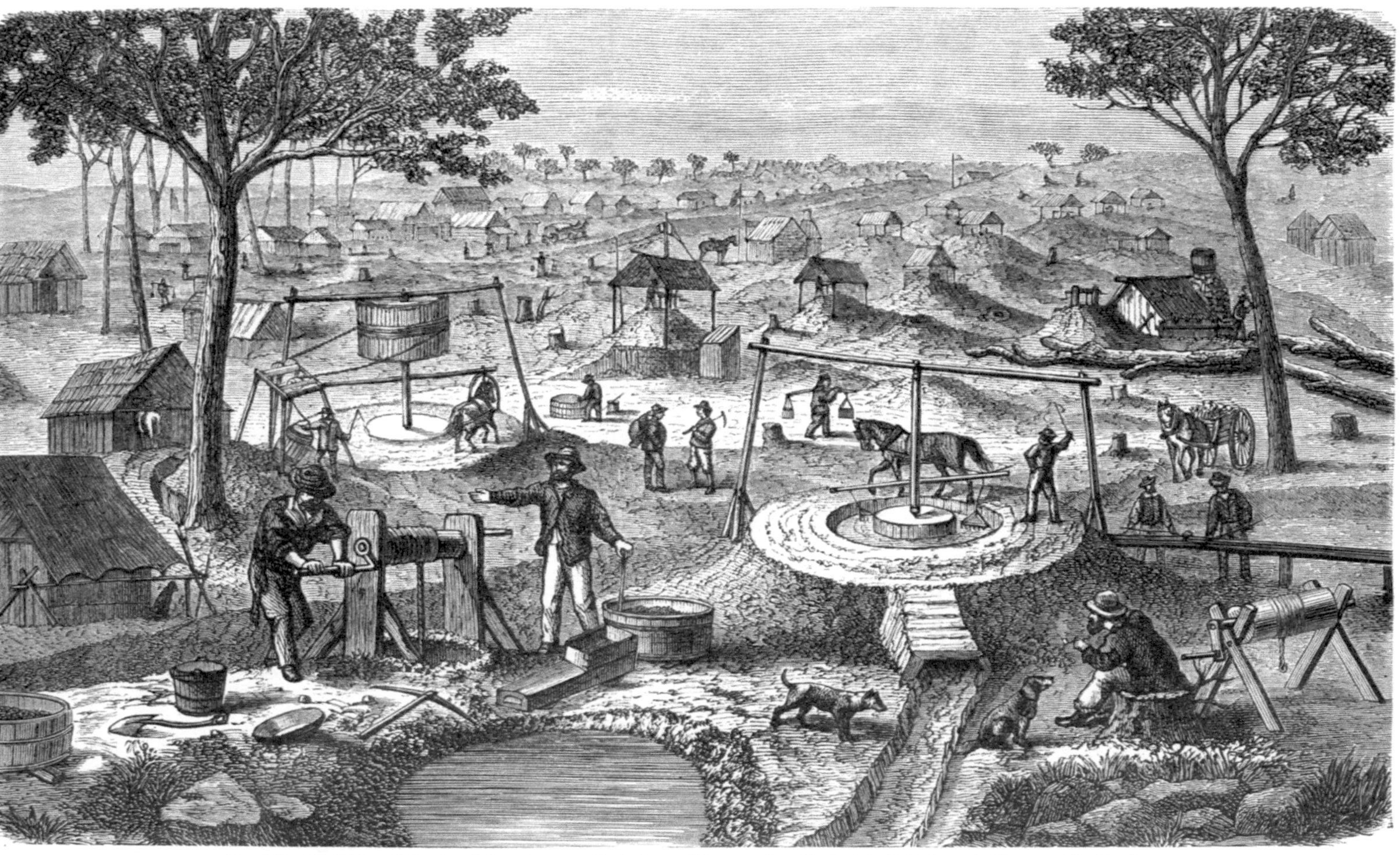

Fig. 177. Verschiedene Arten der Goldgewinnung. Nach eignen Skizzen an den Diggings in Viktoria ausgeführt von M. Siegel.

Zwei Gegenden **Rußlands** sind es namentlich, welche Gold liefern, eine am Ural und eine später entdeckte im östlichen Sibirien. Im Jahre 1814 betrug die Menge des in Rußland gewonnenen Goldes kaum 2 kg, 1825 aber durch Aufnahme der uralischen Wäschereien bereits über 4500 kg. Das ertragreichste Jahr daselbst war 1832 mit circa 6500 kg; seitdem ist die dortige Produktion bereits wieder gesunken. Dagegen sind die sibirischen Wäschereien, welche 1828 ihren Anfang nahmen, mit der Zeit immer bedeutender geworden und haben die uralischen bald überholt; denn während im Jahre 1841 die Erträge beider Lokalitäten ungefähr gleich standen, hatte Sibirien schon im nächsten Jahre fast das Doppelte des uralischen Ertrags aufzuweisen, und es läßt sich annehmen, daß diese östlichen Distrikte auch in Zukunft die Hauptschatzkammer Rußlands bleiben werden. Im Ural ist die Arbeit sehr wenig lohnend; man wäscht noch, wenn in 100 Pud nur $^1/_3$ Solotnik oder in mehr als einer Million Kilogramm nur 1 kg Gold in Aussicht steht. Bei weitem nicht alles im Sande steckende Gold wird durch das Waschen herausgeschafft, man gewinnt etwa $^1/_{25}$ oder $^1/_{30}$ des Ganzen.

Dies wird glaublich durch Versuche, welche man gemacht hat, den Sand **auszuschmelzen**: es wurden hierbei aus 112720 Pud Sand etwas über 6 Pud Gold erhalten. Trotz dieses gewaltigen Unterschiedes ist es der Kosten wegen ganz unmöglich, den Schmelzprozeß beim Sande anzuwenden. Der Kieselsand ist nur mit einem Alkali (Soda oder Pottasche) schmelzbar, es läuft also die Operation auf Erzeugung eines im Wasser löslichen Glasflusses (Wasserglas) hinaus, in welchem die Goldteilchen untersinken. Auch nirgend anderswo hat sich diese Methode als vorteilhaft erwiesen.

Bei der enormen Massenbewältigung, welche am Ural erforderlich ist, war man bald darauf bedacht, sich die Arbeit durch Maschinen zu erleichtern. Nebenstehende Fig. 178 gibt die Ansicht der dort gebräuchlichen sinnreichen **Zentrifugalwaschmaschine**. Das Gefäß, in welchem durch den Umschwung die Trennung der verschieden schweren Substanzen bewirkt wird, ist das mit B bezeichnete konische Hohlgefäß, das 2,3 m lang ist und 1 m im Durchmesser hält. Es ist mit halbzölligen Löchern durchbohrt und wird von einer Welle getragen, die durch ein System von Rädern mit einem Wasserrade in Verbindung steht und durch dieses in Umschwung versetzt wird, so daß der Hohlkegel 30—40 Umdrehungen in der Minute macht. Ein an der Welle befestigter Arm treibt die doppelte Pumpe C, welche Wasser in eine Zisterne hebt. In die offenen Enden des Kegels münden wasserführende, von der Zisterne ausgehende Röhren, während der Goldsand in den Trichter E und von da in das Siebgefäß gelangt. Dasselbe entläßt nun, wie in jeder Zentrifugalmaschine, die feineren Teile durch seine Löcher auf eine unter ihm befindliche schiefe Ebene, die gröberen durch seine offenen Enden in einen auf der Zeichnung nicht sichtbaren Behälter. Die schiefe Ebene besitzt Querleisten und hält somit die leichteren Metallstücke zwischen denselben zurück, während die schwereren von den in den Behälter geworfenen Steinen leicht gesondert werden. Das Wasser gelangt von der schiefen Ebene nach der Rinne G, die abermals Querhölzer besitzt. Schwere Rahmen, die mit eisernen Messern besetzt und an Pendeln (H) aufgehangen sind, rühren den niedergeschlagenen Schlamm an, indem sie durch die Querstangen (L) in schwingende Bewegung versetzt werden. Hierbei setzen sich die schwereren Goldteile zu Boden, während die leichteren Stoffe in den Trog G' gelangen und nochmals gewaschen werden. Innerhalb zehn Stunden waschen mittels dieser Maschine 26 Arbeiter 4000 Zentner Sand aus; zehn derselben sind beschäftigt, die unbrauchbaren Schlammteile wegzuschaffen. Im allgemeinen ist das Gold am Ural verzweifelt dünn gesäet. Nur einmal wurde (1842) ein Kapitalfund gemacht, als man einen Waschdistrikt bereits als ausgebeutet verließ und nur wie zum Spaß auch die Stelle noch durchnahm, auf welcher der Aufseherschuppen gestanden hatte. Es fand sich daselbst das in Petersburg aufbewahrte schöne Kabinettstück von 34 kg Gewicht.

Das Bekanntwerden der ausgedehnten Goldfelder Ostsibiriens, Gouvernement Jeniseisk, ist hauptsächlich den zahlreichen, vom Gouvernement veranstalteten Schürfversuchen zu danken. In dem Buche des Russen Skarjatin, „Memoiren eines Goldjägers“, finden sich über die dortigen Verhältnisse, das Stillleben vor der Entdeckung und über den durch den allgemeinen Reichtum ins thörichtste übertriebenen Luxus nach derselben, interessante Aufschlüsse, welche den Beweis geben, daß die Menschen dem Golde gegenüber allerorten dieselben sind. Nur in den Städtchen und Dörfern längs der großen sibirischen Heerstraße war früher ein notdürftiger Kleinverkehr vorhanden; seitab davon war die menschliche Arbeit fast für nichts geachtet, die ersten Lebensbedürfnisse waren so gut wie umsonst zu haben; die reichsten Gaben der Natur, Getreide, Vieh, Früchte, Fische, waren in Hülle und Fülle da, ohne Absatz zu finden. An Gold war aber solcher Mangel, daß zu Bestreitung ungewöhnlicher Ausgaben, zu Steuern, zu den Kosten einer Hochzeit oder der Loskaufung eines Militärpflichtigen, eine Bauernfamilie sich mitunter auf länger als ein Jahr zur Fronarbeit verdingen mußte.

Fig. 178. Zentrifugalwaschmaschine zum Goldwaschen im Ural.

Den schlagendsten Gegensatz zeigen diese so stillen Gegenden einige Jahre später. Das Zuströmen vieler Tausende von Geschäftsleuten und Arbeitern, die oft mit vielen Tausend Rubeln Verdienst aus den Gruben zurückkehren, um ihn bald möglichst wieder unter die Leute zu bringen; das rasche Reichwerden der Grubenbesitzer und der dadurch einreißende, unglaublich verschwenderische Luxus, dem sich selbst die Arbeiter hingeben; das Zuströmen von Industrie- und Luxusartikeln aller Art, die alle zu fabelhaften Preisen Abnehmer finden, der nie geträumte Wohlstand, der sich von Jahr zu Jahr mehr in Stadt und Land, bei hoch und niedrig eingebürgert und den kleinsten Bauer in die Verhältnisse eines reichen Gutsbesitzers versetzt, das alles gibt ein sehr lachendes Bild, das indes auch die Schattenseiten nicht entbehrt. Hier wie in Kalifornien traten gleichzeitig mit den süßen Früchten die ekelhaftesten Auswüchse des Goldhungers zu Tage. Fiebrische Hast, Ruhelosigkeit, Gier, Neid und ihre Hilfstruppen und Mittel zur Erlangung immer größeren Reichtums, waghalsige Spekulation, Spiel, Mißachtung der Arbeit, Genußsucht und Verachtung des eignen und des Lebens der andern bildeten — wie überall — auch in dem früher so idyllischen Lande den trüben Hintergrund zu dem kurzen Verlaufe glänzender Tage. Hat man in Sibirien ein Goldfeld nach vielleicht vielen gefahrvollen Irrfahrten in der Wildnis ausfindig gemacht, so benutzt man den Winter, um über Schneefelder und gefrorene Flüsse erst Lebensmittel, Arbeitsgeräte und sonst Nötiges hinzuschaffen, einige Hütten zu bauen u. s. w. Im März langen dann die Arbeiter an, bauen aus dem überall in Menge vorhandenen Holz Quartiere, Magazin und Schmiede, eine Maschine wird aufgestellt, das Areal vom etwaigen Holzbestande und der goldhaltige Schurf von der Erddecke befreit. Damit ist der Sommer herangekommen; das Auswaschen beginnt und dauert bei einer nur einigermaßen ergiebigen Wäsche bis zum September, wo die Natur wieder Feierabend gebietet, und bis zu welcher Zeit nicht nur das Anlagekapital gedeckt, sondern auch ein Gewinn erzielt sein muß. — Im Jahre 1883 sind wieder an verschiedenen Stellen Ostsibiriens 14 neue Goldlager entdeckt worden.

Von all den großen Goldquellen war also vor 40 Jahren so gut wie nichts bekannt. Bedenkt man, wie manche Million Pfund des edlen Metalls sie seitdem in den Verkehr geworfen, wie dadurch die Menge des früher in Umlauf befindlichen Goldes wenigstens verdoppelt, ja vielleicht verdreifacht worden ist, so könnte man sich versucht fühlen, unser Zeitalter vor allen andern ein goldenes, wenigstens das goldreichste zu nennen. Afrika, dessen Inneres erst anfängt, aufgedeckt zu werden, hat zweifellos an verschiedenen bisher noch unbekannten Stellen Goldlager. Schmuck und Geräte der Eingebornen, die aus dem Innern herausgebracht worden sind, lassen das mit Sicherheit annehmen. Auch die nach Europa gekehrte Küste Amerikas hat sich in ihrem oberen Teile als goldführend erwiesen, und in Neuschottland, wo sich zuerst in der Grafschaft Halifax in einem kleinen Bache und in dem benachbarten Quarzgestein Gold fand, brachte die Nachricht davon Anfangs der sechziger Jahre bald Tausende von Goldsuchern auf die Beine. Anfangs spärlich, fand sich an andern Punkten (Tanger, Tunenburg) der Goldgehalt bedeutender, teils als Staub, teils in kleinen Stückchen. Selbst der Sand, die Felsspalten der Meeresküste und die weit im Meere liegenden Sandbänke sowie die anstehenden Massen von Schwefel- und Arsenikkies wurden als goldführend erkannt. Gleich im ersten Anlauf wurde auf einzelne Konzessionen für 10000 und mehr Dollar Gold gewonnen; andre fanden weniger, etliche auch gar nichts, denn der Goldkobold hat überall dieselben Kapricen. Am sichersten gewann immer die englische Regierung, die sich hier wie in Australien die Erlaubnisscheine zum Graben unter allen Umständen bezahlen ließ. Eine weitere Gelegenheit hierzu hat sich in Kanada gefunden, wo am und im Flusse Chaudière und in seinen Nebenflüssen seit dem Sommer 1863 ebenfalls emsig auf Gold gewaschen und jedenfalls auch solches gefunden wird; jedoch ist der Reinertrag gegenüber dem andrer Länder ein unbedeutender.

Gewinnung des Goldes aus festem Gestein und güldigen Erzen. In den bisher gedachten Fällen war die Erlangung des Goldes eine wenn auch mühsame, doch ihrem Verfahren nach sehr einfache; sie kompliziert sich aber da, wo das Gold aus seinen Erzverstecken herausgezogen werden soll. Immer ist es indessen auch hier in gediegenem Zustande. In Tirol z. B. — um auf unser bescheidenes europäisches Goldverhältnis zurückzukommen — findet sich in Schwefelkiesen etwas Gold und Silber. Die sehr fein gepochten Erze mischt man in umlaufenden Tonnen mit Quecksilber unter Wasserzufluß; die von dem Wasser aus den Mühlen fortgeführten Schlieche kommen in Schlämmgraben und unterliegen sodann dem Silberschmelzprozeß, während das Quecksilber, nachdem es vier Wochen in den Tonnen verblieben ist, herausgenommen, gewaschen, durch Leder gepreßt und das zurückbleibende Amalgam in bekannter Weise abdestilliert wird.

Von größerer Wichtigkeit für die europäische Produktion sind indessen die Goldgruben von Ungarn und Siebenbürgen. Die ungarischen Fundorte sollen schon seit 2000 Jahren ausgebeutet worden sein; sicher ist ihre Bebauung seit dem 8. Jahrhundert. An den Hauptfundorten Königsberg, Schemnitz und Felsö-Banya findet sich das gediegene Gold in Schwefelsilber eingesprengt; in Siebenbürgen mehr in Gängen von Quarz, eisenschüssigem Kalkstein, Schwerspat, auch Schwefelsilber; an andern Punkten kommt das Siebenbürgen eigentümliche Tellurgold vor. Am reichsten an Goldminen und Wäschereien ist der westliche Teil dieses Landes, wo, wie bei Vörös-Patak, bisweilen ganze Berge durch mehr als tausendjährige Bergmannsarbeit wie Honigscheiben durchlöchert sind. Mit dem Nachspüren goldhaltiger Adern ist es aber nicht bloß gethan, sondern da das ganze Gestein goldhaltig ist und das edle Metall in sehr fein zerteilten Blättchen, Flittern oder Körnern eingemengt erscheint, so hat der Bergmann die ganze Masse zu brechen und auf die Pochmühle zu schaffen, wo sie zerkleinert wird. Bei Vörös-Patak finden sich aus uralten Zeiten Gänge, in denen der Bergmann auf dem Bauche liegend arbeiten muß, aber auch prachtvolle geräumige Stollen aus den Römerzeiten. Gegenwärtig bearbeiten meist arme Bauern die Gänge und liefern das aus dem zerstampften Gestein ausgeschlämmte Gold nach Abrud-Banya ab. Neben den eigentlichen Goldminen sind aber auch Goldwäschereien im Gange, die meistens von Zigeunern nach derselben Weise, wie sie in Brasilien üblich, betrieben werden.

Die Goldwäscher treten in Gesellschaften von 80—100 Personen zusammen, stehen unter einem Oberhaupte und liefern ihre Ausbeute an eines der k. k. Goldeinlösämter ab. Fast alle Flüsse Siebenbürgens führen in ihrem Sande Gold mit sich und werden, besonders in ihrem Oberlauf, ehe sich ihr Sand mit fruchtbarer Erde mischt, von Goldwäschern an vielen Orten ausgebeutet.

Fig. 179. Pochwerke der Goldbergwerke von Vöröš-Patak.

Fast ebenso alt und noch berühmter sind die Goldbergwerke Ungarns. Das Sprichwort behauptet: „Kremnitz hat Mauern von Gold, Schemnitz von Silber, Neusohl von Kupfer.“ Es will heute freilich nicht mehr recht passen, denn die Gold- und Silberadern geben spärliche Ausbeute, ein Teil der alten Minen steht unter Wasser, aber dennoch liefert der Grünstein, in dessen quarziger Gangmasse das Metall eingesprengt ist, jährlich noch 15000 Mark Silber und 250 Mark Gold. Die Gangsteine werden auch hier ganz klein geschlagen, in Pochmühlen durch schwere Blöcke zu feinem Schlamm zermalmt, dann die Masse auf einer schiefen Ebene ausgebreitet und mit Wasser überströmt, welches die leichteren Teile fortführt, dagegen die schwereren Metallplättchen liegen läßt. Durch Schmelzen reinigt man hierauf das Metall weiter und scheidet es von seinen geringeren Beimischungen. Der Hauptort des Bergwerksbetriebs ist seit langer Zeit das im Eipelthal gelegene

Schemnitz. Die Bergwände dieser Stadt sind von Silberadern durchzogen und daher das ganze Terrain derselben durch Stollen unterminiert. Über 18000 Arbeiter sind in den Gruben, Poch-, Wasch- und Schmelzwerken thätig, ein Wassergöpel hebt das wilde Grubenwasser 180 Klaftern oder gegen 300 m hoch und fördert es aus dem Leopoldschacht zu Tage, während ein Dampfpochwerk das silberhaltige Gestein zermalmt. Früher lieferten die Gruben so reichen Ertrag, daß — sagt man — die Häuer silberne Nägel an den Schuhsohlen trugen; jetzt wird etwa für 2 Millionen Gulden jährlich gewonnen.

Wo goldhaltige Schwefelkiese verarbeitet werden, da bewirkt man das Ausziehen des kostbaren Bestandteils außer durch Amalgamieren auch dadurch, daß man die Kiese erst an der Luft verwittern läßt, wobei dieselben zum Teil in Eisenvitriol verwandelt werden, den der Regen auslaugt. Den Rückstand unterwirft man dann der Wäsche und den damit zusammenhängenden Schlämmprozessen, welche einen angereicherten Schliech ergeben, den man mit Quecksilber extrahiert. Goldhaltige Blei-, Kupfer- und Silbererze behandelt man durch verschiedene, uns schon bekannt gewordene Schmelzarbeiten. Die Kupfererze verarbeitet man auf Schwarzkupfer, dem man das Gold oder Silber durch Blei entzieht und dieses abtreibt. Oder man schmilzt die besseren Erze nach dem Rösten mit bleihaltigen Zuschlägen, während man sehr goldreiche Silbererze durch Eintränkarbeit mit Blei behandelt und durch Abtreiben eine Gold-Silberlegierung gewinnt, die durch Affination geschieden wird.

Alles hüttenmännisch gewonnene Gold kommt im allgemeinen sehr teuer zu stehen, und das Gesamterträgnis ist, wie schon gesagt, im Verhältnis zu dem der Goldwäscherei ganz unbedeutend. Wir gehen daher nicht tiefer auf die hier einschlägigen Methoden ein und erwähnen auch in bezug auf die ebenfalls vorgeschlagenen nassen Extraktionsmethoden nur, daß man vor einiger Zeit große Hoffnungen auf das Chlor setzte, mit welchem man selbst alte Halden mit nur $^1/_{50000}$ Gold auszubeuten gedachte. Die Methode wurde zuerst in Reichenstein in Schlesien auf alte Arsenikabbrände angewandt. Die Brände werden in große Bottiche aus Steingut gefüllt, dieselben verdeckt und Chlorgas eingeleitet. Am folgenden Tage laugt man die Masse mit Wasser aus, fällt das Gold mit Schwefelwasserstoff, filtriert und verbrennt die Filter samt der darin enthaltenen Mischung von Gold und Schwefel, löst dann die verkohlte Masse in Königswasser auf und fällt das Gold durch Eisenvitriol. Man hat sich sogar bemüht, denselben Prozeß auf den goldhaltigen Sand anzuwenden, der bei Goldberg und Löwenberg sich in einer Fläche von 1130 qkm unter der Oberfläche befindet.

Wenn nun durch diese subtilen Methoden auch im ganzen nur wenig erlangt wird, so ist das Wenige bei der ungemeinen Verdünnungsfähigkeit des Goldes immerhin genügend, um einen weitreichenden Schein zu verbreiten; als Münze oder Barren freilich kann es dem übrigen Goldertrage der Erde gegenüber in keinen Betracht kommen.

Raffinieren. Jedes Gold enthält mehr oder weniger Silber, zuweilen auch, wie das kalifornische, Iridium; das hüttenmännisch gewonnene kann nebst dem Antimon Zinn und Blei enthalten. Von diesen unedlen Metallen ist schon $^1/_{2000}$ hinreichend, die Dehnbarkeit des Goldes wesentlich zu beeinträchtigen, weswegen das sogenannte Berggold noch raffiniert werden muß. Dies geschieht, indem man es mit etwas Borax und Salpeter verrührt und einschmilzt. Hierbei oxydieren sich die fremden Metalle (Silber ausgenommen) und schwimmen als Schlacken obenauf. Das Silber wird man in den meisten Fällen auch nicht darin lassen, und die Scheidungsmöglichkeit der sehr fest verbundenen beiden Genossen beruht auf ihrem verschiedenen Verhalten zu Säuren; Silber löst sich in Salpetersäure, etwas schwerer in Schwefelsäure; dem Gold können beide Säuren nichts anhaben. Die alte Methode der Gold-Silberscheidung mittels Salpetersäure heißt die Quartation oder Scheidung durch die Quart, weil man ehemals annahm, daß in der Legierung das Silber zu $^3/_4$, das Gold zu $^1/_4$ enthalten sein müsse, wenn die vollständige Trennung gelingen solle; man gab deshalb in Fällen, in welchen jenes Verhältnis nicht erreicht war, das fehlende Silber zu. Später fand sich, daß die Operation auch schon thunlich sei, wenn die Mischung aus 2 Teilen Silber und 1 Teil Gold besteht. In der Münze zu Philadelphia wird dieses sonst ziemlich verlassene Scheidungsverfahren an kalifornischem Golde folgendermaßen ausgeführt: Nachdem die Goldsendungen probiert sind, wird das Gold granuliert und so viel Silber beigegeben, daß auf 1 Teil Gold 2 Teile Silber kommen. Man schmilzt in Tiegeln von 75 kg Inhalt, also 25 kg Gold und 50 kg Silber. Die Legierung wird wieder granuliert und in großen Steinkruken mit starker Salpetersäure angesetzt. Am siebenten Tage zieht man die Silberlösung ab, die schon das meiste Silber enthält, und digeriert noch einige Stunden mit frischer Säure. Das zurückbleibende Feingold, das etwa noch 1 Prozent oder weniger Fremdes enthält, wird gewaschen, unter einer hydraulischen Presse zu Kuchen geformt und durch Hitze getrocknet. Aus der abgezogenen Silberlösung fällt man das Silber mit Salzwasser als Chlorsilber, welches man mittels Zink zu reinem Metall reduziert. Um 1 kg Gold fein zu machen, werden $4^{1}/_{2}$ kg Salpetersäure verbraucht.

Durch ein sehr altbekanntes Verfahren, die sogenannte Zementation, kann das Gold ebenfalls von einem Teile der ihm beigemengten fremden Metalle befreit und somit feiner gemacht werden. Dies Verfahren findet gegenwärtig fast nur noch Anwendung auf fertige Gold- und Vergolderarbeiten und bildet dann hier das sogenannte Färben, welches, indem es den Zweck hat, der Oberfläche das Ansehen feinsten Goldes zu geben, dieselbe Rolle spielt, wie das Weißsieden beim Silber. Man setzt die Gegenstände (oder, wenn man massives Gold auf diese Weise raffinieren will, das in dünne Bleche oder Graupen verwandelte Metall) in thönerne Kapseln, umgibt sie mit dem aus Ziegelmehl, Kochsalz und entwässertem Eisenvitriol bestehenden Zementpulver und setzt dieselben einer mäßigen Glühhitze aus. Je nachdem eine wirkliche Scheidung oder die bloße Schönung beabsichtigt wird, dauert nun die Glühung länger oder kürzer, im ersten Falle zehn Stunden und mehr. Das Gold wird nach und nach von außen nach innen schließlich durch die ganze Masse entsilbert, denn beim Glühen entwickelt sich aus dem Kochsalz Chlor, welches durch die ebenfalls sich verflüchtigende Schwefelsäure des Vitriols ausgetrieben wird; das Chlor verbindet sich mit dem Silber und etwa noch vorhandenen andern Metallen zu Chloriden, welche ausfließen und von dem Ziegelmehl aufgesogen werden. Infolge dieser Extraktion wird das verfeinerte Gold ganz mürbe und porös und muß umgeschmolzen werden. Für das bloße Färben ist, wie gesagt, das Verfahren kürzer und subtiler einzurichten, aber auch hier wird infolge der lösenden Wirkung des Chlors die Goldoberfläche matt und muß, soweit sie nicht so bleiben soll, wieder poliert werden.

Zur Abscheidung kleiner Mengen Gold aus Silber dient zur Zeit ganz allgemein das Kochen der granulierten Metallmasse mit konzentrierter Schwefelsäure (Affination), ein Verfahren, das erst seit Anfang dieses Jahrhunderts in Aufnahme gekommen ist und jetzt ein Hauptmittelglied in der Verarbeitung alter goldhaltiger Silbermünzen ausmacht. Das Silber oxydiert sich vorerst auf Kosten der Schwefelsäure und es findet eine Entwickelung von schwefliger Säure statt, welche durch einen gut ziehenden Schornstein abgeleitet werden muß oder beim Betrieb in größerem Maßstabe für die Fabrikation von Schwefelsäure nutzbar gemacht wird. Der größte Teil des Silbers wird in Silbersulfat (schwefelsaures Silberoxyd) verwandelt, das Gold in Verbindung mit einem kleinen Teile Silber bleibt zurück. Man hebt dann gewöhnlich diese Silberlösung in bleierne Kästen und überläßt sie der Ruhe; das darin in feinen Stäubchen schwebende Gold setzt sich nach dem Verdünnen mit Wasser allmählich zu Boden. Der Niederschlag wird noch einmal in gleicher Weise in einem kleineren (Platin-)Kessel mit Säure gekocht, um den Rest des Silbers zu lösen; auch aus dieser Lösung setzt sich dann das reine Gold als ein Pulver ab, welches in einem Kessel mit heißem Wasser mehrfach gekocht, nach dem Trocknen eingeschmolzen und in Stangen gegossen wird. Um das Silber aus seiner schwefelsauren Lösung zu gewinnen, stellt man einfach Kupferplatten darein, auf welche sich das Metall in glänzenden Blättchen chemisch rein niederschlägt. Es braucht dann nur noch mit Wasser gewaschen, getrocknet und eingeschmolzen zu werden, um eine wegen ihrer Reinheit namentlich für photographische Zwecke sehr gesuchte Kaufware zu geben. Eine neuere Art der Scheidung des Goldes vom Silber und andern metallischen Elementen ist die von Miller, welche zuerst in der Münze zu Sydney angewendet wurde; sie beruht auf der großen Verwandtschaft des Chlors zu den Metallen und besteht darin, daß man das unreine Gold in gewöhnlichen weißen Thontiegeln, welche der Sicherheit halber noch in Graphittiegeln stehen, schmilzt, auf das flüssige Metall eine Schicht geschmolzenen Borax gießt und nun durch eine bis auf den Boden des Tiegels reichende Thonröhre einen Strom von Chlorgas einleitet. Es entwickeln sich dann dichte schwere Dämpfe, welche durch eine Öffnung im Deckel des Tiegels entweichen und aus den flüchtigen Chlorverbindungen der unedlen Metalle bestehen. Solange noch freies Silber vorhanden ist, wird alles Chlorgas absorbiert und es bildet sich eine auf dem geschmolzenen Golde schwimmende Schicht von geschmolzenem Chlorsilber; das Gold selbst bleibt hierbei unverändert; es hat zwar bei gewöhnlicher Temperatur eine große Verwandtschaft zum Chlor, so daß sich leicht Chlorgold bildet, aber noch weit unter der Schmelzhitze des Goldes kann das Chlorgold nicht mehr bestehen, es zerfällt in Gold und Chlor; daher kommt es, daß das geschmolzene Gold vom Chlor nicht angegriffen wird. Da das Chlorsilber einen niedrigeren Schmelzpunkt besitzt, läßt es sich, wenn das Gold bereits erstarrt ist, von diesem noch leicht abgießen. Die Operation ist bei zehnprozentigem Golde schon in etwa $1\frac{1}{2}$ Stunden beendet; das erhaltene Gold wird mit konzentrierter Kochsalzlösung von noch äußerlich anhaftendem Chlorsilber befreit und dann als reines Metall in Zaine gegossen. Dieses Verfahren hat nur den Nachteil, daß die Arbeiter sehr durch das Chlorgas zu leiden haben.

Früher verstand man kleine Goldgehalte des Silbers nicht abzuscheiden. Jetzt macht man alles das mit annehmlichem Gewinn zu Gute. Es gibt in den meisten Großstädten und Handelsplätzen Goldscheideanstalten (Affinieranstalten); große Massen von Kron- und Laubthalern und andern alten Stücken haben schon ihren Weg durch diese Scheideküchen genommen. Frankreich begann zuerst seine Silbermünzen in dieser Weise umzuarbeiten und fand bald viele Nachahmer. Man nimmt gewöhnlich den Goldgehalt alten Silbers auf $^1/_{1000}$ seines Gewichts an, was bei der Einfachheit und Wohlfeilheit des Affinationsverfahrens noch einen ganz ansehnlichen Nutzen übrig läßt.

Einen Beleg für die Ökonomie, mit welcher diese Scheidungen durchgeführt werden müssen, geben die Bedingungen, unter denen die Affinieranstalten arbeiten. In Frankreich ist für das Kilogramm des affinierten Metalls ein Arbeitspreis von 5—$5\frac{1}{2}$ Frank üblich; das ausgeschiedene Kupfer verbleibt der Affinieranstalt, wogegen alles Silber und Gold dem Eigentümer zurückgegeben wird. Als die badische Regierung in den sechziger Jahren einer Scheideanstalt in Frankfurt a. M. Silber zum Affinieren gab, verpflichtete sich die letztere, alles Silber in Barren zurückzugeben und für das aus 1 kg Silber gezogene Gold außerdem $0_{,68}$ Mark zu vergüten. Der Arbeitslohn der Affinieranstalt bestand also nur, abgesehen vom Kupfer, in dem Mehr an Gold, das sie abzuscheiden vermochte.

Um anderseits Silber aus Gold zu scheiden, gibt es verschiedene, wiewohl nicht völlig genügende Schmelzmethoden: so die Scheidung durch Schmelzen mit Schwefelantimon, mit Schwefel, mit Bleiglätte, ferner die schon erwähnte Zementation. Auf nassem Wege steht die Quartation zu Gebote, statt deren es aber vorteilhafter erscheinen kann, das Ganze in Königswasser aufzulösen, wobei das Silber als käsiges Chlorsilber den Rückstand bildet. Die Affination mit Schwefelsäure ist nur thunlich, wenn man so viel Silber zuschmilzt, daß dieses in der Mischung überwiegt. Ist das Gold auch von einem etwaigen Gehalt an Platin oder Iridium zu reinigen, so sind fernere Maßregeln zu nehmen, so daß also das Gold, bevor es als rein gelten kann, oft einen langen Läuterungsweg durchzumachen hat.

Verwendung des Goldes. Sind wir bei Betrachtung der Goldproduktion auf ganz ungeahnte Ziffern gestoßen, so liegt die Frage nahe, wo alle die Massen hinkommen, und ob nicht bei der fortwährenden Dazugewinnung des Goldes so viel werden müsse, daß eine allmähliche Entwertung die Folge wäre. Damit hat es indessen seine guten Wege, denn in bei weitem höherem Grade als die Produktion edler Metalle hat Handel und Verkehr an Ausdehnung zugenommen, so daß die früher hinreichenden Metallmünzen jetzt sogar nur zum Teil das Bedürfnis decken; ja sogar ist in der jetzigen Zeit durch die allgemeinere Einführung der Goldwährung die Sachlage gerade eine umgekehrte geworden. Da jetzt für solche Länder, welche einen derartigen Wechsel der Währung vornehmen, aus der Silberwährung zur Goldwährung übergehen, das genannte Metall das Hauptmaterial für die Münzen wird, von denen je nach den Anforderungen des Verkehrs pro Kopf eine gewisse Menge geprägt werden muß, so liegt sogar die Gefahr näher, daß für diese Zwecke das vorhandene Gold nicht ausreicht. Daß es gegenüber dem Silber im Preise gestiegen ist, weil dies letztere Metall in entsprechend größeren Massen demonetisiert worden ist und als eingeschmolzenes Metall andre Verwendungen hat suchen müssen, das haben die letzten Jahre zur Genüge gezeigt; diese Verhältnisse können sich aber noch viel empfindlicher bemerkbar machen, wenn plötzlich viele andre große Staaten dem Beispiele Deutschlands folgen und ihre Finanzpolitik die Durchführung solcher Währungsänderungen nicht mit der erforderlichen Vorsicht bewirkt. Während in den Ländern des lateinischen Münzvereins (Frankreich,

Spanien, Belgien, Italien, Schweiz) 1865 das Preisverhältnis des Silbers zum Golde wie 1 : $15,_{50}$ angenommen wurde, hat sich dasselbe jetzt auf ungefähr 1 : 18 gestellt.

Bei den Münzen geht im Umlauf durch die bloße Abnutzung ein beträchtlicher Teil des Metalls verloren. Man hat diesen Verlust auf $^1/_{40}$ Prozent des Gewichts, aber auch auf $^1/_{10}$ und gar auf $^1/_6$ Prozent angeschlagen, so daß hiernach ein kursierendes Zwanzigmarkstück jährlich um $^1/_2$—2 Pfennig an Wert verlöre. Ferner ist der Verbrauch des Goldes in der Industrie ungeheuer gestiegen, und Gold prangt jetzt nicht nur in Form von Schmuck und Geräten, sondern selbst auf den dauerlosesten Artikeln. Alle die leichten galvanischen Vergoldungen, alles Blattgold, was auf Leder, Papier, Holz u. s. w. seinen Platz findet, die Vergoldungen auf Porzellan und Glas, ebenso das Gold, welches in der Photographie und vielem andern verbraucht wird, ist für weiteren Gebrauch verloren und kehrt ins Reich der Atome zurück. Nach all diesem ist sonach kein Überfluß, sondern eher ein künftiger Mangel an Gold zu befürchten, da sich wohl nicht aller 20 Jahre ein neues Kalifornien oder Australien aufthun wird.

Betrachten wir das Gold in seinem eignen Wesen etwas näher. Das reine Gold wurde lange Zeit für das schwerste Metall gehalten, bis man fand, daß Platin, Osmium und Iridium noch schwerer sind. Das spezifische Gewicht des Goldes schwankt im gegossenen Zustande zwischen $19^1/_4$ und $19^1/_2$ und ist noch etwas höher, wenn das Metall durch Bearbeitung verdichtet wird. Seine Festigkeit ist nicht so gering, als man bei seiner Weichheit vermuten sollte; die große Biegsamkeit und Dehnbarkeit wirkt der Zerbrechlichkeit entgegen. Zum Schmelzen bedarf das Gold etwas höherer Hitze als Silber und Kupfer; in geschmolzenem Zustande, wobei es sich weder verflüchtigt noch oxydiert, leuchtet es mit meergrüner Farbe; beim Erstarren zieht es sich beträchtlich zusammen. In sehr dünnen Blättchen oder feinen Drähten der Hitze einer sehr starken elektrischen Batterie ausgesetzt, verbrennt das Gold scheinbar mit grüner Flamme. Diese Erscheinung beruht indes bloß auf einer Verstäubung des glühenden Metalls, denn Goldoxyd als dunkelbraunes Pulver wird nur auf indirekte Art durch Niederschlag erhalten, und die Verbindung zwischen Gold und Sauerstoff ist so locker, daß das Goldoxyd, auch Goldsäure genannt, in der Hitze bald wieder zu Gold wird, ja dem bloßen Tageslicht ausgesetzt sich schon mit einem Goldhäutchen überzieht. Auf dieser geringen Verwandtschaft des Goldes mit Sauerstoff beruht großenteils seine Unlöslichkeit in Säuren und die Beständigkeit seines Glanzes. Edler als das Silber, leidet das Gold auch nicht durch Schwefelwasserstoff und widersteht dem Zusammenschmelzen mit Schwefel. Mit Chlor, Phosphor, Arsenik dagegen verbindet sich das Gold direkt, ebenso mehr oder weniger leicht mit Brom, Jod und Cyan; durch Niederschlag aus einer Auflösung mittels Schwefelwasserstoffgas entsteht auch ein Schwefelgold als schwarzes Pulver. Das Chlor bildete lange Zeit den einzigen Schlüssel zur Einführung des Goldes in die lösende Chemie. Rührt man fein verteiltes Gold in Wasser und leitet Chlorgas ein, so wird das Gold unter Gelbfärbung der Flüssigkeit gelöst. Lange schon, bevor das Chlor bekannt war, benutzte man dieses Gas unbewußt im Königswasser zur Goldlösung. Das Königswasser ist nämlich ein Gemisch von Salz- und Salpetersäure und wirkt, indem die Salpetersäure durch ihren Sauerstoffgehalt den Wasserstoff der Salzsäure zu Wasser oxydiert und das Chlorgas frei macht. Das Chlor verbindet sich mit dem Golde zu Goldchlorid, welches mit gelber Farbe in Wasser löslich ist und das gewöhnliche Ausgangsmaterial auch für andre Goldpräparate abgibt. Eine merkwürdige Verbindung ist das mit ungeheurer Kraft explodierende Knallgold, welches durch Kochen von Goldchlorid mit Ammoniakflüssigkeit erhalten wird. Um aus dem Goldchlorid metallisches Gold wieder abzuscheiden, können viele Stoffe benutzt werden, welche die Chemie als reduzierende kennt. Gewöhnlich dient hierzu Eisenvitriol oder Kleesäure. — Unter gewissen Umständen bewirkt das Gold rote Färbungen. Goldchlorid z. B. färbt Haut, Papier u. s. w. purpurfarben. Dasselbe oder Goldoxyd unter Glasflüsse geschmolzen, gibt das geschätzte Rubinglas. Wird Goldchlorid mit einer Mischung von gelöstem Zinnchlorür und Zinnchlorid zusammengebracht, so erhält man einen schön purpurfarbenen Niederschlag, der getrocknet fast schwarz aussieht. Dies ist der berühmte Cassiussche Goldpurpur, der seine Verwendung in der Porzellanmalerei zu schönen roten Tönen und zum Färben von Glasflüssen findet.

Goldoxyd hat nicht die Eigenschaften einer starken Basis, vielmehr verhält es sich den Alkalien gegenüber wie eine Säure und bildet mit ihnen sowohl Salze als Doppelsalze in ziemlicher Anzahl, wird daher auch Goldsäure genannt. Alle erweisen sich leicht zersetzbar unter Farbenveränderung; sie sind daher für den Photographen als lichtempfindliche Salze von Wichtigkeit und werden vielfach benutzt, die Bilder zu kräftigen und ihnen verschiedene Töne zu erteilen. Solche Präparate des Photographen sind außer dem Goldchlorid das Goldchlorid-Chlornatrium und unterschwefligsaure Goldoxydnatron, welches par excellence den Namen Goldsalz (sel d'or) führt, obschon es vollkommen farblos ist. Dem Cyangoldkalium sind wir bereits bei der galvanischen Vergoldung begegnet. Das Gold tritt so gern in diese Verbindung, daß es, in eine Lösung von Cyankalium gelegt, sich unmittelbar, wenn auch langsam, darin auflöst. Rascher erfolgt die Lösung, wenn man das Gold zum positiven Pol einer galvanischen Batterie macht.

Soviel aus der Chemie des Goldes. Wenden wir uns nun zu der technischen Verwendung dieses Metalls an sich, so interessieren uns außer dem über denselben Gegenstand bereits bei früherer Gelegenheit Gesagten (Münzen, Drahtziehen u. s. w.) namentlich die Legierungen, die Goldschlägerei und die noch übrigen Methoden der Vergoldung.

Legierungen. Das Gold legiert sich mit mehreren Metallen, doch haben nur seine Legierungen mit Kupfer und Silber Bedeutung; außerdem verarbeitet die Bijouterie eine Legierung von 5—6 Teilen Gold und 1 Teil Eisen unter dem Namen Graugold. Mit Quecksilber tritt es merkwürdig leicht zu einem Amalgam zusammen. Ein Stück Gold, z. B. ein Ring, nur kurze Zeit in Quecksilber gelegt, schwillt infolge der Amalgamation zur Unförmlichkeit auf. Die Weichheit des Goldes sowie sein hoher Preis bedingen mehr noch als beim Silber einen härtenden und verwohlfeilernden Zusatz, daher dasselbe fast stets in Form einer Legierung mit Kupfer oder Silber verarbeitet wird. Selbst das weichste Dukatengold enthält noch etwa 2 Prozent Kupfer. Die Legierung mit Kupfer heißt die rote, die mit Silber die weiße, die mit beiden die gemischte Karatierung. Der Zusatz ist meistens sehr beträchtlich, da z. B. 14karätiges Gold schon einen Stoff zu feineren Arbeiten abgibt. Der früher gebräuchliche Ausdruck „14karätig“ will aber besagen, daß in 24 Teilen (die Mark = 24 Karat) sich 14 Teile Gold und 10 Teile Zusatz befinden. Zu geringeren Schmucksachen wird aber viel schlechteres, 6-, 4- und 3karätiges Gold massenhaft verarbeitet. In letzterem Falle, in welchem also eine Mischung von 7 Teilen Kupfer mit 1 Teil Gold vorliegt, muß man ein besseres Aussehen durch oberflächliche Vergoldung herstellen. Jetzt wird die Feinheit des Goldes nicht mehr nach Karat, sondern nach Tausendteilen angegeben. Die weiße Karatierung, d. h. der Zusatz von Silber allein, wird selten angewandt, weil solches Gold blaß, messinggelb aussieht; öfter gebraucht man die rote und am meisten die gemischte Karatierung mit sehr verschiedenen Verhältnissen des Silber- und Kupferanteils, je nach der gewünschten mehr gelben oder mehr roten Färbung. Man hat namentlich für Bijouteriesachen durch verschiedene Legierungen mehrere Farbennüancen herzustellen gesucht, um durch Zusammenstellungen neue Effekte zu gewinnen. Außer rotem und gelbem Gold verarbeitet man auch das schon erwähnte graue, welches durch Änderung des Eisen- oder Stahlzusatzes mehr bläulich fällt (blaues Gold); eine Legierung von 7 Teilen Gold und 3 Teilen Silber ist grünlichgelb, erscheint aber durch Zusammenstellung mit rotem Gold blaßgrün (grünes Gold). Durch Verwendung von reinem Silber oder Platin gewinnt man zu dieser Farbenskala noch das Weiß.

Für Münzzwecke gelten verschiedene Mischungsverhältnisse. Die Zwanzigfrankstücke sind zu $^{900}/_{1000}$ ausgeprägt, was 21 Karat $7^1/_5$ Gramm entspricht; ebenso ist auch der Gehalt unsrer jetzigen Reichsgoldmünzen. Die Münzeinheit, die Mark, wird repräsentiert durch ein Gewicht von $0,_{3585}$ g feinen Goldes; ein Zwanzigmarkstück enthält also $7,_{170}$ g woraus hervorgeht, daß aus dem Pfunde Feingold

$69^3/_4$ Zwanzigmarkstücke,
$139^1/_2$ Zehnmarkstücke,
279 Fünfmarkstücke

geprägt werden, und bei einem Feingehalte von $^{900}/_{1000}$

$251,_{10}$ Fünfmarkstücke, oder
$125,_{55}$ Zehnmarkstücke, oder
$62,_{755}$ Zwanzigmarkstücke

ein Pfund wiegen müssen.

Die Legierung mit Kupfer oder Silber macht das Gold, das trotz seiner Weichheit zu den schwerflüssigen Metallen gehört, weit leichtflüssiger und sein Ein- und Umschmelzen bequemer, ohne daß es dadurch zu einem eigentlichen Gußmaterial würde. Gegossene Goldwaren gibt es schon nicht wegen des hohen Preises des Metalls, und dann auch, weil dasselbe sich beim Erkalten stark zusammenzieht. Man gießt daher meistens nur Zaine und arbeitet dieselben durch Strecken, Hämmern u. s. w. weiter aus. Überhaupt ist der Verbrauch des Goldes zu massiven Gegenständen, von Münzen abgesehen, in unsern Zeiten der geringste. Die eine seiner Haupttugenden, seine große Dehnbarkeit, gestattet es, den edlen Stoff in so dünnen Schichten anzubringen, daß das Gold sogar ein wohlfeiler, häufig anwendbarer Stoff wird und man sozusagen selbst das nackte Elend noch vergolden könnte.

Die **Goldschlägerei**, deren Geschäft die Verwandlung des Goldes, Silbers u. s. w. in die dünnsten Blättchen ist, hat schon seit sehr alten Zeiten bestanden, und der alte volkstümliche Ausspruch, daß man einen Dukaten so weit ausschlagen könne, um einen Reiter samt seinem Pferde zu vergolden, ist nicht übertrieben. Die Goldschläger verarbeiten teils feines Gold, teils solches, welches einen sehr geringen Zusatz ($^1/_{80}$) Silber oder Kupfer enthält, je nach der Farbe, welche man dem Golde geben will. Als Feingold benutzt man gern das Scheidegold, das aus der Entgoldung alter Silbermünzen gewonnen wurde. Das Gold wird geschmolzen und in einem Einguß zu einem Stabe gegossen, dieser auf einem kleinen Walzwerke bis auf $2^1/_2$ cm Breite und 1 mm Dicke ausgewalzt, endlich aber in Stücke von 15 cm Länge geschnitten, aus welchen ein Gebind gemacht wird. Dies wird gehämmert, und zwar erst in die Länge und dann in die Breite, wodurch das Metall nach beiden Seiten ausgedehnt und bis auf die Stärke eines Papierblattes verdünnt wird. Die einzelnen, $6^2/_3$ Dekagramm wiegenden Metallstreifen werden nun in viereckige Blätter, Quartiere, von $2^1/_2$ cm im Quadrat, geschnitten, und Blatt für Blatt zwischen die 150 Blätter der Pergament- oder Quetschform gebracht, welche $7^1/_2$ cm im Quadrat halten. Die ganze Form, nämlich die Blätter in eine Pergamentkapsel eingeschoben, wird nun auf einem Granitblock mit dem $2^1/_2$—$7^1/_2$ kg schweren Formhammer so lange geschlagen, bis sich die Goldblätter so weit ausgedehnt haben, daß sie ebenfalls Quadrate von $2^1/_2$ cm Seitenlänge bilden. Dadurch sind sie aber hart geworden; sie werden daher in eine eiserne Kapsel eingelegt und mit derselben geglüht, wodurch sie wieder die nötige Weichheit erhalten; dann kommen sie in die Form von 10 cm und werden in dieser ausgeschlagen, bis sie Quadrate von 10 cm Seitenlänge bilden. Jedes der einzelnen Blätter schneidet man nun in vier gleiche Teile und bringt je einen derselben zwischen zwei Blätter der Hautform, welche aus dem sogenannten Goldschlägerhäutchen, der besonders zubereiteten äußeren Haut des Blinddarmes vom Rindvieh, besteht. Diese Form hat 600 Blätter, und die vorher $2^1/_2$ cm im Quadrat haltenden Goldblätter werden abermals bis auf $7^1/_2$ cm ausgedehnt, dann wieder in vier Teile geschnitten und in die bekannten, aus dem rötlichen Goldschlägerpapier bereiteten Büchelchen eingelegt, welche meist in die Buchbindereien und Portefeuillefabriken wandern.

Das Goldschlägerhäutchen ist ein wichtiger Gegenstand beim Goldschlagen und von dessen Güte hängt die Schönheit des Produktes vorzüglich ab. Es ist auch ein teurer Artikel, dessen Herstellung und Behandlung sehr umständlich ist und viel Sorgfalt erheischt. Um den Häutchen die Sprödigkeit zu benehmen, die sie beim Schlagen erhalten, müssen sie bisweilen mit Essig befeuchtet werden; außerdem aber sind sie immer glatt zu pressen und trocken zu halten, da sie leicht Feuchtigkeit aus der Luft anziehen. Beim Schlagen müssen sie ganz trocken sein und nötigenfalls vorher durch Wärme getrocknet werden. Die englischen Häutchen gelten für die besten und werden von deutschen Goldschlägern viel benutzt; doch hat man sie in neuerer Zeit in Nürnberg von gleicher Güte herzustellen gelernt.

Auch das Schlagen, das beim Fortgange der Arbeit mit immer leichteren Hämmern geschieht, ist eine Arbeit, die bei aller Einfachheit viel Geschick erfordert. Die Form wird mit der einen Hand gehalten und beständig so geführt und gewendet, daß die Schläge in richtiger Verteilung fallen; ferner muß der Form von Zeit zu Zeit eine solche nicht näher zu beschreibende Bewegung erteilt werden, daß die durch die Schläge bewirkte Anhaftung zwischen den Goldblättchen und den Häutchen wieder gelöst wird und erstere sich in ihre zunehmende Breite strecken können. Indes erhält man auch bei geschickter Arbeit kaum die Hälfte des verwendeten Goldes in gut ausgeschlagenen Blättern; der Abfall (Schaum,

Schawine) wird entweder wieder eingeschmolzen oder dient zur Darstellung von echter Bronze oder Muschelgold. Zu dem Behufe werden die feinen Abfälle mit Honig zu einem Teige gemischt und auf das sorgfältigste gerieben. Der Honig, der nur zum Zwecke der Zerteilung zugegeben war, wird mittels Wasser wieder ausgezogen und das Metall als ein höchst zartes Pulver gesammelt.

Wo die Goldschlägerei fabrikmäßig betrieben wird, sind die Arbeiten geteilt und werden die leichteren, bei denen es namentlich auf gewandte und feinfühlige Finger ankommt, in der Regel von Frauen und Mädchen ausgeführt. Sie besorgen das Einlegen in die Quartiere, das Entleeren und Wiederfüllen der Hautformen, das Sortieren der ganz gebliebenen Blätter von den zerrissenen, das Abzählen und die Verpackung, während das Schlagen ausschließlich von Männern ausgeführt wird.

Die aus dem feinsten Golde herstellbaren Blättchen sind so dünn, daß 10000, aufeinander gelegt, erst die Dicke eines Millimeters erreichen. Versucht man es, sie noch dünner zu schlagen, so fangen sie an zu reißen, während sie vorher, obschon ganz durchscheinend, vollkommen dicht sind. Dennoch ist die Grenze der Dehnbarkeit des Goldes durch dieses Schlagen noch nicht erreicht, denn auf dem Wege des Drahtziehens läßt sich die Verdünnung so weit treiben, daß die einen Silberdraht überziehende Goldschicht nur $^1/_{6\,000\,000}$ eines Millimeters Dicke besitzt.

Fig. 180. Goldschläger.

Man hat verschiedene Arten von Blattgold. Die stärkste Sorte heißt Fabrikgold und dient zum Vergolden von Silberdraht. Das Franzgold der Buchbinder hat einen Zusatz von etwas Silber, erscheint daher hell in der Farbe. Zwischgold wird erhalten, wenn man ein sehr dünnes Blatt Feingold und ein ebenso dünnes Blatt Feinsilber heiß aufeinander walzt und durch die gewöhnliche Goldschlägerarbeit vereinigt. Diese Blätter sind auf einer Seite gelb und auf der andern weiß. Das Feinsilber wird ebenso behandelt wie das Gold, aber nicht so oft und so dünn geschlagen. Unechtes Blattgold und Blattsilber wird wie das echte hergestellt; ersteres besteht aus Tombak, letzteres aus Zinn.

Vergoldung. Mit Blattgold wird ein großer Teil der Vergoldungen, namentlich auf nichtmetallische Stoffe, ausgeführt. Es gehört hierzu immer irgend ein Bindemittel zum Festhalten des Goldes. Bei der haltbareren Ölvergoldung und -Versilberung wird dem vollkommen geebneten Gegenstande ein Überstrich von Leinölfirnis und geschlämmtem Ocker für Gold, oder von Leinölfirnis und Bleiweiß für Silber gegeben, und wenn derselbe so trocken ist, daß der Finger noch ein wenig darauf haftet, werden die Gold- oder Silberblättchen aufgelegt. Diese Art gestattet aber kein Polieren, und die schönen hellpolierten Spiegel- und Bilderrahmen sind durch Wasservergoldung erzeugt. Bei dieser, welche im ganzen viel schwieriger und umständlicher, aber auch viel vergänglicher ist als die Ölvergoldung, werden die Gegenstände zuerst mit Leim getränkt und dann mit 6—8 Lagen eines aus Leimwasser und geschlämmter Kreide bestehenden Grundes angestrichen, wobei aber jede folgende Lage erst dann aufgetragen werden kann, wenn die vorhergehende durchaus trocken ist. Dieser Grund wird dann mit Bimsstein trocken und endlich feucht geschliffen, nun das sogenannte Poliment, eine Mischung von feingeriebenem Bolus, Graphit, Leim und ein wenig Wachs, mit einem Pinsel aufgetragen und auf dieses werden dann die Gold- und Silberblättchen aufgelegt.

Nach dem vollkommenen Trocknen können die zu polierenden Stellen mit Achat geglättet und mit Englischrot poliert werden, die matten aber erhalten einen Überstrich von sehr dünnem Leimwasser, das mit einem geringen Zusatz von Drachenblut gefärbt ist. Neuerdings wendet man bei Anfertigung der Holzleisten statt Goldes bloß Blattsilber an, dem man durch Überziehen mit einem gelben Lack jede beliebige Goldnüance erteilt. Diese Leisten haben ein sehr goldähnliches Aussehen, kosten weniger und können ohne Schaden gewaschen werden.

Fig. 181. Sortieren und Füllen der Quetschformen.

Man kann mit Blattgold aber auch Metalle ohne jedes Zwischenmittel vergolden. Bei dieser im ganzen selten, am meisten noch auf Stahl ausgeführten Methode werden die zu vergoldenden Stellen mit Scheidewasser angeätzt, die Stücke bis zum Blauanlaufen erhitzt, die Goldblätter aufgelegt und angedrückt. Nachdem das Erhitzen und Auflegen drei- oder viermal erfolgt ist, wird mit dem Polierstahl Politur gegeben. Man ritzt auch zur besseren Anheftung des Goldes die Stellen vorher mit einem scharfen Instrument (rauhe Vergoldung) und braucht dann natürlich etwas mehr Goldblätter, um die Ritzen unsichtbar zu machen.

Die solideste Vergoldung von Metallen (Bronze, Messing, Silber und Kupfer) ist die Feuervergoldung. Ihre Haltbarkeit rührt daher, daß hier unter Einfluß von Rotglühhitze ein wirkliches Anschmelzen oder die Bildung einer Legierung erfolgt, die zwischen dem Grundmetall und dem Gold in der Mitte liegt. Behufs der Vergoldung im Feuer werden zu einem Teile des in dünne Bleche ausgewalzten und rotglühend gemachten Goldes 6—8 Teile Quecksilber zugesetzt, wodurch das Gold aufgelöst und ein Amalgam gebildet wird, von welchem man nach dem Erkalten durch Auspressen das überschüssige Quecksilber absondert. Die zu vergoldende Metallmasse wird nun ausgeglüht, nach dem Erkalten mit verdünnter Schwefelsäure rein gebeizt, dann in eine Mischung von Salpetersäure, Salz und etwas Ruß getaucht und damit abgerieben, und darauf das Amalgam mittels einer zuvor in die obige Mischung (oder das aus einer Auflösung von Quecksilber in Salpetersäure bestehende Quickwasser) getauchten Bürste aus Messingdraht aufgetragen. Nach dem Auftragen wird der Gegenstand mit Wasser abgespült, getrocknet, dann über glühenden Kohlen erhitzt und hierbei nach Erfordernis gedreht und gewendet. Dabei wird das Quecksilber verflüchtigt und das Gold bleibt in einer dünneren Lage auf dem Metall zurück; es wird mit Essig abgerieben und mit Blutstein poliert. Das Vergolden kann nach Befinden zwei- bis dreimal wiederholt werden, um die Goldschicht zu verstärken.

Bronzene und messingene Gegenstände unterliegen vor dem Vergolden noch einer Vorbereitungsarbeit, dem Abbrennen. Dasselbe besteht aus einem Glühendmachen, Erkaltenlassen und Abbeizen der dabei entstandenen Oxydhaut durch eine Säure. Hiermit wird aus der Oberfläche der Grundmasse Zink verflüchtigt und eine reinere Kupferfläche erzeugt, welche das Amalgam besser annimmt und der Vergoldung einen wärmeren Ton verleiht. Gegenstände, welche ganz oder teilweise matt sein sollen, werden nach dem Vergolden mattiert. Die nachher zu polierenden Stellen erhalten eine unschädliche Bedeckung aus Kreide und Gummi u. s. w., die zu mattierenden eine Komposition, welche in der Hitze Chlor entwickelt und dadurch das Gold angreift und ihm den Glanz nimmt. Um den Ton der Vergoldung mehr zu röten, wendet man nach dem Abtreiben des Quecksilbers Glühwachs an, womit das noch warme Stück bestrichen und neuerdings der Hitze ausgesetzt wird. Dieses Wachs enthält als Hauptingredienz Grünspan, welcher in der Hitze Kupfer an die Unterlage abgibt, so daß sich oberflächlich eine wirklich rote Karatierung erzeugt. Gelbes Glühwachs, Zinkvitriol enthaltend, färbt die Goldoberfläche heller gelb u. s. w.

Die beim Feuervergolden entstehenden Quecksilberdämpfe und auch die beim Mattieren sich entwickelnden Gase sind für die Gesundheit der Arbeiter höchst gefährlich. Die Werkstätten müssen daher einen stark ziehenden Schornstein haben, durch welchen mittels kräftig wirkender Ventilatoren die giftigen Dämpfe entfernt werden; auch sucht man wohl bei Bearbeitung großer Massen den Mund vor den Dämpfen durch eine Maskierung noch mehr zu schützen oder das Ausglühen in Räumen vorzunehmen, die mit Glasfenstern abgeschlossen sind.

Eisen und Stahl nehmen das Goldamalgam nicht direkt an; man hilft sich bei ihnen entweder mit der nassen Amalgamierung, welche aus einem Sieden der Gegenstände in Wasser mit Quecksilber, Zink, Eisenvitriol und Salzsäure besteht und wobei das Eisen sich mit einem dünnen Quecksilberspiegel überzieht, oder man erteilt den Stücken vorher eine dünne Verkupferung, wonach die Vergoldung keine Schwierigkeit hat. Auf die Vergoldung von Porzellan und Glas kommen wir bei den betreffenden Gegenständen noch zu sprechen.

Viel weniger dauerhaft als die Vergoldung im Feuer sind die kalte und die nasse Vergoldung. Unter letzterer begreift man alle Methoden, bei denen das Gold in Form einer Auflösung zur Anwendung kommt. Die kalte Vergoldung (Anreiben) ist auf Kupfer, Messing, Tombak, Argentan und Silber anwendbar und kommt besonders bei letzterem in Gebrauch. Man löst das Gold in Königswasser bis zu dessen Sättigung auf, mit der Auflösung werden feine Leinwandlappen getränkt, getrocknet und zu Zunder verbrannt. In diesem steckt das metallische Gold in feinster Verteilung, und es wird so mittels eines in Essig getauchten Korkes auf die zu vergoldenden Metallflächen gerieben, welche vorher blank gemacht sein müssen. Bei hinlänglich fortgesetztem Reiben bildet sich durch das bloße Anhängen von Goldteilchen die Vergoldung, die schließlich poliert wird. Sie hat ein schönes Aussehen und wird selbst gebraucht, um schwach im Feuer oder galvanisch vergoldete Sachen aufzubessern.

Von den Methoden der nassen Vergoldung diente früher, vor Einführung der galvanischen Vergoldung, hauptsächlich der sogenannte Goldsud, um Bijouteriesachen und andern kleinen Gegenständen rasch eine dünne Vergoldung zu geben. Die hierzu dienende Lösung ist sogenanntes goldsaures Kali, eine Komposition aus Chlorgoldlösung und doppeltkohlensaurem Kali (Kaliumbikarbonat) mit Wasser. In einem Porzellan- oder emaillierten Gußeisengeschirr erhält man dieselbe im Sieden, taucht die Gegenstände an blanken Kupferdrähten hängend hinein und zieht sie nach einer Minute vergoldet wieder heraus. Die Methode paßt für Kupfer, Messing und Tombak; für Eisen und Stahl nur dann, wenn sie vorgängig leicht überkupfert worden sind; für Silber ist sie ungeeignet.

An kleinen Stahlwaren, wie Scheren, Näh- und Stricknadeln, findet sich öfter ein Hauch von Vergoldung, meist nur stellenweise als Verzierung angebracht. Man hat sie zu diesem Zweck in Goldäther eingetaucht oder damit bepinselt; nach einem gelinden Erwärmen erscheint dann gleich das Goldhäutchen. Der Goldäther entsteht durch Zusammenschütteln von Chlorgoldlösung mit Schwefeläther, welcher letztere das Chlorgold aufnimmt. Zink und alle vorher verzinkten Metalle lassen sich bequem stellenweise vergolden, wenn man aus einer Lösung des schon erwähnten Cyangoldkaliums mit Kreide und etwas Weinstein einen Brei macht, den man an beliebigen Sellen aufpinselt und dann wieder abwäscht.

Fig. 182. Vergolden eines größeren Stückes im Feuer.

Bei allen nassen Vergoldungsmethoden findet eine reduzierende chemische Thätigkeit statt. Die unedlen Metalle haben zu dem Partner des Goldes (Chlor, Cyan) mehr Anziehung als das sich so leicht aus allen chemischen Fesseln frei machende Edelmetall. Es erfolgt eine Scheidung einerseits und Neuverbindung anderseits. Kommen hierbei außerdem elektrische Ströme ins Spiel, so gehen diese Umsetzungen lebhafter vor sich und lassen sich auch unter Umständen hervorrufen, unter welchen sie freiwillig nicht stattfinden würden, wie wir bereits früher gesehen haben.

Somit hätten wir das Gold begleitet auf seiner Wanderung, meist aus winziger Verteilung in der Natur mühevoll zusammengebracht, sehr selten sich in größeren Massen darbietend, doch schließlich wieder der Zerstückelung und weitgehender Verteilung, ja großenteils einer wirklich homöopathischen Verdünnung anheimfallend.

Das Platin und seine Begleiter.

Nach einer alten Weltanschauung, welche in dünkelhafter Weise den Menschen als letzten Zweck der Natur ansah, sollten die Gaben der Natur gerade in solcher Menge und Verteilung vorhanden sein, wie es für den Herrn der Schöpfung, zu dessen Bestem ja alles nur existierte, am zweckmäßigsten geeignet war. Die Steinkohlen staken nur deshalb so tief im Gebirge, damit sie sparsamer verbrannt würden. Diese Ansicht hätte, wenn durch nichts andres, allein schon durch das Platin gestürzt werden können. Platin ist in Berücksichtigung seiner technisch eminent wertvollen Eigenschaften offenbar zu wenig in der Natur vorhanden und das Metall deswegen viel zu teuer. Man könnte Platin in großen Massen sehr gut brauchen, und nicht etwa zu Glanz und Luxus, wozu es sich, obwohl ein Edelmetall wie Gold und Silber, doch weniger als diese eignet, sondern vorzugsweise im Dienste der Wissenschaft, Industrie und Technik. Es hat seinen eigentlichen Platz in den Laboratorien der Naturforscher und in den Werkstätten und Fabriken der praktischen Chemie und der physikalischen Technik; wichtige Entdeckungen wurden mit seiner Hilfe gemacht und für die Herstellung zahlreicher Apparate ist es unentbehrlich; beispielsweise würde ohne Platingeräte die Fabrikation von Schwefelsäure in dem Umfange, in dem sie heute betrieben wird und betrieben werden muß, geradezu nicht möglich sein.

Eine alte Geschichte hat das Platin nicht. Wir sind zuerst durch das metallreiche Amerika mit dem neuen Elemente bekannt gemacht worden, und da dasselbe unter den nämlichen Verhältnissen wie das Waschgold im Sande sich zu finden pflegt und seine ursprüngliche Lagerstätte noch jetzt nicht sicher bekannt ist, so konnte auch seine Entdeckung nicht füglich anderswo als in Goldwäschereien erfolgen. Dies geschah in der ersten Hälfte des vorigen Jahrhunderts im ehemals spanischen Südamerika. Es wurde da zwischen Gold ein andres schweres weißes Metall in Sand- und Körnerform gefunden, mit dem man zunächst nichts anzufangen wußte. Man nannte es in Ableitung von dem Worte plata (Silber) platina, Kleinsilber, oder etwas dem Silber Ähnliches. Eigentlich war die erste Benennung platina del Pinho, weil es sich zuerst in dem goldführenden Sande des Pinhoflusses in Neugranada fand; später ergaben sich noch weitere Fundorte in Brasilien, Kolumbien, Mexiko, Peru und auf San Domingo, von denen die in Kolumbien, am westlichen Abhange der Anden, die bedeutendsten sind. Bevor aber noch ein Gebrauch des neuen Stoffes gefunden worden war, wurde schon ein Mißbrauch desselben gefürchtet. Es fand sich nämlich, daß sich eine ziemliche Menge dieses Metalls in das Gold einschmelzen ließ, ohne dessen Gewicht und Farbe zu verändern, und aus Furcht vor möglichen Goldverfälschungen ließ nun die spanische Regierung die ersten gesammelten Vorräte sämtlich in die See werfen. Mit der Zeit wurde man besser mit den Eigenschaften dieses Stoffs bekannt. Der Engländer Wood brachte es 1741 zum erstenmal nach Europa. Die Schweden Steffen und Lewis bestimmten es 1754 als ein eignes Metall, aber erst 1803 wurde ermittelt, daß das rohe Platin (Platinerz) eigentlich eine Vereinigung von fünf Metallen sei: Palladium, Rhodium, Iridium und Osmium, zu denen sich später (1846) noch das Ruthenium gesellte. Das Vorkommen dieser Metalle in Gesellschaft des Platins ist so beständig, daß man sie ganz allgemein Platinmetalle zu nennen pflegt.

Vorkommen. Bis zum Jahre 1822 war Amerika der alleinige Platinlieferant; in diesem Jahre entdeckte man in den Goldwäschereien am östlichen Abhange des Ural dasselbe Mineral, und bald war seine Anwesenheit im Sande in größerer oder geringerer Menge längs der ganzen Uralkette konstatiert. Die Wäschen von Nishnij-Tagilsk und Kuschwinsk sind bisher die ergiebigsten geblieben. Die reichen Tagilskschen Gruben, welche der Familie Demidow gehören, die an die Regierung 15 Prozent des gewonnenen Rohplatins als Grundsteuer abgibt, liegen auf dem höchsten Kamme des Ural flach unter der Oberfläche in Sandsteinschichten. Die Ausbeutung am Ural gestaltete sich gegenüber der amerikanischen bald so bedeutend, daß gegenwärtig Rußland die Preise des Platins bestimmt. Denn während Kolumbien, Brasilien und Hayti (San Domingo) zusammen etwa 425 kg im Jahre liefern, beträgt das russische Ausbringen über 2250 kg, von Borneo kommen etwa 120 kg. Nach Aussage von Sachkennern ließe sich die Platingewinnung am Ural noch in weit größerem Maßstabe betreiben.

Gegenwärtig steht also ein jährliches Einkommen von etwa 2800 kg Platin dem Konsum zur Verfügung, denn wenn das Metall auch anderwärts, z. B. in Java u. s. w., vorkommen soll, so wird doch von dorther nichts geliefert und es gibt demnach der Hauptsache nach nur zwei Bezugsländer. Hierbei hilft es nichts, sondern hat nur ein theoretisches Interesse, zu wissen, daß das Platin an sich gar nicht so selten, sondern in feinster Verteilung eigentlich ein sehr verbreiteter Stoff ist. Es soll sich nach Pettenkofer in fast allem Gold und Silber des Handels, soweit es nicht Scheidemetall aus dem Affinierprozeß ist, und nach französischen Chemikern in vielen Gesteinen und Mineralien, namentlich der Alpen, finden. Selbst Gußeisen und Stahl aus verschiedenen Bezugsländern enthielten Platin, freilich höchstens nur $^1/_{10}$ g im Zentner.

In demselben alten Schuttland und Anschwemmungssand, in welchem Gold vorkommt, kann auch das Platin liegen. Doch sind die platinreichen Lager arm an Gold und dem dasselbe anzeigenden Quarzsande, so daß eine andre Gebirgsart, über welche man jedoch noch zweifelhaft ist, das Muttergestein des Platins sein mag. Da sich das gediegene Platinerz mitunter verwachsen mit Chromeisenstein und Serpentin gefunden hat, so hat man vermutet, daß es ursprünglich im Serpentinfels zu Hause sei. In Columbia dagegen wurde es mit Syenit verwachsen auf Quarz- und Brauneisensteingängen entdeckt. Wie das Gold, kommt auch das Platin nur gediegen in der Natur vor, doch stets in großer Gesellschaft andrer Mineralien und Metalle, in denen es teils im Gemenge liegt, teils verwachsen, teils auch legiert ist. Ein Stück sogenanntes Platinerz kann daher einen sehr unsicheren Wert haben, indem es durchaus reines Platin sein, aber auch nur ein paar Prozent davon enthalten kann. In den meisten Fällen finden sich die Platinmetalle zu feinem Sand zerkleinert, in kleinen Schüppchen, in Körnern von Erbsengröße, selten in größeren Stücken und Klumpen. Teils zeigen sie Metallglanz, teils ein unscheinbares schwärzliches Äußere. Das größte bis heute in Amerika gefundene Stück Platinerz, das sich jetzt in Madrid befindet, wiegt noch nicht ganz 1 kg (820 g), dagegen ist der Ural an größeren Klumpen reicher; man fand deren von 5—10 kg, der größte bekannte wiegt $16^1/_2$ kg. Auf der ergiebigsten, der Regierung gehörigen Wäsche am Ural erscheint das Platinerz in Gestalt eines gleichartigen grauen Sandes mit einzelnen metallisch glänzenden Flittern; es enthält bis 88 Prozent reines Platin.

Außer den schon angeführten fünf neuen Metallen, die man erst bei Gelegenheit des Platins kennen lernte und welche die eigentliche Leibgarde desselben ausmachen, und außer dem Golde, pflegen sich als Begleiter vorzufinden: Magnet-, Titan- und Chromeisenstein, Zirkon, Spinell, Quarz, Serpentin u. s. w., gewöhnlich auch ist Osmium-Iridium frei in besonderen Körnern beigemengt.

Reindarstellung des Platins. Die Scheidungsarbeiten haben natürlich mit den gewöhnlichen Hüttenprozessen gar nichts gemein und fallen lediglich ins Bereich des chemischen Laboratoriums. Der Gang des Verfahrens im allgemeinen ist, daß die Platinerzmasse in Königswasser gelöst, daraus das Platin mittels Salmiak gefällt und dieser Niederschlag geglüht wird. Man erhält so das Metall in Form einer pulverigen Masse, welche durch starkes Pressen, Glühen und Hämmern in den Zustand des kompakten Metalls gebracht wird. Bevor man Erz und Sand in diese Behandlung nimmt, wird man es durch Waschen und Auslesen möglichst von fremden Bestandteilen trennen. Mittels eines Magnets lassen sich eisenhaltige Teile herausziehen; es gibt auch sowohl im amerikanischen als im russischen Erz Körner, welche eine wirkliche Legierung von Platin und Eisen darstellen und ebenfalls dem Magnet folgen.

Die Unlöslichkeit in einfachen Säuren teilt das Platin mit dem Golde; ja es ist in seinem rohen Zustande selbst gegen das Königswasser widerständiger als dieses; man braucht zur Lösung eine große Quantität unter Anwendung von Hitze. Durch kaltes, schwaches Königswasser läßt sich der etwa vorhandene Goldgehalt vorweg herausziehen, sowie schon durch bloße Salpetersäure das gemeine Metall, Kupfer, Eisen u. s. w. In Petersburg, wo jedenfalls die größte Platinscheideanstalt besteht, in welcher fast alles uralische Rohplatin zu Gute gemacht wird, beginnt man gleich mit der Lösung in heißem Königswasser. In dreißig in einem Sandbade stehenden großen Porzellanschalen, jede von $12^1/_4$—$17^1/_2$ kg Inhalt, ist das Platinpulver der Erhitzung in Königswasser von 1 Teil Salpetersäure und 3 Teilen Salzsäure ausgesetzt. Hat nach 8—10 Stunden die Entwickelung roter Dämpfe aufgehört, so zieht man die Flüssigkeit von dem ungelösten Rückstande, der gewöhnlich aus

Osmiumiridium, Chrom, Ruthenium und Titaneisen besteht, ab und verdunstet die Lösung zur Trockne, erhitzt den Rückstand auf 125° C., um die Chloride des Palladiums und Iridiums in Chlorüre zu verwandeln, welche bei der nachfolgenden Behandlung mit Salmiak nicht mit gefällt werden. Hierauf löst man wieder in Wasser und vermischt diese Lösung mit Salmiaklösung, solange noch ein gelber Niederschlag entsteht. Dieser ist ein Doppelsalz aus Chlorplatin und Chlorammonium. Um aus diesem Platinsalmiak das Metall zu gewinnen, ist ein bloßes Glühen hinreichend, das Chlor und der Salmiak verflüchtigen sich dabei und das Platin bleibt zurück. Das Glühen geschieht in einer Platinschale und das Metall erscheint dann als ein höchst feines, lockeres, graues Pulver, als sogenannter Platinschwamm, welcher in einem Metallmörser unter gelindem Drucke verrieben und dann gesiebt wird. Das Pulver schüttet man in ein gußeisernes Rohr und treibt mittels einer sehr kräftigen Presse einen stählernen Stempel nach. Durch den starken Druck bekommt das Pulver soviel Zusammenhang, daß es nunmehr eine dicke, runde Scheibe, einen kurzen Cylinder darstellt. Sind eine Anzahl solcher Cylinder vorhanden, so setzt man sie einige dreißig Stunden lang der Hitze eines Porzellanofens aus. Hier sintern die Teilchen noch mehr zusammen, ohne jedoch wirklich zu schmelzen, und die Scheiben erscheinen nach dem Brande merklich kleiner. Das Metall ist in diesem Zustande schon schmiedbar und zu manchen Verwendungen geschickt, wird aber gewöhnlich noch zu kleinen Barren geschmiedet, zu Blechen ausgewalzt oder auch zu Draht in verschiedener Dicke verarbeitet. Das sogenannte Platinmetall ist allerdings noch etwas iridiumhaltig, was aber seiner Verwendung zu Gefäßen nicht hinderlich, sondern eher vorteilhaft ist. Der Preisunterschied zwischen rohem und gereinigtem Platin ist ein bedeutender. Von ersterem kostet das Kilogramm in Petersburg ungefähr 400 Mark, von letzterem bis gegen 700 Mark. Die große Menge Königswasser, die bei dieser Methode verbraucht wird, macht sie ziemlich kostspielig. Vorteilhafter erscheint in dieser Hinsicht ein andres Verfahren. Man schmilzt das Platinerz mit 2—3 Teilen Zink zusammen. Das gibt eine höchst spröde Legierung, die sich leicht in feines Pulver verwandeln läßt. Aus diesem zieht man mit verdünnter Schwefelsäure Zink und Eisen, dann durch Salpetersäure den größten Teil der übrigen Metalle, löst endlich den platinhaltigen Rest in Königswasser und verfährt nach Herstellung des Platinsalmiaks wie oben gesagt.

Eigenschaften und Verwendung. Unzerstörbar, gleich dem Golde, hat das Platin fast die Festigkeit des Eisens und Kupfers. Doch ist diese Eigenschaft eigentlich eine entliehene und rührt von dem schon erwähnten geringen Gehalt von Iridium her, das leicht bei dem Metall verbleiben kann. Reines Platin ist dagegen weicher als Silber. An Dehnbarkeit steht das weiche Platin dem Golde wenig und dem Silber gar nicht nach; es läßt sich so dünn wie Blattsilber schlagen und schon durch gewöhnliche Mittel des Drahtziehens aus geschmiedeten Stängelchen oder schmalen Blechstreifen in sehr feinen Draht verwandeln. Man kann aber durch einen Kunstgriff die Verfeinerung noch weiter treiben: man umgibt einen Platindraht mit einer stärkeren Schicht Silber und zieht nun das Ganze so fein als möglich aus. Der Platinkern folgt immer mit und erscheint, nachdem die Silberschicht durch Salpetersäure abgeätzt worden, als ein unfühlbares, ja kaum sichtbares Härchen. Wollaston erhielt ein solches Kunstprodukt so fein, daß sein Durchmesser $0{,}_{0006}$ mm nicht überstieg. Das Platin ist schwerer als Gold, denn in chemisch reinem Zustande ist sein spezifisches Gewicht $21{,}_{1}$, sein Schmelzpunkt liegt bei 1775° C. Der bereits erwähnte Platinschwamm besitzt im hohen Grade die Eigenschaft, Gase aufzunehmen und innerhalb seiner Poren zu verdichten; hierauf beruhte seine Anwendung zu den jetzt nicht mehr gebräuchlichen Döbereinerschen Wasserstoffgasfeuerzeugen. In noch höherem Grade besitzt jenes Vermögen der Platinmohr oder das Platinschwarz, ein zartes schwarzes Pulver, es absorbiert sein 250faches Volumen Sauerstoff und wirkt infolge davon sehr oxydierend. Man kann den Platinmohr auf verschiedene Weise bereiten, am einfachsten durch Fällen einer Platinchloridlösung mit Zink. Die Versuche, den Platinmohr in der Essigfabrikation zu verwenden, haben zu keinen zufriedenstellenden Resultaten geführt.

Bei dem Widerstande des Platins gegen Oxydation und andre chemische Einflüsse wird dasselbe überall das dreimal so teure Gold vertreten können, wo es nicht auf die Farbe des letzteren ankommt. Dies ist z. B. der Fall in Anwendung auf die Arbeiten der Zahnkünstler, und sein Verbrauch hierzu dürfte im ganzen nicht unbedeutend sein, wenn man erfährt, daß eine einzige Fabrik in Philadelphia monatlich 300 Unzen Platin, die Unze 8 Dollars, zu Nieten für künstliche Zähne verbraucht. In der Form von Blattmetall vertritt das Platin zuweilen das Silber zum Belegen der Rahmen, Schnitzarbeit u. dergl., wobei es sich besonders neben der Vergoldung gut ausnimmt und gegen das Silber den Vorzug besitzt, nicht wie dieses durch schweflige Dämpfe geschwärzt zu werden.

Von größter Wichtigkeit ist aber das Platin für Zwecke, bei denen es sich um einen Stoff handelt, der mit dem Widerstande gegen die stärksten Säuren zugleich die Eigenschaft weder zu zerspringen noch zu schmelzen besitzt. In den chemischen Laboratorien findet das Platin in Form mannigfacher Geräte, als Retorten, Tiegel, Abdampfschalen, Löffel, Zangen, Spatel, Blech und Draht, viel Verwendung. Größere Abdampfgefäße dieser Art bedürfen namentlich die Schwefelsäurefabriken wie auch die Goldscheideanstalten, und es wird vorzüglich in den ersteren die Kostspieligkeit des Platins stark empfunden. Einer Schwefelsäurefabrik, die täglich 80 Zentner konzentrierte Säure liefert, kostet die Platinblase und einige Nebenteile, Röhre, Stöpsel u. s. w., die auch von Platin sein müssen, mindestens 60000 Mark, und doch muß man das teure Möbel haben, wenn man nicht unter dem Risiko, jeden Augenblick ein Zerspringen gewärtigen zu müssen, Glasgefäße anwenden will. Nur durch das Platin wurde eine großartige Fabrikation der Schwefelsäure möglich, und wer die Wichtigkeit dieses Lösungsmittels für eine große Reihe technischer Zweige zu würdigen weiß, wird auch die guten Dienste des Platins dabei gern anerkennen. Übrigens weiß der Chemiker wohl, daß er seinen Platingefäßen nicht alles und jedes zumuten darf und sie vor manchen Einflüssen sorgsam zu hüten hat. Er wird ihnen z. B. keinen Inhalt geben, welcher Chlor entwickelt, weil dieses zum Platin wie zum Gold der eigentliche Löseschlüssel ist. Das Gleiche gilt von Brom, Jod, Phosphor und Schwefel. Dann darf das Metall nicht mit glühenden Kohlen in direkte Berührung gebracht werden, weil es leicht aus der Asche Silicium aufnimmt, infolgedessen brüchig wird und Löcher bekommt. Auch Lithionverbindungen, Ätzkali, schmelzender Salpeter u. s. w. greifen das Platin an, und zum Schmelzen von Metallen können Platingefäße wegen zu befürchtender Legierungen nicht gebraucht werden; Blei, Zinn u. dergl. veranlassen sofort Brüche und Löcher. Lange Zeit waren Paris und London die Hauptbezugsorte für Platingeräte. Erst seit 1857 verfertigt man sie auch in Deutschland (Hanau) fabrikmäßig.

Gleich dem Kupfer, Gold und Silber läßt sich auch das Platin galvanisch niederschlagen, indessen gelang es noch nicht, metallene Gefäße so dicht damit zu überziehen, daß sie für Säuren gleich denen aus gediegenem Metall gebraucht werden könnten. Es bleibt, um an Platin zu sparen, nur der Ausweg des Platierens mit Platinblech.

Das Platin ist im gewöhnlichen Feuer ganz unschmelzbar; in der Weißglühhitze erweicht es indes und läßt sich gleich dem Stabeisen schweißen, nur insofern etwas schwieriger, als es die Hitze sehr rasch wieder abgibt. Die gewöhnliche Formgebung geschieht daher durch Hämmern, Treiben, Walzen u. s. w., und wo Lötungen sich nötig machen, benutzt man dazu feines Gold. Im vorigen Jahrzehnt hat die Technik des Platins einen neuen Aufschwung genommen, nachdem es französischen Chemikern gelungen war, größere Massen des Metalls zu schmelzen. In einem kleinen Ofen, der in seinen Leistungen einem Knallgasgebläse gleichkommt, gelang es in der That, Massen von über 10 kg allmählich zusammenzuschmelzen. Der Brennstoff ist ein Gemisch von Leuchtgas und reinem Sauerstoffgas, und die entwickelte Hitze ist so stark, daß die besten irdenen Schmelztiegel flüssig wie Glas werden würden. Man benutzt daher einen Tiegel oder vertieften Herd, der aus einem Stück Kalk geformt ist. Durch Zusammengießen der Schmelzungen aus mehreren kleinen Öfen lassen sich Barren erzeugen, größer als es jeder Bedarf erheischt. In einer Londoner Platinfabrik wurden in solchen Schmelzapparaten schon 100 kg Metall auf einmal in Fluß gebracht. Das umgeschmolzene Platin ist eine schöne homogene Masse, gefügig wie Kupfer und ebenso leicht zu verarbeiten. Es läßt sich auch ganz bequem gießen und füllt die Formen gut aus. Infolge dieses Umschwungs wird schon jetzt überall geschmolzenes Platin verarbeitet, und die großen Schwefelsäurekessel, diese sonst so mühevollen Werke, werden in Sand gegossen oder vorgegossen. Welche Vorteile die Technik hierin gefunden, läßt sich schon daraus entnehmen, daß gegenwärtig Schwefelsäurekessel zu etwa ein Viertel der früher gangbaren Preise angeboten sind.

Auf den Weltausstellungen pflegen die Fabriken, welche sich mit der Ausscheidung, Reindarstellung und Weiterverarbeitung der edlen Metalle, und namentlich mit der Herstellung von Platingefäßen, wie solche in der chemischen Technik gebraucht werden, befassen, besonders glänzend vertreten zu sein. Der Glasschrank, den z. B. Matthey & Comp. 1873 in Wien ausgestattet hatten, enthielt mehrere Platindestillierblasen zur Konzentrierung der Schwefelsäure, welche die Kleinigkeit von einigen 20000 oder 30000 Frank jede kosteten. Sie waren ohne Lötung aus einem einzigen Stück Platin hergestellt. Ein geschmiedeter Barren von chemisch reinem Platin repräsentierte einen Wert von 27500 Frank; ebenso waren Legierungen von Platin und Iridium ausgestellt; außerdem aber die Begleiter des Platins: Palladium, Rhodium, Osmium, denen wir noch einige Augenblicke der Betrachtung schenken wollen.

Palladium, Osmium, Iridium. Von den Begleitern des Platins findet sich das Palladium in geringer Menge manchmal als gediegener Körper in den Platinerzen. Es gleicht dem Platin in vielen Eigenschaften, in der Farbe ähnelt es mehr dem Silber, sein spezifisches Gewicht ist nur halb so groß wie das des Platins, nämlich 11,3—11,8, auch ist es viel leichter schmelzbar als dieses und löst sich schon in Salpetersäure. Man benutzt es angeblich zu feinen nautischen Instrumenten, da es durch Seewasser nicht wie Kupfer und Silber anläuft, sowie zur Befestigung künstlicher Gebisse und zu Impfnadeln. Interessant ist das Palladium auch durch seine Verwandtschaft zum Wasserstoff, von dem es große Mengen aufnimmt, indem es damit förmliche Legierungen bildet, in denen das gasartige Element sich ganz wie ein Metall verhält. Rhodium, Iridium und Ruthenium lassen sich ebenfalls aus der sauren Lösung abscheiden, nachdem Platin und Palladium gefällt worden sind. Das Iridium ist ein sehr sprödes Metall und für sich wenig zu technischer Anwendung geeignet. Es ist der schwerste aller bekannten Körper, denn sein spezifisches Gewicht ist 22,7. Man verfertigte daraus die Spitzen der sogenannten Goldschreibfedern, zieht aber jetzt hierzu das Rhodium vor. Osmium ist ein Stoff von anderm Charakter als die übrigen Platinmetalle, es ist ein säurebildendes Metall, das als solches gar keines technischen Gebrauchs fähig scheint. Beim Glühen verflüchtigt es sich als Osmiumsäure. Diese Säure wird neuerdings zu medizinischen Zwecken äußerlich verwendet. Im Platinerz findet es sich zu einem größeren Teil mit Iridium legiert in Form eines schwarzen Pulvers, das den größten Teil der bei der Lösung in Königswasser übrig bleibenden Rückstände bildet. Diese haben sich in den Scheideanstalten bisher überall in beträchtlicher Menge angesammelt, da man sie nicht zu verwerten wußte. Nach den von Deville und Debray gefundenen Ergebnissen dürften sie jedoch bald an die Reihe kommen und ihren Gehalt an Iridium hergeben müssen. Es hat sich nämlich herausgestellt, daß das Iridium in viel größerer Menge, als man glaubte, dem Platin zugesetzt werden kann, und daß dessen gute Eigenschaften dadurch nur gesteigert werden. Bei 10—15 Prozent Iridiumgehalt widersteht das Platin der Hitze und den Säuren besser und ist viel härter als im reinen Zustande; Legierungen mit 20 oder 30 Prozent Rhodium widerstehen selbst dem Königswasser fast vollständig. Es zeigt hierbei keinen Nachteil, wenn in die Legierung auch Rhodium mit eingeht. Ruthenium hat bis jetzt noch keine Verwendung gefunden.

Verbindungen des Platins. Mit Kupfer oder mit Kupfer und Zink legiert gibt das Platin goldähnliche Verbindungen. Bei der Anfertigung künstlicher Gebisse sind Legierungen von Platin mit Gold, Silber oder mit beiden in Gebrauch.

Das gewöhnliche Lösungsmittel des Platins ist das Chlor in Form von Königswasser; es entsteht hierbei Platinchlorid, welches in Wasser mit rötlichgelber Farbe löslich ist. Aus ihm lassen sich die weiteren Verbindungen ableiten, die im allgemeinen denen des Goldes analog sind. So teilen beide Metalle die Neigung zur Bildung von Doppelsalzen, und wie das Gold, so bildet auch das Platin mit Ammoniak eine explodierende Verbindung, Knallplatin. Auch mit dem Schwefel verbindet sich das Platin in zwei Verhältnissen, und durch Oxydation des Doppelschwefelplatins mittels Salpetersäure wird schwefelsaures Platinoxyd, eine andre gebräuchliche Lösung, erhalten. Alle Platinpräparate sind durch Hitze und reduzierende Agenzien leicht auf das metallische Platin zurückzuführen. Neuerdings macht man davon in der Porzellanmalerei Gebrauch zur Hervorbringung eines grauen Tones (Platinlüster).

Trachte, daß dein Äuß'res werde
Glänzend, und dein Inn'res rein;
Jede Miene und Gebärde,
Jedes Wort ein Edelstein.

Rückert.

Aluminium und Magnesium. Die Edelsteinlieferanten.

Was sind Erden? Die Thonerde und ihr Vorkommen in den Edelsteinen und andern Mineralien. Beryllerde und Talkerde. Die Herstellung echter Edelsteine durch Gaudin, Ebelmen, Daubré u. s. w. Thonerdesalze. Das Aluminium von Wöhler zuerst dargestellt. Gewinnungsmethode. Erzeugung im großen durch St. Claire-Deville. Verschiedene Darstellungsverfahren. Aluminiumfabrikation in Frankreich. Eigenschaften des Aluminiums. Aluminiumtechnik. Fabriken. Verwendungsarten. Das Alumininm als Münzmetall eine verkehrte Idee. Legierungen. Das Magnesium, Vorkommen und Eigenschaften, Legierungen und Aussichten.

Dem Gold und Silber schließen sich für uns einige Metalle an, welche zwar nicht beanspruchen können, gleiche Wertschätzung als edle zu erfahren, wie jene, die aber ihrer Verbindungen und teilweise auch des großen Ansehens wegen, in das sie sich selbst in der Neuzeit zu bringen vermocht haben, in deren nächste Nähe gestellt werden mögen, diejenigen Metalle nämlich, welche die basische Grundlage mehrerer Edelsteine bilden. Der prachtvolle Rubin, der nächst dem Diamant für das edelste Gestein gehalten wird, stellt uns in seiner chemischen Zusammensetzung eine Verbindung dar, welche neben der Kieselerde wohl die bedeutendste Masse Baumaterial zur Bildung unsres Erdkörpers gegeben hat. Er ist eine Erde, wie die Verbindungen gewisser Metalle mit Sauerstoff genannt werden, und zwar nichts andres als reine kristallisierte Thonerde, also ein metallisches Oxyd, wenn wir so wollen ein Erz, wie etwa der Roteisenstein ist, nur mit andrer metallischer Grundlage.

Das metallische Element in der Thonerde ist das vor einer Reihe von Jahren namentlich durch Reklamen französischer Chemiker oft genannte Aluminium, welches darin zu

54 Prozent enthalten ist; die übrigen 46 Prozent sind Sauerstoff. Genau dieselbe Zusammensetzung hat außer dem Rubin noch ein andrer Edelstein, der Saphir, der sich von jenem überhaupt nur durch die Verschiedenheit der Farbe unterscheidet. Er ist blau, während der Rubin mannigfaltige rote Farbennüancen zeigt. Die ganze Familie, der diese beiden Brüder angehören, nennt der Mineralog Korund. Sie begreift Mineralien in sich, welche dem Diamant an Härte am nächsten stehen, und dies sowohl als ihre große Seltenheit, ihre ausgezeichnet schönen Farben, ihre Durchsichtigkeit und ihr Feuer machen diese Mineralien zu den gesuchtesten Schmucksteinen, welche in besonders schönen Exemplaren selbst dem königlichen Diamant im Preise gleichgestellt werden. Die schönsten Varietäten kommen aus Ceylon; doch liefern auch China, Brasilien und Sibirien Steine dieser Art von hohem Wert. Merkwürdigerweise hält die Zone, welche wir bewohnen, wie in der Produktion organischer Gebilde, auch auf dem Gebiete der unorganischen Welt die gemäßigte Mitte. Die blendendsten Farben und die phantastischsten, reichsten Formen scheint in der Pflanzen- und Tierwelt nur der heiße Süden hervorbringen zu können. In edlen Metallen und kostbaren Steinen dagegen rivalisiert mit ihm der eisige Norden. Das östliche Asien, das südliche Amerika und der unwirtliche Ural sind die Hauptfundorte nicht nur des Rubins und des Saphirs, sondern auch des Diamantes und der übrigen aristokratischen Suite im Heere der Mineralien. Ist ja ein solcher Offizier aus jenem Hauptquartier unter unsre Gemeinen versprengt worden, so hat seine Uniform in der Regel den Glanz verloren, und er vermag nur durch die inneren Eigenschaften sich über seine gewöhnliche Umgebung zu erheben. So kommt bei uns zwar der Korund auch vor, allein in einem Gewande, in welchem er nicht mehr auf den Namen Rubin oder Saphir Anspruch machen kann. Er stellt nämlich eine bläulichgrau gefärbte Masse dar, welche Schmirgel genannt wird. Als Schmuckstein ist er in dieser Gestalt nicht zu gebrauchen, allein seine große Härte, welche er unverändert als Zeichen seiner edlen Herkunft bewahrt hat, läßt ihn als ein ausgezeichnetes Schleifmaterial für andre Edelsteine, Glas und Metalle nützlich werden. Es ist ein Knecht mit adliger Gesinnung, durch die er immer noch andern Schliff und Politur beibringt.

In all diesen Substanzen finden wir die Thonerde rein, mit keinem andern Stoffe vermischt, ausgenommen die unbedeutenden Beimengungen, welche die verschiedene Färbung bedingen und die in der Regel Spuren irgend eines Metalloxydes sind. In unzähligen andern Mineralien aber treffen wir die Thonerde mit noch andern Körpern vergesellschaftet, und in diesen Verbindungen macht sie eben einen Hauptbestandteil unsrer Gebirge aus. Der gewöhnliche Töpferthon, die Porzellanerde, die Walkererde, der Lehm und ähnliche Substanzen bestehen aus Thonerde und Kieselsäure in Verbindung mit chemisch gebundenem Wasser. Alle dergleichen Vorkommnisse sind aber erst sekundäre Produkte. Sie sind entstanden durch Umwandlungen kristallisierter Mineralien, welche den Einwirkungen der Atmosphäre, des Wassers, der Temperaturveränderungen mit ihren teils mechanisch, teils chemisch wirkenden Kräften nicht dauernden Widerstand zu leisten vermochten. Meist sind sie erzeugt durch Verwitterung des Feldspats, eines Minerals, welches, aus kieselsaurer Thonerde und einem kieselsauren Alkali bestehend, in nur wenigen Gebirgsarten fehlt und durch seine Zersetzung, bei der die löslichen Bestandteile durch das Wasser fortgeführt werden, die thonigen Massen als unlösliche Rudera zurückgelassen hat. Die Porzellanerde und alle verwandten Verbindungen sind die Überbleibsel zersetzter Granite, Klingsteine, Porphyre und ähnlicher Felsarten, an deren Zusammensetzung der Feldspat den wesentlichsten Anteil hat.

Außer in diesen Mineralien ist die kieselsaure Thonerde, neuerdings Aluminiumsilikat genannt, noch in einer großen Zahl andrer enthalten, die ein größeres Interesse für sich nur von den Mineralogen in Anspruch nehmen. Wichtig aber wird sie für uns ganz besonders wieder da, wo sie in Gesellschaft mit ähnlich gearteten Körpern, wie sie selbst einer ist, auftritt. Solche Körper, Erden, sind die Beryllerde und die Magnesia oder Bittererde, von denen aber nur die letztere eine größere Verbreitung auf der Erde hat und unter anderm einen Bestandteil des Dolomits, Magnesits, Serpentins und vieler andrer Mineralien bildet, auch unter den Bestandteilen der Asche der organischen Welt eine Rolle spielt, während die erstere sich nur in einigen wenigen Mineralien findet. Die Beryllerde besteht aus Beryllium und Sauerstoff, die Magnesia aus Sauerstoff und Magnesium; Beryllium wie Magnesium sind zwei Metalle, die sich aus ihren Oxyden gerade so wie das Aluminium auf geeignete Art darstellen lassen, und von denen das letztere wenigstens unsre Aufmerksamkeit noch besonders in Anspruch nehmen wird.

Diese Erden insgesamt haben ebenfalls sehr noble Tendenzen; eine große Zahl der seltensten Edelsteine wird aus ihnen gebildet. So ist der Spinell eine Verbindung von Thonerde und Magnesia; Smaragd, Beryll, Aquamarin bestehen aus kieselsaurer Thonerde und kieselsaurer Beryllerde (Beryllium- und Aluminiumsilikat); der Granat zeigt in seinen verschiedenen Abarten eine noch größere Mannigfaltigkeit, indem es Granaten gibt, die außer dem Aluminumsilikat und Eisensilikat noch Kalk-, Mangan-, Magnesium- und Chromsilikat enthalten. Im Topas ist das Aluminium an Fluor gekettet und im Verein mit Schwefelnatrium, Schwefeleisen und Kieselsäure findet sich die Thonerde im Lasurstein, der als Lapislazuli immer noch eine, wenn auch geringere Anziehungskraft unter den Schmucksteinen ausübt. Dieselbe Farbe, welche das Blau im Lapislazuli bildet, wird schon lange massenhaft im großen dargestellt und als Ultramarin verkauft. Die chemisch reine Thonerde, das Aluminiumoxyd, ist künstlich dargestellt, ein weißes, geruch- und geschmackloses Pulver, unlöslich in Wasser, im gewöhnlichen Ofenfeuer ganz unschmelzbar.

Edelsteinfabrikation. In der Hitze, welche das Knallgasgebläse zu erzeugen vermag, ist es jedoch gelungen, kleine Quantitäten Thonerde zu schmelzen, und man hat auf solche Weise künstliche Edelsteine erhalten, denen man durch Eisen- oder Chromoxyd die schöne Farbe der natürlichen geben konnte. In Paris sind dahin zielende Versuche in großer Zahl angestellt worden, allein wenn auch die so dargestellten Rubine von den natürlichen durch nichts sich unterscheiden, da sie mit denselben nicht nur in bezug auf Glanz, Farbe und Härte, sondern auch, was die Kristallform anbelangt, vollständig übereinstimmten, so genügte doch diese Methode der Edelsteinfabrikation nicht, weil die zu Gebote stehende Hitze viel zu gering war, um einigermaßen größere Massen in Fluß zu bringen. Gaudin berichtet zwar, daß er im Knallgasgebläse reine Thonerde zu einer haselnußgroßen, wasserhellen Korundkugel zusammengeschmolzen habe, welche im Innern eine mit Kristallen ausgekleidete Höhle gehabt habe; das Verfahren war aber doch zu mühsam, als daß er es zur Darstellung künstlicher Edelsteine im großen hätte anwenden können. Ebensowenig, wie mit reiner Thonerde, waren mit Gemischen, welche die Zusammensetzung des Beryll, Granat u. s. w. repräsentieren, günstige Erfolge auf dem Wege der Schmelzung zu erlangen. Dagegen haben Verfahren, welche von andern chemischen Voraussetzungen ausgehen, in der Darstellung künstlicher Edelsteine zu Resultaten geführt, von denen es nur verwunderlich ist, daß sich ihrer die Technik noch nicht zu weiterer Ausdehnung bemächtigt hat.

Das Verfahren, welches Ebelmen in Paris einschlug, gründet sich auf Folgendes: Es gibt Stoffe, welche die Eigenschaft besitzen, sich mit den Erden (Thonerde, Talkerde u. s. w.) zu verhältnismäßig leicht schmelzbaren Verbindungen zu vereinigen, bei einer Hitze aber, wie sie in einem Porzellanofen erzeugt werden kann, zu verdampfen und sich aus jenen Verbindungen wieder zu isolieren, so daß die Erden dabei ausgeschieden werden und wieder in ihren unlöslichen Zustand übergehen. Unter diese Substanzen gehört vor allen Dingen die Borsäure, das borsaure Natron (Borax), kohlensaures Kali, kohlensaures Natron und noch einige andre. Wenn man also diejenigen Bestandteile, aus denen z. B. der Spinell (Talkerde und Thonerde) besteht, in fein pulverisierter Form und, in den betreffenden Gewichtsverhältnissen gemengt, in schmelzende Borsäure allmählich einträgt, den Tiegel aber, der das Gemenge enthält, nachdem sich alles gelöst und in ein ruhig schmelzendes Glas verwandelt hat, noch einige Zeit einer gesteigerten heftigen Hitze aussetzt und dafür sorgt, daß sich die Luft über dem Tiegel fortwährend erneuert, so wird sich ein großer Teil der Borsäure verflüchtigen und der zurückbleibende Rest schließlich nicht mehr im stande sein, die ganze Thonerde und Talkerde in Lösung zu erhalten. Ein Teil, dessen Borsäure-Äquivalent verdampft ist, wird sich ausscheiden, und ganz wie im Salz, das sich aus seiner verdunstenden Lösung absetzt, wird der frei werdende Teil Kristalle von Thonerde, Talkerde oder Spinell bilden. Diese Kristalle lassen sich durch Zusatz von Metalloxyden zu der schmelzenden Masse färben; so bewirkt Chromoxyd eine rote, Kobaltoxyd eine blaue, Eisenoxydul eine grüne Farbe, wie sie den Chrysoberyll auszeichnet u. s. w.

Ebelmen hat auf diese Weise eine große Anzahl von Edelsteinen künstlich dargestellt, indem er sich bald der Borsäure, bald andrer Substanzen als Lösungsmittel bediente.

Außer diesen kostbaren Produkten erzeugte er auch eine große Menge von Mineralien, deren Darstellung zwar weniger ein so allgemein praktisches Interesse bietet, wie die der Edelsteine, welche aber für die Beurteilung der Hypothesen über die Entstehung der Mineralien, ihr Ausscheiden aus der ursprünglichen Gesteinsmasse, mithin über die allmähliche Bildungsweise und Metamorphose des festen Gerüstes unsrer Erde von der größten Wichtigkeit sind; ein neuer Beweis, wie eng die materiellen Bedürfnisse der Menschheit an die Lösung oft scheinbar sehr weit abliegender wissenschaftlicher Probleme geknüpft sind. Und nicht nur Mineralien, wie wir sie in der Natur auffinden, sondern auch solche sind im engen Laboratorium erzeugt worden, die in den weiten Ländergebieten, welche der Mensch durchsucht hat, noch nicht auf oder in der Erde angetroffen worden sind. So ergänzt der Forscher die schöpferische Thätigkeit der Natur, welche, den Reichtum ihrer Produktion allenthalben zu entwickeln, selbst in allen ihren Reichen nicht genugsame Gelegenheit findet, indem er die Bedingungen verändert und so die Bildung neuer Produkte veranlaßt, welche unter gleichen Verhältnissen allerdings auch ohne sein Zuthun entstanden sein würden. Dadurch öffnet er uns manche Lücke, durch die hindurch wir einen Blick in die hinter uns liegenden Epochen der Erdbildung wagen dürfen.

Daubré, St. Claire-Deville und Caron, welche — namentlich der erstgenannte — sich um die Erkenntnis der Mineralgenesis und um die Darstellung von künstlichen Edelmetallen große Mühe gegeben haben, wendeten ein etwas andres Verfahren an. Sie ließen die Thonerde aus gasförmigen Verbindungen sich ausscheiden und vermochten auf diese Weise günstigere Bedingungen für die Entstehung großer Individuen zu erreichen als Ebelmen, der sie aus flüssigen Auflösungen herauskristallisieren ließ. Daubré z. B. erhitzte Fluorsilicium und leitete die Dämpfe über pulverförmige reine Thonerde. Dabei zersetzte sich das Fluorsilicium dergestalt, daß sich Fluoraluminium und Kieselsäure bildeten, indem der Sauerstoff der Thonerde mit dem Silicium Kieselsäure bildete, das Fluor aber mit dem freigewordenen Aluminium zu Fluoraluminium zusammentrat. Die Kieselsäure verbindet sich nun mit Thonerde, welche sich noch zur Genüge vorfindet, und die kieselsaure Thonerde vereinigt sich mit dem Fluoraluminium zu einem Doppelsalz, welches in chemischer Zusammensetzung ganz dem Topas entspricht. Die Masse, welche Daubré erhielt, bestand in der That auch durch und durch aus kleinen Topaskristallen.

Die Edelsteine, wie alle übrigen Mineralien, sind — wie schon beiläufig erwähnt wurde — nicht etwa willkürliche Zusammenhäufungen ihrer Bestandteile, vielmehr sind es Doppel- und mehrfache Verbindungen, deren einfachere Bestandteile in sehr simplen Verhältnissen zu einander stehen. Der Beryll z. B. besteht aus Kieselsäure, Beryllerde und Thonerde, so daß stets auf ein Molekül Berylliumsilikat zwei Moleküle Aluminiumsilikat kommen. Wenn man nun in einer Röhre ein glühendes Gemenge von Beryllerde und Thonerde der Einwirkung von Fluorsiliciumdämpfen aussetzt, so entsteht, jener Doppelverbindung zu Gefallen, von selbst allemal ein Molekül Berylliumsilikat, wenn zwei Moleküle Aluminiumsilikat gebildet werden; die Entstehung des einen regt die Entstehung des andern an. Nur ist zu berücksichtigen, daß diejenige Erde, zu deren Metall das Fluor in der Glühhitze die größte Verwandtschaft hat, im Überschuß angewendet werde, damit die Bildung der Kieselsäure auf keine Schwierigkeiten stoße. Und wie Topas und Beryll, so kann man durch entsprechende Darbietung andrer Erden und sonstiger Bestandteile auch zahlreiche andre Mineralien herstellen.

Freilich ist ein Übelstand bei dem Daubréschen Verfahren: die ganze Masse bäckt zusammen und die im Innern befindlichen Kristalle sind schwer isoliert und von praktisch verwendbarer Größe zu bekommen. Diesem Nachteil begegnen die Methoden, deren sich St. Claire-Deville und Caron bedienen. Fluoraluminium und Borsäure verwandeln sich beide in großer Hitze in Dämpfe; leitet man diese Dämpfe zusammen, so erfolgt nach beistehendem Schema eine chemische Zersetzung:

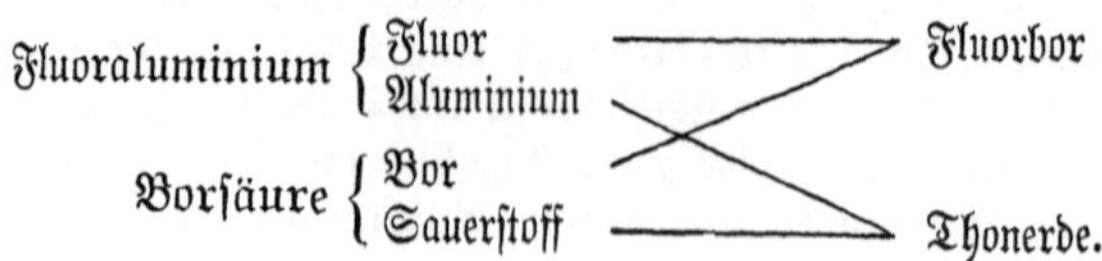

Das Fluor verbindet sich mit dem Bor der Borsäure, welche aus Bor und Sauerstoff besteht, zu Fluorbor. Der Sauerstoff der Borsäure dagegen geht an das aus dem Fluoraluminium sich ausscheidende Aluminium und bildet damit Thonerde, welche, indem sie plötzlich aus einer gasförmigen Verbindung sich abscheidet, von dem Bestreben geleitet wird, Kristalle zu bilden. Dauert nun die Zusammenführung von Fluoraluminium- und Borsäuredämpfen längere Zeit fort, so werden die entstehenden Kristallindividuen immer mehr und mehr durch neuen Ansatz sich vergrößern, und es ist den Entdeckern dieser Methode gelungen, auf diese Weise farblosen Korund darzustellen, dessen einzelne völlig durchsichtige Kristallindividuen eine Größe von über 3 mm hatten. Leider fehlte den Kristallen die einer solchen Ausdehnung entsprechende Dicke, durch welche allein erst sie als Schmucksteine verwendbar werden. Wenn man Fluorchrom zusetzte, eine Substanz, die in der Hitze ebenfalls flüchtig ist, so erschienen die Korundkristalle gefärbt und stellten bald rote Rubine, bald blaue Saphire dar; auch fanden sich grüne Kristalle, die ihre Farbe ebenfalls dem Chrom verdankten, und die dem in der Natur nur höchst selten vorkommenden orientalischen Smaragd entsprachen. Das Chrom vermag also wahrscheinlich in drei verschiedenen Verbindungen als färbende Substanz aufzutreten. Statt Fluoraluminium allein kann man ein Gemenge mit Fluorberyllium anwenden, wodurch man Chrysoberyll erhält u. s. w.

Fig. 184. H. St. Claire-Deville.

Bedingungen der Herstellung großer, zu Schmucksteinen geeigneter Kristalle würden sein ein allmähliches Erhitzen der zu verflüchtigenden Körper, dann gleichmäßige Erhaltung der höchsten Temperatur, die aber nie höher gesteigert werden darf, als zur langsamen Verdunstung gerade erforderlich ist, um eine nie unterbrochene, aber immer nur in geringen Mengen statthabende Ausscheidung der Edelsteinmasse zu unterhalten, endlich das Arbeiten mit möglichst großen Quantitäten. Es dürfte sich vielleicht auch noch vorteilhaft erweisen, die Borsäure einesteils sowie die Fluormetalle anderenteils in gesonderten Gefäßen zu erhitzen und in einer gemeinsamen Vorlage, in welche man die Dämpfe leitet, erst die gegenseitige Einwirkung vor sich gehen zu lassen, da die Hitzegrade der Verflüchtigung für die verschiedenen Substanzen verschieden hoch sind.

Wichtiger für die Praxis aber als die künstlichen Rubine, Saphire und Smaragde sind zur Zeit noch die Thonerdesalze, unter denen der Alaun die erste Stelle einnimmt. Wir kommen bei einer späteren Gelegenheit noch ausführlicher auf seine Darstellung und Verwendung zu sprechen.

Das Aluminium. Nachdem Davy die Alkalien als Verbindungen eigentümlicher Metalle mit Sauerstoff erkannt und Kalium und Natrium aus dem Kali und Natron dargestellt hatte, schloß man mit Recht auch auf Metalle in den Erden, und es lag nahe, nach demjenigen Metall zu forschen, von dem man wußte, ohne daß man es aber je gesehen hatte, daß es in der Thonerde enthalten sei.

Die Darstellung des Aluminiums (von aluminia, die Thonerde, alumen lateinische Benennung des Alaun) gelang zuerst dem deutschen Chemiker Wöhler, der in den zwanziger Jahren bereits ein Verfahren angab, nach welchem dasselbe aus seinen Verbindungen abzuscheiden sei und welches von Deville zu Anfang der fünfziger Jahre ohne Änderung noch befolgt wurde. Nach diesem Verfahren wurde von den Chemikern dann und wann die Bereitung des Aluminiums als ein Experiment in den Laboratorien vorgenommen. Natürlich stellte man nur immer sehr geringe Quantitäten her, denn die bekannt gewordenen Eigenschaften des neuen Körpers ließen von einer großartigeren Gewinnungsweise weder für die Wissenschaft noch für die Praxis etwas Erhebliches hoffen.

Als aber der schon genannte französische Chemiker St. Claire-Deville in Paris große Quantitäten dieses silberweißen Metalls, welches in vielen seiner Eigenschaften von den übrigen Metallen auf eine so eigentümliche Weise abstach, daß es schon dadurch dem großen Publikum höchst merkwürdig werden mußte, aus der allgegenwärtigen und überall umsonst zu habenden Thonerde darstellte, da jubelte die ganze Welt über das „neue Metall" und gab sich, durch die überschwenglichen Schilderungen der unkundigen Presse aufgeregt, mit Entzücken den hochfliegenden Träumereien hin, nicht ahnend, daß ihm etwas längst Bekanntes aufgetischt worden sei. Nie hat man den Thon mit größerem Respekt betrachtet, als da man erfuhr, daß derselbe ein Erz sei, aus dem man wie aus den Eisenerzen ein Metall herausschmelzen könne, von welchem man hoffte, daß es dem Silber den Rang ablaufen werde.

In was sich Devilles Arbeit von der Wöhlers unterschied, das war — ganz abgesehen noch davon, daß der Gedanke, die Erfindung, dem deutschen Forscher gebührt — weiter nichts als die größere Menge Aluminiums, welche jener dargestellt hatte. Dazu aber war nichts weiter nötig gewesen als Geld. Und dies hatte die französische Regierung geschafft, deren Kassen den Unternehmungen immer offen standen, welche die Phantasie der neuigkeitsdurstigen Hauptstadt zu beschäftigen, den Eigendünkel ihrer zu einem großen Teil kindischen Bewohner zu kitzeln geeignet schienen; so wurde auch Deville in den Stand gesetzt, seinen Versuchen die größte Ausdehnung zu geben. Die grande nation sah im Geiste die ganze herrliche Armee schon in blitzenden Aluminiumhelmen und Aluminiumkürassen und sich als die Schöpferin einer epochemachenden Industrie.

Nun haben sich jene anfänglichen Schwärmereien, welche auch in Deutschland einen ziemlichen Nachklang fanden, im Laufe der Zeit allerdings, wie die vorurteilsfrei Blickenden voraussahen, sehr abgekühlt, so daß man jetzt kaum mehr davon bemerkt, als dann und wann eine ephemere Zeitungsnotiz über eine versuchte neue Anwendung; indessen hat ihrer Zeit die Sache die Gemüter doch zu viel bewegt und der Name Aluminium ist zu lange Stichwort gewesen, als daß wir nicht an dieser Stelle das Hauptsächlichste über seine Darstellung, seine Eigenschaften und Verwendungen zusammenstellen sollten.

Um das Aluminium aus seinen Verbindungen abzuscheiden, verfolgt man dasselbe Prinzip, welches bei der Gewinnung des Eisens aus seinen Erzen angewendet wurde, das heißt, man macht das Metall frei, indem man einen Körper auf die Thonerde einwirken läßt, der eine größere Verwandtschaft zum Sauerstoff derselben hat als das Aluminium. Solche Körper sind nun die leichten Alkalimetalle, Kalium und Natrium, welche Davy zuerst aus den Alkalien, Kali und Natron, dargestellt hat. Sie verbinden sich so begierig mit dem Sauerstoff, daß sie sich an der Luft rasch in Oxyd verwandeln; auf Wasser schwimmend verbrennen sie, indem sie das Wasser zersetzen und sich den Sauerstoff desselben aneignen; ihre Verwandtschaft zu Chlor, Fluor u. s. w. ist nicht minder groß. Man könnte nun die Thonerde direkt durch Kaliummetall zersetzen, indessen hat es schon Wöhler praktisch für vorteilhafter gefunden, statt desselben das Chloraluminium anzuwenden, und später ist durch Rose in Berlin das Fluoraluminium an dessen Stelle getreten, dessen Bereitung nur geringe Umstände macht, da es schon ziemlich rein in einem in Grönland massenhaft vorkommenden Minerale, dem Kryolith (Fluoraluminiumfluornatrium), enthalten ist. Man schichtet dieselbe — gleichviel welche von beiden Verbindungen man nimmt, die Thonerde oder das Chloraluminium — mit Kalium in einem Tiegel, so daß abwechselnd stets eine Lage Kalium auf eine Lage der Aluminiumverbindung folgt. Das Gemenge wird allmählich erhitzt. Schon bei ziemlich niedriger Temperatur fängt das Kalium an zu schmelzen und zersetzt sogleich die nächsten Partien des Salzes, indem es sich z. B. bei Chloraluminium mit dem Chlor zu Chlorkalium verbindet, das Aluminium aber frei macht, welches man als graues Pulver beim Auflösen der geschmolzenen Masse in Wasser auf dem Boden des Gefäßes findet. Der chemische Prozeß, der bei dieser Zersetzung vorgeht, ist so energisch, daß die ganze Masse in die heftigste Glühhitze gerät, und man deshalb auch Sorge zu tragen hat, daß der Tiegel nicht zersprengt wird.

Genau nach diesem von Wöhler angegebenen Verfahren stellte 1853 Deville sein Aluminium her. Späterhin sind einige Abänderungen getroffen worden, die aber das Wesentliche nicht berühren. Anstatt des Kaliums wandte man das ganz analog sich verhaltende wohlfeilere Natrium an, und die französische Industrie bedient sich dieses Metalls ausschließlich. Nach andrer Richtung hin versuchte man die kostspieligen leichten Metalle ganz zu umgehen, indessen ist darin zur Zeit ein praktischer Erfolg noch nicht erreicht. Die Aluminiumtechnik verarbeitete bis in die Neuzeit, wo ein elektrochemisches Verfahren in England aufgetaucht ist, über dessen Erfolge indessen nichts Näheres bekannt ist, immer nur Metall, welches durch Reduktion mit Natrium gewonnen wird. Bei der Anwendung von Chloraluminium im großen, das man sich erst auf ziemlich mühsame Weise herzustellen hat, setzt man demselben, um seine Flüchtigkeit in hoher Temperatur zu verringern, Kochsalz zu. Dieses Gemisch wird zu 10 Teilen mit 5 Teilen Kryolith, der als Flußmittel dient, vermengt, dann mit 2 Teilen Natrium auf die glühende Herdsohle eines Flammofens gebracht und hier so lange der Einwirkung einer starken Hitze ausgesetzt, bis das Ganze eine ruhig schmelzende Masse bildet. Diese wird sodann durch ein Stichloch abgezogen, so daß zuerst die Schlacke und hierauf erst das Aluminium fließt; das letztere reinigt man durch Umschmelzen in Graphittiegeln.

Die Herstellung eines reinen Chloraluminiums verlangt eine reine, nicht an Kieselsäure gebundene Thonerde, und für die Aluminiumindustrie war daher das Auffinden eines Minerals, welches dieselbe enthält, von Wichtigkeit. Ein solches wird im Var (Gebirgspaß von Ollioules bei Toulon) bergmännisch gewonnen, besteht in der Regel aus 60 Prozent Thonerde, 25 Prozent Eisenoxyd, 3 Prozent Kieselsäure und 12 Prozent Wasser und wird Bauxit genannt. Denselben hat man später auch noch an andern Orten gefunden, so in der Gegend von Arles, Wiener-Neustadt, Feistritz u. s. w.

Wie schon erwähnt, kann man statt des Chloraluminiums auch zugleich fein pulverisierten Kryolith anwenden, den man mit entwässertem Kochsalz und Natrium in großen gußeisernen Schmelztiegeln schichtet und in einem guten Ofen bis zum völligen Schmelzen der Masse erhitzt. Das reduzierte Aluminium sammelt sich am Boden an.

Fabrikmäßige Darstellung des Aluminiums in Frankreich. Das Mineral, welches man in Frankreich, wo die Aluminiumindustrie sich am lebhaftesten entwickelt hat, zur Bereitung verwendet, ist der bereits erwähnte Bauxit; von der in ihm enthaltenen Thonerde ist nur ein Sechstel an Kieselsäure gebunden, die übrige frei vorhanden, also in einer leicht reduzierbaren Form. Behufs der Aluminiumdarstellung wird es gepulvert, im Verhältnis von 8 zu 5 mit kalzinierter Soda gemischt und auf dem Boden eines Flammofens erhitzt. In dem Maße, wie die Hitze steigt, verliert die Kohlensäure ihre Verwandtschaft zu dem Natron, sie entweicht endlich und das letztere geht mit der Thonerde eine Verbindung ein, welche im Wasser löslich ist, während das etwa in dem Minerale oder in der Soda enthalten gewesene Eisen unlöslich wird und durch Filtrieren abgeschieden werden kann. In das klare Filtrat leitet man Kohlensäure, welche jetzt in der Kälte und in wässeriger Lösung wieder geneigt ist, sich mit dem Natron zu verbinden. Dabei scheidet sich die Thonerde als eine gelatinöse Masse aus, welche selbst im getrockneten Zustande noch 30—40 Prozent Wasser gebunden enthält: es ist Thonerdehydrat, neuerdings Aluminiumhydroxyd genannt. Aus dieser Thonerde stellt man sich als zur Aluminiumbereitung zweckmäßigen Körper eine Verbindung von Chloraluminium mit Chlornatrium auf folgende Weise dar. Man bereitet aus der erhaltenen Thonerde, reinem Kochsalz und feinem Holzkohlepulver in entsprechenden Mengenverhältnissen etwa faustgroße Kugeln und schichtet dieselben in der Weise, daß zwischen ihnen genug Zwischenraum bleibt, in einer Retorte auf, von deren Gestalt und Betrieb die Fig. 185 eine Ansicht gibt. Um diese Abbildung aber vollständig zu verstehen, wird es notwendig sein, den Vorgang der chemischen Umwandlung vorher ins Auge zu fassen, welcher in dieser Retorte eingeleitet werden soll. Es wird nämlich jenes Gemisch in der Glühhitze einem Strome von Chlorgas ausgesetzt, welcher durch die Verwandtschaft, die zwischen Chlor und Aluminium besteht, bewirkt, daß sich der Sauerstoff der Thonerde von dem Aluminium trennt und sich mit der vorhandenen Kohle zu Kohlenoxydgas verbindet, während an seine Stelle Chlor tritt. Das Kohlenoxydgas entweicht und nimmt auch einen Teil des gebildeten Chloraluminiums als Dampf mit fort. Der andre Teil aber verbindet sich mit dem Chlornatrium zu einer Doppelverbindung, welche gleichfalls flüchtig ist und in einer Vorlage aufgefangen und kondensiert wird, während die nicht kondensierbaren Gase durch die Esse abgeführt werden. In unsrer Abbildung ist nun A die Öffnung, durch welche das mittels der Röhre B zugeleitete Chlorgas in die Retorte C eingeführt wird, D die Vorlage, in der sich die Doppelverbindung der Chloride verdichtet; durch E entweichen die unkondensierbaren Gase, von F aus wird die Retorte geheizt, und in den Aschenraum G werden die abgetriebenen Rückstände hinabgedrückt, wenn der Prozeß beendet ist. In den französischen Fabriken geht derselbe Tag und Nacht unausgesetzt, und es ist ungefähr alle zwölf Stunden eine Beschickung mit neuem Materiale notwendig. Das in der Vorlage sich sammelnde Produkt, Natriumaluminiumchlorid, ist von grünlichbrauner Farbe, leicht opalisierend, und erinnert in seinem Aussehen an Kolophonium.

Zur Reduktion dieses Körpers bedarf man nun, wie uns bereits bekannt ist, eines andern Stoffs, der mehr Verwandtschaft zu dem Chlor hat als das Aluminium und dieses aus seiner Verbindung frei machen kann. Wir wissen, daß das Natriummetall als ein geeignetes Reduktionsmittel in Gebrauch ist, und indem wir alles übrige, was sich auf die Gewinnung dieses Metalls bezieht, als bekannt voraussetzen, gehen wir sogleich dazu über, seine Verwendung zu dem in Rede stehenden Zwecke ins Auge zu fassen.

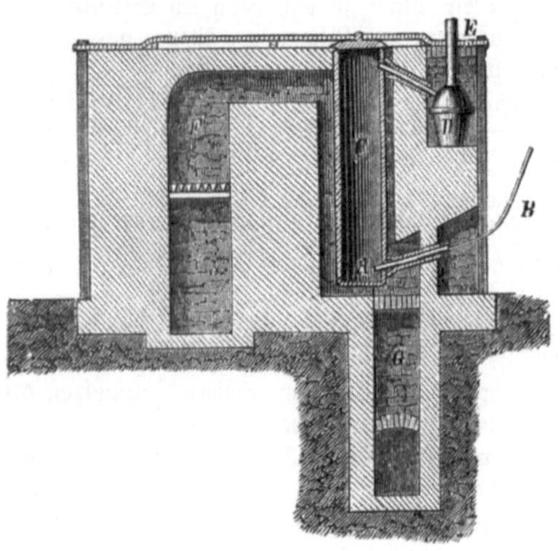

Fig. 185.
Retortenofen für die Darstellung des Aluminiumchlorids.

Das Natrium wird zu diesem Behufe auf geeignete Weise und unter Abhaltung der atmosphärischen Luft, am besten unter Steinöl, in etwa nußgroße Stücke geschnitten. Das Chloraluminium ist inzwischen innig mit Kryolithpulver gemengt worden, und in dieses Gemenge werden die Natriumbrocken eingemischt, die einzelnen Partien dieser Mischung aber so rasch wie möglich durch die obere Öffnung des in Fig. 186 abgebildeten Flammofens auf den Herd desselben gegeben und alle Öffnungen und Zugänge, durch welche atmosphärische Luft eintreten könnte, dicht verschlossen. Unter lauter einzelnen schwachen Detonationen erfolgt nun im Innern des Ofens die Zersetzung der Chlorverbindung durch das Natrium. Ist alles ruhig geworden, so läßt man den Ofen etwa noch eine Stunde stehen, ehe man ihn öffnet.

Die Masse, welche im Innern infolge der durch die Zersetzung bedeutend gesteigerten Erhitzung geschmolzen ist, hat sich nach dem spezifischen Gewicht in verschiedene Schichten gesondert, welche das Aluminiummetall einschließen. Die leichteren, hauptsächlich aus den Bestandteilen des Kryoliths und Kochsalzes bestehenden Schlacken liegen über dem Metall und werden, soweit sie nicht selbst schon über den an einer Seite niedrigeren Rand des Herdes gelaufen sind und sich in einem besonderen Raum gesammelt haben, von diesem mittels Krücken heruntergezogen. Das Metall selbst wird für sich herausgebrochen, und aus den zu unterst liegenden schweren Schlacken, welche noch viele kleine Aluminiumkugeln eingeschlossen enthalten, werden diese auch noch gesammelt, indem man die Masse pulverisiert und einem Schlämmprozeß unterwirft.

Eigenschaften des Aluminiums. Das auf eine oder die andre Art gewonnene Aluminium ist ein Metall von silberweißer Farbe, die es aber nur in ganz reinem Zustande besitzt und auch dann nur dauernd behält, wenn es gut poliert ist. Gewöhnlich erscheint es mit einer Oberfläche, welche der Farbe nach zwischen dem Platin und Zinn steht. Es ist nur $2^1/_2$mal schwerer als das Wasser, gleichgroße Stücke sind also fünfmal leichter als silberne und siebenmal leichter als goldene. In bezug auf seine Festigkeit ähnelt es in gegossenem Zustande dem Messing; es ist ziemlich zähe, läßt sich hämmern, walzen und zu Draht ausziehen. Ebenso kann man es pressen und treiben, wobei es aber zweckmäßig ist, sich eines Firnisses aus Terpentinöl und Stearin zu bedienen, mit dem man das Metall überzieht. In seinem chemischen Verhalten zeigt es eine große Verwandtschaft zum Sauerstoff, weshalb es auch in der Natur nie gediegen gefunden wird und in regulinischer Form den Einwirkungen chemischer Reagenzien gegenüber eine große Unbeständigkeit zeigt. Von ganz reinem Wasser wird es nicht angegriffen, wohl aber von alkalischen Flüssigkeiten, und es löst sich unter Wasserstoffentwickelung sehr leicht, wenn im Wasser eine freie Säure enthalten ist, mit der sich die Thonerde verbinden kann. Konzentrierte Säuren greifen es langsamer an. Man hat diesen letzteren Umstand immer in erster Reihe hervorgehoben, um auf die vollständige Unzerstörbarkeit des Metalls hinzuweisen. Ebenso gut könnte man aber das Eisen ein beständiges Metall nennen, weil man aus eisernen Retorten unbeschadet die stärksten Säuren destillieren kann, während es doch im Freien eine Beute des Wassers und der Luft wird.

Aluminiumtechnik. Was kann man nun von einem Metall erwarten, das von schwachen Alkalien sowohl als von schwachen Säuren angegriffen wird, da es ja kaum eine Flüssigkeit gibt, die nicht hinlänglich saurer oder alkalischer Natur wäre, um die äußere, schöne Oberfläche des Aluminiums sehr bald zu zerstören oder es in seiner ganzen Masse allmählich aufzulösen? Thee, Wein, Bier, Kaffee, alle Fruchtsäfte sind Vernichtungsmittel, selbst der Schweiß beraubt ihn seiner Politur, indem er Aluminiumschmuck oberflächlich angreift und die Bildung ganz gewöhnlicher Thonerde veranlaßt. Wäre also auch die Farbe des Aluminiums eine viel schönere, als sie in der That ist, und könnte man ihm auch die höchste Politur geben, es würde dieser seiner leichten Angreifbarkeit wegen doch nicht im stande sein, das Silber in der Reihe der schmückenden Metalle zu ersetzen. Durch die anfänglichen Reklamen angestachelt, hat besonders die französische Industrie sich die Herstellung des Thonerdemetalls angelegen sein lassen, und es bestanden drei Fabriken, in denen Aluminium im großen erzeugt wurde, eine zu Nanterre bei Paris (Morin & Comp.), eine in Amfreville-la-Mi-Voie bei Rouen und eine zu Salindres (Merle & Comp.); jetzt fabriziert nur die letztere noch. England besitzt zu Washington, Newcastle-on-Tyne, eine Aluminiumfabrik (Gebrüder Bell), außerdem eine zu Battersea bei London und zu Hollywood. Dieses dürften zur Zeit die hauptsächlichsten Bezugsquellen für das Metall sein, von welchem man vor kaum 20 Jahren einen so ungemeinen Einfluß erwartete. Die Produktion aller dieser Fabriken zusammen ist sehr wenig ins Gewicht fallend, sie betrug 1874 nicht mehr als 35 Zentner, von denen 20 auf Frankreich, die übrigen 15 auf England fallen. Gegenwärtig soll die Fabrik von Salindres jährlich an 2400 kg erzeugen.

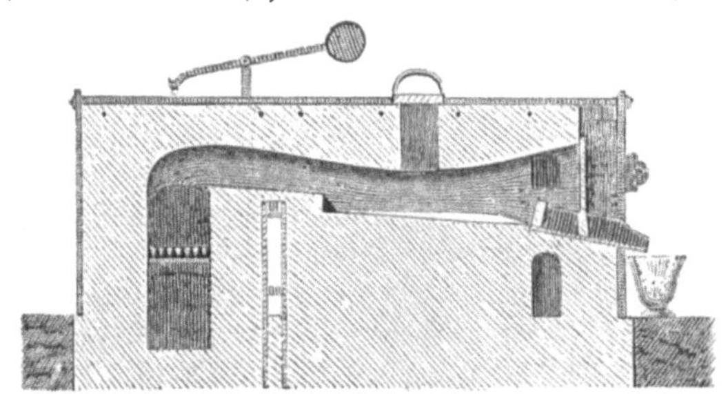

Fig. 186. Flammofen zur Darstellung des Aluminiums.

Durch die Darstellung im großen ist der Preis des Aluminiums, welcher 1856 für das Zollpfund noch 1200 Mark betrug, allerdings wesentlich gesunken, so daß man jetzt das Kilogramm für 50 Mark kaufen kann, ja nach den neuesten Angaben soll es den Aluminium Crown Metall Works in Hollywood gelungen sein, durch ein angeblich neues Verfahren die Kosten der Herstellung so weit zu verringern, daß die Tonne Aluminium (1000 kg) nur noch auf 2000 Mark zu stehen komme; indessen hat das Verfahren, das im wesentlichen mit dem schon bekannten übereinstimmt, seine Probe in der Praxis, d. h. auf dem Markte, erst noch zu bestehen.

Wenn wir als eine Übersicht über die aus Aluminium darstellbaren oder vielmehr dargestellten Artikel den Bericht über die letzte Weltausstellung ansehen, so finden wir, daß es eine Hauptverwendung in der Bijouterie gefunden hat. Broschen, Knöpfe, Nadeln, Kämme, Armbänder, Medaillen, Stockgriffe, Spielmarken, Operngläserröhren, Filigranarbeiten,

Spitzen, Tressen u. s. w. sind vielfach daraus gearbeitet, und in diesen mannigfachen Formen ist es in das Publikum gebracht worden. Es gibt, neben Gold gestellt, einen recht hübschen Effekt, besonders wenn seine Oberfläche matt gehalten und ziseliert ist. Allein die Liebhaberei zu solchen Dingen dauerte doch nur so lange, als die Sache neu und in aller Munde war.

Die einzige Eigenschaft, durch welche das Aluminium sich zu einer praktisch wichtigen Verwendung qualifizieren könnte, ist seine große Leichtigkeit. Ihr verdankt es auch die Einführung in die französische Armee, denn wenn auch nicht Helme und Kürasse, so sind doch eine Anzahl der Adler, welche die Regimenter als Standarten führten, aus Aluminium angefertigt worden. Seiner Leichtigkeit wegen schlug man vor, das Aluminium als Münzmetall zu verwerten, weil man hoffte, die Falschmünzerei dadurch unmöglich zu machen. Dies ist jedoch eine Selbsttäuschung, denn es ist nichts leichter, als einem Körper von einer bestimmten Größe ein geringeres spezifisches Gewicht zu geben: man darf ihn nur hohl machen oder mit spezifisch leichteren Substanzen ausfüllen. Dagegen ist es absolut unmöglich, durch irgend welche Kunststückchen den spezifisch schwersten Körper durch einen andern zu ersetzen, und wenn es sich um die Herstellung falscher Münzen handeln sollte, so wäre jedenfalls das Iridium dazu das geeignetste Material, denn dasselbe übertrifft in seinem spezifischen Gewicht das Platin noch um 3, das Gold um $4_{,5}$.

Legierungen. Hat man nun solchergestalt vom Aluminium an sich wenig zu hoffen, so ist demselben am Ende doch nicht alle Hoffnung auf größere zukünftige Anerkennung abzuschneiden. Was das reine Metall nicht zu erringen vermochte, das vermögen vielleicht seine Verbindungen mit andern Metallen. Das Aluminium geht sehr leicht Legierungen mit andern Metallen ein, und namentlich sind diejenigen mit Kupfer durch Eigenschaften ausgezeichnet, welche ihnen das Interesse der Metallarbeiter zuwenden dürften. Merkwürdigerweise amalgamiert es sich nicht mit dem Quecksilber. Eine Legierung von 90 Prozent Kupfer und 10 Prozent Aluminium hat eine goldgelbe Farbe, die sich an der Luft sehr schön erhalten soll, weswegen auch davon zu Schmuckartikeln als Imitation des Goldes Anwendung gemacht worden ist. Eine schönfarbige, feinkörnige und durch Härte, Dehnbarkeit und Gußvollkommenheit hervorstechende Bronze erhält man aus 1 Teil Aluminium, 95 Teilen Kupfer und 4 Teilen Zinn. Legierungen von 90, 92½ oder 95 Teilen Kupfer und beziehentlich 10, 7½ oder 5 Teilen Aluminium sollen sehr günstige Eigenschaften, besonders große Härte besitzen, wie daraus hervorgeht, daß aus der Bronze (90 : 10) in der Fabrik Christofle & Comp. in Paris ein Zapfenlager für eine Polierscheibe angefertigt wurde, die in der Minute 2200 Umdrehungen zu machen hatte, welches Lager 18 Monate in Gebrauch blieb, während alle früher angewandten Metallkompositionen im günstigsten Falle nur drei Monate aushielten.

Das Magnesium. Wie das Aluminium lange Zeit bekannt war, ehe es im großen Leben seine Rolle zu spielen begann, so hat auch das Magnesium — bereits 1829 von dem französischen Chemiker Bussy aus der Magnesia oder Talkerde dargestellt — erst in den letzten beiden Jahrzehnten die Aufmerksamkeit der großen Welt auf sich zu ziehen vermocht, und zwar in ganz eigentümlicher Weise als Leuchtmaterial.

Wenn wir an das Ende einer stählernen Uhrfeder ein Stückchen brennenden Schwamm heften und sie damit in reinen Sauerstoff bringen, so verbrennt der Stahl unter prachtvollem Funkensprühen. Verdampfendes Zink läßt sich schon in freier Luft entzünden und brennt mit blendender Flamme; Kalium und Natrium zersetzen sogar das Wasser und verbrennen mit brillantem Licht in dem frei werdenden Sauerstoff. Von allen den genannten Metallen aber entwickelt keins einen so intensiven Glanz bei seiner Verbrennung wie das Magnesium, dessen Darstellung mit der des Aluminiums im wesentlichen übereinstimmt, nur daß man statt Thonerde die entsprechenden Magnesiaverbindungen anzuwenden hat, welche man aus dem in der Natur sehr rein vorkommenden Magnesit herstellen kann.

Zur Darstellung des Magnesiums sind jedoch außer dem genannten Verfahren, welches der Devilleschen Aluminiumbereitung entspricht, noch mannigfache andre Methoden in Vorschlag gebracht worden; denn wie für sein Schwestermetall, so gab es auch für das Magnesium zu Anfang der sechziger Jahre eine Zeit, in welcher sich die Chemiker und Metallurgen mit Vorliebe seinem Studium hingaben. Anstatt der künstlich dargestellten Chlormagnesium-Chloralkalimetalle empfahl Reichardt 1865 den in den Staßfurter Salzwerken natürlich vorkommenden Karnallit als Rohmaterial für die Magnesiumbereitung. Der Karnallit ist eine wasserhaltige Verbindung von Chlorkalium und Chlormagnesium. Er wird geschmolzen und unter Zusatz von 100 Teilen Flußspat auf 1000 Teile Karnallit durch 100 Teile Natrium reduziert.

Die Franzosen haben sich dies Verfahren gleichfalls angeeignet und der Moniteur scientifique, welcher das Magnesium für eine spezifisch französische Domäne zu halten scheint, berichtet über die Arroganz, derer sich ein Deutscher durch seine Verbesserung schuldig gemacht hat, folgendermaßen: „Während die französischen Gelehrten sich abmühen, das Magnesium herzustellen, hat ein Subjekt des Herrn von Bismarck, „qui veut absolument nous brûler la politesse“, eine neue Methode der Bereitung dieses Metalls veröffentlicht, Mr. Reichardt.“ Das war 1868, zwei Jahre freilich vor 1870.

Die lebhaften Hoffnungen, welche sich bei dem Bekanntwerden auch an dieses neue Metall knüpften, hatten die Errichtung fabrikähnlicher Etablissements im Gefolge, in denen das Magnesium im großen dargestellt werden sollte. Am bekanntesten sind die Magnesium-Metal-Company in Manchester und die American Magnesium-Company in Boston; sie liefern bei weitem den größten Teil des im Handel vorkommenden Metalls und haben ihre größten Aufträge wohl den Kriegs- und Marineministerien zu verdanken gehabt, welche von der Leuchtkraft des Metalls sich zweckmäßige Wirkung versprachen. So wurden z. B. in der Fabrik zu Manchester von dem Staatssekretär des Kriegsministeriums mehrere hundert Pfund Magnesium bestellt, als 1867 die abessinische Expedition ausgerüstet wurde.

Ein Magnesiumdraht von der Dicke eines starken Pferdehaares, an einer Kerze entzündet, bewirkt ein so starkes Licht, als es 70 auf einen einzigen Punkt konzentrierte Paraffinkerzen nicht hervorzubringen vermöchten; dabei verbrennt in einer Minute etwa ein Meter dieses Drahtes. Infolge der Verbrennung entsteht aus dem Metall Magnesia (Magnesiumoxyd), dieselbe Substanz, der wir in den Apotheken als Heilmittel und in verschiedenen Edelsteinen, dem Spinell, Hyazinth, Chrysolith u. s. w., als Hauptbestandteil begegnen.

Der ungemeinen Intensität des Magnesiumlichts wegen hat man sich eifrig bestrebt, seine Verwendung zu verallgemeinern, um dadurch rückwirkend die Herstellungskosten des Metalls zu verringern. Man wollte es namentlich für Leuchttürme sowie für manche Zwecke der Photographie in Anwendung bringen. Dagegen ist das leicht verbrennbare Metall ein erwünschtes Effektmittel für die Kunstfeuerwerkerei sowie für die Theaterbeleuchtung. Gegenwärtig werden von den bereits oben angeführten beiden größten Fabriken in Manchester und Boston nicht viel mehr als 3750 kg jährlich dargestellt, von denen drei Fünftel auf England und zwei auf Amerika entfallen. Der Preis des Magnesiums konnte jetzt (Frühjahr 1885), wie aus einem von der Firma: Chemische Fabrik auf Aktien (vormals E. Schering) in Berlin versendeten Zirkular hervorgeht, wesentlich ermäßigt werden, so daß Aussicht auf einen größeren Verbrauch dieses Metalls in der Feuerwerkerei vorhanden ist. Die genannte Firma scheidet nämlich jetzt das Magnesium mittels eines durch eine Dynamomaschine erzeugten elektrischen Stromes in großem Maßstabe ab.

Das Magnesium ist ein silberweißes, glänzendes Metall, welches schon bei gewöhnlicher Rotglühhitze schmilzt; es ist in diesem Zustande aber schwer beweglich und fast teigig, so daß es Formen schlecht ausfüllt; bei ungefähr 1020° verwandelt es sich in Dampf. Es ist noch leichter als das Aluminium, denn sein spezifisches Gewicht beträgt nur $1,_{743}$. Im Handel findet man das Magnesium meist in Form von dünnem Band. Mit andern Metallen läßt es sich in mannigfachen Verhältnissen zusammenschmelzen, und diese Legierungen scheinen für seine Verwendung als Leuchtkörper Vorteile zu bieten. Denn da das Kilogramm metallisches Magnesium zur Zeit noch gegen 80 Mark kostet, so dürften Metalle, wie Zink (welches, zu 1 Teil mit 2 Teilen Magnesium legiert, die Flamme nur etwas bläulich färbt, ohne ihr an Stärke etwas zu rauben), als Verwohlfeilerungsmittel sehr willkommen sein. Eine Legierung von 1 Teil Zink und 3 Teilen Magnesium gibt eine grüne, 1 Teil Strontium mit 2 Teilen Magnesium eine prachtvolle rote Flamme. Mit Kupfer gibt das Magnesium eine messinggelbe Bronze, die indessen für ihre Eigenschaften zu teuer ist. Gepulvertes Magnesium wird wegen seines brillanten weißen Lichtes in der Feuerwerkerei benutzt.

Fig. 187. Majolikafontäne von der Weltausstellung zu London 1862.

Weh' dem, der zu sterben geht
Und keinem Liebe geschenkt hat —
Ein Krug, der zu Scherben geht
Und keinen Durst'gen getränkt hat.

Rückert.

Töpferwaren und Porzellan.

Geschichtliches über die Töpferkunst in Ägypten, Griechenland, Italien (Etrurien) u. s. w. Die Rohmaterialien. Thonarten. Ziegelbrennerei. Schamottesteine. Thonpfeifen. Terrakotte. Formen der gewöhnlichen Töpferware auf der Drehscheibe und in Gips. Die Glasur. Majolika oder Fayence. Geschichte dieses Kunstzweigs. Palissy. Josuah Wedgwood. Delfter und deutsche Fayencen. Steinzeug, die Thonwaren des Niederrheins. Ordinäre Steinzeugware. Das Porzellan. Geschichte desselben. Bei den Chinesen. Seine Erfindung durch Böttger und Tschirnhausen. Meißen. Ausbreitung der Fabrikation des Porzellans. Porzellanmarken. Formen, Glasieren, Brennen, Malen und Vergolden des Porzellans. Fabrikation der Porzellanknöpfe.

Wir haben in der Einleitung zum ersten Bande dieses Werkes (S. 82—86) bereits auf die Bedeutung hingewiesen, welche die Gefäßindustrie für das Kulturleben der Welt hat, ohne uns dort eingehender mit den Einzelheiten dieses wichtigen Gegenstandes zu beschäftigen. Jetzt bietet sich uns dagegen im systematischen Verlaufe unsrer chemischen Betrachtungen Gelegenheit, den bei weitem wichtigsten Teil dieses Kapitels ins Auge zu fassen, denn es kann weder die

Herstellung von Gefäßen aus Holz, Leder oder aus den natürlich vorhandenen Schalen der Früchte, aus Muscheln u. s. w., noch die aus Metallen, ja selbst nicht die Benutzung des Glases zu den in Rede stehenden Zwecken, eine nur annähernd so hervorragende Stellung beanspruchen, wie die Verarbeitung des Thones. Nach der griechischen Benennung des Thones, Keramos, nennt man das ganze Gebiet der Thonverarbeitung **Keramik**.

Wie weit dieselbe, die Kunst der Töpferei, in das Altertum zurückgeht, darüber vermögen wir nur sehr mangelhafte Nachweise zu geben. Wissen wir doch kaum zu bestimmen, wie viele Jahrtausende die ersten geschichtlichen Überlieferungen der alten Kulturvölker hinter uns zurückliegen, um wieviel schwieriger müssen die Versuche sein, den bei weitem früheren Zeitpunkt nachzuweisen, an welchem sie die ersten Staffeln einer Technik, wie die Töpferei ist, erstiegen, welche für Erfordernisse der ursprünglichsten Art arbeitet. Tief unter dem langsam sich absetzenden Schlamme des Nils sind glasierte Thonscherben hervorgegraben worden, die, wenn anders die Rechnung aus der Dicke der Schlammschicht und des alljährlich sich absetzenden Niederschlags richtig ist, vor mehr als 13000 Jahren gebrannt worden sein müssen. In den alten Pfahlbauten, deren Überreste neuerdings in großer Zahl entdeckt worden sind, hat man Scherben von Thongefäßen aufgefunden, ja die Anhäufung derselben zu langhin sich ziehenden, massenhaften Bänken gibt der Vermutung Grund, daß schon damals die Herstellung von Geschirren über den persönlichen Bedarf hinaus in fabrikmäßiger Weise betrieben worden ist, und die älteste Sage von der Erschaffung des Menschen aus Thon deutet außerdem darauf hin, daß die Bildsamkeit dieses fast überall natürlich vorkommenden Materials in der allerältesten Zeit schon benutzt wurde.

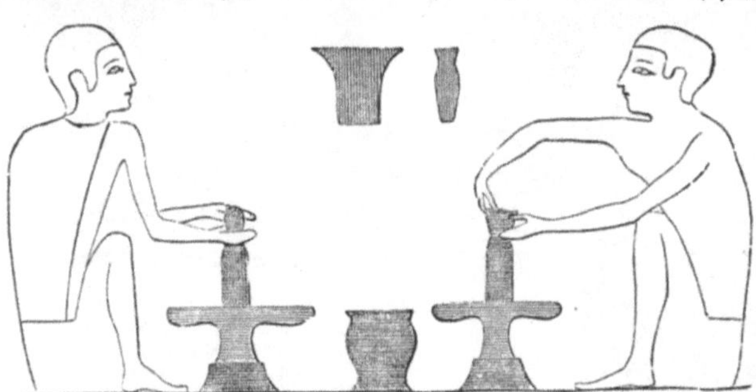

Fig. 189. Altägyptische Töpfer an der Scheibe arbeitend.

Welcher Art freilich die Herstellung von Gebrauchsgegenständen in diesen ersten Kulturperioden der Menschheit war, darüber stehen uns für die Schlußfolgerung nur Anhalte zu Gebote, welche sich aus der Analogie ergeben; wir werden aber wenig fehlgehen, wenn wir sie so einfach als möglich annehmen, so wie sie noch jetzt von rohen Völkerschaften geübt wird. Direkt belehren uns über diese Frage aber schon die ältesten Dokumente, welche uns über die Kulturbestrebungen der Menschen die Zeit entzifferbar aufbewahrt hat. Auf ägyptischen Basreliefs finden wir wiederholt die Abbildungen der verschiedenen Manipulationen, die bei der Bearbeitung des Thones eine Rolle spielen. Wir sehen den rohen Thon mit Füßen kneten damit er plastischer werde; Erzeugnisse verschiedener Formen werden teils aus freier Hand, teils auf der Töpferscheibe daraus gebildet (s. Fig. 189) und die daneben dargestellten Geräte lassen schließen, daß dieselben Handgriffe, wie heute, auch schon damals angewendet wurden. Andre Figuren zeigen uns das Brennen, die Gestalt der Öfen, das Einsetzen der Geschirre in dieselben, das Entleeren, ja sogar die rote Farbe der altägyptischen Thongeschirre, und in den Grabkammern von ägyptischen Großen sind uns zahlreiche kleine Mumienbilder mit sauber eingepreßten Inschriften und mit einer blaugrünlichen Glasur überzogen aus jener Zeit erhalten.

Daß die Israeliten ebenfalls schon in den frühsten Zeiten die Kunst der Töpferei verstanden, das beweisen zahlreiche Stellen des Alten Testaments. So sagt Sirach:

> Also ein Töpfer, der muß bei seiner Arbeit sein und die Scheibe mit seinen Füßen umtreiben und muß immer mit Sorgen sein Werk machen und hat sein gewisses Tagewerk.
>
> Er muß mit seinen Armen aus dem Thon sein Gefäß formieren und muß sich zu seinen Füßen müde bücken.
>
> Er muß denken, wie er es fein glasiere, und früh und spät den Ofen fegen.

Wenn auch nicht mit den ersten Anfangsgründen, denn auf diese kommt naturgemäß jedes Volk von selbst, so sind doch höchst wahrscheinlich die Griechen durch die Ägypter mit den Vervollkommnungen der Töpferkunst bekannt gemacht worden. Zu Homers Zeiten gab es auf der Insel Samos Töpfereien, welche eine große Berühmtheit besaßen, so daß der blinde Sänger dieselben durch ein Gedicht verherrlichte, welches die Meinung hervorrufen könnte, als sei es durch den Besuch einer großen Fabrikanlage der Neuzeit veranlaßt worden, so übereinstimmend sind die darin geschilderten Verfahren mit den heutigen. Außerdem sind uns die Namen vieler der bedeutendsten griechischen Töpfer aufbewahrt geblieben, so des Dibutades von Sikyon, dessen Gefäße in Menge nach Korinth gebracht wurden (wann er lebte, ist unbekannt); Koröbos von Athen, um 1500 v. Chr.; Tales, der Sohn des Perdix und Neffe des Dädalos; Therikles von Korinth, nach welchem eine Sorte Vasen den Namen erhielt u. s. w. Übrigens griffen auch andre Kunstzweige fruchtbar in das Töpfergewerbe ein, und es erschien einem Phidias, Polyklet, Myron u. a. nicht zu gering, Zeichnungen für die Werke der Töpfer zu entwerfen. Wie alle Bildung und Kunstfertigkeit, so nahm auch die schon hochveredelte Gefäßkunst ihren Weg von Griechenland nach den südlichen Teilen Italiens, um von hier aus in den Lebensorganismus des römischen Reichs überzugehen.

Fig. 190.
Die Vase des Argesilaos. Werk eines kyrenischen Töpfers (500 v. Chr.).

Gewiß hat in den dortigen Landschaften lange vorher schon eine eigentümliche Kultur bestanden, auf die Ausbildung der fruchtbaren Zweige aber wurde der von Griechenland ausgehende, sonnig belebende Hauch von der wesentlichsten Förderung. Die charakteristischen Formen etrurischer Bildnerei erlangen durch den Einfluß griechischer Muster eine wunderbare Verschönerung. Durch die Sitte der Alten, Aschenkrüge und Urnen in die Grabstätten zu setzen, ist uns ein großes Material für die Beurteilung des damaligen Geschmacks und der technischen Fähigkeiten, demselben gerecht zu werden, überliefert und durch ausgedehnte Ausgrabungen zugänglich gemacht worden. Betrachten wir die in Museen und Sammlungen vereinigten Gefäße, Urnen, Lampen, Aschen-, Henkelkrüge, Vasen &c., so müssen wir über den Reichtum der Formen und ihre unübertreffliche Schönheit nicht minder als darüber erstaunen, daß alle Erzeugnisse der Kunstgewerbe damaliger Zeit von einer Reinheit, von einer Naivität und doch von einer Harmonie in allen Zweigen der Geschmacksrichtung Zeugnis ablegen, welcher sich wieder zu nähern auf dem Wege der Absicht und Spekulation unsrer Tage kaum möglich sein dürfte. Wir geben in Fig. 190 und 191 die Abbildung eines der berühmtesten Werke etrurischer Töpferkunst, die nach dem Gegenstande ihrer Malerei

Fig. 191. Die Vase des Argesilaos. Äußere Ansicht.

sogenannte Vase des Argesilaos, und zwar zeigt uns Fig. 190 die innere Malerei, Fig. 191 die äußere Form und Zeichnung. Das Kunstwerk hat eine Höhe von etwa 28 cm, einen Durchmesser von gegen 30 cm und befindet sich in der Nationalbibliothek in Paris. Eine der bedeutendsten Sammlungen von Vasen assyrischer, ägyptischer, griechischer, etrurischer und römischer Herkunft befindet sich in München.

In Rom standen zu Plinius' Zeiten besonders die Irdenwaren aus Tralles in Lydien, Erythrä in Jonien, Adria in Oberitalien, Rhegium und Cumä in Unteritalien in hohem Ansehen. Die Henkelkrüge von Kos waren so geschätzt, daß sie die Patrizier an ihre Klienten verteilten, wenn sie bei besonderen Gelegenheiten deren Gunst sich sichern wollten. Das Material, aus welchem alle diese Gefäße hergestellt waren, bestand aus einem farbigen, roten oder rotbraunen Thone und die Malerei meist nur aus einer schwarzen Zeichnung auf der natürlichen Farbe des Grundes. Als die ältesten der griechischen Thongefäße sieht man die aus gelblichgrauem oder bräunlichgelbem Thone mit schwarzen oder braunen Zeichnungen an, dann folgen der Zeit nach die mit schwarzen Figuren auf rotem Grunde, endlich die mit roter Zeichnung auf schwarzem Grunde. Wenn mehrere Gefäße dieselbe Malerei erhalten sollten, so erleichterte man sich die Arbeit, indem man die Zeichnung in Papier ausschnitt, diese Schablone um das Thongeschirr legte und dasselbe in den flüssigen Farbstoff tauchte. Alle ausgeschnittenen Stellen des Papiers ließen auf dem Gefäß sich Farbstoffe absetzen, während die übrigen Partien davon frei blieben. Später wurden erhaben aufliegende Ornamente auch vergoldet.

Die Römer betrieben die Töpferei in ausgedehnter Weise und in künstlerischer Vollendung auch in den von ihnen angelegten Kolonien, wie die in der Neuzeit aufgegrabenen Töpferwerkstätten beweisen; so zu Rheinzabern, wo man bis zum Jahre 1858 bereits 70 altrömische Töpferöfen und 36 Ziegelöfen bloßgelegt hatte. Die römischen Geschirre zeichnen sich aus durch ihre schöne korallenrote Masse, die man, wie es scheint, beliebig zu erzeugen verstand, die sogenannte terra sigillata, Siegelerde. Verziert wurden diese Geschirre häufig durch erhabene Ornamente, welche man mit Stempeln preßte.

Es ist aber auch bekannt, daß in alten slawischen Gräbern in Deutschland, Polen und Rußland ebenfalls irdene Gefäße in großer Zahl gefunden werden, und die eigentümlichen Formen derselben beweisen auch zur Genüge, daß die Töpferkunst bei diesen Völkern einen selbständigen Entwickelungsgang genommen hat.

Obwohl schon in dem Seite 310 angeführten Ausspruche Sirachs der Glasur Erwähnung geschieht und auch altägyptische Scherben von glasiertem Thon gefunden worden sein sollen, so scheinen doch die aufgeschmolzenen Überzüge, die man den Irdenwaren geben lernte und wodurch man sie dauerhafter und für Flüssigkeiten undurchdringlich macht, eine Erfindung zu sein, die nur bei einzelnen Völkern gemacht worden war und sich nicht allgemein verbreitete. Vielleicht bestand sogar die alte Glasur für gewöhnlich nur in einem Überzuge von Harz oder dergleichen, wie ihn heute noch manche Stämme in Südamerika ihren Thongeschirren geben, um denselben die Porosität zu nehmen. Die in Deutschland ausgegrabenen Gefäße sind bis auf die roten römischen von unglasierter Masse. Die Griechen und Römer aber lernten Glasur und Farben einschmelzen, und die Schmelzmalerei war in Italien bereits zur Zeit des Porsenna einheimisch. Die alte Glasur ist überaus dünn, als ob sie mit dem Polierstahl hervorgebracht wäre; dieser Umstand hat ihre Untersuchung erschwert. Indessen ist es nicht unwahrscheinlich, daß sie, wie Franz Keller vermutet, für die rote römische Töpferware mittels Borax hervorgebracht worden ist, dessen charakteristischer Bestandteil, die Borsäure, sich beim Brennen zum Teil verflüchtigte. Die Malerei wurde immer *unter* der Glasur angebracht; die bereits aufgeschmolzene Glasur zu bemalen, soll erst Anfangs des 15. Jahrhunderts von dem Florentiner *Luca della Robbia* erfunden worden sein.

Die Völkerwanderung hatte das Fortschreiten der Kultur in Europa auf gewaltsame Weise nicht nur unterbrochen, sondern auch die alten Überlieferungen verschüttet und unwirksam gemacht. Wie sich dies auf allen Gebieten bemerklich macht, so tritt es namentlich in den der Kunst verwandten Zweigen der Stoffbearbeitung zu Tage. Erst die Araber befruchteten wieder die abendländische Technik und Erfindung durch ihre eigentümlichen, phantasievollen Schöpfungen sowie durch Einführung neuer Verfahren, die bei diesem hochgebildeten und namentlich auch in chemischen und technischen Kenntnissen allen andern weit überlegenen Volke inzwischen zu großer Vollkommenheit sich ausgebildet hatten. Perser und Araber waren namentlich in der Kunst, prachtvoll gefärbte Glasuren und Emails aufzuschmelzen, Meister. So kamen durch die Kreuzzüge und später über Unteritalien und Spanien durch die Mauren neben andern Erzeugnissen einer edlen Gewerbthätigkeit auch vorzügliche Gläser und Thonwaren nach Europa, die zur Nachahmung reizten. Die Majolika hat ihren Namen nach der Insel Majorka, wo besonders kunstreiche maurische Töpfer thätig gewesen sein sollen. Im 15. Jahrhundert nahm dann mit allen übrigen Künsten auch die Thonbildnerei einen großartigen Aufschwung, der sich von Italien aus allmählich über ganz Mitteleuropa verbreitete. In Frankreich brachten Beauvais, Paris (Palissy), Limoges, Nevers, Rouen, in Deutschland Nürnberg, Creussen, Baireuth, Nassau, Siegburg und Köln mit dem ganzen Niederrhein, in Holland Delft zur Zeit der Renaissance wundervolle Thonwaren hervor. Im 18. Jahrhundert aber geriet die Industrie im allgemeinen mit der ganzen Geschmacksrichtung allmählich wieder in Verfall, welchen auch das eben erfundene Porzellan, das rasch zu großer Vollkommenheit gebracht wurde, nicht aufhalten konnte, ja, der durch dasselbe sogar in gewisser Beziehung mit beschleunigt wurde.

Viel weiter noch zurück als im Abendlande reicht die nachweisbare Erfindungsgeschichte der Töpferei bei den Chinesen. Schon zu den Zeiten des Kaisers Hoang-Ti, welcher um 2650 v. Chr. regierte, gab es große kaiserliche Töpfereien und angestellte Oberaufsichtsbeamte über dieselben. Indessen wollen wir uns bei den Erfindungen des auserwählten Volkes der Mitte nicht besonders aufhalten, da uns hierzu das Porzellan noch bessere Gelegenheit darbieten wird. Vielmehr wollen wir, da sich die einzelnen Vervollkommnungen der Kunst nicht genügend ohne einen Einblick in den technischen Teil derselben verstehen lassen, uns eine Bekanntschaft zu verschaffen suchen mit dem Wesentlichen der Töpferei bezüglich der **Stoffe**, welche sie verarbeitet, der **Methoden**, nach denen dies geschieht, und schließlich der **Produkte**, die sie auf solche Weise hervorbringt.

Das Rohmaterial der Keramik ist der Thon und die ganze Kunst, mag sie nun in der Herstellung von Ofenkacheln bestehen, oder in der Erzeugung der künstlichsten Werke, wie sie die Porzellanmanufakturen in Meißen oder Sevres hervorbringen, ja sogar die Fabrikation von Ziegeln und gebrannten Steinen, beruht in gleicher Weise auf der Eigenschaft des Thones, bei großer Hitze in einen Zustand beginnender Schmelzung zu geraten, wodurch seine Teilchen aneinander backen und die innere Masse Härte und Festigkeit gewinnt.

Fig. 192. Hebräer, unter Aufsicht ägyptischer Wächter Ziegel streichend.

Wir haben im vorigen Abschnitte, wo wir den einen Hauptbestandteil des Thones, die **Thonerde**, gelegentlich der Darstellung künstlicher Edelsteine zu betrachten hatten, schon gesehen, daß diese Erde nur im Knallgasfeuer schmelzbar ist, d. h. wirklich flüssig wird, in Verbindung mit Kieselsäure, als **kieselsaure Thonerde** (reiner Thon) ist sie unschmelzbar und wird in der stärksten Hitze nur weich, so daß die einzelnen Teilchen aneinander haften, und diese Eigenschaft läßt sich durch Zusetzung von geeigneten andern Substanzen modifizieren, so daß wir für die verschiedenen Zwecke der Töpferei auch verschiedene Gemenge werden verarbeiten sehen. Da der Thon ebenso wie der Lehm Rückstände verwitterter feldspathaltiger Gesteine sind und diese zum Teil aus Mineralien zusammengesetzt waren, welche Eisen, Kalk, Kieselsäure (Quarz), Magnesia und dergleichen Bestandteile enthalten, so werden sich diese Stoffe, soweit sie unlöslicher Natur sind, auch im Thone in verschiedenen Mengenverhältnissen wiederfinden. Die löslichen Bestandteile, wie Kali, Natron u. s. w., sind dagegen durch das Wasser entweder ganz oder zum größten Teile ausgelaugt worden, welcher Prozeß eben das Wesen der Verwitterung ausmacht.

Nicht alle Thone sind für die Zwecke der Töpferei geeignet. Der gesuchteste, in chemischer Hinsicht aber nicht der reinste, weil er noch feine unzersetzte Feldspatteilchen und etwas freie fein zerteilte Kieselsäure enthält, ist der **Porzellanthon** oder **Kaolin**; die am besten formbare (plastische) und daher chemisch reinste Thonsorte ist der **Pfeifenthon**; er ist wie der Porzellanthon vollkommen eisenfrei und gibt daher beim Brennen eine ganz weiße Masse. Je mehr Eisen im Thon enthalten ist, um so mehr sind die daraus gebrannten Gegenstände gefärbt, und die Nüancen, welche dabei zum Vorschein kommen, wechseln von den leichtesten Farbentönen bis zu dem tiefen Schwarz durch alle Nüancen von Gelb, Rot und Braun; Thone, die sich grau oder bläulich brennen, sind seltener. Die Färbung hängt ab von dem Zustande, in welchem sich das Eisen in dem Thone befindet oder in welchen es durch die Flamme beim Brennen versetzt wird, ob Eisenoxydul (Ferrooxyd) oder Eisenoxyd (Ferrioxyd) oder ob Eisenoxyduloxyd vorhanden ist oder ob endlich die einen oder die andern dieser Basen mit Kieselsäure als Silikate in dem Thone vorkommen. Dasselbe gilt von den Oxyden des Mangans, die jedoch in viel geringerer Menge in den Thonen vorhanden sind. Das Eisen übt übrigens nicht nur einen färbenden Einfluß aus, sondern es ist, ebenso wie der Kalk, das Kali u. s. w., auch gern geneigt, schmelzbare Schlacken zu bilden, daher Thone, welche diese Bestandteile in großer Menge enthalten, durchaus nicht zu den feuerfesten gerechnet werden können. Wenn wir die Thonwaren im großen ganzen ins Auge fassen und dazu auch die Erzeugnisse der Ziegeleien rechnen, so können wir für manche Zwecke Thone von gewissen Eigenschaften noch als recht gut verwendbare bezeichnen, die für die feineren Werke der Gefäßbildnerei durchaus untauglich sein würden.

Die Thone unterscheiden sich zunächst in **plastische**, bildsame, zu denen der gewöhnliche Töpferthon gehört, und in **unplastische**, wie die Porzellanerde. Die ersteren sind dadurch charakterisiert, daß sie mittels Wassers einen ausgezeichneten Schlämmprozeß durchgemacht haben, welcher sie von allen fremdartigen gröberen mineralischen Bestandteilen, wie Quarzkörner u. s. w., befreit hat. Sie liegen nicht mehr auf der ursprünglichen Lagerstätte ihrer Muttergesteine, vielmehr sind sie von den Fluten weitergeführt und an Stellen, wo die Strömung ruhiger ging, abgesetzt worden. Daher denn auch das feine Gefüge und die konstante chemische Zusammensetzung, welche auf 1 Molekül Kieselsäure 2 Moleküle Thonerde und 2 Moleküle Wasser erkennen läßt, nach neuerer Anschauungsweise aber als ein Aluminiumhydrosilikat betrachtet wird. Außerdem aber zeichnen sie sich durch einen wechselnden Gehalt an freier Kieselsäure und bisweilen durch eine geringe Quantität organischer Beimengungen aus. Sie fühlen sich fettig an und lassen sich in feuchtem Zustande in alle möglichen Formen bringen, weswegen sie auch ein sehr geeignetes Material für die Bildhauer und Erzgießer sind, welche ihre Modelle aus ihnen herstellen. Der Luft ausgesetzt, verlieren diese Thone denjenigen Teil ihres Wassergehalts, welcher nicht chemisch gebunden, sondern nur mechanisch beigemengt ist, und werden trocken, so daß sie sich zu Pulver zerreiben lassen; sie erhalten aber ihre Bildsamkeit wieder, wenn sie in Wasser aufgeweicht werden. Werden sie geglüht, so entweicht auch das chemisch gebundene Wasser und die Plastizität ist nun für immer verloren, denn wenn man auch solchen gebrannten Thon in das feinste Mehl verwandelt und dasselbe mit Wasser anrührt, so ist dieses Gemenge doch nicht formbar. Beim Glühen schwinden ferner die reinsten Sorten nur wenig, erhärten aber ohne zusammenzusintern und bekommen dadurch eine große **Porosität**. Sie werden dabei heller, denn die organischen Bestandteile, welche die blaue, graue oder schwärzliche

Färbung verursachen, verbrennen in der Glühhitze. Minder reine Sorten, vorzüglich solche, welche Eisen, Kalk, Kali u. dergl. enthalten, erweichen in der Glühhitze mehr oder weniger, backen dabei zu einer fast gar nicht mehr porösen Masse zusammen und schwinden in ihrem Volumen oft sehr beträchtlich. Diese Thone eignen sich zur Fabrikation von Gefäßen, in denen Flüssigkeiten aufbewahrt werden sollen (Steinzeugthon), während die vorher erwähnten (die sogenannten Pfeifenthone) dazu nur beschränkte Anwendung finden können. Geht der Gehalt an verschlackenden Basen über eine gewisse Grenze hinaus, so können die Thonwaren bei großer Hitze förmlich in Fluß kommen; in diesem Falle treten dann die etwa vorhandenen Metalloxyde des Eisens und Mangans mit ihrer intensiv färbenden Kraft hervor, wie wir an manchen glasigen und verbrannten Ziegeln (Klinkern) beobachten können. Jetzt sucht man absichtlich bei uns für gewisse Zwecke solche glasierte Ziegel herzustellen, namentlich glasierte Dachziegel, die ein sehr hübsches Aussehen besitzen und den Witterungseinflüssen sehr gut widerstehen. In Holland sind Klinker der verschiedensten Art schon längst gebräuchlich. Die feuerfesten Thone bestehen fast aus reiner kieselsaurer Thonerde.

Von den verschiedenen Thonarten finden also in der Industrie Verwendung der Lehm oder die Ziegelerde, der Thonmergel für gewöhnliche Töpferware, der Letten- oder Töpferthon für glasierte Geschirre ordinärer Fayence, der feuerfeste Pfeifenthon für Fayence, sogenanntes Steingut, und die Porzellanerde für Porzellan.

Die mageren Thone, welche im Gegensatz zu den bildsamen fetten nur eine geringe Elastizität besitzen, wie die Porzellanerde, liegen meist noch an der Stelle, wo sie aus der Zersetzung der feldspathaltigen Gesteine entstanden sind; sie besitzen daher gewöhnlich auch noch alle übrigen unlösbaren Mineralbestandteile des ursprünglichen Materials, Quarz u. s. w., in sich und müssen vor ihrer Verarbeitung für manche Zwecke erst von jenen Beimengungen durch Schlämmen, Kneten, Auslesen u. dergl. befreit werden. Um ihre Bildsamkeit zu erhöhen, werden sie sehr häufig mit fettem Thone versetzt. Der Lehm ist sandhaltiger und durch einen Gehalt von Eisenhydroxyd (Eisenoxydhydrat) rötlichbraun gefärbter Thon.

Wir wenden uns zunächst dem einfachsten Zweige der Thonwarenindustrie zu, der

Ziegelfabrikation, jener uralten Erzeugung von künstlichen Bausteinen, welche fast von allen, selbst den unkultiviertesten Völkern betrieben wird, und von der wir schon auf altägyptischen Bauwerken Abbildungen, wie Fig. 192, und in der Bibel schriftliche Zeugnisse finden. Sie verlangt für ihre Zwecke eine verhältnismäßig nur geringe Vorbereitung des Rohmaterials. Der durch Ausstechen gewonnene Thon wird mittels Durchknetens von den gröberen Beimengungen, Steinen, Wurzelstücken u. s. w., befreit; wenn er zu fett ist, in durch die Erfahrung festgestellten Verhältnissen innig mit Sand gemischt. Um aber ein gleichmäßiges Rohmaterial zu erhalten, ist es noch nötig, den Thon vorher gehörig mit Wasser zu durchtränken, ihn einzusumpfen, was in besonderen Gruben geschieht, womöglich ihn auch, nachdem er gestochen worden ist, erst einen Winter hindurch in lose aufgeschichteten Haufen durchfrieren zu lassen. Enthält er Bestandteile, die beim Brennen schädlich wirken und durch Auslesen nicht entfernt werden können, so müssen dieselben durch Schlämmen beseitigt werden, ein Prozeß, der vorteilhaft besonders mit solchen Thonen vorgenommen wird, welche für feinere Artikel, Façonsteine, Terrakotten u. s. w. dienen.

Anstatt des früher üblichen Durchknetens mit Füßen werden jetzt allgemeiner die Thonschneideapparate (Thonmühlen) angewandt; ein solcher besteht beispielsweise aus einem kegelförmigen Bottiche, in welchem sich eine vertikale, mit schrägstehenden schmiedeeisernen Klingen besetzte Achse bewegt, welche den eingeworfenen Thon zerschneiden, durch ihre schraubenförmige Stellung ineinander kneten und nach unten drücken, so daß unten eine gleichmäßig durchgearbeitete Masse herausquillt. Es gibt jedoch auch andre zum gleichen Ziele führende Apparate.

So vorbereitet wird der Thon zu Ziegeln geformt, was sehr einfach ist, indem die Lehmmasse in den gewöhnlichen Fällen nur in hölzerne Rahmen von der entsprechenden Größe kräftig eingedrückt und das Überflüssige abgestrichen wird. Die Formen werden an den Innenwänden mit Wasser benetzt, damit der Thon nicht daran haften bleibt. In manchen Gegenden netzt man die Formen nicht, sondern bestreut sie, wie auch die geformten Steine, mit feinem Sande. Die Ziegel werden dadurch oberflächlich zwar nicht so glatt, man kann aber trockeneres Material verarbeiten und an den so erzeugten Steinen haftet der Mörtel besser. Feinere Steine werden natürlich mit größerer Sorgfalt behandelt, mit einem Lineal von Pflaumenbaumholz glatt gestrichen, besonders getrocknet, auch wohl in lufttrockenem Zustande nachgepreßt oder geschnitten und geglättet. Streicht man dann die geglätteten Seiten mit einem feinen Thonschlicker an, der, wenn seine Feuchtigkeit in die Masse eingezogen ist, mit einem breiten Messer glatt gestrichen wird, so erlangen solche Steine durch das Brennen das Aussehen von feingeschliffenen, die sich durch den Thonschlicker auch beliebig färben lassen.

Das Formen, die Anfertigung der Steine aus dem Lehm, erfolgte früher durchgängig mit der Hand (Ziegelstreichen). In der Neuzeit aber hat auch hier die Maschinenthätigkeit sich Eingang verschafft. Nicht nur, daß das Durchkneten des Lehmes oder Thones nicht mehr mit den Füßen oder Händen geschieht, sondern mittels eigentümlicher Quetschwalzwerke, Brechmühlen und andrer Apparate, welche durch Pferdekraft, Mühlräder oder Dampfmaschinen in Bewegung gesetzt werden, so hat man auch das Formen der gehörig vorbereiteten Masse besonderen Maschinenvorrichtungen übertragen. Es ist dadurch eine viel raschere Produktion wie auch eine viel größere Mannigfaltigkeit der darstellbaren Formstücke ermöglicht worden. Dieselben werden auf diese Weise nicht mehr wie bei der alten Methode durch Einzelformen erzeugt, vielmehr wird der plastische Thon mit Hilfe einer starken Presse durch eine Öffnung gezwängt, welche ihm eine solche Gestalt gibt, daß für die Herstellung der einzelnen Stücke nur noch ein Durchschneiden dieses Thonstranges in bestimmten Abständen notwendig ist. Für Ziegelsteine kommt die Thonmasse als ein vierkantiges Prisma heraus, für Drainröhren wird sie über einen cylindrischen Dorn gepreßt, gerade wie bei der Herstellung der Bleiröhren geschieht, und die mancherlei Formziegel, deren Erzeugung früher so viele Umständlichkeiten im Gefolge hatte, lassen sich auf diese Weise, wo es nur auf die Form der Öffnung ankommt, mit derselben Schnelligkeit wie gewöhnliche Backsteine gewinnen. Das herausquellende Thonstück wird mittels eines Drahtes oder einer Messerschneide, die von der Maschine in entsprechenden Intervallen an der Öffnung vorübergeführt wird, durchschnitten und dadurch jedesmal ein selbständiges Stück isoliert von einem Querschnitt, der mehrere Ziegelgrößen in sich enthält. Haben die solchergestalt erlangten Lehmprismen die Länge des Brettes erreicht, über welches sie vorgeschoben werden, so teilt sie ein Arbeiter mittels eines Rahmens, welcher drei, vier oder mehr, je nach der Stärke der zu erzeugenden Ziegel, entsprechend weit voneinander gespannte Drähte enthält, in einzelne Stücke, so daß mit jedem Schnitt zwölf, sechzehn oder mehr Steine fertig werden.

Es gibt sehr zahlreiche Konstruktionen von Ziegelmaschinen, die verschieden sind je nach der Art des Rohmaterials, welches verarbeitet werden soll, und nach den Produkten, die man damit zu erzeugen beabsichtigt. Ziegelmaschinen der eben geschilderten Art, die sich aber auch noch durch Zugabe von Thonschneideapparaten, Walzwerken u. dergl. sehr mannigfach gestalten, eignen sich besonders für nasse Thone, welche in sich einen ziemlichen Zusammenhalt besitzen. Da es aber für manche Zwecke, wo es auf äußerste Schärfe und Glätte nicht ankommt, sehr vorteilhaft ist, den Thon möglichst trocken zu verarbeiten, weil man dabei wesentlich an Brennmaterial spart, so hat man hierfür andre Formmaschinen erfinden müssen, welche eine kräftigere Zusammenpressung der weniger zusammenhängenden Masse gestatten. Das Charakteristische dieser Trockenpressen liegt darin, daß bei ihnen nicht die einzelnen Formstücke aus einem kontinuierlichen Thonstrange geschnitten werden, sondern daß die Steine einzeln in Formen gepreßt werden müssen, wie es bei dem Formen mit der Hand geschieht. In Frankreich ist eine Ziegelmaschine vielfach in Gebrauch, die wir in Fig. 193 abbilden. Bei derselben fällt der Thon unmittelbar aus dem Thonschneideapparat in die eisernen Ziegelformen f i, die zu einer Kette ohne Ende i f i miteinander verbunden unter der Trichteröffnung des Thonschneiders b vorbeipassieren und, nachdem sie sich hier gefüllt haben, unter eine kräftige Druckwalze a gelangen, welche die Zusammenpressung bewirkt. Die Formen bestehen aus vierseitigen Rahmen, wie sie bei dem Streichen mit der Hand ähnlich in Gebrauch sind. Während der Füllung und Pressung ruhen dieselben auf eisernen Platten, die für sich ebenfalls zu einer Kette ohne Ende h h zusammengefügt auf Rollen in gleicher Geschwindigkeit mit jenen vorrücken. Hinter der Preßwalze aber fallen die Bodenplatten von der Form d ab, um unterhalb ihrer Führungsrollen wieder zurückzukehren, das Formstück wird durch einen von oben nach unten sich bewegenden Stempel g aus dem Rahmen gedrückt und auf einem Tuch ohne Ende dem Trockenplatze zugeführt. Die Formen passieren auf dem Rückgange ein Wasserbassin und werden, ehe sie sich mit Thon füllen, durch ein Siebwerk mit feinem Sande ausgestreut, ebenso wird hinter den Walzen die obere Seite der Preßstücke noch durch das Siebwerk c besandet.

Die auf die eine oder die andre Art hergestellten Thonziegel müssen vollkommen lufttrocken sein, ehe sie gebrannt werden können. Bei den trockengepreßten Steinen ist ein besonderes Austrocknen oft nicht erst nötig, bei den gestrichenen oder naßgepreßten dagegen erfordert dieselbe oft längere Zeit und die Anlegung großer luftiger Trockenschuppen.

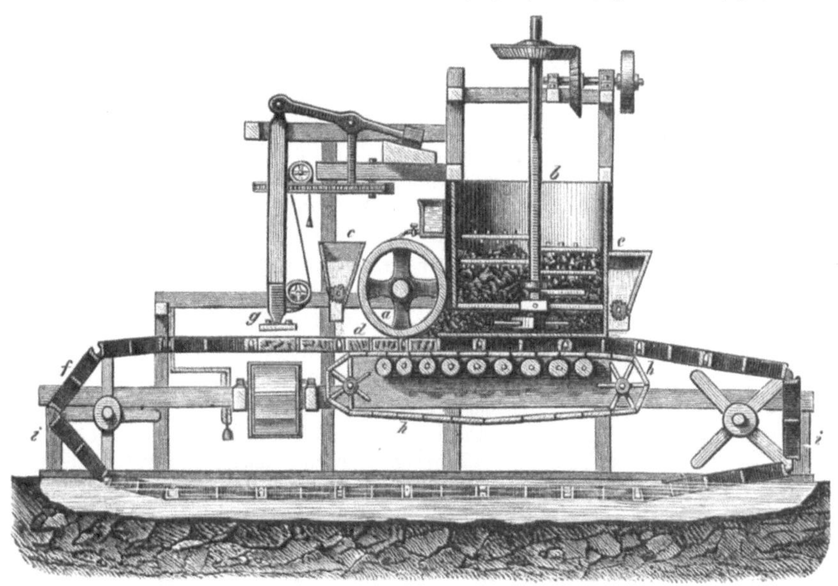

Fig. 193. Maschine zum Formen der Ziegel aus trockenem Lehm.

Zur Herstellung künstlicher Pflastersteine durch Pressen dient die Dampfpresse von Nagle. Sie besteht im wesentlichen aus einem vertikalen Dampfcylinder, in welchem durch alternierenden Eintritt von Dampf bald an der Decke, bald am Boden des Cylinders ein Kolben auf und nieder bewegt werden kann; die Kolbenstange durchsetzt nach abwärts den Boden des Dampfcylinders und nach aufwärts dessen Decke und wirkt mit ihrem oberen Ende auf einen von unten aus in die Preßform sich emporschiebenden Kolben. Diese Form wird von obenher mit einem plastischen Steinmaterial gefüllt, und zwar durch einen dicht über der Formenplatte sich hinschiebenden, stets voll gehaltenen Trichter, der jedoch nach untenhin sich etwas erweitert und dabei von etwas geringerem Durchmesser als die zu füllende Preßform ist, so daß, wenn der Trichter über die leere Form hingeschoben wird, diese durch das herabfallende Material sich wieder füllt; beim Zurückziehen des Trichters schiebt sich gleichzeitig eine Stahlplatte, welche das überschüssige Material durchschneidet, über die Öffnung der Preßform hin und bringt diese zum Schluß. Die entsprechenden Bewegungen des Fülltrichters mit der erwähnten Stahlplatte werden durch einen Hebelmechanismus ausgeführt. Dieser erhält seinen Antrieb durch zwei entsprechend geformte exzentrische Scheiben, die auf einer unterhalb des Dampfcylinders horizontal gelagerten Welle aufsitzen. Dieselbe Welle trägt noch einen dritten Exzenter, durch welchen die den Eintritt des Dampfes in den Dampfcylinder regulierende Ventilstange ihre Führung erhält. Die Pressung wird bewirkt, wenn der Dampf unterhalb des Kolbens eintritt, wodurch sich der der oberen Stange des Dampfkolbens aufsitzende Preßkolben innerhalb der Form aufschiebt. Die Pressung erreicht ihr Maximum ganz unabhängig davon, ob viel oder wenig Material in der Form enthalten ist, wenn der Druck innerhalb des Dampfcylinders gleich dem im Kessel geworden ist. In diesem Moment öffnet sich das über den Kolben führende Dampfventil, und beide, der Dampf- und Preßkolben, fallen, da ersterer nicht mehr unter einseitigem Dampfdruck steht, zurück, und zwar nach der getroffenen Einrichtung ohne Stoß. Durch fortgesetzte Drehung der unteren Horizontalwelle treten nun die beiden auf den Hebelmechanismus des Trichters und der Verschlußplatte wirkenden Exzenter in Thätigkeit. Sie schieben dieselben zurück. Es hebt nun eine vierte auf der gedachten Welle sitzende exzentrische Scheibe, welche auf das untere Ende der den Boden des Dampfcylinders durchsetzenden Kolbenstange einwirkt, diesen und damit den Preßkolben bis zur oberen Mündung der Preßform. Der herausgeschobene Stein wird dann entfernt.

Das Brennen der Ziegel erfolgt entweder in festen Öfen oder meilerartig durch den sogenannten Feldbrand, welche letztere Methode in Gegenden, in welchen billiges Kohlenklein zu haben ist und wo die Ziegelei nicht als eine große Fabrikationsanlage, sondern mehr für vorübergehende Zwecke betrieben werden soll, trotz ihrer sehr rohen Prinzipien dennoch vorteilhaft sein kann. Es werden dabei die völlig lufttrockenen Steine so übereinander geschichtet, daß jeder Stein von dem andern durch eine dünne Lage Kohlenklein getrennt ist, wobei aber horizontale und vertikale Feuerkanäle, die mit Brennmaterial ausgesetzt werden, ausgespart worden sind; das Ganze wird schließlich äußerlich mit Rasenstücken bedeckt, und nur oben werden einige Zugöffnungen gelassen, aus denen die Verbrennungsgase entweichen können. Das Anzünden geschieht von besonderen Feuerungskanälen aus, die am Boden angebracht und mit trockenem Holze gleich beim Aufbauen des Haufens zugesetzt worden sind. Der Betrieb eines solchen brennenden Haufens ist ganz ähnlich der Meilerverkohlung. Je nach dem Winde und dem Fortschreiten des Brandes werden Zuglöcher geöffnet, so daß sich das Feuer, welches erst die unteren Schichten ergreift, immer weiter nach oben zieht und allmählich den ganzen Haufen durchglüht. Ein solcher Brand dauert ziemlich lange; dabei schwindet durch das Ausbrennen des Kohlenkleins das Volumen des Meilers, und es gehört viel Übung und Geschick dazu, beim Zusammensetzen sowohl als beim nachherigen Abbrennen auf dieses Zusammenfallen der einzelnen Schichten Rücksicht zu nehmen, damit nicht das Ganze regellos in sich einstürzt und anstatt gutgebrannter Ziegel nutzlose Bruchstücke liefert.

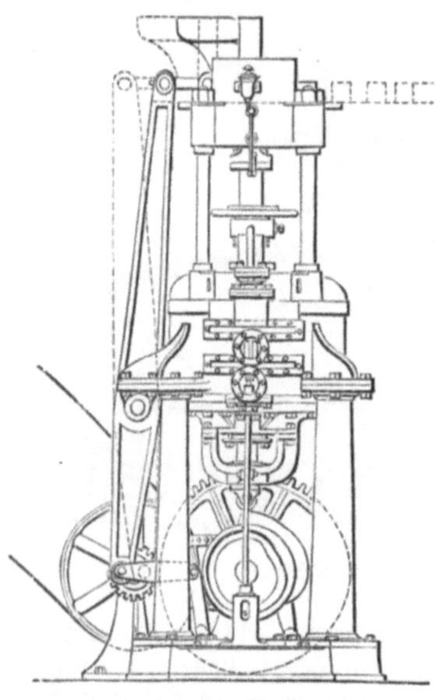

Fig. 194. Presse für künstliche Pflastersteine (Aug. Friedr. Nagle in Providence).

Die Ziegelbrennöfen können sehr verschiedenartig konstruiert sein. Die alten sogenannten deutschen Brennöfen sind ohne Gewölbe, oben offen, und werden, nachdem sie völlig eingesetzt sind, nur mit Ziegelstücken oder Amsen zugedeckt. Sie sind nicht sehr praktisch, denn nicht nur, daß bei ihnen ein großer Teil der Hitze nutzlos vergeudet wird, es entsteht auch sehr viel Abfall; die obersten Schichten sind häufig ganz unvollkommen gebrannt, während die innen liegenden Schichten oft verbrannt oder verglast (Glasköpfe) erscheinen. Die holländischen Öfen sind mit einem vollen Zirkelgewölbe geschlossen; sie sollen aber in betreff der Feuerungsersparnis ebenfalls weit hinter denen zurückstehen, welche mit einem flachen Bogensegment überwölbt sind. Übrigens ist für die innere Einrichtung des Ofens die Natur des Brennmaterials von ganz wesentlichem Einfluß.

Die Neuzeit hat durch den enormen Aufschwung, den die Bauthätigkeit genommen, die Ziegelfabrikation auch dem Fabrikationsbetriebe der Großindustrie genähert. Nicht nur, daß die Maschinen für Zurichtung und Formung immer mehr Eingang finden, auch bei den Feuerungsanlagen macht man sich die Erfahrungen, welche auf andern technischen Gebieten in der Ausnutzung der Heizkraft gewonnen worden sind, zu nutze. So geht man von den alten Öfen, welche die heißen Feuergase unbenutzt entweichen lassen, mehr und mehr ab, indem man sich dem vernünftigen Prinzip der Siemensschen Generativfeuerung zuwendet.

Dieses Prinzip ist in verschiedener Art und von Arnold in seinem Ringofen sogar schon Ende der dreißiger Jahre in Anwendung gebracht, allein erst in den letzten fünfzehn Jahren für den Großbetrieb zu fast allgemeiner Annahme gekommen. Jetzt gibt es der Systeme, die sich mit großer Lebhaftigkeit um den Vorrang streiten, schon eine große Zahl. Wir können an dieser Stelle natürlich nur das Charakteristische, welches ihnen zu Grunde liegt, hervorheben, die Einzelheiten der Ausführung und Abweichung müssen wir übergehen.

Zum Unterschiede von den alten Ziegelöfen, welche nach jedem Brande ausgekühlt werden mußten, um entleert und frisch wieder gefüllt werden zu können, sind die in Rede stehenden neueren Öfen kontinuierliche, d. h. der Brand kann ohne Unterbrechung mit immer frischem Steinmaterial geführt werden; nach ihrer Anordnung heißen sie allgemein Ringöfen. Sie haben das Eigentümliche, einmal, daß sie aus einem in sich zurücklaufenden ringförmigen Raume bestehen, zweitens, daß dieser Raum durch Herablassen von eisernen Schiebern in einzelne Brennräume abgegrenzt werden kann, deren jeder sich mit der gemeinschaftlichen Esse in Verbindung setzen läßt, und endlich, daß die Feuerung innerhalb dieser Brennräume von oben mittels Nachschütten von Kohlenklein auf die bereits glühenden Steine geschieht. Zur Einführung des Brennmaterials sind in der Gewölbedecke Feueröffnungen angebracht, und die Steine müssen an den darunter liegenden Stellen so gesetzt werden, daß für jenes der nötige Raum bleibt.

Soll ein solcher Ringofen in Betrieb kommen, so wird er zunächst in seinem ganzen Umfange mit lufttrockenen Steinen ausgesetzt. Wir wollen annehmen, er läßt sich durch Schieber in zwölf einzelne Brennräume abgrenzen. Es wird dann die Kammer 12 an die erste Kammer stoßen. Alle Kammern bis auf 12 und 1 sind gegeneinander offen, die Feueröffnungen in der Decke überall geschlossen, ebenso alle Schornsteinschieber. Vor Beginn des Brennens aber, das mit Kammer 1 anfangen soll, benutzt man die Kammer 12 als Zugangsraum zur ersten Kammer, vor die man eine gemauerte Querwand zieht, in welche eine Rostfeuerung gelegt wird, da das Anfeuern des Ofens von außen erfolgen muß. Bevor man nun Feuer gibt, schließt man eine Anzahl Kammern, etwa sechs von den folgenden, durch den Schieber ab, so daß sie einen einzigen Brennraum bilden, öffnet in der sechsten Kammer den Zug zum Schornsteine und leitet so die abziehenden heißen Feuergase aus Kammer 1 durch die nächsten fünf Kammern, in denen die Hitze allmählich an die Steine abgegeben wird, diese sich so weit vorwärmen, daß, wenn 1 gar gebrannt ist, 2 schon ins Glühen gekommen ist.

Die Feuerung selbst unterhält man von vorn nur so lange, bis die ersten Steine genügend heiß geworden sind, um das von oben einzuschüttende Kohlenklein in Brand setzen zu können; dann vermauert man vorn und unterhält das Feuer nur noch von oben immer weiter vorschreitend, indem man neue Feueröffnungen aufmacht und die vorher benutzten dagegen schließt. Für die zum Verbrennen nötige Luft sind besondere Kanäle gelassen, die ebenso folgeweise geöffnet und geschlossen werden, wie der Brand vorschreitet.

Jetzt ist der Ofen vollständig im Gange. Die abziehenden Feuergase geben den größten Teil ihrer Hitze nutzbar ab, die zuströmende Feuerluft aber, welche durch die eben gebrannten weißglühenden Ziegelgitter strömen muß, ehe sie auf das Brennmaterial trifft, erhitzt sich, indem sie abkühlt, so bedeutend, daß der Wärmeeffekt der Brennstoffmenge entsprechend auf das höchste Maß gesteigert wird.

Sobald nun der Brand so weit vorgeschritten ist, daß man anfängt, in die Kammer 2 Brennstoff einzuschütten, so zieht man eine neue Kammer, die Kammer 7, mit in den Betrieb, indem man den Schieber zwischen 6 und 7 aufzieht, 7 von 8 aber absperrt und ebenso aus 7 den Kanal nach dem Schornstein aufmacht, während der von 6 geschlossen wird, und so fort, so daß die abziehenden Feuergase immer fünf Kammern vorwärmend durchstreichen müssen, ehe sie in die Esse gelangen. Der Weg, den die einströmende Luft durch die abkühlenden Steine zu machen gezwungen wird, wird ebenfalls immer länger, bis endlich die Ziegel kalt genug geworden sind, um aus dem Ofen herausgenommen zu werden. Ehe dies geschieht, hat man die betreffende Kammer durch die Schieber abzusperren; man besetzt sie sofort wieder mit frischen Steinen und hat nun den Kreislauf so eingeleitet, daß der Ofen ununterbrochen im Gange bleiben kann; denn die anfänglich zwischen 12 und 1 behufs der Anfeuerung angelegte Trennungsmauer, ist mittlerweile auch wieder herausgebrochen worden; für die zuströmende Feuerluft sind, wie schon erwähnt, genügend andre Einströmungsorte vorhanden. Das ist das Prinzip der Ringöfen, das in seinen verschiedenen Ausführungen sehr verschiedene Gestalt angenommen hat; für die Großziegelei sind jedenfalls seine Vorteile ganz bedeutende, da die Wärme in möglichst vollkommener Weise ausgenutzt wird und der Betrieb ein ununterbrochener ist; für die feineren Mauersteine, sogenannte Verblendsteine, sind diese Ringöfen jedoch weniger geeignet. Diese Verblendsteine, gewöhnlich von gelber Farbe in verschiedenen Nüancen, müssen von möglichst gleichförmiger Beschaffenheit und sauber gearbeitet sein, da die damit hergestellten Mauerflächen nicht abgeputzt (berappt) werden, sondern roh bleiben. Von einem andern Gesichtspunkte ist Bock ausgegangen, bei dessen Ziegelofen der Verbrennungsherd nicht wechselt, sondern die Steine nach Art eines Paternosterwerks in eisernen mit Schamottesteinen ausgefütterten Wagen nach und nach über die festliegende Feuerstätte gefahren, hier gar gebrannt und dann durch einen vorgewärmten Ziegelwagen ersetzt werden. Die Vorwärmung der Feuerluft geschieht ebenfalls in einem geschlossenen Kanale, indem die zuströmende Feuerluft an den abkühlenden Steinen sich erhitzt. Die Ziegelöfen werden auf diese Weise den kontinuierlichen Backöfen ähnlich. — In technischer Hinsicht von großer Wichtigkeit sind noch die Schamottesteine oder Schamotteziegel; sie werden in allen den Fällen verwendet, in welchen es sich um möglichste Feuerfestigkeit handelt, also zur Herstellung der Hochöfen und verschiedenen metallurgischen Schmelzöfen, Porzellanöfen, Dampfkesselfeuerungen u. s. w. Der zu ihrer Fabrikation nötige feuerfeste Thon muß reines Aluminiumhydrosilikat (kieselsaure Thonerde) sein, denn jede andre Beimengung, mag dieselbe nun aus Kieselsäure oder aus Kalk, Alkalien, Eisenoxyd u. s. w. bestehen, verringert die Feuerfestigkeit der Masse. Da nun aber solcher Thon beim Brennen infolge des Verlustes an chemisch gebundenem Wasser schwindet oder verzieht (seine Form ändert), so muß, um dies zu verhüten, bereits gebrannter und dann gemahlener Thon derselben Art (Schamotte genannt) mit dem frischen Thon gemengt werden; die hieraus gefertigten Steine verziehen sich dann nicht.

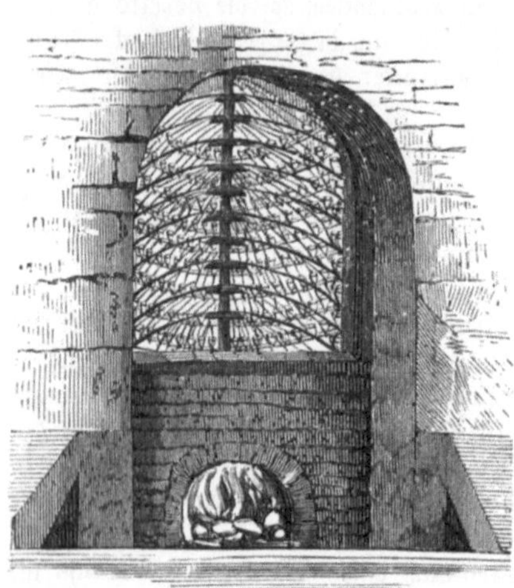

Fig. 195. Brennen der Thonpfeifen.

Ehe wir nun zu der eigentlichen Töpferei übergehen, haben wir noch eines besonderen Produktes der keramischen Kunst mit einigen Worten zu gedenken, der

Thonpfeifen, deren weltgeschichtliche Bedeutung freilich durch die Zigarren einen bedeutenden Stoß erlitten hat. Trotzdem daß zu ihrer Vollendung eine Unzahl Manipulationen vorgenommen werden und von dem Auskneten des Thones an bis zum letzten Polieren ganze Reihen von Arbeitern sich in die Hände arbeiten müssen, ist der Preis dieses Artikels doch ein so niedriger, daß nur die Massenerzeugung eine Erklärung dafür geben kann. Der beste Pfeifenthon (Pfeifenerde) muß sehr fein und feuerfest sein und sich in der Hitze ganz weiß brennen. Er wird auf das sorgsamste geschlämmt, die Pfeife aber aus ihm so geformt, daß man zuerst eine lange, dünne, runde Walze herstellt, an deren einem Ende ein größeres Thonklümpchen für den Kopf gelassen wird. Dieser Thoncylinder wird mit einem Drahte der Länge nach durchbohrt und sodann der Kopf in einer zweiteiligen Messingform ausgedrückt, der Draht vollends bis in die Höhlung des Kopfes hineingestoßen, der überschüssige Thon abgeschabt, das Knöpfchen mit dem Fabrikstempel versehen und nun die so weit fertige Pfeife geeignet aufgestellt, damit sie trocknen kann. Das Brennen geschieht in besonderen Öfen, in denen jede Pfeife für sich um eine in der Mitte stehende Säule so aufgestellt werden kann, daß sie die andern nicht berührt (s. Fig. 195); nach dem Brennen werden die besseren Sorten noch mit einem Gemisch von Seife, Wachs und Tragant bestrichen; hierauf werden sie poliert oder wenigstens mit einem wollenen Lappen glatt gerieben, die gewöhnlichen Sorten aber nur oberflächlich von den gröbsten Fehlern befreit.

Bei der Fabrikation der Thonpfeifen werden ganz andre Handgriffe und Apparate, Ofen u. s. w. in Anwendung gebracht als bei der Herstellung von Geschirren; es ist deswegen jene auch nicht zu dem eigentlichen Gewerbe der Töpferei mit zu rechnen, und wie die Ziegelfabrikation konnte sie von uns hier nur gelegentlich kurz mit erwähnt werden.

Anders ist es nun mit denjenigen Thonwaren, welche in unendlich verschiedenen Formen als Gefäße zum gewöhnlichen Gebrauch oder zur Zier als Belege von Wänden und Möbeln, Fliesen und Platten, als figürlicher Schmuck, Statuen, Gruppen, Büsten, plastische Ornamente als Geräte der mannigfachsten Art, vom Stockgriff bis zum reich modellierten Porzellanlüster hergestellt, das weite Gebiet der eigentlichen Thonbildnerei erfüllen.

Einteilung der Töpferwaren. Alle Thonwaren zusammen zerfallen in zwei große Gruppen, die wir kurzweg als die von weicher und die von harter Masse bezeichnen können. Die weichen Massen sind in gebranntem Zustande auf der Bruchfläche noch erdig, kleben an der Zunge, sind undurchsichtig, in ihrer Textur mehr oder weniger locker und weniger klingend als die harten Massen, deren einzelne Teilchen durch ein schmelzendes oder wenigstens in der Hitze sinterndes Bindemittel zusammengehalten werden und die daher mit ihren Bruchstellen nicht an der Zunge haften, dichter, feinkörniger und klingend sind, und eine gewisse Durchscheinendheit zeigen, die bei dem Porzellan so bedeutend ist, daß man Lichtbilder, die sogenannten Lithophanien, daraus verfertigt.

Fig. 196. Tanagrafiguren.

Zu den weichen Thonwaren gehören: die Terrakotten, die Gefäße der Naturvölker, die Urnen des Altertums, mögen sie nun eine matte oder eine glasierte Oberfläche zeigen; ferner die mit bleihaltiger Glasur überzogenen und oberflächlich oft gefärbten Fayencen (das im gewöhnlichen Leben fälschlich sogenannte Steingut), die gewöhnliche Töpferware und endlich die feineren, mit Zinnglasur oder Zinn- und Bleiglasur weiß oder farbig emaillierten Fayencen (Delft, Rouen u. s. w.) und die Majoliken.

Zu den harten Massen, aus kieselerde-, kalk- und alkalihaltigem Thone, dagegen haben wir zu zählen: die oberflächlich matten feinen englischen Steingutwaren, welche in der Masse gewöhnlich blau, schwarz, braun oder jaspisartig gefärbt sind, die Wedgwoodfabrikate, ferner die durch Salzglasur glänzenden Steinzeuge gewöhnlicher Art (Milchäsche u. s. w.), die schönen niederrheinischen alten Gefäße, die Steinzeuge mit glasartiger Glasur, die englische Queensware u. s. w., und endlich die Porzellane.

Es liegt in der Natur der Sache, daß, da der wesentliche Unterschied zwischen weicher und harter Ware durch das Auftreten eines sinternden Bindemittels (Kieselsäure, Kalk, Alkali) bedingt wird, durch das Mehr oder Weniger hiervon Übergänge hervorgerufen werden können, welche die Grenzen nahezu verwischen. Ein solches Beispiel haben wir schon in den Ziegelfabrikaten, welche in allen Abstufungen bis zu völliger Verglasung vorkommen können, und es gibt ebenso noch viele andre Produkte, welche man ebenso gut der einen wie der andern der oben angegebenen Unterabteilungen einordnen könnte, da in betreff der Zusammensetzung der Glasurmassen gleicherweise Variationen vorkommen.

Terrakotte bedeutet nichts andres als gebrannte Erde, und man bezeichnet mit diesem Namen eine große Zahl verschiedenartiger Produkte, deren Eigentümlichkeit hauptsächlich in einer trockenen erdigen Masse sowie im Mangel jeder oder wenigstens im Mangel einer feuerbeständigen Glasur besteht. Da die verhältnismäßig geringe Hitze, welche bei dem Brande angewandt wird, sowie die Abwesenheit eines schmelzenden Bindemittels der Konservierung der Form günstig ist, so findet man als Terrakotten häufig plastische Kunstwerke ausgeführt, die in solcher Art eine nur wenig kostspielige Wiederholung gestatten. Sie werden entweder mit Hilfe von Formen hergestellt oder aus freier Hand modelliert, und diese Technik hat für den bildenden Künstler den großen Vorzug, skizzenhaften Entwürfen durch das Brennen eine große Dauerhaftigkeit zu geben, ohne den Reiz der Ursprünglichkeit zu verwischen. In diesem Sinne verhalten sich Terrakotten zu ausgeführten plastischen Kunstwerken gewissermaßen wie Radierungen zu Ölgemälden. Die ihnen eigne rötliche oder braune Färbung wirkt sehr günstig. Auf der Pariser Ausstellung von 1867 waren Terrakottegruppen von Leopold Harze in Brüssel das Reizendste, was in diesem Material wohl jemals ausgeführt worden ist. Zu welchem Kunstwerk ein an und für sich geringer Stoff erhoben werden kann, wird der begreifen, welcher die durch Witz und Laune der Erfindung, Grazie der Darstellung und Feinheit der Ausführung hinreißenden Possen gesehen hat. Und wiederum mußte man gestehen, daß in keinem andern Material, weder in Holz noch in Elfenbein, Bronze oder Silber, es möglich gewesen wäre, die ursprüngliche Idee des Künstlers in gleicher Vollendung zum Ausdruck zu bringen, wie es hier in gewöhnlichem Thone geschehen war. Vortreffliche Terrakottefiguren werden auch in Italien gemacht.

Die gewöhnliche Terrakotte bezeichnet den ersten Fortschritt, den die Thonbildnerei bei allen Völkern gleichmäßig gemacht hat; denn es mußte sehr bald die Überlegung darauf führen, die zuerst nur an der Luft getrockneten Thongebilde der wirksameren Hitze des Feuers auszusetzen, um sie zu härten, und die ältesten Überreste, welche wir in den Gräbern der Römer, Griechen, Kelten, Slawen ꝛc. finden, sind nichts andres als Terrakotten.

Die alten Griechen exzellierten nicht nur in der Kunst der Herstellung großer und schöner Gefäße aus Terrakotte, welche sie glasierten und reich durch Bemalung ornamentierten, sie haben auch auf dem Gebiete der Genrebildnerei Wundervolles geleistet; die durch Ausgrabungen uns wiedergewonnenen Figuren von Tanagra entzücken uns heute noch durch ihre Wahrheit und Grazie. Die Römer standen ihnen nicht nach, sie verstanden es vorzüglich, dem Thone jene Beschaffenheit zu geben, welche ihn nach dem Brande tief korallenrot erscheinen läßt. In der Zeit der Renaissance spielten in der Architektur plastische Ornamente, Füllungen mit figürlichen Darstellungen, eine große Rolle, und die zahlreichen Werke, welche von Luca della Robbia und aus seiner Schule sich noch in Toscana finden, beweisen, daß die größten Künstler der Zeit das Material für würdig hielten, um mit der kostbaren Bronze und mit dem Marmor zu rivalisieren. Die späteren dieser Arbeiten sind farbig glasiert und nähern sich damit schon den Erzeugnissen, die wir als Fayence und Majolika bezeichnen. Bei uns haben die Terrakotten vorzugsweise für die Architektur Wert erlangt, welche vielfach Ornamente und äußere Teile, Füllungen, Gesimse, Aufsätze, Statuen u. s. w. daraus darstellt. Das neue Berliner Rathaus liefert einen schönen Beweis von der Leistungsfähigkeit unsrer Terrakottefabrikanten, unter denen Ernst March in Charlottenburg in dieser Beziehung eine hervorragende Stelle einnimmt, und von dem reizvollen Effekt, welcher mit diesen Erzeugnissen zu erreichen ist. Eine glänzende Probe davon war auch der Triumphbogen, den gelegentlich der Wiener Weltausstellung die Wienerberger Ziegelfabrik ganz allein aus ihren Erzeugnissen errichtet hatte, und an welchem alle die verschiedenen Behandlungsweisen, welche das Material erlaubt: Reliefformung, Glasur, Emaillierung, Bemalung, Vergoldung u. s. w., zu prächtiger künstlerischer Gesamtwirkung vereinigt waren.

Mengt man den Thon mit andern Bestandteilen, z. B. mit Chausseestaub, so erhält man Kompositionen, die man zu gewissen Zwecken gut verwenden kann und welche unter dem Namen Siderolith bekannt sind. Da die innere Masse gewöhnlich von nicht sehr schöner und reiner Farbe ist, so gibt man den Siderolithwaren sowohl wie solchen Terrakotten bisweilen Anstriche von Ölfarben und Lacken oder undurchsichtige, farbige Glasuren von sehr leichtflüssiger Natur. Die alten Terrakotten sind häufig mit einer sehr feinen Glasur überzogen, welche dem dünnen japanischen Lack in der Wirkung sehr nahe kommt, aber mineralischer Natur ist und am ähnlichsten sich auf einer Art bräuner, sehr feiner, ebenfalls weicher Geschirre wieder findet, die Anfangs des vorigen Jahrhunderts wahrscheinlich von Böttger, dem Erfinder des Porzellans, in Dresden gemacht wurden.

Die gewöhnlichen Töpferwaren, namentlich solche, welche zur Aufnahme von Flüssigkeiten dienen sollen, müssen einen zusammenhängenden Überzug erhalten, der das Durchsickern durch die Poren verhindert. Zu der bloßen gebackenen Erde, der Terrakotte, kommt also hier noch ein andres, was auf das Aussehen und die sonstigen Eigenschaften wesentlich verändernd einwirkt, so daß man derartige Gegenstände nicht mehr unter jene rechnet, obwohl in der Hauptmasse eine große Verschiedenheit nicht besteht und natürlich auch die Behandlungsart der Materialien übereinstimmt.

Fig. 197. Triumphbogen, errichtet von der Wienerberger Ziegelfabrik, auf der Wiener Weltausstellung von 1873.

Diese, von der Zubereitung des Thones bis zur Fertigstellung der gebrannten Produkte notwendigen Manipulationen und Verfahren bilden das eigentliche Wesen der Töpferei, das wir gleich hier kurz uns ansehen wollen, weil seine Grundzüge auch für alle andern Gebiete der Keramik dieselben bleiben.

Die **Töpferei** hat ihr Material nach ihren Zwecken einzurichten. Der Thon wird also vor seiner Verarbeitung zuerst auf seine Eigentümlichkeit untersucht und, wenn er dem beabsichtigten Zwecke nicht ganz entsprechen sollte, beziehentlich mit einer fetten oder mageren Sorte vermengt. Diese Mischung sumpft man ein, d. h. man läßt sie einige Zeit an der Luft in Berührung mit Wasser liegen, wohl auch frieren, wodurch die organischen Bestandteile zerstört werden und das Ganze in einen Zustand der Gärung kommt. Hierauf schlämmt man den Thon und knetet oder schneidet ihn, um alle gröberen Teile und die Steine daraus zu entfernen. In größeren Werkstätten benutzt man zum Kneten und Reinigen Maschinen, ähnlich den Brechmühlen, wie sie in Ziegeleien gebräuchlich sind, sogenannte Thonmühlen. Kurz, ehe der Thon wirklich geformt wird, unterwirft man ihn einer Behandlung, die ihn in eine völlig gleichmäßige, plastische, von organischen Beimengungen möglichst freie Masse verwandelt.

Das Formen selbst geschieht der Hauptsache nach auf zweierlei Weise, nämlich entweder auf der Scheibe oder in Hohlformen. Die Behandlung auf der Scheibe dient für alle Gegenstände, welche in ihrer Grundform kreisrund sind. Der Arbeiter sitzt bei der Arbeit, wie es Fig. 198 zeigt, an einer beweglichen Scheibe, die mit ihrem Mittelpunkte auf einer senkrechten Welle befestigt ist. Oben dreht sich die Welle in einem Halseisen, unten aber in einer Pfanne, und nahe am Fuße ist eine zweite Scheibe, die Tretscheibe, befestigt. Auf diese setzt der Arbeiter seinen Fuß, und indem er ihn rasch von sich stößt oder nach sich zieht, versetzt er die untere Scheibe in eine drehende Bewegung, welcher die obere folgen muß.

Fig. 198. Arbeiten an der Töpferscheibe.

Auf die Mitte der letzteren legt der Töpfer — nehmen wir an, er wolle einen gewöhnlichen cylindrischen Topf machen — ein hinreichend großes Stück weichen Thones und versetzt die Scheibe in Umdrehung, während er die Hand gegen den Thon preßt, der dadurch die Form eines Cylinders annimmt. Indem er die beiden Daumen in die Mitte des Thones drückt und die Hand zu schließen strebt, bildet sich die innere kreisrunde Höhlung.

Der Thon, der ausweichen muß, drängt sich nun nach oben, der Arbeiter folgt mit seinen Händen nach, und so hebt sich allmählich die Wand cylindrisch in die Höhe, wie dies im Vordergrunde unsres Bildes dargestellt ist. Zuletzt wird der obere Rand umgelegt, das vorläufig vollendete Gefäß mit einem Draht von der Scheibe abgeschnitten und zum Trocknen zur Seite gestellt. Das ganze Verfahren geht ungemein schnell, und ein ziemlich großer Topf der Art kann so weit fast in derselben Zeit vollendet werden, die wir gebraucht haben, das Verfahren zu beschreiben.

Die Erfindung der Töpferscheibe ist eine sehr alte und es hat den Anschein, als ob die verschiedenen Völker ganz selbständig darauf gekommen wären. Die Griechen schrieben die Erfindung dem Tales, einem um die Mitte des 12. Jahrhunderts v. Chr. lebenden Handwerker, andre wieder dem Theodorus von Samos zu, wahrscheinlich aber dürfte die Vorrichtung ein noch bei weitem höheres Alter beanspruchen. Übrigens gibt es Völkerschaften, welche kreisrunde Gefäße von sehr bedeutenden Dimensionen ohne Anwendung der Scheibe herzustellen wissen, so die Arowaken und Warauen in Südamerika, die bis 2 m hohe Töpfe lediglich durch spiralförmiges Aufeinanderlegen dünner, langer Thonwülste erzeugen.

Handwerkszeug ist für die gewöhnliche Arbeit an der Scheibe nicht viel mehr nötig als eine kleine Holzschiene zum Glätten und Ebenen der Flächen und ein Tasterzirkel, um die Dicken zu messen, obschon fast in allen Fällen das Augenmaß der sicherste Leiter des Arbeiters sein muß. Zur Seite steht ein Gefäß mit Wasser, um den Thon, wenn er bei der Arbeit zu trocken wird, ein wenig anzufeuchten und geschmeidiger zu machen. Ist die Form etwas zusammengesetzter, geschweift, wie z. B. bei dem zweiten Arbeiter im Hintergrunde, so muß allerdings die Hand auch noch die Hauptsache thun, aber es wird mit allerlei Stäbchen und Formhölzchen verschiedener Art nachgeholfen, um die schärferen Umrisse zu geben, bis auch hier die gewünschte Gestalt hervorgebracht worden ist.

Fig. 199. Die Formerei.

In der Regel bedienen sich die Töpfer für die Vollendung ihrer Gefäße hölzerner Schablonen, Lehren, das sind kleine Brettchen, die genau nach dem Durchschnitt der verlangten Form ausgeschnitten sind.

An die bereits im Rohen vorgeformte, schnell rotierende, weiche Thonmasse recht genau angedrückt, zwingen sie diese, ihre Umrisse anzunehmen. So werden Vasen, Flaschen und einfache Teller und Schüsseln gemacht. Für die gewöhnlichen Gefäße dient ein vertikales Stativ mit verstellbaren horizontalen Stäbchen als Maßstab und Lehre.

Werden die Sachen mit Henkeln versehen, so bildet der Arbeiter dieselben aus freier Hand und klebt sie mit etwas verdünntem Thon an das fertige Gefäß an. Ausgußöffnungen, sogenannte Schneppen, Schnauzen, entstehen dadurch, daß der Arbeiter gegen den Rand des fertigen Gefäßes den Daumen und den Mittelfinger der einen Hand legt und mit dem Zeigefinger den Rand zwischen beide hineindrückt.

Das bis jetzt beschriebene Arbeiten an der Scheibe liefert aber nur kreisrunde Gegenstände und auch diese nur ganz glatt. Sobald es sich um ovale oder eckige oder auch runde, verzierte Formen handelt, tritt ein andres Verfahren ein, nämlich das Drücken in Formen, die Formerei. Ovale Gefäße werden zwar auch noch auf der Scheibe hergestellt, welche zu diesem Zwecke eine Einrichtung hat wie das Ovalwerk der Drehbank, oft aber auch, und für eckige und dergleichen Gegenstände ausnahmslos, wird der weiche Thon in Formen gepreßt, in denen die Oberfläche des darzustellenden Gegenstandes vertieft ausgearbeitet ist. Hierzu wird er erst auf einer Tafel mit Walze, wie dies im Hintergrunde unsres Bildes (Fig. 199) geschieht, in Platten ausgearbeitet, ungefähr so, wie der Bäcker den Kuchenteig macht, und dann eine solche Platte in oder über die Form gelegt, an die Unterlage überall fest angedrückt, wo zu viel ist, abgeschnitten, wo zu wenig ist, zugesetzt und mit weicher Masse angeklebt, so daß die Form ganz ausgefüllt wird. Ist nur eine Seite gemustert, so wird die andre mit Bossierhölzern oder der Hand geebnet; sind aber beide Seiten mit reliefartiger Musterung versehen, so muß auch die Form zwei Teile haben, einen äußeren und einen inneren, zwischen welche das Thonblatt eingepreßt wird. Für sehr zusammengesetzte Gegenstände besteht die Form auch wohl aus mehr als zwei Stücken, da man sie sonst nicht wieder von dem geformten Gegenstande würde entfernen können. Hervorspringende Verzierungen u. dergl. werden besonders geformt und angesetzt. Die Platten zu Ofenkacheln u. dergl. werden wie die Lehmziegel von einem würfelartig geformten Thonblock mit einem dünnen Metalldraht abgeschnitten.

Die Formen, in welche die Thonmasse gedrückt wird, sind meistens von Gips, dessen Porosität das im Thon enthaltene Wasser aufsaugt und dadurch ein leichtes Ablösen von der Form gestattet; für manche Zwecke hat man auch Formen von Holz, Stein oder Metall.

Die geformten Gegenstände müssen an der Luft getrocknet werden, dadurch erlangen sie einige Festigkeit und können nun das Brennen, das ihnen erst die volle Härte gibt, aushalten. Sollen die Gefäße indessen zur Aufnahme von Flüssigkeiten dienen, so muß, ehe sie gebrannt werden können, noch für die Glasur gesorgt werden.

Die Glasur wird in Form eines dünnen Breies auf die lufttrockenen Gefäße aufgegossen oder gestrichen, oder man taucht die letzteren gleich in den Glasurbrei ein. Ist darauf die Ware abermals trocken geworden, so wird sie gebrannt, und zwar werden gewöhnliche Töpferwaren auf diese Weise in einem Brande fertig; feinere Gefäße jedoch müssen, wie wir noch sehen werden, sowohl vor als nach der Glasur gebrannt werden.

Die Masse für gewöhnliche Glasur besteht fast immer aus einem Gemenge von Bleioxyd (Glätte) mit Thon, Lehm oder Sand. Will man eine farbige Glasur, so hat man noch die färbende Substanz zuzusetzen. Alle Bestandteile werden zwischen einem Paar Mühlsteinen unter Wasserzusatz aufs feinste zusammengemahlen. Als Farbemittel dienen verschiedene Metallverbindungen, z. B. Schmalte für Blau, Eisenvitriol für Rot, Schwefelantimon für Gelb, Kupferasche für Grün, Braunstein für Schwarz u. s. w.

Das Wesen und die Wirkung der Glasur besteht darin, daß sie in der Hitze in Fluß gerät und sich in eine Art Glas verwandelt, welches die Poren des Thones ausfüllt und eine glatte Oberfläche erzeugt. Ist das Schmelzmittel Bleioxyd, so bildet sich Bleisilikat (kieselsaures Bleioxyd) als leicht schmelzender glasiger Körper. Je stärker der Bleizusatz, desto leichtflüssiger wird die Glasur, desto weniger Hitze ist also zu ihrer Erzeugung nötig; sie wird aber auch in demselben Grade minder hart und dauerhaft. Eine solche leichtflüssige Glasur, gewöhnlich von hellgelber Farbe, erhält mit der Zeit eine Unzahl feiner Sprünge und ist wohl geeignet, an saure Flüssigkeiten und Fette, die in die Gefäße gebracht werden, Blei abzugeben und sie dadurch zu vergiften. Man hat sich daher schon vielfach die Aufgabe gestellt, das Blei als gesundheitsschädlich ganz aus den Glasuren zu verbannen, und es werden häufig sogenannte Sanitätsgeschirre ausgeboten, die eben durch diesen Namen andeuten sollen, daß sie bleifrei sind. Im allgemeinen aber ist das Blei nach wie vor in Gebrauch geblieben, und wenn die Bleiglasur nur hart genug gemacht wird, so ist wohl auch nicht viel von ihr zu fürchten. Eher wäre den Töpfern selbst die Abschaffung des Bleioxyds zu gönnen, da deren Gesundheit durch Einatmen des bleihaltigen Staubes so schwer leidet. Der Grund, warum das Blei noch keinen Stellvertreter gefunden, liegt hauptsächlich darin, daß die vorgeschlagenen Materialien, z. B. Gemenge von Feldspat, gebranntem Borax, Glas u. s. w., teils zu teuer, teils immer noch zu strengflüssig sind. Statt der Bleiglätte, Bleioxyd, kommt sehr gewöhnlich Bleiglanz, das sogenannte Glasurerz, zur Anwendung. Da dieses Mineral aus Schwefel und Blei besteht und der erstere Bestandteil in der Hitze wegbrennt, so ist das Resultat das nämliche wie bei der Glätte.

Bei härterer Ware, die unter stärkeren Hitzegraden gebrannt wird, kommt als Glasurmittel Kochsalz (Chlornatrium) in Anwendung, entweder als Zusatz zu andern Stoffen, z. B. Bolus, Lehm (Kochsalzlehmglasur), oder auch, wie beim Steinzeug, ganz allein. Die Anwendung ist in letzterem Falle sehr einfach; man wirft das Salz in den heißen Ofen und überläßt es allein den chemischen Verwandtschaften, die gewünschte Wirkung hervorzubringen. Die starke Hitze verdampft das Salz (Chlornatrium), und da zugleich durch das Verbrennen des Holzes Wasserdämpfe gebildet werden, so zersetzen sich Salz- und Wasserdämpfe; es entsteht Salzsäure, welche entweicht, und Natron, das mit der Kieselerde der glühenden Gefäße eine glasartige Verbindung eingeht, welche ihrem Wesen nach ganz mit gewöhnlichem harten Glas übereinkommt und die Geschirre oberflächlich mit einer feinen harten Glasur überzieht.

Fig. 200. Glasieren der Thonwaren.

Das Brennen erfolgt in eigens dazu konstruierten Öfen, in welche die trockenen und mit der Glasurmasse überzogenen Töpferwaren eingesetzt werden; hier werden sie im Flammenfeuer anfangs mäßig, später immer stärker erhitzt, bis die Masse durchgeglüht und die Glasur geflossen ist. Dann werden alle Öffnungen des Ofens geschlossen und die Ware wird bis zur völligen Abkühlung darin gelassen. Unglasierte Stücke, wie Blumentöpfe u. dergl., können in- und übereinander gesetzt werden; glasierte dagegen dürfen sich nicht berühren, weil sie sonst zusammenbacken würden. Bessere Stücke werden in Kapseln von feuerfestem Thon gebrannt, die gemalten in Muffeln.

Diesem Entwickelungsgange folgen nun der Hauptsache nach alle Thonwaren. Nur die feineren Sorten erfahren eine sorgfältigere und im einzelnen kompliziertere Behandlung; von ihnen sind die Majoliken oder Fayencen besonders dadurch interessant, daß sie vor Erfindung des Porzellans die edelsten Erzeugnisse der Keramik darstellten und auf ihre Vervollkommnung jahrhundertelang großer Fleiß und oft bedeutende Kunstfertigkeit verwendet wurde. Dadurch haben diese alten Geschirre großes kunsthistorisches Interesse erhalten.

Die **Majolika** oder die **Fayence** ist ihrer Masse nach ebenfalls den weichen Thonwaren zuzuzählen und in den gewöhnlichen Sorten in nichts von dem unterschieden, was bei uns vielfach aber fälschlicherweise Steingut genannt wird, obwohl das mit diesem Namen Bezeichnete kaum härter als die gewöhnliche Töpferware ist. Aus solcher Masse bestehen unsre gewöhnlichen weißen Teller und Kaffeegeschirre, auch, wie schon gesagt, die feinen weißen Ofenkacheln. Der dazu verwendete Thon ist oft kalkhaltig und brennt sich bei den Fayencen und ähnlichen Irdenwaren weiß, oft aber gelb oder rötlich, in welchem Falle er dann mit einer undurchsichtigen Glasur überzogen wird. Gewöhnlich wird zu der Glasur außer dem Bleioxyd noch Zinnoxyd genommen, das den Fluß weiß und undurchsichtig macht, also einen Schmelz oder Email gibt. Waren dieser Art werden stets zweimal gebrannt, einmal vor und einmal mit der Glasur, eventuell auch mit der Bemalung, die unmittelbar auf der eingetrockneten, noch nicht gebrannten Glasurmasse aufgetragen wird. Man gebraucht die Namen Majolika und Fayence besonders, für die künstlerisch oft sehr wertvollen alten Geräte dieser Art und für die in dem Stile derselben neuerdings wieder häufiger hergestellten Erzeugnisse der Töpferei, und zwar macht man in der Regel den Unterschied, daß man mit Fayence vorzugsweise die weißen oder weißgrundigen Geschirre bezeichnet, während man die in bunten Farben bemalten oder mit gefärbten Glasuren überzogenen kunstvolleren Produkte Majolika nennt. In ihrem eigentlichen Wesen kommen, wie gesagt, beide fast gänzlich überein.

Fig. 201. Terrakotte von Luca della Robbia.

Der Name Majolika stammt, wie schon oben gesagt wurde, von Majorca ab, dem Namen jener Insel, welche die Pisaner 1115 von den Mauren eroberten. Unter der Beute, die sie dabei machten, befanden sich auch zahlreiche jener kunstvollen irdenen Geschirre, in deren Herstellung die Mauren Meister waren; sie wurden zur Erinnerung an den Sieg in die Wände der Kirchen eingemauert und so zu Vorbildern, die zur Nachahmung reizten. Vielleicht auch, daß schon vordem in Unteritalien die Technik der maurischen Gefäßbildnerei nachzumachen versucht worden war.

In dem übrigen Europa stand damals die Kunsttöpferei auf einer sehr tiefen Stufe. Für Deutschland wurde zwar in dem vielfach beschriebenen Grabmal des Herzogs Heinrich IV. von Schlesien, das seinem ganzen Stile nach um 1290 errichtet worden sein muß, ein Zeugnis erhalten, das uns auf das Gegenteil hinweisen könnte; allein mit demselben verhält es sich sehr sonderbar. Es zeigt die Gestalt des Herzogs in liegender Figur lebensgroß auf einem Sarkophage, dessen äußere Wand von 21 Figuren in Bogennischen eingenommen wird. In den Zwickeln sind geflügelte Engelsköpfe angebracht. Das Ganze ist in Terrakotte ausgeführt, und es ist immer behauptet worden, daß es mit schöner Glasur in lebhaften Farben versehen sei, und dies würde allerdings beweisen, daß in Deutschland die bunten Glasuren weit eher in Gebrauch waren als in Italien, wo Luca della Robbia anerkanntermaßen erst um 1420 den undurchsichtigen Zinnemail erfand, der sich namentlich zur Bemalung eignete, wenn die Sache nämlich sich in der That so verhielt, wie es gewöhnlich angenommen wird, d. h. wenn der glänzende buntfarbige Überzug eine wirkliche Zinnglasur wäre. Das ist aber nicht der Fall, das Denkmal ist einfach mit buntem Ölfarbenanstrich versehen, und damit fällt seine Beweiskraft vollständig.

Für Italien war also zunächst das Bekanntwerden mit maurischen Thonwaren, die in prächtigen Farben glasiert als Wandbelege, zu Fußböden oder als Ziergefäße eingeführt wurden, der erste Anstoß, um bei der allgemeinen Wiedergeburt der Künste Anfangs des 15. Jahrhunderts die Aufmerksamkeit auch der Thonbildnerei wieder zuzuwenden und nach Mitteln zu suchen, um ihre malerischen Effekte zu erhöhen. Durch die Bildhauer Luca della Robbia wurde solcherart für Italien ein fast neuer Kunstzweig geschaffen, und indem er seine zum Schmuck der Bauwerke bestimmten Terrakotten mit einer weißen Glasur überziehen lernte, die sich beliebig färben und bemalen ließ, erhob sich das heruntergekommene Gewerbe bald wieder auf eine höhere Stufe. Seine vordem nur für den gewöhnlichen Verbrauch geschaffenen Erzeugnisse erlangten höhere Schönheit, die sie zur Ausschmückung der Wohnungen geeignet erscheinen ließ; auf die Hervorbringung von Ziergefäßen wurde mit der steigenden Wertschätzung mehr und mehr Sorgfalt und Kunst verwendet. So ging allmählich aus dem Rohen und Unvollkommenen jene berühmte italienische Majolika hervor, deren schönste Werke aus der Blütezeit der italienischen Malerei, aus der ersten Hälfte des 16. Jahrhunderts, stammen.

Fig. 202. Marke des Giorgio.

Die Wiege der italienischen Majolika ist das Herzogtum Urbino, wo die Herren von Pesaro, die Famile Malatesta, einen kunstliebenden Hof hielten. Pesaro hatte große Töpfereien. Anfänglich wurde ein Thon verarbeitet, der sich braun brannte. Um ihm eine helle Oberfläche zu geben, überzog man ihn mit einer dünnen Schicht weißer Erde von Siena, einer sogenannten Engobe; nachdem er einmal gebrannt war, wurde er gemalt und glasiert. Diese alten, aus zweierlei Erde bestehenden Geschirre heißen Halbmajoliken, Mezzamajolika; sie zeigen in ihrer Dekoration noch deutlich den maurischen Einfluß; ihre Färbung umfaßt nur Gelb, Blau, Grün und Schwarz, und der künstlerische Wert dieser zur Dekoration bestimmten Gegenstände ist ein nicht sehr hoher. Allmählich aber lernte man weiße Thone allein verarbeiten, und die feine Majolika besteht dann durchweg aus einer weißen oder gelblichweißen Masse und hat Zinn- oder vielmehr Zinn-Bleiglasur. Halbgebrannt wurden die Gefäße mit Emailschlicker überzogen, trocknen gelassen, dann bemalt und schließlich häufig noch mit einer dünnen Bleiglasur versehen; dadurch, daß die Glasur mit der Malerei zusammenschmolz, erhielt die letztere eine große Lebhaftigkeit. Der Metalllüster, welchen viele der besseren Majoliken zeigen, erforderte wahrscheinlich ein drittes Brennen.

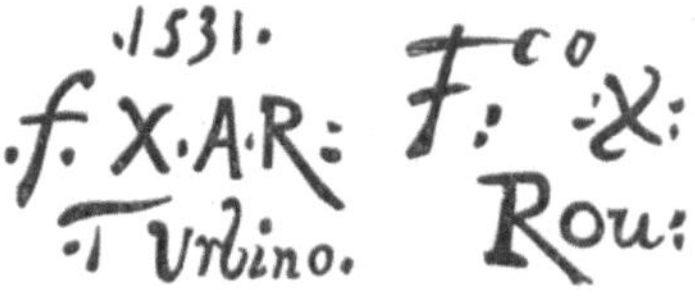

Fig. 203. Marke des Xanto von Urbino.

Fig. 204. Fabrikzeichen von Nevers.

Da das Bemalen auf die nur getrocknete Emailmasse erfolgte, welche die Farbe sofort einsaugt, und nachträgliche Verbesserungen, wie sie bei der Porzellanmalerei möglich sind, bei welcher auf die schon gebrannte Glasur die Farben aufgetragen werden, sich hier nicht vornehmen ließen, so erforderte die Dekorierung der Majoliken sehr geschickte Zeichner, die mit sicherer Hand, keck und leicht, das Gemälde in einem Wurf auszuführen vermochten. In diesem Umstande beruht der eigentümliche Reiz und der künstlerische Wert, den gute Majoliken haben, obgleich ihre Farbenskala häufig nur einen geringen Umfang besitzt.

Fig. 205. Monogramm des Bernhard Palissy.

Fig. 206. Delfter Marken.

Luca della Robbias Werke der ersten Periode zeigen nur Weiß und Blau; erst später traten dazu Violett, Gelb, Grün und Rot. So sind auch die früheren mit sienischer Malerei verzierten Majoliken vorzugsweise in gelben und blauen Farbentönen ausgeführt; das Rubinrot kam erst später dazu und wurde in Gubbio von Giorgio Andreoli von Pavia erfunden, der seit 1498 in Gubbio ansässig war und die

Majolikamalerei auf die höchste Stufe hob. Von ihm gemalte Geschirre werden jetzt mit enormen Preisen bezahlt und sind an dem Monogramm kenntlich, wie es alle Künstler der damaligen Zeit jedem ihrer Werke einzugraben oder aufzumalen pflegten. Fig. 202 zeigt die Marke von Giorgio, Fig. 203 die des Xanto von Urbino, eines ebenfalls berühmten Meisters, dessen Kunst um 1530—35 blühte. Die erstere läßt außer der Jahreszahl der Verfertigung die Anfangsbuchstaben M(aestro) G(iorgio), die zweite F(rancesco) X(anto) A(vello) R(ovigo) erkennen.

Die farbenschönsten Majoliken mit Purpurlüster sind aus den Werkstätten von Gubbio und Pesaro hervorgegangen, und es scheint, als ob der genannte Andreoli hier auch die Erzeugnisse andrer Orte nachträglich noch auf Bestellung mit jenem irisierenden Metallschimmer überzogen habe. Vergoldung kam erst 1569 durch Lanfranco in Anwendung, zu einer Zeit, in der die höchste Blüte der Majolikatechnik bereits vorüber war.

Fig. 207. Majolikaplatte von Ginori in Doccia bei Florenz (Wiener Ausstellung von 1873).

In Urbino, wo man nicht so brillante Farben hervorzubringen vermochte, wandte man um so größere Aufmerksamkeit der Vervollkommnung der Zeichnung zu. Herzog Guidobald verschaffte seinen Majolikamalern Raffaelsche Kartons zu Vorlagen; auf diesen Umstand ist wohl auch der Ursprung des Namens Raffaelgeschirre zurückzuführen, mit dem man gewisse Majoliken bezeichnet, deren Bemalung man früher mancherseits dem großen Urbinaten selbst zuschrieb. In Urbino waren unter andern besonders berühmt Battista Franzo von Venedig (1540—60) und Orazio Fontana. Von hier wandten sich im Laufe der Jahre und namentlich als die Majolikamalerei in Urbino in Verfall zu geraten anfing, viele Künstler weg nach andern Orten, und zu den schon bestehenden Werkstätten erwuchsen so neue Mittelpunkte dieser Technik. Außer Gubbio und Urbino wurde in der guten Zeit diese Kunst mit großem Erfolg namentlich in Casteldurante, Pesaro und Faenza gepflegt. Von letzterem Orte haben die weißgrundigen Geschirre den Namen Fayencen erhalten, welche späterhin zur Nachahmung des in Mode gekommenen chinesischen Porzellans überall fabriziert wurden. Mit der Zeit aber wurden die Leistungen selbst der vordem berühmtesten Anstalten in den allgemeinen Verfall mit hineingezogen, so daß manche der sogenannten Bauernmajoliken, Geschirre, welche von den gewöhnlichen Töpfern auf dem Lande gemacht wurden, mehr richtigen Geschmack in der Verzierung zeigen als die Tafelstücke der Reichen. Dann kam die Porzellanperiode auch für Italien, während welcher das Interesse für die übrige Kunsttöpferei fast ganz erstarb. Erst nach und nach erhob sich an den Mustern der Alten wieder der Mut, Ähnliches zu versuchen, und es steckt in jedem Italiener so viel traditionelle Kunstfertigkeit, daß er auch sofort die Mittel wieder findet, das nachzumachen, was der heimische Boden schon einmal hervorbrachte. Auf den Weltausstellungen von Paris 1867 und in noch größerer Mannigfaltigkeit auf der von Wien 1873 und der Pariser von 1878 sah man denn auch aus den alten Kunststätten Faenza, Gubbio, Bologna, Florenz Majoliken und Fayencen, die in der Imitierung alter Meisterwerke es zu einer Vollendung gebracht hatten, daß es selbst dem Kenner oft schwer werden dürfte, das Original von der Kopie zu unterscheiden, wenn absichtlich eine Täuschung bezweckt werden sollte. Die Majoliken von Ginori in Doccia bei Florenz haben einen Weltruf erlangt. In eigner Erfindung freilich stehen die heutigen Italiener den alten auch jetzt noch nach.

In Frankreich wurden vom 16. Jahrhundert an die Fayencen mit großer Vollkommenheit gemacht. Hier aber hatte auch durch einen genialen Künstler, der wegen seiner Ausdauer und wegen seiner Schicksale unser besonderes Interesse in Anspruch nimmt, die Majolikatechnik eine eigentümlich selbständige Entwickelung gefunden: durch Palissy.

Wie in Rabelais' Roman „Gargantua und Pantagruel", welcher 1535 erschien, zu lesen ist, gab es damals zwar schon große Töpfereien um Beauvais, welche durch ihre Erzeugnisse berühmt waren, denn unter den Trophäen des Panurg werden aufgezählt „ein Saucennapf, eine Salatschüssel und ein Trinkkrug von Beauvais", und es scheinen diese Geräte nicht wertlos gewesen zu sein, da sie für würdig gehalten wurden, auf der Tafel der Vornehmen zu prunken. Die besseren Erzeugnisse jedoch kamen meist aus Italien, und auch späterhin finden wir noch, daß italienische Künstler vielfach herbeigezogen wurden, um die französischen Arbeiter zu unterweisen.

Palissy dagegen, der autodidaktische Kunsttöpfer, verdankt die größten seiner Erfolge nur der eignen Arbeit und dem eignen Scharfsinn. Im Anfang des 16. Jahrhunderts geboren und seiner Profession nach ein Glasmaler, sah er in seinem 30. Jahre eine schön emaillierte Majolika, wie man glaubt eine Arbeit Hirschvogels aus Nürnberg. Sofort ergriff ihn der Gedanke, etwas Ähnliches zu schaffen. Ohne chemische Kenntnisse fing er an, alle Dinge zu zerstoßen und zu mischen, von denen er glaubte, „daß etwas daraus werden könne." Er zerschlug irdene Töpfe, strich seine Mischungen darauf und versuchte sie in einem notdürftig selbst erbauten Ofen in Fluß zu bringen. Er quälte sich ein paar Jahre allein. Dann trug er seine Scherben in eine benachbarte Töpferei, jedoch das Glück begünstigte ihn deswegen nicht mehr. In einer Glashütte, an die er sich nun wendete, fingen endlich, weil da die Hitze viel stärker war, einzelne seiner Glasurproben zu fließen an. Bei einem letzten verzweifelten Versuche mit mehr als 300 Proben hatte er die Freude, daß ein Stück sich nach dem Erkalten mit einem weißen Email bedeckte, das ihm, wie er sagte, „himmlisch schön" erschien. Ehe er aber zu diesem ersten Erfolge gelangte, waren wenigstens schon zehn Jahre der drückendsten Not und Plage dahingegangen; oft konnte er kaum Brot für die Seinigen schaffen, da alles für Töpfe, Holz und Ingredienzien daraufgegangen war. Dazu verbitterte ihm ein ungeduldiges Weib das Leben, und selbst mit der Erfindung seines Emails war seine Prüfungszeit noch nicht zu Ende. Da die Kochtöpfe seiner Nachbarn nicht die Gegenstände sein konnten, welche er mit der für ihn so kostbaren Masse hätte überziehen können, so mußte er sein Augenmerk darauf richten, Kunstgeschirre zu erzeugen. Er baute mit eigner Hand wieder einen Brennofen, der ihm freilich zu einem alles verschlingenden Ungeheuer wurde. Und als er den ersten mühsam vorbereiteten Brand nach eignen künstlerischen Zeichnungen angefertigter Geschirre durchgeführt hatte und eine lohnende Frucht jahrelanger Mühen und Entbehrungen erwartete, da zeigten sich seine Hoffnungen durch ein neues, unvorhergesehenes Mißgeschick vereitelt. Der Mörtel seines Ofens war voller Kiesel, die von der gewaltigen Hitze sprangen, und so waren seine Gefäße, obwohl sonst sehr schön, mit Kieselsplittern dicht besetzt und dadurch gänzlich verdorben. Noch manche Anstrengung sah er so durch irgend ein Ungemach verloren; aber er harrte aus, erweiterte durch bittere Erfahrungen seine Kenntnisse und schritt stufenweise endlich doch einer hohen Meisterschaft in seiner Kunst entgegen. Etwa 15 oder 16 Jahre tappte er, wie er selbst sagt, in der Irre; in den späteren Jahren vollendete er aber Werke, die zu großem Rufe gelangten und ihm die Mittel verschafften, sich zu nähren und weiter zu bilden. Palissy vervollkommnete

Fig. 208. Bernhard Palissy.

sich zu einem ausgezeichneten plastischen Künstler, der in seinen Werken durch die Mannigfaltigkeit und Schönheit der Ornamentik überrascht. Sehr häufig sind die als Ziergeräte gedachten Platten, Schüsseln, Aufsätze mit ganz naturalistischen Nachbildungen aus dem Tier- und Pflanzenreiche versehen, von merkwürdiger Treue und Sorgfalt der Ausführung. Namentlich sind es Fische, Amphibien und kleinere Tiere, die in Farnkräutern, Wasserblumen u. s. w. ihr Stillleben treiben. In der Färbung herrschen in der Regel bräunlichgrüne, blaue und mattgelbe Töne vor, wodurch allerdings der Gesamteindruck leicht beeinträchtigt wird. Die Modellierung dagegen ist meisterhaft, und der Ruhm Palissys stieg so, daß dieser endlich zum Hofkünstler ernannt und nach Paris gezogen wurde.

Als aber die Hugenottenverfolgungen ausbrachen, konnte selbst seine hohe Gönnerschaft ihn, den eifrigen Protestanten, nur vor dem Tode, nicht aber vor dem Gefängnis schützen. Wie es heißt, kam er in die Bastille und starb darin.

Fig. 209. Emaillierte Platte von Bernhard Palissy.

Um dieselbe Zeit, in der Palissy seine Versuche machte, fand auch anderwärts in Frankreich die Kunsttöpferei erfolgreiche Förderung. Katharina von Medici, die Tochter eines Herzogs von Urbino, berief durch einen ihrer Verwandten, den Herzog Louis von Gonzaga, Majolikakünstler aus Italien, welche die Fayencefabrikation in Nevers nach italienischem Muster einrichteten. Lange Zeit lieferte diese Stadt vortreffliche Produkte. Die besten Erzeugnisse von Nevers führen seit dem 17. Jahrhundert als Fabrikzeichen gewöhnlich ein roh gemaltes N(evers) oder die beiden verschlungenen Buchstaben J. S. Jacques Senlis, ein dort im 18. Jahrhundert lebender Töpfer von Ruf. In Moustier ferner sowie in Rouen blühten ebenfalls Fayencemanufakturen auf, deren Erzeugnisse ihrer Ornamentation wegen heute noch bewundert werden.

Aus dem 16. Jahrhundert, jener der Kunst so günstigen Zeit, stammen auch die berühmten und unter dem Namen „Henrydeuxware“ bekannten Fayencen, welche neuerdings bezeichnender „Fayencen von Oiron“ genannt werden. Im ganzen sind ihrer nicht mehr als 55 Stück bekannt und sie werden sowohl ihrer Seltenheit als ihres großen Kunstwertes wegen mit fabelhaften Summen bezahlt. Das Kensington-Museum z. B. kaufte einen

Trinkkrug dieser Art aus der Pourtalèsschen Sammlung für 27500 Frank. Wie neuere Forschungen nachgewiesen haben, stammen diese Gefäße, auf welche erst seit 1836 die Aufmerksamkeit der Kunstkenner wieder gelenkt worden ist, nicht aus Italien, sondern von dem Schlosse Oiron in der Gegend von Thouars, welches Arthur Gouffier, Gouverneur Franz' I., seiner Witwe Helene von Hangest hinterlassen hatte, wo diese kunstliebende Frau jeden Sommer verbrachte, und wo sie unter anderm aus Liebhaberei auch eine Kunsttöpferei unterhielt, für welche François Cherpentier als Techniker und der Bibliothekar Jehan Bernart als Zeichner thätig waren. Ihrer bezüglichen Dekoration nach zu schließen, sind die Erzeugnisse dieses Ateliers, welchem bedeutende Künstler mit Rat und That zur Seite gestanden haben müssen, zu Geschenken an französische Große bestimmt gewesen. Eine Anzahl davon trägt die Initialen Heinrichs II. und seiner Gemahlin, zwei verschlungene C und ein H, worin man fälschlicherweise immer den Namenszug der Diana von Poitiers hat erkennen wollen. In ihrer schönen, bunten Dekoration sieht man den Einfluß orientalischer Motive. Ihrer technischen Herstellung nach aber sind die Oirongeschirre Unica, nicht minder durch das Verfahren selbst als durch die wundervolle Ausführung. Nach Brogniarts Untersuchungen bestehen dieselben aus dreierlei Masse: zunächst aus einem Kern von Pfeifenerde, sodann aus einer darüber liegenden Schicht feinen weißen Thones und endlich aus einem dunkelbraunen oder sonstwie gefärbten Thone, welcher zu den Einlagen verwendet wurde. Denn die Ornamente sind nicht wie bei andern Fayencen mit dem Pinsel aufgemalt, sondern aus der hellen Deckschicht zuerst ausgegraben und dadurch sichtbar gemacht, daß diese Gravierung mit gefärbter Thonmasse ausgefüllt und oberflächlich wieder geglättet worden ist.

Fig. 210. Oirongeschirre, Nachbildungen von Minton (Wiener Weltausstellung von 1873).

Eine dünne durchsichtige Glasur überzieht das Ganze, welches somit nicht eigentlich zu den Fayencen gerechnet werden kann, sondern ein ganz besonderes Genre für sich darstellt, das man etwa in Parallele mit den tauschierten Metallarbeiten setzen könnte. Die Herstellungsweise ist so subtil und schwierig, daß für Imitationen, wie solche auf der Wiener Ausstellung unter anderm von Minton zu sehen waren, 5—600 Gulden verlangt wurden. Dieselben waren in der eigentümlichen Technik der Originale hergestellt; wir geben in Fig. 210 zwei derselben in Abbildungen.

Neuerdings hat man sich außer in Italien besonders auch in Deutschland und Frankreich bestrebt, gute Majoliken hervorzubringen, Kunstwerke, die wenigstens in bezug auf die Technik die alten wohl erreichen. Eine beträchtliche Zahl von Künstlern in Paris, Deck obenan, dann Parvillée, Collinot, ebenso an andern Orten, haben die Fortschritte der Chemie sehr gut zu verwerten verstanden, und durch die Schönheit ihrer Emaillen, durch die Pracht der Farben, die sie einzuschmelzen gelernt haben, ein Kunstmaterial geschaffen, welches den Hilfsmitteln der vergangenen Jahrhunderte an Vollkommenheit weit überlegen ist. In bezug auf Verwendung desselben, in bezug auf dasjenige, was dem künstlerischen Schaffen vorbehalten ist, Formgebung und Dekorierung, begnügt man sich nicht mit der Nachahmung jener mustergültigen alten Geschirre, die in ihrer edlen Erfindung immer die Lehrmeister der späteren bleiben werden. Man reproduziert zwar, und massenhaft in großartigem Fabrikbetriebe z. B. in Choisy le Roi, in Gien u. a. O., immer noch mit mehr oder weniger

Freiheit die Majoliken von Palissy, die Fayencen von Rouen, Moustier u. a. O., persische und italienische Werke, daneben aber beweisen uns die eignen Schöpfungen der zuerst genannten französischen Keramisten, daß das lange verkannte Material von ihnen wieder zu einer künstlerischen Bedeutung erhoben worden ist, die es in mancher Beziehung sogar weit über das Porzellan stellt. Eine in französischer Schule groß gewordene Fayencefabrik zählen wir seit 1871 zum Deutschen Reiche, die von Utzschneider & Comp. in Saargemünd, deren geschmackvolle Massenproduktion durch ein eigentümliches Überdruckverfahren unterstützt wird.

Fig. 211. Fayencevasen von Geoffroy in Gien.

Über Frankreich kam im 16. Jahrhundert die Majolikatechnik nach den Niederlanden. Hier aber beschränkte sie sich mehr und mehr auf die Erzeugung von Fayencen, welche als Nachahmung der durch die Holländer massenhaft importierten japanischen und chinesischen Porzellane großen Absatz fanden. Die Kunsttöpferei war, durch vortreffliches Material der Niederungen begünstigt, schon auf hoher Stufe, hatte aber früher, wie am ganzen Niederrhein, sich mehr mit der Herstellung von harter Ware, Steinzeug, befaßt, worauf wir später zu sprechen kommen.

Fig. 212. Fayencen in persischem Stile von Parvillée in Paris.

Die weiße Zinnglasur der Fayencen jedoch, welche eine blaue Bemalung erlaubte, wie sie die teuren Porzellane zeigten, ließ den neuen Industriezweig rasch zu großer Blüte gedeihen, und namentlich war es Delft, wo sich in Stadt und Umgegend förmliche

Töpferkolonien entwickelten. Ihre Erzeugnisse, häufig chinesische Muster nachahmend, finden sich noch allerwärts, namentlich als Ziergefäße, Vasen u. dergl., auf Kaminen und Schränken in alten Familien.

Niederländische Töpfer waren es denn auch, die, als Protestanten verfolgt, ihre Kunst unter der Königin Elisabeth nach England brachten. Die feine Masse aber, in deren Erzeugung England die übrigen Länder überholte, wurde erst dadurch gefunden, daß ein gewisser Astbury die Erfindung machte, Pfeifenerde mit kalziniertem gepulverten Feuersteine (Silex) zu mischen; dadurch wurde die englische Fayence zu einer harten Ware und unserm Steinzeuge ähnlich, wirkliches Steingut.

Die wirksamste Förderung und Ausbildung jedoch verdankt die englische Thonwarenindustrie einem einzigen Manne, Josuah Wedgwood. Dieser, der Sohn eines Töpfers, geboren 1730 zu Staffordshire, brachte zu einer Zeit, wo durch Massenproduktion und die Hast, so billig wie nur möglich zu produzieren, der ursprünglich edle Charakter der Fayencen ganz verloren gegangen war, seinen Arbeiten dadurch wieder höheren Wert bei, daß er ihnen geschmackvollere Formen gab, die er den schönen antiken Mustern nachbildete, wozu er die bedeutendsten Maler und Bildhauer, wie Flaxmann, heranzog und die in Kunstsammlungen erhaltenen klassischen Geräte eifrig studierte. Fleiß, Ausdauer und die erlangte künstlerische Ausbildung brachten ihn dahin, daß er 1770 eine kleine Fabrikstadt für seine Arbeiter anlegen konnte, der er den Namen Etruria gab, und die er durch eine eigne Kunststraße von zwei Meilen Länge mit der Nachbarschaft verband; vorher schon hatte er die Anlegung des Kanals zwischen dem Trent und Mersey begonnen. Wedgwood starb 1792 zu Etruria, und jetzt segnet eine Bevölkerung von gegen 40000 Menschen, die in jenem Bezirke — den Potteries — ihr tägliches Brot mit allen möglichen Töpfer- und Steingutarbeiten verdienen, das Andenken des Mannes, der, aus ihrem eignen Stande hervorgegangen, durch Genie, Charaktergröße und Ausdauer einen hochbedeutenden Industriezweig schuf. Seit 1851, wo die Ergebnisse der ersten Weltausstellung zu London von den Engländern mit Energie zur Hebung des Kunstgewerbes benutzt wurden, haben eine große Zahl von Thonwarenfabrikanten sich die Veredelung der Fayence und namentlich auch der Majolikaindustrie angelegen sein lassen. In dem Etablissement von Minton in Stoke-upon-Trent (Staffordshire) besitzt England jetzt vielleicht die großartigste Kunsttöpferei der Welt, deren Hervorbringungen namentlich durch die eigentümlichen Farbentöne, die zu erzeugen eben nur Mintons gelingt, die Bewunderung auf allen Weltausstellungen erregt haben. Bis zu welchen Größen sich die englische Thonwarenindustrie in ihren Ausführungen versteigt, beweist die große Majolikafontäne unsres Tonbildes, welche auf der Londoner Ausstellung von 1862 ein Hauptanziehungspunkt für das große Publikum war, ein Werk der Töpferkunst von 15 m Höhe und 13 m im Durchmesser, einen reichgegliederten Fontäneaufsatz darstellend, auf dem Gipfel die mehr als lebensgroße Gruppe St. Georg mit dem überwundenen Drachen und umgeben von zahlreichen Schalen, wasserspeiendem Getier, Genien, Nymphen, Pflanzenbildungen und all dem dekorativen Schmuck, den nur Form und Farbe geben können.

Fig. 218. Josuah Wedgwood.

In Deutschland endlich hat die Geschichte der Fayence ein höheres Alter als in allen den Ländern, welche diesem Kunstzweige, von Italien unmittelbar oder mittelbar beeinflußt, erst im 16. Jahrhundert Pflege angedeihen ließen. Wenn wir auch das Breslauer Grabmal des Herzogs Heinrich nicht als Beispiel für die frühzeitige Erfindung der Zinnglasur anführen wollen, so bleibt dasselbe in seiner ganzen Herstellungsweise immerhin ein ausgezeichnetes Beispiel für die hohe künstlerische Ausbildung, welche schon zu Ende des 13. Jahrhunderts die Thontechnik bei uns erlangt hatte; andre Belege scheinen für verschiedene Orte zu beweisen, daß daselbst im 13. und 14. Jahrhundert die Thonbildnerei über gewisse eigentümliche Verfahren schon verfügte, die anderwärts erst später in Anwendung kamen. Vielleicht erklärt sich dies aus dem hohen Grade der Ausbildung, dessen sich die Glasmalerei in Deutschland erfreute; die technischen Erfahrungen dieser Kunst konnten leicht Anwendung auf dem verwandten Gebiete finden. Wenigstens sehen wir eine berühmte Glasmalerfamilie Nürnbergs, die Hirschvogel, von dem Ende des 15. Jahrhunderts an sich der Kunsttöpferei zuwenden, und die besonders ihrer Farben und Glasuren, aber auch ihrer Modellierung wegen berühmten Werke, die wir von ihnen noch kennen, sind zum Teil gleichzeitig mit denen des Luca della Robbia entstanden, so daß wir für sie einen selbstständigen deutschen Ursprung annehmen dürfen.

Fig. 214. Deutsche Fayence aus dem 16. Jahrhundert.

Der ältere Hirschvogel, Veit, soll zwar auf einer Reise nach Italien 1503 in Urbino die dortige Majolikafabrikation kennen gelernt und erst nach seiner Rückkunft in Nürnberg eine Werkstätte für die Herstellung von emaillierten Thonwaren eingerichtet haben; indessen zeigen seine Arbeiten nicht nur in bezug auf Erfindung der Form und der Verzierung einen so ursprünglich deutschen Charakter, auch seine Farben und Glasuren sind den italienischen gegenüber so anders, daß, wenn die obige Annahme richtig ist, Italien doch nicht viel mehr als die Anregung zuzuschreiben sein würde. Alles übrige, die ganze Hirschvogelsche Technik, fußt auf Momenten, die sich teils aus seiner Beschäftigung mit der Skulptur (die Reliefverzierungen aller seiner Thonwaren), teils aus der von ihm geübten Glasmalerei (seine eigentümlichen Emaillen und Glasuren) ergeben. Berühmt sind namentlich die Hirschvogelschen Öfen, die von seinen Söhnen Veit und August auch nach seinem Tode noch gemacht wurden und von denen sich einige der schönsten auf der Nürnberger Burg befinden.

Von Nürnberg aus verbreitete sich die Majolika- und Fayencetöpferei weiter; Augsburg und die Gegenden bis an den Bodensee, anderwärts wieder Baireuth und das ganze Franken, Sachsen, Schlesien u. s. w. nahmen sie auf und entwickelten sie auf besondere Weise. Aus dem 16., 17. und 18. Jahrhundert sind noch viele Belegstücke erhalten, welche den hohen Kunstgeschmack dokumentieren, der in der Zeit der Renaissance in alle Kreise gedrungen war. In der Gegend von Regensburg und Baireuth war schon frühzeitig die Herstellung eigentümlicher braunmassiger Geschirre betrieben worden, deren Oberfläche mit erhabenen oder vertieften Verzierungen versehen war; nach dem Vorgange Hirschvogels bemalte man sie nun auch noch mittels Emailfarben. Die aus Kreußen und Umgegend stammenden Apostel-, Kurfürsten-, Jagdkrüge sind Beispiele davon. Ähnliche Sachen scheinen auch an andern Orten, in Sachsen oder Schlesien (Piastenkrüge), gemacht worden zu sein; die Bunzlauer Töpfereien hatten ebenfalls Ruf, doch gehörten die Thonwaren der letztgenannten Orte mehr den harten Massen als den Fayencen an; bei einem geschichtlichen Rückblick lassen sich aber die Grenzen noch viel weniger streng innehalten als bei einer Systematisierung, die sich auf die physikalischen Eigenschaften bezieht.

Mit dem Auftreten des Porzellans zu Anfang des vorigen Jahrhunderts verlor die Majolika- beziehentlich die Fayencefabrikation ihre Führerschaft. Die besseren Kräfte wandten sich dem edleren Materiale zu, und der vordem auf wirklicher Kunststufe stehenden Technik blieb fast nur noch die Aufgabe, für das gewöhnliche Gebrauchsgeschirr zu sorgen.

Fig. 215. Kaminofen, entworfen von Architekt G. Rehlender in Berlin.

An die Stelle der Bemalung trat das Überdruckverfahren, das anfänglich mit Kupferstichen geübt, nach Erfindung der Lithographie sofort sich dann dieser billigen Vervielfältigungsmethode bemächtigte und Schritt für Schritt die Fayence bei uns immer mehr in Verfall brachte. Von Majolikamalerei im guten Sinne war bis vor wenigen Jahren fast gar keine Rede mehr.

In der neuesten Zeit erst haben, auf Anregungen, die von Frankreich und England ausgegangen sind, diese Verhältnisse sich auch in Deutschland wieder gebessert, wenigstens ist ein sehr erfolgreicher Anfang dazu gemacht worden, neben dem Porzellan auch den übrigen Erzeugnissen der Thonbildnerei, und namentlich der Fayence und der Majolika, einen künstlerischen Charakter wiederzugeben. Werkstätten wie die von Villeroy und Boch in Mettlach, Fleischmann in Nürnberg, Klammert in Znaim, Merckelbach in Grenzhausen

Seydel & Sohn in Dresden, Schütz in Cilli u. a. haben rasch sich auf eine bewundernswürdige Stufe emporgeschwungen. Auch in Nürnberg (von Schwarz) und Berlin sind Majolikafabriken entstanden, aus denen bewundernswürdige Werke hervorgehen.

Die größte der genannten Anlagen ist die ersterwähnte; fast alle Fächer der Thonwarenindustrie umfassend, hat sie indessen eine besondere Aufmerksamkeit der Erzeugung von Fliesen zu Wand- und Fußbodenbekleidung zugewandt; Fleischmann ahmt alte Öfen und Dekorationsgegenstände nach, in Znaim und Grenzhausen wird ebenfalls nach alten Mustern gearbeitet, während Seydel & Sohn in Dresden und Schütz in Cilli die Entwürfe lebender Künstler ausführen. Auf der Wiener Ausstellung von 1873 erregte ein Seydelscher Ofen durch die Schönheit seines Emails, durch die Sorgfalt, mit der die eigentliche Masse der Kachel bearbeitet war, durch Genauigkeit der technischen Ausführung ebenso wie durch geschmackvolle Erfindung gerechtes Aufsehen; die Münchener Ausstellung von 1876 dagegen hat die Schützschen Majoliken, nach Zeichnungen Wiener Künstler, als dem Besten ebenbürtig gezeigt, so daß wir hoffen dürfen, daß nach solchem Vorgange auch anderwärts in der Thonwarenindustrie der Einfluß edlerer Geschmacksrichtung sich wieder Geltung verschaffen wird.

Fig. 216. Pilgerflasche. Deutsches Steinzeug aus dem 16. Jahrhundert.

Von den Fleischmannschen Imitationen alter Thonwaren geben wir in Fig. 217 einige in Abbildungen, welche zugleich für die Illustration der Originale dienen können. Der erste, sogenannter Landsknechtskrug, sowie der dritte sind im Original Hirschvogelschen Ursprungs; der zweite ist einer der unter dem Namen Kölner Pinten bekannten Krüge, welche aber in vollkommenster Art nicht in Köln, sondern in Siegburg gefertigt wurden, und wie der in Nr. 4 dargestellte Kreußener Krug nicht zu den Fayencen, sondern zu den später zu besprechenden Steinzeugen gehörten.

Über die moderne Fayencetechnik noch etwas hinzuzufügen, erscheint unnötig, da sie im wesentlichen sich nicht von den früher geübten Verfahren unterscheidet und bereits wiederholt besprochen worden ist. Plastische Gegenstände, Figurengruppen und Reliefs werden in Formen vorgebildet und aus freier Hand nachgearbeitet wie die Terrakotten; bei Gefäßen, Platten u. dergl. greifen die Methoden Platz, die auch bei den gewöhnlichen Thongeschirren angewendet werden. Die Malerei der feineren Gegenstände erfolgt wie bei der Majolika. Zum Bemalen dient ein mit Metalloxyden gefärbter, leicht schmelzbarer Glasfluß, der mit Spieköl aufgetragen wird.

Die Massenproduktion der Tafelservice, wie sie in ausgezeichneter Weise in Saargemünd von Utzschneider geübt wird, macht vielfach von dem Verfahren des Überdrucks Gebrauch. Sollen Kupferstiche oder Lithographien auf solche Ware abgedruckt werden, so schwärzt man die Druckplatte statt mit Firnisfarbe mit einer Farbe aus Öl und fein zermahlenem schwarzen oder blauen Glasfluß ein, druckt sie auf sehr dünnes Papier ab und legt dies noch feucht mit der bedruckten Seite auf den zu verzierenden Gegenstand. Der schon einmal gebrannte Thon saugt die Farbe begierig ein, worauf man das Blatt, von dem der Abdruck fast ganz verschwunden ist, wieder abnimmt, die Ware mit einer glasartigen Glasur versieht, zum zweitenmale brennt, so daß die Zeichnung unter der Glasur erscheint. Mehrfarbige Darstellungen werden entweder durch Ausmalen der übergedruckten Zeichnung mit dem Pinsel oder durch Überdruck von sogenannten Abziehbildern, die gleich in den betreffenden Schmelzfarben ausgeführt sind, dargestellt; solche Farben, die unter der Glasur sich nicht einbrennen lassen, müssen besonders aufgesetzt werden und verlangen ein nochmaliges Brennen. Durch Lüsterglasuren gibt man den Fayencen ein gold-, silber- oder kupferglänzendes Aussehen. Zu dem Goldlüster wird Gold in Königswasser aufgelöst, etwas Zinn zugesetzt und etwas von dieser Auflösung mit Schwefelbalsam und Terpentinöl versetzt auf die zu vergoldenden Stellen aufgetragen. Silberlüster entsteht durch Platinalösung, die ähnlich behandelt wird; Chloreisen gibt eine stahlähnliche schwarzgraue Oberfläche u. s. w. Durch gemusterte Stempel kann man sehr hübsche Effekte erzielen, denn dadurch, daß die gefärbte durchsichtige Glasurmasse in den vertieften Stellen eine dickere Schicht bildet, erscheinen diese je nach dem Grade ihrer Vertiefung nach dem Brennen mehr oder weniger dunkel, während die erhabenen Partien, mit dünnerer Glasurschicht überdeckt, eine hellere Färbung zeigen.

Fig. 217. Nachbildungen alter Krüge von Fleischmann in Nürnberg.

Harte Masse, Steinzeug. Neben den fayenceähnlichen weichen Thonwaren wurden in Deutschland schon frühzeitig Geschirre gebrannt, die in ihrer Masse insofern eine andre Zusammensetzung zeigen, als Bestandteile darin mit auftreten, welche mit dem Thone bei großer Hitze schmelzbare Verbindungen geben und im scharfen Feuer daher mindestens ein Zusammensintern der inneren Substanz bewirken. Solche Bestandteile sind teils kalkiger, teils alkalischer, teils kieseliger Natur; sie geben der Masse einen nahezu muscheligen, scharfkantigen Bruch, wie er allen Flußmitteln eigentümlich ist, und eine Härte, die oft bedeutend genug wird, um dem Stahle Funken zu entlocken. Aus diesen Eigenschaften schreibt sich der Name Steinzeug, der diesen Fabrikaten zum Unterschiede von der weichen Ware gegeben wird. Es liegt in der Natur der Sache, daß die Steinzeuge ihrer Herstellung nach sehr alt sein müssen, denn die Vorbedingungen für ihre Zusammensetzung finden sich in vielen natürlich vorkommenden Erden. Immerhin aber wird die Töpferei im allgemeinen schon so weit gekommen sein müssen, daß sie Öfen zur Verfügung hatte, welche eine höhere Hitze ausgeben, da die für die gewöhnlichen Thongeschirre hinreichenden Temperaturen für das Brennen der Steinzeuge nicht genügen.

Wir finden denn auch diese harten Thonwaren, als deren bekannteste Repräsentanten wir die gewöhnlichen Milchäsche ansehen können, fast überall und oft gleichzeitig mit weichen Geschirren dargestellt. Und zwar wurden aus Hartmasse nicht bloß gewöhnliche Gebrauchsgeschirre gefertigt, sondern dieselbe diente auch zu dekorativen Zwecken und hat sogar in manchen Gegenden die Töpferei, namentlich zur Zeit der Renaissance, auf eine Kunsthöhe gebracht, auf der sie ihre Werke getrost neben die besten italienischen Majoliken stellen konnte.

Da die Steinzeugmasse von selbst für Flüssigkeiten undurchdringlich ist, bedarf sie keiner Glasur; der schärfere Brand macht übrigens die Anwendung der leichtflüssigen Zinn- und Bleiglasuren unthunlich; wo also eine oberflächliche Verglasung erwünscht ist, wird diese mit andern Mitteln bewirkt werden müssen. In der Regel bedient man sich der schon erwähnten Salzglasur, in manchen Fällen aber wendet man auch gepulverten Feuerstein oder dergleichen an. Diese Mittel aber, und ganz besonders der scharfe Brand, schränken nun die Farbenauswahl für die Bemalung sehr ein. Von den Metallfarben, welche in der Majolikamalerei Anwendung finden, können, wenn nicht die Ware wiederholt gebrannt werden soll, nur die wenigen gebraucht werden, welche Scharffeuer aushalten, wie z. B. Kobalt für Blau, Braunstein für Violett. Aus diesen Gründen hat die Steinzeugtechnik ihren künstlerischen Schwerpunkt auch nicht in der Bemalung, sondern in der Formgebung gesucht, in der Modellierung, in der Ausarbeitung von Reliefverzierungen, Gravierungen u. dergl., welche keinen Eintrag an ihrer Schärfe durch eine dicke Glasur etwa erleiden, und die sie nur sparsam durch wenige Farbentöne zu heben versucht.

Fig. 218. Renaissancekrug von Prof. Alex. Schmidt, ausgeführt von der Wächterbacher Steingutfabrik.

Steinzeugähnliche Massen kommen bereits in den ägyptischen Hinterlassenschaften vor, das sogenannte ägyptische Porzellan; in China und Japan wurden sie ebenfalls in frühsten Zeiten hergestellt. Mit Untersuchungen außereuropäischer Gegenstände wollen wir uns aber nicht aufhalten. Für Deutschland hat diese Technik eine besondere Bedeutung seit dem 15. Jahrhundert gewonnen, weil die künstlerische Richtung dieses Gewerbes, bei uns ohnehin mehr auf plastische Gestaltung als auf malerischen Schmuck gerichtet, sich des feinen dauerhaften Materials mit Vorliebe bemächtigte und damit Wundervolles geleistet hat. Wir haben weiter oben schon erwähnt, daß in Franken, Sachsen u. a. O. Steinzeuggeschirre sehr zeitig gemacht worden sind; von Frankreich wissen wir Ähnliches aus den nördlichen Provinzen; die Thonwaren von Beauvais, die bis ins 14. Jahrhundert hinauf sich verfolgen lassen, gehören auch dieser Gattung an. Die vollendetste Ausbildung fand aber dieser Zweig des Kunsthandwerks in den Gegenden des Niederrheins, und bezeichnet die Mitte des 16. Jahrhunderts die Zeit seiner schönsten Blüte. Namentlich waren es die Striche um Köln, Koblenz, Nassau mit dem sogenannten Kannenbäcker-Ländchen, und die Gegend um Bonn, welche dazu das Beste beitrugen. In Museen und Privatsammlungen sind ihre Erzeugnisse in vielen Exemplaren noch erhalten: Krüge von allen denkbaren Formen und in reicher Mannigfaltigkeit, verziert durch Reliefdarstellungen oder eingepreßte Ornamente, mit Wappen, Inschriften und Jahreszahlen, ferner Kannen, vasenartige Gefäße, Flaschen von phantastischen Formen, in derselben Art behandelt, Schreibzeuge, Salzfässer, Figuren u. s. w. u. s. w. Natürlich stehen sie nicht alle gleichhoch in bezug auf Schönheit der Form und Ausführung, die besseren aber zeigen einen so fein entwickelten originalen

Kunstsinn, daß unsre gesamte Silberschmiedekunst noch von ihnen lernen kann, und auch die gewöhnlichen beweisen, daß in der Zeit ihrer Entstehung das Handwerk selbst in seinen niedrigsten Leistungen sich dem veredelnden Hauche der Kunst nicht entziehen mochte.

Die Masse dieser vordem fälschlicherweise immer als flandrische Krüge bezeichneten Thonwaren ist entweder rein weiß, wie in den Kölner, richtiger Siegburger, konischen Pinten und Krügen, oder gelblichgrau, wie die der Nassauer, vielfach mit Wappen und Mascarons (Bartkrüge) gezierten Gefäße, graublau (Frechen und Raeren). In letzterem Falle wurde durch eine dicke, gewöhnlich braune Glasur die Farbe des Thones verdeckt, freilich auf Kosten der Schärfe der Reliefs. Die letzteren selbst, szenische Darstellungen aus der biblischen Geschichte, so z. B. die Geschichte der Susanna, der Mythologie, aus dem gewöhnlichen Leben (Bauerntänze, Zechgelage, Landsknechte), Masken, Ornamente und Sinnsprüche, Wappen, Devisen, Jahreszahlen und Töpferzeichen, wurden in Formen ausgedrückt und als dünne Plättchen auf das vorgearbeitete Gefäß aufgelegt; vertiefte Verzierungen entweder aus freier Hand eingegraben oder mittels metallener Stempel eingedrückt.

Fig. 219. Steinzeuggefäße von W. T. Copeland & Sons in Stocke-upon-Trent.

Zur Färbung dienten außer der schon genannten braunen Glasur nur wenige Töne Blau, Violett, Schwarz zur Hebung der Reliefs. In diesem Jahre (1885) ist es den Bemühungen von Professor Frauberger gelungen, die Raerener Töpferei wieder aufleben zu machen. — Die schönsten dieser kunstvollen Gefäße, die ihrer Zeit als Dekorationsstücke auf Kaminen und Schränken figurierten und neben silbernen und goldenen Geräten zum Tafelschmuck der Reichen dienten, wurden in Siegburg gemacht und bildeten einen bedeutenden Handelsartikel, der, weil er über Köln ging, „Kölnische Ware" genannt wurde. Sie zeichnen sich durch eine sehr schöne reine, elfenbeinähnliche Färbung, scharfe Reliefs von guter Zeichnung und eine sehr dünne Salzglasur aus. Wenn sie gefärbt sind, so ist dies in Blau in sehr maßvoller Verteilung. Die Nassauer Krüge dagegen sind vielfach außer mit Blau auch mit Violett gehöht. Diese Töpferarbeiten sind es hauptsächlich, die jetzt wieder häufig nachgeahmt werden, am besten an einer der alten Produktionsstätten selbst, in Grenzhausen, sehr gut auch zu Freysing in Bayern und anderwärts.

Durch den Dreißigjährigen Krieg erlitt die Kunsttöpferei infolge der allgemeinen Verarmung einen harten Stoß. Zwar wurden in der Folgezeit immer noch gute Sachen gemacht, aber für die Prachtstücke fehlten die Abnehmer, und die Lockerung ihrer Satzungen, welche die Zünfte erfahren hatten, machte ihren Einfluß bemerklich in der Verschlechterung der Produkte. Die billigere Fayence, die in Mode kam, endlich das Porzellan thaten das Ihrige — und erst die Neuzeit hat das Steinzeug wieder zu Ehren gebracht, freilich in der Hauptsache immer nur erst durch Nachahmung der alten Formen und Verfahren. In Fig. 216 geben wir die Abbildung eines solchen alten Steinkrugs. Nachbildungen alter Krüge sind in Fig. 217 auf S. 339 dargestellt, von denen der Kreußener Krug ebenfalls zu den Steinzeugen, und zwar zu den eingangs erwähnten bayrischen gerechnet werden muß.

Fig. 220. Chinesische Porzellangefäße.

Da das Steinzeug, um für Flüssigkeit undurchdringlich zu sein, keiner besonderen Glasur bedarf, so findet es ausgedehnten Verbrauch zu Wirtschaftszwecken, für die es sich auch seiner Festigkeit und Dauerhaftigkeit wegen empfiehlt. Für die Vierländer sind Steinzeugkrüge ein lebhaft begehrter Artikel; will man doch neuerdings gefunden haben, daß in durchsichtigen Glasgefäßen das Bier sich rasch in seiner chemischen Zusammensetzung verändere, während das in den undurchsichtigen Steinkrügen nicht der Fall sein soll.

Der Zubereitung der Masse wird eine größere Sorgfalt gewidmet als bei den gewöhnlichen Töpferwaren; der Thon wird fein geschlämmt und mit den erforderlichen Zusatzmitteln versehen, welche das Sintern befördern, wie Feldspat, Gips, Kalk, Baryt, Knochenasche, in England häufig Feuerstein (englische stoneware), ebenso mit den Metalloxyden, durch welche man die Masse färben will. Die feinen Wedgwoodmassen sind vielfach durchaus gefärbt, besonders blau, violett oder schwarz; dagegen bezeichnet man mit Carrara und Parian in England ganz weiße Steinzeuge, welche dem Biskuitporzellan sehr nahe stehen. Mitunter zieht man der Ersparnis halber eine Art Engobierung vor, indem man auf die getrockneten Geschirre die gefärbte Thonmasse nur als eine oberflächliche Schicht aufgießt. In dieser Weise werden z. B. die bekannten Bunzlauer Geschirre erzeugt, die an sich eine gelbliche Masse haben, aber mit einer braunen Farbe überzogen sind, welche aus einem bolusartigen Thone und aus gemahlenen Glasscherben besteht. Die Passauer Schmelztiegel werden aus einem mit Graphit versetzten Thone gebrannt. Die Bearbeitung, das Formen, ebenso das Brennen bietet nichts Besonderes, abgesehen davon, das letzteres bei höherer Temperatur stattfindet, als für die gewöhnlichen Töpferwaren angewandt wird. Von großer Wichtigkeit in unsrer jetzigen Zeit ist ferner die Fabrikation der ordinären Steinzeugware, die auf ganz dieselbe Weise, nur aus weniger gutem Material erfolgt. Röhren für Abtritte, Schleusen, Wasserleitungen, große Schalen, Krüge und Töpfe für chemische Fabriken, zwei- und dreihalsige große Flaschen für die Fabrikation von Salzsäure und Salpetersäure sind Gegenstände dieser Art.

Das Porzellan.

Die Porzellanfabrikation bildet unstreitig den edelsten Zweig der Thonverarbeitung und liefert ein Produkt, welches bei ausgezeichneter Schönheit die schätzenswertesten Eigenschaften aller übrigen Thonwaren in sich vereinigt. Bei vollkommener Undurchdringlichkeit, außerordentlicher Härte und Feuerbeständigkeit widersteht es einem raschen Temperaturwechsel so gut, daß es selbst zu Kochgeschirren angewendet werden kann, und durch seine rein weiße Farbe, verbunden mit einem gewissen Grade von Durchscheinbarkeit, eignet es sich sehr gut zur Anbringung von Malereien und bildet somit einen wertvollen Stoff nicht nur zum häuslichen und technischen Gebrauch, sondern nicht minder zu den Luxusartikeln, welche eine künstlerische Vollendung erhalten sollen.

Das Porzellan ist eine Erfindung der ostasiatischen Völker und wahrscheinlich der Chinesen. Es wurde von diesen und den Japanern schon Jahrtausende früher gefertigt als in Europa, und zwar in einer Vollkommenheit, wie sie bei uns nur an wenigen Orten erreicht worden ist. In den chinesischen Geschichtsbüchern kommt das Porzellan zuerst unter der Dynastie der Hang vor, ein Zeitraum, der in die Jahre 185 vor bis 87 nach Christo fällt.

Fig. 221. Chinesisches Fischbecken aus dem 18. Jahrhundert.

Der erste Porzellanofen stand zu Chan-Nan in der Provinz King-Si. Jetzt soll man in China Ortschaften finden, welche, wie das Dorf Rüitchin, mehrere tausend Porzellanöfen in Thätigkeit haben. Die Portugiesen, welche den frühsten Handel mit jenen nach Osten gelegenen Teilen der Erde trieben, brachten gegen das Jahr 1500 oder wenig später das erste chinesische Porzellan nach Europa; infolge des großen und allgemeinen Beifalls, den die Ware fand, führten sie immer größere Massen davon ein, und sie waren es auch, die ihm seinen Namen gaben. Derselbe ist von der Porzellanschnecke entlehnt, an deren Schale der eigentümliche Lüster des Porzellans erinnert. Diese Schnecke heißt aber bei den Portugiesen ihrer Form halber porcella (Schweinchen), und so hat nicht etwa diese Schnecke vom Porzellan ihren Namen, sondern die Sache verhält sich eben umgekehrt. Die Gefäße, welche man aus Ostasien nach Europa brachte, glänzten als Raritäten in den Kunstkabinetten, ja sie wurden fast mit Gold aufgewogen, denn Kurfürst August II. von Sachsen gab dem ersten Könige von Preußen für 48 chinesische Gefäße, die sich zum Teil jetzt noch in der Gefäßsammlung des Johanneums befinden, ein ganzes Dragonerregiment. Mit den Porzellangeschirren wanderte aber nicht die Erfindung selbst in Europa ein, dieselbe mußte vielmehr hier noch einmal gemacht werden, was bekanntlich erst geschah, nachdem volle 200 Jahre lang das chinesische Porzellan keinen Nebenbuhler auf dem europäischen Markte gehabt hatte; denn die Fayencen, in specie die Delfter, welche zur Nachahmung des chinesischen Porzellans in gleichem Stile geformt und bemalt wurden, waren allenfalls ein äußerliches Surrogat, allein keinesfalls erreichten sie in bezug auf ihre inneren Eigenschaften ihre ostasiatischen Vorbilder. Es heißt, die Chinesen hätten ihre Kunst sehr geheim gehalten; es scheint aber eher, daß die Fremden es nur nicht verstanden, sich Belehrung zu verschaffen; denn die Chinesen haben all ihr Wissen und Können seit lange schon in bändereichen Encyklopädien niedergelegt, und es ist vor wenigen Jahren das Buch der Porzellanbereitung, wie früher das des Seidenbaues, von dem französischen Gelehrten Julien übersetzt worden. Für uns ist dieses Werk indessen nur dadurch interessant, daß es zeigt, wie die Chinesen fast genau dasselbe Verfahren einschlagen wie wir, und mit ganz den nämlichen Materialien arbeiten.

Merkwürdigerweise findet selbst die Analogie statt, daß auch in China die Regierung diese Industrie von Anfang an in die Hand genommen hat und die Staatsfabrik das Musterbild für die Privatunternehmungen wurde. Die kaiserliche Fabrik blüht noch jetzt; sie bildet eine große, ausgedehnte Fabrikstadt mit vielen Tausenden von Arbeitern und hatte im vorigen Jahrhundert über 3000 Brennöfen.

In dem erwähnten chinesischen Lehrbuche der Porzellanfabrikation sind alle hierbei vorkommenden Operationen nicht nur genau beschrieben, sondern auch durch zahlreiche Abbildungen versinnlicht, wie es die Chinesen in allen ihren Werken lieben. Wir nehmen Gelegenheit, um unsern Lesern auf Seite 357 eine Probe chinesischer Darstellungsweise zu liefern, indem wir in den Figuren 272—276 einige dieser Bilder herausheben.

Die chinesischen Porzellane, welche heute genau noch in demselben Stile gefertigt werden wie vor Jahrhunderten, zeichnen sich durch eine höchst gleichartige Masse und durch eine Glasur aus, die mit jener so völlig verschmolzen ist, daß der Übergang aus der mehr erdigen Massensubstanz in die glasartige Oberfläche durchaus unmerklich verschwindet. Die Malerei ist in ebenso origineller Weise gehalten wie die Form, und wenn beide auch unsern Begriffen von Schönheit nicht immer entsprechen, so kann doch die erstere nicht bloß in ihrem rein technischen Teile, sondern auch in ästhetischer Beziehung unsern Porzellandekorateuren manchen wertvollen Fingerzeig zur Beachtung geben. Jedenfalls ist die Gesamtwirkung, welche die farbige Verzierung chinesischer und japanesischer Porzellane hervorbringt, immer eine harmonische, was man von den in den Einzelheiten oft viel besser ausgeführten Malereien unsrer Porzellanfabriken nicht immer sagen kann. Dazu verfügen die Chinesen über zahlreiche Verfahrungsarten, welche unsern Porzellankünstlern nicht geläufig sind; in der Emaillierung sind sie bis jetzt geradezu unerreichbar. Übrigens hat sich auch an dem scheinbar konservativsten Volke der Erde der Fluch der Zeit vollzogen, die neueren Porzellane sind bei weitem nicht mehr von der Schönheit und Güte der alten, das Kunsthandwerk hat sich bei ihnen wie bei uns verschlechtert.

Entwickelung der europäischen Porzellanbereitung. Die Beliebtheit und Kostbarkeit des chinesischen Porzellans mußte natürlich den Nachahmungstrieb heftig anregen; man bemühte sich, eine ähnliche Masse herzustellen, und so kam zuerst in Frankreich, im Jahre 1695, ein nachgeahmtes Porzellan zum Vorschein, das zwar im Äußeren dem echten sehr ähnlich war, aber wenig von dessen guten Eigenschaften an sich hatte, denn es war nicht dauerhaft in der Hitze, überhaupt zu weich, und bestand eigentlich aus nichts anderm als aus einer Glasmasse, die durch weiße Substanzen undurchsichtig gemacht war (Frittenporzellan). Dabei war seine Anfertigung höchst umständlich und die Masse zum Formen so wenig bildsam, daß man mit einem Zusatze von Seife oder Gummi nachhelfen mußte, was natürlich nicht zur Güte des Produktes beitragen kann.

Das Wahre aufzufinden war den Deutschen vorbehalten, und zwar wurde die Erfindung des Porzellans in Sachsen gemacht, nicht, wie man gewöhnlich glaubt, durch Zufall, sondern nach langen Versuchen, die der berühmte Naturforscher Ehrenfried Walter Graf von Tschirnhausen zuerst angestellt hat, um die nutzbaren Mineralien des Landes Sachsen industriell zu verwerten. Diese Versuche führten ihn auch dahin, die kostbaren Porzellangefäße, für welche sein prachtliebender Fürst August der Starke eine große Vorliebe hatte, nachahmen zu wollen, und es scheint, daß seine Bestrebungen nicht unglücklich gewesen sind, denn in der Biographie, welche die Akademie der Wissenschaften zu Paris von Tschirnhausen, der Mitglied dieser gelehrten Körperschaft war, herausgab, heißt es: „Während seines Aufenthalts zu Paris (1701) machte Herr von T. dem Herrn Homberg Anzeige von einem Geheimnis, welches er entdeckt habe, ebenso wichtig als dasjenige der Herstellung seiner großen Linsengläser; das ist die Porzellanbereitung. Herr von T. hat Homberg von seinem Porzellan mitgeteilt, im Austausch gegen einige andre Geheimnisse, und gegen das Versprechen, in seinem Leben keinen Gebrauch davon zu machen.“ — Die Quelle, welche diese Notiz enthält, und die Persönlichkeit Hombergs, der ein berühmter

Chemiker war, beweist, daß, wenn auch ein dem echten chinesischen Porzellan völlig entsprechendes Produkt von Tschirnhausen 1701 noch nicht gefunden worden war, seine Arbeiten in dieser Richtung doch bereits zu namhaften Erfolgen geführt haben mußten. In der Dresdener Gefäßsammlung bewahrt man als angeblich von Tschirnhausen herrührend fünf kleine Krüge auf, die allerdings noch von einer fertigen Porzellantechnik weit entfernt sind, die aber immerhin insofern über den Böttgerschen Erzeugnissen stehen, als sie in ihrer Masse ganz weiß sind, während jene lange Zeit nur von brauner, dem chinesischen Porzellan durchaus unähnlicher Masse gefertigt werden konnten.

Während sich also Tschirnhausen mit Versuchen befaßte, Porzellan aus inländischen Materialien herzustellen, erhielt der Kurfürst Nachrichten über einen gewissen Böttger, der, aus Schleiz gebürtig (4. Februar 1682), in Berlin bei einem Apotheker gelernt hatte und dann plötzlich unter großem Aufsehen daselbst als Goldmacher aufgetreten war. Eigentlich hatte er nur von einem italienischen Charlatan etwas Goldpulver mit der Weisung erhalten, erst nach seiner Abreise Gebrauch davon zu machen. Da alle diese Goldpulver und Tinkturen stets goldhaltig waren, so war es keine Kunst, durch Vergolden von schlechten Knöpfen und dergleichen Kunststücke die Leute zu täuschen. Böttger aber gab sich selbst für den Erfinder aus, weshalb der preußische König sich seiner Person zu versichern suchte. Der Adept entging jedoch seiner Verhaftung durch die Flucht nach Sachsen — Wittenberg — von wo ihn Preußen mit Ungestüm zurückforderte.

Fig. 222. Johann Friedrich Böttger.

Da man indessen von der unwiderlegbaren Ansicht ausging, einen wirklichen Goldmacher auch in Sachsen gebrauchen zu können, so wurde er nicht ausgeliefert, sondern nach Dresden gebracht, um hier für sein engeres Vaterland seine edle Kunst nutzbar zu machen. Dies that er zwar auch — aber auf eine unvorhergesehene Art. Mit der eigentlichen Goldmacherei war es natürlich nichts; denn obgleich Böttger sich rühmte, das Arkanum, wie man es nannte, zu besitzen, so jagte er dennoch große Summen durch den Schornstein, ohne damit auch nur ein Gran Gold zu erzeugen. Alle Schmeicheleien und Drohungen konnten dem Ärmsten nicht ein Geheimnis entreißen, das er in der That nicht besaß. Sie waren aber belästigend genug, um unserm Alchimisten Sachsen zu enge zu machen. Er wollte nach Wien entfliehen, von wo ihm vorteilhafte Anerbietungen gekommen waren; allein der Versuch mißlang und hatte eine nur um so ängstlichere Bewachung zur Folge.

Zur besonderen Beaufsichtigung Böttgers und seiner Arbeiten war Tschirnhausen bestellt worden, und es ist mehr als wahrscheinlich, daß dieser kenntnisreiche und zugleich praktisch denkende Gelehrte, die Fähigkeiten seines Schützlings wohl erkennend, und um denselben eine nützliche Richtung zu geben, der Porzellanbereitung nachzugehen ihn veranlaßte. Der Fluchtversuch Böttgers nach Österreich geschah im Jahre 1703; die darauf folgende Zeit verbrachte Böttger auf der Albrechtsburg in Meißen; 1706 saß er auf dem Königstein, im nächsten Jahre dagegen wurde er in Dresden selbst auf der damals sogenannten Venusbastei, der heutigen Brühlschen Terrasse, in Gewahrsam gehalten, immer aber vom König reichlich mit den Mitteln versehen, seine Versuche fortzusetzen. Im strengsten

Verschlusse, von Wachen fortwährend umgeben, mußte er hier seine Arbeiten ausführen, und es war gewiß nicht das Ergebnis freien, freudigen Forschens, wenn es ihm endlich gelang, wie man sagt, bei Anfertigung eines Schmelztiegels eine rote Masse zu erzeugen, welche mit dem Porzellan manche Ähnlichkeit hatte und deshalb große Hoffnungen erregte. Dergleichen rote Geschirre aus der ersten Zeit der europäischen Porzellanbereitung finden sich noch häufig in Sammlungen und bei Liebhabern. Das echte Porzellan fand Böttger erst ein paar Jahre später, nachdem ihm das mineralische Pudermehl von Aue bei Schneeberg, eine sehr reine Porzellanerde, in die Hände gefallen war. Die Entdeckung der Porzellanerde bei Aue schreibt man einem Hammerschmied Johann Schnorr zu, der zuerst bei der Beaufsichtigung seiner Zugpferde auf die eigentümliche weiße Erde aufmerksam geworden sein soll, welche diese mit ihren Hufen herausgerissen. Da zu jener Zeit der Gebrauch des Haarpuders allgemein und Schnorr ein spekulativer Kopf war, so schien es ihm ein einträgliches Unternehmen, die weiße Erde zu trocknen, zu reinigen, auf das feinste zu schlämmen und sie dann als Ersatz für das viel teurere Weizenmehl zu verkaufen. Ein Paket solcher Pudererde gelangte auch Böttger in die Hände, der als Gefangener wahrscheinlich manchmal Gelegenheit gehabt haben wird, für seine Toilette selbst zu sorgen. Der Versuch, sie auf Porzellan zu verarbeiten, gelang auf das vortrefflichste; der Stein der Weisen zwar nicht, aber etwas bei weitem Nützlicheres war gefunden und der Bedrängte gerettet. Des weißen Porzellans, als seiner Erfindung, erwähnt Böttger zuerst in einem Memorial, das er im März 1709 dem Könige überreichte.

Tschirnhausen war das Jahr vorher gestorben. Sein Anteil an der Erfindung der Porzellanbereitung wird wohl von vielen Seiten zu gering angeschlagen; unter anderm ist wahrscheinlich auch der Umstand, daß, weil sich für die ersten braunen harten Geschirre keine geeignete Glasur fand, man dieselben oberflächlich durch Schleifen glättete und polierte, auch wie Glas gravierte, auf seinen Einfluß zurückzuführen. Denn zur Herstellung seiner großen Brenngläser unterhielt Tschirnhausen im Plauenschen Grunde Schleifmühlen, und es mußte ihm von selbst der Gedanke kommen, das rauhe Porzellan wie das Glas zu behandeln, um ihm ein gefälligeres Äußere zu geben. Auch die glasähnliche Glasur, die man an gewissen dunkelbraunen Geschirren bemerkt, welche man als ältestes sächsisches Porzellan zu bezeichnen pflegt, könnte auf Tschirnhausen hinweisen, der im Ostragehege bei Dresden eine Glashütte in Betrieb hatte.

Die alten braunen Thonwaren selbst, die der Erfindung des weißen Porzellans vorausgingen, auch noch bis 1730 neben diesem mit gemacht worden sein sollen, sind unter sich von einem so verschiedenen Charakter, daß ein Zusammenhang mit dem Porzellan selbst mitunter gar nicht zu erkennen ist. Als Böttgerporzellan bezeichnet man erstens eine harte, schön rote oder braunrote Masse, gesintert und ohne Glasur, mitunter geschliffen und graviert, aus der Kannen, Tassen, Schalen, Krüge, plastische Darstellungen, namentlich Reliefs u. dergl. dargestellt wurden. Beim Brennen überzog sie sich in den ersten unvollkommenen Öfen oft mit einer graubraunen bis schwärzlichen Haut (Eisenporzellan), die nach dem Wegschleifen die braune Grundmasse wieder hervortreten ließ. Diese Geschirre wurden unter Böttger selbst Jaspisware genannt, weil sie besonders in geschliffenem und poliertem Zustande dem Aussehen des Jaspis nahe kommen. Die zweite Gattung sind harte Geschirre mit einer sehr spröden dunkelbraunen und schwarzen Glasur von glasähnlicher Beschaffenheit, häufig vergoldet, aber trotzdem wenig von gewöhnlichem guten Töpfergeschirr verschieden. Diese haben offenbar mit der Erfindung Böttgers gar nichts zu thun; und wo man sie als Böttgerporzellan bezeichnet, geschieht es mit Unrecht. Endlich bezeichnet man als Böttgerporzellane noch eine Sorte von Thonwaren, die wieder aus einer dunkelroten Masse bestehen, mit einer ausgezeichnet schönen, dem japanesischen Lack ähnlichen, sehr feinen Glasur überzogen und auf dem dunkelbraunen Grunde mit Vergoldung oder Versilberung, in welche die Zeichnung und Schattierung gewöhnlich mit der Nadel radiert ist. Diese letzteren Geschirre haben ihrem Wesen nach mit dem Porzellan gar nichts gemein, sie sind von erdiger Masse, ohne sinterndes Bindemittel, kleben an der Zunge, sind ungemein leicht und stellen eine sehr vollkommene Terrakotte dar, bei deren Herstellung es jedenfalls auf Nachahmung der japanesischen Lackwaren abgesehen war. Wie lange sie fabriziert worden sind, darüber fehlen die Nachrichten; ebenso ist der Nachweis noch nicht erbracht, daß diese Gefäße von Böttger selbst oder in seinem Atelier gemacht worden sind. Trotzdem muß man ihnen eine sehr große Vollkommenheit zusprechen sowohl in bezug auf die technische Herstellung als auch die künstlerische Ausschmückung. Der letztere Umstand läßt die Ausführung in königlichen Werkstätten, denen sehr gute Künstler vorstanden, allerdings als annehmbar erscheinen, indessen brauchen die in Rede stehenden Erzeugnisse nicht diejenigen roten Porzellane zu sein, von deren Fabrikation die Meißener Berichte sagen, daß sie neben der weißen Ware bis gegen 1730 betrieben worden sei. Unter diesen sind jedenfalls die roten Jaspisporzellane zu verstehen.

Als nun die Erfindung 1709 so weit gediehen schien, daß man an die Nachahmung chinesischer Gefäße gehen konnte, wurde, um eine ausgedehnte Produktion zu ermöglichen, im Jahre 1710 die Albrechtsburg in Meißen zur Porzellanmanufaktur eingerichtet. (Die königliche Porzellanmanufaktur befindet sich jetzt nicht mehr in der Albrechtsburg, sondern seit einer Reihe von Jahren in Fabrikgebäuden des Triebischthals bei Meißen.) Böttger aber wurde, obschon reich belohnt und in den Freiherrnstand erhoben, immer noch streng bewacht, weil man sein Entweichen und ein Verraten des Geheimnisses fürchtete. Er starb nach einem ziemlich dissoluten Lebenswandel, und zwar, da er stets verschwenderisch wirtschaftete, in Armut, am 13. März 1719. So wenig erfreulich nun im ganzen auch das Bild ist, das wir uns von dem Charakter des Erfinders des Porzellans machen können, so söhnt uns doch das Werk, welches ihm seinen Ursprung verdankt, die Porzellanmanufaktur in Meißen, einigermaßen wieder mit ihm aus. Von Anbeginn Staatsanstalt gewesen und geblieben, hat sich diese erste außerchinesische Porzellanfabrik lediglich der Pflege ihrer Industrie hingeben können, ohne ängstliche Rücksichtnahme auf die augenblickliche Geschmacksrichtung der Menge, künstlerischen Richtungen folgend. Dadurch haben die Meißener Porzellane, jene für die Kultur nicht hoch genug zu schätzenden Erzeugnisse eines neuen, auf die Geschmacksentwickelung bedeutungsvoll wirkenden Kunstzweiges, sich mit Raschheit auf die Höhe der Vollendung geschwungen und auf derselben erhalten.

Fig. 223.
Die Albrechtsburg in Meißen, die erste europäische Porzellanmanufaktur.

Es ist nun hier zwar keineswegs unsre Absicht, für die heutige Zeit und für alle Branchen der Industrie damit einem Prinzip der Staatsindustrie, wie es nicht nur die sächsische Regierung in betreff des Porzellans angewendet hat, sondern wie es auch von andern Staaten bisher bei diesem Kunstzweige beliebt wurde, das Wort reden zu wollen. Vor anderthalbhundert Jahren aber waren die Verhältnisse in vielen Beziehungen noch unentwickelte, die technischen Künste, die wissenschaftlichen Hilfsmittel standen bei uns noch auf schwachen Füßen — und wenn sich unter solchen Umständen eine neue Richtung in das Ganze fördernder Weise Bahn brechen sollte, so konnte sie dies unbeirrt nur durch diejenigen Unterstützungen, welche damals allein noch von den Höfen ausgehen konnten.

In den ersten Zeiten waren es hauptsächlich chinesische Muster, welche die Meißener Fabrik nachzuahmen versuchte. Sie erlangte darin auch eine solche Meisterschaft, daß selbst Kenner in Zweifel geraten könnten, ob dem Original oder der Kopie der Vorzug größerer Trefflichkeit eingeräumt werden müsse. Von der Gefäßbildnerei ging man sehr bald auf die Herstellung rein plastischer Gegenstände, Büsten, Statuetten, Blumen und Tiergruppen über, welche von den ausgezeichnetsten Künstlern geformt und gemalt wurden. Dergleichen alte Erzeugnisse sind in Auffassung und künstlerischer Ausführung bewundernswürdig und werden heute mit oft viel höheren Preisen bezahlt als zur Zeit ihrer Erzeugung.

Damals indessen, als das Geheimnis der Porzellanbereitung gefunden war, waren die materiellen Erträge der Fabrikation keine sehr großartigen. Es wurde fast ausschließlich für den Hof gearbeitet, und wenn man auch bemüht war, sich einen möglichst weiten Markt zu suchen, so gelang dies unter der unordentlichen Administration Böttgers doch nur mangelhaft. Im Jahre 1710 war das erste weiße Porzellan als Probe auf der Ostermesse zu Leipzig erschienen; in derselben Messe wurden für 3357 Thaler rote Geschirre abgesetzt. Von 1720 begann jedoch unter Leitung des Malers Herold die glänzende Zeit, in welcher, namentlich durch die entzückenden Gruppen des Bildhauers Kändler und durch den Vorschub, welchen das Material einer barocken, ausschweifenden Gestaltung leistete, der Rokokostil auf die Höhe seiner ornamentalen Ausbildung gelangte; die wundervollen Tierfiguren rühren ebenfalls von Kändler her.

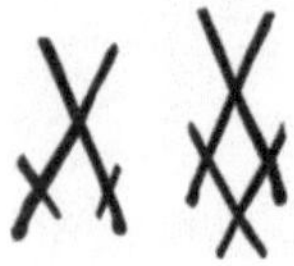

Fig. 224. Meißener Porzellanmarke.

Das Personal der Fabrik war 1732 auf 378 Köpfe gestiegen. Durch den Siebenjährigen Krieg aber erlitt der Fortgang bedeutende Störungen und erst nach großen Anstrengungen konnte man das Verlorene wieder einbringen. Die schönen Porzellane, welche in der darauf folgenden Periode wieder gemacht worden, bezeichnet man gewöhnlich nach dem Grafen Marcolini, der 1774 die obere Leitung der Fabrik übertragen erhielt. Indessen ist das technische Verdienst wohl mehr dem Hofmaler Dietrich und dem damaligen Arkanisten Holzwig zuzuschreiben.

Die ängstliche Geheimhaltung, welche mit Böttger getrieben worden war, blieb als erstes Fabrikgebot in Meißen Richtschnur. Trotzdem aber gelangte, wie erzählt wird, durch einen in die Porzellanbereitung eingeweihten Arbeiter die Kenntnis davon sehr bald nach Wien, wo 1718 eine Porzellanfabrik, die zweite europäische also, angelegt wurde, und von dort aus sowie durch Arbeiter, die von Meißen nach Berlin und anderwärts hingingen, gewann der neue Industriezweig bald weitere Ausbreitung. Zunächst entstanden zu Höchst am Rhein (1740), bald darauf zu Ansbach und Baireuth, später zu Fürstenberg (1744), 1750 zu Berlin (Wegely), 1754 zu Frankenthal und anderwärts Fabriken, welche zum Teil aber bald wieder eingingen. Andre bestehen noch jetzt, ohne daß es indessen auch nur einer gelungen wäre, den Ruhm der Meißener Mutteranstalt zu verdunkeln. Die ältesten Meißener oder Dresdener Geschirre enthalten die Buchstaben K. P. M., Königl. Porzellanmanufaktur; sehr zeitig schon aber zeichnete die Fabrik ihre Produkte mit den jetzt noch gebräuchlichen und in der ganzen Welt bekannten gekreuzten Kurschwertern (s. Fig. 224), die in blauer Farbe gewöhnlich nur mit ein paar Pinselstrichen ausgeführt sind. Für den Gebrauch des Kurfürsten bestimmtes Geschirr trug die Chiffre A. R. Gegen 1720 wurden eine Zeitlang die Stichblätter der beiden Schwerter über die Mitte hinaus nach innen zu verlängert, so daß sie sich kreuzten; auch befindet sich in dem Innenraume zwischen denselben bisweilen ein kleiner Kreis oder ein Stern (Marcolini), kurz die Formen, in denen die Meißener Fabrikmarke auf den Porzellanen erscheint, ist eine sehr verschiedene, und zwar nicht nur nach der Zeit, sondern oft auch nach dem Künstler, der sie gerade auf dem Geschirr anbrachte. Die Wiener Fabrik hatte zur Marke ein dem österreichischen Wappen entnommenes Schild (s. Fig. 225), Frankenthal nahm um 1755 zum Zeichen einen springenden Löwen, den Helmschmuck der Pfalz, vertauschte denselben aber später gegen die gekrönten Buchstaben C. T. (Pfalzgraf Karl Theodor, s. Fig. 226), in blauer Farbe auf das Porzellan gemalt. Hanung, der Gründer der Fabrik (gestorben 1761), führte als Marke den Anfangsbuchstaben seines Namens und ein f (Frankenthal); gewöhnlich steht daneben noch eine auf

Fig. 225. Wiener Marke.

Das Buch der Erfindungen. 8. Aufl. IV. Bd. Leipzig: Verlag von Otto Spamer.

Ziergefäße aus der königl. Porzellanmanufaktur in Berlin.

das Muster bezügliche Nummer (s. Fig. 227). Die Frankenthaler Fabrik ging 1800 ein, wo die Vorräte und Utensilien verkauft und damit im bayrischen Rheinkreise eine Fayencefabrik errichtet wurde.

Von den übrigen namhaften deutschen Porzellanfabriken sind in der Zusammenstellung auf dieser Seite die Marken mit enthalten, und zwar zeigt Fig. 228 zwei derselben von Nymphenburg in Bayern (1758 gegründet), die zweite davon ist das bayrische Wappen, auf altem Porzellan mittels Stempel eingepreßt; Fig. 229 die Marke der von Herzog Karl Eugen zu Ludwigsburg 1758 errichteten, 1824 aber wieder eingegangenen Fabrik.

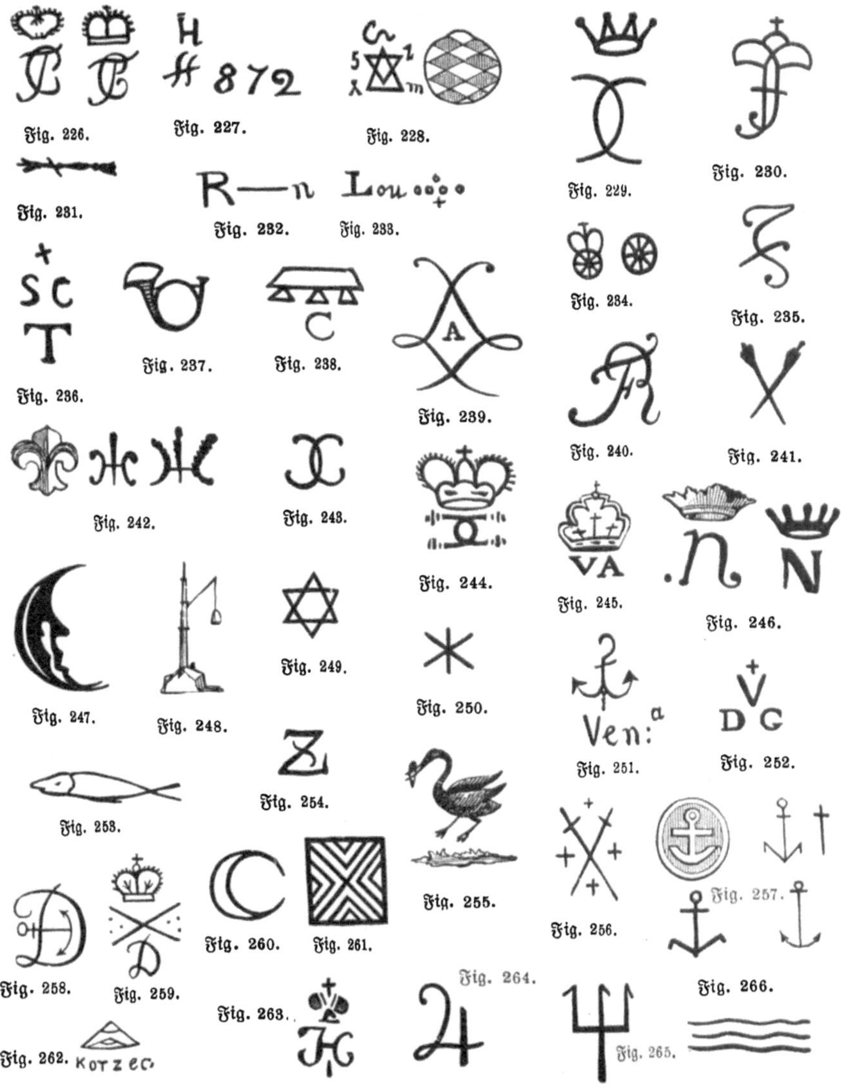

Fig. 226—266. Marken der namhaftesten Fayence- und Porzellanfabriken.

Ein noch kürzeres Leben hatte die von dem Fürstbischof zu Fulda gegründete Fabrik, welche der großen Betriebskosten wegen schon 1780 geschlossen wurde; Marke blau (Fig. 230). Die Berliner Fabrik von Wegely (1750), später von Gotzkowski betrieben und nach dem Hubertsburger Frieden von Friedrich dem Großen als Staatsanstalt übernommen, welcher als Herr von Dresden die nötigen Kenntnisse sich leicht verschaffen konnte, auch große Quantitäten Porzellanerde fortführen ließ, hatte als erstes Zeichen ein Zepter (s. Fig. 231), später wurde ein Adler, noch später ein Reichsapfel über den Buchstaben K. P. M. (Kgl. Porzellanmanufaktur) zugefügt. Rudolstadt in Thüringen, um die Mitte des vorigen Jahrhunderts entstanden, führte ein R, blau; Ravenstein in Meiningen die in Fig. 232; Limbach, nicht weit davon entfernt liegend, die in Fig. 233 angegebene Marke; Großbreitenbach ein Kleeblatt, Weilsdorf einen bloßen Strich; Ilmenau ein L; Gotha bis zum Jahre 1802 ein R, von da ab ein G, Ansbach ein A, Gera ein G u. s. w. Die Mainzer Fabrik bei Höchst, durch einen aus der Wiener Fabrik entlaufenen Arbeiter Ringler angelegt, ging infolge des Einfalls der Franzosen 1794 wieder ein; ihre Porzellane sind kenntlich an dem Zeichen Fig. 234, dem Wappen des ehemaligen Erzbistums, einem kleinen vergoldeten Rade; dasselbe ist bisweilen in Rot, bisweilen auch in Blau ausgeführt, und bedeutet diese Farbenverschiedenheit vielleicht eine Verschiedenheit der Güte oder der Fabrikationszeit. Die Porzellane der später bei Höchst von Dahl errichteten Fabrik haben zwar das alte Zeichen beibehalten, demselben aber zur näheren Bestimmung ein D beigesetzt. Fürstenberg (im Braunschweigischen) zeichnete mit einem blauen F (s. Fig. 235).

In Frankreich kam die Porzellanfabrikation erst etwa 30 Jahre später in Gang als in Meißen. Es war zwar das Geheimnis der Bereitung, wie es von Meißen nach Wien und Frankenthal gekommen war, auch von hier den Franzosen bekannt geworden, und namentlich heißt es, daß der Gründer der Frankenthaler Fabrik, Hanung, der französischen Regierung darauf bezügliche Mitteilungen gemacht habe; aber es zeigte sich der fatale Umstand, daß in ganz Frankreich das unerläßliche Kaolin sich nicht finden wollte, während der Bezug aus andern Ländern überall durch Ausfuhrverbote unthunlich geworden war. Die Porzellanfabriken, welche unter solchen Verhältnissen in Frankreich entstanden, konnten daher in ihren Erzeugnissen mit den deutschen Porzellanen in keiner Weise konkurrieren. Viele von ihnen gingen nach kurzem Bestande wieder ein, und die Franzosen wären wohl in bezug auf Porzellan von andern Ländern abhängig geblieben, wenn nicht ein besonderer Zufall ihnen hilfreich geworden wäre.

Eines Tages suchte Frau Darret, die Gattin eines armen Barbiers in St. Yrieux bei Limoges, Thon, um ihre Wäsche weiß zu machen, und fand an einem nahen Bergrücken einen weißen, speckartigen Stein, der ihr dazu passend schien. Sie übergab denselben ihrem Manne, welcher darin etwas Besseres als Walkerde zu erkennen glaubte und ihn dem Apotheker Villaris in Bordeaux zeigte; dieser riet auf Kaolin und sandte sogleich eine Probe davon an den Chemiker Macquer, welcher sie alsbald auch als solches erkannte. Man fand an dem betreffenden Orte ein reiches Kaolinlager, und der unscheinbare Stoff, welcher von einer armen Frau gefunden wurde, brachte nun die Porzellanmanufaktur Frankreichs plötzlich in die Höhe. Im Jahre 1774 war die große Porzellanmanufaktur Sèvres mit der Erzeugung von echtem Porzellan in vollem Gange; sie ist jetzt noch eine der größten und bedeutendsten in der ganzen Welt und ihre Modelle und Malereien gehören zu den besten und stilvollsten.

Als die Wiege dieser berühmten französischen Porzellanmanufaktur muß jedoch St. Cloud angesehen werden. Hier waren schon seit langer Zeit feine Töpferwaren der verschiedensten Art gefertigt worden, die an der in Fig. 236 dargestellten Marke erkennbar sind oder an einer strahlenden Sonne, welche nach 1702 angenommen wurde, nachdem Ludwig XIV. der Fabrik große Rechte verliehen hatte. Eigentliche Porzellane wurden aber in dieser Zeit hier ebensowenig gemacht wie in Chantilly, wo auch bereits seit 1735 eine ausgezeichnete Thonwarenfabrik bestand (Marke Fig. 237). Zu Clignancourt blühte um die Mitte des vorigen Jahrhunderts ein ähnliches Etablissement, dessen Produkte das Wappen des Herzogs von Orleans, ältesten Sohnes des Königs, führten, ein auf drei Spitzen ruhendes Dach (s. Fig. 238). Lange vorher, ehe Böttger in Sachsen das Porzellan erfand, hatte man in diesen und andern Werkstätten die Nachahmung chinesischer Geschirre versucht. Es existiert bereits aus dem Jahre 1664 ein Patent, welches einem Pariser Fayencefabrikanten Reverend erteilt wurde, um „indische Porzellane“ nachzumachen; allein, was auf diese Weise herauskam, war nichts andres als eine feine Fayence, wie sie zu ähnlichem Zwecke Holland schon lange erzeugte. Nichtsdestoweniger bezeichnete man solche Nachahmungen als Porzellane, und namentlich gab man diesen Namen auch einer durchscheinenden Masse, welche von 1695 in St. Cloud vorzugsweise gemacht wurde, nur daß man sie zum Unterschiede von dem echten Porzellane (porcelaine dure) weiches Porzellan (porcelaine tendre) nannte. In der Verarbeitung derselben erlangte man eine ziemliche Vollkommenheit, es ist aber, wie gesagt, dieses weiche oder Frittenporzellan, wie es bei uns heißt, eine mehr glasartige Masse, welche ohne Zusatz von Kaolin bereitet wird und mehr ein unvollständig geschmolzenes Glas vorstellt als ein wirkliches Porzellan. Die Masse des Frittenporzellans wird aus einem schmelzbaren Gemisch von Kiesel, Alkali, Mergel und Kreide zusammengesetzt, fein gemahlen, mehrere Monate als Brei aufbewahrt, getrocknet, wiederholt gemahlen und endlich, um sie plastisch zu machen, mit Seifen- oder Leimwasser versetzt. Das Brennen geschieht in Kapseln, dabei verzieht sich indessen die Masse leicht, da eine viel geringere Hitze schon genügt, um sie gar zu brennen, als für das harte Porzellan. Als Glasur dient ein sehr bleihaltiges Glas. Nicht viel anders verhält sich das Reaumursche Porzellan, welches dem gewöhnlichen Bein- oder Milchglase nahe kommt.

Fig. 267.
Vase von Fontenoy aus der Porzellanmanufaktur Sevres.

Als nun in Sachsen das echte Porzellan erfunden worden war, verdoppelten sich natürlich die Anstrengungen auch in Frankreich. Man versuchte die von Deutschland erlangten Rezepte auszuführen, da aber das Rohmaterial fehlte, so konnte man zu keinen Resultaten gelangen. Die Fabrik von St. Cloud wurde 1752 nach Sevres verlegt, nachdem sich der König mit einem Dritteil Kapital an derselben beteiligt hatte, und nahm nun den Titel Manufacture royale an. Sie fabrizierte immer noch ausschließlich porcelaine tendre. Nachdem man aber 1765 die Porzellanerde bei Limoges entdeckt hatte, wurden Anstalten getroffen, neben dem Frittenporzellan auch wirkliches hartes Porzellan darzustellen, und von 1769 wurden in Sevres beide Arten nebeneinander fabriziert. Dies dauerte bis in dieses Jahrhundert hinein; erst da, unter Brogniarts Leitung der Fabrik, fing die harte Masse des echten Porzellans an, die pâte tendre zu verdrängen. Die Erzeugnisse der Fabrik von Sevres tragen als Marke ein doppeltes L (Louis); von 1753 an wurde in den Innenraum dieses Monogramms jedes Jahr ein neuer Buchstabe, von A an das ganze Alphabet durch, gesetzt (s. Fig. 239), so daß 1776 das Z erreicht war; 1777 fing das Alphabet wieder von vorn an, aber die Buchstaben wurden doppelt genommen und die Porzellane, welche mit R R bezeichnet sind, gehören demnach dem Jahre 1794 an. Von diesem Jahre an wechselte die Marke mit der in Fig. 240 abgebildeten (République Française), 1800—4 verschwand auch diese und die Buchstaben M. NLE (Manufacture nationale) mit dem Worte SÈVRES traten an ihre Stelle; 1804 wurde das Nationale durch IMPLE (Imperiale) ersetzt, und von 1810—14 florierte der napoleonische gekrönte Adler als Zeichen. Später nahm Ludwig XVIII. wieder den alten Namenszug hervor mit einer Lilie in der Mitte, Karl X. den seinigen unter einer Krone, dem entsprechend Louis Philipp; die Republik von 1848—50 aber nahm die Marke S mit der Jahreszahl. Der schon erwähnte Hanung oder Hannong errichtete im letzten Viertel des vorigen Jahrhunderts auch zu Paris eine Fabrik, welche mit H signierte; aus derselben

Zeit stammen noch die Marken M. A. P. von Morelle; S von Souroup; zwei sich kreuzende Pfeile (s. Fig. 241) von Locre (1773); ein gekröntes A mit einer roten Lilie von Le Boeuf (1780—93) u. s. w. Gegenwärtig ist die Porzellanfabrikation in Frankreich ein sehr ausgedehnter und zu hoher Vollkommenheit entwickelter Industriezweig, dessen Hauptsitze Paris und Limoges sind.

In Spanien gründete König Karl III. 1759 bei Madrid in den Gärten seines Palastes Il Buen Retiro eine Fabrik, deren Produkte teils durch Lilien, wie deren drei in Fig. 242 angegeben sind, teils durch zwei verschlungene C (s. Fig. 242) bezeichnet sind. Der letztere Namenszug hat manchmal eine Krone, und die Buchstaben sind dann gewöhnlich verzerrt, wie es Fig. 244 angibt. Derselbe Monarch hatte früher schon in Neapel eine Fabrik gegründet, deren mit gemalten Reliefs verzierte Erzeugnisse unter dem Namen „Capo di Monte-Porzellane" von Sammlern hoch bezahlt werden (Marke Fig. 246). Die Zeichen Fig. 247 und 248 kommen neapolitanischen Porzellanen aus andern Fabriken zu, welche ebenfalls in der letzten Hälfte des vorigen Jahrhunderts arbeiteten. Doccia in Toscana führte entweder das Zeichen Fig. 249 oder einen Stern (s. Fig. 250), ähnlich der Marke von Lenove in der Lombardei (blau oder rot). Das alte Venezianer Porzellan hat einen großen roten Anker (s. Fig. 251); Vieneuf in Piemont (1750 gegründet) ein Kreuz mit den Anfangsbuchstaben des Ortes und Gründers Dr. Gioanetti (s. Fig. 252). Vista bei Oporto führte die Marke Fig. 245.

Fig. 268. Große Porzellanvase aus der Meißener Fabrik.

Aus der Schweiz sind vorzüglich zwei Marken, ein Fisch (s. Fig. 253) auf dem Porzellan von Nyon im Kanton Waadt und ein blaues Z (s. Fig. 254) auf dem um die Mitte des vorigen Jahrhunderts in Zürich gefertigten Porzellan, bemerkenswert.

In Holland entstanden während des Siebenjährigen Krieges Porzellanfabriken; von ihnen ist namentlich die im Haag und die Amsterdamer bekannt. Die letztere hat ein A als Zeichen, die erstere (1778 errichtet) die in blauer Farbe roh ausgeführte Zeichnung eines Storches, der entweder auf einem Beine steht oder mit einem Frosch im Schnabel auffliegt (s. Fig. 255), Doornik oder Tournay (1750—1800) führte zwei gekreuzte Schwerter mit vier kleinen Sternchen dazwischen (s. Fig. 256).

In England fand die Porzellanfabrikation schon frühzeitig einen günstigen Boden und in den Fabriken von Bow und Chelsea, welche vor 1750 errichtet worden sind, wurden ausgezeichnete Werke hervorgebracht. Das Bower Porzellan ist jetzt sehr selten und wird mit enormen Preisen bezahlt; kenntlich ist es an einer Biene, die entweder nur darauf gemalt oder so modelliert ist, als ob sie auf dem Porzellan säße. Das Chelseaporzellan hat, wenn es überhaupt mit einem Fabrikzeichen versehen ist, einen Anker, der, gewöhnlich ziemlich roh und mit roter Farbe gemalt, nur bei ganz feiner Ware, wie der letzte der in Fig. 257 abgebildeten, in zarten Goldstrichen ausgeführt ist. Als die Fabrik in Chelsea um 1751 einging, siedelten die besten ihrer Arbeiter nach Derby über, wo bereits 1751 eine Porzellanfabrik gegründet worden war. Dadurch kam der Anker als Marke nach Derby und wurde in dem D, wahrscheinlich dem früheren Zeichen der Fabrik, angebracht (s. Fig. 258). Später, unter Georg III., als das Derbyporzellan großen Ruf erlangt hatte, wurden zwei gekreuzte Schwerter mit einer Krone und dem Buchstaben D zur Bezeichnung gebraucht (s. Fig. 259). Beide Marken sind entweder in Hochrot oder in Violett, bei sehr feinen Porzellanen auch in Gold ausgeführt.

Worcester, gleichzeitig mit der Fabrik Derby errichtet, exzellierte hauptsächlich in der Nachahmung japanischer und chinesischer Porzellane und benutzte auch derartige Marken; als eigentümliches Zeichen aber diente ein halber Mond, in Blau unter die Glasur gemalt, bisweilen auch ein W und später eine schachbrettartige Zeichnung (s. Fig. 260 und 261).

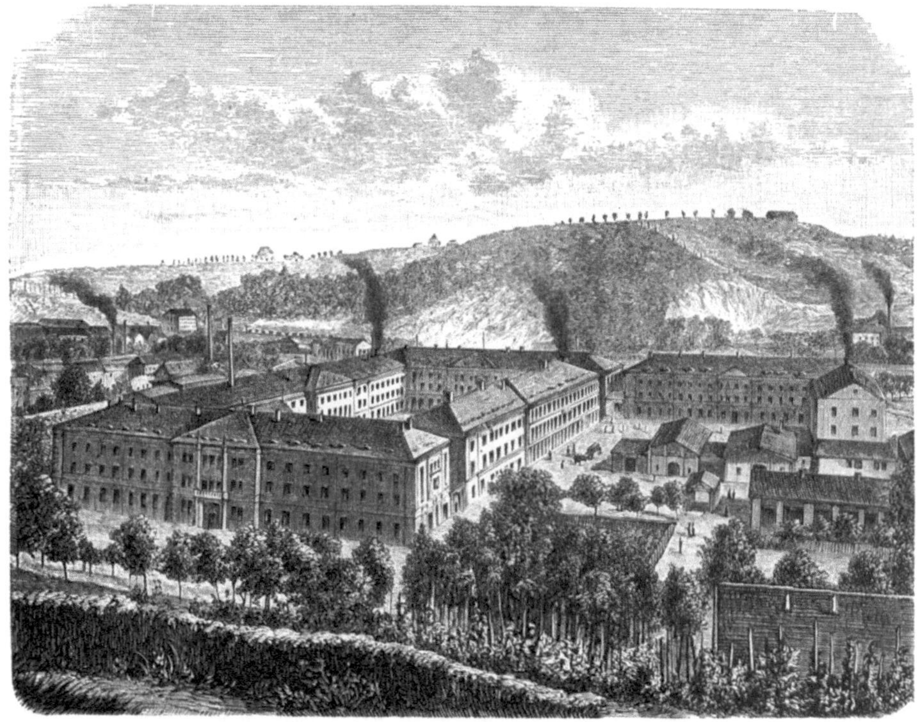

Fig. 269. Königlich sächsische Porzellanmanufaktur zu Meißen.

Plymouth wurde um 1760 von Cookworthy errichtet; wahrscheinlich haben die naheliegenden reichen Zinnlagerstätten die Veranlassung gegeben, dieselbe Marke (s. Fig. 264) zu wählen, welche als Zinnstempel dient. Der unter Fig. 265 abgebildete Dreizack, rot und bisweilen mit dem Namen Swansea verbunden, ist das Zeichen für die 1750 gegründete Porzellanfabrik gleichen Namens; Bristol hat ein blaues Kreuz, Leeds signiert durch eine Pfeilspitze und mittels der Buchstaben G G; Rockingham durch einen Greif; das alte Shropshireporzellan führt den Buchstaben S; Wedgwood bezeichnete seine Waren mit seinem vollen Namen, manchmal in Verbindung mit dem seines Teilhabers Bentley.

Führen wir nun noch an, daß die kaiserliche Porzellanfabrik in Petersburg in der Regel den Namenszug des herrschenden Regenten mit der russischen Krone als Zeichen trägt, z. B. das Porzellan aus der Zeit Katharinas II. das Zeichen Fig. 262, ferner daß Fig. 263 die Marke der polnischen Fabrik Korzec darstellt, und daß die königliche Fabrik in Kopenhagen (seit 1775) drei wellenförmige Linien, den Sund, Großen und Kleinen Belt bedeutend, führt (s. Fig. 266), so dürften wir damit die Aufzählung der bedeutendsten und in der Geschichte des Porzellans interessantesten europäischen Fabriken beendet haben. Bedauern müssen wir bei diesem Rückblick, daß einige derjenigen Fabriken, denen die künstlerische Pflege des Gewerbes besonders anvertraut schien, Wien und Nymphenburg z. B., entweder ganz eingegangen oder zu gewöhnlichem Krämerbetriebe herabgesunken sind.

Unter den Porzellanfabriken, welche zu allen Zeiten ihres Bestehens sich ihren Ruhm bewahrt haben, stehen die zu Meißen und Sevres obenan, sowohl was die Güte des Materials als die Vortrefflichkeit der Form und Vollendung der künstlerischen Ausführung, Malerei und Vergoldung anbelangt. Neben ihnen dürften die Porzellanfabrik in Berlin und von englischen die von Worcester und die Mintonsche einen hohen Rang beanspruchen. Zu bemerken ist aber immerhin, daß, wenn wir die Porzellane von 1785 und die von heute miteinander vergleichen, in den hundert Jahren dieser Zweig der Kunsttöpferei eine künstlerisch wesentlich höhere Stufe nicht erklommen hat. Die Fortschritte beziehen sich auf technische Verfahren, infolge deren Porzellan zu einem billigen Verbrauchsartikel hat werden können, es hat aber die Massenproduktion im allgemeinen einen leider nicht günstigen Einfluß gehabt, der sich auch in den Erzeugnissen der höchststehenden Anstalten bemerklich macht.

Fig. 270. Porzellanservice aus der königl. Porzellanmanufaktur zu Berlin, entworfen vom Bildhauer J. Mantel; dekoriert nach Zeichnungen von v. Blomberg.

Die letzten Ausstellungen in London (1862), Paris (1867 und 1878) und Wien (1873) haben das hindurch empfinden lassen, wenngleich die zur Anschauung gestellten Prachtstücke zeigen, daß für besondere Zwecke das Können wohl vorhanden ist. Wir geben einige der Werke, welche daselbst zu sehen waren, in Abbildung. Meißen hatte die Vase hingesandt (s. Fig. 268), ein Kunstwerk nach Zeichnungen von Schnorr von Carolsfeld ganz in antikem Stil ausgeführt, welches in der Höhe fast 2 m mißt. Außer diesen Dimensionen, welche der Herstellung ungemeine Schwierigkeiten in den Weg legen, weil bei dem Brennen die Masse des Porzellans erweicht und durch das große Gewicht die Form unfehlbar verdrückt und verschoben werden würde, wenn man nicht die subtilsten Vorsichtsmaßregeln anzuwenden verstände, ist ganz besonders die meisterhafte Ausführung der Malerei zu bewundern, welche das berühmte Dianabad von Albani, in der Dresdener Galerie, vorstellt.

Sevres, dessen Porzellanfabrik unter den Direktoren Männer wie Brogniart, zuletzt Regnault und Ebelmen hatte, ist immer durch seine zarten Farben berühmt gewesen, deren Geheimnis noch aus der Periode der pâte tendre sich herschreibt und die der geschmackvolle Sinn der Franzosen zu reizenden Effekten zu verwerten weiß.

Berlin wirkt mehr durch strenge Formen und solide technische Ausführung, mitunter etwas nüchtern, namentlich in bezug auf seine Färbung. Die in Fig. 270 dargestellte Garnitur sowie die auf unserm Thonbilde dargestellten Gegenstände bringen einige seiner durch Form und Verzierung ausgezeichneten Gefäße zur Anschauung. Freilich müssen wir bei allen diesen Darstellungen darauf verzichten, durch den Holzschnitt auch nur eine entfernte Andeutung des Reizes zu geben, welchen das Material ausübt, und den Zauber der Farben, der bei derartigen Kunstprodukten den Gesamteindruck wesentlich bestimmt, sich vorzustellen, müssen wir der Phantasie unsrer Leser überlassen. In jüngster Zeit soll Berlin glückliche Versuche gemacht haben, ein sehr feines und formbares Porzellan herzustellen, welches in seinen Eigenschaften die Vorzüge der pâte tendre mit der Tüchtigkeit der harten Masse vereinigt, und namentlich in der Malerei ganz eigenartige Effekte ermöglichen soll.

Das Flakon (s. Fig. 272) aus der 1752 gegründeten Worcester-Porzellanmanufaktur ist eine Nachahmung der alten Oriongeschirre.

Fig. 271. Vasen und Leuchter aus der königlichen Porzellanmanufaktur zu Meißen.

Porzellanbereitung. Gehen wir zur Herstellung des Porzellans aus seinen Rohmaterialien über, so haben wir im wesentlichen wieder dieselben Vornahmen zu beachten, die schon bei der gewöhnlichen Töpferei vorkommen, nur daß wegen der größeren Kostbarkeit der Produkte auch die Auswahl der Materialien und die darauf verwendete Arbeit eine bei weitem sorgfältigere sein wird. Anderseits aber hängt die Eigentümlichkeit des Produktes mit besonderen Umständen zusammen, welche auch wieder ganz besondere Rücksichtnahmen bei der Fabrikation bedingen.

Rohmaterialien. Das Porzellan ist bekanntlich eine milchweiße, etwas durchscheinende, mit einer ganz durchsichtigen, in der Regel bleifreien Glasur bedeckte Masse. Seine beiden Grundstoffe sind Kaolin und Feldspat, und da auch die Glasur aus Feldspat hergestellt wird, so begreift es sich, daß schließlich eine sehr gleichmäßige, innig vereinte Masse daraus entsteht, bei welcher von Glasurrissen u. dergl. keine Rede sein kann und bei welcher man auf der Bruchfläche eine Grenzlinie zwischen Glasur und innerer Masse durchaus nicht wahrnehmen kann, wie dies z. B. bei dem sogenannten Steingut der Fall ist. Kaolin ist unschmelzbar; der Feldspat sintert aber im Feuer. Das Porzellan besteht demnach aus weißen, undurchsichtigen Körperchen, die mit einer glasigen Masse durchtränkt und verbunden sind. Die Halbdurchsichtigkeit desselben ist hieraus leicht erklärlich. Die Chinesen nennen sehr treffend das Kaolin die Knochen, den Feldspat das Fleisch des Porzellans.

Kaolin bezeichnet eine ganz reine weiße Erde, die aus der Verwitterung von Granit, Syenit, Gneis, Porphyren u. dergl. feldspathaltigen Gesteinen zurückbleibt. Sie ist wie der Lehm für die Ziegel und der Thon für die gewöhnlicheren Töpferwaren der Hauptmassenteil und findet sich nicht bloß in China, sondern in mehr oder minder großer Menge in fast allen Ländern der Erde, auf deren Oberfläche die obengenannten Gesteine vorkommen, so namentlich zu St. Yrieux bei Limoges, St. Stephans in Cornwall, in Sachsen zu Aue bei Schneeberg, Seilitz bei Meißen, Sornzig bei Mügeln, Rasephas bei Altenburg, in der Gegend von Halle u. s. w.

Der Hauptsache nach besteht das Kaolin aus kieselsaurer Thonerde (50—70 Prozent), freier Kieselsäure (1—10 Prozent), Wasser (8—12 Prozent) und Rückständen des alten Muttergesteins. Je weniger gröbere Teilchen von den letzteren darin enthalten sind, um so geeigneter ist die Masse für die Porzellanbereitung; bestehen jedoch jene Rückstände aus reinem Feldspat und sind die Teilchen derselben ebenso fein wie die des Kaolin, so sind sie nicht hinderlich, sondern im Gegenteil sehr erwünscht; indessen läßt sich durch entsprechende Behandlung, Schlämmen u. dergl., oft ein unreines Kaolin zu einem ganz tauglichen Material umwandeln. An und für sich ist das Kaolin unschmelzbar und deswegen auch ohne Vermischung mit andern Stoffen in der Porzellanfabrikation nicht zu verwenden.

Fig. 272. Worcesterporzellan, Flakon.

Der hauptsächlich auf die Schmelzbarkeit hinwirkende Rohstoff ist zweitens der Feldspat, ein Mineral, das in verschiedenen Varietäten in der Natur vorkommt und durch ausgezeichnete Kristallisierbarkeit charakterisiert ist. Er besteht aus kieselsaurem Alkali und kieselsaurer Thonerde (Alkalialuminiumsilikat). Je nach Art des vorhandenen Alkalimetalls unterscheidet man Kalifeldspate und Natronfeldspate; erstere bestehen demnach ganz oder vorwaltend aus Kaliumaluminiumsilikat, letztere aus der entsprechenden Natriumverbindung. Diese Feldspate, von denen man wieder mehrere verschiedene Abarten hat, wie z. B. Orthoklas, Pegmatolith, Oligoklas, Albit, Sanidin, sind Gemengteile der wichtigsten Silikatgesteine, besonders des Granits, Granulits, Syenits, Gneis, Felsitporphyrs u. s. w. Bei der Verwitterung derselben wirken Wasser und die Kohlensäure der Luft zersetzend auf die Feldspate ein, es bilden sich unter Abscheidung von Kieselsäure nach und nach Alkalikarbonate (kohlensaures Kali und Natron), während die kieselsaure Thonerde oder das Aluminiumsilikat unter Aufnahme von chemisch gebundenem Wasser den Thon oder das wasserhaltige Aluminiumsilikat bildet. Der Feldspat ist an sich schmelzbar und, außer daß er der Porzellanmasse zugesetzt wird, dient er deshalb auch, oberflächlich aufgetragen, zu einer ausgezeichneten Glasur; er kommt bisweilen in großen, derben Massen vor, deren Ausbeutung für die Porzellanfabrikation von großer Bedeutung ist.

Zu dem Kaolin und dem Feldspat kommt als dritter Bestandteil noch die Kieselerde, Kieselsäure oder Quarz. Der Quarz, ein weißes, vielfach vorkommendes und in seinen reinsten kristallisierten Varietäten als Bergkristall bekanntes Mineral, ist ein Mittel, um feldspatreiche Porzellanerden strengflüssiger zu machen, indem er mit dem Feldspat und der Thonerde schwerer schmelzbare Verbindungen eingeht. Außerdem dient er auch zur Zusammensetzung der Glasuren, als deren Nebenbestandteile ferner wohl noch gestoßenes Glas, Soda, Pottasche, Kochsalz, Borax, Zinnoxyd, Gips, färbende Metalloxyde u. s. w.

Anwendung finden; doch sind dies meist Surrogate, um die Verwendung des Feldspats zu umgehen.

Betrachtet man ein Porzellansplitterchen unter dem Mikroskop, so stellt sich die Grundmasse, das Kaolin, als kleine sechsseitige Täfelchen dar, denen aber gewöhnlich noch harte Reste des ursprünglichen Feldspatminerals beigemengt sind.

Fig. 273. Brechen des Feldspats.

Fig. 274. Stampfen des Feldspats.

Fig. 275. Formen auf der Scheibe.

Fig. 276. Brennen im offenen und geschlossenen Ofen.

Porzellanbereitung bei den Chinesen.

Aus einem Kaolin, das noch viel unzersetzten Feldspat enthält, kann man ohne weitere Zumischung Porzellan machen, wie dies in der That in manchen Fabriken, beispielsweise zu Sevres, geschieht.

Alle Bestandteile des Porzellans werden durch Stampfen, Mahlen zwischen Steinen sowie durch Schlämmen mit Wasser in das feinste Pulver verwandelt. Die Porzellanerde, derjenige Bestandteil, welcher seiner Entstehung nach am seltensten eine gleichartig zusammengesetzte Masse darstellt, vielmehr oft ziemlich beträchtliche Mengen des unzersetzten oder halbzersetzten Muttergesteins und seiner schwer verwitterbaren Bestandteile enthält, muß vor allen Dingen einer Raffinierung unterworfen werden, welche alle fremdartigen Stoffe daraus entfernt. Dieser Prozeß besteht in einem höchst sorgfältigen Schlämmen. Das Kaolin läßt man, wie es von seinem Fundorte kommt, mit einer großen Menge Wasser in umfangreichen Bottichen sich erweichen und verwandelt es darauf durch anhaltendes Rühren in eine gleichmäßige dünne Milch, welche in den Schlämmapparat in demselben Maße abfließt, als frisches Wasser oben zuströmt.

Die gröberen Gesteinsstücke bleiben schon im Rührbottich zurück, der feinere Sand aber wird mit fortgeführt, und die Milch wird deshalb gezwungen, zunächst eine lange, nur ganz wenig geneigte Rinnenleitung langsam zu passieren, in welche sich die schwereren Teile absetzen. Die feinsten Kaolinkörnchen kommen erst in großen Kufen zur Ruhe, in welchen die Milch längere Zeit stehen gelassen und aus denen von Zeit zu Zeit das überstehende klare Wasser durch Abflußröhren, welche beliebig verstellt werden können, abgezogen und durch frische Milch ersetzt wird. In diesen Kufen, die in größeren Fabriken zweckmäßig aus Zementmauerung hergestellt werden, bildet die Porzellanerde den Bodensatz, sie ist hier von feinster, gleichmäßiger Beschaffenheit und in feuchtem Zustande von einer gewissen Plastizität, immerhin aber ohne andre Zusätze noch nicht zu verarbeiten. Mit diesen, welche, nachdem sie auf das feinste zermahlen worden sind, einen ähnlichen Raffinierungsprozeß haben durchmachen müssen, wird sie in der Regel im Zustande flüssiger Schlempe in den angenommenen Verhältnissen zusammengerührt, das Gemisch nochmals geschlämmt, der abgewässerte Schlamm sodann ausgepreßt und die halbtrockene Masse nach gehöriger Durcharbeitung in Ballen geformt. Diese überläßt man in Kellern einer Art freiwilliger Gärung oder Rottung, die wenigstens ein Jahr, in China (sagt man) 40—50 Jahre, unterhalten wird und wodurch der Thon sich mehr aufschließt und an Bildsamkeit gewinnt. Die Masse erleidet hierbei eine eigentümliche, noch nicht genau genug untersuchte Veränderung. Sie schwärzt sich nämlich bisweilen, indem die darin enthaltenen Spuren organischer Substanzen in Fäulnis übergehen; mitunter entwickeln sich erst mikroskopische Organismen, deren Keime durch die Luft zugeführt werden und deren besondere Färbung bei ihrer Massenhaftigkeit einen braunen oder schwärzlichen Überzug hervorbringt. In noch andern Fällen können auch Schwefelverbindungen im Spiele sein, denn dies Gemenge stößt oft einen deutlichen Geruch nach Schwefelwasserstoff aus. An der Luft wird das Ganze allmählich wieder weiß.

Die gegorene Masse wird abermals durchgearbeitet und daraus werden dann die Gegenstände ziemlich in derselben Art wie bei der Töpferei gefertigt, nur daß beide Arbeiten, Dreherei und Formerei, stets Hand in Hand gehen und alle geformten Gegenstände womöglich noch in Gipsformen fertig gedreht werden. Die kurze und wenig bildsame Beschaffenheit der Porzellanmasse macht aber die Verarbeitung viel schwieriger als die der fetten Thonmassen. Ist daher ein Gegenstand, Vase, Tasse u. dergl., auf der Scheibe leidlich vorgedreht, so gibt man ihm seine weitere Ausbildung, indem man ihn auf eine Gipsform bringt, welche auf der Scheibe abgedreht worden ist und, auf der Achse befestigt, sich mit dieser dreht, während man die Porzellanmasse durch Drücken und Streichen an die Wände der Form genau anzulegen sucht. Da der Gips aus der thonigen Masse lebhaft Wasser zieht, so erlangt diese dadurch so viel Konsistenz, daß die Formstücke sich nachher leicht davon ablösen lassen. Hohle Körper formt man in zwei Hälften, die man dann mit dünner Kaolinmasse — dem **Töpferleim** — zusammenkittet und mit feuchten Schwämmchen poliert. Bei durchbrochenen Gegenständen werden bisweilen die Durchbrechungen mit freier Hand aus dem Massiven herausgeschnitten. Büsten, Statuen u. dergl. müssen auf alle Fälle noch aus freier Hand nachgearbeitet, ziseliert u. s. w. werden, wenn sie lufttrocken sind. Vertiefte Ornamente werden eingedrückt, erhabene gleich mit geformt, oder auch wie Henkel u. dergl. für sich hergestellt und dann mit Töpferleim angekittet.

Teller und Schüsseln erhalten ihre Gestalt aus entsprechend dünnen Platten, **Schwarten**, die aus der Thonmasse mit einer dem Nudelholz ähnlichen Walze vorgerichtet werden; dieselben schlägt man sodann über eine auf der Scheibe befindliche Form, welche das Innere bildet, und dreht die äußere Form mittels der Schablone ab, läßt aber den Gegenstand so lange auf der Unterlage, bis er lufttrocken ist und sich nicht mehr verziehen kann. Lufttrockene, sogenannte lederharte Gegenstände werden nicht selten noch auf der Drehbank ganz wie Holz ausgearbeitet.

Manche Sachen werden auf eigentümliche Weise in zwei- oder mehrteiligen, dickwandigen Gipsformen gegossen. Eine solche Form schließt man unten und füllt sie ganz mit Porzellanmasse, die etwa so dick ist wie fette Sahne. Nun saugt der Gips das Wasser aus der anliegenden Masse und verdichtet diese; wenn man die Form unten öffnet, fließt die übrige Masse aus und es bleibt nur die verdichtete Wand in der Form sitzen, so daß man, wenn dieselbe wieder trocken geworden ist, beim Öffnen der Form das fertige Gefäß herausnehmen kann. Statt des Abzapfens von unten wird öfters das Umstürzen der Formen angewandt; bei kleinen Gefäßen zieht man wohl auch die innere, flüssig bleibende Masse mit einer Spritze heraus. Man kann auf diese Weise Schalen u. dergl. herstellen, die so dünn und zart wie Postpapier sind.

Fig. 277. Mahl- und Schlämmapparat in einer Porzellanfabrik.

Denselben Effekt einer ungewöhnlichen Dünne erreicht man auch durch Anwendung von Zentrifugalmaschinen, indem etwas dünner Brei in eine Mutterschale gethan und diese in anhaltenden raschen Umlauf gesetzt wird. Die weiche Masse muß infolge der Zentrifugalkraft an den Wänden in die Höhe steigen, und wenn das Drehen lange genug anhält, so wird sie dadurch ohne Zweifel so austrocknen, daß sie nicht wieder zurückfließt und weiter getrocknet und gebrannt werden kann. Für ganz große Hohlgefäße wendet man, um den Porzellanthon in den Innenraum der Form allseitig und gleichmäßig anzupressen, luftdicht geschlossene Formen an, in die man mittels einer Kompressionspumpe verdichtete Luft hineinpreßt u. s. w.

Ist für die gewöhnlichen Artikel des Gebrauchs die Behandlung der Porzellanmasse der Hauptsache nach ganz mit derjenigen übereinstimmend, welche der Thon für die Töpferwaren erfährt, so verlangen die feineren Erzeugnisse oft eine Ausarbeitung, welche bei weitem mehr an die Arbeit des Modelleurs und Bildformers erinnert und dem fertigen Produkte den Charakter einer schönen Freiheit der Erfindung, eine gewisse individuelle Selbständigkeit als Kunstwerk verleiht. Denn die vielgestaltigen, figurenreichen und mit Ornamenten- und Blumenwerk ausgestatteten Rahmen, Kandelaber, Vasen, Gruppen u. s. w.

welche in Porzellan ausgeführt werden, können zwar in vielen ihrer einzelnen Teile geformt werden; diese Formerzeugnisse werden aber an sich schon der verbesserten Nachhilfe aus freier Hand bedürfen und bei dem schließlichen Zusammensetzen der Köpfe, Arme, ja der einzelnen Finger einer Hand muß allein der künstlerische Sinn des Ausführenden das Richtige treffen. Und endlich gibt es Gegenstände, die durchaus aus freier Hand modelliert werden müssen, wie die Blumen, welche besonders bei dem Meißener Porzellan ihrer Naturwahrheit wegen unsre Bewunderung erregen und bei denen die einzelnen Blätter zwischen den Fingern aus kleinen Klümpchen Porzellanmasse geformt und mit ihren Ausschnitten, Äderchen und Stellungen versehen werden. Wenn man daher in eine solche Formerei oder, wie es in der Meißener Fabrik heißt, in das Departement der „Gestaltung" tritt, so schwindet bald die Idee von der mechanischen Vervielfältigung durch bloßes Abformen, der man bisher sich hingegeben hat, ja die freie Handarbeit tritt bei figürlichen Darstellungen sogar fast in den Vordergrund. Von einer einzigen Form kann überdies nur in den seltensten Fällen die Rede sein und schon bei den einfachsten Figuren sind mehrere Teilformen nötig.

Je reicher die Ausstattung, um so größer ist die Zahl der Zusammensetzungsstücke, und es werden in Meißen Bildwerke hergestellt, zu denen 80 und mehr solcher Teilformen gehören. Mancherlei Kunstgriffe müssen außerdem noch angewendet werden. So sieht man an den zierlichen Rokokofiguren, welche eine Spezialität der Meißener Fabrik sind, Schleier, Miederbesätze u. s. w., die wie die feinste Spitzenarbeit durchbrochen und gezackt und aus lauter einzelnen Fäden zusammengesetzt erscheinen.

Dieselben werden von ganz besonders in dieser Arbeit geübten Händen ausgeführt, und zwar mittels des Pinsels; jeder Faden wird förmlich in seine Lage gesponnen. Mit dem Pinsel nämlich nimmt die Arbeiterin etwas von der zu einem sahnesteifen Teige angerührten Porzellanmasse auf, betupft damit einen Punkt, wo die Spitze ansitzen soll, und zieht rasch den Pinsel zurück. Da die Porzellanfigur schon verglüht ist, so saugt sie das Wasser aus dem Pinsel rasch ein und setzt sich ein kleines Teigkügelchen an, das sich beim Abziehen des Pinsels in die Länge auszieht. Freilich reißt das Fädchen bald ab, aber dadurch, daß seine Spitze wiederholt aufs neue betupft wird, verlängert es sich nach und nach doch in der gewünschten Weise. Und so wird ein Zäckchen nach dem andern, eine Spitze nach der andern angesetzt, die durch das Brennen dann ihre Festigkeit erhalten. Anderseits werden solche Nachahmungen auf rein mechanischem Wege gemacht, indem man wirkliche Spitzen in einem ganz dünnen Brei von Porzellanmasse einweicht, so daß sich alle Fäden davon vollsaugen; das feuchte Gewebe wird sodann an der betreffenden Stelle der Figur angelegt, getrocknet und gebrannt. Dabei werden die organischen Fäden zerstört, die geringe Menge Porzellanmasse aber, die sie aufgesaugt hatten, behält ihre Form, und nachdem sie durch das Brennen sich gefestigt hat, stellt sie ein überraschend zierliches Abbild des ursprünglichen Gewebes dar.

Die Lichtbilder oder Lithophanien, jene bekannten dünnen, unglasierten Porzellanplatten, welche, gegen das Licht gehalten, malerische Darstellungen, Landschaften, Figuren 2c., mit einer wunderbaren Weichheit der Schatten- und Lichtabstufungen hervortreten lassen, werden in flachen Gipsformen, Matrizen, gepreßt. Diejenigen Stellen, welche im Bilde dunkel erscheinen sollen, erhalten eine größere Dicke; die helleren, lichtreichen Partien werden in der Masse ganz dünn hergestellt, so daß sie von dem durchgehenden Lichte auch nur wenig zurückhalten. Ihre Darstellung beginnt mit der Anfertigung eines Wachsbildes, das in allen seinen Teilen einer fertigen Lithophanie gleicht und aus denselben Gründen die nämliche Wirkung macht. Eine Wachstafel wird zu dem Ende auf einer Glasscheibe, die ihre Beleuchtung von der unteren Seite erhält, nach der darauf entworfenen Zeichnung so lange mit Bossierhölzern bearbeitet, bis die gewünschte Wirkung erreicht ist. Von dieser Originalplatte wird ein Gipsabguß genommen, welcher nach dem Trocknen als Form dient.

Die geformten und an der Luft oder in gelinder Wärme vollkommen ausgetrockneten Gegenstände kommen zuerst in den Vorglühofen, wo sie in einem starken Hitzegrade so weit erhärten, daß sie glasiert werden können. Die Glasur ist gewöhnliche Porzellanmasse, aber ziemlich stark mit irgend welchen Flußmitteln versetzt; in verschiedenen Fabriken ist sie verschieden. In Meißen besteht sie aus 37 Prozent Quarz, ebensoviel Kaolin von Seilitz, $17{,}_5$ Prozent Kalk und $8{,}_5$ Prozent gemahlenen Porzellanscherben. Sie wird als ein dünnes Schlämmwasser dargestellt, in das der Arbeiter die Ware taucht. Die sich anhängende dünne Schicht wird nötigenfalls durch Auftragen mit dem Pinsel ergänzt. In England verwendet man in neuerer Zeit vielfach Borsäure zu der Glasur. Die schon betrachtete Methode des Glasierens durch Eintauchen oder Auftragen der Glasurmasse ist nicht die einzige gebräuchliche, sondern man wendet auch die Glasur in Pulverform an und bestäubt damit die etwas feuchten Waren. Zu solcher in der Regel nur für billige Porzellane tauglichen Glasur kann ein Gemenge von Zinkblende und Glaubersalz dienen. Ferner kann man gewisse Substanzen, wie Kochsalz, Borsäure u. s. w., die sich in der Hitze verflüchtigen, in den Ofenraum bringen und von diesen die Glasur bilden lassen. Gewisse Metalloide sind dazu auch tauglich und geben, wenn ihre kieselsauren Salze gefärbt sind, sehr hübsche Lüster, die namentlich in England sehr beliebt sind. Diese Art des Glasierens wird smearing genannt.

Brennen. Die glasierten Gegenstände kommen, wenn sie ganz trocken sind, in Kapseln oder Kästen von feuerfestem Thon, damit sie im Ofen nicht von der Asche oder den Flammen verunreinigt werden, und mit jenen Kästen in den Brennofen. Derselbe ist kreisrund, mit Zügen erbaut und hat mehrere, in der Regel drei Stockwerke, um darauf die Gegenstände nach dem zu ihrem Ausbrennen nötigen Hitzegrade verteilen zu können, der oft bis auf 1800° C. gesteigert wird. Wenn das Porzellan weißglühend geworden ist, was man an einer herausgezogenen Probe erkennt, schließt man den Ofen ganz und läßt ihn langsam auskühlen. Das Gutbrennen dauert in der Regel 17—18 Stunden, das Verkühlen dagegen mehrere, bis fünf und sechs Tage.

Fig. 278. Porzellanofen im Durchschnitt.

Wir geben in Fig. 278 die Durchschnittsansicht eines mit Brennwaren gefüllten Porzellanofens. Der cylindrische Körper desselben geht nach oben in einen kegelförmigen Schlot über. Die Wandungen sind, um die Hitze zusammenzuhalten, gewöhnlich doppelt, mit einer Zwischenfütterung von Asche u. dergl. Äußerlich ist das ganze Gemäuer mit einem Netz von starken Eisenschienen umgeben. An der untersten oder auch an diesem und dem folgenden Stockwerke befinden sich ringsum vier Feuerstellen, die etwas ausgerückt sind, um die Flamme reiner in den Ofen treten zu lassen. Das Feuerungsmaterial war früher ausschließlich Holz, jetzt wendet man jedoch fast überall mit dem besten Erfolge Stein-, auch Braunkohlen an. Diese geben zwar eine unreinere Flamme, was aber, da alles Porzellan in Kapseln gebrannt wird, wenig auf sich hat; bei Generativfeuerung, die auch in der Porzellanindustrie sich sofort Eingang verschafft hat, fällt jener Übelstand von selbst weg. Die Kapseln sind runde, schachtelartige Gefäße, die von feuerfestem Thon gebrannt sind (Schamotte) und säulenartig so aufeinander gesetzt werden können, daß die nächstobere immer die unter ihr stehende als Deckel verschließt. In diesen Kapseln nun stehen die

Porzellangegenstände auf kleinen, eben geschliffenen Platten aus Kapselmasse, sogenannten **Pumpsen**. Größere Gegenstände, wie z. B. die in Fig. 268 abgebildete Vase, müssen, da die Porzellanmasse beim Brennen weich wird, zusammensintert, um nicht durch ihr eignes Gewicht zusammengedrückt zu werden, besonders gestellt und auf das behutsamste durch Streben von Schamotte unterstützt werden, so daß die weiche Masse nicht die ganze Last allein zu tragen hat. Diese Unterstützung einzelner Teile, welche, wenn sie auch hohl, dennoch für ihre oft sehr schwachen Ansatzteile zu schwer sind, hat auch bei kleineren, aber zusammengesetzten Gegenständen stattzufinden und ihre Ausführung verlangt große Geschicklichkeit.

Die oberen Räume des Ofens, in welchen die Hitze begreiflicherweise am schwächsten ist, dienen zum ersten Brande, zum **Verglühen**, außerdem zum Brennen von Kapseln, zum Rösten des Feldspats u. dergl. Bei dem Verglühen, welchem die Porzellane behufs Aufnahme der Glasur unterworfen werden, verliert die Masse etwa $^1/_8$ ihres Gewichts und die Gefäße schwinden nur unmerklich; bei dem nachfolgenden **Glattbrennen** aber, wobei die Ware in den untersten Räumen des Ofens der stärksten Weißglühhitze ausgesetzt ist, tritt beträchtliche Formänderung ein. Hier kommt die Glasur in Fluß, die ganze Masse erweicht und erlangt die geschätzte durchscheinende Beschaffenheit. Die Regulierung des Feuers ist beim Porzellanbrennen eine Sache von der größten Wichtigkeit und erfordert sehr viel Umsicht, damit die Hitze von allen Seiten die Gegenstände gleichmäßig umspielt, weil sonst ein Verziehen die Folge sein würde. Übrigens dringen die Ofengase mehr oder weniger doch in die Kapseln ein, und die chemische Beschaffenheit derselben ist daher namentlich in bezug auf gemalte Waren von Einfluß.

Fig. 279. Brennen in Kapseln.

Je nach der Menge und der Beschaffenheit der einzelnen Bestandteile liefert die Porzellanmasse nach dem Brande ein sehr verschiedenartiges Produkt. Sind alle Materialien im Zustande vollständiger Reinheit verwendet worden, so ist die Farbe vollständig weiß. Ein geringer Gehalt an Eisen aber ist schon hinreichend, um eine gelbliche Färbung zu bewirken. Die größere oder geringere Durchscheinbarkeit hängt von dem Verhältnis des Kaolins zu dem Feldspat ab. Das kaolinreichste Porzellan ist das **Biskuit**, eine sehr strengflüssige, unglasierte Masse, aus der namentlich Statuetten hergestellt werden. Berühmt sind, wegen der künstlerischen Ausführung, die Meißener Erzeugnisse in diesem Fache. Die von England aus unter dem Namen **Parisches** Porzellan oder **Parian** und **Carrara** in den Handel gebrachten Porzellane, welche den berühmten parischen und Carraramarmor nachahmen sollen, erreichen, wenn man sie den Porzellanen und nicht lieber den Steinzeugen zuzählen will, das seit lange schon in Meißen erzeugte Statuettenporzellan an Schönheit nicht.

Die Erzeugnisse eines Brandes zeigen sich beim Entleeren des Ofens aber nicht alle von gleicher Beschaffenheit. Größere oder kleinere Fehler kommen zahlreich vor und es muß ein genaues Sortieren erfolgen, nach welchem die weiße Ware in **Feingut**, **Mittelgut**, **Ausschuß** und **Bruchgeschirr** gesondert wird. Das Feingut muß völlig fleckenlos, milchweiß und fehlerfrei in der Glasur, ohne Blasen und matte Stellen sein und darf sich natürlich weder verbogen haben noch Risse zeigen. Kleine Fleckchen oder mangelhafte Stellen in der Glasur, die man aber durch die Malerei verstecken kann, geben die zweite Sorte; übrigens brauchen die Fehler nur sehr wenig merkbar zu sein, um in renommierten Porzellanfabriken die Ware schon unter den Ausschuß zu verweisen. In Meißen und auch in andern Fabriken bezeichnet man die verschiedenen Grade durch besondere Marken.

Fabrikation der Porzellanknöpfe. Der Schwerpunkt der Porzellantechnik liegt, wie bei der Keramik überhaupt, in der Herstellung von Gefäßen einerseits und in der von plastischen Ornamenten, Figuren und Gruppen anderseits. Allein neben diesen Dingen hat das schöne, leicht formbare Material nach und nach Verwendung zu Gebrauchsgegenständen gefunden, als Surrogat für Marmor, Elfenbein und andre Stoffe, deren Bearbeitung mit der Hand geschehen muß und welche demzufolge eine massenhafte Formung der einzelnen kleinen Gegenstände nicht wie das Porzellan gestatten. In dieser Hinsicht ist eine der merkwürdigsten die Verwendung des Porzellans zu Knöpfen, um als ein Ersatzmittel für Email, Perlmutter, Elfenbein, Metall und dergleichen Materialien zu dienen. Die Erzeugung des Porzellans aus einer plastischen Masse ermöglicht, die komplizierten Arbeiten des Drehens, Bohrens, Glättens u. s. w., welche bei andern Rohstoffen nötig sind, um aus ihnen einen Knopf zu formen, zu umgehen, indem die Formung einfach durch Pressen geschieht, und da sich dies Verfahren gleichzeitig auf große Quantitäten ausdehnen läßt, während bei der Bearbeitung mit der Hand jeder Knopf einzeln vorgenommen werden muß, so wird es auch wesentlich billigere Erzeugnisse liefern können.

Die Fabrikation der Porzellanknöpfe ist besonders in Frankreich, in Briare, auf eine hohe Stufe der Vollkommenheit gebracht worden. Sie hat sich aus der Fabrikation emaillierter Knöpfe, welche seit langer Zeit daselbst betrieben wurde, entwickelt. Wir wollen uns nicht dabei aufhalten, des längern auseinander zu setzen, wie die Porzellanmasse zubereitet wird. Es geschieht dies ganz ähnlich jenen Verfahren, welche in Gefäßfabriken eingeschlagen werden, nur daß die verschiedene Anforderung, welche bei Knöpfen sich weniger auf größtmögliche Festigkeit bezieht, auch eine etwas abweichende Zusammensetzung gestatten wird. Die Masse wird als ziemlich trockenes Pulver verarbeitet.

Zwischen den vier Säulen einer hydraulischen Presse liegt eine starke Stahl- oder Bronzeplatte, in welcher 4—500, nach Befinden noch mehr Vertiefungen eingraviert sind, wie sie der Form der herzustellenden Knöpfe entsprechen. Der Arbeiter nimmt eine Handvoll der pulverigen Porzellanmasse und streicht sie über die Platte, so daß sich alle Vertiefungen mit derselben anfüllen; den Rest kehrt er ab. Hierauf läßt er die obere Preßplatte heruntergehen. Da dieselbe auf ihrer unteren Fläche ebenso viele kleine Erhöhungen hat, wie die Matrize Vertiefungen, und jene in diese hineinpassen, so wird die Porzellanmasse durch den starken Druck so weit zusammengepreßt, daß die einzelnen geformten Knöpfchen genug Zusammenhang erlangen, um transportiert werden zu können, ohne zu zerfallen. Vorher aber müssen noch die Löcher hineingestochen werden, was durch eine zweite Pressung mittels einer mit Nadelgruppen versehenen Platte geschieht, durch deren Druck alle Knöpfe auf einmal mit Löchern versehen werden. Knöpfe, welche eine Öse erhalten sollen, verlangen eine andre Bearbeitung, und erhalten anstatt der durchgehenden Löcher eine bis in die Mitte reichende Vertiefung, welche schraubenähnlich gebohrt wird, damit die zum Befestigen der Öse hineingeschmolzene Lotmasse Halt bekommt. Sind die Knöpfe in solcher Weise vorbereitet, so wird die Matrize entleert, indem ein Bogen Papier über sie gespannt, sie selbst umgekehrt, leise geklopft und in die Höhe gehoben wird. Der Papierbogen, mit den geformten Knöpfen in einen Rahmen gespannt, wird in diesem zum Ofen transportiert. Die Öfen stehen in parallelen Reihen in einer weiten Halle (s. Fig. 280) und sind derart in unausgesetzter Thätigkeit, daß der Brenner in dem Moment, wo er eine fertig gebrannte Platte aus der Muffel herauszieht, von einem Arbeiter einen jener Papierrahmen erhält auf welche die von der Matrize gepreßten Knöpfe übertragen worden sind.

Dieser Papierbogen wird auf die noch glühende Platte gelegt, er verbrennt sofort, aber die kleinen Thonkörperchen liegen nun in regelrechter Anordnung nebeneinander, ohne sich zu berühren, und können in den Ofen geschoben, um daselbst gebacken oder gebrannt zu werden.

In 6—10 Minuten, je nach der Größe, sind die Knöpfe gebrannt, und in dieser Zeit müssen so viele frische Rahmen zum Ofen geliefert worden sein, als Muffelplatten in Thätigkeit sind. Gewisse Knöpfe sind damit fix und fertig und können sofort auf die Karten geheftet und in den Handel gebracht werden. Andre aber werden noch bemalt oder vergoldet oder erhalten Ösen und unterliegen demzufolge noch einer verschiedenartigen Behandlung.

Das Bemalen besteht in der Regel in dem Anbringen einer kreisförmigen farbigen oder vergoldeten Verzierung oder in einem schottischen Muster von rechtwinkelig sich kreuzenden bunten Linien. Das letztere wird aufgedruckt, die kleinen Ringe aber werden mit dem Pinsel ausgeführt, indem der Knopf, von zwei Spitzen in seinen Löchern gehalten, durch ein Zahngetriebe in sehr rasche Umdrehung versetzt und der in Farbe getauchte Pinsel mit seiner Spitze einen Augenblick an der betreffenden Stelle daran gehalten wird. Der Arbeiter oder die Arbeiterin, welche dies ausführt, hat einen Apparat vor sich, auf welchem Hunderte von Knöpfen zu gleicher Zeit aufgesteckt sind und sich drehen, so daß in der kürzesten Zeit alle dieselben mit ihrer Verzierung versehen werden können.

Das Anbringen der Ösen ist komplizierter. Es setzt zunächst eine schraubenganggähnliche Vertiefung im Knopfe selbst, ein entsprechend großes Körnchen Lötmasse, ein kleines Metallschild, welches an den Knopf angelötet wird, und die Öse selbst voraus, welche ihrerseits an dem kleinen Schilde befestigt ist. Selbstverständlich helfen auch hier überall Maschinen; die Vertiefungen werden hineingepreßt, die Schildchen aus Blechtafeln ausgeschlagen und die Ösen aus Messingdraht mittels Maschinen zu Tausenden auf einmal hergestellt. Allein die Maschinen können nicht alles thun und besonders ist noch nicht gelungen, die Vereinigung der Ösen mit den Schildchen anders zu bewerkstelligen als mit der Hand. Daraus hat sich in der Umgegend von Briare für solche Leute, welche, wie Schäfer, Kindermädchen u. a., eine leichte Nebenbeschäftigung bei ihrer Arbeit treiben können, ein eigentümliches Thätigkeitsfeld eröffnet. Anstatt daß dieselben, wie bei uns, etwa stricken, machen sie dort Ösen für die Porzellanknopffabriken zurecht.

Die Operation des Aufsetzens und des Anlötens erfolgt dann ebenfalls wieder in durchbrochenen Rahmen, welche Sicherheit geben, daß die Öse an die richtige Stelle kommt. Schließlich werden alle solche Knöpfe noch auf ihre Festigkeit geprüft, ehe sie dutzendweise auf Karten geheftet und in den Handel gebracht werden.

Die Porzellanmalerei. Das Porzellan kommt nach dem Brennen aus dem Ofen als eine weiße, etwas durchscheinende Masse mit einer glänzenden oder matten Oberfläche, je nachdem es vorher glasiert worden ist oder nicht. In vielen Fällen soll es aber mit Farben dekoriert, bemalt werden, und das kann auf doppelte Weise geschehen. Halten nämlich die anzuwendenden Farben das Scharffeuer des Brennens aus, so kann die Bemalung *unter der Glasur*, gleich auf die lufttrockenen Geräte angebracht werden und kommt man dann mit einem einmaligen Brande aus. Dieses Verfahren gestattet aber nur wenige Farben: Blau, Schwarz, Grün; außerdem verlangt das Malen auf der trockenen, die Farbe sofort einsaugenden Masse, wie die Majolikamalerei, eine sehr sichere Hand, da ein falscher Strich nicht wieder zu beseitigen ist. Es werden daher in der Regel nur einfachere Dekorationen unter der Glasur angebracht und namentlich Gebrauchsgeschirre in dieser Art verziert, welche allerdings den praktischen Vorteil gewährt, daß durch die darüber liegende Glasur die Malerei geschützt wird. Die Malerei *auf der Glasur* gebietet über einen bei weitem größeren Farbenreichtum, außerdem ist ihr der Umstand günstig, daß vor dem Brennen die Farbe nicht fest auf der Unterlage haftet und behufs von Verbesserungen wieder weggewischt werden kann. Sie wird daher für ausgeführtere Gemälde und bunte Dekorierung verwendet und läßt eine sehr feine, zarte Behandlung zu. Allerdings hat sie nicht die Dauerhaftigkeit der Scharffeuerfarben, denn sie bildet immer eine etwas hervorstehende Decke von geringerer Härte, welche der Abnutzung leichter unterworfen ist, und verlangt ein wiederholtes Brennen, damit die Farben in Fluß kommen und sich mit der Glasur verbinden. Porzellanmalereien mit einigermaßen reicher Farbenabwechselung müssen immer mehrmals in die Glühhitze und können nur nach und nach vollendet werden. Ja, gerade die zartesten Partien, wie Fleischtöne u. dergl., erfordern die meisten Brände.

Zur Porzellanmalerei gehören, wie zur Glasmalerei, mineralische Farben, Metalloxyde; sie können mehr Körper haben als die Glasfarben, da bei ihnen nicht, wie bei jenen, Durchsichtigkeit Bedingung ist. Man hat Farben für volles und halbes Feuer, und solche, die noch leichtflüssiger sind, in Muffeln eingebrannt werden und nur Rotglühhitze verlangen. Die gewöhnlichen Farbstoffe sind: Goldpurpur für alle Farben vom Rosa bis zum Karmin und Violett, Eisenoxyd für andre rote Töne, Blau, Braun, Gelb, Violett, Antimonoxyd mit Bleiglas für Strohgelb, Kobaltoxyd für Blau, Kupferoxyd für Grün, Chromoxyd für Gelb, Titanoxyd für Gelb, Rot und Grün, Eisen-, Mangan-, Kobaltoxyd und Iridiumoxyd für Schwarz u. s. w. Diese Farbstoffe werden in Gestalt eines möglichst zarten Pulvers mit Spieköl verrieben und mit dem Pinsel aufgetragen. Aber nicht in allen Fällen kann man gleich das entsprechende Metalloxyd anwenden, um den gewünschten Farbeneffekt zu erreichen, in vielen Fällen muß dasselbe vorher mit einem Flußmittel zusammengeschmolzen werden, wodurch es verglast wird, und man unterscheidet demzufolge die ersteren von den letzteren als *Schmelzfarben* von den *Frittefarben*. Als Farbenflußmittel wendet man verschiedenartige Verbindungen, Bleigläser, Borax, für die Vergoldung auch basisch salpetersaures Wismutoxyd an.

Fig. 280. Äußere Ansicht der Brennöfen für die Fabrikation von Porzellanknöpfen.

Das Einbrennen der Farben geschieht, soweit es nicht gleich mit bei dem Gutbrennen stattfinden kann, in Muffeln; das sind allseitig geschlossene feuerfeste Räume von beschränkten Dimensionen, die von der Feuerluft gleichmäßig umspielt werden (s. Fig. 281). Diese Muffeln, je nach der Art der darin zu brennenden Gegenstände von verschiedenem Querschnitt, sind aus Schamotten zusammengesetzt und haben Abzugsröhren für die bei dem Einschmelzen der Farben sich entwickelnden Gase, welche aber nicht in den Ofenraum, sondern womöglich direkt ins Freie führen, damit die Ofengase nicht in das Innere der Muffel eindringen und auf die Farben verändernd einwirken können. Nach diesem Verfahren des Einbrennens nennt man die auf die Glasur zur Anwendung kommenden Farben **Muffelfarben**, im Gegensatz zu den **Scharffeuerfarben**, welche unter der Glasur eingebrannt werden.

Die umständliche Art der Ausführung und die Schwierigkeit, die Farbenwirkung nach dem Brande schon während des Malens zu beurteilen, denn die meisten der angewandten Metallfarben sehen vor dem Einbrennen ganz anders aus als nachher, das sind Hindernisse, welche der Porzellanmalerei immer nur einen beschränkten Wirkungskreis zu Dekorationszwecken zulassen, da der schaffende Künstler für die höchsten Kunstzwecke in der Ölmalerei ein ungleich ausdrucksvolleres Hilfsmittel besitzt. Auch der Umstand, daß die Porzellangemälde eine ziemlich eng bemessene Größe aus technischen Gründen nicht überschreiten können, fällt hierbei ins Gewicht. Trotzdem aber sind auf diesem Gebiete Leistungen hervorgetreten, die als selbständige Kunstwerke hohen Wert besitzen; so z. B. der in Fig. 282 abgebildete, 1867 in Paris ausgestellte Tisch aus der Meißener Fabrik, welcher nach Entwürfen ihres berühmten Direktors Schnorr von Carolsfeld ausgeführt ist.

Fig. 281.
Einbrennen der Farben in Muffeln.

Die **Vergoldung** des Porzellans geschieht durch wirkliches metallisches Gold, welches aus seiner Lösung in Königswasser durch Oxalsäure gefällt worden ist und in diesem Zustande ein überaus zartes Pulver darstellt. Dasselbe wird mit dem Flußmittel innig zusammengerieben und mit dem Pinsel aufgetragen. Nach einem andern Verfahren wird Muschel- oder Malergold, aus den Schabinen der Goldschläger bereitet, mit Honig fein gerieben und mittels Flusses eingebrannt. Dieses Gold hat nach dem Brennen keinen Glanz, daher muß ihm die Politur erst durch nachherige Behandlung mit dem Polierstein gegeben werden. Anders ist es bei der sogenannten **Glanzvergoldung**, wohl auch Meißener Vergoldung genannt, weil sie in Meißen zuerst angewendet wurde; bei dieser kommt das Gold glänzend aus dem Brande heraus und bedarf eines nachherigen Polierens nicht. Erzielt wird der Effekt durch Anwendung einer Lösung von Schwefelgold oder Knallgold in Schwefelbalsam. Diejenige Vergoldung, wegen der die alten Meißener Porzellane berühmt sind, ist aber nicht nach diesem Verfahren ausgeführt, sondern in besonders reicher Weise nach der erst erwähnten Manier durch Auftrag von metallischem Golde.

Meister in der farbigen Dekoration des Porzellans sind oder waren vielmehr die ostasiatischen Porzellankünstler, Chinesen und Japaner, früher, denn ihre heutigen Leistungen stehen lange nicht mehr auf der Stufe der Vollkommenheit, die sie vor Jahrhunderten innehatten. Von ihnen finden wir auch Verfahren geübt, welche bei uns gar nicht oder nur ausnahmsweise in Anwendung kommen, so namentlich die Emaillierung, d. h. Bemalung mit dicken farbigen Schmelzflüssen, welche auf der Glasur erhaben hervortreten, sogar die Emaillierung in Cloisonné mit aufgelöteten Messinglinien wird wundervoll ausgeführt; ferner die Gravierung der Masse vor dem Glasieren, das Dekorieren mit Lack u. s. w., kurz, wie für Böttger, so kann die alte ostasiatische Thonwarenindustrie auch für uns noch die Lehrmeisterin sein.

Unter den Mustern, welche die europäische Porzellanfabrikation in ihren ersten Zeiten hauptsächlich chinesischen und japanischen Vorbildern entnahm, befindet sich eines, das ausschließlich in Meißen gemacht und heute ebenso noch wie schon vor hundert Jahren gekauft wird. Es ist dies das sogenannte Zwiebelmuster, von welchem wir in der Abbildung am Schlusse dieses Kapitels ein Beispiel geben, jenes Muster, welches wohl keinem unsrer Leser unbekannt ist, denn es ist unbestritten das verbreitetste und in der langen Zeit seiner Herstellung hat es den Weg über die ganze Erde gefunden. So unschön dasselbe scheinbar in seinen Einzelheiten ist, so macht es doch in seiner Gesamtheit einen überaus vorteilhaften Eindruck. Eine Tafel, mit derartig blau dekoriertem Geschirr besetzt, ist in der harmonischen Gesamtwirkung, die sie auf das Auge hervorbringt, die geeignetste Folie für jeden dekorativen Aufsatz, und während durch die Bemalung das Weiß der Gefäße angenehm unterbrochen wird, nimmt diese selbst doch die Aufmerksamkeit nicht besonders in Anspruch. Und daß die in diesem unscheinbaren Muster ausgedrückten Dekorationsgesetze solche sind, die auf jeden Menschen ihre angenehme Wirkung üben, das beweist die eminente Verbreitung des Zwiebelmusters, das immer und immer wieder und auch von denen gekauft wird, welche seine ästhetische Berechtigung leugnen.

Fig. 282. Gemalter Porzellantisch von der königl. Porzellanmanufaktur in Meißen.

Die Kunsttöpferei nicht allein, auch die Gefäßfabrikation im großen ganzen hat allen Grund, den einfachen Prinzipien der Ornamentik sich wieder zuzuwenden, welche einesteils in der Kunst der Alten sich aussprechen, anderenteils von allen den Völkern noch geübt werden, welche unvermischt ihre Nationalität und damit eine gewisse Naivität sich erhalten haben.

Von jeher sind die Gefäße sowohl infolge ihrer Herstellung aus den mannigfachsten Materialien als auch wegen ihres überaus verschiedenartigen Zweckes Objekte für die Künste gewesen, die sich an ihrer Gestaltung und Verzierung häufig zuerst mit entwickelt haben und durch diese Gegenstände des allgemeinsten Gebrauchs auf die Geschmacksbildung des Volkes wesentlichen Einfluß gewannen. Das Porzellan hat bei uns trotz seiner ungemeinen Verbreitung seine Mission in dieser Beziehung in nur geringem Grade erfüllt. Nicht als ob nicht tadellos schöne Erzeugnisse und wahrhafte Kunstwerke aus seinem Materiale hergestellt worden wären. Sevres, Berlin, Meißen, Worcester und andre Staatswerkstätten haben Wundervolles genug geliefert; aber für das gewöhnliche Leben ist die Privatindustrie von einer größeren Bedeutung, zumal dieselbe durch ihre Massenproduktion gutes Porzellan so billig gemacht hat, daß dasselbe jetzt zu den Geräten des täglichen Gebrauchs überall Verwendung findet. Wenn man deren Erzeugnisse betrachtet, so kommt man häufig in Zweifel, ob die Verwendung eines so schönen Materials zu so unschönen Formen trotz seiner Billigkeit nicht noch eine Verschwendung genannt werden müsse. Unsre Kannen, Krüge, Schüsseln, Tassen erinnern an krankhafte Geschwülste übeltraktierter Körperteile oft viel eher, als an jene einfachen Formen, die von der Natur gegeben scheinen, denn sie finden sich fast übereinstimmend unter den unverdorbenen Völkern aller Zonen. Rumänien und Serbien haben eine Landbevölkerung, welche auf der Staffel der Kultur gewiß tiefer steht als die Bevölkerung, für welche unsre Porzellanfabriken arbeiten. Die Weltausstellungen von Paris und Wien gaben aber Gelegenheit, die edlen, reinen Formen der serbischen und rumänischen Töpferarbeiten mit denen zu vergleichen, welche bei uns gäng und gäbe sind, und es blieb keinen Augenblick zweifelhaft, daß dort der Thon eine höhere Weihe erhalten hatte, als vielfach bei uns das Porzellan. Wie beputzte Schützenkönige kleiner Städte, die auf ihren Leib eine unpassende Uniform gezogen und den pomphaften Tand ganzer Jahrhunderte geladen haben, mit Regenschirm, Ordensband, Epauletten und dicken tombakenen Uhrketten — neben nackten griechischen Götterjünglingen, so stehen häufig die Erzeugnisse unsrer Töpfergewerbe neben ihren mehr als zweitausendjährigen Vorgängern.

Zwar hat, wie nicht geleugnet werden kann, sich in den letzten fünfzehn Jahren manches schon zum Bessern gewendet. Wir haben Porzellanfabriken, welche neben ganz billiger Verkaufsware vortreffliche künstlerische Sachen ausführen: in Schlesien (Altwasser), Thüringen (Rudolstadt), Böhmen (Schlackenwerth, Karlsbad), Ungarn (Herend) und andre Orte geben die besten Belege dafür, aber das genügt nicht. Gerade daß das gewöhnliche Geschirr in Form und Erscheinung überhaupt veredelt wird — und es braucht damit nicht verteuert zu werden — das ist der Punkt, von welchem aus die Keramik eine Bildungsaufgabe erfüllen kann, wozu sie die Technik mit den reichsten Mitteln versehen hat.

Fig 283. Meißener Teller mit dem sogenannten Zwiebelmuster.

Nicht Fabel ist es vom Pygmalion,
Daß ihm den Stein belebet Göttergunst;
Das ist der allgemeine Sinn davon:
Den Tod belebt die Liebesbrunst der Kunst.

Rückert.

Kalk, Zement und Gips.

Verbreitung des Kalkes in der Natur. Der kohlensaure Kalk. Seine Verwendung. Ätzkalk. Brennen in Kalköfen. Löschen. Der Mörtel. Hydraulische Mörtel und Zemente. Portland- und Romanzement. Der Gips. Vorkommen. Zusammensetzung. Anhydrit. Entwässerung. Gipsgießerei. Baryt und Strontian.

Der Kalk ist einer der verbreitetsten Stoffe der Natur. Wenn er sich auch der Menge nach nicht in so hervortretender Weise wie die Kieselsäure an der Zusammensetzung der Mineralien und Gesteinsarten beteiligt, so sind doch die Verbindungen der Erden, zu deren Sippe die Kalkerde gehört, so zahlreich und verschiedenartig, daß sie durch die Mannigfaltigkeit ihrer Erscheinungsweise die Kieselsäure beinahe noch übertreffen. Eine sehr große Anzahl der verbreitetsten Mineralien zählen den Kalk zu ihren wesentlichsten Bestandteilen und in ihnen kommt er häufig in Gesellschaft von Manganoxydul, Eisenoxydul, Talkerde u. s. w. vor, Stoffe, die chemisch sehr ähnlich geartet sind und die der zudringliche, überall gegenwärtige Geselle häufig verdrängt, um sich an ihre Stelle zu setzen. Ein Gleiches muß er sich freilich auch von ihnen bisweilen gefallen lassen. Unter den zahlreichen und überall vorkommenden Mineralien, welche Kalkerde zu ihren Bestandteilen zählen, gibt es natürlich eine große Zahl, welche sie nur nebensächlich und in geringer Quantität enthalten. Andre aber, die auch zu den weitverbreiteten gehören, bestehen fast ausschließlich aus ihr, und diese liefern dann Beispiele von lokalem Massenvorkommen eines Körpers, wie sie in der festen Erdrinde nur bei diesem Stoffe beobachtet werden. Kein andrer Stoff, selbst die Kieselsäure und die Thonerde nicht ausgenommen, kann sich rühmen, in so ungeheuren Quantitäten auf einmal an einer bestimmten Örtlichkeit aufzutreten wie der Kalk. Nur das Wasser, in den grundlosen Tiefen der Meere angehäuft, vermag ihm darin Konkurrenz zu machen. Große, meilenweite Ablagerungen von Kalkgebirgen, oft eine Mächtigkeit von mehreren tausend Metern erreichend, treten an vielen Orten der Erde auf, und diese Gebirge bestehen der Hauptsache nach aus nichts weiter als aus Kalkerde und Kohlensäure. Der gewöhnliche **Kalkstein**, der **Marmor**, **Kalkspat**, **Arragonit** und die **Kreide** unterscheiden sich hinsichtlich ihrer chemischen Zusammensetzung nicht, sondern sind sämtlich nur verschieden ausgebildete Formen des kohlensauren Kalkes. Mit Schwefelsäure verbunden bildet die Kalkerde den **Anhydrit**, gesellt sich noch Wasser dazu, den **Gips**, mit Phosphorsäure den **Apatit** und **Phosphorit**. Alle diese Verbindungen sind, obwohl nur in geringem Maße, so doch unter gewissen Umständen in Wasser löslich. Da nun die Kalkerde, wie schon erwähnt, als Vertreterin einer Anzahl andrer Basen in vielen Mineralien vorkommt und daher in keiner Gebirgsart fehlt, so enthält auch jeder Ackerboden, der ja erst aus der oberflächlichen Verwitterung des festen Felskörpers unsrer Erde entstanden ist, Kalkerde an eine oder die andre Säure gebunden. In dem durchsickernden Wasser löst sie sich, und von der Pflanze aufgenommen und in Kraut und Stengel, Blüte und Frucht mit übergeführt, findet sie so ihren Weg in das dritte Reich, dessen eigentliche Stütze sie wird, indem die Bildung von Knochen, Zähnen, Schalen und Gehäusen lediglich durch die Kalkzufuhr, welche die Pflanze dem Tiere vermittelt, ermöglicht wird.

In den Diluvialschichten findet man unter den Überresten längst vergangener Tiergeschlechter Zähne des Mammut, von denen ein einziger oft die Größe eines Kannenmaßes hat — nur mit Kalk sind sie gewachsen. Und anderseits die weißen Felsen der englischen Küste — sie bestehen aus Kreide, den Anhäufungen der Kalkgehäuse untergegangener Infusorien, von denen jeder Kubikmillimeter viele Tausende enthält.

Aber nicht nur an sich ist die Kalkerde für das Wachstum der Organismen von der größten Wichtigkeit, sie wird es noch mehr durch ihre basischen Eigenschaften, infolge der sie jene Säuren, welche ebenfalls für Pflanzen und Tiere unentbehrliche Nahrungsprodukte sind, namentlich die Phosphorsäure, sodann aber auch Schwefelsäure, Salpetersäure und Kohlensäure, an sich bindet und in den belebten Kreislauf des Stoffes einführt. Große Massen von Kalk werden daher zur Verbesserung der Felder verwendet, namentlich des schweren, zähen und feuchten Thonbodens.

Im kohlensauren Kalk der Erdrinde ist unzweifelhaft mehr Kohlenstoff vorhanden, als das gesamte Tierreich, alle Pflanzen, Wälder und Wiesen enthalten, auch wenn wir noch die in der Erde als Torf und Kohlen vergrabenen Reste vorweltlicher Pflanzendecken und selbst den Kohlenstoff, welcher in der Kohlensäure der viele Meilen hoch über uns flutenden Atmosphäre enthalten ist, dazu rechnen.

Denn wenn der gesamte Kohlenstoff, welcher in der Kohlensäure der atmosphärischen Luft enthalten ist, plötzlich als dichte schwarze Kohle herunterfiele, so würde, nach den Schätzungen, die man darüber anstellen kann, die ganze Erdkugel doch nur mit einer Schicht von noch nicht 1 mm Dicke damit überzogen werden; und wenn wir alles, was an Pflanzen grünt und an Tieren den Boden, das Wasser und die Luft belebt, uns plötzlich derart vernichtet denken, daß der in ihren Körpern enthaltene Kohlenstoff ausgeschieden und ebenso gleichmäßig über die Erde ausgebreitet würde, so ist das schon eine hohe Annahme, wenn wir die Dicke dieser Schicht auch zu 1 mm annehmen, denn nach Liebig erzeugt ein Morgen fruchtbaren Landes, mag er mit Holz oder Wiese bestanden sein, jährlich im Durchschnitt nicht mehr als 500 kg Kohlenstoff, was eine gleichmäßige Decke von $^7/_{25}$ mm ergeben würde. Der in der Erde als fossile Kohle vergraben liegende Kohlenstoff, auch wenn er doppelt so viel betragen sollte, als der noch jetzt lebenden Organismen, würde mit den vorgenannten Quoten zusammen doch nur die Erde mit einer Schicht von 4 mm Dicke überziehen können, und gleichwohl betrüge das Gewicht dieser Kohlenschicht gegen sechzig oder einige Billionen Zentner. Wenn man nun dagegen bedenkt, daß jeder Zentner kohlensaurer Kalk, Marmor, Kreide u. s. w. den achten Teil seines Gewichts an reinem Kohlenstoff enthält, so darf man nur eine Kalkschicht von wenig über $2^1/_2$ cm Dicke um die ganze Erde sich gelegt denken, um darin ebensoviel Kohlenstoff vertreten zu wissen, als Tier- und Pflanzenreich und Atmosphäre zusammen enthalten. Wer aber nur einigermaßen die Zusammensetzung der Mineralien und Gesteine kennt, der wird ohne Besinnen zugeben, daß gegen den wirklichen Gehalt der Erde an kohlensaurem Kalk jene berechnete Menge nur den verschwindenden Bruchteil eines Prozents ausmacht.

Verwendung. Ein Stoff von so allgemeinem Vorkommen und infolge seiner chemischen und physikalischen Eigenschaften auch von so großer Verwendbarkeit, von dem wird zu vermuten sein, daß er von den Menschen zu den mancherlei Zwecken ihres Bedarfs herangezogen worden ist. Und in der That dient der kohlensaure Kalk, in seiner natürlichen Gestalt als Baustein sowohl als auch in den edleren Varietäten des Marmors, dem Bildhauer als das ausgezeichnetste Material zur Ausführung seiner künstlerischen Ideen. Für die zeichnenden Künste sind der lithographische Kalkstein und die Kreide wertvolle Hilfsmittel. Der durchsichtige, kristallisierte Kalkspat, und besonders der klare Doppelspat von Island, hat für den Physiker ein ausgezeichnetes Interesse, indem er das schönste Beispiel eines doppeltbrechenden Körpers darstellt und demzufolge für die Konstruktion der Polarisationsapparate von großer Wichtigkeit ist. In der chemischen Technik findet der kohlensaure Kalk seine Hauptverwendung bei der Sodafabrikation und außerdem in Form von Kreide zur Bindung und Wegschaffung der Schwefelsäure, u. a. bei der Fabrikation von Stärkezucker, ferner wird sie benutzt bei der Fabrikation der Weinsäure, Zitronensäure, Buttersäure u. s. w. Neben der kohlensauren Kalkerde findet auch der schwefelsaure Kalk, der Gips, in dem Zustande, wie er in der Natur gefunden wird, Verwendung. Zu manchen Zwecken aber erfahren beide Körper eine besondere Behandlung, infolge derer ihre chemische Natur eine andre wird: sie werden gebrannt, und zwar der kohlensaure Kalk, um ihn von der Kohlensäure zu befreien und in Ätzkalk zu verwandeln, der Gips dagegen, um seinen natürlichen Wassergehalt zu verjagen. Gebrannter Kalk und gebrannter Gips haben ganz besondere Eigenschaften, wegen deren sie außerordentlich nützlich werden. Keine der andern Erden ist einer so vielseitigen Verwendung fähig, als gerade der gebrannte Kalk; in der Bautechnik ist er als Bestandteil des Mörtels ein unentbehrlicher Stoff, in der Landwirtschaft verbessert er kalkarmen Boden und geht selbst als Nährmittel in die Pflanze über, die chemische Technik braucht ihn zur Erzeugung von Chlorkalk, Kaliumchlorat, Ätzlaugen und Ammoniak, anstatt der Kreide wird er auch bei der Fabrikation von Weinsäure, Zitronensäure, Essigsäure und Oxalsäure verwendet, der Färber benutzt ihn bei der Darstellung der Indigküpe mit Eisenvitriol, der Gerber zum Entfetten und Enthaaren der Häute. In den Leuchtgasfabriken muß der Kalk die die Leuchtkraft vermindernde Kohlensäure dem Gase entreißen und in den Zuckerfabriken die sogenannte Scheidung des Saftes vollziehen. Welche Massen von Kalk werden ferner als schlackenbildender Zuschlag bei der Ausscheidung der Metalle aus ihren Erzen und zur Herstellung des unentbehrlichen Glases benutzt! Und noch lange nicht erschöpft sind mit dieser Aufzählung die Dienste, welche diese unscheinbare Erde der menschlichen Thätigkeit leistet. Daher geschieht auch die Ausbeutung der natürlichen Kalklager und das Brennen der daraus gewonnenen Kalksteine überall in ausgedehntem Maße. Obschon hinsichtlich der Vielseitigkeit der Verwendung der Gips dem Kalke nicht gleichkommt, so wird derselbe doch zu vierlerlei Zwecken benutzt, über welche berichtet werden soll, nachdem zuvor die Verarbeitung des kohlensauren Kalkes Berücksichtigung gefunden hat.

Der kohlensaure Kalk kommt in für die technische Verwendung zum Brennen geeigneter Form in der Natur sehr häufig vor. Alle geologischen Formationen enthalten Kalkgesteine, und von dem sogenannten Urkalk an, der in Gneis und Glimmerschiefer eingelagert die reinsten Statuenmarmore liefert, treffen wir ihn durch alle Schichten, oft sehr schöne buntfarbige und zierlich geaderte Gesteine bildend, die als Kunstmaterial auch ungebrannt verarbeitet werden. Wir haben das mannigfache Vorkommen des Kalksteins schon im III. Bande dieses Werkes besprochen und können uns hier damit begnügen, auf jene Stellen aufmerksam zu machen.

Zum Brennen kann man die verschiedenartigsten Kalksteine verwenden, deren Prüfung man vornimmt, indem man sie mit einer starken mineralischen Säure, am besten mit Salzsäure, übergießt. Das lebhafte Aufbrausen verrät den Gehalt an Kohlensäure, welche in diesem Falle durch die stärkere Salzsäure aus ihrer Verbindung mit dem Kalk vertrieben wird. Es entsteht salzsaurer Kalk oder, richtiger, Chlorcalcium und Wasser, während die Kohlensäure, an die Luft gesetzt, verfliegt. Die Kalkerde selbst ist in diesem Falle nicht frei geworden, sie hat nur den Umgang gewechselt; anders ist es beim Brennen, wo das strenge Gebot der Hitze die Trennung von der Kohlensäure bewirkt, ohne daß ein Ersatz geboten wird. Hier bleibt die Kalkerde verwitwet allein zurück und zeigt dann ganz veränderte Eigenschaften; sie ist ätzend und scharf geworden und sucht mit allen Kräften eine Wiedervereinigung, sei es mit Kohlensäure, sei es mit Kieselsäure — ist im ersten Anlauf auch schon mit Wasser zufrieden. Dadurch, daß sie dann in diese Vereinigung alles mit hineinzieht, wird der gebrannte Kalk im Mörtel zu einem ausgezeichneten Bindemittel. Das Verhalten, die Kohlensäure bei starker Glühhitze zu verlieren, zeigt der kohlensaure Kalk (Kalkkarbonat) aber nur dann, wenn die Kohlensäure frei in die Luft entweichen kann. Geschieht dagegen die Erhitzung in einer allseitig verschlossenen Röhre, so kommt die Masse ins Schmelzen und erlangt beim Erstarren ein kristallinisches Gefüge, und wahrscheinlich ist die natürliche Bildung mancher Urkalke auf keine andre Art vor sich gegangen, als aus gemeinem Kalkstein durch Einwirkung großer Hitze unter entsprechend großem Druck von außen. Beim Glühen in einer geschlossenen Röhre entweicht zwar auch ein Teil der Kohlensäure, aber nur so viel, als sich in der Röhre ansammeln kann, bis darin eine gewisse Spannung erzeugt ist, welche die noch übrige Kohlensäure zwingt, in ihrer Verbindung zu bleiben, und derartige Spannungen können im Innern der Erdrinde sehr leicht vorkommen. Ist aber durch die Hitze alle Kohlensäure verjagt, so erleidet die übrig bleibende reine Kalkerde, der sogenannte **Ätzkalk**, durch weitere, auch noch so große Hitze keine Veränderung mehr, denn er ist unschmelzbar; man benutzt dies Verhalten neuerdings in der Art, daß man daraus Schmelztiegel für Platin und andre schwerflüssige Metalle formt. Der Ätzkalk ist von ganz entschieden basischen Eigenschaften, die ihn zu einem technisch wichtigen Körper machen. Wir werden später Gelegenheit haben, auf die schon angedeuteten vielseitigen Verwendungen zu sprechen zu kommen.

Das Brennen der Kalksteine geschieht entweder in **Meilern**, wie bei der Kohlenbrennerei, oder gewöhnlicher in besonders dazu gebauten festen Öfen, **Kalköfen**. Die erstere Methode, welche nur für vorübergehende Zwecke gewählt wird, findet dann gleich in möglichst unmittelbarer Nähe der Kalkbrüche, überhaupt aber nur da statt, wo das Brennmaterial, Kohlenklein, einen sehr geringen Verkaufswert hat. Der Aufbau der Meiler erfolgt über strahlig nach dem Mittelpunkt zu gelegten Heizkanälen aus Schieferplatten, Ziegeln oder dergl. Zwischen den aufgesetzten Kalksteinen wird, wie beim Ziegelbrande, das Brennmaterial eingestreut und durch hölzerne Stangen das Feuer weiter geleitet. Äußerlich wird der Meiler, der 3—5 Tage brennt, mit Lehm verschmiert.

Die Kalköfen sind in ihrer Form verschieden, sie lassen sich aber im wesentlichen in zwei Klassen einteilen: in solche mit ununterbrochenem Gange, in denen, wie bei den Schüttöfen, zu einer Gicht kontinuierlich rohe Kalksteine aufgegeben werden, während man am Boden die gebrannten herausnimmt. Diese letztgenannten kontinuierlichen Öfen sind wieder verschieden, je nachdem der oben aufgegebene Kalkstein mit Schichten von Brennmaterial abwechselt, oder die Feuerung so in der Umfassungsmauer angelegt ist, daß nur hier die Flamme mit dem von oben nachsinkenden Kalksteine in Berührung kommt.

Die Kalköfen mit unterbrochenem, also periodischem Betriebe haben einen Innenraum, der im Durchschnitt bald cylindrisch, bald eiförmig gestaltet ist. Der Feuerraum wird darin erst durch Zusammensetzen roher Kalksteine abgegrenzt. Auf dies Gewölbe werden die übrigen zu brennenden Steine geschichtet, bis der Ofen gefüllt ist. Häufig haben solche Öfen gar keinen Feuerrost und stellen sich dann natürlich in betreff des Brennmaterialverbrauchs am allerungünstigsten. Das Brennen geschieht in der Art, daß man in dem Feuerraume erst mit einem leichten Brennstoffe, Reisigholz, Heidekraut u. s. w., ein lebhaftes Rauchfeuer anmacht, welches nur den Zweck hat, die Steine vorläufig zu erwärmen und auszutrocknen, damit sie bei der stärkeren Hitze nicht zu sehr zerspringen. Es genügt nicht, um die Steine gar zu brennen. Dazu muß das Feuer so bedeutend verstärkt werden, daß selb stdie obersten Steine im Schachte weißglühend werden. In 36—48 Stunden ist in der Regel das Ziel erreicht. Der Inhalt des Ofens ist dabei um etwa $^1/_6$ seines Volumens zusammengeschwunden. Die Kohlensäure entweicht durch die Gicht, durch welche auch brennbare Ofengase noch mit ausströmen und eine Gichtflamme, wie bei den Hochöfen, bilden können.

Die Öfen mit ununterbrochenem Gange können, wie gesagt, so eingerichtet sein, daß wie bei den alten Hochöfen oben durch die Gicht Kalkstein und Brennmaterial in abwechselnden Schichten aufgegeben wird. Bei diesen wollen wir uns aber nicht aufhalten, da die andre Art, von denen uns Fig. 285 einen im Durchschnitt darstellt, sich durch eine viel zweckmäßigere Benutzung des Brennmaterials auszeichnet. Der Schacht wird hier durch die Mauern d d und e e gebildet, die zwischen sich einen Raum lassen, welcher mit Asche ausgefüllt ist. Eine solche Einrichtung ist zweckmäßig, weil sie die durch die Hitze bewirkte Ausdehnung der Mauer leichter geschehen und auch etwaige Reparaturen an den der Zerstörung ausgesetzten Innenwandungen bequemer vornehmen läßt. Um diese Schachtmauern zieht sich ein Mantel A A, zu keinem andern Zweck, als um Räumlichkeit für den einstweiligen Aufenthalt der Arbeiter oder zur Aufbewahrung der Kalksteine oder des Brennmaterials zu gewinnen; das letztere auch vielleicht durch die von dem Ofen ausstrahlende Wärme zu trocknen. Die Feuerungen h befinden sich zu mehreren, drei oder fünf, rings um den Ofen etwa 4 m über der Schachtsohle B bei C angebracht, sie gehen durch die Füchse b b in das Innere. Unterhalb des Rostes liegt bei i der Aschenraum, der in einen größeren Aschenbehälter E führt. Wenn ein solcher Ofen angefeuert werden soll, so wird er erst in seinem unteren Teile bis in die Höhe von C mit Holz angefüllt und dieses angebrannt. Es hat dies nur den Zweck, dem Ofen die nötige Erwärmung zu geben, welche zu einem guten Zuge notwendig ist. Die seitlichen Feuerungen stehen daher zuerst auch außer Wirksamkeit. Hat sich der Ofen erwärmt, so werden die Seitenfeuerungen h in Thätigkeit gesetzt und der Schacht zuerst mit bereits gar gebrannten Kalksteinen bis an das Niveau gefüllt, wo die Feuerluft durch b wirksam wird. Von hier ab beginnt die Füllung mit rohem Kalkstein, der, nachdem unten bei a der gebrannte Kalk herausgezogen wird, durch die Glutregion herabsinkt und gar gebrannt wurde. Der Schacht hat eine Höhe von etwa 12 m, auf der Gicht kann noch ein Kegel von mindestens $1^1/_4$ m Höhe aus rohen Kalksteinen errichtet werden, die sich hier vorwärmen und allmählich herabsinken. Man sieht ein, daß, wenn ein solcher Ofen keine Beschädigung erleidet, der Betrieb darin so lange fortgesetzt werden kann, solange man überhaupt rohen Kalkstein und Brennmaterial zur Verfügung hat. — Das ist, was sich in der Kürze über die gebräuchlichsten Kalköfen sagen läßt. Es wäre nur noch zu erwähnen, daß auch das Prinzip der Ringöfen, welches wir beim Ziegeleibetriebe kennen gelernt haben, auch hier sich Eingang verschafft hat und sich für eine tägliche Produktion bis zu 100 Tonnen bewährt. Auch haben sich die kontinuierlichen Öfen

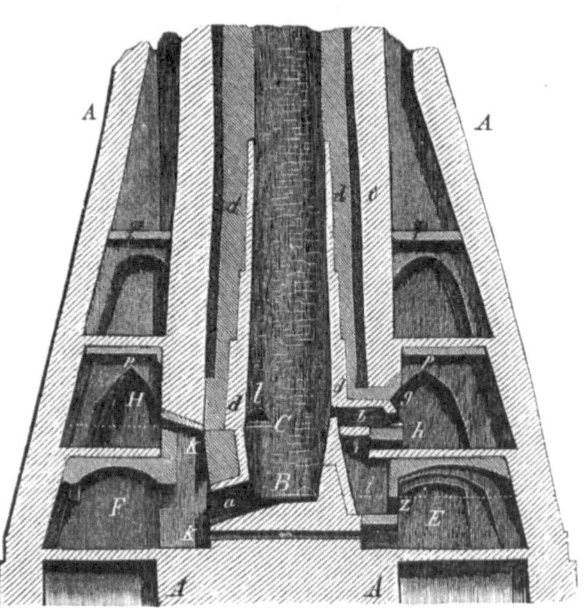
Fig. 285. Kalkofen mit ununterbrochenem Gange.

mit Gasfeuerung (Generatorgase) gut eingeführt. Die kontinuierlichen Öfen liefern das gleichmäßigste Produkt und arbeiten zugleich am sparsamsten; sie sind jedoch nur in dem Falle anwendbar, daß ein regelmäßiger Absatz der Ware stattfindet.

Da die natürlich vorkommenden Kalksteine nicht eine gleiche chemische Zusammensetzung haben, und namentlich da ihnen oft Bestandteile beigemengt sind, welche durch die Hitze verändert werden und entweder schon für sich oder indem sie mit Kalkerde zusammentreten, ins Schmelzen kommen, so ist auch das dem Kalkofen entnommene Produkt, der gebrannte Kalk, oft von sehr verschiedener Tauglichkeit.

Reiner kohlensaurer Kalk gibt, nach dem Brennen mit Wasser übergossen, gelöscht, einen fetten Brei, es ist sogenannter fetter Kalk. Häufig aber enthält der Kalkstein kohlensaure Talkerde und nähert sich dadurch dem Dolomit, der aus äquivalenten Mengen kohlensaurer Kalkerde und kohlensaurer Talkerde besteht. Solcher Kalk wird schon, wenn er 20—25 Prozent von dem zweiten Bestandteil enthält, für die Verwendungen unbrauchbar, er ist zu mager. Ein Gehalt an Kieselsäure ist ebenfalls sehr nachteilig, weil der kieselsaure Kalk, der dann entsteht, in der Hitze ein schmelzendes Glas bildet und die ganze Masse leicht zu einem festen, zusammengesinterten Klumpen zusammenbäckt, der sich mit Wasser natürlich nicht löscht. Es ist dies jedoch nicht die alleinige Ursache des sogenannten todtgebrannten Kalkes, der sich, mit Wasser angemacht, ebenfalls nicht löschen will. Das Todtbrennen wird vielmehr durch eine sehr plötzliche Glut herbeigeführt, bei der sich ein halbkohlensaurer Kalk bilden soll, der, wie die Kalkbrenner behaupten, später sich nicht mehr gar brennen lasse. Zu groß kann eine allmählich gesteigerte Hitze nicht leicht werden.

Das Löschen des Kalkes. Zu vielen technischen Verwendungen gebraucht man den Ätzkalk in einem mehr oder weniger flüssigen Zustande, er wird deshalb mit Wasser angerührt, gelöscht. Sowie er aus dem Kalkofen kommt, ist er natürlich von Kohlensäure und auch von Wasser frei. Zu dem letzteren Körper hat aber der reine Kalk eine große Verwandtschaft und geht infolge derselben mit ihm eine chemische Verbindung ein, welche man Kalkhydrat oder Calciumhydroxyd nennt. Bei der Aufnahme von Wasser schwillt der gebrannte Kalk auf, er wächst oder gedeiht, wie der technische Ausdruck lautet.

Das Löschen darf nicht in der Art geschehen, daß man die gebrannten Steine ins Wasser wirft, sondern man befeuchtet sie durch Übergießen allmählich. 100 Teile Kalk nehmen ungefähr 32 Teile Wasser auf, dabei erhitzen sie sich beträchtlich und zerfallen in ein feines, ganz trockenes Pulver, welches nun erst, in mehr Wasser eingesumpft, den Kalkbrei liefert, wie er zur Bereitung des Mörtels gebraucht wird.

Mörtel. Der gewöhnliche Mörtel, wie er zum Verbinden der Bausteine miteinander und zum Abputz der Wände benutzt wird, heißt auch Luftmörtel im Gegensatz zu dem Wassermörtel oder Zement, der erst unter Wasser seine Festigkeit erhält. Der Luftmörtel wird aus gebranntem und mit Wasser gelöschtem Kalk (Kalkbrei) und reinem Sand angefertigt, die beide gut durcheinander gearbeitet werden müssen. Obschon ein guter gelöschter Kalk beim Austrocknen unter mäßigem Druck schon an und für sich sehr hart wird, so genügt doch Kalk allein nicht als Mörtel. Die Gegenwart des Sandes ist nötig, um die Angriffsfläche für den den Kitt bildenden Kalk zu vergrößern und das Eindringen der für die Erhärtung des Mörtels unbedingt nötigen Kohlensäure der Luft zu erleichtern. Anfangs findet nur ein durch die Verdunstung der Feuchtigkeit und den Druck der Bausteine befördertes Festwerden des Mörtels statt (Anziehen oder Anbinden des Mörtels); die Masse ist dann aber immer noch zerreiblich. Das eigentliche Erhärten des Mörtels findet viel langsamer statt und ist ein chemischer Prozeß, dessen Verlauf namentlich von der Menge Kohlensäure abhängt, die in einer gewissen Zeit zu dem Mörtel gelangen kann. Es bildet sich kohlensaurer Kalk (Calciumkarbonat) und das chemisch gebundene Wasser wird wieder in Freiheit gesetzt. Daher kommt es, daß die Wohnungen in neugebauten Häusern durch das Bewohnen feucht werden, denn die Menschen atmen eine große Menge Kohlensäure aus; es wird also in kürzerer Zeit, als es durch die freie Luft geschehen würde, das chemisch gebundene Wasser ausgeschieden und die Wandverputzung getrocknet.

Um den gesundheitsnachteiligen Aufenthalt in solchen übermäßig feuchten Räumen zu verhüten, ist es daher geraten, vor dem Bezug derselben eine künstliche Austrocknung vorzunehmen. Es geschieht dies am einfachsten dadurch, daß man in kleinen Öfen, die man in die Mitte der Zimmer stellt, Holzkohlen oder Koks entzündet, die Fenster schließt und, nachdem man sich aus den Zimmern entfernt, auch die Thüren. Durch das Verbrennen jener Brennmaterialien bildet sich reichlich Kohlensäure, die das chemisch gebundene Wasser aus den Wänden verdrängt. Nach einigen Stunden öffnet man Thüren und Fenster, um möglichst viel Luftzug zu erzeugen, und wiederholt diese künstliche Austrocknung noch ein- bis zweimal.

Bei der Festwerdung des Mörtels wirkt aber auch noch eine andre chemische Verwandtschaftskraft mit, allerdings aber erst in viel längerer Zeit; es ist dies die Verwandtschaft des Kalkes zu der Kieselsäure der Sandteilchen, infolge deren auf der Oberfläche der letzteren sich eine dünne Schicht Kalksilikat bildet. Aus dem Angeführten geht also hervor, daß der Zusatz von Sand zum Kalk aus mehrfachen Gründen nötig ist und daß die Menge des letzteren derart abzumessen ist, daß nach inniger Vermischung zwischen den einzelnen Sandkörnchen nur ganz dünne Kalklagen sich befinden, welche die Sandkörner zu einer festen Masse verkitten. Diese Masse bildet nun förmlich einen Baustein für sich, der genau die Form des zwischen den Werkstücken gewesenen Zwischenraums hat und beiderseitig mit diesen sich durch eine dünne Kalkschicht verbindet, und die Festigkeit des Verbandes wird bei richtiger Mischung des Mörtels nahe kommen dem Mittel aus der Festigkeit des Quarzes (Sand) und der Festigkeit der kiesel- und kohlensäurehaltigen Verbindung, in die im Laufe der Zeit die Kalkerde übergeht. Es folgt daraus, daß für einen guten Luftmörtel reiner Sand der beste Zusatz ist.

Gewöhnlich verwendet man auf 1 cbm steifen Kalkbreies aus gutem fetten Kalk 3—4 cbm reinen Sand, auf 1 cbm mageren Kalk dagegen, der thon- und magnesiahaltig ist, nur 1—$1^1/_4$ cbm Sand. Das Festwerden des Luftmörtels beruht also, wie aus vorstehender Erörterung ersichtlich ist, zunächst auf dem Trockenwerden des Kalkhydrats, dann auf der Entstehung von Calciumkarbonat (kohlensaurem Kalk), welcher nach einigen eine Bildung von halbkohlensaurem Kalk vorangehen soll, sowie endlich auch auf der Entstehung kleiner Mengen von Kalksilikat (kieselsaurem Kalk). Doch findet die Bildung des letzteren nicht immer statt, sondern scheint von besonderen Umständen abzuhängen; denn bei der chemischen Untersuchung von Mörteln verschiedener Zeiten hat sich herausgestellt, daß zuweilen schon in jungen Mörteln sich ein kieselsaures Kalksalz gebildet hatte, während andernteils sehr alte und feste Mörtel so gut wie gar keine Kieselsäure mit dem Kalk enthielten. Und damit scheint wenigstens positiv nachgewiesen, daß die Funktion des Sandes im Mörtel nicht bloß darauf beruht, das Material für eine chemische Verbindung zu liefern, sondern daß er auch in physikalischer Weise eigentümlich wirksam auftritt; und allem Anschein nach ist gerade diese Wirkung höher anzuschlagen, als es gewöhnlich geschieht.

Hydraulische Mörtel oder Wassermörtel. Es gibt kalkartige Mineralien, welche die ganz besondere Eigenschaft haben, wenn sie gebrannt und in der Art wie der reine Kalk mit Wasser und Sand zu einem Mörtel angerührt werden, unter Wasser zu erhärten; dieselben sind deshalb für Wasserbauten ein ausgezeichnetes Material. Die Mineralien enthalten außer kohlensaurem Kalk teils freie Kieselsäure, teils kieselsaure Verbindungen, unter denen namentlich kieselsaure Thonerde (der gewöhnliche Thon) als notwendig und charakteristisch zu bezeichnen ist. Die besten natürlichen hydraulischen Kalke enthalten 20—30 Prozent Thon, eine Zusammensetzung, welche viele Mergel besitzen, die daher auch ohne weiteres gebrannt und bei Wasserbauten als Mörtel benutzt werden können.

Gewöhnlichen Kalkmörtel kann man übrigens auch durch entsprechende Zusätze zu hydraulischem Mörtel machen. Solche Zusätze heißen Zemente, und es eignen sich dazu sowohl natürlich vorkommende Mineralien als auch künstlich dargestellte Verbindungen. Verschiedene Trasse, wie der „poröse Stein“ von Andernach, aus dem Brohlthale, die Puzzolanerde von Puzzuoli bei Neapel, das Santorin von der gleichnamigen Insel, sämtlich vulkanischen Ursprungs, sind dergleichen natürliche Zemente, die seit langen Zeiten zu diesem Zwecke verbraucht werden. Bei ihnen hat die Natur den Glühprozeß schon vollzogen, welchem alle andern Materialien, die man zu künstlichen Zementen machen will, erst unterworfen werden müssen. Wir müssen also unterscheiden 1) natürliche hydraulische Kalke, d. h. solche Mineralien oder Gesteine, welche, auf gewöhnliche Weise gebrannt, ohne Zusatz eines fremden Bestandteils die Eigenschaft besitzen, unter Wasser in kurzer Zeit zu erhärten; 2) natürliche

Zemente, welche, dem fetten Kalk zugesetzt, diesem jene Eigenschaft erteilen, und 3) künstliche Zemente oder hydraulische Kalke, zu welchen der Portlandzement zu rechnen ist, während der Romanzement zu denjenigen natürlichen hydraulischen Zementen zählt, die noch gebrannt werden müssen.

Die natürlichen hydraulischen Kalke auf künstlichem Wege nachzumachen, wurde zuerst gegen den Ausgang des vorigen Jahrhunderts in England versucht, und zwar gelang dies zuerst dem Erbauer des berühmten Eddystoneleuchtturms, John Smeaton. Smeaton entdeckte in der Nähe des Bristolkanals einen thonhaltigen Kalkstein, der, gebrannt, unter Wasser erhärtete und eine bedeutende Bindekraft zeigte. Der Thongehalt war aber zu gering und der daraus gewonnene Zement konnte die teure Puzzolanerde bei dem Bau des Leuchtturms nicht ersetzen. Smeaton griff daher zu einem Kalkstein von Barnow, der 22 Prozent Thon enthielt und welchem noch die Hälfte seiner Masse Eisenerzabfälle und der vierte Teil grober Sand beigemischt wurde. Damit wurde das berühmte und segensreiche Bauwerk errichtet. Ein Eisengehalt im Zement scheint von besonderem Nutzen, denn auch diejenigen thonigen Kalksteinnieren, welche später, nach der Erfindung Smeatons, von Parker zur Herstellung von Zement verarbeitet wurden und die über der englischen Kreideformation, namentlich an den Ufern der Themse, zahlreich eingebettet liegen, verdanken ihre braungelbe Farbe einer nicht unbeträchtlichen Beimengung von Eisenoxyd. Parker ließ sich 1796 sein Verfahren patentieren und errichtete darauf die noch bestehende Romanzementfabrik, welche unter der Firma Parker, Wyatt & Comp. bis in die neueste Zeit bestanden hat. Die Fabrik verarbeitet ihr Rohmaterial in folgender Art. Die Thonnieren werden in einem Kalkofen so heftig gebrannt, daß sie anfangen zu sintern, hierauf zu Pulver gemahlen und können in dieser Form gleich als ein ausgezeichneter hydraulischer Mörtel dienen. Lange Zeit war der aus dem sogenannten Sheppysteine hergestellte Romanzement in England in ausschließlichem Gebrauch und die großartigsten Bauten sind mit ihm ausgeführt worden, außer dem Themsetunnel die London Docks, die Royal-Exchange, das Britische Museum u. s. w. Später, als das Rohmaterial nicht mehr zureichen wollte, griff man (Ingenieur James Forst) zu eisen- und manganhaltigen Mergeln, die an der Küste von Essex vorkommen, und fabrizierte daraus in großen Etablissements sehr gute Zemente. Andre Versuche folgten, zahlreiche Patente wurden gegeben; den bedeutendsten Fortschritt machte aber ein Maurer, Joseph Aspdin in Leeds, welcher auf jahrelang fortgesetzte Versuche den berühmten Portlandzement erfand.

Den Portlandzement, dessen Bereitung Aspdin patentiert wurde, erhält man durch Brennen eines in der dortigen Gegend vorkommenden gemeinen Kalksteins und durch innige Vermischung dieses Produkts mit einer gleichen Menge Thon. Die mit Wasser plastisch gemachte Masse wird zu Ziegeln geformt, diese werden getrocknet, in einem Kalkofen gebrannt und sodann ebenfalls gemahlen. Der Portlandzement kommt als eine grünlichgraue, feinsandige Masse in den Handel und führt seinen Namen deshalb, weil er an Farbe dem in England als Baumaterial viel benutzten Portlandstein nahe steht. Nach andern Verfahren brennt man Flußthon, innig mit Kreide gemengt (Pasley), und Pettenkofer weist darauf hin, daß wahrscheinlich manche natürliche Mergelsorten, die man in Bayern so schon zu Zementen brennt, noch bessere Produkte geben würden, wenn man die Masse vor dem Brennen mit Kochsalzlösung tränkte. Es gründet sich dieser Vorschlag auf die Thatsache, daß der in England verwendete Flußthon durch das eindringende Flutwasser salzhaltig gemacht worden ist. Hauptbedingungen zur Erzielung eines guten künstlichen Zements sind neben dem richtigen Mischungsverhältnis von Kalk und Thon (Thonerdesilikat), daß diese Substanzen auf das feinste gemahlen und möglichst sorgfältig gemischt werden, daß ferner die Temperatur beim Brennen der aus dieser Mischung geformten Steine eine genügend hohe, bis zur anfangenden Frittung gehende ist, während bei der Herstellung der Romanzemente und dem Brennen der hydraulischen Kalke die Temperatur nicht so hoch gesteigert werden darf.

Der Vorgang der Erhärtung der Zemente unter Wasser beruht ohne Zweifel auf der chemischen Bindung von Wasser, so daß ein wasserhaltiges Thonerdekalksilikat (Aluminiumcalciumhydrosilikat) entsteht; die Gegenwart geringer Mengen von Alkali scheint in der That die Bildung dieser Doppelhydrosilikate zu befördern.

Fig. 286. Portlandzementwerk von Schifferdecker & Söhne in Heidelberg.

Während Roman- und Portlandzement lange Zeit ein Monopol als Handelsartikel hatten, bestehen jetzt überall Zementfabriken, auch in Deutschland, und bilden einen bedeutenden Geschäftszweig. Die Zemente von Stettin, Bonn, Ulm, Kassel, Berlin, Heidelberg ꝛc. haben sich einen sehr guten Ruf erworben. Tirol liefert aus der Gegend von Kufstein vortreffliche natürliche hydraulische Kalke. Der Portlandzement wird in Tonnen von 180 kg, halben Tonnen von 90 kg oder Säcken von 60 kg Bruttogewicht in den Handel gebracht. Zur Prüfung auf seine Festigkeit bedient man sich neuerdings des in Fig. 287 abgebildeten Zementprüfungsapparates. Die Anfertigung der achtförmigen Proben zur Ermittelung der Bindekraft des Zements geschieht in folgender Weise. Man wägt 250 g Zement und 750 g trockenen Normalsand ab, mischt beides in einer Schale gut durcheinander, bringt 100 g Wasser hinzu und arbeitet die ganze Masse mit einem Spatel so lange durch, bis dieselbe einen sehr steifen Mörtel gibt, welcher das Aussehen von frisch gegrabener feuchter Erde hat und sich in der Hand gerade noch ballen läßt. Mit diesem Mörtel werden die mit Wasser angenetzten Formen auf einmal so hoch angefüllt, daß sie stark gewölbt voll werden. Dann schlägt man mittels eines eisernen Anmachespatels den überstehenden Mörtel so lange in die Formen ein, bis derselbe elastisch wird und an seiner Oberfläche sich Wasser zeigt. Man streicht nun das die Form Überragende ab und glättet die Oberfläche. Nachdem die Proben hinreichend erhärtet sind, löst man durch Öffnen der Schrauben die Formen. Um richtige Durchschnittszahlen zu erhalten, sind für jede Prüfung mindestens zehn Probekörper anzufertigen. Nachdem die Probekörper 24 Stunden an der Luft gelegen haben, werden sie unter Wasser gebracht und müssen während der ganzen Erhärtungsdauer stets vom Wasser bedeckt bleiben. Unmittelbar vor der Prüfung wird die achtförmige Probe aus dem Wasser genommen, in die Klauen des Apparates geschoben und an der verengten Stelle in der Mitte zerrissen. Diese Abreißfläche mißt 5 qcm, die also, da die Hebelübersetzung fünfzigfach ist, das fünfzigfache Gewicht tragen müssen, mithin 1 qcm das zehnfache Gewicht. Man hängt den Topf rechts an den Bügel und läßt Schrot oder Wasser bis zum Bruch einlaufen. Darauf wägt man den Topf nebst Inhalt auf einer Federwage und gibt das Zehnfache des abgelesenen Gewichts, die absolute Festigkeit, pro Quadratzentimeter an.

Das rasche Erhärten und die große Widerstandskraft des hydraulischen Kalkes machen ihn ganz vorzüglich geeignet zur Herstellung künstlicher Steine, namentlich solcher, welche in besonderen Formen oder Farben zur Ausschmückung von Baulichkeiten, Mosaikfußböden u. dergl. Anwendung finden sollen. Solche Kunststeinfabriken bestehen auch in Deutschland in ziemlicher Anzahl, nicht bloß für dekorative Gegenstände, sondern auch zur Erzeugung von Röhren, Trögen und sonstigen Artikeln, die früher nur der Steinmetz lieferte. Wir wollen uns nicht dabei aufhalten, auf die verschiedenartigen Stoffe hinzuweisen, welche man vorgeschlagen hat, mit den kalkigen Bindemitteln zu einer formbaren Masse zu vereinigen, oder die Pigmente zu nennen, mittels derer den Produkten das Aussehen bunter Marmore oder andrer Gesteine gegeben wird, bemerken nur, daß der Zusatz andrer mineralischer Bestandteile in Pulverform zu Zementen, den man vielfach empfohlen hat, in der Meinung, den Zement zu verbessern oder um an diesem zu sparen, durchaus nicht zu empfehlen ist, sogar der Zusatz von Hochofenschlackenmehl, der sogar von wissenschaftlicher Seite befürwortet wurde, ist nach andern Versuchen zu verwerfen. Nur einen Zusatz von 2 Prozent Gips hat der Verein deutscher Zementfabrikanten in seiner Generalversammlung 1883 für statthaft erklärt.

Der **Gips** ist wasserhaltiger schwefelsaurer Kalk, auch Calciumsulfat genannt. Er kommt in der Natur in geringer Menge fast in allen Wässern gelöst, in größeren Massen jedoch derb vor und bildet unter verschiedenen Formen bald nesterförmige Einlagerungen in den Gebirgsgesteinen, bald Gangausfüllungen, bald ganze Gebirgszüge, wie am südlichen Rande des Harzes, wo der Gips eine meilenlange Mauer von Osterode bis Obersdorf bei Sangerhausen zusammensetzt. Der Gips ist etwas in Wasser löslich und es bedarf 1 Teil 388 Teile Wasser von 15° C. zur Lösung. Dennoch findet sich der Gipsstein mitunter, so am Harz und namentlich im Pariser Becken, in so kompakter Beschaffenheit, daß er als Baustein verwendet wird. Die meisten alten Häuser von Paris bestehen daraus und sind gleich an ihrem schwarzen, verwitterten Aussehen kenntlich.

Die reinsten Varietäten des Gipses sind ganz weiß und erscheinen bisweilen in schönen, durchsichtigen, oft ziemlich großen Kristallen. Das bekannte Marienglas oder Fraueneis gehört darunter. Häufiger aber ist der derbe Gipsstein, welcher gepulvert mannigfache Verwendung in der Farbentechnik, in der Papierfabrikation als beschwerender Stoff, um dem Papier mehr Masse zu geben u. s. w., findet. Unreine Sorten sind oft gestreift, gebändert, marmorähnlich gezeichnet und werden deswegen, sowie da sie sich sehr leicht bearbeiten lassen, wie der Marmor zu Gegenständen mancher Art verarbeitet. Eine besonders reine Varietät des dichten Gipses ist der Alabaster, der viel zu kleineren Bildhauer- und Drechslerarbeiten benutzt wird, da er seiner Weichheit wegen sich viel leichter als Marmor behandeln läßt. Fasergips, Schaumgips u. s. w. sind Mineralien, die nur durch eigentümliche Struktur sich unterscheiden.

Außer dem gewöhnlichen, chemisch gebundenes Wasser enthaltenden Gips kommt in der Natur auch noch wasserfreies Calciumsulfat (schwefelsaurer Kalk) vor, welches Mineral den Namen Anhydrit führt. Der Gips kann von seinem Wassergehalt durch Erhitzen befreit werden, er behält dann aber immer, wie der gebrannte Kalk, das Bestreben, Wasser wieder anzuziehen und so viel aufzunehmen, als das in der Natur vorkommende kristallisierte Mineral davon enthält. Dabei verändert sich der gebrannte Gips; er schwillt auf und bekommt Festigkeit, so daß er, wenn er vorher zu dem feinsten Pulver gestoßen war, mit Wasser vermengt eine starre, in sich zusammenhängende Masse darstellt.

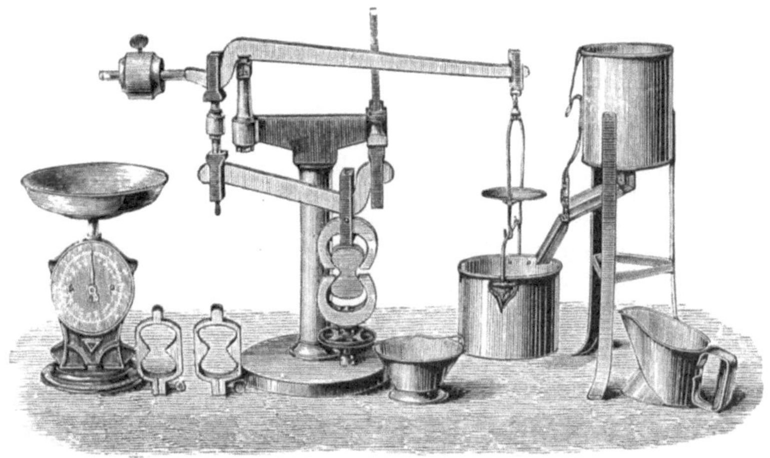

Fig. 287. Zementprüfungsapparat.

Auf diese bemerkenswerte Eigenschaft gründet sich seine ganz eigentümliche Verwendung, die eine sehr mannigfaltige ist, da sich einerseits mit Wasser angerührter feiner Gipsbrei in alle Formen bringen läßt, den feinsten Modellierungen derselben sich anlegt und beim Festwerden dieselben zum schärfsten Abdruck bringt, demnach als Abformungsmaterial ganz ausgezeichnete Dienste leistet, anderseits nach dem Erhärten seine Festigkeit hinreichend groß wird, um plastische Gegenstände, Abgüsse von Bildwerken, namentlich auch für ornamentale Zwecke (Stuck oder Stuckatur), daraus auf sehr billige Weise herstellen zu können.

Um den Gips nun dafür geschickt zu machen, brennt man die Steine auf ähnliche Weise wie den kohlensauren Kalk, entweder in besonders konstruierten Öfen oder auch bloß in geheizten Backöfen, in welche die Steine auf Eisenblechen eingeschoben werden. Da jedoch das Wasser schon bei einer Temperatur, die noch weit unter der Glühhitze steht, zum größten Teil, der Rest aber erst in der Glühhitze entweicht, erfahrungsmäßig aber festgestellt ist, daß der gebrannte Gips die meiste Bindekraft dann besitzt, wenn er noch nicht seinen ganzen Wassergehalt verloren hat, so ist eine sorgfältige Regelung der Temperatur eine Hauptbedingung für die Herstellung eines guten Produktes. An einigen Orten brennt man daher den Gips auch am liebsten bei Nacht, weil man dann das Nahen des Glühens, bis zu welchem die Hitze nicht gesteigert werden darf, an den vorausgehenden Farbenveränderungen besser erkennen kann. Überhitzter Gips verliert seine Fähigkeit, Wasser sofort wieder aufzunehmen und chemisch zu binden, er ist todtgebrannt; nach und nach jedoch erhält auch der todtgebrannte Gips, selbst wenn er bei starker Rotglühhitze gebrannt wurde, wieder die Fähigkeit, Wasser aufzunehmen und damit zu erhärten. Dem natürlichen schwefelsauren Kalk, dem Anhydrit, geht dagegen die Fähigkeit, mit Wasser zu erhärten, ganz ab.

Wenn die Steine gebrannt sind, werden sie zerschlagen und zu Pulver gemahlen. Für die feineren Zwecke der Bildnerei zieht man es aber vor, besonders reine Gipssteine vor dem Brennen zu pulverisieren, und erhitzt das Pulver sodann entweder in eisernen Kesseln oder auf Eisenblechen unter fortwährendem Umrühren, ein Verfahren, welches Bildhauer und andre Gips konsumierende Künstler häufig mit eigner Hand verrichten, und wozu sie dann das Mehl von Alabaster oder Fraueneis gebrauchen. Die Ursache der Erhärtung des gebrannten Gipses beim Mischen mit der geeigneten Menge Wasser liegt nicht allein in der chemischen Bindung des Wassers, wobei übrigens eine geringe Ausdehnung und Erwärmung stattfindet, sondern auch darin, daß eine gesättigte Lösung von Gips in Wasser entsteht, aus welcher kleine Kriställchen von Gips zwischen den bereits fest gewordenen Gipsteilchen auskristallisieren, die nun letztere zu einer zusammenhängenden Masse verbinden.

Um den gebrannten pulverigen Gips zu Formstücken oder Bildwerken zu verwenden, rührt man ihn mit reinem Wasser in einem des Anhängens wegen mit Öl ausgestrichenen Gefäße an, wobei man dafür zu sorgen hat, daß der Brei durchweg gleichmäßig und vorzüglich ganz frei von Luftblasen ist. Statt reinen Wassers kann man auch eine dünne Leimlösung, saure Milch und andre Flüssigkeiten anwenden und dem Gipse dadurch entweder eine gewünschte Farbe, größere Härte, Durchscheinendheit oder andre Eigenschaften mitteilen. Der Grad der Konsistenz, welche man dem Gipsbrei zu geben hat, richtet sich nach dem Zwecke. Zu Figuren und Abdrücken, welche die Originale auf das genaueste wiedergeben sollen, bereitet man sich eine dünne Masse, die allerdings langsamer erhärtet, dabei aber Zeit hat, die feinsten Räume auszufüllen und sich den zartesten Vertiefungen anzulegen, während man massige Erzeugnisse, bei denen es auf so subtile Feinheit nicht ankommt, aus dickerem Brei formt, der rascher erhärtet.

Das Formen des Gipses. Verhält sich solchergestalt der Gipsbrei ähnlich wie eine geschmolzene Metallmasse, so werden für die Darstellung der Modelle und Formen auch ähnliche Vorschriften gegeben werden können, die wir schon früher beim Guß von Kunstsachen befolgt sahen. Die Modelle macht man von Wachs, über welche man durch fortgesetzte Aufstriche von Gips eine Form herstellt; aus dieser wird, wenn sie die erforderliche Dicke erlangt hat, das Modell durch Erhitzen herausgeschmolzen. Derartige Formen können im Ganzen erhalten werden; wenn man aber feste Körper abzuformen hat, wird oft der Fall eintreten, daß man die Form, um sie abzulösen, zerstückeln muß. Da bei jedem Abguß derselbe Fall sich wiederholen würde, so hat man auf diesen Umstand bei solchen Formen, die öfters benutzt werden sollen, schon von vornherein Rücksicht zu nehmen. Nach der Beschaffenheit des abzuformenden Modells macht sich der Künstler einen Plan, um unter Beobachtung der einspringenden Stellen die Gipsform in möglichst große Stücke zu zerschneiden, welche man für jeden Abguß mit sehr dünnem Gipsbrei wieder zusammenkittet. Das Zerschneiden geschieht mit einer feinen Säge. Bei sehr großen Modellen von Thon, deren Masse sich aus der ganzen Hohlform nur schwierig entfernen lassen würde, und die auch ein Zersägen über dem Modell nicht gestattet, legt man, ehe der erste Gipsüberzug aufgestrichen wird, einen Faden so über das Modell, daß er dasselbe passend in zwei Hälften teilt und, indem man ihn durch die fertig aufgestrichene, aber noch nicht vollständig erhärtete Gipsmasse abzieht, schneidet man aus dieser die beiden Formstücke, deren Trennungsflächen man mit einer in Öl getauchten Feder bestreicht, damit sie nicht wieder zusammenbacken. Genügt die Teilung in Hälften nicht, so kann man durch mehrere solcher Fäden auch kleinere Formstücke noch ablösen.

Formen des menschlichen Körpers, Arme, Hände u. s. w., können der Natur der Sache nach auf keine bequemere Art angefertigt werden, als daß man den abzuformenden, vorher von allen Härchen befreiten und gut eingeölten Teil ringsum mit Gipsbrei umgibt. Dabei muß er gehörig unterstützt sein, damit nicht durch Anstrengung oder Erschlaffung eine unbeabsichtigte Thätigkeit der Muskeln während der Abformung eintritt. Man legt nun wohl einen Faden und teilt damit die Form in zwei Hauptteile; es genügt dies jedoch nur in seltenen Fällen, um die Form frei abheben zu können. Öfters muß man sie in mehrere Stücke zersprengen oder zersägen, und man bereitet dies vor, indem man mittels eines feinen Bossierholzes in die Formmasse, solange sie noch weich ist, an den passendsten Stellen Einritzungen bis beinahe an die Haut macht. Ist der Gips vollständig erhärtet, so treibt man in diese Klüfte kleine Keile und zerbricht damit die Form in einzelne Stücke, die zum Behufe des Abgießens mit Fäden wieder verbunden werden. Die Anfügestellen sind auf den Abgüssen als erhabene Nähte zu bemerken und werden, um die Treue des Bildes nicht zu beeinträchtigen, in der Regel nicht verputzt. Bei der Abformung großer Statuen befolgt man noch ein andres Verfahren, wobei man durch aufgesetzte Thonblättchen oder durch geöltes Kartenpapier die Figur mit lauter oben offenen Kästchen überzieht, in welche man den Gipsbrei eingießt. Die Trennung der einzelnen Formteile erfolgt sehr leicht, und die Wiedervereinigung geschieht ganz auf die nämliche Weise, wie wir schon angegeben haben. Wie als Formmaterial dient weiterhin der gebrannte Gips auch zur Herstellung der Gußstücke.

Das Gießen des Gipses verlangt vor allem eine Form, von welcher sich die leicht anhaftende Gußmasse ohne Schwierigkeit wieder ablösen läßt. Ist daher die Form auch von Gips, so muß sie vor dem Guß gut eingeölt werden. Daß beim Gießen selbst alle die eignen Vorsichtsmaßregeln zum Entweichen der in der Form eingeschlossenen Luft getroffen werden müssen, wie beim Metallguß, versteht sich von selbst. Der Gipsbrei darf nicht sehr steif sein, so daß er sich in der Form, ohne daß diese vollständig damit angefüllt zu sein braucht, nach allen Seiten hin schwenken lassen kann. Fängt er an zu erstarren, so gießt man das noch Flüssige aus der Form heraus. Auf solche Weise erhält dieselbe nur einen dünnen Überzug im Innern; durch mehrmaliges Wiederholen dieser Manipulation aber verstärkt man die Schicht, bis sie die genügende Dicke erreicht hat.

Bei sehr großen Gegenständen, namentlich bei Figuren, die man nicht in einzelnen Stücken gießen will und deren Form man nur schwierig durch Drehen und Wenden mit der Gipsmasse auf die angegebene Weise würde ausfüllen können, treibt man den leichtflüssigen Brei mit Hilfe der Zentrifugalkraft in die einzelnen Abteilungen des Hohlraumes, indem man die Form auf eine rotierende Scheibe setzt, welche, je nachdem der Gipsbrei Teile ausfüllen soll, die näher oder entfernter der Drehungsachse liegen, in mehr oder weniger rasche Umdrehung versetzt wird.

Um den Gipsgegenständen den trockenen Ton zu benehmen, der ihnen im Vergleich zu der weichen Durchscheinendheit des Marmors ein kaltes, todtes Aussehen gibt, kann man sie mit geschmolzener Stearinsäure oder mit Paraffin tränken. Es ist dies Verfahren jedoch nur bei kleinen Gegenständen anwendbar. Dagegen lassen sich solche Gipsabgüsse, die den atmosphärischen oder sonstigen zerstörenden Einflüssen ausgesetzt werden sollen, zweckmäßigerweise durch Eintauchen in Lösungen von Leim, Alaun oder Borax härten. Man macht von dieser Eigenschaft besonders auch zur Belegung von Wandflächen Gebrauch, indem man die Gipsmasse mit Leimwasser anmacht und geeignete Farbestoffe zusetzt; durch Ineinandermengen solchen verschiedenartig gefärbten Breies in weichem Zustande lassen sich Marmor und ähnliche bunte Gesteine nachahmen. Die Flächen werden glatt gestrichen, nach dem Erhärten fein geschliffen, schließlich noch, um den Glanz zu heben, mit Leinöl getränkt und mit Terpentinöl und weißem Wachs poliert (Stuckmarmor, Ölstuckatur).

Als Industriezweig wird die Gipsgießerei vorzüglich in Italien betrieben, von wo unzählige Abgüsse alter und neuer plastischer Kunstwerke nach allen Ländern der Erde vertrieben werden. Wenn auch nicht ausnahmslos, so hat in diesen Erzeugnissen der Gips für die Welt doch eine große ästhetische Bedeutung, denn er ist das einzige Mittel der Vervielfältigung für Werke, von denen weder Beschreibungen noch Abbildungen genügende Vorstellungen zu erwecken im stande sind. Ohne ihn würde das Studium der alten Kunst mit seiner unvergleichlich befruchtenden Kraft ein höchst mühsames, weil nur an denjenigen Orten vorzunehmendes sein, wo die überlieferten Werke in natura aufbewahrt werden, wenn es nicht geradezu unmöglich wäre, weil die der Zerstörung entgangenen Bildwerke weithin in den Sammlungen zerstreut sich finden und eine vergleichende Nebeneinanderstellung, wie sie jetzt mit verhältnismäßig geringen Mitteln zu ermöglichen ist, nie zu bewerkstelligen sein würde.

Der Gebrauch des gebrannten Gipses als plastisches Material ist übrigens sehr alt, er wird schon von Herodot erwähnt. Nach diesem Vater der Geschichtschreibung soll zu seiner Zeit schon in Äthiopien die Sitte geherrscht haben, die Leichname der Verstorbenen an der Sonne zu trocknen, um sie sodann mit Gips zu überziehen und auf diese Weise ein Abbild zu erhalten, das mit Farben bemalt wurde. Vitruv erwähnt des Gipsstucks, und Plinius weist auf die Verwandtschaft des Gipses mit dem Kalk hin. Es scheint aber, daß in späteren Zeiten von der eigentümlichen Bildsamkeit unsres Materials kein Gebrauch gemacht worden ist, und wenn sie früher wirklich in der gedachten Weise gekannt war, das Arbeiten in Gips in Vergessenheit gekommen ist; wenigstens nimmt man an, daß unsre heutige Gipstechnik zuerst um das Jahr 1300 in Italien von Margaritone geübt und besonders im 15. Jahrhundert von Bildhauern und Baukünstlern der Frührenaissance vervollkommnet worden sein soll. Zu erwähnen ist noch, daß der gebrannte Gips auch in der Chirurgie eine wichtige Verwendung findet, nämlich zum Gipsverband.

An die Betrachtung der Kalkerde schließen wir noch mit einigen Worten die Erwähnung zweier Erden, welche in chemischer Beziehung mit jener große Ähnlichkeit haben: Baryt und Strontian. Sie sind, wie die Kalkerde, die Oxyde metallischer Elemente (Baryum und Strontium) und kommen in der Natur teils in Verbindung mit Kohlensäure, öfter aber und in größeren Massen in Verbindung mit Schwefelsäure vor. Die kohlensauren Verbindungen dieser beiden Metalle, das Baryumkarbonat oder der Witherit und das Strontiumkarbonat oder der Strontianit, sind für die Fabrikation der Baryt- und Strontianpräparate von großer Wichtigkeit, da sich die letzteren viel leichter daraus herstellen lassen als aus den Sulfaten, den Schwefelsäureverbindungen, letztere sind der Schwerspat (schwefelsaurer Baryt oder Baryumsulfat) und der Cölestin (schwefelsaurer Strontian oder Strontiumsulfat).

Barytsalze dienen schon länger bei der Feuerwerkerei: chlorsaurer und salpetersaurer Baryt färbt die Flamme prachtvoll grün, wie sie der salpetersaure Strontian feurig rot färbt. Anstatt des Gipses dient fein pulverisierter Schwerspat auch als Zusatz zur Papiermasse und sein hohes spezifisches Gewicht ließ ihn unter den Papierfabrikanten viel Liebhaber finden. Man verwendet ihn ferner als Zusatz zu Deckfarben, um sie heller zu machen, als Bestandteil gewisser Gläser und Thonwaren. Ein viel schönerer weißer Farbeartikel und deswegen bereits der Gegenstand einer lebhaften Fabrikation ist aber der künstlich erzeugte, aus Auflösungen niedergeschlagene schwefelsaure Baryt, das sogenannte Blanc fixe oder Permanentweiß, worüber Näheres bei den Ersatzmitteln für Bleiweiß. Leider ist die Fabrikation bei uns eine schwierige, da als Rohstoff nur Schwerspat zu Gebote steht; der viel leichter zu behandelnde kohlensaure Baryt (Witherit) findet sich in größeren Mengen nur in England. Da man aber in der Färberei bei der Darstellung der vielgebrauchten essigsauren Thonerde nicht mehr Bleizucker (essigsaures Bleioxyd) und schwefelsaure Thonerde zum Austausch ihrer Bestandteile miteinander zusammenbringt, sondern statt des Bleisalzes essigsauren Baryt anwenden kann, so ist damit der Barytverwertung als Farbstoff ein günstiges Feld eröffnet. Das Chlorbaryum (salzsaurer Baryt) wird zuweilen als Mittel gegen Kesselstein verwendet. Außerdem scheint es, als ob der Baryt in der Glasmacherei dem Bleioxyd die Rolle streitig machen wolle. Er läßt sich wie dieses in die Glasmasse einführen, und da er derselben ebenfalls eine ungemein starke Brechbarkeit zu erteilen vermag, so dürfte der Umstand, daß die Barytgläser der Verwitterung und der mechanischen Verletzung ihrer größeren Härte wegen weniger unterworfen sind als die Bleigläser, viel zu seiner Aufnahme in jenen wichtigen Industriezweig beitragen.

Die Strontianverbindungen haben außer der erwähnten Benutzung in der Kunstfeuerwerkerei erst in neuerer Zeit eine weitere Verwendung gefunden, worüber später bei Betrachtung der Zuckerfabrikation (Strontianverfahren) näher berichtet werden soll. Die aus diesen Erden darstellbaren Metalle, das Baryum und das Strontium, sind für technische Zwecke nicht geeignet, weil sie zu weich und unbeständig sind. Diese Metalle gehören, wie auch das Calcium, zu einer Gruppe, deren spezifisches Gewicht zwischen 2 und 3 schwankt; sie verbrennen mit lebhaftem Glanze an der Luft. Das Strontium ist von messinggelber Farbe, das Baryum silberweiß.

Ein kleiner Ring
Begrenzt unser Leben,
Und viele Geschlechter
Reihen sich dauernd
An ihres Daseins
Unendliche Kette.

Goethe.

Alaun, Soda und Salpeter.

Die Alkalien im Haushalt der Natur. Geschichtliches. Kali und Natron. Die Pottasche und ihre Gewinnung. Ätzkali. Der Alaun. Alaunerze und Alaunsiederei. Schwefelsaure Thonerde. Die Soda; natürliche und künstliche. Leblancs Verfahren zur Bereitung der letzteren. Kochsalz. Chemische Vorgänge dabei. Auslaugen. Reindarstellung. Wasserfreie kalzinierte und kristallisierte Soda. Der Salpeter. Natürliche Salpetererzeugung in der Luft und im Boden. Salpeterplantage. Raffinieren. Natron- oder Chilisalpeter. Vorkommen, Gewinnung und Verarbeitung desselben auf salpetersaures Kali. Die Salpetersäure. Ihre Darstellung und Wirkungsweise. Königswasser. Chlor- und Salzsäure.

Binden und Lösen — was gibt es für des Menschen Handeln Bestimmenderes? Das ganze Leben bewegt sich zwischen diesen beiden Polen. Jeder Entschluß, selbst der geringste, bindet den freien Flug unsres Geistes und gibt ihm feste Form und Richtung; jedes Entsagen, selbst das leichteste, löst unserm Willen die Fessel. Unbegrenzte Freiheit ist nur im Schlaf, im Tod und Vergessen; aber sie erzeugt kein Gebilde, sie ist der wesentliche Zustand des Nichts. Und wie im Reiche geistiger Thätigkeit, so ist in der großen

Natur alles Werdende ein Binden, alles Bestehende ein Gebundenes, alles Vergehen ein Wiederzerfallen der Gebilde in ihre Elemente. Wie viele Einzelringe aber auch die schön gegliederte Kette natürlicher Erscheinungen zusammensetzen, es sind zwar alle von gleicher Bedeutung für das fertige Gebilde; das Entstehen aber fördern die einen mehr, die andern weniger.

Wie ein Taschenspieler eine Anzahl Reifen auf hundertfache Art miteinander verschlingt und dir, wenn du sie betrachtest, jeder derselben in sich geschlossen und fest erscheint, bis auf zwei oder drei, die eine fein versteckte Feder öffnet, so daß von diesen allein das Entstehen der wechselnden Figuren abhängt, so verbindet die Allzauberin Natur durch wenige bewegliche Mittelglieder die Menge aller übrigen schwerbeweglichen Stoffe zu unzähligen Körpern.

Und diese wenigen Mittelglieder sind die **Alkalien**, leichtbeweglich durch ihre Löslichkeit im Wasser, mit dem sie den Kreislauf durch alle Reiche der Erde machen: **Kali**, **Natron**, **Lithion** und die in neuerer Zeit durch die Spektralanalyse dazu entdeckten **Cäsion** und **Rubidion**. Zwar in der Art seiner Zusammensetzung ganz anders beschaffen, in seinem Verhalten aber von so großer Übereinstimmung mit den genannten, daß es fast zu denselben gezählt werden kann, ist das **Ammoniak**, eine Verbindung von Stickstoff und Wasserstoff, die wir aber dieser ihrer abweichenden Konstitution wegen hier nur beiläufig mit erwähnen werden. Was die Alkalien, chemisch genommen, sind, daß wir sie als Oxyde besonderer leichter Metalle ansehen müssen, das Kali als Kaliumoxyd, das Natron als Natriumoxyd, das Lithion als Lithiumoxyd u. s. w., wie sie in der Natur als Bestandteile der festen Gesteine vorkommen und aus diesen durch das Wasser aufgelöst werden, das zu betrachten haben wir beiläufig schon Gelegenheit gehabt. Zu den genannten fünf Alkalimetallen, dem Kalium, Natrium, Lithium, Cäsium und Rubidium gesellt sich noch eins, das eine eigentümliche Doppelstellung einnimmt, das **Thallium**, sein Oxyd und viele seiner Verbindungen sind denen der Alkalien so ähnlich, daß man veranlaßt wird, dieses Metall zu den Alkalimetallen zu stellen; anderseits sind aber die Eigenschaften des Thalliums selbst, sowie auch diejenigen mehrerer andrer Verbindungen desselben der Art, daß die Stellung des Metalls neben dem Blei gerechtfertigt erscheint.

Die Kieselsäure, an welche die Alkalien in den Steinen meistenteils gebunden sind, wird im Laufe der Verwitterung von der Kohlensäure der Luft zum Austritt gezwungen, und es entsteht nun kohlensaures Salz, das bei seiner großen Löslichkeit bald von den Wässern ausgezogen und in die weite Welt eingeführt wird zu allerlei Bestimmung und Wandlung. Je heißer durch die unterirdische Glut die Wasser auf die von ihnen durchsickerten Gesteine einwirken, um so stärker ist ihre zersetzende Kraft, um so mehr werden sie von den löslichen Bestandteilen aufnehmen, wie wir an Mineralwässern beobachten können. Denn die Alkalien können im Boden oder Wasser noch öfter Veranlassung finden, von einer Säure auf die andre überzugehen. Jedenfalls dürfen wir nicht erwarten, die Alkalien anders als in Form von **Salzen** in der Natur anzutreffen. Was von den Alkalien in den Kreis des Pflanzenlebens aufgenommen ist, erscheint hier gebunden an die Säure, welche sich in den Gewächsen je nach ihrer Natur und durch Einwirkung der Alkalien bilden (Pflanzensäuren). In der Traube des Weinstocks z. B., der ein starker Kalikonsument ist, finden wir doppeltweinsaures Kali (**Weinstein**), in den Vogelbeeren apfelsaures, in der Zitrone zitronensaures Kali oder Natron u. s. w. Zuweilen findet sich auch ein Teil des Alkalimetalls als Nitrat (salpetersaures Salz) in der Pflanze. Äschern wir aber Pflanzenkörper ein und laugen die Asche mit Wasser aus, so erhalten wir stets nur wieder **kohlensaures Salz** (Karbonat), denn die Pflanzensäuren werden durch das Feuer zerstört aber allsogleich durch Kohlensäure, das Produkt der Verbrennung jener, ersetzt.

Kommt irgendwo Natron mit Chlorgas, mit Dämpfen von Salzsäure oder salzsäurehaltigem Wasser zusammen, so wird Chlornatrium (**Kochsalz**) gebildet. Da aber solche Begegnungen in der freien Natur doch nur sehr vereinzelt vorkommen dürften, so fehlt uns eigentlich eine klare Vorstellung darüber, unter welchen Umständen die ungeheuren Massen Kochsalz, die teils in den Meeren aufgelöst, teils in der Erde als Steinsalz aufgespeichert liegen, einst gebildet worden sein mögen. Wir müssen uns damit begnügen, zu wissen, daß dieses so wichtige Material in unerschöpflicher Menge da ist, daß nicht allein sämtliche Weltmeere als stark verdünnte Salzlösungen zu betrachten sind, sondern auch längst ausgetrocknete Meere uns ihren Salzgehalt in Form mächtiger Steinsalzlager hinterlassen haben. Und selbst wo eine solche Salzniederlage von Menschen noch unentdeckt in der Erde ruht, ist sie vielleicht vor Jahrtausenden schon von irgend einer Quelle auf ihren unterirdischen Reisen aufgefunden worden; diese kann durch den Salzstock nicht hinfließen, ohne sich durch Auflösen mehr oder weniger davon anzueignen, und tritt endlich als segensreiche Salzquelle irgendwo in das Bereich der Oberwelt.

Außer mit Kieselsäure und Chlor finden sich die Alkalimetalle im Mineralreiche auch noch in andrer Verbindung vor, so mit Salpetersäure als Nitrate (Kali- und Natronsalpeter), mit Schwefelsäure als Sulfate (so Kaliumsulfat im Abraumsalze und Alaun, Natriumsulfat als Glauberit), ferner Natrium als Borat, Jodat und in Verbindung mit Fluor und Aluminium im Kryolith und mancherlei andern Verbindungen. Sind nun auch alle diese Vorkommnisse für die Zwecke der Technik von Wert, so nehmen doch einzelne derselben unsre Aufmerksamkeit ganz besonders in Anspruch durch die Massenhaftigkeit ihres Auftretens, demzufolge sie für die Verarbeitung auf künstlichem Wege als Ausgangsmaterialien dienen, und namentlich sind in dieser Beziehung das Kochsalz, die kohlensauren Verbindungen, Pottasche und Soda, der Alaun sowie endlich der Salpeter als Kali- und Natronsalpeter bemerkenswert.

In althistorischer Beziehung läßt sich über Kali und Natron nicht viel beibringen, wie dies ja mit andern technischen Dingen ebenso geht. Die alten Griechen hatten ein Nitron, das sie zum Waschen brauchten, und das wohl nichts andres als natürliches kohlensaures Natron aus afrikanischen Natronseen gewesen sein wird. Erscheint auch die gewöhnliche Erzählung von der Erfindung des Glases an sich unglaublich, so lernen wir doch daraus, daß das Nitron ein Handelsartikel und auch seine Dienlichkeit zum Glasmachen bekannt war, wenn auch als die gewöhnlichen Rohstoffe für Glas bei den Alten nur Asche und Sand genannt werden. Aus Asche mittels Kalk Ätzlauge zu machen, scheint Griechen und Römern bekannt gewesen, die Bereitung von Seife aus Ätzlauge und Talg aber eine Erfindung der Deutschen oder Gallier zu sein. Das Laugensalz, das als Rückstand beim Eindampfen der Aschenlauge erhalten wird, dürfte bei dieser leichten Darstellungsweise schon sehr lange bekannt gewesen sein. Im 13. Jahrhundert bereits wird es erwähnt. Später wurde es Handelsartikel und erhielt den Namen Pottasche, weil man es seiner Zerfließlichkeit halber in zugebundenen Töpfen (Pots) versendete. Lange aber dauerte es, ehe man erkannte, daß man zwei verschiedene Laugensalze erhält, je nachdem die Asche von Hölzern oder Landpflanzen überhaupt oder von See- und Küstenpflanzen stammt. Man benutzte jahrhundertelang beiderlei Aschen zum Glasmachen, wie es die Gelegenheit gab. Auch sind beide Salze sich in den meisten Stücken sehr ähnlich, nur daß das Kalisalz, die Pottasche, aus der Luft Wasser anzieht, feucht und zerfließlich wird, während das Natronsalz oder die kristallisierte Soda immer mehr austrocknet. Erst im Anfange des 18. Jahrhunderts wurde man auf die chemischen Unterschiede aufmerksam, und der Berliner Chemiker Marggraf setzte 1758 die Eigentümlichkeit des Natrons außer Zweifel; er wies auch nach, daß es einen Bestandteil des Kochsalzes wie des Glaubersalzes ausmache.

Wenden wir uns zunächst den Kaliverbindungen zu, so ist das kohlensaure Salz, die sogenannte Pottasche, dasjenige, welches wir überall und auf dem kürzesten Wege der Natur abgewinnen können.

Die Pottasche. Das kohlensaure Kali, jetzt Kaliumkarbonat genannt, wurde früher nur aus den durch Verbrennung von Landpflanzen erhaltenen Aschenrückständen dargestellt. Da sich in der Asche alle diejenigen mineralischen Bestandteile wiederfinden müssen, welche die Pflanze dem Boden entzogen hat, so werden wir vermuten dürfen, bei Aschenanalysen auf eine ziemlich zahlreiche Gesellschaft von Stoffen zu stoßen, denn es ist uns bekannt, daß im Erdboden neben Alkalien auch Kalk-, Magnesia-, Thonerde-, Eisensalze und dergleichen enthalten sind. Alle diese Salze aber werden, sobald sie löslich sind oder durch Wurzelausscheidungen der Pflanze löslich gemacht werden können, auch von den Pflanzen mehr oder weniger leicht aufgenommen, und wenn vielleicht einige derselben auch nicht zur Bildung von pflanzlichen Organen verarbeitet werden, weil sie dazu nicht unbedingt notwendig sind, so werden sie doch in der Asche vorübergehend sich mit vorfinden können.

Selbst sehr kleine Mengen von Mangan und Kupfer hat man in der Asche sehr vieler Pflanzen aufgefunden. In Gesellschaft dieser Basen treten Kieselsäure, Kohlen-, Phosphor-, Schwefel-, Salz- und Salpetersäure in den Organismus der Pflanzen ein, der ihrer zur Bildung seiner Produkte nicht entraten kann. Sie müssen wir, mit Ausnahme der Salpetersäure, deren Salze nicht feuerbeständig sind, ebenfalls in der Asche wieder antreffen. Und je nach der Natur der Pflanze finden wir sie auch darin, und zwar in derselben Pflanze immer in sich ziemlich gleichbleibenden Verhältnissen, die nur durch das verschiedene Alter, die Jahreszeit und die besondere Beschaffenheit des Bodens in besonderer, aber gesetzmäßiger Weise beeinflußt werden.

Durch Behandeln der Aschenrückstände mit Wasser kann man die alkalischen Bestandteile von den erdigen, weniger löslichen oberflächlich trennen, und namentlich geht das Kaliumkarbonat, welches den vorwiegendsten Bestandteil derselben ausmacht, vollständig in Lösung. Dasjenige, was man erhält, wenn man diese Lösung eindampft, ist die sogenannte rohe Pottasche.

Sie wird im großen auf ganz dieselbe ursprüngliche Weise dargestellt, die wir eben angegeben haben. Es gibt holzreiche Ländergebiete in Amerika, Rußland, Illyrien, Ungarn &c., wo jenes Naturerzeugnis bei der verhältnismäßig geringen Bevölkerung, oder weil ungünstige Bodenverhältnisse einen Weitertransport des Holzes nicht gestatten, nur einen geringen Wert hat, so daß, wenn auch die besten Stücke der Stämme verbraucht werden können, doch die Äste und Zweige nutzlos verrotten würden, wenn nicht die Holzhauer oder öfters eine besondere Klasse von Arbeitern, die Aschenbrenner, es sich angelegen sein ließen, diese Holzreste in große Haufen zusammenzuschichten, trocknen zu lassen und sodann zu verbrennen, um die dabei übrig bleibende Asche zu sammeln. Es hat jedoch die Produktion von Pottasche in den genannten Ländern schon bedeutend abgenommen im Vergleich mit früher und dürfte bald ganz aufhören, seitdem man auch dort genötigt ist, die Wälder immer mehr zu schonen. Die Waldasche wird nun von jenen Arbeitern entweder selbst auf rohe Pottasche verarbeitet oder weiter an größere Etablissements verkauft, in welchen dieselbe ausgelaugt wird. Dieser Prozeß und der darauf folgende der Reinigung und des Kalzinierens ist ein so einfacher, daß wir an dieser Stelle wenig darüber zu sagen brauchen. Die rohe Waldasche oder die aus den Öfen bei Holzfeuerung gesammelte Brennasche wird in gepulvertem Zustande auf einem durchlöcherten und mit Stroh belegten Boden in große Bottiche (Äscher) gebracht und in der Art mit Wasser behandelt, daß das aus dem ersten Bottich ablaufende noch einmal über die in dem zweiten Bottich enthaltene Asche geht u. s. w. In den letzten Bottich kommt die frische Asche, hier sättigt sich die Lösung vollends. Die allmählich sich erschöpfende Asche aber wird aus einem Bottich in den andern gebracht und kommt auf diese Weise mit immer geringhaltigeren Lösungen zusammen, bis sie endlich in das erste Auslaugegefäß gelangt, wo das einströmende frische Wasser ihr die letzten Spuren löslicher Bestandteile entzieht. Die Auslaugung geschieht nur mit kaltem Wasser, weil darin die hauptsächlichsten, in der Asche enthaltenen Verunreinigungen weniger löslich sind als die Pottasche. Der aus Calciumkarbonat und Calciumphosphat, Thon und Sand bestehende Rückstand wird als Dünger verwendet. Durch Abdampfen der Lauge, was unter fortwährendem Umrühren zu geschehen hat, erhält man die Pottasche als eine feste Masse in Form rundlicher Klumpen, die noch ca. 12 Prozent Wasser enthalten (ausgerührte Pottasche); wird dagegen nicht gerührt, so muß die feste Masse mit Hammer und Meißel aus der Pfanne losgeschlagen werden, enthält aber dann nur noch 6 Prozent Wasser (ausgeschlagene Pottasche). In beiden Fällen ist die Ware durch organische Beimengungen braun gefärbt; um sie davon und von dem Wassergehalt zu befreien, wird sie im Flammofen unter fortwährendem Rühren erhitzt (kalzinierte Pottasche), bis die Färbung verschwunden ist. Die Ausbeute an Pottasche ist bei verschiedenen Pflanzen sehr verschieden; während 1000 kg Fichtenholz noch nicht $^1/_2$, Pappelholz etwa $^3/_4$, Eichenholz $1^1/_2$ kg geben, liefern die krautartigen Gewächse viel mehr, Brennesseln bis 25 kg, Wickenkraut $27^1/_2$, Erdrauchkraut sogar 79 kg kohlensaures Kali.

Was das Raffinieren der Pottasche und ihre Überführung in den Zustand chemischer Reinheit anbelangt, so geschieht dies lediglich dadurch, daß man die Rohware mit nur wenig Wasser behandelt, durch welches das Kaliumkarbonat gelöst wird, während die noch vorhandenen weniger löslichen Salze zurückbleiben, die aber selbstverständlich noch kalihaltig bleiben. Selbst die Trennung von dem kohlensauren Natron, welches in der aus Pflanzenasche dargestellten Pottasche immer enthalten ist, gelingt auf keine andre Weise leichter und vollständiger als unter Benutzung der verschiedenen Löslichkeit beider Salze.

Für die meisten Zwecke, zu denen die Pottasche verwendet wird, ist aber eine absolute Reinheit gar nicht einmal notwendig. Der Seifensieder begnügt sich gern mit minder gereinigter und dafür billigerer Ware, während freilich der Glasfabrikant für besonders feine Gläser ein sehr reines Produkt verlangt. Da, wo es auf chemische Reinheit ankommt, wie in Apotheken und chemischen Laboratorien, beschaffte man früher das Salz durch Glühen von Weinstein (weinsteinsaurem Kali), wobei die Weinsteinsäure zu Kohlensäure verbrennt, die an Stelle jener mit dem Kali verbunden bleibt. Dies ist das alte Sal tartari. Heutzutage hat man andre Methoden der Reindarstellung.

Aber nicht bloß aus Wäldern und Steppen, sondern auch aus Weinbergen und von Zuckerrübenfeldern wird jetzt Pottasche bezogen, allerdings nur unter der Bedingung, daß diesen Kulturländern der Kaliverlust auf andre Weise im Dünger ersetzt werden muß, wenn sie ertragfähig bleiben sollen, denn Weinstock wie Rüben verlangen einen kalireichen Boden. Vom ersteren sind es die Weinhefe und die Trebern, welche getrocknet, kalziniert und ausgelaugt werden, nachdem man zuvor noch andre nutzbare Stoffe ihnen entzogen hat. Bei der Gewinnung des Rübenzuckers fällt ein mit Salzen sehr verunreinigter Sirup (Melasse) ab, den man in geistige Gärung versetzt, um durch Destillation Spiritus daraus zu gewinnen. Die verbleibende Schlempe, welche das Salz enthält, ist ein lästiges Nebenprodukt, das nicht einmal in kleine Gewässer entlassen werden darf, also notgedrungen verarbeitet werden muß, obgleich dabei selten und höchstens bei ganz wohlfeilem Brennmaterial sich ein kleiner Gewinn herausstellt. Bei den umständlichen Arbeiten des Eindampfens, Kalzinierens, Auslaugens, Wiedereindampfens u. s. w. ist daraufhin zu arbeiten, daß die fremden Salze, Soda, schwefelsaures Kali und Chlorkalium, möglichst durch Kristallisation abgeschieden werden. Auch läßt sich die Sache so leiten, daß Pottasche und Soda (letztere etwa 10 Prozent) beisammen bleiben, da dies Gemisch auch eine Verkaufsware ist. Einen Übelstand hat jedoch diese aus Rübenschlempe gewonnene Pottasche, der sie zur Verwendung für optische Gläser untauglich macht; es ist dies ein geringer Gehalt von phosphorsaurem Kali, infolgedessen die Gläser trübe werden. Neuerdings wird nach dem Verfahren von Vincent die Schlempe in eisernen Retorten der trockenen Destillation unterworfen, wobei man eine lockere, leicht auszulaugende Schlempekohle als Rückstand erhält, sowie Ammoniak, Trimethylamin und Methylalkohol als Destillationsprodukte, neben Leuchtgas. Daß die Menge der hierbei entstandenen Produkte nicht unbedeutend ist, geht daraus hervor, daß beispielsweise eine Fabrik in Couvrières auf diese Weise täglich 100 kg Methylalkohol, 1600 kg schwefelsaures Ammoniak und 180 kg rohe Trimethylaminsalze gewinnt. Seit Einführung des Entzuckerungsverfahrens der Melasse (Osmose) ist jedoch die Gewinnung von Spiritus und Pottasche aus Melasse in Deutschland im Rückgang begriffen.

Interessant ist auch die Thatsache, daß eine nicht unbedeutende Menge Pottasche aus den bei der Schafwollwäscherei abfallenden Wollschweiß enthaltenden Wässern dargestellt wird; man dampft die Wässer in besonders konstruierten Flammöfen unter Mitwirkung eines Exhaustors ab und kalziniert den Rückstand. Die hierbei entstehenden brennbaren Gase werden entweder zur Beleuchtung benutzt oder in die Feuerung geleitet. Veranschlagt man den europäischen jährlichen Wollverbrauch zu 482 000 000 kg, so würden sich hieraus allein 53 500 000 kg Pottasche gewinnen lassen.

In allen diesen Fällen empfangen wir also das Kali aus zweiter Hand, und dies schien auch so bleiben zu sollen, denn den Stoff im Mineralreich selbst, namentlich im Feldspat aufzusuchen, hatte man zwar angefangen, aber auch bald wieder aufgehört; die Sache war zu kostspielig. Da that sich unerwartet eine Gelegenheit auf, Kali aus der Erde graben zu können: es wurde das ungeheure Steinsalzlager von Staßfurt erschlossen und man fand als Zugabe, weit wertvoller als das Salz selbst, in den obenauf liegenden Abraumschichten Kalivorräte, die wohl in Jahrhunderten nicht zu erschöpfen sind.

In dem ungeheuren Verdampfungsprozeß salziger Wasser, der hier in urweltlichen Zeiten stattgefunden, kristallisierte regelrecht zuerst das Kochsalz aus und den Schluß machten die leichter löslichen, daher am längsten flüssig bleibenden Salze. Es bildete sich unter anderm in großen Mengen ein aus Chlorkalium, Chlormagnesium und Wasser bestehendes Salz, Karnallit, aus welchem sich der erstere Bestandteil, das Chlorkalium, durch Lösen und Kristallisieren leicht abscheiden läßt. Dieser Karnallit ist der hauptsächlichste Kalilieferant, und seinetwegen ist die Entdeckung der Staßfurter Schätze gleichwichtig für die Technik, den Handel wie für die Landwirtschaft Deutschlands geworden. Millionen von Zentnern Düngesalz für kalibedürftige Felder werden von dort bezogen, und eine Anzahl Fabriken an Ort und Stelle verarbeiten das Chlorkalium teils zu Pottasche, teils zu Salpeter. Demzufolge ist die deutsche Industrie nicht mehr so sehr wie früher auf russische, illyrische und amerikanische Pottasche angewiesen, und der englische Salpeter aus Ostindien hat bei uns gar keinen Markt mehr. Die Umwandlung des Chlorkaliums in Pottasche geht im allgemeinen denselben Weg wie die Bereitung von Soda aus Kochsalz, nur mit dem Unterschiede, daß die Temperatur in den Sulfatöfen etwas niedriger gehalten wird; der Rohstoff wird durch Schwefelsäure in schwefelsaures Kali (Kaliumsulfat) verwandelt, dieses durch Glühen mit kohlensaurem Kalk und Kohle in Schwefelcalcium und kohlensaures Kali übergeführt und letzteres aus der Schmelze mit Wasser ausgelaugt.

Nach dem Funde zu Staßfurt hat man auf manchen andern Salzwerken fleißig nach ähnlichen Vorkommnissen umgeschaut, aber erst in einem Falle geschah dies mit Erfolg: auf der galizischen Saline Kalusch a am Fuße der Karpathen. Dort hat sich Chlorkalium sowohl in trockenen Schichten als in der Sole gelöst gefunden, wogegen man in dem berühmten Bergwerke Wieliczka nicht nur vergeblich, sondern zu großem Schaden nachgegraben hat, indem dadurch ein unheilvoller Wassereinbruch verursacht worden ist. Die Pottasche des Handels ist eine krümelige oder kompakte, an der Luft sehr zerfließliche Masse von weißer Farbe, zuweilen auch durch einen geringen Gehalt von mangansaurem Kali bläulichweiß (Perlasche) oder durch Eisenoxyd etwas rötlich gefärbt; sie reagiert stark alkalisch und löst sich in Wasser leicht auf.

Ätzkali. Obwohl die Kohlensäure nur eine schwache Säure ist, so ist sie doch in vielen Fällen ein Hemmnis, welches die beabsichtigte Verbindung noch schwächerer Körper mit dem Kali hindert. Gewisse Seifen z. B. sind fettsaures Kali; die Fettsäure aber, die sich aus dem Talg, Öl u. s. w. leicht bildet, wenn eine starke Basis, mit der sie sich verbinden kann, auf diese Körper einwirkt, ist nicht stark genug, um im Kampfe mit der Kohlensäure die Oberhand zu erringen. Will man daher Fette mit Kali verseifen, so darf man dieses nicht als kohlensaures Salz mit jenen zusammenbringen, sondern man muß zuvor die Kohlensäure davon trennen und reines Kali, Ätzkali, darstellen. Dies geschieht leicht, wenn man eine starke Pottaschenlauge mit gebranntem Kalk (Ätzkalk) kocht. Es geht dabei die Kohlensäure an den Kalk, mit welchem sie eine unlösliche Verbindung bildet; dadurch wird das Kali frei, nimmt aber anstatt der Kohlensäure Wasser auf, welches es chemisch bindet, daher auch der Name Kalihydrat oder Kaliumhydroxyd für Ätzkali.

Aus seiner Lösung läßt sich das Ätzkali auch in fester Form durch Abdampfen darstellen. Es erscheint dann als eine weiße, schmelzbare Masse, die teils als Pulver, teils in harten, unregelmäßig gestalteten Stücken oder in Form gegossener, runder, cylindrischer Stängelchen in den Handel gebracht und namentlich in chemischen Laboratorien als Reagens mannigfach verwendet wird. Es ist sehr begierig, Wasser anzuziehen, und kann von seinem chemisch gebundenen Wassergehalt selbst durch Erhitzen bis zum Schmelzen nicht befreit werden. Durch Aufnahme von Wasser aus der Luft zerfließt es, dabei sättigt es sich auch mit Kohlensäure und wird nach und nach wieder kohlensaures Kali. Leitet man in eine Lösung von Kali Kohlensäure so lange, wie etwas davon aufgenommen wird, so erhält man nicht bloß das gewöhnliche kohlensaure Kali der Pottasche, sondern ein Salz, welches auf dieselbe Menge Kali die doppelte Menge der Säure enthält, doppeltkohlensaures Kali in weißen Kristallen. Entsprechend verhält sich auch das Natron, und bekanntlich ist das doppeltkohlensaure Natron dasjenige Salz, welches bei der Bereitung der kohlensauren Wasser in sogenannten Gaskrügen, im Brausepulver u. dergl. eine Hauptrolle spielt.

Der Alaun ist ein andres längst bekanntes und technisch verwendetes Salz, in welchem das Kali einen Hauptbestandteil ausmacht, und zwar tritt dasselbe darin in seiner Verbindung mit Schwefelsäure als schwefelsaures Kali oder Kaliumsulfat auf. Der Name schon — von alumen, nach welchem alumina die Thonerde heißt — deutet darauf hin, daß außer dem Kalisalze darin noch ein andrer Körper enthalten sein wird, und in der That besteht der gewöhnliche oder Kalialaun aus einer Verbindung von schwefelsaurem Kali mit schwefelsaurer Thonerde (Aluminiumsulfat) und Wasser. Solchergestalt kann er eigentlich ebenso unter die Thonerdesalze gerechnet werden, er ist also ein Doppelsalz. Es ist aber weder die Thonerde noch das Kali absolut notwendig zur Konstituierung eines Salzes, welches die charakteristischen Eigenschaften der Alaune haben soll. Anstatt des Kalis kann sich mit der schwefelsauren Thonerde ebenso gut schwefelsaures Ammoniak zu einem Doppelsalz verbinden, das ebenfalls in schönen weißen, oktaedrischen Kristallen (s. Fig. 289—291) aus seinen Lösungen anschießt und denselben Gehalt an Kristallwasser, dieselben Äquivalentverhältnisse besitzt, ferner können die Sulfate des Natriums, Cäsiums, Rubidiums und Thalliums die Stelle des Kaliumsulfats im gewöhnlichen Alaun vertreten. Anderseits läßt sich die Thonerde durch Eisenoxyd, Manganoxyd oder Chromoxyd vertreten und ein derartiger Ersatz ist äußerlich nur an der verschiedenen Farbe des Produktes zu erkennen: eines der interessantesten Beispiele der Isomorphie.

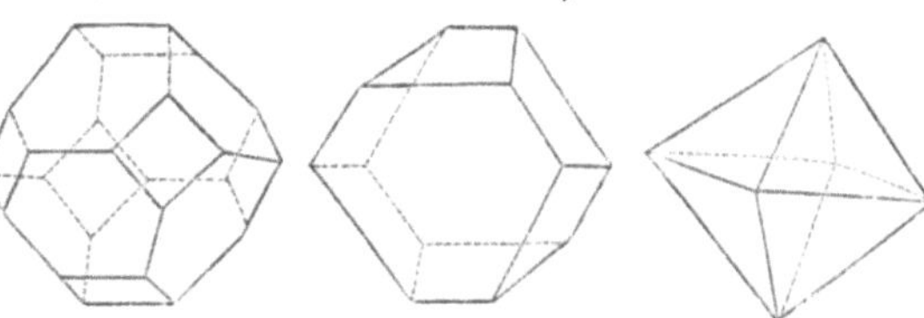

Fig. 289—291. Kristallformen des Alauns.

Kehren wir aber zu dem uns zunächst interessierenden gewöhnlichen Kalialaun, dem Doppelsalz von schwefelsaurem Kali und schwefelsaurer Thonerde, welches ohne nähere Bezeichnung stets unter Alaun verstanden wird, zurück.

Von dem Alaun spricht schon Plinius in seiner „Historia naturalis“, indessen geht aus seiner Beschreibung hervor, daß er mit demselben Namen wohl zweierlei verschiedene Salze bezeichnet hat, den Eisenvitriol, welchen er schwarzes alumen nennt, und vielleicht unsern Alaun, weißes alumen, und in ähnlicher Weise sind wohl auch die von Dioskorides und andern gebrauchten Benennungen nicht ganz strikt auf das jetzt mit dem Namen Alaun bezeichnete Salz zu beziehen. Nichtsdestoweniger scheint aber den Alten, wenn auch nicht in ganz reinem Zustande, so doch in Gemengen mit andern Salzen, der Alaun bekannt gewesen zu sein, denn die Art des Gebrauchs, welche davon angegeben wird, in der Färberei der Zeuge, stimmt mit seiner heutigen Verwendung ganz überein. Geber, der schon früher von uns erwähnte arabische Chemiker, gedenkt (Mitte des 8. Jahrhunderts) des Alauns in unverkennbarer Weise und gibt die Art und Weise seiner Gewinnung an. Zu Anfang des 13. Jahrhunderts finden wir Alaunwerke in Kleinasien (Smyrna), in Italien, namentlich im Neapolitanischen, auf der Insel Sizilien und im 15. Jahrhundert zu Tolfa im Kirchenstaate erwähnt. Die Kunst der Alaundarstellung war aber aus dem Orient hierher verpflanzt worden. Daß sich in Deutschland manche Gegenden zur Alaunsiederei eigneten, weil das Salz in gewissen Grubenwässern enthalten sei, darauf macht schon Basilius Valentinus (in der zweiten Hälfte des 15. Jahrhunderts) aufmerksam, und kurze Zeit später erfahren wir, daß an verschiedenen Orten, im Lüneburgischen, bei Reichenbach in Sachsen ꝛc., Alaun erzeugt worden ist.

Fig. 292. Alaunkristallgruppe.

Die hauptsächlichste Verwendung fand der Alaun damals wie heute noch in der Färberei und in der Weißgerberei zur Herstellung alaungarer Leder, daneben aber spielte er auch in der Heilmittellehre eine große Rolle. Der Kalialaun kommt in der Natur an manchen Orten, namentlich in vulkanischen Gegenden, wie in der Auvergne, in Sizilien u. s. w., fertig gebildet vor.

Die Errichtung der ältesten Alaunwerke von Civita Vecchia soll dadurch veranlaßt worden sein, daß ein gewisser Johann de Castro, welcher einen Handel mit Farben und Zeugstoffen nach Kleinasien trieb, in der Gegend von Tolfa eine Pflanze (Ilex aquifolium) sehr häufig wachsend antraf, die auch in den Alaungegenden Kleinasiens sehr gewöhnlich war. Daraus schloß er, daß sie in Italien dieselben Bodenbestandteile zu ihrer Ernährung finden möchte wie dort, und daß sich aus dem angegebenen Grunde die Anlage von Alaunsiedereien in Italien lohnen würde. Der Erfolg bestätigte seine Vermutung, und der Bedarf des vielgebrauchten Salzes, welches früher allein von den Mauren und Türken bezogen worden war, konnte durch die inländische Produktion vollständig gedeckt werden. Papst Pius II. suchte die Darstellung des Alauns zu monopolisieren, indem er durch allerhand Einschränkungen den Bezug von auswärts erschwerte.

Die Darstellung des Alauns geschieht auf die am häufigsten angewandte Weise derart, daß man solche Gesteine, in denen sich entweder der Alaun bereits fertig gebildet vorfindet, oder aus denen er entstehen kann durch Verwitterung und indem man vielleicht einen oder den andern fehlenden Bestandteil zusetzt, im Freien zuerst der Einwirkung der atmosphärischen Einflüsse aussetzt, sie sodann auslaugt und aus der Lösung die Salze durch Auskristallisieren gewinnt.

Die Gesteine, welche dazu sich besonders eignen, sind die schon genannten Alaunschiefer, bituminöse Schiefer von schmutzig dunkler, zuweilen sogar schwarzer Farbe, die sich durch einen Gehalt an Schwefelkies auszeichnen, und der Alaunstein oder Alumit, ein Mineral, welches aus etwa 30 Prozent Thonerde, 10 Prozent Kali, 35 Prozent Schwefelsäure und Wasser besteht, demnach bis auf übrig bleibende Thonerde sich unter günstigen Verhältnissen vollständig in Alaun verwandeln kann. Alaunerze im großen ganzen nennt man alle die natürlich vorkommenden Mineralien, welche Thonerde und Schwefelkies enthalten und bei ihrer Verwitterung den wichtigsten Bestandteil des Alauns, schwefelsaure Thonerde, bilden. Um das Doppelsalz darzustellen, wird bei ihnen schwefelsaures Kali zugesetzt werden müssen.

Bei manchen Alaunsteinen, z. B. bei denen von Tolfa, welche sowohl Kali und Thonerde als auch Schwefelsäure enthalten und die dann in der Regel als eine Verbindung von Alaun mit wasserhaltiger Thonerde (Thonerdehydrat) anzusehen sind, genügt es schon, der Thonerde durch Erhitzen das Wasser zu entziehen. Dadurch verliert dieselbe ihre bindende Kraft auf den Alaun, sie bleibt unlöslich, während sich der letztere durch Wasser ausziehen läßt. Das Erhitzen geschieht entweder in Haufen oder in Öfen, ähnlich denen, die man zum Kalkbrennen anwendet. Das Auslaugen mit Wasser, Abdampfen, Kristallisierenlassen und Reinigen der Lösung geschieht auf ganz analoge Weise wie bei der Pottasche, und wie wir es bei der Soda noch ausführlicher betrachten werden.

Komplizierter ist dagegen die Darstellung des Alauns aus den Alaunerzen, zu denen auch der Alaunschiefer und die Alaunerde zu rechnen sind. Der Hauptmasse nach bestehen diese Gesteine aus kieselsaurer Thonerde (Thon, Aluminiumsilikat) mit beigemengtem Schwefelkies. Der letztere soll sich durch Sauerstoffaufnahme aus der Luft in Schwefelsäure verwandeln und in dieser Form an die Thonerde binden. Es geschieht dies bei lockeren, porösen Gesteinen, in denen die einzelnen Schwefelkiespartikelchen für die Einwirkung der Luft frei daliegen, schon bei gewöhnlicher Temperatur; dichtere Erze müssen dagegen durch Erhitzen, beziehentlich Glühen, vorher mürbe gemacht, geröstet werden. Man schichtet die Steine auf einen dichten, undurchlässigen Thonboden in Haufen zusammen, in denen ihre bituminösen Bestandteile verbrennen und durch die dabei entstehende Erhitzung die Schwefelmetalle oxydieren sollen. Die Entzündung geschieht entweder durch beim Aufsetzen besonders angelegte Feuerkanäle, in denen bei Beginn des Röstprozesses ein Feuer angemacht wird, oder dadurch, daß man über und um ein brennendes Kohlenfeuer zuerst größere Schieferstücke schichtet und, sowie diese in Brand geraten sind, den Aufbau des Haufens weiter und weiter fortführt, so daß sich derselbe wie ein Kohlenmeiler selbst in Brand erhält.

Formen und Dimensionen der Rösthaufen sind sehr verschieden. In den großartigen Alaunwerken von Hurlet und Campsie bei Glasgow umfassen die Rösthaufen zweier Fabriken allein einen Raum von ungefähr 20 Morgen und enthalten bei einer Länge von 40—60 m, einer Breite von 7 m und einer Höhe von 5 m bis zu 26000 Tonnen Erz.

Die Behandlung der Haufen in bezug auf Regulierung der Hitze bedient sich ganz derselben Mittel, welche bei der Verkohlung in Meilern angewendet werden. Die Erfahrung hat festgestellt, wann auf den Haufen nicht mehr aufgebaut werden darf; es wird derselbe dann mit einer Decke ausgelaugten Erzes umgeben, bemantelt, und der Abkühlung überlassen. Im allgemeinen gebraucht ein Haufen von den angegebenen Größenverhältnissen, um vollständig durchgeröstet zu werden, eine Zeit von 5—12 Monaten. Die Auslaugung geschieht in gemauerten Zisternen, in welche ein falscher Boden von Latten eingelegt ist. Auf diesen werden die gerösteten Erze etwa 50 cm hoch aufgeschichtet und mehrmals mit immer schwächerer Lauge von früheren Waschungen behandelt, bis endlich die letzte Erschöpfung mit reinem Wasser erfolgt. Hat man dadurch schließlich eine siedewürdige Lauge erhalten, so schreitet man, nachdem dieselbe durch Absetzen sich hinlänglich geklärt hat, zur Eindampfung, die in eisernen Pfannen oder auch in Flammöfen (s. Fig. 294) geschehen kann.

Fig. 293. Alaunfeld mit Röstofen.

In die Verdampfspfannen dd kommt die Lauge, über deren Oberfläche a die Flamme vom Rost r ausgehend wegschlägt und durch den Schornstein e entweicht. Die Lauge wird aus den Gefäßen hh mittels der Hähne i in die Pfanne gelassen; die verschließbaren Öffnungen mm dienen zum Reinigen der Pfannen, nn zur Beobachtung des Prozesses. Durch das Rohr f leitet man die Lauge aus der höheren Pfanne in die tiefere und durch op läßt man die konzentrierte Lauge ab.

Außer einer, in der Regel aber verhältnismäßig geringen Menge fertig gebildeten Alauns enthält die Rohlauge schwefelsaure Thonerde und schwefelsaures Eisenoxydul als vorwiegende Bestandteile, daneben aber schwefelsaure Salze von Natron, Kali, Magnesia, Mangan, ferner Chlorkalium, Kochsalz, Chloraluminium u. s. w. Das schwefelsaure Eisenoxydul wird bei dem Eindampfen durch Sauerstoffaufnahme aus der Luft in eine unlösliche rote Verbindung umgewandelt, die sich als sogenannter Vitriolschmand ausscheidet. Wo neben der Darstellung von Alaun auch die Gewinnung von Eisenvitriol beabsichtigt wird, und dies geschieht dann, wenn die Menge des letzteren größer ist als die des Aluminiumsulfats, vermeidet man dies durch Hineinwerfen von metallischen Eisenstücken in die Lauge.

Ist der entsprechende Konzentrationsgrad erreicht, so setzt man (je nachdem es sich um die Darstellung von Kalialaun oder von Ammoniakalaun handelt) so viel schwefelsaures Kali oder schwefelsaures Ammoniak zu, als notwendig ist, um die schwefelsaure Thonerde zu binden. Ein Teil der begleitenden Salze hat sich als weniger löslich bereits während des Abdampfens ausgeschieden und ist entfernt worden; ein Rest dagegen setzt sich noch in den Schüttelkästen ab, in welche die Lauge geleitet und in welchen der Zusatz des Alkali vorgenommen wird. Sobald die heißen Flüssigkeiten zusammenkommen, beginnt die Bildung und Abscheidung von Alaunkristallen, weil dies neue Salz weniger löslich ist als jedes der beiden ersten für sich. Will man von der Darstellung des Eisenvitriols absehen, so kann man anstatt des Kaliumsulfats das billigere Chlorkalium zusetzen; es bildet sich dann durch gegenseitigen Austausch ihrer Bestandteile das leicht lösliche Eisenchlorür und Kaliumsulfat.

In den Schüttelkästen sorgt man nun dafür, daß die Mischung fortwährend durch Umrühren oder Schütteln gestört wird, um die Ausbildung großer Alaunkristalle, welche viel von der unreinen Mutterlauge einschließen würden, zu verhindern. Man gewinnt also lauter kleine Kristallchen, sogenanntes Alaunmehl, und dies ist für die Reinigung des Salzes vor anhängender Eisenlösung durch Waschen von Belang; denn eisenhaltiger Alaun ist für die meisten Zwecke, namentlich in der Färberei und Zeugdruckerei, untauglich.

Fig. 294. Abdampfofen für Alaunlösung.

Natronalaun wird daher auch gar nicht fabriziert, denn er ist zu löslich, gibt daher auch kein Mehl, sondern beim fortgesetzten Eindampfen gleich Krusten, so daß die Gelegenheit zum Waschen verloren geht. Dagegen ist es ganz gleichgültig, ob ein Alaun Kali oder Ammoniak enthält, und nicht selten kommen beide zugleich vor, wenn z. B. neben kalihaltigen Rohstoffen Ammoniakwasser aus Gasfabriken oder gefaulter Urin verarbeitet wird. Das Alaunmehl wird hierauf durch mehrmaliges Übergießen mit kaltem Wasser von der anhängenden Mutterlauge befreit, in einer Pfanne durch hineingeleitete Wasserdämpfe zur Auflösung gebracht und die konzentrierte Lösung der Ruhe überlassen. Es bilden sich aber auch hier noch keine großen, durchsichtigen Kristalle, vielmehr setzt sich das Salz als eine dichte weiße Masse an den Wänden ab, und man hat daher ein nochmaliges Auflösen, mit dem man wiederholte Waschungen verbindet, nötig, um die im Handel beliebte Form zu gewinnen.

Bevorzugte Alaunsorten sind der römische und neuerdings der ihm gleichkommende Munkacssche aus Ungarn. Sie werden aus sehr guten Alaunschiefern dargestellt und sind fast absolut eisenfrei; der römische sieht zwar rötlich aus infolge einer kleinen Menge Eisenoxyd, mit dem er verunreinigt ist; dieses setzt sich aber beim Auflösen in Wasser zu Boden und die Lösung ist dann eisenfrei.

Von den mannigfachen Verwendungen des Alauns sind die hauptsächlichsten, wie z. B. als Beizmittel in der Färberei und Zeugdruckerei, zum Leimen des Papiers, zum Weißgerben, zur Bereitung von Lackfarben u. s. w. in den betreffenden Abschnitten näher dargelegt. Es ergibt sich da, daß in den meisten Fällen nur die Thonerde des Salzes der wirkende Bestandteil ist; dies hat denn in neuerer Zeit darauf geführt, statt des Doppelsalzes Alaun bloß die schwefelsaure Thonerde anzuwenden, und zwar mit Vorteil, da für gleichen Kaufpreis im letzteren Präparate etwa $1/4$ Thonerde mehr erhalten wird als im Alaun. Die Thonerde wird am reinsten in Fabriken erhalten, welche Kryolith verarbeiten (s. bei der Sodafabrikation); man trägt sie in heiße Schwefelsäure, filtriert und dampft zur Sättigung ein, bis die Masse dickflüssig wird und eine herausgenommene Probe rasch erstarrt. Man gießt sie in bleierne Kästen und erhält so durchscheinende weiße Tafeln, welche die Kaufware bilden. Sowohl Alaun als auch schwefelsaure Thonerde (Aluminiumsulfat) werden jetzt in großer Menge aus reinem Thon fabriziert; derselbe wird zunächst schwach geglüht und dann im gemahlenen Zustande mit Schwefelsäure in Bleipfannen erhitzt. Die Masse wird nach dem Erkalten mit Wasser ausgelaugt, welches die Kieselsäure des Thones ungelöst zurückläßt, während das Aluminiumsulfat sich löst und durch Verdampfen gewonnen werden kann. Auch aus Bauxit läßt sich mit Vorteil Alaun gewinnen.

Die Soda. Von der Natur fertig gebildete Soda (Natriumkarbonat) kommt in einzelnen Erdgegenden in ziemlich großen Mengen vor, in den sogenannten Natronseen, welche dieselbe — freilich mit andern Salzen, namentlich Koch- und Glaubersalz, verunreinigt — aufgelöst enthalten, so daß das Salz, wenn diese Lachen durch die Sonnenhitze ausgetrocknet sind, in Kristallen oder Krusten zurückbleibt und gesammelt werden kann. Auch gräbt man wohl das damit durchzogene Erdreich ab, laugt es aus und läßt die Lösung abdunsten. Solche Örtlichkeiten finden sich in Ägypten (das dort gewonnene Auswitterungsprodukt heißt Trona) und anderwärts in Nordafrika, ferner in Südamerika, Mexiko, Ungarn 2c. Eine allgemeinere und früher die hauptsächlichste Gewinnung der Soda geschieht indes durch Einäscherung gewisser Meerpflanzen, sowohl solcher, die im Wasser selbst wachsen (Tange), als solcher, die am Strande ihren Standort haben. Man wird daraus schon schließen können, daß das kohlensaure Natron ein in chemischer Beziehung dem kohlensauren Kali analoges Salz ist. Es ähnelt demselben nicht nur in Farbe, Löslichkeit, im Verhalten andern Salzen, Säuren und Basen gegenüber, sondern es zeigt auch seine alkalische Basis, das Natron, welches durch Kochen von Sodalösung mit Ätzkalk als Ätznatron (Natriumhydroxyd) erhalten wird, mit dem Ätzkali die größte Übereinstimmung.

Fig. 295. Waschen des Alauns.

Die Urquelle der natürlichen Soda bildet sonach das Meer und die darin wachsenden Pflanzen sind die Sammler, welche das Salz aus seiner großen Verdünnung im Meerwasser ausscheiden und in sich konzentrieren. Freilich liefern sie die Soda nicht rein, sondern im Gemisch mit viel Kali, Kalksalzen u. s. w. Das sodareichste Produkt dieser Art wird an einigen Punkten der spanischen Küsten aus der den Botanikern als Salsola soda bekannten Pflanze gewonnen und im Handel Barilla genannt. Man säet zu diesem Zweck die Pflanze auf großen Feldern, welche vom Meere abgedämmt sind, aber durch Schleusen zeitweilig unter Wasser gesetzt werden. Die gereiften Pflanzen werden abgemäht, getrocknet, die Samen ausgerieben und dann die Pflanzen in Erdgruben verbrannt. Der Rückstand an Aschen und Salzen bildet halbverschlackte, harte Klumpen, die so, wie sie sind, in den Handel kommen. In ganz ähnlicher Weise benutzt man an andern Orten andre wild wachsende Pflanzen. In Südfrankreich, namentlich bei Narbonne, gewinnt man aus Glasschmalz (Salicornia annua) das Salicor, eine Ware mit etwa 15 Prozent Sodagehalt, in andern Gegenden aus verschiedenen Pflanzen die Blanquette, mit mehr Kochsalz- als Sodagehalt, besonders zur Seifenfabrikation gern gebraucht wegen der hohen Preise des Kochsalzes in Frankreich. In der Normandie heißen die Aschen, welche durch Verbrennung getrockneter Seetange gewonnen werden, Varce, und in Schottland, Irland, den Orkneyinseln u. s. w. Kelp. Die Seetangeinsammlung hatte früher auf der Insel Jersey z. B. eine Wichtigkeit, wie am Rhein oder in andern Gegenden die Ernte des Weins.

Alle diese Meerstrandindustrien sind aber in der Gegenwart zur Unbedeutenheit herabgesunken, und was davon noch übrig geblieben, bezieht sich hauptsächlich auf die Gewinnung von Jod. Der allergrößte Teil der Soda, welche in der chemischen Industrie so massenhaft Verwendung findet, ist künstliche, aus Kochsalz (Chlornatrium) dargestellte. Es stammt diese Fabrikation aus Frankreich und ist, wie so mancher andre Fortschritt, ein Erzeugnis der Not gewesen. Als zur Zeit der Revolution die Einfuhr fremder Soda nach Frankreich gesperrt war und die alten Sodafabriken zur Deckung des inneren Bedarfs völlig unzureichend waren, entstand unter Fabrikanten und Chemikern ein lebhafter Wetteifer in Erfindung von Methoden, um die Soda durch Umwandlung des Kochsalzes zu gewinnen. Das Verfahren des Chemikers Leblanc, der dasselbe in einer neu errichteten Fabrik praktisch und im großen bethätigt hatte, wurde als das beste befunden und hat sich auch bis auf heute erhalten, obschon selten ein Jahr vergeht, wo nicht Vorschläge zu andern Verfahrungsweisen auftauchen; nur das Solveyverfahren oder Ammoniaksodaverfahren hat dem Leblancverfahren in Deutschland schon starke Konkurrenz gemacht.

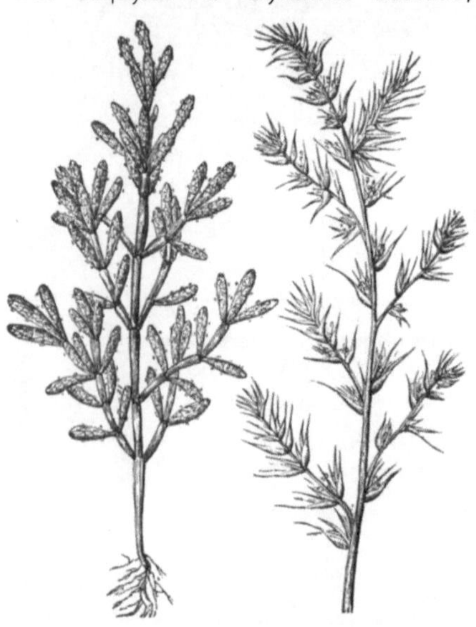

Fig. 296—297. Sodapflanze und Glasschmalz.

Die **Leblancsche Methode** erreicht ihr Ziel in zwei Schritten. Betrachten wir das Rohmaterial, Kochsalz, der Kürze halber als salzsaures Natron, so ist, um daraus Soda zu machen, nichts erforderlich, als an Stelle der Salzsäure Kohlensäure zu setzen. Die Kohlensäure aber ist zu schwach, um die Salzsäure aus ihrer Stelle zu vertreiben; die Schwefelsäure thut dies leicht und man verwandelt deswegen zuerst das Kochsalz in Natriumsulfat oder schwefelsaures Natron, das bekannte Glaubersalz, in der Fabriksprache kurzweg Sulfat genannt. Durch einen weiteren chemischen Prozeß wird dieses letztere Produkt wieder zerlegt, die Schwefelsäure zersetzt und so vom Natron getrennt und durch Kohlensäure ersetzt. Hierzu kommt als dritter Teil der Fabrikation noch das Auslaugen, Kristallisieren und Kalzinieren der so gewonnenen rohen Soda.

Die Zersetzung des Kochsalzes durch Schwefelsäure und die Bildung von Glaubersalz und Salzsäure erfolgt unter Anwendung von Wärme sehr willig und der Prozeß wäre ein sehr einfacher, wenn nicht die Salzsäure beseitigt werden müßte. Denn obwohl sie auch ein nutzbarer Artikel ist, so fällt doch in den Fabriken so ungeheuer viel davon ab, und sie ist daher so wohlfeil, daß die meisten Fabrikanten früher gern auf ihre Gewinnung verzichtet hätten, wenn sie nicht polizeilich gezwungen wären, diese der Gesundheit schädlichen Dämpfe am Entweichen in die Luft zu verhindern. Jetzt liegt die Sache anders; seitdem der Solveyprozeß angefangen hat, das Leblancverfahren immer mehr zu verdrängen, ist der Preis der Salzsäure sehr gestiegen, und wenn auch England noch ungeheure Quantitäten davon liefert, so ist doch der Transport von dort noch zu teuer. Die ersten Vorrichtungen, die Salzsäure abzufangen, bestanden darin, daß man in den Schloten eine Füllung von Koksklein, zerkleinerten Ziegeln oder dergleichen anbrachte, durch welche fortwährend Wasser herabtröpfelte. Die so gewonnene flüssige Säure ist aber zu wasserreich, als daß sie zu technischen Zwecken viel taugen könnte; man ist daher, da man diese verdünnte Säure nicht ins Freie laufen lassen darf, gezwungen, eine konzentrierte Säure zu bereiten, die auch jetzt recht gut verkäuflich ist; häufig ist auch mit der Sodafabrikation die Erzeugung von Chlorkalk, Zinkchlorid, doppeltkohlensaurem Natron u. s. w. verbunden, um die Salzsäure zu verwerten.

Die zweckmäßigste Kondensationsmethode für die Salzsäure ist diejenige, bei welcher die Dämpfe derselben durch eine große Anzahl Wasser enthaltender Verdichtungsballons geführt und so fast ganz in dem Wasser zurückgehalten werden. Der Träufelapparat mit Koks fällt dabei nach Umständen entweder ganz weg oder man bringt ihn ans Ende der Verdichtungsreihe in dem des Zugs wegen dastehenden hohen Schlot noch an, nur um die geringen Mengen sauren Gases noch unschädlich zu machen, die auf dem Wege durch die Ballons nicht verdichtet worden sind. Übrigens findet man entschlüpfte salzsaure Dämpfe in den Fabriken trotzdem, und namentlich in der Nähe der Zersetzungsöfen, oft häufig genug, um den Besucher zu Husten und Thränen zu reizen.

Zur Zersetzung des Kochsalzes dienten früher nur Flammöfen von der Einrichtung, die Fig. 298 versinnlicht, und zwar steht ein solcher Ofen entweder gesondert oder er ist mit dem für die folgende Operation nötigen Schmelzofen in eins verbunden.

Wir sehen, daß der Ofen zwei innere Räume hat: der Raum B mit der Feuerung A stellt einen gewöhnlichen Flammofen vor; an denselben schließt sich eine zweite Abteilung E, welche mit beheizt werden muß, daher die Züge niederwärts bei d d' und unter der eisernen, mit Blei gefütterten Versetzungspfanne hinlaufen, welche die Abteilung E einnimmt.

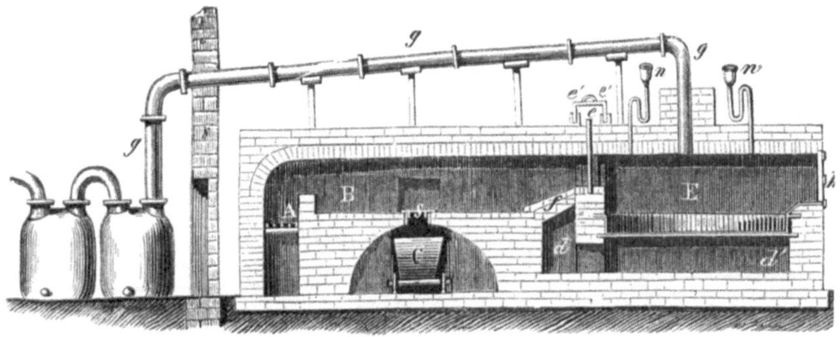

Fig. 298. Ofen zur Umwandlung des Kochsalzes in Glaubersalz.

In die Scheidewand, welche beide Abteilungen trennt, ist eine Schieberthür eingesetzt, die nur für einen gewissen Moment des Betriebes geöffnet wird. Die Abteilung B ist im Innern mit einer Lage sehr hart gebrannter feuer- und säurefester Steine ausgekleidet. Die Öfen sind in der Regel 4—5 m lang und $1^1/_2$—2 m weit. Der Gang der Arbeit ist nun der, daß das Salz durch die Eintragthür h in die Pfanne E gebracht wird und hier die erste, sodann im Ofen B am offenen Feuer noch eine weitere Bearbeitung erhält. Ist die Pfanne mit einer Ladung von mehreren Zentnern Salz beschickt und die Eintragthür dicht geschlossen, so läßt man von oben durch bleierne Trichter das bestimmte Quantum Schwefelsäure hinzulaufen. Die Zersetzung beginnt, durch die Hitze von unten unterstützt, sofort, und die reichlich auftretenden Dämpfe von Salzsäure entweichen, da sie keinen andern Ausweg finden, durch die steingutene Röhrenleitung g und gelangen auf diesem Wege in eine Reihe oder Doppelreihe von ebenfalls steingutenen Verdichtungsballons, deren jeder bei $^1/_2$—$^2/_3$ Füllung 100—150 kg Wasser enthält. Die Zahl dieser Ballons kann 30, 40 und mehr betragen. Die Säure, die aus diesem Teile des Apparates gewonnen wird, ist die reinste, weil sie mit den Gasen des Ofenfeuers außer Berührung geblieben. Anders gestalten sich die Sachen in dem Ofenraum B. In der Pfanne E nämlich wurde die Masse anfangs flüssig, da etwa gleiche Gewichtsteile Salz und Säure eingetragen wurden. Mit der Zeit wird die Masse aber durch das Entweichen von Wasser- und Säuredämpfen dick und klümprig, und dann ist es Zeit, ihr eine verstärkte Hitze angedeihen zu lassen. Die seitlichen Arbeitsthüren und die Schieberthür der Mittelwand werden nun geöffnet und die Salzmasse wird von E nach B hinübergekrückt. Hier erfährt sie, während in E eine neue

Beschickung in Arbeit genommen ist, die unmittelbare Einwirkung des Feuers, die Zersetzung vollendet sich und es wird noch eine ziemliche Menge Salzsäure ausgetrieben, bis endlich die Masse sich zusammenballt und zu einem harten, festen Körper austrocknet. Dies ist jetzt das (kalzinierte) **Glaubersalz** oder wasserfreie schwefelsaure Natron (Sulfat). Man öffnet einen Deckel in der Herdsohle und krückt das Salz unmittelbar in einen untergeschobenen eisernen Karren, der es seinem weiteren Schicksal zuführt. Die Salzsäuredämpfe aber, welche aus dem Flammofen fortgeführt wurden, gehen ebenfalls durch eine Reihe tiefer stehender, im Bilde nicht angedeuteter Verdichtungsgefäße; die Verdichtung erfolgt hier schwieriger, weil sie durch die begleitenden Verbrennungsgase behindert ist. Schließlich geht alles Dampfförmige, was aus der oberen und unteren Verdichtungsreihe übrig geblieben, in den hohen Schornstein, der durch kräftigen Zug die Dinge im Gange erhält.

Die Zersetzung des Kochsalzes durch Schwefelsäure geschieht jetzt nicht mehr in Flammöfen, sondern in Muffelöfen, durch deren Benutzung eine viel vollständigere Absorption des Salzsäuregases erreicht wird. Ein solcher Ofen besteht ebenfalls aus zwei Abteilungen, wie bei den bisherigen Flammöfen, nur mit dem Unterschiede, daß der erste Raum aus einer gußeisernen Pfanne, sogenannte **Sulfatschale** (s. Fig. 299), gebildet wird, welche $2{,}_{75}$ m im Durchmesser und $0{,}_{52}$ m Tiefe besitzt und von einer andern ähnlichen, aber etwas flacheren Schale bedeckt ist; letztere ist mit einem Abzugsrohr für die Salzsäuredämpfe versehen. Der zweite Raum ist eine lange, aus säurefesten Backsteinen gefertigte Muffel von etwa 9 m Länge und $2{,}_{7}$ m Breite, in diesen Raum wird das Material nach der Behandlung in der Sulfatpfanne mittels Krücken geschoben und hier bis zur Rotglühhitze gebracht. Das Produkt, das rohe Sulfat, enthält durchschnittlich 96 Prozent reines Natriumsulfat, der Rest besteht aus Verunreinigungen (Eisenoxyd, Calciumsulfat u. s. w.).

Fig. 299. Sulfatschale.

Nach einem von **Hargreaves** und **Robinson** eingeführten Verfahren wird das Natriumsulfat dadurch gewonnen, daß man Chlornatrium bei Rotglühhitze mit gasförmiger schwefliger Säure, dem gleichen Volumen Wasserdampf und einer gewissen Menge Luft behandelt; der Betrieb ist kontinuierlich, Brennmaterial wird nur anfangs gebraucht, da die Reaktionswärme hinreicht, um die Temperatur später auf der nötigen Höhe zu erhalten.

Die gewonnene Sulfat- oder Glaubersalzmasse wird, nachdem sie ausgekühlt ist, sogleich in weitere Behandlung genommen: man pulverisiert und mengt sie mit etwa dem gleichen Gewicht kohlensauren Kalkes in Form von Kalkstein, Kreide oder eines ähnlichen Minerals und der Hälfte ihres Gewichts Steinkohlenklein innig zusammen und bringt dies Gemisch in den Glühofen. Der Glühofen ist ein schlichter Flammofen von möglichster Länge, damit die durchziehende Flamme auswirken kann; die Länge beträgt gewöhnlich 6—7 m bei 2—3 m Breite (s. Fig. 300). Das Innere des Ofens ist durch Fallthüren in seiner Decke zugänglich, durch welche die Masse eingestürzt wird, und ebenso durch mehrere Seitenthüren, von wo aus die Arbeiter mit schweren eisernen Krücken die Masse bearbeiten und während der Schmelzarbeit fleißig durchrühren müssen. Ist ein solcher Ofen zu Anfang seines Betriebes einmal in Glut gesetzt, so folgen sich auch die Beschickungen Tag und Nacht so lange als möglich, d. h. bis der Ofen schadhaft wird und Reparaturen bedarf. Wieviel aber ein Ofen auf eine Portion verschlucken muß und wieviel Zeit er zur Verdauung braucht, hängt von seiner Größe sowie vom zugesetzten Material, ob Kreide oder Kalkstein, ab. Ein Ofen von den bezeichneten Dimensionen gehört zu den größeren und kann 750 bis 1200 kg auf einmal fassen, die etwa eine vierstündige Bearbeitung erfordern. Andre Fabriken dagegen arbeiten mit viel kleineren Öfen, die etwa 150 kg auf einmal fassen und allstündlich neu beschickt werden können. Die Beschickungsmasse wird zunächst in der hinteren Partie des Ofens, die vom Feuer am weitesten entfernt ist, eingeschüttet und hier vorgehitzt, während eine frühere Partie im vorderen Raume ihre Bearbeitung erfährt; ist dieser Ort geräumt, so wird jene Masse vorgezogen und hinten neues Material aufgeschüttet. Die Wirkung des Feuers auf die Masse ist zunächst die, daß die letztere oberflächlich in Fluß gerät; ist dies der Fall, so wird mit Schaufeln gewendet, dann der Ofen geschlossen und die Hitze höher getrieben, bis das Ganze zu einer teigartigen Masse zusammenschmilzt und Blasen zu werfen beginnt, welche beim Zerplatzen mit blauen Flämmchen verbrennen; das Verbrennende ist Kohlenoxydgas. Die Temperatur, bei welcher die Umsetzung stattfindet, beträgt circa 1000° C., also Silberschmelzhitze. Gleichzeitig beginnt das Rühren und Durcharbeiten, um die chemischen Vorgänge zu befördern. Allmählich werden die blauen Lichter, die anfänglich in großer Menge und Lebhaftigkeit erscheinen, seltener und schwächer, und man schließt den Prozeß ab, noch ehe sie ganz verschwinden, weil dies von Vorteil für die Ausbeute ist. Die immer noch teigige rotglühende Masse wird aus dem Ofen in untergesetzte eiserne Kästen gekrückt, wo sie bald zu dem schwarzen steinigen Körper erhärtet, der die Schmelze heißt.

In England sind seit mehreren Jahren schon, um das Rühren entbehrlich zu machen, neue Sodaöfen, die rotierenden Cylinderöfen, in Anwendung gekommen, wie wir ähnlich sie schon im Eisenhüttenprozeß kennen gelernt haben. Sie haben sich so gut bewährt, daß dort wohl keine neu entstehende Fabrik die alten Handöfen errichten wird. In der Anlage sind diese Öfen allerdings viel kostspieliger (circa 40000 Mark), sie bieten indessen große Vorteile: man braucht circa 25 Prozent weniger Feuerung als bei einer entsprechenden Anzahl Handöfen, das Produkt ist entschieden besser (hochgrädiger) als das aus den alten Öfen, und endlich wird der Fabrikant von den immer höher steigenden Ansprüchen der Sodaschmelzer und ihrer Geschicklichkeit emanzipiert, indem die Bearbeitung der schmelzenden Masse mit den Krücken wegfällt. Während in einem Handofen in England pro Tag 24—27 Chargen zu je 3 Zentner Sulfat gemacht, im ganzen also 72—81 Zentner Sulfat verarbeitet werden können, verschluckt ein Cylinderofen kleinster Art 300 Zentner Sulfat täglich. Diese Öfen eignen sich daher nur für sehr große Fabrikanlagen; wo man nicht mindestens täglich 600 Zentner Sulfat in Soda verwandelt, kann man nur einen einzigen solchen Ofen anlegen und bei Reparaturen desselben muß die ganze Fabrik stillstehen; auch ist die spezielle Aufsicht für mehrere Öfen nicht kostspieliger als für einen einzigen. Fabriken obigen Umfangs (einer Jahresproduktion von 120000 Zentner kalzinierter Soda entsprechend) dürften freilich in Deutschland nur höchst wenige existieren, selbst ein einziger rotierender Ofen würde schon für die große Mehrzahl unsrer Fabriken zu viel sein; in England sind in einer Fabrik schon zehn solcher Ofen in Betrieb gesetzt worden, welche 807000 Zentner kalzinierte Soda pro Jahr produzieren, während die gesamte deutsche Sodaproduktion sich nur auf 724539 Zentner kalzinierte und 128776 Zentner kristallisierte Soda (im Jahre 1872) belief.

Fig. 300. Sodabrennrofen.

Jeder einzelne Cylinderofen erfordert eine Dampfmaschine, selbst wo mehrere derselben vorhanden sind, weil man die Umdrehungsgeschwindigkeit und Manipulation des Cylinders beim Füllen und Entleeren nur auf diese Weise völlig beherrschen kann. Dagegen kann eine größere Maschine die Quetschwalzen für das Sulfat und den Elevator für sämtliche Öfen betreiben. Eine Eisenbahn läuft über alle Öfen in solcher Höhe hin, daß ein Einfüllungstrichter, in welchen man den Inhalt der Wagen stürzt, noch immer hoch genug über den Cylindern bleibt, um ihre Rotation nicht zu hindern. Eine kleinere Eisenbahn ist quer unter den Ofen gelegt, auf welcher die die fertige Schmelze aufnehmenden Wagen laufen. Man füllt immer erst die Kreide oder den Kalkstein mit $^2/_3$ der Kohle in großen Stücken ein; die große Hitze, welcher die Blöcke plötzlich ausgesetzt werden, bringt in wenigen Minuten die immer in ihnen enthaltene Feuchtigkeit zum explosionsartigen Verdampfen und zerteilt den Kalkstein in viel billigerer Weise, als es durch Mahlen geschehen würde. Man läßt nun den Kalkstein mit der Kohle so lange rotieren, bis sich ein Teil desselben in Ätzkalk verwandelt hat, und die genaue Beobachtung des Zeitpunktes, wenn man mit dieser Operation aufhören soll, ist die Hauptsache für den Arbeiter, der vor einem Schauloche in der hinteren Stirnwand des Cylinders sitzt und den Hebel der Dampfmaschine vor sich hat; in der Regel dauert diese vorbereitende Arbeit eine Stunde. Erst dann wird das Sulfat mit dem Rest der Kohle zugesetzt und die eigentliche Schmelzung vollendet. Die ganze Operation dauert ungefähr $2^1/_2$ Stunden. Durch die Bildung von Ätzkalk bezweckt man eine Auflockerung der Schmelzkuchen beim Auslaugen, indem sich der Kalk löscht. Die Umdrehung des Ofens ist anfangs nur eine langsame, etwa einmal in 20 Minuten, steigert sich aber dann auf 5—6 Umdrehungen in der Minute. In den letzten Jahren sind verschiedene Neuerungen und Verbesserungen an diesen rotierenden Sodaöfen vorgeschlagen und hier und da auch zur Ausführung gebracht worden.

Chemische Vorgänge. Fragen wir nun, welche Veränderung die große chemische Künstlerin, die Hitze, in dem Gemisch von Glaubersalz, Kalk und Kohle zuwege gebracht, so ist die Antwort nicht so einfach, denn die Vorgänge erscheinen verwickelt und trotz vielfacher Versuche auch noch nicht völlig aufgeklärt. Eine Umsetzung derart, daß schwefelsaures Natron und kohlensaurer Kalk ihre Bestandteile austauschen, so daß neben schwefelsaurem Kalk (Gips) das gewünschte kohlensaure Natron entsteht, ist zwar denkbar, aber nicht recht wahrscheinlich; obschon einige Chemiker annehmen, daß wenigstens ein Teil der Soda auf diesem direkten Wege entsteht. Jedenfalls aber findet der Vorgang folgendermaßen statt: die Kohle wird in der Glühhitze so sauerstoffbegierig, daß das Glaubersalz, eine Verbindung von Natrium mit Sauerstoff und Schwefel, seinen ganzen Gehalt an Sauerstoff verliert und dadurch zu Schwefelnatrium (Natronschwefelleber) reduziert wird. Dieses tritt sofort in Wechselwirkung mit dem Kalk; der Kalk (Calcium und Sauerstoff) muß seinen Gehalt an Kohlensäure und Sauerstoff dem Natrium abtreten, das hierdurch zu kohlensaurem Natron sich vervollständigt; während gleichzeitig das Calcium sich mit dem frei werdenden Schwefel des Schwefelnatriums verbindet, so daß Schwefelcalcium (Kalkschwefelleber) sich bildet, was in die Abgänge geht und beim nachfolgenden Auslaugen auf dem Filter bleibt. Da das Einfachschwefelcalcium nicht so unlöslich im Wasser ist, daß man durch Auslaugen der Schmelze eine reine Sodalösung erwarten dürfte, so nimmt man von vornherein etwas mehr Kalk, als nach der Berechnung notwendig wäre, und bewirkt dadurch das Entstehen einer Doppelverbindung von Schwefelcalcium mit Kalk (Calciumoxysulfid), welche im kalten und selbst im warmen Wasser unlöslich ist. Nach neueren Ansichten ist dies jedoch keine Doppelverbindung, sondern nur ein inniges Gemisch von Schwefelcalcium mit Calciumoxyd.

Die rohe Soda oder erkaltete Schmelze bildet eine kompakte, schlackige Masse, die für die fernere Bearbeitung zerschlagen werden muß. Sie ist von unverbrannt gebliebener Kohle schwarz oder grau und erhält, je nach dem Reinheitszustande der Rohstoffe, nach dem Mischungsverhältnis und der Dauer der Schmelzarbeit, sehr verschiedene Dinge in verschiedenen Mengen. Die Behandlung im Ofen kann sowohl unzulänglich sein als über das Ziel hinausgetrieben werden, daher der Schmelzer ein erfahrener und umsichtiger Mann sein muß. Der Natrongehalt (teils kohlensauer, teils ätzend) beträgt gewöhnlich 30 bis 45 Prozent des Ganzen, die Kalkschwefelleber etwa ebensoviel; daneben kommen vor in kleineren Mengen Koch- und Glaubersalz, Ätzkalk, Schwefeleisen, unlösliche erdige Salze ꝛc. Trotz dieser Unreinheit kann die rohe Masse schon zu einigen technischen Zwecken verwendet werden, zur Seifenfabrikation, zur Erzeugung ordinären Glases u. s. w. Sie scheint aber jetzt kaum noch ein Gegenstand des Handels zu sein, da sich das Publikum entschieden den reineren Produkten zugewendet hat; alle große Fabriken liefern gereinigte, kalzinierte und kristallisierte Soda.

Durch Auslaugen der Rohmasse in warmem Wasser werden also die löslichen und brauchbaren Teile von den unlöslichen Verunreinigungen getrennt. Die Verfahrungsweisen dabei sind verschieden. Man kann die Masse grob zerstückt in die Wasserkästen werfen und läßt sie darin, durch Umrühren unterstützt, zerfallen, bis man schließlich das Klare ab- und — solange es nötig — in einen andern Kasten auf frische Masse pumpt. Bisweilen läßt man die Rohmasse vor dem Auslaugen noch einige Zeit an der Luft liegen, damit das ätzende Natron und der Kalk Kohlensäure aufnehme, wodurch die harten Stücke zerfallen.

Das Auslaugen soll möglichst erschöpfend und doch mit möglichst wenig Wasser erfolgen, weshalb man die Lauge durch mehrere Filtrierkästen der Reihe nach passieren läßt, so daß sie aus jedem etwas aufnimmt und schließlich vom letzten so stark abläuft, daß sie zum Abdampfen reif ist. Am besten dient folgende Einrichtung: Auf einer stufenförmigen Unterlage (s. Fig. 301) steht eine Reihe großer eiserner Behälter, die mit warmem Wasser beschickt und durch Dampfrohre warm erhalten werden. Heberartige Verbindungsrohre leiten die Flüssigkeit abwärts aus einem Kasten in den andern; sie sind so eingerichtet, daß sie die Lauge, die sie an der Oberfläche des einen Kastens entleeren, in der Nähe des Bodens vom nächsten, höher stehenden, entnehmen müssen. Kleinere Blechkästen, die siebartig durchlöchert sind und die gepulverte Schmelzmasse enthalten, sind der Reihe nach an Traghölzern in die Behälter eingehängt und reichen etwa bis auf deren halbe Tiefe hinunter. Denken wir uns nun die Auslaugung im Gange — und sie wird wenigstens acht Tage lang darin unausgesetzt erhalten — so werden wir in allen Behältern Lauge finden, und zwar im obersten die schwächste, weil alles neue Wasser nur hier zugeleitet wird. Von hier aus geht die Flüssigkeit allmählich durch alle Behälter, kommt mit sämtlichen darin hängenden Sieben in Berührung und fließt aus dem letzten als gesättigte Lösung ab. Die Siebe machen ihrerseits ebenfalls einen Weg, aber dem der Lauge entgegengesetzt. Immer nach 4—5 Stunden werden dieselben nämlich umgehängt, so daß jedes um einen Kasten oder ein Fach weiter rückt. Damit wird unten, in der stärksten Lauge, ein Platz leer, und hierher kommt ein Sieb mit neuer Beschickung, aus welchem die schon ziemlich gesättigte Flüssigkeit immer noch etwas aufzunehmen vermag. Dagegen wird das zu oberst überflüssig gewordene Sieb entfernt und sein jetzt völlig ausgelaugter Inhalt weggeworfen, wenn nicht nach neuerer Praxis noch der Schwefel (s. d.) daraus abgeschieden werden soll.

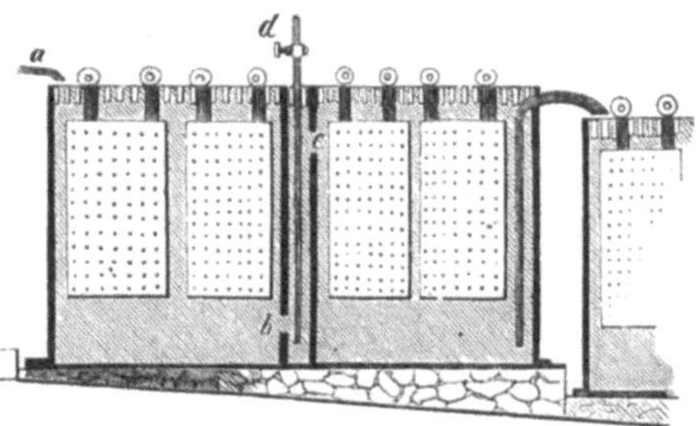

Fig. 301. Auslaugeapparat.

Die vom Auslaugeapparat kommende gesättigte Lauge wird nunmehr **abgedampft**. Nach älterer Art versiedet man sie zu diesem Zwecke genau so, wie in Salzwerken die Sole, in eisernen Pfannen, die von unten geheizt werden; gegenwärtig jedoch hat die Verdampfung durch Oberfeuer den Vorzug. Die Laugenpfannen stehen in einem Flammofen, der mit Koks gespeist wird, da diese die reinlichste Flamme geben. Flamme und Feuergase sind durch den gedrückten Bau des Ofens genötigt, dicht über die Oberfläche der Lauge hinzustreichen, was ein sehr lebhaftes Sieden und Verdampfen bewirkt. In manchen Fabriken ist der Schmelzofen mit den Verdampfungsapparaten so verbunden, daß für letztere kein besonderes Feuer nötig ist, sondern die aus ersterem abziehende Hitze auch für den zweiten Zweck genügt. Die Abdampfung von oben gewährt große Bequemlichkeit für die gewöhnliche Pfannenheizung, denn da bei ihr der Boden der Pfanne kaum warm wird, so bildet sich daselbst auch nicht die harte Salzkruste, deren beständige Aufstörung bei der alten Methode so viel Arbeit machte; das Sodasalz scheidet sich vielmehr in einzelnen kleinen Kristallen ab, die sich ruhig zu Boden setzen und die man zeitweilig mittels einer Krücke herausschafft (aussoggt). Zugleich läßt man neue Rohlauge zufließen, so daß dieser Betrieb oft wochenlang kontinuierlich fortgeführt wird. Das Aussoggen findet gewöhnlich innerhalb 24 Stunden viermal statt. Vom Beginn der Kristallisation bis zu einem gewissen Punkt derselben scheidet sich fast reines kohlensaures Natron aus, welches man als beste Ware vorwegnehmen kann und das den Namen **gereinigte wasserfreie Soda** führt, obgleich sie noch etwas wasserhaltig ist. Es bedarf dann keiner Unterbrechung mehr, sondern man kann nun mit dem Abdampfen fortfahren, bis die Menge der verunreinigenden Salze in der Mutterlauge so groß wird, daß die Sodakristalle nicht mehr genügend rein zum Vorschein kommen und kann das zuletzt erhaltene, mit den Unreinheiten der Lauge behaftete feuchte Salz weiter zu Gute machen.

Das aus den Abdampfepfannen gezogene Salz läßt man so weit als möglich abtropfen und befördert das Ausziehen der Mutterlauge schließlich durch Aufgießen von etwas kaltem Wasser. Vorteilhaft und auch schon vielfach in Anwendung ist das Herausschleudern der Mutterlauge auf der Zentrifugaltrockenmaschine. Um die feuchte Salzmasse nicht allein zu trocknen, sondern auch das Kristallwasser auszutreiben, wird sie wieder mit Hitze, am gewöhnlichsten in einem Flammofen, behandelt, was das **Kalzinieren** heißt. Die Temperatur wird hierbei nicht so hoch gesteigert, daß die Soda schmilzt, vielmehr hält man die Hitze des schmelzenden Bleies für die beste. Während der Bearbeitung muß die Masse fortwährend gerührt und gewendet werden, und sie erscheint nach dieser Behandlung als ein ziemlich weißes Pulver, d. i. **kalzinierte Soda**. Die Masse hat durch das Kalzinieren nicht nur ihr Wasser verloren, sondern ist auch in ihrem Gehalte verbessert worden. Durch den Einfluß der durchziehenden Luft, der Wasserdämpfe und der Kohlensäure, welche das Feuer aussendet, ist das in der Masse noch enthaltene Schwefelnatrium oxydiert und teils in schwefelsaures, teils in kohlensaures Natron, der Ätznatrongehalt gleichfalls in kohlensaures Natron verwandelt worden.

Die kalzinierte Soda in reinerem oder unreinerem Zustande (3—25 Prozent fremde Salze enthaltend) bildet die Hauptmasse der Fabrikation und des technischen Verbrauchs, für welchen sie gewöhnlich nur noch gemahlen und gesiebt wird.

Es wird aber auch nicht wenig **kristallisierte** Soda verbraucht. Diese wird dargestellt, indem man das kalzinierte Salz in möglichst wenig heißem Wasser wieder auflöst, die Lauge klärt und dann das Salz herauskristallisieren läßt. Oder man umgeht auch wohl das Kalzinieren und läßt dafür die vom ersten Abdampfen gewonnene rohe Soda längere Zeit der Luft ausgesetzt liegen, um der anhängenden Mutterlauge Gelegenheit zu geben, sich mit Kohlensäure zu sättigen. Ist dieses Salz oder die kalzinierte Soda im heißen Wasser gelöst, so läßt man die Lösung einen Tag in Ruhe, damit die Unreinheiten sich absetzen, siedet sie dann in Kesseln noch weiter ein und läßt die Lauge in große, flache eiserne Kristallisierpfannen laufen. Die Pfannen werden vollauf gefüllt, so daß, wenn man eiserne Stäbe querüber legt, diese mit der Flüssigkeit in Berührung sind. Die Stäbe geben den Anhaltpunkt für die sich bildenden Kristalle, die öfter bis zu Fußlänge anwachsen. In 9—10 Tagen, je nach der Luftwärme, ist das Salz aus der Mutterlauge herauskristallisiert, während die Unreinigkeiten in dieser zurückbleiben. Dies ist nun jene Soda, welche fast in jedem Kramladen zu haben ist. Die Hausfrauen und Wäscherinnen kaufen ganz allgemein nur dieses und nicht das kalzinierte Salz, weil dieses allein nur im Kleinhandel geführt wird. Obwohl bei gleichem Gewicht das letztere ziemlich das Doppelte kostet, ist die größere Wohlfeilheit des ersteren doch nur scheinbar, denn das kristallisierte Salz enthält, trotzdem es in harten, trockenen Kristallen erscheint, weit über die Hälfte (63 Prozent) Wasser, und so laufen, näher besehen, die Preise ganz auf eins hinaus. Beim Liegen an der Luft verlieren die anfangs durchsichtigen Sodakristalle ihre Durchsichtigkeit und zugleich einen Teil ihres Kristallwassers; schließlich zerfallen sie zu einem weißen Pulver und enthalten dann nur noch halb so viel Wasser wie anfangs.

Für manche Zwecke, zumal für die Fabrikation guten weißen Glases, ist die gewöhnliche Soda noch nicht rein genug und muß **raffiniert** werden, was nur in einer Wiederholung der früheren Bearbeitung besteht. Bringt man gute kristallisierte Soda wieder ins Feuer und treibt ihr das Kristallisationswasser aus, so erhält man, wie sich denken läßt, beste kalzinierte; ebenso lassen sich aus dem oben erwähnten bevorzugten Produkt der gereinigten wasserfreien Soda die beiden gewöhnlichen Sorten besonders rein darstellen, indem man jenes entweder kalziniert oder auflöst und wieder kristallisieren läßt.

Die **Mutterlaugen**, welche sowohl bei dem Abdampfungs- als Kristallisationsprozeß übrig bleiben, enthalten neben den fremden Stoffen noch Natron genug, daß es sich verlohnt, sie weiter zu verarbeiten. Man mischt die Flüssigkeiten so weit mit Kohlenklein und Sägespänen, daß sich Klumpen daraus formen lassen, welche man durch Trocknen und Kalzinieren noch auf eine geringe Sorte Soda verarbeitet.

In gleicher Weise, wie die Pottasche durch Ätzkalk in Ätzkali, wird auch die Soda in **Ätznatron** (Natronhydrat, Natriumhydroxyd) umgewandelt und für Seifensiedereien, Bleichereien, Bereitung verschiedener Chemikalien u. s. w. als besonderes Fabrikat in den Handel gebracht, sowohl in Form stark konzentrierter Lauge als zu einer festen weißen Masse eingedampft; man kann sogar annehmen, daß Ätznatron in viel größeren Mengen verbraucht wird als Ätzkali.

Ein neuerdings in Gebrauch genommenes, viel Bequemlichkeit bietendes Material zur Gewinnung reiner Soda und reinen Ätznatrons ist das Mineral **Kryolith**; dasselbe hat sich bis jetzt nur bei Ivitut an der Arksutbucht im südlichen Grönland gefunden; es wurde schon 1795 von Schumacher entdeckt und von d'Andrada, wegen seiner Ähnlichkeit mit Eis, Eisstein oder Kryolith genannt. Eine chemische Untersuchung von Abildgaard zeigte, daß aus diesem Minerale Flußsäure, Thonerde und ein Alkali, welches für Kali gehalten wurde, zu gewinnen sei. Klaproth wies jedoch nach, daß dieses Alkali Natron ist. Weitere Untersuchungen von Vauqelin, Berzelius und Deville stellten die genaue quantitative Zusammensetzung dieses Minerals als eine Verbindung von Fluornatrium mit Aluminiumsesquifluorid unzweifelhaft fest. Fast ein halbes Jahrhundert verstrich jedoch, bevor die Wissenschaft zeigte, welche große Bedeutung der Kryolith für die Industrie habe; 1849 wies J. Thomsen in Kopenhagen nach, daß der Kryolith mit Leichtigkeit durch Kalk und Kalksalze sowohl auf trockenem, als auch auf nassem Wege zersetzt werde, und auf dieser so spät erst gemachten Beobachtung beruht die ganze Kryolithindustrie. 1854 wurde die erste größere Sendung von 56 Tonnen nach Dänemark gebracht; seit dieser Zeit sind über 300000 Tonnen (zu 1000 kg) von Grönland ausgeführt worden. Von der jährlichen Ausfuhr erhält kontraktmäßig Amerika 6000 und Europa 4000 Tonnen. In Amerika wird der Kryolith erst seit 1865 verarbeitet; in Europa verwenden ihn vier Fabriken. Hierbei wird durch den Kalk sowohl das Fluornatrium als auch das Aluminiumsesquifluorid (Fluoraluminium) zersetzt; der Kalk, aus Calciummetall und Sauerstoff bestehend, gibt seinen Sauerstoff an das Natrium ab und bildet Natriumoxyd (Natron), während das Calcium sich mit dem Fluor verbindet. Ebenso nimmt ein andrer Teil des in dem zugefügten Kalk enthaltenen Calciums das Fluor des Fluoraluminiums auf und bildet ebenfalls wieder Fluorcalcium, während der Sauerstoff dieser Kalkpartie sich mit dem Aluminium zu Aluminiumoxyd (Thonerde) verbindet. Da der Kryolith eisenfrei ist, so erhält man, wenn man auch einen eisenfreien Kalk zur Zersetzung desselben benutzt, hierbei eine eisenfreie Thonerde, was für die Bereitung von schwefelsaurer Thonerde und von Alaun von Wichtigkeit ist. Auf diese Weise erhält man demnach Natronlauge, die durch Einleiten von Kohlensäure in Sodalauge verwandelt werden kann.

Bei der Zersetzung des Kryoliths auf trockenem Wege erhitzt man denselben unter Vermeidung einer Schmelzung mit Kreide (kohlensaurem Kalk) bis zur Rotglühhitze; es bildet sich in diesem Falle eine Verbindung von Thonerde mit Natron (Natriumaluminat) und Fluorcalcium; die geglühte Masse wird mit Wasser ausgelaugt, wobei das Thonerdenatron sich löst, während das Fluorcalcium zurückbleibt. Die Lösung des Thonerdenatrons wird dann durch Einleiten von Kohlensäure (welche man durch Verbrennen von Koks erhält) zersetzt und in kohlensaures Natron (Soda) und sich abscheidendes Thonerdehydrat verwandelt. Das früher einen wertlosen Abfall bildende Fluorcalcium wird jetzt in der Glasfabrikation mit verwendet.

Bei dem beschränkten Vorkommen des Kryoliths und der großen Entfernung Grönlands läßt sich jedoch voraussagen, daß die Fabrikation von Soda aus diesem Mineral eine großartige Ausdehnung nicht gewinnen wird, und daß man das interessante Mineral mehr der Thonerde und des Aluminiums als des Natrons wegen verarbeiten wird; besonders da in den letzten Jahren ein neues Verfahren der Sodafabrikation, das sogenannte Ammoniak-Sodaverfahren, aufgekommen ist, nach welchem schon viele Fabriken in Belgien und Deutschland arbeiten, dem Leblancverfahren starke Konkurrenz machend.

Man war schon seit langer Zeit bemüht, ein Verfahren zu finden, direkt aus Kochsalz (Chlornatrium) Soda herzustellen, ohne daß man nötig hat, dasselbe erst in Sulfat (schwefelsaures Natron) zu verwandeln, und es sind auch eine große Zahl von Vorschlägen und Versuchen gemacht worden, die sich jedoch sämtlich in der Praxis nicht bewährt hatten; das Ammoniak-Sodaverfahren scheint jedoch ein solches zu sein, welches sich in der Praxis zu halten vermag, wenigstens in Deutschland, wo man das Leblancsche System mit den kostspieligen rotierenden Öfen nur selten betreibt, die man in England natürlich nicht gern wieder verlassen wird. Das Ammoniakverfahren gründet sich auf die schon längst bekannte Thatsache, daß eine konzentrierte Chlornatriumlösung durch doppeltkohlensaures Ammoniak so zersetzt wird, daß sich doppeltkohlensaures Natron und Chlorwasserstoffammoniak bilden, von welchen das erstere sich ausscheidet, während das letztere gelöst bleibt. Das Chlorwasserstoffammoniak (Salmiak oder Chlorammonium) wird dann durch gebrannten Kalk zersetzt und zwar so, daß Ammoniak in Freiheit gesetzt und wieder gewonnen wird, so daß man nur nötig hat, diesem wieder Kohlensäure zuzuführen, um es wieder zur Zersetzung neuer Mengen von Kochsalz zu verwenden. Das von der Salmiaklösung getrennte doppeltkohlensaure Natron wird durch Glühen in einfachkohlensaures Natron (Soda) verwandelt, wobei es die Hälfte seiner Kohlensäure verliert. Dieses Verfahren stellt demnach einen fortwährenden Kreislauf dar, bei welchem das Ammoniak immer wieder gewonnen wird und als einziges Abfallprodukt nur Chlorcalcium, von der Zersetzung des Chlorammoniums durch Kalk herrührend, auftritt.

Schon im Jahre 1838 ließen sich die beiden Engländer Harrison Dyar und John Hemming auf dieses Verfahren ein Patent geben; man versprach sich auch große Erfolge, allein die Sache kam bald wieder ins Stocken, da in jener Zeit das Ammoniak noch nicht massenhaft und wohlfeil genug zu beschaffen war und auch die mechanischen Einrichtungen noch nicht als genügend sich erwiesen. Auch wies Anthon nach, daß ein nicht unbeträchtlicher Teil des Kochsalzes der Zersetzung hierbei entginge. Erst durch die Bemühungen von Türk, Schlössing, Marguerite, de Sourdeval, James Young, Honigmann und Gerstenhöfer, namentlich aber von Solvey, nach welchem auch das Verfahren meistens benannt wird, wurde das Ammoniak-Sodaverfahren so weit ausgebildet, daß eine allgemeinere Einführung desselben Platz greifen konnte. Die Ammoniaksoda zeichnet sich durch einen hohen Grad von Reinheit aus, da sie meistens 98—99 Prozent reines Natriumkarbonat enthält.

Wir haben uns mit der Soda sehr ausführlich beschäftigt, weil ihre Fabrikation, Hand in Hand gehend mit der Darstellung von Salzsäure, Glaubersalz, Chlorkalk und andern ungemein wichtigen Artikeln, so recht eigentlich den Kernpunkt der technischen Chemie bildet. Die Glasfabrikation und die Seifensiederei hängen von der billigen Massenerzeugung der Soda ganz direkt ab, und welche Bedeutung für das merkantile nicht nur, sondern für das wissenschaftliche und sittliche Leben diese beiden Industriezweige haben, braucht wohl nicht erst erklärt zu werden.

Doppeltkohlensaures Natron. Das doppeltkohlensaure Natron (Natronbikarbonat oder Natriumbikarbonat) ist ein bekannter Hausfreund geworden durch seine Mitwirkung bei der Erzeugung kohlensauren Wassers. Ebenso dient es zur Herstellung andrer moussierender Getränke, künstlicher Mineralwässer, Brausepulver, Magenpulver oder eigentlich, wenn es zu häufig und in zu großer Menge genossen wird, Magenverderbepulver (Bullrichs Salz). Das sogenannte Sodawasser ist kohlensaures Wasser, in welchem etwas doppeltkohlensaures Natron gelöst ist; ferner ist das Natriumbikarbonat ein Bestandteil sehr vieler Mineralwässer, namentlich der sogenannten Säuerlinge. Von der Soda unterscheidet sich das letztere durch nichts als durch einen doppelt so großen Kohlensäuregehalt, und eben dieser bewirkt den milderen und besseren Geschmack im Vergleich zu der ungenießbaren Soda. Der zweite Anteil Säure läßt sich aber der kristallisierten Soda leicht einverleiben; es ist nur nötig, daß man das Salz eine Zeitlang in einer Atmosphäre von Kohlensäure liegen läßt. Man hat dazu paarweise gemauerte Kammern, damit man den Kohlensäurestrom in die eine leiten kann, während man die andre räumt und neu beschickt. In den Kammern liegt das angefeuchtete Salz auf mit Leinwand bespannten Rahmen geschichtet. Indem es die Kohlensäure aufnimmt, läßt es von seinem Kristallisationswasser $^{9}/_{10}$ fahren, dieses träufelt ab und weil es dabei Salz in Auflösung mitnimmt, stellt es eine gute, wieder verwendbare Sodalauge dar. Eine chemische Probe zeigt, wann die Umwandlung des Salzes beendet ist. Man bedarf also neben den Kammern nur eines Entwickelungsapparates für Kohlensäure, die man aus Kalkstein durch Übergießen mit Salzsäure gewinnen kann, und hierzu ist die schwächste, die sonst kaum zu verwenden wäre, anwendbar.

Der Salpeter. Der weitere Verkehr mit unsern beiden Bekannten, dem Kali und Natron, führt uns jetzt in eine Fabrik, vor deren Großartigkeit sämtliche technische Institute der Welt in nichts verschwinden: wir meinen die Salpeterfabrikation, die Bildung von Salpetersäure und salpetersauren Alkalien (Nitraten), welche die Natur unausgesetzt auf eigne Hand betreibt. Das Lokal dieser Fabrik ist nicht kleiner als fast die ganze feste Erdoberfläche und hat überdies zwei Stockwerke, den Erdboden und den Luftkreis.

Die atmosphärische Luft besteht bekanntlich aus zwei gasartigen Elementen, Stickstoff und Sauerstoff, genau dieselben, welche in einer unsrer stärksten Säuren, der Salpetersäure, enthalten sind; der Unterschied ist nur der, daß in der Luft die beiden Elemente bloß gemischt, in der Salpetersäure dagegen chemisch miteinander verbunden sind. Welche Eigenschaften die Salpetersäure hat und wie wir sie uns darstellen, darauf kommen wir später zu sprechen; vor der Hand haben wir ihre Entstehung in der Natur zu betrachten. Eine chemische Vereinigung der beiden Elemente Stickstoff und Sauerstoff findet erwiesenermaßen regelmäßig im Luftkreise statt, aber in so geringem Maßstabe, daß erst der wissenschaftlich geschärfte Blick die Vorgänge erkennen und beobachten konnte. Nichtsdestoweniger wird durch die Unaufhörlichkeit und durch das Überallstattfinden die Massenproduktion eine so ungeheure, daß sie dem gewaltigen Bedarfe des natürlichen Kreislaufs vollständig genügt.

Im Regen- und Schneewasser läßt sich Salpetersäure, wenn man große Mengen davon eindampft, deutlich nachweisen; sie erscheint indes nicht in freiem Zustande, sondern gebunden, in der Regel an Ammoniak. Im Gewitterregen ist der Gehalt am stärksten, ebenso in dem Regen, der zuerst nach längerer Trockenheit fällt. Wird aber Salpetersäure aus der Luft herniedergeführt, so muß sie oben auch entstanden sein, denn aus dem Boden kann sie nicht stammen, weil sie hier niemals im freien Zustande vorkommt, noch vorkommen kann. Die Kraft, welche im Luftmeer Teilchen von Sauer- und Stickstoff zu Salpetersäure zusammenbindet, ist die Elektrizität, also der Blitz und überhaupt die elektrischen Spannungsverhältnisse. Als Davy durch gewöhnliche, unter einer Glasglocke befindliche Luft eine Reihe elektrischer Funken hatte schlagen lassen, erhielt er Salpetersäure, denn die mit eingesperrte Lösung von Ätzkali hatte sich teilweise in Salpeterlösung verwandelt.

Anders verhält es sich mit dem Ammoniak, der flüchtigen Verbindung von alkalischer Natur, welche aus 1 Atom Stickstoff und 3 Atomen Wasserstoff besteht (NH_3), und die in wässeriger Lösung allen unsern Lesern unter dem Namen Salmiakgeist bekannt ist. Es wird zwar von der Salpetersäure aus der Höhe mit hinabgeführt, entstammt aber auf alle Fälle den unteren Regionen, denn die Nase belehrt uns in Ställen, frisch bedüngten Feldern und auf Abtritten hinlänglich, daß bei der Fäulnis animalischer Abfälle Ammoniakgas (kohlensaures) in Menge in die Lüfte geht, obgleich der Landwirt diesen wertvollen Düngerbestandteil gar nicht gern ziehen lassen mag. Da erscheint denn die Salpetersäurebildung in der Luft als eine doppelt wohlthätige Veranstaltung der natürlichen Wohlfahrtspolizei: sie schafft das Ammoniak aus einem Bereiche, wo es nichts nützt, dahin, wo es nützen kann, d. h. sie wirkt zugleich luftreinigend und bodendüngend. Der Stickstoff, welcher namentlich in den Samen der Pflanzen in größerer Menge als in andern Teilen derselben vorkommt und als Nahrungsmittel zur Bildung der tierischen stickstoffhaltigen Verbindungen verarbeitet wird, wird solchergestalt in einem ewigen Kreislaufe herumgetrieben, in welchem er regelmäßig wieder in die Zwischenphasen von Ammoniak oder Salpetersäure tritt, ganz in entsprechender Art, wie die kohlenstoffhaltigen Verbindungen aus der Kohlensäure entstehen und in dieselbe bei ihrer Zersetzung wieder zurückgehen. Die auffallend günstige Wirkung eines schönen Gewitterregens auf die Pflanzenwelt mag sich daher wohl auch vorzugsweise aus seinem Reichtum an Salpetersäure und Ammoniak erklären lassen.

Übrigens bleibt auch eine direkte Umwandlung des in die Luft gelangten Ammoniaks in Salpetersäure durch Oxydation (Sauerstoffaufnahme) noch denkbar, bei welcher Salpetersäure und Wasser entstehen. Diese Verwandlung, die sich durch das Experiment leicht bewerkstelligen läßt, spielt wahrscheinlich bei der Salpetersäure im Boden die Hauptrolle, so daß die meiste oder alle in diesem erzeugte Salpetersäure erst Ammoniak gewesen, welches durch Hinzutritt von Sauerstoff in Salpetersäure umgemünzt worden ist.

Die Salpetererzeugung im Boden erscheint aber als eine weitaus massenhaftere, wenn auch nicht zu vergessen ist, daß die atmosphärische Fabrikation eine allumfassende, die terrestrische dagegen nur an die Örtlichkeiten gebunden ist, wo die Bedingungen der Salpeterbildung sich zusammenfinden. Diese Bedingungen aber sind folgende: 1) Vorhandensein faulender stickstoffhaltiger Substanzen, vorzüglich also, als die stickstoffreichsten, tierischer und menschlicher Abgänge; 2) Gegenwart von Alkalien oder alkalischen Erden; 3) leichter Zutritt der Luft, also Porosität des salpeterbildenden Materials; 4) Feuchtigkeit, jedoch ohne einschwemmende Nässe; 5) Wärme, und endlich 6) als ein gutes Unterstützungsmittel, Humus. Hiernach kann man schließen, daß schon jeder kultivierte oder überhaupt fruchtbare Boden eine mehr oder minder ausgiebige Salpeteranlage vorstellt, denn alle aufgezählten Bedingungen finden sich bis zu einem gewissen Grade in ihm vereinigt. Auf Düngerstätten, in Komposthaufen, Ställen und andern ähnlichen Lokalitäten treten die Umstände allerdings günstiger zusammen, und daher geht hier auch die Fermentation und Salpeterbildung entsprechend lebhafter von statten. Wo es auf künstliche Gewinnung von Salpeter abgesehen ist, in den sogenannten Salpeterplantagen, besteht das Künstliche eben nur darin, daß man die geeigneten Stoffe zusammenbringt, gehörig mischt und abwartet; die Hauptsache, die Salpeterbildung, besorgt die Natur immer selbst und ganz ebenso wie da, wo sie aus freier Hand, ohne menschliches Zuthun, arbeitet. In warmen, fruchtbaren Ländern kann sich in dem reichen, von der Natur fort und fort gedüngten Boden sogar bedeutend mehr Salpeter von selbst erzeugen und ansammeln, als in kühleren Gegenden auf künstlichem Wege zu beschaffen ist, so daß das Produkt dort nach dem Aufhören der Regenzeiten in Ausblühungen reichlich zu Tage tritt. Die Gewinnung geschieht dann wie die des Natrons sehr einfach durch Auslaugen der salpeterreichen Erde und durch Eindampfen der Flüssigkeit.

In solchem Falle befindet sich z. B. Ungarn, das den Bedarf Österreichs deckt, Spanien und Ägypten, vor allen aber das feuchtheiße Ostindien. Hier, namentlich in Bengalen, wo die tropische Natur mit einer Energie Naturgebilde schafft und wieder zerstört, von der der Nordländer kaum eine richtige Vorstellung gewinnen kann, ist der Boden so salpeterreich, daß die Brunnen davon salzig schmecken und schon das bloße Brunnenwasser einen kräftigen Dünger, namentlich für Körnerfrüchte, abgibt. Ostindien war denn eine Zeitlang auch die Quelle, aus welcher fast ganz Europa mit Salpeter versorgt wurde.

Die einheimische Erzeugung von Kalisalpeter (Kaliumnitrat) in Salpeterplantagen hat auch gegenwärtig größtenteils aufgehört und besteht nur noch etwa in Polen und Schweden, wo die Bauern sich seit langer Zeit mit diesem Geschäft befassen. Statt der früheren Plantagen finden wir dagegen jetzt in Europa Anstalten zum Raffinieren des indischen Rohsalpeters und zum Umbilden des chileschen Natronsalpeters in den gewöhnlichen Kalisalpeter, der allein nur zur Fabrikation des Schießpulvers verwendet wird. Diese letztere Industrie und das schon besprochene massenhafte Vorkommen von Kali in dem Staßfurter Salzlager haben ihrerseits den Markt für den indischen Salpeter beschränkt. Zu beklagen ist diese Änderung der Dinge eben nicht, denn die einheimische Salpetergewinnung verringerte die Düngermasse, die unsre jetzige Landwirtschaft für ihre Felder so notwendig braucht und von welcher sie ohnehin nicht so leicht genug hat.

In Frankreich war zur Zeit der Revolution die Gewinnung des Salpeters besonders beschwerend dadurch, daß die Regierung, um ihrem Bedarf an Schießpulver zu genügen, ein Zwangsrecht auf alle Salpetererde ausübte. Durch besondere Angestellte wurde auf den Gehöften die Erde der Ställe, Miststätten u. s. w. untersucht, wenn probehaltig befunden ausgelaugt und darauf wieder an Ort und Stelle gebracht; auf diese Weise sollen jährlich gegen 4 Millionen Pfund gewonnen worden sein.

Ohne auf den veralteten Plantagenbetrieb näher einzugehen, sei zur Erläuterung unsres Gegenstandes nur noch Folgendes bemerkt. Damit eine Salpeterbildung überhaupt stattfinden könne, muß eine Basis vorhanden sein, mit welcher sich die entstehende Säure sogleich zu einem Salz verbinden kann. In den Plantagen gab man daher möglichst viel kalihaltige Stoffe in die Gärhaufen, aber auch noch Kalk zur Aushilfe, damit sich wenigstens Kalksalpeter bilden konnte. Im natürlichen Salpeterboden ist auch nicht lauter Kali zu erwarten, sondern daneben Kalk, Magnesia, Natron, die sich alle mit der Salpetersäure verbinden werden. Um nun alle diese in der ersten Lauge enthaltenen Salze in Kalisalpeter zu verwandeln, ist nur erforderlich, daß man der Lauge Pottaschenlösung (kohlensaures Kali) zusetzt, solange dadurch ein Niederschlag erzeugt wird. Durch chemischen Austausch der Stoffe entsteht nämlich aus dem Kaliumkarbonat (kohlensaurem Kali) und Calciumnitrat (salpetersaurem Kalk), Kaliumnitrat (salpetersaures Kali) und Calciumkarbonat (kohlensaurer Kalk), welches letztere als weißer unlöslicher Absatz sich ausscheidet; ganz das Gleiche geschieht mit dem Magnesiasalz, nur daß hier kohlensaure Magnesia, ein gleichfalls unlösliches

Pulver, gebildet wird. Der Natronsalpeter endlich, dessen Quantität gering ist, verwandelt sich mit dem kohlensauren Kali ebenfalls in Kalisalpeter und kohlensaures Natron. Diese Behandlung der Lauge heißt das Brechen. Es wird erspart, wenn man der Salpetererde vor dem Auslaugen eine hinreichende Menge Holzasche zusetzen kann. Diese gibt ihre Pottasche her, welche die Umwandlung gleich auf dem Filter bewirkt.

Der Kalk hat ein ganz besonderes Vermögen, die Stickstoff- und Sauerstoffbestandteile in Komposthaufen oder sonstwie chemisch zu binden und Kalksalpeter zu bilden. In Indien gewinnt man solchen nicht nur aus Pflanzenboden, sondern auch aus gewissen Kalksteinhöhlen, und in Begien besteht ein ähnliches Verhältnis. Dort finden sich drei Höhenzüge eines höchst porösen Polypenkalks, der an sich schon salpeterhaltig ist, aber seine kondensierende Kraft erst voll entwickelt, wenn er gepulvert in die feuchten Komposthaufen mit eingeschichtet wird. Hier geht auf Kosten der Luft die Salpeterbildung, also die Bereicherung des Düngers mit Stickstoff, äußerst kräftig vor sich. Dieses Mineral leistet daher der belgischen Landwirtschaft bedeutende Dienste, besondere Salpeteranlagen scheint man aber dennoch nicht auf sein Vorkommen gegründet zu haben.

Die aus natürlicher oder künstlicher Salpetererde gezogene Lauge muß, um für siedewürdig zu gelten, an der Senkwage einen Gehalt von mindestens 10—14 Prozent Salpeter anzeigen. Sie wird dann in einem eisernen Kessel über Feuer eingedampft. Das Eindampfen hat aber nicht bloß die Gewinnung des Salzes in Kristallen, sondern auch eine weitere Reinigung, namentlich von Kochsalz (Chlornatrium) und von Chlorkalium, zur Folge. Das Kochsalz, und in etwas weniger scharf ausgesprochenem Grade das Chlorkalium, besitzen nämlich die Eigenheit, daß siedendes Wasser von ihnen nicht mehr aufzunehmen vermag als kaltes; der Salpeter dagegen, der von eiskaltem Wasser $7 \frac{1}{2}$mal sein eignes Gewicht Wasser braucht, um sich aufzulösen, braucht dazu vom siedenden Wasser nur $\frac{2}{5}$. Beim Erkalten einer gesättigten heißen Lösung von Salpeter und Kochsalz wird sich also wohl der größte Teil des ersteren Salzes, aber nur ein sehr geringer des letzteren ausscheiden, und man hat es durch Wiederholung dieser Operation in seiner Hand, die Reinigung beliebig weit zu treiben. Gewöhnlich aber beschränkt man sich an den Erzeugungsorten auf die Darstellung des Rohsalpeters und überläßt die unumgänglich nötige weitere Reinigung besonderen Anstalten.

Zum Zweck der Pulverfabrikation muß die Reinigung, das Raffinieren, aufs äußerste getrieben werden, da schon ein ganz geringer Rest von Kochsalz oder Chlorkalium ein Feuchtigkeit anziehendes Pulver geben würde. Früher verließen sich die Pulverfabriken nur selten auf eine fremde Raffinieranstalt, sondern besorgten diese Bearbeitung selbst, so daß das Salpeterraffinieren fast ein integrierender Teil der Pulverfabrikation war. Heutzutage ist aber die beste Kaufware so gut raffiniert, daß sie dem Pulverfabrikanten völlig genügt. Außer zu Schießpulver wird der Kalisalpeter auch noch in der Feuerwerkerei, zu medizinischen Zwecken und als Zusatz zum Salz beim Einpökeln des Fleisches benutzt.

Beim Raffinieren benutzt man wieder die verschiedenen Lösungsverhältnisse des Salpeters und der Chlorsalze. Die vom Kochsalz fast völlig befreite Lösung wird aufs neue unter Zusatz von Leim gesotten, wobei ein reichlicher, fleißig abzunehmender Schaum entsteht. Durch den Leim wird die Lauge entfärbt und von den braunen organischen Stoffen befreit. Nachdem die Flüssigkeit einige Zeit in einer Wärme von etwa 90° der Ruhe und Klärung überlassen gewesen, wobei sich noch etwas Kochsalz absetzt, wird sie vorsichtig in die Kristallisationsgefäße gegeben. Hier erwartet man natürlich kein Ausscheiden von Kochsalz, sondern nur Salpeterkristalle, und fügt daher der heißen Lauge eine angemessene Portion kaltes Wasser bei. Dieser einfache Kunstgriff gibt der Lauge gerade einen solchen Grad von Verdünnung, daß das darin noch befindliche Kochsalz in Auflösung bleiben kann und sich nur Salpeter als feines Kristallmehl, weil man die Lauge fortwährend umrührt, in dem Maße absetzt, wie die Lauge verkühlt, was mehrere Stunden lang andauert. Gibt die Mutterlauge keine Kristalle mehr her, so kommt sie zurück in die Rohlauge, das ausgekrückte Mehl aber läßt man abtropfen und gibt es dann in die Waschkästen. Dies sind große, nach dem Boden hin enger werdende Kästen (s. Fig. 302) mit Löchern dicht über demselben, die mit Korken verstopft sind. Man schlägt die Kästen gehäuft voll Salpetermehl, gießt mit einer Brause gesättigte Salpeterlösung auf und läßt sie ein paar Stunden mit der Masse in Berührung, worauf man die Pfropfen zieht und das Flüssige ablaufen läßt. Die gesättigte Salpeterlösung kann keinen Salpeter mitnehmen, verdrängt aber die Mutterlauge, welche das Kochsalz enthält. Diese Waschungen werden nach Bedarf mehr oder weniger oft wiederholt, bei der letzten aber nimmt man nicht mehr Salpeterlösung, sondern ein wenig reines Wasser.

Nachdem das Salpetermehl mehrere Tage zum Abtropfen in den Waschkästen gestanden, gibt man ihm die Form, in der es in den Handel kommen soll: man trocknet es entweder auf beheizten Metallplatten unter beständigem Umrühren, damit es sich nicht klümpert, und erhält es so als sandiges Pulver; oder man läßt es bei möglichst geringer Hitze schmelzen und gießt es zu Broten aus, in welcher Form der Salpeter am transportabelsten, aber nicht zu allen Zwecken gut verwendbar ist. Als Ladenartikel findet sich der Salpeter bekanntlich meistens in Form großer Kristalle. Diese erhält man, indem man Salpetermehl in heißem Wasser bis zur Sättigung löst und ungestört erkalten läßt.

In betreff der chemischen Konstitution des Kalisalpeters sei bemerkt, daß derselbe in 100 Gewichtsteilen aus $46\,^3/_5$ Kali und $53\,^2/_5$ Salpetersäure besteht und ohne alles Kristallwasser ist; denn die geringe Menge Feuchtigkeit, welche der groß kristallisierte Salpeter an sich hat, ist nur ein mechanisches Anhängsel, welches beim Kristallisieren zwischen den säulenförmigen Kristallformen des Salzes eingesperrt wurde.

Natronsalpeter. Eine ebenso merkwürdige als rätselhafte Erscheinung bieten einige Gegenden der Neuen Welt: dort hat die Natur in gewissen Distrikten, wo zur Zeit alle Bedingungen der Salpeterbildung zu fehlen scheinen, ungeheure Vorräte von Natronsalpeter (salpetersaures Natron, Natriumnitrat) aufgespeichert. Der schmale Strich Landes an der Westseite von Südamerika, den die Staaten Peru und Chile einnehmen, und der westlich von der See, östlich von dem Andengebirge begrenzt wird, bildet in dem südlichsten Teile von Peru und der Provinz Taragala eine 1000 m hohe Hochebene mit steil abfallender, sandiger Küste. Dieses Hochplateau ist eine vollständige, sonnenverbrannte Wüste, denn es fällt hier niemals Regen, der einen Pflanzenwuchs ernähren könnte. Aber der Boden bietet andre Reichtümer: auf eine Erstreckung von wenigstens 80 englischen Meilen findet sich Salpeter (Chilisalpeter) in verschiedenen Örtlichkeiten angehäuft und in sehr verschiedener Weise des Vorkommens. Bald tritt er an der Oberfläche als Ausblühungen zu Tage, die wie schmutziger Schnee aussehen, bald liegt er in Vertiefungen, die ausgetrockneten Teichen ähnlich sind und ein 5—8 cm starkes Salzlager haben. In Höhlen und Klüften kommt der Salpeter in festen Massen vor und wird wie in einem Steinbruche durch Sprengen und Loshauen gewonnen; anderswo liegen die Kristalle einzeln bei einander und bilden kaum 1 m unter der Oberfläche weithin verlaufende Schichten, die wie Kies aufgegraben werden. Der salzreichste Strich ist die Ebene von Tamarugal, und die Menge des sich hier vorfindenden Salzes ist eine so ungeheure, daß ganz Europa auf lange Jahre hinaus seinen Bedarf von da beziehen kann, und dazu finden sich noch in der angrenzenden Wüste Atakama, welche zu Bolivia gehört, ebenfalls Salpeterlager, vielleicht in nicht geringerer Menge. Hin und wieder finden sich statt Salpeterlager solche von Kochsalz, und Kochsalz ist auch derjenige Stoff, welcher die hauptsächlichste Verunreinigung des Chilisalpeters bildet. Als andre gelegentliche Beigaben finden sich Eisenoxyd und Jod, letzteres in Form von jodsaurem Natron (Natriumjodat), Glaubersalz, Soda, Chlorcalcium und borsaurer Kalk u. s. w. Hiernach ist der Salpetergehalt der Rohmasse ein sehr verschiedener und variiert von 20 bis 85 Prozent; für viele Zwecke ist darum auch eine Reinigung durch Umkristallisieren erforderlich.

Welchen Umständen das Vorkommen jener Salzreichtümer in so beschaffenen Gegenden zuzuschreiben sei, darüber läßt sich nicht einmal eine plausible Vermutung aufstellen. Genug, sie liegen da unter demselben Himmelsstrich und in nicht gar weiter Entfernung davon liegen die Guanoinseln, zwei natürliche Schatzkammern, welche für die Handels-, Industrie- und Ackerbauverhältnisse des so entlegenen Europas eine zwar erst in dem letzten Menschenalter, aber dafür sehr weitgehende Bedeutung erlangt haben, während man schon seit mehr als 100, ja, was die Guanoinseln betrifft, seit über 200 Jahren um ihre Existenz wußte.

Erst von 1820 ab wurden einige Schiffsladungen Chilisalpeter versuchsweise nach England gebracht, ohne Abnehmer finden zu können, so daß man sie, um nicht noch den Zoll bezahlen zu müssen, ins Meer warf. In Nordamerika blieben die ersten Versuche ganz ebenso erfolglos. Bald jedoch lernte man den Wert der Ware besser würdigen, und es nahm mit den dreißiger Jahren ein regelmäßiger Handel seinen Anfang, der seitdem von Jahr zu Jahr gestiegen ist, so daß allein England im Jahre 1859 schon 800000 Zentner konsumierte.

Die Gewinnung dieser Ware an Ort und Stelle ist übrigens von der Natur nicht ganz so mundrecht gemacht. Die Salpeterfundorte liegen zwar nur wenige Meilen (10 bis 15 engl. Meilen) vom Küstenrande einwärts, aber die steile, sandige und klüftige, oben noch überdies mit einem Bergzuge gekrönte Küste ist so unpraktikabel, daß sich, wenigstens nach südamerikanischen Ansichten, keine Chausseen anlegen lassen; der Salpeter wird daher auf gewundenen Saumpfaden von Maultieren in Säcken herabgebracht, und zwar gehen die Züge entweder nach dem Hafenorte Iquique in Peru oder nach Concepcion in Chile; nach jedem dieser beiden einzigen Verschiffungspunkte sind aber von den Gewinnungsorten aus drei Tagereisen erforderlich. Unterwegs auf beiden Linien liegen zwei Siedereianlagen, wo die Rohmasse, Caliche genannt, mit siedendem Wasser ausgezogen und die Lauge durch Verdampfen kristallisiert wird. Hier findet sich nicht einmal ausreichend das dazu nötige Wasser; das Trinkwasser muß zu Schiffe aus andern Gegenden hergebracht werden, die zum Raffinieren gebrauchten Steinkohlen kommen von England und gehen vom Hafen aus ebenfalls auf Mauleselrücken nach den Salinen. Unter solchen Verhältnissen ist es erklärlich, daß der Transport der Ware von den Fundorten bis zum Hafen ganz ebensoviel kostet, wie die Verschiffung von da um die Südspitze Amerikas herum nach Europa. Dennoch ist das Salz doch um vieles wohlfeiler als der Kalisalpeter, so daß auch die Landwirtschaft ihre Rechnung dabei fand, dasselbe als Dünger zu verwenden. Für chemische Fabriken bildet der Natronsalpeter (den man auch kubischen oder Würfelsalpeter nennt, obgleich er in Rhomboedern kristallisiert) einen sehr wertvollen Stoff, namentlich zur Fabrikation der Salpetersäure und zum Gebrauch bei der Schwefelsäurebereitung, zu beiden Zwecken natürlich erst dann, wenn er von Chlorsalzen gut gereinigt ist. Zur Salpetersäurebereitung eignet er sich sogar vorteilhafter als der Kalisalpeter, denn 85 Gewichtsteile Natronsalpeter enthalten ebensoviel Säure wie 101 Teile Kalisalpeter. Zur Pulverfabrikation dagegen ist das Salz ungeeignet, weil es, wenn auch von Kochsalz und andern fremden Stoffen gereinigt, an der Luft feucht wird. Das daraus bereitete Pulver brennt zu langsam ab, und so hat das Salz nach dieser Seite hin nur für die Feuerwerkerei einige Bedeutung, wenn es sich um langsam verbrennende Sätze oder um einen speziellen Farbeneffekt handelt. Der Natronsalpeter färbt nämlich die Flamme pomeranzengelb.

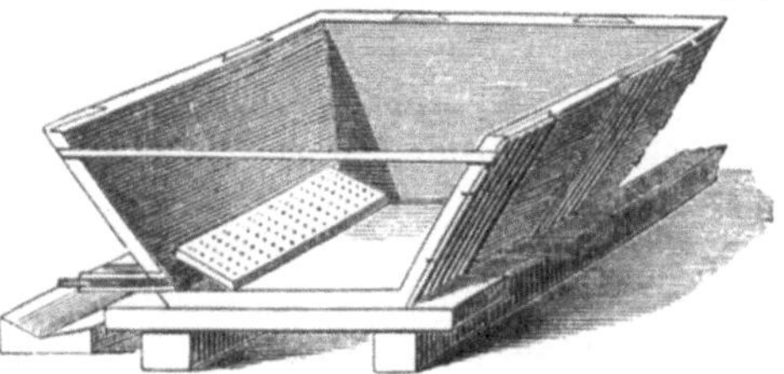

Fig. 302. Waschkasten zur Salpeterbereitung.

Verwandlung des Natronsalpeters in Kalisalpeter. Durch chemischen Austausch läßt sich der Natronsalpeter direkt in Kalisalpeter umarbeiten, und es wird diese Verwandlung in Raffinerien in großem Umfange ausgeübt. Nach dem älteren Verfahren löst man in angemessenen Mengen einerseits Natronsalpeter, anderseits gereinigte Pottasche in möglichst wenig heißem Wasser und mischt die Lösungen zusammen. Die Salpetersäure geht an das Kali und die Kohlensäure tritt dafür an das Natron. Das salpetersaure Kali muß von dem kohlensauren Natron durch einen zweckmäßig geleiteten Abdampfungs- und Kristallisationsprozeß getrennt werden. Aus 100 Gewichtsteilen reinen Natronsalpeters und 81 Teilen reiner Pottasche entstehen so $118^1/_2$ Teile Kalisalpeter und $62^1/_2$ Teile Soda. Die Verwandlung von Pottasche in Soda schließt keine Preissteigerung, sondern das Gegenteil ein, und so muß denn der höhere Wert des Kalisalpeters Spesen und Gewinn allein decken. Weit vorteilhafter aber gestaltet sich die Fabrikation, wenn statt der Pottasche Chlorkalium angewendet werden kann, und dies geschieht jetzt ausschließlich, seit Chlorkalium in Staßfurt in unbeschränkter Menge disponibel ist; man hat daher jetzt von der Pottasche ganz abgesehen. In Staßfurt beschäftigen sich mehrere große Fabriken mit Umarbeitung des Chilisalpeters; auch werden große Mengen von Chlorkalium nach England exportiert, um dort mit Chilisalpeter in Kalisalpeter umgewandelt zu werden. Die doppelte Zersetzung der beiden Stoffe ergibt Kalisalpeter und Chlornatrium (Kochsalz), die ebenfalls und unschwer auf dem Wege der Kristallisation getrennt werden. Der auf diese Weise gewonnene Salpeter führt im Handel den Namen Konversionssalpeter.

Salpetersäure. Luft und Erde sind, wie wir gesehen haben, die Eltern des Salpeters; die Erde liefert das Beharrliche, Nichtflüssige, die Basis; die Luft das Flüchtige, Geistige, die Säure, und zwar eine Säure von solcher Energie, wie man sie in dem schwach salzig und kühlend schmeckenden Salpeter nicht verborgen glauben sollte. Die Trennung der Säure von der Basis ist auf verschiedenen Wegen möglich, nur nicht in der Art, wie man z. B. die Schwefelsäure von Eisenvitriol abtreibt, durch trockene Destillation; in diesem Falle nämlich gehen die Bestandteile der Säure, Sauerstoffgas und Stickstoffgas, einzeln fort, die Säure zersetzt sich. Schon bei mäßiger Erhitzung gibt der Salpeter unter Aufschäumen einen Teil seines Sauerstoffs ab und wird damit zu salpetrigsaurem Salz; bei weiter getriebener Erhitzung folgt auch der übrige Sauerstoff in Begleitung des Stickstoffs, und ätzendes Alkali bleibt übrig. Die Säure läßt sich aber unzersetzt abscheiden, wenn dem Alkali zum Ersatz eine andre, stärkere Säure dargeboten wird, mit der es ein neues Salz bilden kann. Hierzu passende Mittel und Wege mag die alte empirische Chemie frühzeitig gefunden haben, denn schon die arabischen Chemiker kannten die Salpetersäure, wie ihre Schriften beweisen; ja, es ist nicht unwahrscheinlich, daß sie sogar den alten Ägyptern bekannt war, wenigstens hat man auf Mumiengewändern schwarze Zeichnungen gefunden, die mit einer Silbertinte gemacht sind, so daß die Annahme einer Bekanntschaft mit Höllenstein (salpetersaures Silberoxyd) und folglich mit Salpetersäure erlaubt scheint. In den alten alchimistischen Schriften tritt die Salpetersäure unter mancherlei Namen auf, von denen aqua fortis noch heute verständlich ist; auch die Benennung „Scheidewasser“ schreibt sich aus dem Mittelalter her, zu welcher Zeit man diese Säure wohl schon zur Scheidung von Gold und Silber benutzt haben mag.

Die Darstellung der Salpetersäure ist sonach eine ganz einfache Operation und kommt in ihrer heutigen Form vielen andern Abtreibungsarbeiten, namentlich der Entwickelung von Salzsäure aus Kochsalz, so gleich, daß dieselben Apparate zur Erzeugung sowohl von Salz- als auch von Salpetersäure dienen können.

Die frühere Methode zum Abtreiben der Salpetersäure, welche wohl auch die im Altertum geübte sein mag, bestand darin, daß man ein Gemisch von Salpeter und Eisenvitriol in Retorten glühte und die sauren Dämpfe in gekühlten Vorlagen auffing. Im Rückstande verblieb ein Gemenge von Eisenrost und schwefelsaurem Kali (Kaliumsulfat). Im Grunde thut unsre heutige Fabrikation dasselbe, nur in andrer Form. Wir zersetzen den Salpeter durch Schwefelsäure und gewinnen so die Salpetersäure bei viel geringerer Hitze. Der Unterschied ist nur der, daß wir jetzt zur Salpetersäure zwei Fabriken brauchen, während unsre Vorgänger beide in einem Topfe vereinigten. Denn durch Glühen von Eisenvitriol wird ebenfalls Schwefelsäure (Vitriol) erhalten; ist zugleich Salpeter vorhanden, so dampft die Schwefelsäure nicht fort, sondern wirft sich gleich im Moment des Freiwerdens auf dieses Salz, verbindet sich mit dessen Basis und macht die Salpetersäure frei.

Im kleinen bedient man sich, wenn man Salpeter mit Schwefelsäure behandelt, zum Abtreiben gläserner, in einem Sandbade liegender Retorten und fängt die übergehende Säure in kalt gehaltenen Vorlagen auf. Auch in Fabriken war und ist zum Teil jetzt noch dies Verfahren gebräuchlich, nur daß man hier die Zahl der Retorten und ihre Größe möglichst steigert, so daß eine davon bis 25 kg Salpeter auf einmal fassen kann. Um eine größere Anzahl Retorten mit einem Feuer beheizen zu können, dient ein Galeerenofen, in welchem zu beiden Seiten eine Reihe tiefer, gußeiserner Kessel eingemauert ist, in deren Hohlraum die Retortenkörper nebst einer umgebenden Sandschicht Platz haben. Die an die Retortenhälse angekitteten Vorlagen werden zur Abkühlung beständig mit Wasser überrieselt, das in kleinen Rinnen auf jede einzelne hingeleitet wird. Daß hierbei ein oder der andre Glaskörper springt, ist freilich nicht ganz abzustellen. In neuerer Zeit wendet man daher mehr thönerne und gußeiserne Apparate in Retorten- oder Cylinderform an, wie einen der letzteren unsre Abbildung (s. Fig. 303) unter A zeigt. Das Eisen wird von den Säuren weit weniger angegriffen als man denken sollte, wenigstens soweit der Inhalt die Gefäßwände berührt; oben aber, wo nur Dämpfe die Innenwand treffen, die viel stärker an dem Eisen fressen würden, ist dasselbe durch eine thönerne Ausfütterung geschützt. Die Vorlagen sind zwei oder drei gläserne oder steinerne, mit Verbindungsrohren versehene Bauchflaschen DF, die in kaltem Wasser stehen. Die salpetersauren Dämpfe verflüssigen sich hier, ohne daß man Wasser in die Vorlagen selbst zu geben braucht. Das Wasser, welches zum Bestehen der Salpetersäure gehört, kommt schon als Dampf mit aus dem Entwickelungsapparate. Die Verbindungsrohre E gehen nur von Hals zu Hals und tauchen niemals in die Säure der Flaschen, um keinen hemmenden Druck zu erzeugen. Zuweilen läßt man das Kühlwasser um die Flaschen weg und stellt dafür eine längere Reihe derselben auf, verläßt sich also auf die bloße Luftkühlung. Wenn die entfernteste Flasche während des Betriebes stets vollkommen kalt bleibt, so ist für die Kühlung hinreichend gesorgt. Was aus dem letzten Gefäß unverdichtet entweicht, läßt man durch einen Schlot ins Freie ziehen. Je nachdem man starke und rauchende oder verdünnte Säure haben will, wendet man konzentrierte oder verdünnte Schwefelsäure an; von den beiden Salpetersalzen aber wird man im Fabrikbetrieb des besseren Rechnungsergebnisses halber wohl stets den Natronsalpeter wählen, während im kleinen, wo der Geldpunkt nicht so entscheidend ist, der Kalisalpeter seine Vorzüge hat, weil dieses Salz sich weit leichter als der Natronsalpeter durch Umkristallisieren reinigen läßt, daher sogleich fast chemisch reine Säure aus ihm erhalten werden kann. Der chemischen Rechnung gemäß würden 1 Gewichtsteil konzentrierte englische Schwefelsäure und 2 Gewichtsteile Salpeter in schwefelsaures Kali (Kaliumsulfat) und Salpetersäure gerade aufgehen; man wird aber in der Regel das Doppelte der Schwefelsäure anwenden, weil nur so alle Salpetersäure glatt und farblos erhalten wird. Bei Anwendung von Natronsalpeter ist der Rückstand doppeltschwefelsaures Natron (saures schwefelsaures Natron oder Natriumbisulfat); eine feste, weiße, stark sauer reagierende und zerfließliche Masse, die unter dem Namen **Weinsteinsurrogat** in der Färberei Verwendung findet. Wird die Verdoppelung unterlassen, so scheidet sich nur die Hälfte der Salpetersäure in gelinder Hitze aus; die andre folgt erst, wenn die Feuerung bis nahe zum Glühen gesteigert wird; aber dann ist die Säure braunrot, weil zum Teil zersetzt und in salpetrige Säure verwandelt. Dies Gemisch von Salpetersäure und salpetriger Säure heißt **rauchende Salpetersäure**, weil sie an der Luft starke, stickend riechende, braunrote Dämpfe ausstößt. Sie besitzt eine noch stärker oxydierende und lösende Eigenschaft als die reine Säure und wird, weil sie zu gewissen Zwecken sehr dienlich ist, absichtlich dargestellt.

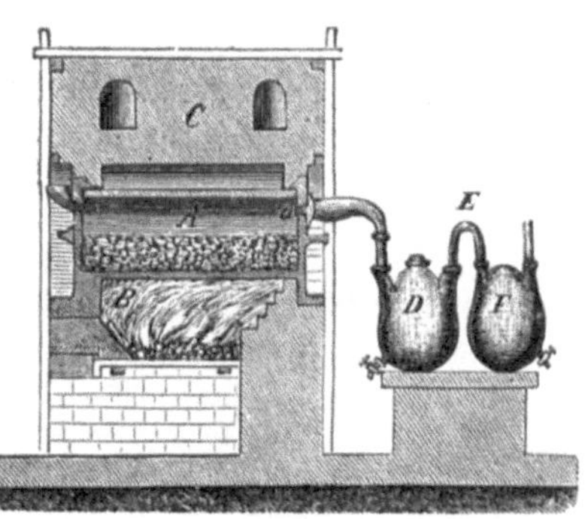

Fig. 303.
Apparat für die Darstellung der Salpetersäure.

Ist das Salz in den Apparat gebracht, so werden die Thüren des Cylinders geschlossen und samt den Rohrverbindungen gehörig verkittet, die Schwefelsäure wird durch einen bleiernen Trichter eingelassen und die Heizung beginnt. Zuerst entsteht einige Unruhe, bei Natronsalpeter sogar ein starker Aufruhr im Cylinder, bis endlich alles in ruhigen Fluß kommt. In dem Maße, wie die dampfförmige Salpetersäure daraus entweicht, wird die Masse dickflüssiger, bis die Zersetzung vollendet ist. Dieser Zeitpunkt ist eingetreten, wenn man in den Ballons nichts mehr tropfen hört. Man stellt dann das Feuer ab, läßt den Apparat 24 Stunden lang auskühlen und öffnet ihn, um einerseits den festgewordenen Salzkuchen aus dem Cylinder herauszuschlagen, anderseits die Säure von den Ballons zu ziehen. Wenigstens die ersten beiden Ballons geben Säure von gehöriger Stärke, während der Gehalt in den folgenden immer mehr abnimmt und diese schwache Säure das nächste Mal gleich anfangs in die ersten, dem Cylinder am nächsten stehenden Ballons gegeben wird.

Für den großen technischen Konsum ist die Säure, wie sie die Fabriken liefern, rein genug, während sie für pharmazeutische und manche technische und chemische Zwecke noch rektifiziert werden muß. Salzsäure und Chlor, von dem hartnäckigen Begleiter des Salpeters, dem Kochsalz herrührend, fehlen nie ganz. Durch Zutröpfeln von salpetersaurer Silberlösung läßt sich alles Chlor entfernen, indem es mit dem Silber als unlösliches Chlorsilber ausgefällt wird. Neuerdings benutzt man aber, obschon das Silber nicht verloren ist und wiedergewonnen werden kann, lieber die größere Flüchtigkeit der beiden Gasarten zu ihrer Abtrennung.

Man war lange Zeit der Ansicht, daß die Salpetersäure nur mit einem gewissen Wassergehalt bestehen könne, weil alle Versuche, ihr diesen zu entziehen, damit endeten, daß die Säure selbst in ihre Bestandteile zerfiel. Es ist jedoch gelungen, wasserfreies salpetersaures Silberoxyd, Silbernitrat, durch trockenes Chlorgas so zu ersetzen, daß sich Chlorsilber, Sauerstoff und wasserfreie Salpetersäure bilden; letztere destilliert durch ein in Eis liegendes Glasrohr, wo sie selbst zu eisartigen Kristallen erstarrt. Das Rohr muß aber alsbald an beiden Enden zugeschmolzen werden, und man kann nun die seltenen Kristalle vorzeigen, vorausgesetzt, daß das Rohr immer hübsch kalt gehalten wird, denn in gewöhnlicher Zimmertemperatur schmilzt die Masse, und dann dauert es auch nicht lange, daß sie in ihre gasigen Bestandteile zerfällt und mit großer Gewalt ihr gläsernes Gefängnis zertrümmert. Die wasserfreie Salpetersäure hat aber, gleich der wasserfreien Schwefelsäure, nur ein theoretisches Interesse. Auch in gewässertem Zustande beruht ein großer Teil ihrer Wirkungen auf ihrer leichten Zersetzbarkeit, wobei unter Abgebung von Sauerstoff die Säure auf eine der tieferen Oxydationsstufen herabgeht. Die wasserfreie Salpetersäure enthält auf 2 Atome Stickstoff 5 Atome Sauerstoff (N_2O_5), die salpetrige Säure auf 2 Atome Stickstoff 3 Atome Sauerstoff (N_2O_3); mit noch weniger Sauerstoff gibt der Stickstoff das Stickstoffoxyd (NO) und Stickstoffoxydulgas (NO_2). In diese Produkte geht nun auch die Salpetersäure über, wenn ihr Sauerstoff entzogen wird, und zwar sehr gern, so daß sie, obwohl eine sehr kräftige, doch keine sehr konstante Säure genannt werden kann.

Durch das Bestreben, Sauerstoff abzugeben, wird die Salpetersäure zu einem der kräftigsten Oxydationsmittel, sowohl metallischen als nichtmetallischen Stoffen gegenüber. Blei, Zink, Kupfer u. s. w. werden von der Salpetersäure energisch aufgelöst, indem ein Teil sich zersetzt, braune Dämpfe salpetriger Säure entläßt und der freigewordene Sauerstoff das Metall oxydiert, während gleichzeitig das Oxyd in der übrigen Säure sich leicht auflöst und ein Nitrat des betreffenden Metalls bildet.

Die mancherlei technischen Anwendungen der Salpetersäure zum Auflösen, Ätzen, Brünieren u. s. w. der Metalle sind schon allgemeiner bekannt; aber ihre Zahl erscheint unbedeutend gegenüber der großen Zahl von Fällen, in welchen die technische und die experimentierende Chemie sich der Salpetersäure zur Erzielung höchst mannigfacher, oft sehr merkwürdiger Wirkungen und Umwandlungen an organischen Körpern bedient. Diese Fälle sind ebenso schwer vollständig aufzuzählen als in Klassen zu bringen. In den meisten ist die Wirkung eine oxydierende, es wird Sauerstoff abgegeben und salpetrige Säure entweicht; in andern Fällen geht auch Stickstoff in das neue Erzeugnis ein. Die Oxydierung kann unter Umständen ein sehr heftiger Vorgang werden, so daß z. B. Terpentinöl, mit starker Salpetersäure übergossen, sich sofort mit lebhafter Flamme entzündet. Viele organische Körper, wie die Haut, Federn, Kork, Holz färben sich mit Salpetersäure gelb, infolge der Bildung von Pikrinsäure; Indigo wird fast ganz in diesen gelben Farbstoff verwandelt, aber die Erzeugung desselben aus dem teuren Indigo gehört jetzt nur noch unter die theoretischen Experimente, seitdem man in Steinkohlenteer einen viel billigeren Rohstoff dafür gefunden hat. Man braucht nur die Karbolsäure (Phenol) des Teers mit Salpetersäure zu mischen und nach der ersten heftigen Reaktion die weitere Zersetzung durch Kochen zu unterstützen, um Pikrinsäure herauskristallisieren zu sehen.

Von den zahlreichen organischen Körpern, die nur aus Kohlenstoff, Wasserstoff und Sauerstoff bestehen, dürfte es wenige geben, die nicht durch Salpetersäure schon in der Kälte, sicher aber in der Hitze, durch Oxydation eine solche Umänderung erfahren, daß ganz andre Stoffe aus ihnen entstehen, was natürlich stets mit Zersetzung der Salpetersäure unter

Entweichen roter salpetriger Säure verbunden ist. Sägespäne, Stärke, Zucker u. s. w. kann man durch anhaltendes Kochen mit Salpetersäure, bis letztere ganz verschwunden ist, in Oxalsäure, auch Kleesäure genannt, verwandeln. Eine interessante Zersetzung findet in den Fällen statt, bei welchen der Prozeß so verläuft, daß die Säure zur Untersalpetersäure ($N_2 O_4$) wird, die sich mit dem behandelten Stoff zu einem neuen Produkt verbindet oder, richtiger, die Stelle von Wasserstoff vertritt.

Man bezeichnet solche Erzeugnisse im allgemeinen mit dem Namen Nitrokörper; der populärste derselben ist die Schießbaumwolle. Durch bloßes kurzes Einweichen in einer Mischung von Schwefelsäure und Salpetersäure und nachheriges Waschen mit Wasser verwandelt sich die Baumwolle, ohne daß ihr Äußeres sich merklich verändert hätte, in den bekannten Konkurrenten des Schießpulvers. Nur ihr Gewicht zeigt, daß etwas Besonderes mit ihr vorgegangen, denn sie ist um $^2/_3$ schwerer geworden, sowie die Fähigkeit, wie Schießpulver zu verbrennen. In gleicher Weise entsteht aus Glycerin Nitroglycerin, aus Mannazucker Nitromannit, auch Knallmannit genannt, ein kristallisierter Körper, der durch Stoß explodiert; ebenso aus Benzol das Nitrobenzol (Mirbanöl), aus welchem man zunächst das Anilin und aus diesem die bekannten prächtigen Farben erzeugt u. s. w.

Das Königswasser ist eine bloße Mischung von Salpetersäure und Salzsäure (für viele Fälle genügt auch das billigere Gemisch von salpetersaurem Natron und Salzsäure), welches als auflösendes und oxydierendes Mittel da noch von großer Wirkung ist, wo jeder seiner beiden Säurebestandteile für sich zu schwach sein würde. Gold z. B. ebenso wie Platin ist weder in Salzsäure noch in Salpetersäure allein löslich; beide Säuren in Vereinigung jedoch vermögen die Auflösung des Königs der Metalle zu bewirken, und deshalb hat das Gemenge auch den Namen Königswasser erhalten. In Wirklichkeit spielt auch hier die Salpetersäure die Rolle eines oxydierenden Körpers: das Gold ist nur in dem Chlor, welches sich aus der Salzsäure entwickelt, löslich; in dem Königswasser besteht aber ein fortwährender Prozeß von Trennung und Verbindung; Sauerstoff verläßt allmählich die Salpetersäure, entreißt der Salzsäure die entsprechende Menge Wasserstoff und bildet Wasser, während das freiwerdende Chlor sich alsbald mit dem Golde zu löslichem Chlorgold verbindet. Ist also die eine der beiden Säuren in der Flüssigkeit erschöpft, so hört die Wirkung auf.

Salzsäure und Chlor. Diese beiden Körper sind uns im Verlaufe unsrer Betrachtungen so oft schon begegnet, daß es wohl geeignet sein dürfte, uns an dieser Stelle noch etwas mit ihnen zu beschäftigen. In der Natur treffen wir die Salzsäure nirgends fertig gebildet vor; trotzdem daß wir sie aus dem Kochsalze ganz auf dieselbe Weise abzuscheiden vermögen, wie die Salpetersäure aus dem Salpeter, nämlich durch Destillieren mit Schwefelsäure, ist sie im Kochsalze doch nicht in gleicher Weise wie die Schwefelsäure im schwefelsauren Kali fertig gebildet enthalten und ebensowenig in den Mineralien, wie Hornblei, Hornsilber, Steinsalz u. s. w., welche dem Kochsalze analoge Metallverbindungen darstellen.

Alle diese Verbindungen sind, wie wir schon früher erwähnten, nicht eigentliche Salze, d. h. Verbindungen von Basen und Säuren, vielmehr ist in ihnen das Chlor nur einfach mit einem andern Elemente verbunden: es sind chemische Verbindungen erster Ordnung wie die Oxyde; ihrer salzähnlichen Natur wegen heißen sie Haloidsalze.

Derjenige Körper nun, der im Kochsalz mit Natrium, im Hornsilber mit Silber, im Hornblei mit Blei vergesellschaftet ist, ist das Chlor, ein gasförmiges Element von grünlichgelber Farbe und einem erstickenden Geruch und Geschmack. Ihm ähnlich, nicht nur im chemischen Verhalten, sondern auch in vielen äußerlichen Eigenschaften, sind eine Anzahl andrer Körper: Jod, Fluor und Brom, die mit dem Chlor zusammen die Klasse der Haloide bilden und auf welche wir bei der Photographie noch zu sprechen kommen.

Das Chlor verbindet sich mit dem Sauerstoff in verschiedenen Verhältnissen zu Säuren; die Verwandtschaft der beiden sich sehr ähnelnden Körper ist jedoch nur eine geringe, und die Chlorsauerstoffverbindungen zerfallen daher leicht wieder in ihre Bestandteile, wodurch sie zu noch kräftigeren Oxydationsmitteln werden, als selbst die Salpetersäure eins ist. Bei den Feuerzeugen begegnen wir einer derselben, der Chlorsäure. — Von größerer Beständigkeit ist die Wasserstoffverbindung des Chlors, welche ebenfalls die Natur einer

Säure hat und deswegen Chlorwasserstoffsäure heißt. Dies ist unsre gewöhnliche Salzsäure.

Ihre Darstellung aus dem Kochsalze gelingt mit wasserfreier Schwefelsäure nicht, weil weder in dieser noch in dem Chlornatrium der nötige Wasserstoff enthalten ist, der sich mit dem vom Natrium sich freimachenden Chlor vereinigen könnte. Bei Gegenwart von Wasser dagegen wird allemal mit einem Molekül Chlornatrium ein Molekül Wasser zersetzt; der Sauerstoff desselben geht an das Natrium, wodurch letzteres zu Natriumoxyd oder Natron wird, das mit der Schwefelsäure schwefelsaures Natron gibt; der Wasserstoff verbindet sich mit dem Chlor zu der gasförmigen Säure, welche in Wasser aufgefangen wird und in der Mehrzahl der Fälle auch nur in solch wasserhaltigem Zustande zur Wirkung gelangt.

Lösen wir ein Metall oder ein Oxyd, z. B. Zink oder Kalk, in Salzsäure, so haben wir nach alter Vorstellung salzsaures Zink, salzsauren Kalk; dampfen wir aber die Lösungen ein, bis nichts mehr fortgeht, so bleibt, wie schon gesagt, nur ein einfaches Elementenpaar übrig, Chlorzink, Chlorcalcium; Sauerstoff und Wasserstoff fehlen, sind als Wasser fortgegangen. Sonach ist ein Operieren mit Salzsäure in den meisten Fällen einem solchen mit freiem Chlor ganz konform. Für manche Zwecke, namentlich für den so wichtigen der Bleicherei, ist es aber erforderlich, das Chlor frei zu machen, also Chlorgas zu erzeugen, und das geschieht wieder durch Zerlegung der Salzsäure, durch Entziehung ihres Wasserstoffs. Das Werkzeug dazu ist der Sauerstoff; er nimmt den Wasserstoff hinweg, um mit ihm Wasser zu bilden. Den Sauerstoff hinwiederum entnimmt man einem Überoxyd, d. h. einem Oxyd, das mehr Sauerstoff enthält als zur Bildung von Basen gehört. Der einzige ökonomisch verwendbare Stoff dieser Art ist der Braunstein, das Hyperoxyd oder Überoxyd des Metalls Mangan. Man bringt ihn mit Salzsäure oder, was auf eins hinausläuft, mit Kochsalz und Schwefelsäure, in welchem Falle dann die Salzsäure erst bei der Operation entsteht, in den Entwickelungsapparat, welcher erwärmt wird; das entstehende Chlorgas zieht durch ein Rohr nach seinem Bestimmungsorte ab, und im Apparat verbleibt außer festen Rückständen eine Lösung von Chlormangan, bis vor kurzem ein wertloser Abfall, in welchem die Hälfte des Chlors der Salzsäure verloren ging. Durch ein neues Verfahren (von Weldon) ist aber die Sache viel günstiger gestellt worden, und man kann nun mit einer und derselben Menge Mangan immerfort operieren, indem man aus dem Chlormangan immer wieder Überoxyd herstellt. Man übersättigt die Lösung desselben mit Kalk und leitet durch das Gemisch von Kalk und Manganoxydul so lange Luft, bis ein schwarzer Schlamm entsteht, der sogleich an Stelle frischen Braunsteins benutzbar ist.

Das Chlor ist bekanntlich ein energisches Bleichmittel; ebenso benutzt man es zur Zerstörung übler Gerüche und Krankheitsstoffe und zur Bereitung chemischer Präparate, z. B. des Chlorkalks und des Chloralhydrates. In manchen Fällen bleicht man mit dem Gas direkt, z. B. die Lumpen in Papierfabriken, um es aber zu einer transportablen Ware zu machen, muß man es an Kalk binden, so daß der eben genannte Chlorkalk entsteht; man leitet es daher in eine Kammer, in welcher feuchter Kalk auf Hürden liegt. Dieser sättigt sich mit dem Gas und gibt es nachgehends an der Luft allmählich, auf Zusatz einer Säure aber rasch ab. Über die Verwendung des Chlorkalks zum Bleichen enthält der folgende Band Näheres.

Das Buch der Erfindungen. 8. Aufl. IV. Bd. Leipzig: Verlag von Otto Spamer.

Glasgemälde in der Gudulakirche zu Brüssel.

(Franz I. und seine Gattin Eleonore.)

Nie dachten wir im Meer, im Erdschacht ferne,
Daß wir, des Nassen Kinder und des Kalten,
Wo wir die Bande der Natur getragen,
Daß die der Kunst wir trügen hier so gerne.

Rückert.

Das Glas und seine Verarbeitung.

Bedeutung des Glases. Geschichte seiner Erfindung. Die Glasindustrie der Alten. Römische und arabische Gläser. Die Venezianer. Ausbildung der Glastechnik in Deutschland und bei den modernen Völkern. — Das Glas in seinen chemischen Eigenschaften. Bestandteile und Rohmaterialien. Die Kieselsäure. Glasbereitung. Arbeiten in der Glashütte. Die Öfen. Zusammensetzung der Glasmasse. Schmelzen derselben in Häfen. Aufarbeitung. Das Blasen von Hohlglas, Pfeife, Schere, Nabeleisen u. s. w. Formen. Tafelglas. Gießen der Spiegelplatten. Schleifen und Polieren. Belegen mit Amalgam. Gepreßtes Glas. Gefärbte Gläser. Glasröhren. Perlenfabrikation in Murano, Millefiori, Petinet u. s. w. Vollendung und Verzierung der Glaswaren. Schneiden. Bohren. Schleifen. Glasmalerei. Geschichte. Technisches. Das Wasserglas.

In unsern jetzigen Kulturverhältnissen können wir uns keine Vorstellung darüber machen, welchen Weg die Entwickelung nicht nur bei uns, sondern unabhängig von uns auch bei allen gebildeten Völkern der Erde gegangen sein würde, wenn das Glas nicht erfunden worden wäre. Nicht nur, daß uns damit ein geradezu unersetzliches Material für zahlreiche Zwecke des Nutzens und Vergnügens mangeln würde und wir alle jene Geräte zu entbehren gezwungen wären, deren Herstellung in der zweckmäßigsten Form eben nur das Glas gestattet, sondern — und das wäre noch viel bedeutsamer — es würde für uns ein reiches Feld der Erfahrungen, wissenschaftlicher, künstlerischer und technischer Erfolge gar nicht einmal existieren, welche zu erreichen mit Hilfe des Glases möglich geworden ist. Und wenn wir in Unkenntnis dieser Zustände auch den Mangel nicht fühlen würden, so wäre derselbe doch sicher so bedeutend, daß wir behaupten, die Erfindung des Glases ist eines der bedeutsamsten Kulturmomente geworden.

zurückreichend, denn man rechnet, daß sie wohl 1100 Jahre vor Christi Geburt schon in der Erde gelegen haben mögen, sind die Glasüberreste, welche man aus den Ruinen von Ninive ausgegraben hat. Kapitän Layard fand daselbst eine kleine, etwa 10 cm hohe Vase von grünlichem, durchsichtigem Glase, mit einem in Relief gearbeiteten Löwen und einer Inschrift in Keilschrift.

Von Erzeugnissen der griechischen Glasindustrie ist nicht viel auf uns gekommen, dessen Ursprung zweifellos wäre. Nichtsdestoweniger aber darf man mit Sicherheit annehmen, daß diese Kunst auch bei diesem Volke erfolgreich betrieben worden ist, wenngleich sie nicht die hohe künstlerische Ausbildung erlangt hat, deren sich die keramischen Künste rühmen konnten. Der griechische Name des Glases, ὕαλος, ist koptischen Ursprungs, was auf die Richtung deutet, aus der die Kenntnis des farblosen Glases nach Griechenland gekommen war. Der ältere Ausdruck λίθος χυτή, geschmolzener Stein, bezeichnet wohl nur undurchsichtige und durch ihre Färbung dem Jaspis, Achat u. s. w ähnliche Massen. Sehr schöne Glasgefäße altgriechischen Ursprungs sind hier und da gefunden worden, so 1852 eine prachtvolle Amphora an der Stelle des alten Pentikapäon am Kimmerischen Bosporus, bei Modena u. s. w. — Bei weitem zahlreicher aber sind die römischen Überlieferungen dieser Art, und die Portlandvase, welche um die Mitte des 16. Jahrhunderts in der Umgegend von Rom gefunden wurde, ist als eines der schönsten Werke berühmt. Sie befindet sich jetzt ebenfalls im Britischen Museum und besteht ihrer Masse nach aus einem blauen Glase, welches reich mit weißen Reliefs verziert ist (s. Fig. 307). Die römische Glastechnik fußte auf der Ausbildung, welche die Kunst in Ägypten erlangt hatte, und namentlich waren es die Glashütten von Alexandrien, welche, wie sie einen großen Teil von Italien mit ihren Erzeugnissen versorgten, ihre besten Werke nach Rom schickten und späterhin selbst Arbeiter und Künstler lieferten, welche die dort geübten Verfahren nach Rom übertrugen.

Bekannt waren indessen Glaswaren den Römern schon lange vorher. Darüber kann kein Zweifel sein, wenn man bedenkt, daß unter den italischen Völkern mit den Phönikern und Ägyptern über Malta, Corsica u. s. w. ein lebhafter Verkehr bestand, und daß die Etrusker, in allen gewerblichen Künsten sehr vorangeschritten, auch in der Glasmacherei eine so hohe Künstlerschaft erreicht hatten, daß sie sogar schon jene Millefiori genannte Technik auszuüben verstanden, deren Wiederaufnahme wir erst den Venezianern verdanken. In Süditalien hat die Glasmacherkunst sehr zeitig schöne Werke hervorgebracht; die Ausgrabungen in Pompeji beweisen, daß zu Anfang unsrer Zeitrechnung hier die vollendetsten Arbeiten ausgeführt wurden. Surrentinum (Sorent) war durch seine Schleifereien und Ziselierungen kameenartig verzierter Gefäße berühmt. In all diesen Gläsern, den süditalischen sowohl wie den an die etruskischen sich anschließenden, erkennt man in der Verwandtschaft mit griechischer Kunst die Art ihres Herkommens. Direkt übte dagegen die ägyptische Glasmacherei ihren Einfluß, als im Jahre 26 n. Chr. unter Kaiser Tiberius eine große Menge von Glaswaren als Tribut nach Rom geliefert wurde, deren Anfertigung die Glashütten von Alexandrien lange beschäftigte.

Die erste Glashütte wurde in Rom unter Nero errichtet, sie lieferte aber nur schlechte Trinkgläser. Die feinen Gläser waren zu jener Zeit noch so teuer, daß genannter Kaiser für ein paar schöne Glastassen über 3000 Mark nach jetzigem Gelde bezahlte. Im Jahre 210 n. Chr. gab es aber in Rom schon so viele Glasmacher, daß man sie in ein besonderes Stadtviertel zu verweisen für nötig fand; denn die Römer hatten mittlerweile mit der Verwendung des Glases einen enormen Luxus getrieben, es wurde in großen Massen selbst in der Baukunst angewandt als Belege der Fußböden und zur Verzierung der Wände. Daß die Römer Glasfenster hatten, ist durch die Auffindung von Fensterscheiben in den Ruinen von Pompeji erwiesen. Sie scheinen gleich in der erforderlichen Größe gegossen worden zu sein, denn sie haben keine geschnittenen, sondern rundlich geflossene Ränder. Unter Kaiser Tiberius soll die Erfindung gemacht worden sein, Glas biegsam und hämmerbar zu machen; den Erfinder aber habe der Kaiser enthaupten lassen, damit das Geheimnis, durch welches Gold und Silber entwertet werden müsse, nicht bekannt werde. Ist diese Geschichte auch eine Fabel, so beweist sie doch die Teilnahme, welche man der Glastechnik zuwandte, und wenn wir heutzutage noch die Glasgefäße ansehen, welche an Orten römischer Niederlassungen, namentlich in den Rheingegenden bei Bingen und anderwärts, ausgegraben worden sind, so finden wir nicht nur in bezug auf Schönheit der Form die höchste Vollendung, sondern wir sehen daran auch eine Kunstfertigkeit in der Materialbehandlung, einen Reichtum der technischen Verfahrungsweisen, eine Sicherheit in deren Anwendung, wie sie jetzt nur ausnahmsweise bei uns angetroffen werden kann; ja es kommen Dinge vor, die selbst mit allen Hilfsmitteln unsres Jahrhunderts unerreichbar erscheinen. Vom dritten Jahrhundert ab geriet jedoch die römische Glasindustrie in Verfall; das Material selbst zwar blieb in Anwendung, aber seine künstlerische Verwendung verlor sich mehr und mehr und damit allmählich auch die Kunstfertigkeit seiner Bearbeitung.

In alten germanischen und slawischen Gräbern finden sich zwar auch Glasüberreste, allein dieselben sind insofern als historische Belege von geringer Bedeutung, weil man nicht im stande ist, zu erkennen, ob sie von den Urbewohnern jener Landstriche gefertigt oder auf dem Wege des Handels erlangt worden sind. Wenn es eigne Produkte sind, wofür allerdings die Formen bisweilen zu sprechen scheinen, dann dürfte die Glasmacherei bei den Slawen ein höheres Alter haben als bei den Germanen. Denn in den Grabstätten jener finden sich Glasringe noch mit Steinwerkzeugen und Steingeräten vergesellschaftet, während die alten Deutschen, bevor sie das Glas kennen gelernt zu haben scheinen, bereits eine ziemliche Stufe in der Metallbearbeitung erstiegen hatten. In den altnordischen Heldenliedern und Mythen findet man übrigens das Glas öfters erwähnt, und ebenso war bei den keltischen Völkern das schöne Material mit ihren heiligen Anschauungen und Gebräuchen verknüpft. Glasgefäße, Armbänder, Perlen u. dergl. findet man häufig in keltischen Grabstätten; im ganzen aber blieb die Glasindustrie doch wohl immer eine exotische Pflanze, die auf dem kalten Boden keine gedeihliche Entwickelung fand.

Fig. 307. Die Portlandvase.

Es sind antike Gläser analysiert worden, und obwohl von verschiedenen Fundorten und verschiedenem Aussehen, das auf eine abweichende Zusammensetzung hätte schließen lassen sollen, zeigen sie doch sämtlich eine große Übereinstimmung. Die alkalische Basis in derselben ist das Natron — aus der ägyptischen Soda, dem nitrum der Alten — und erst die Einführung der Soda aus den Seepflanzen statt der ägyptischen Soda scheint den geringen Kaligehalt, der sich wohl in einzelnen alten Glassorten findet, bewirkt zu haben. Daß zu dem Glassatze auch schon Braunstein genommen wurde, geht aus der chemischen Untersuchung ebenfalls hervor, und wahrscheinlich ist es dieses Mineral, welches Plinius mit „magnes lapis“ als einer Zuthat erwähnt und welches man fälschlicherweise für Magnetstein gehalten hat. Da nun auch Kalk, teils aus Muschelschalen, wahrscheinlich aber auch als Marmor — denn der „lapis alabandicus“ des Plinius könnte wohl auf Marmor gedeutet werden — unter die Bestandteile gehörte, so haben wir alle diejenigen Substanzen schon beisammen, welche auch jetzt noch für die gewöhnlichen Weißhohlglassorten in Anwendung sind. Außer dem schon erwähnten Flusse Belus war der Volturnus wegen seines guten Sandes bei den alten Glasmachern ganz besonders berühmt, etwa ebenso wie es heute die Sandablagerungen von Fontainebleau und Nivelstein bei Aachen sind.

Da in der ägyptischen Soda ein ziemlicher Gehalt an Kochsalz sich findet, so mußte beim Schmelzen des Glases viel sogenannte Galle (schwefelsaures Natron und Kochsalz) sich absondern, und es war notwendig zur vollständigen Läuterung, die Masse einem zweimaligen Schmelzprozeß zu unterwerfen, was Plinius auch besonders erwähnt.

Der Ursprung des deutschen Namens **Glas** scheint darauf hinzudeuten, daß diese Erfindung von Rom aus den nördlicher wohnenden Völkern bekannt geworden sei. Denn Glas ist entstanden aus dem lateinischen glastum, welches seinerseits von dem griechischen γλαύσσω oder γλάσσω abstammt; alle drei mit ihren verwandten Zweigen bedeuten aber nichts andres als **glänzen, gleißen**. Soviel ist wohl als sicher anzunehmen, daß die Gallier von den Römern in der Kunst der Glasmacherei unterrichtet worden und nach England die Kenntnisse nicht viel später gelangt sind. In den ursprünglichen Heimstätten der Glasindustrie, in den Gegenden, wo die beiden Erdteile Asien und Afrika sich berühren, wurde dieselbe, wie es scheint, fort und fort gepflegt. Aus dem 10. Jahrhundert wenigstens haben sich noch einzelne Glasgefäße erhalten, andre sind durch Kreuzfahrer mit in das Abendland gebracht worden oder als Geschenke der Fürsten hierher gekommen; sie werden jetzt als Kostbarkeiten in den Sammlungen aufbewahrt. Als eigentümlich ist an ihnen die schöne Farbe der Masse und die häufig in leuchtenden Emailfarben ausgeführte Dekoration hervorzuheben. Das Grüne Gewölbe in Dresden besitzt einige solcher Gläser, andre finden sich im Schatze des Stephansdomes zu Wien, im Britischen Museum zu London, zu Paris u. s. w. In Byzanz wurden bunte Glasflüsse zu den Mosaikwürfeln hergestellt, und Damaskus sowie Smyrna waren als Fabrikationsorte berühmt.

Im Abendlande wurde, wie jede andre Kunstübung, so wahrscheinlich auch die auf römischen Überlieferungen einesteils, anderenteils auf griechischen und byzantinischen Fundamenten beruhende Glasindustrie ausschließlich wohl nur in den Klöstern gepflegt, bis mit dem erstarkenden Städtewesen die Zünfte die Erziehung der technischen Künste sich angelegen sein ließen. Im 9. Jahrhundert werden unter den im Kloster Konstanz thätigen Werkleuten auch Glasbrenner genannt.

Die wesentlichste Förderung mußte die Glasindustrie erfahren, nachdem es üblich geworden war, mit Glas die Lichtöffnungen der Wohnungen zu verkleiden. Dies setzte jedoch schon eine ziemliche Billigkeit des Materials voraus und ganz besonders die Fertigkeit, größere Scheiben von ziemlicher Dünne herzustellen.

Glasfenster gab es nun zwar, wie bereits erwähnt, schon zur Zeit vor Christi Geburt, in großem Maßstabe angewendet finden wir sie in der Mitte des 5. Jahrhunderts in der Sophienkirche zu Konstantinopel und 674 wurden Kirche und Kloster zu Weremouth in Durham mit solchen versehen; allein dieselben waren so kostspielig und daher so selten, daß sie zu dem größten Luxus gerechnet wurden. Ließ doch noch im Jahre 1573 der Herzog von Northumberland, wenn er von seinem Schloß Alnwick-Castle verreiste, die Glasfenster von seiner Dienerschaft herausnehmen, damit sie nicht durch die Witterung zu viel Schaden leiden sollten. Die ersten Glasfenster bestanden noch nicht aus einzelnen großen Scheiben, sondern vielmehr aus lauter kleinen Stückchen, die mosaikartig und in verschiedenen Farben zu Mustern zusammengesetzt die ersten Anfänge der Glasmalerei darstellen. Mit der allmählich erlangten Fertigkeit, größere Scheiben zu erzeugen, wurden die Glasfenster billiger und kamen allgemein in Gebrauch; damit aber erwuchs ein Verbrauchsartikel, dessen steigender Bedarf auf die ganze Industrie sich sehr einflußreich erweisen mußte. Die Dichter des Mittelalters erwähnen des Glases sehr häufig in ihren Bildern, so daß damals Spiegel, künstliche Schmucksteine, Ringe neben allerhand Gefäßen reichlich in Gebrauch gewesen zu sein scheinen. Auch selbst, als in Venedig die Glasindustrie bereits eine hohe Bedeutung erlangt hatte, wurden gewisse Glasfabrikate, so namentlich Spiegel aus den nördlichen Ländern und besonders aus Deutschland und Flandern, nach Venedig als Handelsware gebracht. Diese Länder haben also jedenfalls nicht erst über Venedig ihre Kunst bekommen, sondern darin zeitig schon eine selbständige Entwickelung gefunden.

In der weltmächtigen Lagunenstadt aber gelangte die Glasmacherkunst zu einer Stellung und zu einem Einfluß, den sie anderswo nicht wieder gefunden hat. Durch die Beziehungen zum Orient, welche Venedigs Aufblühen begünstigten und späterhin auch dem ganzen Leben ein eigentümliches Gepräge gaben, war die Glastechnik neben andern griechischen und sarazenischen Künsten nach Venedig gelangt. Schon im 9. Jahrhundert wurden auf Murano Mosaiken gemacht; die Periode des glänzendsten Aufschwungs datiert aber seit der Eroberung von Konstantinopel 1204 durch **Enrico Dandolo**, welche alle Mittel und Elemente üppigen Lebens von Byzanz in die Residenz des Dogen verlegte. Zwar blieb noch lange Zeit die byzantinische Tradition herrschend, und besonders in der Mosaik zeigt sich dies weit hinein in das 14. Jahrhundert, von da ab aber schlug die ganze italienische Kunst neue Bahnen ein, und die Bewegung der Wiedergeburt, die sich auf alle Lebenskreise bezog, ergriff nach und nach die ganze gebildete Welt.

Venedig, durch Reichtum, Machtstellung und weitreichende Verbindung besonders dazu geeignet, wurde in erster Reihe mit tonangebend. Erzgießer, Baumeister, Maler, allerlei Handwerker wanderten dahin und bildeten sich in der glänzenden Stadt aus, die allen schönen Künsten reichlohnende Thätigkeit verschaffte. Die Glasbläserei war nun unter den gewerblichen Künsten diejenige, welche am eigenartigsten herausgewachsen war, deren Erzeugnisse infolgedessen auch als kostbare Handelsware überallhin verbreitet wurden und auf die Geschmacksrichtung andrer Länder ihren Einfluß ausübten. Die Geschichte dieses Industriezweigs in Venedig bietet so viel allgemeines Interesse Erweckendes, daß wir uns etwas eingehender damit befassen dürfen.

Die venezianische Glasindustrie. Durch einen Beschluß des Großen Rates von Venedig waren im Jahre 1291 alle Glasöfen, die im Bistum Rialto sich aufgethan hatten, auf die Insel Murano verlegt worden — ut ars tam nobilis semper stet et permaneat in loco Muriani (damit die so edle Kunst immer bestehe und fortdauere auf Murano), wie ein Senatsbeschluß von 1383 erklärt. Übrigens waren in Venedig zu dieser Zeit schon die Glasmacher sehr zahlreich, und bereits drei Jahrhunderte früher, aus dem Jahre 1091, wird eines gewissen Petrus Flavius als eines „Phiolarius" Erwähnung gethan. Die Phioleri de Muran erhielten weitgehende Privilegien und ihre Bestätigungsurkunden sind noch im dortigen Museum aufbewahrt, ebenso wie die Verfassung, welche sich die Zunft selbst gegeben. Nach derselben teilten sich deren Angehörige in vier Klassen: die Glasbläser, die Anfertiger von Spiegel- und Fensterglas, die Perlenmacher und die Schmelzbläser, welche letztere aus den bunten Glaspasten, Stäben, Emaillen die mannigfachsten Kunsterzeugnisse an der Lampe hervorbrachten. Jede dieser Klassen hatte ihre besonderen Regeln. Die ganze Genossenschaft aber wurde überwacht durch den Comparto, eine aus der Zahl der Patroni (Fabrikbesitzer) zusammengesetzte Kommission von fünf Mitgliedern, welche einem Mitgliede des Rates der Zehn untergeordnet war und alljährlich — anfänglich am St. Martialstage, später am Feste des heiligen Nikolaus (6. Dezember), des Schutzheiligen der Glasmacher — durch sämtliche Meister neu gewählt wurde. Der Obmann des Comparto führte den Titel Gastaldo; er ernannte als Unterbeamte zwei Soprastanti, Inspektoren, welche das Recht hatten, zu jeder Stunde in jede Fabrik einzutreten, um über die gewissenhafte Befolgung der Vorschriften zu wachen. Die Angelegenheiten der Genossenschaften wurden in Generalversammlungen, deren der Gastaldo jährlich zwei zusammenberief und an denen sämtliche Patrone und Meister teilnehmen mußten, verhandelt.

Der Comparto entschied nach den vorgelegten Probearbeiten, ob ein Arbeiter würdig sei, Meister zu werden oder nicht, wie er auch die Aufnahme neuer Meister gänzlich sistieren konnte, wenn die Zahl der schon vorhandenen im Vergleich mit der Arbeit hinreichend groß erschien. In Murano durfte kein Fremder die Glasmacherei ausüben; ein Gesetz vom Jahre 1489 bestätigte dieses Recht; ja nicht einmal Teilhaber einer in Murano bereits bestehenden Fabrik konnte ein Fremder werden. Die Patroni oder Fabrikbesitzer mußten eingeborne Muranesen oder Venezianer sein, und die letzteren standen sogar erst in zweiter Reihe, denn sie wurden nur aufgenommen, wenn sich nicht genug Muranesen um Aufnahme in die Genossenschaft beworben hatten.

Diese sorgte aber auch für ihre Angehörigen und hatte zu solchem Zwecke ihre öffentliche Unterstützungskasse, in welche jeder Patron eine je nach dem Umfange seiner Fabrik abgemessene Steuer und jeder Meister einen zweitägigen Lohn beisteuern mußte. Aus derselben erhielten unverschuldet ins Unglück geratene Patrone, wenn sie zehn Jahre der Genossenschaft angehört hatten, eine Pension von jährlich 70 Dukaten, ein Meister 40 Dukaten u. s. w.

Aus allgemeiner Beisteuer wurden Schulen unterhalten. Die Insel hatte ihre eigne Rechtspflege, auf ihrem Gebiete durfte sich kein Sbirre der Republik, auch nicht deren Haupt, der Missier grande, betreten lassen. Der Muranese ließ sich nur von den eignen Beamten verhaften und der höchsten Behörde überliefern. Die Glasmacher fühlten sich edel genug, ihre Töchter durften sich mit venezianischen Patriziern verheiraten und die Kinder erbten den Rang des Vaters; dem Muranesen standen die Ämter der Republik offen, er durfte — eine ganz besondere Auszeichnung — die Casa di coltelli (eine Scheide mit zwei Schwertern) tragen. Die Insel hatte auch ihr Goldenes Buch, in welches seit 1602 die Namen sämtlicher eingebornen Muranesen sowie ihrer Nachkommen eingetragen wurden. Sie ließ in der Münze von Venedig eigne Gold- und Silbermünzen, die sogenannten Oselle, prägen — kurz, es war ein edles Gewerbe, die muranesische Glasmacherei.

Dafür wurde aber auch die Geheimhaltung ihrer Verfahren auf das strengste bewacht und jede Verletzung mit den härtesten Strafen geahndet. Flüchtlinge, welche die Geheimnisse verraten hatten, wurden zur Rückkehr aufgefordert, ihre Angehörigen als Geiseln eingekerkert, und wenn auch dies nicht half, griff die Republik zu den extremsten Mitteln und schickte ihnen Agenten nach, um sie zu ermorden.

Trotzdem aber sind auch in andern Ländern die Methoden der venezianischen Glasindustrie bekannt geworden, und namentlich hat sich im Fichtelgebirge die Fabrikation von Schmelz und Perlen, wahrscheinlich durch Venezianer, welche die Gegend häufig nach Erzlagerstücken durchsuchten, eingebürgert.

Die Kunst, gefärbte Gläser zu machen, künstliche Edelsteine und Emaillen, scheint ziemlich zeitig schon in Murano und in Venedig bekannt und in Übung gewesen zu sein. Es wird berichtet, daß die Angaben des Marco Polo für die Glasmacher Briani und Domenico Miotti die Veranlassung gewesen seien, künstliche Granaten, Achate u. dergl. zu machen. Diese Erzeugnisse hätten sie in Bassora zu sehr hohen Preisen verkauft, und daraufhin habe Miotti die Herstellung derselben als Margaritae — welches dort sowohl Perlen als Edelsteine bedeutete — im großen betrieben. Der Name Perlen würde in dieser seiner eigentümlichen Anwendung demnach einen sehr frühzeitigen Ursprung haben. Wenn aber derartige Imitationen damals schon hergestellt wurden, so ist es mehr als wahrscheinlich, daß die Kunst, Glasflüsse zu färben, schon im 11. und 12. Jahrhundert eine hohe Vollkommenheit erreicht hatte. Und daß diese Kunst mit ihren Erfolgen auch nicht immer ganz gewissenhaft umging, beweist ein Erlaß des Senats vom Jahre 1445, welcher denjenigen, der künstliche Edelsteine für echte verkaufte, mit einer Geldstrafe von 1000 Dukaten und zwei Jahren Gefängnis bedrohte.

Martino da Canale, ein venezianischer Chronist, berichtet, daß man im Jahre 1268 am 23. Juli zu Ehren der Thronbesteigung des Lorenzo Tiepolo ein Siegesdenkmal aus Glas von Murano errichtet habe. Gläserne Karaffen werden 1279 schon erwähnt, und zehn Jahre später wurde für den Leuchtturm am Molo von Ancona eine Laterne bestellt, zu welchem Behufe eine besondere Gesandtschaft nach Venedig abgesandt wurde. Ebenso wurden sehr frühzeitig schon Glastafeln zu Fensterscheiben hergestellt, wie ein Reskript vom Jahre 1308 beweist, welches gestattet, für das Kloster von Assisi Fensterscheiben bis zum Werte von 100 Lire zu fertigen.

Die kirchliche Baukunst, welche bunte Glasfenster mit ausschließlicher Vorliebe anbrachte, übte eine begünstigende Wirkung auf die Glasindustrie aus, und namentlich ist es Giovanni von Murano, der im zweiten Jahrzehnt des 14. Jahrhunderts wegen seiner herrlich gefärbten Glasflüsse zu Kirchenfenstern berühmt war. Nicht minder berühmt waren die beiden Beroviero, Angelo und sein Sohn Martino, welche aus besonderer Gunst von der Republik die Erlaubnis erhielten, den Einladungen der Herren von Ferrara, Mailand und Florenz zu folgen und selbst nach Konstantinopel zu gehen, um sich mit den Kunsterzeugnissen dieser Länder bekannt zu machen; die Brüder Luna, welche im 17. Jahrhundert dasselbe Vorrecht genossen und durch die besondere Freundschaft Cosimos II. von Toscana ausgezeichnet wurden, Bertelini, Briati und schließlich im 18. Jahrhundert die Familie Miotti, welcher wir die Erfindung des künstlichen Aventurin verdanken.

Glasspiegel sind zuerst in Murano 1308 gefertigt worden; wenig später (1317) erfand man ein besonders geeignetes Glas zur Spiegelfabrikation. Indessen ist es unrichtig, wenn man die Spiegel aus Glas selbst eine venezianische Erfindung nennt. Wir haben weiter oben schon erwähnt, daß lange vorher in deutschen Gedichten der gläsernen Spiegel Erwähnung geschieht; ja es ist bekannt, daß bereits die Römer sich der Obsidianspiegel bedient, und zu vermuten, daß sie daraufhin auch geschwärzte Gläser als Spiegel bald benutzt haben werden. Hier kann es sich aber nur um die Glasspiegel mit Metallbeleg handeln, welche allerdings ein sorgfältiges Schleifverfahren und den Gebrauch des Zinnamalgams voraussetzen. Beides ist in Deutschland eher als in Venedig ausgebildet worden.

Waren aber schon in sehr frühen Zeiten die venezianischen Gläser berühmt, so bezeichnen doch erst das 16. und 17. Jahrhundert das Stadium ihres höchsten Glanzes. Die Zeit der Renaissance, welche allen Künsten einen frischen Aufschwung gab, brachte auch die Glasmacherkunst zu ihrer Blüte. Durch zahlreiche Entdeckungen war man völlig Herr des Materials geworden, und der Kunstsinn der damaligen gebildeten Welt suchte die Werke der muranesischen Werkstätten als kostbaren Schmuck der Wohnungen und Galerien.

Fig. 308. Museum für Glasindustrie auf der Insel Murano.

„Die erstaunlichen Werke der Künstler von Murano“ — schreibt Salviati, der sich um die Wiedererhebung der altberühmten Industrie hohe Verdienste erworben hat — „führten selbst die Barbaren in Versuchung. Sie kamen mit ihrem Goldstaub, mit ihren Elefantenzähnen, mit Gewürzen und Tierfellen, um den venezianischen Sand zu erhandeln, welchen Fleiß und Genie in kostbare Geräte umgewandelt hatten. Die Zeitgenossen dieser Epoche sind es, begabt mit einer hervorragenden Intelligenz und mit einer ausdauernden Geduld, welchen man die Prachtstücke, die heute noch der Schmuck der Sammlungen sind, die glänzenden Dekorationen der berühmtesten Monumente des Mittelalters zuzuschreiben hat: die Nachahmungen der Perlen, des Marmors und der Edelsteine, wie Chalcedon und Aventurin, die gefärbten Gläser und die bunten Scheiben für die Glasgemälde der Kirchen, die Emaillen für die Mosaiken, die künstlich geblasenen Geräte für den häuslichen Gebrauch, die Spiegelgläser, Lüsters und Kandelaber, geziert mit gläsernen Blumen und Blattwerk u. s. w. u. s. w.“

Der Tourist, welcher heute die Dogenstadt besucht und auch auf der Insel Murano landet, muß er sich nicht traurigen Betrachtungen hingeben beim Anblick dieser einst so blühenden Bevölkerung, die jetzt in einem Zustande des Herabgesunkenseins dahin lebt? Jedermann weiß, daß Murano damals 30000 Einwohner und mehr als 40 große Fabriken in allen Branchen der Glasmalerei zählte. Jetzt hat die Insel kaum 5000 Einwohner.

Fürsten besuchten die Ateliers, und König Heinrich III. von Frankreich gab gelegentlich eines solchen Besuchs seinem Entzücken über die wundervollen Leistungen dadurch Ausdruck, daß er sämtlichen Meistern Adelsbriefe verlieh. Das war die Zeit, wo die Republik Venedig ein Jahreseinkommen von 8 Millionen Dukaten von Murano bezog.

Indessen sank die Glasindustrie auch von ihrer Höhe herab, als der Glanz der Republik anfing zu erbleichen. Der allgemeine Geschmack, der zu Ende des 18. Jahrhunderts gegen die vorhergegangenen Jahrhunderte viel von seinem künstlerischen Gehalte verloren hatte, unterstützte die vorwiegend auf Befriedigung feinerer Bedürfnisse gerichtete Kunst nicht mehr hinlänglich. Dazu kam, daß in andern Ländern Anstrengungen gemacht worden waren, das Glas selbst zu erzeugen und sich von Venedig unabhängig zu machen, Anstrengungen, die hauptsächlich auch darauf gerichtet gewesen waren, zur Kenntnis der Geheimnisse und Verfahrungsarten zu gelangen, welche auf Murano üblich waren. So waren namentlich nach Böhmen, Steiermark und Kärnten venezianische Glasmacher einzuwandern veranlaßt worden. Außer Flandern und Deutschland hatte auch Frankreich in der Spiegelfabrikation erhebliche Fortschritte gemacht; kurz, Murano mit seinen Ateliers ging mehr und mehr zurück. Ein Zweig seiner früheren Kunstthätigkeit nur erhält sich noch frisch, das ist die Perlenfabrikation, welche auch heute noch wie vor Hunderten von Jahren ihre bunten Erzeugnisse in Millionen von Pfunden alljährlich über die ganze Erde verbreitet.

Alles andre war in Vergessenheit geraten, und als es sich 1859 darum handelte, die schon lange schadhaft gewordenen Mosaiken der Markuskirche zu restaurieren, suchte man vergeblich in den noch bestehenden Glasfabriken nach Emaillen, durch die man ausgefallene Partien ergänzen könnte. Da erfaßte Dr. Salviati den Gedanken, die alte Kunst wieder zu beleben. Obgleich Advokat, war er doch hinreichend mit chemischen und archäologischen Erfahrungen und vor allem mit einer lebhaften Begeisterung ausgestattet, um den vorgesteckten Zweck zu erreichen. Zuerst suchte er Emaillen in allen Farbenabstufungen wieder darzustellen, wie sie für die großen Mosaiken gebraucht werden, und als ihm dies gelungen war, wandte er sein Augenmerk den andern Zweigen der Glasmacherkunst zu, welche vordem in Murano geblüht hatten, und die Gegenstände des täglichen Bedarfs hervorbringend, dadurch zu einer Einnahmequelle zu werden versprachen. Durch antiquarische Forschung und Vergleichung, durch Errichtung eines besonderen Museums, durch Zeichenschulen und Ateliers für Modelleure ist denn sein Etablissement auch in kurzer Zeit dahin gekommen, das Glas fast wieder in der alten Schönheit der Masse herzustellen und in der früheren Leichtigkeit der Form zu bearbeiten. Und wenn beim Anblick der seltsamen, verschnörkelten Gestalten, welche der Besucher unter der Hand des Glasbläsers, oft, wie es scheint, ganz zufällig, entstehen sieht, sein an ganz andre Formen gewöhnter Geschmack sich oft nicht sofort zurechtfindet und ihm manches barock erscheint, so darf die Ursache dafür weniger darin gesucht werden, daß die Formen der alten venezianischen Glaskünstler, in deren Geiste und Stil man fortarbeitet, an sich unschön wären, als darin, daß wir im Verlaufe der Zeit dahin gekommen sind, gewisse und sehr wertvolle Eigenschaften des Glases ganz zu übersehen, das Material einseitig aufzufassen, seine Verwendbarkeit und damit auch seine Gestaltung zu künstlerischen Zwecken ängstlich zu beschränken. Hören wir jedoch, was Salviati selbst darüber schreibt:

„Dasjenige, was die böhmischen, französischen, englischen, belgischen u. s. w. Gläser charakterisiert, ist ihre große Durchsichtigkeit und ihr hoher Glanz. Es scheint, als ob ihr Zweck allein wäre, den Kristall zu imitieren. Damit hängt es zusammen, daß die Erzeugnisse daraus, um die an sich schönen Eigenschaften zu bester Geltung zu bringen, geschliffen werden und die Abwechselung der Form, der Nachdruck der Kontur allein durch dieses mechanische Mittel hervorgebracht wird. Es kann auf solche Weise wohl ein bestechender Effekt erzielt werden, aber dieser Effekt ist gegen die wahre Natur des Glases erreicht worden, denn gerade diejenigen Eigenschaften, welche dem Glase von Natur innewohnen, welche sein eigentümliches Wesen ausmachen, sind unausgebildet, unausgenutzt geblieben. Das ist seine Leichtigkeit und seine Bildsamkeit. Das venezianische Glas besitzt diese wesentlichen Eigenschaften des Glases. Seine Leichtigkeit ist die Folge von Verfahrungsarten, welche von denjenigen sehr verschieden sind, die an andern Orten seit der letzten Hälfte des vorigen Jahrhunderts angewandt werden, um dem Glase Masse, Brechungsvermögen, Durchsichtigkeit und Glanz zu geben — Eigenschaften, welche das ausschließliche Vorrecht des Kristalls sind. Seine Bildsamkeit (ductibilité) erlaubt ihm, wenn es durch Hitze erweicht worden ist, jeden Reichtum und jede Mannigfaltigkeit der Form und Farbe, welche die Kunst und die Phantasie des Arbeiters ihm mitteilen wollen.

Fig. 309. Venezianische Gläser nach alten Mustern, von Salviati.

„Da man die Natur verkehren und aus dem Glase einen Pseudokristall machen wollte, indem man seine Masse schwer und kalt machte, um ihr Durchsichtigkeit und Glanz zu geben hat man ihm seine Reize geraubt. Die alten Glaskünstler von Murano besaßen zwei wesentliche Erfordernisse, um ihre Industrie zu einer Kunst zu erheben und aus ihrer Kunst eine Industrie zu machen: das bildsame Material, zu dessen Vervollkommnung die Erfahrungen von Jahrhunderten beigetragen hatten, und das feine künstlerische Gefühl — ein eigentümlicher Instinkt, welcher diesem Lande und dieser Klasse von Menschen eigen zu sein scheint. Denn dieses künstlerische Gefühl ist mit dem Verfall der Kunst selbst nicht verloren gegangen, und ihm ist es zu verdanken, daß jene selbst sobald sich wieder erheben konnte.“ Wenn dies nun auch, als von einem ganz besonderen Gesichtspunkte aus betrachtet, etwas zu einseitig und ausschließlich ist, so liegt trotzdem einiges Wahre und Berücksichtigenswerte darin.

Die Salviatischen Erzeugnisse waren schon auf der Londoner Ausstellung von 1862 vertreten und erwarben sich gerechte Bewunderung. Sie bildeten ebenso Glanzpunkte der letzten Pariser Ausstellung wie der Wiener Ausstellung von 1873, und wer Gelegenheit gehabt hat, sie dort zu sehen, der wird es dem Dr. Salviati Dank wissen, daß er eine Kunstrichtung wieder erweckt hat, die zu den hervorragendsten der Renaissancezeit gehörte.

Von Italien aus wurde im 15. Jahrhundert und in den darauf folgenden Zeiten die deutsche Industrie auf das günstigste beeinflußt, und die Glasmacherkunst namentlich erhielt eine frische Belebung, die sich besonders in Böhmen bemerklich machte, das damals das gewerbfleißigste und reichste Land des Deutschen Reichs war und zu Italien in vielfachen Handelsbeziehungen stand. Allein es würde ungerecht sein, wollte man die hervorragenden deutschen Leistungen, welche jene Jahrhunderte aufweisen, allein auf solche italienische Befruchtung zurückführen, vielmehr stehen die nördlichen Länder in vieler Hinsicht ganz selbständig da, Lehrende eher als Lernende.

Die deutsche Glasmacherkunst stand im Mittelalter und namentlich vom 14. Jahrhundert an in hoher Blüte. Die wundervollen Glasgemälde, welche wir in vielen Städten noch wohl erhalten finden, beweisen uns die Vollkommenheit, mit der man es verstand, die Glasmassen zu färben. Ebenso wie für die ernsten Zwecke der kirchlichen Baukunst war aber die Verwendung des Glases auch für die heiteren Bedürfnisse gesellschaftlichen Verkehrs ein bevorzugtes und mit großem technischen Geschick verwendetes Material. Im 13. Jahrhundert werden Glaser und Spiegelmacher unter den Wiener Gewerken oftmals erwähnt; geringere Gläser wurden, wie es scheint, im Wiener Walde geschmolzen, und um die Mitte des 15. Jahrhunderts waren Glasfenster nichts Außergewöhnliches. Venezianisches Glas machte man zu Anfang des 15. Jahrhunderts in Wien schon nach. In Frankfurt a. M., Augsburg und anderwärts waren im ersten Viertel des 14. Jahrhunderts schon Trinkgläser üblich, ebenso in Flandern. In bezug auf die Form bieten später die deutschen Gläser der Gotik, auch selbst noch die der Renaissance zwar nicht die Mannigfaltigkeit der venezianischen, dagegen aber sehr charakteristische Gefäße, welche unter ihren eigentümlichen Namen jahrhundertelang in konservativer Weise dargestellt wurden. Der Willkomm, das Paßglas, der Tummler, Stiefel, Ängster, vor allen der Römer, jene klassische Form des Rheinweinglases, sind solche Trinkgefäße, in deren Erfindung sich der echte deutsche Humor und häufig auch ein feines Schönheitsgefühl bekunden. Die merkwürdigen Gläser, welche man noch unter den Erbstücken alter Familien, in den Rathhäusern und in den Bibliotheksälen vormaliger Reichsstädte findet, erinnern uns an die Kultur jener Zeit, deren künstlerischer Geist später jahrhundertelang geschlafen oder höchstens ein unbehagliches Scheinleben zeitweilig unter fremdem Einfluß geführt hat. Fig. 310 zeigt uns einige der genannten Formen.

In der Zeit der Renaissance gewann eine Dekorationsmanier, welche die Venezianer von den Arabern und Byzantinern angenommen hatten, große Ausbreitung, das Bemalen der Gläser mit Emailfarben und das Vergolden. Auch das Schleifen und Gravieren wurde sehr vervollkommnet, und finden sich Gläser mit den feinsten, mittels des Diamants ausgeführten Radierungen. Für die Gläser, welche emailliert werden sollten, wurde gewöhnlich eine grüne oder grünliche Masse verwendet, farblose Kristallgläser verarbeitete man vorzugsweise nur zu Spiegeln, in deren Herstellung Deutschland den andern Ländern nichts nachgab. Die Bemalung mittels eingebrannter Emailfarben erstreckt sich auf die allerverschiedensten Gegenstände. Hauptsächlich aber sind es in der besten Zeit Wappen, darunter der Reichsadler mit den Wappen der Kurfürstentümer, Reichsstädte u. s. w., dann aber auch Familienwappen mit allerhand Devisen, Innungssymbole, Spielkarten, figürliche Darstellungen u. s. w. oft in sehr zierlicher Ausführung. Die Fabrikationsorte für diese Gläser anzugeben, will nicht in allen Fällen gelingen; es scheint, als ob ihre Erzeugung sehr weit verbreitet gewesen sei; eine Hauptbezugsquelle jedoch war lange Zeit das bayrische Fichtelgebirge, wo der Sage nach venezianische Goldsucher die Glasbereitung eingeführt haben sollen, und von wo jene bekannten Gläser auch herstammen, die mit dem Bilde eines schloßgekrönten Berges, des Ochsenkopfes, geziert sind, von dem vier Flüsse ausgehen. In der letzten Hälfte des 18. Jahrhunderts verschlechterten sich die bemalten Gläser, deren älteste durch Jahreszahlen bestätigte Exemplare bis etwa in die vierziger Jahre des 16. Jahrhunderts hinaufreichen.

Außerdem aber begegnen wir aus der damaligen Zeit Gläsern von den zierlichsten Formen, zu denen unverkennbar die Erzeugnisse von Murano die Modelle gewesen sind, und nicht minder geschmackvoll sind die Verzierungen, welche entweder durch aufgeschmolzene Glasbündel oder Fäden von verschiedenartiger Farbe, durch Filigran oder Millefiori und ähnliche künstliche Verfahren hergestellt worden sind. Ja, manche sind der Ansicht, daß viele der als Venezianer Produkte hochgeschätzten Flügelgläser deutschen Ursprungs seien. In späterer Zeit verlor sich freilich der reine Geschmack, wie auf andern Gebieten so auch bei den Erzeugnissen der Glaskünstler, und es sind manche falsche Richtungen zu bemerken, welche nicht nur ihrer Zeit sich ganz allgemein in Aufnahme zu bringen und zu halten wußten, sondern sogar in unsern Tagen wieder hervorgesucht worden sind, wo man leider das Alte häufig als übereinstimmend mit „schön“ ansieht und es, anstatt dasselbe in das Raritätenkabinett zu verweisen, wo es zur Vergleichung und Belehrung an seinem Platze ist, da in den Vordergrund stellt, wo man dem Auge eine angenehme, edle Erholung geben will oder geben sollte.

Von den deutschen Gläsern bilden die in specie „böhmische“ genannten Glaswaren eine besondere Klasse, deren Eigentümlichkeit in den verschiedenen Methoden des Schleifens und Gravierens beruht, welche zu ihrer Formgebung und Verzierung angewendet werden. Die facettierten Oberflächen, welche sich rasch beliebt machten, bedingten starke Wandungen, und dieser Umstand mußte die Form der böhmischen Gläser wesentlich beeinflussen; dieselben wurden im Gegensatz zu den venezianischen und den übrigen deutschen Gläsern schwerer, und während die letzteren in phantastischen, zierlichen Formen, wie sie das Material vor der Glasbläserlampe auszubilden gestattet, in Verbindung verschiedenartig gefärbter Massen und teilweise in Bemalung mit Emailfarben ihre Effekte suchten, verzichteten die böhmischen Glaskünstler auf diese Vorteile, mehr dahin strebend, brillante Lichtreflex- und Brechungseffekte hervorzubringen und so mit dem Glase der Wirkung des natürlichen Kristalls nahe zu kommen. Natürlich bemühte man sich auch, ein möglichst weißes Glas zu erzielen, worauf man anderwärts weniger Gewicht legte.

Fig. 310. Altdeutsche Gläser.

Diese eigentümliche Glasindustrie faßte in dem waldreichen Böhmen sehr zeitig Fuß; die Gegend von Steinschönau, wo heute noch der Hauptsitz der Glasmacher ist, hatte 1442 bereits eine Glashütte, die Peter Berka bei St. Georgenthal errichtete; in Falkenau, Kreibitz u. a. O. entstanden deren bald ebenfalls. Betriebsame Händler führten die Waren weit hinaus und erreichten einen Absatz, der bei der Mannigfaltigkeit der Erzeugnisse, deren Neuheit und Billigkeit den Venezianern empfindliche Konkurrenz machte. Es lag in der Natur der Produkte, daß bei ihrer Herstellung die Arbeitsteilung sich hier bald von selbst einführte. Das in den Hütten dargestellte Rohglas mußte auf Schleifmühlen fertig gemacht werden, und die dabei thätigen Arbeiter fanden es zweckmäßig, je nur auf gewisse einzelne Artikel sich zu beschränken. An den Abhängen des Iser- und des Riesengebirges faßte die Herstellung künstlicher Edelsteine Wurzel. Farbige Glasflüsse, Korallen, Glasschmuck, Knöpfe u. dergl., wie sie heute noch in der Gegend von Turnau und Gablonz erzeugt werden, wurden dort schon in der zweiten Hälfte des 17. Jahrhunderts fabriziert; die erste Glashütte soll aber bereits 1536 Georg Vander, ein Schwede, in Grunwald errichtet haben. Die Glasschleiferei und besonders die Gravierung jedoch blieb dem ursprünglichen Gebiete treu, hier erwuchs Haida zu einem wichtigen Mittelpunkte. Durch die Kristallschleifer, welche Rudolf II. an seinem Hofe mit großer Vorliebe beschäftigte, erhielt die Glasschleiferei tüchtige künstlerische Kräfte vorgebildet, deren Technik sich bis heute erhalten hat. Zwar ist die böhmische Glasindustrie, vorzugsweise auf marktgängige Erzeugnisse angewiesen, auch dem entarteten Geschmacke der Zeit verfallen, und mehr als jeder andre Industriezweig mußte sie dies bei der Stillosigkeit, zu der namentlich der überseeische Verkehr sie zwang; allein die Fähigkeit, Gutes hervorzubringen, ist ihr nicht abhanden gekommen. Ab und zu erblicken wir selbst unter gewöhnlichen und billigen Waren Gegenstände, die in ihrer Ausführung mustergültig sind, und seit in dem letzten Jahrzehnt der Einfluß des Österreichischen Gewerbemuseums in allen gewerblichen Kreisen sich durchgesetzt hat, haben Männer wie Lobmeyr, auf dessen Leistungen wir noch besonders zu sprechen kommen, bewiesen, daß das böhmische Glas in vieler Hinsicht immer noch den Sieg über alle andern zu erringen im stande ist.

Das böhmische Glas wurde durch seinen eigentümlichen Stil einflußreich auf die Entwickelung der Glasindustrie andrer Länder, namentlich Belgiens und Englands. In Belgien bestanden Glashütten schon im ersten Drittel des 15. Jahrhunderts; deutsche Arbeiter aus dem Schwarzwalde führten um 1760 das neue Verfahren ein, Scheibenglas durch das sogenannte Blasen in Cylindern herzustellen. Im ganzen aber hatte man sich früher mit großer Vorliebe dem Venezianer Geschmack zugeneigt; die Glaskünstler imitierten mit großem Geschick die darin beliebten Ziergefäße, so daß, als der Magistrat der Stadt Lille für seine Festlichkeiten das Inventar ergänzte, dazu Glasgefäße sowohl aus Venedig als aus Antwerpen ausgewählt wurden. Jedenfalls sind viele der Flügelgläser, der Petinets, Fadengläser u. s. w., die unter den Liebhabern und Sammlern als Venedig-Erzeugnisse gehen, in niederländischen Ateliers gefertigt worden. Brüssel und Antwerpen waren die Hauptsitze der Glasindustrie, welche in den reichen Ländern einen um so günstigeren Boden fand, als der Sinn für einen verfeinerten häuslichen Komfort von jeher sich hier sehr ausgebildet hatte. Auf den Gemälden der damaligen Zeit sind häufig Prachtgefäße und Gebrauchsgläser dargestellt, wie sie damals im Lande selbst gemacht wurden. Wie die Venezianergläser nachgemacht wurden, so gelang es den Niederländern auch sehr bald, sich die Technik der böhmischen zu eigen zu machen. Die flandrischen Spiegel waren ihrer Masse sowohl als wegen ihrer Politur und Belegung schon lange berühmt; das Schleifen und Dekorieren der Glasgefäße bot so vorgeschrittenen Künstlern keine Schwierigkeit, unternahmen sie es doch sogar, die feinen nach Venezianer Art geblasenen Gläser mit Gravierung und Ätzung zu verzieren.

Wir würden auf ziemlich gleichlautende Daten stoßen, wenn wir uns nach der Geschichte des Glases in England und Frankreich im speziellen erkundigen wollten. Ziemlich zu gleicher Zeit hat die wichtige Industrie in den verschiedenen Kulturländern diejenigen Phasen durchgemacht, die von Venedig und Deutschland aus ihren Ursprung nahmen und in ihren hauptsächlichen Erscheinungen auf den Wegen des Verkehrs Verbreitung fanden. Besonders hervorzuheben ist aber, daß im 17. Jahrhundert die Spiegelfabrikation in Frankreich durch Lucas de Nehou einen großen Aufschwung nahm, welcher das Verfahren, große Spiegelscheiben zu gießen, sehr vervollkommnete. Colbert begünstigte diese Industrie auf ganz besondere Weise. Es gibt noch jetzt in Frankreich viele Glasfabriken, die ihre Begründung um Jahrhunderte zurückdatieren. Namentlich sind es Flaschenfabriken, und das berühmte Etablissement des Vikomte van Leempool zu Quiquengronne (Aisne) besteht seit beinahe sechs Jahrhunderten, denn es ist seit 1290 in Betrieb.

Durch die böhmischen Glashütten geschah auch eine wesentliche Umänderung in bezug auf die Zusammensetzung der Glasmasse selbst. An den alten Fabrikationsorten und auch in Venedig noch hatte man hauptsächlich Natronglas fabriziert, teils mit dem natürlich vorkommenden kohlensauren Natron, teils aus der natronhaltigen Asche von Strandpflanzen; in Böhmen dagegen war man genötigt, die Asche von Waldbäumen zu verwenden, die man für den nämlichen Stoff ansah; man wußte nicht, daß die Gewächse des Binnenlandes statt des Natrons Kali enthalten, denn erst 1757 lernte man die beiden Körper voneinander unterscheiden. Aber gerade hierdurch war man unbewußt auf einen wertvolleren Bestandteil des Glases geführt worden, und dieser Umstand sowie die große Reinheit der sich in Böhmen findenden mineralischen Stoffe waren Ursache, daß das hiesige Glas viel besser als anderswo ausfiel und bald einen hohen Ruf erlangte, den es sich bis auf den heutigen Tag erhalten hat.

Mit der immer umfangreicher werdenden Glasfabrikation konnten indes die Waldbäume des Kontinents, welche die Pottasche liefern, nicht Schritt halten. Es zeigte sich hier und da Holzmangel und das Kali ist fort und fort im Preise gestiegen, bis die neueste Zeit in den Abraumsalzen von Staßfurt Kalilagerstätten erschlossen hat, welche auch der Glasindustrie zu gute kommen. Die hohen Kalipreise veranlaßten zuerst in Frankreich, wieder mehr auf das Natron zurückzukommen; man hatte unterdes gelernt, dasselbe aus Kochsalz herzustellen; gegenwärtig wird es aber häufig in seiner Form als schwefelsaures Salz, Glaubersalz, verwendet. Während in Frankreich der Holzmangel zum Natronglase führte, rief er in England das Bleiglas hervor. Hier mußten, wenn man überhaupt Glas machen wollte, Steinkohlen die Stelle des Holzes vertreten; man erhielt aber mit diesen nur ein mit Ruß gefärbtes Glas, und als man zur Vermeidung dieses Übelstandes die Glashäfen zudeckte, war der Glassatz nicht mehr in Fluß zu bringen. Es galt daher, ein wirksames Flußmittel aufzusuchen, und ein solches fand man nicht allein in dem Bleioxyd, sondern das damit erzeugte, allerdings weichere Glas zeigte auch die schon erwähnten schätzbaren Eigentümlichkeiten, hohe Durchsichtigkeit und lebhaften Glanz, die man weder gesucht noch erwartet hatte. Übrigens hat man sich seitdem durch einige Überbleibsel aus dem Altertum überzeugen können, daß die Römer schon vor Christi Geburt Bleiglas fabrizierten, so daß wir auch hier wieder den Fall haben, daß eine Erfindung im Laufe der Zeiten oft gänzlich verloren geht und später von neuem gemacht wird.

Fig. 311.
Böhmisches Glas, geschliffen und graviert. Anfang des 18. Jahrhunderts.

Jetzt hat man durch Einführung der Gasfeuerung, deren Anlagen wir späterhin besprechen, selbst Braunkohlen und Torf zur Glasfabrikation anwendbar gemacht. In eigentümlicher Weise werden die Brennmaterialien in brennbare Gase umgewandelt, die in Zügen nach dem Glasofen geleitet werden; gleichzeitig ist aber auch für Zuleitung der erforderlichen Menge atmosphärischer Luft gesorgt, und so hat man ein sehr intensives Gasflammenfeuer ohne Rauch und Flugasche, das sich leicht verstärken und schwächen läßt.

Wesen und Eigenschaften des Glases. Wenn wir uns nach diesem kurzen Überblick über die Geschichte des Glases mit diesem interessanten Stoffe selbst beschäftigen wollen, so haben wir zunächst zu fragen: Was ist eigentlich das Glas? Diese Frage können wir uns nur beantworten, wenn wir uns vorher etwas genauer mit einem Körper beschäftigen, dem wir schon bei früheren Gelegenheiten einigemal begegnet sind, das ist die Kieselsäure oder die Kieselerde; denn in allen Fällen, wir mögen es mit Glassorten zu thun haben, mit was für welchen wir wollen, immer ist es jener Körper, welcher in Verbindung mit gewissen basischen Stoffen die glasigen Gebilde hervorbringt.

Die Kieselsäure kommt sehr häufig in der Natur vor; sie findet sich in allen Gesteinen und nimmt an deren Zusammensetzung in beträchlichem Maße teil, so daß sie sicher derjenige Stoff ist, welcher die größte Masse von allen zur Bildung unsres Erdkörpers beigetragen hat. Der Quarz oder Kiesel schlechthin besteht aus nichts weiter als aus Kieselsäure, und die reinste Form derselben, der Bergkristall, zeigt sich in prachtvollen, wasserhellen Kristallen mit sechsseitigen Prismen, von zwei sechsseitigen Pyramiden oben und unten abgeschlossen. Sand und Sandstein werden von lauter kleinen Quarzkörnern gebildet, die mit thonigen, eisenhaltigen, kalkigen u. s. w. Bestandteilen mehr oder weniger fest verkittet sind. Die gelben und braunen Färbungen stammen von diesen Beimengungen her, denn in reinem Zustande ist die Kieselerde völlig weiß oder vielmehr farblos. Dieser und andrer Vorkommen des interessanten Stoffs haben wir bereits im III. Bande dieses Werkes Erwähnung gethan. Für die Glasfabrikation hat die aus den Kieselpanzern untergegangener mikroskopischer Tierchen bestehende Infusorienerde Wichtigkeit erlangt.

Von der Thonerde, der Magnesia, Beryllerde u. s. w. unterscheidet sich die Kieselerde, obwohl sie in ihrem äußeren Verhalten einige Ähnlichkeit mit jenen besitzt, doch wesentlich durch ihre chemische Natur. Sie ist zwar auch ein Oxyd, eine Verbindung von Sauerstoff mit einem eigentümlichen Element, sie ist aber nicht, wie jene Körper, von basischer Natur, sondern besitzt den Charakter einer Säure. Das in der Kieselsäure enthaltene Element — das Silicium — läßt sich aus derselben durch ganz analoge Reduktionsmethoden abscheiden, wie wir sie beim Aluminium zu beobachten Gelegenheit gehabt haben, und es zeigt sich dann als ein braunes Pulver von wenig hervorstechenden Eigenschaften. Im freien Zustande kommt das Silicium in der Natur nicht vor, und von der an und für sich geringen Anzahl von Verbindungen, welche es mit andern Elementen eingeht, ist die Kieselsäure zwar nicht gerade die einzige, welche im großen Laboratorium der Natur hergestellt worden ist, aber doch die bei weitem überwiegende, denn es kann höchstens das Fluorsilicium, weil es in dem als Edelstein geschätzten Topas enthalten ist, noch einen Anspruch auf Erwähnung machen. In der Eisenhüttentechnik erlangt das Silicium eine einseitige Wichtigkeit dadurch, daß es sich mit dem Eisen verbinden kann und dann dem Stahle besondere Eigenschaften mitteilt. Der Chemiker weiß allerdings auch noch andre Elemente mit dem Silicium zu verbinden, allein dieselben haben auch nur ein speziell wissenschaftliches Interesse und dürfen daher an dieser Stelle wohl übergangen werden.

So gering nun aber auch die Zahl der Verbindungen des Siliciummetalls ist, so groß ist die Menge derjenigen Stoffe (Alkalien, Erden und Metalloxyde), mit denen sich die Kieselsäure vereinigt, und die daraus hervorgehenden Verbindungen gewinnen, weil sie von der Natur in der größten Mannigfaltigkeit und Massenhaftigkeit selbst erzeugt worden sind, weil sie die bei weitem größte Zahl von Mineralien mit zusammensetzen helfen und als Grundbestandteile aller Gesteine nicht nur bei der Gewinnung und Verarbeitung der unorganischen Rohstoffe uns fortwährend bald hindernd, bald fördernd in den Weg treten, und endlich auch, weil auf dem Wege künstlicher Darstellung Verbindungen gewonnen werden, welche sich durch ganz besonders nützliche und angenehme Eigenschaften auszeichnen und verwenden lassen; deshalb gewinnen die Kieselsäureverbindungen, die Silikate, für das wissenschaftliche und industrielle Leben eine so ganz besonders große Bedeutung. Eine merkwürdige Ähnlichkeit in vieler Beziehung hat die Borsäure mit der Kieselsäure; namentlich ist sie ausgezeichnet durch die Eigenschaft, wie diese mit denselben Basen glasartige Verbindungen zu geben; sie wird daher auch zu gleichen Zwecken verwendet, obwohl ihres viel höheren Preises wegen nur zu ganz besonderen Gegenständen, optischen Gläsern, künstlichen Edelsteinen u. s. w. Wir lassen sie vor der Hand außer Betracht.

Die natürlichen Silikate sind entweder einfache Salze, wie die kieselsaure Thonerde, welche wir im Kaolin und im Töpferthon kennen gelernt haben, oder aber sie sind Doppelverbindungen, mitunter auch von noch zusammengesetzterer Konstitution, und solche von oft sehr kompliziertem Charakter treffen wir in vielen Mineralien an.

Die Glasmasse ist nun ebenfalls nichts weiter als ein Silikat, jedoch nicht von ganz bestimmter chemischer Formel, sondern von sehr wechselnder Zusammensetzung. Zu seinen Hauptbestandteilen gehören Kieselerde, Alkalien, alkalische Erde und Metalloxyde; die gegenseitigen Mengenverhältnisse derselben müssen sich aber, wenn eine Masse mit glasartigen Eigenschaften erzielt werden soll, innerhalb gewisser Grenzen bewegen, obwohl darüber hinaus immer noch chemische Verwandtschaft und Verbindungsfähigkeit existiert. Es findet namentlich die Entstehung eines wirklichen Glases nur statt, wenn sich eine Doppelverbindung von kieselsaurem Alkali und einer kieselsauren Erde bilden kann. Und zwar kann man die verschiedenen gebräuchlichen Glasmassen von chemischem Gesichtspunkte aus in einzelne Gruppen bringen.

Die erste dieser Gruppen würde die Kalikalkgläser umfassen, in denen also kieselsaures Kali mit kieselsaurer Thonerde verbunden ist, wie die ältere chemische Terminologie es bezeichnet; die jetzt übliche Anschauung gebraucht dafür den Namen *Kalium-Calciumgläser*; das böhmische Kristallglas ist der Hauptrepräsentant derselben.

In die zweite Gruppe gehören die Gläser, bei denen das Kali durch Natron ersetzt ist, sie enthält also *Natrium-Calciumgläser*. Das französische Glas, das englische Crownglas sowie unser gewöhnliches Fensterglas gehören hierher, während das Spiegelglas eine Zwischensorte zwischen der ersten und zweiten Gruppe darstellt.

Dann kommen die *Kalium-Bleigläser*, die weichen Kristallgläser, Flintglas und Straß umfassend, und endlich das *Aluminium-Calcium-Alkaliglas*, welches als Basen, außer Thonerde, Kalk und Alkalien, in der Regel reichliche Mengen von Eisenoxyd und Oxydul enthält und wegen der hierdurch bedingten Färbung nur zu billigen Waren, die aber Festigkeit verlangen, Verwendung findet (Bouteillenglas).

Die Ähnlichkeit der Zusammensetzung, welche viele Mineralien und Gesteine mit gewissen Glassorten zeigen, sei es, daß sie an sich schon den Prozentgehalt der einzelnen Bestandteile übereinstimmend ausdrücken, sei es, daß durch Zersetzung des einen oder des andern Stoffs diese Übereinstimmung leicht zu erreichen ist, hat die Praxis dahin geführt, jene Mineralien direkt zu der Glasbereitung zu benutzen. Basalt, Nephelin, Phonolith, Kryolith, Obsidian, Lava, selbst der Granit sind solcherart zu Glas verschmolzen, und namentlich ist in Amerika aus dem Kryolith ein Fabrikat erzeugt worden, welches vortreffliche Eigenschaften hat, das Hot-cast-porcelain, *Heißgußporzellan*, wie es die „Company“, welche dasselbe in Pittsburg darstellt, nennt.

Schmilzt man viel Kiesel mit Alkali zusammen, so erhält man einen Fluß, der entweder an der Luft von selbst feucht wird und endlich in eine Gallerte zerfließt, oder doch, bei etwas weniger Alkali, in gepulvertem Zustande sich in kochendem Wasser auflösen läßt. Die erstere Form bildet die sogenannte *Kieselfeuchtigkeit*, die man längst in Laboratorien dargestellt hatte, um sich daraus frisch gefällte Kieselerde auf bequeme Weise zu verschaffen; ein Muster der zweiten gibt das in den letzten Jahrzehnten fabrizierte sogenannte *Wasserglas*, das einer Menge technischer Anwendungen fähig ist, da es, in dünnen Schichten auf Holz und andre Körper gestrichen, austrocknet und diese mit einer harten, glasigen Decke überzieht. Wir kommen noch besonders darauf zurück.

Bringt man zu einer der eben erwähnten wässerigen Silikatlösungen irgend eine schwache Säure, z. B. Kohlensäure, so tritt diese an das Alkali und die Kieselsäure scheidet sich ab; die letztere erweist sich somit als eine sehr schwache Säure, wenigstens in wässerigen Lösungen. Denn anders zeigen sich die chemischen Verwandtschaften in der Hitze: kohlensaures Kali z. B. in feurigen Fluß mit Kieselpulver zusammengebracht, läßt an dem plötzlichen Aufbrausen, welches entsteht, erkennen, daß die gasförmige Kohlensäure jetzt von der Kieselsäure ausgetrieben wird, welche letztere sich mit dem Kali verbindet.

Wenn man das Glas nicht als ein Salz von ganz bestimmter chemischer Zusammensetzung ansehen darf, aber doch zugestehen muß, daß der Zusammentritt der verschiedenen Bestandteile nur auf Grund chemischer Anziehung, die immer nach Atomgewichten sich ausgleicht, stattfinden kann, so bleibt nichts übrig als anzunehmen, daß die Kieselsäure sich mit Alkalien und alkalischen Erden, namentlich aber mit den ersteren, unter sehr vielen Verhältnissen verbinden kann, und daß das Glas als ein Gemisch mehrerer solcher Verbindungen zu betrachten ist. Es erhält dies auch durch den Umstand Bestätigung, daß die Glasmasse nicht ganz unfähig ist, zu kristallisieren, daß sie vielmehr an der inneren Formbildung und Auskristallisierung nur durch die Art des Schmelzens, Bearbeitens und Abkühlens gehindert wird. Setzt man ein Glasgefäß einer längeren Rotglut aus, in der Weise z. B., daß man es, in Gips oder Ziegelmehl gepackt, um es vor dem Zusammensinken zu bewahren, den Brand eines Töpferofens mitmachen läßt, so findet man es nach dem Erkalten, ohne daß etwas davon hinweg- oder hinzugekommen ist, undurchsichtig und porzellanartig geworden (Reaumursches Porzellan), denn seine Teilchen hatten unter diesen Umständen Zeit, sich zu feinen Kristallen zu gruppieren, welche dem Lichte den vollen Durchgang verwehren.

Da ein Silikat durch starken Alkaligehalt im Wasser löslich und sogar an der Luft zerfließlich werden kann, so ist es begreiflich, daß man in der Praxis, um ein gutes, dauerhaftes Glas zu erhalten, den Alkalien so viel Kiesel einzuverleiben suchen wird, als sie nur immer aufzunehmen vermögen. Gleichwohl lehrt, wie wir schon erwähnten, die Erfahrung, daß auch unter dieser Bedingung mit bloßen Alkalien (Kali oder Natron) kein gutes oder dauerhaftes Glas entsteht, daß vielmehr wenigstens noch eine andre Substanz hinzutreten muß, die ebenfalls fähig ist, mit der Kieselsäure ein Silikat zu bilden. Das eigentliche Glas ist also mindestens ein Doppelsilikat, wie die Zusammensetzung der obengenannten ersten drei Gruppen zeigt, und man muß dem Alkali noch gewisse Zusätze geben, wenn man daraus mit der Kieselerde eine gute Glasmasse erschmelzen will. Andre Stoffe sind nötig, um dem Glase gewisse Eigenschaften: Glanz, Härte, Farbe u. s. w., zu geben, und der Glasmacher hat es daher mit einer ganzen Menge von Rohmaterialien zu thun, die er bald zu dem einen, bald zu dem andern Zwecke verwendet.

Als vorzügliches Zusatzmittel für hartes Glas dient der Kalk, den man entweder in gebranntem Zustande oder als Kreide beigibt; in letzterem Falle wird die Kohlensäure derselben von der Kieselsäure ausgetrieben. Kieselsaurer Kalk für sich ist mehr stein- als glasartig und fast unschmelzbar, aber in Verbindung mit kieselsaurem Kali gibt er demselben Härte und Dauerhaftigkeit, ohne seine Durchsichtigkeit zu verringern, und das böhmische Kristallglas verdankt seine guten Eigenschaften vorzugsweise seinem Kalkgehalt mit. Ein Überschuß von Kalk macht jedoch das Glas milchig.

Käme nicht überall bei technischen Dingen der Kostenpunkt ins Spiel, so hätten wir im Kali in Verbindung mit Kalk das beste Glasmaterial; aber das Kali ist teuer, und so ersetzt man es in vielen Fällen, entweder teilweise oder ganz, durch das billigere Natron. Die Fensterscheiben und alle gewöhnlichen Glaswaren bestehen aus Natronglas. Dieses ist schmelzbarer und weniger hart als das Kaliglas und zeigt bei dickeren Schichten eine bläuliche oder grünliche Färbung.

Ein andres wichtiges Rohmaterial ist das Bleioxyd. Es macht den Glassatz um so leichtflüssiger, je größer seine Menge ist; als Flußmittel kam es zuerst in England zur Anwendung. Die bleihaltigen Gläser, obwohl sie weicher und weniger haltbar sind, zeigen einen hohen Grad von Politurfähigkeit, Glanz und Farblosigkeit. Vermöge seines stärkeren Lichtbrechungsvermögens ist das Bleiglas (Flintglas) in der Optik wichtig zur Herstellung achromatischer Linsen, wovon im II. Bande die Rede war; dieselben Eigenschaften machen es außerdem vorzüglich geeignet zur Nachahmung von Edelsteinen (Straß), in welchem Falle es bis zu 50 Prozent Bleioxyd enthält. In neuerer Zeit hat der Baryt (Schwerspat), den man früher, obwohl er an vielen Orten der Erde in reichlicher Menge vorkommt, nicht entsprechend zu verwerten wußte, sich sehr vorteilhaft in die Glasfabrikation eingeführt. Er ersetzt nicht nur den Kalk vollständig, sondern hat bei den guten Eigenschaften, die jenen auszeichnen, noch den ganz besondern Vorzug, den Gläsern eine sehr bedeutende lichtbrechende Kraft mitzuteilen und also das Bleioxyd bis zu gewissen Graden entbehrlich zu machen.

Minder wesentlich sind einige andre Bestandteile des Glases, die man gelegentlich zu speziellen Zwecken zusetzt. Hierher gehören, wie schon erwähnt, Borsäure als Borax (borsaures Natron), Strontianit, Flußspat, Kryolith, phosphorsaurer Kalk als Knochenmehl oder Guano, Zinkoxyd, Wismutoxyd, Bimsstein, Klingstein und andre leicht schmelzbare, alkalireiche, natürliche Silikate, Magnesia, Thon u. s. w. u. s. w. Von der Thonerde kommt schon zufällig aus den Schmelztiegeln ein geringes Prozent in die Glasmasse, ohne daß damit derselben ein besonderer Dienst geleistet würde, denn die kieselsaure Thonerde macht die Glasmasse schwer schmelzbar. Dagegen befördern die Metalloxyde, welche von Natur in den Rohmaterialien vorkommen, den Fluß; da sie aber immer dem Glase eine gewisse Färbung erteilen, so sind sie natürlich unwillkommen, wo man farbloses Glas bereiten will. Namentlich ist das Eisen, das mehr oder weniger immer in den Rohmaterialien als Oxydul enthalten ist, eine lästige Zugabe. Es färbt je nach seiner Menge das Glas hell- bis dunkelgrün, wovon die gewöhnlichen Weinflaschen ein naheliegendes Beispiel geben. Um das Eisen zu bekämpfen, dienen wieder besondere Zusätze, namentlich Salpeter, Arsenik und besonders Braunstein (Manganhyperoxyd). Ihre Wirkung erklärte man sich früher damit, daß man eine Sauerstoffabgabe an das Eisenoxydul im Glase annahm, welches dadurch in Eisenoxyd verwandelt werden sollte. Da das Eisenoxyd das Glas gelb färbt, das aus dem Braunstein durch Sauerstoffverlust entstehende Manganoxyd aber violett, so sollten die beiden Farben sich aufheben. Salpeter und Arsenik haben eine ausschließlich oxydierende Wirkung, dagegen ist das von dem Manganüberoxyd nur in beschränkter Weise anzunehmen, denn anstatt des Braunsteins kann man zur Entfärbung von grünlichem Glase auch Nickeloxyd anwenden, welches keinen Sauerstoff abgibt und das Glas rötlich färbt. Die Färbung durch Manganoxyd ist aber ebenfalls nicht rein violett, sondern eher rötlich und mehr dem Grün komplementär als dem Gelb. Deswegen haben wir bei der Entfärbung von grünlichem Glase durch Braunstein wohl mehr ein physikalisches als ein chemisches Phänomen vor uns, und die Nützlichkeit gewisser Entfärbungsmittel besteht darin, daß sie dem Glase eine Färbung erteilen, welche dem grünlichen Tone der Masse komplementär ist und denselben in seiner Wirkung daher aufhebt.

Übrigens müssen Entfärbungen durch Sauerstoff abgebende Stoffe häufig genug vorgenommen werden, namentlich wenn die Glasmasse durch Kohlenteilchen grau oder bräunlich gefärbt ist, und dienen dazu Salpeter, arsenige Säure, auch atmosphärische Luft, die man durch das geschmolzene Glas streichen läßt. Ihrer Anwendung wegen heißen diese Entfärbungssätze und in specie der Braunstein auch Glasmacherseife.

Endlich werden auch noch Zusätze durch die chemische Form bedingt, in welcher man die Alkalien anwendet. Des Kostenpunktes wegen nimmt man nämlich nicht die reinen Alkalien, sondern Alkalisalze, und überläßt es der Kieselsäure, die Salzverbindungen zu trennen und sich in Besitz des Alkali zu setzen. Diese Trennung geht nun aber in gewissen Fällen sehr schwierig von statten und es werden daher Unterstützungsmittel nötig, um sie durchzuführen. Solche Hilfskörper sind kohlensaurer Kalk (Kreide) und Kohle. Indem sie selbst an der chemischen Umsetzung teilnehmen, befördern sie die Zersetzung der Salze und die Bildung von Silikaten. Die Kreide ist das Hilfsmittel bei Kochsalz, die Kohle bei schwefelsauren Salzen (Glaubersalz u. s. w.). Es darf aber von der letzteren nur so viel vorhanden sein, daß sie sich auf Kosten der Schwefelsäure zu Kohlensäure oxydieren und in dieser Form als flüchtiges Gas wieder entweichen kann; die Schwefelsäure ist durch Sauerstoffabgabe ebenfalls in den flüchtigen Zustand übergeführt worden und wird als schweflige Säure verjagt. Ein Überschuß von Kohle würde die Glasmasse gelb und braun bis schwärzlich färben. Dies ist auch der Grund, warum man in Öfen, welche rauchen, oder die man mit Torf, Braun- oder Steinkohlen heizt, kein vollkommen weißes Glas erzielen kann, wenn man nicht verdeckte Schmelzhäfen anwendet.

Aus diesen Rohmaterialien setzt der Glasmacher den Glassatz zusammen. Für spezielle Zwecke kommen dazu noch besondere Zusätze, die teils darauf ausgehen, die Glasmasse zu färben (Metalloxyde), sie undurchsichtig oder nur durchscheinend zu machen, oder ihre Lichtbrechungsvermögen zu erhöhen, oder auch den chemischen Prozeß der Glasbildung zu begünstigen. Jeder besondere Fall erfordert besondere Vorschriften. Anstatt aber versuchen zu wollen, die Unzahl von Rezepten, welche in verschiedenen Fabriken den verschiedenen Glassorten zu Grunde gelegt sind, zusammenzustellen, begnügen wir uns mit der Anführung nur einiger, wie sie für die charakteristischen Glassorten gebräuchlich sind.

Böhmisches weißes Hohlglas.

Weißer Sand	100 Pfund
Pottasche	60 „
Gebrannter Kalk	10 „
	170 Pfund

Böhmisches Tafelglas.

Weißer Sand	100 Pfund
Pottasche	42 „
Kalkstein	17,5 „
	159,5 Pfund

Böhmisches Spiegelglas.

Quarz	100 Pfund
Gereinigte Pottasche	66,75 „
Marmor	3,33 „
Salpeter	6,66 „
Arsenik	1,66 „
Braunstein	0,2 „
Schmalte	0,05 „
	178,65 Pfund

Kalikristall.

Quarzsand	100 Pfund
Pottasche	50 „
Arsenik (weiße arsenige Säure)	0,25 „
Gelöschter Kalk	15 „
	165,25 Pfund

Crownglas.

Weißer Sand	100 Pfund
Gereinigte Soda	41,66 „
Kohlensaurer Kalk	22,5 „
Arsenik	1,66 „
	165,82 Pfund

Bleikristall.

Sand	100 Pfund
Mennige	60 „
Pottasche	20 „
	180 Pfund

Bouteillenglas enthielt in 100 Teilen

Kieselsäure	61,0
Alkali	3,2
Kalk	22,3
Thonerde und Eisenoxyd	12,3
Manganoxydul	1,2
	100

Gefärbte Gläser. Wir haben schon bei der Bereitung der gewöhnlichen weißen Glasmasse erwähnt, daß es ziemlich schwer hält, zufällige Färbungen derselben zu verhüten und ein farbloses Glas zu erhalten. Viel leichter ist es in der That, dem Glase eine bestimmte Farbe mitzuteilen, und es dienen dazu Metalloxyde, die mit der Kieselsäure ebenfalls zu Silikaten zusammenschmelzen, sowie auch einige andre Stoffe, welche gewisse Farben hervorbringen. Im wesentlichen sind es dieselben Körper, welche wir auch bei der Porzellanmalerei wirksam fanden, und ihre Effekte sind auch bei dem Glase ganz entsprechende. So dienen Goldpurpur (aus Gold und Zinn bestehend), Kupferoxydul und Eisenoxyd zur Erzeugung roter Farben; Kobaltoxyd gibt Blau; mit Antimonoxyd, Bleioxyd, Eisenoxyd, Kohle, Uranoxyd und verschiedenen Silberpräparaten lassen sich gelbe Töne erzeugen; Kupfer- und Chromoxyd geben Grün; Eisen- und Uranoxyd Schwarz; Manganoxydul Blau und Violett u. s. w. Durch Vermischung verschiedener Farbstoffe lassen sich viele Nüancen hervorbringen, sowie einzelne dieser Stoffe durch verschiedene Behandlung auch verschiedene Färbungen bewirken können. Schwarz erscheinende Gläser werden durch starke Zusätze von grün-, braun- oder blaufärbenden Materialien erzeugt, indem dadurch diese Farbentöne so tief werden, daß sie alles Licht verschlucken und uns als schwarz erscheinen. Viele farbige Gläser, bunte Glasscheiben zum Beispiel, sind daher auch nicht in ihrer ganzen Masse gefärbt, weil sie in diesem Falle leicht zu dunkel ausfallen würden, sondern bloß überfangen, d. h. sie haben eine Grundlage von weißem Glas mit einem farbigen Überzug. Will der Glasbläser solches Überfangglas erzeugen, so hat er zwei Tiegel mit geschmolzener Masse vor sich, von denen der eine weißes Glas, der andre Glas von der gewünschten Farbe enthält. Nun taucht er die Pfeife zuerst in die weiße Masse und dann in die gefärbte, von der er, je dunkler er seine Farbe wünscht, um so mehr Metall — so heißt der geschmolzene Inhalt der Tiegel — an die Pfeife nimmt. Beim Blasen erhält er nun eigentlich ein Doppelglas, indem die Blase, welche er bildet, innen weiß, außen gefärbt ist. Der Effekt ist aber derselbe, als ob das Glas in seiner ganzen Masse gefärbt wäre. Die schwächsten Stellen des Geschirres erscheinen von derselben Farbennüance wie die dicksten; was bei durchweg gefärbtem Glase nicht der Fall sein würde, und außerdem läßt der Überfang sich durch Schleifen stellenweise wieder entfernen, ein Umstand, der für die Verzierung der Gläser von großer Bedeutung ist, weil er die Erzeugung heller Muster auf gefärbtem Grunde und umgekehrt leicht auszuführen gestattet.

Um sich vor dem blendenden Anprall der Sonnenstrahlen zu schützen, benutzt man Augengläser von einer ganz eigentümlichen Beschaffenheit. Sie sind vollkommen durchsichtig und von einer ganz unbestimmten, aber ziemlich dunklen Farbe, um das durchgehende Licht zwar nicht zu färben, wohl aber zu schwächen. Die Farbe (London smoke) soll dadurch erhalten werden, daß man der Glasmasse zweierlei Substanzen, welche für sich komplementäre Farben erzeugen würden, zusetzt, z. B. Kupferoxydul (rot), Eisenoxydul (grün), in deren Gesamtwirkung also eine einzelne Farbe nicht für sich zur Geltung kommen kann.

Die schönsten bunten Gläser werden zur Nachahmung der Edelsteine benutzt, und um Lichtbrechung und Glanz möglichst mit zu steigern, setzt man zu diesem Behufe ganz besondere Glasflüsse zusammen, die den Namen Straß führen. Der Straß ist ein Kaliglas, welches sehr viel Bleioxyd und einen gewissen Anteil Borsäure enthält. Der Bleigehalt ist noch größer als im Flintglas oder in den Glassätzen zu optischen Zwecken, und demzufolge ist auch die Härte des Straß nicht sehr bedeutend. Die Farbe erhält der letztere durch die bei der Porzellanmalerei schon angeführten Metalloxyde.

Außer den durchsichtigen Gläsern kommen auch einige Varietäten vor, denen man die Durchsichtigkeit durch Zusätze mehr oder weniger benommen hat; solche sind namentlich das Alabaster-, Opal-, Milch-, Beinglas und das Email. Die Trübung des Alabasterglases ist durch einen Überschuß von Quarzpulver oder durch phosphorsauren Kalk bewirkt; Opalglas wird durch Zusatz von Zinnoxyd, Milch- und Beinglas durch Knochenasche oder Guano (phosphorsauren Kalk) getrübt, und ihr verschiedenes Aussehen rührt nur von den verschiedenen Mengen des Zusatzes her.

In die Glasmasse können fast alle diejenigen Stoffe mit übergeführt werden, welche sich mit Kieselsäure verbinden. Die durch die Spektralanalyse aufgefundenen neuen Metalle sind auch auf ihr Verhalten bei der Verglasung untersucht worden, und es hat sich namentlich das Thalliumglas, welches Lamy zuerst dargestellt hat, für optische Zwecke als ein sehr wertvolles Material erwiesen. Dasselbe gilt von dem Didymglase, das Werther in Königsberg eingeführt hat, und von dem Baryt und dem Wismutoxyd, als wesentliche Zusätze zur Glasmasse, scheint man noch sehr Vorteilhaftes erwarten zu dürfen.

Das durch Zusammenschmelzen der genannten Rohmaterialien erlangte Glas hat, da es für gewöhnlich nicht kristallinisch ist, auch keine besondere Spaltbarkeit; in dünnen Blättchen, Fäden u dergl. ist es sehr elastisch, in dicken Stücken aber spröde. Es stellt einen durchsichtigen, harten, mehr oder weniger leicht zerbrechlichen Körper dar, der, in der Hitze weich werdend und sogar schmelzend, doch ziemlichen Zusammenhang behält, so daß er einerseits sich zu Faden ziehen, anderseits wie ein Gußmaterial behandeln läßt. Außerdem zeichnet sich das Glas durch einen hohen Glanz aus. Alle seine Eigenschaften werden durch seine chemische Zusammensetzung mehr oder weniger beeinflußt, indessen lassen sie sich auch schon durch rein physikalische Behandlung, namentlich durch die Art der Abkühlung, sehr beträchtlich abändern, und ist es besonders die Härte und Festigkeit, welche durch geeignete Kühlmethoden wesentlich modifiziert werden kann. In der Neuzeit hat man in dieser Weise das sogenannte Hartglas herzustellen gelernt, worauf wir später noch besonders zu sprechen kommen. Das spezifische Gewicht des Glases wechselt von $2,_4$—$5,_6$, ja mehr, und ist am größten bei denjenigen Glassorten, welche durch einen hohen Gehalt an Bleioxyd ausgezeichnet sind; umgekehrt nimmt damit die Härte des Glases ab, die leichten Kalkgläser sind am härtesten, erreichen aber dennoch nie die Härte des Bergkristalls. Die Elektrizität wird von dem Glase fast gar nicht fortgeleitet, deshalb ist es ausgezeichnet geeignet, selbst durch Reiben elektrisch zu werden. Die Strahlenbrechung ist ebenfalls sehr verschieden; hat das gewöhnliche Glas einen Brechungsexponenten von $1,_5$, so steigt derselbe bis $1,_{66}$ und bei sehr bleihaltigen Gläsern auch noch beträchtlich höher. Durch die Herstellung derartiger ganz besonders stark brechender Gläser hat sich namentlich das optische Institut von Merz in München verdient gemacht, welches eine Glassorte von so energischem Dispersionsvermögen erzeugt hat, daß ein einziges Prisma daraus in den spektroskopischen Apparaten dieselbe Wirkung hervorbringt, welche zu erreichen man früher vier Prismen anwenden mußte. Übrigens ist kein Glas absolut unangreifbar; denn abgesehen davon, daß alles Glas von der Flußsäure aufgelöst wird, belehren uns auch die blind gewordenen Scheiben an Küchen, Ställen u. s. w., daß gewöhnliches Glas scharfen, sauren sowohl als alkalischen Dämpfen u. dgl. auf die Dauer nicht widersteht. Ja, selbst das Wasser vermag über das Glas unter Umständen mehr, als wir wohl vermuten können: ein Trinkglas kann Menschenalter ausdauern, ohne eine Spur von Angegriffensein zu zeigen; zerstößt man es aber zu Pulver und schüttet dieses, nachdem man sein Gewicht ermittelt, in vieles Wasser, läßt dies einige Zeit in der Hitze darüber stehen, gießt ab, trocknet und wiegt, so wird man eine Gewichtsabnahme finden, wenn man diese Prozedur oft wiederholt; ein Beweis, daß nur die verhältnismäßig kleine Oberfläche die Einwirkung des Wassers nicht so merklich erscheinen ließ.

Arbeiten in der Glashütte. Indem wir zu dem zweiten Teile der Glasfabrikation, der Gestaltung der Masse zu den mannigfaltigen Gebrauchsformen, übergehen, deren dieser interessante Stoff fähig ist, wollen wir selbst in eine Glashütte eintreten, als den Ort, wo die Glasmasse geschmolzen und die daraus herzustellenden Gegenstände entweder vollendet oder doch im Rohen bearbeitet werden. Die Glashütte bildet einen weiten, oben bedeckten Raum, ungefähr 20 m hoch, dessen Boden mit Ziegelstein belegt ist. Die Mitte dieses Raumes nimmt ein großer Schornstein ein, an welchen auf zwei Seiten die Schmelz- oder Arbeitsöfen angebaut sind, aus denen der Rauch in den großen Schornstein abzieht. Es sind zur Glasfabrikation verschiedene Öfen erforderlich, welche alle in dem Raume der Glashütte beisammen und größtenteils im Zusammenhange stehen, um die aus dem einen abziehende Hitze noch in einem Nebenofen zu andern Arbeiten benutzen zu können. Solche Öfen oder Ofenabteilungen sind erforderlich teils zur Vorbearbeitung des Glassatzes (Kalzinier- und Frittöfen), teils zum Anwärmen der großen Schmelztiegel oder, wie sie heißen, Glashäfen, teils zum Strecken der Glasplatten für Fenster- und ordinäres Spiegelglas (Auslauföfen), teils zum langsamen Verkühlen der fertigen Glaswaren; als Hauptofen dient der eigentliche Glasschmelzofen. Dieser letztere ist mit möglichster Sorgfalt aus feuerfestem Thon oder Backsteinen aufgemauert und zeigt in seinem Querdurchschnitt eine entweder kreis- oder länglichrunde Form. Daß auf ein gutes Material zu diesem Ofen viel ankommt, läßt sich denken, wenn man weiß, daß er nicht allein eine andauernde Weißglühhitze auszuhalten hat, sondern daß auch die in dieser Hitze flüchtig werdenden Alkalien und Chlormetalle des Glassatzes an den Innenwänden nagen und sie zerstören. Daher dauert denn auch ein guter Schmelzofen, sofern er stets für hartes Glas gebraucht wird, selten über 18 Monate.

Fig. 312. Alter Glasschmelzofen.

Die **Glasöfen** haben bedeutende Umwandlungen erlitten, welche namentlich durch das Herbeiziehen neuer Brennmaterialien bedingt wurden. Einen der ältesten bekannten Schmelzöfen zeigt uns Fig 312. Die Abbildung ist in Joh. Kunkels „Vollständiger Glasmacherkunst" (Nürnberg 1785) enthalten und durch sich selbst verständlich. Die heutzutage gebräuchlichen Öfen sind freilich in ihrer Einrichtung davon sehr verschieden, allein sie sind es nicht nur von solchen älteren Konstruktionen, sondern auch nicht minder untereinander, denn je nach der Natur der Brennstoffe und dem Grade der Erhitzung, welchen das darzustellende Glas verlangt, ändern sich die Bedingungen, von denen die Feuerungsanlage abhängig ist. Bald stehen die Häfen, und das ist der gewöhnlichere Fall, im Kreise entweder um einen Rost oder so, daß sich der Feuerraum unten um sie herumzieht; bald aber auch bilden sie eine gerade oder zwei parallele Reihen, an welchen die Flamme hinschlägt. Über jedem Hafen geht durch die Wand des Ofens eine Öffnung (Arbeitsloch), durch welche der Arbeiter mit seinen Geräten zur schmelzenden Glasmasse gelangen kann. Daß sich über den Häfen ein kuppelförmiges Dach wölbt, ist sehr notwendig, denn die entstehende Hitze ist so bedeutend, daß es sonst niemand in solcher Nähe des Feuers aushalten könnte. Die heiße Luft entweicht zum Teil durch die Esse oder die Essen, denn bei manchen Öfeneinrichtungen, wie z. B. bei der in Fig. 313 im Durchschnitt, in Fig. 314 von außen dargestellten, hat jeder Hafen seinen besonderen Zug; zum Teil wird sie in die nebenliegenden Ofenabteilungen durch Seitenkanäle (Füchse) geleitet, wo sie zu den Arbeiten des Röstens, Frittens, Kühlens, zum Trocknen des Brennholzes u s. w. Verwendung findet. In Fig. 313 ist a der Feuerrost, b b sind die Füchse, welche den Abzug der Feuerluft in die Essen T vermitteln, C C die Arbeitslöcher. Die Häfen S werden durch die Öffnungen F eingebracht, welche in der

Zeichnung durch die verschiedene Schraffierung angedeutet sind. R ist der Aschenraum, in welchem die Luft schon vorgewärmt wird, ehe sie durch den Rost zum Brennmaterial tritt.

Die Ofenfrage ist für die Glasfabrikation von ungemeiner Wichtigkeit, denn außer den obenauf liegenden Rücksichten auf möglichste Ersparnis an Brennmaterial, möglichst vollständige Rauchverzehrung, Erzielung des höchsten Heizeffekts, Dauerhaftigkeit u. s. w. kommen noch eine Menge Maßregeln in Betracht, die man treffen muß, um Störungen des Betriebes entgegen zu arbeiten, oder solche, wenn sie einmal eingetreten sind, zu beseitigen Zu diesen gehören vor allen Dingen der Häfenbruch, das Brechen eines Schmelzgefäßes und das Herauslaufen eines flüssigen Inhalts. Weil dadurch leicht die Stäbe des Rostes miteinander verklebt werden können, so müssen Vorkehrungen getroffen werden, welche dem ausgelaufenen Glassatz gleich nach außenhin abzufließen erlauben. Es ist daher häufig innen der Boden, auf welchem die Glashäfen stehen, die *Sohle* des Ofens, etwas nach außen geneigt, und an der tiefsten Stelle führt ein Abstichloch durch den Mantel, welches für gewöhnlich mit einem Thonpfropfen verschlossen ist.

Fig. 313. Glasschmelzofen. Durchschnitt.

Der bedeutendste Fortschritt in der Ofenanlage ist aber durch die Einführung der Gasfeuerung geschehen, weil dieselbe in der letzten Zeit selbst in solchen Gegenden, wie z. B. im Bayrischen Walde, wo der Holzmangel noch nicht so energisch zur Sparsamkeit auffordert wie anderwärts, eine ausgedehnte Anwendung gefunden, die in kurzer Zeit eine völlig ausschließliche sein wird. Die Öfen, welche bei derselben in Gebrauch sind, haben von verschiedenen Konstrukteuren eine verschiedene Einrichtung erhalten. Der erste wirklich zweckmäßige und auf der Pariser Ausstellung von 1867 mit der goldenen Medaille ausgezeichnete war der *Siemenssche* Glasschmelzofen, mit Regeneration, von dem wir in Fig. 315 und 316 Abbildungen nach seinen zwei Hauptteilen, dem Generator und dem eigentlichen *Schmelzofen*, geben.

Fig. 314. Glasschmelzofen. Äußere Ansicht.

Der Generator dient zur Gaserzeugung in der Art, daß das Brennmaterial, Holz, Kohlen, Torf oder was immer, schichtweise durch die Füllöffnung A eingeführt wird; über die schiefe Ebene rutscht es auf den Treppenrost O, wo das Feuer angemacht ist, und wo die Verbrennung durch die von unten heraufströmende Luft unterhalten wird. Die Hitze, welche hierdurch erzeugt wird, bringt die darüber liegende Kohlenschicht zum Glühen und versetzt sie dadurch in einen Zustand, in welchem sie an die in den durchströmenden Feuergasen enthaltene Kohlensäure sowie an den Sauerstoff der unverbrannten atmosphärischen Luft so viel Kohlenstoff abgibt, daß sich wieder ein brennbares Gas, das Kohlenoxydgas, erzeugt. Durch Regulierung des Luftzuges vermag man die Hitze genau so weit zu steigern, daß alle Kohlensäure in brennbares Gas umgewandelt wird. Dieses steigt in der vertikalen Röhre V in die Höhe und sammelt sich in der horizontalen Leitungsröhre U, aus welcher es in den Schmelzofen gelangt. Je nach den Umständen kann der Generator von dem Schmelzofen entfernt liegen. Der letztere ist in seinem oberen Teile, wie aus Fig. 316 ersichtlich ist, wenig von einem gewöhnlichen Glasschmelzofen verschieden, in seiner unteren Hälfte zeigt er jedoch eine besondere Einrichtung. Hier sind nämlich die sogenannten Regeneratoren C′ C″ C‴ befindlich, Kammern, welche lose mit feuerfesten Ziegelsteinen gitterförmig ausgesetzt sind, um die in den verbrauchten, dem Schornsteine zuströmenden Gasen enthaltene Wärme aufzunehmen und durch sie den Effekt der Feuerung zu erhöhen. Zu diesem Zwecke ist das Kammersystem zweiteilig und es stehen die beiden Abteilungen zwar nicht unter sich in Verbindung, wohl aber kann jede derselben sowohl mit dem Schmelzraum als anderseits mit dem Schornstein in Verbindung gesetzt werden. Soll der Betrieb des Ofens beginnen und sind die Regeneratoren noch kalt, so wird die Verbindung derart hergestellt, daß die aus der Verbrennung im Schmelzraum tretenden heißen Ofengase die eine Abteilung erst durchziehen müssen, ehe sie in den Schornstein gelangen. Dabei geben sie einen beträchtlichen Teil ihres Wärmegehalts an die kalten Ziegel ab und erhitzen diese je nachdem so weit, daß die Kammer sogar in den Zustand des Glühens kommt. In diesem Stadium wird die Verbindung gewechselt. Die heißen Gase werden von jetzt ab der zweiten noch kalten Abteilung zugeführt, welche ihrerseits mit dem Schornstein in Verbindung gesetzt wird. Dagegen werden in die heiße Abteilung die brennbaren Gase, ehe sie zur Entzündung kommen, eingeleitet; die Hitze des Ziegelgitters teilt sich denselben mit, und der Heizeffekt im Schmelzraum wird dadurch ein wesentlich erhöhter, als sich der direkten Verbrennungswärme noch das Wärmequantum beifügt, welches die Ziegel abgegeben haben. Sind diese letzteren auf solche Weise wieder erkaltet, so wird der Durchzug wieder gewechselt, denn in derselben Zeit hat sich die andre Abteilung genügend erhitzt, um nun ihrerseits die Rolle als Vorwärmer übernehmen zu können; so gelangen die Ofengase ziemlich abgekühlt in den Schornstein.

Fig. 315.
Generator des Siemensschen Glasschmelzofens.

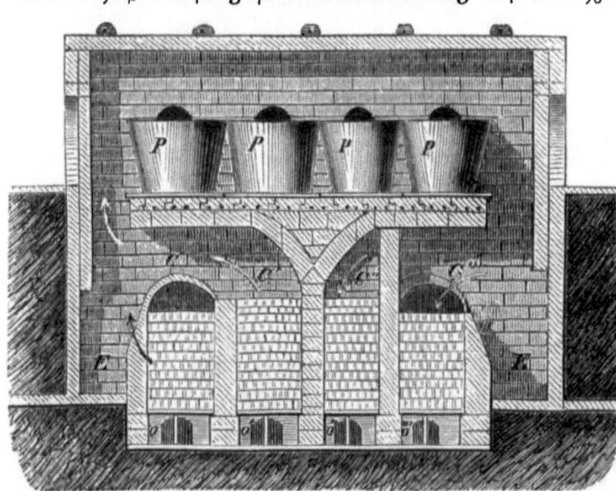
Fig. 316. Der Siemenssche Glasschmelzofen mit Regenerator.

Fig. 317. Inneres einer Glasbläserei. Nach Poiré, „La France Industrielle“.

Die Ersparung an Brennmaterial durch diese Öfen betrug schon 30—50 Prozent, und wenn man bedenkt, daß solchergestalt ein gasförmiges, keinerlei Unreinigkeiten mit sich führendes Brennmaterial direkt zum Schmelzen der Glasmasse verarbeitet, zur Erzeugung desselben aber allerhand sonst oft wertloses Material verwendet werden konnte und man nicht auf so sorgfältige Austrocknung desselben Bedacht zu nehmen brauchte wie selbst bei der Holzfeuerung, so waren dies Vorteile genug, um dem Regenerativsystem eine siegreiche Zukunft in Aussicht zu stellen.

Diese ist ihm denn auch in vollstem Maße geworden, nachdem im Verlaufe der Zeit wertvolle Vervollkommnungen noch dazu erfunden worden sind. Zu diesen gehören in erster Linie die periodisch oder kontinuierlich arbeitenden Wannenöfen, welche ähnlich den aus der Metallhüttentechnik bekannten Flammöfen aus einem einzigen muldenförmigen Schmelzraume bestehen, an dessen Seiten die Hitze erzeugenden Regeneratoren angebracht sind. Die anfängliche Schwierigkeit, den Boden der Wanne dicht zu erhalten, wurde von Siemens beseitigt, indem derselbe den Boden und die Seitenwände mit Luftzügen umgab, durch welche das Material der Wanne abgekühlt und das in die Poren und Zwischenräume eingedrungene Glas zum Erstarren gebracht wurde.

Auf dieser Wanne wird der Glassatz zusammengeschmolzen. Konnte man anfangs bei der unvollkommenen Einrichtung nur eine Vorschmelze erzielen, die weiterhin in den gewöhnlichen Glashafen fertig geschmolzen werden mußte, so ist man jetzt im stande, in einem Zuge ein vollständig raffiniertes Glas herzustellen.

Am zweckmäßigsten erweisen sich dafür die kontinuierlichen Wannenöfen, welche Siemens konstruiert hat und die ihrem Namen entsprechend ein gleichzeitiges Aufarbeiten der geschmolzenen Glasmasse aus dem einen Teile der Wanne erlauben, während in den andern die Rohbestandteile, der Glassatz, eingeschüttet werden; in einem dazwischen liegenden Teile vollzieht sich währenddem mit einer schon vorgerückten Partie das Garschmelzen oder Raffinieren. Die periodischen Wannenöfen müssen erst leer gearbeitet werden, ehe sie wieder vollgeschmolzen werden.

Wir können uns eine Vorstellung von der Einrichtung eines periodischen Wannenofens machen, wenn wir uns den länglich muldenartigen Schmelzraum durch zwei Querwände in drei Räume abgeteilt denken, die aber unter sich in Verbindung stehen mittels Kanälen, welche nahe dem Boden der Wanne durch die Zwischenwände hindurchführen.

Der erste Raum bildet den Schmelzraum, der zweite den Läuterungsraum, der dritte den Arbeitsraum; alle drei zusammen machen die Wanne aus, den Oberbau des Ofens, unter welchem sich die vier mit Ziegelnetzwerk ausgesetzten Regeneratoren befinden. Die vorderen der Einlagestelle zunächst liegenden Teile der letzteren sind nicht mit ausgesetzt und dienen dazu, die mechanisch fortgerissenen Staubteile absetzen zu lassen und auf diese Weise die eigentlichen Regeneratorkammern vor Verunreinigung zu schützen. In die Abkühlungskanäle, welche den Boden und die Seitenwände der Wanne umgeben, tritt fortwährend kalte Luft ein, welche durch einen oder mehrere kleine Schornsteine abgesaugt wird. Der ganze Ofenraum ist ziemlich flach überwölbt und am Ende des Schmelzraumes durch eine vertikale Wand abgeschlossen. Die Flammen durchstreichen den Ofen der Quere nach.

Der Vorgang im Schmelzprozeß ist nun folgender. Der rohe Glassatz wird in regelmäßigen Pausen durch die Einlegeöffnung in den Schmelzraum gegeben, wo die Bestandteile zu dem rohen Glasfluß zusammenschmelzen. Der letztere tritt nun durch einen am Boden befindlichen Kanal durch die erste Zwischenwand nach dem Läuterungsraume, wo er vollends durchgeschmolzen wird und zu einer gleichartigen Masse sich mengt; durch einen zweiten Kanal gelangt das geläuterte Glas schließlich in den Arbeitsraum, wo es durch die Arbeitsöffnungen aus auf der Glasmasse schwimmenden irdenen Ringen von den Pfeifen aufgenommen und ausgearbeitet wird.

Diese Einrichtung gründet sich auf die Eigenschaft des Glases, in geschmolzenem Zustande das höchste spezifische Gewicht zu haben. Infolgedessen schwimmen alle ungeschmolzenen Teile auf der Oberfläche, während der reine Glasfluß am Boden sich sammelt. Deswegen befinden sich auch die Kanäle, welche aus einem Wannenraum in den andern führen, in der Nähe des Bodens im geschmolzenen Glase und lassen nur solches in den nächsten Raum übertreten; deswegen auch setzt man in der letzten Abteilung, in dem Arbeitsraume, auf die geschmolzene Glasmasse noch besondere Thonringe auf, welche die etwa auf der Oberfläche noch schwimmenden Unreinigkeiten seitlich abhalten, indem von unten das reine Glas zutritt. Aus diesen Ringen wird das letztere dann verarbeitet.

Statt der Thonringe hat Siemens sogenannte Schiffchen angewandt, die aus einem zweiteiligen Gefäße bestehen, wie solches in Fig. 318 dargestellt ist. Diese Schiffchen schwimmen ebenfalls auf der Glasmasse des Arbeitsraumes. Die Abteilung R ist dem Innern des Ofens zugekehrt und empfängt das Glas aus der Wanne durch die in der Wandung befindlichen Löcher r frei von Unreinigkeiten, welche in der Wanne zurückbleiben. Hier in R wird das Glas durch die Ofenhitze noch weiter raffiniert und mit dem Fortschreiten des Läuterungsprozesses erhöht sich sein spezifisches Gewicht. Das geläuterte Glas sinkt nach unten und tritt durch die Öffnungen a in den unteren Teil des vorderen Raumes A, aus welchem es durch den Glasbläser aufgearbeitet wird.

Wir können uns bei einer Schilderung des ungemein malerischen Eindrucks nicht aufhalten, den es auf jeden Beschauer macht, wenn er nach langer, einsamer Wanderung in schwarzbewaldeten Bergen in eine jener großen Glashütten tritt, wie sie in Böhmen und Bayern und namentlich in großer Zahl in den holzreichen Gegenden des Böhmerwaldes sich angesiedelt haben. Das emsige Leben hier bildet einen der wirkungsvollsten Kontraste mit der Stille der erhabenen Natur draußen. In der Mitte der Hütte steht der große Schmelzofen, der unaufhörlich an manchen dieser Orte auch jetzt noch mit dürrem, scharf getrocknetem Holze gespeist ist und in seinem Innern eine Hitze entwickelt, die weißglühend zu den Arbeitslöchern herausschlägt. Vor jeder solchen zu einem Hafen führenden Öffnung steht eine Anzahl Arbeiter, die sich gegenseitig in die Hände arbeiten und so sicher und rasch einander unterstützen, daß der anfangs teigige, glühende Klumpen wie mit Zaubergeschwindigkeit sich zu einem schön geformten Gerät gestaltet, welches zu seiner endlichen Vollendung nur noch dem Schleifer übergeben zu werden braucht. Wie ein derartiges Etablissement von außen aussieht und in welcher Weise sich die verschiedenen Arbeiten um den Glasschmelzofen gruppieren, davon gibt uns Fig. 317 eine Anschauung. Freilich sind in vielen derselben die eben beschriebenen Einrichtungen noch keineswegs in Anwendung; es wird noch häufig nach dem alten System gearbeitet, das ist aber auch nicht zu verwundern, denn es ist in der Natur der Sache bedingt. Die Vervollkommnung der Öfenanlage, wie wir sie beschrieben haben, setzt einen großen fabrikmäßigen Betrieb voraus, der auf Massenproduktion eingerichtet ist; das Glas aber ist in den meisten Fällen, wo es erzeugt wird, ein Material, dem später erst durch verschiedene Veredelungsarten eine mehr oder weniger künstlerische Ausbildung zu teil wird. Für die Erzeugung der dazu dienenden Mengen aber sind die einmal bestehenden Einrichtungen genügend, und deshalb bleibt man bei ihnen stehen.

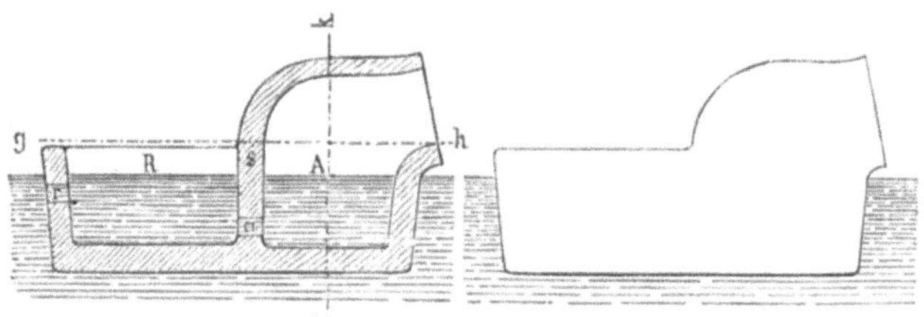

Fig. 318. Siemenssches Schiffchen im Glasofen.

Um nun die Glasfabrikation kennen zu lernen, genügt es aber nicht, nur einzelne Arbeiten im großen ganzen betrachtet zu haben, wir müssen uns wenigstens einigermaßen auch mit den Hilfsmitteln und den Verfahrungsarten bekannt machen, welche auf der Eigentümlichkeit des Materials beruhen und die das Fundament der Glastechnik bilden.

Geräte und Manipulationen. Zuerst dürfte hier unsre Aufmerksamkeit doch wohl, wenn auch nur flüchtig, dem Gefäße, in welchem die Glasmasse geschmolzen wird, dem Glashafen, zuzuwenden sein. Zwar ist derselbe nichts weiter als ein Schmelztiegel von ziemlich großen Dimensionen, aber die Zumutungen, welche an seine Dauerhaftigkeit gemacht werden, und die uns mit Recht in Erstaunen setzen, bedingen eine sehr sorgfältige Herstellung. Die Glashäfen bestehen demzufolge aus feuerfestem Thon und werden gewöhnlich in den Glasfabriken selber angefertigt; das Formen, Trocknen und Brennen muß mit der größten Achtsamkeit geschehen, denn jeder während der Kampagne zerbrechende Hafen verursacht viel Unbequemlichkeit und Verlust. Ist ein geeigneter Thon gefunden, so wird derselbe vorerst gehörig durchgearbeitet, sodann mit Schamotte, das sind gepulverte Überreste alter Häfen, die schon dem Feuer ausgesetzt gewesen sind, vermischt und damit getrocknet, gemahlen und gesiebt, so daß dieses Gemenge ein ganz inniges geworden ist, ehe ihm, wieder mit Wasser angefeuchtet, die verlangte Form gegeben wird. Die geformten Tiegel bleiben vor dem Brennen möglichst lange stehen, um auszutrocknen, denn je älter sie sind, ehe sie gebrannt und gebraucht werden, um so besser. Daher muß von den geformten Tiegeln auch immer eine sehr große Zahl vorrätig gehalten werden. Ein gewöhnlicher Glashafen faßt in seiner vollen Füllung etwa 16 Zentner geschmolzene Glasmasse, und man kann sich denken, welche Festigkeit er haben muß, wenn er in dem Zustande der Weißglühhitze, in welcher er stets gehalten wird, den Druck jenes Gewichts aushalten soll. Der Glashafen ist entweder cylindrisch oder, und zwar häufiger, nach oben etwas konisch erweitert. Die nicht offenen Glashäfen, für Steinkohlenfeuerung, sind mit einer kuppelartigen Haube bedeckt, von welcher aus ein kurzes weites Rohr in das Arbeitsloch hineinragt.

Derselbe Siemens, dessen Glasschmelzofen wir vorhin besprochen haben, hat nach demselben Prinzip, welches seinem kontinuierlichen Wannenofen zu Grunde gelegt ist, auch einen Glasofen konstruiert, der ebenfalls den Vorteil ununterbrochenen Betriebes gewährt.

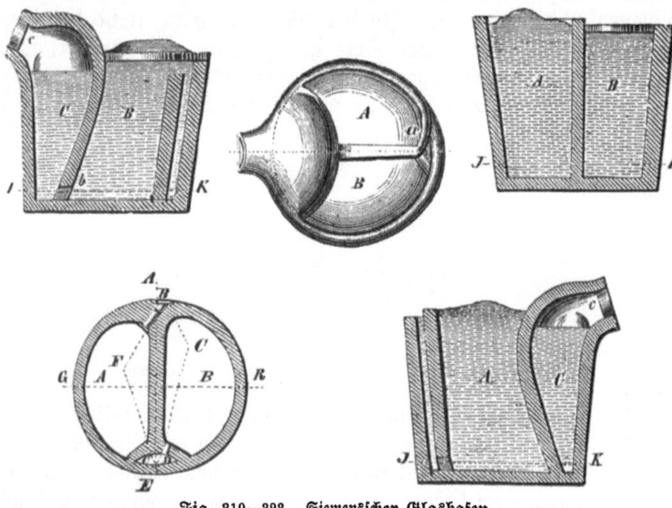

Fig. 319—323. Siemensscher Glashafen.

Wir geben des leichteren Verständnisses wegen in den Figuren 319—323 den Hafen in den sich ergänzenden Vertikaldurchschnitten, in einem Horizontaldurchschnitt und in einer Ansicht von oben. Wie aus denselben hervorgeht, besteht er aus den drei Abteilungen A, B und C, von denen A zum Verschmelzen, B zum Läutern der Glasmasse dient, während die letztere aus C aufgearbeitet wird. Unter sich sind die Abteilungen in der Art verbunden, daß die in A geschmolzene Glasmasse, welche sich auf dem Boden ansammelt, durch den Kanal a, mit dem A am Boden in Verbindung ist, in die Höhe steigt, bis sie oben nach B überfließt. B aber, in welchem die Läuterung vor sich geht, infolge derer die schaumigen und unreinen Schichten sich an der Oberfläche ansammeln, steht durch eine Öffnung b unten am Boden, wo die geläuterte Masse sich aufhält, direkt mit C in Verbindung, mit demjenigen Raume, aus welchem die Schmelzmasse verarbeitet wird. Der Druck, welcher die flüssigen Massen den angegebenen Lauf zu nehmen zwingt, wird durch verschieden hohen Stand der geschmolzenen Masse in den einzelnen Abteilungen, wie es in der Abbildung angedeutet ist, hervorgebracht. Das Ofenfeuer umspielt den Hafen so, daß derselbe im unteren Teile kühler steht als im oberen, und so kommt die Masse aus B nicht nur geläutert, sondern auch entsprechend abgestanden, d. h. gekühlt, nach C.

Die Glasmasse wird in den Häfen zunächst aus ihren Rohmaterialien gemischt. Diese letzteren haben aber vorher schon eine oft sehr komplizierte Behandlung erfahren. Die Kiesel- und Quarzfelsstücke werden zuerst geglüht und schnell in kaltem Wasser abgelöscht, wodurch sie so mürbe werden, daß man sie mahlen kann. Dazu dienen für größere Glashütten besondere Quarzmühlen. Das gemahlene Pulver oder der Kies- oder Seesand, wenn man solchen verwendet, wird für weißes Glas mehrmals gewaschen, um alle Unreinigkeiten, namentlich das oft vorhandene Eisenoxyd, zu entfernen. Alle Materialien des

Glassatzes müssen um so reiner sein, je mehr es darauf ankommt, absolut reines Glas zu erzielen. Wollte man die Stoffe so verwenden, wie sie die Natur gibt, so würde man selten etwas andres als schlechtes grünes Flaschenglas erhalten. Eine Reinigung nicht allein durch Wasser, sondern auch durch Feuer ist daher sehr nötig. Man glüht die Masse, um alles Wasser auszutreiben, welches beim Verdampfen den Schmelzofen zu sehr abkühlen und ein zu starkes Aufschäumen der Schmelzmasse verursachen würde. Dann aber werden in der Rotglühhitze auch diejenigen organischen Beimengungen verkohlt und zerstört, welche bei aller sonstigen Reinheit immer in den angewandten Stoffen vorhanden sind. Kämen sie mit in die schmelzende Glasmasse, wo sie nicht so leicht wegbrennen können, wie am offenen Feuer, so würden sie sich dem Glase verbinden und dasselbe gelblich, bräunlich u. s. w. färben. In manchen Fällen ist es von Vorteil, die Erhitzung in der Flamme selbst so weit zu treiben, daß die Bildung des Glases beginnt und die Masse sich zu einem Teige erweicht. Dieser Prozeß wird mit dem Namen des Frittens bezeichnet. Die glühende Fritte wird dann, ohne daß sie vorher wieder erkalten darf, klumpenweise in die eigentlichen Schmelzhäfen gebracht.

Schmelzen. Bei der gewöhnlichen Beschickung der Glashäfen wird der aufs feinste gepulverte und gemengte Glassatz in mehreren Absätzen in die Häfen eingetragen, denn der Glasfluß nimmt immer einen bedeutend geringeren Raum ein als die dazu verwendeten Rohstoffe. Ist dies geschehen, so wird das Loch, das sogenannte Aufbrechloch, welches hinter jedem Glashafen durch die Ofenwand führt, mit feuerfesten Ziegeln geschlossen, so daß keine andern Öffnungen mehr in das Innere des Ofens führen als die Arbeitslöcher und Füchse.

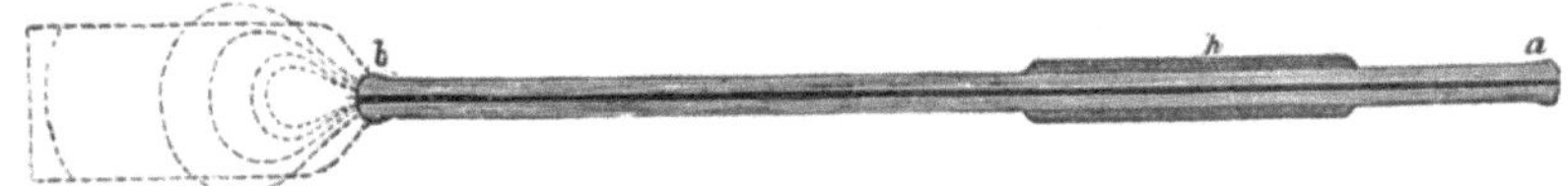

Fig. 324. Die Glasbläserpfeife.

Die leeren Häfen werden in einer besonderen Ofenabteilung, dem Vorwärmeofen, erst bis zum Weißglühen erhitzt und dann auf eisernen Wagen ein weißglühender, vorgeheizter Hafen nach dem andern in den Glasofen gefahren und auf seine Unterlage gebracht — eine glühende Temperatur, in welcher die Arbeiter sich hier befinden — dann kommen 4 Zentner Glassatz in den Tiegel; wenn diese niedergeschmolzen sind, was einige Stunden dauert, abermals 4 Zentner, und so fort, bis die sämtlichen Tiegel voll sind. Dies geschieht meistens Freitags, und es ist eine volle Woche nötig, um hierauf die Tiegel leer zu arbeiten. Sobald die Tiegel alle eingebracht sind, wird der Ofen bis auf die nötigen kleinen Zug- und Arbeitslöcher zugemauert, sodann aber das Feuer bis auf den erforderlichen Hitzegrad gebracht und gleichmäßig stark unterhalten. Diese Vorarbeiten dauern in der Regel Sonnabend und Sonntag, Montag beginnt die eigentliche Glasarbeit.

Nicht die sämtliche eingetragene Masse verwandelt sich im Schmelzofen in Glas; vieles entweicht, wie schon gesagt, gasförmig; andre Stoffe, die keine Vereinigung gefunden haben, schwimmen als eine Art Schaum obenauf, der Glasgalle genannt und mit eisernen Löffeln fleißig abgeschöpft wird. Viel Glasgalle gibt es besonders dann, wenn man das Alkali in Form von Asche (Seifensiederfluß) verwendet, weil in dieser eine Menge Unreinigkeiten enthalten sind, welche sich nicht verschmelzen lassen.

Um sich vom Fortgange des Schmelzprozesses zu unterrichten, wird von Zeit zu Zeit eine Probe herausgenommen und untersucht. Ist die Verbindung der Kieselsäure mit den Basen erfolgt, so wird das sogenannte Läutern vorgenommen. Man gibt nämlich eine noch stärkere Hitze als bisher (das Heißschüren), und überläßt die Masse einige Zeit der Ruhe. Sie ist durch die Temperaturerhöhung dünnflüssiger geworden, und es können nun einesteils eine Masse bisher zurückgehaltener Luft- und Gasbläschen entweichen, andernteils die darin vorhandenen schweren Unreinigkeiten sich leichter zu Boden setzen. Nach Beendigung des Läuterungsprozesses wird kalt geschürt, d. h. die Hitze so viel gemäßigt, daß das Glas dickflüssiger und zum Bearbeiten geschickt wird. Bei diesem Temperaturgrade muß der Ofen so lange erhalten werden, bis die erzeugte Glasmasse aufgearbeitet ist.

Das **Aufarbeiten der Glasmasse** geschieht nun auf verschiedene Weise. Entweder werden die aus dem plastischen Schmelzprodukt zu formenden Gegenstände durch Gießen oder Pressen, oder aber, wie es am bei weitem häufigsten geschieht, durch Blasen erzeugt. Die ersten beiden Methoden haben jedoch lange nicht das Interesse für uns wie die letztere, welche die Glasfabrikation ausschließlich charakterisirt; wir werden jene daher gelegentlich besprechen, uns aber zuerst dem Glasblasen und den auf diesem Wege darstellbaren Produkten zuwenden.

Wer jemals Kinder gesehen hat, welche Seifenblasen machen, kann sich ein ziemlich klares Bild dieser Arbeit gestalten. Der Glasbläser, welchem allemal noch ein Gehilfe zugeordnet ist, hat die sogenannte Pfeife, ein langes eisernes Rohr ab (s. Fig. 324) mit einem hölzernen Mundstück, und arbeitet in den Grünglashütten stehend, in den Weißglashütten aber sitzend auf einer Art von Armstuhl mit vorragenden Armen. Zuerst taucht er die Pfeife in die geschmolzene Glasmasse, von der sich ein Klumpen an jene anhängt, den er durch Rollen am Fußboden zu einer Kugel macht, und bläst dieselbe etwas auf, um zu sehen, ob sich Masse genug angehängt hat. Sollte sie zu dem beabsichtigten Zwecke nicht ausreichen, so taucht der Arbeiter abermals ein.

Fig. 325. Arbeiten auf dem Stuhle mit der Zwickschere.

Will der Arbeiter nun z. B. eine Flasche herstellen, so bläst er zuerst das weiche Glas zu einer hohlen Kugel auf, welcher er durch Schwingen um den Kopf eine längliche Form gibt. Ist dies geschehen, so übernimmt der Gehilfe das Blasen, der eigentliche Former bildet aber mittels einer Zange, während die Blase immer gedreht wird, die Flasche vollends aus, drückt deren Boden nach innen in die Höhe und preßt sie senkrecht auf eine heiße Steinplatte, Marbel, um sie abzugleichen, worauf er mit einem kalten Eisen die Stelle berührt, wo die Flasche am Blasrohr festsitzt, und sie dadurch von demselben absprengt. Nun nimmt er mit einem Eisenstäbchen einen Tropfen Glasmasse aus dem Tiegel, zieht davon einen Faden, den er ein paarmal um die Mündung der Flasche windet, und bildet so den wulstigen Rand derselben, worauf die fertige Flasche langsam abgekühlt wird. Wird die Blase während der Arbeit rot, d. h. kühlt sie sich zu sehr ab, so wird sie in einem besonderen, im Ofen angebrachten Feuerloche unter beständigem Drehen wieder erhitzt, bis sie weißglühend geworden ist.

Bei feineren, namentlich Weißglasarbeiten sitzt der Former, wie schon erwähnt, auf dem Stuhle, während der Gehilfe bläst und die Pfeife beständig auf den langen Armen des Stuhls gedreht wird. Henkel und ähnliche Vorragungen werden, ebenso wie der Rand, besonders angesetzt, denn die flüssige, teigartige Glasmasse formt sich sehr leicht und verbindet die Teile fest miteinander. Alles beruht hierbei auf dem richtigen Augenmaß und der Handfertigkeit des Arbeiters, und ein geschickter Glasbläser stellt in kürzerer Zeit ein zierliches Kunstwerk her, als der Leser gebraucht, sich den Vorgang erzählen zu lassen. Flaschen und viele andre der gewöhnlicheren Gegenstände, welche durch Blasen herstellbar und die demzufolge sämtlich Hohlglas sind, werden so durch bloßes Drehen, Schwenken, Aufstoßen u. s. w. fertig, wobei vielleicht nur die Schere etwas mitzuhelfen hat.

Es ist in der Regel ein Gegenstand der Verwunderung für die Besucher von Glashütten, daß die so mannigfaltig geformten Glaswaren mit so wenigen und so einfachen Instrumenten zustande gebracht werden. Das Blasrohr oder die Pfeife, immer das Hauptwerkzeug, ist für den Glasarbeiter das, was für den Töpfer die Scheibe ist. Freilich gehört große Übung dazu, um es mit Erfolg zu handhaben, und nebenbei auch eine tüchtige Lunge. Indessen gibt es auch Hilfsmittel, um die Lunge zu schonen. Tritt der Arbeiter mit der Blase ans Feuer, während er die Mündung seines Rohres fest zuhält, so dehnt sich die eingeschlossene Luft durch die Hitze noch weiter aus und die Blase wird dadurch ganz von selbst größer. Ja, der Glasbläser arbeitet sogar mit Dampf, denn es ist recht wohl thunlich, daß er in eine Glasblase, die er größer haben will, ein wenig Wasser einbläst, das sich sofort in Dampf verwandelt, der durch seine Spannung dem Arbeiter das Blasen erspart, sofern nur die obere Öffnung dicht verschlossen wird.

Von andern Werkzeugen findet die **Schere** häufig Anwendung, denn das glühende Glas läßt sich sehr gut, fast wie weiches Blei, schneiden. **Zangen**, fast wie Feuerzangen geformt, dienen zum Ausbiegen von Rändern u. s. w., während einfache, fingerstarke Eisenstäbe von etwa Meterlänge, **Nabel-** oder **Hefteisen**, die Finger abgeben, mit denen der glühende Glaskörper angefaßt wird. Man versieht die Spitze des Nabeleisens mit einem Tropfen Glasmasse und hält sie an der passenden Stelle an, wo sie augenblicklich festklebt. Ist z. B. eine Flasche geblasen und soll vom Blasrohr abgesprengt werden, so heftet man vorher das Nabeleisen an den Boden der Flasche und dieses bildet nun die Handhabe, während die durch das Absprengen entstandenen scharfen Ränder der Flaschenmündung rund geschmolzen werden. Dieselben Dienste leistet das Nabeleisen beim Transportieren der fertigen Gefäße in den Kühlofen. Schließlich wird es selbst mit einem kurzen Schlage abgesprengt; dadurch entsteht jene rauhe, scharfkantige Stelle, der **Nabel**, welche man am Boden geringer Glaswaren häufig findet.

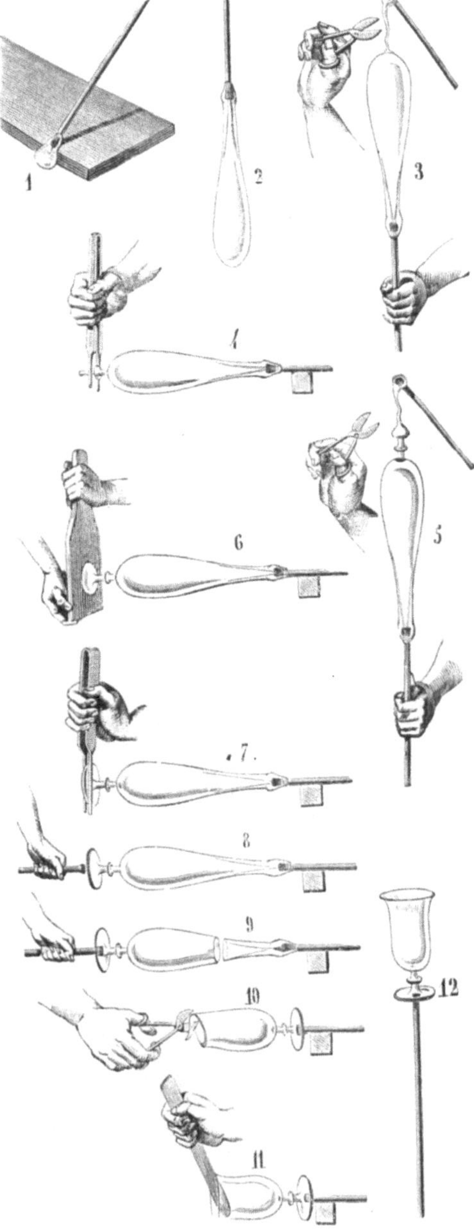

Fig. 326—337.
Die verschiedenen Phasen eines Trinkglases bei seiner Herstellung.

Die beste Vorstellung der fortlaufenden Arbeiten, wie sie sich bei der Erzeugung zusammengesetzterer Hohlglasartikel folgen, geben uns die Figuren 326—337, welche die

Formung eines Trinkglases veranschaulichen. Das erste Stadium zeigt das an die Pfeife genommene Glasklümpchen, welches zu einem birnförmigen Kölbchen aufgeblasen und durch Drehen und Stoßen auf die Marbelplatte (polierter Marmor- und Granittisch) die Gestalt wie in Fig. 2 erhält. Daraus soll das Hohlgefäß des Bechers hergestellt werden. Der Fuß entsteht aus einem weichen Glasklümpchen, das man in der Mitte des Bodens ansetzt, zu einem Stengel auszieht (3) und mittels der Zange, Zwickschere, auf dem Stuhle unter fortwährendem Drehen der Pfeife formt. Nachdem der Stiel des Fußes die Form 4 erhalten hat, wird wiederum durch Erweichen seines unteren Teils ein Glasklümpchen daran gekittet und abgeschnitten (5) und immer unter Drehen der Pfeife gegen ein nasses Brett gehalten (6), wodurch es sich zu einem Fuße abplattet, dem man mit der Zwickschere noch in seiner Form nachhilft (7). Oder auch, man klebt anstatt des Glasklümpchens (5) eine bereits aufgeblasene Glaskugel an den Stiel des Fußes, die man zur Hälfte absprengt, den daran verbleibenden Teil erweicht man und verwandelt ihn durch Aufbiegen seiner Ränder in eine ebene Fußplatte. An diese heftet man nun mittels eines Tröpfchens Glasmasse den Stab (8), sprengt den oberen Teil des Hohlgefäßes ab (9) und schneidet mit der Schere die weiche Glasmasse so weit ab, daß die Wände die verlangte Höhe erhalten (10). Durch Ausweiten mit einem Stück Holz gibt man dem Rande die nach außen geschwungene Form (11). Mittels des Stabes wird das Glas (12) in den Kühlofen gebracht und hier durch einen leichten Schlag gegen den Stab davon getrennt.

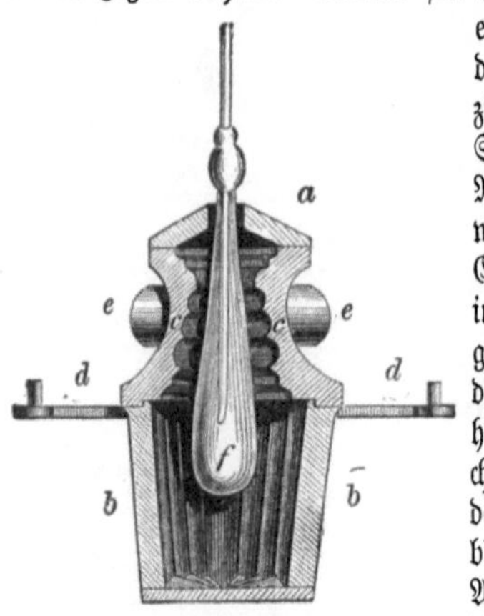

Fig. 338. Mehrteilige Form für Hohlglas.

Auf diese Weise, nämlich durch Arbeiten am Stuhl mit der Zwickschere, können nur Rotationskörper wie auf der Drehbank geformt werden. Wenn man aber die Glaskugel nicht frei aufbläst, sondern die weiche Masse zwingt, indem sie sich erweitert, sich an die inneren Wandungen einer Hohlform anzulegen, so wird sie genau deren Gestalt annehmen. So kann man dann Hohlartikel erzeugen, die außen von flachen oder mannigfach eingebogenen und ausgebauchten Oberflächen begrenzt sind, wie sie sonst nur auf dem Wege des Gießens oder der freien Modellierung erhalten werden.

Fig. 339. Blasen von Tafelglas.

Die Formen sind meist aus Holz, bisweilen auch, namentlich für Gegenstände, welche scharf begrenzte und ganz ebene Oberflächen haben sollen, aus Messing. Gußeiserne und thönerne Formen kommen auch vor. Je nach dem Gegenstand ist die Form entweder einteilig oder mehrteilig (Klappenform). Die letzteren können, um die fertige Ware herausnehmen zu lassen, geöffnet werden; so lange aber, wie das weiche Glas hineingeblasen wird, sind ihre einzelnen Teile fest miteinander durch Stifte oder durch eine Feder, die mit der Hand oder dem Fuße gedrückt wird, verbunden. In der Regel verbindet ein Scharnier die beiden Hälften miteinander, denn die zweiteilige Form genügt den meisten Anforderungen.

In Fig. 338 ist eine mehrteilige Form dargestellt. Der obere Teil aa wird erst aufgesetzt, wenn die Glasmasse in den Innenraum eingebracht worden ist. Der untere Teil b b ist aus einem Stück und nur mit einigen feinen Öffnungen durchbohrt, damit die eingepreßte Luft entweichen kann. Das Formstück cc für den Hals dagegen besteht aus zwei Hälften, welche sich um ein auf der Platte dd befestigtes Scharnier drehen können; damit die beiden Hälften dicht zum Verschluß kommen, sind zwei hebelförmige Ansätze ee angebracht, in welche hölzerne Handgriffe eingeschraubt werden. Die Art der weiteren Ausbildung des Gegenstandes braucht nicht näher beschrieben zu werden. Die weiche Masse wird durch die Spannung der inneren Luft an die Wandung der Form angedrückt und alle Vertiefungen derselben treten als Erhöhungen auf dem fertigen Stück hervor. Ist die Form innen ganz glatt und rund, so wird die Glasmasse während des Blasens gedreht, wodurch die Politur wesentlich schöner ausfällt; bei gerieften oder kantigen Formen, wie bei der von uns dargestellten, kann davon natürlich nicht die Rede sein.

Fig. 340. Herstellungsphasen des durch Blasen erzeugten Tafelglases.

Eine Anzahl kleinerer Artikel werden ebenfalls in Formen dargestellt, aber nicht durch Blasen, sondern durch Pressen; sie sind massiv und ihre Formen haben, wie die Kugelformen, eine zangenähnliche Gestalt, mit der man aus der teigigen Glasmasse die betreffende Quantität herauskneipt. Derartige Formen sind bei der Fabrikation der Glasknöpfe und der größeren Perlen in Gebrauch.

Tafelglas. Hält man die Pfeife, wenn die Blase eine entsprechende Größe erlangt hat, senkrecht empor, so sinkt die Glasblase platt zusammen, und indem man sie auf einem besonderen Eisen anheftet und von der Pfeife ablöst, kann man sie durch schnelles Drehen in eine runde Scheibe verwandeln. Da diese Scheibe in der Mitte, am Anheftepunkt, verdickt ist, so wird dieser Teil herausgeschnitten und man behält zwei halbmondförmige Stücke übrig, die weiter in Tafeln zerlegt werden können (Mondglas). Je geschickter der Arbeier ist, um so größere Scheiben wird er herzustellen im stande sein, und nach den Proben, die man aus früherer Zeit noch erhalten findet, müssen Scheiben, die $1\frac{1}{2}$—2 m im Durchmesser gehalten haben, auf diese Weise häufig geblasen worden sein. Das Mittelstück, Ochsenauge, ist eine kleine linsenförmige Scheibe mit einem zapfenartigen Ansatz in der Mitte, und man sah ehedem dieses Glas häufig zum Verglasen von Stallfenstern u. dergl. benutzt. Die größeren aus der Scheibe geschnittenen Stücke verwendet man als Tafelglas, welches ehedem fast sämtlich auf diese Weise erzeugt wurde. Jetzt ist diese Methode indes durchgängig von einer andern verdrängt worden, bei welcher die Scheibe nicht mittels der Zentrifugalkraft, sondern durch das sogleich zu beschreibende Verfahren aus der Blase hergestellt wird.

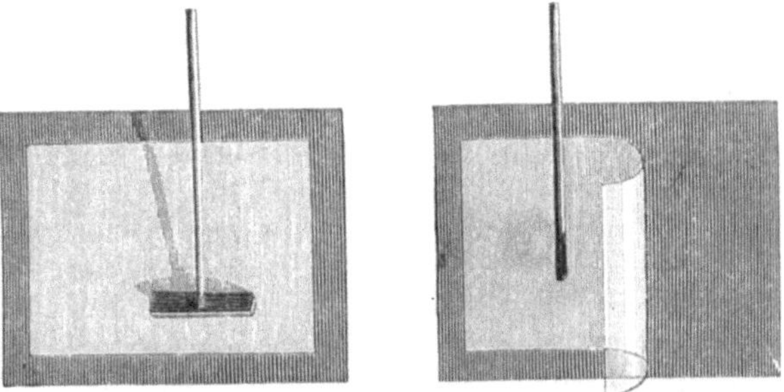

Fig. 341—342. Aufrollen und Ausplatten des Cylinders.

Soll Tafelglas geblasen werden, so wird eine bedeutende Masse geschmolzenes Glas, etwa anderthalb Pfund, an den Kopf der Pfeife genommen. Da sich so viel mit einem Male nicht anhängt, so erfolgt ein mehrmaliges Eintauchen, während in der Zwischenzeit der Klumpen an der Luft oder auch durch etwas angespritztes Wasser äußerlich abgeschreckt und steif wird. Der Glasbläser steht, um seine Pfeife mit dem daran sitzenden Glaskörper bequemer handhaben zu können, entweder auf einer Erhöhung über dem Boden, oder vor einer Grube im Arbeitsraume (s. Fig. 339). Durch das Blasen entsteht zunächst die allgemeine birnförmige Gestalt, der man unter zeitweiligem Wiedererwärmen, durch pendelartiges Schwenken in der Grube, durch Rollen u. s. w. die Form einer Walze, eines an beiden Enden geschlossenen Hohlcylinders, gibt. Auf eine oder die andre Weise wird, wenn dieselbe dünn genug geblasen ist, zunächst das untere Ende geöffnet, die Walze durch weiteres Schwenken noch verlängert, mit der Schere gleichgeschnitten, von der Pfeife abgelöst und, nachdem auch noch die obere Kappe abgesprengt worden, der Cylinder der Länge nach aufgesprengt, indem man mit einem glühenden Eisen in der Länge über ihn hinfährt. Fig. 340 zeigt die verschiedenen Stadien dieses Prozesses, den die Glasmasse hier durchmachen muß. So vorbereitet also gelangen die halb aufgeklappten Cylinder nun in den Streckofen. Dieser besteht aus zwei Abteilungen, dem Feuerraum und darüber dem Streckraum. In letzteren gelangt die Flamme durch einige in der Wölbung angebrachte Öffnungen und bewirkt hier eine Temperatur, die das Glas erweichen, aber nicht schmelzen kann. Indem die Cylinder, mit der aufgeschlitzten Seite nach oben, in diesem Ofen allmählich vorgeschoben werden, gelangt jeder schließlich an einen Ort, wo eine aus feuerfestem Thon gebrannte abgeschliffene Platte, der Streckstein, liegt. Hier erweicht der Cylinder bald, seine beiden Lappen werden mit einem gabelförmigen Eisen auseinander geschlagen, legen sich auf die Platte nieder und werden mit einem passenden Werkzeug vollends geebnet oder gebügelt (s. Fig. 341—342). Für feinere Gläser ist der Streckstein mit einer besonders dazu angefertigten dicken Glasplatte bedeckt, wodurch die Tafeln schöner werden; es wird aber hier eine größere Geschicklichkeit bei Leitung der Arbeit erfordert, damit nicht eine verbotene Verbindung zwischen unten und oben stattfinde. Unmittelbar neben dem Streckraum befindet sich der Kühlraum, in welchen sich die Tafeln mittels eines Schiebers durch eine Spalte unter der Scheidewand hineingeschoben und, sowie sie erstarrt sind, auf die hohe Kante gestellt und an eiserne Querstäbe gelehnt werden, bis der Kühlofen voll ist, worauf man ihn schließt und langsam erkalten läßt. Spiegelplatten dagegen müssen liegend abgekühlt werden.

Die großartigste Anwendung des Tafelglases ist unbedingt erst in den letzten 20 Jahren zu den Zwecken der Baukunst gemacht worden. Der Palast der Industrieausstellung von 1851 zeigte zuerst das Prinzip ausgeführt, das Glas als Wandung zu benutzen und lediglich durch Eisen zu stützen. Die Glasmassen, welche nötig waren, um den Riesenbau in solcher Weise auszuführen, waren ganz enorme. Der verglaste Raum, d. h. die Grundfläche des Gebäudes, betrug gegen 75000 qm. Daraus wird man bei einer entsprechenden Höhe auf die Menge der Glasscheiben einen Schluß machen können, die dazu nötig waren, und die Summe von 13174 Pfd. Sterl. 9 Sh. 9 Pence (nahe an 270000 Mark), welche dafür ausgegeben wurde, begreiflich finden. Ähnliche Bauten sind namentlich zu Ausstellungszwecken seither öfters ausgeführt worden, ja das Glas hat sich dadurch geradezu zu einem der wichtigsten Baumaterialien emporgeschwungen und förmlich einen neuen Baustil hervorgerufen.

Gießen des Glases. Spiegelplatten. Das Tafelglas findet seine Hauptverwendung zur Herstellung von Spiegeln, welche bekanntlich aus nichts weiter bestehen, als aus ebenen und fein polierten, sehr reinen Glastafeln, die auf der Rückseite mit einem Amalgam aus Zinn und Quecksilber belegt sind. Der Wert eines Spiegels hängt von der Größe, Reinheit und Farblosigkeit der Glasplatte und von ihrer völligen Ebenheit und Politur, sowie von dem Parallelismus der beiden Oberflächen ab. Zu ordinären kleineren Spiegeln werden Tafeln genommen, die wie das Fensterglas geblasen und gestreckt sind. Für feinere Spiegel dagegen und für die großen Platten der Schaufenster genügen diese nicht, obwohl man auf dem Wege des Blasens und trotz der Schwierigkeiten, welche das Behandeln der schweren Glasmasse mit der Pfeife darbietet, merkwürdig große Scheiben dargestellt hat.

Bei weitem schönere und viel reinere Spiegeltafeln erhält man durch Gießen und nochmaliges Schleifen des Glases.

Zu den gegossenen Spiegeln benutzt man allgemein Natronglas, weil dieses leichtflüssiger ist. Der Schmelzofen enthält gewöhnlich vier Glashäfen, zwischen denen auf der Bank noch vier flachere, viereckige Geschirre, die Wannen, stehen. Ist in etwa zehn Stunden der Glassatz in den Häfen völlig geschmolzen und größtenteils geläutert, so schöpft man vorsichtig, um keinen Bodensatz aufzurühren, die flüssige Masse mit kupfernen Kellen in die Klärwannen über, wo sie noch etwa 16 Stunden bleibt, bis sie völlig rein und blasenfrei ist.

Fig. 343. Der Gußtisch zum Gießen der Spiegelplatten.

Zum Ausgießen der Masse in Tafelform gehört eine gute, geebnete, 8--10 cm dicke Platte von Gußeisen oder Bronze. Sie ruht auf einer Art Wagen, der mittels Eisenbahnen an die Orte gefahren werden kann, wo man ihn braucht, und ist mit einer Vorrichtung zum völlig wagerechten Einstellen versehen. Ist nun die Glasmasse so weit vorbereitet, daß sie vergossen werden kann, so wird die Gießtafel an die Mündung eines der backofenförmigen Kühlofen herangefahren, dessen Sohle mit der Platte in gleicher Ebene liegt und der inzwischen bis zur Rotglut angeheizt worden ist. Auch die Tafel wird durch unter ihr brennende kleine Feuer oder durch darauf gebrachte glühende Kohlen erhitzt, die unmittelbar vor dem Guß sauber weggeschafft werden. Auf der Tafel sind vier metallene Schienen ins Viereck gelegt, welche die Größe und Dicke des Glases bestimmen. Bei dem Gießen sind mehrere Menschen beschäftigt, deren Arbeit gut ineinander greifen muß, wenn das kurze Werk, das aber immer ziemlich lange Vorbereitungen gekostet hat, gelingen soll. Zwei Arbeiter bringen hurtig einen Glashafen aus dem Schmelzofen herbei, hängen ihn in die Kette eines Kranes, ziehen ihn in die Höhe und putzen ihn ab. Zwei andre erfassen ihn mit zangenähnlichen Handhaben, ziehen ihn über die Tafel und stürzen ihn um, wobe sie ihn quer über dieselbe hinwegführen; in demselben Moment ergreifen zwei andre Männer eine schwere gußeiserne Walze, welche an einem Ende der Tafel in Gabeln liegt, und rollen sie über die Glasmasse hinweg, so daß diese völlig breit gedrückt und der Raum zwischen den Linealen völlig ausgefüllt wird (s. Fig. 343). Während dieses Fortrollens wird die Glasmasse fortwährend von den Arbeitern beobachtet, um, wenn sich irgend noch ein Klümpchen in derselben zeigt, das einen Fehler im Glase erzeugen würde, es womöglich noch mit einem spitzen Instrumente wegzuhaschen. Solange die Tafel noch rotglühend und weich ist, wird, um einen besseren Anhaltepunkt beim Einschieben in den Kühlofen zu haben, an dem vom Ofen abgewendeten Ende ein etwa zweizölliger Rand, der Kopf, aufgebogen. Einige Augenblicke später, wenn sie schon etwas mehr Festigkeit gewonnen hat, schiebt man sie, immer noch ziemlich glühend, mit Krücken in den Glühofen, wo sie einen Zeitraum von acht Tagen hindurch verweilt.

Eine der größten Tafelglasfabriken befindet sich zu St. Helens in England. Ihre Gießhalle bietet einen imposanten Anblick dar; sie ist 140 m lang, 44 m breit und hat Kreuzflügel von 60 m Länge und fast 20 m Breite. Diese Fabrik beschäftigt im ganzen mehr als 600 Menschen. Wie in einer dortigen Fabrikanlage die Schmelzöfen, der Gießraum und die Kühlöfen angeordnet sind, das zeigt uns Fig. 344 im Schema. A bezeichnet den Schmelzofen, aus welchem die Glashäfen P mittels eines auf Rollen beweglichen Kranes G über den Gießtisch C transportiert werden. Der Gießtisch läuft ebenfalls auf Rädern, so daß von ihm die gegossene Platte sofort in den Kühlofen D befördert werden kann, dessen Sohle sich in gleichem Niveau mit der Gießplatte befindet.

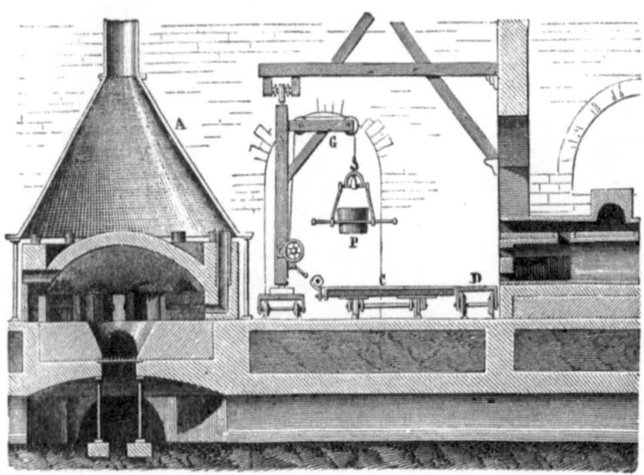

Fig. 344. Schmelzofen, Gußtisch und Kühlofen in einer Spiegelfabrik.

Schleifen. Aus dem Kühlofen wandert die gegossene Spiegelplatte in die Schleifmühle, um auf beiden Seiten eben geschliffen und poliert zu werden, eine Arbeit, die viel Aufmerksamkeit erfordert und wobei unter anderm auch darauf gesehen werden muß, daß beide Schliffflächen vollkommen parallel liegen, mithin das Glas überall die gleiche Dicke hat; sonst macht der Spiegel schiefe Gesichter, wie das bei geringer, ungeschliffener Ware nicht selten vorkommt. Das Schleifen vollzieht sich auf genau abgerichteten steinernen Platten, die in der Höhe von etwa 60 cm über dem Boden auf hölzernen oder steinernen Pfosten stehen.

Solcher billardähnlicher Schleiftische gibt es immer eine ziemliche Anzahl in dem Schleiflokale. Mittels Gipsbreies wird die zu schleifende Tafel auf einem solchen Tische recht gleichmäßig aufgekittet, und zwar nimmt man immer die rauhere Seite zuerst vor. War die metallene Gießtafel nicht frisch aufpoliert, so ist diejenige Glasseite die rauhere, welche auf ihr auflag. Es leuchtet ein, daß man auch mehrere Glastafeln, sofern sie nur gleiche Dicke haben, nebeneinander aufkitten und gleichzeitig bearbeiten kann. Der schleifende Körper, der Läufer, ist ein meistens wie eine abgestumpfte Pyramide geformter Stein, auf dessen Grundfläche eine ebene Glastafel aufgekittet ist, die etwa den vierten Teil der Größe wie die zu schleifende Scheibe hat. Das Gewicht des Läufers ist so abgemessen, daß er auf jeden Quadratzentimeter mit der Schwere von einem Pfunde drückt. Oben ist der Läufer, um bequem mit ihm arbeiten zu können, mit mehreren Handhaben versehen, oder er trägt, wenn er groß ist, ein etwa 3 m Durchmesser haltendes, horizontal liegendes Rad auf dem Kopfe befestigt, das dann überall einen Angriff bietet. In der Regel geschieht jedoch die Führung des Läufers mit Maschinenkraft und die mechanischen Vorrichtungen dazu sind sehr einfache, da es nicht schwierig ist, dem Läufer mittels eines Armes eine solche Bewegung zu erteilen, wie er sie bei der Handarbeit erhält, nämlich so, daß er, kleine Kreise beschreibend, allmählich über alle Punkte der Tafel weggeht. Man hat sich aber nun nicht vorzustellen, daß die obere Glastafel unmittelbar auf der unteren herumschleife; es befindet sich vielmehr zwischen ihnen erst das eigentliche Schleifmittel, scharfer, nasser Sand, der anfangs gröber, dann feiner genommen wird. Hat man die Tafel auf der einen Seite so weit fertig, als es mit Sand überhaupt thunlich, so macht man sie los, wendet sie und kittet sie fest, um die andre Seite ebenso zu behandeln. Hiernach ist das Rauhschleifen vollendet und man geht an das Klarschleifen, das ganz in derselben Weise, nur mit einem feineren Schleifmittel, vorgenommen wird. Man wendet hierzu geschlämmten Schmirgel an, anfangs gröberen, dann immer feineren, und gibt endlich die Politur mit einem mit Filz bekleideten Läufer und einem dünnen Brei von Wasser und feingeschlämmtem Eisenrot, Blutstein und dergleichen.

Fig. 345. Belegen der Spiegelplatten.

Der letzte und feinste Grad der Politur wird meist in der Art erteilt, daß man zwei Spiegelplatten mit den geschliffenen Seiten übereinander legt und sie mit feingeschlämmter Zinnasche durch Hin- und Herschieben der oberen Platte fertig macht.

Mittels Tafel und Walze werden auch die halb- und ganzzollstarken Platten zum Bedecken von Lichthöfen, Hallen u. s. w. geformt, die keines Schliffes bedürfen. Ebenso wird von den geschliffenen Tafeln nicht jede ein Spiegel, sondern vieles findet Verwendung zu den jetzt gebräuchlichen großartigen Schaufenstern in den Luxusläden größerer Städte, wozu die zweite Sorte von Platten, nämlich solche mit kleinen Mängeln, noch gut verwendbar ist. Die Fortschritte auf diesem Gebiete sind außerordentlich, denn man versteht jetzt Platten von sehr großen Dimensionen, bis zu 5 und 6 m Höhe und Breite, auf solche Art zu fabrizieren.

Belegen der Spiegelplatten. Als letzte Arbeit des Spiegelglasfabrikanten kommt endlich das Belegen der geschliffenen Platte mit einer glänzenden Metallmasse, dem Amalgam.

Jedermann hat sich wohl schon in den Kinderjahren von der Beschaffenheit eines Spiegelglases auf der Rückseite überzeugt. Es sitzt da nicht allzu fest ein weißes Metallhäutchen, nach dessen Entfernung das Glas aufhört ein Spiegel zu sein. Man muß also schließen, daß dieser Körper die Hauptsache am Spiegel sei. In der That besteht kein wesentlicher Unterschied zwischen einem Glasspiegel und einem metallenen, etwa einer hochpolierten Silberplatte, höchstens daß bei dem Glasspiegel die Spiegelung nicht von der vorderen Oberfläche, sondern von der hinteren Fläche herkommt; wenn man mit einem Stift oder dergleichen das Glas berührt, so kann man aus dem Abstande, der zwischen dem Gegenstande und dem Bilde bleibt, erkennen, wie dick das vorliegende Glas ist.

Daß wir uns mittels des Glases einen Metallspiegel ohne Metallarbeit, d. h. ohne Gießen, Schleifen u. s. w., erzeugen können, verdanken wir dem Quecksilber mit seinen merkwürdigen Eigenschaften, unter denen diejenige, mit manchen Metallen, namentlich gern mit dem Zinn, Amalgam zu bilden, hier besonders in Betracht kommt. Bringt man zu etwas Quecksilber in einem Gläschen ein Stückchen Zinnfolie und schüttelt, so verschwindet letztere bald und geht in dem flüssigen Metall auf; man kann sogar ziemlich viel Zinn nach und nach zugeben, ehe man bemerkt, daß die Masse dickflüssiger zu werden anfängt; fließt sie gar nicht mehr, so kann man durch Hineinkneten immer noch ziemlich viel Metall damit verbinden, bis das Amalgam etwa Talghärte angenommen hat. Jedes Amalgam aber, sofern es nicht in einem verschlossenen Gefäß gehalten wird, erhärtet schließlich von selbst, denn das Quecksilber besitzt auch eine große Flüchtigkeit, und indem es fortwährend aus dem Amalgam abdunstet, wird das Verhältnis des zweiten, ursprünglich festen Metalls immer größer und somit die Masse härter. Indes kann der Härtegrad nie ein solcher werden, wie ihn das betreffende Metall an und für sich besitzt, denn durch Verdunstung bei gewöhnlicher Temperatur kann sich nicht alles Quecksilber aus der Verbindung losmachen; erst die Anwendung einer höheren Hitze vermag es vollständig abzutreiben.

Für die Herstellung von Glasspiegeln ist die Zinnfolie nun ein ausgezeichnetes Mittel. Um die hochfein geschliffene und auf das sorgfältigste abgeputzte Glastafel mit dem Belege zu versehen, bedarf man vor allen Dingen ganz ebener und glatter Tafeln, am besten von Marmor. Um den Rand der Belegtafel läuft eine Rinne zur Aufnahme des abfließenden Quecksilbers mit einer Ausgußöffnung in der einen Ecke. Die Tischplatte liegt in einem Zapfenlager, so daß sie in eine beliebig geneigte Stellung gebracht werden kann, worin sie mittels Stellschrauben festgehalten wird. Das übrige Gerät besteht in Bürsten, gläsernen Linealen, mit Wollenzeug bezogenen Rollen, größeren und kleineren Stücken Flanell und einer Anzahl steinerner oder eiserner Gewichte.

Der Arbeiter putzt und reinigt zunächst den Belegtisch auf das sorgfältigste, legt dann ein Stück vollkommen reines Stanniol auf, etwas größer als der Spiegel werden soll, und streicht mit einer Bürste alle Falten desselben glatt aus. Dann gießt er etwas Quecksilber auf, welches er mit der Wollwalze auseinander treibt, so daß das Zinn überall gleichmäßig davon benetzt wird. Hierauf legt er Glaslineale auf zwei Seiten der Zinnfolie und gießt so viel Quecksilber auf, daß dasselbe ungefähr 2 mm hoch steht. Daß hierbei die Tafel vollkommen wagerecht liegen muß, ist einleuchtend. Sind nun die Rückseite der Spiegeltafel und die Oberfläche des Quecksilbers durchaus von allem Staube und Fett gereinigt, so wird die Glasplatte behutsam auf das Quecksilber geschoben, von dem sie das Überflüssige sogleich zur Seite drängt, worauf man sie mit schweren Gewichten die bei sehr großen Spiegeln viele Zentner betragen, belastet und einige Tage stehen läßt. In Frankreich hat man das Beschweren mit Gewichten dadurch umgangen, daß man die Glasplatte durch Holzstege niederdrückt, welche mit Filz bezogen sind und durch Einschieben von Keilen in den bügelförmigen Rahmen gespannt werden (s. Fig. 345).

Der Spiegel ist nun eigentlich fertig, aber die Belegung enthält noch Quecksilber im Überfluß. Man beginnt also mit Abnehmen der Gewichte und hebt dann die Lagertafel an einem Ende ein wenig, damit das Quecksilber, das noch auf derselben liegt, durch die an der Seite angebrachten Rinnen in den Abguß läuft. In der Spiegelbelegung zieht sich aber ebenfalls das überflüssige Quecksilber nach der tiefer stehenden Seite des Spiegels, und nun beginnt man nach einigen Tagen den Spiegel selbst an der hohen Seite mehr und mehr zu heben, bis er endlich nach zehn Tagen senkrecht steht. Schließlich stürzt man ihn allmählich so, daß er nur noch auf einer Ecke steht, durch welche dann das letzte überschüssige Quecksilber, das immer nach dem tiefsten Punkte geht, auch noch abfließt. Die ganze Operation dauert drei Wochen, und nun soll der Spiegel fertig sein.

Kennen wir so die Art und Weise, wie ein Spiegel entsteht, so wird uns auch deutlich, welche Rolle das Glas an demselben spielt. Sie ist eine doppelte: indem nämlich der polierte Glaskörper auf ein breiiges Amalgam preßt, muß letzteres die Form des ersteren annehmen, und so entsteht die spiegelnde Metallfläche, die aber nur dadurch Halt und Dauer gewinnt, daß sie am Glase kleben bleibt. Das Metall ist also der eigentliche Stoff des Spiegels, das Glas der Former, Träger und Beschützer desselben.

Silberspiegel. Infolge des bei der Quecksilberbelegung auftretenden Dampfes und noch mehr des Staubes dieses so wenig beständigen Metalls sind aber die Arbeiter sehr bedenklichen Krankheitszufällen ausgesetzt; denn das Quecksilber ist ein höchst giftiger Stoff, und seine Aufnahme in den menschlichen Körper äußert sich namentlich in Einwirkungen auf die Knochen, das Zahnfleisch, die Speicheldrüsen u. s. w., welche ein trauriges Siechtum und vorzeitigen Tod herbeiführen. Deswegen ist es schon längst eine Aufgabe der Humanität gewesen, für die Glasspiegel, welche die liebe Eitelkeit nun einmal nicht entbehren mag, eine andre, unschädlichere Art der Belegung aufzufinden. In neuerer Zeit hat sich denn neben jenes uralte Verfahren der Spiegelerzeugung ein andres gestellt, wobei eine chemisch niedergeschlagene Silberschicht die Stelle des Zinnamalgams vertritt. Es werden dadurch sehr schöne Spiegel und noch dazu wohlfeiler, weil mit geringem Zeitaufwand, hergestellt. Die Tafel wird mit einem Rande versehen oder in einen passenden Kasten gelegt und etwa zollhoch mit einer silberhaltigen Flüssigkeit übergossen. Letztere, eine mit Salmiakgeist versetzte Lösung salpetersauren Silbers, ist mit sogenannten reduzierenden Substanzen gemischt, deren die verschiedenen Rezepte vielerlei nennen; besonders aber dienen dazu Nelken- und Zimtöl in Weingeist gelöst, Traubenzucker, Weinsteinsäure u. s. w. Alle solche Substanzen wirken auf das Silbersalz so, daß sie ihm den Sauerstoff entziehen, wodurch das Silber sich in metallischer Form ausscheidet und am Glase als eine spiegelnde Schicht fest anlegt, die dann auf der Rückseite durch irgend einen Firnis geschützt wird. Durch diese nasse Versilberung lassen sich auch stark gekrümmte Glasflächen spiegelnd machen, was mit Quecksilberamalgam kaum thunlich erscheint. So kann man Glaskugeln mit aller Leichtigkeit auf der Innenseite durch Eingießen der Flüssigkeit versilbern, macht auch sonst Hohlglaswaren aus doppeltem Glas, bei denen sich die Versilberung im Innern zwischen den beiden Wandungen befindet, und für teleskopische Hohlspiegel ist das neue Verfahren als ein wichtiger Fortschritt anzusehen.

Die Silberspiegel sind schon 1844 nach diesem, nur mit etwas abweichend zusammengesetzten Flüssigkeiten, von Drayton angegebenen Verfahren hergestellt worden. Liebig hat die Herstellungsweise wesentlich verbessert und durch seine Bemühungen, die durch das Gewicht seines hochberühmten Namens eine kräftige Unterstützung erhielten, der Menschheit einen großen Dienst geleistet. Allerdings werden noch die meisten Spiegel mit Amalgam belegt, allein das ist zum Teil eine Folge der Gewohnheit, die sich nicht sofort beseitigen läßt.

In neuester Zeit scheint es aber, als ob die Silberspiegel einen sehr gefährlichen Konkurrenten in den Platinspiegeln bekommen würden. Dieselben wurden in Frankreich dargestellt und scheinen nach dem, was darüber berichtet wird, allerdings sehr bedeutende Vorteile zu gewähren. Das Verfahren der Platinierung unterscheidet sich von dem der Versilberung dadurch, daß das Platin nicht auf die Rückseite der Glasplatte aufgetragen wird, sondern auf die Vorderseite, und also eine direkte Reflexion des Metalls stattfindet. Die Belegmischung besteht aus Platinchlorid, welches, mit Lavendelöl unter Zusetzung von Glätte und borsaurem Bleioxyd verrieben, mittels eines Pinsels unter sorgfältiger Vermeidung von Staub und Feuchtigkeit auf die möglichst vollkommen polierte Glasplatte, welche vertikal aufgestellt ist, gestrichen wird. Nach dem Trocknen werden die Platten in Muffeln erhitzt, und sie sollen in bezug auf Glanz den amalgamierten durchaus nicht nachstehen. Im durchfallenden Licht sind diese Spiegel durchsichtig, eine Eigenschaft, welche ihre Anwendung zu Fensterscheiben, durch die man nicht ins Innere der Zimmer sehen soll, empfiehlt. Da nun außerdem der Umstand, daß man für sie durchaus kein absolut weißes Glas braucht, sondern mehr oder weniger gefärbtes benutzen kann, das man überdies nur auf einer Seite zu schleifen braucht, also von Haus aus schwächer herstellen darf, sehr wesentlichen Einfluß auf den Preis hat, so ist es wahrscheinlich, daß dieser Art Belegung für manche Zwecke eine gute Zukunft bevorsteht.

Die Glasröhren spielen in der Glastechnik eine so große Rolle, daß wir ihrer Herstellung einige Beachtung schenken müssen. Nicht nur, daß für röhrenförmiges Glas sich selbst vielfache Verwendung zeigt zur Herstellung von Barometern, Thermometern u. s. w., die Glasröhre ist gewissermaßen der Ausgangspunkt, von welchem das Glas eine weitere Formwandlung in alle erdenkbaren Gestalten erfährt. Wie das Blei in Blöcken, das Gold in Barren, der Zucker in Hüten, so kommt das Glas, wenn es, wie die feineren und gefärbten Sorten, als Rohmaterial verkauft wird, meist als Röhren in den Handel.

Die Herstellung der Röhren und Stäbe an sich geschieht in sehr einfacher Weise. Der Arbeiter bläst einen Cylinder, wie für Tafelglas, nur macht er ihn dickwandiger und den Hohlraum enger. Nachdem er ihn gehörig wieder erhitzt, heftet ein zweiter Arbeiter seine Pfeife oder sein Hefteisen an das andre Ende desselben, und indem beide sich möglichst rasch voneinander entfernen, ziehen sie die Glasmasse zu einer langen dünnen Röhre aus, die man in beliebig dünnere verwandeln kann, wenn man sie in Stücke zerschlägt und diese von neuem glüht und auszieht. Bei der Erzeugung bloßer Stäbe fällt natürlich das vorherige Aufblasen weg; man macht lediglich eine Wurst von Glasmasse und verfährt wie eben angegeben. Dieses Ausziehen ist eigentlich schon ein gröberes Spinnen, oder vielmehr das sogenannte Glasspinnen ist nichts als ein weit fortgesetztes Ausziehen mittels einer Haspel. Die mehr als haarfeinen Fäden, welche dabei erhalten werden, sind jedenfalls ein interessanter Beweis der hohen Dehnbarkeit der geschmolzenen Glasmasse.

Die Art der Herstellung bedingt, daß die Glasröhren im Innern eigentlich nie rein cylindrisch sind, sie sind an den beiden Enden am weitesten, nach der Mitte ihrer ganzen Länge zu werden sie immer enger. Für die gewöhnlichen Zwecke hat dies nicht viel zu bedeuten, bei feinen physikalischen Apparaten, Thermometern u. s. w., kommt darauf aber viel an, weil von der gleichen Weite der Röhre an jedem Punkte die entsprechende Teilung abhängt. Ein Mittel, genau cylindrische Röhren herzustellen, gibt es nicht; man kann nur aus sehr langen, auf die gewöhnliche Art hergestellten Stücken die geeignetsten Teile durch sorgfältiges Probieren zu erkennen suchen. Dies ist aber eine sehr mühsame Arbeit und wird so selten von einem günstigen Erfolg belohnt, daß untadelhafte Röhren, wie sie für genaue meteorologische Instrumente gebraucht werden, verhältnismäßig sehr hohe Preise erlangen.

Glasperlen. Aus Röhrenglas werden nun in der Regel die kleineren Glasartikel hergestellt, und eine eigentümliche Behandlung, mit der wir uns etwas näher beschäftigen wollen, läßt die zierlichen Perlen hervorgehen. Die Glasperlen sind eine Spezialität Venedigs. Wie wir schon früher erwähnt haben, bestanden in Murano zahlreiche Fabriken, von denen sich auch viele und in der letzten Zeit die meisten mit Perlenfabrikation befaßten. Diese Fabrikanten sind 1848 zu einer Gesellschaft der „Società delle fabriche unite di canne di vetro e smalti per conterie“ zusammengetreten, welche ihre Kontore in Afrika und Asien (Tripolis, Bombay, Kalkutta und Alexandrien) hat, denn diese Länder sind immer noch die Hauptabnehmer für den Artikel, der im Schmuck der rohen Naturvölker seine hervorragendste Rolle spielt. Die Gesellschaft erzeugt in mehreren Fabriken die verschiedenartigsten Perlen, von den gewöhnlichsten bis zu den feinsten aus Email (so heißen die undurchsichtigen oder durchscheinenden, gefärbten Glassorten) und verarbeitet dazu Sand von Pola, Soda von Catanien, Natron aus Ägypten und zahlreiche metallische Präparate, unter denen Mennige und die färbenden Metalloxyde obenan stehen. Die roten Nüancen werden durch Gold hervorgebracht, und es mag die Angabe Zanettis, daß eine einzige Fabrik in einem Jahre über 10000 Dukaten zur Färbung ihrer Emaillen verbraucht habe, genügen, um auf den Umfang der Fabrikation hinzuweisen.

Zu den Glasöfen wird eine feuerfeste Erde genommen, welche man von Cerone im Friaul bezieht; der Sand dagegen wird in der Nähe von Venedig gegraben, wo man ihn vor nicht gar langer Zeit entdeckt hat. Ein Ofen enthält 2—5 Glashäfen für die geringeren Perlensorten, der Glassatz für feinere Perlen dagegen wird in Häfen geschmolzen, deren jeder für sich angefeuert wird, was schon um deswillen nötig ist, weil die verschiedenen Emaillen bei verschiedenen Temperaturen schmelzen. Als Feuerungsmaterial wird nur Holz und zwar mit ganz besonderer Sorgfalt getrocknetes verwendet.

Je nachdem die Häfen groß sind und je nach der Beschaffenheit der Glasmasse dauert die Schmelzung mehr oder weniger lange. In der Regel aber ist in 12—18 Stunden der Inhalt des Hafens gar und es kann mit der Verarbeitung begonnen werden, welche darin besteht, daß zuerst entweder auf die schon angegebene Weise lange Röhrchen oder auch massive Glasstäbe von verschiedenem Durchmesser hergestellt werden. Aus diesem Halbfabrikate macht der Glasbläser alles Mögliche, indem er es an der Lampe weiter verarbeitet. Damit nur der Inhalt eines Hafens — und er beträgt bis 13, wohl auch noch mehr Zentner — hintereinander aufgearbeitet werde, teilen sich die Arbeiter in Schichten, die abwechselnd von sechs zu sechs Stunden Tag und Nacht einander ablösen, denn das Brennmaterial ist teuer. Jede solche Abteilung hat einen Meister der Bank oder Scagner, zwei Pastoneri, außerdem noch vier Gehilfen, welche Tiratori heißen, und einen Conzaurero. Die Arbeit verteilt sich nun folgendermaßen. Zuerst nimmt der eine Pastonero mittels einer Eisenstange, die an dem einen Ende, mit welchem sie in die flüssige Glasmasse getaucht wird, heiß gemacht worden ist, aus dem Glashafen, der Padella, eine Quantität Glasmasse, und zwar wägt er dieselbe dadurch ab, daß er, wenn er viel auf einmal fassen will, einen stärkeren Eisenstab anwendet und denselben tiefer eintaucht, als wenn er weniger herausziehen will, wobei er mit einem schwächeren Stabe auskommt.

Für die Perlenfabrikation müssen Glasröhren hergestellt werden, und es ist deshalb notwendig, daß das mit der Pfeife gefaßte Glas erst etwas aufgeblasen wird. Genug, die hierauf folgende zweite Prozedur ist, daß der Glasklumpen in eine cylindrische Form gebracht wird, was durch Rollen auf einer glatten metallenen Platte, dem Brozino, geschieht. Will man Überfangglas herstellen, so ist jetzt der Moment, wo der Glascylinder in den zweiten Hafen getaucht wird. Der Scagner gibt dem Arbeitsstück vollends die richtige Form. Ist dies geschehen, so kommt dasselbe nochmals in den Ofen, damit es in seiner ganzen Masse gleichmäßig erweicht, denn es ist während der letzten Behandlung erkaltet, wohl auch mit Wasser abgeschreckt worden und hat eine mehr oder weniger starre Kruste bekommen. Wenn es aber durch die Ofenhitze wieder weich geworden ist, faßt der Scagner das andre Ende des Cylinders mittels der Conzaura, einem zangenartigen Instrument, dessen Backen etwas flüssige Glasmasse enthalten, damit sie besser an dem Cylinder haften, und gibt auf der einen Seite die Pfeife, auf der andern die Zange je einem der Tiratori in die Hand, welche sich je nach der beabsichtigten Stärke, die die Röhren erhalten sollen, mit mehr oder weniger Geschwindigkeit längs der Galerien voneinander entfernen. So weit sie laufen, ziehen sie den Cylinder aus. Die langen Glasstäbe oder Glasröhren, welche bald erkaltet sind, werden auf eine Reihe von Tischen nebeneinander gelegt und von dem Tagliatore in meterlange Stücke zerschnitten und in Holzkisten verpackt, denn die Fabriken, worin Perlen, Millefiori, Petinet u. s. w. gemacht werden, sind gesondert und die Perlenmacherei allein zerfällt wieder in nicht weniger als sieben verschiedene Manipulationen, welche für sich auch in verschiedenen Ateliers vorgenommen werden.

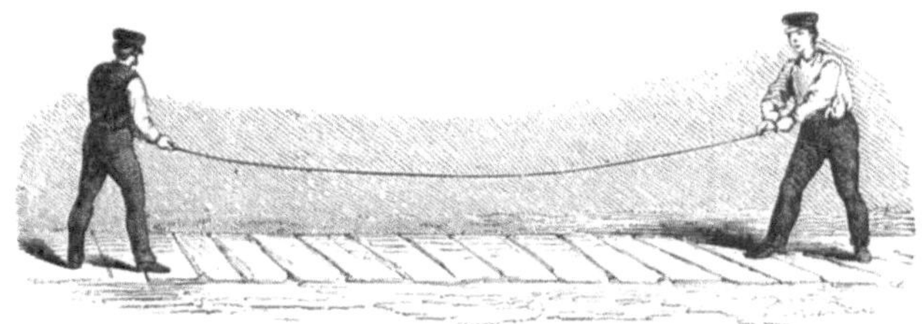

Fig. 346. Herstellung der Glasröhren.

Zuerst werden die Glasröhren ihrer Stärke nach in Gruppen sortiert. Diese Arbeit verrichten Frauen und Mädchen, die Cernitrici. Dann kommen diese gleichartigen Röhrchen in die Hände der Tagliatori, welche sie wie Häcksel in Stückchen von genau abgemessener Länge zerschneiden. Zu diesem Zerteilen hat man Maschinen angefertigt, indessen scheinen dieselben der Handarbeit nur geringe Konkurrenz zu machen. Die Sache ist auch der Art, daß sie ein leidlich geschickter Arbeiter immer besser ausführen wird, als selbst die beste Maschine vermag. Es werden nämlich eine Anzahl Röhrchen in die Hand genommen, durch Anstoßen an eine Blechwand die Enden alle in gleiche Lage gebracht, die Stäbchen dann auf die Schneide einer festliegenden Klinge gelegt und die überstehenden Enden durch Niederführen einer zweiten schweren Klinge in einem Zuge abgetrennt, die

Stäbchen sogleich nachgeschoben, wieder abgeschnitten u. s. w. Wenn man Schmelz machen will, ist hiermit die Arbeit beendigt, denn die längeren Cylinderchen behalten ihre scharfen Ränder an den Schnittflächen. Für die gewöhnlichen Perlen werden die Abschnitte kürzer gemacht. Sie werden, ehe sie weiter bearbeitet werden, erst einmal durch Sieben von den unregelmäßigen Stückchen gesondert, welche sich in dem Trichtersack des Tagliatore mit angesammelt haben. Das Sieben besorgen die Schizzatori, während die Tubanti die darauf folgende Operation vornehmen, nämlich die scharfen Kanten abzurunden und den Perlen die kugelförmige Gestalt zu geben. Da dies durch Erhitzen bis zu anfangender Schmelzung geschehen soll, so muß man Vorsorge treffen, daß die Perlen nicht zusammenbacken und ihre Durchbohrung sich nicht schließt.

Nach dem früher üblichen Verfahren wurden die Perlen, mit feinem Kohlenpulver innig gemengt, in die Ferraccia, eine kupferne Pfanne von etwa 30 cm Durchmesser, gegeben und in einem Flammofen unter fleißigem Umrühren scharf erhitzt. Das Kohlenpulver füllte die Öffnungen aus und verhinderte auch ein Zusammenbacken der weich werdenden Glasteile. Jetzt macht man die Sache besser, indem man den Perlen ein in der Hitze unschmelzbares Pulver aus Lehm, Kalk, Gips, Kohle u. dergl. — Siribiti genannt — zusetzt, das, bevor die Glasstückchen damit zusammengebracht werden, etwas mit Wasser benetzt wird, damit es in den Durchbohrungen besser haftet. Das Gemisch aus Perlen und Siribiti wird mit den Händen förmlich untereinander geknetet, bis sich die Löcher vollgesetzt haben. In großen kupfernen Trommeln, die sich nach Art unsrer Kaffeetrommeln um ihre Achse drehen, wird nun die Erhitzung vorgenommen. Die Arbeiter heißen Tubanti (von tubo, die Röhrtrommel). Unter beständigem Umdrehen über Feuer wird das Gemisch bis zum Glühen gebracht. Infolge der Erweichung der Glasmasse stumpfen sich die scharfen Ränder ab und durch das unausgesetzte Reiben und Stoßen aneinander erhalten sie schließlich die Kugelgestalt, welche man beabsichtigt.

Es ist zu bemerken, daß, um das Aneinanderhaften der Perlen in der Trommel zu vermeiden, denselben ein sehr feiner, aber höchst schwer schmelzbarer Sand beigegeben wird, welcher sich namentlich am Strande der Adria findet und dessen fast ausschließliches Vorkommen hier als eines der wirksamsten Schutzmittel gegen die Auswanderung der Perlenfabrikation betrachtet wird; denn da dieser Sand in großen Massen verbraucht wird, so würde sein Transport hohe Spesen verursachen, welche das Fabrikat, wie man in Murano meint, allzusehr verteuern würden. — Sind die Perlen nun genügend durchgearbeitet und wieder abgekühlt, so werden sie zunächst durch Schütteln in einem Siebe von dem Sande und hierauf durch energisches Schütteln in einem Sacke und nachheriges Sieben von dem in den Durchbohrungen enthaltenen Kohlengemenge befreit. In einer Cotta, wie eine solche Operation heißt, kommen jedesmal gegen 15 kg Perlen zur Verarbeitung.

Die Perlen sind nun bis auf das Polieren fertig, welches dadurch geschieht, daß man sie mit Weizenkleie in einem Sacke tüchtig schüttelt. Damit man aber die in der vorigen Prozedur mißratenen nicht unnötigerweise mit poliert, sortiert man sie erst. Die Governatori haben dies Geschäft auszuführen, und da es im Grunde sich nur darum handelt, die runden Perlen von den eckigen abzuscheiden, so arbeiten sie gleich im großen, indem sie die Perlen auf einer wenig geneigten Tischplatte ausbreiten und durch leichtes, anhaltendes Schütteln herabrollen machen. Die runden rollen rasch hinunter und sammeln sich in einem an der Tischkante befestigten Beutel.

Schließlich bleibt nur noch übrig, die polierten Perlen aufzureihen. Die Infilzatrice — ein Frauenzimmer — hat die Perlen in einer Schachtel vor sich und taucht ein Bündel langer Nadeln, welche sie fächerförmig in der Hand ausgebreitet hat, hinein. Jede Nadel hat einen Faden, auf welchen die Perlen übergestrichen werden. Für die feinsten Perlen sind diese Fäden von Seide, sonst aber von leinenem Zwirn, und sie müssen mit großer Sorgfalt ausgesucht werden, da ihrer Haltbarkeit das Produkt der ganzen mühseligen Arbeit, die wir bis jetzt betrachtet haben, anvertraut werden soll.

Welche Ausdehnung die Perlenfabrikation in Murano hat, das zeigt die Angabe, daß im Jahre durchschnittlich für 7—8 Millionen Frank Perlen aus Venedig ausgeführt werden, von denen der größte Teil nach überseeischen Ländern geht, je nachdem die Mode es mit sich bringt, der diese winzigen Produkte vorzugsweise dienen.

Manche billige böhmische Glasperlen, welche Facetten haben, als wären sie geschliffen, sind in zangenartigen Formen, wie die gewöhnlichen Kugelformen, mit einem einzigen Drucke gepreßt. Die flüssige oder vielmehr teigige Glasmasse wird in die Form gebracht und diese dann schnell zusammengedrückt, wobei das überflüssige Glas durch eine Öffnung heraustritt. Das Glas selbst erweicht man für feinere Sachen an der Lampe und schmilzt es von einer längeren Glasröhre ab, wie wenn man mit einer Siegellackstange siegelt.

Im Fichtelgebirge werden in einer Anzahl kleiner Hütten sogenannte gewickelte Perlen gemacht. Der Arbeiter hat einen langen eisernen Stab, dessen konisch zulaufende Spitze in Thonschlicker getaucht ist; mit demselben holt er aus dem Glashafen ein entsprechend großes Klümpchen Glasmasse und formt dasselbe durch Drehen des Stabes zu einer runden Perle, die, wenn sie erstarrt ist, von dem Stabe abgestoßen wird.

Unechte orientalische Perlen, die hauptsächlich in Frankreich gemacht werden, sind nicht leicht herzustellen. Sie bestehen aus einzelnen geblasenen Glaskügelchen, die im Innern mit einer silberglänzenden, aus dem Überzuge der Schuppen des Weißfisches (Cyprinus alburnus) gewonnenen Masse überzogen und nachgehends mit Wachs ausgefüllt werden. Es gehören gegen 18000 Fische dazu, um ein Pfund der sogenannten orientalischen Perlenessenz zu erhalten; es werden nur die silberglänzenden Schuppen von den Fischen abgenommen, einige Stunden in frisches Wasser gelegt, um den animalischen Schleim zu entfernen, und dann in einem Mörser mit Wasser stark gerieben. Das Grobe wird durch Filtrieren von der Perlenessenz getrennt, diese selbst aber, nachdem sie durch Absetzen die nötige Konzentration erhalten hat, mit Ammoniak- und Hausenblasenlösung gemischt, einesteils um dem Verderben vorzubeugen, anderenteils um ihr Bindekraft zu geben. In die kleinen vor der Lampe geblasenen hohlen Perlen wird dann die Essenz mittels einer feinen Spritze eingebracht. Die Imitation ist eine so vollständige, daß große Kennerschaft dazu gehört, um derartige künstliche Perlen als unechte zu unterscheiden, wenn es bei ihrer Herstellung ganz besonders auf Täuschung abgesehen wurde. Besonders geschickt weiß man auch die Mißbildungen, die sogenannten Kropf- oder Barockperlen nachzuahmen, die in der Natur nicht selten in ziemlicher Größe vorkommen. Die schönsten unechten Perlen kommen nur aus Paris, wo ihre Fabrikation, durch Jaquin hervorgerufen, seit 1824 blüht; die Fischschuppen werden vielfach vom Rhein her geliefert.

Millefiori und Petinet. Gewisse Eigentümlichkeiten des Glases gestatten ganz besondere Behandlungsweisen, welche oft sehr überraschende Erzeugnisse hervorbringen lassen. Eine solche ist, daß das Glas, ungeachtet seiner großen Fügsamkeit in geschmolzenem Zustande, doch beim Ausziehen nicht gleich seine erste Form aufgibt. Eine Röhre bleibt immer eine Röhre, selbst wenn sie auf das Hundertfache ausgezogen wird, und ein vier- oder sechskantiger Stab behält seine Kanten unter gleichen Umständen ebenfalls. Anderseits vermischen sich Glasarten von verschiedener Zusammensetzung nicht, wenn sie nicht ganz dünnflüssig gemacht werden; wohl aber hängen sie sich leicht zu einer Masse zusammen. Hierauf beruht die Möglichkeit, schöne Farbenabwechselungen, Streifen u. dergl. hervorzubringen, wie sie uns an manchen Artikeln so sehr erfreuen. Feine Glasstäbchen von verschiedener Farbe, oft nicht dicker als ein Faden, bilden dazu das Hauptmaterial, und manche bunte Muster, die mit dem Pinsel aufgetragen zu sein scheinen, bestehen bloß aus geschickt aufgelegten und miteinander verschmolzenen Fäden. Das sogenannte Millefiori (Tausendblumen), in eine Glasmasse eingestreute Blümchen, Sterne u. dergl., entsteht lediglich aus Querabschnitten farbiger Stäbe, die, zu der verlangten Zeichnung zusammengesetzt, durch Hitze vereinigt und durch Ausziehen verkleinert wurden. So wird z. B. ein gelbes Stängelchen mit fünf blauen im Kreise umgeben, das Ganze in der Hitze zusammengeschweißt und nach Bedarf gestreckt. Jeder Querabschnitt dieser bunten Stange liefert dann eine Blüte des bekannten Vergißmeinnichts. Die seit einiger Zeit in Mode gekommenen gläsernen Briefbeschwerer zeigen eine große Mannigfaltigkeit solcher Erzeugnisse, welche durch Eintauchen in eine farblose Glasmasse, die natürlich etwas leichtflüssiger sein muß, zu einem Stück verbunden sind.

Mit Petinetglas oder Glasfiligran bezeichnet man solche Gläser, in denen hauptsächlich zierlich verschlungene weiße lange und farbige Linien oder Fäden sich zeigen. Diese Fäden rühren ebenfalls von Stäbchen her, welche in eine farblose Glasmasse eingeschmolzen wurden. Durch Aufblasen des Ganzen zu einem Cylinder, Ausziehen, schraubenförmiges Drehen, Ineinanderstecken zweier in verschiedener Richtung gedrehter Cylinder, Plattdrücken (beim Bandglas) und andre Manipulationen bringt man endlich die zierlichen Sachen zustande, die das Auge immer von neuem ergötzen. Wir geben in Fig. 347 eine der einfachsten Formen von Petinetglas zur Veranschaulichung dieser Art von Erzeugnissen. Es gibt deren nicht allein in mancherlei Farbenwechsel, sondern häufiger noch farblose, die dennoch einen schönen Effekt machen. Das feine Netzwerk, welches im Innern dieser farblosen Glaskörper sichtbar ist, besteht lediglich aus regelmäßigen Reihen von Luftbläschen, und so rätselhaft dies erscheinen mag, so ist doch die Sache an sich ziemlich einfach. Die Herstellung beginnt damit, daß eine Anzahl Stäbchen von farblosem Glase in eine Rundform nebeneinander gestellt und mit einem Drahte oder einem umgelegten Drahtfaden vorläufig verbunden wird. Nun nimmt man sie an die Pfeife und schweißt sie zusammen, so daß sie einen gerieften Hohlcylinder, ein Stück Röhre bilden, das im erhitzten Zustande in sich selber so weit gedreht wird, daß die Riefen die Form eines Schraubenganges annehmen. Schiebt man nun zwei solcher Cylinder, von denen der eine rechts, der andre links gedreht ist, ineinander, vereinigt sie durch Erhitzen und verstärkt sie schließlich durch Eintauchen in Glasmasse, so wird im Innern an jeder Kreuzungsstelle zweier Riefen ein Luftbläschen zurückgeblieben sein, was, wenn das Ganze erweicht und gehörig ausgereckt, in die Form von Gefäßen oder Platten gebracht ist, bei der Menge solcher Bläschen und ihrer regelmäßigen Stellung einen sehr hübschen Anblick gewährt. Derartiges Glas nennt man retikuliertes.

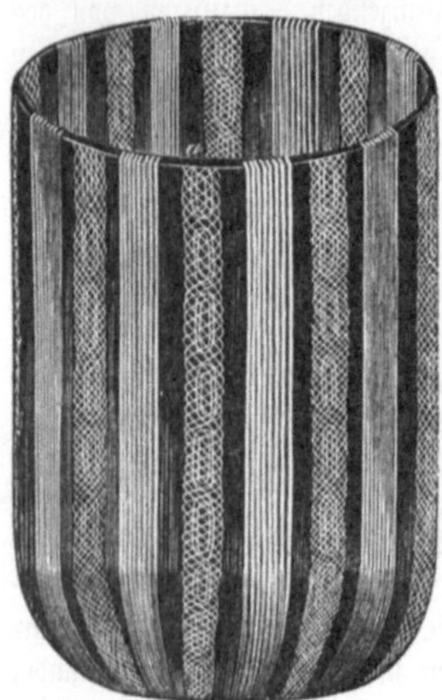
Fig. 347. Petinetglas.

Ein andres erwähnenswertes Kunststückchen der Glasbereitung bilden die sogenannten Inkrustationen. Bei manchen böhmischen Glasartikeln sieht man nämlich silberne oder goldene Münzen oder Medaillen, wenigstens scheinbar, in die Glasmasse eingeschmolzen. Von so edlem Stoff sind nun diese Stücke freilich nicht, ja sie bestehen nicht einmal aus einem Metall, sondern sind aus einer bescheidenen weißen Thon- oder Porzellanmasse gepreßt und gebrannt. Der Arbeiter drückt diese Kopien in die weiche Glasmasse ein und überfängt sie mit einer Lage Glas. Ist das letztere farblos, so erhält man den Effekt einer Silbermünze; eine Goldmünze dagegen erscheint, wenn gelbes Überfangglas genommen wird. Woher kommt aber unter diesen Umständen der Metallglanz? Hierauf gibt die Physik folgende Antwort: Die gläserne Decke hat sich mit dem unterliegenden Abdruck nicht innig vereinigt, sondern berührt nur eben die hervorragenden Spitzen der Fläche. Hiernach befindet sich zwischen beiden Körpern eine sehr dünne Luftschicht, welche eine totale Reflexion des Lichtes, eine vollständige Spiegelung hervorbringt, wie wir sie für gewöhnlich nur an Metallen sehen und über deren Wesen wir uns im II. Bande dieses Werkes unterrichtet haben. Ein Tautropfen, der auf einem rauhhaarigen Blatte sitzt, glänzt wie Silber, und diese Erscheinung hat nicht nur denselben Erklärungsgrund wie die vorige, sondern sie gerade war es auch, welche den Erfinder in Böhmen auf die Idee der Inkrustation brachte. So läßt sich durch scharfes Beobachten und Nachdenken auch den alltäglichsten Dingen, wenn man sie mit richtigem Verständnis aufzufassen vermag, eine interessante Nutzanwendung abgewinnen.

Kunstbläserei. Sehr viele der feineren Kunstarbeiten, ja eine ganze Klasse derselben, werden nicht in der Glashütte direkt aus dem Schmelzhafen herausgearbeitet, sondern sie erhalten ihre Form erst in der Hand besonderer Künstler durch Bearbeitung an der Lampe. Man benutzt dazu eine Lötrohrflamme, d. h. die Flamme einer Öl- oder Weingeistlampe, durch welche, gewöhnlich mittels eines doppelten Blasebalgs, ein feiner Strom von Luft oder Sauerstoffgas so hindurchgeführt wird, daß er dieselbe in horizontaler oder schräg aufwärts gehender Richtung mit sich fortreißt. In dieser Flamme, welche an ihrer Spitze die größte Hitzekraft entwickelt, werden nun die Glasröhren und Stäbchen, wie sie von den

Glashütten kommen, in Glühhitze versetzt und nehmen dadurch eine solche Weichheit an, daß sie sich durch Formen und Blasen in jede beliebige Gestalt bringen lassen. Wer einen Glasbläser von Profession, wie sie sich zuweilen öffentlich zeigen, zum erstenmal arbeiten sah, hat gewiß nicht ohne Erstaunen gesehen, mit welcher Schnelligkeit und scheinbaren Leichtigkeit die weiche Masse, die sich nicht einmal mit den Händen berühren läßt, die mannigfachsten Formen annimmt, wie Hunderte von zierlichen Gegenständen gleichsam aus der Flamme geboren werden. Wenn der Goldarbeiter sein Metall mit dem Hammer austreibt und in untergelegte Formen preßt, so gehört zu der richtigen Vollendung auch viel Kunstfertigkeit. Allein der Glasbläser hat bei weitem subtilere Arbeit zu verrichten, da er ein Material vor sich hat, dessen Weichheit und Dehnbarkeit sich bei jedem Hitzegrad ändert, und als einziges Mittel, es zu formen, die Luftmasse, welche er mit seinem Munde in das Innere preßt. Die Kartesianischen Taucherfiguren, welche wir auf Jahrmärkten in ihren Glasflaschen auf- und niedersteigen sehen, sind aus Glasröhren geblasen. Wo ein Arm herauswachsen soll, oder ein Bein oder ein Horn, wird Glasmasse durch die Stichflamme erweicht und durch die hineingeblasene Luft aufgetrieben. Versieht es der Künstler um ein Haar, daß ein zu großer oder ein zu kleiner Fleck weich wird, oder daß er zu stark oder zu kurz bläst, so erhält er eine Mißfigur, die unrettbar verloren ist.

Fig. 848. Glasbläser an der Lampe.

Aber es sieht alles so leicht aus, und so kam es auch jenem deutschen Grafen vor, der in Italien einem Glasbläser zusah, er meinte, was sich so leicht ansähe, müsse auch er können, er wolle es doch einmal versuchen. Er fing denn auch an zu blasen, aber das erste, was er herausbrachte, war eine birnenförmige Hohlform, ein Fläschchen (fiasco); der zweite Versuch ergab wieder ein solches Fläschchen, der dritte ebenfalls, und so machte er mit steigendem Verdruß noch manches fiasco, und in dieser Art soll, wie manche meinen, die noch heute gebräuchliche Redensart ihren Ursprung haben.

Es ist unmöglich, durch Beschreibung eine Vorstellung von den Handgriffen und Behelfen zu geben, welche der Glasbläser anwendet, und wir würden auf diesen Gegenstand auch nicht so viel Worte gewendet haben, als geschehen, wenn nur jene Spielereien von Blumen, Vögeln, seidenglänzenden Fäden u. dgl. auf diesem Wege hervorgebracht würden. Allein alle die für die physikalischen und chemischen Wissenschaften geradezu unersetzlichen Apparate, bei denen das Glas in einer andern Form als in Linsen oder Prismen oder Platten erscheint, alle diejenigen, wo Röhren oder Kugeln oder trichterförmige Hohlformen vorkommen, sind an der Lampe geblasen worden, und die Mannigfaltigkeit ihrer Verwendung macht es jedem Physiker und jedem Chemiker zur Notwendigkeit, sich einige Fertigkeit wenigstens in der feineren Glasbläserei anzueignen. Durch Ausziehen wird eine glühend gemachte Stelle der Röhre länger oder dünner, durch Einblasen von Luft schwillt sie zu einer Wulst oder Kugel auf. Schiebt oder staucht man eine Stelle vorher zusammen, so daß mehr Masse dort angehäuft wird, so kann man nun eine größere Kugel anblasen. Kurz, das spröde Glas fügt sich vor der Lampe jedem Hauche. Fig. 348 zeigt einen Glasbläser bei der Arbeit und um ihn herum eine Anzahl jener Apparate, deren Verwendung dem Laien zwar unbegreiflich ist, die aber dennoch viel einfacher und unendlich wichtiger sind, als vordem die phantastischen Gläser, Destillier- und Schmelzgefäße der Alchimisten. Viele der antiken, namentlich der kunstreichen römischen, ebenso die charakteristischen Venezianer Gläser und die nach ihrem Vorbild in Deutschland oder den Niederlanden gefertigten, sind ebenfalls vor der Lampe entstanden. Überhaupt wird diese Technik früher, wo die arbeitsteilende Fabrikthätigkeit noch nicht in das Gewerbe gedrungen war, eine viel allgemeinere gewesen sein als in unsrer Zeit, in der die Massenproduktion andre Verfahren herangebildet hat.

Wenn man ein Klümpchen Glas zu einer recht dünnen Kugel aufbläst und diese schließlich durch einen kräftigen Luftstoß zersprengt, so flattern die Bruchstücke als zarte Häutchen in der Luft umher und zeigen ein schönes Spiel von Regenbogenfarben. Es ist dies ganz dieselbe Erscheinung der Farbenzerstreuung, wie sie bei den Seifenblasen auftritt; um sie hervorzubringen, muß ein zartes Häutchen vorhanden sein, das eine gewisse Dicke nicht übersteigt, und diese Dicke darf nicht durchweg eine ganz gleichmäßige sein. Daher spielt die Seifenblase nur so lange in Farben, als das Aufblasen dauert und ihre Größe sich ändert. Sobald sich die Dicke der Wandung überall ausgeglichen hat, verschwinden auch ihre Farben. Bei der Glasblase dagegen hindert die schnelle Abkühlung eine solche Ausgleichung, und das Farbenspiel bleibt auf den Flittern dauernd. Man suchte nun früher die schönsten hiervon aus und klebte sie auf Tapeten, die dadurch freilich ziemlich teuer wurden, aber ein sehr brillantes Ansehen erhielten.

Hartglas. Die leichte Zerbrechlichkeit des Glases ist immer als eine Eigenschaft aufgefaßt worden, die, mit der Natur unsres Stoffes eng verknüpft, sich schwerlich von ihm trennen lassen möchte — Glück und Glas! Aber die Erzählung von dem erfinderischen Römer, den der Kaiser umbringen ließ, weil er das Glas unzerbrechlich zu machen gelernt hatte, beweist doch den hohen Wert, den man darauf legte, dem Glase größere Festigkeit zu geben. Seit dem römischen Altertume ist etwas Ähnliches erst in unsern Tagen gelungen, und zwar im Jahre 1874 dem Franzosen de la Bastie. Derselbe fand, daß Glas, welches, nachdem es durch Blasen oder Pressen oder sonstwie seine fertige Gestalt erhalten, wieder bis zum angehenden Erweichen erhitzt und darauf rasch und gleichmäßig abgekühlt worden war, eine große Härte zeigte und eine Festigkeit, welche den gewöhnlichen Einflüssen gegenüber fast Unzerbrechlichkeit genannt werden konnte. Er bildete sein Verfahren weiter aus und machte es, nachdem er sich durch Patente genügend geschützt glaubte, bekannt. Die Sache machte enormes Aufsehen, denn es bestätigte sich in der That, daß ein nach der de la Bastieschen Methode behandeltes Trinkglas z. B., ohne zu zerbrechen, mit großer Kraft gegen die Wand oder auf den Boden geschleudert werden konnte, daß dünne Glasscheiben den Fall schwerer Körper aus ziemlicher Höhe ohne Beschädigung aushielten, während gewöhnliche Scheiben von viel größerer Dicke bei viel geringeren Stößen schon zersprangen. Plötzlichen Temperaturveränderungen gegenüber blieb das neue Glas ebenso unempfindlich, und selbst der Diamant hatte fast sein Übergewicht verloren. Man sah einen großen Umschwung in der Verwendung des Glases vor sich. Bis jetzt ist derselbe zwar noch nicht eingetreten, allein damit ist auch auf der andern Seite noch nicht gesagt, daß von den anfänglich vielfach übertriebenen Hoffnungen sich dennoch nicht noch sehr wichtige realisieren können. Die Voruntersuchungen können noch nicht als abgeschlossen gelten; manche Übelstände, die sich bei näherer Bekanntschaft herausstellten, werden sich beseitigen, Schwierigkeiten in manchen Punkten der Ausführung werden sich umgehen lassen. Vor der Hand stehen, wie es scheint, der allgemeinen Einführung in der Praxis noch gewisse unerquickliche Patentstreitigkeiten entgegen, hervorgerufen durch Nacherfinder und Verbesserer, die sich zu jeder Zeit gern mit an den gedeckten Tisch gesetzt haben.

Das ursprüngliche Verfahren de la Basties besteht also darin, die zu härtenden Gegenstände so weit wieder gleichmäßig zu erhitzen, daß sie in ihrer Masse zu erweichen beginnen, ohne jedoch die Form zu verlieren, und sie sodann in ein Bad von Öl oder geschmolzenem Fett zu tauchen, welches selbst auf eine ziemlich hohe Temperatur (200—300°) gebracht worden ist. In diesem Bade verbleiben sie längere Zeit, langsam damit abkühlend, so daß in der Glasmasse eine Umlagerung der kleinsten Teilchen ganz allmählich sich vollziehen kann. Je höher das Glas erhitzt werden kann, ohne daß es schmilzt, je größer also die Temperaturdifferenz bei der Abkühlung ist und je rascher die letztere erfolgt, um so härter fällt in der Regel das Glas aus. Bedingung ist immer, daß durch das Wiedererhitzen die Masse geschmeidig genug geworden ist. Je nach der Natur des Glases muß übrigens auch das Bad verschieden sein: bei einer gewissen Temperatur springt das Glas, bei einer andern wird es zwar hart, aber nur bei einem bestimmten Grade erreicht es das Maximum der Härte; diese Umstände sind durch Versuche auszuprobieren. Als Abkühlungsflüssigkeiten benutzt der Erfinder, wie gesagt, Öl oder geschmolzenes Fett, das aber ganz wasserfrei sein muß, auch Gemische von Fett und Glycerin oder reines Glycerin sind anwendbar; wässerige Lösungen dagegen bewirken fast immer ein Zerspringen des Glases. Diese Flüssigkeiten befinden sich in Kübeln, welche auf Rollen stehen; im Innern enthalten sie ein weitmaschiges Drahtnetz, welches die eingetauchten Gegenstände aufnimmt. Das Bad muß durchgehends, auch an allen Punkten der Oberfläche, die gleiche Temperatur haben. Die Glasgegenstände werden aus dem Anwärmeofen mittels des Hefteisens herausgenommen, und wenn sie gut gleichmäßig erhitzt sind (erforderlichenfalls stellenweise abgekühlt und nochmals in den Ofen zurückgegeben), rasch in das unmittelbar vor der Ofenmündung befindliche Bad eingetaucht, durch einen leichten Schlag von dem Hefteisen losgelöst und in das Netz fallen gelassen. In dem Härtebade müssen die Gläser langsam abkühlen; der Kübel wird daher, wenn das Netz gefüllt ist, in eine Kammer gefahren, deren Temperatur auf 40—44° gehalten wird, und bleibt hier, bis er dieselbe ebenfalls angenommen hat, dann werden die Gegenstände herausgenommen, abgewischt und in warmer Ätznatronlauge von dem Reste des anhängenden Fettes befreit. Anstatt geschmolzenen Fettes hat man als Härteflüssigkeit auch geschmolzene Metalle vorgeschlagen, weil jene, außer daß sie durch die glühenden Glaskörper teilweise zersetzt werden, auch sich leicht entzünden; allein es steht den Metallbädern, die allerdings von den angeführten Übelständen frei sind, ihr hohes spezifisches Gewicht entgegen, deswegen hat Pieper überhitzten Wasserdampf an Stelle der Fettbäder angewandt, noch andre wenden pulverförmige Substanzen, also feste Körper zu gleichem Zwecke an.

Gläser, welche ungleich dicke Stellen haben, härten sich auch nicht gleichmäßig; ebenso sind Hohlgefäße mit enger Öffnung, Wasserflaschen u. dergl. schwierig zu behandeln, weil die Flüssigkeit des Bades nicht schnell genug in das Innere dringen kann und die Abkühlung deswegen eine ungleichmäßige wird. Man hat zwar zur Umgehung dieses Übelstandes mancherlei Auswege versucht, allein der Erfolg ist dennoch ein ungewisser. Angesetzte Stücke, Henkel u. s. w., springen an den Zusammenfügungen im Härtebade gewöhnlich ab; der Abgang an Bruch ist auch bei andern Sachen nicht ganz unbedeutend. Wird die Anwärmung nicht ganz vorsichtig betrieben, so erhält die Oberfläche leicht ein unklares, welliges Aussehen; das Härten von Spiegelscheiben, welche vorher geschliffen und poliert werden müßten, würde also unvorteilhaft sein, solange es nicht gelänge, diese ungünstigen Einwirkungen zu beseitigen. Das wird vielleicht auch möglich werden, schwerer aber dürfte es gelingen, einem andern Umstande beizukommen, der nicht weniger den Wert des Hartglases vermindert.

Wie fest nämlich die nach den gebräuchlichen Verfahren gehärteten Gläser sich auch erweisen mögen, so zerspringen sie mitunter von selbst, scheinbar ohne die geringste äußere Veranlassung, und dabei zerfallen sie, wie überhaupt, wenn sie zerbrochen werden, in eine Unzahl kleiner Splitter, förmlich zu Mehl, das dabei weit umhergeschleudert wird. Jedenfalls sind die durch die plötzliche Abkühlung bewirkten gewaltsamen Änderungen der Spannungsverhältnisse der Masse die Ursache davon, die sich aber dann auch nicht aus der Welt schaffen läßt. Die Oberfläche des gehärteten Glases ist auf das äußerste abgeschreckt und kontrahiert worden, während das Innere diesem Zwange nicht in dem Maße unterlag und in seiner Dichtigkeit alteriert wurde: die Oberfläche ist gewissermaßen zu eng geworden für den Kern, der endlich die Schale sprengt, wenn der geringste Faktor das höchst prekäre Gleichgewicht stört. In dieser Beziehung verhält sich das Hartglas ganz ähnlich wie die bekannten Glasthränen, geschmolzene Glastropfen, die man in kaltes Wasser hat fallen lassen und die, obwohl für sich sehr hart und fest, doch sofort zu Staub zerfallen, wenn die feine Spitze abgebrochen wird, zu der sich die Glaskugel beim Abtropfen ausgezogen hat, oder wie die Bologneser Flaschen, die, mit ihrer dicken Wandung auf ähnliche Art hergestellt, die heftigsten Schläge aushalten, aber gleich zerspringen, wenn ihre Oberfläche auch nur durch ein hineinfallendes Sandkörnchen geritzt wird.

Aus alledem geht hervor, daß für kostbare Gegenstände der Härteprozeß in seiner jetzigen Ausbildung noch nicht sehr empfehlenswert erscheint; dagegen wird er vielleicht von Wichtigkeit für manche wirtschaftlichen Zwecke, für welche das Glas eben seiner Zerbrechlichkeit wegen noch nicht diejenige ausgedehnte Verwendung gefunden hat, die dessen sonstige Eigenschaften wünschenswert erscheinen lassen.

Fig. 349. Geschliffene Gläser von der Londoner Ausstellung 1862.

So versprach man sich eine Zeitlang viel von der Einführung des Hartglases für Küchengeschirre und ähnliche Zwecke, wo es an die Stelle der Thonwaren treten sollte, in England hat man sogar Versuche mit nach dem Clemensschen Verfahren hergestellten Eisenbahnschwellen gemacht — ein wirklich bedeutender Erfolg ist indessen noch nicht erreicht worden. Küchengeschirre, wenigstens solche, die zeitweilig erhitzt werden, würden sich aus Hartglas gar nicht herstellen lassen oder doch die Eigenschaft desselben nicht behalten, da Hartglas, wenn es wieder erhitzt und langsam abgekühlt wird, sich auch wieder enthärtet und die Eigenschaften von gewöhnlichem Glase wieder annimmt. Einstweilen wissen wir Siemens in Dresden mit dem Hartglasproblem eifrig beschäftigt.

Weitere Bearbeitung und Verzierung des Glases. In vielen Fällen sind die Glaswaren, wie sie aus der Glashütte gelangen, ihren Zwecken schon entsprechend, in andern werden sie erst dahin geführt durch eine weitere Behandlung vor der Lampe, durch Bemalen, Emaillieren, Aufschmelzen von Perlen, nachgeahmten Edelsteinen u. s. w. Über die angeführten Dekorationsmethoden brauchen wir uns nicht weiter auszulassen. Das Emaillieren fällt in vielen Punkten mit der Porzellanmalerei zusammen, nur daß man zur Verdickung der Farben einen leichtflüssigen, zinnbleihaltigen Satz anwendet, der, die Farben zugleich deckend, undurchsichtig macht und ihnen Körper gibt, so daß sie sich plastisch über die Glasfläche hervorheben. Das Einbrennen der Farben geschieht wie das des Goldes in Muffeln. Durch eine besondere Behandlung ist es auch möglich, den Gläsern oberflächlich den schillernden Farbenreiz der Seifenblasen zu geben, ein Irisieren auf klarem Glase hervorzubringen, welches die Zeit an blindgewordenen Fensterscheiben wider unsern Willen bewirkt und das wir in wunderschöner Erscheinung an den antiken römischen Glasgefäßen beobachten können, die mitunter an alten Begräbnisstätten ausgegraben werden.

Die irisierenden Gläser, auf künstliche Weise erzeugt, erschienen zuerst auf der Wiener Weltausstellung 1873 von J. G. Zahn in Zlatno in der ungarischen Abteilung. Die Erfindung datiert schon aus der ersten Hälfte der sechziger Jahre und rührt von dem ungarischen Chemiker Pantoffek in Zlatno her, der sein Verfahren geheim hielt; in ungleich schönerer Ausführung aber stellte sie Lobmeyr im Jahre 1876 in München aus; seitdem haben viele das Verfahren sich zu eigen gemacht, die Lobmeyrschen Perlmuttergläser, wie sie in der Geschäftssprache genannt werden, sind jedoch von allen bei weitem die schönsten.

Fig. 350. Englische Glaswaren von der Pariser Ausstellung 1867.

Wie das Irisieren erzeugt wird, ist Geheimnis der einzelnen Fabriken, es scheint aber, daß es durch einen feinen und wahrscheinlich metallischen Anflug bewirkt wird, der auf dem Glase niedergeschlagen wird, nachdem das Glas seine Form erhalten hat, und der dadurch hervorgebracht wird, daß die Gegenstände, wenn sie fertig sind, in glühendem Zustande noch in eine Atmosphäre metallischer Dämpfe gebracht werden, so daß der darauf sich absetzende Niederschlag sich förmlich einbrennt. Die so behandelten Gläser, welche nach dem Erkalten in den schönsten Farben spielen, lassen sich weiterhin noch dekorieren, wie es an den Lobmeyrschen in sehr schöner Art durch Vergoldung und weiße Emaillierung geschehen war.

Eine andre originelle Art der Verzierung, welche ebenfalls erst ganz neuerdings aufgekommen ist, bedient sich der Galvanoplastik. Bringt man nämlich ein Glas, auf welches mit Glanzgold Verzierungen aufgemalt und eingebrannt worden sind, in einen galvanoplastischen Apparat, so schlägt sich an allen von Gold bedeckten Stellen Kupfer nieder, während das Glas selbst als Nichtleiter des Stromes frei bleibt. Das Kupfer kann man zu einer mehrere Millimeter dicken Schicht anwachsen lassen, es haftet fest an der Unterlage und ist so weich, daß es sich sehr leicht ziselieren und gravieren läßt. Man kann also die

Umrisse des metallischen Ornaments genau abstechen, dieses selbst noch ausarbeiten, besonders wenn es in sich zusammenhängend rund um das Glas laufend gewissermaßen ein Netz bildet, das sich nicht loslösen kann, ohne zu zerreißen, und schließlich ebenfalls galvanisch das Metall vergolden. Namentlich ist diese Art der Verzierung auf emaillierten Gläsern zur Hebung der Konturen, ähnlich wie beim cloisonnée, von schöner Wirkung.

Das Glas wird endlich nicht nur auf Grund seiner Schmelzbarkeit, also mit Hilfe des Feuers, behandelt, sondern es erfährt auch allerhand mechanische Bearbeitung, wozu Stahl und Diamant, Schleifsteine und ätzende Säuren helfen müssen.

Das Glas hat in der Kälte eine ziemliche Härte, es wird aber doch von hartem Stahl, manchen Edelsteinen, ja schon vom Quarz angegriffen. Der Diamant schneidet in das Glas wie ein spitzes Messer in einen Thonscherben, und er ist deswegen ein wertvoller Körper, um das spröde Material in beabsichtigte Formen zu bringen. Die Glaserdiamanten müssen derart gefaßt sein, daß zwei zusammenstoßende natürliche Kristallflächen die schneidende Kante bilden. Ihre sichere Führung gelingt erst nach mehrfacher Übung und wird noch schwieriger, wenn es sich nicht um gerade Schnitte, sondern um krummlinige Figuren handelt, die ohne Lineal nach einem aufgelegten Muster herzustellen sind. Runde Scheiben lassen sich dagegen leicht herstellen, indem man den Diamant in einen Zirkel einsetzt oder die Scheibe in eine Drehbank spannt und den Diamant dagegen hält. Rauhe Ränder an Glasstücken lassen sich an gewöhnlichen Schleifsteinen abschleifen. Häufig wendet man zum Trennen eines Glaskörpers in mehrere Teile das Sprengen an, wofür es verschiedene Methoden gibt. Gläserne Stäbe und Röhren lassen sich an bestimmter Stelle durchbrechen, wenn man vorher mit einer guten Feile einen entsprechenden tiefen Einschnitt gemacht hat. Andre Methoden beruhen in der Regel auf der ungleichförmigen Ausdehnung und Zusammenziehung durch Erhitzen und Erkälten des Glases an der Stelle, wo es sich trennen soll. Sehr bekannt ist bei cylindrischen Glasgegenständen die Prozedur mit dem umgelegten und angezündeten Schwefelfaden oder auch mit dem Bindfaden, mittels dessen man durch rasches Hin- und Herziehen einen Kreis an dem Glase erhitzt und die erhitzte Stelle dann plötzlich mit kaltem Wasser abschreckt; es schlägt aber freilich auch nicht selten fehl. Zweckmäßiger ist der Sprengring, ein starker, an einem Ende ringförmig gebogener Eisendraht. Man macht dieses Ende glühend und zieht den Ring so zusammen, daß er auf den zu sprengenden Glascylinder genau paßt. Nach etwa einer halben Minute nimmt man ihn weg, berührt die heiße Stelle mit einem nassen Stückchen Holz, und der Sprung erfolgt. Für die meisten Fälle indes ist das sicherste Mittel die Sprengkohle. Sie besteht aus Stäbchen, die aus einem Teige von feingepulverter Buchenkohle und Gummi- oder Harzlösungen nach verschiedenen Rezepten bereitet sind. An einem Ende glühend gemacht, verglimmt ein solches Stäbchen ruhig bis zum andern Ende. Man macht nun an der Stelle des Glases, wo der Sprung anfangen soll, einen Feilstrich, setzt das glimmende Ende auf und wartet, bis sich ein kleiner Sprung gebildet hat. Nun fährt man mit der Kohle auf dem Glase langsam in der vorgezeichneten Richtung nach und führt so den Sprung überallhin, wo man ihn haben will. Die Arbeit fällt bei einiger Übung ganz regelmäßig aus, und man kann auf diese Art ein Trinkglas in einem engen Schraubengange von oben bis unten zerschneiden, oder vielmehr zersprengen, so daß es sich wie eine Spiralfeder strecken läßt. Auch kann man mit solcher Temperaturveränderung den Diamant zusammenwirken lassen, was besonders bei dicken Gläsern am Platze ist, wo der Diamantschnitt einen so kleinen Teil des ganzen Durchmessers trifft, daß das mechanische Durchbrechen unsicher wird. Taucht man ein so angeschnittenes Glas abwechselnd in kaltes und heißes Wasser, so vertieft sich der Schnitt immer mehr, bis endlich die Teile sich trennen.

Um Glas zu durchlöchern, hat man verschiedene Methoden. Kleinere Löcher kann man mit Metallbohrern fast ebenso bequem in Glas wie in Metall machen; aus freier Hand kann man mit einem Grabstichel oder einer zugespitzten dreikantigen Feile Löcher durcharbeiten, sie dann mit der Reibahle erweitern u. s. w. In allen Fällen, wo Glas mit einem scharfen metallenen Instrumente bearbeitet wird, muß die betreffende Stelle zur Verhinderung des Splitterns mit harzigem Terpentinöl feucht gehalten werden. Langsamer, aber sicher und rein, bringt man auch runde Löcher in das Glas durch Einschleifen, zumal auf der Drehbank hervor. Statt des Bohrers dient hier ein umlaufender stumpfer Stift, gewöhnlich von

Kupfer, für größere Löcher eine kleine, aufgekittete Kupferscheibe. Diese Stücke werden mit Schmirgel, der mit Öl angemacht ist, bestrichen und dies im Laufe der Arbeit öfter wiederholt. Wendet man unter gleichen Umständen statt der Scheibe ein ring- und röhrenförmiges Metallstück an, so fällt zuletzt eine ausgeschnittene Scheibe ab. Dies ist auch die Art, wie man aus dickem Glase die Scheiben zu optischen Linsen schneidet.

Seit einigen Jahren hingegen hat man in der Tilghmannschen Sandblasemaschine einen sehr scharfsinnig erdachten Apparat, um beliebig tiefe Gravierungen, ja selbst Durchbohrungen in den dicksten Glasplatten auszuführen. Diese Maschine, eine amerikanische Erfindung, die auf der Wiener Weltausstellung dem europäischen Publikum zuerst vorgeführt wurde, besteht dem Wesentlichen nach aus einem trichterförmigen Gefäß, in dessen engen, nach unten gerichteten Teil das Rohr eines Gebläses mündet; das Gefäß selbst wird mit hartem scharfen Sande etwa zur Hälfte angefüllt, mit der zu durchbohrenden Glasplatte bedeckt und nun das Gebläse kräftig wirken gelassen. Die Gewalt des Windes reißt die Sandkörner auf das heftigste in die Höhe und schleudert sie gegen die Glasplatte, an welcher jeder dieser harten Körperchen wie ein minutiöses Hämmerchen wirkt. Jedes schlägt einen feinen Glassplitter ab, und da die Sandkörner, in den Trichter zurückgefallen und unaufhaltsam immer wieder emporgerissen werden, so wird die Glasplatte an denjenigen Stellen, welche nicht durch einen Leder- oder Kautschuküberzug geschützt sind, angegriffen und nach und nach immer tiefer ausgefressen, bis sie endlich ganz durchbohrt ist. Durch ausgeschnittene Patronen kann man die Wirkung auf einzelne Stellen beschränken und so allerhand Muster hervorbringen, die man beliebig tief ausarbeiten lassen kann, bis zu hauchähnlicher Mattierung, wie man sie sonst nur mittels Ätzens hervorzurufen im stande ist. Zu den Patronen sind aber nur weiche Stoffe verwendbar, welche selbst nicht splittern; so schützen selbst feine Spitzengewebe das dahinter liegende Glas an den bedeckten Stellen.

Das Schleifen des Glases wird ungemein häufig angewendet, sowohl um seine Oberfläche zu ebnen und zu polieren, wie wir schon bei den Spiegelplatten gesehen haben, als auch um Facetten, Kanten, Flächen anzubringen. Weiterhin benutzt man auch eine Art feinere Schleifapparate, um in die Masse des Glases hinein vertiefte Zeichnungen, Verzierungen, Inschriften u. s. w. zu graben.

Die Werkzeuge sind rotierende Schleifkörper, Scheiben, Platten oder Spitzen, welche entweder durch ihre eigne Substanz oder durch aufgestreute Körper das Glas angreifen. Es klingt unglaublich, wenn man erfährt, daß die reizenden Effekte, welche namentlich englische und böhmische Glaswaren in großer Vollendung zeigen, durch nichts weiter hervorgebracht worden sind als durch Andrücken des Glases an die rotierende Schleifscheibe, und daß diese Verzierungen von gewöhnlichen Arbeitern bewirkt werden, bei denen ein gebildeter künstlerischer Sinn durchaus nicht vorauszusetzen ist, die sich auch nur für besonders schwierige Muster einer Vorzeichnung bedienen. Die Schleifapparate werden in Böhmen meist von Wasserkraft in Bewegung gesetzt und die Schleifmühlen liegen gewöhnlich in der Nähe großer Glashütten oder umgeben von Ortschaften, in denen andre Zweige der Glasindustrie, Knopf-, Prismen-, Perlenfabrikation u. s. w., betrieben werden; in England schleift man mit Dampf. Die Schleifbänke sind fast nichts andres als einfache Drehbänke; sie haben eine liegende Spindel, deren freies Ende zum Aufstecken der verschiedenen Schleifscheiben eingerichtet ist.

Die Schleifscheiben sind nach Größe, Form und Material sehr mannigfaltig. Einige bestehen aus hartem Sandstein, haben 12—20 cm Durchmesser und 1—2 cm Dicke. Nebstdem gibt es Scheiben größerer Art aus Eisenblech und ein ganzes Sortiment kleinerer aus stark gehämmertem Kupfer, von Fünfmarkstück- bis zu 20-Pfennigstückgröße und noch weiter herab. Je feiner die Verzierungen werden, wie zu den kleinen vertieften Landschaften, Wappen, Namenszügen u. dergl., desto kleiner werden auch die Scheiben, die dann anstatt von Kupfer auch wohl von Stahl sind und mit Schmirgel oder Diamantstaub arbeiten. Das vertiefte Einarbeiten von Mustern, Zeichnungen, Schrift u. s. w. in die Glasfläche, nennt man zum Unterschiede vom Schleifen, welches mehr auf Facetten u. dergl. bezogen wird, Gravieren. Zu den kunstvolleren Gravierarbeiten helfen übrigens auch noch andre Hilfsmittel, namentlich die Diamantspitze mit. — Auf der Pariser Ausstellung von 1867 war von einer englischen Firma ein gravierter Claret-(Rotwein-)Krug ausgestellt im Preise von 4500 Mark. Wir erwähnen dies, um zu zeigen, welche Sorgfalt und Kunstfertigkeit an dem Werke angewandt sein mußte, dessen Materialwert sich gewiß noch lange nicht auf drei Mark belief.

Die Verschiedenheit der Schleifscheiben bezieht sich nicht allein auf den Durchmesser und die Dicke, sondern hauptsächlich auf die Kante, den eigentlich arbeitenden Teil, dieselbe ist bald flach, bald erhaben oder vertieft gewölbt, bald scharfkantig bis zur Messerschärfe, und der Schleifer hat den Umständen nach zu wählen, was für jeden Fall am besten paßt. Beim Schleifen von größeren oder kleineren Flächen wird zuerst durch das sogenannte Rauhschleifen die überflüssige Substanz weggenommen; dazu dienen denn auch energische Schleifmittel, gewöhnlich ein harter, scharfkörniger Sand; dann folgt das Klarschleifen, welches die Oberfläche glättet, und endlich das Polieren mittels Scheiben aus Zinn, Kork, Holz, letzteres zuweilen mit Filz überzogen. Das Schleifen von Facetten an Prismen, Leuchterbehängen, Perlen u. s. w. ist sehr einfach; bei besonders genauen Arbeiten kann es auf ähnliche Weise ausgeführt werden, wie das Schleifen der Edelsteine, das wir an andrer Stelle besprachen. In der Regel aber wird auf die Herstellung der Produkte eine viel geringere Sorgfalt verwendet. Trotzdem zeigen dieselben jedoch häufig eine fast mathematische Regelmäßigkeit, denn die unausgesetzte Übung derselben Handgriffe läßt schließlich den Schleifer mit der Genauigkeit einer Maschine arbeiten. Die Arbeit eines geschickten Glasschleifers geht sehr flink von statten, und in unglaublich kurzer Zeit stellt er durch bloßes Anlegen eines Gefäßes an das umlaufende Scheibchen und durch entsprechendes Drehen und Wenden die geschmackvollsten Verzierungen her. Bei den kunstvollen Gravierungen jedoch, wie sie an den Prachtstücken der Ausstellungen zu bewundern sind, treten zu diesen Hilfsmitteln noch die subtileren Verfahren, die der Graveur und Steinschneider benutzt.

Die Herstellung von hellen Mustern auf gewissen farbigen Gläsern, die durch Überfang hergestellt sind, geschieht dadurch, daß die obere farbige Schicht an den betreffenden Stellen durch die Schleifscheibe beseitigt wird. Wenn die Gegenstände rund sind, so kann dieser Effekt schon durch das Auflegen auf eine flache Scheibe hervorgebracht werden, welche die Rundung zu einer ebenen Fläche abschleift; wo dies nicht genügt, müssen die kleinen Schleifscheiben angewandt werden, welche mit ihren Kanten die Vertiefungen ausarbeiten. Das Schleifen optischer Gläser ist ein ganz eigentümliches Verfahren. Da dasselbe aber die Beachtung ganz besonderer Umstände und Gesetze erfordert, stets nur von Optikern und vom eigentlichen Glashüttenbetriebe getrennt ausgeführt wird, so können wir an dieser Stelle seine Beschreibung umgehen und auf das verweisen, was wir darüber im II. Bande dieses Werkes gesagt haben.

Ein besonderes Hilfsmittel der Verzierung ist das Ätzen des Glases mittels Flußsäure (Fluorwasserstoffsäure). Diese Säure hat die Eigentümlichkeit, die Kieselsäure des Glases aufzulösen, und kann, wie die Salpetersäure zu Zwecken der Kupferstecherkunst, angewendet werden, um Vertiefungen von der Oberfläche in die Masse des Glases hineinzufressen. Man gewinnt die gasförmige Flußsäure, indem man feingepulverten Flußspat mit konzentrierter Schwefelsäure anrührt, das Gemenge destilliert und die frei werdende Säure an das zu ätzende Glas treten läßt; für viele Zwecke kann man den Flußspatbrei auch ohne weiteres auf die zu ätzende Glasfläche auftragen. Wo die Flußsäure zur Wirkung kommt, wird die blanke Oberfläche des Glases matt und endlich vertieft; will man daher Muster auf Gläser ätzen, so überzieht man diejenigen Stellen, welche nicht angegriffen werden sollen, mit einem schützenden Firnis von Terpentin und Wachs oder dergleichen und ätzt dann entweder in einem geschlossenen Raume mit den Dämpfen oder mittels der aufgelegten Mischung. Im ersten Falle haben die geätzten Stellen eine gewisse Rauheit und erscheinen daher matt, wie rauh geschliffenes Glas, im andern Falle durchsichtig.

Diese verschiedenen Veredelungsmethoden machen dasjenige aus, was man das Raffinieren des Rohglases nennt. Die große Verschiedenheit, welche in den dabei zur Anwendung kommenden Verfahren besteht, bringt es mit sich, daß jedes derselben von eignen Arbeitern betrieben wird, welche häufig zu wahren Künstlern werden. Denn wenn auch das Glas bei uns so massenhaft erzeugt wird, daß es zu fabelhaft billigen Verbrauchsartikeln Verwendung finden kann, so bleibt es doch anderseits immer ein Material, wie es für manche Kunstrichtungen schöner und edler nicht gefunden werden kann.

Die Glasindustrie scheidet sich solchergestalt in zwei Zweige, deren einer sich mit der Erzeugung des Rohglases befaßt, der andre dasselbe zu den mehr oder minder verfeinerten Gegenständen, wie sie der Handel verlangt, umwandelt. Der erstere muß auf den Glashütten betrieben werden; er erzeugt übrigens auch schon direkt verkäufliche Verbrauchsgegenstände, wie Flaschen, Trinkgläser, Lampencylinder u. s. w.; der letztere, die Glasraffinerie, kann mit der Glashütte vereinigt sein, wie es z. B. auf der Josephinenhütte in Schlesien der Fall ist, in vielen Fällen aber wird sie davon getrennt als Hausindustrie ausgeübt, und da vollständige Arbeitsteilung ihr zu Grunde liegt, so hat derselbe Gegenstand auch oft viele Werkstätten durchlaufen, ehe er seine endgültige Form erhalten hat.

Fig. 351. Schleifen und Polieren des Kristallglases.

Während also einzelne Glashütten sich nur mit der Erzeugung von Tafelglas oder von Spiegeln oder von Hohlglas befassen, einzelne ihren ganzen Betrieb auf die Fabrikation von Flaschen, andre auf die Herstellung optischer Gläser eingerichtet haben, gibt es daneben wieder Fabriken, welche sich das Raffinieren oder Feinen des Glases zur Hauptaufgabe gemacht haben. Die Fabrikation wird hier zur Kunstindustrie und die Behandlung, welche das Material zu erfahren hat, tritt vor diesem selbst in den Vordergrund.

Die letzten Jahrzehnte haben dank der Anregungen, die seit der ersten Weltausstellung 1851 sich Beachtung verschafft haben, in dieser Beziehung wesentliche Fortschritte erkennen lassen. Die internationalen Ausstellungen haben immer Besseres gebracht. Glänzt Frankreich mit seinen Spiegeln von St. Gobain, seinen Kronleuchtern und Kristallgläsern und farbigen, namentlich mit seinen reich bemalten opalen Gläsern, die freilich mehr porzellanartig sind, als wir vom Glase fordern, von Baccarat, England mit seiner brillanten geschliffenen Bleikristallmasse, seinen gepreßten Gläsern und der vollendeten Technik in bezug auf Ätzen und Gravieren; führt Italien seine Nachahmungen altvenezianischer Gläser ins Feld — so ist Deutschland in allem diesen nicht zurückstehend, in mehrerem aber überlegen, in einzelnem unerreicht. In bezug auf Kunstgläser sind es namentlich zwei Fabriken bei uns, welche wir obenan stellen: die gräflich Schaffgotschsche Josephinenhütte in Schlesien mit ihren bunten und emaillierten Gläsern, welche meist nach französischen Glassätzen geschmolzen, auch sonst in modernem Stile gearbeitet sind und mit denen sie den Erzeugnissen von Baccarat u. a. siegreiche Konkurrenz macht; dann Lobmeyr in Wien, der die Veredelung des böhmischen Kristallglases und Farbenglases verfolgt.

Fig. 352. Punschbowle und Gläser, entworfen von Prof. Seuberl, ausgeführt von Ritter & Comp. in Eßlingen.

Auf der im schlesischen Riesengebirge bei Schreiberhau gelegenen Josephinenhütte sind drei Öfen in stetigem, der vierte abwechselnd im Betriebe, 160—180 Hüttenarbeiter sind mit den nötigen Vorarbeiten und der Erzeugung des Rohglases beschäftigt, das von 350 bis 400 Raffineuren, unter denen sich gegen 100 Maler befinden, fertig gemacht wird. Es ist dies ein wohlgeleitetes, in sich abgeschlossenes Fabriksunternehmen.

Lobmeyr in Wien dagegen ist Glasraffineur. Durch seinen Verkehr mit den dortigen Künstlern allerersten Ranges, wie Hansen, Schmidt, Storck, Eisenmenger u. a., welche er für seine Bestrebungen zu interessieren wußte und die ihm manche Zeichnungen liefern, durch den fördernden Einfluß des österreichischen Kunstgewerbemuseums, durch sein eignes Zeichentalent, und, was nicht minder maßgebend war, durch die innige Verbindung mit den auf kunstindustriellem Gebiete bedeutendsten böhmischen Fabriken von Meyr Neffe in Adolf waren die wesentlichen Bedingungen für die günstigen Ergebnisse vereint, mit denen er auf allen Ausstellungen sich in die erste Reihe gestellt hat.

Nach den in Wien entworfenen Formen und Dekorationen läßt Lobmeyr unter steter Kontrolle die Waren von Meyrs Neffe entweder völlig ausfertigen oder dieselben sich unvollendet liefern, um sie von seinen eignen Arbeitern in der Gegend von Hayda und Steinschönau vollends raffinieren zu lassen. Einzelne Prachtstücke, namentlich solche mit Bronzen oder Silberfassungen u. dergl., erfahren ihre Vollendung erst in Wien. Wer die Ausstellung von 1873 in jener Stadt besucht hat, wird sich der bewundernswürdigen Kollektion von Kronleuchtern und Ziergläsern erinnern, die das Haus Lobmeyr in der ersten Abteilung der österreichischen Galerie aufgestellt hatte, das Kaiserservice nach Entwürfen von Storck, unvergleichlich schön in Erfindung und Ausführung, die farbigen Gläser mit ihrer reichen Dekorierung in Gold oder Email und selbst in den einfacheren Gebrauchsgläsern ein edler Formensinn, wie er nur in den besten Zeiten allgemeiner gewesen ist.

Fig. 353. Gläser von L. und J. Lobmeyr in Wien.

Lobmeyr schlug damit in Wien alle Rivalen aus dem Felde, obwohl ihm Österreich selbst wackere Kämpen in der gräflich Harrachschen Fabrik in Neuwelt, J. Schreiber & Neffen, S. Reich & Comp. in Wien u. a. entgegenstellte. In München waren es neben den Perlmutter- und Opalgläsern ganz besonders die gravierten Kristallarbeiten, welche durch ihre eminente Technik zum Staunen hinrissen, die Kristallkünstler am Hofe Rudolfs II.

haben in Bergkristall kaum schönere Gravierarbeiten hervorgebracht; ein Tafelaufsatz, den Lobmeyr der Stadt Wien geschenkt, reich dekoriert durch Gravierung und alle Hilfsmittel der Emaillier- und Goldschmiedekunst, stellt sich den besten Arbeiten der Renaissance würdig an die Seite.

Daß derartige Werke hervorgebracht werden, wirft, auch wenn sie noch vereinzelt auftreten, ein schönes Licht auf die gesamte Technik, denn nur wo gute Kräfte wirklich vorhanden sind, lassen sie sich auch zu solchen Zwecken vereinigen.

Die kunstgewerbliche Richtung ist aber diejenige, welche die Glasindustrie ganz besonders zu pflegen hat. Das schöne Material und seine Eigenschaft, sich auf ganz verschiedene Weisen bearbeiten zu lassen, fordern zu künstlerischer Gestaltung heraus, wie bei keinem andern Stoffe, freilich muß die Sache ernst genommen werden.

Die übertriebenen, zweckwidrigen Formen, die wir so häufig an den Glaswaren zu bemerken haben, die sinnlose, dem Materiale unangemessene Behandlungsweise, die sich besonders auch auf die Dekoration bezieht, das geschmacklose Gikelgakel dieser letzteren selber, wie sie namentlich bei dem zu Ziergefäßen vielfach verwendeten Alabasterglase sich eingenistet hat, dürfen unbeklagt verschwinden, um einfacheren, stilgerechten Bildungen Platz zu machen. Vorbilder für solche sind in alten Gläsern, von den altrömischen an, zur Genüge enthalten, und die technischen Hilfsmittel sind auf eine so hohe Stufe der Vollkommenheit gebracht, daß Ähnliches zu erreichen eigentlich keine Schwierigkeit finden sollte.

Die ausgebildeten Verkehrsmittel unsrer Tage gestatten die zweckmäßigsten Rohmaterialien von fernher zu beziehen; auf das natürliche Vorkommen an Ort und Stelle sind die Glashütten lange nicht mehr so angewiesen wie früher; die Vervollkommnung der Feuerungsanlagen, besonders die Einführung der Generativfeuerung, bessere Konstruktion der Glashäfen hat die Erzielung einer gleichmäßig reinen Glasmasse von allen Zufälligkeiten befreit, sie billiger und für jede Quantität ausführbar gemacht; die chemischen Wissenschaften haben nicht minder durch neue Erfindungen zu neuen Verfahren geführt, für andre die richtigen Erklärungen und damit Fingerzeige gegeben, die unter allen Umständen den Erfolg zu sichern geeignet sind. In dem Baryt, dem Didym, dem Thallium sind wichtige Stoffe gefunden worden, deren Anwendung der Glasmasse wertvolle Eigenschaften gibt; das Härten des Glases endlich bezeichnet einen gänzlich neuen Prozeß, dessen Tragweite für die Glasindustrie zur Zeit noch gar nicht abzusehen ist.

Ist solchergestalt die Produktion des Glases wesentlich erleichtert worden, so ist anderseits damit eine erweiterte Verwendung Hand in Hand gegangen. Allein der Verbrauch an Spiegelscheiben hat sich z. B. in den letzten fünfzehn Jahren gegen früher um das Vielfache vermehrt — man braucht nicht mehr in die Hauptstraßen großer Städte zu gehen, um deren Verwendung zu Auslagefenstern zu sehen. Dieser schöne Luxus erstreckt sich auch auf die mittleren Kreise, und selbst in der Baukunst, zu Fensterscheiben, findet das Spiegelglas jetzt einen ebenso reichlichen als schönen Verbrauch. Als Hohlglas sehen wir das schöne Material mehr und mehr zu Gefäßen benutzt, welche früher unvollkommen für viele Zwecke aus Thon gefertigt werden mußten. In der Herstellung von Wasserleitungsröhren und in der Anwendung zu gläsernen Achsenlagern, welche namentlich für Spinnereien als Spindelpfännchen große Vorteile zu versprechen scheinen, hat das Glas sogar mit Erfolg die Stelle des Metalls eingenommen.

Wenn man den Umfang der Glasproduktion überschaut, so fragt man sich unwillkürlich: wo kommt alles das hin, was im Laufe eines einzigen Jahres nur geschmolzen, geblasen, gegossen und gepreßt wird?

Belgien zählte 1873 allein 68 Glasfabrikfirmen mit zusammen 239 Öfen und 1690 Häfen, welche in dem genannten Jahre allein für 50 Millionen Frank Fensterglas, 8 Millionen Frank Kristall- und Hohlglas, 2 Millionen Frank Bouteillenglas und 7 Millionen Frank Spiegelware erzeugten, wovon der größte Teil in das Ausland ging. Die Niederlande bringen nur für $2,_5$ Millionen Frank Glaswaren auf den Markt. England hat (1873) mit Schottland zusammen 232 meist große Glasfabriken, in denen im ganzen 21170 Arbeiter beschäftigt sind; einen großen Teil der erzeugten Glaswaren exportiert es; dagegen führte es auch (1872) 688156 englische Zentner Glaswaren im Werte von 1206668 Pfd. Sterl. ein. Frankreich produziert in 200 Fabriken ungefähr 45 Millionen kg Tafelglas für 22 Millionen Frank, 165 Millionen kg Flaschenglas für 42 Millionen Frank, Hohlglas, Kristall- und kleine Glaswaren für 34 Millionen Frank und 500000 qm Spiegel für $17,_5$ Millionen Frank, im ganzen also für $115,_5$ Millionen Frank; 35200 Arbeiter sind in der französischen Glasindustrie thätig.

Die Ausfuhr betrug 1873 nahe an 50 Mill. Frank, die Einfuhr über 51 Millionen. Die Produktion der Schweiz ist unbedeutend, ebenso wie die von Schweden (1871 für 1784000 Reichsthaler) und Dänemark. In Italien stehen Venedig und Murano obenan, 1867 sollen hier in 172 Tiegeln für mehr als 9 Millionen Lire Glaswaren, unter denen die Perlen eine große Rolle spielen, erzeugt worden sein. Rußland hat eine Glasproduktion, die es, trotz der vielen, aber allerdings meist unbedeutenden Hütten, im ganzen nur etwa auf $6,_5$ Millionen Rubel Warenwert bringt. Österreich ohne Ungarn bringt für 22861458 Gulden (1872) Glaswaren hervor, Ungarn allein für $1,_5$ Millionen Gulden. Deutschland zählt mindestens 350 Glashütten, der Gesamtwert der hier erzeugten Waren dürfte wohl an 80 Millionen Mark betragen.

Wo kommt all das viele Glas hin? Diese Frage beantwortet sich zu unserm Schaden oft in überraschender Weise; eine großartige Beantwortung hat sie gefunden in der Pariser Revolution von 1848, wo im Palais Royal eine derartige Zerstörung stattfand, daß man am 14. Februar 1850 mehr als 25000 kg Glas- und Porzellanscherben verkaufen konnte; was mag erst in den Kämpfen von 1871 gegen die Kommune und in den Demolierungen, welche diese selbst angerichtet, zu Scherben gegangen sein?

Emailgläser, Glasmosaik. Gefärbte Gläser, mehr oder minder undurchsichtig und zum Zwecke der Herstellung der Mosaiken, Perlen und mancherlei Schmelzarbeiten angefertigt, heißen Emaillen. Insbesondere versteht man unter diesem Namen das Material für die Glasmosaiken, welche im Mittelalter in wunderbarer Schönheit namentlich in den byzantinischen Ländern zahlreich entstanden und sich bis auf unsre Zeit oft in unveränderter Frische erhalten haben. Die venezianische Glasindustrie war nicht minder als durch ihre übrigen Erzeugnisse durch die Vollendung ihrer Emaillen berühmt, welche sie weithin zur Ausführung der Gemälde versandte. Rom ließ sich selbst seine Emaillen aus Venedig kommen, bis Papst Sixtus V. das große Etablissement für Herstellung von Mosaiken im Vatikan mit Hilfe des Marcello Provenciali, eines angesehenen venezianischen Künstlers, errichtete. Der Ursprung dieser Kunst scheint venezianisch zu sein, und sie blühte hier schon im 12. Jahrhundert. Die alten Fabrikanlagen verfielen aber, als der Glanz Venedigs überhaupt erblich, und die eigentümliche Kunst war später für ihre alte Geburtsstätte geradezu verloren gegangen. In Rom dagegen und auch in

Fig. 354. Venezianische Glasmosaik.

Rußland wurde sie noch geübt, und zwar nach den alten Überlieferungen, welche von Murano sich herschrieben.

Jetzt werden auch in Murano wieder Emaillen und selbst ausgeführte Mosaiken hergestellt, die sich von den alten nicht nur durch schönere Farben unterscheiden, sondern ganz besonders durch den vorteilhaften Umstand, daß sie als fertige Gemälde transportiert und auf jede Unterlage befestigt werden können, während bei der mittelalterlichen Methode der Künstler nur an Ort und Stelle die Stifte in den Mauerbewurf einsetzen konnte und zur Vollendung größerer Bilder jahrelange Arbeit notwendig wurde.

Salviati, der um die Erneuerung dieser Kunst für Venedig sich große Verdienste erworben hat, liefert dergleichen Mosaikgemälde nach jeder Vorlage und zu Preisen, die im Vergleich mit den früheren Herstellungskosten als ungemein niedrige bezeichnet werden müssen. Die Emaillen bestehen aus denselben Materialien wie das gewöhnliche Glas, aber zu diesen Bestandteilen kommen noch andre, welche der Masse ihre eigentümliche Dichtigkeit, Dauerhaftigkeit und Farbe geben. Die Dauerhaftigkeit, die Widerstandsfähigkeit äußeren, namentlich atmosphärischen Einflüssen gegenüber, ist die hauptsächlichste Eigenschaft, durch welche sich ein gutes Email auszeichnen muß, denn auf ihr beruht gerade der Vorzug, den wir an den Mosaikgemälden gegenüber den Erzeugnissen andrer Arten der Malerei schätzen. Sind die gefärbten Emaillen wie die gewöhnlichen Brenngläser durch Metalloxyde hergestellt, so werden die Gold- und Silberemaillen, welche in den Mosaiken eine sehr bevorzugte Verwendung finden, durch ein ganz abweichendes Verfahren gewonnen.

Auf die Oberfläche eines dichten Glases, wie man es auch zu den gefärbten Emaillen als Grundmasse verwendet, entweder durchsichtig und in irgend einem Tone farbig oder opak, je nachdem man ein transparentes Goldemail erzielen will oder ein undurchsichtiges, wird das feinste Blattgold (oder Silber) aufgelegt und mit der Unterlage durch einen besonderen Schmelzprozeß vereinigt, über das Metall aber noch ein dünnes Glashäutchen verbreitet, welches man nach Belieben färben kann, um dadurch die Nüance des Metalls abzutönen. So einfach die Sache aussieht, so hat sie doch ihre Schwierigkeiten darin, daß die drei Schichten, aus denen ein solches Email besteht, durchaus miteinander zusammenhängen müssen und nirgends die Luft oder Feuchtigkeit Zutritt zu dem dünnen Metallbeleg finden darf, wenn auch nur die allergeringste Dauer beansprucht wird.

In welcher Weise die Emailgläser zu den Glasmosaiken verwandt werden, dies zu besprechen ist hier nur Gegenstand unsrer Betrachtung, soweit es die technische Seite der Sache betrifft. Die großen Mosaikgemälde, die in den byzantinischen Kirchen namentlich oft die Flächen ganzer Wände bedecken, wurden genau nach dem nämlichen Verfahren hergestellt, welches man bei den Mosaiken zu Bijouteriezwecken, bei den römischen und Florentiner Platten, die man als Broschen, Ohrgehänge u. dergl. in Gold gefaßt sieht, in Anwendung findet. Ganz so verfährt man noch heute in der päpstlichen Mosaikfabrik in Rom sowie in der kaiserlichen Anstalt in Petersburg. Es werden aus den einfarbigen Glasflüssen kleine, in der Regel würfelförmige Stückchen hergestellt, die man je nach ihrer Färbung nebeneinander setzt, wie es die Zeichnung des Gemäldes verlangt, und dadurch befestigt, daß man sie in eine frische, zementartige Unterlage einfügt. Je nach der Feinheit der Ausführung richtet sich die Größe der einzelnen Stifte, und es ist selbstverständlich, daß für die Wiedergabe der Gesichter z. B. zahlreichere und deswegen kleinere, in zarteren Nüancen ineinander überlaufende Farbenstifte verwendet werden als für die breiten Flächen der Gewandung. Salviati dagegen erfand eine andre, ungleich schleuniger schaffende Methode, durch welche es ihm und seinen Nachgängern möglich geworden ist, die Mosaik für unsre Baukunst gleichsam wieder zu gewinnen. Diese treffliche Methode besteht darin, daß die Glaswürfel mit ihrer Kehrseite auf Papier gesetzt und festgeklebt, das Papier den Konturen nach zerschnitten und nun die Mosaik in dieser Form an Ort und Stelle gebracht und in den Zement eingedrückt wird. Diese Salviatische Methode, genannt Methode der Umkehrung (alla rovescia), hat es möglich gemacht, das ganze Mosaikbild in der Fabrik fertig zu stellen und es in Kisten verpackt versenden zu können, auch es in gewölbte Flächen, muschelige wie erhabene, einzusetzen, alles für Preise, welche mit unsern für Architekturen verfügbaren Mitteln erschwingbar sind. Salviati hat sich durch diese seine Erfindung ein unsterbliches Verdienst um die architektonische Kunst erworben.

Die Glasmalerei. Die schöne Färbung, welche das Glas anzunehmen vermag, verbunden mit seiner Durchsichtigkeit, lassen so wundervolle Effekte hervorbringen, daß sich die Kunst sehr bald dieser Hilfsmittel für besondere Zwecke bedienen mußte, um so mehr, als die Erzeugnisse des Kunstzweigs, der sich solchergestalt entwickelte, durch ihre Dauerhaftigkeit sich auszeichneten. Die Werke der eigentlichen Glasmalerei sind insofern von allen ähnlichen Kunsterzeugnissen verschieden, als ihre Wirkung auf durchfallendem Lichte beruht und nicht bloß Zeichnung und Farbe, sondern das Substantielle (wenn wir so sagen dürfen) des Lichts zur Geltung kommt.

Als die Gewohnheit aufkam, die Lichtöffnungen der Gebäude mit Glasfenstern zu versehen, mußte auch sehr bald eine künstlerische Behandlung derselben sich ergeben. Denn die Fenster bestanden nicht aus wenigen großen Glasscheiben, sondern sie konnten nur aus verhältnismäßig kleinen Täfelchen zusammengesetzt werden, bei denen, weil sie stets mehr oder weniger gefärbt waren, eine Anordnung nach regelmäßigen mosaikartigen Mustern fast von selbst sich herausbildete. Durch Anwendung gefärbter Gläser ließ sich in diese zunächst geometrischen Muster Abwechselung bringen, durch welche sie den Teppichen, mit denen man die Wände zu behängen pflegte, ähnlich gemacht werden konnten. Solcher Glasmosaikfenster finden wir schon im 5. Jahrhundert unsrer Zeitrechnung Erwähnung gethan. Prudentius, ein lateinischer Dichter, der schon vor 410 gestorben ist, vergleicht die aus farbigen Gläsern zusammengesetzten Fenster der Paulskirche in Rom mit blumenreichen Wiesen. Allein Glasmalerei im wahren Sinne des Wortes kann man diese bunte Musterung nicht nennen; eine freie Zeichnung existiert darin noch nicht. Um diese auf den Glasscheiben anzubringen, mußte man erst gelernt haben, mindestens eine dunkle Farbe auf der Glasscheibe einzubrennen, mit welcher man alle diejenigen feineren Umrisse und Linien ausführen konnte, für welche die unbehilflichen Bleizüge nicht ausreichten, und mit der auch größere farbige Flächen schattiert und abgestuft werden konnten.

Fig. 355. Glasmalerei aus dem 12. Jahrhundert in Neuweiler (Elsaß).

Man hat immer die Priorität dieser Erfindung den Deutschen zuschreiben wollen und die Wiege der Glasmalerei in das Kloster Tegernsee gesetzt, dessen Mönche allerdings sehr kunstreich gewesen sein müssen. Allein ein unwiderleglicher Zeuge existiert dafür nicht; bunte Kirchenfenster, wie es daselbst um das Jahr 1000 gab, werden noch früher in Zürich erwähnt; daß sie aber wirklich bildliche Darstellungen enthalten hätten, ist nirgends gesagt. Mit großer Wahrscheinlichkeit geht dies aber aus der Chronik des Mönchs Richerus für die Fenster der Kirche von Reims hervor, welche 989 gemalt wurden. Möglicherweise würde sich daraus für Deutschland immer noch die Ehre der Erfindung retten lassen, denn der damalige Erzbischof von Reims war ein Deutscher und vordem Domherr in Metz, in Lothringen aber standen die verwandten Künste auf höherer Stufe als in dem benachbarten Frankreich.

Fig. 356.
Gemaltes Glasfenster aus dem 14. Jahrhundert.
Viktring bei Klagenfurt.

Aus dieser Zeit ungefähr stammt auch die erste Schrift, welche der Glasmalerei Erwähnung thut, die des Theophilus Presbyter. In derselben wird das Verfahren, Glasgemälde zusammenzusetzen, beschrieben und auch ein Rezept für Anfertigung des Schwarzlotes gegeben, womit man damals anfing, die Zeichnung anzugeben, Konturen und Schatten zu vertiefen. Es bestand aus Kupferoxyd, grünem und blauem Glas zu gleichen Teilen und auf das feinste miteinander vereinbart, und wurde mit dem Pinsel aufgetragen. Die Anweisung des Theophilus zur Glasmalerei gibt Bucher in seiner „Geschichte der technischen Künste" folgendermaßen: Auf eine mit geschlämmter Kreide geweißte Holztafel übertrug der Künstler zuvörderst genau das Verhältnis des Glasgemäldes oder des Teils eines solchen, den er auszuführen beabsichtigte. Hierauf zeichnete er mit Blei oder Zinn die Umrisse des Bildes sowie die Umrahmung und die Ornamente und zog alles mit roter oder schwarzer Farbe nach; die Schatten schraffierte er so, wie sie auf dem Glase mit Schwarzlot ausgeführt werden sollten. Auf diesem Karton wurde dann jede einzelne Farbe entweder durch diese Farbe selbst oder durch einen Buchstaben bezeichnet. Auf jeden durch die Farbe unterschiedenen Teil der Zeichnung legte der Künstler das entsprechende Glas, zog auf diesem den Umriß mit Kreide nach und schnitt, demselben folgend, das Stück mit einem glühenden Eisen zurecht. (Der Diamant kam als Glasschneider erst im 16. Jahrhundert in Gebrauch.)

In der damaligen Zeit waren Farbenlaborant, Zeichner, Glasmaler und Glaser gewöhnlich zusammen in einer Person vereinigt, der Name vitrarius aber kommt auch dem Glaser allein zu; wo er also gebraucht wird, ist nicht ohne weiteres zu entscheiden, ob darunter ein wirklicher Glasmaler oder nur einer, der das Fassen der Glasscheiben besorgte, gemeint ist. Im 11. Jahrhundert hingegen werden die Angaben über wirkliche Glasmalereien, in unserm Sinne des Wortes, bestimmtere.

Im Augsburger Dom sind Fenster mit figürlichen Darstellungen erhalten, deren Herstellung von einigen in das 11. Jahrhundert gesetzt wird, obwohl dagegen auch anderseits nicht unerhebliche Einwürfe gemacht worden sind. Im ganzen sind in der ersten Zeit die rein ornamentalen Muster noch vorherrschend.

Sehr schöne Fenster dieser Art besitzt ferner das Cistercienserstift Heiligenkreuz bei Wien. Die Abteikirche zu St. Denis besitzt noch jene berühmten Fenster, welche der Abt Suger, der 1152 gestorben ist, für dieselbe anfertigen ließ, und auf deren einem er selbst, zu den Füßen der Jungfrau Maria liegend, dargestellt ist; sie können in bezug auf ihr Alter nicht mehr angezweifelt werden.

Fig. 357. Glasgemälde aus dem Etablissement der Gebrüder Chance in Birmingham (die Sage von Robin Hood).

Deutschland hat aus dem 12. Jahrhundert Glasmalereien in einigen Fenstern des Kölner Doms, im Kloster Heilbronn, Neuweiler im Elsaß u. s. w.; dem 13. Jahrhundert dagegen gehören die Glasmalereien des Prager Doms an. Alle diese Gemälde tragen noch den Stil der romanischen Baukunst, ihre Ornamentik lehnt sich an die Muster der Teppiche, mit denen man vordem die Kirchenfenster zu verhängen pflegte.

Mit der Gotik erhalten im 14. Jahrhundert auch die gemalten Fenster eine architektonischen Charakter, der all den dekorativen Beirat von Fialen, Türmchen, Baldachinen ꝛc. verwendet. Die Palette war eine reichere geworden, namentlich gestattete das rote Überfangglas eine größere Freiheit; außerdem aber lernte man auch andre Schmelzfarben als das Schwarzlot aufbrennen. Wir kennen eine Menge Meister aus dieser Zeit, und von ihnen sind in den Domen und Kirchen von Köln, Straßburg, Metz, Oppenheim, Kremsmünster, Koblenz, Freiburg, Lübeck, Freising, Amberg, Viktring bei Klagenfurt, Marburg u. s. w. wundervolle Werke auf uns gekommen.

Die höchste Ausbildung aber erlangte die Kunst im 15. Jahrhundert, und ihre eigentliche Blütezeit dauert noch bis in das 16. Jahrhundert hinein, solange die Gotik sich einflußreich erhielt. Denn die Renaissance, so befruchtend sie für alle Künste in bezug auf den geistigen Gehalt wurde, stellte sich gerade der Glasmalerei, deren Wesen mit ihrer besonderen Technik stehen und fallen mußte, fast feindlich gegenüber. Dadurch nämlich, daß man gelernt hatte, auf einer Tafel ganz verschiedene Farben nebeneinander einzubrennen oder durch Überfangen und nachheriges Abschleifen die Effekte noch zu vermannigfachen, war man einesteils in den Stand gesetzt worden, figürliche Darstellungen in viel geringerem Umfange und doch von sehr komplizierter Zeichnung auszuführen als früher, wo andersfarbige Partien nur mit Hilfe von Bleiruten aneinander gefügt werden konnten; dann war man auch in den Glashütten dahin gekommen, viel größere Scheiben aus einem Stück herzustellen, und damit war in einer andern Richtung die Verwendung des Bleies unnötig geworden. Mit diesem wachsenden Reichtum an technischen Hilfsmitteln aber verlor sich der eigenartige Stil der Glasmalerei, der auf der Verwendung des in der Masse gefärbten Hüttenglases beruht. Es wurden noch viele Glasmalereien ausgeführt, mehr sogar vielleicht als früher, aber die Kunst geriet dahin, die Ölmalerei nachzuahmen; und dadurch, daß ihr organischer Zusammenhang mit der Architektur durch den neuen Baustil gelockert wurde, der die zahlreichen gotischen Fenster, welche eine Abschwächung des überreichlich einströmenden Lichtes verlangten, in Wandflächen umwandelte, auf denen alle andern Künste ihre Werke ausbreiteten, büßte die Glasmalerei ihre dominierende Stellung unter den dekorativen Künsten ein.

Im 15. Jahrhundert jedoch waren diese Einflüsse noch nicht vorhanden; die Technik der Glasmalerei hatte sich rasch entwickelt; war sie schon vordem nicht mehr ausschließlich in Klöstern gepflegt worden, so bildeten jetzt die Glasmaler eine besondere Zunft, deren Verfassung auf tüchtige Ausbildung gerichtet war. Viele der größeren Kirchen enthalten jetzt noch gemalte Fenster aus dieser Zeit, der Kölner Dom, der Augsburger und der Metzer Dom, die Marienkirche in Lübeck, Salzburg, Münster bei Bingen, München (Frauenkirche), Nürnberg in der Sebalduskirche, Bern im Münster u. a. weisen herrliche Proben auf.

Das kräftig erwachte Gemeingefühl der Bürger, das Regen und Streben in allen Richtungen des Lebens, die damit verbundenen materiellen Erfolge machten die Glasmalereien auch zu einem begünstigten Requisit der Profanbaukunst. Gildenhäuser, Rathäuser, Patrizierwohnungen und Schlösser schmückten sich mit ihren Werken, für welche die bedeutendsten Maler oft die Entwürfe machten, häufig auch Kupferstiche oder Holzschnitte berühmter Meister als Unterlagen dienten.

Diese Kabinettsmalerei, Herstellung von Glasgemälden in kleineren Rahmen, in späterer Zeit auf einer einzigen Scheibe, wurde in der Folge als Wappenmalerei höchst produktiv und blühte bis in das 17. Jahrhundert namentlich in der Schweiz. Die Sitte, Wappenfenster zu stiften, erstreckte sich nicht bloß auf die Kirchen, sondern auch auf öffentliche Gebäude, Zunfthäuser, sogar auf Trinkstuben. Wir kennen eine große Anzahl von Malern, welche vom 15. bis in das 17. Jahrhundert thätig waren. In Nürnberg arbeiteten die Hirschvogel, Brechtel, Grüneberger, Jakob Sprüngli u. s. w. In Straßburg Jakob Vischer und Johann Marggraf, in Wien Jakob Kigele, in der Schweiz Abel Stimmer von

Schaffhausen, Josias Maurer von Zürich, in Bern die Walter, in Basel Rippel, Vischer ꝛc. Aber wie in der Gunst wenigstens, deren sich die Glasmalereien erfreuten, noch die kunstatmende Zeit der Renaissance nachflutete, so schrumpften auch diese Äußerungen wieder zusammen, als die Reformation mit ihren Kämpfen alle geistige Thätigkeit auf das nüchterne Feld verständiger Spekulation überführte. Die Kirchen suchten die Schmucklosigkeit, und die unruhigen Zeitverhältnisse hielten auch von den friedensbedürftigen Wohnungen die Musen entfernt. Die Glasmalerei ging zurück, so daß selbst die Bereitung mancher Farben ganz und gar verloren gehen konnte. Erst zu Ende des vorigen Jahrhunderts wurden wieder Anstrengungen gemacht, die alte Kunst neu zu beleben, und namentlich verdanken wir den rastlosen Bestrebungen von Sigmund Frank, geb. 1770 in Nürnberg, die hauptsächlichsten und aufmunterndsten Erfolge. Sie verschafften ihm auch eine Berufung nach München und eine Anstellung in der königlichen Porzellanmanufaktur (1818). Hier standen ihm alle Mittel zu Gebote, seine Versuche auszuführen, und in kurzer Zeit übertrafen die von Frank erfundenen Gläser an Schönheit selbst die vollendetsten der alten Meister. Nachdem der kunstsinnige König Ludwig den Thron bestiegen, wurde in München eine große Glasmalanstalt errichtet (1826), aus welcher bereits in dem ersten Jahre des Bestehens großartige Werke, namentlich die Fenster für den Regensburger Dom, hervorgingen. Die Kartons zu diesen sowohl wie zu den später ausgeführten für die Aukirche in München, 14 große Fenster für die Kirche zu Kilntown in Kent, für das Schloß Hohenschwangau, für die Isaakskirche in Petersburg, endlich unter vielen andern zu den ausgezeichneten Fenstern für den Kölner Dom, wurden von den bedeutendsten Malern entworfen.

Fig. 358. Glasmalerei aus dem 15. Jahrhundert. Chalons-sur-Marne.

Die unübertreffliche Schönheit der in der Masse gefärbten Glasflüsse, welche man in München namentlich durch Ainmüller herstellen lernte*), gibt den hier dargestellten Glasmalereien einen eigentümlichen Charakter, insofern verhältnismäßig wenig weißes Glas zur Verwendung kommt und bunt bemalt wird. Es nähert sich damit die neuere Münchener Glasmalerei den alten mosaikartigen Ausführungen, und zwar in so hohem Grade, daß da, wo es dem Künstler darauf ankommt, die alte Technik nachzuahmen, es selbst dem feinen Kenner oft nicht möglich ist, zu entscheiden, ob er ein altes oder ein neues Werk vor sich hat.

*) Sehr schöne gefärbte Gläser für Zwecke der Glasmalerei kommen jetzt auch aus Innsbruck, wo man namentlich die Erzeugung des sogenannten Kathedralglases, eines unreinen, blasigen und oberflächlich rauhen Glases, das durch seine Ungleichheiten den reicheren Schimmer, den die alten Gläser zeigen, erreichen soll, geübt wird.

Andre Richtungen gehen darauf hinaus, Zeichnungen und Farbenabtönungen, Schatten und Licht durch aufgetragene und eingebrannte Farben, ähnlich wie bei der Porzellanmalerei, zu erreichen, nur daß bei den Glasgemälden immer die Durchsichtigkeit der Farben in erster Reihe Bedingung ist.

Das Technische der eigentlichen Glasmalerei, welche nicht in der ganzen Masse gefärbte Gläser verwendet, besteht darin, daß die färbenden Metalloxyde mit einem leichtflüssigen Glase gemischt, fein pulverisiert und mit Lavendelöl verrieben werden. Diese Farben trägt der Maler auf die Glasscheibe auf, wobei er die letztere gegen das Licht auf einer Staffelei stehen hat, um die Wirkung schon bei dem Malen beurteilen zu können. Das Einbrennen geschieht in einem Brennofen, und während des Brennens befinden sich die gemalten Scheiben in thönernen oder eisernen Muffeln, auf Thonplatten liegend, damit sie sich nicht verziehen. Die Hitze wird allmählich gesteigert.

Während dieses Vorganges gerät natürlich das leicht schmelzbare farbige Glas in Fluß, aber auch das härtere Glas der Tafel wird oberflächlich geschmolzen und beide Gläser vereinigen sich zu einem festen Ganzen. Ist dies geschehen, was man an den mit eingelegten und nach und nach herausgenommenen Probegläsern sieht, so läßt man das Feuer des Ofens ausgehen und denselben mehrere Tage abkühlen. Mit einem ersten Brande ist aber in den seltensten Fällen das Bild vollendet, es muß aufs neue übermalt werden, entweder um matte Stellen zu heben, oder um Farben einzutragen, welche sich nur mit ganz leichtflüssigen Gläsern verreiben lassen. Und wenn daher auch das Verfahren an sich sehr einfach erscheint, so erfordert es in seiner Ausführung doch die größte Aufmerksamkeit, wenn die Farben gut fließen und die Bilder nicht springen sollen.

Die *musivische* Glasmalerei, welche zu den Bildern gleich in der Masse gefärbte Gläser verwendet und diese durch Bleizüge miteinander verbindet, hat einen ganz andern Charakter, denn bei ihr hängt der endliche Effekt nicht mehr vom Gelingen eines Brandes, sondern nur von der genauen Formung und Aneinanderfügung der einzelnen Glasstückchen ab; im Grunde würde sie also nur eine künstliche Glaserarbeit verlangen. Allein in so ausschließlichem Sinne kommt die musivische Malerei nicht mehr zur Anwendung. Immer sind nicht nur Schatten, sondern bunte Partien mit Zeichnung und Nüancierung, Gesichter, Laubwerk, Verzierungen u. s. w. einzubrennen, Überfanggläser abzuschleifen und mit andern Farben auszufüllen und dergleichen Hilfsmittel anzuwenden, so daß einen harmonischen Gesamteindruck zu erreichen nicht minder Schwierigkeiten macht und nicht weniger künstlerischen Geist erfordert als das Malen mit Schmelzfarben. Die Bleizüge bewirken gleich die Zeichnung. Großen Fenstern würden sie aber nicht den genügenden Halt geben, man stützt sie daher, indem man sie mit eisernen „Sturmstäben" in Verbindung setzt, welche vom Mauerwerk aus den Fensterraum durchziehen und, da sie rahmenartig angebracht sind, das Auge in Betrachtung der Zeichnung nicht stören.

Die Glasscheiben selbst sind weder bei den gemalten noch bei den musivischen Fenstern ganz durchsichtig, sondern, um eine gleichmäßige Lichtwirkung hervorzubringen, auf der Rückseite, häufig auch auf beiden Oberflächen, mattiert. Dadurch wird der Vorteil erreicht, daß die Drahtgitter, welche an der Außenseite zum Schutze gegen verderbliche Einflüsse vorgezogen werden, von innen nicht bemerkbar sind.

Mit einigen Worten dürfte schließlich noch eines Verfahrens Erwähnung zu thun sein, welches schon auf der Londoner Ausstellung von 1862, namentlich aber auf der zweiten Pariser Weltausstellung, die Aufmerksamkeit wegen seiner ungemeinen Billigkeit und auch wegen der verhältnismäßigen Schönheit seiner Ergebnisse erregte. Nach demselben, von Oidtmann in Linnich bei Aachen erfunden, werden die Glastafeln mittels der Presse bedruckt, wodurch namentlich teppichartige, sich wiederholende Zeichnungen mit großer Schärfe und Genauigkeit hervorgebracht werden können.

Das Wasserglas, dem wir doch noch einige Augenblicke Besprechung gönnen müssen, war bereits um 1520 dem Pater *Basilius Valentinus* bekannt, der dessen Bereitung gelegentlich einer Vorschrift, „Gold und Silber wachsen zu lassen", angibt und auch schon auf seine Verwendung „zu einer Petrifikation des Holzes oder der Bausteine" hinweist. Das nach dieser Beschreibung darstellbare kieselsaure Alkali zeichnet sich durch einen weit geringeren Gehalt an Kieselsäure vor dem gewöhnlichen Glase aus. Es ist aber im Grunde nicht diejenige Verbindung, welche in neuerer Zeit unter dem Namen Wasserglas bekannt geworden ist und eine ziemlich ausgedehnte Verwendung in der Praxis gefunden hat. Das letztere wurde vielmehr von dem als Chemiker bekannten Oberbergrath Fuchs in München im Jahre 1818 zuerst bereitet und seiner wichtigen Eigenschaften wegen in einer ausführlichen Abhandlung (1825) dem Publikum empfohlen.

Fig. 359. Glasmalerei in der Votivkirche zu Wien.
Nach dem Entwurfe des Professor Rieser ausgeführt in der Albert Neuhauserschen Glasmalereianstalt in Innsbruck.

Allein Fuchs sah erst in den letzten Jahren seines verdienstlichen Lebens (er starb am 5. März 1856) seiner Entdeckung diejenige Aufmerksamkeit zugewendet, welche der Wichtigkeit derselben entspricht. Zwar hatte man in Österreich die Wasserglasdarstellung seit längerer Zeit schon im großen Maßstabe betrieben, für das übrige Deutschland war aber der Kreis seiner Verwendung ein so beschränkter geblieben, daß die Nachricht Liebigs über die Wasserglasfabrikation in den Kuhlmannschen Fabrikanlagen bei Lille, die in dem Berichte über seine Reise zur Pariser Industrieausstellung enthalten ist, wie die Veröffentlichung einer neuen Erfindung aufgenommen wurde. Seit dieser Zeit aber ist seine Verwendung eine allgemeinere geworden, und sie verdient es, weil nicht nur das Wasserglas als schützender Überzug über alle Arten von Stoffen, Geweben und Holzwaren, um deren Verbrennlichkeit — über Mauern, Sandsteinarbeiten, Freskomalereien und Ölanstrichen, um deren Verwitterung zu verhindern, ferner als vortreffliches Bindemittel für Zement, sogar direkt zum Aneinanderleimen sich eignet, sondern weil es bei seiner Zersetzung, die sich sehr leicht durch die Kohlensäure der Luft einleitet, in kohlensaures Kali und Kieselsäure zerfällt, die beide besonderen Zwecken, das erstere ganz in derselben Weise wie in der Seife, die letztere als Schönungsmittel ihrer weißen Farbe wegen u. s. w., dienen können.

Man kann das Wasserglas ganz auf dieselbe Weise wie das Fensterglas durch direktes Zusammenschmelzen seiner Bestandteile darstellen, da aber die Alkalien in so bedeutenden Überschüssen auftreten, so gelingt die Verbindung mit der Kieselsäure auch in Auflösungen bei sehr geringer Hitze, wenn die Kieselerde in leicht löslicher, fein zerteilter Form zugeführt wird, als Kieselguhr, wie man sie als Reste mikroskopischer Geschöpfe an vielen Orten (z. B. in der Lüneburger Heide) auf Lagern findet.

Die Mengenverhältnisse der Bestandteile sind sehr verschieden. Ein sehr gutes Kaliwasserglas kann man auf trockenem Wege durch Zusammenschmelzen von 15 Teilen Quarzsand, 10 Teilen Pottasche und 1 Teil Holzkohle erhalten; 18 Teile Quarzsand, 8 Teile kalzinierte Soda und 1 Teil Holzkohle geben Natronwasserglas. Das Doppelwasserglas enthält kieselsaures Kali und kieselsaures Natron.

In fester Gestalt ist das Wasserglas von grünlichgelblicher Farbe, eine spröde, muschelig brechende Substanz. Da es aber im aufgelösten Zustande verwendet wird, so bringt man es auch gleich in dieser Form in den Handel, und man unterscheidet die verschiedenen Sorten nach ihrem Gehalt an der wasserfreien Verbindung. An der Luft vertrocknet das Wasser, das Wasserglas bildet sodann eine zusammenhängende dünne Schicht, welche, da sie den Zutritt der sauerstoffhaltigen Luft verhindert, brennbare Gegenstände vor der leichten Entzündlichkeit zu schützen vermag. Die Hitze mag sich noch so sehr steigern, so werden doch die sonst leicht entzündlichen Stoffe nicht in helle Flammen ausschlagen, sondern nur nach und nach glimmend verzehrt werden und bringen wenigstens nicht als neue Flammenherde die Umgebung in Gefahr. Da nun ein solcher Überzug völlig durchsichtig und durch seinen Glanz die darunter liegenden Farben ungemein zu heben im stande ist, so ist das Wasserglas auch ein ausgezeichnetes Mittel für Dekorationszwecke, in der Theatermalerei u. dergl., und die Freskomalerei ist durch seine Anwendung geradezu in ein neues Stadium getreten. Denn indem es sich mit der darunter liegenden Mauermasse zu einer chemischen Verbindung vereinigt, vermag es den aufgetragenen Farben, welche nur Mineralfarben sein dürfen, außer dem lebhaften Glanze eine fast unverwüstliche Dauer zu geben, und der Name Stereochromie, welchen diese Art der Malerei erhalten hat, ist ein vollkommen berechtigter. Die Farben werden in pulverförmigem Zustande auf die frisch getünchte und gewöhnlich mit einem Untergrund von Zinkweiß oder schwefelsaurem Baryt (Patentweiß) versehene Mauerfläche aufgetragen. Der Wasserglasüberzug erfolgt erst zuletzt; er kann aber nicht mittels eines Pinsels bewirkt werden, weil der harte Staub, aus dem das Gemälde besteht, dadurch verwischt werden würde. Vielmehr wird die Wasserglaslösung als ein ganz feiner, tauartiger Regen aufgespritzt und dieses Benetzen, nach jedesmaligem Trocknen, so oft wiederholt, bis sich auf solche Weise ein zusammenhängender Überzug gebildet hat. Namentlich hat Kaulbach die Stereochromie vielfach und in der großartigsten Weise bei Darstellung der Wandgemälde im Treppenhause des Berliner Museums in Ausübung gebracht.

Vorwärts wandeln, wiederkehren
Und das Rohe neu gestalten,
Ordnung in Verwirrung schalten
Wird auf Erden immer währen.

L. Tieck.

Die Industrien des Schwefels.

Bedeutung des Schwefels. Sein Vorkommen in der Natur, seine Gewinnung und Reinigung. Verwendungen. Schwefelblumen, Schwefelmilch. Verbindungen des Schwefels mit Sauerstoff. Schweflige, unterschweflige und Schwefelsäure. Nordhäuser und englische Schwefelsäure und ihre Darstellung. Bleikammerbetrieb. Kammersäure und ihre Konzentration. Verwendungen der Schwefelsäure. — Schwefelleber und Schwefelwasserstoff. Schwefelkohlenstoff, seine Darstellung und Bedeutung für die Industrie. Chlorschwefel.

Der Schwefel ist nicht nur ein zu vielerlei Gebrauch dienliches, sondern vermöge der bedeutenden Rolle, die er in der Großindustrie spielt, auch ein hochwichtiges Element. Ohne Schwefel gäbe es keine Schwefelsäure, ohne diese wären wir nicht im stande gewesen, die Salz- und Salpetersäure, den Chlorkalk und die Soda so billig in den Verkehr zu bringen, ohne Soda hätten wir kein Glas, keine Seife, und mithin fehlten auch alle die Industrien, welche uns diese notwendigen Artikel so wohlfeil zur Verfügung stellen. Ohne Schwefel hätte es lange Zeit kein Schießpulver gegeben, aber den ewigen Frieden hätten wir darum doch nicht. Für den Schwefel unternahm England selbst einmal einen Kriegszug, der wenigstens eher zu rechtfertigen war als sein Opiumkrieg gegen China. Als im Jahre 1815 die neapolitanische Regierung versuchte, einen Ausfuhrzoll auf den sizilischen Schwefel zu legen, sah sich England in den Interessen seiner großartigen Fabrikation von Schwefelsäure, Soda u. s. w. so schwer bedroht, daß es gleich mehrere Kriegsschiffe vor Neapel auffahren ließ, worauf die mißliebige Maßregel unterblieb.

Der Schwefel ist eines der wenigen Elemente, welche die Natur an gewissen Örtlichkeiten gleich gediegen, d. h. rein und nicht mit andern Stoffen verbunden, zuweilen selbst in schönen Kristallen darbietet, daher denn auch die Kenntnis und Benutzung desselben bis in die ältesten Zeiten zurückreicht. Die Fundorte des gediegenen Schwefels liegen vorzugsweise wenn auch nicht ausnahmslos, in vulkanischen Gegenden, und noch fortwährend sind vulkanische Kräfte thätig, aus dem Erdinnern Schwefel an die Oberwelt zu fördern. Was aus den Kratern und kleineren Rauchlöchern der Vulkane, den Solfataren, ausströmt, besteht zu einem guten Teil aus einem eigentümlichen Gas, dem Schwefelwasserstoffgas; tritt dieses an den Mündungen der Krater mit der Luft in Berührung, so wird es zum Teil zu schwefliger Säure verbrannt, welche sogleich auf nachfolgendes Gas zurückwirkt und mit diesem sich so zersetzt, daß Schwefel abgeschieden und Wasser gebildet wird.

Der Schwefel scheidet sich in Substanz aus und setzt sich an den kälteren Stellen in Form von Rinden oder Kristallen ab. In mehreren Vulkanen von Mexiko ist diese fortwährende Neubildung von Schwefel so ergiebig, daß sie den dortigen Bedarf deckt, und in Kalifornien sind so reiche Schwefellager aufgefunden worden, daß man glaubt, ganz Amerika daraus versorgen zu können. Europa muß sich an die Ausbeutung älterer Lager halten, wo sich der Schwefel in Höhlungen und Klüften von Gips, kalkigen und thonigen Gesteinen abgesetzt hat, tuffartige oder auch erdige Massen durchdringend, und daher in den verschiedensten Graden der Reinheit oder Unreinheit vorkommt. Am reichsten an solchen Schwefellagern ist bekanntlich die Insel Sizilien; sie bildet noch immer die Hauptbezugsquelle für den ungeheuren Bedarf, wie ihn die heutige Industrie erheischt. Das Festland von Italien findet seinen Bedarf bei sich selbst, am reichlichsten in der Romagna, wo eine Gesellschaft acht Gruben besitzt und die Produktion fortwährend im Steigen begriffen ist. In einem späteren Jahrhundert wirft sich die Ausbeutung vielleicht auf die jetzt noch unbenutzten Schwefelreichtümer der Insel Island oder auf die bedeutenden Schwefelablagerungen, welche in der Regentschaft Tripolis entdeckt worden sind. Bereits hat sich eine Gesellschaft für Ausbeutung einer andern Schwefelgegend gebildet: man bricht jetzt Schwefel aus den Gipsfelsen der westlichen Küste des Roten Meeres, auf ägyptischem und nubischem Gebiete. In Deutschland kommt gediegener Schwefel nur auf unbedeutenden Lagerstätten vor; mehr findet sich in Galizien, Kroatien und Polen.

Fig. 361. Stinkasand (Ferula asa foetida).

Weit verbreiteter aber als in gediegenem Zustande ist Schwefel in Gesellschaft mit Metallen, in Erzform, von denen die Verbindungen des Schwefels mit Eisen, die Schwefelkiese, am häufigsten sind und fast in jedem Lande vorkommen. Analoge Verbindungen sind Schwefelkupfer oder Kupferglanz, Schwefelblei oder Bleiglanz, Schwefelzink oder Zinkblende u. s. w. Außerdem findet er sich aber auch noch mit Sauerstoff verbunden in Form von Schwefelsäure sehr häufig in der Natur; freilich nicht in freiem Zustande, sondern in Verbindung mit Basen als schwefelsaure Salze (Sulfate), so z. B. im schwefelsaurem Kalk (Gips und Anhydrit), im schwefelsaurem Strontian (Cölestin), im schwefelsaurem Baryt (Schwerspat) 2c. In fast allen Gewässern sind mehr oder weniger schwefelsaure Salze aufgelöst.

Daß der Schwefel nicht bloß als todtes Mineral existiert, sondern auch im aktiven Naturleben eine wichtige Rolle spielt, sei nur beiläufig bemerkt. Viele Pflanzen verdanken den eigentümlichen Charakter ihres Geruchs und Geschmacks eben ihrem Gehalte an organischen schwefelreichen Verbindungen, so die Lauche und Zwiebeln, Asa foetida (der eingetrocknete Saft einer Steppenpflanze Mittelasiens, s. Fig. 361), Senf u. s. w.; alle Pflanzen enthalten aber in ihrem Eiweiß, der Grundsubstanz alles organischen Lebens, eine gewisse Menge Schwefel, welche dem Boden entstammt; die im Wasser löslichen Sulfate werden in der Pflanzenzelle zersetzt und der Schwefel derselben mit zum Aufbau der Eiweißsubstanzen oder Proteinkörper benutzt. Durch die Pflanzennahrung gelangt der Schwefel in den tierischen und menschlichen Organismus und bildet hier einen konstituierenden Bestandteil des Eiweißes, wie es im Blute, der Fleischflüssigkeit und den Eiern vorkommt; ja auch die Fleischfasern selbst enthalten, wie alle tierischen Gewebe, Haare, Nägel u. s. w., Schwefel; besonders reich daran ist die Galle; demzufolge mag ein erwachsener Mensch wohl an 100 g

Schwefel unter den Bestandteilen seines Körpers besitzen. Bekannt ist, daß faulige Eier Schwefelwasserstoffgas entwickeln und daß silberne Löffel, wenn sie längere Zeit mit gekochten Eiern in Berührung sind, schwarz werden, was auf der Bildung von Schwefelsilber beruht.

Die Gewinnung des Schwefels ist da, wo er in gediegenem Zustande vorkommt, stets sehr einfach und kunstlos. In Sizilien bricht man die Schwefelmassen gangmäßig aus dem kalkigen und mergeligen, mit Gipsschichten abwechselnden Gestein. Die Schwefellager befinden sich in einer Tiefe von 40—50 m; Kellertreppen führen zu Tage und auf ihnen steigen Kinder von 12—16 Jahren auf und ab und tragen die gebrochenen Stücke nach oben. Doch findet man jetzt, den Anforderungen der Neuzeit gemäß, auch schon in vielen Gruben Förderung mittels Dampfmaschinen und Drahtseil auf schiefen Ebenen. Der Schwefelgehalt des Gesteins ist 20—30 Prozent. Man sondert die Bruchstücke in reichere und ärmere und schmilzt die ersteren in eisernen Kesseln ein, wobei nur eine zu starke Hitze vermieden werden muß, weil, wenn die Temperatur etwa 150° übersteigt, der Schwefel wieder dickflüssig wird und dann die erwartete Abscheidung der erdigen Unreinheiten nicht erfolgen kann. Nachdem der Kesselinhalt einige Zeit in Fluß erhalten worden, hat sich der größte Teil jener fremden Beimischungen zu Boden gesetzt; man schöpft nun das Flüssige aus und gibt es in nasse hölzerne Formen, wo es zu Blöcken von Rohschwefel erstarrt. Die Bodensätze und das vorher ausgesonderte schwefelärmere Material werden eindringlicher mit Hitze behandelt, so daß der Schwefel in Dampfform abgetrieben wird, d. h. man unterwirft sie, ebenfalls gleich in der Nähe der Gruben, einer rohen Destillation. Der gewöhnliche Apparat hierzu bildet einen liegenden Ofen, in welchen 12—16 krugförmige Thongefäße (s. Fig. 362 im Querschnitt) so eingelassen sind, daß ihre Mündungen, die nach geschehener Füllung fest verschlossen werden, oben herausragen. Die Räume zwischen den Krügen werden mit Holz angefüllt. Am Halse jedes dieser Krüge ist ein abwärts gerichtetes Rohr eingesetzt, welches in ein ähnliches, außerhalb des Ofens stehendes Kruggefäß einmündet. Letzteres bildet die Vorlage, in welcher die durch die Hitze übergetriebenen Dämpfe sich zu flüssigem Schwefel verdichten, der durch ein unteres Rohr in ein Gefäß mit Wasser ausfließt.

Fig. 362. Destillieren des Schwefels.

Häufig wendet man in Sizilien eine Ausschmelzmethode an, bei welcher man kein fremdes Brennmaterial braucht, sondern die Hitze dadurch gewinnt, daß man einen Teil des Schwefels der Verbrennung preisgibt, wobei freilich die Entstehung schwefliger Säure einen lästigen Übelstand bildet. Auf einer stark abschüssigen, eingeebneten Stelle wird eine Ringmauer von vielleicht 18 m Durchmesser aufgeführt, die nach der Thalseite etwa 7 m, oberhalb wegen des ansteigenden Terrains nur etwa halb so hoch ist. An der tiefsten Stelle des Gemäuers ist ein Ausflußloch, das vorläufig mit einem Gipspfropfen verstopft ist, so daß nur ein paar enge Löcher bleiben, welche zur Untersuchung des Schmelzungszustandes beim Betriebe dienen. Vor der Öffnung ist als natürlicher Rost ein Haufen grober Steine gesetzt. In dieser Art von Ofen werden die Schwefelstufen regelmäßig aufgeschichtet, doch so, daß ein kleiner Zwischenraum zwischen ihnen und dem Gemäuer bleibt. Man fährt mit dem Aufbau in Pyramidenform noch ein Stück über die Höhe der Umfassungsmauer fort, deckt schließlich alles mit Schlacken, die von früheren Bränden übrig sind, und zündet den

Ofen oder Meiler, dort Calcarone genannt, am hinteren Ende oben an. Infolge des beschränkten Luftzutritts verbrennt natürlich nur ein geringer Teil des Schwefels, während die entwickelte Hitze das Ausschmelzen des übrigen bewirkt. Das Niederschmelzen einer solchen Masse dauert 18—20 Tage, und obwohl der Ofen unter den Schutz der Heiligen gestellt ist, wie man nach den vielen frommen Bildern schließen muß, mit denen er behangen wird, so überwachen ihn doch auch menschliche Aufseher Tag und Nacht. Von Zeit zu Zeit öffnet man das Zapfloch und läßt den dickflüssigen geschmolzenen Schwefel von gelblichbrauner Farbe in einen mit Wasser befeuchteten schrägwandigen Holzkasten laufen, wo er beim Erkalten seine Naturfarbe mehr oder weniger wieder annimmt. In Sizilien erstrecken sich die Schwefellager längs der Südküste von Girgenti bis an den Fuß des Ätna in einer Länge von 20 Meilen bei 5—6 Meilen Breite. Es sind jetzt auf Sizilien 350 Gruben in Arbeit, welche teils Konsortien, teils reichen Grundbesitzern gehören und jährlich gegen 300000 Tonnen Schwefel produzieren, viermal mehr als vor 40 Jahren. Natürlich geht bei dieser Selbstverbrennungsmethode viel Schwefel (man schätzt den Verlust auf mehr als 30 Prozent) verloren, doch sind bis jetzt alle neukonstruierten Öfen nicht benutzt worden, weil das Brennmaterial zu teuer ist.

In Swoszowice bei Krakau ist seit circa zehn Jahren eine neue, interessante Gewinnungsweise des Schwefels eingeführt, der sich dort als gediegener, aber erdiger Schwefel in Mergel eingelagert vorfindet. Dieser Schwefel wird nämlich aus dem Mergel mittels Schwefelkohlenstoff, in welcher Flüssigkeit der Schwefel leicht löslich ist, ausgezogen und durch Abdestillieren des Schwefelkohlenstoffs gewonnen; er kommt unter dem Namen Extraktionsschwefel in den Handel. Mit sehr geringem Brennstoffaufwand gewinnt man den gesamten Schwefelgehalt und der Verlust an Schwefelkohlenstoff soll sich auf kaum $^1/_2$ Prozent belaufen.

Obschon die Hauptmenge des Schwefels auf die beschriebenen Weisen aus freiem, natürlichem Schwefel gewonnen wird, so erhält man einen Teil desselben doch auch aus Kiesen. Bei der Gewinnung des Schwefels aus Kiesen, wie sie unter anderm in Böhmen und Schlesien betrieben wird, bilden Schwefelkiese das Hauptmaterial; auch aus Kupferkiesen wird mitunter Schwefel abgetrieben; der Schwefel aus solchen ist aber meist arsenikhaltig. Der Schwefelkies ist eine Verbindung von 1 Molekül Eisen und 2 Molekülen Schwefel (Doppeltschwefeleisen), in Prozenten $45,_{74}$ des ersteren und $54,_{26}$ des letzteren. Durch Glühhitze läßt sich die Hälfte des Schwefels abtreiben, es bleibt einfach Schwefeleisen zurück. Bis aber diese mögliche Ausbeute vollständig erlangt wäre, würde der Rückstand geschmolzen sein und dann dessen Ausräumung zu schwierig werden; man treibt daher die Hitze nur bis zum Zusammensintern des Erzes, und die wirkliche Ausbeute beträgt somit auch nur etwa ein Drittel des ganzen Schwefelgehalts. Die Bearbeitung der Kiese geschieht ähnlich der der Gaskohlen in thönernen Retorten, die nebeneinander in einem Glühofen liegen. Die Rückstände heißen Schwefelbrände, bestehen aus Einfachschwefeleisen und geben, wie weiterhin gezeigt werden soll, ein gutes Material zur Erzeugung von Eisenvitriol. Trotz dieser doppelten Benutzung verlohnt sich die Bearbeitung der Kiese nur da, wo sie unter den günstigsten Umständen vorkommen und das Brennmaterial sehr wohlfeil ist. Größere Bedeutung haben die Schwefelkiese bei der Schwefelsäurefabrikation, bei welcher sie das Rohmaterial abgeben und so den eigentlichen Schwefel vertreten können. Noch einer Gewinnungsweise von Schwefel für den Handel muß hier gedacht werden, die seit den letzten zwei Jahrzehnten im Gange ist und große Erfolge aufzuweisen hat. Es ist dies die Wiedergewinnung des Schwefels aus den bei der Sodafabrikation nach Leblancs Verfahren verbleibenden Rückständen. Mit der allgemeineren Verbreitung des Solveyverfahrens in der Sodafabrikation wird allerdings auch diese Art der Schwefelgewinnung oder richtiger Wiedergewinnung an Bedeutung verlieren. Bei der Herstellung von Soda nach dem Leblancschen Verfahren geht nämlich fast der ganze, in Form von Schwefelsäure in den Betrieb eingeführte Schwefel verloren, da sich derselbe in den Rückständen als Schwefelcalcium findet.

Wenn man bedenkt, welche ungeheuren Mengen von Schwefelsäure alljährlich zur Sodafabrikation in England, Deutschland und Frankreich seit Einführung des Leblancverfahrens verwendet wurden, so kann man sich einen Begriff machen von der Masse der schwefelhaltigen Sodarückstände, die sich im Laufe der Jahre in der Nähe der Fabriken angesammelt haben müssen und deren Menge etwa 60 Prozent vom Gewicht der Rohsoda beträgt. Diesen gewissermaßen brachgelegten Schwefel wieder zu gewinnen und zu verwerten, war lange Zeit eine Hauptaufgabe und das Ziel vieler Chemiker.

Von den verschiedenen Verfahrungsarten, die man zu diesem Zwecke empfohlen hat, haben sich hauptsächlich drei, das Verfahren von Schaffner, von Mond und das von Schaffner und Helbig, in der Fabrikpraxis eingebürgert. Es würde zu weit führen, diese Methoden hier ausführlich zu beschreiben und die chemischen Zersetzungsvorgänge, die dabei stattfinden, ausführlich zu erläutern; wir müssen uns vielmehr darauf beschränken, mit kurzen Worten anzugeben, auf welchen Prinzipien diese drei Methoden der Verwertung jenes Abfallproduktes beruhen.

Fig. 363. Raffinieren des Schwefels.

Die Sodarückstände bestehen, wie schon früher mitgeteilt wurde, aus Schwefelcalcium, Ätzkalk und kohlensaurem Kalk (Calciumkarbonat). Nach dem Schaffnerschen Verfahren werden diese Rückstände zunächst in geeigneten Auslaugekästen mit siebförmigen Doppelböden einer mehrmals wiederholten Oxydation und Auslaugung unterworfen. Diese Oxydation von seiten der Luft wird beschleunigt durch Einleiten warmer Kamingase mittels eines Ventilators unter den Siebboden. Durch diesen komplizierten Oxydationsprozeß entstehen aus dem Einfachschwefelcalcium als Endprodukte Polysulfide des Calciums (mehrfach Schwefelcalcium) und Calciumhyposulfit (unterschwefligsaurer Kalk). Diese werden dann durch Zusatz von Salzsäure zersetzt, wobei Schwefel abgeschieden wird; ein Teil des letzteren entweicht aber hierbei als schweflige Säure und Schwefelwasserstoff, welche Gase wieder in eine neue Portion Lauge geleitet werden. Das Verfahren von Mond unterscheidet sich von den eben besprochenen nur dadurch, daß man Lauge und Salzsäure abwechselnd zusammentreten läßt, und zwar in einem ganz bestimmten Verhältnis, so daß weder schweflige Säure noch Schwefelwasserstoff entweichen können.

Während nach dem ursprünglichen Verfahren von Schaffner nur ein Teil des vorhandenen Schwefels wiedergewonnen werden konnte, läßt sich nach dem von ihm in Gemeinschaft mit Helbig ausgearbeiteten Verfahren, welches seit 1878 eingeführt ist, aller vorhandener Schwefel wiedergewinnen, sowie auch der kohlensaure Kalk. Es beruht dieses Verfahren auf der Zersetzbarkeit des Schwefelcalciums durch Chlormagnesium, wobei Chlorcalcium, Magnesiumoxyd und Schwefelwasserstoff entstehen; aus letzterem Gase wird durch schweflige Säure, welche man durch Rösten von Kiesen erhält, der Schwefel abgeschieden. Der auf die eine oder andre dieser Methoden gewonnene Schwefel wird dann geschmolzen, in Formen gegossen und unter dem Namen Retourschwefel oder regenerierter Schwefel in den Handel gebracht; eine Raffination ist bei diesem Schwefel nicht notwendig.

Dagegen muß aller nach den vorher beschriebenen Methoden gewonnene Schwefel, da er Rohschwefel ist, für viele Zwecke seiner Verwendung dem Raffinieren unterworfen werden, das in einer Destillation oder richtiger Sublimation besteht. Das Raffinieren sizilischen Schwefels bildet einen besonderen Geschäftszweig, der sich in verschiedenen Seestädten des Mittelmeeres, besonders um Marseille, angesiedelt hat. Die hierzu benutzten Apparate bestehen aus einem oder zwei eisernen liegenden Cylindern C (s. Fig. 363), so groß, daß einer 200—300 kg Schwefel auf einmal faßt, und einer anstoßenden, von Backsteinen gemauerten Kammer A von der Größe einer mittlen oder großen Stube. Der hintere Teil des Cylinders zieht sich vor seiner Einmündung in die Kammer halsartig nach oben. Wird nun der Schwefel im Cylinder bis zum Sieden erhitzt und darin erhalten, so treten die sich bildenden Dämpfe in die Kammer über und verdichten sich hier, eine niedrige Temperatur in derselben vorausgesetzt, zu dem unter dem Namen Schwefelblumen bekannten feinen Pulver, das sich am Boden der Kammer absetzt. Alles, was nicht der Verflüchtigung fähig ist, kann diese Reise nicht mitmachen und der übergetriebene Schwefel ist somit frei von allen erdigen Stoffen. Die Bildung von sublimiertem Schwefel oder sogenannten Schwefelblumen findet jederzeit statt, wenn ein Apparat erst angeheizt wird: im weiteren Verlaufe aber nehmen die Kammerwände und die Luft in der Kammer diejenige Temperatur an, bei welcher der Schwefel schmilzt (110°); die Schwefelblumen schmelzen daher und von diesem Moment an wird nur noch flüssiger Schwefel niedergeschlagen. Diesen zapft man bei H aus der Kammer ab und gießt ihn in die bekannte Stangenform, wie bei I zu sehen ist. Will man aber ausschließlich Schwefelblumen erzeugen, was mit demselben Apparate geschehen kann, so muß man die Temperatur der Kammer stets unter dem Schmelzpunkte des Schwefels zu erhalten suchen, etwa dadurch, daß man mit Unterbrechungen, d. h. nur bei Tage arbeitet, oder man muß bei fortgesetztem Betriebe eine Kammer von bedeutend größeren Dimensionen anwenden.

Eine sehr zweckmäßige neuere Einrichtung an diesen Apparaten ist ein über der oder den Retorten angebrachter Vorwärmekessel B mit einer Räumlichkeit für 750—800 kg Schwefel. In ihm schmilzt das Material und läutert sich noch einigermaßen durch Absetzen, und aus ihm werden die unterliegenden Retorten durch Öffnung des Hahnes im Verbindungsrohr L gespeist, wenn in ihnen der Schwefel zur Neige geht. So wird einesteils Brennstoff gespart, da dieser Vorwärmer durch die abziehende Hitze geheizt wird, und dann noch der wesentliche Vorteil erreicht, daß man die Retorte beschicken kann, ohne sie öffnen zu müssen, was nicht ohne eine schädliche Lufterneuerung in der Kammer geschehen könnte. In dieser verbrennt nämlich, weil sich die Luft nie ganz abschließen läßt, immer etwas Schwefel zu schwefliger Säure, die sich in die Schwefelblumen zieht, wo sie durch Aufnahme von noch mehr Sauerstoff aus der Luft zu Schwefelsäure wird; daher sind die Schwefelblumen des Handels immer etwas sauer, und um sie zu medizinischem Gebrauch geeignet zu machen, muß sie der Apotheker mit Wasser auswaschen (gewaschener Schwefel).

Die Kammer A des Raffinierapparates hat außerdem noch eine Thür, welche geöffnet wird, wenn Schwefelblumen herauszuschaffen sind; außerdem ist dieselbe dicht geschlossen. Um aber der Luftausdehnung im Innern, welche durch die Hitze bewirkt wird und mit dieser zunimmt, Spielraum zu verschaffen, ist im Deckgewölbe ein ganz leicht gehendes Ventil angebracht, aus welchem die überflüssige Luft herausströmen kann.

Arsenikhaltiger Schwefel aus Kiesen bedarf einer noch gründlicheren Reinigung. Sie kann zwar auch nur auf dem Wege der Sublimation geschehen, wird aber so geleitet, daß die Schwefeldämpfe durch einen längeren kühlen Raum geführt werden, in welchem sie sich zwar selbst noch nicht kondensieren, wo aber die Dämpfe des Schwefelarseniks zum größten Teile sich als eine feste Masse, das Operment oder Rauschgelb des Handels, absetzen.

Die Benutzung des Schwefels an sich ist schon eine sehr mannigfaltige und zum Teil allbekannte, wie die zu Schwefelfäden und Zündhölzern, zur Pulverfabrikation, zu Feuerwerk und zu Abgüssen, wofür er eins der besten Materialien abgibt. Aus der bekannten Anwendung als verkittendes Mittel hat sich neuerdings etwas Interessantes entwickelt: man versetzt geschmolzenen Schwefel mit sehr feinem Quarz- oder Glaspulver und gießt daraus große Platten von ziemlicher Härte, die, weil der Schwefel für eine große Anzahl von chemischen Einwirkungen unempfindlich ist, mit Vorteil zu Behältern, Entwickelungskammern für saure oder ätzende Substanzen gebraucht werden, wo sonst Ziegelgemäuer, Sandsteine, Bleiplatten u. s. w. gebraucht werden mußten. Der wichtigen Verwendung des Schwefels zum Vulkanisieren des Kautschuks wird noch besonders Erwähnung gethan werden. Als Komponent schöner Farbstoffe geht der Schwefel ein in den Zinnober, das brillante Kadmiumgelb und das künstliche Ultramarin, worüber an einer andern Stelle dieses Bandes Näheres gesagt werden wird. Zum medizinischen Gebrauche dient er in Form von Schwefelblumen und Schwefelmilch, welche letztere trotz ihrer weißen Farbe eben auch nur Schwefel in Form von höchst feiner Verteilung ist, aber nicht mechanisch verkleinerter, sondern solcher, der sich aus Schwefellebern abgesetzt hat, die man durch eine Säure zerlegte. Die Schwefelblumen sind ferner für die Weinbauer des südlichen Europas bekanntlich ein wahrer Retter aus der Not geworden, indem sie, wie es scheint, das einzige bis jetzt bekannte Mittel sind zur Bekämpfung der verheerenden Traubenkrankheit. Das Wirksame hierbei ist aber nicht der Schwefel selbst, sondern die dem käuflichen Schwefel anhaftende schweflige Säure, denn gepulverter Stangenschwefel zeigt die zerstörende Wirkung auf den die Traubenkrankheit verursachenden Pilz (Oidium Tuckeri) nicht. Ein sehr großer Teil des Schwefels wird aber verbrannt und zur Herstellung von schwefliger Säure und Schwefelsäure verwendet.

Verbindungen des Schwefels mit Sauerstoff. Der Schwefel zeichnet sich durch eine große Verbindungsfähigkeit mit andern Elementen aus und steht hierin dem Sauerstoff fast gleich. Darin besteht zum Teil auch seine große Wichtigkeit für Wissenschaft, Technik und Gewerbe, und wie er selbst, so sind einzelne seiner Verbindungen für den heutigen Stand der Kultur geradezu unentbehrliche Faktoren geworden. Dies gilt vor allem von der Schwefelsäure. Die Schwefelsäure, wie uns schon bekannt ist, besteht aus Schwefel und Sauerstoff; fragen wir aber bei der Chemie weiter, so erfahren wir, daß es nicht weniger als acht verschiedene Verbindungsstufen des Schwefels mit Sauerstoff gibt, die sämtlich Säuren sind. Von ihnen sind jedoch nur zwei seit langer Zeit bekannt und technisch angewendet: die schweflige und die Schwefelsäure; zu diesen hat sich in neuerer Zeit noch die unterschweflige Säure durch die Bedeutung gesellt, die ihr Natronsalz in der Photographie und zu einigen technischen Verwendungen erlangt hat.

Schweflige Säure, neuerdings Schwefeldioxyd genannt, ist sicher eines der am leichtesten zu erzeugenden chemischen Präparate, denn man darf nur einen Schwefelfaden anzünden, um sich durch den Geruch vom Auftreten dieses gasförmigen Körpers zu überzeugen. Die Natur bildet in Vulkanen durch Verbrennen von Schwefel große Massen dieser Säure; Hüttenwerke, in denen Schwefelerze des Bleies, Kupfers und Zinks zum Behuf der Metallgewinnung geröstet werden, jagten davon früher auch nicht wenig in die Luft, zur großen Belästigung der Nachbarschaft; jetzt ist diesem Übelstande vielfach schon abgeholfen, da man die schweflige Säure durch Überführung in Schwefelsäure sehr gut zu verwerten weiß. Zu technischen Zwecken im großen stellt man sie aber entweder durch Verbrennen von Schwefel her, oder durch Zersetzung von Schwefelsäure mittels Sauerstoff aufnehmender Substanzen, wie Schwefel, Kupferspäne, Kohle, Sägespäne und dergleichen, aus welchem

Gemenge man in Retorten die schweflige Säure abdestilliert, und wendet sie entweder gasförmig an oder leitet sie, wie aus der Retorte A in Fig. 364, in Wasser, das etwa das Fünfzigfache seines Volumens davon aufnimmt. Übrigens läßt sich das Gas selbst durch starkes Zusammendrücken und Erkalten in eine tropfbare Flüssigkeit verwandeln und bei —76° auch in den festen Zustand überführen.

Der Hauptnutzen der schwefligen Säure liegt in ihrer Bleichkraft; sie entfärbt die meisten pflanzlichen und tierischen Stoffe, wobei aber ihre Wirkung je nach Umständen eine verschiedene ist; denn einesteils zerstört sie Farbstoffe definitiv; in andern Fällen, wo sie sich mit den Farbstoffen geradezu, wenn auch nicht dauernd, verbindet, dunkeln die damit gebleichten Körper allmählich wieder und sehen schließlich wieder aus wie vorher. Eine rote Rose wird durch den Schwefeldampf bekanntlich weiß; durch Eintauchen in verdünnte Schwefelsäure wird sie wieder rot; die stärkere Säure hat jene Verbindung wieder gelöst und die schwächere Säure vertrieben.

Trotz seiner nicht andauernden Wirkung ist das Bleichmittel doch unentbehrlich bei solchen Stoffen, welche die Einwirkung des Chlors nicht vertragen oder deren Farbe dem Chlor nicht weicht. Dergleichen sind namentlich Wolle, Seide, Federn, Fischbein, Darmsaiten, Badeschwämme, Stroh- und Korbmacherwaren u. s. w. Statt der früher gebräuchlichen bekannten Schwefelkästen und Kammern, in welchen Schwefel verbrannt wurde, benutzt die heutige Technik häufig die flüssige Bleiche mittels in Wasser aufgefangener schwefliger Säure. Eine solche Bleichflüssigkeit erhält man übrigens auch, wenn man zu einer wässerigen Lösung von schwefligsaurem Natron eine entsprechende Menge einer stärkeren Säure, etwa Salz- oder Schwefelsäure, mischt; dadurch wird schweflige Säure frei, die sich an das Wasser bindet. Im Handel findet man jetzt Lösungen von doppelschwefligsaurem Natron und doppelschwefligsaurem Kalk (Natrium- und Calciumdisulfit), die hierzu verwendet werden können, sowie auch als Antichlor in der Bleicherei.

Fig. 364. Apparat zur Herstellung schwefliger Säure.

Die Sauerstoffbegierde der schwefligen Säure, die sich auch noch äußert, wenn die Säure mit irgend einer Basis zu einem Salz verbunden ist, verleiht ihr ferner einen Wert als gärungs- und fäulniswidriges Mittel. Denn da die Ursache aller Gärung und Fäulnis der Sauerstoff ist, so ist leicht begreiflich, daß ein Stoff, der den Sauerstoff so energisch für sich in Beschlag nimmt, ihn an anderweitiger Bethätigung hindern muß. Hierauf beruht das altgebräuchliche Schwefeln der Weinfässer, um sie durch Zerstörung der etwa im Holze steckenden Fermente gesund zu machen. Aus demselben Grunde werden in neuerer Zeit zuweilen kleine Mengen einer Lösung von schwefligsaurem Kalk dem Biere zugesetzt, um dieses haltbarer zu machen; der schwefligsaure Kalk wird hierbei nach und nach in schwefelsauren Kalk verwandelt, der sich zum größten Teile als Gips aus dem Biere absetzt; besser ist es jedoch, von der Anwendung dieses Mittels ganz abzusehen; dagegen ist die Benutzung einer Lösung von doppeltschwefligsaurem Kalk zum Reinigen der Fässer und Brauereigefäße sehr zu empfehlen.

Die Bildung schwefligsaurer Salze erfolgt sehr leicht, wenn das Gas mit den betreffenden Basen in Berührung gebracht wird. So erzeugt man schwefligsauren Kalk, indem man schweflige Säure durch feuchten, frisch gelöschten Kalk leitet, der in Kammern auf Horden ausgebreitet liegt u. s. w., oder man leitet die Säure in Kalkmilch und verkauft den schwefligsauren Kalk in flüssiger Form. Große Mengen von schwefligsaurem Kalk werden jetzt auch zur Herstellung von Holzstoff, sogenannter Cellulose, für die Papierfabrikation nach Mitscherlichs Verfahren gebraucht; man behandelt das geschliffene Holz mit einer Mischung von schwefligsaurem Kalk und Salzsäure.

Die unterschweflige Säure oder Thioschwefelsäure gehört zu denjenigen chemischen Dingen, welche noch niemand mit Augen gesehen hat; sie kann nicht für sich, sondern nur in Verbindung mit Basen existieren. Kocht man eine Lösung von schwefligsaurem Natron mit so viel Schwefel, als das Salz bereits enthält, so verschwindet derselbe vollständig und es kristallisiert aus der Flüssigkeit ein neues, in schönen glasigen Kristallen anschießendes Salz, das eben genannte unterschwefligsaure Natron oder Natriumhyposulfit, welches in der Photographie eine große Rolle spielt. Während die schweflige Säure aus 2 Atomen Sauerstoff auf 1 Atom Schwefel besteht, d. h. auf 16 Gewichtsteile Schwefel 16 Gewichtsteile Sauerstoff enthält, kommen in der unterschwefligen Säure 2 Atome Schwefel auf 2 Atome Sauerstoff oder 32 Gewichtsteile des ersteren auf 16 Gewichtsteile des letzteren; wird aber das Salz durch eine stärkere Säure zersetzt, so entwickelt sich nicht unterschweflige, sondern schweflige Säure, während die Hälfte des Schwefels sich in Pulverform abscheidet. Bei weitem die größten Mengen von unterschwefligsaurem Natron werden jetzt aus den Rückständen der Sodafabrikation gewonnen; diese Rückstände werden nach Schaffners Methode oxydiert und die Laugen, welche unterschwefligsauren Kalk enthalten, mit Glaubersalz versetzt, wodurch sich abscheidender Gips und gelöst bleibendes unterschwefligsaures Natron entstehen.

Bringt man in die wässerige Lösung der schwefligen Säure Zink, so löst sich dieses Metall ohne Wasserstoffentwickelung auf und die Lösung enthält nun neben dem schwefligsauren Salze des Zinks eine neue, vor einigen Jahren von Schützenberger entdeckte Säure, die Thiosäure oder hydroschweflige Säure genannt wird; sie ist Schwefelmonoxyd. Wir erwähnen diese Säure deshalb, weil man ihre wässerige Lösung neuerdings zur Herstellung von Indigküpe benutzt.

Schwefelsäure oder Schwefeltrioxyd entsteht, wenn schwefligsaure Dämpfe mit Luft und Feuchtigkeit in Berührung kommen, und dieser Vorgang geht in vulkanischen Gegenden unausgesetzt vor sich. Aber da die Säure in der Natur meistens Gelegenheit finden wird, sich mit irgend einer Basis zu verbinden, so tritt sie höchst selten in freiem Zustande auf; dies geschieht nur in einzelnen vulkanischen Quellen, welche aus kieseligem Gebirge entspringen. Die erste künstliche Darstellungsmethode der Schwefelsäure, nach welcher man dieselbe aus gewissen schwefelsauren Salzen durch Erhitzen derselben frei macht, ist so alt, daß man die Zeit ihres Ursprungs nicht kennt und sie möglicherweise bis auf die Araber zurückzuführen hat. Die Alten trieben den Stoff aus Eisenvitriol und Alaun ab und nannten ihn wegen seiner Dickflüssigkeit Vitriolöl; seine wahre Natur aber blieb unbekannt, bis ihn Lavoisier als eine Verbindung des Schwefels mit Sauerstoff erkannte. Die älteste Darstellung der Schwefelsäure besteht in beschränktem Umfange noch heute, und das Produkt, das sie liefert, trägt im Handel den Namen rauchende oder Nordhäuser Schwefelsäure, auch deutsches Vitriolöl. Weit wohlfeiler jedoch produziert man nach der neueren Methode und ihr Produkt, die sogenannte englische Schwefelsäure, ist eben dasjenige, welches in der Gegenwart in so ungeheuren Massen erzeugt und verbraucht wird. Beide Säuren, die Nordhäuser und die englische, sind in ihrer Beschaffenheit nicht ganz gleich, und auf dieser Verschiedenheit beruht es eben, daß die alte Methode sich neben der neuen noch halten kann, wenn auch nur wie ein Zwerglein gegen einen Riesen. Die rauchende Schwefelsäure hat außer dem Vorteil, daß sie von den Verunreinigungen, welche die englische begleiten, größtenteils frei ist, das Eigentümliche, daß sie infolge der Art ihrer Zubereitung eine Quantität wasserfreie Säure in Mischung enthält oder, was dasselbe ist, weniger Wasser enthält als die englische. In dieser Beschaffenheit aber ist sie besonders zur Auflösung des Indigo geeignet, und dieser eine Nutzen ist wichtig genug, um dem Nordhäuser Vitriolöl die fortdauernde Existenz zu sichern. Die englische Schwefelsäure taugt für den Indigo auch deshalb nicht, weil sie selten ganz frei von Salpetersäure ist und daher die blaue Farbe schädigt, denn Salpetersäure zersetzt den Indigo.

Die wasserfreie Säure oder das Schwefelsäureanhydrit, an sich bloß aus 32 Teilen (1 Atom) Schwefel und 48 Teilen (3 Atomen) Sauerstoff bestehend, ist ein eigentümliches Ding; sie ist ein weißer, kristallisierter Körper, der sich wie Wachs kneten läßt; sie verflüchtigt sich aber sehr rasch und bildet dann sauer riechende Dämpfe. Die wasserfreie Säure selbst hat merkwürdigerweise gar keine sauren Eigenschaften; erst in ihrer Verbindung mit Wasser bildet sie die energisch zerstörende und lösende Flüssigkeit, als welche sie schon im gemeinen Leben bekannt ist. Ihre Neigung aber, sich mit Wasser zu verbinden, ist so stark, daß sie, wenn auf Wasser geworfen, wie glühendes Eisen zischt; ja, wenn die Menge Wasser gering ist, so entsteht Feuererscheinung und Explosion, da die ganze

Flüssigkeit sich dann infolge der entstehenden großen Hitze plötzlich in Dampf verwandelt. Die konzentrierte Schwefelsäure, das Schwefelsäurehydrat, enthält eine gewisse Quantität Wasser (9 Wasser auf 40 Säure), das zu ihrem Bestehen notwendig ist und das sie sich auch durch Destillieren nicht nehmen läßt, denn sie geht dabei unverändert über. Mit dieser Wassermenge ist aber ihr Verlangen noch nicht gestillt, sie hat selbst in verdünnterem Zustande noch sehr große Verwandtschaft zum Wasser und zeigt dies dadurch, daß sie beim Vermischen damit bedeutende Hitze zu entwickeln vermag. Erst wenn die Säure 10 Moleküle Wasser chemisch gebunden hat, tritt bei weiterer Verdünnung keine Wärmeentwickelung mehr ein. In der rauchenden Säure haben wir ein Gemenge von konzentrierter Säure mit wasserfreier, für welche letztere in der Flüssigkeit gar kein Hydratwasser vorhanden ist, welche also ihr flüchtiges Wesen noch nicht eingebüßt hat und dasselbe geltend macht, so oft sie mit der Luft in Berührung kommt, wobei ihre Dämpfe Wasser aus der Luft anziehen und dadurch in Schwefelsäurehydrat verwandelt werden, das nun als sogenannter Rauch sichtbar wird. Wir sehen dann die Säure, welche auf 9 Wasser 80 wasserfreie Säure enthält, rauchen oder richtiger dampfen. Schwefelsäureanhydrit oder wenigstens eine diesem sehr nahe stehende, nur noch wenig Wasser enthaltende Säure wird jetzt auch fabrikmäßig hergestellt und kommt als weiße kristallinische Masse in eisernen Trommeln von circa 50 kg Inhalt in den Handel. England und Böhmen sind bis jetzt die Lieferanten dieser Säure, welche bei der Herstellung von künstlichem Alizarin Verwendung findet. Man bereitet diese Säure durch Erhitzen von saurem schwefelsaurem Natron (Natriumbisulfat), welches bei der Gewinnung der Salpetersäure aus Chilisalpeter als Nebenprodukt abfällt; die Hälfte Schwefelsäure entweicht in der Glühhitze und wird aufgefangen, während die andre Hälfte als Natriummonosulfat zurückbleibt.

Die Fabrikation der rauchenden Schwefelsäure aus Eisenvitriol, früher das allgemeine Verfahren, wird nur noch in wenigen Orten, in sogenannten Vitriolbrennereien, betrieben: am stärksten noch in Böhmen, außerdem hier und da im Erzgebirge, am Harz und am Niederrhein. Das Rohmaterial bilden vorzugsweise die Abgänge (Mutterlaugen), die bei der Kristallisation des Vitriols übrig bleiben. Durch Eindampfen derselben in Pfannen erhält man den Vitriolstein, den man behufs der Abtreibung der Säure einer Destillation in Thonretorten unterwirft, welche in einem sogenannten Galeerenofen liegen. Ein solcher Ofen bildet einen langen Feuerkanal, in welchen die Retorten derart eingepaßt sind, daß sie mit den Hälsen über die Wandung hinausragen. Da die Retorten auf beiden Seiten und meist in mehreren Reihen übereinander angebracht sind, so gibt dies, wenn man sich die krugförmigen thönernen Vorlagen an die Retortenhälse angesetzt denkt, das entfernte Bild eines Ruderschiffs, daher der Name dieser in verschiedenen Zweigen der Technik wiederkehrenden Apparate. Jede Retorte wird mit etwa 15 kg trockener Masse beschickt. In der ersten Zeit des Feuerns entwickeln sich nur saure wässerige Dämpfe und schweflige Säure, die man nicht auffängt; sobald aber die kennbaren Nebel der wasserfreien Säure sich zu zeigen anfangen, werden die Vorlagen angekittet. Diese enthalten nach dem alten Verfahren ein wenig Wasser, mit welchem die sauren Dämpfe des Anhydrits sich zu dem Halbhydrat der Schwefelsäure verbinden; die Feuerung wird etwa 36 Stunden lang und zuletzt bis zum Weißglühen fortgesetzt, die ganze Operation aber, nämlich das Füllen und Glühen, nachdem man jedesmal den Ofen zwölf Stunden hat verkühlen lassen, noch drei- bis viermal wiederholt, wobei immer die nämlichen Vorlagen mit ihrem Inhalte wieder angesetzt werden; dies ist nötig, um die Säure in der gewünschten Stärke zu erhalten. Rascher kommt man zum Ziele, wenn man, behufs der Absorption der Säure, in die Vorlagen statt Wasser englische Schwefelsäure bringt. Hierbei bekommt man freilich die Verunreinigungen derselben mit in den Kauf. Der Destillationsrückstand ist Eisenoxyd, das unter verschiedenen Namen, wie caput mortuum (Todtenkopf), Colcothar, Polierrot u. s. w., im Handel bekannt ist. 100 Teile Vitriolstein geben 47—50 Teile Vitriolöl. Dieses ist fast immer braun gefärbt, während die englische Schwefelsäure von den Fabriken farblos geliefert wird. Da aber schon ein kleines Partikelchen von Kork oder von einer andern organischen Substanz, z. B. Staub, wenn es in die Flasche gerät, hinreicht, durch Verkohlung eine große Quantität Säure zu bräunen, so kann die Farbe für die Güte der Säure kein Merkmal sein.

Die Fabrikation der englischen Schwefelsäure, welche wir nun zu betrachten haben, ist ein viel bedeutenderer Industriezweig. Der Beiname „englische" hat heutzutage, wo jedes Gewerbsland sich seinen Bedarf selbst bereitet, nur noch den Sinn, daß die Fabrikation in England ihren Ursprung genommen hat. Dieser Zweig der Technik hat eine lange Schule durchzumachen gehabt, bis er zu derjenigen Ausbildung gelangte, in der wir ihn heute sehen, wo eine weitere Vervollkommnung nicht möglich erscheint, denn es wird in der heutigen Praxis von einer gegebenen Menge Schwefel fast genau diejenige Menge Säure gewonnen, welche der chemischen Rechnung nach herauskommen muß, während bei der früheren rohen Verfahrungsweise die Ausbeute weit geringer ausfiel. In der Betriebsweise der Fabrikation dagegen werden noch immerfort Verbesserungen angebracht.

Die Aufgabe der Fabrikation besteht also, wie schon gesagt, zunächst in der Erzeugung von schwefliger Säure durch Verbrennen von Schwefel oder Kiesen und sodann in Hinzufügung eines weiteren Anteils von Sauerstoff. Das Ziel ist immer nur in zwei Schritten zu erreichen, denn selbst beim Verbrennen von Schwefel in reinem Sauerstoff entsteht nur schweflige Säure. Nun ist die letztere zwar sehr begierig nach dem weiteren Anteil Sauerstoff und nimmt ihn schon aus feuchter Luft auf, aber für praktische Zwecke doch noch viel zu langsam; viel rascher geht es bei Gegenwart von Salpetersäure, und die dabei auftretenden Erscheinungen, von denen bald die Rede sein wird, bilden eines der merkwürdigsten Beispiele chemischer Metamorphosen.

Daß man durch Verbrennen von Schwefel unter einer innen mit Wasser benetzten Glasglocke etwas Schwefelsäure erhält, ist eine sehr alte Erfahrung, und diese mühsame Darstellung war in der That einst einigermaßen in Übung, denn die so erzeugte schwache Säure wurde früher für etwas ganz Besonderes gehalten und unter dem Namen Schwefelgeist sehr teuer verkauft. Erst etwa um 1600 scheint man angefangen zu haben, dem Schwefel Salpeter beizumischen; es sollte dadurch nur das Fortbrennen befördert werden, aber unverhofft erhielt man dabei eine größere Ausbeute an Säure, und es entstand daraufhin bei London die erste Schwefelsäurefabrik, von Ward gegründet. Der Artikel wurde nun marktgängiger; die Preise sanken von einer enormen Höhe so weit, daß sie nur noch das Acht- bis Zehnfache der heutigen betrugen.

Bei Wards Methode wurde mit dem Schwefel gleichzeitig Salpeter verbrannt, die Dämpfe leitete man in große Glasballons, in denen etwas Wasser vorgeschlagen war. Roebuck in Birmingham ersetzte im Jahre 1746 die Glasballons durch große, aus Bleiplatten zusammengesetzte Kästen, da dies Metall von der Säure sehr wenig angegriffen wird. Im Laufe der Zeit ließ man die Verbrennung in einem Ofen kontinuierlich fortgehen und gelangte zu dem wesentlichen Fortschritte, Wasserdampf einzuleiten, das unbenutzte Salpetergas aufzufangen und zur Wiederbenutzung zurückzuführen, und durch fortgesetzte Versuche näherte man sich endlich der gleich zu beschreibenden Fabrikationsweise, welche durch die Einführung der Platingefäße auf die Höhe der heutigen Massenproduktion geführt wurde.

Wenn auch hier und da etwas abweichend betrieben, umfaßt das jetzt gebräuchliche Verfahren immer folgende Operationen: 1) Verbrennen des Schwefels oder der Schwefelkiese; 2) die Zuführung von Salpetersäure und die Reaktion der daraus entstehenden Gasarten, im Verein mit atmosphärischer Luft und Wasserdampf in den Bleikammern und die Bildung von Schwefelsäure; 3) Wiedergewinnung der Salpetergase; 4) Konzentration der erzeugten Schwefelsäure.

Der Verbrennungsofen für den Schwefel befindet sich an dem einen Ende des Apparates, der, möge er aus einer einzigen langen Kammer oder, wie gewöhnlicher, aus mehreren durch Röhren verbundenen Abteilungen bestehen, immer einen kontinuierlichen Hohlraum bildet, welcher am andern Ende einen Schlot hat, durch welchen der nötige Zug zum Durchgang der Gase durch das Ganze erzeugt wird. Indem nun der Schwefel, um bei diesem ersten Rohstoff für jetzt stehen zu bleiben, in dem Ofen auf anfänglich von unten erhitzten eisernen Pfannen brennt, hat man durch Schieber in der Ofenthür den Luftzutritt dergestalt geregelt, daß nicht allein das zur Unterhaltung des Brennens nötige Luftquantum, sondern ein größeres zuströmen kann; der Überschuß erleidet natürlich keine Veränderung, und so gelangen aus dem Ofen zwei der nötigen Stoffe, schweflige Säure und Luft, gleichzeitig und in Vermischung in die Bleikammern. Es werden aber noch zwei andre Mitarbeiter gebraucht, nämlich Wasserdämpfe und Dämpfe von Salpetersäure. Zur Beschaffung der ersteren dient ein kleiner Dampfkessel, der seine Röhren in die verschiedenen Abteilungen des Apparates sendet. Die eindringenden Dampfstrahlen üben zugleich eine mechanische Wirkung mit aus, indem sie den Zug in den Kammern befördern. Was endlich die salpetersauren Gase betrifft, so hat man für deren Einbringung verschiedene Wege. Die älteste Art ist, wie schon gesagt, die, daß man dem Schwefel gleich eine entsprechende Menge Salpeter beimischt, in welchem Falle dann mit der schwefligen Säure zugleich Stickoxydgas in die Kammer gelangt. Das war jedoch mit mancherlei Unbequemlichkeit behaftet und nachdem verschiedene andre Verfahren vorgeschlagen und probiert worden waren, blieb man endlich dabei stehen, fertige Salpetersäure von außen in einem dünnen Strahle in die erste Kammer, auf einen oder zwei Sätze übereinander stehender Porzellanschalen zu leiten, über die sie kaskadenartig herabrinnt und sich dadurch über eine ziemlich große Oberfläche dünn ausbreitet, was die chemischen Wirkungen natürlich erleichtern muß. Dieses Verfahren ist bis heute im ganzen wenig verändert worden. Daß in diesem letzten Falle Salpetersäure, in dem ersterwähnten Stickoxyd in dem Betrieb eingeführt wird, läuft für die Praxis auf eins hinaus, denn die Salpetersäure als solche kann sich doch beim Zusammentritt mit schwefliger Säure keinen Augenblick erhalten, sie muß einen Anteil ihres Sauerstoffs an diese abgeben, die eben dadurch zu Schwefelsäure wird; was von ihr übrig bleibt, ist salpetrige Säure. Unter den gegebenen Umständen kann diese aber auch nicht fortbestehen, sondern durch die vorhandene schweflige Säure wird ihr ein weiterer Anteil Sauerstoff entzogen, so daß Stickoxydgas entsteht, während die schweflige Säure durch diese Sauerstoff- und Wasseraufnahme zu Schwefelsäure wird. Das Stickoxydgas vermag in der Bleikammer keinen Sauerstoff weiter abzugeben, dagegen nimmt es aus der gleichzeitig mit einströmenden Luft wieder Sauerstoff auf und wird hierdurch wieder zu salpetriger Säure, welche nun von neuem oxydierend auf vorhandene schweflige Säure wirken kann. Das Stickoxyd, ein farbloses Gas, ist also der Überträger des Sauerstoffs der Luft und wird so lange Schwefelsäure bildend wirken, als es mit Luft, Wasserdampf und schwefliger Säure in Berührung kommt. Eine und dieselbe Menge Salpetersäure vermag also, und darin liegt der große Wert dieses Verfahrens, theoretisch unbegrenzte Mengen von schwefliger Säure in Schwefelsäure überzuführen; in der Praxis ist allerdings ein Verlust von einigen Prozenten Salpetersäure hierbei nicht zu vermeiden. Von diesem Verhalten des Stickoxydgases zum Sauerstoff der Luft kann man sich leicht überzeugen, wenn man ein Metall, z. B. etwas Kupfer, mit Salpetersäure übergießt; es entstehen braunrote Dämpfe von salpetriger Säure; diese sind im Augenblicke ihrer Entstehung auch erst Stickoxydgas gewesen, was man daran erkennt, daß die Gasbläschen farblos sind, solange sie unter der Oberfläche der Flüssigkeit sind oder an dem Metalle hängen; sowie aber diese farblosen Bläschen des Stickoxydgases in die Luft gelangen, nehmen sie wieder Sauerstoff auf und verwandeln sich in die braunroten Dämpfe der salpetrigen Säure.

Keine der drei hier erwähnten Stickstoffverbindungen des Sauerstoffs, die Salpetersäure (Stickstoffpentaoxyd), salpetrige Säure (Stickstofftrioxyd) und Stickoxyd, kann also nach dem Vorhergesagten unter den gegebenen Umständen in den Bleikammern auf die Dauer bestehen; sie müssen in raschem Wechsel ineinander übergehen, und der unausgesetzt sich abwickelnde Prozeß in den Bleikammern ist: Entziehen des Sauerstoffs aus der immer mit zugeführten Luft und Abgebung desselben an die schweflige Säure, die hierdurch zur Schwefelsäure wird. Sonach verrichtet das aus der Salpetersäure entstandene Stickoxydgas gewissermaßen Handlangerdienste, indem es Sauerstoff aufnimmt und an die schweflige Säure weiter gibt; selbst büßt es bei dieser Arbeit an Substanz nichts ein. Eine geringe Quantität Säure müßte daher eigentlich auch zu einem immerwährenden Fabrikationsprozesse genügend sein, denn die chemische Kraft erlahmt nicht; aber dies wäre nur denkbar, wenn statt der Luft reines Sauerstoffgas in Anwendung genommen würde. Die Luft aber ist nur zu etwa $^1/_5$ brauchbar, das übrige (Stickstoff) muß als unnützer Ballast aus dem Apparate wieder entlassen werden; hierbei entweicht auch ein Teil der Salpetergase mit, und es wird ein allmählicher Wiederersatz dadurch nötig. Übrigens haben jetzt die Apparate eine Vorrichtung, durch welche ein guter Teil dieser nützlichen Stoffe wieder eingefangen und dem Betriebe zugeführt wird, so daß, wie erwähnt, ein Verlust von nur einigen Prozenten stattfindet.

Nach dem Vorhergehenden wird es nur noch einer kurzen Erläuterung der Fig. 365 bedürfen, welche die jetzt gewöhnliche Einrichtung des ganzen Apparats darstellt. Die Bleikammern, die man eher Säle nennen könnte — denn die mittlere und die Hauptkammer können bis 30 m Länge bei 12—15 m Höhe messen — sind aus gewalzten Bleiplatten zusammengesetzt und in einem starken Holzbau aufgehangen. Unten stehen sie nicht auf, sondern lassen einen Zwischenraum zwischen sich und dem mit aufgebogenen Rändern versehenen Boden. Den Verschluß bildet die gleich anfangs hier aufgegossene Flüssigkeit (schwache Schwefelsäure). Links unten bei D und E liegt in zwei Abteilungen der Schwefelbrennofen, der zugleich den Dampfkessel mit heizt; manchmal ist noch ein Reservedampfkessel vorhanden. In der ersten schmalen Abteilung F des Apparats, deren staffelförmiges Innere später zu erklären ist, steigen die Dämpfe der durch den verbrannten Schwefel erzeugten schwefligen Säure auf und gelangen von oben rechts in die erste Kammer, ein starker Dampfstrom weist ihnen den Weg und fördert den Zug, reißt auch durch ein Rohr, das sich nach außen öffnet, noch mehr Luft ins Innere von A. In dieser Abteilung vollzieht sich also hauptsächlich die Mischung von schwefliger Säure, Luft und Wasserdampf. In der folgenden, B, wird die Salpetersäure auf ihren Verteilungsapparat geleitet und zersetzt sich.

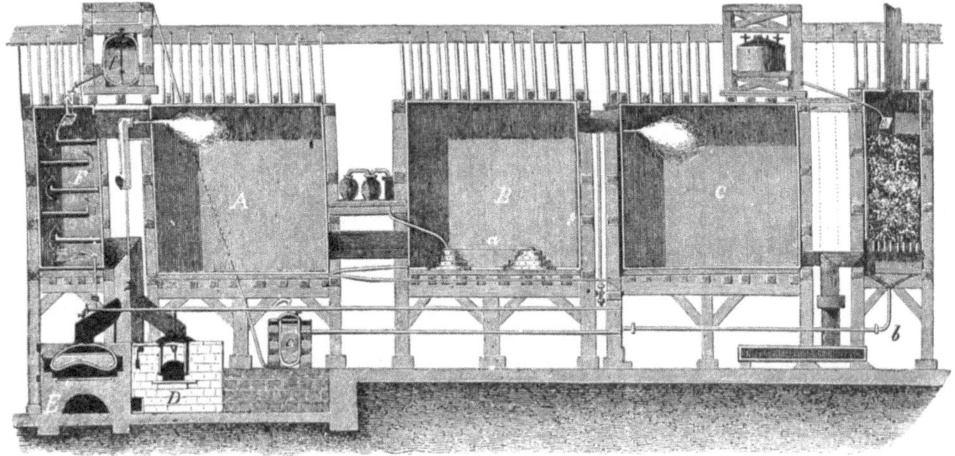

Fig. 365. Apparat für die fabrikmäßige Erzeugung der Schwefelsäure.

Die schon hier, wie in jeder Kammer, am Boden sich sammelnde Schwefelsäure ist aber wegen dieser Nachbarschaft stark mit salpetriger Säure gemischt; sie wird also zunächst wieder zurück nach links in die vorhergehende Kammer geleitet, wo sie diesen fremden Bestandteil größtenteils aushaucht und dieser gleich wieder mit dem ankommenden Gasgemisch in Wechselwirkung tritt. In der großen Kammer C vollzieht sich der hauptsächlichste Teil der Säurebildung, und hier wird auch der meiste Dampf eingelassen. In einer gewöhnlich noch folgenden Abteilung bildet sich zwar aus den bisher unverbundenen Resten noch etwas Säure, aber bis zur gänzlichen Erschöpfung kommt es auch hier nicht. Um daher die noch unbenutzt gebliebenen Salpetergase möglichst zurückzuhalten, läßt man das Gas- und Dampfgemisch, nachdem es durch einen flachen bleiernen Kühlkasten b gegangen, und bevor es durch den Schlot entweicht, in den sogenannten Gay-Lussac-Turm treten; hier bahnt es sich einen Weg durch eine Schicht Koks (G), welche aus einem höher stehenden Gefäß fortwährend mit konzentrierter Schwefelsäure durchtränkt werden. Im konzentrierten Zustande hat nämlich diese Säure eine große Fähigkeit, salpetrige Säure sowie auch etwa vorhandene Untersalpetersäure einzuschlucken, und dies sind eben die Flüchtlinge, die hier arretiert werden sollen. Die salpetrige Säure verbindet sich hierbei mit der Schwefelsäure zu Nitrosulfonsäure oder Nitrosylschwefelsäure, deren Lösung in konzentrierter Schwefelsäure, im Fabrikbetrieb nitrose Säure genannt, sehr beständig ist; beim Verdünnen mit Wasser aber und nachherigem Erwärmen entweichen die Stickstoffverbindungen wieder und können so von neuem dem Betriebe zugeführt werden. Diese nitrose Säure, welche, wenn auch Untersalpetersäure in den entweichenden Gasen vorhanden war, auch noch Salpetersäure enthält, sammelt sich unterhalb der Koks und fließt in einem Bleirohr nach dem andern Ende des Apparats, wo sie in dem Gefäß c ein einstweiliges Unterkommen findet. Von Zeit zu Zeit wird sie von hier entleert, indem durch eine Hahnvorrichtung der Rückweg gesperrt und ein Dampfweg aus dem Kessel geöffnet wird. Der Dampfdruck treibt die Säure durch das schräge Steigrohr in das Gefäß f, und von hier läßt man sie weiter in der ersten Vorkammer F herniederrinnen, wo sie den aus Bleiplatten bestehenden Stufenweg verfolgen muß, oder man leitet sie in den sogenannten Gloverturm, der mit säurebeständigen Steinen gefüllt ist und durch welchen auch die aus dem Brennofen kommende schweflige Säure geleitet wird, ehe sie in die Kammern gelangt. Hierdurch wird die Schwefelsäure so erhitzt, daß die darin enthaltene Nitrosylschwefelsäure zersetzt und die salpetrige Säure in Freiheit gesetzt wird. Wenn an Stelle des Gloverturmes die Vorkammer F angebracht ist, so wird der herabkommenden nitrosen Säure durch ein unten befindliches Dampfrohr fortwährend Wasserdampf entgegengeschickt, welchen sie begierig verschluckt und sich dadurch verdünnt. Infolge dieser Verdünnung verliert sie die Haltkraft für die salpetrigen Dämpfe; diese scheiden aus, um zugleich mit den aus dem Ofen kommenden schwefligsauren Dämpfen in die Zirkulation wieder einzutreten, während die Säure in den Behälter der Hauptbleikammer geht. Diese Einfangsvorrichtung ist wirksam genug, so daß man jetzt mit dreimal weniger Salpetersäure auskommt als früher. Bei der besten Leitung bedarf man jetzt nur 4—5 Teile Salpetersäure, um 100 Teile Schwefel in Schwefelsäure zu verwandeln. Bei fehlerhaftem Betrieb, wenn es an Wasserdampf mangelt, bilden sich in den Bleikammern die sogenannten Bleikammerkristalle, welche aus der schon erwähnten Nitrosylschwefelsäure bestehen.

Fig. 366. Verarbeitung der Schwefelkiese auf Schwefelsäure.

Das andre Rohmaterial für Schwefelsäure, der Schwefelkies oder Pyrit, aus 28 Eisen und 32 Schwefel bestehend, findet da Anwendung, wo er häufig und wohlfeil, etwa zu $^1/_4$ der Schwefelpreise, zu haben ist: in Deutschland namentlich am Harz, im Erzgebirge, ferner in Böhmen, Belgien, Spanien, Norwegen und England. Namentlich aus Spanien (Provinz Huelva) werden große Mengen von Schwefelkies nach Deutschland gebracht, um für die Zwecke der Schwefelsäurefabrikation verwertet zu werden, und die Rückstände vom Abbrennen oder Rösten benutzt man, um aus ihnen noch die kleinen Mengen Kupfer, Silber und Gold zu gewinnen, die sie enthalten. Im südlichen Spanien und Portugal wurden 1880 allein 2000000 Tonnen Schwefelkies produziert. Aber auch andre natürliche Schwefelmetalle, wie Bleiglanz, Kupferkies u. s. w., die beim Rösten schweflige Säure geben, werden auf diese Weise doppelt ausgenutzt, indem die Röstrückstände auf Kupfer, Blei und Silber verarbeitet werden. So ließ man z. B. früher die ungeheuren Massen schwefliger Säure, die in den Muldener Hütten bei Freiberg durch das Rösten der Erze entstehen, ungenutzt in die Luft entweichen, während dieselben jetzt in Bleikammern geleitet und in Schwefelsäure übergeführt werden. Die hierzu gebrauchten Öfen, an welche sich dann die Bleikammern in der uns bekannten Einrichtung anschließen, werden durch die Durchschnittsabbildung (s. Fig. 366) dargestellt. Zwei Schachträume, die unten nur durch Roststäbe geschlossen sind, haben an der Seite noch zwei Öffnungen, deren obere zum Nachfüllen der Kiese dient und nur bei Bedarf geöffnet wird. Die untere Öffnung dient zur Regulierung des Luftzutritts, falls am Rost nicht genug Luft eintreten kann. Die aus beiden Schächten aufsteigende schweflige Säure gelangt durch einen Mittelkanal zunächst in vier besondere kleine Kammern (Vorkammern), in welchen die mechanisch mit fortgerissenen sowie die leichter kondensierbaren flüchtigen Körper, so namentlich ein Teil der arsenigen

Säure, Eisenoxyd u. s. w., sich absetzen; von hier aus werden die Gase in Bleikammern geleitet. Die nötige Salpetersäure wird hier so erzeugt, daß auf einem kleinen eisernen Karren eine Pfanne mit Natronsalpeter, welchem Schwefelsäure beigemischt ist, in diesen Mittelkanal eingeführt wird. Die Schwefelsäure verbindet sich mit dem Natron und treibt die Salpetersäure aus. Die anfängliche Beschickung geschieht mit Koks; sind diese gehörig zusammengebrannt, so beginnt man Kiese nachzufüllen; eine weitere Zugabe von Brennmaterial ist dann nicht mehr nötig, denn die beim Verbrennen des Schwefels entstehende Wärme unterhält die Glut; da die abgerösteten Schwefelbrände unten herausgezogen werden, so kann der Betrieb ununterbrochen fortgehen, solange der Ofen aushält.

Der beschriebene Ofen, jetzt meist mit drehbaren Roststäben versehen, eignet sich jedoch nur für Stückkies, d. h. für Pyrit bis zu Nußgröße herab; um aber auch erdigen oder pulverförmigen Kies verarbeiten zu können, sogenannten Schliech, hat man jetzt andre Öfen. Von der großen Zahl, die hierzu empfohlen und in Anwendung gebracht worden sind, können hier nur die gebräuchlicheren kurz beschrieben werden. Bei dem ziemlich verbreiteten Gerstenhöferschen Schüttofen gelangt der oben in den Schacht des Ofens kontinuierlich eingeführte Schliech auf eine Reihe kleiner, aus feuerfestem Thon gefertigter Prismen oder Bänke und rutscht dann bei fortgesetztem Erzzutritt durch die Zwischenräume auf eine zweite solche Bankreihe, welche mit den Zwischenräumen der darüber befindlichen korrespondiert; so hat der Kies noch mehrere solcher Bankreihen zu passieren, bis er endlich unten abgeröstet anlangt.

Fig. 367. Apparat zur Konzentration der Schwefelsäure.

Etwas einfacher in seiner Anlage ist der demselben Zweck dienende Röstofen von Hasenclever und Helbig; der Schliech rutscht hier in dem schachtförmigen Ofen, in welchem Thonplatten abwechselnd links und rechts etagenartig unter einem Winkel von 38° befestigt sind, als ein zusammenhängendes dünnes Band hinab. Auch mechanische und rotierende Kiesröstöfen hat man eingeführt, so den von Gibb und Gelstarp und den von Hocking und Oxland. Der Ofen von Maletra enthält horizontale, abwechselnd mit der Vorder- und Hinterwand in Verbindung stehende Thonplatten, auf welchen der Schliech sich befindet und von der einen auf die nächstfolgende geschoben wird.

Da die auf solche Weise aus Kiesen hergestellte Säure, eines nicht zu vermeidenden aus den Erzen herrührenden Arsenikgehalts wegen, zu vielen Zwecken nicht zulässig ist, so nimmt man die Verarbeitung der Kiese in der Regel auch nur da vor, wo die Säure in den Fabriken selbst gleich weiter zur Sodafabrikation benutzt wird und diese Verunreinigung nichts schadet, indem der giftige Stoff schließlich in die Abgänge gelangt, oder man entfernt das Arsen aus der Säure entweder durch Einleiten von Schwefelwasserstoffgas, wie es z. B. in Freiberg geschieht, oder durch Zusetzung von Schwefelbarium.

In dem Bodensatze, der sich in den Vorkammern absetzt, hat man ein dem Schwefel ähnliches und häufig in denselben Erzen vorkommendes Element, das Selen, entdeckt (1817), das indessen, wie so mancher der andern Grundstoffe, für die Praxis zur Zeit noch von keiner Bedeutung geworden ist. Auch zur Entdeckung zweier andrer metallischer Elemente hat dieser Kammerschlamm Veranlassung gegeben, nämlich des Thalliums (1862) und des Galliums (1876). Die in den Bleikammern erzeugte Säure heißt Kammersäure; sie sammelt sich in dem Bodenkasten der Hauptkammer an, weil dieser am tiefsten liegt und alle übrigen Kästen durch Überlaufen ihr Erzeugnis dahin abgeben. Die Kammersäure hat eine Stärke von durchschnittlich 47—48° Baumé und ist für viele Fabrikationszweige stark genug; die für den Handel bestimmte Säure muß dagegen noch zu größerer Konzentration eingedampft werden, wobei eine Reinigung von der fast immer noch darin enthaltenen salpetrigen und Salpetersäure erfolgt. Das Eindampfen geschieht in flachen bleiernen Pfannen, welche an die Kühlschiffe der Brauer erinnern, denn sie messen in der Breite 2—3 m und das Vierfache in der Länge. Man bringt zwei, wie es Fig. 367 zeigt, auch drei oder vier Abdampfpfannen nebeneinander an, und zwar so, daß die am weitesten vom Feuer entfernte am höchsten, jede folgende etwas tiefer steht. In jeder der von unten beheizten Pfannen befindet sich Säure; die in der tiefsten Pfanne befindliche hat vorher alle höheren Pfannen passiert und in jeder einige Stunden gekocht. Ist sie stark genug, so wird sie abgelassen, und die leere Pfanne empfängt den Inhalt der zunächst über ihr stehenden, welche sich wieder aus der folgenden füllt oder, sofern keine weitere vorhanden, mit roher Säure beschickt wird. So geht die ganze Abdampfarbeit ohne Unterbrechung fort. In manchen Fabriken dient die oberste Pfanne nicht zum Abdampfen, sondern zu der oben erwähnten Reinigung von dem salpetrigen Gase. Sie ist zu dem Ende kastenähnlich mit einem eintauchenden Bleideckel geschlossen; ein Rohr führt vom Schwefelofen her schwefligsaures Gas in den geschlossenen Raum, welches über der Oberfläche der erwärmten Säure durch Zwischenwände streicht und die Salpeter- und salpetrige Säure reduziert. Ein zweites Rohr führt die schweflige Säure in Begleitung des entstandenen oder verdrängten Stickgases in die erste Bleikammer zurück.

Die Erhitzung der Abdampfpfannen geschieht meistens von demselben Feuer aus, welches den bald zu erwähnenden Platinkessel, und zwar diesen in nächster Nähe, beheizt. Es dürfen aber natürlich die Böden der bleiernen Pfannen nicht mit der unter ihnen hinziehenden Feuerluft in direkte Berührung kommen; man schützt sie daher an den heißesten Stellen durch eine Lage stärkerer Ziegel, während man weiterhin schwächere und zuletzt Eisenplatten anbringt, so daß die Hitze möglichst gleichmäßig über die ganze Abdampfungsfläche verteilt wird. Eine wesentliche Vereinfachung des Abdampfgeschäfts gewährt die jetzt öfter benutzte Heizung von oben. Die Pfannen haben eine Verdeckung, zwischen welcher und der Oberfläche der Säure die Ofenflammen hindurchstreichen.

Auf den Pfannen verliert die Säure so viel Wasser, daß sie schließlich an der Bauméschen Senkwage 60° zeigt. Sie ist hiermit für Bleicher, Färber und fast alle technischen Zwecke vollkommen brauchbar, aber merkwürdigerweise wird sie für den Handel meistens noch stärker verlangt, obgleich sie beim Gebrauch für die meisten Zwecke wieder bedeutend verdünnt werden muß. Man treibt also die Konzentration bis auf 66°; aber hierzu gehören andre Mittel, welche gerade diesen letzten Teil der Fabrikation zu dem kostspieligsten machen. Je stärker nämlich die Säure wird, desto mehr Hitze ist erforderlich, um sie im Sieden zu erhalten. Von 60° Baumé (= $1{,}_{712}$ spezifisches Gewicht) aufwärts ist der nötige Hitzegrad ein so hoher, daß die Bleipfannen nicht weiter dienen können, weil die Säure bei dieser Konzentration zu viel Blei auflösen würde; es wird nun eine Destillierblase von Platin notwendig. Eine solche ist jedoch ein teures Möbel, denn sie kostet, je nachdem sie 250—1000 kg Säure faßt, 30—75000 Mark. Eine Fabrik, die täglich 80 Zentner konzentrierte Säure liefert, hat für die Blase und einige Nebenteile, Rohre, Stöpsel u. s. w., die ebenfalls von Platin sein müssen, allein circa 60000 Mark aufzuwenden. Die Zinsen hierfür und der starke Brennstoffaufwand machen also einen bedeutenden Ansatz in der Kostenrechnung.

Früher konzentrierte man die von den Bleipfannen kommende Säure in großen Glasretorten, die in Sand lagen, auf die beständige Gefahr hin, daß solche sprangen und saure Dämpfe die Fabrik erfüllten. In England benutzt man teilweise wieder Glasgeschirre von besonders guter Masse. Bei den Platinblasen fällt die Gefahr des Springens weg, doch erfordern sie ebenfalls eine gute Abwartung, um nicht rasch unbrauchbar und brüchig zu werden. Man setzt sie gewöhnlich in einen gußeisernen Mantel. Soll ein Platinkessel sich gut halten, so darf er nicht stark wechselnden Temperaturen ausgesetzt werden; deswegen führt man gern einen kontinuierlichen Betrieb, schon um das Anlagekapital möglichst auszunutzen.

Aus der untersten Bleipfanne wird die heiße Säure durch einen Heber in die Blase gelassen, die etwa zu $^2/_3$ gefüllt wird. Von dem Helm der Blase geht ein Bleirohr ab, das in Schlangenwindungen in dem vorgeschlagenen Kühlwasser liegt. Anfänglich geht schwachsaures, dann immer stärker gesäuertes Wasser oder verdünnte Säure ab, die man wieder auf die Pfanne gibt. Wollte man die Konzentration aufs äußerste treiben, so müßte man so lange fortfahren, bis das Übergehende ebenso stark wäre wie das in der Blase Befindliche; man bricht aber in der Regel früher ab und bleibt bei 66° Baumé (= $1,_{846}$ spezifisches Gewicht) stehen, was die gewöhnliche konzentrierte Säure, nämlich 80 Teile wasserfreie Säure mit 20 Teilen Wasser, gibt. Das Merkmal hierfür ist gegeben, wenn man an den herausgezogenen Proben sieht, daß die vorher braune Flüssigkeit ganz farblos geworden ist. Diese Entfärbung in höherer Hitze ist ein Grund mit, daß die Konzentration so weit getrieben wird; eigentlich ist es aber auch nur eine Arbeit fürs Auge. Die Säure wird schließlich durch einen langen Heber von Platin, der immer an seiner Stelle bleibt und im Kühlwasser liegt, in die Ballons abgelassen, in denen sie in den Handel kommt. Manche Schwefelsäurefabriken erzeugen nebenbei Eisenvitriol und verwerten dadurch die Säure, welche in den ersten Abdampfwässern mit fortgeht, bis dieselben gehaltreich genug sind, um wieder auf die Pfannen zurückgegeben zu werden. Man gießt die sauren Wässer auf altes Eisen, erhitzt sie durch eingelassenen Dampf und leitet, wenn die Säure sich mit Eisen gesättigt hat, die Auflösung in hölzerne Kästen, wo in einigen Tagen das Salz herauskristallisiert. Die Zahl der im Deutschen Reiche in Thätigkeit befindlichen Schwefelsäurefabriken wird auf 21 angegeben, und die jährlich produzierte Menge dieser Säure beläuft sich jetzt auf ungefähr 200 000 000 kg.

Verwendung der Schwefelsäure. Die Schwefelsäure spielt in vielen technischen Fällen gleichsam die Rolle eines Werkzeugs, indem sie zur Anfertigung andrer Produkte dient. Ihre große und vielseitige Anwendbarkeit aber beruht zum Teil darauf, daß sie bei ihrer Wohlfeilheit zugleich die stärkste Säure ist, die jede andre Säure aus ihren Verbindungen verdrängt, zum Teil auf andern speziellen Eigenschaften. In ersterem Sinne wird sie z. B. gebraucht, um aus Kalkphosphat die Phosphorsäure, aus Kochsalz die Salzsäure, aus Salpeter die Salpetersäure zu scheiden, im Knochenmehl und Guano die Phosphorsäure löslich zu machen. In gleicher Weise dient sie bei der Bereitung des Chlors und Chlorkalkes, der Essig-, Zitronen- und Weinsäure, zur Freimachung der Kohlensäure aus Magnesit, Marmor ꝛc. Als Auflösungsmittel der Metalle und als Bildner einer großen Anzahl von Salzen ist die Schwefelsäure nicht minder wichtig; wir begegnen ihr im Eisen-, Kupfer- und Zinkvitriol, im schwefelsauren Ammoniak, im Glaubersalz, Alaun und Gips. Große Mengen von Schwefelsäure werden jetzt in der Teerfarbenindustrie verbraucht, sowie in Gemeinschaft mit Salpetersäure bei der Herstellung von Nitroglycerin für Dynamit. Auch in den wirtschaftlichen Gebrauch hat sich die Säure eingeführt, namentlich als Putzmittel für Metalle, wobei eben ihre oxydauflösende Kraft in Anspruch genommen wird. Viele Leser werden sie daher aus Erfahrung als einen ätzenden, alles zerfressenden Stoff kennen. Aber dieser Zerstörungssinn ist keineswegs ein so regelloser, als es scheinen könnte; die energischen Wirkungen, welche die Säure auf organische Stoffe, d. h. auf solche von tierischem und pflanzlichem Ursprung ausübt, sind vielmehr mannigfacher Verwendung fähig, zumal da sie sich je nach dem Verdünnungsgrade der Säure noch verschieden äußern. In vielen Fällen lassen sich diese Wirkungen aus der starken Verwandtschaft der Säure zum Wasser erklären, so die Verkohlung des Holzes, Zuckers u. s. w. Zieht man von den Elementarbestandteilen des Zuckers die Elemente des Wassers ab, so bleibt eben nichts als Kohle übrig. Ferner wandelt sie, wenn sie in konzentriertem Zustande mit Alkohol zusammen erhitzt wird, denselben in Schwefeläther um u. s. w.

Da nicht alle organischen Stoffe gleichstark von der Säure angegriffen werden, so dient sie mit Vorteil zur Unterscheidung der Baumwolle von Leinen in Geweben, denn die Leinenfäden setzen ihr einen größeren Widerstand entgegen als Baumwolle. Reine Fettstoffe sind auch schwer angreifbar, und darauf gründet sich der nicht unwichtige Industriezweig der Ölraffinerie. Die dem Öl in kleiner Menge zugemischte Säure verkohlt zunächst nur die fremden Stoffe im Öl und bringt sie zum Absetzen, während sie selbst schließlich durch Wasser aus dem Öl wieder herausgewaschen wird. Ebenso benutzt man sie zur Reinigung der Mineralöle und des Paraffins. Im verdünnteren Zustande der Säure erscheinen dergleichen Wirkungen nicht mehr wie Zerstörungen, sondern als bloße Umänderungen. Ein interessantes, hierher gehöriges Beispiel gibt die Verwandlung der Stärke in Stärkezucker. Ein wenig Schwefelsäure zu dem Wasser gesetzt, womit die Stärke erhitzt wird, verwandelt den Kleister erst in Dextrin und nachgehends in Zuckerlösung, ohne daß die Säure hierbei etwas aufnimmt oder abgibt. Hat sie ihre Aufgabe gelöst, so beseitigen wir sie leicht und vollständig aus der Lösung durch Zusatz einer entsprechenden Menge Kalk, denn dieser bildet mit der Säure Gips, der als fast unlöslich sich absetzt. Auf Pflanzenfaser hat die Schwefelsäure eine analoge Wirkung; sie verwandelt dieselbe bei nicht zu großer Verdünnung in einen Kleister und schließlich auch in Zucker. Eine eigentümliche Wirkung übt Schwefelsäure bei kurzer Einwirkung auf die Pflanzenfaser aus, wenn sie zu Papier verarbeitet ist; hierauf gründet sich ein neuer Industriezweig: man zieht starkes, ungeleimtes Papier ohne Ende durch eine wieder kalt gewordene Mischung von 2 Raumteilen Schwefelsäure und 1 Raumteil Wasser und leitet dann das Papier sofort in kaltes Wasser, um die Säure wieder zu entfernen; man erhält nach dem Waschen und Trocknen einen ziemlich festen Stoff, welcher der tierischen Blase ähnelt und in vielen Fällen diese letztere ersetzen kann, das sogenannte Pergamentpapier.

Der Chemiker kommt bei seinen tausendfältigen Zerlegungen, Zusammensetzungen und Prüfungen alle Augenblicke in den Fall, sich der Schwefelsäure als eines unentbehrlichen Hilfsmittels bedienen zu müssen. Die wasseranziehende Kraft der Schwefelsäure ist ungemein groß. Ein abgeschlossener Raum kann daher durch Einstellen von Säure vollständig ausgetrocknet werden und dieses bequeme Eintrocknungsmittel unter Glasglocken wird häufig bei Stoffen benutzt, die keine Erwärmung oder Einwirkung der freien Luft vertragen. So könnten wir noch hunderterlei wichtige Verwendungsarten der Schwefelsäure aufzählen, ohne erschöpfend zu werden. Wir wollen aber in der Kürze uns noch mit einigen andern bemerkenswerten Verbindungen des Schwefels beschäftigen.

Schwefelleber und Schwefelwasserstoff. Die zu Bädern und andern Zwecken benutzten Schwefellebern sind Verbindungen des Schwefels mit irgend einem Alkalimetall, besonders Kalium, Natrium, Calcium; sie sind in Wasser, mit Ausnahme der des Calciums, leicht löslich, unlöslich dagegen sind die in gleichem Sinne gebildeten Schwefelverbindungen mit den beständigen Metallen, Eisen, Kupfer, Zink, Blei u. s. w. Viele der letzteren finden sich, wie wir sahen, als Kiese, Glanze oder Blenden in der Natur fertig vor; man kann sie aber auch künstlich, sowohl durch Erhitzen des Schwefels mit dem Metall als auf nassem Wege, bereiten, indem man der Salzlösung des betreffenden Metalls Schwefelwasserstoff, oder Schwefelammonium, oder eine Lösung von Schwefelleber zumischt, wobei das Schwefelmetall sich als Niederschlag abscheidet. Einige dieser Schwefelmetalle dienen, wie wir später sehen werden, als Farbenkörper. Behandelt man ein Schwefelmetall oder eine Schwefelleber mit einer starken Säure, so bildet dieselbe mit dem Metall ein Salz, indem Wasser sich zersetzt, seinen Sauerstoff an das Metall abgibt, während das Wasserstoffgas des Wassers an den Schwefel geht und sich mit diesem zu dem flüchtigen Schwefelwasserstoff vereinigt, der seiner Natur nach ein indifferenter Körper, seinem Betragen nach jedoch ein abscheulich riechender, durch Giftigkeit auch gefährlicher Patron ist, den aber gleichwohl der Chemiker, wie wir in der Einleitung zu diesem Bande gesehen haben, nicht entbehren kann. Indes kann man den flüchtigen Geist gleich der Kohlensäure dem Wasser einverleiben, wodurch er handlicher wird. Oder man leitet ihn in Ammoniakgeist bis zur Sättigung und erhält so das bekannte Schwefelammonium, das die Wirkungen des Schwefelwasserstoffs mit denen des Ammoniaks vereinigt. In der Praxis stellt man das Gas gewöhnlich aus Schwefeleisen mittels verdünnter Schwefelsäure dar. Das Schwefeleisen bereitet man sich leicht dadurch, daß man glühendes Eisen in geschmolzenen Schwefel bringt, wobei beide Elemente unter lebhaftem Spratzen sich chemisch miteinander vereinigen.

Nebenstehender Apparat (Fig. 368) ist zur Darstellung von Schwefelwasserstoffgas für größere Laboratorien sehr geeignet. Die beiden Glaskugeln A und B sind miteinander fest verbunden; in den Hals von B reicht ein mit der Kugel C zusammenhängendes Rohr bis fast auf den Boden A und schließt in jenem Halse luftdicht; die Öffnung a ist mit einem Glasstöpsel, c mit einem Kautschukstöpsel verschlossen, durch welchen ein mit einem Glashahn versehenes Rohr d führt. Auf der Kugel C befindet sich ein mit Kalilauge gefüllter hydraulischer Verschluß e. Die Kugel B hat im Innern eine Scheibe von Kautschuk, welche in ihrer Mitte eine Öffnung für das Rohr b hat. Auf diese Scheibe bringt man das Schwefeleisen; die verdünnte Schwefelsäure befindet sich in C. Beim Öffnen des Hahnes d fließt die Säure aus der Kugel C zuerst nach A und füllt dann auch noch B bis zur Höhe des Schwefeleisens. Die Gasentwickelung beginnt. Wird der Hahn d geschlossen, so kann das Gas nicht entweichen und drückt die Säure aus der Kugel B nach A und aus dieser nach C zurück. Bei abermaliger Öffnung von d beginnt die Gasentwickelung von neuem und man erhält schließlich luftfreies Gas, welches durch d weiter geleitet wird.

Schwefelkohlenstoff. Es gibt ferner eine interessante Verbindung des Schwefels mit dem Kohlenstoff, in Form einer sehr flüchtigen Essenz, der man es kaum zutrauen möchte, daß sie von einem so soliden Elternpaar, wie ein Stück Schwefel und ein Stück Kohle ist, abstammt. Die Verbindung wurde von Lampadius in Freiberg 1796 entdeckt und hieß anfänglich Schwefelalkohol, welchen Namen sie mit dem bezeichnenderen Schwefelkohlenstoff oder Kohlenstoffdisulfid vertauscht hat. Der Schwefelkohlenstoff bildet eine stark lichtbrechende Flüssigkeit, hat im rohen Zustande einen widrigen Geruch nach faulen Rüben und eine ähnliche betäubende Wirkung wie Äther und Chloroform. Er ist sehr flüchtig, leicht entzündlich und feuergefährlich, schwerer als Wasser, mischt sich nicht mit diesem und wird am besten unter einer Wasserschicht aufbewahrt; seine Dämpfe wirken eingeatmet sehr giftig.

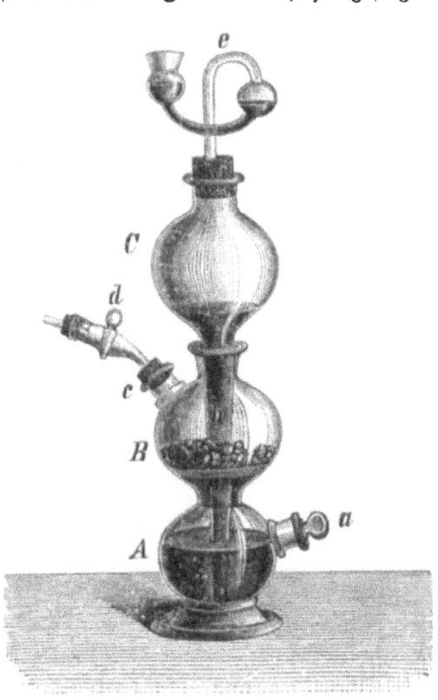

Fig. 368. Apparat zur Entwickelung von Schwefelwasserstoff.

Der technische Wert des Schwefelkohlenstoffs liegt in seiner großen Lösungskraft gegen harzige und fette Stoffe, selbst gegen Schwefel, Jod, Phosphor u. s. w. Seine Anwendung im großen aber und damit seine fabrikmäßige Darstellung gehört erst der neueren Zeit an und knüpft sich vorzüglich an die Industrie des Kautschuks, für welchen Stoff er ebenfalls wie für Guttapercha, ein vorzügliches Lösungsmittel ist. Namentlich wird er viel gebraucht zum Vulkanisieren des ersteren. Wird eine Lösung von Schwefel in Schwefelkohlenstoff der Abdunstung überlassen, so scheidet sich der Schwefel in schönen Kristallen aus; hiervon macht man, wie schon im Eingang dieses Abschnitts erwähnt wurde, bei der Schwefelgewinnung Gebrauch.

Der Schwefelkohlenstoff steht noch am Anfang seiner technischen Laufbahn, und er wird um so ausgedehntere Anwendung finden, je billiger seine Herstellungsweise sich gestaltet. Man hat angefangen, ihn zum Ausziehen von Öl und Fett aus Ölsaat und Ölkuchen, Knochen, Talggrieben u. s. w. zu benutzen. Eine derartige Ölmühle z. B. ist so eingerichtet, daß man die zerquetschten Samen einfach mit der Flüssigkeit übergießt und filtriert und das Abgelaufene bei gelinder Wärme in Destillationsgefäßen abdampft, wobei dann das reine Öl zurückbleibt, der Schwefelkohlenstoff aber aufgefangen, durch eine Kühlvorrichtung wieder verdichtet und immer von neuem wieder benutzt wird. Alles dies muß natürlich in geschlossenem Raume geschehen. Bei der Entfettung von Wolle und Tuchen durch Schwefelkohlenstoff erspart man nicht allein die ganze sonst aufzuwendende Seife, sondern gewinnt auch noch das ganze Fett und erhält die Wolle obendrein schöner. So zieht man auch aus Knochen, die zum Verkohlen bestimmt sind, durch dieses Extraktionsmittel jetzt noch 10—12 Prozent Fett, die sonst verloren gingen. In Frankreich benutzt man das Lösungsmittel in ähnlicher Weise, um Auszüge aus Würzestoffen und fein duftenden Blumen zu machen, wobei allerdings höhere Kosten übertragen werden können als bei Rüböl. Man reinigt dazu den Stoff noch weiter durch Schütteln mit Quecksilber zur Entfernung des etwa in Lösung vorhandenen Schwefels, Behandeln mit Ätzkali, Ätzkalk u. dergl. Hierdurch wird der widrige Geruch entfernt und ein angenehmer, chloroformartiger erzielt. Nachdem der Schwefelkohlenstoff von den Gewürzextrakten abgedampft worden, werden letztere mit Zucker, Salz, Gummi 2c. vermischt und gehen unter dem Namen „lösliche Gewürze“ in den Handel.

Selbst als Kriegsmittel ist Schwefelkohlenstoff in Vorschlag gebracht worden. Derselbe löst nämlich das Zwölffache seines eignen Gewichts Phosphor auf. Diese Teufelsbrühe soll in eine dünnwandige Bombe gefüllt und der Feind damit beworfen werden. Die Bombe zerschellt beim Niederfallen, ihr Inhalt verbreitet sich und überzieht alles mit Phosphor, der sich nach dem raschen Verdunsten des Lösungsmittels sofort von selbst zu verzehrendem Feuer entzündet. Unschuldiger ist die Verwendung des Stoffs im kleinen Kriege gegen Ungeziefer aller Art, das in geschlossenen und mit Schwefelkohlenstoffdämpfen angefüllten Räumen zu Grunde gehen muß. Der Umgang mit diesem Stoff darf aber seiner großen Feuergefährlichkeit wegen nur ganz sicheren Händen anvertraut werden. Schüttelt man Schwefelkohlenstoff mit einer Lösung von Ätzkali in Alkohol, so entstehen gelblichweiße Kristallnadeln von Kaliumxanthogenat (xanthonsaurem Kali, äthylsulfokohlensaurem Kalium); ein Salz, welches man zur Vertilgung der Reblaus und der Erdflöhe verwendet. Große Mengen von Schwefelkohlenstoff werden jetzt zur Herstellung von Rhodanpräparaten für die Zwecke der Zeugdruckerei gebraucht.

Bei der Fabrikation des Schwefelkohlenstoffs kommt es darauf an, Schwefeldämpfe durch glühende Holzkohlen streichen zu lassen. Hierbei geht die Vereinigung der beiden Elemente (6 Gewichtsteile Kohle und 32 Gewichtsteile Schwefel) vor sich und das Produkt braucht nur in einer Kühlvorlage verdichtet und in einem Gefäß unter Wasser aufgefangen und gereinigt zu werden. Die Holzkohlenstücke wendet man von Haselnußgröße an und füllt damit eine aufrecht stehende thönerne oder gußeiserne Retorte, welche man in einem Flammofen erhitzen kann. Der Schwefel wird durch eine am oberen Ende der Retorte befindliche Öffnung eingetragen, durch welche er in einem eingekitteten Rohre bis in den unteren Teil der Retorte gelangt, wo er schmilzt und verdampft; der Dampf desselben muß dann die ganze glühende Kohlenschicht von unten nach oben durchstreichen und vereinigt sich hierbei mit der Kohle zu Schwefelkohlenstoff und die Bildung desselben geht so lange vor sich, als es nicht an Kohle oder Schwefel fehlt.

Das in der Vorlage unter Wasser sich ansammelnde Destillat ist gelb gefärbt und besteht aus einer Lösung von Schwefel in Schwefelkohlenstoff. Die starke Lösungskraft des letzteren gegen den ersteren macht sich schon im Apparate selbst geltend, indem der eben gebildete Schwefelkohlenstoff sich mit vorhandenen, noch unverbundenen Schwefeldämpfen sättigt. Um das Rohprodukt vom Schwefel zu befreien und sonst zu reinigen, destilliert man es daher noch ein- oder zweimal bei gelinder Wärme in eine kalt gehaltene Vorlage ab, reinigt es wohl auch durch chemische Mittel. Neuerdings hat man verschiedene Verbesserungen an den Apparaten zur Herstellung von Schwefelkohlenstoff angebracht.

Der Schwefelkohlenstoff hat einen Verwandten, den Chlorschwefel, einen noch unangenehmeren Gesellen, der aber ebenfalls nützliche und merkwürdige Eigenschaften besitzt und gleich jenem erst neuerlich eine Anstellung in der Technik gefunden hat. Er ist, wie der Name sagt, eine Verbindung von Schwefel mit Chlor, bildet eine rote oder gelbe, sehr flüchtige Flüssigkeit, die an der Luft Dämpfe von stinkendem, saurem Geruch ausstößt, sich überhaupt weder mit der Luft noch mit Wasser lange verträgt, sondern in Berührung damit in Salzsäure und schweflige Säure umgewandelt wird. Seine Lösungskraft ist ebenso stark und bezieht sich auf dieselben Stoffe wie die des Schwefelkohlenstoffs. Er dient wie jener zum Vulkanisieren des Kautschuks. Überläßt man die vom Chlorschwefel durchdrungene Kautschukmasse dem Abdünsten, so geht bloß das Chlor fort und der ganze Schwefelgehalt bleibt dem Kautschuk einverleibt.

Der Chlorschwefel entsteht, wenn trockenes Chlorgas mit pulver- oder dampfförmigem Schwefel zusammenkommt. Leitet man das Chlorgas durch ein Rohr, welches Schwefelblumen enthält, so erhält man in der kalt gehaltenen Vorlage eben auch, wie beim Schwefelkohlenstoff, nicht sogleich die reine Verbindung, sondern dieselbe mit aufgelöstem Schwefel überladen; durch Umdestillieren bei gelinder Wärme kann man dann das Flüchtigste, den gebrauchten Chlorschwefel, abziehen.

Wissenschaftlich ist der Chlorschwefel interessant durch verschiedene chemische Eigentümlichkeiten. Schüttelt man Rapsöl mit $1/_{10}$ seines Volumens Chlorschwefel, so tritt eine heftige Reaktion ein; es wird Salzsäure gebildet, und es bleibt eine weiche weiße Masse zurück, die (nach Muspratt) alle Eigenschaften des Kautschuks besitzt und auch statt desselben benutzt werden kann. Bis jetzt hat man aber noch nicht gehört, daß von dieser Masse ein praktischer Gebrauch gemacht worden ist.

— — und großer Jammer sei es ja fürwahr,
Daß man den hübschen Salpeter grabe
Aus unsrer guten Mutter Erde Schoß,
Der manchen wackern, wohlgewachs'nen Kerl
Auf solche Art schon umgebracht.

Shakespeare, Heinrich VI.

Die Erfindung des Schießpulvers.

Das Schießpulver und die Geschichte seiner Erfindung. Bestandteile und Fabrikation. Entzündung und Verbrennung des Pulvers. Wirkungsweise. Die Kunstfeuerwerkerei. Die Schießbaumwolle, erfunden von Schönbein und Böttger. Celluloid. Sonstige Explosivkörper. Nitromannit. Nitroglycerin, Dynamit, Sprenggelatine u. s. w. Die Zündmittel. Knallquecksilber und Anfertigung der Zündhütchen.

Die Eroberung der Erde durch und für die Zivilisation ist mit der Anwendung des Schießpulvers und der Feuerwaffen aufs engste verknüpft. Mit der Feuerwaffe gerüstet mußte der europäische Fremdling die Küsten der neu entdeckten Weltteile betreten, um in fabelhaft raschem Erfolge Land und Leute zu erobern und der Kultur zu gewinnen. Und auch die uralten Kulturvölker Asiens, an deren ehrwürdigen Reichen die Gegenwart rüttelt, würden unsern zu- und eindringlichen Reformbestrebungen weit minder zugänglich sein, wenn wir sie nicht in der Ausbildung ihrer eignen Kriegsmittel, insbesondere des Pulvers und der Feuerwaffen, so unendlich weit überholt hätten. Es liegt darin freilich nicht der Grund, wohl aber der Beweis unsrer Superiorität. Denn daß der Chinese oder Hindu, trotz seiner wohl tausendjährigen Priorität als Erfinder, nicht mehr im stande ist, seine Feuerwaffen den unsrigen mit Erfolg gegenüberzustellen oder sich diese letzteren mit raschem Verständnis anzueignen — diese Thatsache gehört zu den entscheidenden Symptomen einer ausgelebten und stagnierenden Kultur.

Für die siegreiche Ausbreitung unsres Weltverkehrs steht selbst die Bedeutung der Dampfkraft hinter derjenigen des Schießpulvers fast zurück; mächtige Segelflotten, mit den neuesten Feuerwaffen gerüstet, würden der großen Aufgabe immer noch besser gewachsen sein, als Dampf- oder gemischte Flotten mit alten und unvollkommenen Geschützen und Handfeuerwaffen oder gar ohne alle Instrumente dieser Gattung. Beide Gewalten im Bunde geben unserm Angriff die unwiderstehliche Kraft, unsern Eroberungen die Sicherheit und Dauer.

Und auch im buchstäblichen und im friedlichsten Sinne des Wortes hat die Gewalt des Schießpulvers die Bahn unsres Fortschritts geöffnet. Sie hat die Massen der Hochgebirge gesprengt und durchbohrt, die Felsenthore der Berge geöffnet, die Klippen der Ströme, Häfen und Küsten zerschmettert, um den Straßen des Weltverkehrs Raum zu geben; unsre Mineralien, unser Baumaterial, unser Trinkwasser gewinnen wir vielfach durch Sprengung; kurz, in allen Fällen, in welchen die Trägheit und Kohäsion gewaltiger Massen, bis zu Millionen von Kilogrammen, durch eine augenblickliche Wirkung besiegt werden soll, tritt das Pulver in sein altes Recht, alle Menschen- und Maschinenkräfte überbietend und dennoch lenkbar durch den menschlichen Willen, begrenzbar in seinen Wirkungen nach Plan und Zweck. Wenn hier auch andre explodierende Präparate mit dem Pulver in Konkurrenz treten, so ist es immer das letztere, welches durch die Eigentümlichkeit seiner enormen und unentbehrlichen Leistungen die Erfindung ähnlicher Mittel angeregt und den Maßstab für ihre Wirkungen gegeben hat.

Aber nicht nur als ein Element der kulturgeschichtlichen Entwickelung und politischen Macht, nicht nur als eine gewaltige Hilfskraft der industriellen Thätigkeit beansprucht das Schießpulver eine wichtige Stelle in diesem Buche; es kommt hier auch noch in Betracht, daß an sich sehr wichtige und einträgliche Gewerbszweige ganz oder zum großen Teile direkt an das Pulver oder an die Feuerwaffen geknüpft sind.

Das Schießpulver, ein Gemenge von Kalisalpeter, Holzkohle und Schwefel, gilt im Volksglauben, der sich allerdings auch auf einige historische Angaben stützt, als eine Erfindung des Freiburger Mönches Berthold Schwarz (eigentlich Konstantin Ancklitzen), welchem in der That seine Mitbürger 1853 ein Denkmal errichtet haben. Doch kann schon längst nicht mehr die Rede davon sein, die Ehre der ganzen Erfindung für einen Deutschen allein in Anspruch zu nehmen. Denn ganz abgesehen von der immer sicherer hervortretenden Thatsache, daß den alten Kulturvölkern Asiens, insbesondere den Chinesen und Indiern, die Bereitung eines dem Schießpulver ähnlichen Präparats schon in grauer Vorzeit bekannt war, hat gerade der deutsche Forschersinn durch die gründlichsten Studien der klassischen und orientalischen Litteratur den Beweis geführt, daß bereits im 7. Jahrhundert n. Chr. Geburt das sogenannte griechische Feuer als ein Kriegsmittel erwähnt wird, welches in seinen Bestandteilen aller Wahrscheinlichkeit nach wenig oder gar nicht von unserm heutigen Pulver verschieden war. Vitruvius erzählt, die Kriegsmaschinen des Archimedes hätten bei der Verteidigung von Syrakus im Jahre 212 v. Chr. Geburt mit großem Geräusche Steine fortgeschleudert. Da die Katapulten und Ballisten den Römern bekannte Dinge waren, so konnte ihnen deren Geräusch nicht auffallen, und man will hieraus den freilich etwas gewagten Schluß ziehen, schon Archimedes habe das Pulver und seine Triebkraft gekannt. Marcus Gräcus beschreibt uns das griechische Feuer, welches zur Zeit der ersten Einfälle der Mohammedaner bei der Verteidigung von Konstantinopel verwendet wurde, als ein Gemenge von 6 Teilen Salpeter, 2 Teilen Kohle und 1 Teil Schwefel. Der berühmte englische Dominikanermönch Roger Baco erwähnt das Schießpulver um das Jahr 1214, und Berthold Schwarz, der etwa 1320 lebte, scheint nur die treibende Kraft des als Zündmittel längst bekannten Gemenges entdeckt und seine militärische Anwendung, wenigstens für die europäischen Staaten, beschleunigt zu haben. Thatsache ist, daß Pulver aus Salpeter, Kohle und Schwefel bereits 1327 zum Forttreiben von Geschossen aus Geschützen gebraucht wurde. Die im Jahre 1346 bei Crecy zwischen Engländern und Franzosen geschlagene Schlacht wird von den Geschichtsforschern in der Regel als die erste bezeichnet, welche durch das Auftreten von Feuergeschützen entschieden wurde.

Das Pulver jener Zeit bestand nur aus einer mit der Hand hergestellten staubförmigen Mengung der bereits öfters erwähnten Bestandteile, konnte also nur geringe Triebkraft besitzen und mußte sich infolge der verschiedenen spezifischen Gewichte von Salpeter, Schwefel und Kohle auf dem Transporte alsbald entmischen, auch an Substanz wesentlich verlieren. Die Herstellung des gekörnten Pulvers fällt in die Mitte des 15. Jahrhunderts; doch erst im 17. Jahrhundert war man im stande, den Heeren ein transport- und aufbewahrungsfähiges Triebmittel für die Geschosse ihrer Feuerwaffen zu bieten, das nach Gustav Adolfs Erfindung in Gestalt der heutigen Patronen mitgeführt wurde. Auch das Pulver in der üblichen Körnergestalt und Größe entspricht nicht mehr in jeder Hinsicht den Anforderungen der Jetztzeit.

Fig. 870. Pulverstampfmühle.

Für die schweren Geschütze der Land- und der Seeartillerie, insbesondere für das Durchschießen der Panzer der gepanzerten Festungstürme oder der Panzer der Kriegsschiffe, wird jetzt in England das sehr grobkörnige Pellet- oder Cylinder- und das Pebble- oder Kieselpulver, in Amerika das sogenannte Mammutpulver, in Preußen das aus gewöhnlich gekörntem Gewehrpulver in sechsseitige Prismen gepreßte sogenannte prismatische Pulver verwendet, das mit sieben cylindrischen, der Längsachse parallelen Durchbohrungen versehen ist.

Die Anfertigung des Schießpulvers geschieht in den sogenannten Pulvermühlen oder Pulverfabriken, welche heutzutage Salpeter (salpetersaures Kali) und Schwefel vollständig gereinigt auf dem Wege des Handels beziehen. Die vollständige Reinheit dieser beiden Substanzen ist eine Hauptbedingung zur Erzielung eines guten Pulvers; der Salpeter darf kein Natriumnitrat und keine Chloride enthalten, der Schwefel kein Arsen und keine Schwefelsäure; es kann daher nur Stangenschwefel verwendet werden.

Fig. 871. Mengtrommel.

Die Herstellung einer richtig beschaffenen Pulverkohle bereitet wesentlich größere Schwierigkeiten, indem mit der Steigerung des Temperaturgrades, bei welchem die Verkohlung des Holzes vorgenommen wird, die Porosität ab-, die Wärmeleitungsfähigkeit zunimmt, mithin auch die Entzündlichkeit der Kohle sich vermindert. Man wählt deshalb heutzutage nur solche Verkohlungsmanieren, bei welchen die Regelung des Hitzegrades möglich ist. Die Holzarten, welche sich am besten zur Pulverkohle eignen, sind die spezifisch leichtesten, vorzüglich Pappelholz, Faulbaum, Linde, Kastanie, auch Hanf, und Flachs, Weinrebe u. s. w., von denen die erstgenannten vorzugsweise in Deutschland, die letztangeführten dagegen in Frankreich, Spanien und Italien verarbeitet werden. Schwere und harte Hölzer, besonders wenn sie harzige Bestandteile enthalten, liefern eine schwer entzündliche, langsam verbrennende und viel Asche zurücklassende Kohle. Die Verkohlung geschah früher unter direkter Einwirkung der Flamme in Meilern, Gruben, Öfen und Kesseln. Alle diese Herstellungsweisen konnten nicht befriedigen, sie lieferten teilweise ein verunreinigtes, jedenfalls ein ungleichartiges Produkt von wechselnden Eigenschaften. Jetzt verkohlt man das Holz lediglich in eisernen Cylindern oder Retorten von 2 m Länge und $0,_{67}$ m Durchmesser, so, daß die Flamme nicht damit in Berührung kommt; oder man vollzieht die Verkohlung nach dem Vorgange der belgischen Pulverfabrik Wetteren bei Gent durch überhitzten Wasserdampf. Diese von Violette in Esquerdes bei St. Omer angegebene Methode der Verkohlung durch überhitzten Wasserdampf verdient als die allein rationelle überall nachgeahmt zu werden. Die von der Rinde befreiten Holzstäbe, nicht dicker als ein starker Daumen durch jahrelanges Lagern in Schuppen getrocknet, kommen in durchlöcherte Blechcylinder. Diese werden in einen größeren, starken Cylinder eingeschoben, in welchen von der einen Seite der auf eine bestimmte Temperatur erhitzte Dampf eintritt, während auf der andern Seite durch ein dünnes Rohr die Nebenprodukte der Zersetzung, als Holzessig u. s. w., abfließen. Nach zwei Stunden ist die Verkohlung beendigt, der entweichende Dampf ist geruchlos; der durchlöcherte Blechcylinder wird nun hinausgestoßen, in einem eisernen, luftdicht verschlossenen Cylinder bis zur Abkühlung aufbewahrt und ein andrer gefüllter Cylinder wieder eingeschoben. Bei Anwendung einer Temperatur von 270—300° R. gewinnt man die lockere, poröse, schlecht wärmeleitende, also rasch entzündliche, für Jagd- und Sprengpulver geeignete, neuerdings auch für das Pulver der neuen deutschen Munition in Preußen versuchte Rotkohle; bei 350° R. die für Kriegspulver geeignete weniger entzündliche Schwarzkohle, welche härter und als ein guter Wärmeleiter schwer entzündlich ist.

Die Arbeit des Verkohlens muß in der Pulvermühle selbst vorgenommen werden, weil sich die Kohle nicht lange aufbewahren läßt, ohne Feuchtigkeit anzuziehen. In größeren, 5 und mehr Zentimeter hohen Schichten kann sie sich sogar infolge ihrer immerhin geringen Wärmeleitungsfähigkeit und ihres großen Absorptionsvermögens für Luft selbst entzünden. Dieser Umstand sowie die Entzündlichkeit des ganzen Fabrikats machen selbstverständlich besondere Vorsichtsmaßregeln in Anlage und Betrieb der Pulverfabriken notwendig. Dahin gehören: eine von größeren Wohnorten entfernte Lage, besonders an Wasserstraßen, getrennte Arbeitslokale, leichte Bedachung derselben, Blitzableiter u. s. w.

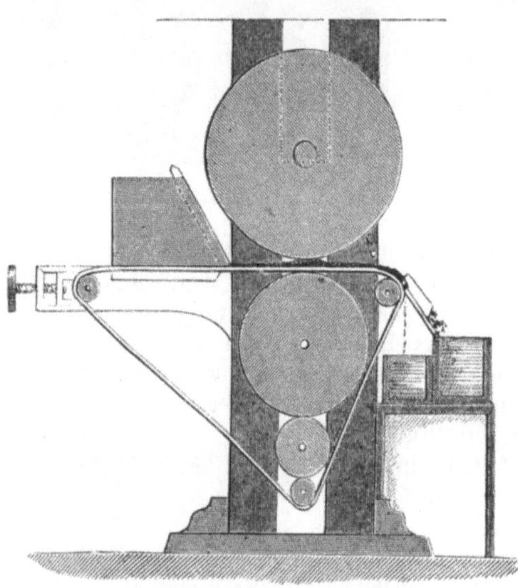

Fig. 372. Preußische Pulverpresse.

In früheren Zeiten besorgte man das Kleinen, Mengen der Bestandteile und das Verdichten der Pulvermasse auf einer und derselben Stampfmühle, wie eine solche schon 1344 in Spandau bestand; neuerdings verwendet man zu diesen verschiedenen Zwecken, zum Nutzen des Produkts sowohl als auch zur größeren Sicherheit der Arbeiter, mehrere Maschinen. Das Zerkleinern und Mengen der Bestandteile geschieht in Tonnen, Mengtrommeln (s. Fig. 371), welche sich langsam, in der Minute zehnmal, um ihre Längenachse drehen. Bronzekugeln, deren Gesamtgewicht stets das Gewicht der zu kleinenden Masse etwas überschreiten muß, zerschlagen und pulverisieren die einzelnen Stoffe, welche alsdann in andern Tonnen (Holzgerippe mit Sohlleder bezogen) unter Beigabe von Kugeln aus hartem Holze gemengt werden. Je weiter das Kleinen vorgeschritten ist, desto inniger wird die Mengung, desto vollkommener die Wirkung. Daß die vorbeschriebene Art des Kleinens und Mengens eine weit gefahrlosere ist als die ältere mittels der Stampfer, liegt auf der Hand. Es kommt bei ihr kein heftiger Schlag vor, wie dies bei den 40 kg schweren Stampfern der Fall ist.

Die fein pulverisierte und aufs innigste gemengte Pulvermasse wird nun angefeuchtet, um die Gefahr für die weitere Bearbeitung zu vermindern. Genau kalibrierte Blechcylinder, mit Brausen versehen, sprühen eine bestimmte Quantität Wasser in feinen Strahlen auf eine ebenfalls genau bestimmte Gewichtsmenge Pulvermasse. Der so gewonnene Pulverteig läuft alsdann zum Verdichten auf einer Bahn von Segeltuch (s. Fig. 372) zwischen zwei schweren Walzen durch. Auf diese Weise erlangen die gepreßten Pulverstücke das Aussehen des Schiefers. — Das Verdichten des Pulvers findet auch in hydraulischen Pressen statt, in welchen die Masse zu den sogenannten Pulverkuchen (galette) umgewandelt wird. Dieses Verdichten der Pulvermischung ist nötig, um seine treibende Kraft zu vermehren und einer Entmischung vorzubeugen; ohne die Verdichtung würde die Verbrennung der Pulverteilchen sich zu langsam fortpflanzen.

Die Pulverstücke oder Kuchen werden nun entweder zwischen geriefelten, gegeneinander sich bewegenden Walzen (englische Manier nach Congreve) zu Körnern gebrochen oder sie kommen in die auch in Preußen gebräuchliche Körnmaschine (s. Fig. 373) von Lefebvre; diese besteht aus einem starken, horizontal aufgehängten Rahmen von Zimmerholz, auf welchem 10—12 hölzerne Gefäße befestigt sind. Jedes dieser Gefäße hat mehrere durchlöcherte Böden. Der oberste Boden ist aus einem feinfaserigen, harten Holze oder auch von Messingblech, der zweite aus Drahtgeflecht, der dritte aus Haartuch und der letzte endlich aus hartem Holze. Der ganze Rahmen wird durch eine Vertikalwelle mit Krummzapfen in rotierende Bewegung versetzt, 74 Drehungen in der Minute. Das Füllen der Gefäße geschieht durch den Einschüttetrichter und den daran hängenden Tuchschlauch. Die auf dem obersten Boden eines jeden Gefäßes befindliche Körnscheibe (aus hartem Holze mit Bleieinguß) zerschlägt die Pulverstücke und treibt sie durch die Löcher des Obersiebes auf das zweite oder Mittelsieb. Was auf diesem liegen bleibt, ist das Kanonenpulver; die feineren Körner fallen auf das dritte oder Staubsieb. Dort bleibt das Gewehrpulver liegen, und nur der Staub fällt durch auf den Boden des Gefäßes. Aus den verschiedenen Abteilungen der Gefäße führen Schläuche nach unten aufgestellten Kästen, in welchen sich dann die Pulverkörner und der Staub gesondert sammeln. Durch das Körnen allein haben die Pulverkörnchen noch keine regelmäßige Kugelgestalt erhalten, sondern sind noch eckig; sie müssen daher noch abgerundet und poliert werden. Zwar zeigt das aus unregelmäßig eckigen Körnchen bestehende Pulver wegen der größeren Zahl der Angriffspunkte eine vermehrte Wirksamkeit, aber solches Pulver hat wieder den Nachteil, daß sich beim Transporte durch Reibung viel Staub bildet. Man rundet daher die Körnchen ab; zuvor wird das Pulver jedoch (in luftigen Sälen) ausgebreitet, etwas abgetrocknet und sodann in ähnliche Tonnen oder Trommeln wie die Mengtrommeln geschüttet. Durch langsames Umdrehen dieser Trommeln polieren sich die Körner selbst, indem sie sich gegenseitig abschleifen. Ein Zusatz von Graphit, welchen manche Fabriken anwenden, um dem Pulver eine schöne graue Farbe zu geben, ist der Entzündlichkeit desselben schädlich und deshalb nicht anzuraten. Dem Polieren folgt nunmehr das letzte Trocknen in besonders geheizten Lokalen. Das Pulver liegt dabei auf gegitterten, mit wollenen Decken belegten Rahmen; die durch Dampfröhren geheizte Luft von ganz gleichmäßiger Temperatur wird mittels Ventilatoren durch diese Gitter durchgetrieben. Hierauf folgt ein letztes Ausstauben und nochmaliges Sortieren des Pulvers. Die gewöhnlichen Aufbewahrungsgefäße sind Fässer; für größere Transporte faßt man das Pulver zuerst in leinene oder lederne Säcke und verwahrt diese dann in Fässern. Kleinere Pulverquantitäten, namentlich Jagdpulver, versendet man auch in gläsernen Flaschen. Das prismatische Pulver wird in viereckigen Kästen zu 1314 Prismen verpackt, im Gewicht von 50 kg. Pulverfässer dürfen nie gerollt oder geschoben, sondern müssen der Vorsicht wegen stets getragen werden, auch mit kupfernen statt mit eisernen Reifen gebunden sein. Nur in pedantischer Einhaltung der vorgeschriebenen Maßregeln liegt ein wirklicher Schutz gegen die Gefahr.

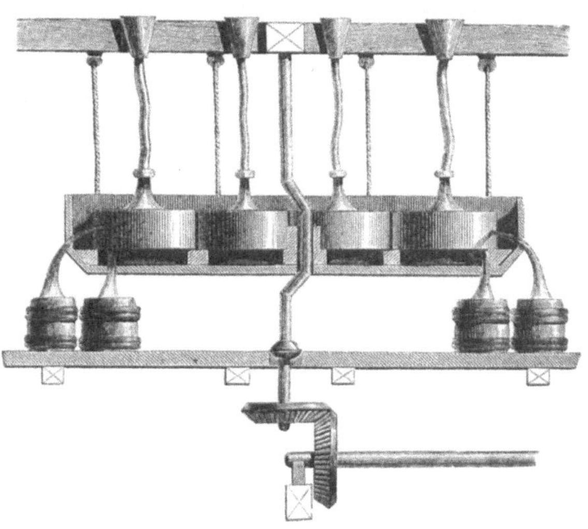

Fig. 373. Körnmaschine.

Werfen wir noch einen Blick auf die Entwickelung der Pulverindustrie. Die oben beschriebene neueste Art der Fabrikation hat sich aus den gewaltigen Anforderungen entwickelt, welche infolge der ersten Kriege der französischen Revolution an alle Staats- und Privatetablissements gestellt wurden, die zur Ausrüstung der Heere beitragen konnten. Die alte Stampfmühlenarbeit reichte nicht mehr aus; daß sie mehr Menschenleben gefährdete, daran lag den damaligen Machthabern der Republik sehr wenig; war es doch gleichgültig, ob der arme citoyen in den Pulvermühlen zerschmettert wurde oder dem Schwerte des Feindes erlag; aber die Arbeit ging zu langsam. Man kleinte und mengte deshalb in Rollierfässern; Wassertröpfchen, durch eine Brause in den Satz im Rollierfasse nach der Methode von Champy eingesprüht, veranlaßten die Bildung der Pulverkörner, und die Arbeit ging auf diese Weise viel rascher, aber das Produkt hatte auch sehr geringen Wert, namentlich eine sehr geringe Transportfähigkeit. Man kehrte deshalb in geordneteren Zeiten zur alten Stampfmühle zurück, bis die Beendigung der großen Kriege Napoleons eine genauere Untersuchung des in der Revolution angewandten Verfahrens gestattete. Infolgedessen behielt man das Kleinen und Mengen in dem Rollierfasse bei, fügte demselben aber das Pressen des Satzes und darauf folgendes Körnen mittels der Körnmaschine hinzu und erhielt so die oben beschriebene, heutzutage namentlich in den preußischen Pulverfabriken angewendete Art, welche mit der größtmöglichen Sicherheit für die Arbeiter auch eine sehr geringe mechanische Arbeit erfordert und dabei rasch und gut produziert.

Entzündung und Verbrennung des Pulvers. Die Verhältnisse, in welchen die drei Bestandteile miteinander gemengt werden, sind je nach den Bestimmungen, die das Pulver erfüllen soll, etwas verschieden. Das alte Verhältnis, wie es uns Baptista Porta 1567 angibt, beträgt 6 Teile Salpeter, 1 Teil Schwefel, 1 Teil Kohle. Das griechische Feuer ist nach den Schriftstellern des Altertums wesentlich zusammengesetzt gewesen aus 6 Teilen Salpeter, 2 Teilen Kohle und 1 Teil Schwefel. Unsre Chemiker haben kein andres Verhältnis zu Tage gefördert. Sie verlangen 75 Gewichtsteile Salpeter, 12 Schwefel und 13 Kohle, offenbar ein ganz ähnliches oder sozusagen fast gleiches Verhältnis, welches nur je nach den Ansprüchen, die man an das Pulver macht, in geringer Weise Abänderung erleidet; so enthält z. B.:

	Salpeter	Schwefel	Kohle
Militärpulver	74	10	16
Jagdpulver	78,5	10	11,5
Sprengpulver	66	12,5	21,5

Diese Mengung, deren inniges Zusammenwirken durch die Reinheit der Bestandteile und deren bis ins kleinste getriebene Pulverisierung wesentlich erhöht wird, entzündet sich bei einer Temperatur von etwa 250° R. Tritt diese Temperaturerhöhung nach und nach ein, so ist es der Schwefel, welcher zuerst brennt und dann die Kohle ergreift; tritt sie plötzlich ein, etwa durch einen Funken, so ist es die Kohle, welche sich zuerst und dann den Schwefel mit entzündet. Beide Stoffe, Schwefel und Kohle, bemächtigen sich nun des Salpeters und zerlegen denselben in seine Bestandteile. Was vorher nur ein durch Adhäsion und Pression der einzelnen Staubkörnchen gebundenes mechanisches Gemenge war, wird jetzt eine wirkliche chemische Verbindung. Der Salpeter, aus Salpetersäure und Kali, d. h. aus Stickstoff und Sauerstoff, und Kalium und Sauerstoff bestehend, zersetzt sich in der durch Schwefel und Kohle erzeugten Hitze und gibt Sauerstoff an die Kohle und einen Teil des Schwefels ab; es entstehen Kohlensäure, Kohlenoxydgas und Schwefelsäure. Die letztere sowie ein Teil der Kohlensäure vereinigen sich mit dem Kali zu kohlensaurem und schwefelsaurem Kali, während ein andrer Teil des Schwefels mit reduziertem Kalium Schwefelkalium bildet. Während man früher annahm, daß das Schwefelkalium die Hauptmasse des bei der Explosion von Pulver bleibenden Rückstandes ausmache, haben die neuesten sehr genauen chemischen Analysen der Pulverrückstände nachgewiesen, daß die letzteren, je nach der Pulversorte und Art der Verbrennung, aus 43—55 Prozent kohlensaurem Kali, 8—24 Prozent schwefelsaurem Kali und nur 5—19 Prozent Schwefelkalium bestehen; außerdem aber einen früher ganz übersehenen Bestandteil, nämlich unterschwefligsaures Kali (bis zu 32 Prozent) enthalten. Die bei der Explosion des Schießpulvers frei werdenden, die eigentliche Triebkraft desselben bildenden Gase machen nach neueren Untersuchungen 41,8—44,8 Prozente vom Gewichte des Pulvers aus, während die Menge der festen Rückstände 58,2—55,2 Prozente beträgt. Diese Gase bestehen im wesentlichen aus Kohlensäure, Stickstoff und Kohlenoxydgas sowie aus kleinen Mengen von Schwefelwasserstoffgas u. s. w. Der Rückstand macht namentlich den Truppen viel zu schaffen; er kann Ursache werden, daß manches Gewehr und Geschütz, welches stundenlang rüstig gefeuert hat, endlich seine Thätigkeit einstellen muß.

Die wahrhaft staunenswerte Gewalt, welche schon eine kleine Menge Pulver entwickelt, gab schon den namhaftesten Denkern früherer Zeit Anlaß zu Untersuchungen und Forschungen. Selbstverständlich schrieb man im Mittelalter diese Kräfte den unterirdischen Mächten zu, und unser guter Berthold Schwarz wurde für einen Teufelsbanner gehalten. Der berühmte englische Physiker Robins, dessen Werke uns der deutsche Mathematiker Euler in einer gelungenen Übersetzung vom Jahre 1745 vorführt, stellte die ersten Versuche zur wissenschaftlichen Bestimmung der Kraft des Pulvers an. Nach ihm arbeiteten Hutton (1788) und endlich der bayrische Artilleriegeneral Rumfort (1793) mit maßgebendem Erfolge. Sie kamen zu dem Ergebnisse, daß 1 ccm Pulver 488 ccm Gase liefere. Denkt man sich nun die große Hitze, welche bei der Zersetzung des Pulvers entsteht und welche die Gase noch auszudehnen strebt, erwägt man ferner, daß die Zersetzung des Pulvers in dem engen Raume eines Flintenlaufs oder auch selbst eines Kanonenrohrs vor sich geht, so erscheint es begreiflich, daß der Druck der Pulvergase mehrere tausendmal größer wird als der Druck der Atmosphäre. Bei der neueren Annahme, daß aus einem Kubikmaße gekörnten Pulvers (welches einschließlich der Zwischenräume ziemlich genau den Raum einer gleichschweren Wassermenge einnimmt) anfänglich nur 3—400 Kubikmaß Gas gewonnen würden, ergibt die Rechnung schon einen Druck von mehr als 2000 Atmosphären für eine bei der Verbrennung entwickelte Temperatur von 960° R. Da man aber auch jetzt noch weder die Menge des erzeugten Gases, noch jene Temperatur, noch die Gesetze der Expansion mit hinreichender Schärfe bestimmen kann, so schwanken die Angaben der neuesten artilleristischen und chemischen Autoritäten zwischen der Annahme eines Druckes von 2000 bis zu 10000 und selbst 15000 Atmosphären. Daß wirklich ungeheure Kräfte entfesselt werden, lehren uns alte und neue Erfahrungen. Wurden doch bei der Explosion der französischen Munitionskolonnen in Eisenach im Jahre 1808 selbst in entfernten Stadtteilen die Wände der Häuser eingedrückt. Im Jahre 1857 wurden in Mainz Reiter der königlich preußischen Artillerie, welche in einiger Entfernung von dem Schauplatze der Explosion auf der Bahn ritten, durch den Druck der Luft umgeworfen oder in den nahen Festungsgraben gehoben.

Die vielfältigen Versuche, an Stelle des altbekannten Pulvers ein neues zu erfinden, sind bis jetzt nach den unten angegebenen Daten fast alle als mehr oder weniger mißlungen anzusehen. Die Wirkung der meisten dieser Präparate ist zu momentan, zu heftig und deshalb zu zerstörend für das Rohr an derjenigen Stelle, an welcher sie entzündet werden. Der Stoß erfolgt zu rasch, als daß er sich auf die übrigen Teile des Rohrs verteilen und dadurch an seiner Heftigkeit verlieren könnte. Das Rohr springt daher in Stücke aus demselben Grunde, aus welchem eine Büchsenkugel eine Fensterscheibe scharf durchschlägt, während ein weit geringerer Stoß einen Sprung durch die ganze Scheibe zur Folge hat. Das Pulver wirkt für unsre Sinne freilich auch momentan, dennoch aber braucht es zur Entwickelung seiner Kraft etwas mehr Zeit, so daß seine Wirkung auf Rohrwände und Geschoß mehr druck- als stoßartig zu nennen ist. Wo die letztere Wirkung sich nutzbar machen kann, wie z. B. bei den Sprengarbeiten, da können jene Ersatzmittel eher und bisweilen sogar mit großem Vorteil in Gebrauch genommen werden.

Die Kunstfeuerwerkerei. Die vorstehenden Zeilen behandeln den Gebrauch der Schießpräparate für die ernsten Zwecke des Kriegs, der Jagd und der Industrie. Aber auch für unterhaltende Zwecke wird das alte Gemenge benutzt, um nach Zusatz andrer Stoffe bei freudigen Ereignissen teils durch die Helle, Farbenpracht und Lebendigkeit des Feuers, teils durch die vielfältigen raschen Bewegungen das Auge zu erfreuen. Die schönsten und reichhaltigsten Erfindungen auf diesem Gebiete der Feuerwerkerei liefern Paris und Rom. Dem gewöhnlichen Mehlpulver zugesetzte Eisenfeilspäne geben bei der Entzündung die sprühenden roten und weißen Funken, Kupferfeilspäne die grünen, Zinkspäne die blauen Farben. Kolophonium und Kochsalz färben die Flamme gelb, Strontiannitrat purpurrot. Kienruß, Mehlpulver und Salpeter erzeugen die gelben Funken des prachtvollen Goldregens und die Sterne der Raketen, während zugefügtes Hexenmehl die schöne rosenrote Flamme der Theaterfackeln verursacht. Vielfach verschieden sind Art und Menge der Zusätze für die verschiedenen Zwecke. Zu den in der Feuerwerkerei verwendbaren Stoffen wird sich von jetzt an auch das Magnesium gesellen, da es aufgehört hat, englischer Monopolartikel zu sein und von einer Berliner Fabrik zu sehr ermäßigten Preisen geliefert wird. Schon ein Zusatz von $2^1/_2$ Prozent pulverförmigem Magnesiummetall genügt, der roten Strontianflamme den höchsten Glanz zu erteilen und in der Barytflamme das grüne Licht so zu verdecken, daß sie vollkommen weißglänzend erscheint und demnach eine Mischung von Barytumnitrat mit Schellack (beide zusammengeschmolzen und dann gepulvert) mit $2^1/_2$ Prozent Magnesiumpulver geeignet ist, ein brillantes Weißfeuer zu geben. Die Feuerwerksstücke sind entweder feststehende, wie die verschiedenen Feuer oder Lichter (chinesisches Feuer, römische Lichter), die Kaskaden oder Fontänen, oder bewegliche Stücke, wie die verschiedenen Arten der einfachen und doppelten Feuerräder, die bei der Jugend so viel beliebten Schwärmer und Frösche u. s. w., welche sich sämtlich auf oder in geringer Höhe über der Erde bewegen, und endlich die hoch in den Lüften ihre Wirkung für friedliche und ernste Zwecke durch Knall und Farbenlichter äußernden Raketen. Die Ursache der Bewegung dieser Feuerwerksstücke beruht auf der gleichmäßigen Wirkung der Gase auf ihre Umgebung, so daß also die Rakete aus denselben Gründen in die Höhe steigt, aus denen auch das Geschütz beim Schuß zurückläuft und der Schütze durch den Rückstoß seines abgeschossenen Gewehrs belästigt wird.

In der Kriegsfeuerwerkerei werden aus den drei Pulverbestandteilen in verschiedenen Mengungsverhältnissen die nachfolgenden Feuerwerkssätze für die Zündungen und besonderen Feuerwerkskörper benutzt:

Zündlichtersatz: 100 Teile Salpeterschwefel (75 Salpeter, 75 Schwefel), 85 Mehlpulver, 7 Kolophonium.

Zündersatz: 31 Salpeter, 17 Schwefel, 32 Mehlpulver.

Brandsatz: Grauer Satz = 75 Salpeter, 25 Schwefel, 7 Mehlpulver.

Leuchtsatz: 75 Salpeter, 25 Schwefel, 7 Mehlpulver, 5 Schwefelantimon.

Raketensatz: 75 Salpeter, 25 Schwefel, 60 Mehlpulver, 40 Kohle.

Je nach der Schnelligkeit der Verbrennung der Sätze infolge ihrer Zusammensetzung unterscheidet man den faulen, mittleren und raschen Satz, und je nach der Art der Bereitung kalten und warmen Satz.

Schießbaumwolle. Dasjenige Präparat, welches in seinen Eigenschaften und in seiner Verwendbarkeit dem Pulver am nächsten steht, ist die Schießwolle, auch Schießbaumwolle, und wohl am richtigsten Nitrocellulose oder auch Pyroxylin (πῦρ, Feuer, und ξύλον, Holz) genannt, weil jede Pflanzenfaser die explosiven Eigenschaften erhält, wenn man sie mehrere Minuten lang in einem Gemische von konzentrierter Salpeter- und Schwefelsäure einweicht, alsdann mit Wasser auswäscht und trocknet. So ist nämlich im allgemeinen das Verfahren zur Anfertigung der Schießbaumwolle, wie sie die Professoren Schönbein aus Basel und Böttger aus Frankfurt a. M. fast gleichzeitig erfanden und dem Deutschen Bunde im Jahre 1846 als Ersatzmittel des Pulvers vorlegten. Die französischen Chemiker Braconnot (1833) und Pelouze (1838) hatten durch Übergießen von Pflanzenfaser mit Salpetersäure ähnliche verbrennliche Präparate geliefert, ohne jedoch davon und insbesondere von den explosiven Eigenschaften derselben praktische Anwendung zu machen. Auf Verfügung des Bundes fanden von 1846—51 zu Mainz und Wien, später auch in England und Frankreich, Versuche mit der Schießwolle statt. Das Urteil der Kommissionen lautete im ganzen nicht sehr günstig. Trotzdem aber fand sich im Hinblick auf manche höchst schätzenswerte Eigenschaften des neuen Triebmittels (geringer Rückstand, wenig und durchsichtiger Dampf) die österreichische Regierung veranlaßt, den Erfindern Schönbein und Böttger das Prioritätsrecht um eine nicht unbedeutende Summe abzukaufen und in Schloß Hirtenberg unweit Wiener-Neustadt eine Schießwollefabrik anzulegen.

Die zur Schießwolle anzuwendende Baumwolle muß sehr sorgfältig gereinigt und ausgetrocknet, die Säuren müssen so konzentriert als möglich sein. Das erste Eintauchen bewirkt nur eine unvollständige Umwandlung. Es erfolgt deshalb ein zweites in eine ganz frische Mischung, in welcher die Baumwolle 48 Stunden bleibt. Das Auswaschen in fließendem Wasser muß so lange fortgesetzt werden, bis auch die letzten Spuren von Schwefelsäure entfernt sind. Es dauert dies freilich wochenlang, allein nur durch pedantische Befolgung dieses Verfahrens erhält man eine aufbewahrungsfähige Schießwolle von geringer Feuchtigkeitsanziehung. Die Temperatur der Entzündung der nach dem

Verfahren des österreichischen Feldmarschalls Baron Lenk bereiteten Schießwolle wird auf 136° C. angegeben.

Im Jahre 1862 wurde eine Umgestaltung der gesamten österreichischen Feldartillerie in gezogene Schießwollbatterien begonnen, jedoch plötzlich wieder eingestellt.

Um einen Begriff von den Ursachen zu erhalten, welche das häufige Fehlschlagen der Schießwollversuche veranlaßten, müssen wir noch etwas näher auf das Wesen des genannten Triebmittels und auf die Art seiner Wirkung eingehen. 100 Teile Baumwolle liefern, in der oben beschriebenen Weise verarbeitet, etwa 150—178 Teile Schießwolle, welche, ohne ihr ursprüngliches Aussehen zu verlieren, sich nur etwas härter anfühlt, beim Zusammendrücken ein leises Knirschen hören läßt und durch Reiben elektrisch wird. Diese Gewichtsvermehrung hat ihren Grund darin, daß die Cellulose, aus welcher die Baumwolle besteht, Stickstoff und Sauerstoff aus der Salpetersäure aufnimmt, daß, mit andern Worten gesagt, der Komplex NO_2 (Untersalpetersäure) für austretenden Wasserstoff in die Verbindung eintritt. Je nachdem nun 2 oder 3 Atome Wasserstoff der Cellulose durch 2 oder 3 Moleküle NO_2 ersetzt werden, unterscheidet man Dinitrocellulose und Trinitrocellulose. Letztere ist die Schießbaumwolle, erstere die Kollodiumwolle. Als Verbrennungsprodukte der Schießwolle werden angegeben: Stickstoff, Kohlensäure, Kohlenoxyd, Kohlenwasserstoff und Wasser. Der starre Rückstand ist sehr gering, der entwickelte Dampf fast farblos, Laden und Zielen beim Feuern mit Schießwolle also sehr erleichtert. Die genannten Gase sind für die Mannschaft unschädlich, was für den Dienst in Kasematten von hohem Werte ist und sich bei Versuchen wirklich bewährt hat. Man fand, daß 4953 g (circa 5 kg) Schießwolle in einem Raume von $0,_{0283}$ cbm = $28,_{300}$ ccm ebensoviel artilleristisch verwendbare Kraft lieferten als 22—27 kg Pulver in demselben Raume. Hieraus und aus der großen Schnelligkeit der Zersetzung erklärt sich die enorme Sprengwirkung der Schießwolle, welche aber gerade, wie wir oben bei der Wirkung des Pulvers zu erklären versuchten, der Haltbarkeit der Rohre nicht zuträglich sein kann. Frei ausgebreitete Schießwolle liefert ebensowenig Effekt wie loses Pulver, das, ohne in fester Umschließung sich zu befinden, entzündet wird. So läßt sich Schießwolle auf einer Wagschale abbrennen, ohne bedeutende Rückwirkung zu veranlassen, oder auf einem Kartenblatt auf einer untergelegten Schicht Pulver entzünden, ohne daß letzteres zugleich in Brand gerät.

Fig. 374. Christian Friedrich Schönbein.

Die Schießwolle gibt in der Feuerwaffe ihre größte Wirkung, wenn sie an Gewicht $^1/_4$—$^1/_3$ der Pulverpatrone, an Raum aber $^1/_{10}$ mehr als diese beträgt. Zur Anfertigung der Patronen verwendet man nur in Fäden gesponnene Schießwolle; in Kuchen gepreßt, war die Wirkung zu unregelmäßig. Ebenso wie beim Pulver fordert auch hier jede Waffe und jedes Projektil eigentlich eine Schießwollpatrone von bestimmter Dichtigkeit. Das Arrangement der Fäden, Form und Dimension der Patrone, Art der Entzündung, dies alles ist von großem Einfluß auf Verbrennung und Wirkung. Die Fäden werden für die Patronen der Geschütze so fest gedreht, daß 1 m Länge an der freien Luft durchschnittlich drei Sekunden lang brennt, während von den wie Lampendocht gewebten langen Schießwollcylindern, aus welchen die Patronen der Handfeuerwaffen geschnitten werden, in derselben Zeit 3 m verbrennen. Dieselben cylindrischen Gewebe werden auch als Sprengladung der Hohlgeschosse verwendet, ganz ähnlich, wie man das langsamer brennende grobkörnige Pulver für Geschütze, das rascher verbrennende, feinkörnige Pulver für Gewehre und als Sprengmittel der Granaten gebraucht. Zur Anfertigung der Schießwollgewehrpatronen schneidet man Stücke von der erforderlichen Länge ab, bindet sie an das Geschoß und zieht eine Kartonhülse darüber. Die untenstehende, nach einem Original gezeichnete Patrone (s. Fig. 376) zeigt ein hölzernes Stäbchen, in dem Boden des Kompressionsgeschosses befestigt und darüber das Schießwollgewebe gezogen. Das Kaliber der Patrone ist so schwach, daß dieselbe ohne Ladestock (weil die Schießwolle durch Stoß leicht explodiert) durch ihr eignes Gewicht in das Rohr gleitet; das unten vorstehende Ende des Stäbchens soll sich in eine entsprechende Vertiefung der Schwanzschraube des Gewehrs festklemmen. Zur Herstellung der Geschützpatronen wickelt man Schießwollfäden breit auf hölzerne oder Kartonröhren. Holzröhren sind besser, weil sie die Gestalt besser beibehalten. Die Spreng- und Minenladungen sind, wie die Gewehrpatronen, dochtartig geflochtene Seile von Schießwolle, welche auf die gewünschte Länge abgeschnitten werden. Die Verbesserungen in England beziehen sich auf die mechanische Umformung und Laborierung der Schießwolle. Sie wird zu einer Art dünnen Papiers verarbeitet und dann in hydraulischen Pressen bis zum spezifischen Gewicht = 1 verdichtet. Die Verwendung der Schießbaumwolle an Stelle des Pulvers für Gewehre und Geschütze hat jetzt ganz aufgehört; dagegen werden große Mengen von Schießbaumwolle im komprimierten Zustande für Torpedozwecke verwendet.

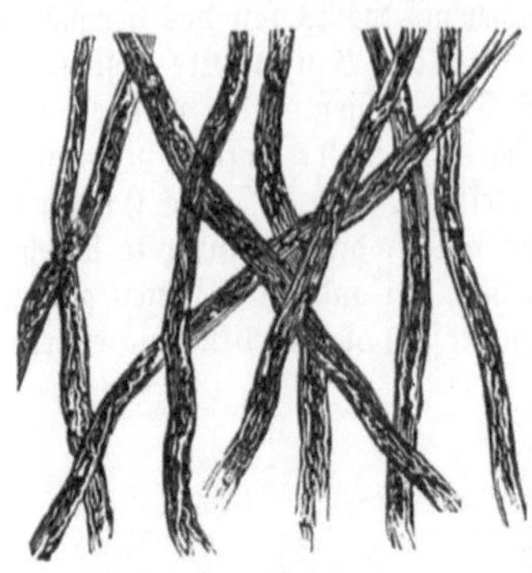
Fig. 375. Mikroskopische Ansicht der Schießbaumwolle.

Fig. 376. Schießwollpatrone für Handfeuerwaffen.

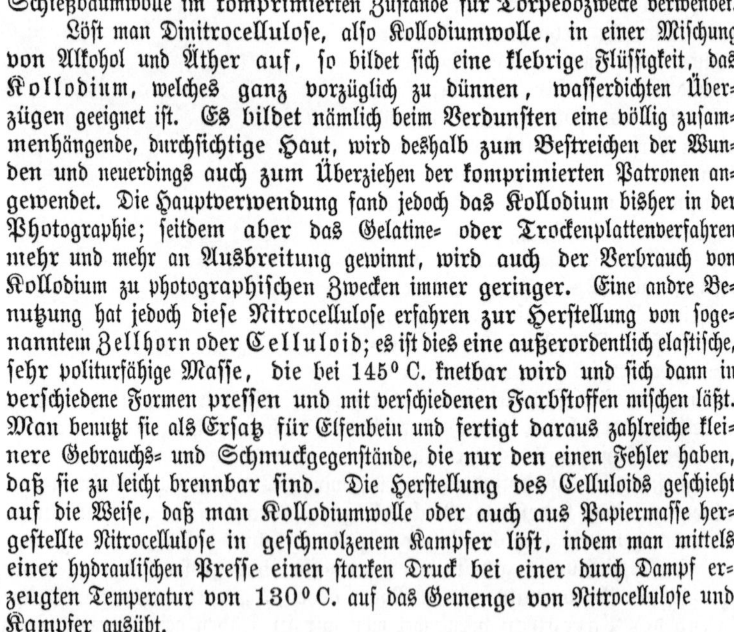

Löst man Dinitrocellulose, also Kollodiumwolle, in einer Mischung von Alkohol und Äther auf, so bildet sich eine klebrige Flüssigkeit, das Kollodium, welches ganz vorzüglich zu dünnen, wasserdichten Überzügen geeignet ist. Es bildet nämlich beim Verdunsten eine völlig zusammenhängende, durchsichtige Haut, wird deshalb zum Bestreichen der Wunden und neuerdings auch zum Überziehen der komprimierten Patronen angewendet. Die Hauptverwendung fand jedoch das Kollodium bisher in der Photographie; seitdem aber das Gelatine- oder Trockenplattenverfahren mehr und mehr an Ausbreitung gewinnt, wird auch der Verbrauch von Kollodium zu photographischen Zwecken immer geringer. Eine andre Benutzung hat jedoch diese Nitrocellulose erfahren zur Herstellung von sogenanntem Zellhorn oder Celluloid; es ist dies eine außerordentlich elastische, sehr politurfähige Masse, die bei 145° C. knetbar wird und sich dann in verschiedene Formen pressen und mit verschiedenen Farbstoffen mischen läßt. Man benutzt sie als Ersatz für Elfenbein und fertigt daraus zahlreiche kleinere Gebrauchs- und Schmuckgegenstände, die nur den einen Fehler haben, daß sie zu leicht brennbar sind. Die Herstellung des Celluloids geschieht auf die Weise, daß man Kollodiumwolle oder auch aus Papiermasse hergestellte Nitrocellulose in geschmolzenem Kampfer löst, indem man mittels einer hydraulischen Presse einen starken Druck bei einer durch Dampf erzeugten Temperatur von 130° C. auf das Gemenge von Nitrocellulose und Kampfer ausübt.

In Belgien hat man statt des salpetersauren Kalis versucht, salpetersauren Baryt in die Pulverfabrikation einzuführen, jedoch ist das Barytpulver seiner Rückstände wegen, welche einen großen Wärmeverlust, mithin eine Verminderung der Spannung der Gase verursachen, nicht in Aufnahme gekommen.

Das Pikrinpulver von Designolle in Le Bouchet ersetzt den Schwefel durch pikrinsaures Kali. Die Pikrinsäure entsteht durch fortgesetzte Einwirkung von schwach erwärmter konzentrierter Salpetersäure auf die aus dem Steinkohlenteer gewonnene Karbolsäure.

Mit Alkalien gibt sie stark explodierende Salze. Designolle verwendet für Gewehrpulver 20 Prozent, für Geschützpulver 8—15 Prozent, je nachdem die Verbrennungszeit verkürzt oder verlängert werden soll. Einfache, gefahrlose Anfertigung, Billigkeit, geringer Rückstand, Schonung der Waffen, Fügsamkeit und Geschmeidigkeit werden als Vorzüge bezeichnet; es hat jedoch die vor mehreren Jahren auf dem Sorbonneplatze zu Paris vorgekommene bedeutende Explosion gezeigt, daß das pikrinsaure Kali bisweilen sehr gefährlich werden kann.

Das weiße Schießpulver von Augendre, aus 28 Teilen Blutlaugensalz, 23 Teilen Rohrzucker oder Kartoffelstärke und 49 Teilen chlorsaurem Kali bestehend, ist nicht in die Praxis übergegangen. Das chemische Pulver oder Schießholz des königlich preußischen Artilleriehauptmanns E. Schultze in Potsdam besteht aus nitrierten Holzkörnern, welche mit 40 Prozent einer Lösung von Salpeter und Blutlaugensalz imprägniert und getrocknet werden.

Andre Sprengmittel. Wie schon erwähnt, ist man durch Versuche in neuerer Zeit dahin gelangt, das Mischungsverhältnis des Pulvers so zu gestalten, daß es allen ballistischen Anforderungen entspricht; weniger genügend als diese ballistische Wirkung erscheint jedoch die brisante Wirkung, die Sprengkraft des Pulvers für die Zivil- und Militärtechnik. Die kolossalen Tunnel- und Bahnbauten, die sichere Zerstörung von Palissaden, freistehenden Mauern, Brücken, feindlichen Geschützen und ihrer Munition, Schiffen u. s. w. verlangten noch kräftigere Explosivpräparate. Die Wirkung des Pulvers ist für diese Zwecke nicht plötzlich genug und bedarf unbedingt der festen Einschließung, was eine Reihe unangenehmer Konsequenzen zur Folge hat, wie Vermehrung des todten Gewichts, Gefahr durch die umhergeschleuderten Stücke u. s. w., Verdämmung der Minen 2c. Die Schwierigkeit der Sprengungen unter Wasser (Zerstörung von Brücken, Minen in feuchtem Terrain, das Torpedowesen für den Küstenschutz) verlangten ebenso gebieterisch ein neues Sprengmittel an Stelle des ungenügenden Pulvers.

Entspricht auch die Schießbaumwolle diesen Anforderungen in vieler Beziehung, so hat sich dieselbe doch nicht eine so massenhafte Benutzung erringen können, wie ein andres neues Sprengmittel, das Dynamit, jedenfalls der wichtigste Sprengstoff der Jetztzeit. Dieses sowohl als auch die übrigen empfohlenen und teilweise auch in Anwendung gekommenen Sprengmittel, wie z. B. Nitromannit, pikrinsaure Salze, Schießwolle, zeichnen sich dadurch aus, daß sie bei ihrer Herstellung Stickstoff und Sauerstoff in großer Menge aufgenommen und gebunden haben. Am schnellsten hat sich das Dynamit eingeführt. Während 1867 erst 220 Zentner von diesem Sprengstoff fabriziert wurden, war im Jahre 1874 schon die Menge des in etwa 14 Fabriken produzierten Dynamits auf 62460 Zentner gestiegen und soll sich gegenwärtig auf mindestens 100000 Zentner jährlich belaufen. Jene 100000 Zentner Dynamit, welche in 20 Fabriken erzeugt werden, repräsentieren ein Quantum, welches an Kraft etwa einer Viertelmillion Zentner Schwarzpulver entspricht. Die relative Größe dieser Zahlen wird erst klar werden, wenn man berücksichtigt, daß die gesamte jährliche Pulverfabrikation der vier großen Militärstaaten des Kontinents zusammen nur eine halbe Million Zentner beträgt. — Nach Tranzl sprengt jeder Zentner Dynamit etwa 20—30 Kubikklaftern Gestein; es wird also durch Dynamit jährlich die enorme Masse von 2—3 Millionen Kubikklaftern Gestein von dem Felsengerippe der Erde losgelöst.

Diese Lösungsarbeit kostet pro Kubikklafter im Mittel 20 Mark; Dynamit erspart aber hierbei gegenüber dem Pulver mindestens 25 Prozent, d. h. etwa 5 Mark pro Kubikklafter gewonnenen Gesteins. Es bringt also der Ersatz des Pulvers durch Dynamit gegenwärtig schon einen Jahresgewinn von 10—15 Millionen Mark, um die wir Erze und Kohlen billiger erhalten, Tunnel und Einschnitte wohlfeiler herstellen. Bedeutender als dieser direkte Geldgewinn ist jedoch der Gewinn an Zeit, die Beschleunigung der bergmännischen Arbeit, die durch die Anwendung des Dynamits erzielt wird und welche man durchschnittlich auf 20—30 Prozent gegen das Pulver annehmen kann.

Solchen Erfolgen gegenüber verschwinden die vielfachen Bedenken gegen die Anwendung des Dynamits wegen seiner Gefährlichkeit; letztere ist übrigens auch nicht größer als bei Schießpulver, nur die Wirkung ist bedeutender. Der Transport des Dynamits ist im Gegenteil ungefährlicher als der des Pulvers, da dieses neue Sprengmittel mechanische Erschütterungen verträgt, ohne zu explodieren, und auch angezündet oder ins offene Feuer geworfen ohne Explosion ruhig abbrennt; letztere erfolgt nur bei festem Verschluß.

Dem großen Publikum war Dynamit in der ersten Zeit seiner Verwendung wohl nur wenig bekannt; man wurde erst durch die fürchterliche Explosion darauf aufmerksam, welche sich am 11. Dezember 1875 in Bremerhafen ereignete und zahlreichen Menschen das Leben kostete. In der verbrecherischen Absicht, ein Schiff auf offenem Meere in die Luft zu sprengen, um durch wertlose Waren, die er zu hohem Preise zu versichern gedachte, sich zu bereichern, hatte ein gewisser Thomas in einem mit Dynamitpatronen gefüllten Fasse ein Uhrwerk angebracht, das, nachdem es an einem bestimmten Tage abgelaufen, durch einen kräftigen Schlag auf eine Zündmasse die Dynamitladung zur Explosion bringen sollte. Dieses Uhrwerk war wahrscheinlich nicht richtig gestellt und explodierte auf dem Hafendamm in dem Augenblicke, in welchem es auf den Dampfer verladen werden sollte.

Allgemeines Aufsehen erregten ferner die großartigen Sprengarbeiten, welche im Sommer 1876 bei New York mit Dynamit vorgenommen wurden, um die den dortigen Hafen sperrenden und der Schiffahrt hinderlichen Felsen am „Höllenthor" zu entfernen. Bei dieser Sprengarbeit, die nur so vollbracht werden konnte, daß man vom Lande aus Tunnel unter dem Boden des Meeres bis an die betreffenden Stellen hinführte und die Dynamitladungen dann vom Lande aus mittels elektrischer Batterien entzündete, sind die größten Massen von Dynamit, die je auf einmal zur Explosion gebracht wurden, in Anwendung gekommen, und die ganze Arbeit ist mit größter Präzision und ohne jeden Unfall ausgeführt worden.

Was ist nun aber eigentlich Dynamit? Dynamit ist eine Mischung von Kieselgur (fein verteilter Kieselsäure, Infusorienerde) mit Nitroglycerin in einem solchen Verhältnis, daß das Nitroglycerin nicht mehr abtropft, wozu in der Regel circa 75 Prozent von letzterem und 25 Prozent Kieselgur nötig sind. Das Nitroglycerin ist eine ölartige, mit Wasser nicht mischbare Flüssigkeit, die durch Schlag nur an der getroffenen Stelle explodiert und, mit Feuer in Berührung gebracht, ruhig abbrennt. Es wird aus Glycerin durch Behandlung mit einer Mischung von Schwefelsäure und Salpetersäure erhalten, wobei erstere nicht mit in die Verbindung eintritt, sondern nur die sekundäre Rolle hat, durch Aufnahme des abgeschiedenen Wassers die Salpetersäure immer konzentriert zu erhalten.

Da die zu dieser Fabrikation nötige Salpetersäure besonders stark sein muß und dem Transport solcher starken Salpetersäure von seiten der Eisenbahnverwaltungen Schwierigkeiten entgegengesetzt werden, so bereiten sich die meisten Dynamitfabriken ihre Salpetersäure selbst. Obschon die Herstellung des Nitroglycerins im wesentlichen in allen Fabriken die gleiche ist, so hat doch jede wieder ihre besonderen Methoden und Vorrichtungen. Die beiden Säuren werden im Verhältnis von 1 Teil Salpetersäure und 2 Teilen Schwefelsäure zunächst miteinander gemischt, was in einem gußeisernen Kessel geschieht; nachdem die Mischung, die sich erwärmt, vollständig abgekühlt ist, wird sie in hölzerne, mit Blei ausgelegte Bottiche gelassen, in denen sie mit dem Glycerin gemischt wird. Manche Fabriken benutzen hierzu das grünlichgelbe Rohglycerin, die meisten jedoch jetzt das raffinierte oder gereinigte Glycerin von $1{,}_{26}$ spezifischem Gewicht.

Das Glycerin darf nicht auf einmal zu der Säuremischung gebracht werden, sondern muß in einem dünnen, langsamen Strome zufließen, wobei das Ganze durch eine Rührvorrichtung in Bewegung erhalten wird, damit die Mischung eine vollständige sei. Der hierbei eintretenden Erwärmung muß durch geeignete Kühlvorrichtungen so entgegengearbeitet werden, daß die Temperatur der Mischung nicht über 18° C. steigt. Man wendet auf je 1950 kg obiger Säuremischung gewöhnlich 315 kg Glycerin an.

Die Mischung wird, wenn alles Glycerin eingeflossen ist, in einen mit Wasser zur Hälfte gefüllten Bottich gelassen und das Nitroglycerin, welches sich auf dem Boden des Bottichs sammelt, mehrmals mit frischem Wasser gewaschen. Um die letzten Reste von Säure zu entfernen, wird das Präparat in einer Maschine, die man die Buttermaschine nennt, mit konzentrierter Sodalösung geschüttelt und nochmals mit Wasser gewaschen. Hierauf ist erst das Nitroglycerin fertig und verwendbar. Das Nitroglycerin ist eine ölige, in Wasser unlösliche, darin untersinkende Flüssigkeit, die in der Kälte kristallinisch erstarrt und sehr giftig wirkt. Ein Liter Nitroglycerin liefert 1298 l Gase, die im Augenblick der Explosion auf 10400 l ausgedehnt werden. Seiner chemischen Natur nach ist dieses Präparat das Trinitrat des Glyceryläthers oder Glycerintrinitrat. Die Benutzung desselben war aber wegen seines flüssigen Zustandes mit allerlei Unbequemlichkeiten und Gefahren verknüpft, da schon ein Durchsickern aus kleinen Fugen der Transportgefäße genügte, um durch zufällige Perkussion dieser wenigen ausgesickerten Teile die Explosion derselben sowie diejenige größerer benachbarter Massen zu veranlassen.

Diese Gefahren beseitigte Nobel, der überhaupt der erste war, welcher Nitroglycerin in größeren Mengen fabrikmäßig darstellte, zunächst dadurch (1864), daß er das Nitroglycerin in Holzgeist (Methylalkohol) löste und diese Lösung zum Versand brachte. Die Lösung, auch Sprengöl genannt, ist gegen Schlag und Stoß unempfindlich und läßt sich selbst durch Knallpräparate nicht zur Explosion bringen; angezündet brennt sie ruhig ohne Detonation. Behufs der Verwendung wird der nötige Bedarf mit dem 6—8fachen Volumen Wasser geschüttelt, wodurch sich das Nitroglycerin wieder abscheidet, während der Holzgeist sich in dem Wasser löst.

Aber auch in dieser Form hatte der neue Sprengstoff noch den Übelstand, daß er flüssig und zur Füllung von Patronen nicht recht geeignet war. Da fand Nobel 1867 zufällig, daß sehr feine, poröse Kieselsäure selbst bei bedeutendem Druck das aufgesaugte Nitroglycerin sehr fest hält, und die angestellten Versuche zeigten ihm, daß das Aussickern des Nitroglycerins während des Transports, der Aufbewahrung und des Gebrauchs vermieden wird und daß die Mischung noch eine höchst bedeutende Explosionskraft entwickelt. Die Folge war, daß diese Mischung von Nitroglycerin und Kieselgur, die, wie schon oben erwähnt, den Namen Dynamit erhielt, allgemeine Anwendung fand, während das flüssige Nitroglycerin gar nicht mehr benutzt wird.

Die Kieselgur oder Infusorienerde muß, bevor sie verwendet werden kann, erst ausgetrocknet und ausgeglüht werden, um Wasser zu entfernen und organische Substanzen zu zerstören. Hierauf wird die Infusorienerde mittels Handwalzen zerdrückt und durch ein Drahtsieb geworfen, welches die gröberen Sandkörner u. s. w. zurückhält.

Die Mischung der ausgeglühten Infusorienerde mit dem Nitroglycerin geschieht von Arbeitern durch Kneten mit der bloßen Hand. Die Dynamitmasse besitzt eine hellgelbe Farbe und teigartige Beschaffenheit; man drückt die Masse durch eine Messingröhre in die aus Pergamentpapier gebildeten Patronenhülsen mit Hilfe eines Stempels ein. Als Arbeitsräume für diese Operation dienen kleine, für je zwei Arbeiter bestimmte Kammern, welche in genügender Entfernung voneinander nischenartig in einen Erdwall hineingebaut sind. Das Dynamit erlaubt keine erheblichen Änderungen in seiner Zusammensetzung; nimmt man mehr als 72—75 Prozent Nitroglycerin, so kann die Kieselgur letzteres nicht mehr genügend aufsaugen und es fließt davon aus; nimmt man weniger, so explodiert das Dynamit schlecht. Die fertigen Patronen werden in einem besonderen, leicht aus Holz gebauten Packhäuschen in kleine Kisten verpackt, die circa 25 kg Dynamit enthalten, wobei die Zwischenräume zwischen den einzelnen Patronen mit Kieselgur ausgefüllt werden.

Später hat man auch versucht, die Infusorienerde durch andre Substanzen zu ersetzen, und hat diesen Mischungen besondere Namen gegeben, so z. B. Kolonialpulver, 40 Prozent Nitroglycerin, aufgesogen durch Schwarzpulver; Dualin, 30—40 Prozent Nitroglycerin, aufgesogen durch mit Salpeterlösung getränkte feine Sägespäne; Lithofrakteur, eine Mischung von 35 Prozent Nitroglycerin mit einem aus Schwefel, Barytsalpeter und feingemahlener Steinkohle bestehenden Pulver. Auch hat Nobel empfohlen, 7—8 Prozent Kollodiumwolle in Nitroglycerin zu lösen, wobei man eine feste gelatinöse Masse erhält, Sprenggelatine genannt; 65 Prozent von dieser mit 35 Prozent einer Mischung von Salpeter und Holzkohle gemischt geben ein Sprengmaterial, welches eine um 10 Prozent größere Wirkung äußern soll als das Kieselgurdynamit; in Österreich ist letzteres durch die Sprenggelatinemischung schon fast ganz verdrängt.

Die durch Schlag oder Stoß erzeugte Wärme dünner Schichten Nitroglycerin zwischen harten Körpern ruft eine Explosion an der getroffenen Stelle hervor, die sich aber nicht fortpflanzt. Größere, selbst freiliegende Massen der Nitroverbindungen werden dagegen durch sogenannte Initialexplosionen, d. i. durch die Explosionen geringer Mengen von Knallpräparaten, mit Sicherheit zur momentanen und vollen Entwickelung ihrer gewaltigen Kraft gebracht. Diese wichtige Entdeckung Nobels führte zu der weiteren Entdeckung, daß diese Explosionsmethode auch mit gleichem Erfolg bei der komprimierten Schießwolle anzuwenden sei. Zur Entzündung der Dynamitpatronen wird ein mit starkem Knallpräparat versehenes langes Zündhütchen am Ende der Bickfordschen Zündschnur und dann in der Dynamitpatrone befestigt. Das durch die Zündschnur zur Explosion gebrachte Knallpräparat führt die Explosion der Ladung herbei. So wurden 1871 in den Forts vor Paris die erbeuteten gußeisernen Geschütze, deren Transport zu kostspielig war, zerstört; ebenso ihre Geschosse, welche nicht erst entleert werden mußten; die Explosion war so momentan, daß in keinem Fall die Sprengladung zur Entzündung kam.

Gegenüber dem Schießpulver ist die Erzeugung des Dynamits rc. einfacher, rascher und sicherer, das Produkt gleichförmiger; Aufbewahrung, Transport und Gebrauch sind ungefährlich. Das neue Sprengmittel ergibt bei gleichem Gewicht die 2—10fache Kraft, bei gleichem Volumen die 4—16fache Leistung. Die Hauptmängel sind die leichte Trennung des Nitroglycerins von dem Aufsaugmittel, was wasserdichte Hülsen unter Umständen erfordert, und das Hartwerden bei niederer Temperatur, was Anfertigung und Gebrauch erschwert.

Ein schon längst bekanntes, aber hinsichtlich seiner Wirkung als Sprengmaterial bisher noch nicht geprüftes Präparat scheint in Zukunft eine Rolle spielen zu wollen, nämlich das Metadinitrobenzol, ein Benzol, in welchem zwei Atome Wasserstoff durch zwei Moleküle NO_2 (Untersalpetersäure) ersetzt sind; denn Versuche, die kürzlich erst von Gruson mit diesem Material als Sprengladung für Granaten vorgenommen wurden, haben im Vergleich mit Pulver ein sehr günstiges Resultat ergeben; die Wirkung soll sogar $1,_7$—2mal stärker sein als diejenige des Dynamits. Das Metadinitrobenzol explodiert nur durch sehr starke Schläge, durch eine Flamme entzündet brennt es langsam und kann ohne Gefahr bis zu dem Siedepunkt des Wassers erhitzt werden.

Das bei den Ersatzmitteln des Pulvers erwähnte Designollepulver hat sich insbesondere für Sprengzwecke bewährt, in welchem Falle es bis 90 Prozent pikrinsaures Kali enthält. Ebenso wird das chemische Pulver von Schultze in Potsdam hauptsächlich als Sprengmittel hergestellt, obwohl Dynamit und komprimierte Schießwolle es in dieser Hinsicht bedeutend übertreffen. Es sind ferner in den letzten Jahren eine so große Menge der verschiedensten Mischungen als Sprengstoffe empfohlen und zum Teil auch patentiert worden, daß es unthunlich wird, dieselben hier sämtlich zu besprechen; wir mußten uns vielmehr nur auf die Besprechung derjenigen beschränken, die sich bereits bewährt haben.

Hier dürften mit einigen Worten auch gewisse mechanische Gemische zu erwähnen sein, welche durch bloße Erschütterung zu explodieren im stande sind. So wurde vor einiger Zeit eine sehr leicht und heftig explodierende Mischung aus amorphem Phosphor und chlorsaurem Kali (zu ungefähr gleichen Teilen) mit wenig Schwefelantimon in der Weise bereitet, daß diese Bestandteile in gepulvertem Zustande mit Wasser zu einem Brei vorsichtig angerührt und noch feucht in hohle Thonkugeln von verschiedener Größe gefüllt werden. Die Kugeln, mit Thon gut zugedeckt, explodieren schon beim bloßen Niederfallen auf die Erde. Sie waren unter dem Namen „Knallkugeln“ bekannt und erschienen im Handel als ein jedenfalls sehr gefährliches Spielzeug für Kinder und Erwachsene.

Die Zündmittel. Das Pulver in der dargelegten Zusammensetzung und Form stellt eine transportable treibende Kraft dar, welche für die einzelnen Gebrauchsfälle die hinreichende und gleichmäßige Wirkung bei der nötigen Fügsamkeit und Meßbarkeit, bei der erforderlichen Gefahrlosigkeit der Anfertigung, der Aufbewahrung, des Transports und der Handhabung mit der unumgänglich notwendigen Schonung der Waffen verbindet. Trotzdem würde dem Pulver die wesentlichste Eigenschaft seiner Kriegsbrauchbarkeit abgehen, die augenblickliche Anwendbarkeit der Kraft, wenn es nicht möglich wäre, die vorhandenen und fixierten Gase im Moment des Gebrauchs zu entfesseln, d. i. die Pulvergase aus ihrem festen sofort in den gasförmigen Zustand überzuführen. Dies geschieht durch Erhöhen der Temperatur, durch die Zündmittel. Die schlecht wärmeleitende, also gut entzündliche Kohle ist der zu entzündende Körper. Die Kriegsbrauchbarkeit, insbesondere die augenblickliche Anwendbarkeit, verlangt heutzutage ein Zündmittel, welches erst im Moment des Gebrauchs den nötigen Feuerstrahl entwickelt, bei Aufbewahrung und Transport aber als fester Körper auftritt. Diese Forderung wird allein durch die sogenannten Knall- oder explosiblen Präparate erfüllt.

Manche feste Körper, wie das knallsaure Quecksilberoxyd (Knallquecksilber), das chlorsaure Kali u. s. w., werden in Gegenwart von brennbaren Körpern, wie Kohle, Schwefel.

Schwefelantimon u. s. w., plötzlich in den gasförmigen Zustand schon bei der geringen Wärme übergeführt, welche durch Reibung oder Friktion, Schlag oder Perkussion, Stoß oder Konkussion, oder Stich entsteht. Die Zersetzung dieser sehr sauerstoffreichen Körper hat eine so bedeutende Temperaturerhöhung zur Folge, daß die zum Pulver geleitete energische Flamme hinreicht, selbst die am schwersten entzündliche harte schwarze Kohle von hoher Wirkungsstufe sicher zu entzünden. Das mechanische Gemenge aus chlorsaurem Kali (Kaliumchlorat), Schwefel und Kohle wurde 1788 von Bertholet angegeben und war früher unter dem Namen muriatisches (salzsaures) Pulver bekannt. Das Knallquecksilber führt auch nach seinem Erfinder den Namen Howardpulver.

Diese von der Witterung völlig unabhängigen sicheren und kräftigen Zündmittel haben bei den Geschützen die ehemals gebräuchliche Lunte (in essigsaurem Bleioxyd getränkte Wergstücke) samt den Stopinen (mit einem Brei von Mehlpulver, Salpeter, Schwefel und Kohle gefüllte Papier-, Schilf- oder Blechröhrchen), die sogenannten gewöhnlichen Zündungen, verdrängt, an deren Stelle sogenannte Selbstzündung in den Friktions- oder Reibzündröhrchen (auch sogenannte Schlagröhren) getreten ist, Röhrchen von Messing-, Kupfer- oder Weißblech; sie sind mit Pulver ausgeschlagen oder mit Stücken Zündschnur (mit Mehlpulverbrei bestrichene Baumwollfäden) als Leitfeuer gefüllt und oben umgebogen. Der Reibapparat — zusammengebogene Draht- oder Blechschleife — ist mehrfach mit einem feuchten Gemenge von chlorsaurem Kali und Schwefelantimon bestrichen und nach dem Trocknen so in das Röhrchen gesetzt, daß das Auge der Schleife vorsteht. Ein Haken der Abzugsschnur wird beim Abfeuern in diese hineingehängt und auf Kommando die Schleife herausgerissen. Die Flamme des Knallpräparats führt durch das Leitfeuer (Zündschnur oder Pulver) die Entzündung der vorher geöffneten Patrone herbei.

Fig. 377. Prägmaschine für Zündhütchen.

Die Perkussionszündung hat bei den Handfeuerwaffen nach den napoleonischen Kriegen Anfangs dieses Jahrhunderts die Steinschloßzündung verdrängt. In eine mit umgebogenem Rande versehene Kapsel oder ein Hütchen von Kupferblech wurde das aus 10 Teilen chlorsaurem Kali, 5 Teilen Schwefel und 3 Teilen Schwefelantimon bestehende Knallsalz trocken eingefüllt, fest gepreßt und durch ein dünnes Kupferscheibchen, Deckplättchen oder einen Tropfen reinen Schellacks atmosphärischen Einflüssen entzogen (s. unten). Der Schlag des Hahnes eines Perkussionsschlosses auf das auf einem Piston oder Zündkegel sitzende Hütchen, Zündhütchen, genügt, um die Masse zur Explosion zu bringen und die Flamme durch den Zündkanal des Zündstollens der Ladung in der Pulverkammer zuzuführen. Die Perkussionszündung in diesem Sinne ist bei der modernen Feuerwaffe der Infanterie durch die sogenannte Stiftzündung ersetzt. In dem Boden der gasdichten Metallpatronenhülse ist entweder in eine Zündhütchenkammer ein Zündhütchen mit Amboß eingesetzt oder nur das Hütchen allein zu dem im Boden der Patrone eingeprägten Amboß, der zugleich als Hülsenkammer fungiert.

Zentralzündung. Den Stoß zur Zündung führt ein Schlagstift, der durch eine Spiralfeder vorgeschnellt oder auch durch den Schlag des Hahnes eines gewöhnlichen Schlosses vorgestoßen wird. Bei der Randzündung lagert die Rotation eines Stempels den Satz in dem hohlen Rande der gasdichten Patronenhülse fest und gleichmäßig. Für die Zentralzündung besteht in Bayern der Satz aus 4 Knallquecksilber, $2_{,5}$ chlorsaures Kali, $1_{,5}$ Antimon und 2 Glaspulver, während in der Schweiz für die Randzündung 45 Knallquecksilber, 30 Glaspulver, 12 chlorsaures Kali und 5 Gummilösung verwendet wird.

Ähnliche, je nach ihrer Zusammensetzung mehr oder minder heftig wirkende Präparate werden bei den Perkussions- und Konkussionszündern für die Projektile der Geschütze zur Anwendung gebracht, und zwar auch mittels Zündung durch Stich, wie bei den Zündnadelgewehren. Der Satz chlorsaures Kali, Antimon und Mehlpulver befindet sich entweder in der Geschoßführung, dem preußischen Zündspiegel, oder in einer Höhlung des Geschosses, wie bei der Zündnadelgewehrpatrone von Dörsch und Baumgarten, oder in einem Zündhütchen am Boden der Patrone, wie bei der seitherigen französischen Chassepotmunition.

An Stelle des teuren Knallquecksilbers wird in neuerer Zeit Nitromannit (Knallmannit) empfohlen, der durch Behandlung des Mannit mit einer Mischung von konzentrierter Schwefel- und Salpetersäure erhalten wird. Er explodiert durch einen mäßigen Schlag mit gleicher Kraft wie das Knallquecksilber, verpufft jedoch bei schwacher Erwärmung und Reibung nicht, ist daher gefahrloser als das Knallquecksilber.

Die Anfertigung der Zündhütchen für die Handfeuerwaffen teilt sich in die Herstellung der Hülsen oder Hütchen von Kupferblech, in das Bereiten, Einfüllen und Einpressen des Satzes und endlich in das Trocknen und Prüfen der fertigen Zündhütchen. Die Herstellung der Hütchen geschieht in neuerer Zeit gewöhnlich auf einer Prägmaschine mit horizontal wirkendem Stempel, welche, wie die Fig. 377 andeutet, von einem Manne bedient werden und in zehn Stunden nahe an 30000 Hütchen prägen kann. Das Kupfer muß zu diesem Behufe vorher durch Zerschneiden in schmale, 50 cm lange Streifen, durch Beizen, Abreiben, Walzen, Ausglühen und nochmaliges Reinigen für die Maschine vorbereitet werden. Die geprägten Hütchen fallen, von dem zurückgehenden Stempel abgestreift, in einen unter der Maschine stehenden Kasten (auf unsrer Zeichnung weggelassen), werden sodann auf die Richtigkeit ihrer Abmessungen durch Aufsetzen auf einen stählernen Normalzündkegel geprüft, in trockenen Sägespänen zur Entfernung des Maschinenfettes gescheuert und zu je 100 oder mehr Stück in die Füllbretter, welche zu diesem Ende mit Löchern von der Größe der Hütchen versehen sind, eingesetzt. Der Zündsatz, aus 10 Teilen chlorsaurem Kali, 5 Teilen Schwefel und 3 Teilen Schwefelantimon in feingepulvertem Zustande mittels Durcheinandersieben sorgfältigst gemengt, bis die vorgeschriebene gleichartig hellgraue Färbung erscheint, wird alsdann in die Hütchen trocken eingefüllt, und zwar in der Art, daß je ein Füllbrett nach dem andern mit seinen Hütchen in einen Kasten eingesetzt wird, dessen metallener Deckel gerade so viel Löcher hat wie das Füllbrett. Die Löcher des Deckels entsprechen nach Tiefe und Durchmesser der für ein Hütchen nötigen Satzmenge. Zwischen dem durchlöcherten Deckel und dem Füllbrett befindet sich ein verschiebbares Brettchen. Der Metalldeckel wird nun mit Satz gefüllt, das Brettchen weggenommen, und der Satz fällt so in gleichmäßiger Weise in die Hütchen des Füllbretts. Die einzelnen Hütchen kommen hierauf unter eine Vertikalpresse, welche den Satz fest einpreßt und zugleich auf der äußeren Fläche des Hütchens den Fabrikstempel aufprägt. Der so in die Hütchen eingepreßte Satz erhält nunmehr entweder ein Deckplättchen oder einen dünnen Firnisüberzug, und die ganze Hütchenmenge wird vorsichtig bei einem bestimmten Temperaturgrad mehrere Tage lang nach und nach getrocknet oder vielmehr von aller Feuchtigkeit befreit. Auf ein letztes Scheuern folgt alsdann die Prüfung der Hütchen in bezug auf die Intensität ihres Feuerstrahls, d. h. es werden aus einer größeren Menge einzelne Zündhütchen herausgegriffen, von denen keines versagen darf, wenn die übrigen für gut gelten sollen.

Neuerdings werden die Zündhütchen in sehr verschiedenen Größen fabriziert, den mannigfachen Zwecken entsprechend, zu denen sie verwendet werden sollen. Bei den älteren Perkussionsgewehren vermag ein Zündhütchen von circa 3 mm Durchmesser einen hinlänglichen Feuerstrahl zu entwickeln, um die Pulverladung in Brand zu setzen, bei den neueren Hinterladungsgewehren, wie Lefaucheux, Schneider u. a., genügen noch viel kleinere Kaliber, die dann gleich in der Patrone angebracht und mit einem Schlagstift versehen werden, welcher durch den Schlag des Hahnes in die Zündmasse getrieben wird. Es gibt aber auch viel stärkere Zündhütchen, deren Füllung nicht eine Pulverladung entzünden soll, sondern die durch die Explosion selbst als Triebmittel dienen. Diese Zündhütchen mit doppelter, dreifacher u. s. w. Füllung haben einen entsprechend größeren Durchmesser und werden namentlich für Teschings, Zimmerpistolen, auch für Revolver angefertigt.

Denn was das Feuer lebendig erfaßt,
Bleibt nicht mehr Unform und Erdenlast;
Verflüchtigt wird es und unsichtbar,
Eilt hinauf, wo erst sein Anfang war.

Goethe.

Die Erfindung der Feuerzeuge und der Phosphor.

Feuer und Flamme Wärmequellen auf der Erde. Feuerzeuge. Das älteste Reibfeuerzeug. Stahl und Stein. Der Feuerschwamm. Brenngläser und Brennspiegel als Feuerzeuge. Das pneumatische oder Kompressionsfeuerzeug. Das Döbereinersche Platinfeuerzeug. Chlorsaures Kali. Congrevesche Reibzünder. — Der Phosphor. Geschichte seiner Entdeckung durch Brand und Kunkel. Vorkommen und Eigenschaften Die Phosphorsäure und ihr Auftreten in der Natur. Darstellung des Phosphors aus Knochen. Seine Reinigung. Amorpher Phosphor. — Phosphorfeuerzeuge. Turiner Lichtchen. Streichhölzchen. Ihre Geschichte. Antiphosphorhölzchen und phosphorfreie Zündhölzchen. Schwedische Zündhölzer. — Fabrikation. Zurichtung der Hölzchen. Die Zündmasse. Das Betupfen. Fertigmachen und Verpacken.

Nehmt das Feuer von der Erde, und die Menschheit wird wieder eine hilflose, schwerfällige, unglückliche Masse. Diese Erkenntnis beugt dem Feueranbeter die Kniee, sie unterhielt im Altertume den Dienst der vestalischen Jungfrauen und bewahrt noch heute die heilige Lampe vor dem Verlöschen. Das Phosphorzündholz müßten wir mit der größten Achtung behandeln.

Wie ratlos kommen wir uns vor, wenn wir des Nachts das Büchschen mit Streichhölzchen nicht finden können, und wie übermütig behandeln wir die unscheinbaren Dinger, wenn wir in ihrem Besitze sind. Das ist das Los jeder Erfindung, die mehr als einen überflüssigen Luxus befriedigt. Bei dem Eisen bedankt man sich nicht für die Sense, und bei dem Brote denkt man nicht des Pfluges. Wenn die Alten in der Prometheussage das Feuer als göttlichen Ursprungs und als alleiniges Eigentum des Zeus schildern, dem es durch List entwendet werden mußte, so zeigen sie sich dankbarer als wir, denn sie zollten in Prometheus jedenfalls dem Erfinder der Kunst, Feuer anzumachen, ihre Verehrung.

So alt auch die Kunst, Feuer hervorzurufen, sein mag, so hat sie sich doch sehr allmählich erst entwickelt und ihre Herausbildung auf die jetzige Stufe der Vollkommenheit verdankt sie erst der neueren Zeit; ja die wesentlichsten Erfindungen sind ein Erfolg der letzten Jahre.

Entkleiden wir die Prometheusmythe alles poetischen Schmuckes und legen wir ihr die moderne Deutung der Verherrlichung einer glücklichen Erfindung unter, so drängt sich uns die Frage auf: in welcher Weise gelang es dem göttergleichen Heros, die Menschheit mit dem Feuer zu beschenken? Welcher Art war das Verfahren, welches jener erste Mensch einschlug, Feuer zu erwerben? Daß der Sohn des Japetos keine Zündhölzer in dem hohlen Rohre der Ferulstaude vom Olymp geholt, oder daß seine Erfindung nicht bloß darin bestanden haben könne, das Feuer, wie es der Blitz in einem Walde entzündet, zu unterhalten, indem man ihm ununterbrochen Nahrung zuschiebt, leuchtet wohl ein, obwohl in den heiligen Feuern, die nach den Religionsgebräuchen vieler Völker nie verlöschen dürfen, ein Fingerzeig liegt, der uns darauf hinweist, mit welcher Pietät die Menschen in jenen Zeiten, in denen sie noch nicht oder nur mit großer Mühe vermochten, freiwillig und zu jeder Stunde Feuer anzufachen, die Erhaltung des einmal brennenden bewachten.

Feuer, von den Alten als eines der vier weltbildenden Elemente angesehen, ist nach den jetzigen Vorstellungen nichts andres als ein mit Licht- und Wärmeentwickelung verbundener Prozeß, Verbrennungsprozeß, welcher in der chemischen Verbindung irgend eines Körpers mit einem andern besteht. Wenn wir in schmelzenden Schwefel eine genügende Menge Eisenfeilspäne werfen, so wird die Masse plötzlich rotglühend; das Eisen verbindet sich mit dem Schwefel zu Schwefeleisen, und bei diesem Prozeß entwickelt sich eine so bedeutende Hitze, daß dieselbe sich bis zur Feuererscheinung steigern kann. Wasserstoffgas und Chlorgas, in entsprechenden Verhältnissen gemischt und im Dunkeln in eine Flasche gebracht, entzünden sich augenblicklich, sobald das Gemisch dem Sonnenlichte ausgesetzt wird, und die Vereinigung der beiden Gase, als deren Produkt Salzsäure hervorgeht, erfolgt unter heftigem Aufflammen. Kalium und Natrium, die Metalle aus der Pottasche und der Soda, haben ein sehr intensives Bestreben, sich mit Sauerstoff zu verbinden. Wird ein Stückchen Kalium auf Wasser geworfen, so zersetzt es dasselbe augenblicklich in seine Bestandteile, Sauerstoff und Wasserstoff; es verbindet sich unter violettem Glanze mit dem Sauerstoff, das Wasserstoffgas aber entzündet sich durch die entstehende Hitze und verbrennt mit selbständiger Flamme, indem es mit dem Sauerstoff der Luft sich wieder zu Wasser vereinigt.

Wie bei diesen, so ist bei allen Verbrennungen und in der That bei der größten Anzahl der Feuererscheinungen der chemische Prozeß die Ursache der Licht- und Wärmeentwickelung. Wir können sagen, das Eisen verbrannte im Schwefel, der Wasserstoff im Chlorgase, Kalium und Natrium im Sauerstoff; allein wir beschränken den Begriff des Verbrennens im gewöhnlichen Sprachgebrauch vorwiegend auf den Prozeß der Verbindung gewisser Körper mit Sauerstoff, sofern diese Verbindung mit intensiver Licht- und Wärmeentwickelung vor sich geht.

Flamme. Ist der brennende Körper ein gasförmiger, wie Wasserstoff, Leuchtgas u. s. w., so geschieht die Vereinigung mit Sauerstoff unter der Erscheinung einer Flamme; ist er aber ein fester Körper, so ist das Verbrennen nur ein Verglimmen ohne Flamme, höchstens von Funkensprühen begleitet. Eisen verbrennt in reinem Sauerstoffgase mit prachtvollem Licht, ebenso dünner Silber- oder Kupferdraht, wenn eine starke elektrische Entladung durch sie hindurchgeführt wird, aber es entsteht keine Flamme dabei, nur einzelne glühende Teilchen werden als leuchtende Funken umhergeschleudert. Dagegen gibt ja Schwefel eine ganz regelrechte Flamme, Phosphor ebenfalls, und doch sind beide feste Körper? Ganz recht, sie verwandeln sich aber vor der Entzündung durch die Hitze (das Anzünden) in Dampf, und die Flamme bezeichnet also nicht die Verbrennung des festen Schwefels, sondern immerhin des Schwefeldampfes. So ist es auch mit allen andern festen Körpern, die mit Flamme brennen; sie verwandeln sich vor der Entzündung allemal erst in gasförmige Körper, und es kommt beim Entzünden nur darauf an, durch Erhitzung diese Umwandlung einzuleiten. Ist die Zersetzung einmal im Zuge, so erhält sich die Gasentwickelung durch die bei der Verbrennung entstehende Hitze von selbst im Fortgange. Der Docht einer Kerze arbeitet ebenso wie die Retorte in der Gasanstalt, nur daß das Gas nicht erst in einen Gasometer geleitet, sondern gleich am Orte der Darstellung auch verbrannt wird. Man kann dies Gas bei jeder brennenden Kerze sehen. Die Flamme besteht nämlich aus drei Partien: einer inneren dunklen, dem Teile, wo sich das entwickelte Gas zuerst ansammelt, sozusagen dem Gasometer; einer darüber sich breitenden, hell brennenden Schicht, dem Orte, wo das austretende Gas eine teilweise Verbrennung erleidet, in welcher ausgeschiedene Kohlenteilchen in ein lebhaftes Glühen kommen, und endlich aus einem äußeren, schwach bläulich gefärbten Mantel, der sich durch die Verbrennung der letzten brennbaren Bestandteile bildet. Zum Brennen einer Flamme ist also unbedingt Sauerstoff notwendig; fehlt es der Flamme an diesem, also an Luft, so fängt sie an zu rußen, wie Fig. 380 zeigt, und schließlich verlöscht sie.

Fig. 379. Die Flamme.

Wärmequellen. Feuer veranlaßt wieder Feuer. Wo aber Feuer erst erweckt werden soll, muß die zum Anzünden nötige Wärme vorher erzeugt werden. Sehen wir uns in der Natur um, so begegnen wir einer großen Zahl von Wärmequellen. Die Strahlen der Sonne führen der Erde die Wärme wieder zu, die sie auf ihrer Wanderung durch den kalten Weltraum durch Ausstrahlung immerwährend verliert und infolge welcher Auskühlung sie endlich zu einem kalten, todten Felsgerippe ohne alles Leben erstarren müßte. Denn die eigne, ihr innewohnende Wärme, die den Kern noch in feurigem Fluß erhält und in den Lavaergüssen feuerspeiender Berge zu Tage tritt, würde in fortwährendem Verluste endlich sich erschöpfen, wenn nicht der Abgang durch irgend eine Zufuhr ausgeglichen würde.

Diese Sonnenwärme ist ihrem Wesen nach durchaus nichts andres als diejenige Wärme, welche auch auf der Erde infolge des Zusammenwirkens chemischer und physikalischer Kräfte erregt wird. Wir können denselben Effekt hervorbringen mit dem Funken der Elektrisiermaschine, wie mit den wärmenden Sonnenstrahlen, wenn wir es vermögen, die Wirkung genügend zu verstärken. Der Blitz ist ein elektrischer Funke. Er entzündet, wohin er schlägt, und schmilzt zu Schlacken oder verdampft, was er trifft. Und der Funke, den man aus der Elektrisiermaschine springen sieht, ist nichts andres, nur ist der Blitz ein besonders großer Funke. Die alte Meinung, daß durch den Blitz entzündetes Feuer nicht zu löschen sei, gehört unter jene verwerflichen Fabeln, deren Ausrottung der größte Dienst ist, den man der Menschheit leisten kann. Außer der Sonne, außer dem Heraufdringen der Wärme aus dem Innern der Erde selbst, außer physikalischen Kräften, wie Elektrizität und Magnetismus, ist endlich der auf der Erde nie ruhende Prozeß der chemischen Umbildung, der das ganze Leben erhält und das wunderbare Getriebe von Keimen, Blühen und Sterben begleitet und bedingt, eine fortdauernde Ursache der Wärmeentwickelung. Steigert er sich auch nicht immer bis zur Feuererscheinung, so beweist die erhöhte Temperatur der Bodenschichten, innerhalb welcher animalische und vegetabilische Überreste zu Humus zerfallen, und beweisen tausend andre Vorgänge, daß auch bei den scheinbar unbedeutendsten Zersetzungen und Neugestaltungen eine Änderung in den Wärmeverhältnissen niemals fehlt. Chemische Prozesse können wir überall hervorrufen, und da dieselben von einer so großen Mannigfaltigkeit und unter so verschiedenartigen Verhältnissen eintreten können, so ist uns damit auch die Möglichkeit geboten, ohne die gebräuchlichen Feuerzeuge auf mancherlei Weise uns in den Besitz von Feuer zu setzen. Unsre Voreltern konnten dies nicht in dem Maße, denn die Bedingungen energischer chemischer Einwirkungen müssen erst geschaffen werden, weil in der freien Natur die kräftig sich verbindenden Stoffe einander selbst zu finden wissen und die starken chemischen Verwandtschaften schon eine Ausgleichung erlitten haben mußten, ehe auf der Erde Menschen wohnen konnten. Mit vieler Mühe sind jene Verbindungen erst wieder getrennt worden und werden täglich geschieden, um der Technik und Kunst die Stoffe in ihrer einfachen Form darzubieten. Alle Metalle fast, die unter den Menschen zirkulieren, mit Ausnahme von Gold und seinen edelsten Begleitern, sind auf solche Weise rein dargestellt und aus Verbindungen abgeschieden worden, die sie, sich selbst überlassen, zu schließen immer geneigt sind und die wir, wenn wir sie in der Natur antreffen, Erze nennen; eine Anzahl andrer künstlich dargestellter Körper gibt es daneben, die ebenso durch ein großes Verlangen charakterisiert sind, sich wieder zu zusammengesetzteren, aus denen sie auf verschiedenen Wegen getrennt worden sind, zu verbinden. Aber alle diese Körper sind Produkte, deren Darstellung erst nach langwierigen Forschungen möglich geworden ist und die also dem ersten „feuerbedürftigen" Menschen keine Mittel zu Feuerzeugen sein konnten. Die Apparate, kleine Wärmemengen zu erzeugen und in ihrer Wirkung dadurch zu verstärken, wie wir sie z. B. in den Brenngläsern besitzen, haben auch erst erfunden werden müssen, und in der That war dem ältesten Kulturzeitalter nur ein einziger Ausweg geblieben, den sie in allen Erdteilen, unabhängig voneinander, aufgefunden und betreten haben.

Fig. 380. Mangel an Sauerstoff.

Feuerzeuge. Wenn man mit der Hand über eine rauhe Fläche streicht, so empfindet man in den Fingern das Gefühl der Wärme; gleitet man an einer Stange, an einem Stricke schnell hinunter, so kann man durch die Hitze Brandwunden davontragen. Die Achsen der Wagen rauchen, wenn sie nicht geschmiert worden sind; ein Stück Metall, wenn man es auf einem Steine abschleift, kann sich bis zum Glühen erhitzen. Was ist der Grund dieser Wärmeerscheinungen? Nichts andres als Reibung. Es ist eine merkwürdige Thatsache, daß sich mechanische Kraft in Wärme umwandeln läßt, umgekehrt, wie in der Dampfmaschine Wärme in mechanische Kraft verwandelt wird; der erstere Fall tritt bei der Reibung ein. Wir können ebenso gut durch rasch und fortdauernd auf ein Metallstück geführte Hammerschläge die Temperatur des Metalls bis zur Glühhitze steigern. Dies Gesetz der Umwandlung der Kraft ist erst in unsrer Zeit, in den letzten Jahrzehnten, entdeckt worden, und doch hatten die ersten Menschen, die ein Feuerzeug konstruierten, seine Anwendung bereits vor Augen. Es ist nicht anders als anzunehmen, daß das erste Feuerzeug ein Reibfeuerzeug war, und zwar werden wir wenig irren, wenn wir als die ursprüngliche Form desselben diejenige ansehen, die von vielen Reisenden, sowohl bei den Insulanern der Südsee als bei den Grönländern und den Indianern Amerikas, angetroffen wurde und die ihren Zweck, nach unsern Begriffen freilich höchst mangelhaft, nach den Ansichten der durch unsre Bequemlichkeit und unsre mannigfachen Hilfsmittel nicht verwöhnten Naturvölker aber doch so vollständig erfüllte, daß z. B. die Grönländer noch zu Anfang dieses Jahrhunderts es vorzogen, auf ihre gewohnte Weise durch Reiben zweier Holzstücke aufeinander sich Feuer zu verschaffen, und die ihnen dargebotenen Steinfeuerzeuge als unpraktisch auf die Seite warfen.

Wer etwa von unsern Lesern den Versuch gemacht haben sollte, sich mittels zweier Holzstücke seine Zigarre anzünden zu wollen, dürfte aber doch auf Schwierigkeiten gestoßen sein, die ihm sein Vorhaben als unausführbar erscheinen ließen. Die Sache hat nämlich ihre eignen Vorteile, deren wichtigster darin besteht, die Bewegung der Hölzer aufeinander möglichst rasch und möglichst lange ohne zu große Anstrengung fortsetzen zu können. Zu diesem Behufe hat man dem beregten Feuerzeuge fast in allen Erdteilen gleicherweise folgende Einrichtung gegeben: ein Brett oder Holzklotz von 15—20 cm Länge, aus weichem Holze, hat auf seiner Oberfläche mehrere halbrunde Vertiefungen, in welche ein 2—3 cm starker Stab von hartem Holze eingestemmt oder gedreht werden kann. Die Löcher in dem ersteren Holzstücke werden, wenn Feuer angemacht werden soll, mit einem leicht fangenden Zunder, vermodertem Holze oder dergleichen, angefüllt und der harte Holzstab wird in dieser Masse in eine schnell rotierende Bewegung versetzt, entweder indem er wie ein Quirl mit den Händen gedreht wird oder, und zwar besser, indem man eine an einem Bogen befestigte Schnur um ihn wickelt und durch deren Hin- und Herziehen die Bewegung unterhält. Während das Zünderbrett mit den Füßen festgehalten und von der einen Hand die Schnur regiert wird, hält die andre den Friktionsstab durch ein zweites Holzstück aufrecht, damit er nicht aus seiner Vertiefung herausspringt. Es ist möglich, durch eine solche Vorrichtung dem Stabe eine ungemein rasche Drehung und durch den Druck mit der linken Hand eine sehr bedeutende Reibung zu geben. Die Hitze, die sich infolgedessen erzeugt, genügt, um sehr bald den Zunder ins Glimmen zu bringen, und die schwachen Funken beleben sich rasch zur hellen Flamme, wenn trockenes Heu, Stroh oder andre leicht feuerfangende Gegenstände um das Holzstück gewickelt und durch Laufen oder Wehen mit den Armen ein lebhafter Luftzug hervorgerufen wird. Dieses Feuerzeug war einer großen Vervollkommnung nicht fähig, es ist daher das nächsthöhere Stadium in der niederen Feuerwerkerei gleich durch eine völlig neue Erfindung charakterisiert, die im Grunde aber auf denselben Prinzipien wie das vorige Feuerzeug beruht.

Fig. 381. Das Feuerpinken.

Stahl, Stein und Schwamm. Das Stein-, vulgo Pinkfeuerzeug, das vor wenigen Jahren noch seinen Platz am häuslichen Herde der kultiviertesten Nationen hatte, ist unstreitig nach dem Holzfeuerzeuge das älteste. Aus den Zeiten der alten Römer sind Zunderschachteln von künstlicher Arbeit auf uns gekommen, die im Innern ganz unsern alten Blechkästen entsprechend eingerichtet waren. Wir wissen nicht das Geburtsjahr der Erfindung des Steinfeuerzeugs annähernd zu bestimmen; daß man aber verhältnismäßig spät erst darauf kommen konnte, das wird dadurch bewiesen, daß man vorher mit der Bearbeitung der Metalle schon vertraut sein mußte. Wir erwähnten bereits, wie in bezug auf das innere Wesen dieses Feuerzeug sich seinem Vorgänger anschließt, wenn ein solcher Zusammenhang sich dem ersten Blicke auch nicht so ersichtlich zeigt. Es ist hier aber ebenfalls die mechanische Kraft der Arme, die durch die Reibung in Wärme umgewandelt wird. An einem Stahle (dem Feuerstahle) wird ein scharfkantiger Stein (Feuerstein) derart rasch herabgeschlagen, daß durch die schneidigen Kanten und die Geschwindigkeit der Bewegung kleine Splitterchen von der Oberfläche des Stahles abgesprengt werden, die, weil sie durch die Reibung im höchsten Grade sich erhitzen, als glühende Funken herunterfallen und, wenn sie den Zunder treffen, diesen erglimmen machen. Der Zunder hat die Aufgabe, die kurze Dauer des Funkens zu verlängern, so daß man daran Schwefelfaden oder andre leicht feuerfangende Körper zu entzünden vermag. Er wird aus den verschiedensten Stoffen hergestellt, und es zeigen sich ebenso gut verkohlte Leinwandfetzen als mit Salpeterlösung getränkte Faserstoffe, woraus die Lunten gemacht wurden, oder mit verdünnter Salpetersäure behandelte Baumwolle, oder endlich der bekannte geklopfte Baumschwamm als zweckentsprechende Mittel.

Es sei erlaubt, an dieser Stelle noch einige Worte dem Feuerschwamm zu widmen, zumal da, so verbreitet derselbe früher auch war, doch die Zeit nicht mehr fern sein dürfte, wo das gemütlichste aller Feuerzeuge, wo der brenzliche Duft des Schwammes nur noch zu den verlöschenden Jugenderinnerungen gehören, und wo er nimmer auf Erden, höchstens in den überirdischen Regionen der Maurer, als heiliges Symbol des Fleißes angetroffen werden wird; wo selbst sein Name vergessen werden würde, wenn nicht jener würdige Mann auf dem Mühlendamm durch den projektierten Verkauf einer der verbreitetsten Sorten ihm einen Platz in der deutschen Poesie gesichert hätte. Der Feuerschwamm, von welchem der Ulmer und der Neustädter als die besten Sorten gelten, wird aus einem Pilze von der Gattung der Polyporen, die zu den Hutpilzen (Pileati) gehören, dargestellt, der vorzüglich an alten Buchen, Birnen- und Äpfelbäumen und oft, wie im Böhmerwalde, in beträchtlicher Menge vorkommt. Diese Pilze, von denen der Polyporus fomentarius unser Lieferant ist, während der Polyporus igniarius trotz seines Namens als der unechte Feuerschwamm bezeichnet werden muß, bilden meist halbkegelförmige oder hufförmige Gestalten, die mit der Spitze nach unten an den Stämmen der Bäume angeheftet erscheinen, so daß sie den Eindruck machen, als wären sie mit Absicht von Menschenhand angebracht, um einer Büste oder Statue zum Postamentchen zu dienen. Ihre Oberfläche ist braun oder grau bis in die dunkelsten Nüancen und mit konzentrischen Furchen versehen, die das Jahresalter des Pilzes angeben. Das Innere ist bei den verschiedenen Arten verschieden gefärbt, weiß, grau oder lederfarbig bis rotbraun, und geht in enge Röhren aus. Obwohl der Feuerschwamm auch schmarotzend auf Tannen und andern Nadelhölzern wächst, so wird diesem doch der auf Laubhölzern gewachsene vorgezogen wegen der feineren, dichteren und gleichmäßigeren Beschaffenheit seines Zellgewebes. Dieser Pilz wird in den Wäldern gesammelt, und nachdem die tauglichsten Exemplare davon in lederartige Platten zerschnitten worden sind, werden aus diesen mittels scharfer, messerartiger Instrumente alle harten, holzigen und ungleichen Partien entfernt, die guten Stücke aber mit kochendem Wasser behandelt, mittels hölzerner Schlägel dünn gepocht, in Lauge gesotten und, wenn von dieser der letzte Rest ausgewaschen ist, endlich in einer Salpeterauflösung gekocht, obwohl die besten Schwämme auch ohne diese Beizmittel ein ausgezeichnetes Produkt geben. Der vorher harte Schwamm erlangt so eine weiche, lederartige Beschaffenheit, und er ist, nachdem er gut getrocknet, zum Gebrauch fertig. Er muß weich wie sämisches Leder sein, und man sieht zuweilen noch Schwammmacher, welche diese Eigenschaft benutzen und sich aus besonders schönen Pilzen eine Mütze ohne Naht klopfen. Der Salpeter erhöht die Eigenschaft seiner Entzündlichkeit; er ist es auch, der dem Schwamme die blutstillende Kraft verleiht, von welcher mancher wagehalsige Barbier einen mehr als menschlichen Gebrauch macht. Die alten Römer kannten, wie vieles andre Schöne, so auch den Feuerschwamm, wenigstens seine Zubereitung nicht; sie bedienten sich in ihrem Ignitabulum, wie sie das Feuerzeug nannten, lediglich des gebrannten Zunders. Statt dessen aber war ihnen ein andres Feuerzeug bekannt, und es wurde dasselbe bei ihnen viel höher gehalten als das Steinfeuerzeug, weil bei ihm nicht menschliche Hand und Mühe, sondern der göttliche Strahl der Sonne, „Helios' höchstes Gut", selbst die Flamme erweckte.

Fig. 382. Stahl, Stein und Zunder.

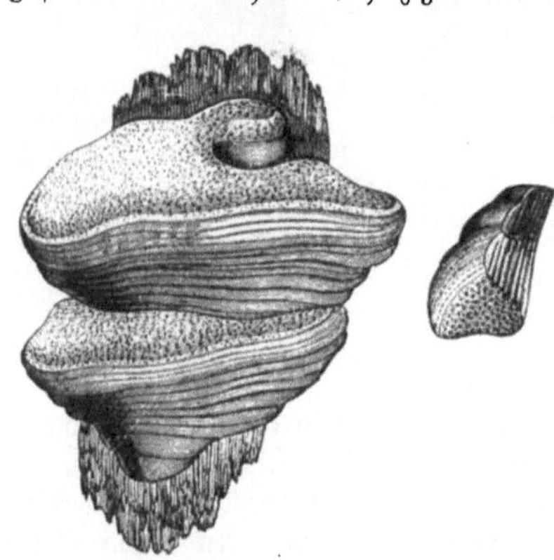

Fig. 383—384. Der Feuerschwamm.

Brenngläser und Brennspiegel waren den alten Thrakern schon bekannt, welche die ersteren aus Kristall zu schleifen, letztere aus Bronze darzustellen verstanden, und sie wurden als Feuerzeuge benutzt, die heiligen Feuer der Vesta, wenn dieselben durch Nachlässigkeit der hütenden Jungfrauen verlöscht waren, wieder zu entflammen. Von welcher Größe und Wirkung man derartige Instrumente fertigen konnte, das beweist die Erzählung, nach welcher

Archimedes die Schiffe der feindlichen, Syrakus belagernden Flotte von den Wällen der Stadt aus mittels Brennspiegel in Brand setzte. Wo ein ewig blauer Himmel sich über die Erde spannt, dort ist das Brennglas noch heutzutage — aber auch nur zu Tage — das einfachste und sicherste Feuerzeug; aber Länder, in denen die Sonne sich den bei weitem größten Teil des Jahres hinter Nebel und Wolken verbirgt, mußten nach andern Hilfsmitteln suchen, und daher trifft man die Brenngläser auch nur selten noch bei Schäfern oder Jägern als Feuerzeuge in Gebrauch, oder man findet sie höchstens in Parken oder Gärten aufgestellt, um das Eintreten der Mittagsstunde der Nachbarschaft zu verkünden. Ein solcher Apparat besteht dann gewöhnlich aus einer kleinen Kanone, die jeden Morgen mit Pulver geladen wird und über welcher ein Brennglas derart aufgestellt ist, daß, wenn die Sonne im Mittag steht, ihre Strahlen durch das Glas gerade auf das Zündloch fallen und das dort offen liegende Pulver entzünden. Jeden Mittag Schlag oder vielmehr Schuß 12 Uhr kann man im Palais-Royal in Paris alle Welt ihre Uhren nach einem solchen Sonnenweiser richten sehen, wenn nicht Jupiter Pluvius dem Vater Chronos in gewohnter Weise ein Schnippchen schlägt.

Mit den Brenngläsern und den Brennspiegeln schließt, wenn wir so sagen dürfen, die erste Periode in der Geschichte der Feuerzeuge. Kann es auch nicht geleugnet werden, daß die Herstellung von Kristallbrenngläsern und Brennspiegeln, wenn sie auch noch so unvollkommen gewesen sein sollten, schon eine bedeutende Kultur voraussetzt, so basiert doch die Anwendung derselben zum Feuermachen auf Beobachtungen, die leicht der Zufall machen ließ, während dem nächst zu betrachtenden Feuerzeuge die Anwendung eines Gesetzes zu Grunde liegt, das sich erst einem genaueren Studium der Natur der gasförmigen Körper eröffnet haben kann.

Fig. 385. Das Brennglas als Feuerzeug.

Das pneumatische oder Kompressionsfeuerzeug, so unscheinbar dasselbe auch auftritt, so merkwürdig und überraschend ist seine Wirkung. Jeder Körper, wenn er verdichtet wird, so daß er nach dem Zusammenpressen einen geringeren Raum einnimmt als vorher, entwickelt Wärme, die ebenfalls als Reibwärme angesehen werden kann, denn sie entsteht durch die Friktion, welche die kleinsten Teilchen der Masse aneinander erleiden, wenn sie sich infolge des Druckes, der Zusammenpressung, einander mehr nähern und dichter zu einander zusammenrücken müssen. Feste und flüssige Körper lassen nur eine verhältnismäßig geringe Verdichtung zu, es ist daher die Wärmevermehrung bei ihnen auch schwieriger zu beobachten; gasartige Körper dagegen lassen sich durch Druck auf ein immer kleineres Volumen zusammenpressen und zeigen dann dabei eine Erhöhung der Temperatur, die um so bedeutender wird, je rascher die Verdichtung und je weiter sie vor sich geht. Es besteht dieses Feuerzeug nämlich aus einem metallenen Stiefel AB (s. Fig. 386), in welchem sich ein luftdicht schließender Kolben bc auf und ab bewegen läßt. Ist der Kolben herausgezogen, so füllt sich der ganze Stiefel mit Luft, die nicht entweichen kann, sondern sich verdichten muß, wenn man den Kolben aufsetzt und in den Stiefel hineinpreßt. Geschieht die Kompression durch einen einzigen raschen Stoß, so kann durch die Erwärmung ein Stück Schwamm, welches an der Unterfläche des Kolbens vorher angebracht worden ist, zum Glimmen gebracht werden.

Bei den früher, namentlich bei Fuhrleuten, beliebten pneumatischen Feuerzeugen hatte der Cylinder die Form eines Stiefels, der mit seiner Sohle an irgend einer Mauer angestoßen wurde, daher der Name Stiefelfeuerzeuge.

Bis hierher geht das graue Altertum der Feuerzeuge, d. h. diejenige Zeit, welche uns noch nicht erlaubt, unsre Vorstellungen an Jahreszahlen zu ketten und sie chronologisch zu ordnen. Jetzt aber lichtet sich das Gebiet. Wir brauchen weniger der Vermutung über das Recht der Erstgeburt Raum zu geben, die Erfindungen und Verbesserungen unsres Instruments gehen genau Hand in Hand mit den Entdeckungen der Physik und Chemie, welchen sie bisweilen Veranlassung, bisweilen Folge waren.

Das Döbereinersche Platinfeuerzeug. Bekanntlich läßt sich das zu Anfang des vorigen Jahrhunderts von den Spaniern im südlichen Amerika entdeckte, durch Wood 1741 nach England gebrachte und von dem deutschen Chemiker Döbereiner auf Veranlassung des Großherzogs Karl August von Weimar genauer untersuchte Platin auf geeignete Weise als ein ungemein poröser Körper, der sogenannte Platinschwamm, darstellen. Nun ist es ein merkwürdiges Vermögen poröser Körper, wie feinlöcheriger Holzkohle oder eben dieses Platinschwammes, auf ihrer Oberfläche, in dem Innern der Poren gewisse Gasarten in großer Menge aufzusaugen und zu verdichten, bei welcher Verdichtung denn, wenn dieselbe rasch erfolgt, gerade wie im pneumatischen Feuerzeuge, Wärme entwickelt wird, die sich so weit steigern kann, daß das Platin dadurch ins Glühen versetzt wird. Ist das Gas, welches verdichtet wird, selbst ein brennbares, so entzündet es sich an dem glühenden Metall, und diese Thatsache liegt dem Döbereinerschen Platinfeuerzeuge zu Grunde, von welchem Fig. 387 eine vollständige Ansicht gibt.

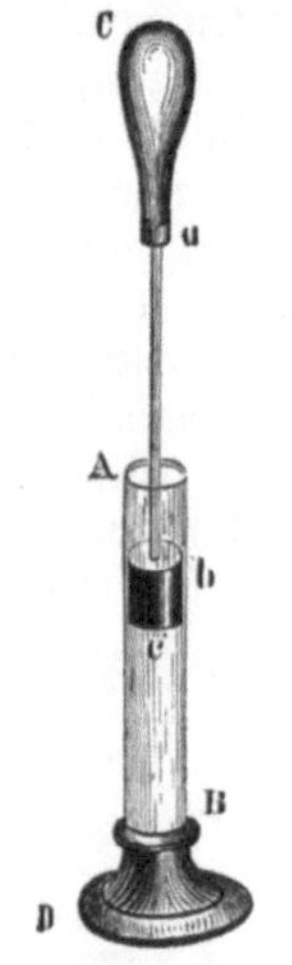

Fig. 386.
Das pneumatische oder Kompressionsfeuerzeug.

Es besteht dasselbe aus einem Glas-, Metall- oder Porzellangefäß, welches oben durch einen Deckel geschlossen und mit verdünnter Schwefelsäure bis ungefähr zu $^2/_3$ angefüllt wird. Von diesem Deckel aus ragt ein nach unten zu geöffneter Cylinder b in die Flüssigkeit, von dem aus oben, durch den Deckel hindurch, eine durch eine Feder e verschlossen gehaltene Öffnung, der Kapsel f gegenüber, ausgeht. Diese Kapsel ist mit Platinschwamm angefüllt. In dem Cylinder b aber ist ein Stück Zink an einem Messingdrahte aufgehängt, so daß es mit seinem untersten Ende ein wenig höher sich befindet als der untere Rand des Cylinders. Wird nun der Deckel auf das mit verdünnter Schwefelsäure versehene Gefäß aufgesetzt, so taucht der innere Cylinder und mit ihm das Zink in die saure Flüssigkeit und es beginnt augenblicklich eine Zersetzung des Wassers, indem sich der Sauerstoff desselben mit dem Zink und der Schwefelsäure zu schwefelsaurem Zinkoxyd (Zinksulfat) vereinigt, der Wasserstoff aber frei wird und sich im Innern des Cylinders über der Flüssigkeit ansammelt. Die Zersetzung dauert so lange fort, als das Zinkstück mit der Schwefelsäure in Berührung ist, und da das Wasserstoffgas keinen Ausweg findet — denn für gewöhnlich wird die einzige kleine Öffnung durch die Feder e verschlossen — so drückt es allmählich die Flüssigkeit aus dem Innern des Cylinders heraus in das größere Gefäß und bewirkt dadurch, daß endlich das Zink außerhalb der Flüssigkeit zu hängen kommt, von wo an dann kein Gas sich mehr entwickeln kann. Die Flüssigkeit im größeren Gefäße drückt aber ihrerseits wieder auf das Gas; öffnet man demselben durch die Feder e den Austritt aus dem Cylinder, so strömt es so lange aus, bis die Schwefelsäure innerhalb des Cylinders so hoch steht wie außerhalb. Bei diesem Ausströmen trifft das Gas direkt auf den in der Kapsel f befindlichen Platinschwamm; es wird augenblicklich verdichtet, das Platin kommt dadurch ins Glühen und entzündet das noch nachströmende Gas, welches so lange, als die Feder niedergedrückt wird, mit schwachblauer, aber sehr hitzender Flamme weiter brennt, vorausgesetzt, daß nicht unter der Zeit der Gasvorrat im Innern des Cylinders sich aufzehrt. Von Zeit zu Zeit, wenn sich die Flüssigkeit mit Zink gesättigt hat, muß dieselbe entfernt und neue verdünnte Schwefelsäure (1 Teil englische Schwefelsäure mit 4 Teilen Wasser vorsichtig in einer großen Schüssel so gemischt, daß man unter Umrühren die Säure in einem feinen Strahle in das Wasser gießt) in den Apparat gegeben werden. Wenn der Platinschwamm unwirksam geworden ist, dadurch vielleicht, daß sich nach längerer Ruhe des Apparates Staub hineingesetzt

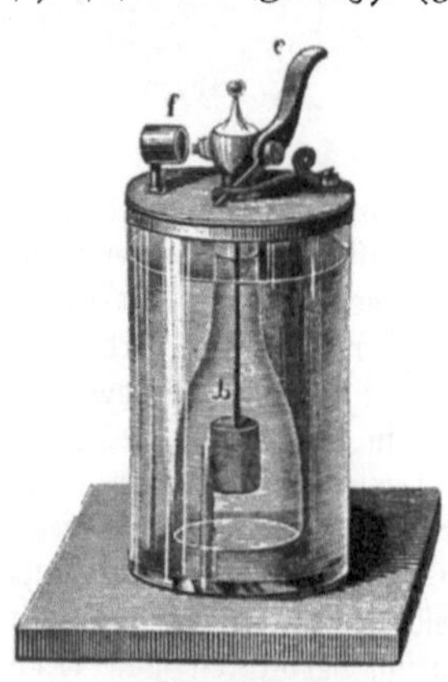

Fig. 387.
Das Döbereinersche Platinfeuerzeug.

hat, durch den sich leicht die Poren verstopfen, so genügt es häufig, den Platinschwamm in einer Gasflamme auszuglühen oder noch einfacher mittels eines brennenden Spanes das Wasserstoffgas des Apparates zu entzünden und die heiße Flamme auf die Kapsel schlagen zu lassen. Gegenwärtig findet man jedoch diese Platinfeuerzeuge fast gar nicht mehr.

Mit dem Döbereinerschen Feuerzeuge hat das elektrische Feuerzeug eine große Ähnlichkeit. Dasselbe ist zwar der Zeit seiner Erfindung nach älter als jenes, denn es soll bereits im Jahre 1770 von Fürstenberg in Basel konstruiert und einige Jahre später durch Ehrmann in Straßburg bekannt gemacht worden sein; die geistreiche Einrichtung aber, die es jetzt hat, erhielt es erst im Laufe der Zeit durch das Platinfeuerzeug, und wir zogen es deshalb vor, der Übersichtlichkeit wegen das Prinzip an dem Döbereinerschen Feuerzeuge, dessen Erfindung aus den zwanziger Jahren stammt, zu erläutern.

In neuester Zeit ist auch ein kleiner Apparat aufgekommen und bekannter geworden, welcher an das Döbereinersche Feuerzeug erinnert, insofern es hierbei, gleichwie bei dem letzteren, auf das Erglühen von Platin ankommt. Es ist das sogenannte Döbereiner-Fläschchen oder die Platinlampe (s. Fig. 388). Auf einer gewöhnlichen Spirituslampe umgibt eine cylinderförmige Spirale von feinem Platindraht den oberen Teil des Dochtes, ohne letzteren zu berühren. Wird nun die Flamme des brennenden Spiritus durch Aufsetzen des Deckels gelöscht, letzterer jedoch sofort wieder abgenommen, so kommt die Platinspirale ins Glühen, und zwar so lange, als sich noch Spiritus (welcher allerdings mindestens 96% Tralles haben muß) in der Lampe befindet. Der Spiritus verbrennt hierbei zu Kohlensäure und Wasser; nebenbei entstehen auch kleine Mengen von Aldehyd und Essigsäure. In der Hauptsache ist es ein Experiment, welches Döbereiner schon zu Anfang dieses Jahrhunderts mit Platinschwamm und welches Davy mit Platindraht angestellt hatte. Ob dieser Apparat die ihm zugeschriebene Luftverbesserung hervorbringt, muß vorläufig dahingestellt bleiben.

Fig. 388. Platinlampe.

Das elektrische Feuerzeug hat statt des Platinschwammes zwei Metallspitzen, zwischen denen in demselben Augenblicke, als eine Feder niedergedrückt wird und das Wasserstoffgas ausströmt, ein elektrischer Funke überschlägt, der die Entzündung bewirkt. Auf welche Weise dieser Funke hervorgerufen wird, zeigt uns ein Blick auf Fig. 389, welche uns das elektrische Feuerzeug in seiner ursprünglichen Einrichtung vorführt. Nach dieser wird der Wasserstoff in dem Gefäße A entwickelt; die Spannung des Gases treibt die Schwefelsäure hinauf in das Gefäß A', von wo diese auf das Gas einen Druck ausübt, der dasselbe zur Öffnung der Spitze hinauspressen möchte. Dieser Weg ist aber für gewöhnlich verschlossen und öffnet sich nur durch einen kleinen Hebel, der seinerseits mit einer seidenen Schnur in Verbindung steht, welche den Deckel eines im unteren Kasten stehenden Elektrophors abhebt. Derselbe berührt einen von der Spitze ausgehenden Metalldraht, teilt diesem seine Elektrizität mit, welche auf die andre mit dem Harzkuchen des Elektrophors verbundene Metallspitze als ein Funke überspringt und dabei den zwischen den Spitzen durchgehenden Wasserstoffstrom entzündet. Von Zeit zu Zeit muß der Harzkuchen wieder geladen, d. h. mit einem Fuchsschwanz oder einem Katzenfell herzhaft gepeitscht werden, denn er verliert, vorzüglich bei feuchter Witterung, allmählich seine Spannung, und in diesem Nachlassen der Wirksamkeit, die auch durch Staub, auffliegende kleine Fäserchen ꝛc. sehr beeinträchtigt wird, mag wohl der Hauptgrund mit liegen, daß dieses Instrument nur wenig in Gebrauch gekommen ist. Für den täglichen Bedarf ist es zu kompliziert, und Reparaturen sind daran noch schwieriger auszuführen als bei dem Döbereinerschen, welches den Vorzug größerer Einfachheit besitzt und sich leichter einer Form anpassen läßt, die es zu einer geschmackvollen Zimmerzierde machen kann.

In neuerer Zeit hat Schröter in Sommerfeld das elektrische Feuerzeug dadurch verbessert, daß er mit dem Zinkblock, dessen man zur Wasserstofferzeugung benötigt, einen Kohlenstab leitend verband und solcherart ein galvanisches Element herstellte, dessen Strom eine auf dem Deckel angebrachte Induktionsspirale durchläuft, welche um ein Bündel von Drahtstäbchen gewunden ist. Dadurch wird eine ziemliche Spannung der Elektrizität erzielt, so daß der Strom zwischen zwei Platinspitzen 1 1 (s. Fig 391) als ein kleiner Funken überzuspringen und das aus der Ausflußöffnung 2 strömende Wasserstoffgas zu entzünden vermag. Abgesehen von dieser Zuthat ist die Einrichtung übereinstimmend mit der des Döbereinerschen Platinfeuerzeugs, nur daß bei dem Induktionsfeuerzeug der empfindliche und leicht unbrauchbar werdende Platinschwamm in Wegfall gebracht ist. Der Kohlenstab taucht in eine Lösung von doppeltchromsaurem Kali, welche von der schwefelsauren Flüssigkeit, in der das Zink hängt, durch eine gewöhnliche Thonzelle abgetrennt ist.

Trotz seiner Vorzüge aber wurde dem Platinfeuerzeuge bald der Rang abgelaufen durch die andern Feuerzeuge und unter diesen namentlich durch die Phosphorzündhölzer, welche bald nach dem Bekanntwerden des Phosphors erfunden wurden und von Stund' an von der Technik ganz ausschließlich bevorzugt und gehätschelt worden sind. Auch das Publikum wandte sich wankelmütig den ungezogenen Kleinen zu, übersah geduldig ihre Unarten um des großen Vorteils willen, daß sie leicht und bequem sich transportieren ließen, ein Vorzug, der allerdings dem elektrischen sowie dem Döbereinerschen Platinfeuerzeuge, deren Wirkung auf das Zimmer beschränkt war, vollständig abging.

Zuvor aber, ehe wir zur Besprechung der wichtigsten Feuerzeugindustrie übergehen, müssen wir noch des speziell unter dem Namen

Chemisches Feuerzeug bekannten Apparates Erwähnung thun, der in verschiedenen Gestalten lange Zeit sich einer wohlverdienten Würdigung erfreute. Das alte Schwefelholz erfuhr hier die erste Vervollkommnung. Es wurde an dem geschwefelten Ende mit einer Mischung von Zucker und chlorsaurem Kali (Kaliumchlorat), die man mittels Gummi oder Tragantschleim verband, überzogen. Diese Mischung hat nämlich die Fähigkeit, beim Benetzen mit konzentrierter Schwefelsäure unter Feuererscheinung zu verpuffen und dabei eine so intensive Wärme zu entwickeln, daß sich der darunter liegende Schwefel entzündet. Die Schwefelsäure zersetzt das chlorsaure Kali und die dabei frei werdende Chlorsäure ist von so großer oxydierender Kraft, daß sie Schwefel oder organische, leicht brennbare Körper ohne weiteres zu entzünden vermag. Da aber durch Verpuffen leicht Tröpfchen von Schwefelsäure umhergeschleudert wurden, wenn man dieselbe zu reichlich zur Benutzung anwendete, so bediente man sich kleiner Glasflaschen mit eingeriebenem Glasstöpsel, die man zur Hälfte mit fest eingestampftem und mit Schwefelsäure getränktem Asbest anfüllte; die Zündhölzer wurden nun auf dieses Asbestkissen mit ihrem präparierten Ende gestoßen und entnahmen demselben eine genügende Menge Schwefelsäure, um die Entzündung einzuleiten. Es ist nicht bestimmt, von wem diese Erfindung ausgegangen ist, und man darf wohl die Vermutung haben, daß in verschiedenen Ländern die Idee dazu gleichzeitig zur Ausführung gekommen sei. In Wien kostete 1812 das Hundert solcher Hölzchen noch 1 Gulden Wiener Währung, ein Preis, der allerdings von der Konkurrenz noch nicht sehr beeinflußt erscheint und der deutlich zeigt, wie sehr damals die Sache noch eine Neuheit war. Eine besondere Abart dieses Feuerzeugs war ein um 1830 unter dem Namen Prometheans vorzüglich in England verbreitetes Zündpräparat, das aber seines hohen Preises wegen auf dem Kontinente keine große Verbreitung gefunden hat. Das Gemisch von Zucker und chlorsaurem Kali war bei ihm in ein dünnes Röllchen von Papier gefüllt, welches überdies ein kleines, auf beiden Seiten zugeschmolzenes Glasröhrchen voll Schwefelsäure enthielt. Indem man das Glasröhrchen zwischen zwei harten Körpern, in der Regel einer eigens zu diesem Zwecke mitverkauften Zange, zerdrückte, kam die Schwefelsäure mit der Zündmasse in Berührung und bewirkte die Entflammung derselben. Jene Tunkfeuerzeuge waren in gewisser Beziehung recht praktisch, nur mußte man stets darauf achten, daß die Gläschen immer wieder gut verschlossen wurden, nachdem man sie gebraucht hatte; denn sonst wurde die Schwefelsäure infolge der Anziehung von Wasser aus der Luft zu sehr verdünnt und vermochte dann keine

Fig. 389. Das elektrische Feuerzeug.

Entzündung mehr hervorzubringen. Diese Tunkfeuerzeuge hatten aber noch den großen Übelstand, daß sie für den Transport in der Tasche ganz ungeeignet waren.

Das chlorsaure Kali hat sich von diesem chemischen Feuerzeuge an in allgemeiner Benutzung erhalten. Es bildete auch bei einer eigentümlichen Art Reibhölzer (den Congreveschen Reibzündern), welche 1823 aufkamen, den wesentlichsten Bestandteil der Zündmasse, die aus chlorsaurem Kali und dem doppelten Quantum Schwefelantimon bestand und mit einem geeigneten Bindemittel als Überzug über den Schwefel der Zündhölzer aufgetragen wurde. Wenn man die Masse zwischen zwei Flächen von Sandpapier, welche mit den Fingern zusammengepreßt wurden, hindurchzog, so entzündete sich infolge der Reibung das Gemisch. Allein es erforderte dies immer einen bedeutenden Druck, und nicht selten rieb sich dadurch das Zündpräparat von den Hölzern ab und verpuffte zwischen den rauhen Flächen, ohne das Hölzchen zu entzünden, oder der Zündkörper flog brennend weg und übertrug das Feuer auf Stellen, wo man es nicht wollte.

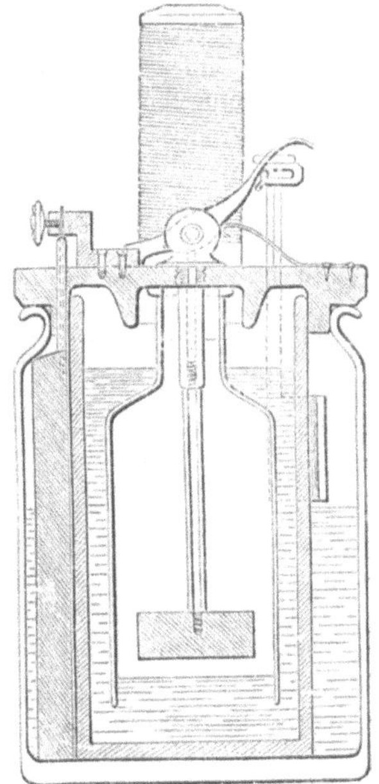

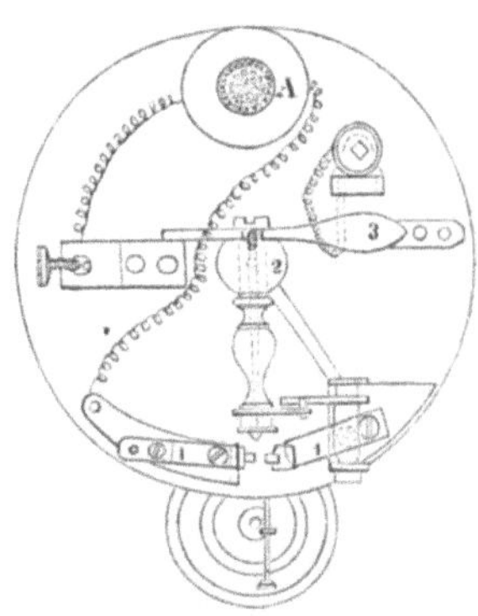

Fig. 390 und 391. Verbessertes elektrisches Feuerzeug.

Hier also war das Feld der Verbesserungen. Man griff zu dem Phosphor, den man schon früher zu diesem Industriezweig heranzuziehen versucht hatte, um eine andre Zündmasse zusammenzusetzen. Ehe aber die Phosphorzünder ihre jetzige Ausbildung erlangten, haben sie eine bedeutende Umwandlung erfahren, und die heutigen Salonzündhölzchen oder Zündkerzen sind mit den ersten Versuchen, die leichte Entzündbarkeit des Phosphors zur Herstellung von Feuerzeugen zu benutzen, eben durch nichts weiter verwandt, als durch die Gegenwart des Phosphors.

Der Phosphor. Dieser interessante Körper wurde vor zwei Jahrhunderten entdeckt. Es ist eines jener zufälligen Ergebnisse, mit welchen die an und für sich sinnlosen Versuche der Alchimisten die Nachwelt beschenkt haben. Ein Hamburger Kaufmann nämlich, Namens Brandt (oder Brand), war, um seinen zerrütteten Vermögensverhältnissen aufzuhelfen, unter die Goldmacher gegangen, deren Kunst damals ungefähr in derselben Blüte bei hoch und niedrig stand, wie vor Jahren das Tischrücken. An die Transmutation, wie die für möglich gehaltene Verwandlung unedler Metalle in Gold und Silber durch gewisse, aber eben noch zu erforschende Verfahren und Tinkturen genannt wurde, glaubte damals jedermann, und es kam nur darauf an, der erste zu sein, der den Stein der Weisen fände. Brandt hatte wohl schon lange ohne Erfolg laboriert, ehe er zu der Überzeugung kam, daß auf dem bisher eingeschlagenen Wege für ihn nichts zu erreichen sei; er verfiel endlich darauf, aus den Produkten des lebendigen Organismus selbst das geheimnisvolle Prinzip auszuscheiden, und hielt den Urin für das lohnendste Ausgangsmaterial seiner Unternehmungen. Heute lächeln wir über eine solche Auffassung. Damals aber, wo man die Vorgänge des Lebens durch exakte Forschung auch im geringsten noch nicht zu beleuchten im stande war, und wo phrasenhaftes, dunkles Wortgeklingel für Kenntnis, Glauben und Meinen für Wissen gehalten und die Gesetze eher als die Beobachtungen gemacht wurden, damals hatte für einen Dilettanten, wie Brandt war, der Gedanke einen plausiblen Anschein, daß der Mensch die vollkommenste Maschine sei, in der alle Stoffe und alle Kräfte in der höchsten, feinsten Ausbildung angetroffen werden und wirken; was von dieser Quintessenz der Schöpfung, von dieser Welt im kleinen, dem Mikrokosmus, ausgeschieden und abgesondert werde, das natürlich müsse das Allerfeinste, das Allerwirksamste sein, und im Harn könne daher allein der wahre Stein der Weisen gesucht werden.

Nun kurz und gut, mögen seine Gedankengänge immer gewesen sein, welche sie wollen, das scheint uns gewiß, daß Brandt den Urin auf alle mögliche Weise destillierte, digerierte, sublimierte und mit allen damals bekannten chemischen Foltern quälte und ängstigte; kein Wunder, daß sich alte Verbindungen zersetzten und neue dafür entstanden. Allein der Stein der Weisen kam trotzdem nicht zu Tage. Dafür fand aber unser Alchimist eines Tages in der Vorlage seiner Retorte einen eigentümlichen Körper von ganz merkwürdigen Eigenschaften. Der Geruch war schwach knoblauchartig, das Aussehen wie von hellgelbem, halbdurchsichtigem Wachs, ebenso die Härte und Konsistenz, der Geschmack aber scharf und widerlich. Bei gelinder Erwärmung schmolz die Masse, aber in gewöhnlicher Temperatur schon stieß sie fortwährend Dämpfe aus, die im Dunkeln leuchteten. Strich Brandt mit der Hand über den neu gewonnenen Körper, so leuchteten seine Finger und die eigentümliche Masse selbst strahlte ein sehr schönes, blasses, grünlichweißes Licht aus. In kochendes Wasser geworfen, machte sie die aufsteigenden Wasserdämpfe zu magisch strahlenden Wolken; kurz alles, was mit ihr in Berührung kam, empfing die Fähigkeit einer selbständigen Lichtentwickelung. Dieses sonderbare, noch an keinem andern Körper beobachtete Verhalten war die Ursache, daß Brandt für den neu entdeckten Stoff ganz speziell den Namen Phosphor, Lichtträger, in Anspruch nahm, wie er denn auch, verbunden mit seiner Eigenschaft der leichten Entzündlichkeit, die Veranlassung wurde, die ihn zu einem der ganzen Welt interessanten Phänomen machte. Der sonderbare Ursprung, sein Geruch und Geschmack, seine Entzündlichkeit, die des Schwefels und aller andern bekannten Körper weit übersteigend und so groß, daß die Wärme der Hand schon genügte, ihn in Flammen zu setzen, endlich die geheimnisvolle Lichtausstrahlung, das waren alles Eigenschaften, die dem Phosphor einen Platz außerhalb der übrigen Körper anwiesen und die von dem wahrhaft infernalischen Stoffe noch ganz andre Wirkungen erwarten ließen.

Die ganze gebildete Welt befaßte sich denn auch bald mit der interessanten Neuigkeit. Hatte Brand nicht den Stein der Weisen gefunden, so war ihm doch mit seiner Entdeckung eine Goldquelle aufgegangen, denn er hielt die Bereitung des Phosphors geheim und das Begehren danach war so groß, daß kleine Mengen davon mehr als mit Gold aufgewogen wurden. Man zeigte den Phosphor für Geld und im Jahre 1630 kostete die Unze davon in London $10^{1}/_{2}$, in Amsterdam sogar 16 Dukaten. Es war daher kein Wunder, daß andre das Geheimnis seiner Darstellung sich aneignen wollten, um es im eignen Nutzen auszubeuten, und es wird erzählt, daß Krafft und Kunckel sich vereinigt hätten, von Brandt das Rezept zu erkaufen.

Kunckel, der berühmteste deutsche Chemiker der damaligen Zeit, war in Holstein um 1630 geboren und wie die meisten der früheren Scheidekünstler in seiner Jugend Apotheker gewesen. Er hatte sich aber schon zeitig mit der „Chemie in den Metallen“, wie er es nennt, beschäftigt und unter anderm auch ein Werk über die Glasbereitung veröffentlicht. Wenn sich auch in seinen Schriften die ganze Unklarheit seiner Zeitgenossen wiederfindet, so hat er doch immer praktischere Richtungen in seinen Versuchen eingeschlagen als die meisten der übrigen, welche die Chemie als einen Glückstopf betrachteten, aus dem die Hand zufällig den Stein der Weisen ziehen könne.

Kunckel wurde in den sechziger Jahren des 17. Jahrhunderts in die Dienste des Kurfürsten Johann Georg III. nach Dresden berufen, als Aufseher der Hof- und Leibapotheke, allerdings wohl aber in der Absicht, die Versuche zur Auffindung des Steins der Weisen, dessen Kenntnis der verstorbene Kurfürst schon besessen haben sollte, wieder aufzunehmen und zu dem Behufe die hinterlassenen Aufzeichnungen zu studieren. In Annaberg wurde ihm ein Laboratorium eingerichtet. Da aber die Geldunterstützungen nicht mit wünschenswerter Regelmäßigkeit gewährt wurden, ging Kunckel 1675 nach Wittenberg und später nach Berlin in die Dienste des Großen Kurfürsten, um, wie er schreibt, „allda etwas zu seinem Lebensunterhalte zu gewinnen, da er doch die Kunst, Hunger zu leiden, nicht gelernt habe.“ Später wurde er von Karl XI. von Schweden als Bergrath nach Stockholm berufen und ist 1702 in Berlin verstorben.

Johann Daniel Krafft war Doktor der Medizin und an den Zellerfelder Gruben Arzt. Von unruhigem, abenteuerlichem Sinn getrieben, hielt er aber an keinem Orte lange aus und verbrachte sein Leben auf vielfachen Reisen, zwischen denen er zeitweilige Anstellungen an den kurfürstlichen Höfen in Mainz und Dresden fand. In letzterer Stadt war er mit Kunckel bekannt geworden, kurz ehe die Brandtsche Entdeckung von sich reden machte.

Kunckel war auf einer Reise und ließ von Hamburg aus an Krafft seine Vorschläge, von Brandt das Geheimnis zu kaufen und es dann gemeinschaftlich auszubeuten, ergehen, die dieser auch scheinbar acceptierte, nichtsdestoweniger aber heimlich selbst zu Brandt reiste, von diesem das Geheimnis für 200 Thaler erwarb und Kunckel hinterging, indem er an den Höfen herumreiste und aus der Vorzeigung und dem Verkaufe des neuen Stoffs sich eine Einnahmequelle machte. Kunckel, der sich schon in Wittenberg befand, mußte natürlich endlich auch davon erfahren; da ihm aber weder Brandt noch Krafft über die Entdeckung selbst etwas Näheres mitteilten, ging er selbst an die Auffindung derselben und, wie er selbst schreibt, „durch scharfes Nachdenken und unermüdliches Arbeiten“ war er nach etlichen Wochen so glücklich, den Phosphor selbständig zu entdecken und zustande zu bringen. Das war im Jahre 1676. Kunckel wußte nur, daß Brandt den Phosphor aus dem Harn abgeschieden habe. Das Geheimnis der zum zweitenmal entdeckten Bereitung wurde jetzt durch die Konkurrenz bald zu einem Allgemeingute, denn die Entdecker lehrten schließlich jedem, der 10 Thaler bezahlen wollte, das vorher so ängstlich gehütete Verfahren. Auf ebenso selbständige Weise wie Brandt und Kunckel soll auch Boyle in England die Phosphordarstellung erfunden und im Jahre 1681 darüber der „Royal Society“ Bericht erstattet haben. Er beutete seine Entdeckung in Gemeinschaft mit einem in London lebenden Deutschen, Haukwitz, ebenfalls durch Herstellung größerer Mengen aus, und es soll Haukwitz durch deren Verkauf sich ein großes Vermögen erworben haben.

Fig. 392. Entwickelung von Phosphorwasserstoff.

Vorkommen. Der Phosphor ist in der Natur sehr verbreitet; er ist ein Bestandteil der gesamten organischen Welt, findet sich in vielen Gebirgsarten, wenngleich auch nur in sehr geringer Menge, in größerer Menge in verschiedenen Mineralien, sowie in den Guanolagern.

Das Vorkommen des Phosphors in den Knochen entdeckten Gahn und Scheele 1769; Albinus fand ihn in der Senfpflanze sowie in der Kresse, und jetzt weiß man, daß der Phosphor zu den in allen drei Reichen häufigsten Körpern gehört. In freiem Zustande findet er sich nirgends in der Natur, denn seine Verwandtschaft zu vielen andern Körpern ist so groß, daß er, einmal mit einem verbunden, aus dieser Verbindung nicht gern wieder herausgeht, wenn nicht starke chemische Zwangsmaßregeln ergriffen werden. Vorzüglich ist es der Sauerstoff, mit dem zusammenzutreten er ein großes Verlangen hat, infolgedessen er manche andre Verbindungen verläßt und sich dafür mit jenem vergesellschaftet. Es gibt auch eine Verbindung von Phosphor mit Wasserstoff, analog dem Ammoniak, Phosphorwasserstoff genannt. Dies ist ein gasartiger Körper, den man erhält, wenn man zu einer konzentrierten Auflösung von Ätzkali einige Stücke Phosphor thut und das Gemisch erwärmt. Läßt man Blasen dieser Gasart in die Luft treten, wie es Fig. 392 zeigt, so entzünden sie sich augenblicklich und verbrennen mit einem verpuffenden Geräusch. Die Anstellung dieses Versuchs erfordert aber einige Vorsicht und ist daher Ungeübten hiervon abzuraten. Der Phosphorwasserstoff ist interessant, weil man die mannigfach bestrittenen Irrlichter durch die Entwickelung dieser Gasart aus unter Wasser verfaulenden, phosphorhaltigen, organischen Körpern erklären will.

Die aus dem Zusammentreten von Phosphor und Sauerstoff entstehenden Körper charakterisieren sich durch ihre Eigenschaften als Säuren. Nur diejenige Verbindung, die am wenigsten Sauerstoff enthält, das Phosphoroxyd zeigt einen indifferenten Charakter. Die unterphosphorige Säure aber, die phosphorige Säure und vor allem die Phosphorsäure, welche die größte Menge Sauerstoff enthält (P_2O_5), sind ihren Eigenschaften nach entschiedene Säuren, denn sie bilden mit basischen Körpern Salze, deren einige, wie vorzüglich das phosphorsaure Natron, in der Technik eine ziemlich ausgedehnte Verwendung finden.

Die Phosphorsäure. Sie bildet sich, wenn Phosphor in freier Luft oder in reinem Sauerstoffgase verbrannt wird, und man erhält sie als weiße Flocken, wenn man über den brennenden Phosphor eine trockene Glasglocke stürzt. In dieser Form ist die Phosphorsäure wasserfrei (Phosphorsäureanhydrit); sie zieht aber schon beim Stehen an der Luft die Wasserdämpfe derselben mit solcher Entschiedenheit an, daß sie bald zerfließt und dann selbst durch heftiges Glühen nicht mehr in den wasserfreien Zustand übergeführt werden kann. Ihr Verhalten dem Wasser gegenüber ist sehr merkwürdig, denn sie vereinigt sich mit demselben zu drei ganz fest bestimmten Verbindungen, deren Wassergehalt sich zu einander verhält wie die Zahlen 1, 2, 3. Die wasserhaltige Phosphorsäure kann man auf verschiedene Weise darstellen, entweder durch langsamere Oxydation des Phosphors in feuchter Luft, oder durch Kochen mit verdünnter Salpetersäure, oder durch Abscheidung aus phosphorsauren Salzen mittels Schwefelsäure. In jedem Falle wird man eine mehr oder weniger durch Wasser verdünnte Lösung erhalten, die man durch Abdampfen konzentrieren muß. Im Verlauf dieser Konzentration nimmt die Flüssigkeit Sirupskonsistenz an und läßt bei längerem Stehen harte, wasserhelle Kristalle anschießen. Treibt man die Verdampfung noch weiter, so kommt ein Zeitpunkt, bei welchem die Masse ruhig schmilzt und ein Tropfen, herausgenommen, auf einem kalten Gegenstande sogleich zu einem glasartigen Körper erstarrt. Man kann den ganzen Inhalt des Abdampfgefäßes durch Abkühlen in solch fester Gestalt gewinnen, und die Phosphorsäure führt in dieser Form im Handel den Namen glasige Phosphorsäure. Zu den Abdampfpfannen muß man aber stets Gefäße von Platin oder Silber anwenden, weil die Phosphorsäure vorzüglich in schmelzendem Zustande eine sehr starke Säure ist und alle andern Materialien angreift und auflöst.

Phosphorsäure findet sich in der Natur in einer großen Anzahl von Mineralien, von welchen die nachstehenden die wichtigsten sind:

Apatit, phosphorsaurer Kalk (Calciumphosphat), der in verschiedentlich gefärbten Kristallen, auch wasserhell oder in dichten, undurchsichtigen Massen erscheint, und der in manchen Gegenden (Estremadura in Spanien) in mächtigen, weit ausgedehnten Lagern vorkommt und dann Phosphorit genannt wird; er ist für die Landwirtschaft als Düngemittel von der größten Bedeutung; Wavellit, phosphorsaure Thonerde; Triphylin, ein seltenes, aber seiner Zusammensetzung nach interessantes Mineral, denn es enthält die Phosphorsäure mit Eisenoxydul und Lithion, einem zwar sehr verbreiteten, aber immer nur in sehr kleinen Mengen vorkommenden Körper, verbunden; Grünbleierz, phosphorsaues Bleioxyd, das in gelben, grünen oder auch braun gefärbten Kristallen, vorzüglich bei Zschopau im sächsischen Erzgebirge und im Harze gefunden wird u. s. w. Ferner der Türkis (Kalait) und Vivianit, ersterer Aluminiumphosphat, letzterer Eisenphosphat.

Aus diesen unorganischen Körpern und vorzüglich aus dem phosphorsauren Kalk, der in geringer Menge in jedem Ackerboden enthalten ist, geht die Phosphorsäure in den Organismus der Pflanzen über, aus welchen sie das Tier aufnimmt. Solange ein Tier noch im Wachstum begriffen ist, braucht es größere Mengen von Phosphorsäure als in späterer Zeit, denn es verwendet diese Substanz zur Ausbildung seiner Knochen, seines Gehirns, der Nerven und vieler seiner Organe; daher ist die Phosphorsäure ein steter Bestandteil des Blutes und nur derjenige Teil derselben, welcher aus dem fortwährend stattfindenden Zerfall der Gewebe wieder in das rückströmende Blut gelangt, wird durch den Harn und zum Teil auch durch die Exkremente aus dem Körper wieder ausgeschieden.

An der Zusammensetzung der Knochen nehmen aber nicht bloß unorganische Stoffe teil, sondern ein großer Teil derselben ist organischer Natur, die sogenannte Knochenknorpelmasse. Handelt es sich also darum, aus Knochen oder überhaupt animalischen Körpern Phosphorsäure oder, wie wir gleich annehmen wollen, Phosphor darzustellen, so wird man diese organischen Bestandteile von den unorganischen zu trennen und sie, um einen möglichst hohen Nutzeffekt zu erzielen, für sich einer erschöpfenden Bearbeitung zu unterwerfen haben.

Gewöhnlich findet man daher in chemischen Fabriken, die sich mit der Herstellung von Phosphor oder Phosphorpräparaten befassen, zu gleicher Zeit die Herstellung von Leim oder Blutlaugensalz oder Salmiak ebenso wie die Bereitung der im Verlaufe des Prozesses nötigen Chemikalien, Schwefelsäure und Salzsäure, in den Bereich der Arbeit gezogen und die Darstellung des Phosphors mit der Fabrikation von Soda und Schwefelsäure organisch verbunden.

Es kann natürlich hier nicht unsre Aufgabe sein, einen derartigen Betrieb in seinem ganzen Umfange zu schildern, da wir es lediglich mit dem Phosphor und seiner Bereitung zu thun haben. Wir wollten aber darauf hinweisen, wie in dem Gebiete der chemischen Aktionen ein Glied in das andre greift und jede Umwandlung in ihrem Verlaufe die beteiligten Stoffe in die verschiedensten Stadien der Verwendbarkeit bringt. Es kommt für den technischen Chemiker nur darauf an, denjenigen Zustand zu erkennen, in welchem ein Bestandteil für ihn den höchsten Wert hat, und in diesem Momente ihn dem chemischen Prozesse zu entziehen.

Darstellung des Phosphors. Das Kunckelsche Verfahren, den Phosphor darzustellen, wird, seiner geringen Ausbeute wegen, schon längst nicht mehr befolgt. Diese älteste Methode wird folgendermaßen beschrieben: Fauler Harn wurde durch langsames Feuer bis zur Sirupsdicke abgedampft. Mit der dreifachen Menge weißen reinen Sandes gemischt, kam die Masse in eine feste, mit einer weiten Vorlage versehene Retorte und wurde bei offenem Feuer sechs Stunden erhitzt, so daß alles Phlegma mit flüchtigem Salze und Öle in die Vorlage überging. Darauf wurde wieder sechs Stunden lang ein stärkeres Feuer angewandt. Zuerst erfüllten nun reichliche weiße Dämpfe die Vorlage, dann wurde dieselbe wieder hell und es traten andre Dämpfe über, die in bläulichem Licht leuchteten, ähnlich wie brennender Schwefel. Endlich erhielt man durch die heftigste Glühhitze eine konsistente, schwere, leuchtende Substanz, den Phosphor, der sich in der Vorlage absetzte. Die Reduktion der Phosphorsäure zu Phosphor beruhte bei diesem primitiven Verfahren auf der Entziehung des Sauerstoffs durch die verkohlte organische Materie des Harns.

Der durch die Erfindung der Rübenzuckerfabrikation berühmte Chemiker Margraf hat diese Darstellungsweise um die Mitte des vorigen Jahrhunderts bedeutend verbessert. Und da mittlerweile das Vorkommen des Stoffs in seiner großen Verbreitung im Tier- und Pflanzenreiche erkannt worden war, so blieb die Gewinnung auch nicht lediglich auf die menschlichen Ausscheidungsstoffe beschränkt. Scheele, eines der hervorragendsten chemischen Genies aller Zeiten, gründete auf das Vorkommen der Phosphorsäure in den Knochen eine Gewinnungsweise, welche, wenn auch in Einzelheiten verbessert, im wesentlichen heute noch befolgt wird. Die Knochen enthalten in trockenem Zustande 11—12 Prozent Phosphor.

Die Trennung der phosphorsäurehaltigen Knochenerde von der organischen (Knorpel-) Masse kann auf zweierlei Weise erfolgen. Entweder man verbrennt die Knochen in großen Schachtöfen, auf deren Boden man ein Holzfeuer unterhält, bis die Hitze sich so weit gesteigert hat, daß die Knochen selbst brennbare Gase entwickeln und die Feuerung unterhalten. Es bleibt dann nur die weiße Knochenerde, die vorwiegend aus basisch phosphorsaurem Kalk besteht, übrig, während alle organischen Bestandteile verbrennen. Oder man behandelt die Knochen, nachdem man ihnen durch überhitzte Wasserdämpfe oder Behandeln mit Schwefelkohlenstoff, Benzin u. s. w. den Fettgehalt entzogen hat, mit verdünnter Salzsäure und führt dadurch die unorganischen Bestandteile in lösliche Form über. Am besten geschieht dies in großen Bütten, in denen die Knochen mehrere Tage, mit verdünnter Salzsäure bedeckt, womöglich in etwas erwärmter Temperatur, stehen gelassen werden. Die Knorpelmasse bleibt als weiche, gelblichweiße, unlösliche Substanz zurück, die ganz die frühere Form der Knochen behält. Die Kalksalze aber zersetzen sich; die Salzsäure vertreibt daraus einen Teil der Phosphorsäure und nimmt ihre Stelle ein. Dadurch entsteht Chlorcalcium und, weil sich nun die frei gewordene Phosphorsäure auf den noch übrig bleibenden phosphorsauren Kalk mit wirft, saurer phosphorsaurer Kalk, der im Wasser leicht löslich ist. Diese letztere Methode der Phosphorbereitung hat sich jedoch in der Praxis weniger eingebürgert.

Nach dem am meisten gebräuchlichen Verfahren werden die weißgebrannten zerkleinerten Knochen mit Schwefelsäure behandelt, wodurch der in ihnen enthaltene dreibasisch phosphorsaure Kalk zersetzt wird, indem $^2/_3$ seines Kalkgehalts sich mit der Schwefelsäure zu schwer löslichem Calciumsulfat (Gips) vereinigen, während $^1/_3$ des Kalkes mit der vorhandenen Phosphorsäure verbunden bleibt (saurer phosphorsaurer Kalk) und in Lösung geht. Diese Zersetzung geschieht schon mit 50prozentiger Schwefelsäure (Kammersäure); nach ungefähr 24stündiger Einwirkung verdünnt man mit Wasser und zieht die phosphorsäurehaltige Lösung von dem abgesetzten Gips ab. Dieselbe wird in flachen Bleipfannen eingedampft, bis sie Sirupskonsistenz erlangt hat, und dann mit Holzkohle gemischt in gußeisernen Kesseln vollständig ausgetrocknet. In diesem Zustande wird sie, noch heiß, in Retorten von Steinzeug gegeben, die man von außen, um dem Zerspringen und dem Durchdringen der Phosphorsäure vorzubeugen, mit Lehm und Pferdemist beschlägt, oder auch wohl mit einem mit Boraxlösung vermischten Kalkbrei verstreicht. Um Explosionen zu vermeiden, muß sehr vorsichtig destilliert werden. Auf die angegebene Weise geht aber stets ein Teil des Phosphors verloren, der nicht mit reduziert wird, sondern als pyrophorsaurer Kalk in der Retorte zurückbleibt. Wollte man mehr Schwefelsäure anwenden, um allen Kalk zu entfernen, so würde hierdurch auch kein Vorteil erreicht, denn freie Phosphorsäure wird durch Kohle nur sehr unvollständig reduziert, da sie sich schon bei einer Temperatur zu verflüchtigen anfängt, die niedriger ist als die zur Zersetzung erforderliche.

Der Vorgang im Innern der Retorte ist ein sehr einfacher. Die Holzkohle wirkt auf die Phosphorsäure reduzierend und spielt dieselbe Rolle hier, die ihr bei dem Ausschmelzen der Metalle aus den Erzen auferlegt wird. Sie soll den Sauerstoff eines andern Körpers an sich ziehen und jenen Körper dadurch frei machen. Hier ist es der Phosphor, welcher aus der Phosphorsäure frei wird und als Dampf entweicht. Jeder Retortenhals mündet in eine mit Wasser halbgefüllte Vorlage, welche noch mit einer zweiten ebensolchen verbunden ist; die letztere hat ein offenes kurzes Rohr, durch welches die bei der Destillation entstehenden brennbaren Gase entweichen können. Die Retortenhälse dürfen aber nicht in das Wasser der Vorlagen selbst eintauchen, weil sonst nach Beendigung der Destillation der Luftdruck das Wasser in die glühenden Retorten treiben würde. Der Phosphor sammelt sich in diesen Vorlagen als eine schwarze, schmutzige Masse an, welche neben reinem Phosphor noch eine große Partie Verunreinigungen von Kohle, Phosphoroxyd sowie roten, amorphen Phosphor enthält und daher einer weiteren Reinigung unterworfen werden muß. Gewöhnlich und am sichersten bewerkstelligt man dies dadurch, daß man die Rohmasse unter Wasser schmilzt und sie, ebenfalls unter Wasser, durch Gemsleder preßt.

Fig. 393. Pressen zum Reinigen des Phosphors.

Die in Fig. 393 dargestellte Presse dient diesem Zwecke. Es wird der in heißem Wasser (60°) zusammengeschmolzene rohe Phosphor nach seinem Erkalten in ein Stück Gemsleder eingebunden, das man wie einen Sack zusammenknüpft und auf einen siebartig durchlöcherten Seiher legt. Das Ganze steht in einem größeren Gefäße AA, welches mit Wasser von ungefähr 50° so weit gefüllt wird, daß der Phosphor davon bedeckt ist. Das halbkugelförmige, in einer Führung gehende Pistill der Presse BB wird mittels des Hebels CC auf den Ledersack gedrückt und dadurch bei verstärktem Druck der in dem heißen Wasser wieder schmelzende Phosphor durch die Poren des Leders gequetscht, wobei er seine Unreinigkeiten in demselben zurückläßt. Andre Reinigungsmethoden basieren entweder darauf, daß man den geschmolzenen rohen Phosphor durch eine Schicht grobgekörnter Tierkohle filtriert oder ihn einer nochmaligen Destillation aus eisernen Retorten unterwirft.

Den gereinigten Phosphor bringt man in Form von runden Stangen in den Handel. Um diese zu erlangen, bedient man sich am besten der folgenden und in Fig. 394 veranschaulichten Vorrichtung. In einem größeren Gefäße AA befindet sich ein nach unten in eine Röhre verlaufendes Schmelzgefäß, bestimmt, den Phosphor aufzunehmen und durch heißes Wasser, womit das Gefäß AA gefüllt wird, flüssig zu machen, damit er durch den Hahn n in die Glasröhre ab übertreten kann. Diese Glasröhre steckt in einem mit kaltem

Wasser gefüllten Bassin B. Öffnet man den Hahn, so tritt aus dem Schmelzgefäß flüssiger Phosphor in die Glasröhre, worin er bald erstarrt und, da die Röhre nach vorn zu sich konisch erweitert, herausgezogen werden kann, wenn man ihn an seinem Anfange faßt. Dazu dient ein Zapfen C, der, vorn mit einem Häkchen versehen, in die noch weiche Phosphormasse eingedrückt wird. Durch das kalte Wasser wird die Abkühlung und Erstarrung des Phosphors so rasch bewirkt, daß man denselben in einem ununterbrochenen Strahle langsam aus der Glasröhre herausziehen kann. Alle andern Manipulationen, wie Zerschneiden der langen Stange in entsprechende Stücke, Schmelzen, Pulverisieren u. s. w., muß man der leichten Entzündlichkeit des Phosphors wegen unter Wasser vornehmen; ebenso kann man ihn nur in mit Wasser gefüllten Büchsen verschicken.

Die Darstellung des Phosphors aus Knochen, welche für viele Zweige der Technik einen sehr hohen Wert haben, ist eigentlich eine sehr unrationelle, und es wäre zu hoffen, daß sie in nicht zu langer Zeit verdrängt werden möchte durch eine Gewinnungsweise aus Mineralien, deren Phosphorgehalt bis jetzt noch lange nicht genügend genutzt wird. Der Preis der Knochen, welche jetzt eben immer noch das bevorzugte Rohmaterial für die Phosphorerzeugungen bilden, ist infolgedessen stellenweise so enorm gestiegen, daß viele der früher bestandenen Phosphorfabriken namentlich in Österreich, ihren Betrieb eingestellt haben. Der gesamte Phosphorbedarf wird jetzt fast nur von zwei Fabriken, einer englischen (Albright & Wilson in Oldburg bei Birmingham) und einer französischen (Coignet & Fils in Lyon), gedeckt, die zusammen jährlich ungefähr 24000 Zentner erzeugen (10000 resp. 14000), wozu nahe an 300000 Zentner Knochen verarbeitet werden.

Eigenschaften des Phosphors. Der hinsichtlich seiner äußeren Erscheinung schon beschriebene Phosphor schmilzt schon bei $44{,}_2{}^0$, bei 280^0 siedet er und verwandelt sich in farblose Dämpfe, vorausgesetzt, daß die Luft gänzlich abgeschlossen ist; er verdampft jedoch auch schon bei gewöhnlicher Temperatur im geringen Grade. Er löst sich etwas in Weingeist und auch in Äther auf, die Öle, Chloroform und vorzüglich Schwefelkohlenstoff nehmen ihn mit größter Leichtigkeit auf und er vermag beim langsamen Ausscheiden aus einigen dieser Lösungen Kristallform anzunehmen. Mit vielen andern Elementen verbindet er sich leicht, so mit Sauerstoff, Chlor, Schwefel; das Eisen macht er aber kaltbrüchig, darum ist diese seine Verbindung nicht besonders gesucht; dagegen haben seine Verbindungen mit Kupfer und mit Zinn ein hohes Interesse, da sie bereits technische Verwendung gefunden haben, worüber bei diesen Metallen berichtet wurde.

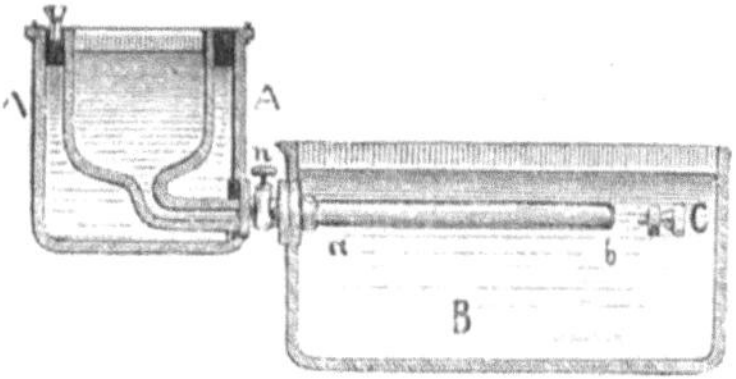

Fig. 394. Apparat zum Formen des Phosphors.

Wenn man den Phosphor im Lichte oder anhaltend auf einer Temperatur von 260^0 erhält, so verändert er seine Eigenschaften und geht in den sogenannten roten oder amorphen Phosphor über, auch Schrötterscher amorpher Phosphor genannt, weil von Schrötter zuerst diese interessante Modifikation entdeckte und die Bedingungen, unter denen ihre Bildung erfolgt, hauptsächlich erkannte.

Die Farbe dieser interessanten Abänderung des Phosphors ist oft so schön und intensiv, daß sie dem feurigsten Zinnober nahe kommt, mitunter aber ist die Farbe, wenn die Masse zusammenhängend geblieben ist, rötlichbraun, auf der Oberfläche fast eisenschwarz. Der amorphe Phosphor ist ferner geruchlos, leuchtet nicht im Dunkeln und verändert sich nicht an der Luft, dabei schmilzt er bei weitem schwieriger als der gewöhnliche, und was ihn am meisten von diesem unterscheidet, ist seine schwere Entzündlichkeit. Diese letztere Eigenschaft, sowie der Umstand, daß er nicht giftig wirkt, ließ ihn eine sehr begeisterte Aufnahme von seiten der Zündhölzchenfabrikanten finden, weil der Vorwurf zu großer Gefährlichkeit, der den ersten Phosphorzündern gemacht worden ist, hier nicht eintraf; allein mit der Gefährlichkeit verlor sich auch gerade das Empfehlenswerteste, die Bequemlichkeit, und die Fabrikanten fanden bald, daß damit der Gewinn zu teuer bezahlt sei; erst in den letzten Jahren hat er wieder Gnade vor ihnen gefunden.

Die Anwendungen des Phosphors sind sehr mannigfacher Art. Die Pharmazie bedient sich seiner zu einigen wenigen Präparaten; mehr schon verbrauchen ihn die Kammerjäger zu der sogenannten Phosphorlatwerge, einem Gemisch von Wasser und Mehl und etwas wohlriechender Substanz, denen man eine geringe Menge Phosphor beimischt. Die höchst giftigen Eigenschaften dieses Stoffs machen dergleichen Pasten zu einem wirksamen Vertilgungsmittel des Ungeziefers. Auch fertigt man aus solchem Phosphorteig von etwas mehr Konsistenz Pillen (Phosphorpillen) an; dieselben sind bequemer zu handhaben als der Teig und werden in großen Massen zur Vertilgung der Feldmäuse benutzt. Große Mengen von rotem, amorphem Phosphor werden jetzt zur Bereitung von Jodphosphor und Bromphosphor verwendet, welche beiden Präparate in der Teerfarbenindustrie gebraucht werden, um jodierte und bromierte Kohlenwasserstoffe darzustellen. Jedenfalls ist aber die Menge von Phosphor, welche die Zündhölzchenfabrikation beansprucht, noch größer und damit kommen wir auf unsern eigentlichen Gegenstand, die Feuerzeuge, wieder zurück.

Anwendung des Phosphors zu Feuerzeugen. Bei den ersten Versuchen hierzu erfand man zum Teil sehr verwickelte Vorrichtungen, die dadurch nötig wurden, daß man noch nicht gelernt hatte, die freiwillige Entzündung des Phosphors in atmosphärischer Luft zu umgehen. Ähnlich wie bei den Prometheans zur Aufbewahrung der Schwefelsäure bediente man sich daher, um die Luft abzuhalten, kleiner Glasröhren. So bestanden die sogenannten Turiner Lichtchen aus kleinen Glasröhren, die an einem Ende verschlossen, zu einer Kugel erweitert und hier mit etwas Phosphor angefüllt waren. Das andre Ende der Röhre wurde durch einen Wachsdocht verschlossen und das dünne Ende dieses Dochtes, um seine Entzündlichkeit noch zu erhöhen, mit Schwefel- und Kampferpulver bestreut, war in das Phosphorkügelchen eingeschmolzen. Sollte Feuer angefacht werden, so wurde das Glasröhrchen an der Stelle, wo sich die Kugel ansetzte, zerbrochen. Schon durch die hierbei entstehende geringe Reibung und den Zutritt der atmosphärischen Luft entzündet sich zunächst der Phosphor, der dann seinerseits den Docht in Brand setzt.

Aber diese Einrichtung war bei weitem zu kostspielig, um einem Bedürfnis des großen Publikums abzuhelfen. Ebensowenig fand das Feuerzeug allgemein Eingang, welches den Phosphor mit etwas Schwefel zusammengeschmolzen in einem Fläschchen enthielt, in welchem derselbe den Boden als eine schwache Schicht bedeckte. Seine Wirkung gründete sich darauf, daß ein Schwefelholz, wenn es mit dem geschwefelten Ende auf dem Phosphor gerieben wurde, etwas von der Masse abkratzte und sich durch Reiben damit auf einer rauhen Fläche entzünden ließ. Nur in der Form eines Überzugs — das wurde sehr bald eingesehen — vermochte der Phosphor seine beste Wirkung zu äußern; allein es verging trotzdem eine geraume Zeit, bis endlich der richtige Weg gefunden wurde, auf welchem man schließlich zur Herstellung der heutigen Phosphorstreichzündhölzer gelangte.

Streichhölzchen. Es ist ungewiß, von wem die Erfindung eigentlich ausgegangen ist. Man sieht, es war nach den Congreveschen Streichhölzern weiter nichts zu thun, als das Schwefelantimon durch Phosphor zu ersetzen. In Paris soll schon 1805 der Phosphor zur Herstellung von Feuerzeugen Verwendung gefunden, Derepas 1809 denselben mittels Magnesia zerteilt haben, um seine leichte Entzündlichkeit zu vermindern, aber Derosne soll es 1816 gelungen sein, wirkliche Phosphorstreichhölzer zu erzeugen. In dieser Weise wird die Sache von den Franzosen erzählt; es ist aber unwahrscheinlich, daß eine so in das allgemeine Leben eingreifende Erfindung bis 1833 Zeit gebraucht habe, um sich zu verbreiten. So viel ist gewiß, daß die Phosphorzündhölzer ziemlich gleichzeitig in verschiedenen Ländern und zwar erst um das Jahr 1833 aufgetaucht sind; und es ist nicht unmöglich, daß mehrere Anspruch machen können, als Erfinder genannt zu werden, weil sie, vielleicht ganz unabhängig voneinander, dieselbe Idee zur Ausführung brachten. Wenn daher die Engländer ihrem Chemiker John Walker die Erfindung der Lucifer matches zuschreiben, so können sie ebenso recht haben wie die Süddeutschen, die den 1857 verstorbenen J. F. Kammerer aus Ludwigsburg für den Erfinder ausgeben, und in That scheint dem letzteren die Ehre der Erfindung zu gebühren; er war Student der Chemie und in seiner wegen Beteiligung an einer politischen Manifestation erfolgten Haft auf dem Hohenasperg war ihm gestattet, sich mit einigen chemischen Versuchen zu beschäftigen, die zur Entdeckung führten. Nach seiner Entlassung aus der Haft begann er in seiner Vaterstadt Ludwigsburg Reibzündhölzer und, zur Anwendung für die Tabakspfeife, Reibzündschwamm zu fabrizieren und zu versenden. Da jedoch im Jahre 1833 noch kein Patentgesetz bestand, wurde die

Erfindung sehr bald von andern Chemikern nachgemacht, welche das Fabrikat unter ihren Namen auf den Markt brachten. So wurden 1833 schon von Wien aus durch Preshel die verschiedenartigsten Zündrequisiten, Zündschwamm, Zigarrenzünder u. s. w., angefertigt, in deren Zündmasse der Phosphor die hauptsächlichste Rolle spielte, und um dieselbe Zeit fabrizierte Moldenhauer in Darmstadt auch seine ersten Phosphorzünder.

In den ersten Zündmassen war das chlorsaure Kali aus den Congreveschen Reibzündern der Menge nach noch ein ganz vorwiegender Bestandteil. Da dasselbe aber den Übelstand hat, beim Erhitzen zu schmelzen und erst dann Sauerstoff zu entwickeln, so besaßen die Phosphorzündhölzer von damals die unangenehme Eigenschaft, mit einer Art von Explosion zu verbrennen; die schmelzende Masse spritzte glühend umher, und der Gebrauch sowie die Fabrikation wurde wegen der großen Feuergefährlichkeit in vielen deutschen Ländern verboten. Es gelang aber bald, das schädliche chlorsaure Kali zu beseitigen. Trevany wandte statt seiner zuerst eine Mischung von Mennige und Braunstein an, und wenige Jahre darauf (1837) wurden durch Preshel das braune Bleisuperoxyd und durch Böttger ein Gemenge von Mennige und Salpeter oder von Bleisuperoxyd und salpetersaurem Bleioxyd eingeführt und damit der Zündhölzchenfabrikation ein großer Aufschwung gegeben.

Fig. 395. Fabrik schwedischer Sicherheitszündhölzchen in Jönköping.

Weiterhin wurden die Reibzündhölzer dadurch verbessert, daß man das Holz der leichteren Entzündung wegen anstatt mit Schwefel mit Wachs oder Paraffin an der Spitze tränkte, die Zündmasse selbst mit einer dünnen Lackschicht überzog, um die Phosphorausdünstung zu beseitigen und den Hölzchen ein gefälligeres Aussehen zu geben u. s. w.

Es war nur noch eine Schwierigkeit zu überwinden, und diese lag in den giftigen Eigenschaften des Phosphors selbst. In den Zündhölzchenfabriken stellten sich bald die traurigsten Krankheitserscheinungen unter den Arbeitern ein, vorzüglich Krankheiten des Zahnfleisches und der Kinnlade; in den ersten Jahren des neuen Industriezweigs war die Sterblichkeit unter den Fabrikarbeitern hier eine viel größere als bei den andern Beschäftigungen. Man versuchte hin und her, dem Phosphor die schädlichen Eigenschaften zu nehmen, und als Schrötter den amorphen Phosphor entdeckte, nahm man deswegen dieses Präparat von allen Seiten sogleich mit dem größten Eifer in die Zündhölzchenfabrikation auf. Dieser hat sich, wie gesagt, sehr bald wieder abgekühlt. Es haben die Zündhölzchen, zu deren Zündmasse roter oder amorpher Phosphor genommen wurde, nur eine sehr beschränkte Aufnahme gefunden, und ebenso ist es lange Zeit den Antiphosphorhölzern und den phosphorfreien Zündhölzern ergangen.

Die Antiphosphorhölzer wurden im Jahre 1848 von Böttger in Frankfurt erfunden und rechtfertigen ihren Namen dadurch, daß der Phosphor (amorpher) mit Zusatz eines rauhen, die Reibung vermehrenden Körpers, Braunstein, Glaspulver oder dergleichen, nicht auf die Kuppen der Hölzchen gebracht wird, sondern daß man ihn zur Präparation einer besonderen Reibfläche verwendet und zu diesem Behufe auf einer Pappe oder sonstigen Fläche ausbreitet. Die Zündmasse der Hölzchen besteht aus einer mit Gummi angemachten Mischung von chlorsaurem Kali und Schwefelantimon und hat die Eigentümlichkeit, sich auf jener phosphorhaltigen Reibfläche sehr leicht, auf jeder andern Fläche aber nicht oder jedenfalls nur sehr schwer zu entzünden. Die daraus entspringende Notwendigkeit, immer einen zweiteiligen Apparat zur Hand haben zu müssen, welcher sich auch noch andre Übelstände, wie das Verschmieren der Reibfläche und das Untauglichwerden derselben, beigesellen, könnte zwar im stande sein, die Bevorzugung dieser Zündhölzer zu hindern; indessen hat man in der Neuzeit in ihrer Herstellung auch sehr wesentliche Verbesserungen gemacht, und namentlich sind in den letzten Jahren die schwedischen sogenannten Sicherheitszündhölzer, Säkerhets-Tändstickor, bei dem Publikum so sehr in Gunst getreten, daß sie selbst die vortrefflichen österreichischen Zündrequisiten fast gänzlich verdrängt haben. Das utan svafvel och fosfor bezieht sich zwar nur auf die Hölzchen selbst, denn die Reibfläche enthält amorphen Phosphor, der mit einem Gemenge von fein zermahlenem Schwefelkies und Schwefelantimon verrieben ist, die Zündmasse der Hölzchen dagegen besteht nach Jettel in der Hauptsache aus Kaliumchlorat und Kaliumbichromat, welche Stoffe mit arabischem Gummi verbunden und gewöhnlich noch mit feinem Glaspulver versetzt sind. Diese sogenannten schwedischen Zündhölzchen werden jetzt auch in Deutschland in großen Mengen und von gleicher Güte angefertigt und sind wohl jetzt ebenso verbreitet wie die älteren mit Phosphor an der Kuppe.

Fig. 396. Abgleichen der Hölzchen.

Ganz phosphorfreie, an jeder Reibfläche entzündbare Hölzchen haben zur Zeit sich noch kein großes Gebiet erobern können, trotzdem zahlreiche Vorschriften zur Herstellung derselben existieren und patentiert worden sind.

Die Fabrikation der Phosphorzündhölzchen hat sowohl in der mechanischen Bearbeitung des Holzes als in der Art und Weise des Überzugs mit der Zündmasse und endlich in der Zusammensetzung dieser letzteren selbst sehr zahlreiche Verbesserungen erfahren. Wir wollen nicht ermüden mit der Untersuchung, wer zuerst den Schwefel wegließ und statt dessen die Hölzchen mit Stearin oder Wachs tränkte und damit die ersten Salonhölzchen erfand, oder wer die ersten Streichfidibusse machte, oder wer die Kuppen der Hölzchen zuerst in schönen bunten Farben herstellte und fein lackierte. Wir wollen uns vielmehr zu der Betrachtung der Darstellungsweise selbst wenden und die gesonderten Branchen des Zurichtens der Hölzchen, der Herrichtung der Zündmasse und des Betupfens, Trocknens und Verpackens auch jede für sich uns ansehen.

Das Zurichten der Hölzchen, die Herstellung der Holzstäbchen, steht gegen die früher gebräuchlichen Methoden jetzt in dem beinahe höchsten Stadium der Vollendung. Wer erinnert sich nicht der primitiven Schwefelhölzer, die durch rohe Spaltung gewonnen und an dem einen Ende schief zugeschnitten wurden, um wenigstens dem Funken auf dem Zunder einigermaßen nachgehen zu können! Viel vollkommener waren auch die ersten Phosphorzündhölzchen noch nicht. Dagegen betrachte man die jetzigen zierlichen, runden, vier- oder sechseckigen Stäbchen von gleicher Länge, von gleicher Glätte und Zierlichkeit; und doch fertigt ein Arbeiter im Laufe eines Tages zehnmal mehr, als er von den rohen Pflöcken früher herzustellen im stande war.

Das zu den Hölzchen am häufigsten verwendete Holz ist das Tannenholz; Fichten-, Espen-, bisweilen auch Buchen- oder gar Zedernholz ersetzen es; für die sogenannten schwedischen Zündhölzchen ist Espenholz das geeignetste. In vielen großen Zündhölzchenfabriken wird die Bearbeitung von dem Scheitstücke an vorgenommen; andre, vorzüglich wenn sie entfernt von dem Walde liegen, kaufen die bereits zugerichteten Hölzchen und beschäftigen sich erst mit der Bereitung der Zündmasse bis zum Verpacken. Für solche Fabriken arbeiten große Schneide- und Sägemühlen in der Nähe der Wälder vor, und im Bayrischen und Böhmerwalde hat dieser Zweig der Holzindustrie eine große Ausdehnung erlangt. Statt des früheren Spaltens der Hölzchen, wobei man sich würfelförmiger Holzklötzchen von der entsprechenden Länge bediente, die durch ein hebelförmig sich in einer Lade bewegendes Schneidemesser zuerst in parallele Schichten getrennt wurden, aus denen man durch rechtwinkelig darauf geführte Schnitte die einzelnen Stäbchen sonderte, bedient man sich jetzt allgemein eines eigentümlich geformten Hobels, dessen Erfindung in Wien von Heinrich Weilhöfer oder, wie andre meinen, von Stephan Romer gemacht worden ist. Das Hobeleisen hat statt der gewöhnlichen Schärfe eine horizontale Umbiegung, welche mit mehreren an den Rändern zugeschärften Löchern (am besten mit drei) durchbohrt ist. Wird der Hobel auf dem der Breite des Eisens entsprechend breiten Rande des Brettes fortgestoßen, so dringt das Eisen in das Holz ein und es bilden sich so viel einzelne Stäbchen, als der Hobel Löcher enthält. Die Bretter müssen astrein, von geradfaserigem Gefüge sein und werden am besten in einer Länge von etwa 1 m verwendet. Die Oberfläche wird allemal, wenn eine Schicht Stäbchen abgehobelt worden ist, durch einen gewöhnlichen Hobel wieder geglättet, ehe der Zündholzhobel wieder angewandt wird.

Man hat auch Hobelmaschinen in Anwendung gebracht (Pelletier in Paris), die durch kleine Messerchen die Oberfläche des Holzklotzes bis auf eine gewisse Tiefe erst spalten, ehe die Schicht abgenommen wird; andre (nach Cochot), bei denen das Holz am Umfang einer Welle angebracht ist und durch deren Umdrehung einmal an ein kammartiges Schneidemesser und gleich darauf an ein Hobeleisen angedrückt wird. Die interessanteste Maschine aber ist die von Krutzsch konstruierte, in welcher das Holz ganz so wie das Metall zu rundem Draht gezogen wird. Durch eine starke Pressung wird der Holzklotz in der Richtung seiner Fasern gegen eine mit sehr vielen scharfrandigen Löchern durchbohrte Stahlplatte gedrückt und dann schließlich mittels einer Zange gefaßt und hindurchgezogen. Die so erhaltenen Holzdrähte sind von einer großen Gleichmäßigkeit und übertreffen alle auf andre Weise dargestellten. Ein Holzstück von 3 cm Breite gibt nach Wagner 400 Stäbchen, welche aus 1 m Länge jedes 15 Zündhölzer liefern. Die Erzeugung der 6000 Stück dauert etwa zwei Minuten. Der Kubikmeter gutes Holz gibt 750000 Zündhölzchen, von denen, da 1 cbm zu Stäbchen verarbeitet auf $8\frac{1}{2}$ Mark verwertet wird, 1000 Stück ungefähr einen Pfennig zu stehen kommen.

Fig. 397. Einlesen der Hölzchen in den Rahmen.

Eine sehr rasche Herstellungsweise der Zündhölzchen erlaubt diejenige Vorbereitung des Holzes, bei welcher ein Holzblock von geeigneter Größe, etwa 30 cm lang, ebenso breit und von einer Stärke, wie sie der Länge der verlangten Stifte entspricht, durch eine vielteilige Kreissäge in so viel Abteilungen angesägt wird, als der Länge nach Holzstifte daraus geschnitten werden sollen. Dabei ist zu beachten, daß der Sägeschnitt nicht durch das ganze Holz hindurch gehen darf, sondern daß die Rückseite etwa in der Stärke eines starken Kartenblattes noch zusammenhängt. Ist der erste Schnitt geschehen, so wird in derselben Weise die Säge der Quere nach durch das Holz geführt, so daß jetzt lauter einzelne Stifte auf den angenommenen Raum, etwa 10000, voneinander losgetrennt worden sind, die nur auf der Rückseite durch das schwache Holzplättchen zusammengehalten werden. Der ganze Komplex kann nun mit großer Leichtigkeit weiter behandelt und mit Zündmasse versehen werden; schließlich ist nichts weiter nötig, als ihn in Hunderterpartien zu zerteilen, wozu die Säge auch entsprechend vorarbeitet; selbst die Verpackung wird fast überflüssig, die Hunderterklötzchen werden nach Bedarf abgebrochen, ebenso wie schließlich das einzelne Hölzchen, wenn es seinem endlichen Zwecke zugeführt werden soll.

Die Abgleichung zu gleicher Länge aus langen gehobelten oder gezogenen Stäbchen erfolgt durch ein Hebelmesser, welches in gewissem Abstande von einer festen Fläche sich bewegen läßt, gegen die das Bündel Stäbchen gestoßen wird, um alle Enden in eine Ebene zu bringen.

Während die Hölzchen auf diese Weise vorbereitet werden, wird in dem Laboratorium an der Zusammensetzung der Zündmasse gearbeitet. Phosphor und in feinpulverisiertem Zustand die andern Substanzen werden in abgewogenen Mengen dem Bindemittel zugesetzt, welches gewöhnlich aus Tragantschleim oder Leim oder Senegalgummi besteht und die Konsistenz eines dünnen Sirups haben muß. Durch vorsichtiges und anhaltendes Umrühren bewirkt man eine möglichst innige Mischung. Zuerst verrührt man, unter gelindem Erwärmen, die Phosphorstückchen, weil die geringe Menge desselben sich in dem flüssigeren Bindemittel gleichmäßiger verteilen läßt, als wenn die übrigen Zusätze bereits darin sind. Man hielt früher dafür, daß ein Zusatz von 8—10 Prozent Phosphor mindestens bei einer guten Zündmasse verlangt werde — allein mit Unrecht. Man kann mit dem Phosphorgehalt bedeutend herabgehen und wird dadurch innerhalb gewisser Grenzen sogar den Vorteil besseren Brennens erlangen, denn bei zu viel Phosphor bildet die durch das Verbrennen entstehende Phosphorsäure eine glasige Schlacke, die, das Ende des Hölzchens überziehend, dem Weiterbrennen ungünstig entgegenwirkt. Löst man vollends den Phosphor in Schwefelkohlenstoff und setzt der Zündmasse diese Flüssigkeit zu, durch welche eine höchst feine Zerteilung ermöglicht wird, so kann man mit noch geringeren Mengen Phosphor ausgezeichnete Zündmassen erhalten und hat außerdem noch den Vorteil, kalt arbeiten zu können.

Die Zusätze, welche dem Phosphor gegeben werden, haben einen verschiedenen Zweck; entweder sollen sie chemisch wirken, dadurch, daß sie sich in der Hitze mit zersetzen und brennbare oder das Brennen begünstigende Produkte liefern (chlorsaures Kali, Salpeter, Bleisuperoxyd, Schwefelantimon, Kohle, Schwefel, Braunstein, Salpetersäure, chromsaures Bleioxyd u. a.), oder es kommt besonders darauf an, durch sie die Reibung zu vergrößern, und in diesem Falle greift man zu den scharfkantigen Pulvern von Glas, Bleiglanz, Schwefelkies, Feuerstein u. s. w.; oder endlich man bezweckt eine Färbung der Zündmasse, und dann steht eine sehr große Zahl von Substanzen zur Verfügung. Gewöhnlich nimmt man aber aus diesen für blaue Farben Mischung von Berliner Blau und Kreide, seltener das teure Kobaltblau, für Rot Mennige, für Gelb chromsaures Bleioxyd, für Grün eine Mischung von Blau und Gelb. Je nachdem man mit der Unzahl dieser oder ähnlicher brauchbarer Körper einige kombiniert, erhält man die verschiedenen Rezepte zu Zündmassen, nach denen in den verschiedenen Fabriken gearbeitet wird.

Wir wollen beispielsweise nur diejenigen aufführen, welche Wagner in seiner Technologie angibt, ohne dadurch eine Bevorzugung vor andern auszusprechen. Man nimmt Phosphor $1{,}_5$ Teil, Senegalgummi 3, Kienruß $0{,}_3$, Mennige 5 und Salpetersäure (40° B.) 2 Teile; das Gemisch der beiden letzteren Körper zusammen vorher eingetrocknet und pulverisiert; — oder man nimmt 8 Teile Phosphor, löst ihn in der entsprechenden Menge Schwefelkohlenstoff und vermischt diese Flüssigkeit mit 21 Teilen Leim, in Wasser aufgelöst, 24 Teilen Bleisuperoxyd und 24 Teilen Kalisalpeter; oder man mischt 3 Teile Phosphor, 3 Teile Senegalgummi, 2 Teile Bleisuperoxyd, 2 Teile Sand und Schmalte. Für phosphorfreie Zündmasse schlägt Dr. Wiederhold als ganz ausgezeichnet folgendes Rezept vor: 52 Teile chlorsaures Kali, 26 Teile unterschwefligsaures Bleioxyd und 8 Teile arabisches Gummi, welches letztere man in Wasser auflöst, bevor man die andern beiden Substanzen einträgt. Diese Zündmasse soll sich durch Erfüllung der beiden Haupterfordernisse, leichte Entzündlichkeit und Widerstand gegen feuchte Luft, aus welcher andre Zusammensetzungen sehr gern Wasser anziehen und dadurch unbrauchbar werden, ganz besonders auszeichnen. Andre Vorschriften fügen noch andre Substanzen zu, wie Schwefel, Salpeter, Schwefelantimon, Holzkohlenstaub, Glaspulver; im großen ganzen wird ein großer Vorteil, wie es scheint, hierdurch nicht erreicht.

Das Betupfen der Hölzchen. Ist nun die Zündmasse auf irgend welche Weise bereitet, so erübrigt noch, sie an die Hölzchen zu bringen, und dies geschieht, indem man die letzteren in den halbflüssigen Brei mit dem einen Ende eintaucht. Es bleibt dabei eine genügende Portion der Masse hängen. Aber weil die Zündmasse an und für sich nicht hinreichen würde, das Holz zu entflammen, so muß man ihr einen leichter brennbaren Körper erst unterlegen, den sie zunächst in Brand zu setzen hat und welcher die Verbrennung des Holzes einleitet. In den meisten Fällen ist dies Schwefel; mit diesem überzieht man die

Enden der Streichhölzchen und trägt darauf erst die Phosphormasse auf. Bei besonders feinen Hölzchen jedoch nimmt man statt des Schwefels Stearinsäure, Paraffin, Wachs ꝛc., und erhöht die Entzündlichkeit des Holzes noch dadurch, daß man die Enden, indem man siege gen eine glühende Eisenplatte hält, leicht erhitzt, so daß sie anfangen sich zu bräunen. Des üblen Geruchs wegen, den der Schwefel beim Verbrennen entwickelt, kommt man von seiner Anwendung immer mehr zurück, besonders da man in dem Paraffin einen ausgezeichneten Ersatz dafür hat. Das Überziehen der Hölzchen mit Zündmasse nennt man das Massieren.

Wie man auch verfahren möge, das bleibt für alle Fälle der Hauptzweck: eine möglichst große Zahl von Hölzchen in einer gegebenen Zeit mit Zündmasse zu versehen und ein möglichst gleichmäßiges Fabrikat zu erzeugen. Man behandelt daher die Hölzchen nicht einzeln, sondern gleich massenweise, und spannt zu diesem Zwecke in der gehörigen Entfernung voneinander eine sehr große Zahl zusammen in einen Rahmen. Ein solcher Rahmen besteht aus kleinen Brettchen von etwa 30 cm Länge und 5—8 cm Breite. Auf der einen Seite sind diese Brettchen mit lauter kleinen, quer angeordneten Rinnen versehen, in deren jede ein Hölzchen zu liegen kommt; die andre Seite ist mit Flanell überzogen, so daß, wenn Brettchen auf Brettchen gehäuft und aufeinander gedrückt werden, die kleinen Hölzchen in den Rinnen sich nicht oder nur sehr schwierig verrücken können. Ist der Rahmen gefüllt, d. h. die entsprechende Anzahl Brettchen miteinander verbunden, so wird er auf eine glatte Fläche aufgeklopft, damit die Enden gleichweit über den Rand hervorstehen, und ist nun so weit, um in den flüssigen Schwefel oder in die geschmolzene Stearinsäure getaucht werden zu können. Damit dabei die Hölzchen nicht zu weit benetzt werden, ist die geschmolzene Masse in einem völlig wagerecht gestellten, breiten, pfannenförmigen Gefäße enthalten, und zwar bedeckt sie den Boden desselben nur so hoch, als die Hölzchen eingetaucht werden sollen. Es wird also der Rahmen in diese Pfanne eingesetzt, das Überflüssige abtropfen gelassen und, sobald er getrocknet ist, in die sirupsdicke Masse gedrückt, die ebenso auch nur in einer schwachen Schicht den Boden ihres Gefäßes bedeckt. Damit die Zündhölzchen trocknen, werden die Rahmen in einem mäßig warmen Zimmer in ganz horizontaler Lage aufgehängt. Bei einer Neigung würde die flüssige Zündmasse sich nach einer Seite hinziehen und es müßten lauter unregelmäßige Hölzchen zu Tage kommen, was man so vermeidet, denn hier sammelt sich die Masse als ein die Spitze umhüllender Tropfen. Will man feinere Sorten von Zündhölzchen dadurch erhalten, daß man die Kuppen mit einem glänzenden Firnis überzieht, so hat man die Prozedur des Eintauchens noch ein drittes Mal vorzunehmen. Im übrigen aber bietet dies sowie die Herstellung der verschiedenen Zündrequisiten, der Phosphorzünddochte, der Kerzchen u. s. w., gar keine weitere Schwierigkeit. Wie alles, so hat man jedoch auch diese einfache Arbeit der Maschine vielfach zugeteilt; es sind Massierungsmaschinen konstruiert worden, welche die Zündmasse mittels Walzen auf die Stiftrahmen übertragen und neben gleichmäßiger und reichlicher fördernder Leistung besonders dadurch große Vorteile gewähren, daß die gesundheitsschädlichen Dämpfe, welche auch die phosphorärmste Zündmasse entwickelt, hierbei vollständig abgeleitet werden können, da der ganze Vorgang des Massierens in einem geschlossenen Apparate, der nach dem Schornstein zu Abzug hat, vor sich gehen kann, was bei dem Betupfen mit der Hand nicht möglich ist.

Fig. 398. Eintauchen der Hölzchen in die Zündmasse.

Die noch erübrigende Arbeit ist das Auseinanderschlagen der Rahmen und Verpacken der Hölzchen. Beinahe jede Fabrik hat aber eine besondere Verpackungsweise. Während in der einen hölzerne Hüllen angewendet werden, kommen die Produkte einer andern in Papierhülsen auf den Markt, eine dritte hat Büchsen von Holz, eine vierte gar Schachteln von Weißblech, die häufig die Hauptsache für den Käufer sind. Genug, es würde überflüssig sein, über diese einfachen Manipulationen uns in Erörterungen zu vertiefen. Das Abzählen und Verpacken geschieht von Kindern oder Frauen, und überhaupt sind in der ganzen Fabrikation der Zündhölzchen, die auf große körperliche Kraft weniger Anspruch macht, als auf Geschwindigkeit und Geschicklichkeit der Finger, weibliche Arbeitskräfte in vorwiegender Anzahl beschäftigt.

In den größeren Fabriken hat von den Arbeitern jeder gewöhnlich nur eine einzige Handreichung zu thun, und ein Zündhölzchen, dessen Wert wir kaum in einem Bruchteil eines Pfennigs auszudrücken vermögen, hat, ehe es in seiner endlichen, nützlichen Form uns dargeboten werden kann, eine sehr große Zahl von Händen und gewaltige Maschinenkräfte in Bewegung gesetzt. Nur das bis ins kleinste durchgeführte Prinzip der Arbeitsteilung und die ungeheure Massenproduktion vermag den billigen Preis zu erklären. Das Tausend guter Hölzchen in doppelter Verpackung, je 100 zusammen in einer Papierkapsel, die mit einer rauhen Reibfläche sowie mit einer lithographischen Etikette versehen ist, und zwanzig oder mehr solcher Hundertpakete wieder zusammen in einem Holzkistchen liefert die Fabrik bis herab zu 8, ja 6 Pfennig, und dabei ist der Preis einzelner Materialien, wie des chlorsauren Kalis, des Bleisuperoxyds, vor allem aber des Phosphors, ein ziemlich bedeutender.

Freilich wird dann mit diesen Substanzen auch die größte Sparsamkeit getrieben. Man verbraucht zu guter Zündmasse jetzt nur den sechsten bis achten Teil des Phosphorzusatzes, welchen man früher anwandte, und trotzdem steigt der Gesamtkonsum von Jahr zu Jahr.

Es ist unglaublich, welche Massen von Zündhölzchen jährlich produziert werden und welch einen bedeutenden Handelsartikel diese kleinen Dingerchen bilden. In Deutschland bestanden im Jahre 1880 212 Zündholzfabriken, in Österreich-Ungarn 150, in Schweden-Norwegen 43, in der Schweiz 24, in Belgien und Holland 10, in Dänemark 5. Deutschland fabriziert jetzt jährlich circa 60000 Millionen Stück Zündhölzchen, ist aber durch die Ungunst der Zollverhältnisse meist auf seinen eignen Markt beschränkt. Frankreich und England, obwohl sie für den Welthandel mit den vorher genannten Staaten nicht konkurrieren können, decken durch eine lebhafte Fabrikation ihren Bedarf selbst und führen in besonderen Sorten auch ziemliche Quantitäten aus. In Frankreich ist diese Fabrikation seit 1872 Staatsmonopol, welches eine französische Gesellschaft für 16 Millionen Frank jährlich gepachtet hat. Im Norden ist es hauptsächlich Schweden, das durch ausgezeichnet gute, wenn auch nicht in gleicher Weise elegante Phosphorzündhölzer sich einen Namen gemacht hat.

Wo die Fabrikation der Zündhölzchen in waldreichen Gegenden nicht selbst betrieben werden kann, arbeitet man derselben wenigstens vor, indem man die Hölzchen so weit fertig macht, daß sie nur noch mit der Zündmasse versehen zu werden brauchen. Nahe dem Orte ihres Wachstums werden die Stämme durch die reichlich vorhandenen Wasserkräfte zerschnitten, teils als Bretter verführt, teils aber auch noch weiter und namentlich zu Stäbchen für die Zündhölzchenfabrikation verarbeitet. In Fässer gepackt werden dieselben an diejenigen Fabriken geliefert, die sich mit dem vorzugsweise chemischen Teile der Zubereitung befassen.

Durch die schwedischen Zündhölzchen, welche abgesehen von ihrer Vortrefflichkeit durch ihre Billigkeit auch sich den Weltmarkt in sehr kurzer Zeit erobert haben, war der deutschen Zündwarenindustrie eine schwere Schädigung bereitet worden, eine um so bedauerlichere, als dieselbe in der Mehrzahl der Fälle in armen Gegenden betrieben wird, wo sich ein Ersatz für den Ausfall der Arbeit schwer findet. Die Konkurrenz mit dem durch billiges und ausgezeichnetes Rohmaterial, billige Arbeitskräfte, billigen Wassertransport, geringere Anlagekapitale ungemein im Vorteil befindlichen Schweden war eine um so schwierigere, als das Ausland Zündhölzer zollfrei nach Deutschland einführen konnte, während uns der Markt in manchen großen Konsumtionsgebieten, z. B. Frankreich, wo die Zündhölzer Monopol des Staates sind, ganz und gar verschlossen, nach andern Ländern die Einfuhr durch hohe Eingangszölle: nach Belgien 10 Prozent, nach Holland 5, nach Rußland 60, nach Nordamerika 35 Prozent vom Werte, nach der Schweiz 20 Frank von 50 kg Brutto u. s. w. sehr erschwert war.

Hoffen wir, daß unsre Zollpolitik, deren Leiter die Verhältnisse jetzt mit andern Augen ansehen als früher, auch dieser Industrie des deutschen Waldes zu gute kommt.

Des Wissens Schranken gehen auf,
Der Geist, in euren leichten Siegen
Geübt, mit schnell gezeitigtem Vergnügen
Ein künstlich All von Reizen zu durcheilen,
Stellt der Natur entlegenere Säulen,
Ereilet sie auf ihrem dunklen Lauf.

Schiller.

Die Erfindung der Daguerreotypie und Photographie.

Älteste Versuche in der Lichtbildnerei. Niépces und Daguerres Versuche. Daguerres Erfindung, die Daguerreotypie. Der photographische Apparat. Jod, Brom, Chlor, die beschleunigenden Substanzen. Erzeugung der Bilder auf der Silberplatte. Photographie auf Papier. Kollodiumverfahren. Kopieren und Kopierpapiere. Ambrotypie. Ferrotypie und Pannotypie. Das Trockenverfahren. Negativverfahren mit Kollodiumemulsion. Negativverfahren mit Gelatinemulsion. Fabrikation photographischer Platten. Augenblicksbilder. Die verschiedenen Entwickelungsverfahren. Der Projektionsapparat. Vergrößerungsverfahren. Orthochromatisches Verfahren. Unvergängliche Photographien. Kohlebilder. Photographisches Stein- und Zinkdruckverfahren. Der Lichtdruck. Mikrographie und Megalophotographie. Anwendung des elektrischen Lichtes zum Photographieren. Photographien mit natürlichen Farben.

Wer erwägt, mit welcher Gleichgültigkeit man in unsrer Zeit die wunderbaren Leistungen der Photographen hinnimmt — gerade als ob sich das alles von selbst verstände — der wird unwillkürlich an Lessings Ausspruch erinnert, daß eben darin der Wunder größtes liege, daß uns die Wunder so alltäglich werden.

Wenn man vor etwa fünfzig Jahren einem sogenannten „aufgeklärten“ Manne gesagt hätte, es sei vielleicht möglich, einen Spiegel so einzurichten, daß er das Bild des Hineinblickenden auf immer festhalte, so würde dieser eine solche Behauptung wahrscheinlich für eine Lächerlichkeit erklärt haben; hätte die Unterhaltung aber ein paar Jahrhunderte früher stattgefunden, so hätte man vielleicht ein Kreuz geschlagen und höchstens zugegeben, nur mit Hilfe des bösen Feindes könne so etwas möglich sein. In der That erzählt die Sage von einem alten Hexenmeister, welcher es verstanden haben soll, ein Gefäß mit Wasser in einem Augenblicke so zum Gefrieren zu bringen, daß ein Bild desjenigen, der sich gerade darin bespiegelte, im Eise festgebannt war. Die Erzählung beweist allerdings zunächst nur, daß die Menschen von jeher gern das Unglaubliche für möglich hielten; sie deutet uns aber auch an, daß wenigstens eine allgemeine Vorstellung der Lichtbildnerei schon früh in den Köpfen Platz gefunden habe. Diese Ansicht findet ihre Bestätigung durch ein Gedicht des römischen Dichters Statius (61—96 n. Chr.), welches unter dem Titel: „Das Haar des Carinus" sich in seinen „Wäldern" befindet und auffallende Andeutungen von einer gewissen Bekanntschaft mit der Lichtzeichnung enthält. Albertus Magnus berichtet im 13. Jahrhundert in seiner Schrift „Compositum de compositis", daß eine Auflösung von Silber in Salpetersäure die Haut schwärze und daß es schwer sei, die Flecke zu entfernen.

Aber die Sprache des Poeten entbehrt jener Zuverlässigkeit und Bestimmtheit, welche die Wissenschaft verlangt. Was schon früh dem Dichter vorschwebte und in der Sage lebte, das wurde sehr spät Eigentum der Wissenschaft. Erst 1565 erhalten wir die erste Angabe über die Grundlage der Lichtbildnerei, indem Fabricius in seinem Werke „De rebus metallicis" von der Veränderung berichtet, welche das Hornsilber (Chlorsilber) im Lichte erleidet. Diese Beobachtung gewann aber erst Bedeutung, als Scheele aus Stralsund 1777 die Wirkung der prismatischen Farben auf das Chlorsilber genau beschrieb und die Thatsache feststellte, daß im violetten Strahl die Schwärzung am raschesten erfolge. Diese Versuche wurden durch Senebier wiederholt. Im Jahre 1801 beobachtete Ritter, daß auch neben dem Farbenbilde des Spektrums noch ein Streifen deutlich verändert wird, daß also auch unsichtbare Strahlen (ultraviolette) im Lichte vorhanden sind, welche das Chlorsilber schwärzen. Von diesem Zeitpunkte an datiert eine neue Wissenschaft: die Photochemie, welche, als eine Tochter des Lichts, an rascher Ausbildung gleichsam mit der Schnelligkeit der Lichtstrahlen Schritt zu halten scheint. Die auf die chemischen Wirkungen des Lichts bezüglichen Thatsachen häuften sich im Laufe der Zeit ungemein, und die meisten der jetzt wirklich in der Lichtbildnerei angewandten Stoffe waren bald als lichtempfindliche erkannt und geprüft. Aber die Gelehrten begnügten sich nicht damit, die bloße Lichtempfindlichkeit wachzurufen, sie suchten auch den Unterschied der Einwirkung verschiedenfarbiger Lichtstrahlen zu erforschen. Dr. Seebeck in Jena wies zuerst in „Goethes Farbenlehre" im Jahre 1810 darauf hin, daß die verschiedenen Strahlen des Spektrums dem Chlorsilber ihre Eigenfarben mitteilen. Die Heliochemie ist also deutschen Ursprungs.

Die reizend schönen und getreuen Abbilder, welche die Camera obscura und das Sonnenmikroskop von natürlichen Gegenständen auf eine Fläche werfen, mögen den Gedanken an die Lichtbildnerei gar manchem Gelehrten und Praktiker nahe gelegt haben. Jeder, der einmal diese Lichtwirkung sah, mußte sich sagen, wie schön es doch wäre, wenn diese Bilder auf der matten Glastafel oder dem Papier auf immer haften bleiben könnten. Auf welche Weise man dies Ziel erreichen zu können glaubte, zeigt eine interessante Mitteilung, welche Tiphaine de la Roche in seiner 1760 zu Cherbourg gedruckten „Giphantie" macht. Dies wunderliche Buch, welches unter dem Titel „Giphantie oder Erdbeschreibung" in deutscher Übersetzung erschien, erzählt uns, wie der Verfasser während eines Sturmes in den Palast der Elementargeister geführt und von ihrem Beherrscher mit ihren Arbeiten und Geheimnissen bekannt gemacht wird.

„Du weißt", sagte er zu ihm, „daß die reflektierten Lichtstrahlen auf glänzenden Flächen Bilder entstehen lassen, wie dies z. B. auf der Retina des Auges, im Wasser und im Spiegel der Fall ist. Die Elementargeister suchten diese Bilder festzuhalten und haben eine sehr feine und sehr klebrige Materie zusammengesetzt, welche äußerst leicht trocknet und hart wird, mit deren Hilfe sie in einem Augenblicke ein Gemälde anfertigen. Sie überziehen mit diesem Stoffe ein Stück Leinwand, worauf sich die Bilder nicht nur spiegeln, sondern auch haften bleiben, wenn man den Überzug im Dunkeln trocknen läßt."

Auf andre Weise, als Tiphaine es träumte, erzielten Wedgwood und Davy 1803 wirkliche photographische Bilder. Sie tränkten weißes Papier und Leder mit einer Silberlösung und kopierten darauf Profile, d. h. Schattenrisse, oder auch Glasgemälde, die sie jedoch gegen das Tageslicht nicht unempfindlich zu machen wußten, so daß dieselben nur bei Lampenschein besehen werden konnten, wenn nicht endlich das ganze Papier sich bräunen sollte. Erst 1819 erfand Sir John Herschel das so lang ersehnte Fixiermittel im unterschwefligsauren Natron. Als daher die Kunde von Daguerres Entdeckung die Welt durchlief, griff man in aller Ungeduld die ersten Versuche wieder auf, und es kamen in den

Kunsthandlungen sogenannte Lichtbilder zum Vorschein, die freilich mehr abschreckend als interessant waren. Man hatte nämlich auf ein mit Silberlösung präpariertes Papier Blätter, Moose u. dergl. gelegt und diese, mit einer Glastafel bedeckt, dem Lichte ausgesetzt. So entstanden rohe weiße Abbildungen auf braunem Grunde, welche selbstverständlich bald durch Veröffentlichung von Daguerres Geheimnis in den Hintergrund gedrängt wurden, weil jeder einsah, daß es sich hier um eine ganz neue, ebenso interessante als wichtige Erfindung handle, um eine Erfindung, deren ganzer Ruhm den Franzosen zufällt, wie wir neidlos anerkennen, so sehr auch die Franzosen ihrerseits geneigt sind, von andern Nationen gemachte Erfindungen zu übersehen oder zu verkleinern. Die Idee war allerdings schon da, aber der Hauptteil der ganzen Erfindung ist in diesem Falle die Ausführung.

Die Entstehungsgeschichte der Lichtbildnerei ist eigentümlich und interessant. Zwei Männer, Joseph Nicéphore Niépce (geb. am 7. März 1765 in Châlons-sur-Saone, gest. am 5. Juli 1833) und Louis Jacques Mandé Daguerre (geb. zu Cormeilles bei Paris am 18. November 1787, gest. am 10. Juli 1851), beginnen, ohne voneinander zu wissen, gleichartige Bestrebungen, und arbeiten mehrere Jahre lang abgesondert; jener hat bereits nennenswerte Resultate erreicht, sich aber in sehr umständliche und unsichere Verfahren verwickelt, dieser hat noch gar keine besonderen Fortschritte gemacht; als aber beide Männer sich 1829 vereinigten, erfaßte Daguerre mit Begeisterung Niépces Ideen und verarbeitete sie zu einem ganz neuen Verfahren, nach welchem die so lange gesuchte Kunst nun eine verhältnismäßig leichte und einfache Arbeit geworden ist.

Fig. 400. Joseph Nicéphore Niépce.

Niépces Versuche, zu welchen er durch die damals nach Frankreich verpflanzte Erfindung der Lithographie veranlaßt wurde, gehen bis zum Jahre 1814 zurück; er arbeitete viel mit Harzen, besonders mit Asphalt, dessen eigentümliches Verhalten im Lichte er entdeckte und mittels dessen er auf Glas und Metallplatten im Verlaufe von fünf bis sechs Stunden Abbilder von Kupferstichen erhielt, die den Originalen gleichkamen und die er durch Ätzung druckfertig zu machen suchte. Außer Asphalt benutzte Niépce im Verlaufe seiner Studien auch Silberplatten, die er durch Joddämpfe empfindlich machte.

Diesen Versuch nahm Daguerre auf und kam zum Ziele. Niépce starb 1833, und 1839 war Daguerre mit der Erfindung so weit, daß er damit hervortreten konnte. Die Regierung kaufte sie auf Antrag von Arago und Gay-Lussac an und setzte Daguerre eine Leibrente von 6000 Frank dafür aus, während Niépces Sohn 4000 Frank Pension erhielt. Arago veröffentlichte dann am 10. August 1839 in der vereinigten Sitzung der Akademie der Wissenschaften und Künste die Erfindung als „ein Geschenk für die ganze Welt“. Und die Welt begrüßte dies unerwartete schöne Geschenk mit Erstaunen und freudigem Jubel.

Daguerres Erfindung beschränkte sich auf die Anfertigung von Bildern auf versilberten Platten, und dieser Zweig der Kunst trägt noch jetzt des Urhebers Namen, während unter Photographie die gesamte Lichtbildnerei auf Glas, Papier, Silberplatten und andern Stoffen verstanden wird. Die neue Kunst zeigte bei ihrem Hervortreten noch zwei wesentliche Mängel, denen aber bald abgeholfen wurde, weil das Interesse der Gelehrten und Praktiker aller Länder auf die Ausbildung der neuen Erfindung gerichtet war. Da Daguerre

20 Minuten zur Aufnahme eines Bildes brauchte, so war an Porträtieren u. dergl. nicht zu denken, bis Claudet 1841 in dem Chlor ein so kräftiges Unterstützungsmittel für das Jod fand, daß die Empfindlichkeit der Platte nun bis zu einem kaum gehofften Grade gesteigert werden, ja eine Aufnahme in wenigen Sekunden geschehen konnte. Doch fehlte es den Bildern an Haltbarkeit; sie waren in dieser Hinsicht mit dem Staube der Schmetterlingsflügel vergleichbar und verschwanden nach einiger Zeit von selbst, wenn sie nicht unter Glas gelegt wurden. Diesem Fehler half der Chemiker Fizeau ab, indem er die wunderbare Wirkung entdeckte, welche Chlorgold auf das fixierte Bild ausübt. Dasselbe wird dadurch nicht allein befestigt, sondern verliert auch einen großen Teil seines unangenehmen Spiegelglanzes.

Fig. 401. Gewöhnliche Camera obscura für photographische Zwecke.

Mehr als sechs Monate (März 1839) vor dem Auftreten Daguerres hatte Fox Talbot der Royal Society in London Mitteilung von seiner „photographischen" Zeichnung auf Papier gemacht, und 1840 veröffentlichte er sein Verfahren in verbesserter Form unter dem Namen „Kalotypie" (Schöndruck). Obwohl die Kalotypie an Schönheit der Bilder mit der Daguerreotypie nicht zu wetteifern vermochte, übertraf sie dieselbe doch darin, daß sie Bilder lieferte, welche beliebig vervielfältigt werden konnten. Aus diesem Grunde kann man die „Kalotypie" die Mutter der heutigen Photographie nennen. Denn da das Papier nicht fein genug ist, um die zarten Einzelheiten der Bilder wiederzugeben, griff man bald zu feineren Unterlagen und schuf sich gewissermaßen ein Papier ohne Körper, indem man (Niépce von St. Victor 1848) Glasplatten mit Eiweiß oder Kollodium (Scott Archer und Fry 1851) überzog. Endlich, nachdem man den Lichtstrahl zum kunstvollen Zeichenmeister gemacht, mußte er auch noch Lithograph werden und seine Bilder auf Steinplatten in einer Weise zeichnen, daß man davon wie von ganz gewöhnlichen Lithographien Abdrücke nehmen kann.

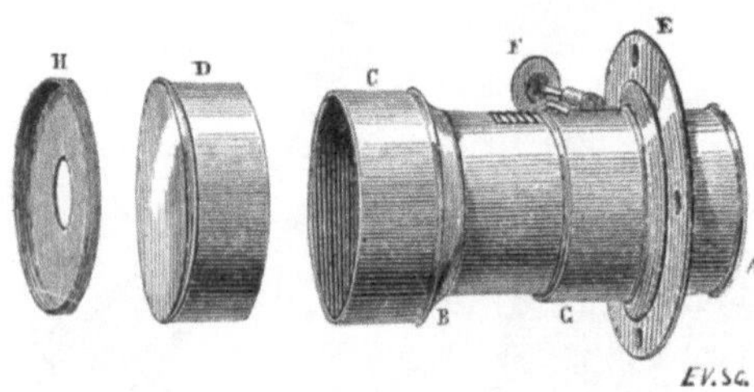

Fig. 402. Doppelobjektiv.

Die schönen Erfolge wären aber nicht möglich gewesen, wenn nicht die Optiker hilfreiche Hand geboten hätten, und hierin haben sich Franzosen und Deutsche große Verdienste erworben. Zuerst war es Charles Chevalier in Paris, der durch Vereinigung von zwei achromatischen Linsen nicht allein die Aufnahmezeit verkürzte, sondern den Bildern auch größere Feinheit verlieh. Schon vor der Anwendung der beschleunigenden Substanzen nahm er Porträts in wenigen Minuten auf. Noch größere Vervollkommnungen erfuhren die photographischen Objektive durch einen Deutschen, den Professor Petzval in Wien; er unterzog sich langen und mühsamen Studien und Berechnungen; seine Bemühungen wurden mit glücklichem Erfolge gekrönt, und auf Grund der gewonnenen Resultate entstanden die so berühmt gewordenen Voigtländerschen Objektive, denen heute die Instrumente vieler andrer Optiker würdig zur Seite stehen. In betreff der Einrichtung der Camera obscura und der Anfertigung von Linsen ohne sphärische und chromatische Abweichung müssen wir unsre Leser auf Band II verweisen.

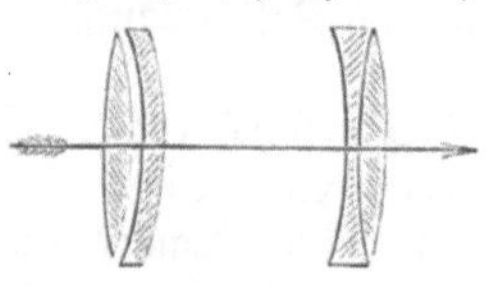
Fig. 403. Stellung der Linsen.

Der photographische Apparat ist eben nichts weiter als eine Verbesserung der durch den italienischen Physiker Porta aus Neapel im Jahre 1509 erfundenen Camera obscura. Fig. 401 stellt eine photographische Camera in ihrer einfachsten Form dar.

In einem Kasten B läßt sich ein zweiter Kasten A hin und her schieben. Um diesen letzteren in bestimmter Lage festhalten zu können, ist das mit B verbundene Brett D mit einem Spalt versehen und an dem Kasten A ein Messingstreifen befestigt, von dem aus in den Spalt eine Klemmschraube hinabreicht, welche beim Aus- und Einziehen des Kastens A zum Feststellen derselben dient. Das Objektiv befindet sich an der Vorderseite des Kastens B, während an der Hinterseite des Kastens A das matte Glas C angebracht ist, auf dem die Bilder der äußeren Gegenstände beim Öffnen des Objektivdeckels sichtbar werden.

Die photographischen Objektive zerfallen je nach ihrer Verwendung in Porträt- und Landschaftsobjektive. Letztere haben gewöhnlich nur ein achromatisches Objektivglas, erstere bestehen aus zwei achromatischen Gläsern. Ein solches Doppelobjektiv zeigt Fig. 402; in Fig. 403 sind die Linsen dargestellt.

Wie man auf den ersten Blick sieht, sind in B und A die beiden achromatischen Linsen von Fig. 403 in einer Hülse angebracht, welche sich auf den Ring E schrauben läßt. Dieser Ring wird an der Camera befestigt. In der Messinghülse läßt sich durch die Mikrometerschraube F ein Rohr bewegen, welches die Stellung der Objektive regelt. D ist der Deckel des Objektivs und H eine Blende, die man in G einschiebt, wenn man eine größere Schärfe erlangen will.

Denken wir uns nun, das Doppelobjektiv sei an der Camera befestigt, und diese, damit sie fester steht und bequemer höher oder niedriger gestellt werden kann, auf einem Stative angebracht; wir selbst befänden uns in einem Glashause, um ein Bild aufzunehmen. Von der Anlage und Einrichtung eines solchen Glashauses gibt uns Fig. 405 eine Vorstellung, welche ohne weitere Auseinandersetzung verständlich ist. Nachdem die Camera auf die Person gerichtet und der Deckel vom Objektive entfernt worden ist, zeigt sich uns auf dem matten Glase ein umgekehrtes Bild der Person, welche dem Objektiv gegenübersteht. Um dies Bild deutlicher beobachten zu können, verdunkeln wir die Umgebung des matten Glases, indem wir ein Tuch über den Kopf werfen. Die größere oder geringere Schärfe des Bildes auf dem matten Glase muß durch Aus- und Einschieben des inneren Kastens der Camera obscura und durch Drehen an der Mikrometerschraube erreicht werden.

Fig. 404. Bartholomeo della Porta.

Wo die Glastafel sich befindet, erhält nach dem Einstellen die Kassette ihren Platz. Sie besteht aus einem Rahmen mit dem verschiebbaren Brettchen a und dem Thürchen b (Fig. 407). Zwischen beide wird beim Daguerreotypverfahren die empfindliche Silberplatte, beim Kollodium- oder Bromsilbergelatineverfahren die Glasplatte gebracht, und zwar so, daß die empfindliche Schicht beim Einschieben in die Camera genau dieselbe Stelle einnimmt, wo auf der matten Glastafel das Bild am schärfsten erschien.

Sehen wir zu, wie die Daguerreotypplatte für eine Aufnahme hergerichtet und empfindlich gemacht wird.

Die Daguerreotypie. Die Arbeit des Daguerreotypisten beginnt mit dem Putzen und Polieren der versilberten Kupferplatte, was immer große Sorgfalt und Mühe erfordert und mittels Tripel, Spiritus und Baumwolle, nachher mit Polierrot und weichem Leder bewirkt wird. Die größte Sauberkeit ist dabei zu beobachten, und es darf die Platte durchaus nicht mit den Fingern berührt werden. Die letzte Bearbeitung, das sogenannte Fertigputzen, darf nie früher als unmittelbar vor der Aufnahme stattfinden. Nunmehr wird der Silberspiegel für das Licht empfänglich gemacht, d. h. es muß eine Schicht auf ihm erzeugt werden, die sich unter Einfluß des Lichtes rasch verändert. Diese Eigenschaft haben vorzüglich die chemischen Verbindungen des Silbers mit Jod, Brom und Chlor, und alle Lichtbildnerei, arbeite man auf Silberplatten, Glas oder Papier und dergleichen, muß — vom Gelatineverfahren abgesehen — mit der Erzeugung einer solchen Verbindung oder zweier zusammen auf der Bildfläche beginnen; der Unterschied ist nur der, daß dies bei den Metallplatten auf trockenem, bei den übrigen Verfahren auf nassem Wege geschieht.

Jod und Brom sind, wie das Chlor, chemische Elemente. Das Jod befindet sich besonders im Meerwasser, in Seepflanzen, Seetieren u. s. w., aber niemals in freiem Zustande. Es hat in trockenem Zustande etwa das Aussehen von Graphit und einen durchdringenden Geruch, weil es schon bei gewöhnlicher Temperatur verdunstet. Es ist ziemlich giftig, schmeckt scharf und erteilt der Haut eine bräunlichgelbe Färbung. Letztere läßt sich mit Alkohol beseitigen, worin wie im Äther das Jod sehr löslich ist, während es sich im Wasser nur in geringen Mengen (1 : 7000) auflöst. Gewonnen wird das Jod aus der Asche von Seepflanzen, indem das darin enthaltene Jodnatrium mit Braunstein und Schwefelsäure behandelt und so das Jod frei gemacht wird.

Fig. 405. Durchschnitt eines Glashauses für photographische Zwecke.

Vor 1811 war das Jod unbekannt. In diesem Jahre wurde es durch Courtois entdeckt, indem er die Mutterlauge aus Meerpflanzenasche, nachdem ihr Gehalt an Kochsalz, Glaubersalz, Soda und schwefelsaurem Kali ausgeschieden, mit Salpetersäure versetzte, wobei er einen veilchenblauen Dampf aus der Flüssigkeit aufsteigen sah. Er fing denselben auf und erhielt schön kristallisierte Blättchen von grauer Farbe, worin Gay-Lussac einen neuen Grundstoff erkannte, der nach den veilchenblauen Dämpfen seinen griechischen Namen erhielt. Als Erkennungszeichen für Jod dient Stärkekleister, welcher vom freien Jod blau gefärbt wird.

Das Brom wurde 1826 von Balard in der Mutterlauge des Meerwassers entdeckt. Wie Courtois bei Zusetzung von Schwefelsäure veilchenblaue Dämpfe aufsteigen sah, so bemerkte Balard eine rote Färbung beim Sättigen der Mutterlauge mit Chlor. Das Brom findet sich, wie das Jod, wesentlich im Meerwasser als Brommagnesium und Bromnatrium. In besonders großer Menge soll es im Todten Meere vorkommen. Brom ist das einzige nichtmetallische Element, welches bei gewöhnlicher Temperatur flüssig ist; es sieht rotbraun aus, ist sehr flüchtig, besitzt einen herben und widrigen Geschmack sowie einen unausstehlichen Geruch. Diesem Geruche verdankt es seinen griechischen Namen. Das Brom löst sich weit leichter im Wasser als das Jod, indem 23 Teile Wasser einen Teil Brom auflösen; noch löslicher ist es im Alkohol und Äther. Brom färbt die Haut braungelb und wirkt ätzend. Bei einer Kälte von 7—8 Grad erstarrt es zu einer bleigrauen kristallinischen Masse. Man gewinnt das Brom aus dem Meerwasser, indem man die Mutterlaugen, aus welchen schon alle andern Salze auskristallisiert sind, mit Braunstein und Schwefel destilliert. Doch ist das Verfahren nicht ganz so einfach und erfordert noch mancherlei Vornahmen, auf welche wir nicht weiter eingehen wollen.

Mit Jod und Brom ist das Chlor nahe verwandt, und alle drei Stoffe zeigen in ihren Eigenschaften und Verbindungen ungemeine Ähnlichkeit. Wie das Chlor eine Verbindung mit Wasserstoff eingeht, so auch Jod und Brom: Chlorwasserstoff, Jodwasserstoff und Bromwasserstoff; ebenso entspricht dem Chlorsilber ein Jod- und Bromsilber, und Kalium, Natrium, Cadmium, Ammonium, Lithium u. s. w. verbinden sich nicht nur mit Chlor, sondern auch mit Jod und Brom.

Die Vereinigungen genannter drei Körper unter sich haben in der Daguerreotypie besonderen Wert als beschleunigende Substanzen. Besonders Chlorbrom, Chlorjod und Bromjod fanden zu diesem Zwecke häufige Verwendung. — Doch es wird Zeit, daß wir von dieser Abschweifung zur Daguerreotypie zurückkehren.

Fig. 406. Louis Daguerre.

Die Bereitung empfindlicher Schichten, das Einbringen derselben in die Camera, das Wiederherausnehmen und die Arbeiten, welche zum Entwickeln und Festhalten der Bilder dienen, müssen natürlich bei Ausschluß des Tageslichts geschehen. Der Künstler arbeitet daher meist in einem dunklen Raume, der durch eine kleine Lampe oder einen Wachsstock spärlich erhellt ist; doch kann er auch ein helleres Zimmer haben, sobald er sich Fenster von gelbem oder rotem Glas machen läßt, denn das gelbe und das rote Licht haben fast gar keine photographische Wirkung. Das Jodieren der Silberplatte geschieht gewöhnlich in folgender Weise. Die Platte wird zunächst auf ein Kästchen gelegt, in welchem sich trockenes Jod befindet; die Dauer der Einwirkung der Joddämpfe muß nach Sekunden bemessen werden, denn sie ist verschieden, je nachdem man Porträts oder Landschaften u. s. w. machen will. Die Platte, die man von Zeit zu Zeit untersucht, läuft nacheinander hellgelb, dunkelgelb, rötlich, kupferig, violett, blau und grün an, und es hängt von Zweck und Methode des Künstlers ab, ob er diese ganze Farbenreihe durchlaufen lassen will oder nicht. Weil die mit bloßem Jod behandelte Platte, wie schon bemerkt, eine zu lange Aufnahmezeit erfordern würde, kommt dieselbe, um empfindlicher zu werden, noch auf den Bromkasten. In diesem befindet sich eine Schicht Kalk, in welchen man das flüssige Brom hat einziehen lassen. Zuweilen wird auch noch Chlor damit verbunden. Über den Dämpfen dieser Substanzen durchläuft die Platte eine neue Reihe wechselnder Farben, an denen der Künstler, durch Übung belehrt, erkennen kann, wann die richtige Einwirkung stattgefunden hat. Auf alle Fälle kommt die Platte noch einmal auf kurze Zeit wieder auf den Jodkasten und ist dann zur Aufnahme bereit. Diese wird gewöhnlich gleich vorgenommen, doch bleibt die Platte, wenn man sie im Dunkeln gut aufbewahrt, auch nach mehreren Stunden noch brauchbar. Soll zur Aufnahme geschritten werden, so muß natürlich die richtige Stellung des Apparats zum Gegenstande und alles sonst Erforderliche schon besorgt sein, so daß bloß die Platte eingeschoben zu werden braucht. Sie wird in dem dunklen Atelier in die oben beschriebene Kassette gelegt, wo sie auf beiden Seiten von einer schützenden Holzdecke umgeben ist. Sobald die Kassette in den Apparat geschoben ist, wird der Schieber a (s. Fig. 407) zurückgeschoben und die Platte bleibt an der Stelle stehen, wo sie den Lichteindruck empfangen soll. Noch ist es aber im Kasten dunkel, denn das Rohr mit den Objektivlinsen, der sogenannte Kopf des Apparats, ist noch mit dem Deckel verschlossen. Sobald die Beleuchtung günstig ist, öffnet man den Deckel, und die geheimnisvolle Arbeit im Kasten fängt sofort an. Die den jedesmaligen Umständen angemessene Sekundenzahl zu treffen, gelingt nur nach langer Erfahrung und Übung und ist eine der Hauptschwierigkeiten der Kunst; es kann des Guten bald zu viel, bald zu wenig geschehen. Nach gehöriger Belichtung wird das Objektiv mit seinem Deckel verschlossen, der Schieber heruntergelassen und die Kassette in das Dunkelzimmer zurückgebracht. Hier mit dem Wachsstock beleuchtet, wird die Platte noch ziemlich dasselbe Aussehen zeigen wie vorher. Von einem Bilde ist gar nichts oder nur eine sehr leise Andeutung zu sehen. Nun kommt aber das Merkwürdigste: die Sichtbarmachung des Bildes durch Quecksilber. In einem hölzernen Kasten befindet sich auf dem kupfernen Boden ein wenig von diesem Metall. Die Platte wird in der Entfernung von etwa 30 cm, mit der Bildseite nach unten, oben darüber gelegt und der Deckel geschlossen.

Die Platte liegt, damit die Dämpfe sie gut bestreichen, unter einem Winkel von 45 Grad und wird einmal umgelegt. Da das Quecksilber bei gewöhnlicher Temperatur verdunstet, so würde vielleicht in ein paar Tagen das Bild ganz von selbst fertig werden. Man will aber nicht so lange warten und stellt daher unter den Kasten eine brennende Spirituslampe. Die Hitze treibt nun die unsichtbaren Quecksilberdämpfe reichlich in die Höhe. In der Seitenwand des Kastens, nahe bei dem Lager der Platte, befindet sich ein Glasfenster, durch das man hineinleuchten und das Entstehen des Bildes beobachten kann. Da sieht es nun aus, als wenn ein Geist sich das Vergnügen machte, mit einem unsichtbaren Pinsel zu malen; wir sehen das immer stärkere Hervortreten der Züge, gleichsam als ob das Bild aus dem Grunde herauswüchse; aber wer nicht vorher über den Zusammenhang der Sache unterrichtet ist, kann sich unmöglich denken, wie das zugeht. Sobald der durch Erfahrung erkannte Punkt der Vollendung erreicht ist, nimmt man die Platte weg. Sie braucht nun nicht mehr ängstlich vor dem Tageslicht gehütet zu werden, ja man könnte sie lassen wie sie ist, denn das aus Quecksilberpünktchen bestehende Bild würde doch immer sichtbar bleiben, wenn auch der Grund im Lichte noch einigemal die Farbe wechselte. Um aber die Wirkung des Bildes zu erhöhen, muß der Silberspiegel bloßgelegt werden; man schafft also das Jodbromsilber von der Platte weg, indem man dieselbe in ein Bad von unterschwefligsaurem Natron bringt, welches das unbelichtete Brom und Jodsilber hinwegnimmt. Hierauf spült man die Platte mit destilliertem Wasser ab und trocknet sie durch Wärme. Man hat nun auf der Platte ein natürliches, wiewohl umgekehrtes Bild, in welchem die hellen Stellen des Originals hell, die dunklen dunkel erscheinen. Wo die hellsten Lichter auf die Platte gefallen sind, wurde, wie man annehmen muß, die Verbindung zwischen Jod und Silber durch das Licht am meisten gelockert, und das Quecksilber fand hier am leichtesten Gelegenheit, sich in unsichtbar kleinen Kügelchen an das Silber anzuhängen; diese Tröpfchen erscheinen durch ihr enges Beieinanderstehen weiß. In den Mitteltinten war das Anhängen des Quecksilbers schon mehr oder weniger behindert, und in den Schatten konnte es wegen der unveränderten Schicht von Jod- und Bromsilber fast gar nicht stattfinden: erstere erscheinen daher mehr grau oder bräunlich, und das blanke Silber in den Schatten erscheint dann gegen das übrige schwarz, sofern man die Platte nicht gerade so hält, daß sie uns ihre Spiegelung ins Auge wirft. Dieser Spiegelglanz, den man später durch Vergoldung etwas erträglicher zu machen suchte, war allerdings ein Übelstand bei den Daguerreotypbildern und ein Grund mehr, daß die Kollodiumphotographie so rasch die alte Methode überflügelte; dagegen zeigen die Bilder auf Silber eine Treue in der Wiedergabe der feinsten Details, die noch durch kein andres Mittel erreicht worden

Fig. 407. Kassette.

ist, und überall, wo es weniger auf malerische Wirkung als auf genaue Darstellung ankommt, wird der Kenner ihnen den Vorzug geben.

Durch die Fortschaffung des unbelichteten Jodbromsilbers wurde die Platte für fernere Lichteindrücke unempfindlich, aber haltbar ist das Bild noch nicht. Dies wird erst erreicht durch Fizeaus Vergoldungsmethode, welche einfach darin besteht, daß man die Platte wagerecht auf ein eisernes Gestell legt, sie mit einer Schicht verdünnter Goldlösung (Chlorgold) bedeckt und die Flüssigkeit durch eine starke Spiritusflamme rasch zum Kochen bringt. Sowie das Blasenwerfen beginnt, sieht man das Bild auch schon einen klareren und wärmeren Farbenton annehmen, denn das Chlor des Chlorgoldes wirft sich auf das ihm mehr zusagende Silber, das Gold wird metallisch ausgeschieden und bildet eine äußerst feine, schützende Decke über dem Bilde. Zu lange Dauer dieser Operation würde aber nicht Erhaltung, sondern Zerstörung bringen, darum muß man sie schon nach wenigen Augenblicken unterbrechen, indem man die Platte mit einem Ruck in ein Gefäß mit reinem Wasser wirft. Sie verträgt nach dieser Behandlung das Abwischen und eine nicht allzu unsanfte Behandlung.

Fig. 408. Fox Talbot.

Von den vergoldeten Bildern lassen sich auch durch die Galvanoplastik Kopien abnehmen, ohne daß die Originale darunter leiden. Die kupfernen Abbilder stehen natürlich wieder rechts und sehen sehr gut aus. Es ist in der That kaum zu begreifen, wie ein solches, gleichsam mit der Platte verwachsenes Bild ein so vollkommenes Abbild gibt, das doch nur auf verschiedener Höhe und Tiefe der einzelnen Partien beruhen kann. Unvergoldete Daguerreotypen gehen bei dem galvanoplastischen Abdruck verloren. Über die Versuche, die Daguerreotypplatten durch Ätzung druckfähig zu machen, berichten wir im letzten Teile dieses Abschnitts.

Photographie auf Papier. Anscheinend ganz verschieden, doch auf demselben theoretischen Grunde ruhend, stellt sich die speziell sogenannte Photographie auf Papier, Kollodium, Gelatine u. s. w. dar. Sie erreicht ihren Zweck durchweg auf nassem Wege, d. h. die wirksamen Stoffe begegnen sich hier nicht als Dämpfe, sondern in Auflösungen. Immer ist es aber wieder das Silber, das in seinen Verbindungen mit Jod, Chlor und Brom die Hauptrolle spielt. Indem diese Verbindungen sich im Lichte zersetzen, wird metallisches Silber in feinster Verteilung frei gemacht, und dieser feine Silbermohr liefert eben den Farbstoff zu den photographischen Bildern, wie bei den Daguerreschen Bildern das Quecksilber diesen Dienst verrichtete. Der Photograph besitzt eine sehr reichhaltige Apotheke von allerhand chemischen Stoffen und erwartet von jedem derselben für bestimmte Fälle einen Dienst, sei es, daß die Operation beschleunigt, das Bild gekräftigt oder ihm ein andrer Ton gegeben werden soll u. s. w.; im ganzen ist jedoch der Gang der Sache nicht so verwickelt, und eine allgemeine Vorstellung davon zu gewinnen, ist eben nicht schwer.

Wenn man einige Tropfen salpetersaurer Silberlösung in einem Gläschen mit etwas Kochsalz versetzt, so wird alsbald ein weißer, käsiger Niederschlag von Chlorsilber entstehen, welcher, sobald wir ihn einige Augenblicke dem Lichte aussetzen, aus Weiß anfänglich in Violett, dann in Grau und Schwarz übergeht. Da jede Farbenveränderung einer Substanz nur das äußere Zeichen einer in der Substanz selbst vorgehenden Veränderung ist, so wird auch hier eine solche stattgefunden haben. In der That, die Chemie sagt uns, daß das Licht Chlor vertrieben und dadurch etwas Silber in metallischen oder nahezu metallischen Zustand versetzt hat. Daß dem so sei, zeigt sich, wenn wir den Niederschlag mit einer Lösung von unterschwefligsaurem Natron übergießen und etwas umschütteln. Wir sehen dann den größten Teil desselben allmählich verschwinden und erkennen nun, daß die Lichtwirkung sich wohl nur auf die Oberfläche beschränkt haben muß, denn endlich bleiben nur einige schwarze Schüppchen ungelöst übrig, welche eben die vorher vom Licht getroffenen Teilchen sind. Hier haben wir die ganze Reihe der Operationen, welche bei der Darstellung von Papierbildern in Betracht kommen, in ihrer Urform vor Augen gehabt. Sie bestehen 1) in der Erzeugung einer empfindlichen Schicht, 2) in teilweiser Schwärzung derselben, und 3) in der Entfernung des nicht Geschwärzten (Fixierung). Um also ein Bild auf Papier anzufertigen, tauchen wir gutes weißes Schreibpapier erst in eine Kochsalzlösung (1 Kochsalzlösung : 10 Wasser); trocknen dasselbe und lassen es dann auf einer Lösung von 3 g Höllenstein in 48 ccm Wasser schwimmen, wie es Fig. 410 zeigt. Jetzt ist die empfindliche Schicht fertig; das getrocknete Papier kann nun in der Camera wie eine Daguerreotypplatte belichtet werden. Beim Herausnehmen aus der Kassette muß das Bild schon deutlich sichtbar sein; durch Eintauchen in eine Lösung von unterschwefligsaurem Natron wird das unbelichtete Chlorsilber entfernt und das Bild ist fixiert.

Weil aber das beschriebene Verfahren äußerst langsam ist, muß man sich die mittlere dieser drei Stationen, die Bilderzeugung, oft in zwei Hälften zerlegen; auf der ersten wirkt dann das Licht, auf der zweiten irgend eine andre passende Substanz, die gleichsam als Vorspann zu Hilfe genommen wird. Nehmen wir wieder zwei Probiergläschen mit einigen Tropfen Silberlösung und gießen diesmal in beide an einem nicht hellen Orte etwas Jodkaliumlösung; das Produkt wird ein gelber Niederschlag von Jodsilber sein. Lassen wir das eine Gläschen an seiner Stelle und tragen das andre einige Sekunden an das Tageslicht und darauf wieder zurück, so wird bei Vergleichung beider sich kein Unterschied bemerken lassen; dieser tritt indes sofort hervor, wenn wir in jedes der Gläschen etwas Gallussäure tröpfeln; der Inhalt des ersten Gläschens bleibt unverändert, während der Inhalt des zweiten, der das Licht gesehen hat, sich sofort schwärzt. Hier sehen wir also, daß das Licht eine Veränderung nur eingeleitet, die Gallussäure aber sie weitergeführt hat; durch einige Tropfen des unterschwefligsauren Natrons können wir sie zum Stillstand bringen. Solcher Stoffe, die wie die Gallussäure wirken, gibt es eine große Menge; man nennt sie reduzierende, d. h. zurückführende, und ihre Wirkung beruht darauf, daß sie sämtlich nach Sauerstoff begierig sind und diesen sich aneignen, wo sie ihn finden. Wird aber einem Metallsalze Sauerstoff entzogen, so wird es meist auf Oxyd, die edlen Metalle selbst auf den Zustand eines zarten metallischen Pulvers zurückgeführt, das sich nun nicht weiter verändert und jedesmal mit dunklerer Farbe auftritt als die Salze desselben. Die beschleunigende Wirkung, welche die Gallussäure übt, nennt man das Hervorrufen oder Entwickeln. Wie das Quecksilber auf der Silberplatte das unsichtbare Bild hervorhebt, so bringt die Gallussäure auf dem Papier selbst dann ein Bild zum Vorschein, wenn das empfindliche Papier nur so kurze Zeit belichtet wurde, daß beim Herausnehmen aus der Camera kaum eine Bildspur angedeutet ist.

Da alle lichtempfindlichen Substanzen sich im Lichte schwärzen oder bräunen und man keinen für die Photographie tauglichen Stoff kennt, der ursprünglich dunkel wäre und im Lichte hellfarbig würde, so kann man auch nicht erwarten, sogleich ein richtiges Bild aus dem Apparate hervorgehen zu lassen. Vielmehr muß das Papier die hellsten Bildpartien, da in ihnen das Licht am stärksten gewirkt, am dunkelsten zeigen, während die stärksten Schatten ganz ungefärbt bleiben: es ist ein negatives Bild. Ein solches kann aber, wenn es fertig und durch Fixierung unveränderlich geworden ist, zur Erzeugung beliebig vieler Abbilder benutzt werden, in denen Licht und Schatten sowie die Stellung der abgebildeten

Gegenstände ganz der Natur entsprechend sind. Dieses sind die positiven oder eigentlichen Bilder. Man braucht zu ihrer Herstellung keine Camera obscura weiter, sondern nur einen Kopierrahmen. Will man demnach von einem negativen Bilde positive Kopien abnehmen, so muß man im Dunkeln ein empfindliches Blatt in den Kopierrahmen und das negative Bild mit der Bildseite darauf legen, die Blätter mit einer Glastafel beschweren und den Rahmen dem Lichte aussetzen. Das Licht durchdringt das obere Blatt an den freien Stellen am leichtesten, an den dunkelsten gar nicht und in den Mitteltönen je nach Verhältnis, und es entsteht so auf dem unteren Blatte das gewünschte positive Abbild, das man nur zu fixieren braucht. Da das negative Original durch das Kopieren gar nicht leidet, so kann man begreiflicherweise Hunderte von Kopien erzeugen, gute und schlechte, denn ganz gleichmäßig fallen sie keineswegs aus. Um die Lichtwirkung auf dem unten liegenden Blatte zu verfolgen, dient das einfache Mittel, daß man demselben eine etwas größere Breite gibt als dem negativen Blatte. Auf dem vorstehenden Rande kann man dann die Übergänge in Grau, Lila, Tintenblau, Schwarz, Braun u. s. w. bequem beobachten.

Kollodiumverfahren. Wir nahmen einstweilen an, das negative Bild, gewissermaßen die Druckform für die positiven, sei ein papiernes. Aber selbst wenn das Papier durch Tränken mit Wachs u. dergl. durchsichtig gemacht wäre, würde es als ein zu roh gefügter Körper doch immer dem Durchgang des Lichts noch viel Widerstand entgegensetzen; überdies würden alle Unreinheiten und Ungleichheiten der Papiermasse sich auch auf der Kopie bemerklich machen; kurz, solche Kopien könnten nicht anders als mangelhaft ausfallen. Man hat daher frühzeitig nach einem passenden Träger für das negative Bild gesucht. Reines Glas wäre hinsichtlich der Durchsichtigkeit erwünscht, aber es müßte zugleich die Fähigkeit besitzen, die chemischen Flüssigkeiten einzusaugen und die Zersetzungsprodukte derselben festzuhalten. Da letztere Eigenschaft dem Glase abgeht, gab man demselben als Ersatz einen feinen Überzug, zuerst aus Eiweiß und in der Folge aus Kollodium. Niépce von St. Victor (s. S. 542) empfahl 1848 Eiweiß als Überzug von Glasplatten, während Scott Archer 1851 in „Chemical News“ ein vollständiges Kollodiumverfahren veröffentlichte. Das photographische Kollodium besteht aus einer Lösung von Schießbaumwolle (s. d.) in Äther und Alkohol und ist eine helle, klebrige Flüssigkeit, die in dünnen Schichten sehr rasch trocknet und ein durchsichtiges Häutchen hinterläßt. Das Kollodiumverfahren hat viele Jahre lang die Grundlage der Photographie gebildet; es lassen sich mittels desselben Bilder von außerordentlicher Schärfe und Zartheit erzielen.

Fig. 409. Fizeau.

Indessen sind wir dem Künstler noch nicht in seine dunkle Kammer gefolgt, und hier müssen wir denn doch auf einige Minuten eintreten, um wenigstens den notwendigen Zusammenhang in unsre Auffassung zu bringen. Unter vielen andern Utensilien, die uns im Atelier ins Auge fallen, bemerken wir auch mehrere Wannen oder Schalen aus Porzellan, Glas oder Guttapercha; sie dienen zur Aufnahme verschiedener Glasplatten, in welche die Blätter oder Flüssigkeiten eingelegt werden müssen. Solche Flüssigkeiten nennt der Photograph Bäder. Von diesen spielen eine Hauptrolle: das Silberbad, das Natronbad und das Goldbad.

Nehmen wir zunächst an, der Photograph arbeite auf Glas mit Eiweiß. Da Sauberkeit eine Hauptsache bei allen seinen Operationen ist, so können wir voraussetzen, daß unser Künstler mit aller Sorgfalt seine Glasplatten geputzt hat. Um dies zu beweisen, läßt er uns eine derselben anhauchen, und siehe, der Atem legt sich überall gleichmäßig an und verschwindet ebenso gleichmäßig, woraus zur Genüge hervorgeht, daß die ganze Platte ebenmäßig rein ist. Wer nie versucht hat, eine Platte obigen Anforderungen entsprechend herzustellen, sollte sich doch einmal überzeugen, wie schwierig dies ist. Wie aber erreicht der Photograph sein Ziel?

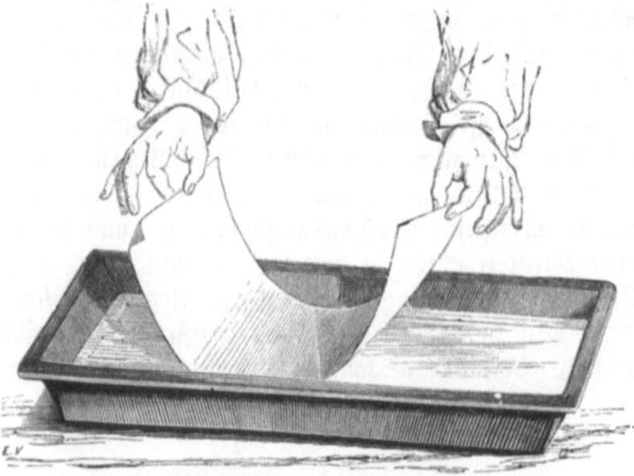

Fig. 410. Zurichtung des photographischen Papiers.

Er bereitet sich eine Art Rahm aus Tripolipulver, Weingeist und einigen Tropfen Ammoniak, taucht etwas Watte ein und fährt damit einige Minuten auf der Platte hin und her, hierauf spült er sie mit Wasser ab und trocknet sie mit einem reinen Tuche, um sie dann anfangs mit Spiritus abzureiben und darauf so lange mit Seidenpapier zu polieren, bis der Hauch gleichmäßig verschwindet, ohne eine Spur von Wischstreifen zu zeigen.

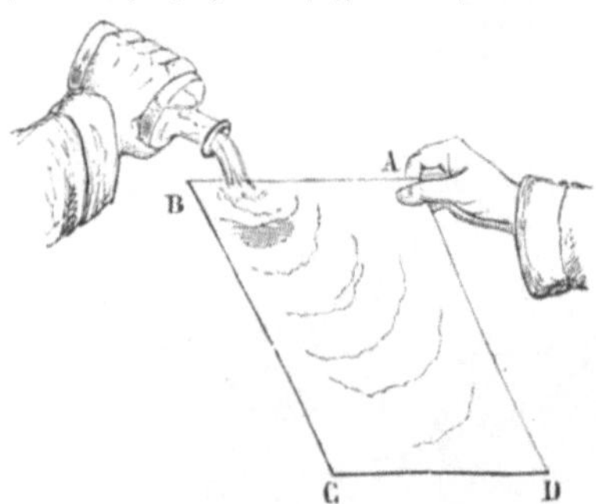

Fig. 411. Aufgießen des Kollodiums.

Jetzt kann das Eiweiß aufgetragen werden. Es wird bereitet, indem man das Eiweiß von frischen Hühnereiern, mit etwas Wasser verdünnt, zu Schnee schlägt, diesen zwölf Stunden absetzen läßt und dann das Klare durch grobe Leinwand abfiltriert und mit Jodkalium versetzt. Mit diesem Gemisch werden die Glasplatten überzogen und nach dem Trocknen in eine Auflösung von Höllenstein gebracht. Nach dem Herausnehmen aus diesem Bade spült man sie ab und trocknet sie. Sie können gleich oder auch lange nachher belichtet werden, doch bedürfen sie einer sehr langen Belichtung. Nach der Belichtung ruft man das Bild mit Gallussäure hervor und fixiert es in unterschwefligsaurem Natron. Ein so erhaltenes negatives Bild ist nun kopierfähig.

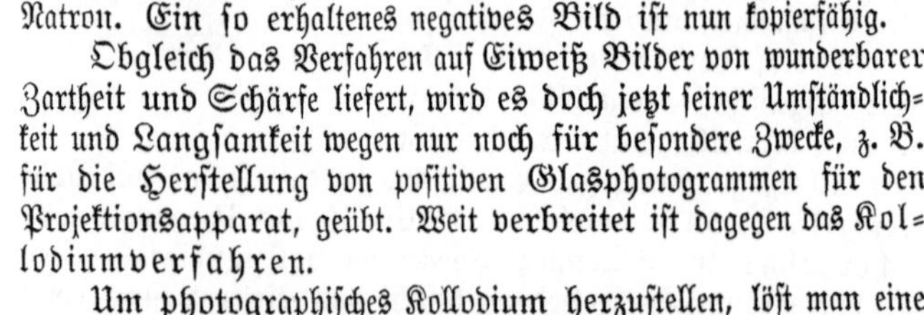

Obgleich das Verfahren auf Eiweiß Bilder von wunderbarer Zartheit und Schärfe liefert, wird es doch jetzt seiner Umständlichkeit und Langsamkeit wegen nur noch für besondere Zwecke, z. B. für die Herstellung von positiven Glasphotogrammen für den Projektionsapparat, geübt. Weit verbreitet ist dagegen das **Kollodiumverfahren**.

Fig. 412. Abgießen des Kollodiums.

Um photographisches Kollodium herzustellen, löst man eine eigens für photographische Zwecke hergerichtete Schießbaumwolle in einem Gemisch von Äther und Alkohol auf. Man unterscheidet zwei Arten von Kollodiumwolle, eine für Ätherkollodium und eine für Alkoholkollodium. Beim Ätherkollodium ist das Verhältnis des Äthers zum Alkohol wie 3 : 2, beim Alkoholkollodium wie 1 : 4. Wegen der langsamen Verdunstung, die auch bei großen Glasplatten ein bequemes Operieren erlaubt, und wegen vieler andrer Vorzüge hat das Alkoholkollodium jetzt fast das Ätherkollodium verdrängt. Wir wollen uns deshalb ein Alkoholkollodium bereiten, indem wir in einer Mensur 240 ccm Alkohol und 60 ccm Äther abmessen. In dieses Gemisch bringen wir 4 g Kollodiumwolle. Nach tüchtigem Umschütteln löst sich diese und wir erhalten eine schleimige Flüssigkeit, welche man als einfaches Kollodium bezeichnet. Aus diesem bereiten wir uns ein jodbromiertes Kollodium, indem wir 2 g Jodkadmium und 1 g Bromkadmium zusetzen. Nach Umschütteln und Klären ist unser Kollodium verwendbar.

Wir nehmen jetzt eine reine Glasplatte, auf welche wir eine ausreichende Menge Kollodium gießen, verbreiten dasselbe darüber, wie es Fig. 411 zeigt, und lassen den Überschuß ablaufen (s. Fig. 412). Sobald die Schicht sich gesetzt und eine butterähnliche Konsistenz erreicht hat, tauchen wir unsre Platte rasch, ohne innezuhalten, in das Silberbad. In diesem befindet sich eine Auflösung von salpetersaurem Silberoxyd (Silbernitrat, sogenannter Höllenstein) im Verhältnis von 1 g Silbernitrat zu 10 g Wasser. Diese Lösung wurde mit Jodsilber gesättigt, indem man eine auf beiden Seiden mit Jodbromkollodium überzogene Glasplatte über Nacht darin stehen ließ. Die in das Silberbad getauchte Platte wird darin auf und ab bewegt, bis die fettartigen Streifen verschwunden sind, welche sich anfangs bilden, weil der Äther die wässerige Lösung abstößt. Die Kollodiumschicht zeigt beim Herausnehmen ein käseartiges Aussehen, welches von dem entstandenen Jodbromsilber herrührt. Im Silberbade findet nämlich ein Austausch der Stoffe statt: Jod und Brom gehen an das Silber und bilden Jod- und Bromsilber, welches in der Schicht niedergeschlagen wird; dagegen verbindet sich die aus dem Silbersalz frei werdende Salpetersäure mit dem ebenfalls frei werdenden Cadmium und Ammoniumoxyd, welches im Silberbade gelöst bleibt.

Fig. 413. Entwickelung des negativen Bildes.

Unsre Schicht ist nun lichtempfindlich. Wir bringen sie in die Kassette und begeben uns aus dem Dunkelzimmer, worin alle vorhergehenden Operationen stattfanden, in das Glashaus, stellen die Kassette in einen vorher auf einen Gegenstand eingestellten Apparat, belichten in oben angegebener Weise einige Sekunden, schließen Objektiv und Kassette und bringen die letztere in das Dunkelzimmer zurück. Beim Herausnehmen der Kassette ist noch keine Spur eines Bildes zu sehen; es muß eben erst hervorgerufen werden. Als Hervorrufer dient entweder eine Auflösung von Pyrogallussäure oder von Eisenvitriol. Letzteres wirkt am raschesten und sichersten. Auf 30 g Wasser nimmt man etwa 1 g Eisenvitriol und fügt dieser Lösung etwa 20 Tropfen Essigsäure und 16 Tropfen Alkohol hinzu. Der Alkohol soll das Fließen über die Platte erleichtern, während die Essigsäure wie ein Dämpfer wirken muß, damit das Bild nicht zu rasch hervortritt und dadurch die feinen Details verwischt werden.

Fig. 414. Kopierrahmen.

Nach dem Aufgießen des Hervorrufers tritt das Bild allmählich immer deutlicher heraus, indem Jod- und Bromsilber an den vom Licht getroffenen Stellen reduziert werden. Sollte das Eisenvitriol mit längerem Verweilen auf der Platte das Bild nicht kräftig genug erzeugen, so wendet man eine Lösung von Pyrogallussäure und etwas Silbernitrat an, um das Bild zu verstärken. Sobald das Bild, sei es durch den bloßen Hervorrufer oder unter Anwendung eines Verstärkers, hinlänglich herausgetreten ist, spült man die Platte tüchtig ab und übergießt sie mit Cyankaliumlösung oder taucht sie in eine Lösung von unterschwefligsaurem Natron in Wasser (1 : 4). Hierin wird das vom Lichte nicht veränderte Jod- und Bromsilber aufgelöst, das Bild also vor der weiteren Einwirkung des

Lichts geschützt. Nach dem Trocknen kann man das Bild durch einen Firnisüberzug sichern und zum Kopieren verwenden.

Als Kopierpapier dient entweder in oben angegebener Weise angefertigtes Chlorsilberpapier, Albuminpapier, oder Bromsilbergelatinepapier, von welch letzterem später die Rede sein wird. Wenn das Albuminpapier auf das Silberbad kommt, entsteht eine Verbindung des Eiweißes mit dem Silber, welche lichtempfindlich ist. Um einen Abdruck zu erlangen, deckt man die Kollodiumseite der Glasplatte mit einem solchen empfindlich gemachten Papier und spannt beides in einen Kopierrahmen. Dies ist ein Holzrahmen mit einer starken Spiegelglasplatte (s. Fig. 414), auf welche man das Negativ legt, daß die Bildseite, worauf das empfindliche Papier liegt, nach oben gekehrt ist. Damit das Papier mit dem Negativ eng zusammenliege, wird ein umklappbares Brettchen durch Querstäbe mit Schrauben oder Federn darauf gepreßt. Dasselbe kann man auch ohne Kopierrahmen durch Schrauben oder Klammern bewirken und dabei vom Fortgange des Prozesses sich durch vorsichtiges Abheben überzeugen.

Fig. 415. Kopierrahmengestell.

Was geschieht nun, wenn der Kopierrahmen mit dem Negativ und dem empfindlichen Papier ins Tageslicht gestellt wird? Dasselbe, was wir oben beim Kopieren nach negativen Papierbildern angegeben haben; die Lichtstrahlen gehen durch die mehr oder weniger durchsichtigen Teile des Bildes und bewirken an diesen Stellen eine stärkere oder weniger intensive Schwärzung, während hinter den völlig undurchsichtigen Stellen das Papier weiß bleibt; das negative Bild, welches die wirklichen Verhältnisse gleichsam negiert, wird zu einem positiven, das die Wirklichkeit darstellt, und beide Bilder verhalten sich bei auffallendem Lichte genau wie Fig. 417 und 418.

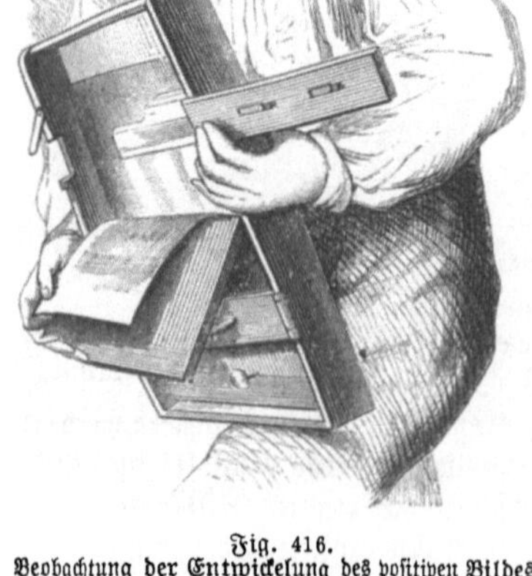

Fig. 416.
Beobachtung der Entwickelung des positiven Bildes.

Das positive Bild kann entweder im Kopierrahmen fertig kopiert werden, oder man kann die begonnene Lichtwirkung durch Hervorrufung im Dunkelzimmer fortsetzen. Letzteres findet gewöhnlich statt, wenn man rasch eine große Menge Bilder anfertigen will, pflegt aber selten so gute Resultate zu liefern wie das erstere Verfahren. Wenn das Bild im Kopierrahmen scharf und deutlich kopiert ist, was am Farbenwechsel der überstehenden Ränder des empfindlichen Papiers leicht abzunehmen ist, muß es ein Goldbad, welches aus einer Auflösung von 1 Teil Chlorgold in 1000 Teilen destillierten Wassers bestehen kann, passieren, um einerseits haltbarer zu werden, anderseits aber einen schöneren Ton zu erlangen. Nach dem Schönen im Goldbade wird mit einer Lösung von unterschwefligsaurem Natron in Wasser (1 Natron : 4 Wasser) fixiert und durch mehrstündiges Auswaschen das unterschwefligsaure Natron wieder entfernt. Das Bild wird nun getrocknet, aufgeklebt und durch die Satiniermaschine geglättet. Wenn das Negativ untadelig war und die Kopie sorgsam angefertigt wurde, wird das Bild vollendet sein; was im andern Fall an Harmonie, Weichheit und Rundung noch fehlt, muß mit dem Pinsel nachgetragen, d. h. das Bild muß **retouchiert** werden. Diese Nachhilfe auf dem fertigen Bilde nennt man **Positivretouche**, im Gegensatz zur **Negativretouche**, welch letztere gegenwärtig meist mittels des Bleistifts, dann auch mit dem Pinsel und mit Tusche auf dem negativen Glasbilde ausgeführt wird. Der Bleistift gestattet getreue Nachahmung und Ergänzung des photographischen Silberniederschlags, wirkt auch in derselben Weise beim Kopieren auf das Papier und ist deshalb das geeignetste Nachhilfemittel bei Negativen aller Art; aber es gehört dazu ein einsichtsvoller und sich selbstverleugnender Künstler, denn je weniger man die Retouche merkt, desto höher wird man das Bild schätzen dürfen.

Fig. 417.
Negatives Bild, bei durchscheinendem Lichte gesehen.

Wir wollen hier noch eines Apparats gedenken, den ein Amerikaner Namens **Walkup** in Rockford erfunden und patentiert bekommen hat und welcher sich bei der Retouche von Papierbildern gut bewähren soll. Es wird dabei die Farbe (flüssige Tusche oder Wasserfarbe) in eine eigentümliche Vorrichtung, die in einem Sprühbläser endet, gefüllt. Diese Vorrichtung steht durch einen Gummischlauch mit einer Lufttrommel (s. Fig. 419) in Verbindung, welche durch den Fuß des Retoucheurs funktioniert. Sobald nun der Retoucheur, der vor dem Brett, auf welchem das Bild ausgespannt ist, sitzt, durch Treten mit dem Fuß in der Lufttrommel Luft komprimiert, gelangt dieselbe von dort aus durch den Schlauch in den Sprühbläser und treibt die dort befindliche Farbe in feinem Strome heraus. Der Retoucheur führt das Instrument über das Bild hinweg und regelt mit einem in der Abbildung sichtbaren Federhebel das Aussprühen der Farbe. Je näher die Vorrichtung an das Bild gebracht wird, desto feiner werden die Linien, sie werden hingegen um so breiter und der Farbton um so weicher, je mehr die Hand von der Bildfläche absteht. Das Retouchieren mit diesem Apparat soll 3—6mal schneller bewerkstelligt werden können, als wie mit der Hand und dem Pinsel.

Fig. 418. Positives Bild.

Ambrotypie, Ferrotypie und Pannotypie. Ein negatives Bild, dessen Aufnahmezeit zu kurz genommen wurde, das vielleicht nur wenige Sekunden lang die Lichtwirkung empfing, erscheint, nachdem es fixiert worden, gegen das Licht gehalten zu schwach, d. h. die dunklen Stellen haben keine Kraft, die Zeichnung sieht verschwommen und undeutlich aus. Es ist dies auch ganz erklärlich: es konnte sich in der kurzen Aufnahmezeit nur wenig Silber reduzieren, ein guter Teil blieb als Salzlösung im Kollodium stecken und wurde im Fixierbade ausgewaschen. Betrachtet man aber ein solches unfertiges Bild bei auffallendem Licht statt bei durchfallendem, besonders gegen einen dunklen

Hintergrund gehalten, so sieht man, daß dasselbe viel besser ist, als es den Anschein hatte; ja es wird in der Regel ausgezeichnet schön sein, und überdies erscheint nun das schwach negative Bild vermöge der dunklen Unterlage als ein gut positives, als ein wirkliches Bild im gewöhnlichen Sinne. Die vom Lichte nur schwach bräunlich gewordenen Stellen erscheinen, wenn das Bild auf Schwarz liegt, als die Lichter, weil sie zugleich mehr oder weniger undurchsichtig geworden sind und so das Schwarz decken, das an den nicht belichtet gewesenen Stellen durch das dünne Kollodiumhäutchen deutlich durchblickt. Die Industrie hat dies nicht unbenutzt gelassen: man machte früher eine Unzahl solche unreife Negative auf Kollodium, nicht um sie weiter zu kopieren, wozu sie eben nicht taugen, sondern um das Häutchen nach dem Fixieren von der Glasplatte abzulösen und auf schwarzes Wachstuch zu kleben; diese Bilder hießen Pannotypen; fertigt man dagegen ein solches positives Kollodiumbild auf einer Unterlage von Glas oder Eisen, so nennt man die Bilder Ambrotypen, resp. Ferrotypen. Das ganze Verfahren ist so wenig umständlich, daß man wenige Minuten nach der Aufnahme schon das Abbild seines werten Ich fertig mitnehmen kann, und dieser Umstand ließ die Pannotypen eine Zeitlang sehr viele Liebhaber finden. Indessen hat sich seit Einführung des Visitenkartenformats der Geschmack des Publikums wieder den vorzüglicheren Leistungen auf Papier zugewandt, und die in den letzten Jahren in den verschiedensten Formaten — vom Mignonformat (30 × 50 mm) an bis zum Imperialporträt (185 × 300 mm) gemachten Aufnahmen sind durchweg Papierphotographien. Von den Fortschritten dieser Kunst überzeugt man sich am leichtesten, wenn man die in den letzten Jahren angefertigten Photographien von Hanfstängl, Müller in München, van Bosch in Frankfurt a. M., Luckhardt in Wien, Reutlinger in Paris, Kurz, Sarony in New York u. a. gegen frühere Arbeiten hält. Von den erwähnten drei Verfahren wird gegenwärtig nur noch die Ferrotypie in umfangreicher Weise ausgeübt. Seitdem aus Amerika ein sehr schönes Aufnahmematerial, nämlich schokoladefarben lackierte, dünne Blechtafeln, in den Handel kommen, hat sich dieser Geschäftszweig sehr stark entwickelt; wer hätte schon einen Jahrmarkt oder ein Schützenfest besucht, ohne nicht mindestens einen „amerikanischen Schnellphotographen“ vorgefunden zu haben? Häufig werden vom Ferrotypisten mehrere Exemplare desselben Bildes verlangt; damit in solchen Fällen nicht jede Aufnahme einzeln gemacht werden muß, bedient sich der Photograph mit Vorteil einer Camera, welche, wie Fig. 422 zeigt, mit mehreren (vier, sechs oder neun) Objektiven versehen ist. Bei der Belichtung wird die Kassette mit der Blechtafel hinter den Objektiven verschoben, wobei durch jede

Fig. 419. Anwendung des Retouchierapparates.

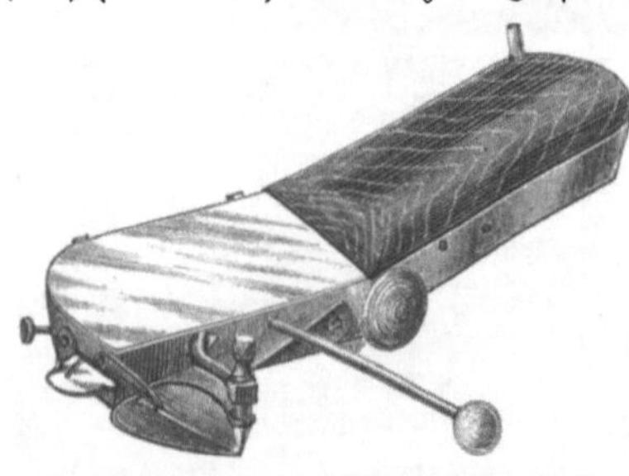

Fig. 420. Retouchierapparat.

Verschiebung ein Bild auf der Platte entsteht. Nach dem Entwickeln sieht die letztere aus wie in Fig. 421 dargestellt ist, man fixiert, firnist sie mit Benzinlack und schneidet die einzelnen Bilder aus der Tafel heraus. Auch lassen sich die Ferrotypen kolorieren. Man erzielt damit eine recht hübsche Wirkung; wenn die Bilder gut ausgeführt wurden, haben sie Ähnlichkeit mit Elfenbeinminiaturen.

Fig. 421. Ferrotypen, zugleich erzeugt.

Die Trockenverfahren. So ausgezeichnete Resultate nun auch mit nassen Kollodiumplatten erzielt werden, so einfach sich mit ihnen im Atelier bei gewöhnlichen Aufnahmen manipulieren läßt, ebenso unbequem werden dieselben, wenn die Aufnahme außer dem Hause vorgenommen werden soll, besonders auf Reisen und Exkursionen. Diese Unbequemlichkeiten sind noch jetzt mannigfach und groß und waren früher noch viel größer. Wer einen längeren Ausflug unternahm, um Landschaften aufzunehmen, mußte eine Menge von Sachen mitschleppen, deren Transport ihm Schwierigkeiten bereitete und Kosten verursachte. Neben seinem Apparat hatte er Kollodium, Silberbad, Hervorrufung, Fixage und beträchtliche Quantitäten von destilliertem Wasser nötig. Das war aber noch nicht alles. Er bedurfte auch einer Dunkelkammer, und um diese aufzustellen und einzuziehen, war die Begleitung von etlichen Gehilfen durchaus notwendig. Doch selbst wenn alle diese Bedingungen erfüllt waren, ließ sich noch nicht auf sicheren Erfolg rechnen. Da kam es oft vor, daß die Chemikalien beim Transport verdorben waren, indem entweder das Kollodium von der Hitze gelitten hatte, die Silberbadflasche zerschlagen war, die Hervorrufung nicht mehr taugte oder die Glasplatten zertrümmert waren. Aber wer auch diesen Fährlichkeiten entkam, konnte in neue Verlegenheiten geraten. Zuerst quälte ihn eine wahrhaft tropische Hitze in dem engen Zelte und machte ein sicheres und bedächtiges Arbeiten fast zur Unmöglichkeit, dann brachte nur allzuleicht ein Windstoß, der sein Zelt erschütterte, seine Lösungen und Bäder in Unordnung, ja warf wohl gar sein Wachslicht um und steckte das leicht entzündliche Kollodium in Brand.

Fig. 422. Ferrotypcamera mit mehreren Objektiven.

Allen diesen Übelständen sollte ein trockenes Verfahren abhelfen, indem man statt der Lösungen und Bäder, des Zeltes und all der mannigfachen Bagage nur einige lichtdichte Plattenkasten und eine hinreichende Menge von Exponierrahmen (Kassetten) mitzunehmen brauchte. Die Kassetten konnten den Abend vorher aus dem Plattenkasten gefüllt werden und der Plattenkasten nahm auch die schon belichteten Platten wieder auf. Diese selbst ließen sich nach der Heimkehr hervorrufen und fixieren. So wurde es möglich, den größten Teil der Arbeiten im Hause statt im Felde zu verrichten.

Fig. 423. Kasten zur Aufbewahrung von Glasplatten.

Die Vorteile dieser Methode liegen auf der Hand, sie sind aber schwierig zu erreichen, weil die trockenen Kollodiumplatten nur geringe Empfindlichkeit zeigen. Die Verwendung solcher Platten ist schon früh versucht worden; im Jahre 1853 fand Carré, daß dabei das auf der Oberfläche der Kollodiumschicht haftende Silberbad durch Abwaschen beseitigt werden muß; der Abbé Despratz, welcher seine Versuche im Jahre 1856 veröffentlichte, überzog seine Platten wie gewöhnlich mit jodiertem Kollodium und brachte sie dann in das Silberbad. Statt sie aber beim Herausnehmen aus dem Silberbad sofort zu belichten, tauchte er sie in eine Schale mit destilliertem Wasser, wo er sie etwa eine Minute liegen ließ und dann trocknete. Die Platten konnten in diesem trockenen Zustande eine Zeitlang verwahrt werden; nachdem sie alsdann belichtet waren, wurden sie vor dem Entwickeln in ein vierprozentiges Silberbad gelegt und dann mit Pyrogall entwickelt. Natürlich litt unter dieser Behandlung die Lichtempfindlichkeit der Platten sehr.

Indem man dem Kollodium durch Zusätze von Sirup, Honig, Zucker oder dergleichen seine schwammartige Struktur, die es beim Trocknen verliert, zu erhalten suchte, machte man einen Schritt vorwärts. Taupenot überzog 1855 die Kollodiumhaut mit einer dünnen Schicht von jodiertem Eiweiß, tauchte sie nach dem Trocknen in ein zweites, Essig enthaltendes Silberbad und wusch sie dann aus. Durch die glückliche Vereinigung von Kollodium und Eiweiß wurde es zuerst möglich, Platten zu bereiten, die länger als ein Jahr empfindlich blieben. Statt des Eiweißes empfahl Norris einen Überzug von Gelatine, Lyte brachte Metagelatine in Anwendung u. s. w.

Fothergill schlug 1858 vor, die empfindlich gemachte Platte nach dem Wegwaschen des freien Silbernitrats mit einer Mischung gleicher Teile Eiweiß und Wasser zu überziehen. Das Verfahren hatte aber seine Mängel. Flecken und Streifen waren schwer zu vermeiden, und das Gelingen gar zu sehr durch die mechanische Struktur des Kollodiums bedingt.

Diese Übelstände wurden durch das Tanninverfahren beseitigt, welches Major Russell im Laufe des Jahres 1861 veröffentlichte und welches sich lange Jahre hindurch großer Beliebtheit erfreute. Nach dem Russellschen Verfahren wird die Glasplatte, um das Anhaften der Kollodiumschicht zu befördern, entweder mit Gelatine oder Guttapercha überzogen. Wenn die Ränder überfirnist werden, kann dieser Überzug dann auch wegbleiben und das Kollodium wird wie gewöhnlich aufgetragen. Nach dem Empfindlichmachen im Silberbade wäscht man die Platte reichlich mit Wasser, um das freie Silbernitrat zu entfernen, und überzieht sie in noch feuchtem Zustande sofort mit einer Tanninlösung, die man von selbst trocknen läßt, oder durch künstliche Wärme trocknet. Die so bereiteten Platten können nun entweder gleich oder beliebige Zeit nachher zu Aufnahmen verwendet werden. Sie geben gleichmäßige und gute Bilder, verlangen aber eine Belichtung von durchschnittlich $1\frac{1}{2}$ Minuten.

Um die Wirkung des Tannin bei diesem Verfahren kurz zu erklären, sei bemerkt, daß Tannin die Eigenschaft besitzt, das empfindliche Jodsalz der Platte zu stimulieren, d. h. nicht eigentlich empfindlicher zu machen, sondern anzuregen und zu bewirken, daß es in der Camera einen viel tieferen und entschiedeneren Eindruck annehme. Daneben hat es aber auch einen mechanischen Einfluß, indem es die Poren des Kollodiums für die volle Einwirkung des Entwicklers auf das belichtete Jodsilber offen erhält.

Es gibt noch eine ganze Reihe andrer Körper, welche ebenso wie salpetersaures Silber sich mit Jodsilber leicht verbinden und dasselbe durch diese Verbindung lichtempfindlicher machen. Zu diesen Körpern, welche man Sensibilatoren nennt, gehört außer dem bereits erwähnten Tannin das essigsaure Morphin, Eiweiß, Gelatine, Gummi, Kaffee- und Thee-extrakt u. s. w. Diese Substanzen wurden alle mit mehr oder weniger gutem Erfolg zum Präservieren von Trockenplatten benutzt, am besten hat sich das Verfahren mit Kaffee-extrakt bewährt.

Bemerkenswert ist noch das von J. Schnauß empfohlene Präservierungsverfahren, die durch Abwaschung von salpetersaurem Silber befreite Schicht mit einer Abkochung von Rosinen in Wasser zu überziehen und die Platten alkalisch zu entwickeln; die Methode Stuart Wortleys, welcher vorschlug, die alkalische Entwickelung mit viel Ammoniak und sehr wenig Pyrogall zu beginnen; ferner die 1874 von Constant veröffentlichte Methode mit Albumin und Gallussäure, die sich großer Beliebtheit erfreute.

Negativverfahren mit Kollodiumemulsion. Wir haben im Vorhergehenden erklärt, wie man beim nassen Kollodiumverfahren die Platte lichtempfindlich macht; man taucht sie für diesen Zweck, nachdem man sie mit Kollodium überzogen hat, in das „sensibilisierende" Silberbad, in welchem sich die in der Kollodiumschicht enthaltenen Jod- und Bromsalze mit dem salpetersauren Silber des Bades umsetzen, wodurch Jod- und Bromsilber und salpetersaure Salze entstehen. Der Gedanke lag nahe, dieses sensibilisierende Silberbad, welches das Verfahren so umständlich machte, dadurch überflüssig zu machen, daß man die lichtempfindliche Silberverbindung bereits dem Kollodium, mit welchem die Platten überzogen wurden, beimischte, mit andern Worten, indem man ein lichtempfindliches Kollodium bereitete. Und in That ist dieser Gedanke schon im Jahre 1853, also zwei Jahre nach Einführung des Kollodiums in die photographische Technik, von einem Franzosen Namens Gaudin niedergeschrieben worden. „Die Zukunft der Photographie", sagte damals der Forscher, „scheint in einem lichtempfindlichen Kollodium zu liegen, welches sich in Flaschen füllen und auf Glas, Papier u. s. w. aufgießen läßt, so daß man mit demselben entweder sofort oder später positive oder negative Bilder anfertigen kann." Und acht Jahre später, 1861, beschrieb derselbe Forscher in dem Fachblatte „La Lumière" ein Gemisch, welches er Photogène nannte, und welches nichts andres als ein lichtempfindliches, d. h. mit Silbernitrat versetztes Kollodium war. Wir finden also hier die früheste Idee zur Herstellung einer Kollodiumemulsion. Was versteht man aber unter einer Emulsion? Im photographischen Sinne eine Flüssigkeit, welche einen ungelösten Körper in fein zerteiltem Zustand lange Zeit in Suspension enthält, unter einer Kollodium-Bromsilberemulsion also Kollodium, in dem sich Bromsilber in Suspension befindet, und zwar so, daß das ganze über eine Oberfläche, gewöhnlich Glas oder Papier, ausgebreitet werden kann und nach dem Trocknen an dieser haftet.

Die Vorzüge, welche das Verfahren mit Kollodiumemulsion demjenigen mit nassem Kollodium gegenüber besitzt, bestehen hauptsächlich in Folgendem: die mit Emulsion überzogenen Platten lassen sich, gegen Licht geschützt, jahrelang aufbewahren; das Einlegen derselben vor der Belichtung in ein Silberbad kommt in Wegfall; die mit Emulsion erzielten Negative weisen in Licht- und Schattenpartien schönere Durcharbeitung auf, wie nach dem nassen Verfahren hergestellte Negative; Emulsionsplatten eignen sich besser zur Anfertigung von vergrößerten Negativen nach kleinen positiven Glasphotogrammen. Zu diesen Vorzügen kommt noch hinzu, daß die Zurichtung der Platten sehr einfacher Art ist.

Allerdings ist es erst nach langen Versuchen, nachdem man die saure (physikalische) Hervorrufung durch die alkalische (chemische) Hervorrufung und das Jodsilber durch Bromsilber ersetzt hatte, gelungen, das Verfahren zur jetzigen Höhe zu bringen und besonders sind es die Forscher Sayce und Bolton in England, Liesegang in Deutschland und Carey Lea in Amerika, die sich um die Einführung und Vervollkommnung des Kollodiumemulsionsprozesses verdient gemacht haben. Die mit solcher Emulsion überzogenen Platten kommen zwar an Empfindlichkeit den Gelatinemulsionsplatten nicht gleich, sie übertreffen aber in dieser Beziehung die nassen Kollodiumplatten um ein Bedeutendes, und im übrigen kommt es bei den Aufnahmen, für welche sich das Verfahren besonders eignet, z. B. bei Reproduktions- und Landschaftsaufnahmen, auf große Empfindlichkeit der Platten gar nicht an. Wenn nun also auch die Kollodiumemulsion in neuerer Zeit durch die Einführung des Bromsilbergelatinemulsionsverfahrens viel weniger praktische Anwendung findet als früher, so wird sie trotzdem in den erwähnten Aufnahmefällen, in denen sie Schöneres leistet als Gelatinemulsion, ihre Anhänger behalten. Wie schon erwähnt, ist das Verfahren dadurch charakteristisch, daß das Kollodium schon vor der Anwendung lichtempfindlich gemacht wird. Dies erzielt man, indem man dem mit Bromlithium in ätheralkoholischer Auflösung bereiteten Kollodium nach dem Filtrieren unter heftigem Umschwenken eine Auflösung von Silbernitrat zusetzt, wodurch sich unlösliches Bromsilber bildet, welches sich in Gegenwart von salpetersaurem Silber oder andrer löslicher Salze dieses Metalls im Sonnenlicht dunkel färbt. Das Kollodium wird hierdurch milchig; da es aber in diesem Zustande noch nicht empfindlich genug ist, muß man es noch ungefähr acht Tage lang „reifen" lassen. Die Emulsion nimmt während dieser Zeit von Tag zu Tag an Empfindlichkeit zu, ebenso steigert sich die Kraft und die Klarheit des mit ihr probeweise hergestellten Bildes, um ihr aber den höchstmöglichen Empfindlichkeitsgrad erreichen zu lassen, muß man sie durch Auswaschen in Wasser von allen überflüssigen, oft schädlichen Nebenbestandteilen befreien. Das Waschen wird so lange fortgesetzt, bis eine Probe des Waschwassers, mit einem Tropfen Salzsäure versetzt, keinen milchigen Niederschlag mehr liefert. Dieser Niederschlag liefert nämlich den Beweis, daß noch freies Silbernitrat in der Emulsion enthalten ist. Nach genügendem Waschen bringt man die Emulsion, welche jetzt in Form eines flockigen Niederschlags vorhanden ist, auf Fließpapier und läßt sie freiwillig und im Dunkeln trocknen. In diesem Zustande kann man sie monatelang aufbewahren; soll sie zur Plattenbereitung angewendet werden, so wird eine Portion derselben mit Alkohol übergossen und nach tüchtigem Umschütteln mit Äther versetzt. Es bildet sich hierdurch wieder eine milchige Flüssigkeit, die man nun noch durch feines Leinen in schwarz oder gelb gefärbte Flaschen filtrieren muß. Man kann dieselbe aber erst nach einiger Zeit zum Gießen der Platten verwenden, da sie in den ersten Tagen noch verschiedene Fehler zeigt, welche nach vier bis fünf Tagen aber gänzlich verschwinden. Die Glasplatten werden in der vorher angegebenen Weise gereinigt, und mit etwas Glaspapier oder einer feinen Feile an den Rändern mattgeschliffen, damit das Kollodiumhäutchen rundum Halt bekommt, oder sie werden statt dessen vorher mit Albumin überzogen, wie dies schon auf Seite 550 beschrieben wurde.

Negativverfahren mit Gelatinemulsion. Mit der Einführung der Kollodiumemulsion war man schon einen tüchtigen Schritt weiter in der photographischen Technik gekommen, und es gab zu jener Zeit enthusiastische Anhänger dieses Verfahrens, welche der festen Überzeugung lebten, mit der Kollodiumemulsion sei das letzte Ziel erreicht. Doch für ein mit so eminentem Aufwand von Arbeit und Scharfsinn errichtetes Gebäude wie die Photographie, welches noch dazu die ewig junge Wissenschaft der Chemie zum Grundpfeiler hat, ist der Schlußstein noch nicht ausgehauen; wenn auch scheinbar das Dach gedeckt werden kann, da dringt neuer Zufluß ein, der die alten Räume ausfegt, und Stockwerk auf Stockwerk wird aufgesetzt, ohne Ende — solange der Geist des Forschers noch thätig ist.

So hat denn auch dem Kollodium, nachdem es länger als 25 Jahre unumschränkt regiert hat, die letzte Stunde — keineswegs des Daseins, wohl aber der Alleinherrschaft — geschlagen, einer Herrscherin ist bis auf weiteres das Zepter im Reiche der Photographie übergeben worden: der Gelatine. Was früher als das Ideal einer photographischen Aufnahmeplatte erachtet wurde, die größte Haltbarkeit und die stärkste Lichtempfindlichkeit, ein Ideal, welches man bereits nach Einführung der Kollodiumemulsion erreicht zu haben glaubte, es ist erst jetzt, seit Erfindung des Gelatineverfahrens, zur Wirklichkeit geworden. Mit stolzer Genugthuung bewegt sich jetzt der im Fache grau gewordene Praktiker in dem Gebiete, welches aus kleinen Anfängen, man kann sagen aus einer Art Spielerei, zu einer so einflußreichen Macht, die fast alle Fächer der Industrie, des Handels und der Wissenschaft zu ihren Vasallen zählt, angewachsen ist. Manchem freilich, dem das in der Jugend erlernte und während vieler Jahre erprobte Kollodiumverfahren lieb und sozusagen in Fleisch und Blut übergegangen ist, fällt es schwer, sich den neuen Verhältnissen anzupassen, das alte Verfahren an den Nagel zu hängen und von neuem anzufangen zu lernen, doch bald findet er das neue Verfahren so einfach und so reich an Vorzügen, daß das Schwere des Übergangs bald ganz vergessen ist. Wir wollen damit nicht sagen, daß es dem Photographen zur Notwendigkeit geworden sei, jetzt ausschließlich mit Gelatineplatten zu arbeiten, ebensowenig, daß in den photographischen Ateliers nur noch Gelatineplatten zur Aufnahme verwendet werden — es gibt noch eine große Anzahl photographischer Anstalten, welche dem Kollodium treu geblieben sind, und die sich gut dabei stehen — indessen kann der Geschäftsmann in den seltensten Fällen bei der Ausübung des Berufs seinen Neigungen nachgehen, da spricht vor allem die Kundschaft und in zweiter Reihe die Konkurrenz ein gewichtiges Wort mit; wie diese die Pfeife blasen, so muß er tanzen, und wenn Herr A. bemerkt, daß ein Teil seiner Kunden jetzt zu Herrn B. geht, weil dieser „Momentphotographien" fertigt, so wird sich Herr A. wohl oder übel entschließen müssen, ebenfalls zur Fahne des Gelatineverfahrens zu schwören.

So hat denn gegenwärtig das Bromsilbergelatin-Emulsionsverfahren eine Verbreitung erreicht, die in anbetracht der verhältnismäßig kurzen Zeit seines Bestehens erstaunlich ist, die aber anderseits den Beweis liefert, daß das Verfahren den Anforderungen der schnelllebenden Gegenwart völlig entspricht, daß es dem Kollodiumverfahren gegenüber einen ähnlichen zeitgemäßen Fortschritt bildet, wie die Einführung der Elektrizität an Stelle des Dampfes.

Über die Anwendung der Gelatine zu photographischen Zwecken findet man zwar schon in einer aus dem Jahre 1847 stammenden, von Niépce von St. Victor verfaßten Denkschrift eine Notiz, und auch Poitevin stellte schon zu Anfang der fünfziger Jahre weitere Versuche mit Gelatine und Jodsilber auf Glas an, doch blieb es erst dem englischen Arzt Dr. R. L. Maddox, welcher die Photographie aus Liebhaberei betreibt, vorbehalten, im Jahre 1871 den Anstoß zu dem heute so verbreiteten Verfahren zu geben. Zu jener Zeit stand das im vorigen Kapitel beschriebene Verfahren mit Kollodiumemulsion in höchster Blüte; die einschlägigen Arbeiten brachten Maddox auf den Gedanken, das Kollodium, als Flüssigkeit, in welcher sich das empfindliche Silbersalz in Suspension befindet, durch Gelatinelösung zu ersetzen. Dieser Gedanke lag insofern nahe, als die Versuche früherer Forscher bereits das Resultat ergeben hatten, daß sich mittels Gelatine in Verbindung mit Jodsilber Platten von großer Empfindlichkeit herstellen ließen; nur hatte man vorher den richtigen Weg zur Umwandlung des Jodsalzes in Jodsilber noch nicht eingeschlagen, die Versuche waren deshalb fast gänzlich unbeachtet geblieben, um so mehr, als zu jener Zeit eben das Kollodiumverfahren gänzlich im Vordergrund stand. Die günstigen Resultate, die Maddox und kurz danach andre Fachleute mit Gelatine erzielten, erregten aber lebhaftes Interesse in der gesamten photographischen Welt, und schon im Jahre 1873 hatte man das Verfahren so weit ausgebildet, daß man fertige Gelatineplatten, die so empfindlich wie Kollodiumplatten waren, in den Handel bringen konnte. Von jetzt ab wandten sich die gewiegtesten Forscher auf photographischem Gebiete dem neuen Verfahren zu, und den verdienstvollen Arbeiten von Männern wie Abney, Audra, Bolton, Carey Lea, Eder, Edwards, Liesegang, Lohse, Monckhoven, Obernetter, Schumann, Stolze, Vogel, Warnerke u. a. verdankt das Bromsilbergelatin-Emulsionsverfahren seine gegenwärtige Bedeutung.

Das Arbeiten mit Gelatinetrockenplatten ist bedeutend einfacher als das mit Kollodium; statt der verschiedenen Bäder, welche das Kollodiumverfahren so umständlich machen, sind nur wenige, höchst einfach zu bereitende Lösungen erforderlich. Dazu kommt noch, daß die Platten fertig bereitet von zuverlässigen Fabrikanten zu kaufen sind, man kann sie dann sofort in die Camera bringen und belichten. Für den vielbeschäftigten Fachmann ist dies ohne Zweifel äußerst bequem, er legt sich einen großen Stoß Platten in verschiedenen Formaten auf Lager und schickt, wenn diese verbraucht sind, zum nächsten Händler, um neuen Vorrat holen zu lassen; es entsteht nur aber hierbei die Frage, ob es für den Photographen nicht vorteilhafter sei, sich die Platten selbst zu bereiten? Diese Frage läßt sich nicht geradeswegs mit ja oder nein beantworten. Die Selbstbereitung besitzt den Vorteil, daß der Operateur ein für allemal ein Fabrikat erhält, dessen Eigenschaften er genau kennt, mit dem er mit Sicherheit arbeiten kann, ferner den Vorzug der größeren Billigkeit. Auf der andern Seite nimmt sie viel Zeit in Anspruch und erfordert besondere Einrichtungen. Es gibt viele große und kleine photographische Geschäfte, die ihre Gelatineplatten selbst bereiten, aber wohl die meisten beziehen dieselben fertig vom Händler.

Statten wir einmal einer Fabrik, in welcher Gelatinetrockenplatten in großem Maßstabe hergestellt werden, einen Besuch ab. Wir betreten die Arbeitszimmer und befinden uns, wie es für den ersten Augenblick scheint, völlig im Dunkeln; erst allmählich bemerken wir, daß der Raum an einer Stelle Licht erhält, dasselbe ist aber äußerst schwach, denn es fällt durch ein Fenster, welches mit einer doppelten Lage von gelbem Stoff überspannt ist. „In diesen Raum“, bemerkt unser Führer, „darf kein Strahl von weißem oder bläulichem Licht eindringen, denn Bromsilbergelatine ist gegen alles schädliche Licht bedeutend empfindlicher als eine präparierte Kollodiumplatte. Unbeachtete Lichteinstrahlungen unter den Thüren her, durch Spalten, durchs Schlüsselloch oder durchs Fenster machen das Gelingen der Arbeit von vornherein unmöglich und müssen deshalb aufs sorgsamste ferngehalten werden. Man glaubte bisher, daß rubinrotes Licht das unschädlichste für diesen Zweck sei, gelbes Licht ist indessen ebenso sicher und hat dabei den Vorzug, daß es die Augen nicht so stark angreift wie rotes Licht. Da hier auch am Abend gearbeitet wird, und weil das Tageslicht stets wechselt, hat man Vorrichtungen für künstliche Beleuchtung angebracht; es bleibt sich gleich, ob man

Gas, Petroleum oder Kerzen brennt, nur muß in jedem Falle die Flamme von einer rot oder gelb gefärbten Glashülle umgeben sein."

In diesem Raume hier wird die Emulsion gemischt. Was man in photographischem Sinne unter Emulsion versteht, haben wir im vorhergehenden Kapitel bereits erklärt; dort handelte es sich um Bromsilberkollodium-, hier haben wir es mit Bromsilbergelatinemulsion zu thun. Der Unterschied zwischen beiden ist der, daß die Flüssigkeit, in welcher das Bromsilber suspendiert ist, im ersteren Fall in Kollodium, im letzteren Fall in einer wässerigen Gelatinelösung besteht.

Das **Bromsilber** ist ein Salz des Elementes Brom, welches auf Seite 544 beschrieben wurde. Es wird bereitet, indem man eine versilberte Platte den Dämpfen von Brom aussetzt, oder indem man Bromkalium, Bromnatrium, oder Bromammonium mit Silbernitrat (salpetersaurem Silber) vermischt. Es ist ein in Wasser unlöslicher, gelblicher Stoff, der sich in starkem Ammoniak, in Chlorammonium, sowie noch leichter in unterschwefligsaurem Natron und in Cyankalium löst.

Um die Herstellung des Bromsilbers für Emulsionszwecke zu erklären, wollen wir ein Beispiel anführen. Man fülle zwei Probiergläser halb voll Wasser, löse in dem einen einige Gramm salpetersaures Silber, in dem andern einige Gramm Bromkalium, und mische beide Flüssigkeiten. Sofort entsteht ein gelblicher Niederschlag von Bromsilber, während sich gleichzeitig salpetersaures Kali bildet, welches jedoch unsichtbar bleibt, da es in Wasser löslich ist. Es geht also ein Prozeß vor sich, den man bildlich so ausdrücken konnte:

Bromkalium + salpetersaures Silber = Bromsilber + salpetersaures Kalium,

oder mit der chemischen Formel:

$$KBr + AgNO_3 = AgBr + KNO_3,$$

d. h. es findet ein Austausch der Stoffe statt, wie wir einen ähnlichen schon beim Einlegen der mit Kollodium überzogenen Platte in das Silberbad (Seite 551) beobachtet haben. Nun ist aber der durch das Mischen von salpetersaurem Silber mit Bromkalium entstehende Bromsilberniederschlag nur dann für Emulsionszwecke zu gebrauchen, wenn die beiden Substanzen nicht in beliebigen, sondern in ganz bestimmten Proportionen gemischt wurden. Bereitet man z. B. zwei Lösungen, die eine aus 11 g salpetersaurem Silber, die andre aus $6^1/_2$ g Bromkalium bestehend, so wird Silber als Bromsilber gefällt werden; setzt man hingegen vom Bromsalz mehr als $6^1/_2$ g zu, so bleibt alles, was man über diese Menge zusetzt, in der ursprünglichen Form, als Bromkalium, technisch ausgedrückt, als Überschuß von Bromkalium zurück. Ebenso würde ein Überschuß von salpetersaurem Silber entstehen, wenn man von dieser Substanz mehr als 11 g auf $6^1/_2$ g Bromsalz nehmen wollte.

Nun ist aber nicht gesagt, daß ein derartiger Überschuß der Emulsion von Nachteil wäre, im Gegenteil erweist sich ein solcher von Bromsalz, vorausgesetzt, daß er ein gewisses Maß nicht überschreitet, in vieler Beziehung recht nützlich. So geht z. B. nach einer Beobachtung Wilsons das Bromsilber um so leichter in die empfindliche Form über, je mehr Überschuß von Bromsalz vorhanden ist; ferner kann durch Vermehrung des Bromsalzes das Kochen der Emulsion abgekürzt werden u. s. w., nur darf, wie gesagt, der Überschuß nicht zu groß sein, weil sonst „verschleierte" Negative erzeugt werden.

Wir haben bisher angenommen, behufs Bildung von Bromsilber sei das lösliche Bromsalz und das salpetersaure Silber mit Wasser zu versetzen; in der Praxis löst man jedoch diese Substanzen bei der Emulsionsbereitung in wässeriger Gelatinelösung. Wie beim älteren Verfahren das Kollodium, so vertritt beim Bromsilbergelatin-Emulsionsverfahren die Gelatine die Stelle des Bildträgers. Allein nicht jede Gelatinesorte kann man ohne weiteres hierzu gebrauchen, da die Verunreinigung der Gelatine durch Fett sehr gebräuchlich ist, eine fetthaltige Emulsion aber fehlerhafte Platten liefert. Es gibt indessen jetzt Fabriken, welche Gelatine speziell für photographische Zwecke anfertigen und deren Fabrikat man getrost zur Plattenbereitung benutzen kann.

Das Ansetzen der Emulsion geschieht nun für gewöhnlich in folgender Weise. Zunächst bereitet man sich in einer Flasche eine Auflösung von Bromammonium in Wasser, wirft die abgemessene Gelatine hinein, und stellt dann die Flasche in einen Kübel mit warmem Wasser, damit sich die Gelatine löse, was bei öfterem Umschütteln in etwa einer Stunde geschehen sein wird. Dann bereitet man eine Auflösung von salpetersaurem Silber ebenfalls in Wasser und gießt dieselbe langsam und unter Umrühren in die in der Flasche befindliche Gelatinelösung. Man bringt nun die Flasche, nachdem man sie tüchtig umgeschüttelt hat, wieder in den mit Wasser von 32° C. gefüllten Kübel und läßt sie darin mehrere Tage lang, stets bei gleicher Temperatur stehen, um so länger, je empfindlicher die Emulsion werden soll. Dies muß natürlich alles im Dunkeln geschehen. Hierauf kühlt man die Flasche ab, so daß die Lösung zu einer steifen Masse erstarrt. Wie wir weiter oben erwähnt haben, geht beim Ausscheiden des Bromsilbers salpetersaures Kali in Lösung über; dasselbe hat sich also bis jetzt in unsichtbarer Form in der Bromsilbergelatinelösung aufgehalten und muß nun, weil es der Empfindlichkeit der Emulsion schädlich ist, aus derselben entfernt werden. Dies geschieht durch Auswaschen der erstarrten Masse mit kaltem Wasser, eine Manipulation, welche eine Zeit von etwa zwölf Stunden erfordert. Sind hierauf alle löslichen Salze aus der Emulsion entfernt, so braucht dieselbe nur noch geschmolzen zu werden, damit sie dickflüssig wird, und ist dann in Gestalt einer milchweißen Flüssigkeit zum Überziehen der Glasplatten fertig.

Setzen wir nun unsre Wanderung durch die Fabrik fort. Der Führer erklärt uns, daß in neuerer Zeit außer der beschriebenen Methode der Emulsionsbereitung einige andre mit noch besserem Erfolg eingeführt worden seien. Nach dem bisherigen Verfahren werde der Emulsion die Empfindlichkeit durch längeres Warmhalten (Digerieren) erteilt, was insofern mißlich sei, als diese Operation sechs bis sieben Tage in Anspruch nehme; nach den neueren Methoden falle dieser lange Verzug weg, denn es habe sich herausgestellt, daß man durch kurzes Kochen der Emulsion oder durch Versetzen derselben mit Ammoniak eine noch größere Empfindlichkeit erreichen könne und daß man nach diesen Vorschriften die Emulsion in viel kürzerer Zeit fertig zu stellen vermöge.

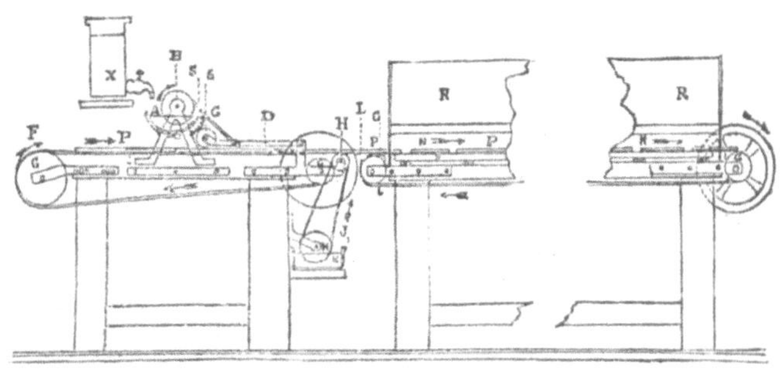

Fig. 424. Edwards Auftragmaschine.

Wir werden jetzt in ein anliegendes Zimmer geführt, in welchem die Glasplatten mit der flüssigen Emulsion überzogen werden. Eine durch Gaskraft getriebene Maschine ist hier in vollem Gange; es ist, wie unser Führer bemerkt, die Edwardssche Patentauftragmaschine, eine höchst sinnreiche und praktische Konstruktion, die sich sehr gut bewährt. Die flüssige Emulsion befindet sich hier in dem Reservoir X (Fig. 424), aus welchem sie in den Trog A fließt, in welch letzterem eine Walze B rotiert; durch die drehende Bewegung dieser Walze wird die Emulsion an der rechten Seitenwand des Troges in die Höhe getrieben und fließt von hier aus über einen fest an der Walze anliegenden Schaber C auf die Glasplatten, welche, auf einem endlosen Band F liegend, unter dem Schaber weggeführt werden. Der Emulsionsauftrag wird um so dicker, je langsamer, um so dünner, je schneller das endlose Band mit den Platten P P fortgleitet. Damit die Platten, nachdem sie mit Emulsion überzogen sind, möglichst schnell erstarren — die Gelatine hat ja hierfür bekanntlich kühle Temperatur notwendig — führt das endlose Band dieselben über eine Steinplatte N N, die auf einem mit Eis gefüllten Kübel aufliegt und mit einem ebensolchen Kübel R R überdeckt ist. Letzterer bildet gleichzeitig für die gegossenen Platten einen Schutz gegen Licht und Staub. Mit einer solchen Maschine lassen sich des Tags über eine ganz bedeutende Anzahl von Platten und zwar solche verschiedenen Formats mit Emulsion überziehen.

Wir gehen weiter und gelangen in einen Raum, in welchem die gegossenen Platten getrocknet werden. Dieselben stehen für diesen Zweck auf langen Gestellen und bedürfen keines andern Hilfsmittels als gut ventilierter Zimmerluft. Wenn sie eine Nacht hindurch gestanden haben, sind sie trocken. Natürlich ist auch dieser Raum vollständig dunkel; nur wenn es dringend notwendig ist, darf man mit einer mit gelbem oder rubinrotem Glas versehenen Laterne darin umherleuchten. Je vollständiger die Platten während der Bereitung gegen alles Licht geschützt werden, um so lichtempfindlicher fallen sie aus.

Wir werden jetzt noch in die Räume geführt, in denen die fertigen Platten geschnitten und verpackt werden. Letzteres geschieht bei kleineren Platten gewöhnlich in der Weise, daß man sie in lange Streifen holzstofffreien Papiers von der Breite der Glasplatte etwa zu je sechs Stück einwickelt, diese Pakete in lichtdichtes schwarzes Papier mehrmals einschlägt und in Pappschachteln verpackt. Größere Platten legt man zu je zwei mit der Schichtseite zusammen, trennt sie aber durch einen Pappeausschnitt, damit sich die Schichten nicht berühren können. Wir halten uns jedoch hier nicht lange auf, denn wir sehnen uns, endlich wieder ans Tageslicht zu kommen.

Die Besichtigung der Fabrik hat uns aber davon überzeugt, daß das Bromsilbergelatineverfahren eine völlig neue und aussichtsreiche Industrie geschaffen hat. Hunderte von neuen Arbeitskräften haben sich der Erzeugung photographischer Platten zugewandt und erhalten im Dienste der „Lichtbildkunst" ihr Brot; Tischler, Maschinenbauer, Händler und Fabrikanten haben durch sie ein neues Arbeits- und Absatzgebiet gewonnen und dem Photographen selbst ist durch das neue Verfahren ein Mittel in die Hand gegeben, mit welchem er ein bisher so gut wie verschlossenes Gebiet, die Momentphotographie, zu seinem Vorteil beackern kann.

Gelatineplattenfabriken, wie die beschriebene, sind in den letzten Jahren in großer Anzahl entstanden, und die meisten von ihnen liefern ein gutes, zuverlässiges Fabrikat, das heißt, zuverlässig, soweit es in der Kraft des Fabrikanten steht, denn es ist ungemein schwierig, mit derselben Emulsion eine Reihe von Platten zu präparieren, welche alle genau dieselben Eigenschaften besitzen. Besonders bezüglich der Empfindlichkeit weichen die einzelnen Platten voneinander ab; es gibt solche, welche zehnmal, aber auch solche, die fünfzigmal empfindlicher als Kollodiumplatten sind, und wenn nun auch die betreffenden Empfindlichkeitsgrade vom Fabrikanten bestimmt werden, so kann doch schon ein geringes Abweichen von dieser Angabe unter Umständen von bösen Folgen für das Negativ sein. Wenn man sich nun überzeugen will, ob resp. um wieviel die eine Platte empfindlicher als die andre ist, bedient man sich eines Empfindlichkeitsmessers, des sogenannten Sensitometers. Ein solches Instrument ist von Warnerke in London konstruiert worden. Es besteht in einem Kästchen, einem kleinen Kopierrahmen ähnlich, in welchem eine Glastafel eingesetzt ist, die in 25 mit schwarzer Gelatinefarbe bedruckte, numerierte Felder eingeteilt ist. Diese Felder sind durchsichtig, aber nicht alle gleichviel, sondern die aufgedruckte Farbe geht allmählich von Hell in Dunkel über; das Feld Nr. 1 ist am durchsichtigsten, das Nr. 25 am wenigsten transparent. An der entgegengesetzten Seite des Kästchens ist innen eine mit der bekannten Balmainschen Leuchtfarbe bestrichene Glastafel eingeschaltet, und zwischen beiden Tafeln befindet sich ein Schieber, wie bei einer photographischen Kassette, durch welchen die Tafeln lichtdicht voneinander getrennt werden. Die zu prüfende Gelatineplatte legt man in den Rahmen, während der Schieber geschlossen ist, mit der empfindlichen Schicht nach der mit Feldern versehenen Tafel zugewendet, und macht die andre Tafel leuchtend, indem man ein Stück Magnesiumband dicht davor abbrennt. Wird alsdann der Schieber in die Höhe gezogen, so belichtet die „leuchtende" Tafel durch die mit Feldern und Zahlen versehene Tafel hindurch die Gelatineplatte, und beim Entwickeln letzterer werden auf derselben nacheinander von 1 ab Zahlen sichtbar. Hierbei zeigt es sich nun, von welcher Empfindlichkeit die Platte ist, denn während die Belichtung durch die hellen Felder hindurch keine Schwierigkeit verursacht hat, kommen die Zahlen nach oben hin immer schwächer zum Vorschein, die Zahlen von 20 ab sind auf Platten von mittlerer Empfindlichkeit überhaupt nicht mehr sichtbar; sollte sich aber einmal eine Gelatineplatte bis zur Nr. 25 versteigen, was wohl selten vorkommt, so kann man annehmen, daß dieselbe 63mal empfindlicher als eine nasse Kollodiumplatte ist. Die mittlere Empfindlichkeit von „18 oder 19° Warnerke" — so bezeichnet man die nach dem Entwickeln sichtbaren höchsten Nummern der Sensitometerskala — kommt der neun-, resp. zwölffachen Empfindlichkeit einer Kollodiumplatte gegenüber gleich, und mit solchen Platten kommt der Berufsphotograph in den meisten Fällen aus.

Auf die oft aufgeworfene Frage, ob das Gelatineverfahren teurer sei als das Kollodiumverfahren, wollen wir uns nicht näher einlassen; es sei nur bemerkt, daß eine gegossene

Gelatineplatte als solche allerdings etwas mehr kostet als die Auslagen für eine nasse Kollodiumplatte betragen; wenn man aber berücksichtigt, wieviel Bäder und wieviel Zeit beim Gelatineverfahren gespart werden, so dürfte sich die Kostendifferenz wohl ausgleichen. Der Durchschnittspreis von Gelatineplatten für Aufnahmen in Visitenformat (Größe der Platte 9 × 12 cm) beträgt für das Stück 20 Pf., in Kabinettformat (13 × 18 cm) für das Stück 35 Pf.

Was man früher zu Kollodiumszeiten ersehnt und erstrebt hat, trockene Platten zu einem gangbaren und billigen Handelsartikel zu machen, es ist nunmehr zur Wirklichkeit geworden, und somit wäre man auch dem Ideal, die Lichtbildkunst an Stelle des Zeichners zu setzen und sie zum Lehrgegenstand in Schulen zu machen, einen Schritt näher gerückt. Freilich nur einen Schritt, denn trotz der segensreichen Entfaltung, trotz des gewichtigen Einflusses der Photographie auf Wissenschaft und Kunst wird dieselbe nicht überall gleich geachtet und anerkannt, ja, gerade in einflußreichen Kreisen wird sie von Männern, die sich als Künstler fühlen, als bloßes „mechanisches Verfahren“ stolz beiseite geschoben. Ein Umstand, der sehr viel dazu beigetragen hat, daß der Photographie die Stellung, welche ihr von Rechts wegen zukommt, so oft streitig gemacht wird, ist die weit verbreitete Meinung, daß bei einer bis ins feinste Detail getreuen Reproduktion eine idealisierte, d. h. eben wahrhaft künstlerische Wiedergabe des Originals nicht möglich sei. Man braucht aber nur an die vollendeten Arbeiten der Rejlander, Adam Salomon, Robinson u. a. zu erinnern, um zu beweisen, daß der Photograph so gut wie der Maler künstlerisch schaffend auftreten und seinen Schöpfungen den Stempel der Individualität aufdrücken kann. Und selbst wenn die Photographie nichts weiter wäre als das wunderbarste aller den zeichnenden Künsten zu Gebote stehenden Vervielfältigungsmittel, so stände sie doch schon weit höher als alle nach rein mechanischen Gesetzen arbeitende Verfahren, und auch dann schon wäre der Photograph, wohlverstanden der ausgebildete, mehr als ein bloßer Handarbeiter.

Die wichtigste Aufgabe der Photographie beruht jedoch darin, der Wissenschaft und dem Verkehr zu dienen; sie ist nicht da, um einigen Krämerseelen, welche der Kunst und der Wissenschaft gleich fern stehen, eine gewinnbringende Einnahmequelle zu sein; sie bietet allen Ständen ihre Dienste an und sendet keinen „unbeschenkt zurück“. Sie verzeichnet dem Astronomen den Lauf der Gestirne, fixiert dem Arzt die Stadien der Krankheit, liefert dem Juristen Verbrechergalerien, gibt dem Sprachforscher genaue Nachbildung seltener Pergamente, dient dem Taktiker, den Gang der Schlachten zu verzeichnen, und erfreut den Psychologen und Physiognomen mit Material für seine Studien. Sie versieht den Handwerker mit Modellen, unterstützt den Landschaftsmaler, belehrt den Geographen, fördert die Studien des Botanikers, des Zoologen und Mineralogen, sie beobachtet für den Physiker und spornt die Forscherlust des Chemikers an; ja, sie wird zuversichtlich noch Kreisen nützlich werden, welche bislang nicht im entferntesten an die Heranziehung dieser nützlichen Kunst gedacht haben. Besonders die astronomischen Fächer haben in den jüngsten Jahren die Photographie in den Bereich ihrer Thätigkeit gezogen, und gaben die bei stattgehabten Sonnenfinsternissen sowie insbesondere die bei dem am 8. Dezember 1875 beobachteten seltenen Ereignisse des Venusdurchgangs gewonnenen Photogramme der Weltkörperstellungen ein beredtes Zeugnis von der bezüglichen Leistungsfähigkeit unsrer Kunst. Wir verweisen die Leser dieses Werkes, welche sich speziell für die wissenschaftliche Anwendung der Photographie im allgemeinen interessieren, auf das Sammelwerk von Dr. S. Th. Stein: „Das Licht im Dienste wissenschaftlicher Forschung“ (2. Aufl., Halle 1885).

Augenblicksbilder. Unter diesen Bildern versteht man gewöhnlich solche, deren Aufnahme innerhalb eines „Augenblicks“, d. h. im Bruchteil einer Sekunde erfolgt, also innerhalb eines so verschwindend kleinen Zeitteils, daß das menschliche Auge nicht im stande ist, währenddessen einen Bildeindruck zu empfangen. Allerdings ist die Augenblicksphotographie erst seit Einführung des Gelatin-Emulsionsverfahrens auf ihrer eigentlichen Höhe angelangt, aber die ersten Versuche und Arbeiten auf diesem Gebiete stammen bereits aus den fünfziger Jahren, zu welcher Zeit Daguerre und nach ihm Talbot in Bewegung befindliche Menschen zu photographieren versuchten. Bei dem unvollkommenen Material, welches den Forschern damals zu Gebote stand, fielen diese ersten Arbeiten natürlich noch wenig befriedigend aus. Nach Einführung des Kollodiumverfahrens, bei welchem die Aufnahmezeit um das

20—30fache gegen früher abgekürzt werden konnte, war es schon eher möglich, Momentaufnahmen zu machen, und in der That waren während dieser Periode gute, zum Teil recht gute Momentphotographien gar nicht selten. Wir erinnern nur an die trefflichen Stereoskopbilder von Ferrier und Soulier in Paris und an die hervorragenden Leistungen des Photographen Wilson in Aberdeen; diese Aufnahmen waren auf feuchten Kollodiumplatten gemacht worden, das Streben der Forscher und Praktiker ging aber zu jener Zeit hauptsächlich dahin, trockene, mit Tannin u. dergl. konservierte Kollodiumplatten für augenblickliche Aufnahmen geeignet zu machen, und für die Auffindung eines solchen Verfahrens setzte die photographische Gesellschaft von Marseille im Jahre 1862 einen Preis von 500 Frank aus. Sehr gelungene Momentaufnahmen von Straßenszenen, Schiffen u. s. w. auf trockenen Kollodiumplatten fertigte Sampson in Southport.

Fig. 425. Bewegungen des Pferdes im Galopp. Nach photographischen Momentaufnahmen von Muybridge.

Das Vollendetste in dieser Beziehung leistete jedoch der Amerikaner Muybridge auf Kollodiumplatten; seine Aufnahmen laufender Pferde, Kühe, Hunde u. s. w. erregten überall gerechtes Aufsehen, vielfach wollte man gar nicht an die Echtheit derselben glauben. Er ließ während der Aufnahme die betreffenden Tiere an einer weißen Wand vorbeilaufen, und bediente sich 24 in einer Reihe stehender Apparate, welche 16 m von der weißen Wand entfernt waren und deren Verschlüsse sich vermittels einer automatisch-elektrischen Vorrichtung öffneten und schlossen. Muybridge erhielt jedoch zufolge der verhältnismäßig geringen Empfindlichkeit der nassen Platten keine eigentlichen, durchgearbeiteten Photographien, sondern nur Silhouetten.

Das Bromsilbergelatineverfahren rief auf dem Gebiete der Momentphotographie eine völlige Umwälzung hervor, und vielleicht sind in keinem andern Gebietsteile der Photographie seitdem so wesentliche Fortschritte gemacht worden als auf diesem. Die bedeutend empfindlicheren Gelatineplatten schufen eine neue Technik, es wurden anders gebaute Apparate und schneller arbeitende Momentverschlüsse notwendig, es entstanden neue Vorschriften und Regeln, kurz, man hatte mit ganz neuen Faktoren zu rechnen.

Die heute speziell bei Momentaufnahmen in Gebrauch befindlichen verschiedenen Apparat- und Verschlußkonstruktionen zählen nach Hunderten; die meisten davon sind praktisch und sinnreich erfunden, und auch die Preise sind derart, daß der Photograph oder der Liebhaber nicht mehr davor zurückzuschrecken braucht; ein vollständiger Apparat z. B., wie er in Fig. 426 abgebildet ist, aus zusammenlegbarer Camera mit Objektiv, mehreren Kassetten, Dreifuß, Kopierrahmen u. s. w. bestehend, kostet je nach dem Format, welches die Camera liefert, etwa 125—250 Mark.

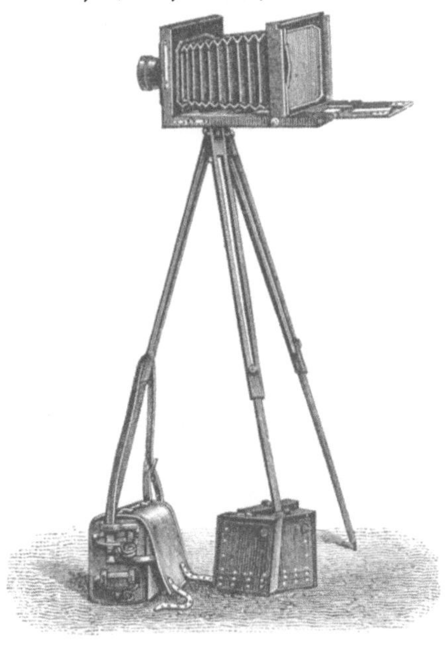
Fig. 426. Vollständiger Apparat für Momentaufnahmen.

Nicht alle Objektive eignen sich zu Momentaufnahmen; am meisten jedoch die sogenannten lichtstarken Objektive, d. h. solche, welche einen großen Linsendurchmesser, aber eine kurze Brennweite besitzen, namentlich alle Porträt- und lichtstarken Doppelobjektive, wie ein solches auf S. 542 abgebildet ist.

Von großer Wichtigkeit ist die Verschlußvorrichtung. Während es bei längerer Belichtung genügt, den vorn auf dem Objektiv sitzenden Deckel mit der Hand abzunehmen und nach einer gewissen Zeit ebenso wieder aufzusetzen, erfordert die momentane Belichtung der Platte eine noch bedeutend schneller wirkende Verschlußvorrichtung, denn eine Exposition, die auch nur um ein Geringes länger währt, als für den betreffenden Fall angezeigt ist, kann das Gelingen des Bildes von vornherein verderben. Man hat deshalb mechanisch wirkende Momentverschlüsse verschiedener Art konstruiert, von denen die einen aus einer oder mehreren Klappen, die durch ihre eigne Schwere fallen, bestehen, die andern aus einem oder zwei sich entgegenkommenden Schiebern, mit kreisrundem oder viereckigem Ausschnitt, die dritten aus konzentrisch sich gegeneinander bewegenden Scheiben u. s. f., die aber alle den gleichen Zweck verfolgen, nämlich ein möglichst rasches Öffnen und Schließen des Objektivs zu bewirken. Diese Verschlüsse werden gewöhnlich hinter dem Objektiv angebracht; die Einrichtung eines solchen ist aus Fig. 427 ersichtlich. Derselbe besteht aus einem mit Scharnieren versehenen Rahmen A, welcher verhindern soll, daß von der Seite her schädliches Licht auf die Platte fällt; dieser Rahmen wird mittels der Schraube F und eines Kautschukzuges um das Objektivrohr befestigt, oder er wird gleich an der Rückseite des Brettchens, in welchem das Objektiv eingeschraubt und welches in der Figur dargestellt ist, angebracht. Der Kautschukschlauch C, welcher durch das im Objektivbrett angebrachte Loch B geht und in einer Gummibirne endigt, vermittelt das Öffnen und Schließen des Verschlusses, denn durch einen Druck auf die Birne wird ein leichter, aus Samt bestehender

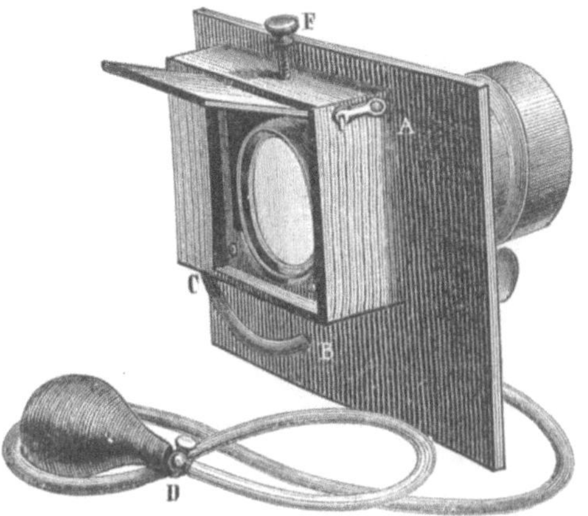

Fig. 427. Momentverschluß.

Deckel gehoben, welcher hierbei die hintere Linse des Objektivs entblößt und, sobald der Druck aufhört, dieselbe sofort wieder bedeckt. Während das Bild eingestellt wird, muß dieser Deckel natürlich gehoben sein, dies wird bewirkt, indem man den Haken A einhakt. Soll längere Zeit belichtet werden, der Deckel also länger gehoben bleiben, so läßt sich durch einen Kran D vor der Birne nach dem Drücken auf dieselbe die Luft vor dem Zurücktreten absperren.

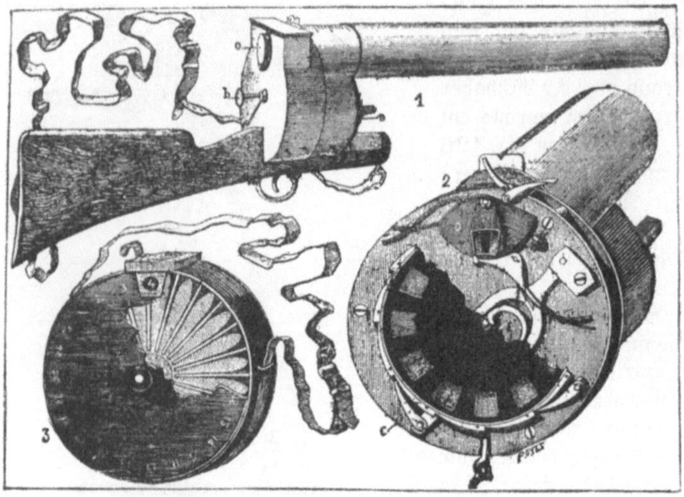

Fig. 428. Mechanismus der photographischen Flinte.
1 Gesamtansicht. 2 Die Verschlußvorrichtung. 3 Der Plattenkasten mit 25 Gelatineplatten.

Ein praktischer Verschluß dieser Art muß aber nicht nur eine stets gleichmäßig lange Belichtung zulassen, sondern auch solche von verschiedener Dauer, da nicht für alle Objekte eine gleichlange Exposition angewendet werden kann. Es sei dies durch ein Beispiel erklärt. Ein Mensch, welcher in der Stunde 4 km zurücklegt, bewegt sich in der Sekunde $1,_{11}$ m, ein rascher Vogelflug hingegen macht in derselben Zeit eine Bewegung von $88,_{90}$ m; würde man nun bei der Aufnahme eines fliegenden Vogels ebenso lange belichten, wie bei derjenigen eines gehenden Menschen, so würde das Resultat ein ganz unbrauchbares Bild sein.

Daß es übrigens recht gut möglich ist, Vögel im Fluge zu photographieren, hat Professor Marey in Paris bewiesen, welcher sich für diesen Zweck einen Apparat in Form einer Jagdflinte konstruiert hat. Im Laufe derselben sitzt das Objektiv und in der drehbaren Scheibe eine Gelatineplatte. Durch ein Uhrwerk wird die Scheibe c während der Belichtung so in Bewegung gesetzt, daß sie sich einmal in der Sekunde, in zwölf kurzen Absätzen herumdreht, wodurch nun zwölfmal in der Sekunde Licht durch das Objektiv fällt, jedesmal $^1/_{720}$ Sekunde lang. Hierdurch erhält man auf einer Platte zwölf kleine Momentbilder in regelmäßiger Aufeinanderfolge, wie Fig. 429 zeigt. Dieselbe stellt das Bild einer Möwe in zwölf Stellungen dar; da das Tier in der Sekunde drei Flügelschläge machte, finden sich in den zwölf Aufnahmen vier verschiedene Flügelstellungen, die sich wiederholen. Anfangs sind die Flügel erhoben, dann neigen sie sich, im dritten Bild sind sie unten, im vierten sind sie wieder oben u. s. f.

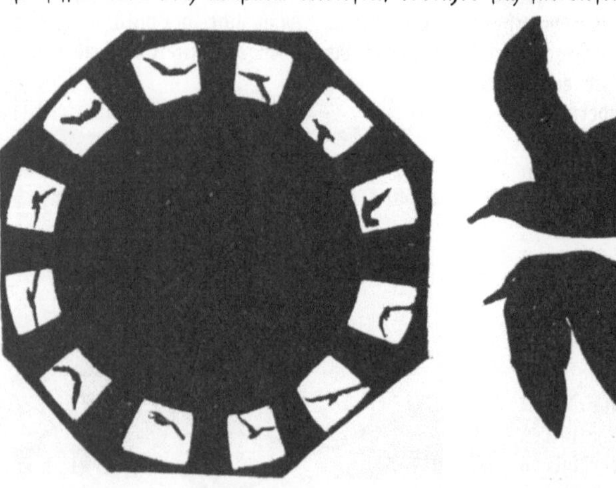

Fig. 429.

Fig. 430.

Beim Vergrößern erhält man Bilder, wie die in Fig. 430 abgedruckten, in deren erster man den Beginn, in der zweiten die Beendigung des Flügelsenkens wahrnimmt.

Fragen wir nun, worin besteht der Wert, die Bedeutung der Momentphotographie, worauf beruht der Fortschritt dem alten Kollodiumverfahren gegenüber? so kann diese Frage von verschiedenen Seiten her beantwortet werden.

Fig. 431 und 432. Momentphotographien, nach dem Leben aufgenommen von Ottomar Anschütz in Poln.-Lissa.

Erstlich erweist sich die Augenblicksphotographie von unschätzbarem Wert bei Porträtaufnahmen. Die frühere Belichtungszeit von 30—50 Sekunden hatte sehr häufig zur Folge, daß der Gesichtsausdruck der Person gezwungen, der Blick starr, die Miene steif und verzerrt wurde, denn es war eben nicht jedermann möglich, während dieser verhältnismäßig langen Zeit in unbeweglichem Zustande einen festen Punkt anzustarren und dabei die Natürlichkeit des Ausdrucks zu bewahren. Die jetzige, wenige Sekunden währende Belichtung hingegen wird niemand lästig fallen, um so weniger, als durch die pneumatischen Verschlußvorrichtungen die Belichtung ganz unbemerkt vorgenommen werden kann.

Man vergleiche nur einmal Porträtaufnahmen von jetzt und früher — welche Änderung, welcher Fortschritt! Hier der frische, natürliche Ausdruck, die „sprechende Ähnlichkeit", dort ein krampfartig, gezwungen nach einer Richtung hinsehendes Gesicht, jeder Zug den sehnlichen Wunsch der Person verratend: wäre doch endlich die verwünschte Sitzung vorbei! Natürlich auch hier ist die Regel nicht ohne Ausnahme.

Sehr viel Nutzen zieht auch die Landschaftsphotographie aus dem Momentverfahren; der Photograph, welcher die Natur aufsucht, muß viel künstlerischen Geschmack besitzen, um den richtigen Standpunkt zu finden, die geeignetsten Beleuchtungseffekte abzuwarten. Er muß der Natur die schönsten Augenblicke ablauschen, dann aber muß er auch ein Mittel besitzen, um diese augenblicklich entfalteten Reize auf seiner Platte zu fixieren, und ein solches bietet ihm die Momentphotographie. Wir erinnern ferner nur an die vielen hübschen Straßenszenen, und an alle die verschiedenen Draußenaufnahmen, welche in der letzten Zeit gemacht worden sind — unter andern an die vorzüglichen Manöverbilder von O. Anschütz in Lissa — welche Fülle von Belehrendem und Interessantem enthalten sie nicht! Die von eben erwähntem Künstler mit vieler Mühe und großen Opfern hergestellten Tierbilder verdienen noch besonders hervorgehoben zu werden, an ihnen sieht man so recht, was die Momentphotographie zu leisten im stande ist, und welches Material sie dem Künstler sowohl wie dem Naturforscher liefert. Die Anschützschen Aufnahmen sind deshalb von großem Wert und bei weitem mehr als bloße interessante Bildchen, es sind Vorlageblätter, die zu ernstem Studium anregen. Zu unsrer Abbildung wählen wir zwei Aufnahmen einer Storchfamilie, welch letztere Herr Anschütz in ihrem hochgelegenen Heim vielleicht etwas indiskret belauscht und photographisch fixiert der Öffentlichkeit übergeben hat. Man sieht, vor der Camera der Photographen ist heutzutage nichts mehr sicher.

Ein Hilfsmittel von unschätzbarem Wert ist die Momentphotographie ferner den exakten Naturwissenschaften geworden. Der Arzt, welcher seine Patienten in ihren besonderen Zufällen aufnehmen, oder welcher den Pulsschlag des Herzens, den menschlichen Kehlkopf &c. untersuchen und photographisch fixieren will, kann die Momentphotographie ebensowenig entbehren als der Zoologe, welcher sich lebende Tiere zu Modellen auserwählt.

Nehmen wir nun noch an, welche Dienste die moderne Photographie der Malerei und der Kunst überhaupt leistet — Dienste, welche meistens nicht genug gewürdigt werden — so wird man die prophetische Äußerung des französischen Astronomen und Akademikers Arago: „die photographische Platte wird bald die wahre Netzhaut des Gelehrten sein", welche derselbe zur Zeit der Erfindung der Photographie gethan hat, als in Erfüllung gegangen betrachten können.

Nachdem wir nun der Technik der Momentphotographie unsre Aufmerksamkeit gewidmet haben, bleibt uns noch übrig, uns mit der Behandlung der Bromsilbergelatineplatte nach der Belichtung derselben bekannt zu machen.

Wir wissen schon aus dem Kapitel über das Kollodiumverfahren, daß das nach der Belichtung auf der Platte noch unsichtbare Bild dadurch hervorgerufen werden muß, daß man gewisse Chemikalien auf die Schicht einwirken läßt, und daß man diesen Prozeß mit „Entwickelung" bezeichnet. Im Gelatineverfahren sind gegenwärtig mehrere Entwickelungsarten in Gebrauch, am meisten verbreitet aber ist die sogenannte Eisenentwickelung und die alkalische Pyrogallentwickelung. Der ersteren Art wird nachgerühmt, daß sie einfacher sei, bei letzterer hingegen wird der Niederschlag feiner als mit Eisen, und es ist dabei nicht nötig, große Mengen von Lösungen in Vorrat zu halten.

Die chemische Wirkung der beiden Entwickler ist übereinstimmend mit derjenigen des für Kollodiumplatten benötigten Entwicklers. Die in der Camera dem Licht exponierte Bromsilbergelatineplatte hat zufolge dieser Lichteinwirkung die Fähigkeit erlangt, pulveriges Silber, welches in irgend einer Weise auf der Platte niedergeschlagen wird, anzuziehen. Dieser Silberniederschlag wird aber, wie wir schon früher gesehen haben, durch die Entwicklerlösung erzeugt, und zwar in der Weise, daß sich das ausgeschiedene metallische Silber nur an den vom Licht getroffenen Stellen des Bromsilbers niederschlägt, resp. von diesem angezogen wird. Bezüglich ihrer Zusammensetzung aber unterscheiden sich die Entwickler.

für nasse Kollodiumplatten und für Bromsilbergelatineplatten wesentlich. Während man für erstere die sogenannte **physikalische** oder **saure Entwickelung**, d. h. mit vorherrschender Säure anwendet, eignen sich die letzteren mehr für die chemische oder **alkalische** Entwickelung, also für eine Entwicklerlösung mit vorwiegender Alkalität durch Zusatz von Ammoniak oder Natron. In beiden Fällen bestehen die Hervorrufungsmittel in Pyrogall, Gallussäure oder einem Eisensalz, welches in ersterem Falle angesäuert, in letzterem neutral genommen wird.

Der **Eisenentwickler** für Gelatineplatten besteht aus einer Mischung von Auflösungen von Eisenvitriol und oxalsaurem Kali, man kann mit ihm bei richtiger Modifikation und Behandlung desselben Negative von der größten Weichheit bis zur größten Härte herstellen. In Deutschland und Frankreich ist derselbe gegenwärtig vorzugsweise in Gebrauch, während man in der Heimat des Gelatinemulsionsverfahrens, in England, und ebenso in Amerika, viel häufiger den **alkalischen Entwickler** anwendet. Dieser besteht in einer wässerigen Lösung von Pyrogall, in Bromammoniumlösung und in einer Mischung von Ammoniakflüssigkeit und Wasser. Je konzentrierter dieser Entwickler angewendet wird, desto härtere Bilder, je verdünnter er angewendet wird, desto weichere und harmonischere Bilder erhält man.

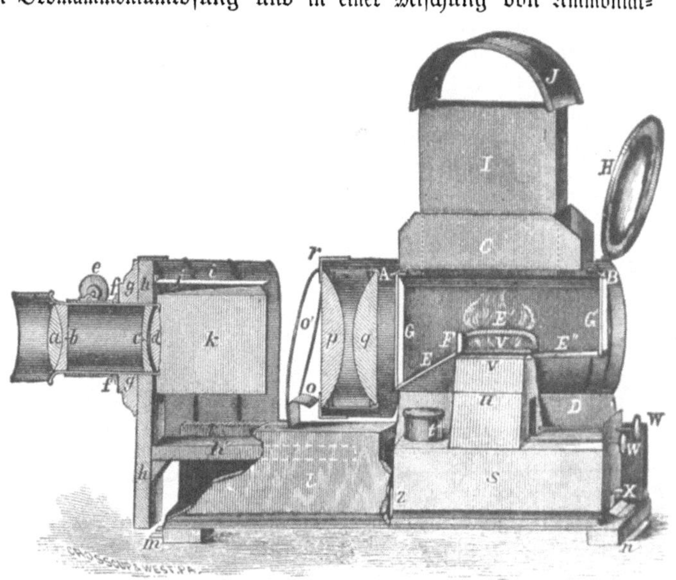

Fig. 433. Projektionsapparat.

Außer diesen beiden Entwickelungsmethoden sind noch verschiedene andre im Gebrauch. Sehr gut bewährt haben sich diejenigen mit Natriumsulfit, mit Hydrochinon und mit Hydroxylamin. Die Manipulationen selbst beim Entwickeln sind denen, die beim nassen Kollodiumverfahren beschrieben sind, ganz ähnlich. Man nimmt im Dunkelzimmer die exponierte Platte aus der Kassette, legt sie mit der empfindlichen Schicht nach oben in die Schale mit der Entwicklerlösung und bewegt dieselbe hin und her, damit die Flüssigkeit gleichmäßig über die Platte fließt. War letztere richtig belichtet, so kommt das Bild in ungefähr 20 Sekunden allmählich heraus, und innerhalb dreier Minuten ist es so kräftig geworden, daß, wenn man die Platte von der Glasseite her betrachtet, dort diejenigen Stellen des Bildes sichtbar sind, welche man technisch die „höchsten Lichter“ nennt, nämlich bei Porträts das Gesicht und die weiße Wäsche. Das Licht im Dunkelzimmer braucht von der Zeit an, wo die Entwicklerlösung über die Platte fließt, nicht mehr so sorgfältig abgesperrt zu werden, als bisher, rubinrotes Licht schadet dann nicht mehr, auch in großer Menge nicht.

Ist die Platte fertig entwickelt, so legt man sie in eine mit kaltem Wasser gefüllte Schale und läßt sie einige Minuten lang darin liegen, dann spült man sie nochmals gut mit Wasser ab und legt sie in die Fixiernatronlösung, die wir ebenfalls schon kennen gelernt haben, und läßt sie so lange darin liegen, bis sich das weiße Bromsilber ganz gelöst hat. Da Gelatineplatten das Natron viel fester halten als Kollodiumplatten, und dasselbe, wenn nicht gänzlich entfernt, aus der Schicht auskristallisiert und das Bild verdirbt, müssen erstere nach dem Fixieren viel gründlicher, etwa 2—3 Stunden lang, in Wasser ausgewaschen werden. Das Negativ wird jetzt nur noch getrocknet, was freiwillig, d. h. ohne Anwendung von Wärme geschehen muß, und dann mit Firnis überzogen.

Die weitere Bestimmung eines Negativs, sei es mit Kollodium, sei es mit Gelatinemulsion hergestellt, beruht, wie wir bereits wissen, darin, einen positiven Abdruck zu liefern. Beim sogenannten Albumindruck oder Silberdruck gewinnt man das Positiv, indem man lichtempfindliches Papier unter das Negativ legt und beides der Wirkung des Lichtes aussetzt. Nun gibt es aber auch Fälle, in welchen das Positiv aus einer durchsichtigen Masse, also z. B. aus Glas, bestehen muß, und derartige positive Photogramme auf Glas nennt man kurzweg Diapositive.

Diapositive werden entweder für Projektionszwecke oder für Vergrößerungen gebraucht. Eine Projektion nennt man das vergrößerte Bild eines durch Sonnen- oder künstliches Licht stark beleuchteten kleinen Gegenstandes. Zur Erzeugung dieses Bildes dient der Projektionsapparat. Dieser unter dem Namen Laterna magika bekannte Apparat war bisher in seiner einfachsten und billigsten Form fast ausschließlich als Kinderspielzeug bekannt, in neuerer Zeit aber, seitdem nämlich die Photographie mit ihren mächtigen Hilfsmitteln bei der Herstellung von Projektionsbildern hinzugetreten ist und die Laterne wesentliche Verbesserungen erfahren hat, nimmt die Projektionskunst als Bildungs- und Erziehungsmittel eine wichtige Stellung ein.

Wir geben in Fig. 433 die Abbildung eines Projektionsapparates, wie er in dieser Form gegenwärtig sehr verbreitet und wegen seiner einfachen, leichten Konstruktion und seiner Billigkeit äußerst zweckmäßig ist. Als Beleuchtungsmittel dient hierbei gewöhnlich Petroleum, welches in den Behälter s gegossen wird und welches den bei E' brennenden Docht speist.

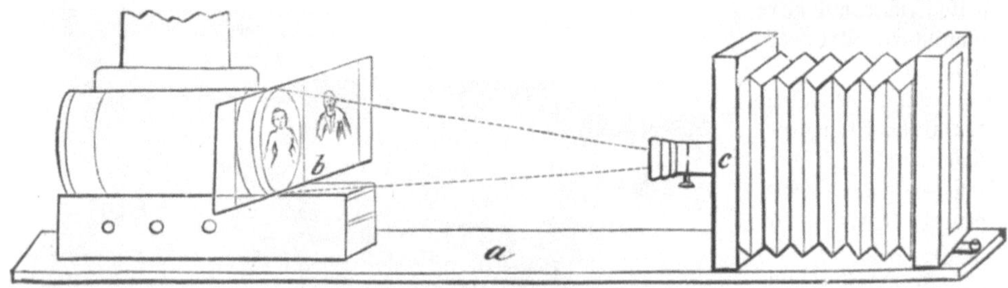

Fig. 434. Herstellung eines Diapositivs in der Camera.

Das zu projizierende Bild wird hinter dem federnden Ring o o eingeschoben, p und q sind die Kondensierungslinsen, welche die von der Lichtquelle ausgehenden Strahlen auf das Bild leiten, a b c d e f g ist das Doppelobjektiv, welches das vergrößerte Bild liefert. Ausführliches über alles zur Projektionskunst Gehörige findet man in dem Buche „Die Projektionskunst für Schulen, Familien und öffentliche Vorstellungen“ (8. Auflage, Düsseldorf 1882).

Die Bilder, welche in solchen Apparaten vorgezeigt werden sollen, müssen transparent sein, damit die von der Lichtquelle ausgehenden Strahlen durch dieselben hindurchdringen können, je größer die Durchsichtigkeit des Bildes ist, um so schöner wird die Vergrößerung auf dem Schirm. Vielfach werden die Projektionsbilder direkt auf die Glasplatte gezeichnet oder gemalt, die schönsten Wirkungen aber erzielt man mit Glasphotogrammen, welche für diesen Zweck hergestellt sind.

Es gibt verschiedene Verfahren zur Herstellung von Diapositiven für den Projektionsapparat, sehr empfehlenswert ist u. a. das auf Seite 550 beschriebene Albuminverfahren, weil dabei die Bilder äußerst zart ausfallen, meistens aber fertigt man dieselben jetzt mittels des Bromsilbergelatineverfahrens.

Zuerst muß natürlich nach dem betreffenden Gegenstande ein photographisches Negativ hergestellt werden. Unter dieses Negativ legt man eine Bromsilbergelatineplatte und bringt beides in den Kopierrahmen, gerade als ob man einen Abdruck auf Papier herstellen wollte. Allerdings kann man den Kopierrahmen nicht ins Sonnenlicht legen, weil ja die Gelatineplatten so sehr empfindlich sind; man belichtet vielmehr bei künstlichem, gewöhnlich bei Petroleumlicht, was 1—2 Sekunden dauert. Das Entwickeln geschieht am besten mit schwachem Eisenoxalatentwickler, dem man Bromkalium zusetzt, indem man hierdurch Bilder von angenehmem, saftigem Ton erhält. Mit andern Entwicklern erhält man andre Töne.

Soll aber das Diapositiv größer oder kleiner als das Negativ werden, so muß die Reproduktion in der Camera erfolgen. Man stellt zu diesem Zweck im Dunkeln auf ein langes Brett a (Fig. 434) den Projektionsapparat, dessen Objektiv und Schieber man herausgenommen hat, und befestigt vor der Kondensierungslinse b das Negativ mit der Schichtseite nach vorn. Gegenüber wird die Kamera c aufgestellt, und mittels derselben wird die Aufnahme des durch Petroleumlicht beleuchteten Negativs in der gewünschten Größe bewerkstelligt.

Aber nicht nur für Projektionszwecke muß das Originalnegativ bisweilen vergrößert werden, das Vergrößerungsverfahren bildet vielmehr in der Praxis der Photographie ein sehr wichtiges und stark kultiviertes Fach. Die wenigsten Porträts in „Lebensgröße", welche man in fast allen photographischen Schaukästen findet, sind direkt in diesem großen Format aufgenommen worden, die meisten von ihnen sind vielmehr Vergrößerungen nach kleinen Negativen. Denn es ist viel leichter, Negative in kleinerem Format gut herzustellen als in großem, in den kleinen Negativen ist alles vollkommen, durch die Vergrößerung derselben erhält man also Porträts von großer Schönheit, voller Ausdruck und von tadelloser Form.

Auch zur Herstellung von Vergrößerungen bedient man sich verschiedener Verfahren; es sei hier nur eines der gebräuchlichsten, dasjenige mittels der Solarcamera, angegeben, bei welchem das vergrößerte Bild vom kleinen Negativ direkt auf Entwickelungspapier angefertigt wird. Dieser von Woodward konstruierte Apparat, von welchem wir in Fig. 435 eine Abbildung geben, besteht aus einem beweglichen Spiegel (in der Abbildung links), der Kondensierungslinse und dem Objektiv; des weiteren gehört zu demselben ein dunkles Zimmer mit einem nach Süden zu gehenden Fenster. Das kleine Negativ wird durch Sonnenstrahlen beleuchtet, welche durch den beweglichen Planspiegel auf die Kondensierungslinse geworfen und durch diese auf dem Negativ konzentriert werden. Das Bild wird nun weiterhin auf das achromatische Objektiv geleitet, welches dasselbe in vergrößertem Maßstabe auf einen in einem dunklen Zimmer ausgespannten Bogen Papier wirft. Dieses Papier, welches durch Silberlösung empfindlich gemacht ist, schwärzt sich infolgedessen an allen Stellen, durch welche im Negativ die Lichtstrahlen dringen, und es entsteht auf diese Weise ein vergrößertes, positives Bild.

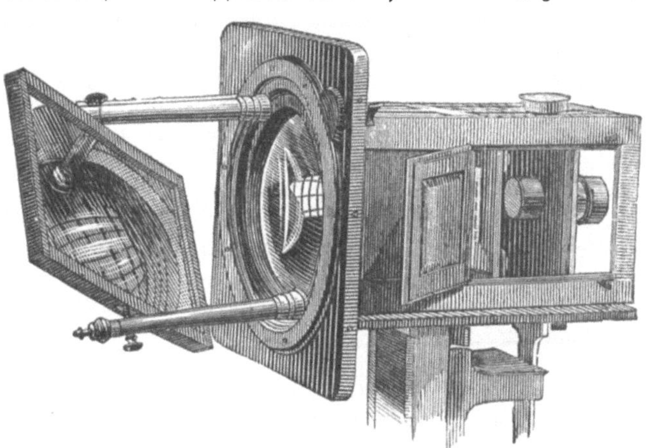

Fig. 435. Vergrößerungsapparat.

Statt der Sonnenstrahlen kann man auch elektrisches Licht als Beleuchtungsmittel benutzen, welches zuverlässiger als Sonnenlicht ist. Wegen der Kostspieligkeit der erforderlichen Apparate wird das Vergrößerungsverfahren nur wenig von seiten der Bildnisphotographen selbst ausgeübt; dieselben schicken vielmehr die betreffenden Negative an Vergrößerungsanstalten, deren es eine große Anzahl gibt, und erhalten von dort die Bilder fertig ausgeführt zurück.

Sonderbarerweise hat sich gegenüber den gewaltigen Umänderungen auf dem Gebiete der Negativverfahren das Druckverfahren, d. h. die Herstellung positiver Papierbilder, bis auf den heutigen Tag in derselben Form erhalten, in der es in den frühsten Zeiten der Photographie ausgeübt wurde. Auch heute noch wird die bei weitem größte Anzahl photographischer Bilder auf gesilbertem Albuminpapier geliefert, dem Geschmack des Publikums Rechnung tragend, hier mit starkem Emailleglanz, dort auf nüanciertem Papier, vielleicht auch nach außen oder innen gewölbt, das Bild von einer Guirlande grell gemalter Blumen umgeben, oder was die Phantasie und die Geschmacklosigkeit sonst noch zu Tage gefördert haben mögen, aber doch immer auf Albuminpapier, den Keim des frühen Todes in sich bergend. Das positive Papierbild besteht nämlich teilweise aus Gold, welches sich im Tonbad an den Konturen niederschlägt, teilweise aus Silber in fein zerteiltem Zustande. Wird nun das Bild nach dem Fixieren nicht gründlich ausgewaschen, was nur selten in genügender Weise geschieht, so bleiben kleine Mengen von schwefelhaltigem Fixiernatron zurück, die sich zersetzen und gelbes Schwefelsilber bilden, und die das sogenannte „Vergilben“ der Bilder veranlassen. Man betrachte einmal Photographien, die vor zehn Jahren angefertigt worden sind, mögen sie an der Wand hängen oder im Album stecken, die meisten von ihnen tragen ein fahles, schwindsüchtiges Aussehen und nach abermals zehn Jahren werden sie sich wohl gänzlich ins Schattenreich zurückgezogen haben.

Kein Wunder also, daß man Versuche angestellt hat, die Bilder dauerhaft herzustellen, das Bedürfnis war dringend genug, und wir werden uns weiter unten mit den Resultaten dieser Versuche beschäftigen. Leider aber haben diese Versuche auf die Bildnisphotographie sehr geringen Einfluß ausgeübt; für kleine Auflagen, wie sie ja das Publikum meistens nur verlangt, ist und bleibt eben die Silberphotographie das billigste Verfahren, und so bleibt es noch immer der Zukunft überlassen, hierfür Abhilfe zu schaffen.

Etwas haltbarer als gewöhnliche Albumindrucke sind Bilder, welche mittels des Chlorsilber-Kollodiumverfahrens hergestellt werden, ein Verfahren, welches in neuerer Zeit, auch beim Publikum, großen Anklang findet. Solche Photographien besitzen meist einen schönen, keineswegs störenden Glanz und geben die zartesten Schattierungen des Negativs genau wieder, stellen sich aber im Herstellungspreis etwas höher als Albumindrucke. Man verwendet bei der Ausübung des Verfahrens ein besonders vorbereitetes Papier, welches im Handel befindlich ist und das man durch Übergießen von Chlorsilberkollodium lichtempfindlich macht. Dieses Kollodium wird in zwei getrennten Lösungen angefertigt, von denen die eine in Silbernitrat-, die andre in Chlorcalciumlösung besteht und welche vor dem Gebrauche zu gleichen Teilen gemischt werden. Je nachdem man zur Unterlage glänzendes Gelatinepapier oder mattes Kreidepapier benutzt, erhalten die Bilder Spiegelglanz oder eine stumpfe Oberfläche.

Einen großen Fortschritt hat das Druckverfahren in neuester Zeit durch Einführung des sogenannten Schnelldruckpapiers zu verzeichnen. Dieses Papier wird in ähnlicher Weise wie dies mit Glasplatten geschieht, mit Bromsilbergelatinemulsion überzogen, ist also äußerst lichtempfindlich und kann sowohl zum Drucken im Kopierrahmen, als zur Herstellung von Vergrößerungen benutzt werden.

Wenn man im Kopierrahmen druckt, wendet man gewöhnlich künstliches Licht, z. B. Gas oder Petroleum, an, weil man hierbei sicherer als bei Tageslicht arbeitet. Trotzdem aber empfiehlt es sich auch dann noch, die Lichteinwirkung dadurch abzuschwächen, daß man zwischen das Licht und den Kopierrahmen eine mattgeschliffene Glasscheibe stellt. Die Belichtung dauert dann je nach der Dichtigkeit des Negativs 15—30 Sekunden, während sie ohne Anwendung der matten Scheibe schon in $^1/_2$—3 Sekunden beendet ist.

Ein Druckverfahren, welches Bilder liefert, die wirklich haltbar sind, ist der Platindruck, ein sehr ingeniöses, von W. Willis in London erfundenes Verfahren, sehr einfach auszuüben und höchst befriedigende Resultate liefernd — doch, was hilft's? das Publikum liebt einmal Bilder mit matter Oberfläche nicht und das Publikum hat zu entscheiden; daher kommt es, daß der Platindruck einstweilen einem Blümchen gleicht, welches im Verborgenen blüht. Weit entfernt davon, gänzlich von der Schaubühne verschwunden zu sein, wird er doch nur wenig in Ateliers, sondern meistens von Liebhabern ausgeübt, für welch letztere er sich allerdings seiner Einfachheit halber vorzüglich eignet. Das Papier ist in präpariertem Zustande käuflich, das bisherige Tonen, Fixieren und lange Waschen fällt ganz weg, Gerätschaften und Chemikalien sind auch nur in geringer Anzahl notwendig — lauter Vorteile, welche gewiß nur zu gunsten des Platindrucks entscheiden können.

Das dabei verwendete Papier, welches sich, wie gesagt, fertig präpariert im Handel befindet, ist mit Platinsalzen, und zwar mit oxalsaurem Eisenoxyd und Platinchlorürkalium getränkt, es muß sorgfältig gegen jede Feuchtigkeit geschützt werden und wird deshalb in cylindrischen Blechbüchsen aufbewahrt. Das Drucken geschieht in derselben Weise wie mit Albuminpapier, nur geht dasselbe drei- bis viermal rascher vor sich als bei diesem und erfordert deshalb größere Aufmerksamkeit. Das Papier ist vor dem Kopieren von zitronengelber Farbe, während des Kopierens aber werden die Halbschatten graubraun und die tiefsten Schatten orangegelb und nach dem Entwickeln ist der Ton der Bilder rein schwarz, etwas kalt, die tiefen Schatten samtartig, die Halbtöne zart, die höchsten Lichtpartien rein weiß. Zufolge der Lichteinwirkung wird nämlich der Niederschlag von oxalsaurem Eisenoxyd zu Oxydul reduziert, kommt es dann während des Entwickelns in eine heiße Lösung von neutralem oxalsauren Kali, so löst sich das vorher gebildete Oxydul sofort, reduziert aber gleichzeitig während des Lösens das Platinsalz auf den vom Lichte getroffenen Stellen des Bildes als schwarzes Pulver zu Metall. Deshalb sind diese Bilder, da sie aus metallischem Platin bestehen, unvergänglich. Nach dem Entwickeln kommen die Drucke sofort in die Waschbäder, in denen sie so lange bleiben, bis jede Spur von Eisensalzen aus dem Papier ausgewaschen ist. Die fertigen Bilder sind glanzlos und wirken ähnlich wie Radierungen; man klebt sie deshalb am besten auf große Kartons auf, damit ein breiter Rand frei bleibt.

Eine interessante Studie über den Platindruck ist kürzlich von Pizzighelli und Baron Hübl veröffentlicht worden (2. Aufl., Wien 1884), und um die Einführung des Verfahrens in die Praxis hat sich namentlich Dr. E. A. Just in Wien verdient gemacht, von welch letzterem auch alle zum Prozeß gehörigen Utensilien geliefert werden. In London besteht seit einigen Jahren eine Gesellschaft, die Platinotyp-Company, welche das Verfahren kommerziell ausbeutet.

Fig. 486. Joseph Albert.

Es konnte nicht ausbleiben, daß die Photographie, deren gewaltige Hilfsmittel anfangs nur dem Bildnis- und Landschaftsfache zu gute kamen, allmählich auch auf das Gebiet der Reproduktion gezogen wurde und auch hier ihre Leistungsfähigkeit glänzend erprobte. Die Wiedergabe von Stichen, Holzschnitten und Gemälden wurde früher hauptsächlich durch Stahlstich oder Lithographie besorgt und die Verdienste dieser Kunstzweige um Kunst und Wissenschaft sind hinlänglich bekannt; die Photographie hat jedoch vor ihnen den Vorteil der genauen und schnellen Wiedergabe voraus, sie kann alles, was auf dem Original charakteristisch ist, wie harte Übergänge, zarte Abtonung, Impastierung und Basierung, selbst den Pinselstrich oder die Natur des Materials vollkommen genau und in kurzer Zeit reproduzieren. Kein Wunder also, daß kunstsinnige Photographen und Verleger schon frühzeitig aus diesen Vorzügen Nutzen zogen und bald eine große Reihe photographischer Publikationen entstand, welche im Kunsthandel eine neue Ära schufen. Schon im Jahre 1853 machte der berühmte Pariser Photograph Disdéri in seinem Werke über „Photographie als bildende Kunst“ (deutsche Ausgabe: Düsseldorf 1864) den Vorschlag zu einer umfassenden photographischen Publikation, indem er auf die Schöpfungen alter Meister von Pinsel, Meißel und Kelle hinwies; er riet, die bedeutendsten Kunstwerke aller Völker und Zeiten zu kopieren und sie in den Dunst der Hütten wie in den Glanz der Paläste hinauszuschicken, damit sie ein beredtes und belehrendes Zeugnis ablegten von den Gedanken und Ideen der schöpferischen, bahnbrechenden Geister. Und dem Worte ließ Disdéri die That auf dem Fuße folgen, indem er 1855 sein „Album de Versailles“ veröffentlichte. Sein

Vorgang fand Nachahmung, nicht nur in Frankreich, sondern in der ganzen gebildeten Welt. In Deutschland war der Photograph Joseph Albert in München einer der ersten, welche photographische Reproduktionen von Ölgemälden in den Handel brachten; er begann mit der Kopie von Kirchners Aquarellbild aus König Ludwigs I. Album, die er in einer Auflage von 500 Exemplaren herausgab. Liebhaber und Fachphotographen beeiferten sich, die ihnen zugänglichen Kunstschätze zu reproduzieren; allein ein Übelstand trat dabei hindernd in den Weg: die eigentümliche Wiedergabe der Farben durch die photographischen Präparate, indem z. B. Zinnoberrot und Krapprot, welche durch Mischen dieselbe Farbe geben, auf dem Negativ in ganz verschiedener Nüancierung auftreten; Gelb, Rot, Grün in der photographischen Aufnahme zu dunkel, Blau, Violett und Indigo aber zu hell wiedergegeben werden. Doch auch dieses letzte Hindernis hat der Fortschritt, das Wunderkind der Erfahrung und des Nachdenkens, aus dem Wege geräumt.

Die neuesten Versuche auf diesem Gebiete, auf welchem sich in Deutschland die Forscher Dr. E. Albert, Prof. Vogel, in England Hauptmann Abney und in Amerika Fr. E. Ives besonders verdient gemacht haben, sind von ungeahntem Erfolge begleitet gewesen, und die Resultate dieser Forschungen sind bereits der Praxis so sehr zu gute gekommen, daß gegenwärtig schon Platten in den Handel kommen, welche nach dem neuen orthochromatischen Verfahren bereitet und für die Reproduktionsphotographie, sowie zur Aufnahme stark farbiger Landschaften, von Industriegegenständen u. s. w. von ganz unschätzbarem Werte sind. Diese Platten geben nämlich sämtliche Farben, also auch die bisher schwierig aufzunehmenden, in ihrem richtigen Tonverhältnis wieder, wenn man während der Belichtung eine gelbe Glasscheibe vor das Objektiv der Camera stellt. Man kann sowohl Kollodium- wie Gelatineplatten orthochromatisch, d. h. farbenempfindlich machen, indem man sie entweder in gelber Farbstofflösung, z. B. in Curcumaextrakt, Eosin-, Azalin- oder Chlorophylllösung u. s. w. badet, oder indem man den Farbstoff bereits bei der Bereitung der Emulsion beimischt. Die Arbeit mit solchen Platten ist im übrigen dieselbe wie mit andern, gewöhnlichen Platten.

Um zu zeigen, welche Wirkung mit dem neuen Verfahren erzielt wird, geben wir hier die photographisch hergestellten Abbildungen von zwei Aufnahmen einer und derselben farbigen Lithographie; die erste davon wurde nach dem bisherigen Verfahren, die andre nach dem neuen Verfahren (mittels Chlorophyllplatte) angefertigt. Nun beachte man den Unterschied: der scharlachrote Hut, die purpurrote Feder, der gelbbraune Pelzkragen, das dunkelblaue Kleid, die roten Wangen des Originals, alles das ist auf dem ersten Bilde (Fig. 437) in fast gleichwertigem dunklen, detaillosen Ton wiedergegeben, keine Farbe ist von der andern zu unterscheiden; während auf der zweiten Reproduktion (Fig. 438) eine jede dieser verschiedenen Farben in ihrem richtigen Helligkeitswerte dargestellt ist.

Welchen Sieg hat mit dieser Errungenschaft die Photographie erfochten, welchen Gewinn die Reproduktionsphotographie durch diesen Fortschritt erworben! Keine Schranken sind ihr mehr gesetzt, unabsehbar ist das Gebiet, welches vor ihr liegt, denn nicht nur die Photographie als solche, sondern auch alle die in ihr wurzelnden Pressendruckverfahren ziehen Nutzen aus dieser Vervollkommnung; die Schöpfungen unsrer größten Meister werden jetzt erst in ihrer ganzen Schönheit in der Reproduktion zur Geltung kommen und die Kunst wird durch Vermittelung der Photographie aus Bibliotheken und Museen in die Familien dringen. Es werden photographische Publikationen entstehen, welche nicht nur der Gegenwart ein Genuß, sondern auch den nachfolgenden Generationen ein Denkmal des Könnens und Wissens unsrer Zeit sein werden.

Freilich hier, wo es sich um die Überlieferung auf spätere Geschlechter handelt, ist es sehr wichtig, daß die Bilder unvergänglich hergestellt werden, indem ein Vergilben derselben hier noch viel mehr Schaden anrichtet als in der Porträtphotographie. Nun, zum Glück ist man heute im stande, von wirklich unvergänglichen Photographien sprechen zu können; dieses sind allerdings keine Chlorsilberbilder, sondern sie bestehen aus Pigmenten, aus Kohle und aus Buchdruckerschwärze. Das Drucken dieser Bilder aber wird nicht im Kopierrahmen, sondern durch die Presse besorgt, weshalb diese Verfahren außer der Unvergänglichkeit der gefertigten Bilder noch den Vorzug besitzen, Massenarbeit liefern zu können.

Im Jahre 1856 setzte der Herzog von Luynes einen Preis von 10000 Frank aus für eine praktische Methode der Umwandlung photographischer Bilder in Platten, die sich durch die gewöhnlichen Mittel auf der Druckerpresse abziehen lassen und folglich unvergänglich sind; dieses Ziel ist nun vollständig durch den Kohledruck und durch die verschiedenen photographischen Pressendruckverfahren, als Lichtdruck, Heliographie u. s. w., erreicht.

Fox Talbot, der Erfinder der Talbotypie, beachtete zuerst die Eigentümlichkeit des doppeltchromsauren Kalis, mit organischen Substanzen, wie Gelatine, Albumin, Gummi u. s. w., unter dem Einflusse des Lichts eine unlösliche Verbindung einzugehen. Poitevin benutzte diese Thatsache zur Bereitung empfindlicher Papiere, indem er das Papier mit einem organischen Stoffe tränkte, dem ein Chromsalz zugefügt war. Nach dem Trocknen wurde das Papier unter einem Negativ belichtet und dann mit Druckerschwärze überzogen. Beim Eintauchen ins Wasser lassen die nicht vom Licht getroffenen Stellen die Schwärze fahren, weil sie vom Wasser gelöst werden; an den vom Lichte geänderten Partien bleibt dagegen die Schwärze haften, und zwar um so mehr, je mehr sie vom Lichte beeinflußt wurden.

Fig. 437—438. Reproduktion einer Chromolithographie nach dem alten Verfahren; mittels des orthochromatischen Verfahrens.

Ähnliche Prinzipien lagen dem Kohleverfahren von Pouncy zu Grunde. Er mischte eine gesättigte Lösung von doppeltchromsaurem Kali mit Gummi arabikum und fein zerriebener Pflanzenkohle und trug diese Mischung mit einem Pinsel gleichmäßig auf Papier, welches nach dem Belichten im Wasser ausgewaschen wurde. Überall, wo das Licht nicht eingewirkt hat, bleibt die Mischung löslich und wird mit der Kohle vom Wasser fortgenommen, während die durch das Licht unlöslich gewordene organische Materie auch die Kohle zurückhält. In neuerer Zeit haben Swan, Sawyer und Liesegang dieser Methode größere Ausbildung und Vollendung gegeben, während die Firma Braun & Comp. in Dornach sie mit großem Erfolge in der Praxis verwertet.

Zum Kohledruck gehört vor allen Dingen ein besonders behandeltes Papier, das man sich selbst auf zweierlei verschiedene Weise darstellen kann: entweder indem ein geeignetes kräftiges Handpapier mit einer Mischung von aufgelöster Gelatine und feinst verteiltem Kohlepulver aus chinesischer Tusche gleichmäßig bepinselt, oder man diesen gleichmäßigen Überzug mit einer zu diesem Zweck konstruierten Streichmaschine auf das Papier aufträgt. Statt der Kohle kann man der Gelatine auch jeden andern organischen Farbstoff beimengen, je nachdem man eine blaue, grüne, braune oder rote Kopie anfertigen will. Besonders geeignet zu diesem Zwecke sind Anilinfarben. Man nennt derartige Papiere Pigmentpapiere. Das nach der erwähnten Methode präparierte Pigment-Gelatinepapier läßt man trocknen und kann es in diesem Zustande lange aufbewahren. Selbst das Papier anzufertigen ist indes gar nicht nötig, da es in allen photographischen Handlungen zu haben ist. Dieses Pigmentpapier nun wird lichtempfindlich, sobald die aufgetragene Gelatine sich mit einem lichtempfindlichen Salze verbindet. Man benutzt zu diesem Zwecke vornehmlich Lösungen des doppeltchromsauren Kalis, chromsauren Natrons und des chromsauren Ammoniaks. Der erste der drei genannten Stoffe ist der gebräuchlichste. Das Verfahren der Herstellung eines Kohledrucks erfolgt nun folgendermaßen. Man setzt sich eine Lösung von 10 g doppeltchromsauren Kalis in 250 g destillierten Wassers an, schneidet sich ein Stück von dem Pigmentpapiere von der Größe des Bildes, welches man kopieren will, ab und taucht dasselbe auf ganz kurze Zeit, etwa 15—20 Sekunden, in die erwähnte Lösung ein; das chromsaure Kali dringt in die Pigmentmasse und macht die Gelatine lichtempfindlich. Das auf solche Weise mit lichtempfindlichem Material durchtränkte Papier wird sodann mit Nadeln auf ein Brett befestigt und im Dunkeln getrocknet. Ist dasselbe ganz trocken geworden, so legt man es (ebenfalls im Dunkeln) mit der Papierseite, welche die lichtempfindliche Schicht trägt, auf ein Negativ und exponiert es im Kopierrahmen dem Lichte, ebenso wie wir das für die Silberkopien weiter oben angegeben haben. Die Dauer der Lichtwirkung beträgt ungefähr den vierten Teil der Zeit, die eine Silberkopie verlangt, um diesen Zeitpunkt richtig zu treffen, exponiert man einen Streifen Chlorsilberpapier zugleich mit dem Pigmentpapier dem Lichte, zeigt das Chlorsilberpapier eine schokoladebraune Färbung, so ist das Pigmentbild genügend belichtet. Die Expositionsdauer beträgt im grellen Sonnenlichte circa 5—8, im hellen Tageslichte circa 25—40 Minuten. Während man bei den Silberkopien durch zeitweiliges Aufheben des Kopierrahmendeckels nachsehen kann, wie weit das Bild gediehen ist, indem sich solches auf dem Chlorsilberpapier allmählich entwickelt, kann man diese Kontrolle bei dem Pigmentverfahren nicht ausführen, indem das Bild in der schwarzen Kohleschicht verborgen bleibt und erst durch spätere Prozeduren zur Anschauung gebracht werden kann. Damit die Bilder nicht zu lange dem Lichte ausgesetzt seien, hat man auf Erfahrung begründete, eigne Lichtmeßinstrumente, sogenannte Pigmentdruckphotometer, erfunden, welche in bestimmten Zeiteinheiten die Wirkung des Lichts durch stufenweise Färbung von lichtempfindlichen Probepapieren angeben.

An allen Stellen des Pigmentpapiers, an welchen das Licht durch das Negativ hindurch eine Einwirkung erzielen konnte, ist nun nach der Exposition eine feste unlösliche Verbindung von Farbe, Gelatine und doppeltchromsaurem Kali entstanden, während diejenigen Stellen, welche im Negativ dunkel gewesen sind, also kein Licht durchgelassen haben, an den entsprechenden Stellen des aufliegenden Pigmentpapiers in dem Grade löslich geblieben sind, als das Licht das Negativ nicht durchdringen konnte. Es ist also die Aufgabe des Operateurs, durch eine geeignete Methode die vom Lichte nicht getroffene Stelle des Pigmentpapiers auszuwaschen, damit die unlöslich gewordenen Stellen, aus welchen das Bild besteht, zurückbleiben.

Zu diesem Behufe bringt man den Kopierrahmen in das dunkle Zimmer zurück, nimmt das belichtete Papier aus demselben heraus und taucht es sofort mit nach unten gekehrter Bildseite in kaltes Wasser, damit es mit letzterem durchtränkt werde und sich dann leicht auf eine Spiegelglasplatte anhefte; auf letztere wird es mittels eines Stück Kautschuks fest aufgepreßt. Die aus Gelatine und Kohle bestehende Bildschicht haftet dann auf der Glasplatte. Hierauf nimmt man die letztere und taucht sie in warmes Wasser von circa 40° C. Hat die Glasplatte einige Minuten in diesem warmen Bade verweilt, so versucht man durch Schieben und Drücken das Pigmentpapier von der Platte abzulösen. Bald wird eine schwarze, schmierige Masse an den Kanten des Papiers zwischen Papier und Glasplatte hervorquellen, und man ist nun im stande, von einer Ecke aus das Papier von der Glasplatte loszuziehen. Spült man in zarter Weise, um die feinen Details des Bildes zu schonen, die noch lösliche Gelatine durch allmähliches Übergießen vollkommen ab, so wird nach einigen Minuten ein klares, schwarzes Bild auf der Spiegelglasplatte zurückbleiben, welches aus der durch das Licht unlöslich gewordenen Verbindung von Gelatine, doppeltchromsaurem Kali und Farbe besteht. Es entsteht jetzt die weitere Aufgabe, dieses Bild auf Papier zu übertragen. Dabei kommt ein Umstand zu Hilfe, den wir vorhin zu erwähnen versäumt haben: es muß nämlich die Glasplatte, auf der das Bild zur Entwickelung gebracht werden soll, mit einer Lösung von Wachs in Äther oder einer andern fetten feinen Substanz, sowie mit einer feinen Kollodiumschicht überzogen worden sein, damit das Bild nicht auf dem Glase haften bleibe, sondern leicht auf einen andern Stoff abgezogen werden kann. Dazu benutzt man schließlich sogenanntes Übertragungspapier, das im Handel vorrätig ist und welches, nachdem das Bild in der geschilderten Weise auf der Glasplatte entwickelt ist, durch festes Andrücken mit der gelatinösen Masse in Zusammenhang gebracht wird. Man braucht darauf das Papier nur an das Bild der Glasplatte antrocknen zu lassen, um es nach einigen Stunden mit Leichtigkeit von einer Ecke aus wieder abziehen zu können. Das Bild der Glasplatte haftet jetzt fest auf dem Papier; anhaftende Fettteilchen des primären Glasüberzugs werden mit einem in Terpentinöl getränkten Schwämmchen entfernt. Diesem Verfahren der Herstellung von Kohlebildern hat man noch verschiedene Modifikationen gegeben, jedoch stehen dieselben an Einfachheit der genannten Methode nach, weshalb wir deren Erwähnung an dieser Stelle unterlassen können.

Außer auf Papier kann man die Kohlebilder von der Glasplatte aus auch auf jeden andern Stoff, auf Holz, Seide, Marmor, Silberplatten, Leder u. dergl., mit Leichtigkeit übertragen, wodurch der Ausdehnung des Kohleverfahrens eine bedeutende Zukunft auf dem gesamten Gebiete der Industrie gesichert ist.

Eine Verbindung des Kohleverfahrens mit dem Metalldruck ist das Photoreliefverfahren, welches Woodbury und Swan 1865 fast gleichzeitig fanden, das aber von Woodbury am meisten vervollkommnet und deshalb nach diesem „Woodburydruck“ genannt wurde. Er überzieht mit einer Lösung von Gelatine in Wasser (1 Gelatine : 5 Wasser), zu dem eine wässerige Lösung von doppeltchromsaurem Ammoniak (1 Ammoniak : 4 Wasser) gesetzt wird, gut polierte Glimmerblätter, nachdem diese mittels Anfeuchtens auf einer Glasplatte befestigt sind. Der getrocknete Überzug wird mit dem Glimmer nach dem Trocknen von der Glasplatte abgehoben und mit der Glimmerseite am Negativ belichtet. So erhält man, nach der Entfernung der unbelichteten Chromgelatine, durch Eintauchen in lauwarmes Wasser ein scharfes erhabenes Bild, von dem nun eine Druckform durch Abdrucken in weiches Metall mittels einer hydraulischen Presse hergestellt wird. Von diesen Hohlformen erhält Woodbury mittels einer mit Tusche gefärbten Gelatine Abdrücke auf Papier, von denen er in einer Woche 30—40000 herstellen kann. In neuerer Zeit hat der Erfinder dieses Verfahren aber noch wesentlich vereinfacht; das Abklatschen des Gelatinereliefs mittels der schweren und teuren hydraulischen Presse ist jetzt nicht mehr nötig, man benutzt jetzt zum Druck einfach ein Stanniolblatt, welches sich durch Überreiben mittels einer weichen Bürste den feinsten Vertiefungen des Reliefs anschmiegt und nachher durch einen galvanischen Kupferniederschlag oder durch Aufgießen einer Harzschicht genügend fest wird, um als Druckplatte zu dienen. Dies vereinfachte Verfahren des Reliefdrucks ist unter dem Namen Stannotypie bekannt.

Alle diese Methoden liefern allerdings unzerstörbare Bilder, dieselben haben aber nicht die schöne Tonabstufung und die Schärfe der Chlorsilberbilder. Ihnen näher stehen die Uranbilder von Niépce von St. Victor, dem Neffen des Erfinders der Photographie. Niépce von St. Victor war von einem ebenso unermüdlichen Forschergeiste beseelt wie sein Oheim. Er wurde am 26. Juli 1806 in St. Cyr, in der Nähe von Chalons-sur-Saone, geboren und trat frühzeitig in die Armee ein. In dem einförmigen Garnisonleben verstrich sein Leben ohne Inhalt und Bedeutung, bis eines schönen Tags ein Zufall demselben eine ernstere Richtung gab. Ein Tröpfchen Zitronensaft hatte seine krapprote Uniformhose fleckig gemacht, und umsonst bemühte sich der besorgte Offizier, den Fleck fortzuschaffen. Nachdem er mehrere Mittel vergeblich probiert, gelang es ihm endlich, mit einem Tropfen Ammoniak die Farbe wieder herzustellen. Die Thatsache frappierte ihn, er machte weitere Studien über die Einwirkung der Säuren auf Farbstoffe und war bald darauf im stande, seiner Regierung durch seine Kenntnisse eine Summe von wenigstens 100000 Frank zu ersparen. Es war nämlich beschlossen worden, bei 13 Kavallerieregimentern die Farbe der

Aufschläge, Kragen u. s. w. zu verändern; die Unternehmer, mit denen man verhandelte, forderten für jede Uniform 6 Frank. Da trat Niépce mit einem neuen Mittel auf, wodurch sich die Kosten auf einen halben Frank reduzierten. Und die Regierung — hat ihn reich belohnt, nicht wahr? Im Gegenteil, der bescheidene Dragoneroffizier, welcher selbst die Kosten einer Reise nach Paris bestritten hatte, um dem Minister die Resultate seiner Forschungen mitzuteilen, begnügte sich mit der Zusage, daß er bei nächster Gelegenheit nach Paris versetzt werden solle. Der erste Erfolg seiner Studien verdoppelte seine Anstrengungen, und bald war er mit der Chemie hinlänglich vertraut, um die Forschungen seines Oheims aufnehmen zu können. Aber ihm fehlten die Bücher und Hilfsmittel, welche nur Paris bieten konnte. Endlich, nach dreijährigem Harren, gelang es ihm, dorthin versetzt zu werden. Nun beginnt eine Reihe von Entdeckungen, die ebenso viele Bausteine zum Wunderbau der heutigen Photographie abgaben. Zu diesen Entdeckungen gehört auch das Uranverfahren, welches wir in folgendem besprechen wollen.

Das Papier, welches man hierzu verwendet, bedarf keiner besonderen Vorbereitung, nur muß man es mehrere Tage im Dunkeln aufbewahrt haben. Um es empfindlich zu machen, wird es einige Minuten auf eine Auflösung von salpetersaurem Uranoxyd in destilliertem Wasser gebracht und dann im Dunkeln getrocknet. Die so bereiteten Blätter bleiben lange empfindlich. Wenn sie in der Sonne etwa zehn Minuten und im Schatten eine Viertelstunde bis zu einer Stunde unter dem Negativ exponiert sind, zeigt sich ein schwaches Bild, welches durch Eintauchen in ein Bad von essigsaurem Silberoxyd verstärkt werden kann. Statt dieses Bades läßt sich auch eine Auflösung von Goldchlorid verwenden. In beiden Fällen werden die Bilder durch ein einfaches Waschen in gewöhnlichem Wasser fixiert. Der chemische Vorgang ist ganz derselbe, wie in den beiden vorhergehenden Fällen, indem dort wie hier vom Licht getroffene Teile des Salzes unlöslich werden. Die Uranbilder sind durch chemische Mittel unangreifbar, sie widerstehen selbst einer kochenden Cyankaliumlösung. Das Verfahren besitzt jedoch den Übelstand, daß es sehr schwer ist, ein kräftiges Bild dabei zu erlangen; auch läßt sich nicht mit Bestimmtheit behaupten, daß die Lichter mit der Zeit nicht dunkeln können, da es noch keineswegs feststeht, ob durch das Auswaschen auch alles noch lichtempfindliche Salz aus dem Papier entfernt wird.

Vor Niépce hatte schon 1857 der englische Forscher Burnett ein Uranverfahren empfohlen, worin das Uransalz zum Kollodium gesetzt und mittels desselben auf dem Papier ausgebreitet wird. Burnetts Angaben sind von dem Hofphotographen Wothly in Aachen zu einem interessanten Verfahren ausgebildet worden, welches derselbe als „Wothlytypie" bezeichnete. Wothlys Bilder durften mit den Leistungen der alten Methode an Schönheit mindestens konkurrieren; daß sie nicht dauerhafter waren, hatte seinen Grund darin, daß sie den Krebsschaden des Chlorsilber- und Albuminverfahrens, die Fixierung mit unterschwefligsaurem Natron, ebenfalls nicht entbehren können. Wothly versetzte Kollodium mit salpetersaurem Uranoxyd und salpetersaurem Silberoxyd und trug dieses auf ein vorher mit Arrowroot präpariertes und dann satiniertes Papier. Nach der Belichtung kam die Kopie in verdünnte Essigsäure, wurde ausgewaschen und in ein Chlorgoldbad getaucht. Dann legte man sie in das unterschwefligsaure Natron, dessen Anwendung keineswegs, wie von Wothly anfangs behauptet wurde, ganz zu vermeiden war.

Neben den mitgeteilten Verfahren gibt es noch eine Reihe von ähnlichen Versuchen, die mehr oder minder zweckentsprechend sind. Alle trifft aber der gleiche Tadel, daß sie das Chlorsilber- und Albuminverfahren nicht erreichen und nicht Bilder von gleichmäßiger Güte liefern. Beide Punkte müssen aber erfüllt werden, wenn die Photographie für wissenschaftliche Zwecke Verwendung finden soll.

Die Chlorsilberphotographie selbst aber kann sich auf die Länge nur halten für Auflagen, welche zu klein sind, um weitere Vorbereitungen lohnend zu machen; für größere Auflagen ist das Albumindruckverfahren zu umständlich, hier, wo es sich um Massen handelt, muß die Presse hilfreich eintreten, und in der Vervielfältigung der photographischen Aufnahme durch die Druckpresse liegt die Zukunft der Photographie.

Das erkannte schon der ältere Niépce, dessen ursprüngliches Bestreben nur darauf gerichtet war, Bilder für den Druck herzurichten. Derselbe überzog die Metallplatten, welche später als Druckstock dienen sollten, mit Asphalt, welche Substanz die Eigenschaft besitzt, zufolge der chemischen Veränderungen, welche das Licht mit ihr vornimmt, unlöslich zu werden und in diesem Zustande solchen Flüssigkeiten Widerstand zu leisten, durch welche sie vor der Lichteinwirkung aufgelöst wurde. Zu diesen Flüssigkeiten gehören besonders gewisse Sorten von flüchtigen Ölen, z. B. Lavendelöl; in diesem Öle löst sich der Asphalt leicht, wird er aber eine Zeitlang der Wirkung des Lichts ausgesetzt, so übt das Öl auf die vom Licht getroffenen Stellen keine Gewalt mehr aus, während die gegen das Licht geschützt gebliebenen Stellen ihre Löslichkeit bewahrt haben. Diese Erscheinung, aus welcher Niépce der Ältere zuerst für heliographische Zwecke Nutzen zog, bildet noch heute die Grundlage der für die moderne Heliographie höchst wichtigen Asphaltmethode. Niépce machte zunächst das zu kopierende Bild mittels eines Firnisses durchsichtig, legte dasselbe auf die mit Asphalt präparierte Metallplatte und stellte beides eine Zeitlang ins Licht. Das Sonnenlicht prägte nun das Bild der Zeichnung genau in die Asphaltschicht ein, d. h. es drang durch die um die Zeichnung herumliegenden durchsichtigen Stellen des Papiers hindurch und machte die darunter befindlichen Asphaltteile unlöslich, ließ aber die Striche des Bildes, durch welche es nicht hindurchdringen konnte, also die Zeichnung selbst, auf der Asphaltschicht unberührt. Beim Benetzen mit Lavendelöl löste sich deshalb nur die letztere, die Zeichnung, von der Metallplatte ab und war alsdann durch die durchscheinenden blanken Metallinien vertreten. Diese letzteren ließen sich dann aber leicht durch Scheidewasser tief ätzen. Auf solche Weise erhielt Niépce Platten, welche für den Kupferdruck geeignet waren, die Resultate blieben jedoch noch so mangelhaft, daß Niépce seine Versuche schließlich aufgab.

Fig. 439. Niépce von St. Victor.

Eine Zeitlang, nämlich während des Freuderausches, in welcher die Welt zufolge Daguerres Erfindung verfallen war, dachte niemand mehr an irgend welche heliographischen Versuche, bis eines Tags die Mitteilung gemacht wurde, dem Doktor Donné sei es gelungen, die Daguerresche Platte durch Ätzung druckfähig zu machen. Diese Nachricht erregte ungemeines Aufsehen und man gab sich allgemein den größten Hoffnungen hin. Allein die Sache war einstweilen noch nicht viel wert; es gelang dem Doktor Donné zwar, mittels verdünnter Salzsäure das Silber anzugreifen, ohne dabei die Quecksilberschicht zu verletzen, und solcherweise eine druckfähige Platte zu liefern, doch war es bei der außerordentlichen Zartheit der Quecksilberschicht nicht möglich, eine kräftige Ätzung vorzunehmen, weshalb die Platte nur eine sehr beschränkte Anzahl von Drucken lieferte. Ein andrer französischer Forscher, Namens Fizeau, erreichte viel bessere Resultate, indem er die Platte vor der Ätzung auf galvanischem Wege vergoldete und die fertig geätzte Platte mit einer galvanischen Kupferschicht überzog, damit sie mehr Abzüge aushalten sollte — allein das Verfahren war noch zu umständlich und zu unsicher und fand deshalb keine praktische Anwendung. In gleicher Weise operierte Berra in Wien, jedoch mit ebenso geringem Erfolg.

Glücklicher als der ältere Niépce war dessen Neffe Niépce von St. Victor mit seinen heliographischen Versuchen, der die Resultate seiner Forschungen in dem Buche „Traité pratique de la gravure héliographique“ (1856) vollständig dargelegt hat.

Nachdem die Stahlplatte gut gereinigt und poliert war, trug er einen Firnis von Benzin, Zitronenschalenöl und Judenpech auf. Der getrocknete Firnis wurde nun mit einem positiven Lichtbild bedeckt und exponiert; dann wurden die vom Licht nicht veränderten Teile des Firnisses durch ein Gemisch von Naphtha und Benzin entfernt und schließlich die Platte mit Wasser abgespült und getrocknet. Damit war ein Teil der Operation beendet, es blieb nur noch das Ätzen übrig. Dies geschah durch Salpetersäure, die stark mit Wasser und Alkohol verdünnt wurde. Besser wirkte aber in gewissen Fällen eine gesättigte Lösung von Jod in Wasser. Wenn das Ätzmittel hinlänglich gewirkt hatte, wurde es mit Wasser fortgespült, und die Platte war nun zum Druck hergerichtet. Niépce hat nach dieser Methode Platten hergestellt, die ohne Nachhilfe des Graveurs tadellose Abdrücke gaben.

Ein ähnliches Verfahren wurde von Fox Talbot angegeben. Nur verwendete er als empfindliche Schicht nicht Judenpech, sondern das doppeltchromsaure Kali in Verbindung mit Gelatine. Nach der Belichtung wurde das Bild durch eine wässerige Lösung von Eisenchlorid in den Stahl geätzt. Das vom Licht getroffene Chromsalz hatte sich reduziert und war mit der Gelatine eine unlösliche Verbindung eingegangen. Wo dies geschehen war, also auf der ganzen Bildfläche, wurde die wässerige Lösung des Eisenchlorids nicht absorbiert, sondern zurückgestoßen und so das Metall vor der Einwirkung des Ätzmittels geschützt, während an den vom Lichte nicht veränderten Stellen der Platte das Metall selbst angegriffen wurde. Daß die Methode von praktischem Wert ist, hatte Talbot durch die schönen Probebilder der Ausstellung von 1862 bewiesen.

Abweichend von den eben mitgeteilten Methoden, suchte Paul Pretsch aus Wien durch die Vereinigung zweier Künste, der Photographie und Galvanographie, dasselbe Ziel zu erreichen. Eine Glasplatte wurde zuerst mit einer Mischung von doppeltchromsaurem Kali und Gelatine überzogen und dann auf dieser Fläche durch die Wirkung des Lichtes ein Bild erzeugt. Nun kam es darauf an, erhöhte und vertiefte Flächen auf dem Glase zu erhalten. Zu dem Ende wurde Wasser angewendet. Die Gelatine hat nämlich die Eigenschaft, durch Einsaugen von Wasser aufzuschwellen, eine Eigenschaft, welche die mit doppeltchromsaurem Kali verbundene Gelatine unter dem Einflusse des Lichtes verliert. Durch das aufgegossene Wasser schwellen also nur die Teile auf, welche vom Lichte unberührt geblieben; das Bild senkt sich. Man stellte nun eine Guttaperchaform vom Bilde her, machte diese durch Kohlenpulver leitend und schlug auf galvanischem Wege Kupfer darauf nieder. Die so erhaltenen Kupferplatten wurden auf gewöhnliche Weise zum Druck verwendet. Pretsch lieferte als Belege während der Ausstellung von 1862 eine große Reihe trefflicher Bilder.

Das ganze Gebiet der neueren heliographischen Verfahren zerfällt der praktischen Anwendung nach in drei Klassen, je nachdem die Druckplatte durch Ätzen, durch Abformung oder durch die physisch-chemische Reaktion zwischen zwei Stoffen hergestellt wurde. Bei ersterer wird das zu vervielfältigende Bild durch die Einwirkung einer Säure in die Druckplatte vertieft, eingraviert; im zweiten Falle wird das durch Belichtung einer Chromgelatineschicht unter einem Negativ und durch Auswaschen derselben erhaltene Reliefbild mittels des galvanischen Niederschlags oder dergleichen abgeformt und ein dem Reliefbild genau entsprechendes Intagliobild geschaffen. Die dritte Klasse der heliographischen Verfahren beruht auf dem Prinzip der Lithographie.

Aus der ersten Gruppe, bei welcher die ätzende Säure die Stelle des Grabstichels vertritt, haben wir bereits das Verfahren von Niépce senior und junior sowie dasjenige von Talbot erwähnt. Einer der hervorragendsten Vertreter dieser Gruppe war E. Baldus, ein Deutscher von Geburt, der aber nach Frankreich übergesiedelt war und der sich seit Anfang der fünfziger Jahre sehr erfolgreich mit heliographischen Forschungen abgab. Anfangs operierte Baldus in ähnlicher Weise, wie Niépce es gethan hatte, d. h. er benutzte bei seinen Arbeiten Asphalt, Lavendelöl und Scheidewasser; da ihm diese Methode aber keine genügenden Resultate lieferte, probierte er weiter und fand dann auch bald ein ganz originelles und sehr sinnreiches Verfahren. Er überzog nämlich eine polierte Kupferplatte mit einer sehr lichtempfindlichen Substanz, in der Hauptsache aus Chrom und Ammoniak bestehend, und belichtete dieselbe, solange sie noch naß war, einige Minuten lang unter einem photographischen Negativ. Das Sonnenlicht trocknet die Platte an den Stellen, mit denen es in Berührung kommt, augenblicklich und läßt ein in hellbrauner Farbe schwach sichtbares Bild zurück. Gleichzeitig aber wird die Platte an diesen Stellen durch den chemischen Prozeß, welcher mit dem Trocknen verbunden ist, verändert, die beschatteten Teile kristallisieren, und infolgedessen wird das ganze Bild mehr oder weniger porös, so daß es dann zur Ätzung mit Eisenchloridlösung geeignet ist. Die von Baldus auf diese Weise hergestellten Heliographien sahen Aquatintablättern sehr ähnlich und zeichneten sich durch große Feinheit und Zartheit in den Halbtönen aus. Daß sich durch Abformung auch Hochdruckplatten (für den Buchdruck) mit dieser Methode herstellen ließen, zeigt die Fig. 440.

Auf der Pariser Ausstellung von 1867 erhielt ein heliographisches Kunstblatt, „Das Schloß von Maintenon" betitelt, den ersten Preis; dieses prächtige Blatt war in der Anstalt von Garnier hergestellt worden, es war von einem Aquatintastich nicht zu unterscheiden. Garnier zog bei seinem Verfahren aus einer Eigentümlichkeit gewisser honig- oder sirupartiger Schichten Nutzen, welche Eigentümlichkeit darin besteht, daß diese Schichten die Feuchtigkeit der Luft absorbieren, solange sie löslich bleiben. Belichtet man also eine derartige Schicht — welche natürlich durch Beimischung von Chromsalz oder dergleichen lichtempfindlich gemacht werden muß — unter einem photographischen Negativ, so werden diejenigen Stellen des Bildes, welche den Sonnenstrahlen zugänglich sind, also die im Negativ durchsichtigen Stellen, nach einiger Zeit hart, während die vom Licht verschont gebliebenen Stellen ihren früheren hygroskopischen Zustand bewahren.

Fig. 440. Druck von einer Baldusschen Hochdruckplatte.

Beim Aufstreuen eines feinen Harzpulvers bleibt dieses infolgedessen nur an den noch feuchten Partien des Bildes haften, während die andern hart gewordenen Stellen dasselbe mehr oder weniger, je nach dem Grade ihrer Belichtung, abstoßen. Nun erwärmt man die Metallplatte schwach, damit das Harzpulver schmilzt und fest haftet, und ätzt sie alsdann. Während des Ätzens dient das Harzpulver als Deckgrund, d. h. es läßt die Säure nur da am stärksten wirken, wo das Pulver am spärlichsten am Bilde haftet. Nach beendeter Ätzung entfernt man das überflüssige Harzpulver durch flüchtige Öle, in denen es löslich ist. Es lassen sich auf diese Weise sehr schöne Resultate erzielen, was denn auch Garnier mit seinen Arbeiten bestens bewiesen hat.

Poitevin hat ein Verfahren angegeben, welches in direkter Ätzung einer mit einer Photographie ausgestatteten Kupferplatte besteht. Die Kupferplatte wird nämlich, wie bei dem oben geschilderten Pigmentdruckverfahren, mit einer chromsaure Salze enthaltenen Gelatineschicht überzogen und dem Lichte unter einem Negativ im Kopierrahmen exponiert. Überall, wo das Licht nicht durch das Negativ durchwirken konnte, bleibt die Gelatinemasse löslich; wird also die Kupferplatte in das dunkle Zimmer zurückgebracht und mit warmem Wasser abgewaschen, so bleibt ein Bild auf derselben zurück, dessen Konturen von der chromsauren Gelatineschicht und dem Kupfer gebildet werden. Eine Eisenchloridlösung über diese Kupferplatte gegossen, wirkt als Ätzungsmittel und greift die Platte an allen den Teilen an, die nicht durch die Gelatine geschützt sind. Nach der solchergestalt ausgeführten Ätzung wird die Gelatine auf mechanische Weise entfernt, die geätzte Platte aber in bekannter Weise durch Einwalzen mit Druckschwärze zum Kupferdruck verwendet.

Noch gegenwärtig wird eine Modifikation dieses Verfahrens in der Reichsdruckerei zu Berlin ausgeübt. Die betreffende Methode beruht auf dem Pigmentdruck, wie er auf Seite 576 beschrieben wurde. Man stäubt die Kupferplatte mit feinem Asphaltpulver ein und fixiert dasselbe durch Erwärmen der Platte, so daß sich also über die ganze Metallfläche hin ein regelmäßiges feines Korn bildet. Von dem betreffenden Negativ stellt man durch nochmalige photographische Aufnahme ein Glaspositiv her und überträgt dasselbe durch Kopierung auf Kohlepapier. Das belichtete Papier legt man in kaltes Wasser, worin es weicht, und quetscht es alsdann auf die gekörnte Kupferplatte. Um das bis jetzt noch nicht sichtbare Bild zu entwickeln, benetzt man das Kohlepapier mit heißem Wasser, infolgedessen sich die auf dem präparierten Papier vom Licht nicht getroffenen, weich gebliebenen Stellen lösen und beim Abziehen des Papiers ein negatives Chromgelatinenegativ auf der Platte zurückbleibt. Dasselbe wird mit Chloreisen geätzt, anfangs mit starker, nach und nach mit immer schwächerer Lösung. Durch Einlegen in die starke Lösung koaguliert, d. h. gerinnt die Gelatine des Negativs, infolgedessen nur die gelatinearmen Stellen der Platte, d. h. die tiefen Schatten, von der Säure angegriffen werden; wenn die Platte aber in die verdünnte Lösung gelegt wird, so durchdringt dieselbe auch die dickere Gelatineschicht und ätzt die Halbschatten, während an denjenigen Stellen, an welchen die Gelatine am dicksten ist, die Metallplatte unberührt bleibt. Allerdings läßt sich bei dieser Methode die Platte nur sehr seicht ätzen, weshalb sie auch nur eine geringe Anzahl von Drucken liefern kann.

Die Anwendung der zweiten Gruppe, der Abformungsmethode, haben wir schon bei Erwähnung der Arbeiten Paul Pretschs kennen gelernt; die mehrfach beschriebene Eigentümlichkeit der Chromgelatine dient hierbei nicht zum Ätzen der Platte, sondern zum Abformen mittels Gips, mittels galvanischen Niederschlags u. s. w. Das photographische Chromgelatinereliefbild, welches dabei als Unterlage dient, läßt sich auf zweierlei Art erhalten. Entweder durch Einlegen der belichteten Schicht in kaltes Wasser, wodurch die mehr oder weniger unbelichtet gebliebenen Stellen im Verhältnis ihrer Belichtung aufquellen, oder aber durch Einlegen in warmes Wasser, wodurch eben diese Stellen sich lösen und auswaschen lassen. Im ersteren Falle bildet sich also ein Relief, im letzteren ein Intaglio.

Pretsch und Poitevin waren die ersten, welche nach dieser Richtung hin arbeiteten, ihnen folgte Placet, dessen Leistungen sich noch jetzt mit heliographischen Kunstblättern ersten Ranges messen können, in neuester Zeit aber sind die hervorragendsten Vertreter dieser Methode Scamoni, Goupil und die Wiener k. k. militär-geographische Anstalt.

Georg Scamoni, Beamter in der Expedition zur Anfertigung der Staatspapiere in St. Petersburg, stellt auf einer Spiegelglasplatte ein positives Bild aus metallischem Silber auf photographischem Wege dar, indem er das in pulverigem Silberniederschlage in geringer Menge noch zurückgebliebene Jodsilber während des photographischen Prozesses unter Einwirkung des Tageslichtes so lange mit salpetersaurer Silberlösung und Pyrogallussäure verstärkt, bis eine ziemlich auffällige Erhöhung des Silberbildes sich bemerkbar macht. Dieses auf rein photographischem Wege erzeugte Reliefbild wird nun mit einer feinen Graphitschicht gleichmäßig betupft, welche als galvanischer Leiter dient und im galvanoplastischen Apparate eine Kupferschicht auf das erwähnte photographische Reliefbild sich niederschlagen läßt. Die Dauer des bezüglichen galvanoplastischen Prozesses ist, je nachdem man die zu gewinnende Matrize stark oder schwach benötigt, auf drei bis sechs Tage auszudehnen. Die Linien der galvanoplastischen Kupferplatte erscheinen vertieft; durch eine möglichst sorgfältige Politur aller Lichtstellen wird die Platte für den Kupferdruck vollendet, während deren Linien, um für Buchdruck dienen zu können, nach den Vorschriften der Chemitypie erhöht werden müssen. Scamoni hat sein Verfahren in einem trefflichen Spezialwerke („Die Heliographie“, Berlin 1872) beschrieben.

Die berühmte Kunstdruckerei von Goupil & Co. (jetzt Boussod, Valadon & Co.) in Asnières bei Paris, deren Blätter gegenwärtig den Kunstmarkt beherrschen, stellt die Reliefs wieder mittels Chromgelatine, welcher pulverige Zusätze beigemischt werden, her. Es werden dort dieselben Gelatinefolien, derer man sich beim Woodburydruck bedient und welche an der betreffenden Stelle näher beschrieben wurden, für diesen Zweck verwendet. Die Folien werden unter einem photographischen Negativ belichtet, mit der Kollodiumseite auf eine mit Kautschuk überzogene Spiegelglasplatte gequetscht und in heißem Wasser entwickelt. Hier löst sich in einigen Stunden die unbelichtet gebliebene Chromgelatine und es bleibt ein

Reliefbild zurück. Dasselbe wird von der Glasplatte abgezogen und, wenn es getrocknet ist, mittels einer hydraulischen Presse in eine Bleifolie eingedrückt. Das Relief wird nämlich, wenn es aus dem heißen Wasser genommen und dem Lichte ausgesetzt wird, steinhart, so daß es den starken Druck in der Presse sehr wohl aushält. Das Bleiklischee ist aber für den Druck zu weich, es wird deshalb noch zweimal im galvanoplastischen Apparat abgeformt. In der Goupilschen Druckerei befinden sich verschiedene Vorrichtungen zur Erzeugung des elektrischen Stromes, Tag und Nacht brennen Gasflammen zur Erwärmung von Metallplatten von verschiedener Wärmeleitungsfähigkeit, welche die Ablagerung des galvanischen Kupfers bewirken. Das Klischee bleibt etwa acht Tage lang in diesem Bade, und wenn die Abformung fertig ist, zeigt sie ein nur ganz wenig vertieftes Bild; die Vertiefungen dürfen indessen nicht zu stark ausgeprägt sein, weil sie sonst den Abdruck nur mit Farbe überladen würden.

Großes Aufsehen erregten auch auf der Spezialausstellung in Wien im Jahre 1883 die farbigen Heliogravüren der Goupilschen Druckerei, die prächtigen Blätter konnten in der That als das Endziel der heliographischen Leistungsfähigkeit gelten. Der Farbenauftrag geschieht hierbei auf der fertigen Druckplatte. Die betreffenden Ölfarben werden mit der Fingerspitze oder mittels eines Tampons auf die betreffende Stelle der Platte aufgerieben und gleich wieder vorsichtig abgewischt, so daß sich die Farbe immer nur in der richtigen Kontur zeigt. Diese Manipulation wird mit allen Stellen der Platte vorgenommen, die letztere zum Schluß noch einmal auf der ganzen Oberfläche mit der Hand abgewischt, gereinigt und in die Presse gebracht. Natürlich hängt das Gelingen gänzlich vom Geschick des Druckers ab, aber deswegen kann man auch so vortreffliche Blätter wie die Goupilschen unbedingt als wirkliche Kunstleistungen bezeichnen.

Fig. 441. Heliographie von Poitevin. (Nach einer Federzeichnung.)

Auch in dem k. k. militär-geographischen Institut in Wien wird unter Leitung des Oberstleutenant **Volkmer**, einer Autorität auf diesem Gebiete, die Heliographie ähnlich wie bei Goupil unter Verwertung der Elektrolyse ausgeübt, und namentlich findet dieselbe dort Anwendung bei der Reproduktion von Generalstabskarten. Welch ungeheuren Gewinn an Zeit, daher auch an damit verbundenen Kosten die Heliographie repräsentiert, mag aus dem Umstande entnommen werden, daß mittels dieses Verfahrens seit dem Jahre 1872, also innerhalb zwölf Jahren, in genanntem Institut nahezu 3000 heliographische Druckplatten hergestellt wurden, wovon ca. 550 Platten der neuen Spezialkarte der österreichisch-ungarischen Monarchie im Maßstabe von 1: 75000 angehören, welches Kunstwerk durch Kupferstich, bei der sehr beschränkten Zahl verfügbarer, geschulter Kupferstecher, Generationen zu seiner Durchführung und Fertigstellung erfordert hätte, so aber innerhalb der nur kurzen Frist von 15 Jahren beendet sein wird.

Die dritte Gruppe, von der wir noch zu sprechen haben, ist diejenige, bei welcher der Druck kein rein mechanischer Vorgang ist, sondern die Folge einer physisch-chemischen Reaktion zwischen zwei Stoffen, wie bei der Lithographie. Fette Flüssigkeiten, wie Öl oder Harzstoffe, haften aneinander, Wasser oder Gummiwasser aber, mit Fettstoff in Berührung gebracht, wird von diesem entschieden abgestoßen. Bei der Lithographie zeichnet man das Bild mit fetter Tusche oder Kreide auf einen porösen Kalkstein, der die Feuchtigkeit sofort einsaugt, überzieht ihn dann mit einer dünnen Lösung von Gummi und Scheidewasser und wäscht ihn nach dem Trocknen mit Terpentinöl ab. Hierdurch verschwindet plötzlich das Bild vom Stein; feuchtet man denselben jedoch mit Wasser an und walzt ihn mit Schwärze ein, so kommt das Bild wieder mit allen Einzelheiten zum Vorschein. Diese Erscheinung erklärt sich einfach dadurch, daß beim Abwaschen des Steins die aus Fettstoff bestehenden Linien des Bildes kein Wasser, beim Einwalzen des Steins aber die mit Wasser gesättigten Stellen keine Schwärze annehmen. Auf diesem Prinzipe beruhen auch die verschiedenen heliographischen Reaktionsverfahren, zunächst die Photolithographie.

Der lithographische Stein wurde schon im Jahre 1852 zu heliographischen Versuchen benutzt, also noch früher als man daran dachte, die Stahl- und Kupferplatte zur Vervielfältigung der photographischen Bilder zu verwenden. Eine große Reihe namhafter Forscher, unter diesen auch Poitevin, wandten sich dem photographischen Steindruck zu, aber anfangs waren die Versuche noch von wenig Erfolg begleitet. John Osborne aus Melbourne war der erste, welcher nach diesen Fehlversuchen im Jahre 1859 das Richtige traf. Er überzog albuminiertes Papier mit einer Lösung von doppeltchromsaurem Kali und Gelatine, das hieraus erhaltene Bild übertrug er auf den Stein. Dieselbe Methode, oder wenigstens eine Methode, die in ihren Grundzügen mit Osbornes Angaben übereinstimmt, hat E. J. Asser in Amsterdam durchaus selbständig gefunden. Da sein Verfahren in der „Zinkographie des Oberst James“ eine folgenreiche Ausbildung gefunden, wollen wir gleich davon reden. Asser überzieht ungeleimtes Papier mit einer Auflösung von Stärke in Wasser und bringt es nach dem Trocknen auf eine gesättigte Lösung von doppeltchromsaurem Kali in Wasser. Das nun im Dunkeln getrocknete Papier gibt von einem kräftigen Negative nach einer kürzeren oder längeren Belichtung ein schönes braunes Bild auf orangefarbenem Grunde, welches durch Ausspülen in Wasser fixiert wird und dann durch Ausbreiten auf einer stark erhitzten Marmorplatte die Fähigkeit erhält, Druckerschwärze leicht anzunehmen. Nachdem das etwas angefeuchtete Papier damit überzogen ist, bringt man dasselbe auf einen lithographischen Stein und zieht es mit diesem durch die Presse. Hier entsteht ein reines und klares Bild, welches in gewöhnlicher Weise vervielfältigt werden kann. Im Jahre 1860 wurde dies Verfahren in dem Büreau der Landesvermessung (Ordnance Survey) zu Southampton angenommen und nach und nach in einzelnen Punkten verbessert. Statt auf den lithographischen Stein wird das Bild auf Zink übertragen und mit einem schwachen Ätzmittel, aus verdünnter Phosphorsäure in Gummiwasser, eingeätzt. Oberst James, der Direktor der Landesvermessung, hat die Photo-Zinkographie zuerst zur praktischen Verwendung gebracht. Die bisher erwähnten Methoden der Heliographie, der Photolithographie, des Photozinkdruckes u. s. w. haben dadurch für Kunst und Wissenschaft eine Bedeutung erlangt, daß man mit jenen Verfahrungsweisen Zeichnungen in Strichmanier auf eine ebenso naturgetreue als rasche Weise mittels Pressendrucks zu vervielfältigen im stande ist.

Die Weichheit des photographischen Tons aber und die natürlichen Übergänge von Licht und Schatten, die Zartheit der Halbtöne konnten bis vor kurzem durch den photographischen Zink- oder Steindruck nicht wiedergegeben werden, das Verfahren eignete sich nur zur Reproduktion von Vorlagen, welche in Strichen, Linien oder Punkten, nicht in zusammenhängenden, gedeckten Tonflächen ausgeführt waren. Doch auch dieses Problem der Halbtonübertragung auf den Lithographiestein ist in neuester Zeit glücklich gelöst worden. Nach dem neuen Verfahren der verdienten Firma C. Angerer & Göschl in Wien lassen sich photographische Naturaufnahmen ebensowohl wie Reproduktionen von Gemälden, Tuschzeichnungen, kurz alle möglichen und in jeder Manier ausgeführten Vorlagen durch Steindruck unter Bewahrung der Halbtöne und des ganzen Charakters des Bildes vervielfältigen. Die Drucke weisen ein so feines Korn auf, daß dasselbe in keiner Weise störend wirkt, und im übrigen sind sie von außerordentlicher Schärfe und Klarheit. In London wird seit längerer Zeit schon ein ähnliches, „Ink-Photo“ genanntes Verfahren durch die Firma Sprague & Co. in London kommerziell ausgebeutet, indessen scheint die Reproduktion bisweilen noch Schwierigkeiten darzubieten, welche das deutsche Verfahren nicht kennt.

Die photographischen Stein- und Zinkdruckverfahren haben vor den übrigen Pressendruckverfahren den Vorzug der größeren Billigkeit — bei hohen Auflagen wenigstens — voraus, und so werden sie in anbetracht auch ihrer artistischen Vervollkommnung den Herausgebern illustrierter Publikationen noch große Dienste leisten. Zu bedauern ist es nur, daß bei ihnen durch die Übertragung das photographische Bild seinen ursprünglichen Vortrag als Photographie einbüßt und die Reproduktionen nach dem Druck sofort erkennen lassen, daß sie vom Stein stammen, daß sie „Kopien" sind.

Ein Verfahren, welches Drucke liefert, die dem Vortrag der Photographie am nächsten kommen, welches sich also deshalb ganz besonders zur vornehmen Illustrierung eignet, ist der Lichtdruck. Die Lichtdrucke, welche gegenwärtig geliefert werden können, geben in Fülle der Darstellung der Silberphotographie nichts nach, die Modellierung ist ungemein reich und die Mitteltöne sind ebenso satt als die Tonübergänge vollständig, so daß es denn unter Umständen sehr schwierig ist, einen Lichtdruck von einer Silberphotographie zu unterscheiden.

Fig. 442. Photozinkographie des Oberst James vom Jahre 1863 (Reproduktion eines Stichs).

Viele und langjährige Versuche von Forschern wie Mungo Ponton, Becquerel, Fox Talbot, Tessié du Motay und Maréchal mußten vorausgehen, um dieses ingeniöse Verfahren lebensfähig zu machen, das größte Verdienst aber um Vervollkommnung desselben hat sich der Hofphotograph Joseph Albert in München erworben, welcher im Jahre 1866 mit seinem heute in der ganzen Welt in Ausübung befindlichen Verfahren an die Öffentlichkeit trat.

Bald durchlief die Kunde von den epochemachenden Resultaten des Lichtdrucks, welcher anfangs photographischer Glasdruck oder „Albertotypie" genannt wurde, die photographische Welt, und die Photographen aus allen Weltgegenden eilten nach München, um das Geheimnis von dem Erfinder gegen hohe Summen zu erstehen. Anfangs war es denn auch möglich, die Methode geheim zu halten. Nachdem aber viele Personen da und dort in den Besitz des Geheimnisses gelangt waren, wurde dasselbe alsbald bekannt und ist schon seit langen Jahren Gemeingut für alle diejenigen geworden, welche sich mit den vervielfältigenden Künsten befassen.

Der Lichtdruck beruht im Grunde gleichfalls auf dem Prinzip der Lithographie, nur wird bei diesem Verfahren nicht von einem Stein- oder Metalluntergrund gedruckt, sondern das Gelatinerelief dient hier selbst als Druckplatte. Eine belichtete Mischung von chromsauren Salzen und Gelatine hat, wie schon erwähnt, außer ihrer Unlöslichkeit, noch die Eigenschaft, in ganz genau proportionalem Grade, wie sie vom Lichte getroffen worden ist, Fettfarben anzuziehen und dieselben, in gleichem Verhältnisse unter eine lithographische Presse gebracht, dem Druckpapier wieder abzugeben. Wurde nun eine Spiegelglasplatte mit einer Lösung solcher Chromgelatine im Dunkeln überzogen, getrocknet und dann unter einem Negativ dem Lichte ausgesetzt, so wird, wie wir das oben bei dem Kohleverfahren gesehen haben, das Licht durch die verschiedenen dickeren, hellen und dunklen Stellen des Negativs modifizierend auf die Chromgelatine einwirken und in derselben ein Bild erzeugen, welches dem Negativbilde als positives Bild in umgekehrter Reihenfolge der Lichtabstufungen entspricht.

Die Chromgelatineschicht der Spiegelglasplatte wird zum Zwecke des Lichtdrucks aus zwei Schichten bereitet, welche folgendermaßen aufgetragen werden: Zuerst wird die Scheibe mit einer Mischung von Gelatine, doppeltchromsaurem Kali und destilliertem Wasser, wozu unter einer Temperatur von 50—60° C. 80 g geschlagenes filtriertes Eiweiß gegossen worden sind, überzogen. Der Überguß wird mittels eines breiten, feinen Haarpinsels gleichmäßig verteilt und die Platte in einem auf ca. 50° erhitzten Wärmekasten getrocknet; nach dem Trocknen exponiert man dieselbe ohne Negativ mit der Rückseite des Glases ca. zehn Minuten lang dem Tageslichte, wodurch sich der untere Teil der Gelatineschicht sehr fest mit dem Glase verbindet, während deren Oberfläche noch genügende Klebrigkeit besitzt, um sich mit einer zweiten, zur Bildaufnahme bestimmten, im dunklen Zimmer aufzugießenden Gelatinelösung zu verbinden. Diese Lösung enthält außer Gelatine und destilliertem Wasser noch eine Anzahl von organischen und unorganischen, in bestimmten Verhältnissen beizufügenden Stoffen (Benzoeharz, Tolubalsam, Lupulin, Bromkadmium und Jodammonium). Die genaueren bezüglichen Rezeptformeln finden sich in allen neueren Handbüchern des Lichtdrucks. (Vgl. Schnauß, „Der Lichtdruck“, 2. Aufl., Düsseldorf 1883.)

Ist die erwähnte gelatinierte Spiegelplatte mit der zweiten komplizierten Gelatinelösung übergossen, so wird dieselbe ebenfalls im Wärmekasten im Dunkeln getrocknet und nach vollkommener Abkühlung unter einem guten Negativ so lange belichtet, bis sich schwache Bildkonturen auf der Oberfläche der chromgelben Gelatinemasse zeigen. Man nimmt hierauf die Spiegelplatte ab, taucht sie in warmes Wasser und übergießt sie mit solchem so lange, bis sich durch das Quellen der Gelatine ein deutliches Reliefbild des abgehobenen Negativs bemerklich macht. Das durch Wasseraufguß entstandene Reliefbild wird wieder getrocknet, und es besitzt eben die erwähnte Eigenschaft, in dem Grade beim Einwalzen mittels Druckschwärze die Fettfarben anzuziehen, als das Licht durch das Negativ hindurch auf die präparierte Spiegelplatte gewirkt hat. Um ein Zerspringen der gewonnenen Lichtdruckplatte zu vermeiden, wird jene mit ihrer Rückseite auf eine zweite Spiegelplatte, die auf einen lithographischen Stein aufgegipst ist, durch Adhäsion mittels einiger Wassertropfen befestigt, sodann in die lithographische Presse gebracht, mit einer farbetragenden Lederwalze eingeschwärzt und auf Papier abgedruckt. Ein sehr mäßiger Druck des Reibers der Presse genügt, um einen guten Abdruck zu erhalten. Als Druckfarbe ist eine Mischung von Indigo, feinster Knochenkohle, Karmin und Talg zu empfehlen, welche Stoffe, in geeigneter Weise vermischt, den bekannten violetten photographischen Ton wiedergeben. Als Druckfarbe können aber ebenso gut in Wasser lösliche Farben, die man mit etwas Gummi verdickt hat, dienen. Allerdings drucken dann nicht die unlöslich gewordenen Partien der Chromgelatine, wie beim Fettdruck, sondern vielmehr die aufquellbar gebliebenen, nicht belichteten Stellen derselben. Um einen positiven Abdruck in der Presse zu erhalten, muß man deshalb in diesem Falle die Chromgelatineschicht unter einem Diapositiv belichten. Auch jede andre Farbe kann beliebig verwendet werden, und hat man in den jüngsten Jahren durch Kombination des Lichtdrucks mit dem Farbendruck mehrfarbige Abdrücke von überraschend schöner Wirkung erzielt. Dieser sogenannte Lichtdruck in natürlichen Farben hat in neuester Zeit einen bedeutenden Aufschwung genommen, und es dürfte dem Ölfarbendruck, wie er auf rein lithographischem Wege ausgeübt wird, nicht mehr lange möglich sein, mit dem farbigen Lichtdruck zu konkurrieren. Albert und Obernetter in München, Léon Vidal in Paris und neuerdings namentlich die Anstalt von O. Troitzsch in Berlin haben auf diesem Gebiete Hervorragendes geleistet.

Durch die Erfindung des Lichtdrucks ist nicht nur der Technik der Photographie im Speziellen ein großer Dienst geleistet worden, sondern ganz besonders im allgemeinen der Entwickelung des Kunstsinns ein großer Vorschub geleistet. Während man früher nur mit großen Kosten sich die photographischen Reproduktionen berühmter Kunstwerke zu eigen machen konnte, ist es jetzt auch dem minder Bemittelten vergönnt, durch Anschaffung naturgetreuer Nachbildungen von Meisterwerken der Malerei und Skulptur sich künstlerisch heranzubilden. Eine ganz besonders treffliche Verwendung hat der Lichtdruck in den jüngsten Jahren durch die Anwendung auf das Kunstgewerbe gewonnen. Die trefflichen Sammlungen des Dresdener Grünen Gewölbes, des bayrischen Nationalmuseums, der im Bundespalais zu Frankfurt a. M. befindlich gewesenen großartigen historischen Kunstgewerbeausstellung wurden in unübertrefflicher Naturtreue von den Firmen Römler & Jonas in Dresden, Obernetter in München und Wilh. Hoffmann in Dresden durch Lichtdruck vervielfältigt und zum Gemeingut aller Gebildeten gemacht. Besonders die Obernetterschen Reproduktionen sind von einer unübertrefflichen künstlerischen Vollkommenheit. Auch die Firma Strumper & Co. in Hamburg leistet besonders für wissenschaftliche und Landschaftsbilder Vorzügliches. Übrigens gibt es jetzt fast in jeder größeren Stadt Lichtdruckanstalten, welche meistens untadelhafte Arbeiten liefern; die Industrie und Wissenschaft kann eben dieses ungemein leistungsfähige Illustrationsmittel nicht mehr entbehren, und je höher die Anforderungen sind, welche gegenwärtig an das Verfahren gestellt werden, um so mehr sucht sich dasselbe zu einer Vollkommenheit in die Höhe zu schwingen, die keine Hindernisse und keine Mängel mehr kennt. Die an früherer Stelle beschriebenen orthochromatischen, d. h. die Farben in ihrem richtigen Tonwerte wiedergebenden photographischen Aufnahmeverfahren kommen in erster Linie dem Lichtdruck zu gute.

Fig. 443. Lichtdruckhandpresse.

Das Drucken von einer Lichtdruckplatte wird in der einfachen lithographischen Presse vorgenommen, aber die Art des Druckens ist von der des Steindrucks ganz verschieden. Die einzige Funktion der Presse besteht in der Ausübung des erforderlichen Drucks auf die eingeschwärzte Druckplatte, und dieser Druck wird gegenwärtig fast überall durch sogenannte hölzerne Reiber bewirkt. Diese kleinen „Handpressen“, die entweder aus Holz, besser aber aus Eisen gebaut sind, drucken zwar nicht schnell, aber desto sorgfältiger und in einigen bedeutenden Anstalten, z. B. der Obernetterschen in München, wird nur auf Handpressen gedruckt. Ein einziger Mann genügt zur Bedienung einer Handpresse. Wer jedoch große Auflagen in schneller Zeit abliefern muß, wird sich besser eine Lichtdruckschnellpresse aufstellen lassen.

Die Erfindung der Lichtdruckschnellpressen, welche zum großen Teil wiederum dem verdienten Jos. Albert in München zuzuschreiben ist, bedeutete für das Lichtdruckverfahren einen enormen Fortschritt, denn erst von da ab konnte das Verfahren den gewaltigen Anforderungen der Neuzeit voll und ganz entsprechen. Eine solche Maschine liefert täglich

800—2000 Drucke, und zwar wird hierbei der Druck nicht wie bei der Handpresse durch einen feststehenden Reiber, sondern durch einen rotierenden Cylinder bewirkt. Man fertigt gegenwärtig für den Lichtdruck besonders eingerichtete Schnellpressen in vier bis acht verschiedenen Formaten, deren Preis sich zwischen 4—7000 Mark bewegen dürfte. Wir geben in Fig. 444 eine Lichtdruckschnellpresse, welche hinsichtlich ihrer Konstruktion das Neueste und Vollkommenste in diesem Fache vereinigt.

Es muß hier noch kurz der Verfahren gedacht werden, welche es gestatten, mit Hilfe der Photographie Buchdruckplatten herzustellen, und zwar solche, welche die sämtlichen Halbtöne und zarten Übergänge des Originals zeigen. Eine eingehende Beschreibung aller dieser photochemigraphischen und autotypischen Verfahren findet man im I. Bande dieses Werkes auf Seite 546, und es ist dort auch ein autotypisches, d. h. direkt nach einer Naturaufnahme gefertigtes Klischee zusammen mit dem Texte abgedruckt. Die Erreichung dieses Zieles, die Eroberung der Buchdruckpresse durch die Photographie, ist als ein wahrer Triumph des menschlichen Wissens und Könnens und als eine der schönsten Errungenschaften für die photographische Kunst zu bezeichnen. Zur Erlangung dieses Sieges hat die Autotyp-Kompanie in München, welche das ingeniöse Meisenbachsche Verfahren kommerziell ausbeutet, viel beigetragen, Deutschland steht mit diesem Verfahren an der Spitze der konkurrierenden Länder.

Fig. 444. Lichtdruckschnellpresse von Hugo Koch in Connewitz-Leipzig.

Auch für die Holzschneidekunst hat man die Photographie vielfach zu verwenden gesucht. Fast alle Versuche scheiterten aber, weil die photographischen Präparate den Holzstock so übel zurichteten, daß der Holzschneider, abgesehen davon, wie sehr sein Auge bei dem Schnitte litt, nur selten ein befriedigendes Erzeugnis zu liefern vermochte. Bei Verwendung des oben besprochenen Urankollodiums fällt dieser Umstand weg, und eine damit erlangte photographische Abbildung soll kaum mehr Schwierigkeit machen als eine Bleistiftzeichnung. Eine sichere Methode der Übertragung von Photographien auf Holzstöcke wird von Leth in Wien geübt und geschäftsmäßig verwertet. Dieselbe besteht darin, daß das photographische Bild auf einer Glasplatte hervorgebracht wird, welche mit einer Lösung von doppeltchromsaurem Kali, gemischt mit Gummi und Honig, überzogen ist. Das nur wenig sichtbare Chromsalzbild wird durch Aufstreuen von geglühtem Kienruß oder einer andern Staubfarbe hervortretend gemacht, da die vom Lichte nicht getroffenen Stellen die Farbeteilchen festhalten. Jetzt überzieht man das Bild mit Kollodium, welches die Farbeteilchen aufnimmt. Die Chromsalzteilchen beseitigt man durch ein Bad von verdünnter Salzsäure, welche zugleich das Kollodium von der Glasplatte lockert. Es erübrigt nur, das Kollodiumhäutchen mit dem Bilde auf den Holzstock zu übertragen, was sehr leicht geschieht, wenn man das Häutchen in einer Lösung von Zuckerwasser schwimmen läßt und es mit dem an den Seitenflächen und der Hinterfläche mit Wachspomade gegen die Flüssigkeit geschützten Holzstock im passenden Moment auffängt. Ist das Bild getrocknet, so hängt es an dem mit Leimwasser grundierten Holzstock so fest, daß es deutlich sichtbar bleibt, wenn das Kollodium durch Auflösen in Äther davon entfernt wird. Von der Schärfe der so erhaltenen Bilder gibt Fig. 445 eine Anschauung. Gegenwärtig wird aber auch der Lichtdruck mit besonderem Vorteil für diesen Zweck verwendet; derselbe liefert ein schärferes Bild auf dem Holzstock als gewöhnliche Photographie und außerdem dunkeln dabei die bereits vertieften und entfernten Stellen nicht mehr nach, wie dies bei den älteren Verfahren der Fall ist.

Fig. 445. Der Erzengel Michael. Nach dem Dürerschen Holzschnitt nach der Lethschen Methode auf Holz photographiert und geschnitten.

Eine neue und interessante Art der Photographie sind die **eingebrannten oder photographischen Schmelzfarbenbilder**, welche zuerst Lafon de Camarsac in Paris und Obernetter in München, Grüne in Berlin und Leth in Wien, neuerdings auch andre, in hoher Vollendung unzerstörbar auf Porzellan, Teller, Tassen, Pfeifenköpfen u. s. w. herstellen.

Weit verbreitet und allbekannt sind die sogenannten **Mikrographien**, auch Stanhopes, unendlich kleine Bildchen, von welchen bis zu 2000 auf die Fläche eines Quadratzentimeters gehen und die, am Ende einer Cylinderlupe aufgeklebt, beim Hindurchsehen vergrößert erscheinen. Diese Erfindung von Dagron in Paris debütierte zuerst in großartigem Maßstabe auf der Londoner Industrieausstellung vom Jahre 1862. Auch als photographische Verkleinerungen können die in Amerika jetzt sehr beliebten **Briefmarkenporträts** gelten, von welchen wir einige in Fig. 446 abbilden. Man erhält von diesen Photographien für 4 Mark einen ganzen, 100 Stück enthaltenden Bogen, welcher noch dazu fertig gummiert ist.

Neben der Verkleinerungsphotographie steht die **Megalophotographie**, welche nach kleinen Negativen Bilder in und über Lebensgröße liefert. Durch verbesserte Apparate und Methoden ist es jetzt möglich geworden, mit Sicherheit und Raschheit Erfolge zu erzielen, welche vor Jahren noch im Bereiche der Fabel zu liegen schienen (s. S. 571).

Als artige Spielerei tauchten 1866 in Berlin die „Zauberphotographien“ auf, denen später die „Rauchphotographien“ folgten. Es waren photographische Bilder, welche durch Eintauchen in eine schwache Sublimatlösung zum Verschwinden gebracht wurden, aber sich durch unterschwefligsaures Natron oder durch Tabaksrauch wieder hervorrufen ließen. Das den „Zauberphotographien“ beigegebene Löschblatt enthielt unterschwefligsaures Natron, welches beim Anfeuchten des Papiers auf das darunter befindliche Bild einwirkte und dasselbe ebenso zum Vorschein brachte, wie der Rauch die kleinen Bilder in den Zigarrenspitzen entwickelt.

Noch eine Erweiterung der Photographie, die Photoskulptur, welche, 1862 von Villème in Paris eingeführt, auch später von Benque in Triest geübt ward, möge hier Erwähnung finden, wenn auch nur dem Namen nach, da ihre Leistungen sehr beschränkt sind.

Bei der ungemein vielseitigen praktischen Anwendung, welche in der Neuzeit das elektrische Licht gefunden hat, konnte es nicht ausbleiben, daß sich dasselbe auch Eingang in den photographischen Ateliers verschaffte. Das reine Tageslicht ist immer nur in beschränktem Maße zugänglich, an trüben Wintertagen so gut wie unwirksam, und zwingt deshalb meist den armen Photographen, sein Atelier, wenn er auf ebener Erde keinen freien Platz dafür zur Verfügung hat, hoch oben auf das Dach oder doch wenigstens in die oberen Stockwerke zu bauen. Wegen des Publikums ist dies recht lästig und deshalb dürfte dem elektrischen Lichte, welches durch sinnreiche Vorrichtungen vollständig reguliert werden kann und so das Tageslicht ersetzt, im Gebiete der praktischen Photographie eine Zukunft gesichert sein.

Fig. 446. Briefmarkenporträts.

Die Photographie leistet jetzt nicht nur der Industrie und Wissenschaft treffliche Dienste, sie bewährt sich auch vortrefflich als Beweismittel vor Gericht. So führte sie in einem kürzlich zu New York zum Austrag gebrachten Prozeß die Richter auf die richtige Spur. Es war nämlich ein Kaufmann beschuldigt worden, in einer Reklamation von Feuerversicherungsgeldern gewisse Dokumente gefälscht zu haben. Jeder Nachweis fehlte, nur hatte ein Agent eine Schreibunterlage gefunden, welche Spuren von Eindrücken zeigte, als wenn auf einem darauf gelegenen Papier mit Bleistift geschrieben worden wäre. Eine photographische Aufnahme des weißen Kartons ergab noch kein Resultat, als man ihn aber auf eine Bromsilbergelatineplatte photographierte und das Negativ bei elektrischem Lichte vergrößerte, zeigten sich darin die gesuchten Berechnungen und falschen Zahlen deutlich.

Derartige Fälle werden häufig bekannt; so will man jetzt sogar den Wein auf seine Unverfälschtheit hin mittels der Photographie prüfen können. Man behauptet nämlich, daß, wenn der Wein mit Wasser verdünnt und Alkohol oder Zucker zugesetzt bekommen hat, das photographische Bild der Flüssigkeit großen Reichtum an Kristallen oder Salzen in letzterer nachweise, eine Erscheinung, welche dem menschlichen Auge entginge.

Aus alledem ersieht man, daß die Photographie auf allen Gebieten des Kulturlebens eine wichtige Rolle spielt und daß sie unaufhaltsam weiter schreitet und sich mit jedem Schritte vervollkommnet. Ob sie wohl auch noch einmal dahin kommen wird, die natürliche Farbe der Gegenstände wiederzugeben?

Zahllose Versuche sind in dieser Hinsicht von Niépce von St. Victor, Becquerel und andern Forschern angestellt worden, und es ist auch gelungen, einzelne Farben zu erhalten; aber es ist nicht gelungen, sie festzuhalten, zu fixieren. Zwar kam einst die Nachricht aus Amerika, daß ein einfacher Geistlicher mitten in den Urwäldern das Problem gelöst habe, an dem die Gelehrten des Festlandes umsonst arbeiteten, aber das war eitel Lüge und Betrug, eine Yankeespekulation, nichts weiter. Ein Reverend, Namens Hill, dem seine pfäffischen Salbadereien nicht hinlänglich eintrugen, wußte sich aus der Photographie eine Goldgrube zu machen. Im Januar 1851 kündigte das „Photographische Journal“ von New York seinen staunenden Lesern an, daß Reverend Hill ein Mittel gefunden habe, die Bilder der Camera obscura in natürlichen Farben zu photographieren. Dies erregte gewaltige Sensation. Hill benutzte die Stimmung und erließ ein Zirkular, worin er jedem Franko-Einsender von 5 Dollars (= 21 Mark) ein Exemplar jenes Buches versprach, welches er über seine Methode veröffentlichen wollte. In wenigen Tagen sollen gegen 15000 Dollars eingelaufen sein. Das Buch erschien, enthielt aber nichts Neues, doch wurde auf eine Fortsetzung vertröstet. Wenige Tage später brachte das „Photographische Journal“ einen Brief von Hill mit der niederschlagenden Nachricht, daß er bei seinen Studien plötzlich erkrankt sei, übrigens bis auf das Gelb alle Farben wiedergeben könne.

Fig. 447. Anwendung des elektrischen Lichts zum Photographieren.

Sein Buch erlebte indessen eine zweite und dritte Auflage; der Enthusiasmus überstieg alle Begriffe; zahlreiche Besucher bestürmten das Haus des Reverend; ungeheure Summen wurden für sein Geheimnis geboten; man offerierte ihm für jede Lektion 50 Dollars. Aber Hill hielt seine Pforte verschlossen und gab eine vierte Auflage seines Buches heraus. Darauf begab er sich in die Berge, um durch die reine Bergluft seine geschwächte Gesundheit herzustellen, und — war über alle Berge mit seinen 40000 erschwindelten Dollars. Weder von ihm noch von seiner Entdeckung war mehr die Rede. In reellerer Absicht als Hill beschäftigte sich der französische Physiker Poitevin mit der Lösung des Problems der Wiedergabe von Naturfarben im Lichtbilde. Er teilte im Anfange des Jahres 1867 seine Erfahrungen und die Methoden, mit denen er erfolgreich gewesen war, ohne Rückhalt mit. Dr. Zenker in Berlin hat Poitevins Angaben erprobt und so vervollständigt, daß er 1868 ein „Lehrbuch der Photochromie“ veröffentlichen und mit einem Probedruck in natürlichen Farben begleiten konnte. Er erhielt diese Farben, die allerdings nur schwach angedeutet sind, indem er Rohpapier zuerst auf einer Kochsalzlösung (1 Teil Kochsalz, 10 Teile Wasser) zwei Minuten lang schwimmen ließ und dasselbe nach dem Trocknen auf ein Silberbad brachte, von welchem es nach einer Minute abgehoben und dann durch vier bis fünf Schalen mit Spülwasser gezogen wurde. Dem vierten und fünften Spülwasser setzt man einige Tropfen Zinnchlorürlösung zu, um violettes Silberchlorür zu erzeugen. Das so bereitete Papier wird nun über eine Lösung gezogen, die aus einem Drittel einer gesättigten Lösung von doppeltchromsaurem Kali und aus zwei Dritteln einer gesättigten Lösung von Kupfervitriol besteht. Noch etwas feucht, wird das so bereitete Blatt unter Originalbildern in Lackfarben so exponiert, daß die Lichtstrahlen eine Lösung von saurem schwefelsauren Chinin in einer Glasschale passieren müssen. Auswaschen in mehrmals erneutem lauwarmen Wasser fixiert das Bild, welches nun bei Lampenlicht und mäßigem Tageslicht betrachtet werden kann, aber im Sonnenlichte in Grau übergeht.

Wenn aber auch die Photographie in Naturfarben vorläufig noch zu den ungelösten Aufgaben gehört, so berechtigt doch der ungemeine Aufschwung der photographischen Kunst, sowie der rasche Austausch aller Beobachtungen und Erfahrungen, welcher durch eine Menge von Zeitschriften gefördert wird, zu der begründeten Hoffnung, daß dies höchste Ziel endlich dem mühsamen Streben erreichbar werden muß.

Die Photographie ist durch die Vereinfachung der Darstellungsmethoden jetzt soweit emporgediehen, daß jeder sich für diese Kunst Interessierende dieselbe mit Leichtigkeit erlernen und sich für verhältnismäßig sehr geringe Kosten die zugehörigen Apparate verschaffen kann. Wie die Stenographie das geflügelte Wort in den Schreibstift fesselt, dient nun die Photographie dazu, jedes rasch vorübereilende Bild bleibend zu fixieren. So ist aus der bisher geheimnisvollen schwarzen Kunst ein allgemeines Förderungsmittel des Verkehrs, des sozialen Lebens und der Wissenschaft geworden.

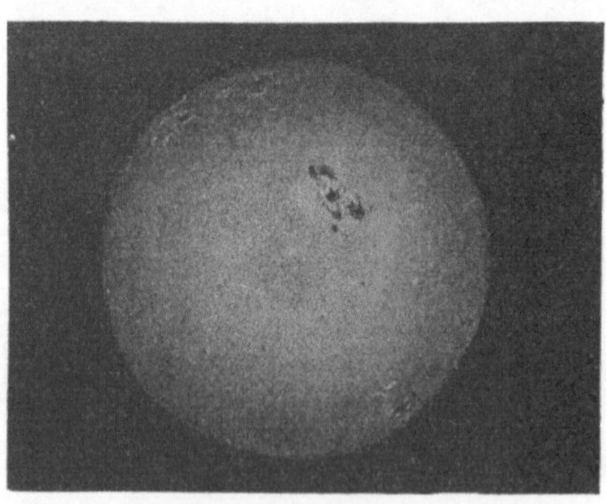

Fig. 448. Photographisches Sonnenbild.

> Nicht das Schönste auf der Welt
> Soll dir am meisten gefallen;
> Sondern was dir wohlgefällt,
> Sei dir das Schönste von allen.
>
> Rückert.

Die Farben und ihre Bereitung.

Einleitendes. Natürliche Farbstoffe. Bronzefarben. Eisenfarben. Das Berliner Blau durch Diesbach entdeckt. Blutlaugensalz. Cyan. Blausäure. Blutlaugensalzfabrikation. Gelbes und rotes Blutlaugensalz. Darstellung des Berliner Blau. Bleifarben. Glätte und Mennige. Bleiweiß. Holländische und deutsche Methode seiner Erzeugung. Ersatzmittel für das Bleiweiß. Chrompräparate. Chromoxyd und Chromsäure. Chromsaures Kali. Chromgelb. Kupferfarben. Grünspan. Seine Darstellung in Frankreich. Bergblau. Bremer Blau. Schweinfurter Grün u. s. w. Ersatzmittel dafür. Schwefelmetalle als Farbstoffe. Der Zinnober und seine Bereitung. Antimonzinnober. Ultramarin, natürliches und künstliches. Kochenille und Karmin. Die Bereitung der Malerfarben. Pastellfarben. Die Bleistiftfabrikation.

Wer wüßte nicht, wieviel im Menschenleben auf die bloße Außenseite ankommt, welche Summe menschlicher Bestrebungen sich rein auf die Oberfläche der Dinge bezieht! Demzufolge arbeitet auch eine vielartige Menge technischer Zweige lediglich auf den Schein, auf Farbe und Anstrich. Bedürfnis und Luxus, oder vielmehr ein angeborner Farbensinn, ein besonderes Wohlgefallen an dieser oder jener Farbe führte den Menschen frühzeitig darauf, den Gegenständen seiner Umgebung durch Färben oder Bemalen eine andre, ihm besser behagende Außenseite zu geben, und wir finden schon bei sogenannten wilden Völkern vielfache Färbekünste in Anwendung. Die erste Anwendung der in der Natur vorkommenden verschiedenfarbigen Erdarten, Pflanzensäfte oder tierischer Produkte, wie Blut, Galle, Sepia u. s. w., haben die Menschen, wie es scheint, allerwärts in der Tättowierung gemacht, welche teils Schmuck, teils Waffe sein sollte, teils das Vergnügen andrer an der eignen Gestalt, teils Furcht erwecken sollte. Zum Teil auch ersetzte die Tättowierung die Kleidung, und es ist ganz naturgemäß, daß da, wo die natürlichste aller menschlichen Hüllen, die Haut, nicht mehr die einzige war, auch dasselbe Bestreben, durch Farben zu wirken, sich auf die künstliche Oberfläche, das Kleid, erstrecken mußte.

Von der Anwendung der Farbengebung auf die Kleidung haben die Färberkünste ihren Ausgang genommen, und die Zeugfärberei muß der Erfindung der Weberei auf dem Fuße gefolgt sein. Deshalb finden wir auch schon bei den alten Ägyptern und Phönikern, bei Persern und Indiern die Färberei und selbst die Buntfärberei unter Anwendung von Beizen in voller Ausübung, als noch die zeichnenden Künste kaum geboren waren und die Malerei, wie die ägyptischen Altertümer lehren, sich auf rohe Umrisse beschränkte, die dann durch Ausfärben mit einem einzigen flachen Tone lebhafter gemacht wurden. In dieser urwüchsigen Malerei folgten den Ägyptern die Griechen. Sie malten lange mit den überkommenen vier Farben Rot, Gelb, Weiß und Schwarz; doch erblühte allmählich bei ihnen, und zwar schon zu den Zeiten Alexanders des Großen, eine höhere Malerkunst, in welcher ein Zeuxis, Apelles u. a. sich mit hochbewunderten Schöpfungen hervorthaten. Der klare Himmel Griechenlands mußte das Wohlgefallen an heiteren Farben erhöhen und verfeinern, und so schmückten die Griechen auch das Innere ihrer Tempel und Hallen bunt aus (Polychromie), und ebenso färbten sie Gewänder und Schmuck ihrer Bildsäulen.

Für den Maler und Anstreicher bildete wohl überall das Mineralreich den ursprünglichen Farbekasten. Hier hat die Natur selbst Verschiedenes präpariert, was mit wenig Vorbereitung gebraucht werden kann, und wenn diese natürlichen Farben im allgemeinen nicht so brillant sind, wie die vegetabilischen und künstlichen, so sind sie dafür weit dauerhafter und echter. Einzelne solcher Naturprodukte, z. B. die sogenannte Terra di Siena, Asphalt, das Ultramarin aus dem Lapis lazuli, würden auch die besten unsrer heutigen Maler ungern missen. Abgesehen von verschiedenen Weißstoffen, geben die Bolus- und Ockerarten ein Sortiment von Braun, Rot und Gelb, das sich durch Brennen in verschiedenen Hitzegraden noch vervielfältigen läßt; in ihnen ist Eisenoxyd das färbende Prinzip. Eine natürliche Verbindung von Eisenoxydul und Kieselsäure ist die sogenannte Grünerde; Phosphorsäure mit Eisen gibt unter Umständen blaue Verbindungen, Blauspat, und so finden auch die grünen und blauen Kupferfarben (in Malachit, Kupferlasur u. s. w.), das Chromgelb, das gelbe und rote Schwefelarsenik u. s. w. ihre Vorbilder in mineralischen Erzeugnissen der Natur; wo Quecksilber und Schwefel sich zusammenfanden, entstand natürlicher Zinnober, ein so hervorstechender Farbstoff, daß er nicht lange unbemerkt bleiben konnte, daher wir auch seinen Namen und Gebrauch schon in den ältesten geschichtlichen Zeiten antreffen. So bildet denn die Aufsuchung, Zubereitung und Verwendung färbender Mittel einen der ältesten menschlichen Arbeitszweige, die sich gleichwohl jahrtausendelang in den Geleisen der bloßen Empirie bewegen mußte, bis die wissenschaftliche Chemie auch dieses Gebiet mit ihrem Lichte bestrahlte. Aber zu verachten sind auch die Ergebnisse keineswegs, welche wir aus den Zeiten des bloßen Erprobens überkommen haben, oder zu denen auch der bloße Zufall freundlich verhalf, wie z. B. die Entdeckung des Berliner Blau und des Verhaltens des Zinnsalzes zur Kochenille.

Finden wir selbst jetzt noch in der Farbentechnik manche alte Methoden und praktischen Vorteile in Übung, und zum Teil sogar solche, welche die theoretische Chemie gar nicht hätte angeben können, so war es doch nur an der Hand der Wissenschaft möglich, daß diese Industrie auf die Stufe der Entwickelung und Vielseitigkeit sich emporschwingen konnte, auf der wir sie heute erblicken und die uns in Erstaunen setzt, wenn wir sie mit dem Stande der Dinge noch vor wenigen Jahrzehnten vergleichen.

Durch die neuere Chemie wurde es zunächst möglich, manche von der Natur gebildeten Farbenkörper künstlich nachzubilden und sie dadurch schöner, massenhafter und wohlfeiler zu gewinnen, wie beispielsweise die Chromfarben und den Zinnober, am spätesten und zur großen Genugthuung endlich auch das seltene und kostbare Naturerzeugnis im Gebiete der Erdfarben, das Ultramarin. Aber die Chemie, gestützt auf immer reichere Erfahrungen, trat mit der Zeit auch selbständig schaffend auf und fand neue Farbenquellen sozusagen in hoffnungslosen Steppen. Das jüngste und glänzendste Beispiel hiervon bilden die Teerfarben. Zu keiner Zeit übrigens waren die Bestrebungen der Farbentechnik lebhafter und vielseitiger als gerade jetzt. Bei allen schon erreichten Erfolgen bleibt in diesem Gebiete beständig zu wünschen übrig; die Mode sucht neue Nüancen, die Technik nach Methoden, die vorhandenen Farben reiner, feuriger, dauerhafter und wohlfeiler herzustellen und sie unschädlicher zu machen, indem sie dieselben von den mineralischen Giften, wie Arsenik, Kupfer, Blei und Quecksilber, zu emanzipieren sucht. Leider ist man aber trotz aller Bemühungen noch nicht einmal dahin gelangt, das so gefährliche Arsenikgrün ganz entbehrlich zu machen, weil eben noch nichts gefunden ist, was sich in Schönheit der Farbe ihm gleichstellen ließe.

Die Herkunft und Natur der färbenden Mittel wie ihre Verwendung ist so mannigfaltig und auseinander liegend, daß ihre Besprechung sich nicht ohne Zwang auf einen Punkt vereinigen läßt. Es erschien daher sachgemäßer, die Glas- und Schmelzfarben beim Glas, Porzellan und Kobalt, die Anilinfarben bei der Industrie der Teerstoffe abzuhandeln und diejenigen Substanzen und Mittel, welche vorzugsweise der Färberei angehören, diesem besonderen Kapitel, das in dem folgenden Bande seinen Platz findet, vorzubehalten. Es bleiben mithin für den gegenwärtigen Abschnitt die mineralischen und sonstigen Trockenfarben übrig, insoweit sie Gegenstand einer besonderen Fabrikation sind. Diese Fabrikation kann sich auf Herstellung eigentümlicher Verbindungen oder auch bloß auf Überführung in diejenige Form beziehen, welche einen natürlich vorkommenden Körper zu einem Farbemittel werden läßt.

Manche Metalle, manche Kohle, gewisse Erden und Erze 2c. können ohne weiteres als Farben dienen, wenn sie eine entsprechende Pulverisierung erfahren haben und mit einem geeigneten Bindemittel versetzt worden sind; andre Farbekörper müssen erst auf künstliche Weise hergestellt werden und verlangen außer jener mehr mechanischen Bearbeitung vorher eine Erzeugung auf chemischem Wege. Die letzteren sind für uns die bei weitem interessanteren, indessen wollen wir die erstgenannten nicht ganz übergehen und wenigstens den Bronzefarben, welche der Hauptsache nach aus weiter nichts als aus überaus fein zerteilten Metallen und Metalllegierungen bestehen, einige Aufmerksamkeit zuwenden.

Die Fabrikation der Bronzefarben, welche namentlich in München, Nürnberg und Fürth betrieben wird, ist kaum hundert Jahre alt, wenn wir auch ihre ersten Anfänge mit in Betracht ziehen. Denn erst um die Mitte des vorigen Jahrhunderts versuchte Andreas Huber, ein Maurer in Fürth, die bei der Metallschlägerei entstehenden Abfälle, die Schawine, welche man vordem weggeworfen hatte, zu sammeln und durch Verreiben auf einem Reibsteine zu einem verkäuflichen Metallfarbpulver zu machen. Die Verwendbarkeit desselben wurde erhöht, als Martin Holzinger, ein Goldpapierfabrikant, gelernt hatte, dem Metallpulver durch Erhitzen verschiedene Anlauffarben zu geben, aber immerhin blieb der Preis dieser Produkte ein sehr niedriger, und erst allmählich, nachdem man dahin gekommen war, alle Töne, ausgenommen das helle Blau, den Bronzefarben mitzuteilen, verbreitete sich die Anwendung derselben. Jetzt hat die Fabrikation eine Ausdehnung genommen, welche allein in Bayern durchschnittlich eine jährliche Produktion im Betrage von fast einer Million Mark hervorbringt. Außerdem aber werden Bronzefarben auch in England häufig hergestellt. Dieser vermehrten Fabrikation nun liefern die Metallschlägereien in den unechten Abgängen begreiflicherweise nicht mehr ein hinlängliches Material. Es müssen vielmehr die feinen Metallblättchen zum größten Teil eigens für die Bronzefarben bereitet werden, und es geschieht dies in der Regel nach dem gewöhnlichen Handverfahren der Metallschlägerei. Es ist jedoch auch Maschinenarbeit herangezogen worden, und andre eigentümliche Vorschläge erweisen sich vielleicht mit der Zeit noch praktisch genug, daß die mühsame Schlägerei mit der Hand dadurch überflüssig wird.

Schon 1833 erfand Christian Reich eine Maschine für die Metallschlägerei; eine andre und höchst scharfsinnig ausgedachte Maschine, welche das Wenden der Form selbstthätig besorgte, stellte Lauter 1841 her, welche wohl mehr Beachtung zu finden verdient hätte. Denn die späteren, denselben Gedanken verfolgenden Erfindungen (Leber in Fürth, 1842; Favrel in Paris, 1855 u. s. w.) können keine großen Vorzüge für sich beanspruchen. Dagegen werden für die Anforderungen der Bronzefarbenfabrikation die Hämmer und Reibmaschinen, welche J. Brandeis in Fürth Anfangs der sechziger Jahre erfunden hat, als ein wirklicher Fortschritt bezeichnet. Sie werden mit Dampf betrieben und besorgen alle Operationen, welche sich auf die mechanische Zerkleinerung des Metalls beziehen. Dieselbe muß in einer ganz bestimmten Art geschehen. Das Metall muß dabei immer einen blättchen- oder schüppchenartigen Charakter behalten, wie ihn ungefähr der Glimmer auch in seinen kleinsten Teilchen noch bewahrt, sonst verliert das Pulver die Deckkraft.

Es ist daher die wirkliche Schawine für die feinsten Farben immer das beste Rohmaterial. — Man hat versucht, das Metall durch Fräsen zu zerkleinern und die so erhaltenen feinen Späne durch nachheriges Walzen auszuplatten und mit Metallglanz zu versehen (Werder); oder die geschmolzene Legierung mittels der Zentrifugalkraft zu zerteilen (Rostaing 1859), auch ein Amalgam, unter Abschluß der Luft, in einem Strome von Petroleumgas zu erhitzen und das Quecksilber daraus abzutreiben, wobei eine feine schwammartige Masse zurückbleibt, die sich im Achatmörser zu metallisch glänzenden Blättchen zerreiben läßt. Ähnliche Metallpulver hat man auch auf chemischem Wege oder mit Hilfe des galvanischen Stromes erzeugt, und es ist denkbar, daß eine oder die andre Methode noch berufen ist, das mechanische Schlagen der Blättchen für diesen Zweck zu verdrängen.

Zur Zeit wird aber dies immer noch fast ausschließlich angewandt. Die Blättchen oder die Schawine werden mittels einer Kratzbürste durch ein Eisendrahtsieb gerieben, mit Öl versetzt und auf einem Reibsteine oder in einer Reibmaschine noch weiter behandelt, und endlich wird das zarte Pulver durch vorsichtiges Erhitzen gefärbt, indem sich seine Teilchen mit Anlauffarben überziehen. Das Gelingen dieser letzten Operation hängt von großer Übung, von dem Abpassen des richtigen Moments ab. Je nach der Nüance, die man herstellen will, gibt man auch der Metalllegierung eine besondere Zusammensetzung; so zeigten violette und kupferrote Bronzen einen Kupfergehalt von nahezu 99 Prozent, Orange 95 Prozent, Hochgelb $81_{,5}$ Prozent, Speißgelb $82_{,3}$ Prozent; die fehlenden Prozente sind Zink.

Mit diesen Bronzen ist die **Zinnbronze** oder das **Musivgold** nicht zu verwechseln; sie ist eine chemische Verbindung (kristallisiertes Zinnbisulfid) und kann durch Sublimation von amorphem Zinnsulfid (Schwefelzinn) oder eines Gemisches von Zinnamalgam (12 Zinn, 6 Quecksilber) mit Schwefel und Salmiak erhalten werden. In den letzten Jahren ist jedoch diese Art Bronze durch die schönen metallischen Bronzen ganz verdrängt worden. Außerdem gibt es noch eine sehr schöne **Chrombronze**, das violette Chromchlorid, sowie eine pfirsichblütfarbene **Kobaltbronze**, deren allgemeinerer Anwendung nur der etwas hohe Preis hindernd im Wege steht; dagegen haben sich die **Wolframbronzen** in verschiedenen Nüancen im Handel eingeführt; sie besitzen einen schönen goldgelben Metallglanz und bestehen ihrer chemischen Natur nach aus wolframsauren Wolframoxydnatronsalzen. Ihre Darstellung besteht entweder darin, daß man Zinn in geschmolzenes saures wolframsaures Natron einträgt oder daß man saures wolframsaures Natron in trockenem Wasserstoffgas erhitzt, welches letztere, ebenso wie das Zinn, den Zweck hat, der Wolframsäure einen Teil ihres Sauerstoffs zu entziehen, so daß Wolframoxyd entsteht, welches mit dem Natron und der noch unzersetzten Wolframsäure das genannte Doppelsalz bildet.

Gehen wir jetzt zu den Farben von mehr chemischem Charakter über.

Eisenfarben. Man kann es von dem Gesichtspunkte der Unschädlichkeit aus beklagen, daß das Eisen, das einzige unserm Körper nicht schädliche, sondern vielmehr zuträgliche Schwermetall, zu dem Sortiment der Farben nicht mehr beiträgt, als dies der Fall ist. In den gelben und braunen Farben der Ocker bildet, wie gesagt, das Eisen auf verschiedenen Oxydationsstufen das färbende Prinzip, die gelben lassen sich durch Brennen, wobei das Eisen sich höher oxydiert, in Rot überführen, und für die Ölmalerei haben einzelne dieser Naturprodukte einige Bedeutung. Das Eisenoxyd, wie es z. B. bei der Bereitung rauchender Schwefelsäure abfällt, bildet ein braunrotes, für gewöhnliche Anstriche sehr dienliches Pulver (**Kolkothar**). Bei hohem Hitzegrad geht die Farbe dieses Oxyds immer mehr in Violett über, eine Nüance, die sonst bei Mineralstoffen nicht selbständig existiert, sondern erst durch Mischung erzeugt werden muß. Es stehen aber derartige Farbenpräparate nur in untergeordneter Anwendung, und so bleibt als einziger wertvoller Farbstoff, den das Eisen in Verbindung mit einem andern Stoffe liefert, das **Berliner Blau**, dessen Entdeckung einem bloßen Zufalle zu verdanken ist, der für die Wissenschaft um so wichtiger wurde, als sich daran die Bekanntschaft mit dem so merkwürdigen **Cyan** und damit die Eröffnung eines neuen wichtigen Gebiets der Chemie knüpfte.

Berliner Blau. Es war im Jahre 1704 oder 1707, als der Berliner Farbenfabrikant Diesbach durch Zusammenbringen eines Kochenilleabsudes mit Alaun und Eisenvitriol Florentiner Lack bereiten wollte, und dazu Kali benutzte, über welches der Alchimist

Dippel vorher das nach ihm benannte tierische Öl destilliert hatte. Das Dippelsche Öl, das jener aus eingetrocknetem Blut durch trockene Destillation gewann, das aber ebenso aus Fleisch, Horn, Knochen, Wolle, Leder und andern tierischen Stoffen erhalten wird, bildet ein Gemisch von ammoniakalischen und brenzlich öligen Destillationsprodukten und enthält, was hier wesentlich ist, neben Kohlenstoff einen reichlichen Anteil an Stickstoff. Diesbach erhielt nun, als er mit diesem Kali arbeitete, zu seiner Verwunderung statt eines roten Niederschlags von Kochenillelack einen solchen von ganz entschieden blauer Nüance. Nach einer andern Lesart habe er die Kalilösung, als zu unrein, gleich weggeschüttet, und zwar an eine Stelle seines Hofes, wo vorher Eisenvitriollösung hingekommmen war, so daß sich nun die Pflastersteine in schöner blauer Färbung gezeigt hätten. So oder so brachte also der Zufall zum erstenmal das merkwürdige Blau zu Tage, das sich so leicht und sicher bildet, wo die Elemente dazu, auch versteckt unter andern Dingen, zusammenkommen. Dippel sah in dieser Erscheinung eine eigentümliche Wirkung des Blutes und vereinfachte das Experiment bald dahin, daß er Blut mit Pottasche glühte und den Auszug aus der erhaltenen Masse, Blutlauge genannt, mit Eisenvitriollösung mischte. Die Entdecker behielten das Rezept der Berliner Blaubereitung für sich, bis ein Engländer, Woodword, der Sache auf die Spur kam und 1724 das Geheimnis bekannt machte. Hiermit war jedoch die chemische Beschaffenheit des Stoffs noch nicht enthüllt, und dies ging auch bei dem damaligen Stande der Wissenschaft nicht so rasch, indessen wurde die Lösung der Frage eine der Hauptaufgaben der Chemiker. Daß das Blut durch andre animalische Stoffe vertreten werden könne, wurde zuerst nachgewiesen; 1752 lieferte Macquer einen wertvollen Beitrag zur näheren Erkenntnis, indem er fand, daß das Blau durch Kochen mit Kali zerstört wird, daß sich dabei Eisenoxyd abscheidet und die überstehende Flüssigkeit wieder Blutlauge ist. Hiermit war ihm zugleich die Möglichkeit gegeben, das darin enthaltene Salz, das Blutlaugensalz, rein darzustellen. Aber noch immer waren Blutlaugensalz und Berliner Blau undefinierte Körper, und erst die Arbeiten vieler und der namhaftesten Chemiker konnten allmählich Licht in die Sache bringen.. Scheele entdeckte 1782 die Blausäure, die sich aus dem Blutlaugensalz gewinnen läßt, und 1815 Gay-Lussac das Cyan. Die Entdeckungen gingen regelrecht nach rückwärts, vom Zusammengesetzten zum Einfachen, denn im Cyan haben wir die Wurzel nicht nur des Berliner Blau, sondern einer ganzen Reihe andrer chemischer Produkte, ja den Grundstein eines wichtigen Teils der ganzen Chemie.

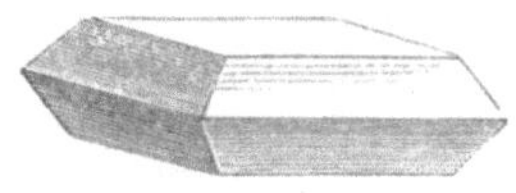

Fig. 450. Kristall von gelbem Blutlaugensalz.

Kohlenstoff und Stickstoff, die zwei vornehmsten Bestandteile unsrer Nahrung, unsres eignen Körpers, geben in einer, frei in der Natur allerdings nicht vorkommenden Paarung, im Gewichtsverhältnis von 12 : 14, jenen gasförmigen, farblosen höchst giftigen Stoff Cyan, der in einigen Verbindungen (Blausäure, Cyankalium) seine Giftigkeit eher noch steigert, in andern dagegen, wie eben im Blutlaugensalz und Berliner Blau, wieder verloren hat. Das Cyan ist noch besonders merkwürdig dadurch, daß es sich in den Verbindungen, die es eingeht, trotz seiner Zweistoffigkeit ganz wie ein einfaches Element verhält, und zwar ein solches, welches seine Stelle unter den sogenannten Haloiden oder Salzbildnern, Chlor, Jod, Brom u. s. w., finden würde. Ganz analog diesen bildet auch das Cyan mit andern Elementen Paarungen in zweierlei Verhältnis als Cyanüre und Cyanide. Beide Verbindungsklassen des Cyans haben aber eine starke Neigung, sich untereinander wieder zu paaren und Doppelcyanverbindungen zu bilden. Aus solcher elementarischen Quadrupelallianz besteht das Blutlaugensalz, Kalium-Eisencyanür; Cyankalium und Eisencyanür sind darin zu einem neuen Körper miteinander verbunden. Das Blutlaugensalz, dessen Bereitung für die technische Chemie eine sehr interessante Aufgabe von jeher gewesen ist, tritt in seiner gewöhnlichen Form als ein Salz von schön gelber Farbe und in großen tafelartigen Kristallen (s. Fig. 450) ausgebildet auf, die beim Erhitzen unter Verlust von Kristallwasser weiß werden und zerfallen. Das Cyan entsteht nicht, wenn bloß Kohlenstoff- und stickstoffhaltige Körper miteinander erhitzt werden, oder es zersetzt sich in solchem Falle gleich wieder, sobald es gebildet war; sind jedoch Alkalien mit zugegen, so verbindet es sich mit diesen und hat nun Stütze und Halt gewonnen. Bei der Destillation von Steinkohlen, also bei der Gasbereitung, bildet sich auch etwas Cyan als Nebenprodukt, welches an einem Teile des gleichzeitig mit entstehenden Ammoniaks Bestand findet; beide geben zusammen Cyanammonium, welches freilich nur als eine aus dem Gase zu entfernende Verunreinigung angesehen wird. Wenn man Cyan absichtlich darstellt, muß man es stets an Kalium binden.

Die Fabrikation des Blutlaugensalzes bedarf demnach folgender Rohmaterialien: 1) stickstoffhaltige organische Substanzen, 2) Kalisalz, am zweckmäßigsten Pottasche, und 3) Eisen, entweder als gediegenes Metall oder im Oxydzustande. Von diesen dreien ist die Rubrik Nr. 1 eine sehr viel umfassende, und es streift für den Nichtkenner an das Spaßhafte, zu erfahren, was alles zur Bereitung von Blutlaugensalz gebraucht werden kann und auch gebraucht wird. Da sind Blut, allerhand Abgänge von Horn-, Haar-, Lederarbeiten, Fleisch- und Wollabfälle, wollene und seidene Lumpen, altes Schuhwerk, Federn, Därme, Hörner und Klauen, getrocknete Fische, gesammelte Maikäfer; selbst Pilze kommen wegen ihres reichlichen Stickstoffgehalts mitunter zur Verwendung.

Aber so verschiedenartig die organischen Rohstoffe auch erscheinen mögen, so werden sie doch durch Hitze alle auf einen sehr gleichartigen Zustand gebracht; sie verwandeln sich in eine blasige Kohle, schlechthin Tierkohle genannt, die neben andern Eigenschaften sich durch einen Stickstoffgehalt von 3—5½ Prozent von der gewöhnlichen Kohle unterscheidet und dadurch eben sich zur Fabrikation von Blutlaugensalz geeignet zeigt. Einzelne Fabriken beginnen denn auch den Gang der Arbeit mit dieser Erzeugung von Tierkohle mittels trockener Destillation aus eisernen Retorten, wobei natürlich die flüchtig werdenden Stoffe, die namentlich einen starken Anteil kohlensaures Ammoniak enthalten, in gekühlten Vorlagen aufgefangen und besonders zu Gute gemacht werden. Ein ziemlicher Teil der Fabrikationskosten wird dadurch gedeckt. Während man in diesem Falle die erhaltene Tierkohle mit Pottasche mengt und das Gemenge in die nun folgende Schmelzarbeit nimmt, mischen andre Fabriken gleich die Rohstoffe, wie sie sind, unverkohlt mit der Pottasche und gelangen so mit *einer* Feuerung zur Schmelzung. Zu dem Schmelzsatz gehört, wie schon erwähnt, Eisen, welches entweder als Eisenfeile oder als Hammerschlag beigegeben werden muß, damit nicht die eisernen Schmelzgefäße zerfressen werden.

Bei der Verarbeitung der Rohstoffe gehen alle Methoden darauf hinaus, daß das Gemisch schließlich bis zum lebhaften Glühen erhitzt und während dieses Glühens unter möglichstem Abschluß der atmosphärischen Luft öfter umgerührt werde. Die Abhaltung der Luft ist nötig, weil der Sauerstoff derselben die glühende Masse zum Teil oxydieren und dadurch cyansaures Kali anstatt Cyankalium entstehen würde. Man schmilzt gewöhnlich in eisernen Kesseln, welche in die Sohle der Flammöfen eingelassen sind, so daß man erst mit Pottasche beschickt, und wenn diese in Fluß geraten ist, die tierische Kohle einträgt. In Wechselwirkung treten dabei kohlensaures und schwefelsaures Kali, stickstoffhaltige Kohle und Eisen. Das Alkali verliert zuerst seinen Sauerstoff an die Kohle, es entsteht und entweicht Kohlenoxydgas, dagegen bleiben Kalium und Schwefelkalium. Der Kohlenstoff und der Stickstoff der Tierkohlen treten zu Cyan zusammen, welches sich mit dem frisch gebildeten Kalium sofort zu Cyankalium verbindet; auch das Kalium gibt seine Verbindung mit dem Schwefel auf und zieht die des Cyans vor, während der Schwefel seinerseits sich mit dem Eisen zu Schwefeleisen paart. Die Schmelze enthält also nicht, wie früher geglaubt wurde, schon fertiges Blutlaugensalz, sondern hauptsächlich Cyankalium, vermischt mit etwas Schwefeleisen. Daneben findet sich gewöhnlich noch etwas unzersetzte Kohle und ein Teil unverändert gebliebener Pottasche, welche letztere durch Eindampfen der Mutterlauge zurückgewonnen (*Blaukali* oder *Blausalz*) und wieder in den Betrieb gegeben wird.

Die geschmolzene und erkaltete Schmelze wird nunmehr zuerst klein geschlagen und mit Wasser behandelt. Dabei geschieht die Bildung des Blutlaugensalzes, indem erst unter Einwirkung der Feuchtigkeit das Eisen in die Verbindung mit Cyan und Kalium eingeht, welche eines bestimmten Wassergehalts zu ihrem Bestehen notwendig bedarf. Haben sich die löslichen Bestandteile sämtlich gelöst, die unlöslichen nach einigen Stunden Ruhe zu Boden gesetzt, so zieht man die klare Lauge (*Blutlauge*) von dem aus Kohle, Eisen, Aschenbestandteilen u. s. w. bestehenden Bodensatze ab. Sie ist schmutziggelb und kommt zunächst wieder in flache eiserne Abdampfpfannen, in welchen sie rasch so lange erhitzt und eingedampft wird, bis der Kristallisationspunkt erreicht ist, nämlich 32 Grad der Beauméschen

Senkwage. Dann gibt man sie noch heiß in die Kristallisationsgefäße. Was hier während des Erkaltens anschießt, ist ein noch ziemlich unreines Produkt, das Rohsalz; man dampft die abgegossene Mutterlauge noch weiter, bis zu 40 Grad, ein und erhält ein noch unreineres zweites Produkt, das Schmiersalz; die übrige Mutterlauge läßt dann beim Eindampfen bis zur Trockne das schon erwähnte Blausalz zurück.

Die jetzt folgenden Arbeiten haben die Reinigung der Produkte zum Zweck. Durch Auflösen des Schmiersalzes in wenig heißem Wasser, Abklären und Kristallisieren erhält man eine Ware, die dem Rohsalze aus der ersten Kristallisation ziemlich gleich ist; man thut daher in der Regel beides zusammen, löst wiederholt in heißem Wasser, klärt durch Stehenlassen und Filtrieren, erhitzt die Lauge nochmals und läßt sie in großen Gefäßen möglichst langsam erkalten, um recht große Kristalle zu erhalten. Zur Beförderung der Kristallisation hängt man in die Kristallisierbottiche Bindfäden ein, an deren Ende ein kleiner Kristall von Blutlaugensalz befestigt ist; er bildet den Ausgangspunkt für die anschießenden Kristalle, welche sich vergrößern, sowie die Abkühlung der Lösung und die Verdunstung derselben vorschreitet. Nach 10—12 Tagen ist das Wachsen der Kristalle beendet; die Wände des Bottichs sind mit einer prachtvollen gelben Kristallkruste belegt. Dies ist das gelbe Blutlaugensalz des Handels, das den meisten Lesern aus den Schaufenstern der Droguenhandlungen oder von den Industrieausstellungen, wenigstens dem Aussehen nach, bekannt sein wird.

Das Blutlaugensalz ist derjenige Körper, aus welchem alle in der Wissenschaft oder Technik zur Verwendung kommenden Cyanverbindungen abgeleitet werden. Selbst das einfachere Cyankalium, welches in der Galvanoplastik, zum Vergolden und Versilbern soviel gebraucht wird, wird aus dem fertigen Blutlaugensalz bereitet. Außerdem aber findet das letztere auch noch mancherlei Verwendungen als solches. Es dient z. B. zum oberflächlichen Verstählen von Eisen (Einsatzhärtung), zur Bereitung gewisser Zündholzmassen, und auch einige Rezepte für Schießpulver enthalten Blutlaugensalz als hauptsächlichen Bestandteil (weißes oder Braconnotsches Schießpulver). Zur Bereitung der Blausäure verwendet man es ebenfalls, indem man die wässerige Lösung desselben in Verbindung mit Schwefelsäure destilliert. Da die Schwefelsäure sich mit dem Eisen des Salzes verbinden will, muß dieses sich erst auf Kosten des Wassers oxydieren, wodurch Wasserstoff frei wird, der sich im Entstehen mit dem ebenfalls frei werdenden Cyan verbindet. Cyanwasserstoff aber ist Blausäure, im wasserfreien Zustande eine farblose, schon bei 27° C. siedende Flüssigkeit, die auch in ihrer Verdünnung mit Wasser noch höchst giftig wirkt. Interessant ist es, daß diese Blausäure auch entsteht, wenn Wasser auf zerkleinerte bittere Mandeln, Aprikosen- und Pfirsichkerne einwirkt, worüber ausführlicher im fünften Bande berichtet werden soll. Eine Hauptverwendung findet das gelbe Blutlaugensalz sowie das aus diesem dargestellte rote Blutlaugensalz in der Färberei zur Herstellung gewisser blauer Farbennüancen (Sächsischblau, Kaliblau u. s. w.).

Somit wären wir bei den blauen Zersetzungsprodukten des Blutlaugensalzes angelangt, in welchen eben dessen hauptsächliche technische Wichtigkeit liegt. Durch Vermischen von Blutlaugensalz- und Eisenlösungen entstehen blaue Niederschläge, die aber nach Umständen in ihrer chemischen Zusammensetzung verschieden sein können. Dieses Verhalten des Salzes beschränkt sich nicht auf das Eisen allein, sondern die meisten übrigen Metalle geben ebenfalls Niederschläge, die aber anders gefärbt sind, namentlich weiß, rotbraun, gelbgrün, und deren Farbensortiment noch vermehrt wird durch das gleich zu besprechende rote Blutlaugensalz, welches meistens andre Farbentöne gibt. Durch diese Eigenschaft wird das Blutlaugensalz für die analytische Chemie ein wichtiges Reagens zur Unterscheidung der Metalle.

Durch Herausnahme von ein Viertel des im gelben Blutlaugensalz enthaltenen Kaliums, dessen Cyangehalt an das Eisencyanür übergeht und dasselbe in Eisencyanid verwandelt, wird das gelbe in rotes Blutlaugensalz verwandelt, aus Kaliumeisencyanür wird Kaliumeisencyanid, oder, um die jetzt gebräuchliche Namengebung zu gebrauchen, aus Ferrocyankalium wird Ferridcyankalium. Das Mittel zu dieser Umwandlung besteht in einer Durchleitung von Chlorgas durch eine heiße Auflösung des gelben Salzes. Das Chlor entzieht dem Salz Kalium und bildet damit Chlorkalium, während die übrig bleibenden Bestandteile sich nunmehr anders ordnen und das neue Salz bilden. Dasselbe wird häufig zum Wollefärben und im Zeugdruck gebraucht, und man versendet entweder gleich die Lösung, die wir eben entstehen sahen, samt ihrem unschädlichen Gehalt an Chlorkalium, oder man dampft es ein und läßt das rote Salz auskristallisieren, wobei dann das Chlorkalium als viel leichter lösliches Salz in der Mutterlauge bleibt; auch stellt man das feingepulverte Salz in Kammern in dünnen Schichten auf und leitet Chlorgas zu, welches von dem Pulver aufgesogen wird und in demselben die nämliche Veränderung bewirkt wie in der wässerigen Lösung. Das Pulver, ebenfalls mit dem Gehalt an Chlorkalium, geht unter dem Namen Blaupulver in den Handel. Das neueste Verfahren besteht in der Behandlung des gelben Salzes mit mangansaurem Baryt.

Das rote Blutlaugensalz kann bei einiger Vorsicht in schönen, langen, rubinroten Kristallen erhalten werden; gewöhnlich trifft man es in warzigen, blumenkohlartigen Massen an. Es hat die Eigentümlichkeit, daß es mit Eisenoxydlösung keinen Niederschlag und keine blaue Färbung gibt. Nicht als ob keine Zersetzung stattfände, aber die dabei entstehenden Verbindungen sind sämtlich in Wasser löslich und scheiden sich deshalb nicht wie das Berliner Blau in fester Form aus. Wir können jedoch mit Hilfe des roten Blutlaugensalzes ebenfalls einen blauen Niederschlag in Eisenlösung erzeugen wie mit gelbem, wenn wir bei dem ersteren Eisenoxydullösung anwenden. Das Verhalten der beiden Blutlaugensalze gegen Eisenlösungen ist also kurz zusammengestellt folgendes:

Gelbes Blutlaugensalz gibt mit Eisenoxydullösungen einen hellblauen Niederschlag, der an der Luft nach und nach dunkelblau wird (bei ganz abgehaltener Luft würde derselbe weiß erscheinen); mit Eisenoxydsalzlösungen entsteht dagegen sofort ein dunkelblauer Niederschlag. Rotes Blutlaugensalz gibt mit Eisenoxydulsalzlösungen einen dunkelblauen Niederschlag, mit Eisenoxydsalzlösungen gar keinen Niederschlag, sondern nur eine dunkelbraune Färbung. Der im ersten Falle entstehende bei Luftabschluß weiße Niederschlag ist Einfachcyaneisen oder Eisencyanür, die dunkelblauen Niederschläge sind Verbindungen von Einfachcyaneisen mit Anderthalbcyaneisen in verschiedenen Verhältnissen, also Eisencyanürcyanid. Ebenso wie die Sauerstoffsalze des Eisens verhalten sich hierbei auch die beiden Chlorverbindungen desselben. Die Verschiedenheit der Zusammensetzung der beiden dunkelblauen Niederschläge gibt sich auch durch eine geringe Verschiedenheit in der Nüance des Blau zu erkennen und wird die aus gelbem Blutlaugensalz mittels Eisenoxydsalzen erhaltene blaue Farbe Berliner Blau genannt, während die aus rotem Blutlaugensalz mit Eisenoxydulsalzen gewonnene als Turnbulls Blau oder Pariser Blau bezeichnet wird. Wendet man bei der Bereitung dieser Farben einen Überschuß der Blutlaugensalze an, so entstehen Niederschläge, die sich beim Auswaschen mit Wasser nach und nach wieder mit blauer Farbe lösen; es ist dies das sogenannte lösliche Berliner Blau; durch Zusatz einer Eisenoxydulsalzlösung zu dieser blauen Flüssigkeit entsteht aber wieder unlösliches Turnbulls Blau. Zur Herstellung gewöhnlicher Ware verwendet man immer das billigere gelbe Blutlaugensalz und Eisenvitriol, wobei, wie schon erwähnt, anfangs ein beinahe weißer Niederschlag entsteht. Schon beim Aufrühren nimmt aber dieser Niederschlag vermöge der im Wasser enthaltenen Luft eine graue oder schmutzig blaue Färbung an, und einige Zeit der Einwirkung des atmosphärischen Sauerstoffs unter öfterem Umrühren ausgesetzt, geht er völlig in schönes Blau über, indem ein Teil des Eisencyanürs sich durch Sauerstoffaufnahme in Eisenoxyd verwandelt, dafür aber seinen Cyangehalt abgibt und eine entsprechende Menge Eisencyanür in Eisencyanid verwandelt. Zu gewissen Zwecken, besonders zur Erzeugung eines guten Grüns, durch Zumischung des Blaus zu Chromgelb, ist es unerläßlich, von der Erzeugung des rein weißen Niederschlags auszugehen. Das durch bloße Luftwirkung gebläute Produkt löst sich in reinem Wasser, was für die gewöhnlichen Fälle unerwünscht ist. Unlöslich aber wird dasselbe durch Anwendung oxydierender Mittel, welche zugleich die Bläuung sehr rasch bewirken. Solche Mittel sind Salpetersäure, chromsaures Kali und Chlor. Neuerdings hat die Oxydierung des weißen Niederschlags durch Chlor viel Aufnahme gefunden. Der schöne blaue Farbstoff des Berliner Blaus wird von Säuren nicht zerstört, wohl aber — und das ist seine schwache Seite — von ätzenden Alkalien, kann daher auch auf frische Kalkwände nicht gebracht werden, da er durch ausgeschiedenes Eisenoxyd sich in schmutziges Braun verwandeln würde. Durch Kleesäure wird er aufgelöst, und diese Lösung bildet die gebräuchlichste blaue Tinte.

Es ist selbstverständlich, daß die zur Erzeugung schöner Farbentöne gebrauchten Substanzen von der höchsten Reinheit, namentlich frei von andern Metallen sein müssen. Da sich bei der Darstellung aus Eisenvitriol durch die nachherige Oxydierung Eisenoxyd bildet, welches die Farbe beeinträchtigt, so zieht man dieses durch auflösende Säuren, Schwefel- oder Salzsäure, aus. Für geringere Farben nimmt man es freilich nicht so ängstlich, sucht wohl auch durch Zusatz von andern Bestandteilen die Masse des Farbstoffs noch zu vermehren. Man vermischt zu diesem Zwecke z. B. die Eisenlösung mit Alaun, der durch kohlensaures Natron zersetzt wird und Thonerde abscheidet. Durch Zumischung von größeren Mengen Thonerde wird die Farbe natürlich heller. Andre gebräuchliche Zusätze sind Barytweiß, Porzellanthon, Zinkweiß, Magnesia, Kreide, Stärke u. dergl. Diese helleren und wohlfeileren Sorten heißen gewöhnlich Mineralblau.

Der auf die eine oder andre Art erhaltene Niederschlag wird zunächst mit vielem kalten Wasser ausgewaschen, die etwa beliebten Zusätze darunter gemischt, die Masse dann auf dem Filter und weiter durch Pressen entwässert, in noch feuchtem Zustande in Täfelchen geschnitten und diese an der Luft oder in gelinder Wärme vollends getrocknet. Ist die Masse einmal trocken, so läßt sie sich nur schwer wieder in den Zustand feinster Zerteilung bringen, in welchem sie aus der Lösung ausfällt; daher zieht man es öfter vor, sie in feuchtem Teigzustande (en pâte) zu belassen und so in den Handel zu geben. Das Berliner Blau wird weniger in der Ölmalerei, als zu Wasser- und Leimfarbe benutzt. Es verarbeitet sich bequem und deckt gut. In der Tapetenfabrikation dient es auch als Druckfarbe. Über seine Anwendung in der Färberei enthält der betreffende Abschnitt das Nähere. Außerdem hat das Berliner Blau noch einen Wert als Bestandteil einer der gebräuchlichsten grünen Farben, des sogenannten grünen Zinnobers. Es besteht dieser aus einer mechanischen Mischung von Berliner Blau und Chromgelb. Beide Pulver werden in Wasser zusammengerührt und dann auf einer Farbmühle möglichst innig vermischt.

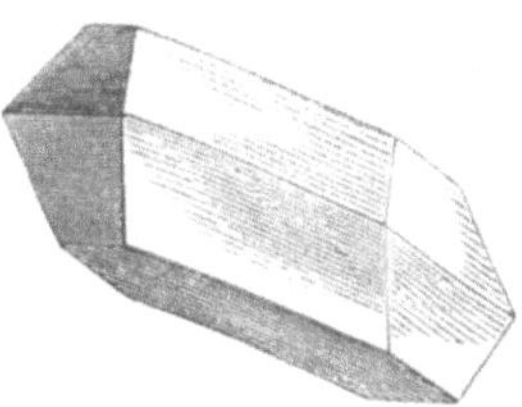

Fig. 451. Kristallformen des roten Blutlaugensalzes.

In einer eisernen Schale über offenem Feuer bis zum angehenden Glühen erhitzt, zerfällt das Berliner Blau und färbt sich braun. Dieses Produkt liefert nach seiner Pulverisierung dem Maler ebenfalls eine schöne und vielfach verwendbare Farbe.

Bleifarben. Wie unter den Metallen das Blei zu den ältesten Bekannten des Menschen gehört, so sind auch verschiedene unsrer Bleipräparate von sehr altem Herkommen. Schon Plinius und Vitruvius besprechen das Bleiweiß als Farbstoff und beschreiben seine Herstellung aus Blei mittels Essig; die Araber zu Gebers Zeit (8. Jahrhundert) kannten außerdem das Bleiacetat oder essigsaure Bleioxyd (Bleizucker), das gelbe und rote Bleioxyd (Massicot und Mennige), und es wurden diese Stoffe damals schon zu denselben Zwecken wie heute benutzt. Von der Mennige (minium) erhielten die Schriftmaler, welche in alten Zeiten sich mit der Herstellung der bunt ausgezierten handschriftlichen Bücher beschäftigten, den Namen Miniatoren, und eben daher rührt der Ausdruck Miniaturmalerei. Was es aber mit der Verwandlung des Bleies je nach Umständen in gelbes, rotes und weißes Pulver für eine Bewandtnis habe, darüber konnte sich die alte Chemie nur sehr ungenaue Vorstellungen machen; noch im 18. Jahrhundert war man der Ansicht, daß das Bleiweiß aus Blei und Essig bestehe. Nach der Entdeckung des Sauerstoffs freilich war auch die Chemie des Bleies eine leicht verständliche. Danach gibt es ein Suboxyd mit dem geringsten Sauerstoffgehalt, ein Oxyd, die uns schon bekannte Glätte; dasselbe Oxyd in andrer Bereitung, so daß es vor dem Schmelzen bewahrt wurde, als Bleigelb oder Massicot, ferner ein braunes Superoxyd mit doppelt so viel Sauerstoff als das Oxyd, und eine Zwischenstufe zwischen beiden, oder eine Verbindung derselben miteinander, die Mennige.

Das als Neugelb, Königsgelb, Massicot im Handel vorkommende Bleioxyd ist gleich andern gelben Mineralfarben jetzt sehr in den Hintergrund getreten vor dem dominierenden Chromgelb, auf welches wir noch zu sprechen kommen. Ein schönes, aber nicht wohlfeiles Massicot wird erhalten, wenn man schon fertiges Bleiweiß einer mäßigen Hitze aussetzt, welche die Kohlensäure und das Wasser austreibt, wobei die weiße Farbe verschwindet und gelbes Bleioxyd erhalten wird. Durch fortgesetztes Erhitzen geht das gelbe

Bleioxyd infolge weiterer Sauerstoffaufnahme aus der Luft in rotes über, und es ist daher thunlich, daß man in demselben Ofen und gleichzeitig an einer kühleren Stelle Massicot erzeugt, das dann an einer heißeren in Mennige übergeführt wird. Das Mennigbrennen erfordert Aufmerksamkeit und Einsicht; die Schönheit und Intensität der Farbe hängt sowohl von der Reinheit des Materials als von der Führung und Dauer des Brennens ab. Wie man durch Erhitzen von feinem Bleiweiß das schönste Massicot erhält, so gibt dieses durch weiteres Brennen auch die schönste Mennige. Diese feinste Ware heißt Pariser Rot und dient wegen ihres höheren Preises nur als Malerfarbe.

Ist somit an und für sich das Bleioxyd als gelber Farbstoff schon verwendbar, so wird es noch nutzbarer durch seine Verbindungen, von denen einige, wie das schon genannte chromsaure Bleioxyd (Bleichromat) sich durch schöne gelbe Farbentöne auszeichnen.

Der Ölmaler kann das Chromgelb nicht brauchen, weil es mit leicht zersetzbaren organischen Stoffen zusammengemischt braun wird; er bevorzugt dagegen das Neapelgelb wegen seiner Farbenschönheit und Beständigkeit. Dieses besteht seiner Natur nach aus antimonsaurem Bleioxyd und kann auf verschiedenen Wegen hergestellt werden, am besten so, daß man Brechweinstein, salpetersaures Bleioxyd und Kochsalz zusammenschmilzt und die Schmelze mit Wasser behandelt, welches die löslichen Salze wegnimmt und das Gelb als ein feines Pulver fallen läßt. Durch Oxydieren von antimonhaltigem Blei im Flammofen, Glühen des Oxyds mit Kochsalz und Auswaschen der Masse mit Wasser erhält man das Neapelgelb ebenfalls. Einige andre gelbe Bleifarben (englisches oder Patentgelb, Kasseler Gelb) bestehen aus basischem Chlorblei, d. h. Chlorblei in Verbindung mit mehr oder weniger Bleioxyd. Werden diese ursprünglich weißen Verbindungen erhitzt, so wird das Hydratwasser ausgetrieben und die Masse erscheint in schönem Gelb.

Bleiweiß. Die unlöslichen Bleisalze, welche allein als Farbenkörper in Betracht kommen können, bilden, soweit nicht etwa ein färbendes Prinzip in der Säure liegt, stets weiße Körper, ohne jedoch alle als Bleiweiß dienen zu können, denn sie entsprechen nicht durchgängig dem technischen Erfordernis, sich gut streichen zu lassen und gut zu decken, d. h. einen vollständig undurchsichtigen Überzug zu bilden. Schon das Oxyd des Bleies als Hydrat, d. h. mit Wasser verbunden, wie es aus Bleisalzlösungen durch Alkalien niedergeschlagen wird, ist zwar weiß, aber nicht brauchbar. Dasselbe gilt von dem Chlorblei. Das eigentliche und schon von alters her bekannte Bleiweiß ist das basisch kohlensaure Bleioxyd oder basische Bleikarbonat.

Gießt man die Lösung eines Bleisalzes, z. B. Bleizucker (essigsaures Bleioxyd), und die Lösung eines kohlensauren Salzes, z. B. Soda, zusammen, so scheidet sich das Bleiweiß aus, während ein neugebildetes Salz, im vorliegenden Falle essigsaures Natron, in Lösung bleibt. Bei der Bereitung im großen jedoch arbeitet man ökonomischer und so, daß kein zweites Salz als Abfall übrig bleibt. Nun gibt es eine sehr alte Fabrikationsweise und eine neuere, die, trotz der großen Verschiedenheit in der äußeren Erscheinung, im Grunde ganz in derselben Weise verlaufen. Das wesentliche nämlich ist in jedem Falle, daß metallisches Blei oder Bleioxyd der Einwirkung von Essig und Kohlensäure ausgesetzt wird; der Sauerstoff der Luft oxydiert auf Anregung der Essigsäure zunächst das Metall, dessen Oxyd sich dann in der Säure auflöst, während gleich darauf die Kohlensäure diese Lösung wieder zersetzt und das Oxyd für sich in Anspruch nimmt. Daß die Kohlensäure hier etwas vollbringt, was sie in der Regel für sich allein nicht kann, nämlich die Zersetzung einer metallischen Salzlösung, liegt begründet in der Fähigkeit des Bleies, sogenannte basische Salze zu bilden, wobei noch der Umstand wesentlich ist, daß das basische essigsaure Bleioxyd im Wasser sich löst, während andre basische Bleiverbindungen darin unlöslich sind. Hat sich nämlich die Essigsäure mit Bleioxyd vollkommen gesättigt, so steht darum der Lösungsprozeß noch nicht still; es geht noch eine weitere Quantität Oxyd in die Lösung ein, und eben dieser von der Essigsäure gleichsam als Überfahrt mitgenommene Anteil ist es auch, welcher dem Zuge der zutretenden Kohlensäure folgen und mit ihr als Bleiweiß sich wieder ausscheiden kann. Ist die Ausscheidung erfolgt, so bleibt wieder nur neutrale Bleilösung übrig, welche aufs neue eine Quantität Oxyd auflösen und an die Kohlensäure abgeben kann, und so fort in beschränkten Wiederholungen, immer mit einer und derselben Menge Essigsäure.

Die alte Methode der Fabrikation heißt die holländische, weil früher dieser Industriezweig in Holland besonders blühte. Das zu verarbeitende Blei muß von fremden Substanzen möglichst frei sein. Man schmilzt es und gießt es in Formkästen oder auf einer kühl gehaltenen Steinplatte zu rauhen Tafeln von der Stärke einer dünnen Pappe aus. Häufig auch, und z. B. in England allgemein, benutzt man Gießformen, aus welchen die Bleitafeln gitterförmig durchbrochen hervorgehen, wie in Fig. 452 ersichtlich ist. Derartige Tafeln bieten dem Zutritt der Gase mehr Oberfläche dar. Die Veranstaltung nun, in welcher diese Platten durch das Zusammenwirken von Luft, Essig- und Kohlensäure allmählich zu Bleiweiß umgewandelt werden, heißt eine Loge und bildet eine große Kammer aus Holz- oder Mauerwerk. In diesem Raume werden miteinander Pferdemist, Töpfe mit Essig und Metallplatten nebst Zwischenhölzern und Brettern in regelmäßiger Weise derart aufgebaut, daß überall kleine Zwischenräume zur Zirkulation der Luft und der andern Gase bleiben. Zu unterst kommt eine festgestampfte Lage Mist oder auch erschöpfter Gerberlohe, dann eine Schicht besonders hierzu geformter, nach unten enger werdender, im Innern gut glasierter Töpfe, deren in einer Loge an 3—4000 gleichzeitig gebraucht werden. In jeden Topf wird etwas ordinärer Essig oder Holzessig, vermischt mit Bierhefe u. dergl. gegeben. Ferner nimmt jeder Topf in seinem Innern eine Bleiplatte auf, welche zu diesem Behufe spiralförmig zusammengerollt ist; durch Vorsprünge im Innern des Topfes ist gesorgt, daß dieser Einsatz nicht bis in den Essig hinabreicht. Dann schichtet man über den Topf vier Lagen Bleiplatten, durch Holzlatten auseinander gehalten; darauf folgt eine Bohlendecke, an den Enden durch Tragpfosten gestützt, auf diese wieder eine Lage Mist, Töpfe, Bleiplatten, und so fort, bis die Kammer etwa mit acht bis zehn solcher kleinen Etagen angefüllt ist und mit einer dickeren Lage von Mist und Brettern eingeschlossen wird. Wo statt der Platten die modernen Gitter angewandt sind, geht die Beschickung im ganzen ebenso vor sich, nur daß man dann niedrigere Töpfe anwendet, bei welchen der spiralförmige Einsatz wegfällt, und unter Ersparung von Zwischenhölzern fünf bis sechs Gitter auf einen Topf gelegt werden. So ist denn das Blei, je nachdem bis 200 Zentner auf eine Beschickung, in eine Art Mist- oder Lohbeet untergebracht, aus welchem sich durch Gärung fortwährend Kohlensäure entwickelt. Die Wärme, welche anfänglich bedeutend steigt, dann wieder sinkt und sich etwa zwischen 36—60 Grad forterhält, beschleunigt die chemischen Aktionen und bringt den Essig in den Töpfen zur Verdunstung, und da auch für den Eintritt der Luft die nötigen Öffnungen gelassen sind, so sind alle Bedingungen für die erlangte Metamorphose vorhanden.

Fig. 452.
Holländische Methode der Bleiweißfabrikation.

Wenn der Prozeß beendet ist, wozu bisweilen nur 3—4 Wochen, oft aber auch eben so viele Monate erforderlich sind, entleert man die Loge wieder und findet nun die Platten oder Gitter mehr oder weniger zerfressen und mit Bleiweiß überzogen, wodurch sie stark angeschwollen erscheinen. doch immer noch mit so viel metallischem Kern, daß durchschnittlich die Hälfte des Bleies der Verwandlung entgangen ist. Das Bleiweiß wird von seiner metallischen Unterlage durch Abklopfen getrennt; das übrig gebliebene Blei kommt wieder zum Einschmelzen. Wegen der großen Schädlichkeit des Bleiweißstaubes ist die Arbeit des Abklopfens eine sehr gesundheitsgefährliche Arbeit. In neueren Fabriken trennt man daher Metall und Bleiweiß meistens durch Zerdrücken zwischen Walzwerken. Ist dagegen der Prozeß so weit vorgeschritten, daß alles Blei in Bleiweiß sich verwandelt hat, so heißt das Produkt Schieferweiß.

Das gewonnene Bleiweiß wird zum kleineren Teile gleich in der ursprünglichen Form harter Schiefer als Schieferweiß in den Handel gebracht, größtenteils aber in der Art weiter bearbeitet, daß man es mit Wasser zwischen Granitsteinen fein malt und den Brei in unglasierte kleine Töpfe gießt, worin er nach ein paar Tagen so konsistent geworden ist, daß man die kegelförmigen Brote herausnehmen kann, die schließlich an der Luft oder in der Trockenstube vollends ausgetrocknet werden. Die ordinären Sorten bekommen bei dieser Bearbeitung ihre unvermeidliche Beigabe von schwefelsaurem Bleioxyd, Schwerspat oder Kreide. Die solchergestalt gewonnene Ware ist hart, fast steinig, was ihre Wiederzerkleinerung und Verreibung mit dem Bindemittel zu einer mühsamen und langwierigen Arbeit macht. Aber die Verbraucher pflegen die Härte als ein Zeichen der Unverfälschtheit anzusehen und ziehen daher solche Ware einer andern vor, die ihnen in Form eines weißen Pulvers angeboten wird. Viel Bleiweiß kommt jedoch neuerdings gleich mit Öl angerieben (als Paste) in den Handel.

Nach der österreichischen oder deutschen Methode der Bleiweißfabrikation werden die dünnen, rauhen Bleibleche, wie sie durch Ausgießen des Bleies auf eine Steinplatte sich bilden, in der Mitte umgefalzt, so daß sie wie ein spitzes Dach aussehen, über Latten gehangen und mit diesen in trogartige, ausgepichte Holzkästen so eingehängt, daß sie einander nicht berühren. Der Boden jedes Kastens ist 6—8 cm hoch mit einer Mischung von Weintrebern und Essig oder auch bloß Essig allein bedeckt. Die Bleiplatten hängen über dieser Masse, ohne sie zu berühren. Die vollgehängten Kästen werden mit Papier verklebt und zu 80—100 in gemauerte Wärmstuben gestellt, welche durch Dampfröhren in einer beständigen Wärme von 30—40 Grad erhalten werden; zugleich wird durch Verbrennen von Holzkohle oder Koks erzeugte Kohlensäure und Luft in die Kästen geleitet. In längstens drei Wochen ist die Bleiweißbildung beendet. Diese Methode ist in bedeutenden Fabriken Kärntens in Gebrauch und liefert eine sehr schöne Ware, was freilich zum größten Teil in der Reinheit des dortigen Bleies seinen Grund hat. Die feinste und härteste Sorte führt den Namen Kremser Weiß.

Um die feineren Sorten zu erzeugen, hat man das Bleiweiß noch von seinen Beimengungen zu trennen; man unterwirft es daher einem Schlämmprozeß, der diese Aufgabe noch vollständiger und mit weniger Gefahr für die Gesundheit vollführt als das Sieben. Das von den Bleitafeln abgelöste und gemahlene Weiß enthält nämlich noch kleine Partikelchen metallischen Bleies, welche die Farbe beeinträchtigen würden und vollständig nur durch Schlämmen zu entfernen sind. Durch mehr oder weniger weite Fortführung des Schlämmens erhält man Sorten von verschiedenen Feinheitsgraden.

Französisches Verfahren oder die Thenardsche Methode; dieselbe beruht auf Niederschlagung des Weiß aus basisch essigsaurer Bleilösung mittels eines Stromes von Kohlensäure. Das Produkt ist aber nicht so deckend, wie das nach alter Art erzeugte, und das Verfahren wird fast nur in Frankreich ausgeführt, wo es, in neuerer Zeit wesentlich verbessert, gute Erfolge zu haben scheint. Berühmt ist die Bleiweißfabrikation von Ozouf in St. Denis, welche, zwar nach dem Thenardschen Verfahren arbeitend, doch ihr Hauptaugenmerk darauf richtet, ein Bleiweiß herzustellen, das in seiner chemischen Zusammensetzung mit dem nach der holländisch-deutschen Methode erzeugten völlig übereinstimmt. Sie erreicht dies durch eine genaue Bemessung der in die Bleilösung geleiteten Kohlensäure. Die Kohlensäure wird durch Verbrennen von Kohle oder durch Glühen von Kalkstein erzeugt und in die Bassins, in welchen sich die basisch essigsaure Bleilösung befindet, durch eine große Anzahl von Röhren eingeleitet. Das ausgeschiedene Bleiweiß trennt man von der darüber befindlichen Lösung von neutralem essigsauren Blei und trocknet es. In die abgezogene Bleilösung bringt man wieder Bleiglätte, die sich darin zu basisch essigsaurem Blei löst, so daß der Prozeß von neuem beginnen kann.

Nach Tourmentin wird Bleiweiß mittels basischen Chlorbleies (aus Kochsalz und Bleiglätte) dargestellt, indem man diese Verbindung mit Wasser anrührt, durch das Gemenge einen Strom Kohlensäuregas leitet und die Flüssigkeit in einem bleiernen Kessel mit Kreidepulver so lange kocht, bis sie, filtriert, nicht mehr durch Schwefelammonium geschwärzt wird.

Die ganze Bleiweißfabrikation vollzieht sich in einem aus vielen einzelnen Abteilungen zusammengesetzten Apparate von sehr scharfsinniger Konstruktion, der namentlich dadurch ausgezeichnet ist, daß die äußere Luft von dem Innern vollständig abgeschlossen und ein Verstäuben giftiger Bleiweiße, welches den Arbeitern im höchsten Grade gefährlich ist, nach Möglichkeit vermieden wird. Selbst das Trocknen geschieht in einem besonderen abgeschlossenen Raume, und zwar dadurch, daß ein mit Leuchtgas innerlich geheizter hohler eiserner Cylinder an einer Stelle in den Bleiweißbrei eintaucht und so viel davon mit fortnimmt, als während der übrigen Umdrehung trocknen kann. Unterhalb befindet sich dann eine gegenstehende Messerklinge, welche die getrocknete Schicht ablöst und in ein Sammelgefäß fallen läßt. Die Rücksicht auf die Gesundheit der Arbeiter, welche die französische Methode der Bleiweißfabrikation zu nehmen gestattet, sollte eigentlich ihrer Einführung vor den alten gebräuchlichen Verfahren überall das Wort reden.

Wesentlich vermindert sind zwar die Gefahren bei dem Grünebergschen Prozeß, welcher gleichsam eine Übersetzung der holländischen Methode in das Maschinenmäßige bildet; indessen steht demselben wohl eine noch nicht hinlänglich erreichte Vollkommenheit des Produktes entgegen. Bei diesem Verfahren kommt das metallische Blei in gekörnter Form in liegende hohle, inwendig gerippte Cylinder, die durch Maschinenkraft in rascher Umdrehung erhalten werden. Während dieser Rotation hat durch zwei Öffnungen nahe dem Zentrum der Cylinderböden die Luft Zutritt, und durch die hohle Welle wird in bemessenen Quantitäten Essigsäure und Kohlensäure eingeführt. Durch die starke Reibung der Bleikörner, sowie durch die chemische Aktion wird bald Wärme erzeugt, und so sind die Bedingungen der Bleiweißbildung vereinigt, welche so rasch erfolgt, daß eine gegebene Menge Blei, die nach der holländischen Methode erst in acht Wochen zu Bleiweiß werden würde, hier in acht Tagen die Umwandlung erfährt. Das fertige Bleiweiß wird von Zeit zu Zeit von dem noch unverwandelten Metall mit Bleizuckerlösung abgespült und ist gleich so fein gerieben, daß jede weitere Zubereitung unnötig ist.

Ersatzmittel für Bleiweiß. Trotzdem, daß die Bleipräparate, besonders in stäubender Form, für den Körper ein schleichendes Gift sind und die Bleiweißanstriche auch an dem Fehler leiden, daß sie in schwefelwasserstoffhaltiger Luft, z. B. in der Abtrittsluft, sich bräunen, so hat doch das kohlensaure Bleioxyd noch durch kein andres Farbemittel vollständig verdrängt werden können; da kein andrer weißer Farbstoff eine so ausgiebige Deckkraft besitzt und sich mit Öl und Firnis so gut zu einer festen Masse verbindet.

Nur zwei Konkurrenten sind in unsrer Zeit gegen das Bleiweiß aufgetreten. Es sind dies der Schwerspat, im Handel Permanentweiß oder blanc fixe genannt, der an verschiedenen Orten Deutschlands fabrikmäßig dargestellt wird, und das Zinkweiß, dessen Erzeugung im Zusammenhange mit der Zinkgewinnung schon Erwähnung gefunden hat. Der schwefelsaure Baryt (Schwerspat) ist eine der festesten Verbindungen und in keiner Säure auflöslich. Wie er in der Natur vorkommt, ist er aber selten rein genug, um durch bloßes Mahlen auf Permanentweiß verarbeitet zu werden. Es muß derselbe erst durch heftiges Glühen mit Teer oder Kohle seines Sauerstoffs beraubt und dadurch in Schwefelbaryum verwandelt werden; dieses wird dann in verdünnter Salzsäure gelöst, wobei Chlorbaryum und Schwefelwasserstoffgas entstehen. Zu der Lösung des Chlorbaryums setzt man dann Schwefelsäure oder Glaubersalzlösung (Natriumsulfat), wodurch das Permanentweiß zu Boden fällt. Einfacher ist die Fabrikation, wenn natürlicher kohlensaurer Baryt (Baryumkarbonat), der als weißes Mineral bekannte Witherit, zur Verfügung steht; es fällt dann das Glühen mit Kohle oder Teer weg, man braucht dann den Witherit bloß in Salzsäure zu lösen und mit Schwefelsäure zu fällen. Das Permanentweiß findet Anwendung namentlich als Wasser- und Leimfarbe, wogegen es sich wegen seiner geringen Deckkraft mit Firnis und Öl nicht zweckmäßig verreiben läßt. Fabriken von Tapeten, Bunt- und Glanzpapieren, Papierwäsche, Spielkarten u. s. w. sind daher die willigen Nehmer dieser Ware, um so mehr, als es bei schöner Weiße auch einen guten Glättglanz annimmt und darin dem Kremser Weiß nicht nachsteht.

Chrompräparate. In dem metallurgischen Teile unsres Buches sind zwei Metalle unbesprochen geblieben, und zwar aus dem Grunde, weil sie keinen Gegenstand der Metallurgie bilden und im gediegenen Zustande keinen Gebrauch haben; es sind dies das Chrom und das Mangan; nur in Mischung mit Eisen werden sie als Chromstahl und Manganstahl verwendet, wie bereits besprochen wurde. Beide gleichen sich in ihrer starken Vorliebe für den Sauerstoff, welche bewirkt, daß sie nirgends auf der Erde gediegen angetroffen werden. Das Mangan kommt sogar in der Natur als ein Hyperoxyd, d. h. mit der doppelten Sauerstoffmenge der gewöhnlichen Oxyde vor, und es dient dieses Mineral seines Sauerstoffreichtums wegen, wie wir schon gesehen haben in der Glasfabrikation, zur Chlorbereitung u. s. w. Als Farbenkörper erfährt es nur zur Herstellung violetter oder schwarzer Gläser, selten für die feineren hellen Töne Verwendung.

Daß das Chrommetall (erst 1797 entdeckt) zweckmäßig in dem Kapitel der Mineralfarben von uns abgehandelt wird, darauf weist schon sein Name hin, der dem Griechischen entnommen ist, in welcher Sprache chroma Farbe bedeutet. Der Farbenreichtum und praktische Nutzen des Metalls liegt aber in seinen Oxyden und Salzen, und es finden in diesem Sortiment nicht nur der gewöhnliche Maler, Lackierer und Anstreicher, sondern ebenso der Porzellan- und Glasmaler, der Fabrikant farbiger Gläser, besonders auch der Färber, Dinge, die ihnen sehr gut zu statten kommen.

Das Chrom bildet mit Sauerstoff vier Oxydationsstufen, von denen einige sich wieder miteinander verbinden können: Chromoxydul, Chromoxyd, Chromsäure und Überchromsäure; die erste und die letzte hat nur ein wissenschaftliches Interesse. Das **Chromoxyd** ist besonders als Schmelzfarbe für Porzellan- und Glasmaler ein wichtiger Stoff; er zeigt je nach der Bereitungsweise verschiedene Nüancen von Grün und gibt außerdem in Vermischung mit Eisen- oder Zinkoxyd Schwarz, mit Mangan- oder Kupferoxyd Braun. Man gewinnt es stets durch Reduktion aus dem chromsauren Salz, und zwar entweder auf nassem oder trockenem Wege. Wo der erstere eingeschlagen wird, erhält man aus den Auflösungen das Chromoxyd mit Wasser verbunden, **Chromoxydhydrat** oder Chromhydroxyd, von hellgrüner Farbe; das wasserfreie Oxyd hat eine dunkelgrüne Farbe. Man stellt es aus dem Hydrat durch Glühen dar. Das schönste und kostbarste Chromoxyd erhält man durch Glühen von chromsaurem Quecksilberoxydul. Der Sauerstoff und das Quecksilber verflüchtigen sich und das Oxyd bleibt allein in der Retorte. Durch das Glühen verliert das Oxyd seine Löslichkeit selbst in den stärksten Säuren beinahe gänzlich. Das Chromoxyd ist eine der wenigen Porzellanfarben, welche das Scharffeuer des Porzellanofens vertragen, also unter der Glasur eingebrannt werden können. Übrigens hat man dasselbe in jüngster Zeit auch für die gewöhnlichen Maler- und Zeugdruckfarben nutzbar zu machen gelernt. Es gibt verschiedene grüne Pulver unter den Namen Smaragdgrün, Mittlers Grün, Pannetiers-, Plessis-, Dingler- u. s. w. Grün, welche im wesentlichen aus Chromoxyd bestehen, zum Teil mit Bor- oder Phosphorsäure verbunden sind, teils auch andre Stoffe enthalten, oder in helleren Nüancen aus bloßem Oxydhydrat bestehend. Zum Bedrucken der Gewebe und des Papiers hat in den letzten Jahren die Darstellung desselben, namentlich des als **Guignets Grün** im Handel vorkommenden Farbstoffs, aus den Rückständen von der Fabrikation des Anilinvioletts, des Aldehyds u. s. w., bei welcher sehr viel Chromsäure verarbeitet wird, eine bedeutende Ausdehnung gewonnen.

Das in Säuren gelöste Chromoxyd erscheint je nach Umständen bald grün, bald violett, was schon auf einen ungewöhnlichen Farbenreichtum des Chroms schließen läßt; übrigens läßt sich das Violett in Grün durch bloßes Erhitzen, das Grün in Violett durch ein wenig Salpetersäure leicht überführen. Diese violetten oder grünen Verbindungen bilden die **Chromsalze**, in denen also das Chromoxyd die Rolle der Basis spielt. Unter ihnen verdient, als für die Färberei wichtig, erwähnt zu werden der **Chromalaun**, ein Doppelsalz aus schwefelsaurem Chromoxyd (Chromsulfat) und schwefelsaurem Kali (Kaliumsulfat), von granatroter Farbe, das unter anderm in der Kattundruckerei als Beizmittel und zur Erzeugung perlgrauer Farbe dient. Es läßt sich in wunderschönen oktaedrischen Kristallen erhalten, wenn man einen kleinen Kristall an einem Kokonfaden befestigt und ihn in eine gesättigte Lösung dieses Salzes hängt, in der er sich rasch vergrößert.

Kann sich das Chrom mit einem größeren Anteil Sauerstoff verbinden, als im Oxyd enthalten ist, so entsteht **Chromsäure**, die sich wie andre Säuren mit Basen verbindet und teils lösliche, teils unlösliche farbige Salze bildet. Diese sind die von den eben erwähnten Chromsalzen ganz verschiedenen chromsauren Salze oder **Chromate**. Die Chromsäure selbst läßt sich aus ihren Verbindungen durch stärkere Säuren abscheiden, was gewöhnlich aus doppeltchromsaurem Kali durch Schwefelsäure geschieht, aber die Trennung beider ist so umständlich, daß die Chromsäure immer ein teurer Artikel bleibt. Ihre Wirkungen beruhen hauptsächlich auf ihrer leichten Abgabe von Sauerstoff, sind also oxydierend, bleichend, farbenzerstörend, wie die des Chlors, doch weniger heftig. Um diese Wirkungen in der Kattundruckerei nutzbar zu machen, bedarf es der reinen Chromsäure nicht, sondern nur des Gemisches von chromsaurem Kali mit Schwefelsäure, in welchem also die durch die letztere frei gemachte Chromsäure enthalten ist. Außerdem aber ist die Chromsäure auch von großer industrieller Bedeutung ihrer färbenden Kraft wegen, welche sie namentlich in ihrer Verbindung mit Bleioxyd zur Geltung bringt.

Unter den chromsauren Salzen ist an erster Stelle zu nennen das chromsaure Kali, nicht allein, weil es an sich schon mancher Verwendung fähig ist, sondern hauptsächlich auch, weil es das Ausgangsmaterial, gleichsam die Mutter bildet für alle andern Chrompräparate. Sein Verbrauch ist daher ein nicht unansehnlicher, und eine ziemliche Anzahl Fabriken ist mit seiner Erzeugung in Massen beschäftigt. Diese sind alle mit ihrer Produktion auf den Chromeisenstein angewiesen, das einzige Chromerz, welches in hinreichender Menge vorkommt, um eine technische Verarbeitung auf Chrom zu gestatten. Früher bezog man das Mineral aus Nordamerika, wo es bei Baltimore in Maryland ziemlich häufig vorkommt; in neuerer Zeit hat man an verschiedenen Punkten Europas Lagerstätten gefunden, welche den Bedarf decken, namentlich in Böhmen, Schlesien, Galizien und Steiermark. Das Erz, von eisenschwarzer Farbe, besteht aus einer Verbindung von Chromoxyd mit Eisenoxydul. Aus diesem Chromerz nun stellt die Technik in einer Operation chromsaures Kali her. Der feingemahlene Chromeisenstein wird mit einer Mischung von Pottasche (Kaliumkarbonat) und gebranntem Kalk innig vermengt und auf der Herdsohle eines Flammofens erhitzt; das hierbei entstehende Produkt ist ein Gemisch von Kaliumchromat, Kalkchromat und Eisenoxyd; den Sauerstoff zur Bildung der Chromsäure gibt hierbei die Luft her; Salpeter bewirkt dasselbe, ist aber zu teuer. Die geschmolzene Masse wird mit einer heißen Lösung von Kaliumsulfat (schwefelsaurem Kali) ausgelaugt, was den Zweck hat, das vorhandene Kalkchromat in Kalksulfat und Kaliumchromat umzusetzen. Man behandelt nun den aus Gips (Calciumsulfat) und Eisenoxyd bestehenden Rückstand so lange mit Wasser, bis alles Kaliumchromat aufgelöst ist; diese Auflösung enthält das gelbe, einfach oder neutrale chromsaure Kali, dessen Anwendung beschränkt ist, weswegen das meiste gleich in den Fabriken weiter zu saurem oder doppeltchromsaurem Kali, neuerdings Kaliumdichromat genannt, umgearbeitet wird. Wie der Name vermuten läßt, enthält dieses Salz doppelt so viel Chromsäure als das neutrale; man erhält es, indem man dem neutralen Salz durch Zusatz von Schwefelsäure eine entsprechende Menge Kali entzieht. Die Lösung wird dadurch dunkelgelb und besteht aus schwefelsaurem Kali und dem gewünschten doppeltchromsauren Kali. Durch Eindampfen und Umkristallisieren gewinnt man das letztere in großen harten, feuerroten Kristallen. Das doppeltchromsaure Kali dient entweder zur Darstellung andrer chromsaurer Salze oder man verarbeitet es auf Chromoxydsalze oder bloße Oxyde; sehr häufig werden diese als Nebenprodukte gewonnen, indem man hierzu die chromalaunhaltigen Laugen verarbeitet, die in chemischen Fabriken erhalten werden, wenn man Kaliumdichromat mit Schwefelsäure als Oxydationsmittel benutzt.

Wird eine Auflösung von chromsaurem Kali mit der Lösung eines Bleisalzes zusammengebracht, so bildet sich sogleich infolge chemischen Austausches ein schön gelber Niederschlag, chromsaures Bleioxyd oder Chromgelb, welches neben den andern Bleiverbindungen jedenfalls das technisch wichtigste Chrompräparat bildet, in Massen fabrikmäßig hergestellt wird und die früher gebräuchlichen gelben Farben, wie Neapelgelb, Kasseler Gelb u. s. w., zum größten Teile verdrängt hat.

So einfach im Grunde die Darstellung ist, so sind doch mancherlei Rücksichten zu nehmen und Kunstgriffe in Anwendung zu bringen, um ein haltbares, nicht umschlagendes Chromgelb zu gewinnen und einen bestimmten Farbenton zu treffen, denn der Niederschlag fällt, je nachdem, verschieden gelb bis orange aus. Wird basische Bleiauflösung verwendet, so erhält man Chromorange, ebenso, wenn der chromsauren Salzlösung mit dem Bleisalz zugleich ätzendes Kali zugesetzt wird; fertiges Chromgelb läßt sich nachträglich in Orange überführen durch Ansetzen mit der Lösung eines ätzenden Alkali. Hierbei zieht das Alkali allmählich etwas Chromsäure aus dem Gelb, wodurch zwischen Säure und Basis ein andres Verhältnis und dadurch ein rotgelber Farbenton hergestellt wird.

Ein schönes basisches chromsaures Bleioxyd von zinnoberroter Farbe, das deshalb auch Chromzinnober heißt, wird auf trockenem Wege dadurch erhalten, daß man in schmelzenden Salpeter so lange Chromgelb einträgt, als noch ein Aufbrausen erfolgt. Wird dann die Masse mit Wasser behandelt, so erhält man Chromrot und eine Lösung von neutralem chromsauren Kali. Das Kali des zersetzten Salpeters hat nämlich dem Chromgelb einen Anteil Chromsäure entrissen, und wir haben sonach dieselbe Wirkung und denselben Erfolg wie in dem vorher berührten Falle. Besonders schöne basische Bleichromate kommen von Köln aus unter dem Namen Chromgranat und Chromkarmin in den Handel.

Das Chromgelb erhält in seinen geringen Sorten auch mancherlei Zusätze, namentlich weiße Körper, wie schwefelsaures Blei, Chlorblei, Schwerspat u. s. w. Durch Erhitzen einer mit saurem chromsauren Kali versetzten Lösung von neutralem Eisenchlorid scheidet sich ein feurig gelb gefärbter Niederschlag aus, der, sorgfältig ausgewaschen, zur Herstellung einer schönen Malerfarbe (Sideringelb) verwendet wird.

Das vorhin erwähnte Mangan ist ein Metall, welches von Scheele 1774 im Braunstein als eigentümlich erkannt und von Gahn einige Jahre später in reiner Form abgeschieden wurde. Für die Farbwarenindustrie hat das Mangan nur insofern Interesse, als das übermangansaure Kali oder Kaliumpermanganat, ein metallisch glänzendes Salz, mit rotvioletter Farbe in Wasser löslich, als braune Beize für Holz und zum Braunfärben von Baumwolle verwendet wird. Die rote Übermangansäure zersetzt sich hierbei und es scheidet sich braunes Mangansuperoxydhydrat ab. Dieses, als auch das Manganoxyd werden als braune Malerfarbe (mineralisches Bister, Manganbraun) benutzt. Ferner kommt in neuerer Zeit noch eine grüne manganhaltige Farbe in den Handel, das Barytgrün, aus mangansaurem Baryt oder Baryummanganat bestehend, welche in der Tapetenfabrikation und als Anstrichfarbe Verwendung findet.

Kupferfarben. Das so vielfach nützliche Kupfer ist auch als Grundstoff verschiedener Farben nicht unwichtig, obwohl die Giftigkeit der Kupferpräparate wünschen lassen muß, daß dieselben durch weniger schädliche Stoffe ersetzt werden möchten. Die beiden populärsten Kupfersalze, der Kupfervitriol und der Grünspan, zeigen schon die Hauptfarben Blau und Grün, die in dem Kupfer stecken. Außerdem weiß der Fabrikant farbiger Gläser mittels Kupferoxydul auch ein schönes Rot zu erzeugen.

Kupfervitriol (schwefelsaures Kupferoxyd) kommt in Grubenwässern als Lösung verwitterter, schwefelhaltiger Kupfererze vor und wird bei verschiedenen metallurgischen und chemischen Methoden in Menge gewonnen, gewöhnlich in Vermischung mit schwefelsaurem Eisenoxydul. Rein erhält man ihn durch Verwitterung von Schwefelkupfer, das durch Zusammenbringen von Schwefel mit glühendem Kupfer im Flammofen erzeugt wird. Grünspan ist das Verbindungsprodukt der Essigsäure mit Kupferoxyd, und zwar kann das Mengenverhältnis von Säure und Basis derart sein, daß ein neutrales kristallisationsfähiges Salz gebildet wird; oder die Basis ist gegen die Säure im Überschuß, die Verbindung ist dann unkristallinisch, in Wasser nur teilweise löslich und stellt ein sogenanntes basisches Salz dar, den gewöhnlichen Grünspan, derbe, mehr hellblaue als grüne Stücke, nach Ansicht der Chemiker ein Gemisch von halb-, drittel- und zweidritteLessigsaurem Kupferoxyd (Kupferacetat). Der neutrale kristallisierte (sogenannte destillierte) Grünspan erscheint in dunkelgrünen, wohl ausgebildeten Kristallen und ist vollständig in Wasser löslich. Um den gewöhnlichen Grünspan daher in kristallisierten zu verwandeln, löst man ihn unter Erhitzung in starkem Essig, dampft die Lösung ein, bis sie eine Haut bildet, und stellt sie zum Kristallisieren hin. In gelöster Form gibt der kristallisierte Grünspan eine grüne Saftfarbe, die von Illuminierern gebraucht wird.

Die Erzeugung des gewöhnlichen Grünspans ist seit lange in den Weinbaudistrikten Südfrankreichs heimisch, nicht als eigentlicher Fabrikationszweig, sondern vielmehr als Nebengeschäft der einzelnen Weinbauer, deren fast jeder seinen eignen Grünspankeller hat. Die dazu nötigen Arbeiten fallen größtenteils den Frauen zu.

Die Erzeugungsweise ähnelt sehr der des Bleiweißes; man schichtet Kupferplatten mit Weintrestern, die in saurer Gärung befindlich sind, und bringt so Essigsäure und Kupfer in Wechselwirkung. Zunächst läßt man die Trester in bedeckten Gefäßen für sich in Gärung treten, aber wenn man an gewissen Merkmalen erkennt, daß der rechte Punkt der Gärung und der Temperatur eingetreten ist, schichtet man in irdenen Töpfen Trester und Streifen von Kupferblech, abwechselnd und so, daß sowohl die unterste als oberste Lage aus Trestern besteht. Die Kupferschnitte werden vor dem Einlegen auf einem Amboß glatt und dicht gehämmert und über Kohlenfeuer erhitzt, so daß sie ganz heiß in die Schichtung kommen. Die Töpfe, deren jeder 15—20 kg Kupfer enthält, werden sodann, mit Strohmatten lose bedeckt, der Ruhe überlassen. Nach zwei, drei Wochen haben sich unter Vermittelung des Luftzutritts die Platten mit einem Überzug von seidenglänzenden Kristallen bedeckt; man nimmt sie heraus, entfernt die anhängenden Treber, taucht die Platten in Wasser und stellt sie gegeneinander gelehnt im Grünspankeller auf Brettern auf. Das Eintauchen wird noch sechs- bis achtmal von Woche zu Woche wiederholt, und die Arbeiter nennen diese Feuchtungen den ersten, zweiten, dritten u. s. w. Wein, da man häufig das Wasser mit etwas schlechtem Wein versetzt. Unter dieser Behandlung schreitet die Bildung des basischen Salzes vor, die Kristallkruste verdickt sich und wird endlich mit kupfernen Messern abgekratzt. Das übrige Kupfer behandelt man in derselben Weise noch mehrmals, bis es endlich zu dünn wird. Jeder Topf liefert etwa 2—3 kg feuchten Grünspan, der sogleich an die Händler verkauft wird, die ihn mit Wasser durchkneten und in ledernen Schläuchen an der Luft trocknen.

Eine andre rationellere Methode ist in Deutschland, England und auch anderwärts gebräuchlich. Man schichtet Kupferbleche und Stückchen Flanell übereinander, die mit Essig getränkt sind. Die Tränkung wird alle drei Tage wiederholt, bis man nach 14 Tagen den Flanell ganz wegläßt und die Platten periodisch nur mit Wasser befeuchtet. Nach 5—6 Wochen sind die Platten zum Abschaben reif und geben einen an Säure reicheren Grünspan, der deshalb auch wirklich grün erscheint.

Auch auf dem Wege der doppelten Zersetzung wird Grünspan, jedoch nur löslicher, erzeugt. Man erhält eine Lösung, welche beim Eindampfen kristallisierten Grünspan gibt, unmittelbar durch Zusammengießen von gelöstem Kupfervitriol und Bleizucker in richtigen Verhältnissen, doch ist dieses Verfahren den andern gegenüber zu kostspielig.

Das Kupfer kann in seinen natürlichen Vorkommnissen schon Farbematerialien liefern. Der **Malachit**, ein aus kohlensaurem Kupferoxyd und Kupferoxydhydrat bestehendes Erz, besitzt eine schön hellgrüne Farbe und könnte als Malerfarbe dienen. Häufiger als dieser findet sich die lebhaft himmelblaue **Kupferlasur**, aus den gleichen Stoffen, aber mit dem doppelten Anteil kohlensauren Oxyds bestehend, und wird an einigen Orten, namentlich in Tirol und in der Gegend von Lyon, durch Mahlen und Schlämmen zu Farbensorten von verschiedener Feinheit verarbeitet. Diese bilden das eigentliche **Bergblau** des Handels; doch wird dieser Name häufig auch auf künstliche Präparate übertragen.

Die Substanz der blauen wie grünen Kupferfarben bildet meistens das Oxydhydrat oder Hydroxyd des Kupfers, oft vermischt mit andern erdigen Substanzen, die ihm mehr Körper oder Lockerheit geben und verschiedene Nüancen des Blau erzeugen. Das aus Kupfervitriol oder einer andern Kupfersalzlösung durch ein ätzendes Kali (gewöhnlich Ätznatron) niedergeschlagene Hydrat sieht schwach blaugrün aus, durch verschiedene Behandlungsweisen ist man aber im stande, daraus verschiedene Farbennüancen zu entwickeln. Durch mehrmaliges Waschen des Niederschlags wird ein bläuliches Grün erhalten (**Braunschweiger Grün**). Schön blau dagegen wird die Masse in Berührung mit Ätzkalk, und eben dieses Kalkblau wird vorzüglich mit dem Namen **künstliches Bergblau** belegt. Auch die andern ätzenden Alkalien entwickeln die blaue Farbe. Durch Zusammenbringen von Kupfervitriol, Kalkmilch und etwas Salmiak entsteht ein Niederschlag von Oxydhydrat und Gips, dessen schön blaue Farbe durch das zugleich mit frei gewordene Ammoniak bedingt ist. Andre Rezepte gehen darauf hin, daß ein basisch **kohlensaures** Kupferoxyd gebildet wird.

Ein Blau von ganz andrer Beschaffenheit bildet das Einfachschwefelkupfer, das unter dem Namen **Kupferindig** natürlich vorkommt und als Ölfarbe auch künstlich bereitet wird. Die Prozedur besteht darin, daß man Kupferoxyd mit Schwefel und Salmiak, bei mehrmaliger Erneuerung der beiden letzten Stoffe, so lange unter Umrühren vorsichtig erhitzt, bis die schwarze Masse blau geworden ist. Man entfernt dann die Reste des Salmiaks durch Wasser, die des Schwefels durch Auskochen mit Kalilauge, und erhält so eine schön veilchenblaue, dauerhafte Öl- und Firnisfarbe.

Ein viel gebrauchtes Kupferpräparat ist das Bremer Blau und Bremer Grün, interessant dadurch, daß es in der That nach Belieben als Blau oder Grün angewandt werden kann. Es bildet ein sehr lockeres, leichtes, hellblaues Pulver, daß als Leim- oder Wasserfarbe seine blaue Farbe behält, mit Firnis oder Öl verarbeitet aber schon nach 24 Stunden infolge einer Art Verseifung mit dem Bindemittel in ein schönes Grün übergeht. Seinem Wesen nach besteht das Bremer Blau eben auch nur aus Kupferoxydhydrat und es existieren zu seiner Herstellung verschiedene Methoden, welche indes alle darauf hinauslaufen, daß auf irgend eine Weise Kupferchlorid hergestellt und die grüne Lösung desselben mit einem Alkali zersetzt, der Niederschlag aber hierauf gewaschen und getrocknet wird. Erst beim Trocknen erlangt die Masse die völlige Ausbildung ihrer Farbe.

Das schönste, durch seine Giftigkeit jedoch sehr gefährliche Kupfergrün wird durch Zuhilfenahme des Arseniks erhalten. Seine Verwendung ist daher auch nur als Ölfarbe, wo es fest mit der Unterlage verbunden wird, unbedenklich; als Wasser-, Leim- oder Kalkfarbe sollte es nicht gebraucht werden, noch weniger zum Färben von Ballkleidern, künstlichen Blumen u. s. w. Denn nicht nur der Staub von derartigen lose haftenden Färbungen verursacht, wenn er eingeatmet wird, Vergiftungserscheinungen, die in zahlreichen Fällen bis zum Tode geführt haben, auch bei grünen Tapeten, die auf feuchten Wänden liegen, entwickelt sich ein widriger, krankmachender Arsenikdunst (Arsenwasserstoffgas).

Der gangbarste Name dieses giftigen Farbstoffs ist Schweinfurter Grün, weil es vorzugsweise in Schweinfurt seit etwa 1814 fabriziert wird; schon früher jedoch wurde es in Österreich von dem Fabrikanten Mitis bereitet und nach ihm benannt.

Die Darstellungsweise des Giftgrüns war seit langer Zeit Fabrikgeheimnis, bis 1822 Liebig die Anweisung dazu gab. Es ist im Grunde ein sehr einfaches Verfahren und besteht hauptsächlich im Zusammenbringen einer Kupferlösung mit der Lösung von arsenigsaurem Kali im heißen Zustande. Früher benutzte man in Wasser gelösten kristallisierten oder in Essig gelösten gewöhnlichen Grünspan einerseits und in heißem Wasser gelöste arsenige Säure anderseits; jetzt nimmt man meistens Kupfervitriol und arsenigsaures Kali, das durch Kochen von arseniger Säure mit Pottasche erhalten wird. Sobald beide heiße Flüssigkeiten vereinigt werden, entsteht ein flockiger olivengrüner Niederschlag von arsenigsaurem Kupferoxyd. Gießt man nun zu der Flüssigkeit Essigsäure, so viel, daß sie deutlich danach riecht, und überläßt das Ganze der Ruhe und langsamen Abkühlung, so tritt eine neue Umwandlung ein: der voluminöse Niederschlag verringert sich und wird kristallinisch; zugleich bilden sich in ihm grüne Stellen, die sich vergrößern, bis in einigen Stunden die ganze Masse in jene lebhaft grüne Verbindung übergegangen ist, welche ausgewaschen das Schweinfurter Grün bildet. Die freiwillige Umwandlung der Masse besteht aber darin, daß aus dem ersten Niederschlag ein Anteil arseniger Säure wieder aus- und dafür Essigsäure eintritt, so daß also das Schweinfurter Grün als ein Doppelsalz von arsenigsaurem und essigsaurem Kupferoxyd erscheint. Durch Aufsieden der Mischung erhält man übrigens das Grün in wenigen Minuten; es bildet jedoch dann eine feine pulverige Masse von weniger lebhafter Farbe. Dagegen fällt die Farbe um so feuriger aus, je langsamer die Verwandlung vor sich ging, daher man wohl auch diesen Prozeß künstlich zu verlängern sucht. Das Grün ist nämlich ein Haufwerk mikroskopisch feiner Kristalle, und eben darin beruht das eigentümliche Feuer der Farbe; je langsamer aber eine Kristallisation erfolgt, um so besser können die Kristalle sich ausbilden. Folgerecht wird denn auch durch Zerreiben, wobei die Kristallform zerstört wird, der Farbenton des Grüns heller und matter. Das Fabrikat wird häufig mit andern Stoffen gemischt, sowohl weißen als gelben, und führt dann verschiedene Namen: wie Neuwieder Grün, Wiener Grün, Kirchberger Grün, Kaisergrün, Papageigrün u. s. w.

Die große Gefährlichkeit der arsenigen Kupferfarben hat die Chemiker immer angespornt, weniger schädliche Farben dafür zu erfinden. Aber es fehlt allen andern grünen Farbstoffen das Feuer, durch welches das Schweinfurter Grün sich auszeichnet. Am besten noch für feinere Farben konnte das Rinmansche Grün, welches durch Glühen eines gleichzeitig niedergeschlagenen Gemenges von Kobaltoxydul und Zinkoxyd erhalten wird, als Ersatzmittel gelten, bis das 1865 von Casselmann entdeckte und auf der Pariser Ausstellung 1867 prämiierte Casselmannsche Grün alle Ansprüche, die man an ein Surrogat stellen kann, erfüllte. Man erhält es, wenn man eine siedendheiße Lösung von Kupfervitriol mit einer solchen von essigsaurem Kali versetzt. Es schlägt sich ein basisch schwefelsaures Kupferoxyd (basisches Kupfersulfat) nieder, das nur getrocknet und zerrieben zu werden braucht, um als Farbe zu dienen. Als eine für Öl- und Porzellanmalerei brauchbare Farbe dient ferner das borsaure Kupferoxyd (Kupferborat), das sich in mehreren angenehmen Nüancen darstellen läßt. Die Verbindung entsteht beim Vermischen von Borax- und Kupfervtiriollösung, muß dann gewaschen, getrocknet, zerrieben, durch Erhitzen von Hydratwasser befreit und abermals gemahlen und geschlämmt werden.

Schwefelmetalle als Farbstoffe. Die Verbindungen des Schwefels mit Metallen sind Körper, die sich zum Teil durch gute reine Farben auszeichnen. Ahmt doch das Zweifachschwefelzinn als Musiv- oder Muschelgold sogar das Gold nach, welches gewissermaßen auch zu den Deckfarben gerechnet werden kann. Besonders sind es aber die Allianzen des Schwefels mit dem Quecksilber, dem Kadmium und dem Antimon, welche wir hier in Betracht zu ziehen haben; in dem Ultramarin spielt der Schwefel ebenfalls eine wichtige Rolle.

Einfachschwefelquecksilber, mit $13,_{71}$ Prozent Schwefel und $86,_{29}$ Prozent Metall, bildet den schönen und vielgebrauchten Farbstoff Zinnober, schon im Altertume unter dem Namen Kinnabaris bekannt und aus Spanien bezogen.

Der Zinnober kommt als Quecksilbererz natürlich vor (s. hierüber Quecksilber), aber nur selten ist dasselbe rein und schön genug, eine so reine Farbe, daß es direkt gemahlen und als Farbstoff (Bergzinnober) verwendet werden könnte. Der bei weitem größte Teil des Zinnobers ist ein Kunstprodukt, entstanden aus der Wiedervereinigung des hüttenmäßig gewonnenen metallischen Quecksilbers mit Schwefel. Es gibt zur Erzielung dieses Produktes zwei Wege, einen trockenen und einen nassen. Das erstere Verfahren ist das von alters her ausgeübte; als bedeutende Industrie blühte es später in Holland, welches noch jetzt durch Schönheit und Wohlfeilheit seiner Ware den ersten Rang behauptet; nur die Chinesen verstehen noch schöneren Zinnober zu bereiten, was auf besondere Fabrikationsvorteile schließen läßt, denn chemisch betrachtet ist ihr Zinnober von anderm nicht verschieden. Wie die schöne Farbe des Zinnobers dem Einflusse der Zeit widersteht, beweisen die Wandmalereien der Alten und besonders die Miniaturen und Inkunabeln des Mittelalters, zu deren Herstellung er ganz besonders verwendet wurde.

Quecksilber und Schwefel vereinigen sich schon durch bloßes Zusammenreiben oder Schütteln, wie durch mäßiges Erhitzen, aber das Produkt ist kein Zinnober, sondern eine schwarze Masse, und ebenso gestalten sich auch die Niederschläge, die aus Quecksilberlösungen mit Schwefelwasserstoff u. dergl. erhalten werden. Es ist daher immer eine besondere Behandlung nötig, um die rote Farbe hervorzurufen, was darauf beruht, daß das Schwefelquecksilber in den kristallinischen Zustand übergeht.

Die Bereitung des Zinnobers auf nassem Wege gründet sich auf den Erfahrungssatz, daß das schwarze Schwefelquecksilber durch eine wässerige Lösung von Schwefelleber in der Wärme in die rote kristallinische Modifikation übergeführt werden kann. Übergießt man z. B. 300 Teile Quecksilber und 68 Teile Schwefel in einem eisernen Kessel mit 160 Teilen in Wasser gelöstem Ätzkali und erwärmt unter fortwährendem Rühren mäßig, so zeigt sich nach zwei Stunden in dem schwarz gewordenen Gemisch eine Farbenveränderung in Braunrot; wird die Wärme nun noch etwas gemäßigt, so wird die Farbe immer röter und nimmt öfters ganz plötzlich den höchsten Farbenton an, worauf man ganz langsam erkalten läßt und den Zinnober schließlich durch Aussüßen und Schlämmen reinigt.

Auf trockenem Wege bereitet man den künstlichen Zinnober, indem man passende Mengen Schwefelpulver und Quecksilber so lange zusammenreibt, bis keine Metallkügelchen mehr bemerkbar sind. In Idria geschieht diese Mischung in Trommeln, welche durch Maschinen gedreht werden. Der Schwefel wird immer im Überschuß zugesetzt, um bei der nachfolgenden Sublimation sicher alles Quecksilber zu binden. Das schwarze Pulver kommt darauf in Mengen von je 1 Zentner in gußeiserne Sublimierkolben, in denen es allmählich erwärmt und endlich stark erhitzt wird. Hierbei tritt denn unter Entzündung und zuweilen

Explosion die engere chemische Verbindung der beiden Elemente ein. Sobald diese Erscheinungen beginnen, bedeckt man den Kolben mit einem irdenen Helm, verbindet diesen mit einer offenen Vorlage und verstärkt das Feuer bis zum Rotglühen, wobei die Verbindung sich vollendet und der gebildete Zinnober nebst unverbundenem Schwefel flüchtig wird.

Die Dämpfe des Zinnobers schlagen sich im Helm und in der Vorlage nieder und bilden strahlige Krusten von dunkelroter Farbe, die man ausbricht und von den etwa vorhandenen schwarzen Partien absondert, um die letzteren bei einem späteren Brande wieder mit zu verarbeiten. Die guten, schön roten Stücke kommen zum Teil ohne weiteres als Stückzinnober in den Handel, das übrige wird zwischen Steinen gemahlen, je nach dem beabsichtigten Feinheitsgrade zwei- bis fünfmal. Nach dem Mahlen und Schlämmen wird die Ware noch raffiniert, d. h. in Kalilösung gekocht, wodurch der etwa noch überschüssig vorhandene Schwefel weggenommen und dem Zinnober eine lebhaftere Farbe gegeben wird. Nachdem hierauf der Zinnober mehrmals gewaschen und in der Hitze getrocknet worden, ist die Ware fertig. Nach der in Holland hergebrachten Methode geschieht die vorläufige Bereitung des schwarzen Schwefelquecksilbers nicht auf mechanischem Wege, sondern durch Wärme in eisernen Kesseln. Bei demjenigen Wärmegrade, bei welchem der Schwefel flüssig wird, setzt man allmählich unter Umrühren die erforderliche Menge Quecksilber zu. Die beste Sorte Zinnober heißt im Handel Vermillon (soviel wie Kochenillefarbe).

Antimonzinnober. Wie viel in dem Gebiete der Farben auf die Form ankommt, zeigt sich auch bei den Verbindungen des Schwefels mit Antimon. Das einfachste Verhältnis, in welchem beide Elemente zusammentreten, ist 3 Atome Schwefel auf 2 Atome (oder 1 Äquivalent) Antimon. Wie die Natur diese Verbindung gibt, heißt sie Spießglanz oder Antimonium crudum und sieht strahlig schwarzgrau aus; auf nassem Wege, d. h. beim Zusammenbringen einer Antimonlösung, etwa Chlorantimon oder Brechweinstein, mit Schwefelwasserstoff, Schwefelleberlösung u. s. w., wird dieselbe Verbindung als orangefarbener Niederschlag erhalten; unter andrer geeigneter Behandlung aber erhält man ganz denselben Körper auch im schönsten reinen Rot, und diese Varietät führt den Namen Antimonzinnober. Man kannte diesen schönen, besonders zur Verwendung in Öl oder Firnis geeigneten, durch Luft und Licht nicht veränderlichen Farbstoff schon im vorigen Jahrhundert und hat ihm neuerdings wieder erhöhte Aufmerksamkeit zugewendet.

Der Antimonzinnober entsteht als Niederschlag beim Erhitzen der Mischung eines unterschwefligsauren Salzes mit einer Antimonlösung, wobei das erstere Salz die Hälfte seines Schwefelgehalts an das Antimonmetall abgibt. Für die fabrikmäßige Darstellung dient der unterschwefligsaure Kalk und das Chlorantimon. Man bringt die Lösungen beider in Kufen miteinander zusammen, erhitzt unter fortwährendem Rühren das Gemisch mit Dampf und bendet die Arbeit, wenn der Niederschlag die schönste Nüance angenommen hat. Die Färbung beginnt mit Strohgelb, geht durch Orange in rote Töne über und würde schließlich braun und fast schwarz werden. Der rote Niederschlag wird gut gewaschen und getrocknet, die überstehende klare Flüssigkeit aber auf Kalkschwefelleber geleitet, wodurch wieder unterschwefligsaurer Kalk entsteht, der zu einem neuen Ansatz dient.

Zu den geschwefelten Farbenträgern gehört auch das Kadmiumgelb, jaune brillant. Schwefelkadmium, das sich durch Zusammenbringen einer Lösung des Metalls mit einer schwefelwasserstoffhaltigen Flüssigkeit sofort niederschlägt und durch Schönheit der Farbe wie durch große Dauerhaftigkeit bei den Malern sehr beliebt, freilich aber etwas teuer ist. Es kommt zwar natürlich gebildet als Greenockit vor, dieses Mineral ist aber so selten, daß, wenn man die Farbe daraus bereiten wollte, diese sich jedenfalls viel teurer gestalten würde als selbst das echte Ultramarin.

Ultramarin. Mit dem Namen Ultramarin bezeichnet man eine aus dem Mineralreiche stammende blaue Farbe, die sich vor allen übrigen durch ihre Intensität und ihr Feuer auszeichnet. Ursprünglich wurde sie aus dem ziemlich selten vorkommenden Lasurstein (Lapis Lazuli) bereitet. Dieser Stein wurde aus China, der Hohen Tatarei, in seinen schönsten Varietäten aus der Bucharei über Orenburg nach Europa gebracht. Er stellt eine schöne blaue Masse dar, die sich in Kalkstein eingewachsen findet und an welcher keine Zeichen von Kristallisation beobachtet werden können. Sein Politurfähigkeit ist ziemlich groß, und dadurch sowohl als auch durch die in seiner ganzen Substanz verstreuten, goldglänzenden kleinen Kristalle von Schwefelkies war er als Schmuckstein von jeher sehr beliebt. Man benutzte ihn nicht nur bei den Mosaiken, sondern fertigte auch Dosen u. dergl. daraus, obwohl seine geringe Härte ihn als Ringstein keine sehr hervorragende Rolle spielen ließ. Für uns hat nur seine Verwendung zu einem kostbaren Farbstoff Interesse.

Um das natürliche Ultramarin darzustellen, wählte man die reinsten, ganz dunkelfarbigen Stücke Lasurstein aus und setzte sie, nachdem sie von allen fremden Beimengungen möglichst gesondert worden waren, in einem Tiegel ungefähr eine Stunde lang einer mäßigen Glühhitze aus, löschte sie in kaltem Wasser ab, um die Masse möglichst mürbe zu machen, und pulverte sie dann. Das feine getrocknete Pulver wurde dann mit einer Mischung aus burgundischem Pech, weißem Wachs, Leinöl und weißem Harz zusammengeschmolzen, von der man ebensoviel dem Gewichte nach nahm als von dem Lasursteinpulver.

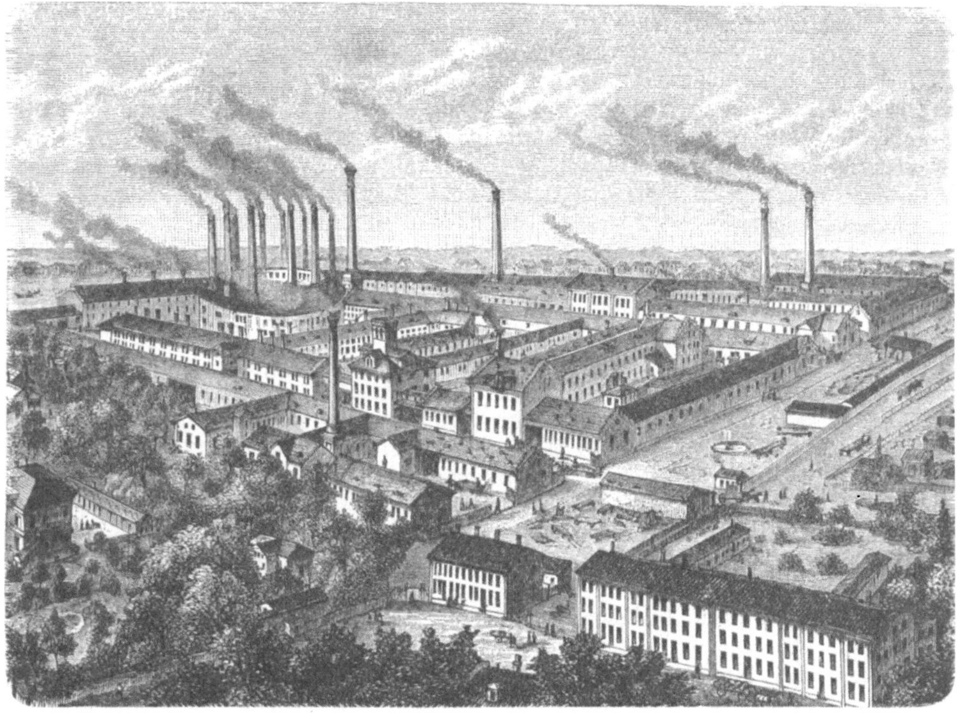

Fig. 453. Etablissement der königl. bayrischen privil. Nürnberger Ultramarinfabrik zu Nürnberg.

Das Harz blieb aber dem Farbstoff nicht beigemengt, sondern diente nur zur Raffinierung desselben. Denn man wusch ihn wieder heraus, indem man den Harzkuchen in heißem Wasser schmolz und durch fortgesetztes Schütteln die Ultramarinteilchen wieder frei machte, welche sich im Wasser verteilten. Die übrigen Beimengungen, welche aus dem Lasurstein noch mit in den Harzkuchen gekommen waren, blieben in diesem sitzen; aus dem Wasser aber ließ man den Farbstoff absetzen. Dasjenige, was zuerst niederfiel, war von der schönsten Beschaffenheit; bei jedem weiteren Durchkneten des Teiges mengten sich immer geringere Sorten dem Wasser bei und das letzte, die sogenannte Ultramarinasche, hatte nur noch eine blasse, blaugraue Farbe und wurde deswegen natürlich auch bei weitem billiger verkauft.

Der hohe Preis, in welchem die auf so umständliche Weise erhaltenen Farben stehen mußten, ging nun allerdings später, als künstliche Fabrikate anfingen, ihnen Konkurrenz zu machen, auch wesentlich herunter. Solange er sich aber halten konnte, erlaubte er nur eine sehr sparsame Verwendung des schönen Farbstoffs. Jetzt bestehen Fabriken, in welchen jährlich viele Tausende von Zentnern gewonnen werden, und das künstlich dargestellte Ultramarin hat eine so ungemeine Verbreitung erlangt, daß dadurch fast alle andern blauen anorganischen Farbstoffe aus dem Felde geschlagen worden sind. Die Papierfabrikation, Malerei, Zeugdruckerei, Tapetenfabriken, Zuckerraffinerien bedienen sich seiner in ausgedehntestem Maßstabe, nicht sowohl bloß, um ihren Erzeugnissen die schöne blaue Farbe mitzuteilen, als vielmehr auch, um durch einen geringen Zusatz gelbliche Färbungen, welche Zucker- und Papiermasse häufig zeigen, zu paralysieren. Da das künstliche Ultramarin ein ganz ungefährlicher Körper ist, so haben solche Anwendungen auch nichts Bedenkliches.

Seinem chemischen Wesen nach besteht der Lasurstein in 100 Teilen aus $45{,}_5$ Kieselerde, $31{,}_6$ Thonerde, $9{,}_1$ Natron, $5{,}_9$ Schwefelsäure, 2 Schwefel und 1 Teil Eisen. Die noch fehlenden Prozente werden von zufälligen Beimengungen, wie Kohle, Wasser u. dergl., gebildet. Die blaue Farbe verschwindet, wenn man ihn mit Salzsäure übergießt, es entwickelt sich zugleich Schwefelwasserstoff. Daraus geht hervor, daß irgend eine Schwefelverbindung das färbende Prinzip sei, und die Darstellung des künstlichen Ultramarins geht auch von diesem Gesichtspunkte aus.

Die Art und Weise, in welcher die Atome des Aluminiums, Natriums, Siliciums, Schwefels und des Sauerstoffs im Molekül des Ultramarins angeordnet oder gegenseitig verteilt sind, also die chemische Konstitution dieses Farbstoffs, ist bis jetzt, trotz vielfach angestellter Untersuchungen, noch nicht erforscht. Man weiß eben nur, daß der Schwefel, oder wenigstens der größte Teil desselben, in Form von Sulfiden vorhanden ist und daß sich das Natrium durch andre Alkalien, Kalium, Lithium, sowie auch durch Silber, Zink &c. ersetzen läßt, wodurch anders gefärbte Ultramarine, gelbe, rote, weiße, entstehen. Es ist sogar gelungen, den Schwefel durch die verwandten Elemente Selen und Tellur zu ersetzen, und Guimet ließ sich dieses Verfahren eigentümlicherweise patentieren, ein Verfahren, von dem man vorhersagen kann, daß es des enorm hohen Preises des Selens und Tellurs wegen niemals praktisch verwertet werden wird.

Der erste, welcher künstliches Ultramarin fabrikmäßig darstellte, war Guimet in Toulouse; ob man ihm, wie die Franzosen thun, die Ehre der Erfindung zuschreiben darf, ist eine andre Frage. Das „Jahrbuch für Pharmazie“ gibt bei Gelegenheit eines Nekrologs für den verstorbenen Chemiker Christian Gmelin in Tübingen (1826) nachstehende Mitteilung über diesen Gegenstand, aus welcher der Anteil, den dieser deutsche Forscher an der Erfindung gehabt hat, erhellt.

Gmelin hatte zufällig entdeckt, daß der Ittnerit, ein Mineral, welches am Kaiserstuhl vorkommt, im Feuer schön blau werde und mit Säuren Schwefelwasserstoff entwickle, wie das Ultramarin aus dem Lasurstein, und diese Beobachtung hatte schon im Jahre 1822 die Idee der künstlichen Darstellung der schönen Farbe in ihm erweckt. Aber in Tübingen, wo Gmelin Professor der Chemie war, waren bei der Kostbarkeit des echten Ultramarins die notwendigen Vorarbeiten mit großen Schwierigkeiten verknüpft. In dieser Bedrängnis ging er 1827 nach Paris und teilte Gay-Lussac sein Vorhaben mit. Der französische Gelehrte gab ihm den Rat, gegen niemand etwas zu äußern; merkwürdigerweise war er es aber gerade selbst, welcher zehn Monate später, am 4. Februar 1828, den Pariser Akademikern verkündigte, daß Guimet in Toulouse die künstliche Darstellung des Ultramarins gelungen sei, ohne dabei Gmelins zu gedenken! Man betone diesen Umstand.

Gay-Lussac suchte sich nun zwar zu rechtfertigen, und Guimet behauptete sogar, daß er das Geheimnis schon jahrelang mit sich getragen habe und der Maler Ingres bereits im Jahre 1826 sich des künstlichen Produkts beim Plafond eines Museums bedient habe; nur bemerkt Poggendorf dagegen sehr richtig, wie auffallend es doch sei, daß er seine Entdeckung zwei Jahre zurückhalten mochte, während die „Société d'Encouragement“ schon seit vier Jahren einen Preis von 6000 Frank vergeblich auf die Lösung desselben Problems gesetzt hatte. Die Sache ist jedenfalls unklar — das aber ist klar, daß wohl selten jemand natürliche Vorgänge so scharfsinnig gedeutet und mit so großem Nutzen für die Welt verfolgt hat als Gmelin, welcher in dem Blauwerden eines unscheinbaren schwärzlichen Steines in der Lötrohrflamme einen ursprünglichen Zusammenhang mit dem edelsten Farbstoff fand.

Thatsache ist, daß sofort nach Bekanntwerden der angeblich Guimetschen Erfindung Gmelin sein Verfahren veröffentlichte, während Guimet das seinige geheim hielt und darauf eine einträgliche Fabrikation gründete. Seine Farbe war anfänglich bei weitem besser als die Gmelinsche, indessen lernte man auch in Deutschland sehr bald durch Verfolgung der von Gmelin angegebenen Prinzipien ein Ultramarin bereiten, welches allen Anforderungen an ein Ersatzmittel des echten Lasursteinblau entsprach.

Während man früher das Ultramarin mit Gold aufwog, konnten sich jetzt seiner auch solche Industriezweige bedienen, welche bei massenhaftem Gebrauche dasselbe für billige Artikel, wie Tapeten u. s. w., verwendeten. Für dasselbe Geld, welches man vordem für eine Unze gezahlt hatte, erhielt man jetzt einen Zentner.

Die größte Ultramarinfabrik besteht zu Nürnberg (s. Fig. 453). Die erste, welche in Deutschland (1834) errichtet worden ist, ist die von Leverkus in Wermelskirchen.

In den ersten Jahren des Bekanntwerdens der Gmelinschen Entdeckung hatte dieselbe für das deutsche Publikum, wie so vieles, nur ein wissenschaftliches Interesse. Erst die Erfolge, welche man in Frankreich damit errang, lenkten die Aufmerksamkeit der Industrie dem Gegenstande zu, und namentlich war es Engelhart, Professor der Chemie an der technischen Lehranstalt zu Nürnberg, welcher Versuche zur fabrikmäßigen Darstellung des künstlichen Ultramarins unternahm. Es ging dem Farbstoff ähnlich, wie es den Anilinfarben auch gegangen ist, die längst schon von einem deutschen Chemiker, Runge, entdeckt, dem großen Publikum aber gar nicht bekannt geworden und von den Gelehrten fast wieder vergessen waren, als sie von Frankreich aus als etwas Neues in der Färberei erschienen und ihren Triumphzug im raschesten Laufe über die ganze Erde machten.

Engelhart starb indessen und es gelang erst seinem Nachfolger Leykauf, der sich mit Zeltner und dem Techniker Heinl aus Frankfurt a. O. verbunden hatte, eine Ultramarinfabrik im Jahre 1838 ins Leben zu rufen. Die Ausbreitung und Vergrößerung derselben sowie die Vervollkommnung ihrer Erzeugnisse wuchs trotz vieler entgegenstehender Hindernisse, und schon vor 20 Jahren umfaßte sie mit ihren Gebäuden, Straßen und Höfen einen Flächenraum von $3_{,6}$ Hektaren, den zu bebauen und zur Fabrik einzurichten ein Kapital von fast $1\frac{1}{2}$ Millionen Gulden (über $2\frac{1}{2}$ Mill. Mark) nach und nach aufgewendet worden war. Im Jahre 1860 schon arbeitete sie mit drei Dampfmaschinen von zusammen 60 Pferdestärken, welche gegen 200 große Mühlwerke, nach den verschiedensten Konstruktionen aus Eisen und Stein gebaut, Dampf-, Quetsch- und Siebmaschinen, Hebmaschinen und Pumpwerke, in Bewegung setzten. Alle Örtlichkeiten des Etablissements stehen durch Eisenbahngeleise miteinander in Verbindung. Die Rohstoffe werden in Lauf in einer besonderen Filiale zubereitet.

Wollen wir bei einem historischen Rückblicke auf die allmähliche Ausbildung der Ultramarinfabrikation den ersten Erfindern die gebührende Berücksichtigung angedeihen lassen, so müssen wir auch das Verfahren, nach denen es ihnen gelang, der Natur ein lange innegehabtes Monopol zu entringen, mit einigen Worten erwähnen.

Gmelin bildete sein Ultramarin auf folgende Weise. Er verschaffte sich reine Kieselerde, indem er durch Zusammenschmelzen von farblosem Quarz und Soda ein Wasserglas darstellte, aus welchem er durch Zusatz von Salzsäure die Kieselsäure ausschied. Ebenso bereitete er sich aus einer Alaunlösung durch Niederschlagen mittels Ammoniak reine Thonerde, die er abfiltrierte und trocknete.

Die Kieselsäure wurde in Ätznatronlauge gelöst und auf 3 Teile davon 2 Teile trockenes Thonerdehydrat zugesetzt, die Mischung zur Trockne verdampft, fein abgerieben und mit der gleichen Quantität eines Gemisches aus gleichviel trockenem kohlensauren Natron und Schwefelblumen auf das innigste gemengt, in einen hessischen Tiegel eingestampft, rasch zum Glühen erhitzt und einige Zeit darin erhalten. Die geglühte Masse hat eine grünlichgelbe Farbe. Man zerkleinert sie gröblich und setzt sie einer zweiten Glühung bei Luftzutritt aus, wobei die blaue Farbe zum Vorschein kommt. Ihre Schönheit ist wesentlich durch die Temperatur und den richtigen Grad des Luftzutritts bedingt.

Bei den neueren Verfahren der Herstellung, um deren Vervollkommnung sich namentlich in neuerer Zeit Hoffmann, Direktor des Blaufarbenwerks Marienburg in Hessen, Wilkens in Kaiserslautern, Fürstenau in Koburg und Gentele in Stockholm verdient gemacht haben, vermeidet man die umständliche Herstellung der reinen Thonerde, auch umgeht man die gesonderte Bereitung reiner Kieselsäure. Man wendet vielmehr gleich ein natürliches, allerdings möglichst eisenfreies und auch sonst reines Thonerdesilikat an, am besten Kaolin, Porzellanerde; weiterhin kalziniertes Glaubersalz, Schwefelnatrium, kalzinierte

Soda, Schwefel und Holzkohlen- oder Steinkohlenpulver. Nur bei einem ganz besonderen Verfahren bedient man sich der Kieselsäure als Zusatz, und man spricht dann von einem Kieselsäure-Ultramarin, wie man die auf andre Weise erzeugten Sorten als Glaubersalz- oder Sulfat-Ultramarin und als Soda-Ultramarin unterscheiden könnte.

Es klingt sehr einfach, wenn man hört, daß man bei dem sogenannten Nürnberger Verfahren bloß ein Gemisch von Kaolin, Glaubersalz und Kohle in den richtigen Mengenverhältnissen miteinander zu erhitzen braucht, um das Rohprodukt für das feinste Ultramarin zu erhalten, welches selbst allerdings noch keine Ahnung der wundervollen Farbe des fertigen Präparats aufkommen läßt; denn es stellt immer nur ein wenig schönes Grün dar, das zu seiner schließlichen Verfeinerung noch einem Auslauge- und Schlämmungsprozeß unterworfen und dann noch mit zugemengtem Schwefel bei Luftzutritt erhitzt werden muß, damit die Schwefelblumen verbrennen und die grüne Farbe in das gewünschte Blau übergeht. Aber die Sache hat denn doch ihren Haken, wie schon daraus ersichtlich ist, daß viele Fabriken sehr lange Zeit und sehr mühsame Vorarbeiten und Versuche nötig gehabt haben, ehe ihre Produkte mit denen andrer Darsteller konkurrenzfähig wurden. Die Fabrikation ist von so viel Zufälligkeiten abhängig und verlangt so viel oft ganz unwesentlich erscheinende Berücksichtigungen, daß jede Fabrik ihre besonderen Geheimnisse bewahrt. Solange man nicht vollständige Klarheit über die Natur des färbenden Stoffes hat, ob derselbe eine Doppelverbindung der kieselsauren Thonerde und der Schwefelverbindungen ist, oder ob er in einer besonderen Schwefelverbindung besteht und die Thonerde nur ein Verdünnungsmittel ist, solange wird man auch die Frage nicht beantworten können, was bei dem Ultramarin wesentlich und was zufällig ist, was bei der Darstellung notwendig berücksichtigt werden muß und was vernachlässigt werden kann.

Einige von den Darstellern des „blauen Wunders“ waren der Meinung, daß für die Entstehung der Farbe die Anwesenheit von Eisen unerläßlich sei. — Andre bestritten dies, und in der That geben die chemischen Analysen sehr vieler und der feinsten Sorten gar keinen Gehalt an Eisen zu erkennen. Es ist mithin sehr möglich, daß man bei gewissen Vorschriften das Eisen unbegründeterweise für etwas ganz Wesentliches hält, während das Gelingen des Prozesses von dem Eintreffen ganz andrer Bedingungen abhängig ist, die man zwar gewohnter Weise immer mit erfüllt, aber doch ohne sich ihrer bewußt zu sein. So kommt es bei der Ultramarinbereitung auch noch auf andre Nebenumstände an, deren Einfluß man nicht begründen kann, die aber ohne Schaden doch nicht umgangen werden dürfen.

Wir haben schon erwähnt, daß der Prozeß sich in zwei Abschnitte sondert: in einen, der es mit dem Zusammenschmelzen der Bestandteile zu thun hat, und aus welchem eine grün gefärbte Masse hervorgeht — und in einen, welcher diese grüne Substanz durch Weiterbehandlung in die blaugefärbte überführt. Man läßt sich auch wohl in manchen Fällen mit der ersten Hälfte genügen, denn unter gewissen Umständen kann das Grün so schön ausfallen, daß es für sich schon als eine verwendbare Farbe Absatz findet — es ist als grünes Ultramarin im Handel bekannt. In der Regel aber führt man den Prozeß weiter, indem man, wie schon gesagt, das grüne Pulver wiederholt mit Wasser auslaugt und mit einem Gemisch von Schwefel und Soda vermengt, schmilzt, schließlich aber mit Schwefel an der freien Luft brennt, indem man auf der Sohle einer Muffel oder eines Herdofens eine ungefähr 2 mm dicke Schicht gepulverten reinen Schwefels ausbreitet, darauf eine etwas dickere Lage des Farbenmaterials gibt und durch Erwärmen den Schwefel bei möglichst gelinder Hitze verbrennen läßt. Die Farbe schönt sich allmählich und das Erkennen des Kulminationspunktes ist lediglich Sache der Erfahrung, die dann in jeder Fabrik eine andre sein wird und demgemäß als Fabrikationsgeheimnis gehütet wird.

In seinem schönsten Zustande stellt das Ultramarin ein feines Pulver von der bekannten prachtvoll blauen Farbe dar; indessen darf man, wenn es seine Reinheit behalten soll, es nicht durch Reiben auf dem Reibsteine noch weiter verfeinern wollen. Jeder derartige Versuch hat eine Verschlechterung der Nüance zur Folge, und es scheint fast, als ob die kleinsten Teilchen nur an ihrer Oberfläche den wundervollen Farbenton zeigten, in ihrer inneren Masse dagegen minder schön gefärbt wären. An der Luft ist das Ultramarin so gut wie unveränderlich, hält sogar ein nicht zu heftiges Glühen aus. Dagegen wird es wie der

Lasurstein von konzentrierten Säuren zersetzt, und seine Farbe geht unter Entwickelung von Schwefelwasserstoff allmählich in ein schmutziges Gelblichweiß über.

Verwendung findet das Ultramarin überall da, wo es als Deckfarbe mit Öl, Leim oder einem ähnlichen Bindemittel aufgetragen werden kann, und es hat für solche Anwendungen das Kobaltblau, welches in seiner Nüance immer einen Stich in das Rötliche behält, fast vollständig aus dem Felde geschlagen. In der Glasfabrikation und in der Porzellanmalerei ist es aber nicht zu verwenden, weil es keine schmelzbare Verbindung eingeht — hier behält das Kobaltoxyd seine unbestrittene Herrschaft. Dagegen wird im häuslichen und wirtschaftlichen Leben, insbesondere beim Blauen der Wäsche, Ultramarin in großen Mengen gebraucht, obschon vielfach Verfälschungen mit Schwerspat und Kreide ꝛc., der scheinbaren Billigkeit halber, von den Hausfrauen vorgezogen werden. In Wirklichkeit stellt sich jedoch heraus, daß echtes Ultramarin, namentlich in Form der Kugelbläue, trotz seines bei gleichem Gewicht etwas höheren Preises doch drei- bis viermal so weit reicht als gleichschwere, aber verfälschte Ware.

Welche Massen übrigens in den verschiedenen Kunst- und Industriezweigen von dem Ultramarin verbraucht werden, das lehrt die Statistik, welche die jährliche Gesamtproduktion der verschiedenen Fabriken zu 180000 Zentnern zu 50 kg angibt. In Deutschland wird das vollkommenste Ultramarin in den Fabriken von Kaiserslautern, Nürnberg und in der Porzellanmanufaktur von Meißen dargestellt, und man benutzt dazu an letztgenanntem Orte dieselbe Erde, aus der das Porzellan erzeugt wird.

Lackfarben. Karmin. In dem Holze, der Rinde, den Wurzeln oder Blüten vieler Pflanzen finden sich bekanntlich mancherlei, zum Teil sehr schöne Farbstoffe, welche löslicher Natur sind und deswegen wohl in der Färberei und Druckerei eine wichtige Rolle spielen, ohne weiteres aber nicht als Auftragfarben, wie die bisher betrachteten, dienen können. Nun gibt es aber zwischen den meisten dieser pflanzlichen Farbstoffe und gewissen Metalloxyden und erdigen Basen eine eigentümliche, sehr stark ausgesprochene Verwandtschaft. Mischt man z. B. zu einer Farbenbrühe Alaun und die Lösung eines ätzenden oder kohlensauren Alkali, so erfolgt ein Niederschlag von Thonerde, aber nicht in ihrer gewöhnlichen weißen Farbe, sondern in Verbindung mit dem anwesenden Farbstoff, und zwar geschieht diese Verbindung zuweilen so vollständig, daß nach dem Absetzen des Niederschlags die überstehende Flüssigkeit völlig farblos erscheint. Der ausgewaschene und getrocknete Niederschlag bildet eine Lackfarbe. Sie kann als ein echt chemisches Produkt angesehen werden, in welchem der Farbstoff die Rolle einer Säure spielt, und es können fast alle unlöslichen metallischen und erdigen Basen, sobald sie sich nur weiß niederschlagen, zu Lackfarben benutzt werden.

Die Praxis jedoch hält sich vorzugsweise an zwei derselben: die Thonerde und das Zinnoxyd; erstere wird aus einer Alaunlösung, letzteres aus dem Zinnchlorid (gewöhnlich Zinnsolution genannt) mit Pottasche oder Soda niedergeschlagen. Mit dem Zinnoxyd erscheinen die Farben besonders schön; aber der Kostspieligkeit wegen setzt man gewöhnlich nur einen Anteil Zinnsolution zum Alaun.

Es gibt auch unechte Lackfarben, d. h. solche, die streng genommen diesen Namen nicht verdienen. Solche sind z. B. die unter dem Namen Schüttgelb vorkommenden wohlfeilen Farbenkörper, welche durch Übergießen von Kreide, Kalk oder Thon mit gelben Farbebrühen erzeugt werden und die Farbe doch wohl nur durch mechanische Aufsaugung gebunden halten. Hierher gehören auch diejenigen Farben für Anstrich und Tapetenfabrikation, welche einfach durch Färben von Kreide oder eines andern weißen Körpers mit Anilinfarbstofflösungen oder andern Teerfarben hergestellt werden.

Zu eigentlichen gelben Lackfarben können viele färbende Pflanzenstoffe benutzt werden, wie Gelbbeeren, Querzitron, Gelbholz oder auch wohlfeilere einheimische Gelbpflanzen. Zur Darstellung roter Lackfarben, der am meisten gebräuchlichen, dienen besonders Krapp, Pernambuk- oder Brasilienholz, dann zur Bereitung von Karminlack die Kochenille und die Abgänge von der Karminbereitung u. s. w. Die mit solchen Stoffen erhaltenen Produkte heißen Florentiner, Pariser, Wiener, Venezianer Lack, der aus Brasilienholz bereitete Kugellack u. s. w.

So einfach der Hauptprozeß bei der Bereitung dieser Art Farben ist, so sind doch viele Schwierigkeiten zu überwinden, um die Farben in möglichster Schönheit zu gewinnen. Es gibt daher der Anweisungen zur Bereitung von Lackfarben nicht wenige. Besonders gilt dies vom **Krapplack**, der beliebtesten Farbe dieser Art, weil sie bei weitem die dauerhafteste ist. Das Krapprot ist in ihm ebenfalls an Thonerde gebunden, aber es ist nicht leicht, aus der Krappwurzel das Pigment in voller Schönheit auszuziehen und ebenso schwer, bestimmte Farbennüancen zu erzeugen, denn die Krappwurzel gibt nach Verschiedenheit der Sorten, ja selbst der Jahrgänge, verschiedene Töne, und es ist die Kunst des Fabrikanten, durch Anwendung besonderer Beizen Gleichförmigkeit hineinzubringen. Die hellen Nüancen der Krapplacke, die bis zum zarten Rosa gehen, werden durch Zusätze von feinem Bleiweiß abgestuft. Jetzt wird man wohl künstliches Alizarin und Purpurin zur Erzeugung solcher Farblacke verwenden.

Für gewöhnlich kocht man gepulverte Kochenille mit Alaun, etwas Zinnlösung und vielem Wasser, läßt die Flüssigkeit klar werden und setzt vorsichtig und unter stetem Umrühren eine bemessene Auflösung von kohlensaurem Natron hinzu. Den entstehenden roten Niederschlag sammelt man auf einem Filter und versetzt die ablaufende, noch gefärbte Flüssigkeit mit einer neuen Portion Natronlösung, wobei ein hellerer Niederschlag erhalten wird u. s. w. In dieser Weise kann man den Lack in verschiedenen Farbenabstufungen erzeugen. Der mit reiner Zinnlösung und Alaun bereitete Lack von besonders lebhaftem Scharlachrot heißt **chinesischer Karmin**. Von dem eigentlichen Karmin unterscheidet sich der Karminlack dadurch, daß er sich mehr dem Violett als dem Scharlach nähert und sich nicht wie jener in Ammoniak auflöst.

Die Kochenille ist bekanntlich eine Art Schildlaus, welche in Mittelamerika auf gewissen Kaktusarten lebt, und in besonderen Pflanzungen, Nopalerien genannt, gezüchtet wird; nur diese Ware kommt noch in den Handel, die wilde gar nicht mehr. In dem Safte des kleinen Tieres ist der eigentliche Farbstoff (Karmin) in Form mikroskopischer Körperchen enthalten, die analog den Blutkügelchen in einer farblosen Flüssigkeit schwimmen. Obgleich also ein Produkt des Tierreichs, schließt sich doch der Karmin in seinem chemischen Verhalten ganz den Pflanzenfarben an, hat auch selbst den Charakter einer schwachen Säure und ist sonach ebenso geeignet, mit Basen Lacke zu bilden.

Der möglichst rein aus der Kochenille extrahierte Farbstoff bildet die beliebte Farbe **Karmin**, ein zartes, feurigrotes Pulver, das in der Miniaturmalerei, zum Färben künstlicher Blumen und Konditoreiwaren und, in Ammoniak aufgelöst, als feinste rote Tinte Anwendung findet. Die einfachste Prozedur, den Farbstoff aus der Kochenille abzuscheiden, die auch das schönste Produkt gibt, besteht darin, daß Kochenillepulver in einem verzinnten Kessel mit sehr reinem Wasser gekocht, die gefärbte Flüssigkeit abfiltriert, mit etwas Alaun versetzt und in porzellanen Schalen zugedeckt hingestellt wird, worauf dann der Karmin im Verlauf mehrerer Tage sich allmählich absetzt, während schließlich die immer noch gefärbte Flüssigkeit auf Karminlack ausgenutzt wird. Je nach ihrer Verwendung erhalten die Farben mancherlei Zusätze, welche als Bindemittel dienen und das Auftragen in einer dünnen und doch dauerhaft mit der Unterlage zusammenhängenden Schicht gestatten. Man unterscheidet nach der Natur dieses Bindemittels Wasser-, Honig-, Leim-, Öl-, Firnisfarben u. s. w. Die chemische Natur des Bindemittels hat bisweilen auf die Farbstoffe einen besonderen Einfluß und von gewissen Verwendungsarten können einzelne ganz und gar ausgeschlossen sein, bloß weil sie in Berührung mit dem Bindemittel keine Beständigkeit besitzen. Wir können aber auf diesen Gegenstand, sowie auf die weitere Zubereitung der Farben durch Mahlen, Mischen u. s. w. nicht eingehen und wollen zum Schlusse nur einiger besonderen Verwendungsarten noch mit einigen Worten gedenken.

Pastellstifte. Für Pastellmalerei und farbige Zeichnungen hat man bekanntlich die Farben in Form abfärbender Stifte, mit welchen trocken auf dem Grund gearbeitet wird, so daß derartige Bilder verwischbar sind, sofern sie nicht nachträglich durch ein passendes Bindemittel befestigt werden. Die zu den Pastellstiften verwendeten Farben sind die gewöhnlichen, Berliner Blau, Zinnober, Königs- oder Neapelgelb, Karmin u. s. w. Die körpergebende Masse ist fein präparierter Pfeifenthon, neuerdings vielleicht auch Zinkweiß. Durch mehr oder weniger Thonzusatz erzeugt man hellere oder dunklere Farbentöne.

Fig. 454. Bleistiftfabrik von A. W. Faber in Stein bei Nürnberg.

Die aufs feinste gepulverten Bestandteile werden entsprechend gemischt, mit ein wenig Bindestoff (Tragantschleim) in eine bildsame Paste verwandelt und daraus die Stifte geformt, die schließlich in mäßiger Wärme getrocknet werden. Eine renommierte Pariser Fabrik benutzt als Bindemittel eine Lösung von Gummilack und Terpentin in Weingeist und preßt die Paste durch einen kupfernen Hohlcylinder, dessen Boden eine Anzahl runder Formlöcher hat, so daß nach Art der Fadennudeln dünne Stäbe erhalten werden, die man nach bestimmtem Maß zerschneidet und trocknet.

Bleistifte. An das bisher Behandelte möge sich die kurze Besprechung eines Gebrauchsgegenstandes schließen, der recht eigentlich ein Allerweltsartikel ist, sich in jedermanns Händen befindet, zu den alltäglichsten Zwecken ebenso dient wie zu den Meisterwerken der Kunst, und dessen Herstellung in der heutigen Fabrikindustrie ein ganz bedeutendes Item bildet, wir meinen den Bleistift.

Es scheint gewiß zu sein, daß das Mittelalter die Bleistifte in ihrer jetzigen Form noch nicht gekannt hat, da sich die zeichnenden Künstler statt dessen eines Stiftes aus einer Mischung von Zinn und Blei bedienten, den sie „Stile" nannten. Erfindung und Namen desselben stammt aus Italien. Das Wort „Bleistift" ist entweder eine bloße Übersetzung des englischen Wortes lead pencil — man nennt dort den Graphit black lead, Schwarzblei — oder es ist eine Erinnerung daran, daß man in früheren Jahrhunderten wirklich eine Legierung von Blei und Zinn zu Zeichenstiften benutzte. Die Bleistiftmasse ist aber eben kein Blei, sondern Graphit, ein mehr oder weniger reiner mineralischer Kohlenstoff. Graphit findet sich auch in Deutschland, namentlich in Bayern bei Passau und Wunsiedel; Österreich hat Graphitgruben in Böhmen, Mähren, Steiermark und Kärnten; ferner liefern Spanien, Kanada, Ostindien, Sibirien und die Insel Ceylon Graphit. Die gesamte Bleistiftindustrie verdankt ihr Dasein dem Glücksfall, daß man 1664 bei Borrowdale in Cumberland in einem Thonschieferberge ein Lager von Graphit entdeckte von bis dahin ungekannter Güte, welche es ermöglichte, Zeichenstifte daraus ohne jede fremde Beimischung darzustellen, und zwar bessere als auf jede andre Weise. Schon das Jahr darauf kamen die ersten englischen Bleistifte in den Handel, und sie brachten sich rasch in große Beliebtheit. In London entstand ein besonderer Graphitmarkt, an welchem das Produkt der Borrowdalemine versteigert wurde, und der Preis soll sich bis zu 168 Pfd. Sterl. pro englischen Zentner verstiegen haben.

Die Mine erwies sich nämlich nicht als unerschöpflich, und obwohl man die Graphitausfuhr verbot, sogar unter Androhung der Todesstrafe, so trat doch endlich eine Zeit ein, in welcher das kostbare Material zu mangeln anfing. Schließlich war die Grube so erschöpft, daß man sich nach neuen Bezugsquellen umsehen mußte. Die eifrigen Bemühungen waren aber nur von geringem Erfolge begleitet; denn es findet sich in England nur noch geringerer Graphit, der vor dem in andern Ländern nichts voraus hat, und die Engländer, welche früher durch ihre trefflichen Borrowdalestifte die ganze Welt sich tributpflichtig gemacht hatten, müssen jetzt wie anderwärts Bleistifte *fabrizieren* und haben sich von ausländischer, namentlich deutscher Konkurrenz sogar überflügeln lassen. Die ursprüngliche Herstellung der englischen Bleistifte war nämlich so einfach, daß sie kaum als Fabrikation gelten konnte; man zerschnitt die von der Natur gelieferten Blöcke mittels feiner Sägen in Stängelchen, die man in die Holzfassung leimte. Als die edle Masse zur Neige ging, hielt man sich noch an den kleinen Abfall, den man — aufs feinste gepulvert, durch starken hydraulischen Druck, unter Mitanwendung der Luftpumpe, um die Luft besser aus dem Pulver zu entfernen — zu Platten preßte und diese in Stücke zersägte. Jetzt noch werden in solcher Weise die vorhandenen Überbleibsel aufgearbeitet und Cumberlandgraphit kommt durch eine englische Firma in den Handel von allen möglichen Härten und Feinheitsgraden. Die daraus hergestellten Bleistifte geben auch gewiß den früheren an Güte nichts nach, da man jetzt das Material viel rationeller zu bearbeiten gelernt hat.

Außer in England machte man schon frühzeitig Bleistifte nach derselben Manier, aber des bei weitem schlechteren Materials wegen viel weniger gut; dies geschah namentlich in Bayern, wo sich Graphitlager in Oberzell bei Passau finden. In dem Dorfe Stein bei Nürnberg begann die Fabrikation bereits im dritten Jahrzehnt des vorigen Jahrhunderts; 1761 gründete Kaspar Faber hier eine Fabrik, aus welcher die jetzt weltberühmte Anlage hervorgegangen ist (s. Fig. 454); 1766 erhielt Graf Kronsfeld die Bewilligung zur Errichtung einer Bleistiftfabrik in Jettenbach, und 1816 legte die Regierung selbst eine solche an, welche sie, nachdem der Betrieb gesichert war, an die Gebrüder Rehbach in Regensburg übergab, von welcher Firma dieselbe jetzt noch geführt wird.

Man bezog in Bayern auch Cumberlandgraphit und machte aus diesem echte englische Bleistifte, indem man größere Stücke Graphit mittels dünner Sägen in Blätter zerschnitt; die Seitenflächen derselben wurden durch Schleifen auf einer horizontalen Scheibe von den Rissen der Säge befreit und hierauf erst die Blätter in Stifte zersägt, welche in Holz eingefaßt wurden. Weiterhin aber verwendete man zu den „künstlichen Bleistiften“ teils die Abfälle der echten Bleistifte, teils, und zwar in bei weitem größeren Quantitäten, den einheimischen Graphit, der sich an verschiedenen Orten teils in erdiger, teils in staubförmiger Gestalt findet. Entweder machte man daraus unter Zusatz eines Bindemittels größere dichte Massen, welche nach dem Trocknen ebenso wie der natürliche Graphit behandelt wurden, oder man formte, was leichter und bequemer war, die Stifte unmittelbar aus der noch weichen Masse. Bedingnis und Schwierigkeit war, ein solches Bindemittel zu finden, welches dem Graphit zwar genügenden Zusammenhang verleiht, jedoch seine Fähigkeit, abzufärben, nicht beeinträchtigt. Lange Zeit diente als solches der Schwefel (1 Teil Schwefel auf 2—2½ Teile Graphit) oder auch das Schwefelantimon in denselben Mengenverhältnissen, endlich auch Leim und Gummi. Die ersten beiden Substanzen, welche durch Schmelzen mit dem Graphit zu einer möglichst gleichförmigen Masse vereinigt wurden, hatten den Nachteil, daß die daraus gefertigten Stifte sehr spröde waren und sich nicht ordentlich spitzen ließen, deshalb blieben sie späterhin auch nur für die groben Zimmermannsstifte noch in einiger Verwendung; Gummi und Leim dagegen widerstanden der Feuchtigkeit zu wenig.

Da machte Ausgangs des vorigen Jahrhunderts der Franzose Condé, welcher mit seinem Schwager Humblot-Condé eine Bleistiftfabrik leitete, eine Entdeckung, auf welche eine genaue chemische Analyse des Cumberlandgraphits, der circa 24 Prozent Kohle, 8 Prozent Eisen und 36 Prozent Thon und Kalk enthält, schon früher hätte führen können. Condé fand nämlich, daß Thon das beste Bindemittel für gewöhnlichen erdigen oder staubförmigen Graphit sei, und daß durch einen entsprechenden Zusatz davon und nachheriges Ausglühen der Stengel diese nicht nur wesentlich billiger, sondern auch in beliebigen Abstufungen der Härte und Schwärze sich herstellen ließen. Die Crayons-Condé, welche schon auf der ersten aller Industrieausstellungen 1798 auf dem Marsfelde bei Paris erschienen, erlangten rasch große Berühmtheit und begründeten in der Bleistiftfabrikation eine neue Epoche, zumal die neue Erfindung in eine Zeit fiel, in welcher in Frankreich von Regierungs wegen alle Anstrengungen gemacht wurden, Industrie und Technik zu heben und neue Erfindungen ihren Urhebern ehrenvolle Unterstützung jeder Art einbrachten.

Die bayrische Bleistiftfabrikation, welche lange noch an ihrer ursprünglichen Methode festhielt und sich den dazu für unentbehrlich geltenden Graphit unter großen Kosten selbst aus Spanien kommen ließ, mußte dadurch arg bedrängt werden, und die Befürchtungen lagen nahe, daß eine Industrie, welche lange bestanden und weithin Beziehungen unterhalten hatte, ganz und gar zu Grunde gehen könnte. Die bayrische Regierung nahm sich der Sache an durch Errichtung der Fabrik in Oberzell, in welcher sie das neue Verfahren einführte. Dies ist das schon erwähnte, später an die Gebrüder Rehbach übergegangene Etablissement. Ganz besonders aber verdankt Bayern dem unermüdlichen Lothar Faber den Ruhm, daß es in der Bleistiftfabrikation jetzt den ersten Rang einnimmt.

Faber, aus einer alten Bleistiftmacherfamilie, hatte sich die Aufgabe gestellt, die gesunkene Industrie wieder zu heben. Er verschaffte sich genaue Kenntnis des Condéschen Verfahrens, und seiner Umsicht und Energie gelang es, sein Ziel zu erreichen.

Die französische Konkurrenz war durch ihn bereits vollständig besiegt, als im Jahre 1847 von einem Franzosen Alibert in Sibirien Graphitlager entdeckt wurden, aus denen ein Material gewonnen werden konnte, das in allen seinen Eigenschaften dem alten berühmten Cumberlandgraphit an die Seite zu stellen war. Mit Alibert, welcher von der russischen Regierung die Gruben erworben hatte, vereinigte sich Faber, so daß aller aus den sibirischen Gruben geförderte Graphit in seine Hände übergehen mußte. Die Graphitminen liegen auf der Höhe des Felsengebirges Batougol, nahe der chinesischen Grenze, und die Blöcke müssen einen sehr beschwerlichen Weg nach dem nächsten Hafen oder zu Lande nach Europa machen, so daß das Material der Fabrik selbst auf nahezu 21 Mark das Kilogramm zu stehen kommt und es begreiflich erscheint, wenn die daraus hergestellten Bleistifte einen hohen Preis haben.

Obwohl der sibirische Graphit, wenn er wirklich dem alten Cumberlandmateriale ganz gleich ist, sich auch sofort zu Naturellstiften mußte verarbeiten lassen, so hat die Erfahrung doch diese seine Verwendung als unzweckmäßig erscheinen lassen. Denn die Verarbeitung einer teigigen Masse ist bequemer als das Zersägen eines festen Blockes, und es scheint in der That, als ob alle Bleistiftmasse in der Art bereitet würde, daß man den Graphit in breiigem Zustande mit den erforderlichen Zusätzen vermischt. Man hat dabei die Erzielung bestimmter Sorten auch sicherer in der Hand.

Bevor der Alibertgraphit entdeckt wurde, hatte man schon gelernt, die gewöhnlichen Sorten zu raffinieren; es geschieht dies, indem man die erdige oder dichte Masse in Steingefäßen mit starker Schwefelsäure übergießt und mehrere Tage sich selbst überläßt. Es lösen sich dabei unter Selbsterwärmung die Klumpen zu einem gequollenen Brei, aus welchem man späterhin nur die Schwefelsäure und die von ihr aufgeschlossenen und gelösten Substanzen auszuwaschen hat. Der Graphit ist dadurch auf das feinste zerteilt worden. Die Zusätze, welche gegeben werden, müssen, wenn sie fester Natur sind, wie der Thon, ebenfalls ganz fein zerrieben und wiederholt geschlämmt werden, und die Vermischung muß so vollständig geschehen, daß das Ganze schließlich eine vollkommen gleichartige Masse darstellt. Diese wird dann, nachdem sie durch Entfernung des überflüssigen Wassers auf den richtigen Grad der Konsistenz gebracht ist, mittels Pressen durch gelochte Eisen in Stäbchen verwandelt, wie es bei den Nudeln geschieht. Durch besondere Manipulationen werden die einzelnen Stäbchen gerade gerichtet, auf Bleistiftlänge geschnitten, in mäßiger Wärme getrocknet und dann in luftdicht verschlossenen, thönernen oder eisernen Kästchen in den Glühofen gebracht. Das Fassen der Graphitstengel in Holz ist eine so einfache Arbeit, daß wir uns darüber wohl nicht speziell zu verbreiten brauchen. Man benutzt in- und ausländische, zum Teil sehr kostbare Hölzer. Das gewöhnlichste ist das sogenannte Zedernholz, eigentlich ein nordamerikanischer Wacholder, Juniperus virginiana. In neuester Zeit strebt die deutsche Fabrikation durch Anwendung deutscher Hölzer die ausländischen entbehrlich zu machen, was nur zu loben ist. Daß in einer Fabrik, wie der Faberschen, der größten Bleistiftfabrik der Welt, welche wöchentlich gegen 30000 Dutzend Bleistifte liefern kann, alles nur irgend Mögliche mit Dampf gearbeitet wird, versteht sich von selbst. Trotzdem sind noch gegen 500 Arbeiter und Arbeiterinnen darin beschäftigt, unter denen die Arbeitsteilung bis in das letzte durchgeführt ist.

Neben Faber steht die Rehbachsche Fabrik in Regensburg mit in erster Reihe. An hundert meist selbst erfundene und aus eigner Maschinenwerkstätte hervorgegangene Maschinen besorgen in ihr diejenigen Arbeiten, deren Ergebnis jährlich über $1\frac{1}{2}$ Million Dutzend Bleistifte sind, zu welchen circa für 21000 Mark böhmischer Graphit, für 52000 Mark Zedern- und für 26000 Mark andres Werkholz verbraucht wird.

In Nürnberg sind einige zwanzig Bleistiftfabriken in Thätigkeit, unter denen die Firma Großberger & Kurz obenan steht. Sie beschäftigen zusammen etwa 5000 Arbeiter und liefern jährlich weit über 200 Millionen Bleistifte im Werte von mehr als 5 Millionen Mark. In Österreich vertritt die große Fabrik von L. & C. Hardtmuth in Budweis denselben Industriezweig auf hervorragende Weise.

Ende des vierten Bandes.